国家级一流本科课程配套教材

 石油和化工行业"十四五"规划教材

 "十三五"江苏省高等学校重点教材

国家精品在线开放课程配套教材

工业药剂学

（供药物制剂、制药工程专业用）

吴正红　周建平　主编

尹莉芳　祁小乐　丁　杨　副主编

化学工业出版社

·北京·

内 容 简 介

《工业药剂学》全书由工业药剂学的基础知识、常规剂型及其理论与技术、新型制剂与制备技术三大模块组成。其中第一篇工业药剂学的基础知识，主要包括绪论、药物制剂的设计与质量控制、药用辅料与应用、药物制剂的稳定性、制剂车间设计概述、药品包装；第二篇常规剂型及其理论与技术，主要讲述液体制剂、固体制剂、雾化制剂、半固体制剂、无菌制剂、中药制剂、生物技术药物制剂；第三篇新型制剂与制备技术，主要概述制剂新技术、快速释放制剂、缓释与控释制剂、黏膜给药制剂、经皮给药制剂、靶向制剂、新型药物载体。此外，本书配套"工业药剂学"国家精品在线开放课程（http://www.icourse163.org/course/CPU-1001760015），以便开展线上线下混合式教学。

《工业药剂学》适合作为药物制剂、制药工程等药学类院校各本科专业核心课教材，亦可作为从事药物制剂研发的科技人员的参考书。

图书在版编目（CIP）数据

工业药剂学/吴正红，周建平主编. —北京：化学工业出版社，2021.1（2024.5重印）
国家精品在线开放课程配套教材 "十三五"江苏省高等学校重点教材 "十三五"中国药科大学重点规划教材 全国高等教育药学类规划教材
ISBN 978-7-122-37956-6

Ⅰ.①工… Ⅱ.①吴… ②周… Ⅲ.①制药工业-药剂学-高等学校-教材 Ⅳ.①TQ460.1

中国版本图书馆 CIP 数据核字（2020）第 218611 号

| 责任编辑：褚红喜 宋林青 | 文字编辑：朱 允 陈小滔 |
| 责任校对：王佳伟 | 装帧设计：关 飞 |

出版发行：化学工业出版社（北京市东城区青年湖南街 13 号 邮政编码 100011）
印 装：大厂聚鑫印刷有限责任公司
880mm×1230mm 1/16 印张 39¾ 字数 1297 千字 2024 年 5 月北京第 1 版第 6 次印刷

购书咨询：010-64518888 售后服务：010-64518899
网 址：http://www.cip.com.cn
凡购买本书，如有缺损质量问题，本社销售中心负责调换。

定 价：79.80 元

《工业药剂学》编委会

主　编　吴正红　周建平
副主编　尹莉芳　祁小乐　丁　杨

前 言

工业药剂学是药物制剂、制药工程等药学专业的核心专业课教材。为了适应我国药学类专业教育的需求和现代制剂工业的发展，本书配套"工业药剂学"国家精品在线开放课程（http://www.icourse163.org/course/CPU-1001760015）开展线上线下混合式教学。2023年4月，由中国药科大学作为主要建设单位的"工业药剂学"课程被评选为第二批国家级一流（线上线下混合式）本科课程。在总结现有教材使用经验的基础上，通过系统梳理、重新组合，力求彰显现代制剂工业的发展和"互联网＋"模式的教学改革成果，将全书分为三大知识模块共二十章内容：

第一篇 工业药剂学的基础知识，由绪论、药物制剂的设计与质量控制、药用辅料与应用、药物制剂的稳定性、制剂车间设计、药品包装共六章内容组成。

第二篇 常规剂型及其理论与技术，由液体制剂、固体制剂、雾化制剂、半固体制剂、无菌制剂、中药制剂、生物技术药物制剂共七章内容组成。

第三篇 新型制剂与制备技术，由制剂新技术、快速释放制剂、缓释与控释制剂、黏膜给药制剂、经皮给药制剂、靶向制剂、新型药物载体共七章内容组成。

全书将药剂学基础知识与制剂工程理论技术融合一体，结合现代制剂工业技术和发展趋势，力求夯实专业基础，突出制剂共性技术，反映专业知识前沿，让学生由浅入深、循序渐进地掌握常规制剂相关理论和技术，拓展新型制剂相关知识和技术。其特点如下：

（1）在第一篇中，系统整合了制剂工业常用的基础理论和方法，使学生和读者更直观、更系统地了解现代制剂工业的全貌和趋势。

（2）在第二篇中，基于现代制剂工业的分类方法，从制剂生产工艺和技术角度，将常规制剂划分为液体制剂、固体制剂、雾化制剂、半固体制剂、无菌制剂、中药制剂和生物技术药物制剂，有利于学生和读者对知识的系统掌握。

（3）在第三篇中，为充分反映现代制剂技术现状和发展趋势，突出共性技术，将其划分为制剂新技术、快速释放制剂、缓释与控释制剂、黏膜给药制剂、经皮给药制剂、靶向制剂、新型药物载体，以引导学生全面了解新型制剂的发展，把握知识前沿。

因此，本教材不仅适合药物制剂、制药工程等药学类院校各本科专业的教学，亦可作为从事药物制剂研发的科技人员的参考书。本教材的编委们都是长期从事药剂学教学和科研工作的专业技术人员，对于他们付出的努力，在此深表感谢。在本教材编写过程中，中国药科大学平其能教授提出了许多宝贵的指导性意见，在此也深表感激。同时，对给予本教材资助的"江苏省一流专业建设工程项目"、"十三五"江苏省高等学校重点教材项目以及"十三五"中国药科大学重点规划教材项目致谢。

鉴于现代制剂技术快速发展，涉及技术领域宽广，且专业性和实用性强，因编者水平所限，时间仓促，不足之处在所难免，诚请广大读者批评指正。

编　者

2020 年 5 月

看微课，记笔记
轻松拿下好成绩
微信扫一扫，学习没烦恼

前　言

目　录

第三章　药用辅料与应用 / 33

第四章　药物制剂的稳定性 / 53

第五章　制剂车间设计概述 / 71

第六章　药品包装 / 93

第二篇 常规剂型及其理论与技术 / 107

第七章 液体制剂 / 108

第八章　固体制剂 / 141

第九章　雾化制剂 / 266

第十章　半固体制剂 / 283

第十一章　无菌制剂 / 307

第十二章　中药制剂 / 360

第十三章 生物技术药物制剂 / 392

第三篇　新型制剂与制备技术 / 409

第十四章　制剂新技术 / 410

第十七章　黏膜给药制剂 / 528

第二十章　新型药物载体 / 573

附表：典型课程思政案例（仅供参考）/ 614

第一篇

工业药剂学的基础知识

看微课，记笔记
轻松拿下好成绩
微信扫一扫，学习没烦恼

第一章

绪　论

本章要点

　　1. 掌握工业药剂学、制剂与剂型、药典等常用术语的基本定义，制剂与剂型分类、作用与意义等。

　　2. 熟悉工业药剂学研究核心和主要任务，药典与药品标准，药品注册的意义和分类标准，处方及非处方药等。

　　3. 了解药剂学发展历程，工业药剂学的相关学科及它们之间的联系，药品注册相关规定，药品生产管理有关规定及其对制药行业的影响等。

第一节　概　述

一、工业药剂学概述

　　工业药剂学（industrial pharmaceutics）系指研究药物制剂和剂型的工程理论、生产技术、质量控制和临床应用等内容的一门综合应用性科学，是**药剂学**（pharmaceutics/pharmacy）的重要分支学科之一，也是药剂学的核心，在药物制剂研发和临床应用过程中，以及制药工业产业链中发挥着至关重要的作用。基于工业药剂学研究，药物通过设计成合适的剂型，提高疗效，降低毒副作用和不良反应，维持药物在长久贮存和运输期间的稳定性，满足多样化的给药需求。工业药剂学的基本任务是将药物研制成适宜的剂型，为临床提供安全、有效、稳定和便于使用的质量优良的制剂。

　　工业药剂学的**核心内容**是设计药物制剂和剂型的处方工艺，研究工业化生产理论、技术和质量控制等，融合药物化学、药物分析、物理化学、化工原理、药用高分子辅料等多门学科，是药物制剂和制药工程专业的核心课程。

二、常用术语

1. 药物

药物（drugs）系指用以预防、治疗和诊断人的疾病所用的活性物质，亦称**原料药**，包括化学合成药物、生物技术药物和天然药物等。

2. 药品

药品（medicines）系指由药物制成的各种药物制品，是可直接用于患者服用的制剂，并规定有适应证、用法、用量的物质，包括中药材、中药饮片、中成药、化学药物、抗生素制剂、生化药品、放射性药品、血清疫苗、血液制品、诊断药品等经国家部门批准生产的具有国家标准的活性原料药和制剂，如尼莫地平与尼莫地平片等。药物与药品是不完全等同的两个概念。

3. 药物剂型

药物剂型（dosage forms）简称剂型，系指根据不同给药方式和不同给药部位等需求，为适应诊断、治疗或预防而制备的药物应用形式，如片剂、注射剂、栓剂等。

4. 药物制剂

药物制剂（pharmaceutical preparations）简称制剂，系指将原料药物按照某种剂型制成一定规格并具有一定质量标准的具体品种。根据制剂命名原则，**制剂名＝药物通用名＋剂型名**，如复方氨基酸注射液、甲磺酸伊马替尼片、丙泊酚注射乳等。

5. 药剂学

药剂学系指研究药物剂型和制剂的配制理论、处方设计、生产工艺、质量控制与合理应用等内容的一门综合性技术科学。

6. 药物的传递系统

药物的传递系统（drug delivery system，DDS）系将药物在必要的时间，以必要的药量递送至必要的部位，以达到最大的疗效和最小的毒副作用的给药体系。

7. 药用辅料

药用辅料（pharmaceutical excipients）简称辅料，系指药物制剂中除主药（即活性成分）或前体以外的一切其他成分的总称，是生产制剂和调配处方时所添加的赋形剂和附加剂，是制剂生产中必不可少的组成部分。

8. 物料

物料（pharmaceutical materials）系指制剂生产过程中所用的原料、辅料和包装材料等物品的总称。

9. 药品批准文号

药品批准文号系指生产新药或者已有国家标准的药品经国家药品监督管理部门批准，并在批准文件上规定该药品的专有编号，是药品生产合法性和药品生产许可的标志。药品批准文号格式：**国药准字＋1位字母＋8位数字**。试生产药品批准文号格式：**国药试字＋1位字母＋8位数字**。其中化学药品使用字母"H"，中药使用字母"Z"，保健药品使用字母"B"，生物制品使用字母"S"，体外化学诊断试剂使用字母"T"，药用辅料使用字母"F"，进口分包装药品使用字母"J"。

10. 批

批（lot/batch）系指在规定限度内具有同一性质和质量，并在同一连续生产周期内生产出来的一定数量的药品。规定限度为同一次投料、同一生产工艺过程、同一生产容器中制得的产品。

11. 批号

批号（lot/batch number）系指用于识别"批"的一组数字或字母加数字，用于追溯和审查该批药品的生产历史。每批药品均应编制生产批号。

12. 中国药品通用名

中国药品通用名（China Approved Drug Name，CADN）系指根据国际通用药品名称、中国国家药典委员会《新药审批办法》所规定的命名原则命名，即同一处方或同一品种的药品使用相同的名称。

13. 药品商品名

药品商品名（drug trade name）亦称商标名，系指经国家药品监督管理部门批准的特定企业使用的该药品专用的商品名称，即不同厂家生产的同一种药物制剂可以有不同的名称，具有专有性，不可仿用。商品名经注册后即为注册药品。

14. 国际非专有名

国际非专有名（International Nonproprietary Names for Pharmaceutical Substances，INN）是世界卫生组织（World Health Organization，WHO）制定的药物（原料药）的国际通用名，统一世界药物名称以便于交流和协作。如尼莫地平是药品的通用名，而"尼膜同""易夫林"等是药品的商品名。

三、工业药剂学的任务与发展

（一）工业药剂学的任务

工业药剂学的总体任务是研究具备安全性、有效性、稳定性、可控性、顺应性的药物制剂，以满足医疗与预防的需要。其主要任务包括：

1. 基本理论的研究

工业药剂基本理论涵盖了药物制剂和剂型的设计基础，用以改善药物制剂的产品质量，指导新剂型和新制剂的研发，对提高药物制剂的生产技术和新型制剂的设计具有重要意义。目前已形成的药剂学基础理论包括流变学理论、粉体学理论、界面科学理论、药物压缩成型理论、药物稳定性理论、释药动力学理论、药物体内代谢动力学模型理论、生物药剂学分类系统理论等。例如，通过界面科学基本理论解决混悬剂、乳剂等各类微粒制剂稳定性问题，也能用于解释固体分散体、药物共晶体等物料的高精度混合程度；或通过相变理论解决脂质体、微球等微粒制剂的载药和稳定性问题；或通过药物压缩成型理论指导固体或半固体制剂的成型和混合等。

2. 提高普通剂型的质量

工业药剂学应以巩固基础、发扬创新为主要方式，通过工业药剂学的发展解决以往解决不了的普通制剂在释放效率、稳定性、体内吸收等方面的质量问题，从原料药、药用辅料、制剂设备性能、生产过程监控等方面逐层提高我国普通制剂的质量。只有在提高我国制剂质量的基础上，才能增加国产制剂在国内市场和国际市场的占有率，改变目前低价出口原料、高价进口制剂的局面。

3. 新剂型、新制剂、新技术、新辅料、新设备的研发

随着全球工业化的不断变革与发展，工业药剂承担了高效、长效、稳定、靶向等多样化给药需求，因而需不断开发新剂型和新制剂。例如：片剂已由普通片剂研究向多方面发展，衍生出口崩片、骨架缓释片、渗透泵片、胃内漂浮片等新制剂，更高效、更安全地递送药物。受注射剂应用限制的启发，以天然或合成脂质载体为基础的脂质纳米注射剂被广泛研发，包括脂质体、脂蛋白、纳米乳、固体脂质纳米粒等，具有优良靶向性、生物相容性、多药荷载性，克服了多数药物原注射剂体内半衰期短、药物溶解性差和不良反应大等缺陷。纳米晶具有极大比表面积，可有效改善难溶性药物的溶解度，于是基于药物纳米晶的制备工艺应运而生，如湿法介质研磨机和微射流高压均质机目前已广泛用于纳米晶的量化生产。3D打印技术因具有加工灵活、成型快、可靠性高和费用低等诸多优势，而被用于制备传统制剂工艺难以完成的具有复杂空间结构的药物剂型。工业4.0自动化生产理念已逐渐被应用于高端制剂的生产研发中，全自动混合、制备、均质、灌封的一体化无人生产线被研究用于脂质体等微粒制剂的无菌量化生产等。

4. 生物技术药物制剂的研究和开发

生物技术是目前最为活跃的新技术，通过以生物物质为原料或人工合成的类似物实现特异性的治疗目的，如疫苗、单克隆抗体、融合蛋白、核酸等。它们的出现改变了医药科技界的面貌，为人类解决疑难病症提供了最有希望的途径。生物技术药物多具有高活性、低剂量的特点，但普遍存在药物稳定性不足、制剂成型性差等问题，多种技术需要被研发用于解决此类问题。例如：应用晶体技术可以提高蛋白质的稳定性；采用双水相溶剂扩散技术减少蛋白质微球制备过程中的活性损失；聚乙二醇修饰蛋白质技术可以显著提高蛋白质类药物的半衰期，降低免疫原性等。

5. 中药制剂的研究和开发

中药是中华民族的宝贵遗产，在继承、整理、发展和提高中医药理论和中药传统剂型的同时，运用现代科学技术和方法，研制开发现代化的中药新剂型，是中医药走向世界的必由之路。目前，我国已研制开发了中药注射剂、中药颗粒、中药片剂、中药胶囊剂、中药滴丸剂、中药栓剂、中药软膏剂、中药气雾剂等 20 多个新型中药剂型，丰富和发展了中药的剂型和品种，提高了中药的疗效。中药自古就有"逢籽必捣"的说法，粉碎是中药材加工和中药制剂生产工艺中的重要环节。基于超微细化技术，微米级中药可大幅度提高中药有效成分释放与吸收、增强药物疗效、减少中药材使用量。但中药制剂存在有效成分无法明确、质量标准不易确立等诸多问题，进行中药制剂的研究和开发仍是一项长期而艰巨的任务。

（二）工业药剂学发展历程

在人类不断与疾病斗争的文明演变过程中，药剂学经历了古代药剂学—近代药剂学—现代药剂学的变革。古代药剂学主要指对天然药用物质的简单加工与改造。近代药剂学主要指对普通制剂（如丸剂、膏剂、片剂、注射剂等）处方组成、制备工艺技术的研究。现代药剂学系指在现代理论指导下，重点研究新型药物制剂或给药系统（如缓控释、透皮、靶向制剂或其他给药系统等）。而工业药剂学是在药剂学发展基础上，专注研究药物制剂工业化生产的细分学科，是药剂学发展的核心内容，工业药剂学的发展历程与药剂学的发展息息相关。

1. 中医药发展

我国中医药的发展历史悠久，自夏禹时期出现药酒；商代出现汤剂；秦汉时代《黄帝内经》收载汤剂、丸剂、散剂、膏剂及药酒等剂型；东汉时期张仲景著《伤寒论》《金匮要略》，收载栓剂、洗剂、软膏剂、糖浆剂等 10 余种剂型；唐代出现世界上最早的国家药典《新修本草》和最早的国家制剂规范《太平惠民和剂局方》；明代药学家李时珍所著《本草纲目》收载药物 1892 种，剂型 61 种，附方 11096 则。

在近代，19 世纪中叶，我国建立了基于西方医药技术的药厂，以批量生产注射剂、片剂等，为我国中医药工业化奠定了基础。20 世纪中叶，基于上海医药工业研究院药物制剂研究室牵头的全国性药剂生产经验交流，全国化工业药剂得到迅猛发展。改革开放后，我国药用辅料、生产技术和设备方面得到了长足发展，先后开发出微晶纤维素、可压性淀粉、聚维酮、羧甲基淀粉钠、低取代羟丙纤维素、丙烯酸树脂、泊洛沙姆、蔗糖脂肪酸酯等高质量药用辅料，微孔滤膜及聚碳酸酯滤过器、多效蒸馏水生产设备、先进的灭菌设备等工业化技术和设备。历经多年，中药口服制剂也得到了长足发展，"三效、三小"中药新制剂不断涌现，如益肝灵分散片（有效成分为水飞蓟素）、元胡止痛分散片、总丹参酚酸缓释片、苦参素胃内滞留缓释片、葛根黄酮滴丸、甘草提取物缓释微丸、银杏缓释微丸等。目前，微丸剂型在中药制剂中的应用已经得到了广泛研究，对提升中药制剂水平，实现中药制剂现代化也有重要意义。中药现代化将我国中医药历史文献资源和中药材资源转变成现实生产力，形成新的经济增长点，从而进行医药产业和产品结构调整，振兴我国民族医药工业。只有实现中药现代化，建立国际认可的传统药物标准规范体系，创制具有自主知识产权的中药，才能使其以治疗药物身份进入国际医药市场。

2. 西方药剂学发展

西方药剂学起源于古埃及和古巴比伦王国，公元前 1552 年《伊伯氏纸草本》记载有散剂、硬膏剂、丸剂、软膏剂等多种剂型与药物处方和制法等。公元 1—2 世纪，西方药剂学鼻祖 Galen 的著作收载散剂、丸剂、浸膏剂、溶液剂、酒剂等多种剂型，人们称之为"Galen 制剂"。工业革命时期，西方药剂学得到了迅猛发展：1843 年 Brockedon 制备了模印片；1847 年 Murdock 发明了硬胶囊剂；1876 年 Remington 等发明了压片机，使压制片剂得到了迅速发展；1886 年 Limousin 发明了安瓿，使注射剂得到了迅速发展。片剂、注射剂、胶囊剂、橡胶硬膏剂等近代剂型的相继出现，标志着药剂学发展到一个新的阶段。而物理学、化学、生物学等自然科学的巨大进步为药剂学学科的形成奠定了理论基础。1847 年德国药师莫尔（Mohr）总结了以往和当时的药剂成果，出版了第一本药剂学教科书《药剂工艺学》，标志着药剂学作为一门独立的学科诞生。

3. 现代药剂学发展历史

纵观药物剂型的发展历程，可将其简单地划分为五代：

① 第一代是指简单加工供口服与外用的汤、酒、炙、条、膏、丹、丸、散剂。

② 随着临床用药的需要、给药途径的扩大以及工业机械化与自动化的发展，产生了以片剂、注射剂、胶囊剂和气雾剂等为主的第二代剂型，即所谓的普通制剂，这一时期主要是从体外试验控制制剂的质量。普通剂型作为临床用制剂的基本形式，在将来很长一段时间内，仍将发挥其重要作用。其中直接压片技术和薄膜包衣技术对改善片剂的质量、节约能源和劳动力具有重大贡献，分别为制药企业和患者带来显著的经济和治疗学上的效益。

③ 第三代缓控释剂型，是以疗效仅与体内药物浓度有关而与给药时间无关这一概念为基础的，它们不需要频繁给药，能在较长时间内维持药物的有效浓度。

④ 第四代剂型是以将药物浓集于靶器官、靶组织、靶细胞或细胞器为目的的靶向给药系统，提高药物在病灶部位的浓度，减少在非病灶部位的药物分布，增加药物的治疗指数并降低毒副作用。

⑤ 第五代剂型是基于体内信息反馈的智能化药物递送系统。

目前，在药物剂型研究中，需要传承和发展第一代剂型，只有掌握第一代、第二代剂型的相关理论和知识，才有助于推进第三代、第四代和第五代剂型的设计与开发，进一步确保用药安全有效。

四、相关学科

药剂学是以多门学科的理论为基础的综合型技术科学，在其不断发展的过程中，各学科互相影响、互相渗透，已形成了许多药剂学的分支学科。根据现有的药剂学相关学科，可将其分为三大类，即：基础性研究学科（物理药剂学、生物药剂学、药物动力学、药物基因组学等）；临床应用研究学科（临床药学、调剂学等）；工业化研究学科（工业药剂学、制剂工程学、药用高分子材料学、制药机械学等）。各主要学科简述如下：

1. 工业药剂学

工业药剂学（industrial pharmaceutics）系指设计剂型和处方，研究制剂工业生产的理论、技术和质量控制等有关问题的学科，是药剂学的核心，是建立在药剂学其他分支学科理论及技术基础上的科学，吸收融合了材料科学、机械科学、粉体工程学、化学工程学等学科的理论和实践，这是本书的主题内容。

2. 物理药剂学

物理药剂学（physical pharmaceutics）亦称物理药学，系指运用物理化学的基本原理、方法和手段，研究药剂学中有关处方设计、制备工艺、剂型特点、质量控制等内容的边缘科学，通过物理学的理论和方法科学化指导药剂学应用。例如：应用胶体化学及流变学的基本原理指导混悬剂、乳剂、软膏剂等药物制剂的处方、工艺的设计和优化；应用粉体学原理指导药物固体制剂的处方、工艺设计和优化；应用化学动力学原理评价、提高药物制剂稳定性；应用表面化学和络合原理阐述药物的增溶、助溶机理等。

3. 生物药剂学

生物药剂学（biopharmaceutics）系指研究药物及其剂型在体内的吸收、分布、代谢与排泄的机制及过程，阐明药物因素、剂型因素和生理因素与药效之间关系的边缘科学，着重于药物的体内过程，使药品质量评定由体外扩展至体内，为制备安全有效的制剂和选择合理的给药途径提供理论依据。其中，**生物药剂学分类系统**（biopharmaceutics classification system，BCS）系指根据药物的溶解度和渗透性高低将药物分为四大类的方法，即：Ⅰ类药物为高溶解性和高渗透性，Ⅱ类药物为低溶解性和高渗透性，Ⅲ类药物为高溶解性和低渗透性，Ⅳ类药物为低溶解性和低渗透性。美国食品药品监督管理局（Food and Drug Administration，FDA）BCS评价指南主要包括三方面：药物的生物渗透能力（permeability）、药物的溶解能力（solubility）、制剂的快速溶出能力（immediate release），这些性质符合要求的药物/制剂可在注册审评时获得生物豁免（biowaiver）。具有生物豁免的Ⅰ类药物制成口服固体速释剂型可不需进行体内生物利用度试验，仅通过体外溶出度试验就可说明生物等效。

4. 药用高分子材料学

药用高分子材料学（polymer in pharmaceutics）系指研究用于药物剂型设计和制剂处方中的合成和天

然高分子材料的结构、制备、理化特性、功能与应用的一门交叉学科。高分子材料在剂型中应用广泛，可以不同形式赋予制剂必要的物理、化学、生物学性质，达到提高药物的稳定性、生物利用度、药效和药物制剂的安全性、有效性，改善给药途径，给予可控、触发式等智能给药等目的。

5. 药物动力学

药物动力学（pharmacokinetics）系指采用数学的方法，研究药物的吸收、分布、代谢、排泄的经时过程与药效之间关系的科学，通过研究药量在体内的变化规律，对制剂设计、剂型改革、给药方案优化等提供可量化的控制指标，指导新药研发和临床用药。

6. 临床药学

临床药学（clinical pharmacy）亦称临床药剂学，系指以患者为对象，研究合理、有效与安全用药的科学。研究内容主要包括：临床用制剂和处方的研究，药物制剂的临床研究和评价，药物制剂的生物利用度研究，药物剂量的临床监控，药物配伍变化及相互作用研究等。临床药学的出现使制剂工作者直接参与到患者的临床药物治疗过程中，协同医师鉴别、遴选合适的药物和用法用量，设计个体化的给药方案，保护患者的用药安全，符合医药结合的时代要求，可以较大幅度地提高临床治疗水平。

7. 调剂学

调剂学（dispensing pharmaceutics）系指研究方剂（按医师处方专为某一患者调制的，并明确规定用法用量的药剂）的调制技术、理论和应用的科学。

8. 制剂工程学

制剂工程学（engineering of drug preparation）系指以规模化、规范化生产制剂产品为目的，利用药剂学、工程学及相关生产规范的理论和技术来综合研究制剂工程化的应用科学，包括产品开发、工程设计、单元操作、生产过程和质量控制等。

9. 制药机械学

制药机械学（pharmaceutical mechanics）系以机械学为基础，结合了制药设备的特殊性，阐明制药设备的基础理论、部件构造、机械传动、维修与保养等的一门综合性工程学科。

五、剂型的分类与意义

（一）剂型的分类

药物在临床使用前必须制成各类适宜的剂型，用于疾病的诊断、治疗或预防，以适应于临床应用上的各种需要。《中国药典》（2020 年版）收载剂型包括片剂、注射剂、胶囊剂、颗粒剂、栓剂、丸剂、软膏剂、乳膏剂、糊剂、喷雾剂、气雾剂、凝胶剂、散剂等 38 种。为了便于研究、学习和应用，有必要对剂型进行分类。

1. 按给药途径分类

将同一给药途径的剂型分为一类，紧密联系临床，能反映给药途径对剂型制备的要求。

（1）经胃肠道给药剂型 此类剂型是指给药后药物经胃肠道吸收后发挥疗效，如溶液剂、糖浆剂、颗粒剂、胶囊剂、散剂、丸剂、片剂等。口服给药虽然简单方便，但有些药物易受胃酸破坏或被肝脏代谢，导致生物利用度低，有些药物对胃肠道有刺激性。

（2）非经胃肠道给药剂型 此类剂型是指除胃肠道给药途径以外的其他所有剂型，包括：①注射给药，如注射剂，包括静脉注射、肌内注射、皮下注射及皮内注射等；②皮肤给药，如外用溶液剂、洗剂、软膏剂、贴剂、凝胶剂等；③口腔给药，如漱口剂、含片、舌下片剂、膜剂等；④鼻腔给药，如滴鼻剂、喷雾剂、粉雾剂等；⑤肺部给药，如气雾剂、吸入剂、粉雾剂等；⑥眼部给药，如滴眼剂、眼膏剂、眼用凝胶、植入剂等；⑦直肠、阴道和尿道给药，如灌肠剂、栓剂等。

此分类方法的缺点是会产生同一种剂型由于给药途径的不同而出现多次。如喷雾剂既可以通过口腔给药，也可以通过鼻腔、皮肤或肺部给药。又如临床使用的氯化钠生理盐水，可以是注射剂，也可以是滴眼剂、滴鼻剂、灌肠剂等。所以此种分类方法无法体现具体剂型的内在特点。

2. 按分散体系分类

按剂型的分散特性，即根据分散介质存在状态的不同以及分散相在分散介质中存在的状态特征不同进行分类，利用物理化学等理论对有关问题进行研究，基本上可以反映出剂型的均匀性、稳定性以及制法的要求。具体分类如下：

（1）**真溶液类**　药物以分子或离子状态均匀地分散在分散介质中形成的剂型。通常药物分子的直径小于 1 nm，如溶液剂、糖浆剂、甘油剂、溶液型注射剂等。

（2）**胶体溶液类**　固体或高分子药物分散在分散介质中所形成的不均匀（溶胶）或均匀的（高分子溶液）分散系统的液体制剂。分散相的直径在 1～100 nm 之间，如溶胶剂、胶浆剂。

（3）**乳剂类**　液体分散相以小液滴形式分散在另一种互不相溶液体分散介质中组成非均相的液体制剂。分散相的直径通常在 0.1～50 μm 之间，如口服乳剂、静脉乳剂、乳膏剂等。

（4）**混悬液类**　难溶性药物以固体小粒子分散在液体分散介质中组成非均相分散系统的液体制剂。分散相的直径通常在 0.1～50 μm 之间，如混悬型洗剂、口服混悬剂、部分软膏剂等。

（5）**气体分散类**　液体或固体药物分散在气体分散介质中形成的分散系统的制剂，如气雾剂、喷雾剂等。

（6）**固体分散类**　固体药物以聚集体状态与辅料混合成固态的制剂，如散剂、丸剂、胶囊剂、片剂等普通剂型。这类制剂在药物制剂中占有很大的比例。

（7）**微粒类**　药物通常以不同大小的微粒呈液体或固体状态分散，主要特点是粒径一般为微米级（如微囊、微球、脂质体等）或纳米级（如纳米囊、纳米粒、纳米脂质体等），这类剂型能改变药物在体内的吸收、分布等方面特征，是近年来科学家大力研发的药物靶向剂型。

按该法进行分类的缺点在于不能反映剂型的用药特点，可能会出现同一种剂型由于辅料和制法不同而属于不同的分散系统，如注射剂可以是溶液类，也可以是乳剂类、混悬液类或微粒类等。

3. 按形态学分类

按形态学分类，是指根据物质形态不同分类的方法。

（1）**固体剂型**　如散剂、丸剂、颗粒剂、胶囊剂、片剂等。

（2）**半固体剂型**　如软膏剂、糊剂等。

（3）**液体剂型**　如溶液剂、芳香水剂、注射剂等。

（4）**气体剂型**　如气雾剂、部分吸入剂等。

一般而言，形态相同的剂型，在制备特点上有相似之处。如液体制剂制备时多需溶解、分散；半固体制剂多需熔化、研匀；固体制剂多需粉碎、混合等。形态不同的剂型，药物作用的速度也不同，如同样是口服给药，液体制剂起效最快，固体制剂则较慢。这种分类方式具有直观、明确的特点，且对药物制剂的设计、生产、贮存和应用都有一定的指导意义。不足之处是没有考虑制剂的内在特点和给药途径。

4. 按制法分类

根据制备方法进行分类的方法，与制剂生产技术相关。

（1）**浸出制剂**　它是用浸出方法制成的剂型，如流浸膏剂、酊剂等。

（2）**无菌制剂**　它是用灭菌方法或无菌技术制成的剂型，如注射剂、滴眼剂等。

这种分类方法不能包含全部剂型，故不常用。

5. 按作用时间进行分类

根据剂型作用快慢，分为速释、普通和缓控释制剂等。这种分类方法能直接反映用药后药物起效的快慢和作用持续时间的长短，因而有利于合理用药。但该法无法区分剂型之间的固有属性。如注射剂和片剂都可以设计成速释和缓释产品，但两种剂型的制备工艺截然不同。

以上剂型分类方法各有其特点，但均不完善，各有其优缺点。因此，本书中沿用了医疗、生产、教学等长期使用习惯，采用综合分类的方法。

（二）剂型的意义

出于安全性和有效性考虑，不论何种情况下，药物不能以原料药形式用于临床，须根据药物性质和治疗目的，以合适剂型通过合理的途径输送至体内才能发挥效果。

1. 药物剂型与给药途径有关

药物制成不同制剂作用于人体不同部位以满足全身或局部的治疗需求，包括皮下、口腔、眼、直肠、尿道、静脉等二十余种人体部位给药途径。药物剂型必须根据给药途径的特点来设计和制备，且药物剂型必须与这些给药途径相适应。如眼黏膜用药途径应考虑患者顺应性，常以液体、半固体剂型为主要剂型；直肠用药应在考虑患者顺应性的同时还要考虑制剂滞留而不泄漏，常以栓剂为主要剂型；舌下用药应考虑舌下静脉入血的目的，常以速释制剂为主要剂型等。

2. 药物剂型与药效有关

一种药物可制成多种剂型，可用于多种给药途径，选择合适的剂型可以发挥出良好的药效，剂型对于药效的重要作用主要体现在以下几个方面：

（1）可调节药物的作用速度　药物的给药目的不尽相同，因此临床应以特定的治疗需要制备不同作用速度的剂型。如注射剂、吸入气雾剂等，于体循环静脉或肺部静脉快速发挥药效，常用于急救；丸剂、缓控释制剂、植入剂等属长效制剂，可延长药物作用时间，减少用药次数。

（2）可降低（或消除）药物的不良反应　药物进入体内后发挥治疗效果的同时往往伴随不期望的毒副反应，合理的剂型设计可避免其发生。如氨茶碱临床用于治疗哮喘病，但具有心动过速的副反应，设计为栓剂剂型可有效降低氨茶碱在心脏部位的分布，从而消除这种不良反应；尼莫地平临床用于治疗蛛网膜下腔出血，但具有降低血压的副反应，易导致休克或心肌梗死，缓释片能够缓慢释放尼莫地平，维持其有效血药浓度，减少血液内尼莫地平的暴露量，从而降低不良反应的发生率。

（3）可改变药物的作用性质　部分药物具有不同的药理活性，需要不同的剂型予以实现。如硫酸镁口服剂型常用作泻下药，而5%注射液静脉滴注，能抑制大脑中枢神经，具有镇静、镇痉作用；依沙吖啶（Ethacridine，利凡诺）1%注射液用于中期引产，但0.1%～0.2%溶液局部涂敷有杀菌作用。

（4）可产生靶向作用　合理的剂型设计具有使药物在特定组织或器官富集的作用。如静脉注射用脂质体是具有微粒结构的剂型，根据微粒粒径的大小，脂质体可被网状内皮系统的巨噬细胞所吞噬，使药物在肝、脾等器官浓集性分布，即在肝、脾等器官发挥疗效的药物剂型。

（5）可提高药物的稳定性　同种主药制成固体制剂的稳定性高于液体制剂，对于主药易发生降解的，可以考虑制成固体制剂。

（6）可影响疗效　固体剂型如片剂、颗粒剂、丸剂的制备工艺不同会对药效产生显著的影响，药物晶型、颗粒大小的不同，也可直接影响药物的释放，从而影响药物的治疗效果。

3. 药物剂型与运输、贮藏有关

一种药物可制成何种剂型除了由药物的性质、临床应用的需要决定外，还需要考虑运输、贮藏等方面的要求。例如片剂、颗粒剂需要密封贮存；胶囊剂、栓剂需要密封贮存，且环境温度不高于30℃，湿度应适宜；软膏剂需要避光密封贮存；乳膏剂需要避光密封置25℃以下贮存，不得冷冻等。多数抗生素类药物在高温下存放易致其热不稳定环状结构水解，需要采用全程无菌的冷冻干燥技术制备粉针剂；生物制品如胃蛋白酶、胰岛素等由于在不高于30℃的室温下仅可存放6～8 h，因此需要置于冰箱中冷藏。

第二节　国家药品标准及其他药品相关法规简介

为确保药品质量，保障人民用药安全，药品研发、生产、流通和使用必须遵循国家的相关法规和标准。

一、药典及国家药品标准

（一）药典

药典（pharmacopoeia）是由希腊语"*pharmakon*"（药物）和"*poieo*"（制作）二词组成，是一个国家记载药品规格和标准的法典。大多数国家药典由国家药典委员会组织编纂、出版，并由政府颁布发行，具有法律约束力。其中，收载的是疗效确切、副作用小、质量较稳定的常用药物及其制剂，规定其质量标准、制备要求、鉴别、杂质检查与含量测定等，作为药品生产、检验、供应与使用的依据。一个国家的药典在一定程度上可以反映这个国家药品生产、医疗和科学技术水平，在保证用药安全有效、促进药品研究和生产方面有重大指导作用。

1.《中华人民共和国药典》

中华人民共和国第一版药典于1953年8月出版，定名为《中华人民共和国药典》，简称《中国药典》，依据《中华人民共和国药品管理法》（简称《药品管理法》）组织制定和颁布实施。之后，除《中国药典》（1963年版）和《中国药典》（1977年版）发布时间间隔较长，自1985年始，每5年即有新一版《中国药典》问世，现共有11个版本，新版本一经颁布实施，其同品种的上版标准或其原国家标准即同时停止使用。有时为了使新的药物和制剂能及时得到补充和修改，往往在下一版新药典出版前，还出现一些增补版。

《中国药典》1953年版由一部组成；1963年、1977年、1985年、1990年、1995年、2000年版由两部组成，一部收载中药，二部收载化学药和生物制品；2005年、2010年版由三部组成，一部收载中药，二部收载化学药，三部收载生物制品；2015年、2020年版由一部、二部、三部、四部及增补本组成，一部收载中药，二部收载化学药，三部收载生物制品，四部收载通则和药用辅料。

《中国药典》（2020年版）内容包含凡例、正文、通则和索引。凡例是使用本药典的总说明，包括药典中各种计量单位、符号、术语等的含义及其在使用时的有关规定；正文是药典的主要内容，阐述本药典收载的所有药物和制剂，以及药用辅料；通则是收载本药典所采用的检验方法、制剂通则、指导原则、标准品、标准物质、试液、试药等；索引中包括中文、汉语拼音、拉丁文和拉丁学名索引，以便查阅。

2. 国外药典

据不完全统计，世界上已有近40个国家编制了国家药典，另有3种区域性药典和WHO组织编制的《国际药典》等。国际上最有影响力的药典是《美国药典》《英国药典》《日本药局方》《欧洲药典》和《国际药典》，是药物研发、生产及质量控制等技术人员重要的参考典籍。

《美国药典》（The United States Pharmacopoeia，简称USP），由美国政府所属的美国药典委员会（The United States Pharmacopeial Convention）编辑出版。USP于1820年出版第一版，1950年以后每5年出版一次修订版。《国家处方集》（National Formulary，NF）1883年出版第一版，1980年15版起并入USP，但仍分两部分，前面为USP，后面为NF。USP-NF的基本内容包括：凡例、通则和标准正文，共4卷，是唯一由美国FDA强制执行的法定标准。

《英国药典》（British Pharmacopoeia，简称BP），是英国药典委员会（British Pharmacopoeia Commission）的正式出版物，是英国制药标准的唯一法定来源。《英国药典》出版周期不定，最新的版本为2018版，即BP2018，共6卷，2017年8月出版，2018年1月生效。

《日本药典》即《日本药局方》（Pharmacopoeia of Japan，简称JP），由日本药局方编辑委员会编纂，由厚生省颁布执行，每五年修订一次。《日本药典》分两部出版，第一部收载原料药及其基础制剂，第二部主要收载生药、家庭药制剂和制剂原料。

《欧洲药典》（European Pharmacopoeia，简称EP）由1964年成立的欧洲药典委员会于1977年出版第一版。《欧洲药典》为欧洲药品质量检测的唯一指导文献，具有法律约束力，是在欧洲上市药品强制执行的法定标准。EP不收载制剂，但收载制剂通则，出版周期为3年，共2卷。

《国际药典》（International Pharmacopoeia，简称Ph. Int.），是WHO为了统一世界各国药品的质量标准和质量控制的方法而编纂的。它对各国无法律约束力，仅作为各国编纂药典时的参考标准。《国际药典》所采用的信息综合了各国实践经验并广泛协商后整理而得。1951 年和 1955 年分两卷出版了第 1 版《国际药典》，1967 年出版第 2 版，1979 年出版第 3 版，2006 年出版第 4 版，最新版为第 5 版，于 2015 年出版。《国际药典》更多关注发展中国家的需要，并且只推荐已被证明合理有效的、经典的化学技术，在世界范围内广泛应用的药物被优先考虑，分析方法上尽可能采用经典的方法以便在没有昂贵设备的情况下也能进行。

（二）国家药品标准

国家药品标准是国家对药品的质量、规格和检验方法所作的技术规定，是保证药品质量，进行药品生产、经营、使用、管理及监督检验的法定依据。

1. 中国国家药品标准

《中华人民共和国药品标准》简称"国家药品标准"，由国家药品监督管理局（National Medical Products Administration，NMPA）对临床常用、疗效确切、生产地区较多的原地方标准品种进行质量标准的修订、统一、整理、编纂并颁布实施的，主要包括以下几个方面的药物：①原食品药品监督管理局审批的国内创新的重大品种，国内未生产的新药，包括放射性药品、麻醉性药品、中药人工合成品、避孕药品等；②《中国药典》收载过而现行版未列入的疗效肯定且国内几个省仍在生产、使用并需修订标准的药品；③疗效肯定但质量标准仍需进一步改进的新药。

目前，药品所有执行标准主要包括：①《中国药典》标准；②原卫生部中药成方制剂一至二十一册；③原卫生部化学、生化、抗生素药品第一分册；④原卫生部药品标准（二部）一册至六册；⑤原卫生部药品标准藏药第一册、蒙药分册、维吾尔药分册；⑥新药转正标准 1 至 88 册（正不断更新）；⑦国家药品标准化学药品地标升国标 1～16 册；⑧国家中成药标准汇编；⑨国家注册标准（针对某一企业的标准，但同样是国家药品标准）；⑩进口药品标准。目前，我国约有 9000 个药品质量标准。

对于原地方药品标准，经国家药品监督管理部门的重新修订、统一、整理、编纂并颁布实施，对临床常用、疗效确切、生产地区较多的原地方标准品种并入国家药品标准中，原地方标准于 2006 年取消。

2. 国外药品标准

其他国家除药典外，尚有国家处方集出版。如美国《国家处方集》，英国《国家处方集》（British National Formulary）和《英国准药典》（British Pharmacopoeia Codex，BPC），日本的《日本药局方外医药品成分规格》《日本抗生物质医药品基准》《放射性医用品基准》等。

除了药典以外的标准，还有药典出版注释物，这类出版物的主旨是对药典的内容进行注释或引申性补充。如我国《中华人民共和国药典二部临床用药须知》（2010 年版）。

二、药品注册标准

（一）药品注册的定义与意义

药品注册是指药品注册申请人（以下简称申请人）依照法定程序和相关要求提出药物临床试验、药品上市许可、再注册等申请以及补充申请，药品监督管理部门基于法律法规和现有科学认知进行安全性、有效性和质量可控性等审查，决定是否同意其申请的活动。药品注册申请分为**新药申请、仿制药申请、进口药品申请、补充申请、再注册**。

药品注册是国家为了保证药品质量、保障人体用药安全、维护公共利益而对于药品研制活动进行的监督，也是政府在药品研制成果合法上市方面的行政许可事项，我国在药品注册管理上遵守世界贸易组织（World Trade Organization，WTO）非歧视性原则、市场开放原则、公平贸易原则和权利义务平衡原则，借鉴国际药品注册经验，逐步与国际市场接轨，通过药品临床试验申请、药品注册申请、进口药品注册申请等多方面监管确保人体用药安全有效。

（二）药品注册分类

新药及其品种的评价方式和审批要求不尽相同，为保证新药审批质量，降低药品研制成本，我国药品注册采用分类审批管理办法。根据《药品注册管理办法》第四条规定：**药品注册按照化学药品、中药和生物制品等进行分类注册管理。**

1. 化学药品

化学药品注册按照化学药创新药、化学药改良型新药、仿制药等进行分类。根据《化学药品注册分类改革工作方案》（2016 版）规定，化学药品新注册分类共有 5 个类别，具体如下：

1 类：境内外均未上市的创新药。它是指含有新的、结构明确的、具有药理作用的化合物，且具有临床价值的药品。

2 类：境内外均未上市的改良型新药。它是指在已知活性成分的基础上，对其结构、剂型、处方工艺、给药途径、适应证等进行优化，且具有明显临床优势的药品。如辉瑞公司于 1981 年上市 1 类新药硝苯地平胶囊，1989 年上市硝苯地平控释片即为硝苯地平胶囊的剂型优化型改良新药，属 2 类新药。

3 类：境内申请人仿制境外上市但境内未上市原研药品的药品。该类药品应与原研药品的质量和疗效一致。其中，原研药品指境内外首个获准上市，且具有完整和充分的安全性、有效性数据作为上市依据的药品。

4 类：境内申请人仿制已在境内上市原研药品的药品。该类药品应与原研药品的质量和疗效一致。主要考虑到人种差异因素和国家间药品申报审查差异而区分 3 类和 4 类，3 类需要经临床试验重新验证有效性，而 4 类则无此要求。

5 类：境外上市的药品申请在境内上市。

2. 中药、天然药物

中药、天然药物注册按照中药创新药、中药改良型新药、古代经典名方中药复方制剂、同名同方药、进口药进行分类。

1 类：中药创新药，指含有未在中药或天然药物国家标准的处方中收载，且具有临床价值的药品，包括单方制剂和复方制剂。

2 类：中药改良型新药，指对已上市销售中药、天然药物的剂型、给药途径、适应证等进行优化，且具有明显临床优势的药品。

3 类：古代经典名方中药复方制剂，指目前仍广泛应用、疗效确切、具有明显特色与优势的清代及清代以前医籍所记载的方剂。

4 类：同名同方药，指处方、剂型、日用生药量与已上市销售中药或天然药物相同，且在质量、安全性和有效性方面与该中药或天然药物具有相似性的药品。

5 类：进口药，指境外上市的中药、天然药物申请在境内上市。

3. 生物制品

生物制品按照生物制品创新药、生物制品改良型新药、已上市生物制品（含生物类似药）等进行分类，主要包括疫苗、血液制品、生物技术药物、免疫调节剂、诊断制品等。药品注册申报要求将生物制品按用途分为**预防用生物制品**和**治疗用生物制品**。

根据 2020 年 7 月 1 日开始实施《生物制品注册分类及申报资料要求》，**预防用生物制品**主要分为 3 类。

1 类：创新型疫苗，即境内外均未上市的疫苗。

2 类：改良型疫苗，即对境内或境外已上市疫苗进行改良，使新产品的安全性、有效性、质量可控性有所改进，且具有明显优势的疫苗。

3 类：境内或境外已上市的疫苗，包括：

3.1 境外生产的境外已上市、境内未上市的疫苗申报上市。

3.2 境外已上市、境内未上市的疫苗申报在境内生产上市。

3.3 境内已上市疫苗。

根据 2020 年 7 月 1 日开始实施《生物制品注册分类及申报资料要求》，**治疗用生物制品**主要分为 3 类。

1 类：创新型生物制品，即境内外均未上市的治疗用生物制品。

2 类：改良型生物制品，即对境内或境外已上市制品进行改良，使新产品的安全性、有效性、质量可控性有所改进，且具有明显优势的治疗用生物制品。

3 类：境内或境外已上市的生物制品，包括：

3.1　境外生产的境外已上市、境内未上市的生物制品申报上市。

3.2　境外已上市、境内未上市的生物制品申报在境内生产上市。

3.3　生物类似药。

3.4　其他生物制品。

（三）药品注册相关法规

1.《药品注册管理办法》

《药品注册管理办法》是我国药品研发和注册管理的重要操作性规章，包含药品注册管理制度框架与工作职责。《药品注册管理办法》至今共有四版，最新版于 2020 年 1 月公布，于 2020 年 7 月 1 日实行，配有《已上市化学药品变更研究的技术指导原则》《已上市中药变更研究技术指导原则》和《药品注册现场核查管理规定》。《药品注册管理办法》的主要意义在于：①全面推进药品注册分类改革，提出了中药创新药和改良型新药的分类，不再区分进口仿制药和国产仿制药，执行统一的审评标准和质量要求。②建立优先审评审批制度，提高新药审批效率，鼓励医药创新。对符合条件的药品注册申请，申请人可以申请适用突破性治疗药物、附条件批准、优先审评审批及特别审批程序。③实现药品审评审批与国际接轨，使我国患者能够同步使用国际创新药物并获益。来源于境外的研究资料和数据，符合我国药品注册管理要求和国际人用药品注册技术要求协调会通行原则，我国接受符合要求的国际临床数据在中国进行药品申报上市。④进一步推动中药创新与传统中医药传承发展。明确将中药范围重新界定为中药创新药、中药改良型新药、古代经典名方中药复方制剂、同名同方药等，帮助中医药由单纯的历史传承向创新转化。

2.《药品注册现场核查管理规定》

《药品注册现场核查管理规定》是国家为规范药品研发秩序，强化药品注册现场核查，保证核查工作质量而制定的相关规定。该规定包含研制现场核查和生产现场检查。其中，研制现场核查是指对研制现场实地确证，审查原始记录，确认申报资料的真实性、准确性和完整性。生产现场检查是指实地检查批量生产过程，确认实际生产工艺与申报的生产工艺相符，同时检查 GMP 符合性。《药品注册现场核查管理规定》通过细化和明确药品注册现场核查要求，从制度上保障申报资料真实性、科学性和规范性，从源头上确保药品的安全性，是"重审批、强监管"这一科学理念的具体体现。

3. ICH 指导原则

ICH 指导原则是国际人用药品注册技术要求协调会（ICH）提出的关于药品的科学和技术方面的准则。根本目的是通过对相关技术要求进行国际协调，加快转化创新药，确保患者能够持续获得已批准的药物，从而推动公众健康。避免在人体上重复进行临床试验，以经济有效的方式来保证研发、注册和生产的药物安全，同时在不影响安全性和有效性的前提下尽可能减少动物试验。ICH 指导原则分为四个类别：①质量指导原则（quality guidelines），主要内容是化工、医药、质量保证相关指导原则；②安全性指导原则（safety guidelines），主要内容是实验室动物试验等临床前研究相关指导原则；③有效性原则（efficacy guidelines），主要内容是人类临床研究相关指导原则；④多学科指导原则（multidisciplinary guidelines），主要内容是交叉涉及以上三个分类的，不可单独划入任何一类的指导原则。其中，ICH M4 中明确规范了人用药品注册所需要的技术资料和要求，主要分为 5 个模块：①行政管理信息，包括注册地区的说明书和申请表等；②通用技术文档总结，包括药物分类、作用模式、拟定临床用途等方面的研究说明；③质量研究信息，包括原料药与制剂的基本信息、生产信息、质量控制、对照品、包装系统、稳定性等研究结果；④非临床试验报告，包括药效学、药学、药物相互作用、药代动力学、毒理学等研究结果；⑤临床试验报告，包括生物药剂学、临床药理学、临床有效性、临床安全性等研究结果。ICH 指导原则从多方面规范药品注册的申报流程、组织形式、提交内容等，为药品的全球化注册和全世界患者用药普及性提供可靠助力。

三、药品生产标准

药品质量的控制是人类用药安全有效的保障，关乎着人类的生命健康和社会的稳定。我国在众多相关药品管理规定中均强调对药品生产质量的管理，加强企业对药品生产监管制度和药品质量控制体系的构建，以提高我国医药产品的生产质量，包括《药品生产质量管理规范》《药品生产监督管理办法》《制剂通则》等。

（一）《药品生产质量管理规范》和《动态药品生产管理规范》

《药品生产质量管理规范》（Good Manufacturing Practice，GMP）是在药品生产全过程中，用科学、合理、规范化的条件和方法来保证生产出优良制剂的一整套系统的、科学的管理规范，是药品生产和质量全面管理监控的通用准则。GMP三大目标要素是将人为的差错控制在最低的限度，防止对药品的污染，保证高质量产品的质量管理体系。GMP总的要求是：所有医药工业生产的药品，在投产前，对其生产过程必须有明确规定，所有必要设备必须经过校验；所有人员必须经过适当培训；厂房建筑及装备应合乎规定；使用合格原辅料；采用经过批准的生产方法；还必须具有合乎条件的仓储及运输设施；整个生产过程和质量监督检查过程应具备完善的管理操作系统，并严格执行。

实践证明，GMP是防止药品在生产过程中发生差错、混淆、污染，确保药品质量的必要、有效手段。目前，已有100多个国家和地区制定GMP，国际上已将是否实施GMP作为药品质量有无保障的先决条件，它作为指导药品生产和质量管理的法规，在国际上已有近60年历史，在我国推行也有将近40年的历史。我国在1998年成立国家药品监督管理局后，建立了国家药品监督管理局药品认证管理中心，国家药品监督管理局为了加强对药品生产企业的监督管理，采取监督检查的手段，即规范GMP认证工作，由国家药品监督管理局药品认证管理中心承办，经资料审查与现场检查审核，报国家药品监督管理局审批，对认证合格的企业（车间）颁发《药品GMP证书》，并予以公告，有效期5年（新开办的企业为1年，期满复查合格后为5年，期满前3个月内，按药品GMP认证工作程序重新检查、换证）。但自2019年12月1日《药品管理法》施行起，正式取消"药品生产质量管理规范（GMP）认证"行政许可事项，不再受理GMP认证申请，不再发放《药品GMP证书》，办理与GMP相关的申请事项时，依照国家出台的相关新政策、新规定执行。取消GMP认证后，飞行检查会不断强化，对制药企业而言意味着更多、更严格的监管。GMP认证取消并不等于GMP取消，企业仍需按照GMP相关法规执行，并按照更高的标准以符合国家规范的要求。

《动态药品生产管理规范》（Current Good Manufacture Practice，cGMP）要求产品生产和物流的全过程都必须验证，以高于GMP的标准实行药品生产管理规范，目前主要于美国、欧洲、日本等执行。

（二）《药品生产监督管理办法》

根据新修订《药品管理法》，为落实生产质量责任，保证生产过程持续合规，符合质量管理规范要求，加强药品生产环节监管，规范药品监督检查和风险处置，修订了《药品生产监督管理办法》。根据要求，药品生产环节应做到以下几个方面：

① 全面规范生产许可管理。明确药品生产的基本条件，规定了药品生产许可申报资料提交、许可受理、审查发证程序和要求，规范了药品生产许可证的有关管理要求。

② 全面加强生产管理。明确要求从事药品生产活动应当遵守《药品生产质量管理规范》等的技术要求，按照国家药品标准、经药品监管部门核准的药品注册标准和生产工艺进行生产，保证生产全过程持续符合法定要求。

③ 全面加强监督检查。按照属地监管原则，省级药品监管部门负责对本行政区域内的药品上市许可持有人、制剂、化学原料药、中药饮片生产企业的监管。对原料、辅料、直接接触药品的包装材料和容器等的供应商、生产企业开展日常监督检查，必要时开展延伸检查。建立药品安全信用档案，依法向社会公布并及时更新，可以按照国家规定实施联合惩戒。

④ 全面落实最严厉的处罚。坚持利剑高悬，严厉打击违法违规行为。进一步细化《药品管理法》有

关处罚条款的具体情形。对违反《药品生产监督管理办法》有关规定的情形，增设了相应的罚则，保证违法情形能够依法处罚。

《药品生产监督管理办法》对药品生产监管作出全新的制度设计，有利于我国药品监管工作的进一步完善，对加强创新、严格监管、保障药品安全有效和质量可控具有重要意义。

（三）制剂通则

《中国药典》中收载的"制剂通则"，是按照药物剂型分类，针对剂型特点所规定的基本技术和质量要求。《中国药典》（2020 年版）四部（通则）收载了中药、化药、生物制品共 41 个剂型的定义、分类、一般质量要求和检查项目，包括片剂、注射剂、胶囊剂、散剂、锭剂等。制剂通则不仅为《中国药典》所收载，也被《美国药典》《英国药典》《国际药典》《欧洲药典》所收载。《美国药典》的制剂通则不适用于生物制品，但是在包装、灌装量等以及标签标注项方面对生物制品的适用性也很强；《英国药典》的附录部分收载了不同剂型的质量要求、各种技术和试验方法。

四、其他标准

药品是一种特殊的商品。从使用对象上说：它是以人为使用对象，预防、治疗、诊断人的疾病，有目的地调节人的生理机能，有规定的适应证、用法和用量要求。从使用方法上说：除外观，患者无法辨认其内在质量，许多药品需要在医生的指导下使用，而不由患者选择决定。同时，药品的使用方法、数量、时间等多种因素在很大程度上决定其使用效果，误用不仅不能"治病"，还可能"致病"，甚至危及生命安全。从研发到生产到销售，各个环节都与普通商品不同，需严格按照《药品管理法》及相关法规进行，以下将对《药品管理法》与其他药品质量相关管理规范进行简要介绍。

（一）《药品管理法》

《药品管理法》以药品监督管理为中心内容，对药品评审与质量检验、医疗器械、药品生产经营、药品使用与安全、医院药学标准化、药品稽查、药品集中招投标采购等均具有明确的规定。《药品管理法》以人民健康为中心，坚持风险管理、全程管控、社会共治的原则，建立科学、严格的监督管理制度，全面提升药品质量，保障药品的安全、有效、可及，旨在加强药品监督管理，保证药品质量，保障人体用药安全，维护人民身体健康和用药的合法权益。现行为 2019 年 8 月 26 日第十三届全国人民代表大会常务委员会第十二次会议修订版。

其中，《药品管理法》规定了国家对药品实行处方药与非处方药的分类管理制度，这也是国际上通用的药品管理模式。**处方**系指医疗和生产部门用于药剂调制、制剂制备的一种重要书面文件。处方有以下几种：

① 法定处方：国家药品标准收载的处方。它具有法律的约束力，在制备或医师开写法定制剂时均需遵照其规定。

② 医师处方：医师对患者进行诊断后对特定患者的特定疾病而开写给药局或药房的有关药品、给药量、给药方式、给药天数以及制备等的书面凭证。该处方具有法律、技术和经济的意义。

③ 协定处方：医院药剂科与临床医师根据医院日常医疗用药的需要，共同协商制订的处方。适于大量配制和储备，便于控制药品的品种和质量，提高工作效率，减少患者取药等候时间。每个医院的协定处方仅限于在本单位使用。

处方药和非处方药不是药品本质的属性，而是管理上的界定。无论是处方药，还是非处方药，都要经过国家药品监督管理部门批准，其安全性和有效性是有保障的。

处方药、非处方药的生产销售、批发销售业务必须由具有《药品生产企业许可证》《药品经营企业许可证》的药品生产企业、药品批发企业经营。**处方药**是必须凭执业医师或执业助理医师的处方才可调配、购买，并在医生指导下使用的药品。处方药不得采用开架自选销售方式。执业药师或药师必须对医师处方进行审核、签字后依据处方正确调配、销售药品；对处方不得擅自更改或代用；对有配伍禁忌或超剂量的处方，应当拒绝调配、销售，必要时，经处方医师更正或重新签字，方可调配、销售。零售药店对处方必须留存 2 年以上备查。**非处方药**不需凭执业医师或执业助理医师的处方，消费者可以自行判断购买和使用的药品，主要是用于治疗各种消费者容易自我诊断、自我治疗的常见轻微疾病。非处方药经专家遴选，由国家药品监督管理局批准并公布。在非处方药的包装上，必须印有国家指定的非处方药专有标识，必须符合质量要求，方便贮存、运输和使用。每个销售的基本单元包装必须附有标签和说明书。非处方药在国外又称之为"可在柜台上买到的药物"（over the counter，OTC）。目前，OTC 已成为全球通用的非处方药的简称。

处方药可以在国务院卫生行政部门和药品监督管理部门共同指定的医学、药学专业刊物上介绍，但不得在大众传播媒介上发布广告宣传。非处方药经审批可以在大众传播媒介上进行广告宣传。处方药、非处方药应当分柜摆放，并不得采用有奖销售、附赠药品或礼品销售等方式。

（二）《药物非临床试验管理规范》

《药物非临床试验管理规范》（Good Laboratory Practice，GLP）是药物进行临床前研究必须遵循的基本准则。其内容包括药物非临床研究中对药物安全性评价的实验设计、操作、记录、报告、监督等一系列行为和实验室的规范要求，是从源头上提高新药研究质量、确保用药安全的根本性措施。在新药研制的实验中，进行动物药理试验（包括体内和体外试验）的准则，如急性、亚急性和慢性毒性试验，生殖试验，致癌、致畸和致突变试验，以及其他毒性试验等都有十分具体的规定，是保证药品研制过程安全、准确、有效的法规。1972—1973 年，新西兰、丹麦率先实施了 GLP 实验室登记规范。美国 FDA 也于 1976 年 11 月颁布了 GLP 法规草案，并于 1979 年正式实施。1981 年，国际经济合作与发展组织（Organization for Economic Cooperation and Development，OECD）制定了 GLP 原则。20 世纪 80 年代中期，日本、韩国、瑞士、瑞典、德国、加拿大、荷兰等也先后实施了 GLP 规范。GLP 逐渐成为国际通行的确保药品非临床安全性研究质量的规范。

（三）《药物临床试验质量管理规范》

《药物临床试验质量管理规范》（Good Clinical Practice，GCP）是临床试验全过程的标准规定，包括方案设计、组织、实施、监察、稽察、记录、分析总结和报告。凡药品进行各期临床试验，包括人体生物利用度或生物等效性试验，均须按此规范执行。遵循 GCP 的目的在于保证临床试验过程的规范、临床试验数据的可靠和可信性，保护受试者的权益、安全性和健康。GCP 最早于 1980 年在美国提出。20 世纪 80 年代中后期，日本和许多欧洲国家先后制定并实施了 GCP。1990 年由欧洲、日本、美国三方药品管理当局及三方制药企业管理机构共同发起了"人用药品注册技术规定国际协调会议"，组成了对三方国家人用药品注册技术规定的现存差异进行协调的国际协调组，寻求解决三方国家之间存在的不统一的规定和认识，通过协调逐步取得一致，为药品研究开发、审批上市制定一个统一的国际性指导标准，以便更好地利用人、动物和材料资源，减少浪费，避免重复，加快新药在世界范围内开发使用；同时采用规范的统一标准来保证新药的质量、安全性和有效性，体现保护公共健康的管理责任。1998 年 3 月，根据我国国情，卫生部参照了 WHO GCP 和 ICH4 GCP 制定颁布了《药物临床试验管理规范（试行）》；1999 年 9 月由国家药品监督管理局颁布《药物临床试验管理规范》；2003 年 8 月由国家食品药品监督管理局颁布《药物临床试验质量管理规范》。

（四）《药品经营质量管理规范》

《药品经营质量管理规范》（Good Supply Practice，GSP）是控制医药商品流通环节所有可能发生质量事故的因素，从而防止质量事故发生的一整套管理程序，是药品经营企业统一的质量管理准则。按照 GSP 的要求，药品经营企业必须围绕保证药品质量，从药品管理、人员、设备、购进、入库、贮存、出库、销售等环节建立一套完整的质量保证体系，通过层层把关，有效杜绝假劣药品的出现和质量事故的发生。

1982 年我国开始了 GSP 的起草工作，1984 年中国医药公司组织制定的《医药商品质量管理规范（试行）》，由国家医药管理局发文在全国医药商业范围内试行；1991 年中国医药商业协会组织力量对 1984 年版 GSP 进行了修订，1992 年由国家医药管理局正式发布并实施；1998 年，在 1992 版 GSP 的基础上重新修订了《药品经营质量管理规范》，由国家药品监督管理局于 2000 年 4 月 30 日颁布，并于 2000 年 7 月 1 日起施行；2013 年版《药品经营质量管理规范》由卫生部于 2012 年 11 月 6 日公布，并于 2013 年 6 月 1 日施行；2015 年版《药品经营质量管理规范》经国家食品药品监督管理总局于 2015 年 5 月 18 日公布之日起施行；2016 版《药品经营质量管理规范》经国家食品药品监督管理总局于 2016 年 6 月 30 日公布之日起施行。

　　通过相关法律法规的制定，国家在药物研发、生产、流通、使用的每一个环节加以规范，全面强化药品全生命周期监管，以保证药品质量，确保用药安全。

（周建平）

思考题

1. 简述药物、药品、制剂、剂型、药典、GLP、GCP、GMP、GSP 的基本含义。
2. 简述药剂学研究的主要内容。
3. 简述剂型的意义。
4. 简述剂型分类的方法及其优缺点。
5. 简述国家药品标准和药典的主要作用。
6. 简述工业药剂学的主要任务及发展。
7. 简述药品注册的分类标准。
8. 简述《药品注册管理法》、ICH 指导原则对于药品注册的主要作用。
9. 简述处方药和非处方药分类管理的差异。
10. 简述药品生产管理有关规定的主要作用。

参考文献

[1] 国家药典委员会. 中华人民共和国药典 ［M］. 2020 年版. 北京：中国医药科技出版社，2020.
[2] 吴正红，祁小乐. 药剂学 ［M］. 北京：中国医药科技出版社，2020.
[3] 方亮. 药剂学 ［M］. 8 版. 北京：人民卫生出版社，2016.
[4] 周建平，唐星. 工业药剂学 ［M］. 北京：人民卫生出版社，2014.
[5] 平其能，屠锡德，张钧寿等. 药剂学 ［M］. 4 版. 北京：人民卫生出版社，2013.
[6] http://www.nmpa.gov.cn/WS04/CL2042，国家食品药品监督管理局.
[7] http://www.cde.org.cn/，国家药品监督管理局药品审评中心.
[8] https://www.fda.gov/，美国食品药品监督管理局.

第二章
药物制剂的设计与质量控制

本章要点

1. 掌握药物制剂设计的目标、基本原则，药剂学的基本理论和方法以及常用剂型的设计、制备工艺等，药物理化性质的定义及相关测定方法，影响制剂稳定性的因素及提高稳定性的方法，药物体内吸收的过程及相关参数的测定方法，处方及工艺的优化思路以及常用方法，工艺验证的内容及意义。

2. 熟悉质量源于设计（QbD）理念在药物制剂设计中的应用。

3. 了解风险管理的一般流程以及质量评价的关键要素。

第一节 概 述

一、药物制剂设计的目标

药物制剂研发过程中，不同剂型的同一药物或者不同处方工艺的相同剂型的药物，其疗效、毒副作用往往有较大的区别，这是因为不同的给药途径、剂型、处方、工艺等因素不仅影响制剂的理化性质，还会影响药物的体内药动学和药效学。因此，在研发阶段进行合理的药物制剂设计至关重要。此外，我国药品申报和审评审批制度逐渐规范化，药品研究重心已逐渐从仿制向创新转移，无论是创新药还是改良型新药，都需要有明确的制剂设计依据，尤其是改良型新药，还强调应具有明显的临床优势。因此，药物制剂设计在药物研发中的意义也日益显著。

药物制剂设计主要包括以下几个方面的内容：①处方前的全面研究工作，包括查阅有关药物的理化性质、药理学、药动学、专利情况等，若某些参数检索不到而又是剂型设计必需的，可通过试验获得数据后再进行剂型和处方设计；②综合各方面的因素，如药物的理化性质、临床前研究、临床需要，确定最佳给药途径，选择合适的剂型；③根据确定的剂型，选择合适的辅料或添加剂，通过各种测定方法考察制剂的各项指标，采用实验设计优化法对处方和制备工艺进行优选；④确定包材，形成适合生产和临床应用的制剂产品。因此，药物制剂设计的目的就是根据疾病的性质、临床用药的需要以及药物的理化性质和生物学特性，确定适宜的给药途径和剂型，选择合适的辅料、制备工艺，筛选制剂的最佳处方和工艺条件，确定包装，最终形成适合生产和临床应用的制剂产品。

为了保证药物在临床上展现出适宜的药理活性和疗效，药物制剂设计应达到的目标有：①保证药物迅速到达作用部位，从而保持有效浓度，提高生物利用度；②通过了解药物在体内是否存在首过效应以及是否能被生物膜和体液环境中的 pH 或酶所破坏，从而进行制剂设计来避免或减少药物在体内转运过程中的破坏；③降低或消除药物的刺激性与毒副作用，如将多柔比星制成脂质体制剂能够显著降低多柔比星普通制剂带来的心脏毒性；④保证药物的稳定性，凡在水溶液中不稳定的药物，一般可考虑将其制成固体制剂，若是口服用制剂可制成片剂、胶囊剂、颗粒剂等，注射用制剂则可制成注射用无菌粉末，均可提高稳定性。

二、药物制剂设计的基本原则

为了使药物能够进行大规模生产、产品具有可重现性、药品能达到预期的治疗效果，制剂设计时应考虑如下基本原则：

（一）安全性

药物制剂设计首先应考虑用药**安全性**（safety）。药物制剂的安全性不仅与药物本身理化性质有关，还与辅料种类、制剂工艺等药物制剂的设计过程有关。如紫杉醇的普通注射剂 Taxol，由于紫杉醇水溶性很小，因此处方中加入了聚氧乙烯蓖麻油作为增溶剂，再加上紫杉醇本身的毒副作用，使得该产品在临床应用过程中具有较大的不良反应，可能发生严重的过敏反应，需要在给药前经过皮质激素及抗组胺药的预处理，给药方案复杂。已上市的 Abraxane 是紫杉醇的白蛋白结合型纳米粒，提高了紫杉醇的溶解度，避免使用强刺激性的增溶剂，降低了刺激性和毒副作用，且无需预处理。

理想的制剂设计应在保证疗效的基础上使用最低的剂量，并保证药物在作用后能迅速从体内被清除而无残留，从而在最大限度上避免刺激性和毒副作用。特别是对于治疗指数（therapeutic index）较低的药物，可以设计成控释制剂，减少血药浓度的峰谷波动，以降低产生毒副作用的概率。对人体有较强刺激性的药物，也可通过适宜的剂型和合理的处方来降低药物的刺激性。

（二）有效性

药物制剂的**有效性**（effectiveness）是药品开发的前提，也是制剂设计的核心与基础。药物在体内的作用效果，不仅与活性药物成分有关，还往往受其给药途径、剂型、剂量及患者生理病理状况的影响。例如治疗心绞痛的药物硝酸甘油，舌下给药 2～5 min 起效，适用于心绞痛的急救；而硝酸甘油的透皮贴剂起效慢，药效的持续时间可达 24 h 以上，可以用于预防性地长期给药。所以应从药物本身的特点和治疗目的出发，选择合适的给药途径和剂型，设计最优的起效时间和药效持续周期。

（三）稳定性

药物制剂的设计应保证药物具有最优的**稳定性**（stability）。药物制剂的稳定性包括物理、化学和微生物学的稳定性，是制剂安全性和有效性的基础和重要保证。制剂的物理不稳定性可导致液体制剂产生沉淀、分层等，以及固体制剂发生形变、破裂、软化和液化等形状改变；药物制剂的化学不稳定性导致有效成分含量降低，形成新的具有毒副作用的有关物质；药物制剂的微生物学不稳定性导致制剂污损、霉变、染菌等严重的安全隐患。这些问题可采用调整处方、优化制备工艺、改变包装或贮存条件等办法来解决。**药品的稳定性研究**，是贯穿药物原料的合成、产品更新、新产品开发、制剂设计及制剂生产等过程中的重要内容。通过对药品的稳定性研究，可以合理地进行处方设计，并筛选出最佳处方，为临床提供安全、有效、稳定的药物制剂，为生产提供可靠的处方和工艺，有利于提高经济效益和社会效益。因此，在处方设计的开始，不仅要考察处方本身的配伍稳定性和工艺过程中的药物稳定性，还应考虑制剂在贮藏和使用期间的稳定性，应进行影响因素试验，即在高温、高湿和强光照射条件下考察处方及制备工艺对药物稳定性的影响，用以筛选更为稳定的处方和制备工艺。之后再进行加速试验，通过加速药物的化学或物理变化，预测药物的自身稳定性，为新药申报临床研究与申报生产提供必要的资料。最后还应进行长期稳定性试验，为制定药物的有效期提供依据。

（四）可控性

药品质量是决定其有效性与安全性的重要保证，因此制剂设计必须保证质量**可控性**（controllability）。可控性主要体现在制剂质量的可预知性与重现性。重现性指的是质量的稳定性，即不同批次生产的制剂均应达到质量标准的要求。质量可控要求在制剂设计时应选择较为成熟的剂型、给药途径与制备工艺，以确保制剂质量符合规定标准。国际上现行的"质量源于设计"理念，可在剂型和处方设计之初就考虑确保质量的可控性。

（五）顺应性

顺应性（compliance）是指患者对所用药品的接受程度，往往对其治疗效果有较大的影响。难以被患者接受的给药方式或剂型不利于治疗，如长期应用的处方中含有刺激性成分，注射时有强烈疼痛感的注射剂；老年人、儿童及有吞咽困难的患者服用体积庞大的口服固体制剂；等等。影响患者顺应性的因素除给药方式和给药次数外，还有制剂的外观、大小、形状、色泽、口感等各个方面的因素。因此，在剂型设计时应遵循顺应性的原则，考虑采用最便捷的给药途径，减少给药次数，并在处方设计中尽量避免用药时可能给患者带来不适或痛苦。

（六）可行性

在进行药物制剂设计的前期应展开全面的调查，分析该项目的**可行性**（feasibility）。首先考虑的是该药物制剂是否有临床优势，如显著的临床疗效、较低的刺激性和毒副作用、良好的患者顺应性。接着通过调查和分析该制剂的市场空间、研发动态、专利布局、技术壁垒等，以科学的手段，预测该制剂在技术上能否生产，以及研发生产后是否有市场、是否能取得最佳的效益。

三、质量源于设计

传统的处方设计、研究思路和方法往往采用单变量的实验方法来优化处方和工艺参数，得出最优处方，并根据其实验数据来确定质量标准。然而，实际生产中不同的原料来源、不同的设备常常使成品的检测指标偏离设定的质量指标，导致产品报废甚至大规模的召回事件。因此，人们认识到，在制剂研究中不能简单地追求一个最优处方，而是应该对处方和工艺中影响成品质量的关键参数及其作用机制有系统的、明确的认识，并对它们的变化范围对质量的影响进行风险评估，从而在可靠的科学理论的基础上建立制剂处方和工艺的设计空间。实际生产中可以根据具体情况，在设计空间的范围内改变原料和工艺参数，也能保证药品的质量。

质量源于设计（quality by design，QbD）是目前国际上推行的先进理念，它是指在可靠的科学管理和质量风险管理基础之上，预先定义好目标并强调对产品与工艺的理解及工艺控制的一个系统的研发方法。该理念已逐渐被整个工业界所认可并实施，且被 ICH 纳入新药开发和质量风险管理中，在 ICH 发布的 Q8 药物研发（Pharmaceutical Development）中指出，质量不是通过检验注入产品中，而是通过设计赋予的，要想获得良好的设计，就必须加强对产品的理解和对生产的全过程控制。FDA 认为，产品的设计要符合患者的需求，设计的过程要始终符合产品的质量特性，充分了解各类成分及过程参数对产品质量的影响，充分寻找过程中各种可变因素的来源，不断地更新与监测过程以保证稳定的产品质量。QbD 是 cGMP 的基本组成部分，是科学的、基于风险的、全面主动的药物开发方法，从产品概念到工业化均精心设计，是对产品属性、生产工艺与产品性能之间关系的透彻理解。根据 QbD 概念，药品从研发开始就要考虑最终产品的质量，在配方设计、工艺路线确定、工艺参数选择、物料控制等各个方面都要进行深入的研究，积累翔实的数据，在透彻理解的基础上确定最佳的产品配方和生产工艺。

常规的 QbD 模式思路：首先确认目标（该目标不仅仅指一个具体的药物或制剂，而是包括了该药物或制剂的相关物理、化学、生物学等具体指标），在设计理念已确认的前提下，全方位收集设计目标的相关信息（包括理论、文献以及试验信息）；然后全面考虑后确定生产方案设计，并通过试验等手段确定**关键质量属性**（critical quality attributes，CQAs），同时将所有的 CQAs 与原辅料影响因素和工艺参数相连贯，根据认知和对工艺的控制程度，逐步建立**设计空间**（design space）；最终完成设计并完善整体方案，并在药品的整个生命周期，包括后续的质量提升过程中进行有效管理。

基于 QbD 理念，药物制剂产品开发的第一步是确定目标产品特征（target product profile，TPP）以及相关的目标产品质量特征（target product quality profile，TPQP）。目标产品特征的确定首先需要分析其临床用药需要。不同的疾病和不同的用药情景下，适宜的给药方式和制剂形式往往不同。例如针对全身作用的药物，如果希望患者自行用药，一般应考虑研制口服制剂；但是如果需要治疗的疾病的常见症状是恶心、呕吐，就应该避免口服，而是采用注射、经皮或栓剂等给药形式；如果患者用药时神志不清，不能自主吞咽或者是急救用药，应该考虑开发为注射制剂；如果是慢性病长期用药，应考虑使用非注射给药的剂型或采用缓释长效注射剂型。

根据目标产品质量特征，进一步确立关键质量属性，并系统地研究各种处方和制剂工艺因素对于关键质量属性的影响及机制，选择能够保证产品质量的各个处方和工艺参数的范围，作为产品的设计空间，并应用在线检测技术，保证处方和工艺在设计空间中正常运行。这就是 QbD 理念下的药物制剂设计和工艺研究的新思路和新方法。在应用 QbD 时，以下 3 个关键因素需重点关注：

① 工艺理解：依照 QbD 理念，产品的质量不是靠最终的检测来实现的，而是通过工艺设计出来的，这就要求在生产过程中对工艺过程进行"实时质量保证"，保证工艺的每个步骤的输出都是符合质量要求的。要实现"实时质量保证"，就需要在工艺开发时明确关键工艺参数，充分理解关键工艺参数是如何影响产品关键质量属性的。这样在大生产时，只要对关键工艺参数进行实时监测和控制，保证关键工艺参数是合格的，就能保证产品质量达到要求。

② 设计空间：设计空间是指一个可以生产出符合质量要求的参数空间。设计空间的优势在于为工艺控制策略提供一个更宽的操作面，在这个操作面内，物料的既有特性和对应工艺参数可以无需重新申请就进行变化。如设计空间与生产规模或设备无关，在可能的生产规模、设备或地点变更时无需补充申请。

③ 工艺改进：持续地改进和提高是 QbD 理念的一部分，能够提高实际生产中的灵活性，并且使关键技术能够在研发和生产之间得到交流。如果 CQA 的变异不在可接受的范围内，就要进行调查分析，找出原因并实施改进纠正措施。如果知道导致 CQA 产生变异的原因，可以使用现有的质量标准或操作规程对修改后的工艺进行测试，以证明新的控制策略达到了目标效果。

第二节　药物制剂设计的主要内容

一、药物制剂处方前研究工作

（一）资料收集与文献检索

资料收集与文献检索是处方前研究的第一步。随着现代医药科学的发展，医药文献的数量与种类也日益增多，要迅速、准确、完整地检索到所需的文献资料，必须熟悉检索工具、掌握检索方法。药物信息检索包括药学文献、专利状态、产品信息、市场信息等，从药学专业角度来看，药学文献主要包括药理、毒理、药物流行病学、临床应用等。常用检索工具包括：综合性数据库，如 MEDLINE、Web of Science、Chemical Abstracts（CA）等；专业性检索工具和数据库，如中国药学文摘、International Pharmaceutical Abstracts（IPA）等；专利文献数据库，如 PubMed、FDA 的 Orange、Book 等。在药物制剂前的准备工作中，应根据具体所需，选择相应数据库进行信息检索，以获取全面的信息，支持后续工作的开展。

（二）药物理化性质测定

药物的物理化学性质，如溶解度和油水分配系数等是影响药物体内作用的重要因素。因此，应在处方前研究中系统地研究此类理化性质，主要包括解离常数（pK$_a$）、溶解度、多晶型、油水分配系数、表面特征以及吸湿性等的测定。

1. 溶解度和 pK$_a$

无论何种性质的药物，也无论何种给药途径，都必须具有一定的溶解度，因为药物必须处于溶解状态才能被吸收。对于溶解度大的药物，可以制成各种固体或液体剂型，适合于各种给药途径。对于溶解度小的难溶性药物，溶出是其吸收的限速步骤，是影响生物利用度的最主要因素。解离常数对药物的溶解性和吸收性也很重要，因为大多数药物是有机弱酸或弱碱，其溶解度受 pH 影响。药物溶解后存在的形式也不同（即以解离型和非解离型存在），对药物的吸收可能会有很大影响。一般而言，解离型药物较难通过生物膜而被吸收，而非解离型药物往往可有效地通过类脂性的生物膜被吸收。

（1）溶解度的表示方法　溶解度（solubility）系指在一定温度（气体在一定压力）下，在一定量溶剂中达饱和时溶解药物的最大量。《中国药典》（2020 年版）关于药物溶解度有 7 种提法：极易溶解、易溶、溶解、略溶、微溶、极微溶、几乎不溶或不溶（表 2-1）。这些概念仅表示药物的大致溶解性能，至于准确的溶解度，一般以一份溶质（1 g 或 1 mL）溶于若干毫升溶剂表示。药物的溶解度数据可以查阅药典、专门的理化手册等，对于查不到溶解度数据的药物，可以通过实验测定。

表 2-1　《中国药典》中溶解度的表示方法

溶解度术语	溶解限度
极易溶解	系指溶质 1 g(mL)能在溶剂不到 1 mL 中溶解
易溶	系指溶质 1 g(mL)能在溶剂 1～<10 mL 中溶解
溶解	系指溶质 1 g(mL)能在溶剂 10～<30 mL 中溶解
略溶	系指溶质 1 g(mL)能在溶剂 30～<100 mL 中溶解
微溶	系指溶质 1 g(mL)能在溶剂 100～<1000 mL 中溶解
极微溶	系指溶质 1 g(mL)能在溶剂 1000～<10000 mL 中溶解
几乎不溶或不溶	系指溶质 1 g(mL)在溶剂 10000 mL 中不能完全溶解

① 特性溶解度（intrinsic solubility）：它是指药物不含任何杂质，在溶剂中不发生解离、缔合，不与溶剂中的其他物质发生相互作用时所形成的饱和溶液的浓度。特性溶解度是药物的重要物理参数之一，了解该参数对剂型的选择、处方及工艺的确定具有指导作用。

② 平衡溶解度（equilibrium solubility）：当弱碱性药物在酸性、中性溶剂中溶解时，药物可能部分或全部转变成盐，在此条件下测定的溶解度不是该化合物的特性溶解度，由于在测定药物溶解度时不易排除溶剂、其他成分的影响，故一般情况下测定的溶解度称平衡溶解度或表观溶解度。

（2）溶解度和 pK$_a$ 的关系　Kaplan 在 1972 年就提出在 pH 在 1～7 范围内（37℃），药物在水中的溶解度小于 1%（10 mg/mL）时，可能出现吸收问题，同时若溶出速率（ intrinsic dissolution rate）大于 1 mg/(cm^2·min)，吸收不会受到限制；若小于 0.1 mg/(cm^2·min)，吸收受溶出速率限制。由于溶出时呈漏槽状态，溶出速率与溶解度呈比例关系，此时溶出速率相差 10 倍，即表明溶解度最低限度为 1 mg/mL，溶解度小于此限度则需采用可溶性盐的形式。

Henderson-Hasselbach 公式可以说明药物的解离状态，pK$_a$ 和 pH 的关系：

对弱酸性药物：
$$pH = pK_a + lg\frac{[A^-]}{[HA]} \tag{2-1}$$

对弱碱性药物：
$$pH = pK_a + lg\frac{[B]}{[BH^+]} \tag{2-2}$$

上述两式可用来解决如下问题：①根据不同 pH 时所对应的药物溶解度测定 pK$_a$ 值；②如果已知［HA］或［B］和 pK$_a$，则可预测任何 pH 条件下药物的溶解度（非解离型和解离型溶解度之和）；③有助于选择药物的合适盐；④预测盐的溶解度和 pH 的关系。

（3）溶解度和 pK$_a$ 的测定方法　各国药典规定了溶解度的测定方法。《中国药典》（2020 年版）凡例中规定了详细的测定方法，参见药典有关规定：除另有规定外，称取研成细粉的供试品或量取液体供试品，置于 25℃±2℃一定容量的溶剂中，每隔 5 min 强力振摇 30 s；观察 30 min 内的溶解情况，如无目视可见的溶质颗粒或液滴，即视为完全溶解。

溶解度的测定通常是在固定温度及固定溶剂中测定平衡溶解度和 pH-溶解度曲线。常用的溶剂是水、0.9%NaCl、0.1mol/L HCl 以及不同 pH 的缓冲盐溶液，或加入表面活性剂如十二烷基硫酸钠、吐温 80 等，或加入其他有机溶剂如乙醇、丙二醇、甘油等。

pK_a 通常用酸碱滴定法进行测定，如测定某酸的 pK_a 可用碱滴定，将结果以被中和的酸的体积分数 (x) 对 pH 作图，同时还需滴定水，得两条曲线，水的曲线表示滴定水所需的碱量，酸的曲线为一般的滴定曲线，由每一点时两者的差值可得一条曲线，即为校正曲线。pK_a 即为 50% 的酸被中和时的 pH。对于胺类药物，其游离碱常常很难溶，pK_a 的测定可在含有机溶剂（如乙醇）的溶液中进行测定，以不同浓度的有机溶剂（如 5%、10%、15%、20%）进行测定，将结果外推至有机溶剂为 0% 时，即可估算出水的 pK_a 值。

2. 晶型

化学结构相同的药物，由于结晶条件不同，可得到多种晶格排列不同的晶型，这种现象称为**多晶型**（polymorphism）。多晶型中有稳定型、亚稳定型和无定形。稳定型的结晶熵值最小、熔点高、溶解度小、溶出速率慢；无定形溶解时不必克服晶格能，溶出最快，但在贮存过程中可转化成稳定型；亚稳定型介于上述二者之间，其熔点较低，具有较高的溶解度和溶出速率。亚稳定型可以逐渐转变为稳定型，但这种转变速度比较缓慢，在常温下较稳定，有利于制剂的制备。

晶型能影响药物吸收速率，对药物理化性质的影响表现在药物熔点、药物溶解度与溶出速率、药物稳定性等方面，进而反映到药理活性上，所以在原料药的选择上应注意。早在 20 世纪 70 年代，药物研究人员就认识到固体化学药物存在多晶型现象，并对多种药物的多晶型现象进行了研究，取得了重要的成果。例如，无味氯霉素（即氯霉素棕榈酸酯）存在多晶型，通过对其晶型的研究和选择，不仅有效提高了药物的疗效，而且提升了药物的质量。因此，在处方前的研究工作中需研究药物是否存在多晶型，不同晶型的稳定性，是否存在无定形及每一种晶型的溶解度等。

3. 油水分配系数

油水分配系数（oil-water partition coefficient）P 是分子亲脂特性的量度，在药剂学研究中主要用于预测药物在体内组织中的渗透或吸收难易程度。药物分子必须有效地跨过体内的各种生物膜屏障系统，才能到达病变部位发挥治疗作用。

油水分配系数代表药物分配在油相和水相中的比例，用式（2-3）表示：

$$P = \frac{C_o}{C_w} \tag{2-3}$$

式中，C_o 表示药物在油相中的质量浓度；C_w 表示药物在水相中的质量浓度。

实际应用中常采用油水分配系数的常用对数值，即 $\log P$ 作为参数。$\log P$ 值越高，说明药物的亲脂性越强；相反，则药物的亲水性越强。由于正辛醇和水不互溶，且其极性与生物膜相似，所以正辛醇最常用于测定药物油水分配系数。测定方法或溶剂不同，P 值相差很大。

摇瓶法是测定药物油水分配系数的常用方法之一。即将药物加入水和正辛醇的两相溶液中（实验前正辛醇相需要用水溶液饱和 24 h 以上），充分摇匀，达到分配平衡后，分别测定有机相（C_o）和水相（C_w）中药物的浓度。当某相中药物的浓度过低时，也可通过测定另一相中药物浓度的降低值来进行计算。

需要注意的是，测定药物的油水分配系数时，浓度均是非解离型药物的浓度，因此，如果该药物在两相中均以非解离型存在，则油水分配系数即为该药物在两相中的固有溶解度之比。但是，如果该药物在水溶液中发生解离，则应根据 pK_a 计算该 pH 下非解离型药物浓度，再据此计算油水分配系数。直接根据药物在水相中的浓度（非解离型和解离型药物浓度之和）计算得到的油水分配系数称为**表观分配系数**（apparent partition coefficient），或者**分布系数**（distribution coefficient）。显然，不同 pH 条件下，解离型药物的表观分配系数是不同的。

4. 粉体学性质

粉体（powder）系指固体细微粒子的集合体。粉体学（micromeritics）系指研究粉体所表现的基本性质及其应用的科学，包括形状、粒子大小及分布、密度、表面积、空隙率、流动性、可压性、附着性、吸湿性等。粉体学对制剂的处方设计、制备、质量控制、包装等具有重要意义。粉体粒子的大小影响药物溶解度和生物利用度；粉体的性质影响片剂的成型和崩解；粉体的流动性和相对密度影响散剂、胶囊剂、片剂等按容积分剂量的准确性；粉体的密度、分散度、形态等性质影响药物混合的均匀性。

5. 吸湿性

吸湿性（hygroscopicity）系指固体表面吸附水分的现象。一般而言，物料的吸湿程度取决于周围空气的相对湿度（relative humidity，RH）。空气的 RH 越大，暴露于空气中的物料越易吸湿。药物的水溶性不同，吸湿规律也不同，水溶性药物在大于其临界相对湿度（critical relative humidity，CRH）的环境中吸湿量突然增加，而水不溶性药物随空气中相对湿度的增加缓慢吸湿。药物及制剂均应在干燥条件下（相对湿度低于50%）放置，且还需选择适宜的包装材料及密封容器。

药物的吸湿性可通过测定药物的平衡吸湿曲线进行评价。具体方法为：将药物置于已知相对湿度的环境中（有饱和盐溶液的干燥器中），一定时间间隔后，将药物取出，称重，测定吸水量。在25℃、80%的相对湿度下放置24 h，吸水量小于2%时为微吸湿；大于15%即为极易吸湿。

（三）药物稳定性考察

在新药研发中，药物制剂的稳定性研究是重要组成部分之一。新药申报资料项目中需要提交稳定性研究的试验资料应包括：原料药的稳定性试验、药物制剂处方与工艺研究中的稳定性试验、包装材料的稳定性及选择、药物制剂的加速试验与长期试验、药物制剂产品上市后的稳定性考察、药物制剂处方或生产工艺或包装材料改变后的稳定性研究。

影响药物制剂稳定性的因素包括**处方因素**和**外界因素**。处方因素主要有化学结构、溶液 pH、广义的酸碱催化、溶剂、离子强度、药物间相互作用、赋形剂与附加剂等。外界因素包括温度、空气（氧）、湿度和水分、金属离子、光线、制备工艺和包装材料等。处方因素考察的意义在于设计合理的处方，选择适宜剂型和生产工艺。外界因素考察的意义在于可决定该制剂的包装和贮藏条件。此部分内容将在第四章第三节"影响药物制剂稳定性的因素及稳定化方法"中介绍。

包装材料与制剂稳定性的关系十分密切，特别是直接接触药品的包装材料，玻璃、塑料、金属和橡胶均是药剂上常用的包装材料。包装设计既要考虑外界环境因素，也要考虑包装材料与制剂成分的相互作用对制剂稳定性的影响。

（四）原辅料相容性研究

原辅料相容性试验在制剂开发过程中十分重要，为处方中辅料的选择提供了有益的信息和参考。辅料的各项性质，以及外界各种因素都有可能影响原辅料相容性，在制剂研发的初期就需要进行考察。原辅料相容性试验主要关注原辅料化学反应导致性状改变、药物含量降低和杂质升高等，而在实际操作过程中，辅料的吸附以及原辅料形成复合物等其他复杂情况也可能影响药品质量，应该予以注意。

通过前期调研，了解辅料与辅料间、辅料与药物间相互作用情况，以避免处方设计时选择不宜的辅料。对于缺乏相关研究数据的，可考虑进行相容性研究。例如口服固体制剂，可选若干种辅料。若辅料用量较大的（如稀释剂等），可按主药∶辅料＝1∶5的比例混合；若用量较小的（如润滑剂等），可按主药∶辅料＝20∶1的比例混合。取一定量，参照药物稳定性指导原则中影响因素的试验方法或其他适宜的试验方法，重点考察性状、含量、有关物质等。必要时，可用原料药和辅料分别做平行对照试验，以判别是原料药本身的变化还是辅料的影响。如处方中使用了与药物有相互作用的辅料，需要用试验数据证明处方的合理性。目前部分辅料可能存在的不相容性示例见表2-2，在进行处方设计时应尽量避免。

表2-2 部分辅料不相容性示例

辅料	不相容性
乳糖	美拉德反应；乳糖杂质5-羟甲基-2-糠醛的克莱森-施密特反应；催化作用
微晶纤维素	美拉德反应；水吸附作用导致水解速率加快；由于氢键作用而发生的非特异性的不相容性
聚维酮和交联聚维酮	过氧化降解；氨基酸和缩氨酸的亲核反应；对水敏感药物吸湿水解反应

辅料	不相容性
羟丙纤维素	残留过氧化物的氧化降解
交联羧甲基纤维素钠	弱碱性药物吸附钠离子；药物盐形式转换
羧甲基淀粉钠	由于静电作用吸附弱碱性药物或其钠盐；残留的氯丙嗪发生亲核反应
淀粉	淀粉终端醛基与肼类反应；水分介质反应；药物吸附；与甲醛反应分解使功能基团减少
二氧化硅胶体	在无水条件下有路易斯酸作用；吸附药物
硬脂酸镁	MgO 杂质与布洛芬反应；提供碱性 pH 环境加快水解；Mg^{2+} 会起到螯合诱导分解的作用

（五）药物吸收及体内动力学参数的测定

1. 药物吸收

吸收（absorption）是指药物从给药部位向体循环转运的过程。对于血管内给药，由于药物直接进入血液循环，故无吸收过程，除此之外的非血管内给药均存在吸收过程。药物只有吸收入血，达到一定血药浓度，并通过循环系统转运至发挥药效的部位，才可以产生预期药理效应，其作用强弱和持续时间都与血药浓度直接相关，因此吸收是发挥药效的重要前提。

（1）**口服药物吸收**　口服给药的药物透过胃肠道上皮细胞进入血液或淋巴液中，并随着体循环分布到各组织器官从而发挥药效。其优势在于给药简单、经济且安全、患者顺应性好。药物的理化性质、制剂的特征和吸收部位的生物因素决定药物的吸收。药物由消化道吸收进入体循环的全过程中，消化道的生理因素和制剂的剂型因素均影响药物吸收。因此，掌握各种影响吸收的因素，对药物剂型设计和制剂制备的优化、生物利用度和使用安全性的提高有着重要的指导作用。一般有如下因素：

① 生理因素：口服药物的吸收在胃肠道上皮细胞进行，胃肠道生理环境（如胃肠液的性质、胃排空、首过效应、食物的影响等）的变化以及疾病因素（如腹泻、胃切除手术患者）对吸收产生较大影响。

② 药物因素：口服给药需要药物从制剂中溶出，并透过组织细胞从而进行吸收，因此药物的理化性质至关重要，应主要关注药物的解离度、脂溶性、溶出速率等。此外，应考虑药物在胃肠道的稳定性，胃肠道分泌液、pH、消化酶、肠道菌群及细胞内代谢酶等，可使口服药物在吸收前降解或失去活性，所以在药物制剂设计、制剂处方工艺设计时应加以注意。

③ 剂型因素：药物的剂型也会对药物的吸收及生物利用度有较大影响。口服药物必须先从制剂中溶出，透过机体细胞，被血液转运至体循环。口服给药的不同剂型，由于药物溶出速率不同，其吸收速率与吸收程度也会相差很大，因而影响药物的起效时间、作用强度、持续时间、不良反应等。少数药物由于给药途径不同，药物的作用目的也不一样。剂型中药物的吸收和生物利用度情况取决于药物的释放速率与释放量。一般认为，口服剂型生物利用度高低的顺序为：溶液剂＞混悬剂＞颗粒剂＞胶囊剂＞片剂。

④ 制剂因素：药物的来源及剂量、辅料种类和加入量都可归为制剂因素，对药物的吸收均有影响。同一种药物制剂，由于处方组成不同，制剂的体外质量和口服生物利用度均可能存在较大差异；使用辅料种类不同、来源不同，得到的物料特性（如可压性、流动性、润滑性、均匀性等）、稳定性（如物理稳定性、化学稳定性和生物学稳定性）和制剂学特性（如崩解度、溶出度、肠溶、缓控释和靶向等）均有差异。同时，辅料也会对药物疗效产生一定的影响，如：乳糖能够加速睾酮的吸收，延缓对戊巴比妥钠的吸收，对螺内酯能够产生吸附而使其释放不完全，影响异烟肼的疗效发挥。辅料之间、辅料和主药之间可能产生相互作用而影响药物的稳定性和药物的溶出与吸收。

（2）**非口服药物的吸收**　口服给药是最主要的给药途径，但口服给药存在起效较慢、药物可能在胃肠道被破坏、对胃肠道有刺激性等问题。非口服给药途径很多，除血管内给药外，非口服给药后可产生局部作用，也可产生全身的治疗作用。药物的吸收与给药方式、部位以及药物的理化性质和制剂因素等有关，主要有以下几种给药途径。

① 注射给药（parenteral administration）：几乎可以对任何组织器官给药，药物的吸收路径短，起效迅速，可避开胃肠道的影响，避免肝脏的首过效应，生物利用度高，药效可靠。一些急救、口服不吸收或在胃肠道被破坏的药物，以及一些不能口服的患者（如昏迷或不能吞咽的患者），常以注射方式给药。注射给药会对周围组织造成损伤，常伴有注射疼痛与不适。常见的注射给药途径有静脉注射、肌内注射、皮

下注射、皮内注射、关节腔内注射等。

② 肺部给药（pulmonary drug delivery）：又称吸入给药（inhalation drug delivery），指药物从口腔吸入，经咽喉进入呼吸道，到达呼吸道深处或肺部，起到局部作用或全身治疗作用的给药方式。常用的剂型包括气雾剂、喷雾剂和粉雾剂。治疗哮喘的吸入型药物局部作用在气管壁上，用于全身治疗的吸入药物只有沉积在肺泡处才具有良好的吸收效果。肺部给药的优势在于：吸收面积大、肺泡上皮细胞膜薄、渗透性高；吸收部位的血流丰富，酶的活性相对较低，能够避免肝脏首过效应，因此肺部给药的生物利用度高。对于口服给药在胃肠道易被破坏或具有肝首过效应的药物，如蛋白质和多肽类药物，肺部给药可显著提高生物利用度。

③ 皮肤给药：主要用于局部皮肤的治疗，也可以经皮肤吸收后进入体循环治疗全身性疾病。对于皮肤病，由于病灶部位的深浅不同，某些药物需要透过角质层以后才能起效。对于全身性疾病，药物必须通过角质层，被皮下毛细血管吸收进入血液循环后才能起效。

④ 鼻腔给药（nasal drug delivery）：不仅适用于鼻腔局部疾病的治疗，也是全身治疗的给药途径之一。鼻腔给药的药物吸收是药物透过鼻黏膜向循环系统的转运过程，与鼻黏膜的解剖、生理以及药物的理化性质和剂型等因素有关。研究发现，一些甾体类激素、抗高血压药、镇痛药、抗生素类以及抗病毒药物经鼻腔给药，通过鼻黏膜吸收可以获得比口服给药更好的药效，对于某些蛋白质和多肽药物经鼻黏膜吸收也能达到较高的生物利用度。

⑤ 口腔黏膜给药：药物经口腔黏膜给药可发挥局部或全身治疗作用。局部作用的剂型多为溶液型或混悬型，如漱口剂、气雾剂、膜剂、软膏剂、口腔片剂等。对期望产生全身作用的常选择舌下片、黏附片、贴剂等。不宜口服或静脉注射的药物可以采用黏膜给药的方式，可避开肝首过效应、胃肠道的降解作用，给药方便、起效迅速、无痛无刺激、患者耐受性好。

⑥ 直肠与阴道给药：直肠给药（rectal drug delivery）指将药物制剂注入直肠或乙状结肠内，经血管、淋巴管吸收进入体循环，用于局部或发挥全身作用的一种给药方式。常用的剂型是栓剂或灌肠剂。栓剂降低了肝首过效应；避免胃肠 pH 和酶的影响和破坏，避免药物对胃肠功能的干扰；作用时间一般比片剂长；可作为多肽与蛋白质类药物的吸收部位。

⑦ 阴道给药（vaginal drug delivery）：它是指将药物纳入阴道内，发挥局部作用，或通过吸收进入体循环，产生全身的治疗作用。阴道给药的主要优点有：能持续释放药物，局部疗效好，避免肝脏的首过效应，提高生物利用度等。此途径适用于有严重胃肠道反应、不适合口服的药物。

2. 药物动力学参数

（1）**速率常数** 速率常数（rate constant）是描述速度过程变化快慢的动力学参数。测定速率常数的大小可以定量地比较药物转运速率的快慢，速率常数越大，该过程进行得越快。一级速率常数以"时间的倒数"为单位，如 min^{-1} 或 h^{-1}。零级速率常数的单位是"浓度·时间$^{-1}$"。

对于一定量的药物，从一个部位转运到另一个部位，转运速率与转运的药物量的关系可用式（2-4）表示：

$$-\frac{dX}{dt} = kX \tag{2-4}$$

式中，dX/dt 表示药物转运的速率；X 表示药物量；k 表示转运速率常数。

总消除速率常数反映体内的总消除情况，包括经肾排泄、胆汁排泄、生物转化以及从体内消除的一切其他可能的途径。因此，k 为各个过程的消除速率常数之和：

$$k = k_e + k_b + k_{bi} + k_{lu} + \cdots \tag{2-5}$$

式中，k_e 为肾排泄速率常数；k_b 为生物转化速率常数；k_{bi} 为胆汁排泄速率常数；k_{lu} 为肺消除速率常数。速率常数的加和性是一个很重要的特性。

（2）**生物半衰期** 生物半衰期（biological half life）是指药物在体内的量或血药浓度下降一半所需要的时间，以 $t_{1/2}$ 表示。生物半衰期是衡量药物从体内消除快慢的指标。一般来说，代谢快、排泄快的药物，其 $t_{1/2}$ 短；代谢慢、排泄慢的药物，其 $t_{1/2}$ 长。对具有线性动力学特征的药物而言，$t_{1/2}$ 是药物的特征参数，不因药物剂型或给药方法（剂量、途径）而改变。同一药物用于不同患者时，由于生理与病理情况不同，可能发生变化，故对于安全范围小的药物应根据患者病理生理情况制订个体化给药方案。在联合用药情况下，可能产生药物相互作用而使药物的 $t_{1/2}$ 改变，此时也应调整给药方案。

（3）**表观分布容积**　表观分布容积（apparent volume of distribution）是指体内药量与血药浓度间的比例常数，用"V"表示。它可以定义为体内的药物按血浆药物浓度分布时，所需要体液的体积。表观分布容积与体内药物量之间的关系如式（2-6）所示：

$$X = VC \tag{2-6}$$

式中，X 为体内药物量；C 为血药浓度；V 为表观分布容积，单位通常以"L"或"L/kg"表示。

（4）**清除率**　清除率（clearance）是指单位时间内从体内消除的药物的表观分布容积，常用 CL 表示。整个机体的清除率称为体内总清除率（total body clearance，TBCL）。在临床药物动力学中，总清除率是非常重要的参数，是制订或调整肝/肾功能不全患者给药方案的主要依据。

清除率的计算公式如下：

$$CL = \frac{-dX/dt}{C} = \frac{kX}{C} = kV \tag{2-7}$$

式中，$-dX/dt$ 代表机体或消除器官中单位时间内消除的药物量，除以浓度 C 后，换算为体积，单位用"体积/时间"表示。

清除率具有加和性，体内总清除率等于药物经各个途径的清除率总和。多数药物主要以肝的生物转化和肾的排泄两种途径从体内消除，因此药物在体内的总清除率 TBCL 约为肝清除率 CL_h 与肾清除率 CL_r 之和。

（5）**血药浓度-时间曲线下面积**　药物进入体内后血药浓度随时间发生变化，以血药浓度为纵坐标，以时间为横坐标绘制的曲线称为血药浓度-时间曲线。由该曲线和横轴围成的面积称为血药浓度-时间曲线下面积（area under curve，AUC），表示一段时间内药物在血浆中的相对累积量。曲线下面积越大，说明药物在血浆中的相对累积量越大。AUC 是评价制剂生物利用度和生物等效性的重要参数。

二、药物给药途径与剂型的选择

（一）给药途径、剂型与药物疗效的关系

不同的给药途径需要将不同剂型的药物输送到体内发挥疗效。临床用药实践表明，药物的生物活性在很大程度上受药物剂型的影响，相同的给药途径而剂型不同，有时会出现不同的血药浓度水平，带来疗效上的差异，故应根据药物的性质、不同的治疗目的选择适宜的剂型与给药方式。

1. 药物剂型与给药途径

药物剂型的选择与给药途径密切相关，给药途径决定着药物应用的剂型。人体的给药途径多达十余个：①口腔及消化道，如口腔、舌下、颊部、胃肠道；②腔道，如阴道、尿道、耳道、鼻腔；③呼吸道，如咽喉支气管、肺部；④血管组织，如皮内、皮下、肌肉、静脉、动脉、中心静脉；等等。对于不同的给药途径应选择相对应的剂型，如：注射给药应选择液体制剂，包括溶液剂、乳剂、混悬剂等；皮肤给药多用软膏剂、贴剂、液体制剂；口服给药可选择多种剂型，如片剂、颗粒剂、胶囊剂、溶液剂、乳剂、混悬剂等；直肠给药宜选择栓剂；眼结膜给药途径以液体、半固体剂型最为方便，但同时也应考虑药物性质对制备某种剂型的可能性。

2. 药物剂型与疗效

剂型是药物的应用形式，对药效的发挥具有重要作用。从剂型来看，不同的剂型其药物显效速度差异很大。一般认为，同一处方以几种不同方法制成不同的剂型后，其血药浓度与时间关系差别明显。药物制剂的剂型因素可大大影响药物的吸收，从而影响到药效。有些药物即使是同一药物、同一剂量、同一种剂型，药效也不一定完全一样。剂型筛选是研究药物新制剂的重要内容之一，因为药物制剂的剂型是影响药物制剂质量稳定性、给药途径、有效成分溶出和吸收以及药物显效快慢与强弱的主要因素，即它与制剂疗效直接相关。在新剂型、新制剂的设计过程中，都必须进行生物利用度和体内动力学的研究，研究其在动物体内的吸收、分布、代谢及排泄，并计算各项参数，以保证用药的安全性和有效性。

（二）剂型选择的基本原则

任何药物都不能直接应用于患者，需经过制剂处方设计制成适宜的剂型。剂型选择的原则是药物处方能够进行大规模生产，并且产品具有可重现性，最重要的是药品具有可预测的治疗效果。为确保药品的质量，需满足以下要求：加入适当的防腐剂避免微生物污染，保证药品的物理化学性质稳定，保证药物剂量的均一性；选择适当的包装和标识，保证药品工作人员和患者的可接受性。

三、 药物制剂处方的优化设计

（一）处方优化设计的思路

一般在给药途径及剂型确定后，针对药物的基本性质及制剂的基本要求，选择适宜辅料和处方配比，将其制成质量可靠、使用方便的药品。

1. 剂型设计

剂型设计是一个复杂的研究过程，受多方面因素的影响，可依据临床需要、药物的理化性质、药动学数据和现行生产工艺条件等因素，通过文献研究和预试验予以确定。设计时应充分发挥各剂型的特点，以尽可能选用新剂型。

（1）依据临床需要 剂型设计首先要考虑临床需要，即药物本身的治疗作用及适应证。抢救危重、急症或昏迷患者，应选择速效剂型和非口服剂型，如注射剂、气雾剂和舌下片等。药物作用需要持久的，可用缓释控释制剂或经皮递药系统。局部用药应根据用药部位的特点，选用不同的剂型，如：皮肤疾患可用软膏剂、涂膜剂、糊剂和巴布剂等；腔道疾病如痔疮可用栓剂。

（2）依据药物性质 首先研究药物本身的药理作用机制，主药的分子结构、粒径、晶型、熔点、水分、含量、溶解度、溶解速率等药物理化性质，生物半衰期，药物在体内的代谢过程等；特别要了解热、湿、光对药物稳定性的影响。剂型设计要考虑药物的性质，克服药物本身的某些缺点，充分发挥药物的疗效。通过剂型设计，应尽量减少药物的分解破坏，保证药品在有效期内的稳定性。

2. 处方筛选

（1）辅料的选择 辅料是药物剂型存在的物质基础，具有赋形、填充、方便使用与贮存的作用。辅料能使制剂具有理想的理化性质，如：增强主药的稳定性，延长制剂的有效期，调控主药在体内外的释放速率，调节身体生理适应性，改变药物的给药途径和作用方式等。

① 辅料的来源：辅料是除主药外一切材料的总称。原则上，处方中应使用符合国家标准的品种及批准进口的辅料；对其他辅料，应提供依据并制定相应的质量标准。对国外药典收录的辅料，应提供国外药典依据和进口许可等。对食品添加剂（如调味剂、矫味剂、着色剂、抗氧化剂），也应提供质量标准及使用依据。

② 辅料的一般要求：应根据剂型及给药途径的需要选择辅料，还应考虑辅料不应与主药发生相互作用，不影响制剂的含量测定等。

（2）原辅料相容性研究 大多数辅料在化学性质上表现出惰性，但某些辅料与药物混合后出现配伍变化。因此，应进行主药与辅料的相互作用研究。通过研究辅料与主药的配伍变化，考察辅料对主药的鉴别与含量测定的影响，设计含有不同辅料及不同配比的原辅料混合物，以外观性状、吸湿增重、有关物质和含量等相关项目为指标考察不同辅料对主药的影响。

（二）常用优化方法

常用的试验设计和优化方法有**正交设计法、均匀设计法、单纯形优化法、效应面优化法和拉氏优化法**等。上述方法都是应用多因素数学分析手段，按照一定的数学规律进行设计。再根据试验得到的数据或结果建立数学模型，或应用现有数学模型对试验结果进行客观的分析和比较，综合考虑各方面因素的影响，以较少的试验次数及较短的时间确定其中的最优方案。

1. 正交设计法

正交设计法是一种使用正交表考察多因素、多水平的试验，并用普通的统计分析方法分析试验结果，推断各因素的最佳水平的科学方法。用正交表安排多因素、多水平的试验，因素间搭配均匀，不仅能把每个因素的作用分清，找出最优水平搭配，而且还可考虑到因素的联合作用，并可大大减少试验次数。

2. 均匀设计法

均匀设计法也是一种多因素试验设计方法，比正交设计法试验次数少。进行均匀设计需采用均匀设计表，每个均匀设计表都配有一个使用表，指出不同因素应选择哪几列以保证试验点分布均匀。试验结果采用多元回归分析、逐步回归分析法得多元回归方程，通过求出多元回归方程的极值求得多因素的优化条件。

3. 单纯形优化法

单纯形优化法是一种动态调优的方法，方法易懂，计算简便，不需要建立数学模型，并且不受因素个数的限制。其基本原理是：若有 n 个需要优化设计的因素，单纯形则由 $n+1$ 维空间多面体所构成，空间多面体的各顶点就是试验点，比较各试验点的结果，去掉最坏的试验点，取其对称点作为新的试验点，该点称 "反射点"，新试验点与剩下的几个试验点又构成新的单纯形，新单纯形向最佳目标点进一步靠近，如此不断地向最优方向调整，最后找出最佳目标点。

4. 效应面优化法

效应面优化法又称响应面优化法，是通过一定的试验设计考察自变量，即影响因素对效应的作用，并对其进行优化的方法。效应与考察因素之间的关系可用函数 $y = f(x_1, x_2, \cdots, x_k) + \varepsilon$ 表示（ε 为偶然误差），该函数所代表的空间曲面就称为效应面。效应面优化法的基本原理就是通过描绘效应对考察因素的效应面，从效应面上选择较佳的效应区，从而回推出自变量取值范围即最佳试验条件的优化法。

第三节 药物制剂的质量控制与评价

一、风险管理体系和工艺验证

药品的质量控制是保证药品安全有效的核心，涉及药品研发生产和上市后监管的整个周期。风险管理体系是有效的质量管理方式，对风险偏差进行分类分级，制定合理的处理方案，可以最大程度上降低药品研发和生产的风险。质量管理体系是否科学合理，是否有效，需要进行认证，而工艺验证环节可以及时发现质量控制过程中出现的问题和薄弱环节，及时纠正和完善质量体系，确保生产出合格的药品。

（一）风险管理体系

在药品研发和生产过程中存在着诸多的不确定性，构建药品质量管理体系是保证药品质量的关键，质量风险管理是有效质量体系的重要组成部分。ICH Q9 指导原则质量风险管理部分，提供了可应用于药物不同方面的质量风险管理工具的原则和示例。

1. 质量风险管理的原则

ICH Q9 指出，质量风险管理的两个主要原则是：质量风险的评估应以科学知识为基础，并最终与患者保护相联系；质量风险管理过程的工作水平、形式和文件应与风险水平相适应。

2. 质量风险管理的一般流程

质量风险管理是对药品产品在产品生命周期中的质量风险进行评估、控制、沟通和审查的系统过程，一般流程如图 2-1。

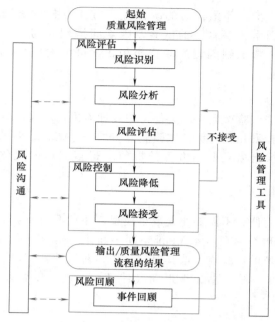

图 2-1 典型的风险管理的流程

3. 风险管理在药品整个生命周期中的应用

有效的质量风险管理可以最大程度优化决策，给处理潜在风险能力提供保证，并可能影响直接监管的范围和水平。此外，质量风险管理还可以优化资源配置。

（1）**药品研发阶段** 为了让药品研发达到 GMP 认证标准，在药品研发前就要树立风险管理的观念，研发涉及的各个环节都要强化质量管理和风险监控。据统计，美国一般只有不到 5% 的候选药物能够进入临床前研究，仅 2% 能够进入临床试验阶段，即使进入临床试验的候选药物也有 80% 被淘汰，研发的整个周期失败的风险极高，风险管理体系的引入对降低损失和优化研发方案显得尤为重要。药品研发阶段的风险控制，主要是利用专门的分析评估技术，对研发管理中的有关环节存在风险的可能性，进行科学、合理、安全地分析和评估，从而有效地规避研发风险，提高药品质量。

（2）**药品生产阶段** 在药品生产部分，国家和相关监管部门制定了 GMP 标准，使企业不断强化风险管理意识，最大程度上保障药品的生产质量。在风险管理中，需要保证管理工作的客观性、独立性和持续性，使整个生产过程符合 GMP 标准和企业内控标准。

（3）**药品上市后监管** 药品上市前的研究存在着试验病例数少、研究时间短、试验对象年龄范围窄等局限性，使得药品监管向药品上市后延伸。同时，药品上市后临床应用的不合理性，合并用药中的多样性和复杂性，孕妇、老人及儿童等用药的特殊性，使上市后药品风险增加。例如罗非昔布和马来酸罗格列酮上市后发现均存在严重的不良反应，促进药品监管机构对上市后药品风险与效益评价工作的深入，引起世界各国对上市后药品潜在风险的高度关注。

（二）工艺验证

工艺验证是收集并评估从工艺设计阶段直到生产的数据，以证明该工艺能够始终如一地生产出符合质量标准的药品。目前中国、美国、欧盟等多个国家和地区均公开了工艺验证的指南，可供参考。工艺验证涉及药品生命周期及生产中所开展的一系列内容。工艺验证活动可以分为三个阶段：

1. 第一阶段——工艺设计

工艺设计是定义在商业化生产工艺的研究，该过程能较好地反映在药品生产和主控文档中。这个阶段的目标是设计一个适合于日常商业化生产的工艺，该工艺能够始终如一地生产出满足其关键质量属性的药品。可根据剂型的特点，结合药物理化性质和生物学性质，设计几种制剂工艺。工艺设计还需充分考虑与工业化生产的可衔接性，主要是工艺、操作、设备在工业化生产中的可行性，尽量选择与生产设备原理一致的实验设备，避免制剂研发与生产过程脱节。

2. 第二阶段——工艺评价

在工艺验证的**工艺评价**阶段，必须遵守 GMP 的要求，而且必须在规模化生产前完成。本阶段所生产的药品符合药品质量标准，则可予以放行。在这一阶段，对已经设计的工艺进行确认，证明其能够进行重复性的商业化生产。

3. 第三阶段——持续工艺确证

持续工艺确证可保证生产工艺在大规模生产中的可控性（即验证的状态），一般需有一个或多个系统用于探测工艺的偏离性。按 GMP 要求，收集与评估关于工艺性能的信息和数据，分析工艺的漂移程度，评估确定是否采取措施以防止因工艺漂移而失去控制。

二、质量评价关键点

根据药物制剂的设计原则，一个成功的制剂应能保证药物的安全、有效、稳定、质量可控以及良好的顺应性，且成本低廉，适合大批量生产。在制剂的制造过程中，必须对制剂的质量进行评价，以确保应用于临床后可发挥疗效。

（一）制剂学评价

制剂学评价一般通过中试进行。**中试研究**是对实验室工艺合理性研究的验证与完善，是保证制剂制备工艺达到生产可操作性的必经环节。供质量标准、稳定性、药理与毒理、临床研究用样品应是经中试研究验证的工艺制备成熟的产品。中试过程中应考察工艺、设备及其性能的适应性，加强制备工艺关键技术参数考核，修订、完善适合生产的制备工艺；应提供至少三批中试生产数据，包括投料量、半成品量、质量指标、辅料用量、成品量及成品率等；应提供制剂通则要求的一般质量检查、微生物限度检查和含量测定结果等。

（二）药物动力学与生物利用度评价

药物动力学与生物利用度评价是药物制剂评价的一个重要方面。一般单纯的仿制药不要求进行临床试验，但要求进行新制剂与参比制剂之间的生物等效性试验。药物动力学评价包括：①通过生物利用度的比较说明药物的晶型、粒子大小、pK_a 和油水分配系数对生物利用度的影响；②长效剂型的设计和评价。

生物利用度是衡量药物制剂中药物进入血液循环中速率与程度的评价方法。充分了解药物制剂的生物利用度，有助于指导药物制剂的研制与生产，指导临床医生合理用药，为评价药物处方设计的合理性提供依据。

（三）药效学评价

药效学评价是指根据新制剂的适应证进行相应的评价，以研究该制剂的药理作用，作用强度，与已有制剂相比的优势，有无剂量时间变化规律，与疗效有关的药理作用，与毒副作用相关的药理作用等。

（四）毒理学评价

新制剂应进行**毒理学评价**，包括急、慢性毒性，有时还要进行致癌、致畸、致突变等试验。单纯改变剂型的新制剂，如果可检索到原料药的毒理学资料，可免做部分试验，但对于局部用药的制剂必须进行刺激性试验。对于全身用药的大输液，除进行刺激性试验外，还要进行过敏试验、溶血试验及热原检查。

（五）临床评价

临床评价是制剂处方筛选和优化的重要环节。如对于水难溶性药物口服固体制剂而言，药物粒度对生物利用度可能有较大影响，药物粒度范围的确定主要是依据有关临床研究的结果。而对于缓控释制剂、透皮给药制剂等特殊制剂，临床药代动力学研究结果是处方研究的重要依据。

（杨磊）

思考题

1. 简述药物制剂设计的目的和基本原则。
2. 简述 QbD 理念在药物制剂设计中的应用。
3. 药物制剂设计时需要考虑哪些问题？
4. 处方前工作有哪些内容？

5. 风险管理与工艺验证之间存在什么关联？

6. 工艺验证的一般原则和内容是什么？

7. 质量评价的内容有哪些？

参考文献

[1] 国家药典委员会. 中华人民共和国药典 [M]. 2020 年版. 北京：中国医药科技出版社，2020.

[2] 吴正红，祁小乐. 药剂学 [M]. 北京：中国医药科技出版社，2020.

[3] 方亮，龙晓英. 药物剂型与递药系统 [M]. 北京：人民卫生出版社，2014.

[4] Aulon M E. Aulton's Pharmaceutics the Design and Manufacture of Medicines [M]. 4th ed. London：Elsevier Limited，2013.

[5] Allen L V Jr, Ansel H C. Ansel's Pharmaceutical Dosage Forms and Drug Delivery Systems. [M]. 10th ed. NewYork：Lippincott Williams & Wilkins，2014.

[6] 王瑞峰，张晓明. 浅析"质量源于设计"在制药生产中的应用 [J]. 机电信息，2016 (2)：23-257.

[7] 杜冠华，吕扬. 固体化学药物的优势药物晶型 [J]. 中国药学杂志，2010 (01)：13-18.

[8] 化学药物制剂研究基本技术指导原则，国家药品监督管理局药品审评中心，2005 年 3 月.

[9] General principles and methods of process verification，FDA，November 2008.

[10] 王文天，邢玉娜. 药品研发中的风险控制 [J]. 化工中间体，2015，11 (03)：93-94.

[11] ICH. Quality guidelines：Quality Risk Management Q9. 2005-11-09.

[12] 李章明，朱文良，刘兰茹，等. 基于药品研发周期构建多向风险管理机制 [J]. 中国新药杂志，2015，24 (07)：737-740.

[13] 张永宏. 药品生产管理中的风险管理 [J]. 黑龙江科学，2020，11 (06)：132-133.

[14] 王涛，王丹，董铎，等. 美国药物警戒体系浅析及对我国的启示 [J]. 医药导报，2017，36 (4)：361-365.

第三章

药用辅料与应用

第一节 概　述

药用辅料是药物制剂的重要组成成分,在制剂研发、生产和使用过程中均发挥着重要作用。根据《中国药典》(2020年版)的定义,**药用辅料**(pharmaceutical excipients)系指生产药品和调配处方时所用的赋形剂和附加剂;是除活性成分或前体以外,在安全性方面已进行合理的评估,一般包含在药物制剂中的物质。

一、药用辅料的作用与应用原则

(一)药用辅料的作用

药用辅料通常在药物制剂中作为非活性物质使用,除了赋形、充当载体、提高稳定性外,还具有增溶、助溶、调节释放等重要功能,是可能影响到制剂的质量、安全性和有效性的重要成分。

1. 药用辅料决定药物剂型和制剂规格

药用辅料作为药物制剂的一部分,通常均可发挥赋形作用,并决定药物剂型,如片剂中的填充剂、溶液剂中的溶剂等。同时,药用辅料也具有稀释作用,以便于开发不同规格的制剂,尤其对于小剂量药物,药用辅料的稀释作用是制剂准确定量的重要保证,如阿托品、地高辛等,一次用量仅为零点几毫克至几十毫克,极易造成剂量误差,为使临床用药安全有效,常加入适宜的辅料将其制成稀释倍散供配制使用。

2. 药用辅料可以改变药物的给药途径和作用方式

同一药物,采用不同的辅料制成不同的药物剂型或制剂,可以改变药物的给药途径或者作用方式乃至治疗效果。例如阿司匹林的制剂开发中，以微晶纤维素和低取代羟丙纤维素为主要辅料可制成阿司匹林口腔崩解片，以羟丙甲纤维素和卡波姆为主要辅料可制成阿司匹林胃漂浮胶囊，以乳糖和微晶纤维素为主要辅料可制成阿司匹林咀嚼片，以羧甲基淀粉钠、羟丙纤维素、微晶纤维素为主要辅料可制成阿司匹林分散片。左旋多巴口服后有较强的首过效应，大部分被代谢，导致血药浓度低、疗效差，以半胱氨酸、巯基乙酸、α-硫代甘油等含巯基（—SH）的化合物作为稳定剂，制成注射剂，改变了给药途径，可避开首过效应，增强疗效。

3. 药用辅料改善制剂生产

现代高速旋转压片机在生产片剂的同时，减少了对粉末混合物施加压力的时间，这就对辅料的流动性和压缩性提出了更高的要求。在制剂开发过程中，这些高速旋转压片机生产的片剂与单冲生产的片剂相比，可能存在性质差异，因此需要找到具有多功能作用的辅料，以适应批量从实验室小试扩增至大生产期间的变化。例如，在改良释放特性的可直压片剂的配方中，使用具有不同取代度的羧甲基淀粉钠，以改善天然淀粉的不良流动性和对润滑剂作用的敏感性；以微晶纤维素、羟丙甲纤维素和交联聚维酮组成的纳米颗粒赋形剂，使纳米颗粒具有独特的形状、孔隙率和表面活性，以提高流动性、压缩性和混合性能。

4. 药用辅料可以影响药物的释放

黄原胶、海藻酸钠、瓜尔胶、高直链淀粉、羧甲基淀粉钠、卡波姆和果胶等聚合物药用辅料已被研究证明可用于修饰基质系统的药物释放，改良释药系统，使血浆水平能在较长时间内保持最佳的治疗水平。对于目前的一些新型药用辅料，可通过环境变化（如温度、pH、酶-底物反应、竞争结合、抗体相互作用和某些分子的浓度）的反馈信息，或是外部触发（如超声波、磁场、电刺激、光、化学或生化制剂）而作出响应，从而实现可编程性地释放药物，即可以根据预定反应释放药物，以便根据患者的需要提供药物。例如，在创新剂型中使用新型的药用辅料设计成能够在血糖水平上升时提供胰岛素等药物。又如，温敏水凝胶通过外部温度使凝胶基质材料内部孔隙发生改变，从而改变药物的释放。

5. 药用辅料影响药物稳定性

药物稳定性是药物剂型开发中的一个重要方面。药用辅料中特定官能团有时可以与药物的不稳定活性成分相互作用，从而保护活性成分不被降解。例如，抗氧剂包括生育酚、丁基羟基茴香醚和丁基羟基甲苯常被用作医药产品的稳定剂；环糊精也被证明不仅可以保护药物免受氧化，还可以防止水解和光分解；通过加入乙二胺四乙酸等螯合剂以提高药物稳定性；通过加入药用辅料改变 pH 可以避免环丙沙星在偏碱性环境下的光降解；在洛匹那韦和利托那韦口服液产品中使用缓冲液（如柠檬酸、乙酸盐和磷酸盐缓冲液）以提高药物稳定性。

6. 药用辅料可以改善药物的生物利用度

辅料可能改变药物的吸湿性、分散性、溶解性等物理性状，影响药物的扩散速率，加快或延缓药物的吸收。若将药物溶解于植物油，则在用药后，药物先从油向水溶液分配然后被机体吸收，因此亲油性大的药物，常常因为向水溶液分配困难而延缓吸收。药物的水性混悬液的吸收速率一般比油溶液快，因为药物微粒溶解于水比药物从油溶液转溶于水时的吸收更为有利。例如，伊曲康唑液体制剂通过药用辅料环糊精衍生物将亲脂性药物或药物的亲脂部分吸收到环糊精分子的疏水空腔中形成包合物来溶解药物，从而提高其溶出速率，提高生物利用度。又如软膏基质能以两种方式改变药物的透皮吸收，既可由于角质层特性的可逆性生理变化（水合作用）而引起药物吸收的变化；也可由于角质层-基质的分配系数的改变而引起药物吸收的变化。在栓剂中加入一定量的表面活性剂，可以促进药物的吸收，但有时也可阻止和减缓药物的吸收。如磺胺药栓剂中，加入吐温类表面活性剂的量过多，因药物被包于胶团中，反而可降低了吸收率；吐温类表面活性剂又是一种外排转运体抑制剂，可以促进药物吸收，从而提高药物的生物利用度。

（二）药用辅料的应用原则

药用辅料的应用首先是为了满足不同剂型的需要，同时也是为了药物在生产、贮存及使用中保持稳定，使大生产的质量保持恒定。药用辅料的应用也利于制剂外观的美观和便于工艺操作。

① 满足制剂成型、有效、稳定、安全、方便要求的**最低用量原则**。即用量恰到好处，用量最少不仅

可节约原料、降低成本，更重要的是可以减少剂量。

② **无不良影响原则**。即不降低药物疗效，不产生毒副作用，不干扰制剂质量监控。辅料配伍使用不恰当将对制剂的质量产生影响，如：吐温、聚乙二醇、甲基纤维素、羧甲纤维素钠等均能与酚类、尼泊金等抑菌剂形成络合物而降低其抑菌效果；阳离子型与阴离子型表面活性剂配伍会使二者的作用均受影响，乳化作用和抑菌作用均减弱或消失；另外，硬脂酸镁的碱性能加速阿司匹林水解，硬脂酸镁对维生素 C 的氧化同样有加速作用。

二、药用辅料的种类

药用辅料种类繁多，在不同剂型中作用不同，可按来源、化学结构、给药途径、作用与用途等进行分类。

（一）按来源分类

依据来源不同，药用辅料可分为天然物质、半合成物质和全合成物质。天然物质包括：动物来源的虫胶、胆固醇、蛋黄卵磷脂等，植物来源的淀粉、纤维素等，矿物质来源的滑石粉、硼砂等。半合成物质包括羟丙甲纤维素、甲基纤维素、环糊精等。全合成物质包括聚乙二醇、聚维酮等。

按照来源分类有利于对来源安全风险较大的药用辅料进行严格监管，如动物来源药用辅料系指从动物组织、器官、腺体、血液、体液、分泌物、皮、骨、角、甲等分离提取的，并经充分安全评估的，能够在药品制剂中添加使用的组分及其加工品。国家药典委员会对动物来源药用辅料的原材料选择、生产工艺和过程控制、质量控制、供应商审计都进行了相关规定，以降低药用辅料可能存在的风险。但按照来源进行分类，每种来源的药用辅料数量众多，不利于查询。

（二）按化学结构分类

依据化学结构差异，药用辅料可分为酸类、碱类、盐类、醇类、酚类、酯类、醚类、纤维素类及糖类等。

按照化学结构分类的优点是：每类药用辅料在化学结构上具有共性，但化学结构上具有共性的各种辅料有不同的功能特性和用途。例如，同为纤维素类辅料，微晶纤维素有较强的结合力与良好的可压性，不仅可以用于湿法制粒，还可用于直接压片；乙基纤维素溶于溶剂可形成水不溶性膜，常用于缓控释制剂的包衣材料。

（三）按给药途径分类

依据给药途径不同，药用辅料可分为口服用、注射用、黏膜用、经皮或局部给药用、经鼻或口腔吸入给药用和眼部给药用等。

按照给药途径分类有利于药监部门根据不同给药途径对辅料进行管理及审批，如《中国药典》中大豆磷脂（供注射用）与大豆磷脂相比，增加了蛋白质、有关物质、无菌等检查项。但同一药用辅料往往可用于不同给药途径的多种药物制剂，且有不同的作用和用途，造成大量重复，不便查询和统计。

（四）按作用与用途分类

药用辅料在制剂中的作用和用途多样，《中国药典》（2020 年版）四部通则＜0251＞中共列举 51 种，具体包括：溶剂、抛射剂、增溶剂、助溶剂、乳化剂、着色剂、黏合剂、崩解剂、填充剂、润滑剂、润湿剂、渗透压调节剂、稳定剂（如蛋白稳定剂）、助流剂、抗结块剂、矫味剂、抑菌剂、助悬剂、包衣剂、成膜剂、芳香剂、增黏剂、抗黏着剂、抗氧剂、抗氧增效剂、螯合剂、皮肤渗透促进剂、空气置换剂、pH 调节剂、吸附剂、增塑剂、表面活性剂、发泡剂、消泡剂、增稠剂、包合剂、保护剂（如冻干保护剂）、保湿剂、柔软剂、吸收剂、稀释剂、絮凝剂与反絮凝剂、助滤剂、冷凝剂、络合剂、释放调节剂、压敏胶黏剂、硬化剂、空心胶囊、基质（如栓剂基质和软膏基质）、载体材料（如干粉吸入载体）。

按照作用与用途分类的优点是：每类辅料中各个辅料虽然理化性质不完全相同，甚至差别很大，但都有某些重要的共同性质，其作用机理和用途基本相同，且专一性强。例如抗氧剂类，虽然各种辅料有各自的理化性质，但它们都有失去电子被氧化的还原性。按作用与用途分类的任何一类辅料均有一定的共同性质及相同或相似的用途，有利于查阅和选择，并且这种分类方法可减少重复。尽管各种辅料具有多种理化性质，这些理化性质决定了辅料有多种用途，如甘油，可作为溶剂、增溶剂、保湿剂、增塑剂、透皮促进剂等，但在它们的多种用途中往往只有少数几种主要用途，且这类辅料为数不多。按照作用与用途分类是被广泛应用的一种分类方法。

（五）新型药用辅料

近年来，新型药用辅料的开发及大量应用，大大推动了剂型改进与新剂型、新品种的创新研究，进而促进了药剂学的飞速发展。缓控释技术、固体分散技术、包合技术、微囊化技术等新技术，脂质体、微乳、聚合物胶束等新型纳米载体，均以新辅料的发展为支撑。例如，羟丙甲纤维素、乙基纤维素、聚丙烯酸树脂、壳聚糖及海藻酸钠等药用高分子材料，在口服缓控释系统研究中广泛应用；环糊精不容易被水解，但在结肠微生物发酵作用下被分解为寡糖，因此不会在胃和小肠中释放药物，可以用于制备结肠靶向给药系统。

三、药用辅料的一般质量要求

① 生产药品所用的辅料必须符合药用要求，即经论证确认生产用原料符合要求、符合药用辅料生产质量管理规范。药用辅料的来源、制法是确定其合法来源的重要方面，在辅料合成过程中应进行严格控制。药用辅料质量标准的项目设置需重点考察安全性指标，应根据产品的来源、制法，产品的降解情况，对产品的纯度、有关物质和杂质进行研究，在此基础上建立相关检查项目、方法、限度。药用辅料的国家标准应建立在经国务院药品监督管理部门确认的生产条件、生产工艺以及原材料的来源等基础上，按照药用辅料生产质量管理规范进行生产，上述影响因素中的任何一个发生变化，均应重新验证，确认药用辅料标准的适用性。

② 药用辅料应经过充分的安全性评估，对人体无毒害作用，化学性质稳定，不与主药及其他辅料发生作用，不影响制剂的质量检验。在制剂中所用的辅料应不易受温度、pH、光线、保存时间等的影响，与主药无配伍禁忌，一般情况下不影响主药的剂量、疗效和制剂主成分的检验，尤其不影响安全性。此外，还需要对辅料的用量进行筛选，在保证制剂质量的前提下，尽可能用较小的用量发挥较大的作用。

③ 药用辅料影响制剂生产、质量、安全性和有效性的性质，应符合要求。在保证安全性的前提下，辅料的选择和使用应重点考虑是否能够有效保证关联制剂的性能发挥。各类药用辅料在制剂中除发挥其赋形作用，还可能改变药物的质量稳定性、临床使用顺应性、生物利用度、体内过程等，对各类药用辅料设置适宜的功能性相关指标。

④ 应根据剂型和工艺特点以及临床使用的风险等级制定药用辅料质量标准。药用辅料可用于多种给药途径，相较于低风险等级药物制剂（如片剂、口服溶液剂等）中使用的药用辅料，在高风险等级药物制剂（如注射剂、吸入制剂等）中使用的药用辅料一般具有更高的质量要求，如增加必要检查项或提高限度要求，以满足不同风险等级制剂的临床需求。

第二节 药用高分子材料

一、概述

药用高分子材料系指具有生物相容性，且经过安全性评价的应用于药物制剂的一类高分子辅料，包括高分子药物（如鱼精蛋白胰岛素等）、药用高分子辅料以及高分子包装材料（如聚乙烯、聚丙烯、聚氯乙烯等），本节重点讨论药用高分子辅料。

与小分子化合物相比，高分子化合物具有以下特点：①分子量大，且分子量具有多分散性；②高分子溶液的黏度比低分子溶液的黏度高得多；③高分子化合物通常较难溶解，先要经过溶胀过程才能溶解；④高分子化合物的分子链长，分子结构层次多；⑤固态的高分子材料通常具有一定的机械强度。

药用高分子材料除了具有高分子化合物的特点外，还具有以下特点：①无毒、无抗原性，且经过安全性评价；②具有良好的生物相容性和物理化学性能；③具有适宜的载药与释药性能。

二、药用高分子材料的类别及主要品种

（一）类别

1. 按用途分类

药用高分子材料按用途分为：①传统剂型中应用的高分子材料（如丸剂的赋形剂、片剂的黏合剂和崩解剂等）；②缓释、控释制剂和靶向制剂中应用的高分子材料（如缓控释包衣膜、缓控释骨架材料等）；③包装用高分子材料。

2. 按来源分类

药用高分子材料按来源分为：①天然高分子材料，主要来自植物和动物，如明胶、淀粉、纤维素、阿拉伯胶等；②半合成高分子材料，主要有淀粉、纤维素衍生物，如羧甲基淀粉钠（CMS-Na）、羧甲基纤维素钠（CMC-Na）、羟丙甲纤维素（HPMC）等；③合成高分子材料，如聚乙二醇（PEG）、聚维酮（PVP）等。

3. 按结构分类

药用高分子材料按结构分为：①均聚物，由一种单体聚合而成的聚合物，一般不包括天然高分子；②共聚物，由一种以上单体聚合而成的聚合物，包括天然和合成高分子，也包括无一定重复单元的复杂大分子。

（二）主要品种

1. 天然及半合成高分子材料

该类高分子材料具有无毒、安全、性质稳定、生物相容性好、成膜性好等优点。主要包括以下几类：

（1）多糖类 包括：①淀粉及其衍生物，如淀粉、预胶化淀粉、糊精、羧甲基淀粉钠、羟乙基淀粉等；②纤维素及其衍生物，如微晶纤维素（MCC）、醋酸纤维素（CA）、醋酸纤维素酞酸酯（又称为纤维醋法酯，CAP）、羧甲基纤维素钠、交联羧甲基纤维素钠（CC-Na）、甲基纤维素（MC）、乙基纤维素（EC）、羟乙纤维素（HEC）、羟丙纤维素（HPC）、羟丙甲纤维素、羟丙甲纤维素酞酸酯（HPMCP）、醋酸羟丙甲纤维素琥珀酸酯（HPMCAS）等；③其他，如阿拉伯胶、海藻酸钠、甲壳素、壳聚糖及透明质酸等。

（2）蛋白质类 主要有明胶、白蛋白等。

2. 合成高分子材料

该类材料大多化学结构和分子量明确，来源稳定，性能优良，品种规格较多。已广泛应用的合成高分子材料均具有良好的生物相容性。合成高分子材料主要包括以下几类：

（1）聚乙烯烃类 主要有聚维酮、交联聚维酮（PVPP）、聚乙烯醇（PVA）、聚乙烯醇酞酸酯（DVAP）、乙烯-醋酸乙烯共聚物（EVA）、聚醋酸乙烯酞酸酯（PVAP）、聚异丁烯压敏胶等。

（2）聚丙烯酸类 主要有卡波姆（丙烯酸键合烯丙基蔗糖或季戊四醇烯丙基醚的高分子聚合物，Carbomer）、丙烯酸树脂类（包括胃溶型、胃崩型、肠溶型和渗透型等不同品种）、聚丙烯酸钠、交联聚丙烯酸钠、聚丙烯酸压敏胶等。

（3）聚氧乙烯类（聚醚类） 主要有聚乙二醇、泊洛沙姆（聚氧乙烯-聚氧丙烯醚嵌段共聚物，Poloxamer）、聚氧乙烯脂肪酸酯等。

（4）有机硅类　主要有二甲基硅氧烷、硅橡胶、硅橡胶压敏胶等。

（5）聚酯类　主要有聚乳酸（PLA）、乳酸-羟基乙酸共聚物（又称为聚乙交酯-丙交酯，PLGA）、聚醚聚氨酯、聚癸二酸二壬酯、聚氰基烷基氨基酯、聚磷腈等。

三、药用高分子材料在药剂学中的应用

由于不同制剂及给药途径对药用高分子材料的功能有特殊要求，因此，尽管高分子材料的结构式、主要成分、基本性质相同，也不可互相替代使用。以下仅对药用高分子材料在药剂学中的一般应用进行简单介绍。

（一）固体制剂的辅料

1. 稀释剂

稀释剂又称为填充剂。高分子材料用作稀释剂可增加片重或体积，从而便于压片。主要可分为：

（1）淀粉及其衍生物类　主要包括淀粉、预胶化淀粉和糊精等。其中淀粉最为常用，最易得但可压性差；预胶化淀粉作为一种优良的填充剂，具有可压性好、流动性好、可粉末直接压片等优点；糊精黏度大，常与淀粉一起作为填充剂，一般不单独使用。

（2）纤维素及其衍生物类　主要包括粉状纤维素、微晶纤维素。其中粉状纤维素流动性差，具有一定的可压性，但因可致肉芽肿，不得用作注射剂和吸入剂辅料；微晶纤维素具有高度变形性，极具可压性，浓度在10%～30%之间可作为粉末直接压片的稀释剂。

2. 黏合剂

高分子材料用作黏合剂可使物料形成颗粒或压缩成片。主要可分为：

（1）淀粉及其衍生物类　包括淀粉、预胶化淀粉、糊精等。其中，淀粉一般以10%浓度的淀粉浆作为黏合剂，糊精一般用干燥粉末作为黏合剂。

（2）纤维素及其衍生物类　包括羧甲基纤维素钠、甲基纤维素、乙基纤维素、羟丙甲纤维素等。其中，甲基纤维素黏度随温度与取代度变化而变化，温度升高，初始黏度下降，再加热反易胶化，取代度增加，胶化温度降低；乙基纤维素的用量一般在1%～3%。

（3）其他天然高分子类　包括阿拉伯胶、西黄蓍胶、明胶、海藻酸钠、瓜尔胶等。其中，阿拉伯胶5%水溶液黏度低于5 mPa·s，25%水溶液的黏度约为70～140 mPa·s，喷雾干燥的产品比原始胶的黏度略低。西黄蓍胶遇水体积膨胀10倍，形成黏性胶体，温度升高或浓度增加时黏度增高，pH=5时黏度最稳定；海藻酸钠对片剂的影响取决于处方中放入的量，在有些情况下可促进片剂崩解；瓜尔胶在天然高分子中黏度最高。

（4）合成高分子类　包括聚维酮等。聚维酮又称聚乙烯吡咯烷酮，常用型号PVP 29/32、PVP 26/28，常用量为0.5%～2%。可以溶液加入，也可直接加入。但以其为黏合剂的片剂在贮存期间硬度可增加，分子量较高者还可延长片剂崩解和溶解时间。

3. 崩解剂

高分子材料用作崩解剂可使片剂在胃肠液中迅速崩解成细小颗粒。主要可分为：

（1）淀粉及其衍生物类　包括淀粉、预胶化淀粉、羧甲基淀粉钠等。其中淀粉作为崩解剂，一般用含水量在8%～10%的干淀粉；羧甲基淀粉钠一般用量为4%～8%。

（2）纤维素及其衍生物类　包括微晶纤维素、交联羧甲基纤维素钠、低取代羟丙纤维素、羟乙纤维素等。其中，微晶纤维素既不易吸潮又能在水中或胃中迅速崩解，浓度大于20%时可单独作崩解剂，具有吸水性，能迅速吸收水，因此与淀粉混合使用能使片剂快速崩解，有协同作用；交联羧甲纤维素钠，不溶于水，粉末流动性好，具有良好的吸水膨胀性；低取代羟丙纤维素（L-HPC），由于有很大的表面积和孔隙度，吸湿性和吸水量较好，其吸水膨胀率在500%～700%，当取代基占10%～15%时，崩解后的颗粒也较细小，故非常有利于药物的溶出，一般用量为2%～5%；

（3）合成高分子类　包括交联聚维酮等。交联聚维酮的流动性良好，在有机溶媒及强酸强碱溶液中

均不溶解，在水中迅速溶胀并且不会出现高黏度的凝胶层，因而其崩解性能十分优越。

4. 润滑剂

高分子材料用作润滑剂可减少粘冲，降低颗粒与颗粒、药片与模孔壁之间的摩擦力，并使片剂表面光滑美观。常用的润滑剂有聚乙二醇等。聚乙二醇是水溶性润滑剂，目前主要使用的型号有 PEG 4000 与 PEG 6000。

5. 包衣材料

高分子材料用作包衣材料，可以起到掩味、避光、防潮、控释等作用。主要可分为水溶性包衣材料、肠溶衣材料和水溶性胶囊壳材料。

（1）**水溶性包衣材料**　如羟丙甲纤维素、羟丙纤维素、聚维酮、聚乙二醇等。其中羟丙甲纤维素的特点是成膜性好，它既可溶于有机溶剂或混合溶剂，也能溶于水，且衣膜在热、光、空气及一定的湿度下很稳定；聚维酮用作包衣材料，衣膜柔韧性较好，常与其他成膜材料合用，也可单独用作片剂隔离层包衣，具有改善衣膜对片剂表面的黏附能力、减少碎裂现象的优点，本身可作为薄膜增塑剂，此外，还能缩短疏水性材料薄膜的崩解时间，改善色靛或染料、遮光剂的分散性及延展能力，最大程度减少可溶性染料在片剂表面的颜色迁移。

（2）**肠溶衣材料**　常用的有丙烯酸树脂类、纤维醋法酯、羟丙甲纤维素酞酸酯、醋酸羟丙甲纤维素琥珀酸酯、虫胶等。其中丙烯酸树脂是甲基丙烯酸酯、丙烯酸酯和甲基丙烯酸等单体，按不同比例共聚而成的一大类高分子聚合物，根据调节各成分比例，可获得不同功能的高分子材料；纤维素类肠溶衣材料还可单独或与其他包衣材料混合使用制成具有缓控释或定位释放的包衣制剂。

（3）**水溶性胶囊壳材料**　如明胶、羟丙甲纤维素、淀粉等。

（二）缓释、控释制剂的辅料

1. 骨架型缓释、控释材料

（1）**水溶性或亲水凝胶骨架**　常用羟丙甲纤维素、甲基纤维素、羟乙纤维素、羟丙纤维素、羧甲纤维素钠、聚维酮、卡波姆、壳聚糖等。其中羟丙甲纤维素是应用较多的缓释骨架材料。在使用过程中，如果原料药在整个处方中的比例不高，可以考虑使用较高量的 HPMC。一般来说，水凝胶缓释片的释放速率和缓释材料的占例呈反比关系，但是到一定程度时，释放速率和缓释材料的占处方比例关系不大。

（2）**溶蚀性或可生物降解骨架**　溶蚀性骨架材料常用聚乙二醇、聚乙二醇单硬脂酸酯等，可生物降解骨架材料常用聚乳酸、乳酸-羟基乙酸共聚物、聚己内酯、聚氨基酸壳聚糖等。

（3）**不溶性骨架**　常用乙基纤维素、聚甲基丙烯酸酯、聚乙烯、乙烯-醋酸乙烯共聚物、聚氯乙烯、硅橡胶等。

2. 衣膜型缓控释材料

（1）**微孔膜包衣材料**　由不溶解的高分子材料（如乙基纤维素、醋酸纤维素、丙烯酸树脂类、乙烯-醋酸乙烯共聚物等）与致孔剂（如聚乙二醇、聚维酮、聚乙烯醇等及其他小分子水溶性物质）形成衣膜。

（2）**肠溶衣材料**　如丙烯酸树脂类、纤维醋法酯、羟丙甲纤维素酞酸酯、醋酸羟丙甲纤维素琥珀酸酯等。

3. 具有渗透作用的高分子渗透膜

利用水不溶性高分子材料形成的半透膜，具有渗透性。常用醋酸纤维素、乙基纤维素、渗透型丙烯酸树脂、乙烯-醋酸乙烯共聚物等。

4. 离子交换树脂

离子交换树脂用于离子药物的控制释放，利用离子交换使结合的离子型药物释放。目前药用的离子交换树脂有波拉克林交换树脂（二乙烯苯-甲基丙烯酸钾共聚物）、羧甲基葡萄糖等。

（三）液体制剂或半固体制剂的辅料

药用高分子材料由于其力学三态（玻璃态、高弹态、黏流态）的特殊性，在液体或半固体制剂中可作溶剂、共溶剂、增溶剂、助悬剂、分散剂、胶凝剂、乳化剂以及皮肤保护剂等。常用纤维素醚类（如羧甲基纤维素钠、羟丙甲纤维素、甲基纤维素、羟乙纤维素、羟丙纤维素等）、卡波姆、泊洛沙姆、聚乙二醇、聚维酮等。值得注意的是，近年来发展迅速的智能型高分子水凝胶，在水溶性高分子改善药物溶出行为的基础上，可实现在病灶部位的缓释及控释行为，大大提升了药物的生物利用度。

（四）生物黏附性材料

该类高分子材料可黏附于口腔、胃黏膜等的表面，延长药物在靶部位的保留时间，提高其局部治疗效果。按黏附作用的特点，生物黏附性材料可分为：①**非特异性黏附聚合物**（传统的黏附性聚合物），可黏附到多种黏液表面，不能区分体内不同部位黏液间的差异，也不能区分黏膜表面的黏液甚至腔道内的某些内容物，因此可能会黏附到非目标组织表面，研究较多的包括聚丙烯酸、纤维素、多糖及其衍生物、聚乙烯吡咯烷酮、聚乙二醇、透明质酸、藻酸盐、瓜尔胶等；②**特异性黏附聚合物**，通过受体-配体亲和作用黏附到特定表皮细胞表面，因而具有一定的靶向功能，目前研究较多的有抗体或表面接枝抗体的聚合物、外源凝集素、纤毛蛋白及其他微生物黏附素等，例如大豆凝集素（SBA）能特异性识别在多种恶性肿瘤细胞上表达的异常糖链，从而介导生物黏附性聚合物到达治疗部位；③多功能黏附聚合物，除具有黏附功能外，还具有其他药剂辅料功能的生物黏附性材料，如聚卡波菲和卡波姆在发挥生物黏附性的同时还具有胰蛋白酶抑制作用，多应用于口服蛋白多肽类药物给药体系中。

（五）生物降解性材料

该类高分子材料主要用于植入剂、新型微粒分散给药系统或靶向制剂。根据来源不同，可分为**合成生物可降解聚合物**和**天然生物可降解聚合物**两类。

合成生物可降解聚合物分为细菌和人工合成两大类，其中细菌合成的可降解聚合物包括聚羟基烷基醇酯（PHAs）、聚（β-苹果酸酯）等，人工合成的可降解聚合物包括聚（α-羟基酸酯）、聚己内酯（PCL）、聚氰基丙烯酸酯（PACA）等。目前研究较多的人工合成生物降解聚合物主要包括聚酯类、聚酰胺类、聚酸酐类等。聚乳酸-羟基乙酸共聚物（PLGA）是一种经典的聚酯类生物降解性材料，具有良好生物相容性、无毒等优点，被广泛应用于药物缓释材料、植入材料和组织工程等领域。PLGA 由于其高载药率、缓释性和靶向性，被广泛应用于微球、微囊、纳米球等。聚氨酯类聚合物质地坚硬、富有弹性、对环境非常稳定，目前研究较多的是聚氨酯植入剂。聚磷酸酯类聚合物由于其化学结构灵活及可调整性，使其应用范围更加广泛，并且可作为蛋白质载体。

天然可降解聚合物包括淀粉、纤维素、聚糖、甲壳素、壳聚糖及其衍生物等。壳聚糖是一类被广泛研究的天然可降解聚合物，具有生物黏附性和多种生物活性，并且有生物相容性好、毒性低、不溶血等特点。它可被体内溶菌酶、胃蛋白酶等多种酶生物降解，降解产物无毒且能被生物体完全吸收。由于其可被结肠部位的微生物进行生物降解，因此壳聚糖及其衍生物被用于结肠靶向递药系统，特别对蛋白质和多肽类药物以及治疗结肠部位疾病的药物有重要意义。研究发现，壳聚糖及其衍生物对生物大分子药物具有保护作用，以该类聚合物作为载体制备的多肽、蛋白质、核酸类药物的口服制剂已经成为研究热点。

第三节　预混与共处理药用辅料

一、概述

预混与共处理药用辅料是指将两种或两种以上的药用辅料按特定的配比和工艺制成的具有一定功能性的，作为整体在制剂中使用的辅料混合物。预混与共处理药用辅料既保证了每种单一辅料的化学性质不变，又不改变其安全性。根据处理方式的不同，分为预混辅料与共处理辅料。

预混辅料（pre-mixed excipient）是指两种或两种以上的药用辅料通过简单的物理混合制成的、具有一定功能且表观均一的混合辅料。预混辅料中单一成分化学结构不变。

共处理辅料（co-processed excipient）是指由两种或两种以上的药用辅料经过特定的物理加工工艺（如喷雾干燥、制粒等）处理制得的，具有特定功能的混合辅料。共处理辅料无法通过简单的物理混合方式制备。

与单一辅料相比，预混与共处理药用辅料具有以下特点：

① 由多种辅料混合制得。预混与共处理药用辅料是由多种辅料经过简单的物理混合或特定的物理加工工艺制得的多功能且表观均一的混合辅料。配方中的每一成分性质稳定，具备良好的生物安全性与含量均一性。例如，胃溶型薄膜包衣预混辅料包含了成膜材料、增塑剂和一定量的色素，但包衣辅料中每种辅料的化学性质没有改变，安全性较高，应用广泛。

② 多种功能的集合。每种辅料都有各自的特点与优势，很难找到能满足制剂所需的所有功能的单一辅料，而预混辅料具备多种辅料性状，可充分发挥各辅料优势，便于使用。例如，将低黏度的羟丙甲纤维素单独作包衣材料，存在附着力差、片芯表面常发生桥接、易出现裂缝等缺陷，与增塑剂聚乙二醇按一定比例预先混合使用，就可成为简单易用且性能优良的预混包衣辅料。因此，预混包衣辅料可检测的功能指标有很多，如色差、肠溶崩解性能、黏度、粒度与粒度分布、流动性等均可检测，每种辅料的功能性指标不同。

③ 由特定的配方组成。每一种预混辅料并非几种单一辅料的任意混合，而是经过大量处方筛选，通过严格的性能测试、稳定性考察，同时考虑与各种活性药物的兼容性，达到了预期生产的要求，最终形成的配方。例如，Avicel RC-591 与 Avicel CL-611 之间只相差了 4% 的微晶纤维素比例，但却使得辅料的功能与用途显著不同。由此可见，预混与共处理药用辅料配方的合理性和工艺条件的科学性都需要经过大量的科学实验证明。每一种预混与共处理药用辅料都由严格的配方组成，每一种单一辅料都应符合相应的生产标准，才可生产出符合标准的药用辅料。

④ 时间和成本的节约。预混辅料不仅可赋予制剂更多稳定的性能，并且可以省略一些处方的筛选工作，适当利用各辅料的特点，并将各优点结合，生产出的药用辅料可大大缩短药品研发周期，提高药品的生产效率，降低生产成本。

随着药物制剂水平的提高，预混与共处理药用辅料得到了广泛的应用。近年来，预混辅料的开发及应用成为辅料行业的发展趋势，功能性丰富多样的预混与共处理药用辅料与大机器生产模式的碰撞与结合，充分为辅料业的发展创造了条件，也促进了药物制剂行业的进步与发展。2020 年颁布实施的《中国药典》四部通则中也以独立的章节对预混与共处理药用辅料的质量控制进行了要求。

二、分类及主要品种

与单一组分辅料相比，预混辅料和共处理辅料的功能特性往往有所改变。根据实际用途，可分为**压片类**、**包衣类**和**其他功能改善类**，各类的代表品种如下。

（一）压片类

1. Cellactose 80

Cellactose 80 是由 75% 乳糖和 25% 微粉状纤维素组成的喷雾干燥复合物，兼具填充剂和黏合剂的功能。流动性好，可直接压片，压缩后以塑性变形为主。常应用于分散片、口崩片和咀嚼片，如阿司匹林分散片。

2. Ludipress

Ludipress 由 93.4% 一水乳糖（填充剂）、3.2% Kollidon 30（黏合剂）和 3.4% Kollidon CL（崩解剂）组成，主要含有一水乳糖、聚维酮和交联聚维酮。在压缩时需要添加硬脂酸镁作为润滑剂。Ludipress 的可压性低于 Cellactose，但高于 Tablettose（纯 α 一水乳糖颗粒）。Ludipress 的流动性高于 Cellactose 和 Tablettose。主要用于直接压片辅助物，也可以作为硬胶囊中的填充剂使用。

3. Avicel HFE

Avicel HFE 是由 90% 微晶纤维素和 10% 甘露醇组成的喷雾干燥复合物。微晶纤维素增加了共处理辅料的可压性，减少了对润滑剂的敏感性。甘露醇改善了崩解性能，提高了溶出速率。可用于直接压制咀嚼片和多单元微囊系统（MUPS）。

4. StarLac

StarLac 是由 85% 一水乳糖（填充剂）和 15% 白色淀粉（崩解剂）组成的喷雾干燥复合物，口感细腻、有奶油质地、流动性好、不易分层、崩解快、贮存稳定，适用于咀嚼片、低剂量制剂和包衣片的片芯。

5. Di-Pac

Di-Pac 由 97% 蔗糖和 3% 糊精共结晶而成。其流动性较好，仅在相对湿度大于 50% 时才需要加助流剂，可压性与含水量有关；贮藏期间色泽稳定，但片剂硬度受 Di-Pac 含量影响略微增加；制剂不易崩解而易溶化，故多应用于压制咀嚼片。

6. Sugartab

Sugartab 由 93% 蔗糖和 7% 转化糖共结晶而成。其粒度大，流动性差，与药物混合时易含量不匀；味似蔗糖，吸湿性低，崩解缓慢，可用于直接压制咀嚼片。

7. Microcelac 100

Microcelac 100 是由 25% 微晶纤维素和 75% 一水乳糖组成的喷雾干燥复合物。其流动性好，不易结块，压缩性优异；乳糖与微晶纤维素的比例恒定，使制剂硬度稳定，即使高速压片也能保证片剂质量均匀稳定；适用于小片剂、矿物药品、异形片剂、高剂量制剂、流动性较差的以及含微粉化药物成分的片剂。

（二）包衣类

1. Surelease

Surelease 为一种具有氨气味的乙基纤维素水分散体，采用相转变法制备，是目前少数几个完整的缓控释类包衣预混材料之一。本品总固含量为 25%，除含乙基纤维素外，还含有稳定剂油酸、增塑剂癸二酸二丁酯（DBS）和氨水，有时还含有抗黏剂轻质硅胶，固体粒子大小为 0.2 μm。Surelease 主要有 3 种型号：Surelease E-7-7050、Surelease XEA-7100 和 Surelease XME-7-7060，其中 Surelease X 比 Surelease 含更多的抗黏剂轻质硅胶，最高含量可达 15%，Surelease XM 用精馏椰子油代替 DBS 作为增塑剂。

2. Aquacoat

Aquacoat 是市售的另一个乙基纤维素水分散体（N 型，10 mPa·s），也是 FDA 批准的第一个水性胶态分散体，采用直接乳化-溶剂蒸发法制备。本品总固含量约为 30%，其中含 25%（W/W）的乙基纤维素，另含相当于乙基纤维素质量 2.7% 的十二烷基硫酸钠（SLS）和 5% 的十六醇，乙基纤维素分散粒子大小为 0.1~0.3 μm。包衣操作时加水稀释包衣液至规定浓度，一般包衣液中固含量浓度为 10%~15%。由于配方中含有 SLS，SLS 在偏碱性介质中处于解离状态，可增加衣膜的亲水性和渗透性，从而加快释药，因此 Aquacoat 包衣制剂的释药速率受介质 pH 影响，在偏碱性介质中释药速率明显加快。

3. Aquacoat ECD

Aquacoat ECD 是一种 30% 亚微细粒的乙基纤维素粒子固体聚合物水分散液，可用于药物表面包衣。该体系为一种完全水基乳胶薄衣体系，是为防湿、掩味和控制药物释放而设计的。其粒径非常小，约 85% 是乳胶粒，粒径小于 0.5 μm，黏度低于 150 cps。其特点为：完全水溶性，可控制溶出速率，低黏度和不粘连特性，极好的稳定性和重现性，可达到零级释放，无嗅无味，不含氨，较快的包衣率降低总体生产时间；无需滑石粉，可选择不同增塑剂，易于清洗等。通常，本品用于缓释的用量为 5%~15%（W/W）；用于矫味的用量为 1%~2%；此外，需加入增塑剂，并在加入其他包衣组分前搅拌混合至少 30 min。

4. Aquacoat CPD

Aquacoat CPD 是一种肠溶包衣剂，是含有 30% 醋酸纤维素酞酸酯（CAP）的水分散体，主要是用于药用片剂和颗粒的肠溶性和控制药物释放的薄膜包衣。其特点为：完全水溶性；就薄膜特性和长时间稳定性方面，与有机溶液包衣 CAP 形似，无嗅无味，不含氨；低黏度和不粘连特性；降低总体生产时间；易用，无需滑石粉；易于清洗等。

5. Opadry

Opadry 以羟丙甲纤维素、羟丙纤维素、乙基纤维素、PVAP 等高分子聚合物为主要成膜材料，辅以聚乙二醇、丙二醇、柠檬酸三乙酯等作为增塑剂，均为粉末状固体，运输贮存十分方便，还可以根据客户的特殊要求对其中的色素加以调整，呈现个性化的外观。Opadry 分为：①普通型，可以用 85% 以下各种浓度的乙醇或纯水作溶剂，6%～12% 的固含量，配制十分灵活，容易操作，对包衣设备要求不高，表观细腻，适合对包衣没有特别功能要求的产品；②有机溶剂型，必须使用 85%～95% 浓度范围的乙醇或二氯甲烷等有机溶剂，可以在较低的温度下包衣，适合对温度非常敏感的药物，也有利于条件较差的设备，但因必须用有机溶剂，不安全，有环境污染，成本较高，且不利于药厂的 GMP 管理；③有机溶剂肠溶型，以 85%～88% 浓度的乙醇为溶剂，是早期常用的肠溶包衣材料。

6. Kollicoat SR 30D

Kollicoat SR 30D 为聚醋酸乙烯酯/聚乙烯吡咯烷酮水分散体，主要成分包括 27% 聚醋酸乙烯酯、2.7% 聚维酮和 0.3% 十二烷基硫酸钠。Kollicoat SR 30D 属于非 pH 依赖的水分散体，主要作为肠溶缓释包衣材料，也可用于掩味或防止配伍变化的保护性包衣，或者用于缓释骨架中。本品为低黏度的奶白色或淡黄色液体，固含量为 30%，平均粒径为 160 nm，pH 为 4.5，最低成膜温度（MFT）为 18℃，添加丙二醇可降低成膜温度，黏度为 54 mPa·s。

（三）其他功能改善类

1. Avicel RC/CL 系列

Avicel RC-591/581 由 89% 的微晶纤维素和 11% 的羧甲基纤维素钠组成。Avicel RC-591 是由其水溶液喷雾干燥而成，而 Avicel RC-581 是通过对两种成分的料浆进行批量干燥而生产的。Avicel CL-611 由 85% 微晶纤维素和 15% 羧甲基纤维素钠水溶液喷雾干燥而成。Avicel RC/CL 主要用于制备混悬剂和乳剂，用于制备混悬剂时有极佳的悬浮稳定性，拥有独特的触变胶特性：静止变稠，振摇变稀。

2. Avicel CE-15

Avicel CE-15 由 85% 微晶纤维素和 15% 瓜尔胶制成的分散体经喷雾干燥而成。瓜尔胶改善了微晶纤维素造成的垩白和沙砾感，不黏牙，口感好，多用于制成咀嚼片。

3. Opacode

Opacode 是一种药用油墨，以虫胶为主要成分，配以各种溶剂，广泛运用在片剂和胶囊的印字上。

三、预混与共处理药用辅料在药剂学中的应用

预混与共处理药用辅料凭借其独特优势，在制剂生产和研发中发挥着越来越重要的作用，其中在固体制剂、薄膜包衣、液体制剂、缓控释制剂及局部用制剂中应用较为广泛，促进了国内外药物制剂整体水平的提高。

（一）固体制剂中的应用

该类预混与共处理药用辅料主要是为了改善可压性、流动性、吸附性、崩解性、溶出性等，主要用于直接压片，在提高制剂质量的同时压片工艺也变得简单经济。该类辅料有 Cellactose 80、Ludipress、Avicel HFE、StarLac、Di-Pac、Sugartab、Microcelac 100、Avicel DG、Avicel CE-15、Ludipress LCE、Ludiflash、Cellactose、Pharmatose DCL-40、ProSolv、ProSolv Easytab、ProSolv ODT、Vitacel M80K、StarCap 1500、Xylitab 100、Xylitab 200、ForMaxx 等。

如前所述，StarLac 是一种淀粉乳糖复合物，其中淀粉颗粒的存在使其兼有良好的黏合性和崩解能

力,同时与乳糖和淀粉物理混合物相比,还具有更好的流动性能以及在片剂加工过程中不会分层等优势。此外,作为直接压片工艺中的填充剂和黏合剂,生产的片剂在片重、硬度及脆碎度等关键参数方面具有更好的一致性。使用 StarLac 的乙酰半胱氨酸口腔崩解片处方(表 3-1)及制备工艺如下:

表 3-1 乙酰半胱氨酸口腔崩解片处方

成分	含量/(mg/片)	成分	含量/(mg/片)
乙酰半胱氨酸	200.0	AK 糖	7.2
StarLac	953.0	硬脂酸镁	8.4
香精	24.0	总重	1200
阿斯巴甜	7.2		

制备工艺:先将 StarLac、乙酰半胱氨酸、香精、阿斯巴甜及 AK 糖混合均匀,再加入硬脂酸镁混合均匀后压片。制得的片剂在口腔的崩解时间约为 20s。

(二)薄膜包衣中的应用

根据包衣目的不同,包衣用预混与共处理药用辅料主要包括普通包衣、肠溶包衣、缓控释包衣三种。缓控释包衣预混辅料将在缓控释制剂的应用中加以介绍。普通包衣预混辅料主要用于改善外观、防潮、掩味、隔离配伍禁忌等,如 Kollicoat IR 包衣系统、Kollicoat Protect、Opadry、Opadry Ⅱ、Opadry 200、Opadry AMB 等。肠溶包衣预混辅料使药物在胃酸性环境下不释放,而进入小肠后释放,如 Aquacoato CPD、Acryl-EZE、Opadry Enteric 和 Sureteric 等。

Sureteric 作为一种全配方水性薄膜包衣系统,基本上包含了包衣所需的全部辅料,并且配制简单、使用方便,极大提高了生产能力和经济效益。

Sureteric 使用步骤如下:首先根据片芯的重量和计划增重,确定 Sureteric、消泡剂(Sureteric 用量的 0.33%)和水的用量。例如,10 kg 片芯,10%增重,需要 1000.0 g Sureteric、5685.6 g 水、3.3 g 消泡剂。先在配液容器中加入所需量的水,使用螺旋桨式的搅拌桨,搅拌形成一个旋涡。然后在水中加入所需量的消泡剂,再将 Sureteric 粉末缓慢且均匀地加入旋涡中,并且应一直保持适当的旋涡。最初会产生一些泡沫,包衣液体积也会增加,但会很快消除。降低搅拌速度,继续搅拌 30～45 min。整个包衣过程中,包衣液必须始终维持一个低速的搅拌状态。在使用前将配好的包衣液过 250 μm 筛,或在包衣过程中使用在线过滤。

(三)缓控释制剂中的应用

预混与共处理药用辅料可用于缓控释制剂中作为骨架或(和)薄膜包衣。如 RetaLac、Kollidon SR 可作骨架,Kollicoat SR 30D、Surelease 用于非 pH 依赖的缓释制剂包衣,Opadry CA 用于渗透泵片剂包衣。

Surelease 是一个完全配方的缓释型水性包衣系统,采用 Surelease 包衣,工艺稳定,重现性好,通过控制增重可到达理想的释放特征,且释药速率对 pH 不敏感;在开发和生产阶段的工艺稳定,具有可放大性。值得注意的是,Surelease 包衣液显碱性,与酸性药物直接接触可能会影响药物的稳定性,可将药物分散在适宜辅料中,减少与包衣材料的直接接触;或者预先包一层隔离层,但可能减缓药物的释放。使用 Surelease 的双氯芬酸钠包衣片的处方(表 3-2、表 3-3)及制备工艺如下:

表 3-2 双氯芬酸钠包衣片片芯基本处方

成分	含量/(mg/片)
双氯芬酸钠	25
氯化钠	8
羧甲基淀粉钠	25
乳糖	42

表 3-3 包衣液处方

成分	含量
Surelease	60 mL
水	40 mL
PEG 400	1.5 g

片芯的制备:按处方量称取原辅料(均过 80 目筛)混匀,加入 5% PVP 水溶液(黏合剂)制软材,40 目筛制粒,于 60℃干燥 1 h;加入硬脂酸镁整粒压片即得。

包衣片的制备:将 150 g 片芯置于直径 20 cm 的包衣锅里,片芯预热后进行包衣〔包衣条件:包衣锅倾角 45°；喷嘴内径为 0.8 mm；喷枪雾化压力为 137.3 kPa；进风温度为（35±5）℃；片温为（25±2）℃；水分散体包衣片温度控制在（35±2）℃；转速为 13～36 r/min；喷速为 0.8 mL/min]。

（四）液体制剂及局部用制剂中的应用

目前液体制剂及局部用制剂用的预混与共处理辅料主要是针对一些液体制剂（混悬剂、乳剂等）和局部用制剂（喷雾、乳膏、洗剂等）易出现物理稳定性问题而设计的，如 RetaLac 可用于混悬剂中作稳定剂；Avicel RC-591、Avicel CL-611 可用于混悬剂、乳剂、鼻喷雾剂、乳膏剂中作稳定剂。

Avicel RC-591 和 Avicel CL-11 这类产品在制备混悬剂时能提供一个具有很高触变性的结构载体，从而保证混悬剂处方具有极佳的悬浮稳定性。使用 Avicel RC-591 的复方氢氧化铝混悬液的处方（表 3-4）及制备工艺如下：

表 3-4　复方氢氧化铝混悬液处方

成分	含量	成分	含量
氢氧化铝	4.0 g	苯甲酸钠	0.2 g
三硅酸镁	8.0 g	羟苯甲酯	0.15 g
羧甲基纤维素钠	0.16 g	柠檬香精	0.4 mL
Avicel RC-591	1.0 g	蒸馏水	加至 100 mL

制备工艺：将苯甲酸钠、羟苯甲酯（用少量乙醇溶解）溶于蒸馏水中，再加入羧甲基纤维素钠和 Avicel RC-591，使充分溶胀后制成胶浆，将氢氧化铝、三硅酸镁加入胶浆中研磨，加柠檬香精，加蒸馏水至全量，混匀即得。

此外，为改善制剂外观、色泽，突出产品品牌等，设计了专门的预混辅料，主要由色素及其他可改善制剂外观的成分组成。如 Opaglos 2、Opadry fx、Opalux、Opaspray、Opatint 等。

第四节　药用辅料相关法规

一、概述

药事法是指由国家制定或认可，并由国家强制力保证实施，具有普遍效力和严格程序的行为规范体系，是调整与药事活动（如研发、生产、销售、使用）相关的行为和社会关系的法律规范的总和。

我国现行的药事法律体系主要由基本法《药品管理法》、贯穿药事活动各个环节（药品注册、生产、流通、使用、监督环节）的法律法规，以及其他法律法规，如《民法通则》《刑法》等法中与药品管理相关的条款。

《药品管理法》第二十五条指出："辅料，是指生产药品和调配处方时所用的赋形剂和附加剂。"药用辅料是药品的重要组成，一般属于非活性物质，但通常会对药物制剂的稳定性、生物利用度、患者的顺应性甚至不良反应的严重程度有显著影响，尤其对于特殊剂型（如缓控释制剂、靶向制剂等）的影响更加显著。

所以，作为药品的一部分，药用辅料的研发、生产、销售、使用等环节也需要完善的监管机制。目前我国也已颁布了多部药用辅料相关法律法规，如 2005 年发布的《关于印发药用辅料注册申报资料要求的函》，2006 年颁布的《药用辅料生产管理规范》等。

在 20 世纪 80 年代以前，药用辅料的监管制度尚未明确建立。1984 年，新中国第一部《药品管理法》颁布实施，第一次从法规监管的角度给予药用辅料明确的合规要求，其中第七条指出："生产药品所需要的原料、辅料以及直接接触药品的容器和包装材料，必须符合药用要求。"但并未列出"药用要求"的细则。

直至 2004 年，中国药用辅料的监管才进入实质性的法规监管阶段，《国务院对确需保留的行政审批项目设定行政许可的决定》（国务院令 412 号）中第 356 项行政许可事项："药用辅料注册，即药用辅料属行政许可事项，需注册审批。"随后，2005 年 6 月 21 日国家食品药品监督管理总局发布《关于印发药用辅料注册申报资料要求的函》（食药监注函［2005］61 号），指出对新药用辅料、进口药用辅料、已有国家标准的药用辅料、已有国家标准的空心胶囊、胶囊用明胶和药用明胶的注册申报要求，开启了药用辅料分级注册、分类管理的管理模式。随着医药行业的发展，这种重审批、轻监管的方式已无法适应我国医药产业发展的需求，如制剂企业选择药用辅料企业时缺乏主体责任人意识，高度依赖监管部门的审批结果。2012 年 8 月 1 日，国家食品药品监督管理总局发布《加强药用辅料监督管理的有关规定》（国食药监办［2012］212 号），规定对药用辅料实行分类管理："对新的药用辅料和安全风险较高的药用辅料实行许可管理，即生产企业应取得《药品生产许可证》，品种必须获得注册许可；对其他辅料实行备案管理，即生产企业及其产品进行备案。"明确了药品制剂企业的主体责任人地位，确保所用辅料符合药用要求，确保药品质量安全。2015 年 8 月 9 日，国务院发布《关于改革药品医疗器械审评审批制度的意见》（国发［2015］44 号）中指出："实行药品与药用包装材料、药用辅料关联审批，将药用包装材料、药用辅料单独审批改为在审批药品注册申请时一并审评审批。"拉开了药用辅料与药品关联审评审批的改革大幕。2017 年 11 月 30 日，国家食品药品监督管理总局发布的《关于调整原料药、药用辅料和药包材审评审批事项的公告》（2017 年第 146 号）指出：不再单独受理原料药、药用辅料和药包材注册申请，原料药、各类药品申请所用药用辅料和药包材需在登记平台上登记，与制剂共同审评，并进行标识。至此，药品与药用包装材料、药用辅料关联审评审批的制度正式开始实施，该公告初步勾勒出关联审评审批制度的轮廓，但并未细化审评流程及各方的责任与义务。随后，2017 年 12 月 4 日，国家食品药品监督管理总局起草了《原料药、药用辅料及药包材与药品制剂共同审评审批管理办法（征求意见稿）》，明确了药品上市许可持有人的责任主体地位，并且规定了原辅包企业的责任，提交必要信息供药品上市许可持有人评估和控制由原辅包引入制剂的质量风险，并接受药品上市许可持有人开展的供应商审计。另外，确定了同一辅料在不同情况下的登记说明。2019 年 7 月 16 日，国家药品监督管理局发布《关于进一步完善药品关联审评审批和监管工作有关事宜的公告》（2019 年第 56 号），该公告明确了原辅包与药品制剂关联审评审批的具体要求，提高了关联审评审批的效率，进一步完善了关联审评审批制度。

二、药用辅料相关法规和技术要求的发展

随着药品监管工作的不断深入，行业主管部门对加强药用辅料规范管理的要求不断提高，推动我国药用辅料行业的法规体系和质量标准不断完善。表 3-5 主要梳理了 1984 年以来涉及药用辅料监管的主要法规文件。

表 3-5　药用辅料相关法律法规的发展情况

法律法规	发布部门	实施日期/发布日期	要　点
《中华人民共和国药品管理法》	全国人民代表大会常务委员会	1984 年 9 月	生产药品所需的原料、辅料，应当符合药用要求、《药品生产质量管理规范》的有关要求
《关于新药审批管理的若干补充规定》	卫生部	1988 年 1 月	申报新辅料时，应同时报送加有该辅料的制剂资料；新辅料经卫生部批准后，发给证书及批准文号；新辅料经卫生部批准后，已生产的制剂如加入该辅料，属国家标准的，由卫生部审批，属地方标准的，由省、自治区、直辖市卫生厅（局）审批
《中华人民共和国药品管理法》（2001 年版）	全国人民代表大会常务委员会	2001 年 2 月	生产药品所需的原料、辅料，必须符合药用要求
《国务院对确需保留的行政审批项目设定行政许可的决定》（国务院令第 412 号）	国务院	2004 年 7 月	药用辅料属行政许可事项，需注册审批
《关于印发药用辅料注册申报资料要求的函》（食药监注函［2005］61 号）	国家食品药品监督管理总局	2005 年 6 月	包括新辅料，进口辅料，已有国家标准辅料，已有国家标准空心胶囊、胶囊用明胶和药用明胶注册申报资料要求

法律法规	发布部门	实施日期/发布日期	要　点
《药用辅料生产质量管理规范》(国食药监安〔2006〕120号)	国家食品药品监督管理总局	2006年3月	确定药用辅料生产企业实施质量管理的基本范围和要点,以确保辅料具备应有的质量和安全性,并符合使用要求
《关于征求药用原辅材料备案管理规定(征求意见稿)意见的通知》	国家食品药品监督管理总局	2010年9月	境内生产的药用原辅材料的备案信息应当由合法的生产企业提交;境外生产的药用原辅材料的备案信息应当由境外合法厂商驻中国境内办事机构或者其委托的中国境内代理机构提交;药用原辅材料厂商应当接受使用该原辅材料的药品制剂厂商的审计和药品监督管理部门的监督检查;药品监督管理部门对通过药用原辅材料平台提交的备案信息,不单独进行审核
《当前优先发展的高技术产业化重点领域指南(2011年度)》(2011年第10号)	国家发展和改革委员会	2011年6月	将新型给药技术、装备和辅料,中药新剂型及其新型辅料等列入当前优先发展的高技术产业化重点领域
《医药工业"十二五"发展规划》	工业和信息化部	2012年1月	首次将药用辅料作为促进我国医药工业转型升级和快速发展、落实培育和发展战略性新兴产业的总体要求的医药工业"十二五"规划的五大重点领域之一,明确指出要加强新型药用辅料的开发和应用,提高药品质量,改善药品性能,保障用药安全
《国家药品安全"十二五"规划》(国发〔2012〕5号)	国务院	2012年1月	进一步明确提出将提高132个药用辅料标准,制订200个药用辅料标准的计划作为医药行业"十二五"规划主要任务与重点项目
《加强药用辅料监督管理的有关规定》(国食药监办〔2012〕212号)	国家食品药品监督管理总局	2012年8月	对药用辅料实施分类管理,对新的药用辅料和安全风险较高的药用辅料实行许可管理,即生产企业应取得《药品生产许可证》,品种必须获得注册许可;对其他辅料实行备案管理,即生产企业及其产品进行备案
《生物产业发展规划》(国发〔2012〕65号)	国务院	2012年12月	将药用辅料产业纳入国家战略性新兴产业,明确了其在药品发展领域关键的基础性作用。并指出要建设一批符合国际标准的集约化药用辅料生产基地和培育龙头企业
《关于改革药品医疗器械审评审批制度的意见》(国发〔2015〕44号)	国务院	2015年8月	实行关联审批,将药用包装材料、药用辅料单独审批改为在审评审批药品注册申请时一并审评审批
《总局关于征求药包材和药用辅料关联审评审批申报资料要求(征求意见稿)意见的公告》(2016年第3号)	国家食品药品监督管理总局	2016年1月	为简化药品审批程序,将直接接触药品的包装材料和容器(以下简称药包材)、药用辅料由单独审批改为在审批药品注册申请时一并审评审批
《总局关于发布化学药品新注册分类申报资料要求(试行)的通告》(2016年第80号)	国家食品药品监督管理总局	2016年5月	申请制剂的,应提供辅料的合法来源证明文件,包括辅料的批准证明文件、标准、检验报告、辅料生产企业的营业执照、《药品生产许可证》、销售发票、供货协议等的复印件;说明辅料种类和用量选择的依据,分析辅料用量是否在常规用量范围内,是否适合所用的给药途径,并结合辅料在处方中的作用分析辅料的哪些性质会影响制剂特性
《关于药包材药用辅料与药品关联审评审批有关事项的公告》(2016年第134号)	国家食品药品监督管理总局	2016年8月	将直接接触药品的包装材料和容器、药用辅料由单独审评审批改为在审批药品注册申请时一并审评审批,此前已受理的药品、药包材和药用辅料注册申请继续按原规定审评审批。已批准的药包材药用辅料,其批准证明文件有效期届满后,可继续在原药品中使用;用于其他药物临床试验或药品生产申请时,应按本公告要求报送相关资料
《医药工业发展规划指南》	工业和信息化部	2016年10月	加强药用辅料的标准体系建设;支持新型药用辅料开发应用:发展基于"功能相关性指标"的系列化药用辅料,重点发展纤维素及其衍生物、高质量淀粉及可溶性淀粉、聚山梨酯、聚乙二醇、磷脂、注射用吸附剂、新型材料胶囊等系列化产品,开发用于高端制剂、可提供特定功能的辅料和功能性材料,重点发展丙交酯-乙交酯共聚物、聚乳酸等注射用控制材料等

法律法规	发布部门	实施日期/ 发布日期	要　点
《关于发布药包材药用辅料申报资料要求（试行）的通告》（2016年第155号）	国家食品药品监督管理总局	2016年11月	药包材、药用辅料已与药物临床试验申请关联申报的，如在药品上市申请阶段发生变化，药包材、药用辅料生产企业应及时通知药品注册申请人，并直接向国家食品药品监督管理总局药品审评中心提交相关补充资料，附药包材、药用辅料《受理通知书》，无需重复关联申报。 药品注册申请人在药品注册申报资料中一并提交药包材、药用辅料研究资料的，可以进行药品审评，完成审评后不对药包材、药用辅料核发核准编号
《战略性新兴产业重点产品和服务指导目录（2016版）》（2017年第1号）	国家发展和改革委员会	2017年1月	在"3.1.14 其他功能材料"中明确将"药用辅料"纳入战略性新兴产业重点产品和服务指导目录。 在"4.1.5 生物医药关键装备与原辅料"中，强调"新型固体制剂用辅料、新型包衣材料、新型注射用辅料、药用制剂预混辅料"
《"十三五"国家药品安全规划》（国发〔2017〕12号）	国务院	2017年2月	提高药用辅料、药包材标准整体水平，扩大品种覆盖面；完善技术指导原则，修订药物非临床研究、药物临床试验、处方药与非处方药分类、药用辅料安全性评价、药品注册管理、医疗器械注册技术审查等指导原则；对药用原辅料和药包材生产企业开展延伸监管
《总局关于调整原料药、药用辅料和药包材审评审批事项的公告》（2017年第146号）	国家食品药品监督管理总局	2017年11月	各级食品药品监督管理部门不再单独受理原料药、药用辅料和药包材注册申请，进一步明确药用辅料关联审评审批的范围，明确国家食品药品监督管理总局药品审评中心建立药用辅料登记平台与数据库，有关企业或者单位可通过登记平台提交资料，获得药用辅料登记号，待关联药品制剂提出注册申请后一并审评
《总局办公厅公开征求〈原料药、药用辅料及药包材与药品制剂共同审评审批管理办法（征求意见稿）〉意见》	国家食品药品监督管理总局	2017年12月	细化关联审评审批的流程、各主体的责任，原辅包登记、变更和终止程序。实施原辅包技术主卷档案管理制度，建立"原辅包登记平台"，对辅料建立"药用辅料数据库"，并公示药用辅料的相关信息。原辅包企业可单独提交原辅包登记资料
《关于公开征求〈已上市化学仿制药（注射剂）一致性评价技术要求〉意见的通知》	仿制药质量与疗效一致性评价办公室	2017年12月	进一步细化和明确已上市化学仿制药（注射剂）一致性评价的技术要求，明确要求："辅料应符合注射用要求。除特殊情况外，应符合现行《中国药典》要求"
《国务院办公厅关于改革完善仿制药供应保障及使用政策的意见》（国办发〔2018〕20号）	国务院	2018年4月	加强药用原辅料、包装材料和制剂研发联动，促进药品研发链和产业链有机衔接，推动企业等加强药用原辅料和包装材料研发，运用新材料、新工艺、新技术，提高质量水平。通过提高自我创新能力、积极引进国外先进技术等措施，推动技术升级，突破提纯、质量控制等关键技术，淘汰落后技术和产能，改变部分药用原辅料和包装材料依赖进口的局面，满足制剂质量需求
《关于公开征求〈药用辅料登记资料要求（征求意见稿）〉和〈药包材登记资料要求（征求意见稿）〉意见的通知》	国家药品监督管理局药品审评中心	2018年6月	规定了境内外药用辅料登记人需提交的证明文件以及辅料的相关信息，如基本物理/化学性质、工艺流程、杂质研究、功能特性等
《关于进一步完善药品关联审评审批和监管工作有关事宜的公告》（2019年第56号）	国家药品监督管理局	2019年7月	原辅包登记人在登记平台上登记，制剂申请人提交注册申请时与平台登记资料进行关联；也可在制剂注册申请时，由制剂注册申请人一并提供原辅包研究资料。 原辅包的使用必须符合药用要求，主要是指原辅包的质量、安全及功能应该满足药品制剂的需要。 药品制剂注册申请与已登记原辅包进行关联，药品制剂获得批准时，即表明其关联的原辅包通过了技术审评，登记平台标识为"A"；未通过技术审评或尚未与制剂注册进行关联的标识为"I"
《中华人民共和国药品管理法》（2019年修订）	全国人民代表大会常务委员会	2019年12月	生产药品所需的原料、辅料，应当符合药用要求、药品生产质量管理规范的有关要求。生产药品，应当按照规定对供应原料、辅料等的供应商进行审核，保证购进、使用的原料、辅料等符合规定要求

三、原辅包关联审评审批制度

2019 年 7 月 16 日，由国家药品监督管理局发布的《关于进一步完善药品关联审评审批和监管工作有关事宜的公告》（2019 年第 56 号）明确了原辅包与药品制剂关联审评审批的具体要求。

（一）适用范围

在中华人民共和国境内研制、生产、进口和使用的原料药、药用辅料、药包材。

（二）申请流程

① 原辅包供应商在登记平台登记，获得登记号。

a. 已受理并完成审评的药用辅料和药包材、曾获得批准证明文件的药用辅料由药审中心将相关信息转入登记平台并给予登记号，登记状态标识为"A"。转入登记平台的原辅包登记人应按照登记资料要求在登记平台补充提交研究资料，完善登记信息，同时提交资料一致性承诺书（承诺登记平台提交的技术资料与注册批准技术资料一致）。

b. 已在食品、药品中长期使用且安全性得到认可的药用辅料可不进行登记（部分矫味剂、香精、色素、pH 调节剂由药审中心公布），由药品制剂注册申请人在制剂申报资料中列明产品清单和基本信息。

② 药品制剂注册申请人（药品上市许可持有人）提交注册申请，提供原辅包登记号和原辅包登记人的使用授权书，并与平台登记资料进行关联。

③ 药品制剂注册申请与已登记原辅包进行关联，药品制剂获得批准时，即表明其关联的原辅包通过了技术审评，登记平台标识为"A"；未通过技术审评或尚未与制剂注册进行关联的标识为"I"。

④ 药用辅料发生变更时原辅料登记人应主动开展研究，并及时通知相关药品制剂生产企业（药品上市许可持有人），及时在登记平台更新信息，并在每年第一季度提交的上一年年度报告中汇总。药品制剂生产企业（药品上市许可持有人）接到上述通知后应及时就相应变更对药品制剂质量的影响情况进行评估或研究，属于影响药品制剂质量的，应报补充申请。

（三）相关部门及分工

1. 药审中心

① 受理药品注册申请。

② 负责登记资料技术要求的更新、发布。

③ 将已受理并完成审评的药用辅料以及曾获得批准证明文件的药用辅料的相关信息转入登记平台并给予登记号。

④ 发布长期使用且安全性得到认可、可不进行登记的药用辅料。

⑤ 要求药品制剂注册申请人或原辅包登记人进行补充原辅包登记平台研究资料。

2. 各省（区、市）药品监督管理局

① 加强对本行政区域内药品制剂生产企业（药品上市许可持有人）的监督检查，督促药品制剂生产企业（药品上市许可持有人）履行原料药、药用辅料和药包材的供应商审计责任。

② 根据登记信息对药用辅料和药包材供应商加强监督检查和延伸检查。

3. 国家药品监督管理局

国家药品监督管理局将根据各省监督检查开展情况和需要，适时修订相关检查标准。

（四）原辅包供应商和药品制剂注册申请人的分工

1. 原辅包登记人

① 保证原辅包的使用符合药用要求：原辅包的质量、安全及功能应该满足药品制剂的需要。

② 在登记平台上登记（其中境内原辅包供应商作为原辅包登记人应当对所持有的产品自行登记，境外原辅包供应商可由常驻中国代表机构或委托中国代理机构进行登记），获得登记号。

③ 维护登记平台的登记信息，并对登记资料的真实性和完整性负责（境外原辅包供应商和代理机构共同对登记资料的真实性和完整性负责）。

④ 由药审中心转入登记平台的辅料（已受理并完成审评的药用辅料、药包材和获得批准证明文件的药用辅料），原辅包登记人在登记平台补充提交研究资料，完善登记信息，同时提交资料一致性承诺书（承诺登记平台提交的技术资料与注册批准技术资料一致）。

⑤ 原辅包发生变更时原辅包登记人应主动开展研究，及时通知相关药品制剂生产企业（药品上市许可持有人），及时更新登记资料，并在年度报告中体现。

⑥ 药用辅料和药包材的变更应及时在登记平台更新信息，并在每年第一季度提交的上一年年度报告中汇总。

2. 药品制剂注册申请人

① 提交药品制剂注册申请（申请时需提供原辅包登记号和原辅包登记人的使用授权书）。

② 对药品质量承担主体责任，对原辅包供应商质量管理体系进行审计，保证符合药用要求。

③ 接到原辅包发生变更通知后应及时就相应变更对药品制剂质量的影响情况进行评估或研究，属于影响药品制剂质量的，应报补充申请。

（五）总结

单独注册制度中，原辅包的审评审批与药品的审评审批割裂开来，原辅包单独审批制度只关注原辅包自身的质量，与制剂产品质量之间的关联较弱，缺乏对药品的有效性、安全性及质量的综合评价。且分级注册制度使得同一辅料质量差异较大。

新的关联审评审批制度以制剂的风险控制为关键控制因素，更加关注辅料和药包材对制剂的影响，促使制剂企业与原辅包企业进行深度合作，使上市许可持有人承担原辅包企业不合规而造成的风险，使其承担起监督、推进原辅包合规化的责任，进而通过制剂企业提升原辅包企业的质量体系水平。所以该制度可简化药用辅料的审批流程，可以显著改善药品的有效性、安全性，并且能够使制剂企业的管理、审计水平得到显著提高，另外原辅包企业的水平和竞争力也有所提升，最终提高我国医药行业的整体水平。

（孙春萌）

思考题

1. 何谓药用辅料，有何作用，有哪些种类，其应用原则是什么，质量要求有哪些？
2. 何谓药用高分子材料，有何特点，有哪些类别，主要品种有哪些？举例说明药用高分子材料在药剂学中的应用。
3. 何谓药用预混辅料，有何特点，主要品种有哪些，在药剂学中有何应用？
4. 原辅包关联审评审批制度对于制剂企业来说，风险与机遇并存。何谓风险？何谓机遇？
5. 试比较中国、美国、欧盟药用辅料管理制度的异同点，并思考其对我国药用辅料监管制度有哪些启示。

参考文献

［1］ 国家药典委员会. 中华人民共和国药典［M］. 2020年版. 北京：中国医药科技出版社，2020.
［2］ 吴正红，祁小乐. 药剂学［M］. 北京：中国医药科技出版社，2020.
［3］ 徐浩. 药用辅料质量管理规范与现代辅料新技术应用全书［M］. 天津电子出版社，2005.

[4]　郑俊民. 药用高分子材料学 [M]. 北京：中国医药科技出版社 2000.

[5]　周建平，唐星. 工业药剂学 [M]. 北京：人民卫生出版社. 2014.

[6]　姚静. 药用辅料应用指南 [M]. 北京：中国医药科技出版社，2011.

[7]　傅超美，等. 药用辅料学 [M]. 北京：中国中医药出版社，2008. 10.

[8]　美国药典委员会. 美国药典（USP 40-NF35），2017.

[9]　邵蓉. 中国药事法理论与实务 [M]. 北京：中国医药科技出版社，2015.

[10]　https://www.colorcon.com.cn.

[11]　Bolhuis G K, Anthony A, N. Excipients for Direct Compaction——an Update [J]. Pharmaceutical Development & Technology，2006，11 (1)：111-124.

[12]　Brooks S A, Carter T M. N-acetylgalactosamine, N-acetylglucosamine and sialic acid expression in primary breast cancers [J]. Acta histochemica, 2001，103 (1)：37-51.

[13]　Hamman J, Steenekamp J. Excipients with specialized functions for effective drug delivery [J]. Expert Opinion on Drug Delivery，2012，9：2，219-230.

[14]　Lee J W, Park J H, Robinson J R. Bioadhesive-based dosage forms：The next generation [J]. Journal of pharmaceutical sciences，2000，89 (7)：850-866.

[15]　Huo M R, Zhou J P. Progress in research on pharmaceutical excipients——biodegradable polymers [J]. Chinese Journal of Natural Medicines，2003. 1 (4)：246-251.

[16]　Robertson M. Regulatory issues with excipients [J]. Int J Pharm. 1999，187 (2)：273-276.

[17]　Schmidt P C, Rubensdörfer C J W. Evaluation of Ludipress as a "multipurpose excipient" for direct compression：Part 1：Powder characteristics and tableting properties [J]. Drug Dev Ind Pharm, 1994，20：2899-2925.

[18]　Apte S P, Ugwu S O. A Review and Classification of Emerging Excipients in Parenteral Medications [J]. Pharmaceutical Technology, 2003，03：46-60.

[19]　仿制药质量与疗效一致性评价办公室. 关于公开征求《已上市化学仿制药（注射剂）一致性评价技术要求》意见的通知 [EB/OL]. [2017-12-25]. http://www.cnppa.org/index.php/Home/News/show/id/875/sortid/18.html.

[20]　国家发展和改革委员会. 当前优先发展的高技术产业化重点领域指南（2011年度）[EB/OL]. [2011-06-23]. http://www.gov.cn/zwgk/2011-10/20/content_1974026.html.

[21]　国家发展和改革委员会. 战略性新兴产业重点产品和服. 务指导目录（2016版）[EB/OL]. [2017-01-25]. https://www.ndrc.gov.cn/xxgk/zcfb/gg/201702/t20170204_961174.html.

[22]　国家工业和信息化部. 《医药工业"十二五"发展规划》发布 [EB/OL]. [2012-01-19]. http://www.miit.gov.cn/n1146285/n1146352/n3054355/n3057267/n3057273/c3522192/content.html.

[23]　国家工业化和信息化部. 关于印发《医药工业发展规划指南》的通知 [EB/OL]. [2016-11-07]. http://www.miit.gov.cn/n1146295/n1652858/n1652930/n3757016/c5343499/content.html.

[24]　国家食品药品监督管理总局. 关于发布药包材药用辅料申报资料要求（试行）的通告 [EB/OL]. [2016-11-28]. https://www.nmpa.gov.cn/yaopin/ypggtg/ypqtgg/20161128163101989.html.

[25]　国家食品药品监督管理总局. 关于药包材药用辅料与药品关联审评审批有关事项的公告 [EB/OL]. [2016-08-10]. https://www.nmpa.gov.cn/xxgk/ggtg/qtggtg/20160810115701940.html.

[26]　国家食品药品监督管理总局. 关于印发药用辅料注册申报资料要求的函 [EB/OL]. [2005-06-21]. https://www.nmpa.gov.cn/xxgk/fgwj/gzwj/gzwjyp/20050621010101889.html.

[27]　国家食品药品监督管理总局. 关于征求药用原辅材料备案管理规定（征求意见稿）意见的通知 [EB/OL]. [2010-09-16]. https://www.nmpa.gov.cn/xxgk/zhqyj/zhqyjyp/20100916111201877.html.

[28]　国家食品药品监督管理总局. 国家食品药品监督管理局关于印发加强药用辅料监督管理有关规定的通知 [EB/OL]. [2012-08-01]. https://www.nmpa.gov.cn/xxgk/fgwj/gzwj/gzwjyp/20120801162001696.html.

[29]　国家食品药品监督管理总局. 关于印发《药用辅料生产质量管理规范》的通知 [EB/OL]. [2006-03-23]. https://www.nmpa.gov.cn/xxgk/fgwj/gzwj/gzwjyp/20060323010101520.html.

[30]　国家食品药品监督管理总局. 总局办公厅公开征求《原料药、药用辅料及药包材与药品制剂共同审评审批管理办法（征求意见稿）》意见 [EB/OL]. [2017-12-05]. https://www.nmpa.gov.cn/zhuanti/ypqxgg/ggzhqyj/20171205172601595.html.

[31]　国家食品药品监督管理总局. 总局关于发布化学药品新注册分类申报资料要求（试行）的通告 [EB/OL]. [2016-05-04]. https://www.nmpa.gov.cn/yaopin/ypggtg/ypqtgg/20160504175301774.html.

[32]　国家食品药品监督管理总局. 总局关于调整原料药、药用辅料和药包材审评审批事项的公告 [EB/OL]. [2017-11-30]. https://www.nmpa.gov.cn/xxgk/ggtg/qtggtg/20171130163301730.html.

[33]　国家食品药品监督管理总局. 总局关于征求药包材和药用辅料关联审评审批申报资料要求（征求意见稿）意见的公告 [EB/OL]. [2016-01-12]. https://www.nmpa.gov.cn/xxgk/ggtg/qtggtg/20160112172001972.html.

[34]　国家药典委员会. 《动物来源药用辅料指导原则》公示稿. [2019]. https://www.chp.org.cn/gjydw/fl/4953.jhtml.

[35]　国家药品监督管理局. 关于进一步完善药品关联审评审批和监管工作有关事宜的公告 [EB/OL]. [2019-07-16]. https://www.nmpa.gov.cn/xxgk/ggtg/qtggtg/20190716174501955.html.

[36] 国家药品监督管理局药品审评中心. 关于公开征求《药用辅料登记资料要求（征求意见稿）》和《药包材登记资料要求（征求意见稿）》意见的通知 [EB/OL]. [2018-06-05]. http://www.cde.org.cn/news.do? method=largeInfo&id=6a1dde1b8f6e4170.

[37] 国务院. 国务院关于印发"十三五"国家食品安全规划和"十三五"国家药品安全规划的通知 [EB/OL]. [2017-02-21]. http://www.gov.cn/zhengce/content/2017-02-21/content_5169755.html.

[38] 国务院. 国务院关于改革药品医疗器械审评审批制度的意见 [EB/OL]. [2015-08-18]. http://www.gov.cn/zhengce/content/2015-08/18/content_10101.html.

[39] 国务院. 国务院关于印发国家药品安全"十二五"规划的通知 [EB/OL]. [2012-01-20]. http://www.gov.cn/zwgk/2012-02/13/content_2065197.html.

[40] 国务院. 国务院办公厅关于改革完善仿制药供应保障及使用政策的意见 [EB/OL]. [2018-04-03]. http://www.gov.cn/zhengce/content/2018-04/03/content_5279546.html.

[41] 国务院. 国务院对确需保留的行政审批项目设定行政许可的决定 [EB/OL]. [2004-07-01]. http://www.gov.cn/zhengce/content/2008-03/28/content_1833.html.

[42] 国务院. 国务院关于印发生物产业发展规划的通知 [EB/OL]. [2012-12-29]. http://www.gov.cn/zhengce/content/2013-01/06/content_2754.html.

[43] 全国人民代表大会常务委员会. 中华人民共和国药品管理法 [EB/OL]. [1984-09-20]. http://www.npc.gov.cn/wxzl/gongbao/2015-07/06/content_1942838.html.

[44] 中华人民共和国中央人民政府. 中华人民共和国药品管理法 [EB/OL]. [2001-02-28]. http://www.gov.cn/gongbao/content/2001/content_60707.html.

[45] 卫生部. 关于新药审批管理的若干补充规定 [EB/OL]. [1988-01-20]. http://www.law-lib.com/law/law_view.asp? id=4818&_t=1533698172.

[46] 鲁亚楠, 施海斌, 孙宁云. 浅谈中国药用辅料管理现状及美国 DMF 药用辅料备案管理. 中国医药工业杂志, 2016, 47 (3): 363-366.

[47] 中国化学制药工业协会. 原辅包关联审评审批制度对制剂研发的影响 [J]. 中国食品药品监管, 2018, (9): 59-66.

[48] 涂家生. 药用辅料标准的制定及其意义 [J]. 中国食品药品监管, 2018, (09): 31-35.

[49] 王粟明, 李崇林, 贾颖君, 等. 各国关联审评审批制度比对及辅料行业发展思考与对策 [J]. 中国食品药品监管, 2018: 24-30.

[50] 许芝彬, 赵文昌, 宋丽军. 药用薄膜包衣材料的研究新进展 [J]. 中国医药导报, 2011, (08): 17-19.

第四章

药物制剂的稳定性

看微课，记笔记
轻松拿下好成绩
微信扫一扫，学习没烦恼

本章要点

1. 掌握药物制剂稳定性的意义、化学动力学的基本概念；掌握影响药物制剂降解的各种因素及解决药物制剂稳定性的各种方法；掌握药物制剂的实验方法特别是加速试验法等。

2. 熟悉制剂中药物化学降解途径与稳定性试验的方法等。

3. 了解新药开发中稳定性试验设计的要点与主要内容等。

第一节　概　述

一、药物制剂稳定性研究的目的、意义和任务

安全、有效、稳定是药物制剂的基本要求，其中药物制剂的**稳定性**（stability）系指原料药及制剂保持其物理、化学、生物学等性质的能力。制剂不稳定，药物活性组分分解变质致药效降低，且可能会产生对人体有害的物质，使药物毒副作用增大，严重时威胁患者生命。

药物制剂的稳定性是保证药物制剂安全、有效的前提，其目的是考察原料药及其制剂在温度、湿度、光线等条件下随时间的变化规律，为药品的生产、包装、贮存、运输条件提供科学依据，同时通过试验建立药品的有效期。药物稳定性的研究对药物的剂型设计、处方筛选、工艺路线以及包装、贮存、运输等均有指导意义。作为药品质量控制的主要内容之一，药物制剂稳定性研究贯穿药物与制剂开发的全过程。

二、药物制剂稳定性的化学动力学基础

化学动力学（chemical kinetics）是研究化学反应在一定条件下的速率规律、反应条件（浓度、压力、温度等）对反应速率与方向的影响以及化学反应的机制等。此部分已在物理化学中详细介绍，本节主要节选与药物制剂稳定性有关内容进行论述，应用其原理及方法来评价制剂稳定性。

化学动力学应用于药物制剂稳定性的研究，其内容主要包括药物降解机制研究、药物降解速率的影响因素研究、药物制剂有效期预测及其稳定性评价等。药物浓度对反应速率的影响是上述研究的基础，降解速率 $\dfrac{\mathrm{d}C}{\mathrm{d}t}$ 与浓度的关系可用式（4-1）表示。

$$\frac{\mathrm{d}C}{\mathrm{d}t} = kC^n \tag{4-1}$$

式中，k 为反应速率常数；C 为反应物浓度；n 为反应级数，$n=0$ 为零级反应，$n=1$ 为一级反应，$n=2$ 为二级反应，以此类推。

（一）反应级数

反应级数是量化反应物浓度对反应速率影响大小的重要指标。在药物制剂的各类降解反应中，尽管有些药物的降解反应机制十分复杂，但多数药物及其制剂可按零级、一级、二级反应处理。

1. 零级反应

零级反应的速率方程式可表示为式（4-2）。**零级反应速率**与反应物浓度无关，而与其他影响因素有关，如反应物溶解度、某些光化反应中的光照强度等。

$$-\frac{\mathrm{d}C}{\mathrm{d}t} = k_0 \tag{4-2}$$

积分后可得：

$$C = C_0 - k_0 t \tag{4-3}$$

式中，C_0 为 $t=0$ 时反应物的浓度，mol/L；C 为 t 时反应物的浓度，mol/L；k_0 为零级速率常数，(mol/L)/s。C 与 t 呈线性关系，直线的斜率为 $-k_0$，截距为 C_0。

2. 一级反应

药物及其代谢物进入体内后代谢及排泄过程、微生物的繁殖、放射性元素的衰减等药剂学领域的反应大多均服从一级反应。**一级反应速率**与反应物浓度成正比，其速率方程可表示为式（4-4）：

$$-\frac{\mathrm{d}C}{\mathrm{d}t} = kC \tag{4-4}$$

积分后得浓度与时间关系：

$$\lg C = -\frac{kt}{2.303} + \lg C_0 \tag{4-5}$$

式中，k 为一级速率常数，s^{-1}、min^{-1}、h^{-1} 或 d^{-1} 等。以浓度对数 $\lg C$ 对时间 t 作图呈直线，直线的斜率为 $-k/2.303$，截距为 $\lg C_0$。

通常将反应物消耗一半所需时间称为半衰期（half life），记作 $t_{1/2}$。恒温时，一级反应的 $t_{1/2}$ 与反应物浓度无关。

$$t_{1/2} = \frac{0.693}{k} \tag{4-6}$$

对于药物降解，常将药物降解 10% 所需的时间记作 $t_{0.9}$。恒温时，$t_{0.9}$ 也与反应物浓度无关。

$$t_{0.9} = \frac{0.1054}{k} \tag{4-7}$$

3. 二级反应

二级反应系指反应速率与两种反应物浓度的乘积成正比的反应。若其中一种反应物的浓度远大于另一种反应物，或其中一种反应物浓度恒定不变时，该反应呈现一级反应特征，故可称为**伪一级反应**（pseudo first-order reaction）。如在酸或碱的催化下，酯的水解可按伪一级反应处理。

（二）温度对反应速率的影响与药物稳定性预测

温度作为影响药物降解速率的关键因素之一，对药物稳定性具有关键的影响，是稳定性研究的重要部分。研究者们广泛研究温度与药物反应速率的相互关系，目前，基于温度与反应速率的药物稳定性预测有多种方法，目前主要有**经典恒温法**、**$t_{0.9}$ 法**、**活化能估算法**、**多元线性模型法**、**初均速法**等。

1. 经典恒温法

经典恒温法的理论依据是阿伦尼乌斯（Arrhenius）方程。

大多数反应温度对反应速率的影响比浓度更为显著，温度升高时，绝大多数化学反应速率增大。Arrhenius 根据大量的实验数据，提出了著名的 Arrhenius 经验公式，即速率常数与温度之间的关系式为：

$$k = A e^{-\frac{E}{RT}}$$

(4-8)

式中，A 为频率因子；E 为活化能；R 为气体常数；T 为绝对温度值。上式取对数形式为：

$$\lg k = \frac{-E}{2.303RT} + \lg A$$

(4-9)

一般说来，温度升高，导致反应的活化分子数明显增加，从而使反应速率加快。对不同的反应，温度升高，活化能越大的反应，其反应速率增加得越多。

Arrhenius 方程可用于药品有效期的预测。实验时，将样品放入各种不同温度的恒温水浴中，定时取样测定其浓度（或含量），求出各温度下不同时间药物的浓度。以药物浓度或浓度的其他函数对时间作图，以判断反应级数。若以 C 对 t 作图得一条直线，则为零级反应；若以 $\lg C$ 对 t 作图得一条直线，则为一级反应。由所得直线斜率可求出各温度下的反应速率常数 k 值，再根据 Arrhenius 方程，以不同温度的 $\lg k$ 对 $1/T$ 作图得一条直线（此图称 Arrhenius 图，图4-1），直线斜率为 $-E/(2.303R)$，截距为 $\lg A$，并由此可计算出活化能 E 及频率因子 A。若将直线外推至室温，就可求出室温时的反应速率常数（$k_{25℃}$）。由 $k_{25℃}$ 可求出 $t_{0.9}$、$t_{1/2}$ 或室温贮藏若干时间以后残余的药物浓度。

加速试验测定的有效期为预测的有效期，应与留样观察的结果对照，才能确定药品的实际有效期。

经典恒温法应用于均相系统（如溶液），效果较好。而对非均相系统（如混悬液、乳浊液等）通常不适用。另外，在加速试验过程中，如反应级数或反应机制发生改变，也不能采用经典恒温法。

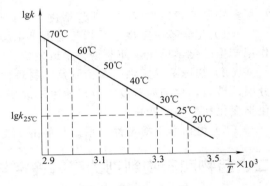

图4-1　Arrhenius 图

2. $t_{0.9}$ 法

根据经典恒温试验所得数据，处理得各温度下药物分解 10% 所需时间 $t_{0.9}$，用 $\lg t_{0.9}$ 代替 $\lg k$（k 与 $t_{0.9}$ 成反比）对 $1/T$ 作图或进行线性回归亦得一条直线，将直线外推至室温，即可求出室温下的 $t_{0.9}$。

3. 活化能估算法

一般反应的活化能在 $41.8 \sim 83.6 \ kJ/mol$ 之间，以此为上限、下限，根据药物在某些温度下的反应速率常数 k，估算产品在室温下降解 10% 所对应的最长和最短时间。这种根据活化能的值来估算制剂有效期的方法，称为活化能估算法。

4. 多元线性模型法

根据药物降解反应恒温动力学的基本公式：

$$f(C_0) - f(C) = k(T)Tt$$

(4-10)

式中，$f(C)$ 为浓度函数 [若已知反应级数，则 $f(C)$ 确定。如对于零级反应，$f(C) = C$；对于一级反应，$f(C) = \ln(C)$；对于二级反应，$f(C) = -\frac{1}{C}$ 等]；$k(T)$ 为速率降解常数，它是温度 T 的函数，在同一温度下 $k(T)$ 是常数；t 为降解时间。假如 $k(T)$ 与 T 的关系满足 Arrhenius 指数规律，可以得到 $\ln t = \ln[f(C_0) - f(C)] + \frac{E}{RT} - \ln A$。多元线性模型是以 $\ln t$、$\ln[f(C_0) - f(C)]$ 和 $1/T$ 为变量建立的一个三维坐标系，上式在该坐标系中能表示为一个平面，称为**药物平面**（drug plane）。对于一个处方药来说，E/R 和 A 是常数，对应一个确定的药物平面。因此，药物在室温下的贮存期也可表示为该平面上的一个点。由该点坐标可以得到药物的室温贮存期 $t_{0.9}$。

5. 初均速法

初均速法是以反应初始速率 v_0 代替反应速率常数 k，按 Arrhenius 规律外推得室温贮存期。其表达式为：

$$\lg v_{0i} = -\frac{E}{2.303RT_i} + \lg A \tag{4-11}$$

式中，v_{0i} 为温度 T_i 时的分解初速率，从上式可以得出 $\lg v_{0i}$ 同 $1/T$ 呈线性关系。因此，利用初均速法只需每个试验温度初期取样一次分析即可，比经典恒温法在各个温度下取样多次更为简便快捷，且不必预知反应级数。

除上述实验方法外，还有温度系数法、线性变温法、自由变温法等，可参阅相关文献。

第二节　药物制剂稳定性变化分类及降解途径

一、药物制剂稳定性变化分类

药物制剂稳定性变化一般包括化学、物理和生物学三个方面。

（1）**化学不稳定性**　系指药物由于水解、氧化、还原、光解、异构化、聚合、脱羧，以及药物相互作用产生的化学反应，使药物含量或效价、色泽等产生变化。

（2）**物理不稳定性**　系指制剂的物理性能发生变化，如混悬剂中药物颗粒结块、结晶生长，乳剂的分层、破裂，片剂崩解度、溶出速率的改变等。制剂物理性能的变化，不仅使制剂质量下降，还可能引起化学变化和生物学变化。

（3）**生物学不稳定性**　系指制剂由于受到微生物污染滋长，导致药物的腐败、酶败分解变质。

二、药物和药物制剂的降解途径与稳定性变化

（一）降解途径

不同化学结构的药物，制备贮存环境不同，药物制剂降解反应也不尽相同。一种药物可能同时或相继产生多种降解反应，降解过程复杂。水解和氧化是药物降解的两个常见反应。此外，光降解、异构化、聚合、脱羧、脱水等药物降解反应也时有发生。

1. 水解

水解是药物降解的主要途径，酯类（包括内酯）、酰胺类（包括内酰胺）等药物常发生此类降解。

（1）**酯类药物的水解**　含有酯键药物的水溶液，在 H^+、OH^- 或广义酸碱的催化下水解加速。在碱性溶液中，由于酯类分子中氧的电负性比碳大，故酰基被极化，亲核性试剂 OH^- 易于进攻酰基上的碳原子，而使酰氧键断裂，生成醇和酸。在酸碱催化下，酯类药物的水解常可用一级或伪一级反应处理。酯类水解过程往往伴随着溶液 pH 的降低，有些酯类药物灭菌后 pH 下降，即提示药物可能存在水解。盐酸普鲁卡因的水解可作为这类药物的代表，水解生成对氨基苯甲酸与二乙氨基乙醇，分解产物无明显的麻醉作用。

属于这类药物的还有盐酸丁卡因、盐酸可卡因、溴丙胺太林、硫酸阿托品、氢溴酸后马托品等。

（2）**酰胺类药物的水解**　酰胺及内酰胺类药物水解生成酸与胺。属于这类的药物有氯霉素、青霉素类、头孢菌素类、巴比妥类等。此外如利多卡因、对乙酰氨基酚（扑热息痛）等也属于此类药物。

① 氯霉素：氯霉素比青霉素类抗生素稳定，但其水溶液仍很易分解，在 pH<7 时，主要是酰胺水解，生成氨基物与二氯乙酸。在 pH=2～7 范围内，pH 对水解速率影响不大。在 pH=6 时氯霉素最稳定，pH<2 或 pH>8 时水解加速。氯霉素水溶液对光敏感，在 pH=5.4 时暴露于日光下，变成黄色沉淀。氯霉素溶液在 100℃下灭菌 30 min，水解约 3%～4%；115℃热压灭菌 30 min，水解达 15%，故后者

不宜采用。

② 青霉素和头孢菌素类：这类药物的分子中存在着不稳定的 β-内酰胺环，在 H^+ 或 OH^- 影响下，很易裂环失效。

氨苄西林在中性和酸性溶液中的水解产物为 α-氨苄青霉素酰胺酸。氨苄西林在水溶液中最稳定的 pH 为 5.8，pH=6.6 时，$t_{1/2}$ 为 39 d。本品只宜制成固体剂型（注射用无菌粉末）。注射用氨苄西林钠在临用前可用 0.9% 氯化钠注射液溶解后输液，但 10% 葡萄糖注射液对本品有一定的影响，最好不要配合使用，若两者配合使用，也不宜超过 1 h。乳酸钠注射液对本品水解具有显著的催化作用，故二者不能配伍使用。

头孢菌素类药物的应用日益广泛，由于分子中同样含有 β-内酰胺环，易于水解。如头孢唑林钠在酸性或碱性条件下都易水解失效，水溶液 pH=4～7 时较稳定，在 pH=4.6 的缓冲溶液中 $t_{0.9}$ 约为 90 h。

③ 巴比妥类：巴比妥类药物在碱性溶液中容易水解。有些酰胺类药物，如利多卡因，邻近酰氨基有较大的基团，由于空间效应，故不易水解。

（3）**盐类药物的水解**　盐类药物的水解是由于溶液中的盐离子与水所电离出的 H^+ 和 OH^- 生成弱电解质的结果。如硫酸阿托品、硫酸链霉素、盐酸普鲁卡因等在碱性条件下水解析出游离生物碱，磺胺嘧啶钠、苯唑西林钠、苯巴比妥钠、青霉素钾等在酸性条件下水解析出有机酸等。

（4）**其他药物的水解**　阿糖胞苷在酸性溶液中，脱氨水解为阿糖尿苷。在碱性溶液中，嘧啶环破裂，水解速率加快。本品在 pH=6.9 时最稳定，水溶液经稳定性预测 $t_{0.9}$ 为 11 个月左右，常制成注射粉针剂使用。

另外，如维生素 B、地西泮、碘苷等药物的降解，也主要是水解作用。

2. 氧化

氧化也是药物变质的主要途径之一。药物的氧化过程与化学结构有关，如酚类、烯醇类、芳胺类、吡唑酮类、噻嗪类药物较易氧化。氧化后的药物发生变质，且可能会产生颜色或沉淀，严重影响药品质量。

药物氧化分解常是自动氧化，即在大气中氧的影响下进行缓慢氧化。此反应一般是自由基链式反应，如以 RH 表示药物，X 表示游离基抑制剂，则可分为：

第一步：链引发
$$RH \longrightarrow R\cdot + H\cdot （在热、光的激发下进行）$$

第二步：链增长
$$R\cdot + O_2 \longrightarrow ROO\cdot （形成过氧自由基）$$
$$ROO\cdot + RH \longrightarrow ROOH + R\cdot （过氧自由基夺取有机药物中的 H 形成氢过氧化物）$$
金属离子能催化此过程。

第三步：链终止
$$ROO\cdot + X\cdot \longrightarrow 非活性产物$$
$$ROO\cdot + R\cdot \longrightarrow 非活性产物$$
$$ROO\cdot + ROO\cdot \longrightarrow 非活性产物$$
$$R\cdot + R\cdot \longrightarrow 非活性产物$$

（1）**酚类药物**　这类药物分子中具有酚羟基，如肾上腺素、左旋多巴、吗啡、阿扑吗啡、水杨酸钠等。

（2）**烯醇类**　维生素 C 是这类药物的代表，分子中含有烯醇基，极易氧化，氧化过程较为复杂。在有氧条件下，先氧化成去氢抗坏血酸，然后水解为 2,3-二酮古罗糖酸，再进一步氧化为草酸与 L-丁糖酸。在无氧条件下，发生脱水作用和水解作用生成呋喃甲醛和二氧化碳。

（3）**其他类药物**　芳胺类如磺胺嘧啶钠，吡唑酮类如氨基比林、安乃近，噻嗪类如盐酸氯丙嗪、盐酸异丙嗪等，这些药物都易氧化，其中有些药物氧化过程极为复杂，常生成有色物质。含有碳碳双键的药物，如维生素 A 或维生素 D 的氧化是典型的自由基链式反应。易氧化药物要特别注意光、氧、金属离子对它们的影响，以保证产品质量。

3. 光降解

光降解是指药物受光线（辐射）作用使分子活化而发生分解的反应。光能激发氧化反应，加速药物的分解，其分解速率与系统的温度无关。光降解典型的例子是硝普钠〔$Na_2Fe(CN)_5NO \cdot 2H_2O$〕，避光放置时其溶液剂的稳定性良好，至少可贮存一年，但在灯光下其半衰期仅为 4 h。光敏感的药物有氯丙嗪、异丙嗪、维生素 B_2、氢化可的松、维生素 A、辅酶 Q_{10} 等。有些药物光降解后产生光毒性，多数是由于生成了纯态氧。具有光毒性的药物有呋塞米、乙酰唑胺、氯噻酮等。

4. 其他反应

（1）异构化 异构化分为光学异构化和几何异构化两种。通常药物的异构化使生理活性降低甚至没有活性，所以在制备和贮存中应注意防止。

光学异构化可分为外消旋化作用和差向异构作用。如左旋肾上腺素具有生理活性，外消旋以后只有 50% 的活性，本品水溶液在 pH＝4 左右产生外消旋化作用。差向异构化是指具有多个不对称碳原子的基团发生异构化的现象，如毛果芸香碱在碱性条件下，α-碳原子差向异构化后生成异毛果芸香碱。

有些药物其反式与顺式几何异构体的生理活性有差别，如维生素 A 除了易氧化外，还可能发生几何异构化，其活性形式是全反式，若转化为 2,6 位顺式异构体，其生理活性会降低。

（2）聚合 聚合是两个或多个分子结合在一起形成复杂分子的过程。如氨苄西林的浓水溶液在贮存过程中能发生聚合反应，一个分子的 β-内酰胺环裂开与另一个分子反应形成二聚物，此过程可继续下去，形成高聚物。这种高聚物可诱发和导致过敏反应。塞替派在水溶液中易聚合失效，以聚乙二醇 400 为溶剂制成注射液，可避免聚合。

（3）脱羧 对氨基水杨酸钠在光、热、水分存在的条件下很易脱羧，生成间氨基酚，后者还可进一步氧化变色。前面提到的普鲁卡因水解产物对氨基苯甲酸的脱羧也属于此类反应。

（4）脱水 糖类如葡萄糖和乳糖可发生脱水反应生成 5-羟甲基糠醛。红霉素很容易在酸催化下发生脱水反应。前列腺素 E_1 和前列腺素 E_2 发生脱水反应后继续进行异构化反应。

（5）与其他药物或辅料的作用 制剂中两种药物之间发生化学反应或药物与辅料之间发生作用也是影响药物稳定性的一个因素。20 世纪 50 年代曾报道过抗氧剂亚硫酸氢盐可取代肾上腺素的羟基。还原糖很容易与伯胺（包括一些氨基酸和蛋白质）发生美拉德反应，具有伯胺和仲胺基团的药物常发生该反应，反应生成褐色产物导致制剂变色。

（二）药物与制剂的物理稳定性变化

1. 药物的物理稳定性

药物的物理状态决定药物的物理性质（如溶解度），而药物的物理性质影响药效和药物的安全性。此外，制剂中辅料的物理性质（如亲水性、疏水性）也可能影响制剂的稳定性。

物料的物理状态一般通过差示扫描量热法（DSC）和 X 射线衍射法来分析。制剂中药物和辅料可能存在的物理状态有无定形、各种晶型、水合物和溶剂化物等。通常药物或辅料随着时间的变化由热力学不稳定态或亚稳定态转变为更加稳定的状态。下面简单介绍制剂中物料的各种物理变化及其影响因素。

（1）晶型 晶型是指物质在结晶时受各种因素影响，造成分子内或分子间键合方式发生改变，实质上是物质的分子或原子在晶格空间排列不同而形成的。同一种药物采用不同的结晶方法可得到不同的晶型，因而，当药物的某种晶型所接触的温度、湿度、压力等外界条件发生变化时，也可能转化成其他晶型。如亚稳定型转化为稳定型，同一种药物不同亚稳定型晶型之间互相转变。由于同一种药物的不同晶型，晶格能大小不同，从而表现出不同的理化性质，如溶解度、熔点、密度、蒸气压、光学和电学性质发生改变，稳定性也出现差异。

有些药物在具有同质多晶现象的同时，也可形成无定形粉末。无定形粉末中药物不规则地、无序地自由堆积在一起。与亚稳定型相比，无定形的分子间作用力更弱，常有较低的熔点、密度和硬度，更高的溶解度和溶出速率。因此许多难溶性药物在处方设计时制备成无定形的。然而，无定形药物的能级高，随着时间的变化释放能量逐步转化为热力学稳定的低能态结晶型，从而导致药物的溶解度下降，进而影响临床药效或产生毒性等。如醋丁洛尔盐酸盐有三种晶型和一种无定形，无定形在相对湿度为 50%、80℃下 3 h 转变为 II 型，而在 80℃、真空条件下会转变为 III 型，并发现 I 型是最稳定的晶型。

一些药物如利福平、氨苄西林钠、维生素 B_1 等的稳定性与晶型有很大关系。如利福平有无定形〔熔点为172～180℃（分解）]、晶型 A [熔点为183～190℃（分解）] 和晶型 B [熔点为240℃（分解）]。无定形在70℃加速试验15天，含量下降10%以上，室温贮存半年含量明显下降；而晶型 A 和晶型 B 在同样条件下，含量下降1.5%～4%，室温贮藏3年，含量仍在90%以上。

不仅药物，制剂中的无定形辅料在贮存过程中也可能转变成结晶态，如冷冻干燥的无定形蔗糖，当温度超过它的玻璃化转变温度（T_g）时开始结晶。添加具有高 T_g 和低吸湿性的辅料（如右旋糖酐）可提高制剂的 T_g 及抑制结晶。

（2）**蒸发** 某些药物和辅料在室温下具有较高的蒸气压，容易导致药物蒸发损失。如硝酸甘油有很高的蒸气压，硝酸甘油舌下片在贮存过程中极易导致药物含量的显著下降。这种变化可通过添加非挥发性固定剂（如聚乙二醇）来抑制。现已在日本上市的 β-环糊精硝酸甘油片也是基于同样的原理制备的。

2. 药物制剂的物理稳定性

药物制剂的物理变化根据剂型不同具有不同的表现形式。

（1）**溶液剂和糖浆剂** 溶液剂在贮存过程中可能发生的物理变化有主药或辅料发生沉淀、包装不严导致溶剂损失等，这均可引起澄明度的变化。影响溶液剂稳定性的主要因素有温度、溶液的 pH 和包装材料等。糖浆剂中糖的质量、中药糖浆剂中药物的变质等，都会使糖浆剂在存放过程中出现浑浊或沉淀。

（2）**混悬剂** 混悬剂稳定的必要条件是分散相粒子小而均匀，而且保持适当的絮凝状态，使之疏松、不结块、不沉降或沉降缓慢。一旦粒子由于内外因素发生聚结时，粒度分布、沉降速率都会发生较大变化。

（3）**乳剂** 乳剂可能会发生分层、破裂、转型等稳定性的变化。

（4）**片剂** 片剂的表面性质、硬度、脆碎性、崩解时限、主药溶出速率也可能发生改变，这些主要受片剂中残存的水分含量、贮存环境的温度和湿度等影响。

（5）**栓剂** 在贮存过程中发生硬化，从而使融变时间延长。一般认为这是由栓剂油脂性基质的相变、结晶或酯基转移作用所导致的。

（6）**其他剂型** 微球等聚合物骨架剂型中药物释放速率在贮存过程中可能会发生变化，主要受聚合物骨架材料的玻璃化转变温度和晶型的影响。脂质体在贮存过程中可能会使药物泄漏，主要是因为脂膜成分的氧化或水解等化学降解从而增加了脂质体膜的渗透性。

（三）药物制剂的生物学稳定性变化

广义的生物学稳定性变化包括药物的药效学与毒理学变化、微生物污染后药物制剂的变化。一般而言，药物制剂的生物学稳定性变化主要是指药物制剂中由于含有营养性物质，如糖、蛋白质等，容易引起污染和微生物滋生而产生一些变化：①物理性状变化，如变色、溶液浑浊、气味改变、黏度和均匀性改变；②生成致敏性物质，微生物在繁殖过程中生成一些多糖、蛋白质等物质，具有致敏性，在人体内引起热原-抗体反应，如青霉菌属可产生青霉素或类似物质，从而使一些过敏体质患者致敏；③化学成分被微生物分解和破坏，引起药效或毒性的改变。因此，药物制剂在生物学稳定性对制剂安全、稳定、有效均会造成很大的影响，剂型设计时对生物学稳定性一定要加以考虑。

常见有以下的现象导致微生物的污染：

（1）**制剂车间污染** 生产环境中存留的微生物会导致制剂产品污染，因此药品生产车间的环境卫生和空气净化必须引起重视。生产区周围应无露土地面和污染源，对不同制剂的生产厂房应根据《药品生产质量管理规范》所规定的要求，达到相应的洁净级别，尘埃粒数和菌落数应控制在限度范围内。制药设备和用具与药物接触，其表面带有微生物会污染药品，也应及时进行洁净与灭菌处理。操作人员是最主要的微生物污染源，必须注意操作人员的个人卫生，严格执行卫生管理制度。

（2）**制剂原料的污染** 常见于一些中药制剂，如中药制剂的原料主要是植物的根、茎、叶、花、果实和动物组织或其脏器等。中药原料不仅本身带有大量的微生物、虫卵及杂质，而且在采集、贮藏、运输过程中还会受到各种污染，如制备含有生药原粉的制剂，肯定会带来中药制剂微生物污染的问题，应该对中药原料进行洁净处理，以避免或减少微生物的污染。中药制剂中如糖浆剂、合剂、口服液、蜜丸、水蜜丸等制剂中含糖、蛋白质等微生物的营养物质，在适宜温度、湿度、pH 条件下，易生长繁殖微生物，应采取适当的方式预防。

（3）**辅料的污染**　制剂制备过程中会使用各种辅料，其中水在制剂的制备过程中应用较多，特别需要加以重视，用作洗涤和溶剂的水、去离子水、蒸馏水、注射用水，都有相应的质量标准，应符合《中国药典》标准。如注射用水用于配制注射液，必须经过一系列的精制、纯化蒸馏处理后才可以加以应用。若水中含菌会引起药物霉变，注射液使用后会引发严重的后果。

除此之外，还须重视包装材料的选择，包装材料种类众多，材料的性质各异，比如容器、盖子、塞子、容器内的填充物，分别由金属、橡胶、塑料、玻璃、脱脂棉及纸质材料构成。它们一般与药品直接接触，如果包装材料本身的质量不佳或者保管不当，均有污染微生物的可能，也会造成制剂的污染。应选择合适的方法进行清洗、洁净，并做相应的灭菌处理。

同时各类不同的剂型对微生物的要求均有具体的规定。要保持药物的生物学稳定性，一是在剂型设计时就应当对其进行充分的考虑，二是采用适当的方法避免药物制剂被微生物污染，防止微生物繁殖和生长，如选择适宜的包装材料、选择使用抑菌剂、保持良好的贮藏环境等。

第三节　影响药物制剂稳定性的因素及稳定化方法

一、影响药物制剂稳定性的因素

影响药物制剂稳定性的因素主要有**处方因素**和**外界因素**两方面。其中处方因素包括化学结构、溶液pH、广义的酸碱催化、溶剂、离子强度、药物间相互作用、赋形剂与附加剂等；外界因素包括温度、空气（氧）、湿度和水分、金属离子、光线、制备工艺、包装材料等。

处方因素考察的意义在于设计合理的处方，选择适宜剂型和生产工艺。外界因素中的温度对各种降解途径（如水解、氧化等）均有较大影响，光线、空气（氧）、金属离子对易氧化药物影响较大，湿度、水分主要影响固体制剂稳定性，而制备工艺和包装材料是各种产品都必须考虑的问题。因此外界因素考察的意义在于决定制剂包装和贮藏条件。

（一）处方因素对药物制剂稳定性的影响

1. pH 的影响

酯类（包括内酯类）、酰胺类（包括内酰胺类）等药物在水溶液中常受到 H^+ 或 OH^- 的催化而发生水解，这种催化作用也叫专属酸碱催化或特殊酸碱催化。此类药物的水解速率主要由 pH 决定，pH 对速率常数 k 的影响可表示为式（4-12）：

$$k = k_0 + k_{H^+}[H^+] + k_{OH^-}[OH^-]$$

（4-12）

式中，k_0、k_{H^+}、k_{OH^-} 分别表示参与反应的水分子、H^+、OH^- 的催化速率常数。

当溶液 pH 很低时，酸催化占主要地位，式（4-12）可表示为式（4-13），以 $\lg k$ 对 pH 作图得一条直线，斜率为 -1。

$$\lg k = \lg k_{H^+} - pH$$

（4-13）

在 pH 较高时主要是碱催化，若以 K_w 表示水的离子积，即 $K_w = [H^+][OH^-]$，式（4-12）则可表示为式（4-14），以 $\lg k$ 对 pH 作图得一条直线，斜率为 1。

$$\lg k = \lg k_{OH^-} + \lg K_w + pH$$

（4-14）

根据上述化学动力学方程，可得到反应速率常数与 pH 之间的关系图——pH-速率图。关系图中最低点对应的横坐标即为最稳定 pH，以 pH_m 表示。不同药物的 pH-速率图不同，如硫酸阿托品、青霉素 G 在一定 pH 范围内呈 V 形（图 4-2），而乙酰水杨酸水解则呈 S 形（图 4-3）。

液体制剂处方设计的关键为溶液的 pH。pH_m 可通过实验或查阅文献资料求得。实验方法一般为：在

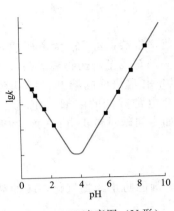

图 4-2　pH-速率图（V 形）

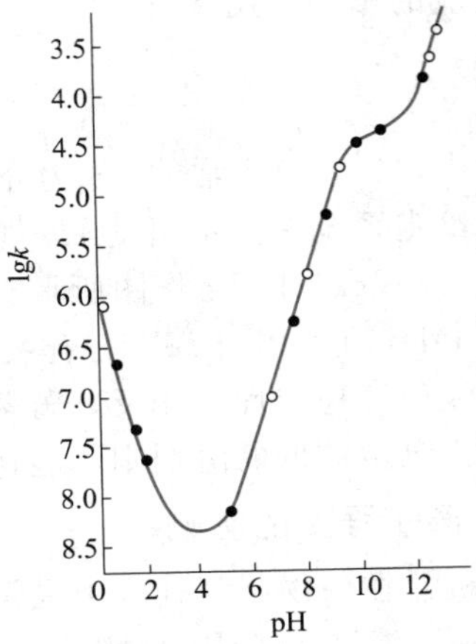

图 4-3　pH-速率图（S 形）

保证处方中其他成分不变的前提下，配制一系列不同 pH 的溶液，在高温（如 60℃）下进行加速试验，得到不同 pH 溶液的反应速率常数，然后以 lg$k$ 对 pH 作图求得 pH_m。一般来说，在较高温度下所求得的 pH_m 适用于常温环境。

查阅文献资料也可得到药物最稳定的 pH，然后在此基础上进行 pH 调节。调节 pH 时应同时考虑稳定性、溶解度和药效三个方面的因素，如大部分生物碱在偏酸性溶液中比较稳定，故注射剂 pH 常调节为偏酸范围。但将它们制成滴眼剂时，就应调节为偏中性范围，以减少刺激性，提高疗效。pH 调节剂一般是盐酸和氢氧化钠，也常用与药物本身相同的酸或碱，如硫酸卡那霉素用硫酸、氨茶碱用乙二胺等。如需维持药物溶液的 pH，则可用磷酸、醋酸、枸橼酸及其盐类组成的缓冲体系来调节。一些药物的最稳定 pH 见表 4-1。

表 4-1　一些药物的最稳定 pH

药物	最稳定 pH	药物	最稳定 pH
盐酸丁卡因	3.8	苯氧乙基青霉素	6
盐酸可卡因	3.5～4.0	毛果芸香碱	5.12
溴甲胺太林	3.38	甲氧苯青霉素	6.5～7.0
溴丙胺太林	3.3	克林霉素	4.0
三磷酸腺苷	9.0	地西泮	5.0
羟苯甲酯	4.0	氢氯噻嗪	2.5
羟苯乙酯	4.0～5.0	维生素 B_1	2.0
羟苯丙酯	4.0～5.0	吗啡	4.0
乙酰水杨酸	2.5	维生素 C	6.0～6.5
头孢噻吩钠	3.0～8.0	对乙酰氨基酚	5.0～7.0

2. 广义酸碱催化的影响

按照 Brönsted-Lowry 酸碱理论，给出质子的物质叫广义的酸，接受质子的物质叫广义的碱。有些药物除受到 H^+ 或 OH^- 的催化而水解，也可被广义的酸碱催化水解。这种催化作用叫广义的酸碱催化或一般酸碱催化。在实际应用中，许多药物处方中往往含有缓冲剂。常用的缓冲剂如醋酸盐、磷酸盐、枸橼酸盐、硼酸盐等，均为广义的酸碱。磷酸盐、醋酸盐缓冲剂对青霉素 G 水解的影响比枸橼酸盐大。一般缓冲剂的浓度越大，催化速率也越快。

可在保持溶液 pH 恒定的条件下，加大缓冲剂浓度来观察药物在一系列缓冲溶液中的分解情况，进而评估缓冲剂对药物的催化水解作用。若水解速率随缓冲剂浓度的增加而增加，则可确定该缓冲剂对药物有广义的酸碱催化作用。在实际生产处方中，为减小这种催化作用的影响，缓冲剂应用尽可能低的浓度或选用没有催化作用的缓冲系统。

3. 溶剂的影响

溶剂对液体制剂稳定性影响比较复杂，对药物的水解影响较大。溶剂的介电常数对离子与带电荷的药物间反应的影响可用式（4-15）表示：

$$\lg k = \lg k_\infty - \frac{k' Z_\mathrm{A} Z_\mathrm{B}}{\varepsilon}$$

（4-15）

式中，k' 为速率常数；ε 为介电常数；k_∞ 为溶剂 ε 趋向 ∞ 时的速率常数；$Z_\mathrm{A} Z_\mathrm{B}$ 为离子或药物所带的电荷。给定系统在固定温度下 k' 值为常数，以 $\lg k$ 对 $1/\varepsilon$ 作图可得一条直线。若药物离子与攻击离子的电荷相同，则 $\lg k$ 对 $1/\varepsilon$ 作图所得直线的斜率为负数，在处方中采用介电常数低的溶剂可降低药物水解速率。如 OH^- 可催化水解苯巴比妥阴离子，故苯巴比妥钠注射液用介电常数低的溶剂，如丙二醇（60%）等提高注射液稳定性。相反，若药物离子与进攻离子的电荷相反，如专属碱对带正电荷的药物催化，处方中采取介电常数低的溶剂则不能达到提高制剂稳定性的目的。

4. 离子强度的影响

无机盐在药物制剂处方中也常出现，如电解质可调节等渗，抗氧剂能防止药物氧化，缓冲剂可调节溶液 pH 等。溶液离子强度对降解速率的影响可用式（4-16）进行说明：

$$\lg k = \lg k_0 + 1.02 Z_\mathrm{A} Z_\mathrm{B} \sqrt{\mu}$$

（4-16）

式中，k 为降解速率常数；k_0 为溶液无限稀释（$\mu=0$）时的速率常数；μ 为离子强度；$Z_\mathrm{A} Z_\mathrm{B}$ 为溶液中离子或药物所带的电荷。以 $\lg k$ 对 $\sqrt{\mu}$ 作图可得一条直线，其斜率为 $1.02 Z_\mathrm{A} Z_\mathrm{B}$，外推到 $\mu=0$ 可求得 k_0。当药物与离子带相同电荷时，斜率为正值，药物降解速率随离子强度增加而增加；当药物与离子带相反电荷，斜率为负值，离子强度增加，则降解速率降低；若药物为中性分子，斜率为 0，此时离子强度与降解速率无关（图 4-4）。

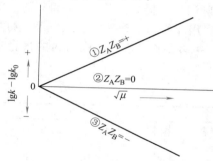

图 4-4 离子强度对反应速率的影响

5. 表面活性剂的影响

在易水解药物处方设计中，常加入表面活性剂提高制剂稳定性。如苯佐卡因易受碱催化水解。在温度为 30℃、含十二烷基硫酸钠 5% 的溶液中，$t_{1/2}$ 为 1150 min；而在不含十二烷基硫酸钠的溶液中，$t_{1/2}$ 为 64 min。实际应用中，应重点关注表面活性剂的使用必要性及用量。对于某些药物来说，表面活性剂的加入会加快其水解，如聚山梨酯 80 会降低维生素 D 的稳定性。此外，加入表面活性剂的浓度必须在临界胶束浓度以上，否则起不到增加稳定性的作用。

6. 处方中基质或赋形剂的影响

一些半固体制剂，如软膏剂、霜剂中药物的稳定性与制剂处方的基质有关。例如，使用聚乙二醇作为氢化可的松乳膏剂基质会加速药物降解；使用聚乙二醇作为乙酰水杨酸的栓剂基质也可使其水解。维生素 C 片采用糖粉和淀粉为赋形剂，产品易变色；若使用磷酸氢钙，再辅以其他措施，产品质量则有所提高。一些片剂的润滑剂对乙酰水杨酸的稳定性有一定影响。硬脂酸钙、硬脂酸镁可能与乙酰水杨酸反应形成相应的乙酰水杨酸钙及乙酰水杨酸镁，提高了系统的 pH，使乙酰水杨酸溶解度增加，分解速率加快。因此生产乙酰水杨酸片时不应使用硬脂酸镁这类润滑剂，而应该用影响较小的滑石粉或硬脂酸。

（二）外界因素对药物制剂稳定性的影响

1. 温度的影响

一般来说，温度升高，反应速率加快。根据 Van't Hoff 规则，温度每升高 10℃，反应速率增加约 2～4 倍；不同反应，反应速率的增加倍数可能不同。Arrhenius 方程描述了温度与反应速率之间的定量关系，反应速率常数的对数与热力学温度的倒数呈线性关系（斜率为负值），即随着温度升高，反应速率常数增大。它是药物稳定性预测的主要理论依据。

2. 光线的影响

光是一种辐射能，光线的波长越短，其能量越大，光线提供的能量可激发氧化反应，加快药物的降解。许多酚类药物在光线作用下易氧化，如肾上腺素、吗啡、苯酚、可待因等。有些药物分子受辐射（光线）作用使分子活化而产生分解，此种反应叫**光化降解**，其降解速率与系统的温度无关。这种易被光降解的物质叫光敏感物质。药物结构与光敏感性有一定的关系，如酚类和分子中有双键的药物，一般对光敏感。常见的对光敏感的药物有氯丙嗪、异丙嗪、维生素 B_2、氢化可的松、泼尼松、叶酸、维生素 A、维生素 B_1、辅酶 Q_{10}、硝苯地平等。又如，硝普钠是一种强效、速效降压药，临床效果肯定。本品对热稳定，但对光极不稳定，临床上用 5% 葡萄糖配制成 0.05% 硝普钠溶液静脉滴注，在阳光下照射 10 min 就分解 13.5%，颜色也开始变化，同时 pH 下降。室内光线条件下，本品半衰期为 4 h。

3. 空气（氧）的影响

大气中的氧是引起药物氧化变质的重要因素。大多数药物的氧化反应往往是含自由基的自氧化反应，少量的氧就能引发反应的开始，一旦反应开始，氧含量就不再是重要因素了。因此易氧化的药物在开始配制制剂时，就应控制氧含量。氧进入制剂主要有两条途径：一是由水带入，氧在水中有一定的溶解度；二是制剂的容器空间内留存的空气中的氧。因此，对于易氧化的品种，除去氧气是防止氧化的根本措施。

4. 金属离子的影响

微量金属离子对自氧化反应有明显的催化作用，如 0.0002 mol/L 的铜能使维生素 C 氧化速率增大 1 万倍。铜、铁、钴、镍、锌、铅等金属离子都有促进氧化的作用，它们主要是缩短氧化作用的诱导期，增加游离自由基生成的速率。制剂中微量金属离子主要来自原辅料、溶剂、容器以及操作过程中使用的工具等。

5. 湿度和水分的影响

空气湿度与物料含水量对固体药物制剂的稳定性有较大影响。水是化学反应的媒介，固体药物吸附了水分以后，在表面形成一层液膜，分解反应就在液膜中进行。无论是水解反应，还是氧化反应，微量的水均能加速乙酰水杨酸、青霉素 G 钠盐、氨苄西林钠、对氨基水杨酸钠、硫酸亚铁等的分解。药物是否容易吸湿，取决于其临界相对湿度（CRH）的大小。氨苄西林极易吸湿，经实验测定其临界相对湿度仅为 47%，如果在 75% RH 条件下，放置 24 h，可吸收水分约 20%，同时粉末溶解。

6. 包装材料的影响

包装材料与制剂稳定性的关系十分密切。特别是直接接触药品的包装材料。玻璃、塑料、金属和橡胶均是药剂上常用的包装材料。包装设计既要考虑外界环境因素，也要考虑包装材料与制剂成分的相互作用对制剂稳定性的影响，否则最稳定的处方、剂型也得不到安全有效的产品。

7. 微生物的影响

微生物易引起制剂霉变，从而影响药物疗效及使用安全性。

二、药物制剂稳定化方法

（一）消除处方因素

1. 改进剂型或生产工艺

（1）制成固体制剂　凡在水溶液中不稳定的药物，制成固体剂型可显著改善其稳定性。供口服的有片剂、胶囊剂、颗粒剂等；供注射的主要是灭菌粉针剂，是目前青霉素类、头孢菌素类抗生素的基本剂型。还可制成膜剂，如硝酸甘油制成片剂的过程中，药物的含量和均匀度均降低，国内一些单位将其制成膜剂，由于成膜材料聚乙烯醇对硝酸甘油的物理包覆作用使其稳定性提高。

（2）制成微囊或包合物　采用微囊化和 β-环糊精包合技术，可防止药物因受环境中的氧气、湿气、光线的影响而降解，或防止因挥发性药物挥发而造成损失，从而增加药物的稳定性。如维生素 A 制成微囊后可提高其稳定性；维生素 C、硫酸亚铁制成微囊，可防止氧化。包合物也可增加药物的稳定性，防止易挥发成分的挥发。如易氧化药物盐酸异丙嗪制成 β-环糊精包合物，稳定性较原药提高；苯佐卡因制成 β-环糊精包合物后，其水解速率减小，提高了药物稳定性。

（3）采用直接压片或包衣工艺　对一些遇湿热不稳定的药物压片时，可采用粉末直接压片、结晶药物压片或干法制粒压片等工艺。包衣也可改善药物对光、湿、热的稳定性，如氯丙嗪、异丙嗪、对氨基水杨酸钠等，均制成包衣片；维生素 C 用微晶纤维素和乳糖直接压片并包衣，其稳定性提高。

2. 制备稳定的衍生物

药物的化学结构是决定制剂稳定性的内因，不同的化学结构具有不同的稳定性。对不稳定的成分进行结构改造，如制成盐类、酯类、酰胺类或高熔点衍生物，可以提高制剂的稳定性。将有效成分制成前体药物，也是提高其稳定性的一种方法。尤其在混悬剂中，药物降解只取决于其在溶液中的浓度，而不是产品中的总浓度，所以将容易水解的药物制成难溶性盐或难溶性酯类衍生物，可增加其稳定性。如青霉素 G 钾盐，衍生为溶解度较小的普鲁卡因青霉素 G（水中溶解度为 1:250），制成混悬液，稳定性显著提高，同时又减少了注射部位的疼痛感；青霉素 G 还可与 N,N-双苄乙二胺生成苄星青霉素 G（长效西林），水中溶解度降低为 1:6000，稳定性更好，可口服。红霉素与乙基琥珀酸形成红霉素乙基琥珀酸酯（乙琥红霉素），稳定性增加，耐酸性增强，可口服。

3. 调节 pH

pH 对药物的水解有较大影响。对于液体药物，根据实验结果或文献报道，可知药物的最稳定 pH，然后用适当的酸、碱或者缓冲剂调节溶液 pH 至 pH_m 范围。如果存在广义酸碱催化的情况，调节 pH 的同时，还应选择适宜的缓冲剂。固体制剂和半固体制剂中的药物若对 pH 较敏感，在选择赋形剂或基质时应注意。

药物的氧化作用也受 H^+ 或 OH^- 的催化，一般药物在 pH 较低时比较稳定。对于易氧化分解的药物一定要用酸（碱）或适当的缓冲剂调节，使药液保持在最稳定的 pH 范围。

调节 pH 时，应兼顾药物的稳定性、刺激性与疗效的要求。例如大部分生物碱类药物，尽管在偏酸性条件下较稳定，但在近中性或偏碱性条件下疗效好，故这类药物在配制滴眼剂时，虽然在偏酸性条件下较稳定，但疗效低且对眼睛有刺激性，一般应调节至近中性为宜。

4. 改变溶剂或控制水分及湿度

在水中很不稳定的药物，可采用乙醇、丙二醇、甘油等极性较小的溶剂，或在水溶液中加入适量的非水溶剂，可延缓药物的水解，降低药物的降解速率。固体制剂应控制水分含量，生产时应控制空气相对湿度，还可通过改进工艺，减少与水分的接触时间。如采用干法制粒、流化喷雾制粒代替湿法制粒，可提高易水解药物片剂的稳定性。

5. 加入抗氧剂或金属离子络合剂

抗氧剂根据其溶解性能可分为水溶性和油溶性两种。常用的水溶性抗氧剂有亚硫酸钠、亚硫酸氢钠、焦亚硫酸钠、硫代硫酸钠、硫脲、维生素 C、半胱氨酸等，常用的油溶性抗氧剂有叔丁基对羟基茴香醚（BHA）、二丁甲苯酚（BHT）、维生素 E 等。选用抗氧剂时应考虑药物溶液的 pH 及其与药物间的相互作用等。焦亚硫酸钠和亚硫酸氢钠适用于弱酸性溶液；亚硫酸钠常用于偏碱性药物溶液；硫代硫酸钠在酸性药物溶液中可析出硫细颗粒沉淀，故只能用于碱性药物溶液。亚硫酸氢钠可与肾上腺素在水溶液中形成无生理活性的磺酸盐化合物；亚硫酸钠可使盐酸硫胺分解失效；亚硫酸氢盐能使氯霉素失去活性。氨基酸类抗氧剂无毒性，作为注射剂的抗氧剂尤为合适。油溶性抗氧剂适用于油溶性药物，如维生素 A、维生素 D 制剂的抗氧化。另外维生素 E、卵磷脂为油脂的天然抗氧剂。常用抗氧剂及浓度见表 4-2。

表 4-2　常用抗氧剂及浓度

抗氧剂	常用浓度/%	抗氧剂	常用浓度/%
亚硫酸钠	0.1~0.2	蛋氨酸	0.05~0.1
亚硫酸氢钠	0.1~0.2	硫代乙酸	0.005
焦亚硫酸钠	0.1~0.2	硫代甘油	0.005
甲醛合亚硫酸氢钠	0.1	叔丁基对羟基茴香醚(BHA)*	0.005~0.02
硫代硫酸钠	0.1	二丁甲苯酚(BHT)*	0.005~0.02
硫脲	0.05~0.1	棓酸丙酯(PG)*	0.05~0.1
维生素 C	0.2	生育酚*	0.05~0.5
半胱氨酸	0.00015~0.05		

标有 * 的为油溶性抗氧剂，其他的均为水溶性抗氧剂。

由于金属离子能催化氧化反应的进行，因此易氧化药物在制剂过程中所用的原料、辅料及器具均应考虑金属离子的影响，应选用纯度较高的原辅料，操作过程避免使用金属器皿，必要时还要加入金属离子络合剂。常用的金属离子络合剂有依地酸二钠、枸橼酸、酒石酸等，依地酸二钠最为常用，其浓度一般为0.005%~0.05%。金属离子络合剂与抗氧剂联合使用效果更佳。

6. 加入干燥剂或防腐剂

易水解的药物可与某些吸水性较强的物质混合压片，这些物质起到干燥剂的作用，吸收药物所吸附的水分，从而提高了药物的稳定性。如用3%二氧化硅作干燥剂可提高阿司匹林片剂的稳定性。

制剂原料、辅料及制药设备、工具、环境污染是长霉的原因。为防止微生物的污染和滋生，应严格操作规程，视情况添加适当的防腐剂。

（二）消除外界因素

1. 控制温度

药物制剂在制备过程中，往往需要加热溶解、干燥、灭菌等操作，此时应考虑温度对药物稳定性的影响，制订合理的工艺条件。如对热不稳定的药物灭菌时，一般应选择高温短时间灭菌，灭菌后迅速冷却，效果较佳。那些对热特别敏感的药物，如某些抗生素、生物制品，则采用无菌操作及冷冻干燥。在药品贮存过程中，也要根据温度对药物稳定性的影响来选择贮存条件。

2. 避光

光敏感的药物制剂，制备过程中要避光操作，并采用遮光包装材料及在避光条件下保存。如采用棕色玻璃瓶包装或在包装容器内衬垫黑纸等。

3. 除氧

将蒸馏水煮沸5 min，可完全除去溶解的氧。但冷却后空气中的氧仍可溶入，应立即使用，或贮存于密闭的容器中。

生产上一般在溶液中和容器空间内通入惰性气体，如二氧化碳或氮气，置换出其中的氧。在水中通CO_2至饱和时，残存氧气为0.05 mL/L；通氮气至饱和时，残存氧气约为0.36 mL/L。CO_2的相对密度及其在水中的溶解度均大于氮气，驱氧效果比氮气好。但CO_2溶解于水中可降低药液的pH，并可使某些钙盐产生沉淀，应注意选择使用。另外，惰性气体的通入充分与否，对成品质量的影响很大，有时同一批号的注射液，色泽深浅不一，可能与通入气体的多少有关。

对于固体制剂，为避免空气中氧的影响，也可以采用真空包装。

4. 包装设计

对易吸潮的药物可采用防潮包装；对遇光易分解的药物可改善其包装材料的颜色、材质，以防药物和包装材料相互作用；易氧化的药物，可采用真空包装（vacuum packaging，VP）或充气包装（gas packaging）等改善和控制气氛包装技术，通过改善药品的气体环境延缓药品变质。包装材料尤其是内包材料对药物稳定性的影响较大，在包装设计过程中，要进行"装样试验"，对各种不同的包装材料进行室温留样观察和加速试验，选择稳定性好的包装材料。

第四节　药物制剂稳定性试验方法

药物稳定性试验的目的是考察原料药或药物制剂在温度、湿度、光线的影响下随时间变化的规律，为药品的生产、包装、贮存、运输条件提供科学依据，同时通过试验确立药品的有效期。

药物稳定性试验的基本要求包括以下几方面：

① 稳定性试验包括**影响因素试验**、**加速试验**与**长期试验**。影响因素试验用1批原料药或1批制剂进

行，若试验结果不明确则加试 2 批次样品。生物制品应直接使用 3 个批次。加速试验与长期试验要求用 3 批供试品进行。

② 原料药供试品应是一定规模生产的，供试品量相当于制剂稳定性试验所要求的批量，其合成工艺路线、方法、步骤应与大生产一致。药物制剂的供试品应是放大试验的产品，其处方与生产工艺应与大生产一致，至少是中试规模。例如片剂、胶囊剂，每批放大试验的规模，片剂至少 10000 片，胶囊剂至少应为 10000 粒。大体积包装的制剂如静脉输液等，每批放大规模的数量至少应为各项试验所需总量的 10 倍。特殊品种、特殊剂型所需数量，根据情况另定。

③ 加速试验与长期试验所用供试品的包装应与上市产品一致。

④ 研究药物稳定性，要采用专属性强、准确、精密、灵敏的药物分析方法与有关物质的检查方法，并对方法进行验证，以保证药物稳定性结果的可靠性。在稳定性试验中，应重视降解产物的检查。

⑤ 由于放大试验比规模生产的数量要小，故申报者应承诺在获得批准后，从放大试验转入规模生产时，对最初通过生产验证的 3 批规模生产的产品仍需进行加速试验与长期稳定性试验。

⑥ 对包装在有通透性容器内的药物制剂应当考虑药物的湿敏感性或可能的溶剂损失。

在 ICH 三方协调指导原则"新原料药和制剂稳定性试验"补充中强调，新剂型的稳定性试验方案原则上应遵循稳定性试验的总指导原则。**新剂型**是指含有与已被相关管理机构批准的现有药品相同的活性物质但剂型不同的药品。但在经证明合理的情况下，简化的稳定性试验数据是可以接受的。

药物制剂稳定性研究，首先应查阅原料药稳定性有关资料，特别了解温度、湿度、光线对原料药稳定性的影响，并在处方筛选与工艺设计过程中，根据主药与辅料性质，参考原料药的试验方法，进行影响因素试验、加速试验与长期试验，符合一定条件可以应用括号法和矩阵法简化试验方案。

一、长期试验

长期试验（long-term testing），也称留样观察法，是在接近药品的实际贮存条件下进行的，其目的是为制订药品的有效期提供依据。供试品 3 批，按市售包装，在温度（25±2）℃、相对湿度（60±5）%的条件下放置 12 个月，或在温度（30±2）℃、相对湿度（65±5）%的条件下放置 12 个月。每 3 个月取样一次，分别于 0 个月、3 个月、6 个月、9 个月、12 个月取样，按稳定性重点考察项目进行检测。12 个月以后，仍需继续考察，分别于 18 个月、24 个月、36 个月取样进行检测。将结果与 0 个月比较，以确定药品的有效期。由于实验数据的分散性，一般应按 95%置信度进行统计分析，得出合理的有效期。如统计分析结果差别较小，则取其平均值为有效期；若差别较大，则取其最短的为有效期。如果数据表明，测定结果变化很小，说明药物是很稳定的，则不作统计分析。

对温度特别敏感的药品，长期试验可在温度（5±3）℃的条件下放置 12 个月，按上述时间要求进行检测，12 个月以后，仍需按规定继续考察，制订在低温贮存条件下的有效期。

对拟冷冻贮藏的制剂，长期试验可在（−20±5）℃的条件下至少放置 12 个月，货架期应根据长期试验放置条件下实际时间的数据而定。

对于包装在半透性容器中的药物制剂，则应在温度（25±2）℃、相对湿度（40±5）%，或（30±2）℃、相对湿度（35±5）%的条件进行试验，至于上述两种条件选择哪一种由研究者确定。对于所有制剂，应充分考虑运输路线、交通工具、距离、时间、条件（温度、湿度、振动情况等）、产品包装（外包装、内包装等）、产品放置和温度监控情况（监控器的数量、位置等）等对产品质量的影响。

此外，有些药物制剂还应考察临用时配制和使用过程中的稳定性。例如，应对配制或稀释后使用、在特殊环境（如高原低压、海洋高盐雾等环境）使用的制剂开展相应的稳定性研究，同时还应对药物的配伍稳定性进行研究，为说明书/标签上的配制、贮藏条件和配制或稀释后的使用期限提供依据。

二、影响因素试验

影响因素试验（强制破坏试验）是在比加速试验更激烈的条件下进行的。在筛选药物制剂的处方与工艺的设计过程中，首先应查阅原料药稳定性的有关资料，了解温度、湿度、光线对原料药稳定性的影响，根据药物的性质针对性地进行必要的影响因素试验。

原料药要求进行此项试验，其目的是探讨药物的固有稳定性、了解影响其稳定性的因素及可能的降解途径与分解产物，为制剂生产工艺、包装、贮存条件提供科学依据。同时也可为新药申报临床研究与申报生产提供必要的资料。

药物制剂进行此项试验的目的是考察制剂处方的合理性、生产工艺及包装条件。供试品用 1 批进行，将供试品如片剂、胶囊剂、注射剂（注射用无菌粉末如为西林瓶装，不能打开瓶盖，以保持严封的完整性），除去外包装，并根据试验目的和产品特性考虑是否除去内包装，置于适宜的开口容器中，进行高温试验、高湿度试验与强光照射试验。对于需冷冻保存的药物制剂，应验证其在多次反复冻融条件下产品质量的变化情况。

1. 高温试验

供试品开口置于适宜和洁净的恒温设备中，设置温度一般为 50℃ 以上，考察时间点应基于原料药本身稳定性及影响因素试验条件下稳定性的变化趋势设置。通常可设定为 0 天、5 天、10 天、30 天等取样，按稳定性重点考察项目进行检测。若供试品质量有明显变化，则适当降低温度进行试验。

2. 高湿度试验

供试品开口置于恒湿密闭容器中，在 25℃ 分别于相对湿度（90±5）% 条件下放置 10 天，于第 5 天和第 10 天取样，按稳定性重点考察项目要求检测，同时准确称量试验前后供试品的质量，以考察供试品的吸湿潮解性能。若吸湿增重 5% 以上，则在相对湿度（75±5）% 条件下，同法进行试验；若吸湿增重 5% 以下，其他考察项目符合要求，则不再进行此项试验。恒湿条件可在密闭容器如干燥器下部放置饱和盐溶液，根据不同相对湿度的要求，可以选择 NaCl 饱和溶液 [相对湿度为（75±1）%，15.5～60℃]、KNO₃ 饱和溶液 [相对湿度为 92.5%，25℃]。

3. 强光照射试验

供试品开口放置在光橱或其他适宜的光照仪器内，光源可选择任何输出相似于 D65/ID65 发射标准的光源，或同时暴露于冷白荧光灯和紫外灯下，并于照度为（4500±500）lx·h，总照度不低于 $1.2×10^6$ lx·h，近紫外灯能量不低于 200W·h/m² 的条件下放置 10 天，于第 5 天和第 10 天取样，按稳定性重点考察项目进行检测，特别要注意供试品的外观变化。

此外，根据药物的性质，必要时可设计试验：原料药在溶液或混悬液状态时，或在较宽 pH 范围讨论 pH 与氧及其他条件时，应考察对药物稳定性的影响，并研究分解产物的分析方法。创新药物应对分解产物的性质进行必要的分析。冷冻保存的原料药物，应验证其在多次反复冻融条件下产品性质的变化情况。在加速或长期放置条件下已证明某些降解产物并不形成，则可不必再做专门检查。

三、加速试验

加速试验（accelerated testing）是在加速的条件下进行的。其目的是通过加速药物制剂的化学或物理变化，探讨药物制剂的稳定性，为处方设计、工艺改进、质量研究、包装改进、运输、贮存提供必要的资料。供试品要求 3 批，按市售包装，在温度（40±2）℃、相对湿度（75±5）% 的条件下放置 6 个月，所用设备应能控制温度±2℃、相对湿度±5%，并能对真实温度与湿度进行监测。在至少包括初始和末次等的 3 个时间点（如 0、3、6 个月）取样，按稳定性重点考察项目检测。如在（25±2）℃、相对湿度（60±5）% 条件下进行长期试验，6 个月内供试品经检测不符合制订的质量标准，则应在中间条件，即在温度（30±2）℃、相对湿度（65±5）% 的情况下进行加速试验，建议的考察时间为 12 个月，应包括所有的稳定性重点考察项目，检测至少包括初始和末次等的 4 个时间点（如 0、6、9、12 个月）。溶液剂、混悬剂、乳剂、注射液等含有水性介质的制剂可不要求相对湿度。试验所用设备建议采用隔水式电热恒温培养箱（20～60℃）。箱内放置具有一定相对湿度饱和盐溶液的干燥器，设备应能控制所需温度，且设备内各部分温度应均匀，并适合长期使用。也可采用恒温恒湿箱或其他适宜设备。

对温度特别敏感的药物制剂，预计只能在冰箱（5℃±3℃）内保存使用，此类药物制剂的加速试验，可在温度（25±2）℃、相对湿度（60±5）% 的条件下进行，时间为 6 个月。

对拟冷冻贮藏的制剂，应对一批样品在（5±3）℃或（25±2）℃条件下放置适当的时间进行试验，以了解短期偏离标签贮藏条件（如运输或搬运时）对药物的影响。

乳剂、混悬剂、软膏剂、乳膏剂、糊剂、凝胶剂，泡腾片及泡腾颗粒宜直接采用温度（30±2）℃、相对湿度（65±5）%的条件进行试验，其他要求与上述相同。

对于包装在半透性容器的药物制剂，如低密度聚乙烯制备的输液袋、塑料安瓿、塑料瓶装制剂等，则应在温度（40±2）℃、相对湿度（25±5）%的条件下，可用 $CH_3COOK \cdot 1.5H_2O$ 饱和溶液进行试验。

第五节　新药开发过程中药物稳定性的研究

在新药的研究与开发过程中，药物制剂稳定性的研究是重要的组成部分之一，旨在为药品处方、工艺、包装、贮藏条件和有效期/复检期的确定提供支持性信息，稳定性研究始于新药研发的初期，并贯穿于新药研发的整个过程。

自我国 1984 年颁布《新药审批办法》，**稳定性试验资料**列入新药申报的必需报送资料，历经 30 多年，药物稳定性试验已从仅检测药品中有害物质的变化发展至对原料药和制剂科学的质量控制，根据我国国家药品监督管理局 2020 年修订的《药品注册管理办法》规定，新药申报资料项目中需要报送稳定性研究的试验资料已增加至原料药稳定性、制剂处方与工艺稳定性、包装材料稳定性、制剂加速试验和长期试验等 6 项内容，药品稳定性日渐成为新药开发直至销售、使用的整个药品生命周期中至关重要的一环。

一、新药稳定性研究设计的要点

新药稳定性研究的设计重心应选择药品以原料药、药物制剂状态在生产、贮藏、运输期间易于变化，并可能会影响到药品质量、安全性和有效性的项目，以便客观、全面地反映药品的稳定性。根据药品特点和质量控制的要求，选取能灵敏反映药品稳定性的指标，围绕相应的目的进行稳定性研究设计。

1. 原料药

新原料药应考虑其本身的物理化学稳定性，对分解产物的性质进行必要的分析，从而帮助了解降解途径和分子内在的稳定性，并论证使用的分析方式是否能反应产品稳定性。在影响因素试验中的温度、湿度、光照强度等条件均需要确定原料药在强制破坏下可能的降解产物，同时，根据原料药性质可考察原料药在溶液或混悬液状态时，或在较宽 pH 范围内对水解的敏感程度与氧及其他条件应考察对药物稳定性的影响，如冷冻保存的原料药，应验证其在多次反复冻融条件下产品质量的变化情况。

2. 药物制剂

制剂的稳定性研究应根据原料药稳定性试验和临床处方研究所得结果设计，主药与辅料配伍稳定性、包装容器、贮藏和运输稳定性应基于剂型特点在药物制剂稳定性研究中着重考察。主药与辅料在高强度或长期放置条件下的性质变化是判断药物制剂稳定性的关键因素，如晶态赋形剂乳糖、甘露醇在高相对湿度（90±5）%条件下放置 10 天会发生晶型转变，诱导固体制剂内主药晶型变化。包装容器应在设立无包装制剂和各级包装制剂的稳定性研究中增加制剂与包装材料相容性研究的迁移试验和吸附试验，证明其抗氧、抗湿、阻光或对制剂性质无显著影响的特性，如注射剂包装中丁基胶塞的使用十分普遍，但近年来出现稳定剂和蛋白质药物吸附、抗氧剂浸入制剂、不溶性微粒污染制剂等问题，含胶塞包装的制剂目前要求开展药品倒置与胶塞充分接触后的相容性试验以考察制剂的稳定性。贮藏和运输稳定性为建立新药产品货架期和放行标准提供依据，应基于原料药和制剂特点模拟贮藏环境条件（高原低压、海洋高盐雾等）和运输条件（运输路线、交通工具、距离、振动情况、冷链运输等）进行多批次、特定时长的稳定性试验，明确和验证产品在该条件下的长期稳定性，保证药物直至使用前仍具备安全性和有效性，如《化学药物（原料药和制剂）稳定性研究技术指导原则》中规定拟冷冻（-20℃）保存制剂不仅需要在（-20±5）℃考察长期稳定性，还应取 1 批样品在较高温度下 [如（5±3)℃或（25±2)℃] 进行放置适当时长的试验，以明确短期偏离说明书/标签贮藏条件对制剂质量的影响。

二、新药稳定性研究内容

新药稳定性研究在新药研发周期一般分为五阶段：**制剂前研究、制剂研究、加速和长期研究、药物申请期、稳定性追随期**。

1. 制剂前研究

制剂前研究即原料药的稳定性研究，通常进行初级稳定性试验，固态原料药于长期试验条件（25℃、相对湿度为 60%，或 30℃、相对湿度为 65%）、加速试验条件（40℃、相对湿度为 75%）测定 1 周；于高温稳定性试验（50℃或 60℃，相对湿度为 60%）测定 4 周；于高湿稳定性试验（25℃、相对湿度为 92.5%）测定 4 周；于强光稳定性试验（25℃、1.2×10^6 lx·h）测定 4 周。液态原料药则需考察与预期制剂中主要辅料配伍的稳定性，贮存在 50℃或 60℃测定 2 周；于 25℃，不同 pH 范围内溶解状况，测定 4 周。

2. 制剂研究

制剂研究分为毒理制剂稳定性、制剂类型稳定性、临床制剂稳定性。毒理制剂稳定性基于毒理学研究设置制剂稳定性试验周期；制剂类型稳定性在加速试验条件（40℃、相对湿度为 75%）测定 1 个月，以快速决定制剂类型；临床制剂稳定性按稳定性研究一般原则在长期试验条件（25℃、相对湿度为 65%，或 30℃、相对湿度为 65%）测定 12 个月和加速试验条件（40℃、相对湿度为 75%）测定 6 个月，保证制剂临床试验的稳定性。

3. 加速和长期研究

加速和长期研究一般通过不同的试验条件和结果确证原料药降解途径和解析降解产物结构，确定制剂处方，筛选包装材料，说明药品有效期和有利贮存条件，保证制剂上市后的稳定性。

4. 药物申请期

药物申请期主要围绕先前建立的稳定性试验方案进行稳定性监督，在申请中需对至少 3 个完整规模的生产批号进行稳定性考察。

5. 稳定性追随期

稳定性追随期通过监督连续生产批号的稳定性，不断核实并依据得到的稳定性结论建立质量控制。

原料药和具体制剂品种的稳定性考察指标应参考现行版《中国药典》有关规定，其中原料药根据药物特性应建立特殊的必要考察项目，如手性药物应考察其立体构型变化，结构内含易水解酯键药物应考察其在不同 pH 条件下的降解速率，水合物应增加水分检测以确定结晶水稳定性。另外，制剂考察项目还应根据剂型特点在稳定性试验中设计能够反映其质量特性的指标，如口服固体制剂脆碎度、透皮贴剂持黏性、吸入制剂雾滴分布、脂质体包封率及泄漏率等。

（丁杨）

═══════ 思考题 ═══════

1. 简述药物制剂稳定性变化的分类。
2. 简述温度对药物稳定性的影响以及药物稳定性预测的方法。
3. 简述药物的不同降解途径。
4. 简述药物制剂稳定性的因素和稳定化方法。
5. 简述长期试验、加速试验、影响因素试验的目的和意义。

6. 简述新药开发过程中的稳定性研究关注要点。

参考文献

[1] 国家药典委员会. 中华人民共和国药典 [M]. 2020 年版. 北京：中国医药科技出版社，2020.

[2] 吴正红，祁小乐. 药剂学 [M]. 北京：中国医药科技出版社，2020.

[3] 方亮. 药剂学 [M]. 8 版. 北京：人民卫生出版社，2016.

[4] 周建平，唐星. 工业药剂学 [M]. 北京：人民卫生出版社，2014.

[5] 平其能，屠锡德，张钧寿，等. 药剂学 [M]. 4 版. 北京：人民卫生出版社，2013.

[6] Banker G A. Modern Pharmaceuties [M]. 4 th ed. New York：Marcel Dekker，2002.

[7] Kim H B. Handbook of Stability Testing in Pharmaceutical Development：Regulations，Methodologies，and Best Practices [M]. New York：Springer Science Business Media LLC，2009.

[8] 国家食品药品监督管理总局. 化学药物（原料药和制剂）稳定性研究技术指导原则 [EB/OL]. [2015-02-05]. http://www.nmpa.gov.cn/WS04/CL2138/300001.html.

[9] 国家食品药品监督管理总局. 中药、天然药物稳定性研究技术指导原则 [EB/OL]. [2006-12-30]. http://www.nmpa.gov.cn/WS04/CL2196/323587.html.

[10] 国家药品监督管理局药品审评中心，http://www.cde.org.cn/

[11] Daniel L. 药物稳定性实验方案设计研究的国际化规范 [J]. 中国药科大学学报，2005，36（3）：284-288.

第五章

制剂车间设计概述

本章要点：

1. 掌握制剂车间设计要点。
3. 熟悉制剂车间的组成及工艺布置。
2. 了解制剂车间总体布置、基本建设程序以及洁净区分级。

第一节 概 述

车间设计（workshop design）是一项政策性强、技术性强的综合性工作，由工艺设计和非工艺设计（包括土建、设备、安装、采暖通风、电气、给排水、动力、自控、概预算、经济分析等专业）所组成。其具体目标是设计一个新的制药工厂、生产与辅助车间和设施，或对已有的工厂、生产与辅助车间进行扩建或技术改造。

车间设计一般包括以下内容：①生产方法的选择和论证；②工艺流程的设计；③准备设计资料；④物料及能量衡算；⑤设备选型及其工艺设计；⑥工艺流程图的设计和绘制；⑦车间布置设计、管道设计；⑧向有关非工艺项目提供设计条件和要求；⑨设计说明书的编写、概（预）算的编制。

车间设计工作应委托经过资格认证并有由主管部门颁发的设计证书的从事医药专业设计的设计单位进行。在进行设计时，应力求与时俱进，尽量采用先进的工艺技术、装备，以合理的布置、最佳经济效益、优质的产品为目标，设计出先进合理、优秀的制药车间。设计工作仅仅是工程建设程序的诸多阶段工作中的一个阶段。

一、建设程序与基本建设程序

建设程序是指建设项目从设想、选择、评估、决策、设计、施工到竣工验收、投入生产整个建设过程中，各项工作必须遵循先后次序的法则。工程项目从设想、提出、建设直到建成、投产这一全过程，国际上称之为项目发展周期。**项目发展周期**被分为设计前期、设计时期和生产时期，每个时期又分成若干阶段，在不同的阶段中，进行不同的工作，而这些阶段是相互联系的，工作是步步深入的。

基本建设是指固定资产扩大再生产的新建、扩建、改建、恢复和迁建工程及与之连带的工作，是形成新的整体性固定资产的经济活动。基本建设项目按照项目性质可划分为新建、扩建、改建、恢复和迁建项目。所有的基本建设项目都应按照基本建设程序进行。

按现行规定，基本建设项目从建设前期工作到建设、投产一般要经历以下几个阶段的工作程序：①项目建议书阶段；②可行性研究报告阶段；③初步设计文件阶段；④施工图设计阶段；⑤建设准备阶段；⑥建设实施阶段；⑦竣工验收阶段；⑧后评价阶段。以上程序可由项目审批主管部门视项目建设条件、投资规模作适当合并。

（一）项目建议书

一般新建的基本建设项目已普遍把**项目建议书**作为基本建设的第一道程序。项目建议书的任务是为建设项目投资提出建议。在一个地区和部门内，以自然资源和市场预测为基础，选择建设项目，寻找合适的投资机会，进行初步可行性报告。项目建议书由建设单位或委托有工程咨询资格的咨询单位编制。

项目建议书的基本内容包括：①项目的目的、必要性和依据。②市场预测。主要包括国内外所供应市场的需求预测及预期的市场发展趋势、销售和价格分析，进口情况或出口可能性。③建设规模和产品方案。合理的经济规模研究以及达到合理经济规模的可能性，产品方案应包括主产品及综合利用，副产品情况。④工艺、技术情况和来源，其先进性与可靠性。⑤主要设备的选择。⑥原料、材料和燃料等资源的需求量和来源。⑦环保。项目建成后对环境的影响及处理方式，达标标准。⑧建设厂址及交通运输条件。⑨投资估算和资金筹措。⑩工程周期和进度计划。⑪效益估计。主要包括经济效益和社会效益估算、企业财务评价、国民经济评价、投资回收期以及贷款偿还期的估算。

（二）可行性研究报告

可行性研究是一门运用多种科学成果保证实现工程建设最佳经济效果的综合性科学。它是对所提及的工程项目从有关的各方面进行调查的综合论证，为拟建项目提供科学依据，从而保证所建项目在技术上先进可行，经济上合理有利。

可行性研究的内容主要包括：①市场销售情况的研究；②原料和工艺技术的研究；③工程条件的研究；④对劳动力的来源和费用、人员培训、项目实施计划的研究，确定合理的建设进度和工厂组织机构；⑤资金和成本的研究；⑥经济效果研究。

可行性研究的步骤有：①调查研究、收集资料；②对收集的资料进行分析研究，提出方案；③方案比选；④编制可行性研究报告。

建设项目的可行性研究报告的内容包括：①总说明；②承办企业的基本情况与条件；③生产规划；④物料供应规划；⑤厂址选择；⑥技术与设备；⑦土建工程内容与工作量；⑧人员培训计划；⑨项目实施计划与进度的要求；⑩建设资金；⑪经济分析；⑫经济效果评价等。

（三）设计阶段

制剂工程设计的全过程一般包括设计任务书、厂址选择、初步设计、施工图设计等各个阶段。

1. 设计任务书

设计任务书是车间设计的依据。包括项目建议书、可行性报告及项目报批，其实质是对项目进行可行性研究。其主要涉及：①车间的生产规模、生产的品种；②车间的生产方案；③建厂地址、厂区范围与资源、水文地质、原材料、燃料、动力、供水、供电以及运输等的条件与要求；④达到的经济效益和技术水平；⑤投资款以及劳动定员；⑥环境保护。

2. 厂址选择

厂址选择是指在工程项目拟建地区范围内具体明确建设厂址坐落的位置，是建设项目进行设计的前提。厂址选择可分两个阶段：首先确定建厂选址的范围，然后具体确定厂址最后位置的比较方案，提出选址报告。在我国，厂址选择工作可由筹建单位单独进行，通常是按项目隶属关系，由主管部门组织有关规划、设计、地质、交通及地方有关单位联合进行。根据有关的厂矿企业的现状和发展规划等方面资料，经过实地考察，综合研究，进行充分的论证，再比较确定。

3. 初步设计

初步设计是根据批准的项目可行性研究报告和设计基础资料，对设计对象在技术、经济等方面进行具体策划并计算、绘图，实现工程设计目标的初始过程。主要包括如下内容：①设计依据和设计范围；②设计原则；③建设规模和产品方案；④生产方法和工艺流程；⑤工作制度；⑥原料及中间产品的技术规格；⑦物料衡算和热量衡算；⑧主要工艺设备选择说明；⑨工艺主要原材料及公用系统消耗；⑩生产分析控制；⑪车间（装置）布置；⑫设备；⑬仪表及自动控制；⑭土建；⑮采暖通风及空调；⑯公用工程；⑰原辅材料及成品贮运；⑱车间维修；⑲职业安全卫生；⑳环境保护；㉑消防；㉒节能；㉓车间定员；㉔概算；㉕工程技术经济。

初步设计文件包括设计说明书、有关专业设计的图纸、主要设备和材料表以及工程概算书。初步设计是编制年度投资计划和开展项目招投标工作的依据。

4. 施工图设计

施工图设计是以已经批准的初步设计及总概算为依据，对拟建设项目的设备制造及安装，管路布置、预制及安装，以及电气、土建、给排水等项目涉及的所有专业，绘制施工图样（含施工图纸、施工文字说明、主要材料汇总表及工程量），以作为施工生产的论据。其中施工图纸有土建建筑及结构图，设备制造图，设备安装图，管道安装图，供电、供热、给水、排水、电信及自控安装图等。

施工图设计基本程序大体分为施工设计前准备、开工报告、签订协作表、开展施工图文件编制、组织施工图校审、会签、用于现场施工、归档等程序。其主要任务是：①施工图设计需要解决初步设计阶段待定的各项问题；②完成工艺及各非工艺专业的施工图；③编制施工预算和施工要求。

施工图的内容包括：①图纸目录；②设计说明；③管道及仪表流程图；④设备布置图；⑤设备一览表；⑥设备安装图；⑦设备地脚螺栓表；⑧管道布置图；⑨管架布置图；⑩管道轴测图；⑪管道及管道特性表；⑫管架表；⑬弹簧表；⑭特殊管件图；⑮隔热材料表；⑯防腐材料表；⑰综合材料表；⑱设备管口方位图。

（四）制剂厂房和设施的验证

验证工作是药品生产质量管理规范（GMP）的重要组成部分，是生产质量管理治本的必要基础和产品质量保证的一种重要手段。

1. 验证的定义

世界卫生组织关于"验证（validation）"的定义是：能证实任何程序、生产过程、设备、物料、活动或系统确实能导致预期结果的有文件证明的一系列活动。验证是一个系统工程，是药厂将 GMP 切实具体地运用到生产过程中的重要科学手段和必由之路。

2. 验证分类

按照产品加工和工艺的要求以及设备的变更，工艺修订等均需通过验证的特点，可以把验证分成四种类型：**前验证、同步验证、回顾性验证、再验证**。

（1）前验证 前验证系指一项工艺、一个过程、一个设备或一种材料在正式投入使用前按照设定的验证方案进行的试验。

前验证是正式投放前的质量活动，是在该工艺正式投入使用前必须完成并达到设定要求的验证。如无菌产品生产中所采用的灭菌工艺，应当进行前验证。新品种、新型设备及其生产工艺的引入应采用前验证的方式，而不管新品种属于哪一类剂型。前验证的成功是实现新工艺从开发部门向生产部门转移的必要条件。它是一个新品种开发计划的终点，也是常规生产的起点。

（2）同步验证 同步验证系指为生产中在某项工艺运行的同时进行的验证，即根据工艺实际运行过程中获得的数据来确立文件的依据，以证明某项工艺达到预定要求的活动。采用这种验证方式的先决条件是：①有完美的取样计划，即生产及工艺的监控比较充分；②有经过验证的检验方法，灵敏度及选择性等比较好；③对所有验证的产品或工艺已有相当的经验和把握。

同步验证方法适用于以下情况：①由于需求很小而不常生产的产品，如"孤儿药物"（即用来治疗罕见疾病的药物）或每年生产少于 3 批的产品；②生产量很小的产品，如放射性药品；③从前未经验证的遗留工艺过程（没有重大改变的情况下）；④已有的、已经验证的工艺过程发生较小的改变时；⑤已验证的工艺进行周期性再验证时。

（3）**回顾性验证**　回顾性验证系指以历史数据的统计分析为基础的，旨在证实正式生产的工艺条件适用性的验证。当有充分的历史数据可以利用时，可以采用此种验证方式进行验证，从对大量历史数据的回顾分析更可以看出工艺控制状况的全貌，因而其可靠性更好。回顾性验证应具备必要的条件是：①有至少 6 批符合要求的数据，有 20 批以上的数据更好，这些批次应当是连续的；②检验经过验证，检验结果可以用数值表示，可以进行统计分析；③批记录符合 GMP 的要求，记录中有明确的工艺条件。

（4）**再验证**　再验证系指一项工艺、一个过程、一台设备或一种材料经过验证并在使用一个阶段以后进行的，旨在证实已验证状态没有发生飘移而进行的验证。在下列情况下需进行再验证：①关键设备大修或更换；②批次量数量级的变更；③趋势分析中发现有系统性偏差；④生产作业有关的变更；⑤系统经过一定时间的运行。

但是，有些关键的工艺，由于其对产品的安全性起着决定性的作用，在设备规程没有更改的情况下也要求定期再验证，如产品的灭菌器，正常情况下须每年做一次再验证。

3. 厂房与设施的验证

厂房应严格按 GMP 的要求进行设计与施工。**GMP 验证**包括：厂房与设施的验证、检验与计量的验证、生产过程的验证和产品的验证等。其中，厂房与设施的验证有厂房验证、公用工程验证、设备及其安装验证。

① 厂房验证范围包括车间装修工程，门窗安装，缝隙密封以及各种管线、照明工具、净化空调设施、工艺设备等与建筑结合部位缝隙的密封性。如厂房密封及过滤器安装渗漏试验可采用 DOP（邻苯二甲酸二辛酯，dioctyl phthalate）测试法。

② 公用工程验证范围包括供制备工艺用水的原水、注射用水、压缩空气、空调净化系统、蒸汽、供电电源及照明等。其中，以工艺用水系统和空调净化系统的验证为重点，内容包括对原水水质、纯水与注射用水的制备过程、贮存及输送系统的验证；对净化空调系统及其送风口和回风口的布置、风量、风压、换气次数等的验证。对工艺用水系统验证还包括对制造规程、贮存方法、清洗规程、检验规程和控制标准等项目的确认。

③ 设备及其安装验证是指对选型、安装位置、设备的基本功能及管道敷设的正确与否，有无死角，测试仪表是否齐全、准确等作出评价，并逐项做好记录。

通过这些验证要确认厂房是否达到设计的净化空调的要求；各个机器设备和系统的安装是否能够在规定限度的偏差范围内稳定操作；设备运行是否达到规定的技术指标；各个系统的运行是否达到了事先设定的技术标准，为成品生产做好准备。

二、GMP 车间洁净度等级标准及选择

GMP 车间是指符合 GMP 质量安全管理体系要求的车间。在规定药品生产环境方面，GMP 中明确规定了不同药品生产环境的洁净度标准，主要是针对防止异物污染而采取的一种措施。它主要包含两个方面：一是针对微生物对药品的污染；二是针对尘埃对药品的污染和对人体的危害。

（一）GMP 车间洁净度等级分类

现行 GMP 中关于洁净度等级分 A、B、C、D 四个级别。各级别洁净区空气悬浮粒子标准和微生物监测动态标准分别见表 5-1 和表 5-2。

A 级：高风险操作区，如灌装区、放置胶塞桶和与无菌制剂直接接触的敞口包装容器的区域及无菌装配或连接操作的区域，应当用单向流操作台（罩）维持该区的环境状态。单向流系统在其工作区域必须均匀送风，风速为 0.36～0.54 m/s（指导值）。应当有数据证明单向流的状态并经过验证。在密闭的隔离操作器或手套箱内，可使用较低的风速。

B 级：指无菌配制和灌装等高风险操作 A 级洁净区所处的背景区域。

C 级和 D 级：指无菌药品生产过程中重要程度较低操作步骤的洁净区。

表 5-1　洁净区空气悬浮粒子标准

| 洁净度级别① | 悬浮粒子最大允许数/(个/m³) | | | |
| | 静态 | | 动态③ | |
	≥0.5 μm	≥5.0 μm②	≥0.5 μm	≥5.0 μm
A 级	3520	20	3520	20
B 级	3520	29	352000	2900
C 级	352000	2900	3520000	29000
D 级	3520000	29000	不作规定	不作规定

①为确认 A 级洁净区的级别，每个采样点的采样量不得少于 1 m³；A 级洁净区空气悬浮粒子的级别为 ISO 4.8，以≥5.0 μm 的悬浮粒子为限度标准；B 级洁净区（静态）的空气悬浮粒子的级别为 ISO 5，同时包括表中两种粒径的悬浮粒子；对于 C 级洁净区（静态和动态）而言，空气悬浮粒子的级别分别为 ISO 7 和 ISO 8；对于 D 级洁净区（静态）空气悬浮粒子的级别为 ISO 8。测试方法可参照 ISO 14644-1。

② 在确认级别时，应当使用采样管较短的便携式尘埃粒子计数器，避免≥5.0 μm 的悬浮粒子在远程采样系统的长采样管中沉降。在单向流系统中，应当采用等动力学的取样头。

③ 动态测试可在常规操作、培养基模拟灌装过程中进行，证明达到动态的洁净度级别，但培养基模拟灌装试验要求在"最差状况"下进行动态测试。

表 5-2　洁净区微生物监测动态标准

| 洁净度级别 | 浮游菌/(cfu/m³) | 沉降菌(φ90mm)/(cfu/4 h)① | 表面微生物 | |
			接触(φ55 mm)/(cfu/碟)	5 指手套/(cfu/手套)
A 级	<1	<1	<1	<1
B 级	10	5	5	5
C 级	100	50	25	—
D 级	200	100	50	—

注：表中各数值均为平均值。
① 单个沉降碟的暴露时间可以少于 4 h，同一位置可使用多个沉降碟连续进行监测并累积计数。

（二）对洁净区悬浮粒子动态监测的要求

洁净区或洁净室悬浮粒子动态监测，即通过测定洁净区环境内单位体积空气中含大于或等于某粒径的悬浮粒子数，来评定洁净区或洁净室的悬浮粒子洁净度等级。对洁净区悬浮粒子进行动态监测的要求如下：

① 根据洁净度级别和空气净化系统确认的结果及风险评估，确定取样点的位置并进行日常动态监控。

② 在关键操作的全过程中，包括设备组装操作，应当对 A 级洁净区进行悬浮粒子监测。当生产过程中的污染（如活生物、放射危害）可能损坏尘埃粒子计数器时，应当在设备调试操作和模拟操作期间进行测试。A 级洁净区监测的频率及取样量，应能及时发现所有人为干预、偶发事件及任何系统的损坏。灌装或分装时，由于产品本身产生粒子或液滴，允许灌装点≥5.0 μm 的悬浮粒子出现不符合标准的情况。

③ 在 B 级洁净区可采用与 A 级洁净区相似的监测系统。可根据 B 级洁净区对相邻 A 级洁净区的影响程度，调整采样频率和采样量。

④ 悬浮粒子的监测系统应当考虑采样管的长度和弯管的半径对测试结果的影响。

⑤ 日常监测的采样量可与洁净度级别和空气净化系统确认时的空气采样量不同。

⑥ 在 A 级洁净区和 B 级洁净区，连续或有规律地出现少量≥5.0 μm 的悬浮粒子时，应当进行调查。

⑦ 生产操作全部结束、操作人员撤出生产现场并经 15～20 min（指导值）自净后，洁净区的悬浮粒子应当达到表中的"静态"标准。

⑧ 应当按照质量风险管理的原则对 C 级洁净区和 D 级洁净区（必要时）进行动态监测。监控要求以及警戒限度和纠偏限度可根据操作的性质确定，但自净时间应当达到规定要求。

⑨ 应当根据产品及操作的性质制定温度、相对湿度等参数，这些参数不应对规定的洁净度造成不良影响。

⑩ 应当制定适当的悬浮粒子监测警戒限度和纠偏限度。操作规程中应当详细说明结果超标时需采取的纠偏措施。

（三）对洁净区微生物动态监测的要求

① 应当对洁净区或洁净室的微生物进行动态监测，以评估无菌生产的微生物状况。监测方法有沉降菌法、定量空气浮游菌采样法和表面取样法（如棉签擦拭法和接触碟法）等。动态取样应当避免对洁净区造成不良影响。成品批记录的审核应当包括环境监测的结果。

② 对表面和操作人员的监测，应当在关键操作完成后进行。除正常的生产操作监测外，可在系统验证、清洁或消毒等操作完成后增加微生物监测。

③ 应当制定适当的微生物监测警戒限度和纠偏限度。操作规程中应当详细说明结果超标时需采取的纠偏措施。

（四）洁净区物理参数指标

在不同洁净级别的洁净区，除空气悬浮粒子标准和微生物监测动态标准有所不同外，其物理参数亦有差异，见表 5-3。

表 5-3 洁净区物理参数指标

洁净度级别	物理参数指标
A 级	①洁净操作区的空气温度为 20～24 ℃；②洁净操作区的空气相对湿度为 45％～60％；③操作区的水平风速≥0.54 m/s，垂直风速≥0.36 m/s；④高效过滤器的检漏>99.97％；⑤照度>300～600 lx；⑥噪声≤75 dB(动态测试)
B 级	①洁净操作区的空气温度为 20～24℃；②洁净操作区的空气相对湿度为 45％～60％；③房间换气≥25 次/h；④B 级区相对室外的压差≥10 Pa，同一级别的不同区域按气流流向应保持一定的压差；⑤高效过滤器的检漏>99.97％；⑥照度>300～600 lx；⑦噪声≤75 dB(动态测试)
C 级	①洁净操作区的空气温度为 20～24℃；②洁净操作区的空气相对湿度为 45％～60％；③房间换气≥25 次/h；④C 级区相对室外的压差≥10 Pa，同一级别的不同区域按气流流向应保持一定的压差；⑤高效过滤器的检漏>99.97％；⑥照度>300～600 lx；⑦噪声≤75 dB(动态测试)
D 级	①洁净操作区的空气温度为 18～26℃；②洁净操作区的空气相对湿度为 45％～60％；③房间换气≥15 次/h；④D 级区相对室外的压差≥10 Pa；⑤高效过滤器的检漏>99.97％；⑥照度>300～600 lx；⑦噪声≤75 dB(动态测试)

（五）药品的生产操作环境的选择

1. 无菌药品及生物制品

无菌药品及生物制品生产操作环境的洁净度级别可参照表 5-4 和表 5-5 中的示例进行选择。

表 5-4 最终灭菌产品生产操作环境的洁净度级别选择

洁净度级别	最终灭菌产品生产操作示例
C 级背景下的局部 A 级	高污染风险①的产品灌装(或灌封)
C 级	①产品灌装(或灌封)；②高污染风险②产品的配制和过滤；③眼用制剂、无菌软膏剂、无菌混悬剂等的配制、灌装(或灌封)；④直接接触药品的包装材料和器具最终清洗后的处理
D 级	①轧盖；②灌装前物料的准备；③产品配制(指浓配或采用密闭系统的配制)和过滤直接接触药品的包装材料和器具的最终清洗

①此处的高污染风险是指产品容易长菌、灌装速度慢、灌装容器为广口瓶、容器须暴露数秒后方可密封等状况。
②此处的高污染风险是指产品容易长菌、配制后需等待较长时间方可灭菌或不在密闭系统中配制等状况。

表 5-5 非最终灭菌产品生产操作环境的洁净度级别选择

洁净度级别	非最终灭菌产品的无菌生产操作示例
B 级背景下的 A 级	①处于未完全密封①状态下产品的操作和转运,如产品灌装(或灌封)、分装、压塞、轧盖②等;②灌装前无法除菌过滤的药液或产品的配制;③直接接触药品的包装材料、器具灭菌后的装配以及处于未完全密封状态下的转运和存放;④无菌原料药的粉碎、过筛、混合、分装
B 级	①处于未完全密封①状态下的产品置于完全密封容器内的转运;②直接接触药品的包装材料、器具灭菌后处于密闭容器内的转运和存放
C 级	①灌装前可除菌过滤的药液或产品的配制;②产品的过滤
D 级	直接接触药品的包装材料、器具的最终清洗、装配或包装、灭菌

①轧盖前产品视为处于未完全密封状态。

②根据已压塞产品的密封性、轧盖设备的设计、铝盖的特性等因素,轧盖操作可选择在 C 级或 D 级背景下的 A 级送风环境中进行。A 级送风环境应当至少符合 A 级区的静态要求。

2. 非无菌药品及原料药

非无菌药品及原料药生产环境的洁净度级别可参照表 5-6 进行选择。

表 5-6 非无菌药品及原料药生产环境的洁净度级别选择

药品种类		洁净级别
原料药	药品标准中有无菌检查要求	局部 A 级
	其他原料药	D 级
口服液体药品	口服固体药品	暴露工序:D 级
	非最终灭菌	暴露工序:C 级
	最终灭菌	暴露工序:D 级
眼用药品	供角膜创伤或手术用滴眼剂	暴露工序:B 级
	一般眼用药品	暴露工序:C 级
外用药品	深部组织创伤和大面积体表创面用药	暴露工序:C 级
	表皮用药	暴露工序:D 级
栓剂	除直肠用药外的腔道用药	暴露工序:C 级
	直肠用药	暴露工序:D 级

第二节 厂区总体布置

一、厂址选择

厂址选择是指建厂地理位置的合理选定。它是建设项目进行设计的前提,是一项包括政治、经济、技术的综合性工作。厂址选择得当,有利于建设,有利于生产和使用,还有利于促进所在地区的经济繁荣和城镇面貌的改善;选择不当,就会增加建设投资、影响建设速度,给生产留下后患,影响投资的经济效益,甚至造成严重损失。

(一)厂址选择的基本原则

1. 符合所在地区、城市、乡镇总体规划布局,正确处理各种关系

要以批准的城镇总体规划为依据,从全局出发,对城市与乡村、生产与生态、工业与农业、生产与生活、需要与可能、近期与远期等关系要统筹兼顾。应当最大程度地利用好城镇已有的设施,一般不再提倡

大量建设生活设施，增加企业的不必要负担。

2. 综合考虑各种因素

充分考虑环境保护和综合利用，注意节约用地，不占用良田及经济效益高的土地，并符合国家现行土地管理、环境保护、水土保持等法规有关规定；注意交通、能源供应等基本的生产条件是否具备；要保护自然风景区及历史文化遗产等问题，尽量远离风景游览区和自然保护区，不污染水源，有利于"三废"处理，并符合现行环境保护法规的规定。

3. 注意药厂对厂址选择的专门要求

工业区一般设在城市的下风位置，而药厂因要求洁净的环境，应当放在工业区的上风位置，应当不受产尘区的影响，也要远离车站、码头等城市高人流（personnel flow）和物流（material flow）的区域。一般选择制药厂址时应遵循以下原则：

① 一般有洁净厂房的药厂，厂址宜选在大气含尘、含菌浓度低，无有害气体，周围环境较洁净或绿化较好的地区。

② 有洁净厂房的药厂厂址应远离车站、码头、铁路、机场、交通要道以及散发大量粉尘和有害气体的工厂、贮仓、堆场等严重空气污染、水质污染、振动或噪声干扰的区域。如不能远离严重空气污染区，则应位于其最大频率风向的上风侧，或全年最小频率风向的下风侧。

③ 交通便利、通讯方便。制药厂的运输较频繁，为了减少经常运输的费用，制药厂尽量不要远离原料来源和用户，以求在市场中发展壮大。

④ 确保水、电、气的供给。作为制药厂，水、电、气是生产的必需条件。充足和良好的水源，对药厂来讲尤为重要。同样，足够的电能，对药厂也很重要，有许多原料药厂，因停电而造成的损失相当惨重。所以要求有两路进电确保电源供给。

⑤ 应有长远发展的余地，同时要节约用地，珍惜土地。制药企业的品种相对来讲是比较多的而且更新换代也比较频繁。随着市场经济的发展，每个药厂必须要考虑长远的规划发展，绝不能图眼前利益，所以在选择厂址时应有考虑余地。

⑥ 选厂址时应考虑防洪，必须高于当地最高洪水位 0.5 m 以上。

（二）厂址选择的步骤与内容

在厂址选择时应充分考虑周全，更应严格按照国家的有关规定、规范执行。必须结合建厂的实际情况及建厂条件，进行调查、比较、分析、论证，最终确定出理想的厂址。厂址选择的步骤分为：①确定选址目标；②收集数据，分析因素，拟定初步候选方案；③评价候选方案；④选定最终厂址方案。主要工作内容有：①取得原始依据；②成立厂址选择工作组；③了解与选址有关的各项参数；④实际勘察、收集资料；⑤编制选址工作报告。

二、厂区总体布局规划

现行 GMP 规定，药品生产企业必须有整洁的生产环境；厂区的地面、路面及运输等不应对药品的生产造成污染；生产、行政、生活和辅助区的总体布局应合理，不得互相妨碍。厂房应按生产工艺流程及所要求的空气洁净级别进行合理布局。同一厂房内以及相邻厂房之间的生产操作不得相互妨碍。

根据 GMP 规定，有必要对药厂进行厂区区域划分并在总图上布局。一般厂区若按区域划分是以主体车间为中心，分别对生产、公用系统、生产辅助、管理及生活设施划区布局；若按功能可划分为生产区、辅助区、动力区、仓库区、厂前区等。

通常药厂由以下几个部分组成：①主要生产车间（原料、制剂等）；②辅助生产车间（机修、仪表等）；③仓库（原料、成品库）；④动力（锅炉房、空压站、变电所、配电间、冷冻站）；⑤公用工程（水塔、冷却塔、泵房、消防设施等）；⑥环保设施（污水处理、绿化等）；⑦全厂性管理设施和生活设施（厂部办公楼、中央化验室、研究所、计量站、食堂、医务所等）；⑧运输道路（车库、道路等）。药品生产企业总平面布置示例见图 5-1。

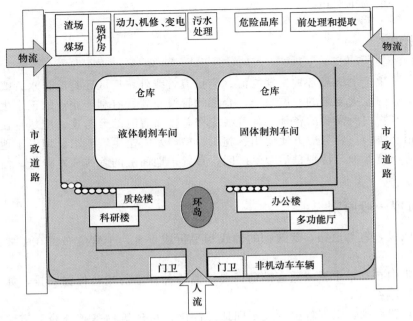

| 渣场 | | 动力、机修、变电 | 污水处理 | | 危险品库 | | 前处理和提取 |

图 5-1 药品生产企业总平面布置示例

药厂的各区域在图上的相对位置（布置）应合理、不得相互妨碍。结合厂区的地形、地质、气象、卫生、安全防火、施工等要求，在进行制剂厂区总平面布置时应考虑以下原则：①厂区规划要符合本地总体规划要求；②厂区进出口及主要道路应贯彻人流与物流分开的原则，选用整体性好、发尘少的材料；③厂区按行政、生产、辅助和生活等划区布局；④行政、生活区应位于厂前区，并处于夏季最小频率风向的下风侧；⑤厂区中心布置主要生产区，而将辅助车间布置在它的附近，生产性质相类似或工艺流程相联系的车间要靠近或集中布置；⑥洁净厂房应布置在厂区内环境清洁、人流和物流交叉少的地方，并位于最大频率风向的上风侧，与市政主干道距离不宜少于 50 m，原料药生产区应置于制剂生产区的下风侧，青霉素类生产厂房的设置应考虑防止与其他产品的交叉污染；⑦运输量大的车间、仓库、堆场等布置在货运出入口及主干道附近，避免人流、货流交叉污染；⑧动力设施应接近负荷量大的车间，"三废"处理、锅炉房等严重污染的区域应置于厂区的最大频率风向的下风侧，变电所的位置考虑电力线引入厂区的便利；⑨危险品库应设于厂区安全位置，并有防冻、降温、消防措施，麻醉药品和毒剧药品应设专用仓库，并有防盗措施；⑩动物房应设于僻静处，并有专用的排污与空调设施；⑪洁净厂房周围应绿化，尽量减少厂区的露土面积，一般制剂厂的绿化面积在 30% 以上，铺植草坪，不宜种花；⑫厂区应设消防通道，医药洁净厂房宜设置环形消防车道，如有困难可沿厂房的两个长边设置消防车道。

三、交通运输布置

（一）运输方式的选择

运输方式包括公路、水运、铁路、航空，或是其中某几项以上的联运。运输方式的选择应以运价低、服务优、快捷方便为基本原则，同时根据工厂的货运数量、货物流向、货物性质、货物（包括超限、超重的设备）的单件质量和尺寸以及工厂所在地区的交通运输条件等因素决定。

（二）厂内道路

厂内道路一般设计车速为 15 km/h。对于路面宽度，一般主干道为 7～9 m，次干道为 3.4～4.5 m。厂内道路最小曲率半径为 15 m。对于厂内道路最大纵坡，一般主干道为 6%，次干道为 8%，支道及车间引道为 9%。如有大量自行车通行，厂内道路纵坡一般应小于 2%，最大纵坡不应大于 4%。厂内沿主干道设置的人行道宽度一般为 1.5 m。

四、管线综合布置

药厂的厂区中，除生产上所需各种主辅物流、能量流管线外，厂区还有给排水管线、电力电缆线等工程管线，由此构成了厂内庞大复杂的管网系统。合理的管线布置，有利于企业的正常生产与管理。

厂区内各建、构筑物内所需要的各种工程管线应在总体布置时综合考虑。应尽量使管线间与建筑物之间在平面和立面上相互协调。要考虑方便使用、施工、检修及安全生产要求。埋设于地下的管线，成本较高，但有利于药厂的环境保护，特别是洁净生产区；布置于地面上的管线成本较低，便于施工和检修，对多数场合比较合适。

（一）管线布置一般原则

① 管线宜直线敷设，宜与道路、建筑物的轴线相平行或垂直，干管应布置在主要用户及支管较多的一边。

② 多种管道可集中布置，水平或垂直排列；要注意各种管路的相对位置安排，如蒸汽与冷冻盐水不应紧挨着，且蒸汽管应在上面。

③ 地下管线的布置原则：根据各种管线不同地埋深度，从建筑物基础外缘至道路中心由浅入深依次布置。一般情况下按照弱电电缆、管沟、给水管、雨水管、污水管的顺序布置。将检修次数较少的雨水管、污水管埋设在道路下面。小管让大管，压力管让重力管，软管让硬管，短时管让永久管。电力电缆不应与直埋的热力管道平行，遇交叉时，电缆应在下方穿过或采取保护措施。能散发可燃气体的管线，应避免靠近通行地沟和地下室。大管径压力较高的给水管应避免靠近建筑物。地下管线埋设应留有适当余地，以备工厂发展需要。

（二）管线种类及敷设方式

厂区的主要管线有：①上下水道，其中生产和生活用水用上水管道，回水及回收蒸汽冷凝水、污水和雨水用下水管道；②电缆、电线，包括动力、照明、通信、广播线路等；③热力管道，包括蒸汽，热水等管道；④燃气管道，包括生产、生活用燃气输送管道；⑤动力管道，包括真空、压缩等管道；⑥物料管道，包括主辅料流通管道。

根据各种管线的性质，按照管线敷设原则，选用适当的管线敷设方式：①直埋地下敷设；②地沟敷设；③架空敷设。

1. 直埋地下敷设

直埋地下敷设适宜于压力管或自流管，特别对有防冻要求的管线多采用此方式。施工简单，但检修不便，占地较多。埋设顺序一般从建筑物基础外缘向道路由浅至深埋设，如通信、电缆、电力电缆、热力管道、压缩空气管道、煤气管道、上水管道、污水管道、雨水管道等。埋设深度与防冻、防压有关。水平间距由施工、检修及管线间的影响、腐蚀、安全等决定。

2. 地沟敷设

地沟敷设一般分为三种型式：

（1）**通行地沟** 即人可站立在其中进行管路安装、检修的地沟，适用于管道数量多、地下水位不高、管路和阀门需常检修的情况。净高最小不应低于 1.8 m。沟内通道宽度不小于 0.6 m。盖板一般不需经常开启，每隔一定的间距必须设置人孔、管道膨胀节。疏水点、排水点以及地沟排水点附近也需设置人孔。

（2）**不通行地沟** 即人不能站在其中进行管路安装、检修的地沟，这种地沟适用于管道数量较少、管路不常检修的情况。一般地沟内的净高为 0.7～1.2 m，绝大部分盖板必须是可开启式的。

（3）**半通行地沟** 即介于可通行和不可通行之间的地沟，这种地沟适用于管道数量较多、地下水位较浅、管路需常检修、位于不经常通行的地点。半通行地沟的净高一般小于 1.6 m。检修较易，造价高，不适宜于地下水位高的地区。

地沟敷设管路隐蔽，不占用空间，不影响厂区美观；与直埋敷设相比，管线的安装、检修较为方便。但是，修建费用高、管路安装、检修不如架空敷设方便；一般不适用于输送有腐蚀性及有爆炸性危险介质的管路；不适宜地下水位高的地区。

3. 架空敷设

架空敷设系将管线架空于管线支架（低支架 2～2.5 m、中支架 2.5～3 m、高支架 4.5～6 m）或管廊上。此方式维修方便、节约投资。除消防上水、生产污水及雨水下水管外均能架空敷设。

第三节 注射制剂车间设计

在制剂工程上，根据注射剂制备工艺的特点将注射制剂分为**最终可灭菌小容量注射剂、最终可灭菌大容量注射剂、无菌分装注射剂（粉针剂）、冻干粉针剂**四种类型。

一、小容量注射剂车间设计

1. 最终可灭菌小容量注射剂（水针）车间设计要点

① 最终可灭菌小容量注射剂指装量小于 50 mL，采用湿热灭菌法制备的灭菌注射剂。其生产过程包括原辅料的准备、配制、灌封、灭菌、质检、包装等步骤。按工艺设备的不同形式可分为单机灌装生产工艺和联动机组生产工艺两种。

② 主要设计思路与步骤：水针剂 GMP 车间设计应遵照 GMP 对水针剂的要求，结合生产设备及工艺路线进行布局，按照生产纲领及班制要求，进行合理的物料衡算，确定主要工艺设备选型，绘制工艺设备一览表（含技术要求），依据工艺流程图设计工艺平面布局图，从而完成工艺设计的主体框架工作。工艺设计施工图还包括设备定位图、设备安装图、工艺管道布置图、主要设备进场路线图等。

2. 水针剂车间设计举例

水针剂生产洁净区域划分：注射用水的制备、理瓶、检漏灭菌、灯检、印字包装在一般生产区；原料的配制和粗滤、安瓿的粗洗和精洗在 C 级洁净区；原料液的精滤，安瓿的干燥灭菌、冷却、灌装、封口位于 B 级洁净区；其他都为一般生产区。水针（单机灌装、联动机组）车间布置分别见图 5-2 和图 5-3。

二、大容量注射剂车间设计

1. 大容量注射剂车间设计要点

① 掌握大容量注射剂（大输液）的生产工艺是车间设计的关键，输液剂为灭菌注射剂，每瓶规格多为 250 mL、500 mL。输液容器有瓶形与袋形两种，其材质有玻璃、聚乙烯、聚丙烯、聚氯乙烯或复合膜等。包装容器不同其生产工艺也有差异，无论何种包装容器其生产过程一般包括原辅料的准备、浓配、稀配、包材处理（瓶外洗、粗洗、精洗等）、灌封、灭菌、灯检、包装等工序。

② 主要设计思路与步骤：同"小容量注射剂"。

2. 输液剂车间设计举例

按照 GMP 规定，大输液生产分为一般生产区、C 级洁净区、B 级洁净区及局部 A 级洁净区。一般生产区包括瓶外洗、粒子处理、灭菌、灯检、包装等；C 级洁净区包括原辅料称配、浓配、瓶粗洗、轧盖等；B 级洁净区包括瓶精洗、稀配、灌封，其中瓶精洗后到灌封工序的暴露部分需 A 级层流保护。选用粗、精洗合一的箱式洗瓶机的玻璃瓶装大输液车间布置见图 5-4；选用塑料瓶两步法成型工艺的塑料瓶装大输液车间布置见图 5-5。

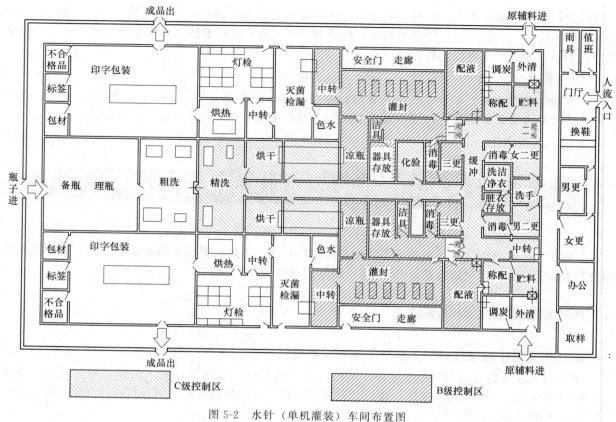

图 5-2　水针（单机灌装）车间布置图

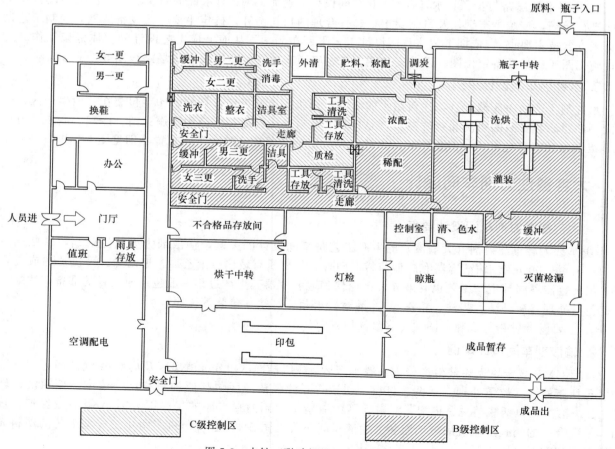

图 5-3　水针（联动机组）车间布置图

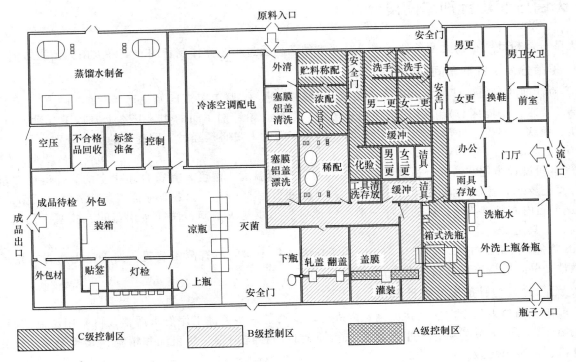

图 5-4　玻璃瓶装大输液车间布置图

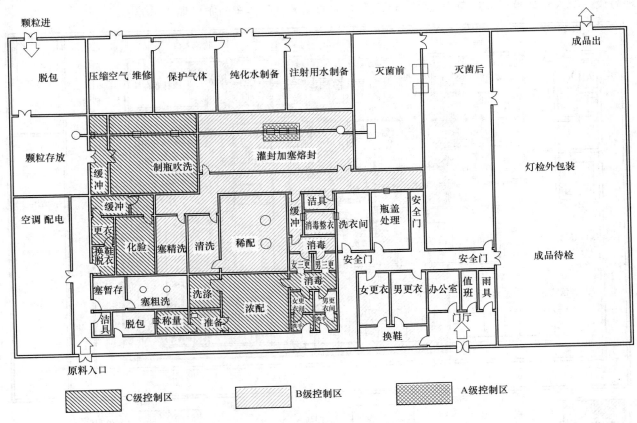

图 5-5　塑料瓶装大输液车间布置图

三、无菌分装粉针剂车间设计

无菌分装粉针剂指在无菌条件下将符合要求的药粉通过工艺操作制备的非最终灭菌无菌注射剂。

1. 无菌分装粉针剂车间设计要点

① 粉针剂的车间设计要做到人流、物流分开的原则，按照工艺流向及生产工序的相关性，有机地将不同洁净要求的功能区布置在一起，使物流短捷、顺畅。粉针剂车间的物流基本上有以下几种：原辅料、西林瓶、胶塞、铝盖、外包材及成品出车间。进入车间的人员必须经过不同程度的更衣分别进入 C 级和 B 级洁净区。

② 车间设置净化空调和舒适性空调系统能有效控制温度、湿度，并符合净化室的温、湿度要求；若无特殊工艺要求，控制区温度为 20～24℃，相对湿度为 45%～60%。各工序需安装紫外线灯灭菌。

③ 车间内需要排热、排湿的工序一般有洗瓶区隧道烘箱灭菌间、洗胶塞铝盖间、胶塞灭菌间、工具清洗间、洁具室等。

④ 级别不同的洁净区之间保持 10 Pa 的正压差，每个房间应有测压装置。如果是生产青霉素或其他高致敏性药品，分装室应保持相对负压。

2. 无菌分装粉针剂车间设计举例

注射用无菌粉末的生产必须在无菌室内进行，特别是一些关键工序要求严格，可采用层流洁净装置，保证无菌无尘。无菌分装粉针的生产过程包括原辅料的擦洗消毒、瓶粗洗和精洗、灭菌干燥、分装、压盖、灯检、包装等步骤。

该工艺选用联动线生产，瓶子的灭菌设备为远红外隧道烘箱，瓶子出隧道烘箱后即受到局部 A 级的层流保护。胶塞处理选用胶塞清洗灭菌一体化设备，出胶塞及胶塞的存放设置 A 级层流保护。铝盖的处理另设一套人流通道，以避免人流、物流之间有大的交叉。具体车间布置如 5-6 所示。

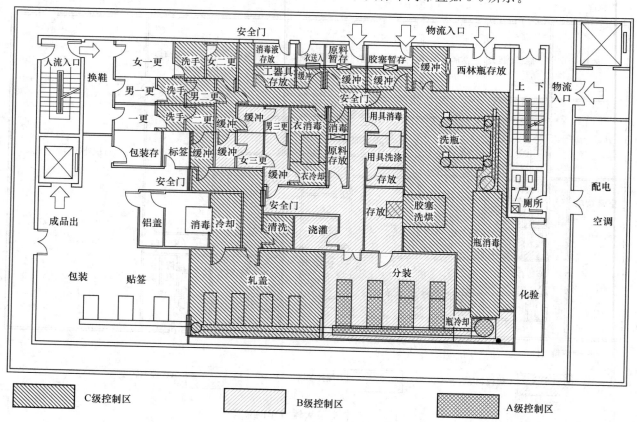

图 5-6　无菌分装粉针剂车间布置图

四、冻干粉针剂车间设计

根据生产工艺条件和药物性质，用冷冻干燥法制得的注射用无菌粉末称为冻干粉针剂。凡是在常温下不稳定的药物，如干扰素、白介素、生物疫苗等生物工程药品以及一些医用酶制剂（胰蛋白酶、辅酶A）和血浆等生物制剂，均需制成冻干制剂才能推向市场。

1. 冻干粉针剂车间设计要点

① 冻干粉针剂的生产工序包括：洗瓶及干燥灭菌、胶塞处理及灭菌、铝盖洗涤及灭菌、分装加半塞、冻干、轧盖、包装等。

② 车间设计力求布局合理，遵循人流、物流分开的原则，不交叉返流。进入车间的人员必须经过不同程度的净化程序分别进入C级、B级和A级洁净区。进入A级区的人员必须穿戴无菌工作服，洗涤灭菌后的无菌工作服在A级层流保护下整理。无菌作业区的气压要高于其他区域，应尽量把无菌作业区布置在车间的中心区域，这样有利于气流从气压（洁净度）较高的房间流向较低的房间。

③ 辅助用房的布置要合理，清洁工具间、容器具清洗间宜设在无菌作业区外，非无菌工艺作业的岗位不能布置在无菌作业区内。物料或其他物品进入无菌作业区时，应设置供物料、物品消毒或灭菌用的灭菌室或灭菌设备。洗涤后的容器具应经过消毒或灭菌处理方能进入无菌作业区。

④ 车间设置净化空调和舒适性空调系统可有效控制温度、湿度；并能确保培养室的温度、湿度要求；控制区温度为20~24℃，相对湿度为45%~60%。各工序需安装紫外线灯。

⑤ 若有活菌培养如生物疫苗制品冻干车间，则要求将洁净区严格区分为活菌区与死菌区，并控制、处理好活菌区的空气排放及带有活菌的污水。

⑥ 按照GMP的规则要求布置纯水及注射用水的管道。

2. 冻干粉针剂车间设计举例

冷冻干燥粉针车间按GMP规定，其生产区域空气洁净度级别分为A级、B级和C级。其中，药液的无菌过滤、分装加半塞、冻干、洁净瓶塞存放为A级或B级环境下的局部A级，即为无菌作业区；配料、瓶塞精洗、瓶塞干燥灭菌为B级；瓶塞粗洗、轧盖为C级环境。冷冻干燥粉针车间布置见图5-7。

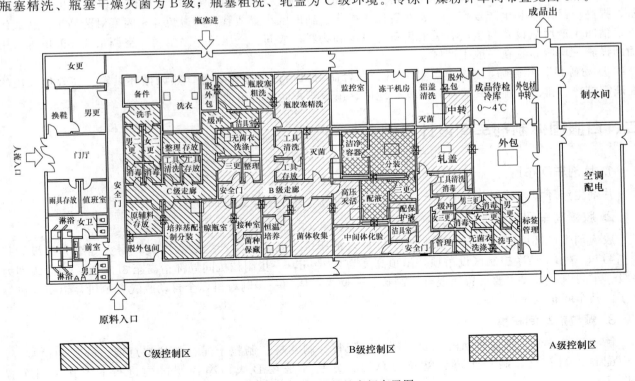

图5-7 冷冻干燥粉针车间布置图

第四节　口服固体制剂车间设计

口服固体制剂应用较多的主要有片剂、胶囊剂、颗粒剂、丸剂等。

一、口服固体制剂车间设计要点

① 固体制剂车间设计的依据是《药品生产质量管理规范》及其附录、《洁净厂房设计规范》（GB 50073—2001）和国家关于建筑、消防、环保、能源等方面的规范。

② 固体制剂车间在厂区中布置应合理，应使车间人流、物流出入口尽量与厂区人流、物流道路相吻合，交通运输方便。由于固体制剂发尘量较大，其总图位置应不影响洁净级别较高的生产车间，如大输液车间等。

③ 车间平面布置在满足工艺生产、GMP、安全、防火等方面的有关标准和规范的条件下尽可能做到人流、物流分开，工艺路线通顺、物流路线短捷、不返流。

④ 若无特殊工艺要求，一般固体制剂车间生产类别为丙类，耐火等级为二级。洁净区洁净级别D级，温度为18℃～26℃，相对湿度为45%～60%。洁净区设紫外灯，内设置火灾报警系统及应急照明设施。级别不同的区域之间保持10 Pa的压差并设测压装置。

⑤ 操作人员和物料进入洁净区应设置各自的净化用室或采用相应的净化措施。如操作人员可经过淋浴、穿洁净工作服（包括工作帽、工作鞋、手套、口罩）、风淋、洗手、手消毒等经气闸室进入洁净生产区。物料可经脱外包、外表清洁、消毒等经缓冲室或传递窗（柜）进入洁净区。若用缓冲间，则缓冲间应是双门联锁，空调送洁净风。洁净区内应设置在生产过程中产生的容易污染环境的废弃物的专用出口，避免对原辅料和内包材造成污染。

⑥ 充分利用建设单位现有的技术、装备、场地、设施。要根据生产和投资规模合理选用生产工艺设备，提高产品质量和生产效率。设备布置便于操作，辅助区布置适宜。为避免外来因素对药品生产造成污染，洁净生产区只设置与生产有关的设备、设施和物料存放间。空压站、除尘间、空调系统、配电等公用辅助设施，均应布置在一般生产区。

⑦ 粉碎机、旋振筛、整粒机、压片机、混合制粒机需设置除尘装置。热风循环烘箱、高效包衣机的配液需排热、排湿。各工具清洗间墙壁、地面、吊顶要求防霉且耐清洗。

二、口服固体制剂车间设计举例

1. 片剂车间布置

片剂生产环境区域划分一般生产区和D级洁净区。其车间布置见图5-8。

2. 胶囊剂车间布置

胶囊剂生产环境区域划分一般生产区和D级洁净区。其车间生产类别为丙类，耐火等级为二级。其层高为5.10 m；洁净控制区设吊顶，吊顶高度为2.70 m，一步制粒机间局部抬高至3.50 m。洁净级别为D级。车间内部布置主要设置集混合、制粒、干燥为一体的一步制粒机，全自动胶囊充填机，铝塑内包等工序。其车间布置见图5-9。

3. 颗粒剂车间布置

颗粒剂制备工艺流程包括的主要工序有：配料、制软材、制粒干燥、整粒与总混、分装和包装等。其中配料、制软材、制粒干燥、整粒与总混、分装等是在D级洁净控制区内进行的。其车间布置见图5-10。

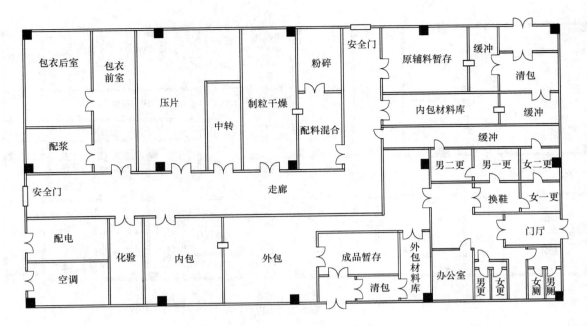

图 5-8　片剂车间布置图

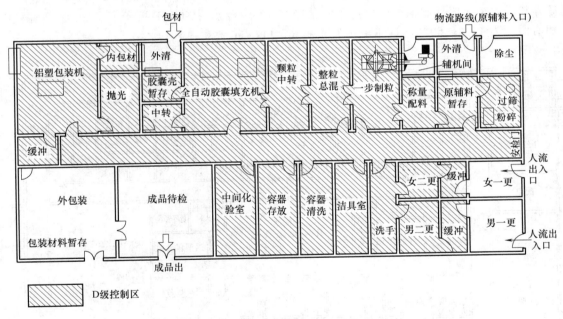

D级控制区

图 5-9　胶囊剂车间布置图

4. 固体制剂综合车间布置

固体制剂综合车间，主要生产片剂、胶囊剂和颗粒剂 3 种剂型的产品。由于片剂、胶囊剂和颗粒剂这 3 种剂型按 GMP 规定其生产洁净级别同为 D 级，且其前段制颗粒工序（即粉碎、过筛、造粒、干燥、总混等）相同，因此将片剂、胶囊剂、颗粒剂生产线布置在同一洁净区内，可集中共用。这样可提高设备的使用率，减少洁净区面积，从而节约建设资金。

在同一洁净区内布置片剂、胶囊剂、颗粒剂三条生产线，在平面布置时尽可能按生产工段分块布置，可减少各工段的相互干扰，同时也有利于空调净化系统合理布置。

含片剂、颗粒剂、胶囊剂的固体制剂综合车间设计规模为：片剂 3 亿片/年，胶囊剂 2 亿粒/年，颗粒

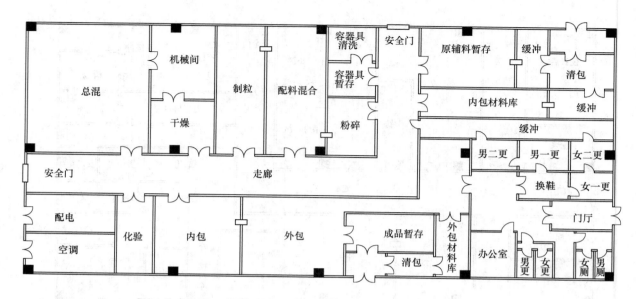

图 5-10　颗粒剂车间布置图

剂 2000 万袋/年。其物流出入口与人流出入口完全分开，固体制剂车间为同一个空调净化系统（HVAC），一套人流净化措施。关键工位：制粒间的制浆间、包衣间需防爆；压片间、混合间、整粒总混间、胶囊充填、粉碎筛粉需除尘。固体制剂综合生产车间洁净级别为 D 级，按 GMP 要求，洁净区控制温度为 18～26℃，相对湿度为 45％～60％。具体车间布置见图 5-11。

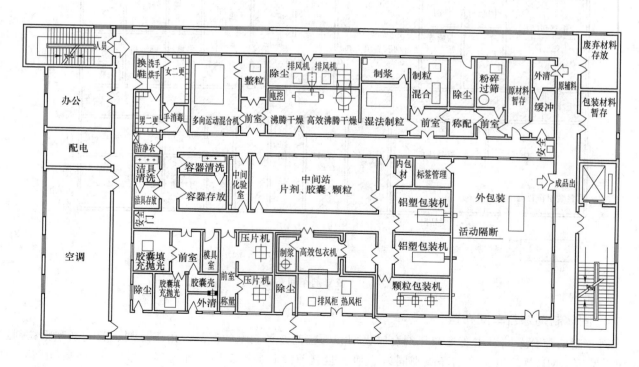

图 5-11　固体制剂综合车间布置图

5. 丸剂车间布置

　　丸剂的车间布置与片剂、胶囊剂大致相同，其生产洁净级别为 D 级。小丸、水蜜丸车间布置见图 5-12。

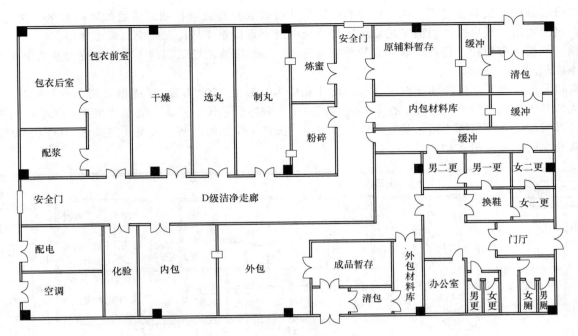

图 5-12　小丸、水蜜丸车间布置图

第五节　液体制剂车间设计

液体制剂主要有口服液剂、糖浆剂、滴剂、芳香水剂等，其中口服液剂、糖浆剂在临床上有广泛应用。

一、液体制剂车间设计要点

口服液体制剂药厂周围的大气条件应良好，水源要充足且清洁。生产厂房应远离发尘量大的交通频繁的公路、烟囱和其他污染源，并位于主导风向的上风侧。洁净厂房周围应绿化，有利于吸收厂区内的有害气体并提供氧气。

生产厂房应根据工艺要求合理布局，人流、物流分开。人流与物流最好按相反方向布置，并将货运出入口与工厂主要出入口分开，以消除彼此的交叉。生产车间上下工序的连接要方便。

能热压灭菌的口服液体制剂的生产按 GMP 要求。药液的配制，瓶子精洗、干燥与冷却，灌封或分装，封口加塞等工序应控制在 D 级。可根据周围环境空气中含尘浓度及制剂要求，采用初效、中效、中效、初效、中效、亚高效，或初效、中效、高效三级洁净空调。

不能热压灭菌的口服液体制剂的配制、过滤、灌封控制在 C 级，可采用初效、中效、高效三级洁净空调。其他工序为一般生产区，无洁净级别要求。有洁净度要求的洁净区域的天花板、墙壁及地面应平整光滑、无缝隙，不脱落、散发或吸附尘粒，并能耐受清洗或消毒。洁净厂房的墙壁与天花板、地面的交界处宜成弧形。控制区还应有防蚊蝇、防鼠等设施。

二、液体制剂车间设计举例

口服液剂是指药材用水或者其他溶剂，采用适当的方法提取、浓缩制成的单剂量包装的口服液体制剂型。口服液剂的一般制备过程：从药材中提取综合性有效成分并适当精制，然后加入添加剂，使之溶解、混匀并过滤澄清，最后按注射剂工艺要求，将药液灌封于直口瓶或易拉盖瓶中，灭菌即得。

糖浆剂指含有药物、药物提取物或芳香物质的浓蔗糖水溶液。糖浆剂的生产工艺流程及洁净区的划分与口服液相同。

含口服液及糖浆剂的液体制剂综合车间设计规模为口服液 1500 万瓶/年或糖浆剂 500 万瓶/年。其物流出入口与人流出入口完全分开，整个车间为同一个空调净化系统，一套人流净化措施。瓶子在同一个外清间经外清后进入口服液或糖浆剂生产线，需除尘。关键工位如配液间、灭菌间需排热、排湿。口服液剂及糖浆剂车间布置见图 5-13。

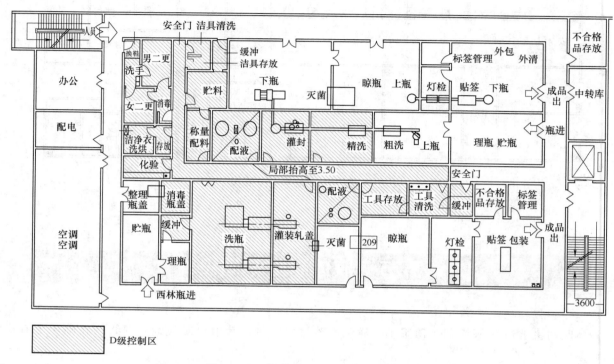

图 5-13　口服液剂、糖浆剂车间布置图

第六节　其他常用制剂车间设计

一、软胶囊车间设计

软胶囊系指将一定量的液体药物直接包封，或将固体药物溶解（或分散）在适宜的赋形剂中制成溶液、混悬液、乳液或半固体，密封于球形或椭圆形的软质囊材中的胶囊剂。

1. 软胶囊车间设计要点

① 生产厂房必须符合 GMP 总的要求。厂房的环境及其设施，对保证软胶囊质量有着重要作用。软胶囊制剂厂房应远离发尘量大的道路、烟囱及其他污染源，并位于主导风向的上风侧。软胶囊剂车间内部的工艺布局合理，物流与人流要分开。

② 根据工艺流程和生产要求合理分区。各种囊材、药液及药粉的制备，配制明胶液、油液，制软胶囊，制丸、整粒、干燥及软囊剂的包装等工序为"控制区"；其他工序为"一般生产区"。"控制区"一般

控制在 D 级以下。洁净室内空气定向流动，即从较高级洁净区域流向较低级的洁净区域。

③ 为了确保产品质量和发展国际贸易，软胶囊剂生产厂房的空气净化级别应当采用国际 GMP 要求，生产工序若控制在 D 级，则通入的空气应经初效、中效、中效或初效、中效、亚高效三级过滤器除尘，在发尘量大的地区的企业，也可以采用初效、中效、高效三级过滤器除尘，局部发尘量大的工序还应安装吸尘设施。进入"控制区"的原辅料必须去除外包装，操作人员应根据规定穿戴工作服、鞋、帽，头发不得外露。患有传染病、皮肤病、隐性传染病及外部感染等人员不得在直接接触药品的岗位工作。

④ 为了保证药厂工作人员的安全与舒适，软胶囊剂车间应保持一定的温度和湿度，一般来说温度为 18～26℃，相对湿度为 45%～60%。

⑤ 生产车间应设置中间站，并有专人负责，设置中间站的主要目的是处理原辅料及各工序半成品的入站、验收、移交、贮存和发放，应有相应的制度，并根据据品种、规格、批号加盖区别存放，标志明显；对各工序的容器保管、发放等也要有严格要求。

2. 软胶囊车间设计举例

软胶囊车间生产区域要求分区合理，应设置有专人负责的中间站。其车间布置见图 5-14。

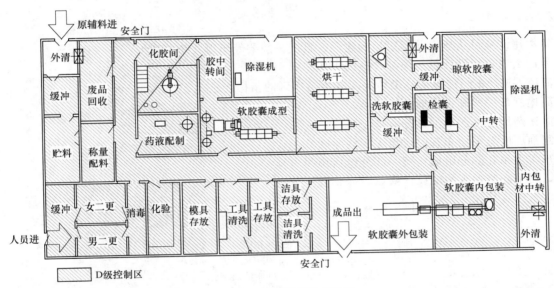

图 5-14　软胶囊车间布置图

二、软膏剂车间设计

软膏剂指药物、药材、药材的提取物与适宜基质均匀混合制成的具有适当稠度的半固体外用制剂，容易涂布于皮肤、黏膜、创面，起到保护、润滑和局部治疗作用。

软膏剂生产工艺可分为三部分：制管、配料、包装。表皮外用软膏的配料灌注的暴露工序需要在 D 级净化条件下操作；深部组织创伤外用软膏、眼部用软膏的暴露工序，及除直肠外的腔道用软膏的暴露工序均需在 C 级以下操作；包装在一般生产区进行。其车间设计要点如下：

① 软膏剂药品生产车间应按工艺流程合理布局，人流、物流要分开。上下工序的联系、交接要方便，尽量避免生产过程中原辅包装材料及半成品的重复往返，防止交叉污染。

② 无菌外用软膏剂的配制、分装以及原料药生产的"精、干、包"工序应在 A 级（或局部 A 级）的洁净室内，可采用层流室或在 B 级的环境中设置局部 A 级的层流装置，并严格遵循无菌操作要求。眼膏剂的软管的清洗、配制、灌装等工序应为 B 级的洁净室，可以采用初效、中效、高效三级洁净空调。换气次数可为 50～80 次/h。用于深部组织创伤和大面积体表创面用的软膏剂的暴露工序应在 C 级的洁净室操作，采用初效、中效、中效或初效、中效、亚高效等三级洁净空调，换气次数可为 25～50 次/h。一般表皮用软膏剂的暴露工序为 D 级，可采用两个中效净化系统，室内换气次数可为 15 次/h 以上。

③ 有洁净度要求的净化车间的结构主体应在温度变化和震动情况下，不易产生裂纹和缝隙，门窗结构应简单而密闭，并与室内墙面齐平，防止尘埃小粒子从外部渗入和方便清洗。无菌洁净区的门窗不应木制，窗台应陡峭向下倾斜，内高外低，且外窗台应以不低于 30° 的角度向下倾斜，避免向内渗水。窗户尽量采用大玻璃窗，不仅为操作人员提供敞亮愉快的环境，也便于管理人员通过窗户观察操作情况，目前常用钢窗和铝合金窗。门应朝洁净度高的方向开启。钢板门强度高、光滑、易清洁、造型简单且面材耐腐蚀。传递窗宜采用双斗式，密闭性较好。车间的墙面、地面、天花板应采用表面光滑易于清洗的材料，应平整光滑、无死角、无颗粒性物质脱落、无霉斑、易清洗、易消毒，并有防尘、防蚊蝇、防虫鼠等措施。一般可以使用红钢瓷砖和水磨石地面等耐酸、耐碱材料；墙面与地面接缝处应呈圆弧形，并应嵌入墙角。内墙和平顶可采用苯丙涂料或瓷釉涂料。湿度较大的工序的内墙也可以用部分或全部瓷砖做墙面，施工时砂浆必须饱满，以减少缝隙。

（吴正红、吴紫珩）

思考题

1. 基本建设项目从建设前期工作到建设、投产一般要经历哪几个阶段？
2. 为什么说车间设计是一项综合性的工作？
3. 简述 GMP 车间洁净度分级情况及各级洁净区的指标要求。
4. 简述制剂厂房和设施验证的分类。
5. 简述药厂厂区区域的划分。
6. 制剂厂区总平面布置时应考虑哪些原则？
7. 车间由哪几部分组成？每一部分包括哪些内容？
8. 试述不同制剂车间的设计要点。

参考文献

[1] 张洪斌. 药物制剂工程技术与设备［M］. 3 版. 北京：化学工业出版社，2019.
[2] 陈燕忠，朱盛山. 药物制剂工程［M］. 3 版. 北京：化学工业出版社，2018.
[3] 胡容峰. 工业药剂学［M］. 北京：中国中医药出版社，2018.
[4] 谢明，田侃. 药事管理与法规［M］. 2 版. 北京：人民卫生出版社，2016.
[5] 王志祥. 制药工程学［M］. 3 版. 北京：化学工业出版社，2015.
[6] 周建平，唐星. 工业药剂学［M］. 北京：人民卫生出版社，2014.
[7] 王沛. 制药设备与车间设计［M］. 北京：人民卫生出版，2014.
[8] 冷超群. 建筑法规［M］. 南京：南京大学出版社，2013.
[9] 朱宏吉，张明贤. 制药设备与工程设计［M］. 2 版. 北京：化学工业出版社，2011.

第六章

药品包装

第一节 药品包装的基本概念

一、概述

我国国家标准《包装通用术语》中包装的定义："为了在流通过程中保护产品、方便储运、促进销售，按一定技术方法而采用的容器、材料及辅助物等的总体名称"；或指"为了达到上述目的而采用容器、材料和辅助物的过程中施加一定技术方法等的操作活动"。它对维护产品质量，减少损耗，便于运输、贮存和销售，美化商品，提高服务质量等都有着重要的作用。

包装按用途可分为：通用包装和专用包装。药品的包装用于包装特殊商品——药品，所以属于专用包装范畴，它具有包装的所有属性，并有特殊性。目前，各国对药品包装都是以安全、有效为重心，同时兼顾药品的保护功能及携带、使用的便利性。对药品来说，药品经过生产及质量检验后，在贮存、运输以及分发使用等过程，都必须有适当而完好的包装。

随着科学技术的发展及新的包装材料的不断开发和应用，药品包装已不再是单纯作为盛装药品的附属工序和辅助项目，而已经成为方便临床使用的重要形式。已出现了单剂量包装、疗程包装、按给药途径要求的一次性使用的包装，以及为提高药物疗效、降低毒副反应而设计的一些特殊剂型的包装，如舒喘灵（混悬）气雾剂、安乃近灌肠剂及透皮吸收剂等。因此，了解、研究和革新药品包装，并使之更完善是一项与保证药品质量、配合临床治疗密切相关的重要课题。

二、药品包装的定义与分类

药品包装系指选用适当的材料或容器、利用包装技术对药物制剂的半成品或成品进行分（灌）、封、装、贴签等操作，为药品提供品质保护、签定商标与说明的一种加工过程的总称。对药品包装本身可以从两个方面去理解：从静态角度看，包装是用有关材料、容器和辅助物等材料将药品包装起来，起到应有的功能；从动态角度看，包装是采用材料、容器和辅助物的技术方法，是工艺及操作。

药品包装按其在流通领域中的作用可分为两大类：**内包装**与**外包装**。

内包装系指直接与药品接触的包装（如安瓿、注射剂瓶、铝箔等）。内包装应能保证药品在生产、运输、贮藏及使用过程中的质量，并便于医疗使用。药品内包装材料、容器（药包材）的更改，应根据所选用药包材的材质，做稳定性试验，考察药包材与药品的相容性。

外包装系指内包装以外的包装，按由里向外分为中包装和大包装。外包装应根据药品的特性选用不易破损的包装，以保证药品在运输、贮藏、使用过程中的质量。

本章主要介绍药品的内包装，即直接与药品接触的包装材料和容器。

三、药品包装的作用

药品包装是药品生产的继续，是对药品施加的最后一道工序。对绝大多数药品来说，只有进行了包装，药品生产过程才算完成。一种药品，从原料、中间体、成品、制剂、包装到使用，一般要经过生产和流通（含销售）两个过程。在整个转化过程中，药品包装起着重要的桥梁作用，发挥着特殊的功能。

1. 保护功能

药品在生产、运输、贮存与使用过程中常经历较长时期，由于包装不当，可能使药品的物理性质或化学性质发生改变，使药品减效、失效甚至产生不良反应。药品包装应将保护功能作为首要因素考虑。保护功能主要包括以下两个方面：

（1）**阻隔作用** 视包装材质与方法不同，包装能保证容器内药物不穿透、不泄漏，也能阻隔外界的空气、光、水分、热、异物与微生物等与药品接触。

（2）**缓冲作用** 药品包装具有缓冲作用，可防止药品在运输、贮存过程中受各种外力的震动、冲击和挤压。

2. 方便应用

药品包装应能方便患者及临床使用，能帮助医师和患者科学、安全用药。

（1）**标签、说明书与包装标志** 标签是药品包装的重要组成部分。它的作用是向人们科学而准确地介绍具体药品的基本内容、商品特性。药品的标签分为内包装标签与外包装标签。内包装标签与外包装标签内容不得超出国家食品药品监督管理局批准的药品说明书所限定的内容；文字表达应与说明书保持一致。内包装标签可根据其尺寸的大小，尽可能包含药品名称、适应证或者功能主治、用法用量、规格、贮藏、生产日期、生产批号、有效期、生产企业等标示内容，但必须标注药品名称、规格及生产批号。中包装标签应注明药品名称、主要成分、性状、适应证或者功能主治、用法用量、不良反应、禁忌证、规格、贮藏、生产日期、生产批号、有效期、批准文号、生产企业等内容。大包装标签应注明药品名称、规格、贮藏、生产日期、生产批号、有效期、批准文号、生产企业以及使用说明书规定以外的必要内容，包括包装数量、运输注意事项或其他标记等。内外包装的标签上有效期具体表述形式应为：有效期至××××年××月。另外，由于尺寸原因，中包装标签不能全部注明不良反应、禁忌证、注意事项的，均应注明"详见说明书"字样。

药品说明书应包含有关药品的安全性、有效性等基本科学信息。药品的说明书应列有药品名称（通用名、英文名、汉语拼音、化学名称）、分子式、分子量、结构式（复方制剂、生物制品应注明成分）、性状、药理毒理、药代动力学、适应证、用法用量、不良反应、禁忌证、注意事项（孕妇及哺乳期妇女用药、儿童用药、药物相互作用和其他类型的相互作用，如烟、酒等）、药物过量（包括症状、急救措施、解毒药）、有效期、贮藏、批准文号、生产企业（包括地址及联系电话）等内容。如某一项目尚不明确，应注明"尚不明确"字样；如明确无影响，应注明"无"字样。药品上市后，药品生产企业应主动跟踪其应用情况，并在必要时提出修改说明书的申请。印制说明书，必须按照统一格式，其内容必须与国家药品监督管理局批准的说明书一致。

包装标志是为了帮助使用者识别药品而设的特殊标志。麻醉药品、精神药品、医疗用毒性药品、放射性药品等特殊管理的药品，外用药品，非处方药品在其中包装、大包装和标签、说明书上必须印有符合规定的标志；对贮藏有特殊要求的药品，必须在包装、标签的醒目位置和说明书中注明。

非处方药药品标签、使用说明书、内包装、外包装上必须印有非处方药专有标识。专有标识图案分为红色和绿色，红色、绿色专有标识分别用于甲类、乙类非处方药药品作指南性标志。单色印刷时，非处方药专有标识下方必须标示"甲类"或"乙类"字样。

（2）便于取用和分剂量 随着包装材料与包装技术的发展，药品包装呈多样化，如：剂量化包装，方便患者使用，亦适合于药房发售药品；旅行保健药盒，内装风油精、去痛片、黄连素等常用药；冠心病急救药盒，内装硝酸甘油片、速效救心丸、麝香保心丸等。在复杂治疗方案下的常规包装中会出现大批包装容器，这样不利于患者用药的依从性，现在有的厂家设计了一种新包装盒，可以将多种药物同时装在1个盒内，盒子按每周天数分成几个部分，而每一部分又按每天服药次数分成 4 个小室，这样简化了服药手续，提高了用药的依从性，同时可以监控患者的服药量，特别对老年患者更为适宜，进而提高治疗效果。

3. 商品宣传

药品属于特殊商品，首先应重视其质量和应用。从商品性看，产品包装的科学化、现代化程度，一定程度上有助于显示产品的质量、生产水平，能给人以信任感、安全感，有助于营销宣传。

第二节 药品的包装材料和容器

一、药包材的定义

药品的包装材料和容器简称**药包材**。药包材的选择取决于药品的物理化学性质、制品需要的保护情况以及应用与市场需要等的要求。药包材应具备的性能见表 6-1。

表 6-1 药包材应具备的性能

效能	要求	应研究的性能
保护	保护内装物、防止变质、保证质量	机械强度、防潮、耐水、耐腐蚀、耐热、耐寒、透光、气密性强、防止紫外线穿透、耐油、适应气温变化、无味、无霉、无嗅味
工艺操作	易包装、易充填、易封合，效率高，适应机械自动化	刚性、挺力强度、光滑、易开口、热合性好、防止静电
商品性	造型和色彩美观，能产生陈列效果	透明度好、表面光泽、适合印刷、不带静电（不易污染）
使用方便	便于开启和取用、便于再封闭	开启性能好、不易破裂
成本低廉	合理使用包装经费	节省包装材料成本、包装机械设备费用与劳工费用等，包装速度快

二、药包材的种类

药包材可分别按使用方式、形状及材料组成进行分类。

按使用方式不同，药包材可分为Ⅰ、Ⅱ、Ⅲ三类。**Ⅰ类药包材**指直接接触药品且直接使用的药品包装用材料、容器（如塑料输液瓶或袋、固体或液体药用塑料瓶）。**Ⅱ类药包材**指直接接触药品，但便于清洗、在实际使用过程中，经清洗后需要并可以消毒灭菌的药品包装用材料、容器（如玻璃输液瓶、输液瓶胶塞、玻璃口服液瓶等）。**Ⅲ类药包材**指除Ⅰ、Ⅱ类以外其他可能直接影响药品质量的药品包装用材料、容器（如输液瓶铝盖、铝塑组合盖）。

按形状不同，药包材可分为容器（如塑料滴眼剂瓶）、片材（如药用聚氯乙烯硬片）、袋（如药用复合膜袋)、塞(如丁基橡胶输液瓶塞)、盖(如口服液瓶撕拉铝盖)等。

按材料组成不同,药包材可分为金属、玻璃、塑料(热塑性、热固性高分子化合物)、橡胶(热固性高分子化合物)及上述成分的组合(如铝塑组合盖、药品包装用复合膜)等。

三、典型药包材的特点

1. 金属

金属在制剂包装材料中应用较多的只有锡、铝、铁和铅,可制成刚性容器,如筒、桶、软管、金属箔等。用锡、铅、铁、铝等金属制成的容器,光线、液体、气体、气味与微生物都不能透过;它们能耐高温,也能耐低温。为了防止内外腐蚀或发生化学作用,容器内外壁上往往需要涂保护层。

(1)锡 锡在金属中化学惰性较大,冷锻性最好,易坚固地包附在很多金属表面。锡管中常含0.5%铜以增加硬度。锡片上包铝既能增进成品外观又能抵御氧化。但锡价格比较昂贵。现已采用价廉的涂漆铝管来代替锡管。一些眼用软膏目前仍用纯锡管包装。

(2)铅 铅价格最廉,镀锡后的铅管具有铅的软度与锡的惰性。其多用于日用品,如黏合剂、牙膏等。内服制品不用铅容器(毒性问题)。

(3)铁 药物包装不用铁,但镀锡钢却大量应用于制造桶、螺旋帽盖与气雾剂容器。马口铁是包涂纯锡的低碳钢皮。它具有钢的强度与锡的抗腐蚀力。

(4)铝 铝是原子量低而非常活泼的金属。铝制品质轻,节省运费;具有延展性、可锻性,无气、无味、无毒,具有不透性;也可制成刚性、半刚性或柔软的容器。铝中加入3%的锑,可以增加铝的硬度。铝表面与大气中的氧起作用能形成氧化铝薄层,该薄层坚硬、透明,保护铝不再继续被氧化。铝制软膏管、片剂容器、螺旋盖帽、小药袋与铝箔等均在药剂中有广泛应用。铝箔在药品包装中使用越来越广泛,主要包装形式是泡罩包装、条形包装。铝箔具有良好的包装加工性和保护、使用性能,防潮性好,气体透过性小,是作防潮包装不可缺少的材料,厚度在 20 μm 以上的铝箔防潮性能极佳。

2. 玻璃

玻璃具有优良的保护性,其本身稳定,价廉、美观。玻璃容器是药品最常用的包装容器。玻璃清澈光亮,呈化学惰性,不渗透,坚硬,不老化,配上合适的塞子或盖子与盖衬,可以不受外界任何物质的入侵,但光线可透入。需要避光的药物可选用棕色玻璃容器。玻璃的主要缺点是质重和易碎。

玻璃的主要成分是二氧化硅、碳酸钠、碳酸钙与碎玻璃。药用玻璃可含有硅、铝、硼、钠、钾、钙、镁、锌与钡等阳离子。玻璃的很多有用的性质是由所含金属元素产生的,降低钠离子含量能使玻璃具有抗化学性,但若没有钠或其他碱金属离子则玻璃难以熔融;氧化硼可使玻璃耐用,抗热震,增强机械强度。

一般药用玻璃瓶常用无色透明的或棕色的,蓝、绿或乳白色常用作装饰,棕色或红色可阻隔日光中的紫外线。但制造棕色玻璃所加入的氧化铁能渗进制品中,所以药物中含有的成分如能被铁催化就不宜使用棕色玻璃容器。着色剂可使玻璃呈现各种色泽,如碳与硫或铁与锰(棕色),镉与硫的化合物(黄色),氧化钴或氧化铜(蓝色),氧化铁、二氧化锰与二氧化铝(绿色),硒与镉的亚硫化物(红宝石色),氟化物或磷酸盐(乳白色)。

USP、BP 规定药用玻璃分为四类,并规定了检查各类玻璃的碱性与抗水性的限度:Ⅰ类为中性玻璃,含 10%氧化硼(B_2O_3)的硼硅酸盐玻璃;Ⅱ类为经过内表面处理的钠-钙-硅酸盐玻璃;Ⅲ类为未经表面处理的钠-钙玻璃,不能用作注射剂容器;Ⅳ类为普通的钠-钙玻璃,只用来包装口服与外用制剂。

我国药典要求,用于盛装注射用输液的玻璃瓶,其内表面耐水性必须达到 GB 12416.1—90 中的 HC1级和 HC2 级的要求(该标准等效采用 ISO 4802),符合这项要求的玻璃有两种:一种是Ⅰ型玻璃,它具有优异的化学稳定性(我国目前还没有这种玻璃制造的输液瓶,国际上也不多);另一种是Ⅱ型玻璃,它的内表面有一层很薄的富硅层,能达到Ⅰ型玻璃的效果,为国际上广泛采用,目前我国 1/3 的输液瓶是用这种玻璃制造的,其余 2/3 的输液瓶是采用含氧化硼 2%左右的非Ⅰ、非Ⅱ型玻璃制造的。测试证明,Ⅱ型玻璃的抗水性能优于非Ⅰ、非Ⅱ型玻璃,但Ⅱ型玻璃仅仅在内表面进行了脱碱处理,如重复使用,由于洗瓶和灌装消毒过程中的损伤,极薄的富硅层易遭到破坏而导致性能下降,因此,国家标准 GB 2639—90

中明确规定，Ⅱ型玻璃仅适用于一次性使用的输液瓶。

钠-钙玻璃适用于包装口服、外用制剂。它具有轻微的碱性但不影响制品。一些盐类如枸橼酸、酒石酸或磷酸的钠盐可侵蚀此种玻璃的表面，特别是在高压灭菌条件下，玻璃表面往往出现脱片现象。

3. 塑料及其复合材料

塑料是一种合成的高分子化合物，具有许多优越的性能，可用来生产刚性或柔软容器。塑料比玻璃或金属轻、不易破碎（即使碎裂也无危险），但在透气性、透湿性、化学稳定性、耐热性等方面则不如玻璃。所有塑料都能透气透湿、高温软化，很多塑料也受溶剂的影响。

根据受热的变化，塑料可分成两类：一类是热塑性塑料，它受热后熔融塑化，冷却后变硬成型，但其分子结构和性能无显著变化，如聚氯乙烯（PVC）、聚乙烯（PE）、聚丙烯（PP）、聚酰胺（PA）等；另一类是热固性塑料，它受热后，分子结构被破坏，不能回收再次成型，如酚醛塑料、环氧树脂塑料等。前一类较常用。

近年来，除传统的聚酯（PET）、聚乙烯、聚丙烯等包装材料用于医药包装外，各种新材料如铝塑、纸塑等复合材料也广泛应用于药品包装，有效地提高了药品包装质量和药品档次，显示出塑料广泛的发展前景。

（1）聚氯乙烯（PVC） PVC透明性好、强度高、热封性和印刷性优良。在医药包装中，硬质PVC主要用于制作周转箱、瓶等；软PVC主要用于制作薄膜、袋等。近年来药品包装质量和档次的不断提高，为半硬质PVC片材开辟了新的应用空间，目前大量的PVC片材被用作片剂、胶囊剂的铝塑泡罩包装的泡罩材料。

（2）聚丙烯（PP） PP无毒，密度很低，未填充或增强的密度仅有$0.90 \sim 0.91 \ g/cm^3$，通常都是结晶态，熔点为$185 \sim 170 ℃$，故耐热性高，可在沸水中蒸煮。它是弱极性高聚物，所以热黏合性、印刷性较差，常用于提高透明性或阻隔性。

（3）聚对苯二甲酸乙二醇酯 医药包装中使用的聚对苯二甲酸乙二醇酯（聚酯，PET）种类很多，由于其强度高、透明性好、尺寸稳定性优异、气密性好，常用来代替玻璃容器和金属容器，用于片剂、胶囊剂等固体制剂的包装。特性黏度在$0.57 \sim 0.64 \ cm^3/g$之间的PET经双向拉伸后形成双向拉伸PET（BOPET），常用于包装中药饮片。另外，由于其保气味和耐热性高，可作为多层复合膜中的阻隔层，如PET/PE复合膜等。PET的最大缺点是不能经受高温蒸汽消毒。

（4）聚萘二甲酸乙二醇酯 聚萘二甲酸乙二醇酯（PEN）的力学性能优良，有很强的耐紫外线照射特性，透明性、阻隔性好，玻璃化转变温度高达$121 ℃$，结晶速度较慢，易制成透明的厚壁耐热容器。PEN价格较高，为降低成本，常采用PEN与PET共混，形成PEN-PET共混物使其成本与玻璃相当，又具有与玻璃瓶相同的气密性。由于PEN有较强的耐紫外线照射的特性，使药品的成分不因光线照射而发生变化，常用于口服液、糖浆等制剂的热封装，是目前唯一能取代玻璃容器并可用工业方法蒸煮消毒的刚性包装材料。

（5）聚偏氯乙烯 聚偏氯乙烯（PVDC）的透明性好，印刷性和热封性能优异，其最大特点是对空气中的氧气、水蒸气、二氧化碳等具有良好的阻隔性，防潮性极好。但由于其价格昂贵，在医药包装中主要与PE、PP等制成复合薄膜用作冲剂和散剂等制剂的包装袋。

（6）真空镀铝膜 真空镀铝膜是在高真空状态下将铝蒸发到各种基膜上的一种软包装薄膜产品，镀铝层非常薄。在中药粉剂、颗粒剂、散剂的外包装中广泛使用的有PET、流延聚丙烯（CPP）、OPP、PE等真空镀铝膜。其中应用最多是PET、CPP、PE真空镀铝膜。真空镀铝软薄膜包装除了具有塑料基膜的特性外，还具有漂亮的装饰性和良好的阻隔性，尤其是各种塑料基材经镀铝后，其透光率、透氧率和透水蒸气率降低至原来的几十分之一甚至不到百分之一。

（7）双向拉伸聚丙烯 双向拉伸聚丙烯（BOPP）薄膜材料具有良好的透明性、耐热性和阻隔性，用于药品软包装复合袋的外层。把它与热封性好的低密度聚乙烯（LDPE）、乙烯共聚物（EVA）或与铝箔复合，能大大提高复合膜的刚度及物理机械性能，如在BOPP基膜上涂上防潮及阻隔性能优良的PVDC，则可大大提高它的防透过性能。

（8）流延聚丙烯 CPP具有良好的热封性，用于药品包装复合包装袋的内层，真空镀铝后可与BOPP、PET等复合。

（9）氟卤代烃薄膜 该塑料薄膜是三氟氯乙烯（CTFE）的共聚物，不可燃、阻隔性优良且透明，具有独特的应用范围。目前有两类，即 CTFE 和乙烯-三氟氯乙烯共聚物。CTFE 化学性质稳定，能经受住金属、陶瓷和其他塑料所不能经受的化学物质的侵蚀；水汽渗透率比其他任何塑料薄膜都低，实际上其吸湿性等于零；能与各种基料复合，像 PE、PVC、PET、尼龙（NY）、铝箔等；亦可用真空喷镀铝法给它们喷镀金属。CTFE 薄膜及其复合物主要用于包装需要高度防潮的药片和胶囊。

药品包装中可使用的塑料还有聚氨酯（PUR）、聚苯乙烯（PS）、乙烯-乙烯醇共聚物（EVOH）、乙烯-乙酸乙烯酯共聚物（E/VAC）、聚四氟乙烯（PTFE）、聚碳酸酯（PC）、聚氟乙烯（PVF）等。其用途大都是发挥这些塑料所具有的防潮、遮光、阻气、印刷性好等优点。随着材料科学的发展和人类对健康的关注，药品包装将向着更安全、更全面和无污染的方向发展，塑料将以其优良的综合性能和合理的价格而成为医药包装中发展最快的材料。

药用塑料包装材料的选择，不但要了解各种塑料的基本性质，如物理、化学与屏蔽性质，还应清楚塑料中的附加剂。不论何种塑料，其基本组成为：塑料、残留单体、增塑剂、成形剂、稳定剂、填料、着色剂、抗静电剂、润滑剂、抗氧剂以及紫外线吸收剂等。任一组分都可能迁移而进入包装的制品中。聚氯乙烯（与聚烯烃相比）中含有较多的附加剂，为塑料中有较大危险的一个品种。1950 年 8 月美国 FDA 提出禁止制造和使用聚氯乙烯容器作食品包装，因为它含有残留的单体氯乙烯以及增塑剂邻苯二甲酸二(2-乙基己酯)(DEHP)，在燃烧时产生有害的氯和盐酸气体，故不符合安全卫生和消除公害的要求。

4. 橡胶

橡胶具有高弹性、低透气和透水性、耐灭菌、良好的相容性等特性，因此橡胶制品在医药上的应用十分广泛，其中丁基橡胶、卤化丁基橡胶、丁腈橡胶、乙丙橡胶、天然橡胶和顺丁橡胶都可用来制造医药包装系统的基本元素——药用瓶塞。为防止药品在贮存、运输和使用过程中受到污染和渗漏，橡胶瓶塞一般常用作医药产品包装的密封件，如输液瓶塞、冻干剂瓶塞、血液试管胶塞、输液泵胶塞、齿科麻醉针筒活塞、预装注射针筒活塞、胰岛素注射器活塞和各种气雾瓶（吸气器）所用密封件等。

橡胶瓶塞、玻璃或塑料容器的材料可能含有害物质，渗入药品溶液中，可能导致药液产生沉淀、微粒超标、pH 改变、变色等。理想的瓶塞应具备以下性能：对气体和水蒸气低的透过性；低的吸水率；能耐针刺且不落屑；有足够的弹性，刺穿后再封性好；良好的耐老化性能和色泽稳定性；耐蒸汽、氧乙烯和辐射消毒等。

（1）天然橡胶 天然橡胶是第一代用于药用瓶塞的橡胶。它具有优异的物理性能和耐落屑性能，但其硫化胶的透气性及耐化学性能无法满足现代医药工业的要求。由于天然橡胶需要高含量的硫化剂、防老剂以防老化，所以易产生药品不需要的高残余量的抽出物，其吸收率也不理想。因此，天然胶塞已被列入淘汰的行列。

（2）乙丙橡胶 乙丙橡胶的配方采用过氧化物硫化，不含任何增塑剂。但对乙丙橡胶瓶塞及密封垫的分析表明，常有一些来自橡胶中的催化剂残余物，因此，这种橡胶一般只用于与高 pH 溶液或某些气雾剂接触的瓶塞或密封件。

（3）丁腈橡胶 丁腈橡胶具有优异的重密封性能和耐油、耐各种溶剂性能，被广泛应用于药品推进胶件，如气雾泵的计量阀、兽药耐油瓶塞等。

（4）丁基橡胶 丁基橡胶是异丁烯和少量异戊二烯的共聚物。异戊二烯的加入使丁基橡胶分子链上有了可用硫黄或其他硫化剂硫化的双键。它具有对气体的低渗透性，低频率下的高减振性，优异的耐老化、耐热、耐低温、耐化学、耐臭氧、耐水及蒸汽、耐油等性能及较强的回弹性等特点。这些特点是理想的药用胶塞应必备的。丁基橡胶于 20 世纪 60 年代被国外的药用胶塞生产企业广泛用于特殊橡胶瓶塞的生产。

（5）卤化丁基橡胶 卤化丁基橡胶与丁基橡胶有着共同的性质和特点，但由于卤族元素——氯或溴的存在，使胶料的硫化活性和选择性更高，易与不饱和橡胶共硫化，消除了普通丁基橡胶易污染的弊病，从而使卤化丁基橡胶在医药包装领域得到更广泛的应用。卤化丁基橡胶的特性，决定了它是当前药用瓶塞最理想的材料。目前全球 90% 以上的瓶塞生产企业多采用药用级可剥离型丁基橡胶或卤化丁基橡胶作为生产和制造各类药用胶塞的原料。

四、药包材的质量要求

为确认药包材可被用于包裹药品，有必要对这些材料进行质量监控。根据药包材使用的特定性，这些材料应备有下列特性：①保护药品在贮藏、使用过程中不受环境的影响，保持药品原有属性；②药包材与所包装的药品不能有化学、生物意义上的反应；③药包材自身在贮藏、使用过程中性质应有较好的稳定性；④药包材在包裹药品时不能污染药品生产环境；⑤药包材不得带有在使用过程中不能消除的对所包装药物有影响的物质。

所有药包材的质量标准需证明该材料具有上述特性，并得到有效控制。为此各国对药包材制定了相应标准。

1. 药包材质量标准体系

（1）药典体系 发达国家药典附录列有药包材的技术要求（主要针对材料）。主要包括安全性项目（如异常毒性、溶血、细胞毒性、化学溶出物、玻璃产品中的砷、聚氯乙烯中的氯乙烯、塑料中的添加剂等）、有效性项目（材料的确认、水蒸气渗透量、密封性、扭力）等。

（2）ISO 体系 ISO/TC76 以制定药品包装材料、容器标准为主要工作内容，根据形状制定标准，如铝盖、玻璃输液瓶。基本上涉及药包材的所有特性，但缺少材料确认项目、也缺少证明使用过程中不能消除的其他物质（细菌数）和监督抽查所需要的合格质量水平。

（3）各国工业标准体系 各国工业标准已逐渐向 ISO 标准转化。

（4）国内药包材标准体系 国内药包材标准形式上与 ISO 标准相同，安全项目略少于发达国家药典。目前主要项目、格式与 ISO 标准相类似，某些技术参数略逊。安全性项目如微生物数、异常毒性等也有涉及。为有效控制药包材的质量，原国家食品药品监督管理总局（CFDA）已于 2002 年始，制定并颁布相应的质量标准。

2. 药包材的质量标准项目

根据药包材的特性，药包材的标准主要包含以下项目：

（1）材料的确认（鉴别） 主要确认材料的特性，防止掺杂，确认材料来源的一致性。这是因为根据材料的不同需设置特殊的检查项目，如聚乙烯材料应检查乙烯单体、聚对苯二甲酸乙二醇酯（PET）材料应检查乙醛残留量。其次是为了防止掺杂。最后用户能确认材料来源的一致性。

（2）材料的化学性能 检查材料在各种溶剂（如水、乙醇和正己烷）中浸出物（主要检查有害物质、低分子量物质、未反应物、制作时带入物质、添加剂等）、还原性物质、重金属、蒸发残渣、pH、紫外吸光度等；检查材料中特定的物质，如聚氯乙烯硬片中氯乙烯单体、聚丙烯输液瓶催化剂、复合材料中溶剂残留；检查材料加工时的添加物，如橡胶中硫化物、聚氯乙烯膜中增塑剂（邻苯二甲酸二辛酯）、聚丙烯输液瓶中的抗氧剂等。

（3）材料、容器的使用性能 容器需检查密封性、水蒸气透过量、抗跌落性、滴出量（若有定量功能的容器）等；片材需检查水蒸气透过量、抗拉强度、延伸率；如该材料、容器组合使用需检查热封强度、扭力、组合部位的尺寸等。

（4）材料、容器的生物安全检查项目

① 微生物数：根据该材料、容器被用于何种剂型测定各种类微生物的量。

② 安全性：根据该材料、容器被用于何种剂型需选择测试异常毒性、溶血细胞毒性、眼刺激性、细菌内毒素等项目。

五、药包材的选择原则

1. 对等性原则

在选择药品包装时，除了必须考虑保证药品的质量外，还应考虑药品的品性或相应的价值。对于贵重药品或附加值高的药品，应选用价格性能比较高的药包材；对于价格适中的常用药品，除考虑美观外，还要多考虑经济性，其所用的药包材应与之对等；对于价格较低的普通药品，在确保其安全性，保持其保护功能的同时，应注重实惠性，选用价格较低的药包材。

2. 美学性原则

药品的包装是否符合美学，在一定程度上会影响一个药品的命运。从药包材的选用来看，主要考虑药包材的颜色、透明度、挺度、种类等。颜色不同，效果大不一样。材料透明，使人一目了然，同时也便于控制液体制剂的外观质量。

3. 相容性原则

药包材与药物的相容性系指药包材与药物之间的相互影响或迁移。它包括物理相容性、化学相容性和生物相容性。选用对药物无影响、对人体无伤害的药包材，必须建立在大量的实验基础之上。

4. 适应性原则

药品包装是用来包装药品的。药品必须通过流通领域才能到达患者手中，而各种药品的流通条件并不相同，因此药包材的选用应与流通条件相适应。流通条件包括气候、运输方式、流通对象与流通周期等。气候条件是指药包材应适应流通区域的温度、湿度、温差等。对于气候条件恶劣的环境，药包材的选择更应注意。运输方式包括汽车、船舶、飞机等，它们对药包材的性能要求各不相同，如振动程度不同则对药包材的抗震性、防跌落等的要求不同。流通对象是指药品的接受者，由于国家、地区、民族的差异，存在着个体差异，对药包材的规格、包装形式都会有不同的要求，必须与之相适应。流通周期是指药品到达患者手中的预定周期，药品有一个有效期的问题，所选用的药包材应能满足在有效期内确保药品质量的稳定。

5. 协调性原则

药品包装应与该包装所承担的功能相协调。药品包装与药品的稳定性关系极大，因此，要根据药物制剂的剂型来选择不同材料制作的包装容器。例如，液体和胶质药品宜选用不渗漏的材料制作包装容器。药品包装材料、容器必须与药物制剂相容，并能抗外界气候、抗微生物、抗物理化学等作用的影响，同时应密封、防篡改、防替换、防儿童误服用等。

目前国际市场上广泛流行的固体药品包装，如粉状药品包装大多数采用纸、铝箔、塑料薄膜、塑料瓶、玻璃瓶、复合材料来进行包装。片剂、胶囊剂除了使用传统的玻璃瓶进行包装外，大多数使用铝塑泡罩、双铝箔、冷冲压成型材料、复合材料、薄膜袋、塑料瓶进行包装。一般来说，用量大的散剂固体药品可以采用玻璃瓶、玻璃罐、塑料容器、金属罐、组合罐、复合膜等进行包装。有的根据需要加聚乙烯薄膜衬垫，以提高包装的防潮性能。另外，固体制剂也大量采用单剂量包装、条形包装等。这些包装不但使用方便而且卫生安全。

液体制剂包装必须考虑包装材料的成分、药品的特性以及使用方式，从而选择适当的包装材料。液体制剂最初的主要包装是玻璃瓶。由于塑料瓶体轻、不易碎裂等特点，近年来塑料瓶的使用越来越多。另外还有喷雾罐、塑料铝箔复合袋等。部分输液包装由原来单一的玻璃瓶，发展为聚丙烯瓶、聚乙烯瓶、PVC 软袋或非 PVC 软袋并存的格局。有的口服液体瓶瓶顶加一个服药用的量杯，便于患者使用。近年来，用聚乙烯代替玻璃开发的塑料安瓿、用注射器内装药液的预灌封注射装置，都已应用于临床。

第三节　药品软包装

软包装是近年来常用的包装形式。应用的包装材料主要是塑料膜，即单纯的塑料膜，或用纸、塑料、铝箔等制成的复合膜、铝塑泡罩等。

一、铝塑泡罩包装

药品的**铝塑泡罩**包装又称水泡眼包装，简称 PTP（press through packaging），是先将透明塑料硬片吸塑成型后，将片剂、丸剂、颗粒剂或胶囊等固体药品填充在凹槽内，再与涂有黏合剂的铝箔片加热黏合在一起，形成独立的密封包装。这种包装是当今制药行业应用广泛、发展迅速的药品软包装形式之一，正逐步取代传统的玻璃瓶包装和散包装成为固体药品包装的主流。

与瓶装相比，泡罩包装最大的优点是便于携带、可减少药品在携带和服用过程中的污染，此外泡罩包装在气体阻隔性、防潮性、安全性、生产效率、剂量准确性等方面也具有明显的优势。泡罩包装的另一优势是全自动的封装过程最大限度地保障了药品包装的安全性。全自动泡罩包装机包括泡罩成型、药品填充、封合、外包装纸盒的成型、说明书的折叠与插入、泡罩板的入盒以及纸盒的封合，全部过程一次完成。先进机型还有多项安全检测装置，包括包装盒和说明书的识别与检测，可提高安全性和卫生性、有效减少药品的误装。

1. 药品包装用铝箔

药品泡罩包装采用的铝箔是密封在塑料硬片上的封口材料（也叫盖口材料），通常称为 PTP 药用铝箔。它以硬质铝箔为基材，具有无毒、无腐蚀、不渗透、卫生、阻热、防潮等优点，很容易进行高温消毒灭菌，并能阻光，可保护药品片剂免受光照变质。铝箔与塑料硬片密封前需在专用印刷涂布机上印制文字图案，并涂以保护剂，在铝箔的另一面涂以黏合剂。涂保护剂的作用是防止铝箔表面油墨图文磨损，同时也防止铝箔在机械收卷时外层油墨与内层的黏合剂接触而造成污染。黏合剂的作用是使铝箔与塑料硬片具有良好的黏合强度。由于铝箔的回收非常容易，且对环境几乎没有污染，所以用铝箔代替塑料和纸是比较好的发展方向。铝箔除用于片剂、胶囊的包装外，还可用于针剂等药品的外包装。

2. 药品包装常用泡罩材料

泡罩包装良好的阻隔性能缘于对原材料铝箔和塑料硬片的选择。铝箔具有高度致密的金属晶体结构，有良好的阻隔性和遮光性；塑料硬片则具备足够的对氧气、二氧化碳和水蒸气的阻隔性能，高透明度和不易开裂的机械强度。目前最常用的药用泡罩包装材料有 PVC 片、PVDC 片及真空镀铝膜（详见本章第二节"药包材的种类"）。

3. 铝箔印刷用油墨及其黏合剂

铝箔印刷用油墨应具备良好的铝箔黏附性，印刷的文字图案要牢固，同时溶剂释放较快，耐热性好，耐磨性及光泽性能好，且无毒、不污染所包装的药品，黏度应符合铝箔印刷速度及干燥的要求等。目前药用铝箔常用的油墨主要有醇溶性聚酰胺类油墨，其特点是具备较好的黏附性及光泽性，耐磨且溶剂释放性较好；另一类是以聚乙烯-醋酸乙烯共聚合树脂/丙烯酸为主要成分的铝箔专用油墨，其色泽鲜艳、浓度高、耐高温性及与铝箔的黏附性强，有良好的透明性，已广泛应用于药品铝箔的印刷。

铝箔用黏合剂主要是聚醋酸乙烯酯与硝酸纤维素混合的溶剂型黏合剂。该黏合剂在熔融状态下流动性、涂布性好，在一定温度下与铝塑及 PVC 表面有良好的亲和力，能在化学或物理作用下发生固化结合。铝箔用黏合剂今后的发展方向，一是开发固含量高、黏度低的黏合剂；二是向无溶剂胶黏剂方向发展。使用无溶剂胶黏剂无废气排放，不需加热、鼓风、排风装置，设备更简单，能耗低，生产效率高。

药用铝箔的印刷、涂覆黏合剂等工序均在药用 PTP 铝箔印刷涂布设备上完成。该设备主要由印刷系统、涂布系统、烘干系统及收放卷系统构成。

4. 铝塑泡罩材料热封的检验

药品包装厂将印刷涂布后的铝箔提供给制药厂，药厂在自动泡罩包装机上对铝箔及塑料硬片进行热压合，并填入药品，其过程为：塑料硬片泡罩成型→填装药片或胶囊→塑料硬片与铝箔热压封合→按所设计的尺寸裁切成板块。

为保证所封合的泡罩包装的质量，应对其进行密封性能测试。具体方法为：将样品放入能承受 100 kPa 的容器中，盖紧密封，并抽真空至（80±13）kPa，30 s 后，注入有色水，恢复常压，打开盖检查有无液体渗入泡罩。泡罩包装的湿热试验及其他检验方法，可根据 ZBC 08003—1987《药品铝塑泡罩包装》的要求进行检验。

二、复合膜条形包装

条形包装（strip packaging，SP）是利用两层药用条形包装膜（SP 膜）把药品夹于中间，单位药品之间隔开一定距离，在条形包装机上把药品周围的两层 SP 膜内侧热合密封，药品之间压上齿痕，形成一种单位包装形式（单片包装或成排组成小包装）。取用药品时，沿齿痕撕开 SP 膜即可。

条形包装复膜袋不仅能包装片剂，也是颗粒、散剂等剂型的主要包装形式，适于包装剂量大、吸湿性强、对紫外线敏感的药品。条形包装可在条形包装机上连续作业，特别适合大批量自动包装。

SP 膜是一种复合膜，具有一定的抗拉强度及延伸率，适合于各种形状和尺寸的药品，并且包装后紧贴内装药品，不易破裂和产生皱纹。目前较普遍使用的铝塑复合膜，一般有玻璃纸/铝箔/低密度聚乙烯（PT/Al/LDPE）和涂层/铝箔/低密度聚乙烯（OP/Al/LDPE）两种结构，即铝箔与塑料薄膜以黏合剂层挤压复合或挤出复合而成，由基层、印刷层、高阻隔层、密封层组成。基层在外，热封层在内，高阻隔层和印刷层位于中间。

基层材料要求机械性能优良、安全无毒、有光泽，有良好的印刷性、透明性、阻隔性和热封性。典型材料有 PET、PT 及带 PVDC 涂层的玻璃纸。PT/Al/LDPE 结构的产品可在玻璃纸表面进行彩色印刷，且产品结构挺性较好，不易起皱。OP/Al/LDPE 结构的产品由于采用铝箔表印，一般不能印刷太多颜色，且表面印字不耐划伤。

高阻隔层应有良好的气体阻隔性、防潮性和机械性能，其典型材料是软质铝箔。PT/Al/LDPE 结构的产品由于表面采用玻璃纸，防潮性差，玻璃纸易与铝箔离层；其阻隔层一般采用 $6.5 \sim 9 \ \mu m$ 厚铝箔，阻氧、阻水和隔光性能欠佳，故一般用于对阻隔性能要求不高的药品条形包装中。OP/Al/LDPE 结构的复合膜，其阻隔层的铝箔厚度一般都在 $25 \ \mu m$ 以上，因而其防潮性和阻气性能极佳（一般为 PT/Al/LDPE 结构的 7 倍以上），其氧气透过量和水蒸气透过量基本为零，特别适用于对防潮、阻气和隔光性能要求很高的药品条形包装中。若需要透明条形包装膜，则采用 PVDC 作高阻隔层材料。

密封层是条形包装膜的内层，应具有优良的热封性、化学稳定性与安全性，一般采用 LDPE 材料。

目前国外的药用条形包装膜已由双层复合发展到多层复合，有的已达七层，国内有的厂家也在尝试生产，促进了我国条形包装技术的发展。

三、输液软袋包装

传统输液容器为玻璃瓶。玻璃瓶具有良好的透明度、相容性及阻水阻气性能。但玻璃瓶也有明显的缺陷，如体重大，稳定性差，口部密封性差，胶塞与药液直接接触，易碎，碰撞引起隐形裂伤易使药液污染，烧制玻璃瓶时污染大且能耗大。在输液方式上，由于玻璃瓶不能扁瘪，输液过程中需形成空气回路，外界空气进入瓶体形成内压方能使药液滴出，空气中的灰尘、微生物（如细菌、真菌等）可由此进入玻璃瓶中污染药液；此外，当加入治疗性药物（如易氧化药物）需长时间滴注时，药物不断与空气接触，易引起部分药物降解。

针对玻璃瓶输液容器存在的缺陷，在 20 世纪 60 年代，一些发达国家开始研究使用高分子材料制造输液容器。塑料输液瓶材料多为聚丙烯、聚乙烯，其性能特点主要为稳定性好、口部密封性好、无脱落物、胶塞不与药液接触、质轻、抗冲击力强、节约能源、保护环境、一次性使用免回收等。但聚丙烯材料的耐低温性能较差，温度降低时抗脆性降低；聚乙烯材料不耐高温消毒。另外，在输液方式上，没有克服玻璃瓶的缺陷，需要进气口，因而有增加瓶内微粒或污染的可能。因此，硬塑料瓶的发展也受到限制。

为解决玻璃和塑料输液瓶易造成输液污染的问题，输液软袋包装应运而生。软袋输液在使用过程中可依靠自身张力压迫药液滴出，无需形成空气回路。输液软袋包装具有以下优点：

① 软袋包装较输液瓶轻便、不怕碰撞、携带方便。

② 特别适用于大剂量加药。如用瓶装 500 mL 的液体只能加药液 20 mL，而软袋包装 500 mL 的液体则可加药液 150 mL。前者需反复抽吸，延长了操作时间，增加了污染机会。

③ 加药后不漏液。输液瓶加药后会增加瓶内压力，造成液体从排气管漏出，既浪费药液又增加污染机会。

④ 软袋包装液体是完全密闭式包装，不存在瓶装液体瓶口松动、裂口等现象。

⑤ 柔韧性强，可自收缩。药液在大气压力下，可通过封闭的输液管路输液，消除空气污染及气泡造成栓塞的危险，且有利于急救及急救车内加压使用。

⑥ 形状与大小简便易调，而且可以制作成单室、双室及多室输液。

⑦ 输液袋在输液生产中可以完成膜的（清洗）印刷、袋成型、袋口焊接、灌装、无气或抽真空、封口，且生产线可以完成在线检漏和澄明度检查。

1. 聚氯乙烯（PVC）软袋

PVC 软袋作为第二代输液容器，在临床上解决了原瓶装半开放式输液的空气污染问题，但 PVC 软袋材料含有聚氯乙烯单体，不利于人体的健康。PVC 中的增塑剂 DEHP 渗漏溶于药液中，可影响药液的内在质量，患者长期使用易影响其造血功能。此外，PVC 材质本身具有透气性和渗透性，灭菌温度控制不好，可使输液袋吸水泛白而不透明；PVC 材质中有微粒脱落，影响产品的澄明度。PVC 材料本身的特点限制了其在输液包装方面的应用，而材质稳定、具有自身平衡压力而无需空气的非 PVC 软袋输液容器在近二三十年来得到了飞速发展。

2. 聚烯烃多层共挤膜软袋（非 PVC 软袋）

近年来聚烯烃多层共挤膜软袋（非 PVC 软袋）在国外已广泛取代玻璃瓶而用于输液包装，国内医药市场也相继上市了塑料软包装输液产品。聚烯烃多层共挤膜的发展经历了两个阶段：第一个阶段是 20 世纪 80 到 90 年代的聚烯烃复合膜，各层膜之间使用黏合剂，不利于膜材的稳定，对药液的稳定性也有潜在影响；第二个阶段是近年来发展起来的聚烯烃多层共挤膜，是多层聚烯烃材料同时熔融交联共挤出膜，不使用黏合剂，增加了膜材的性能，使其更安全、有效，符合药用和环保要求。由于该软袋具有很低的透水性、透气性及迁移性，软袋的成型均在 100 级洁净厂房中完成，无热原和微粒，不需清洗，材料质量符合《欧洲药典》《日本药典》及《美国药典》的标准，适用于绝大多数药物的包装。

（1）聚烯烃多层共挤膜的结构 目前较常用的聚烯烃多层共挤膜多为三层结构，由三层不同熔点的塑料材料如 PP、PE、PA 及弹性材料（苯乙烯-乙烯/丁烯-苯乙烯嵌段共聚物，SEBS），在 A 级洁净条件下共挤出膜。有两种类型，一种为内层、中层采用 PP 与不同比例的弹性材料混合，内层化学性质稳定，不脱落出异物；中层具有优良的水、气阻隔性能；外层为机械强度较高的 PET 或 PP 材料，表面经处理后文字印刷较为清晰。另一种为内层采用 PP 与 SEBS 的混合材料；中层采用 SEBS，更增加了膜材的抗渗透性和弹性；外层采用 PP 材料。另外，由于两层材料的熔点从内到外逐渐升高，利于由内向外热合，使其更加严密牢固。PP 材料具有很好的水汽阻隔性能，与各种药液有很好的相容性，能保证药液的稳定性。

（2）聚烯烃多层共挤膜的特性 聚烯烃多层共挤膜的结构和严格控制的生产过程决定了其具有以下特性：

① 安全性高。膜材多层交联共挤出，不使用黏合剂和增塑剂，吹膜使用 100 级洁净空气，筒状出膜避免了污染。

② 惰性极好。不与任何药物产生化学反应，对大部分的药物吸收率极低。

③ 热稳定性好。可在 121℃高温蒸汽灭菌，不影响透明度。

④ 阻隔性好。对水蒸气透过性极低，使输液浓度保持稳定；对气体透过性极低，使药物保持稳定。

⑤ 机械强度高。可抗低温，不易破裂，易于运输、贮存。

⑥ 环保型材料。用后处理时对环境不造成影响，焚烧后只产生水和二氧化碳。

目前聚烯烃多层共挤膜成本较高，但由于聚烯烃多层共挤膜软袋与传统容器相比有非常显著的优势（表 6-2），相信随着技术的不断进步和膜材成本的降低，它在输液产品包装的发展中将发挥越来越重要的作用。

表 6-2　聚烯烃多层共挤膜软袋与传统容器的比较

项目	聚烯烃多层共挤膜软袋	PVC 软袋	玻璃瓶	PE 瓶	PP 瓶
封闭输液系统	++	++	——	—	—
柔软性/收缩性	++	++	——	+/-	
消毒后透明度	++	——	++		
机械强度	++	++	——	+/-	+/—
药物相容性	+		++	+	+

项目	聚烯烃多层共挤膜软袋	PVC软袋	玻璃瓶	PE瓶	PP瓶
耐温性能	+	+/−	++	−	+/−
阻水性能	+	−−	++	+	+
环境危害	+	−	+/−	+/−	+/−

注：++表示很好，+表示好，+/−表示一般，−表示差，−−表示很差。

第四节　我国药品包装的有关法规

一、《药品管理法》

《药品管理法》已由中华人民共和国第十三届全国人大常委会第十二次会议于2019年8月26日修订通过，修订后的《药品管理法》自2019年12月1日起施行。新修订的《药品管理法》虽取消了原第六章（药品包装的管理）的分节，但依然保留了药品包装的相关规定。《药品管理法》第四十六条规定："直接接触药品的包装材料和容器，应当符合药用要求，符合保障人体健康、安全的标准。对不合格的直接接触药品的包装材料和容器，由药品监督管理部门责令停止使用。"第四十八条规定："药品包装应当适合药品质量的要求，方便储存、运输和医疗使用。发运中药材应当有包装。在每件包装上，应当注明品名、产地、日期、供货单位，并附有质量合格的标志。"第四十九条规定："药品包装应当按照规定印有或者贴有标签并附有说明书。标签或者说明书应当注明药品的通用名称、成分、规格、上市许可持有人及其地址、生产企业及其地址、批准文号、产品批号、生产日期、有效期、适应证或者功能主治、用法、用量、禁忌、不良反应和注意事项。标签、说明书中的文字应当清晰，生产日期、有效期等事项应当显著标注，容易辨识。麻醉药品、精神药品、医疗用毒性药品、放射性药品、外用药品和非处方药的标签、说明书，应当印有规定的标志。"

二、《药品包装管理办法》

《药品包装管理办法》自1988年9月1日起施行，该办法对包装基本要求、工作人员、包装厂房、包装材料等作了规定。

三、《药品包装用材料、容器生产管理办法（试行）》

《药品包装用材料、容器生产管理办法（试行）》（CFDA第10号令）自1992年4月1日起施行，凡从事药品包装用材料、容器（重点是直接接触药品的产品）生产的单位必须遵守本办法。该办法对企业的管理、产品的管理、罚则等作了规定，一并颁布了"核发《药品包装用材料、容器生产企业许可证》验收通则（试行）"。本办法自2000年10月1日起废止。

四、《药品包装用材料、容器管理办法（暂行）》

CFDA于2000年4月29日以第21号局令颁布了《药品包装用材料、容器管理办法（暂行）》。对Ⅰ、Ⅱ、Ⅲ类药包材的注册审批（包括药包材生产企业质量保证体系的检查验收）、标准制定和监督管理工作等作了详细的规定。本办法自2000年10月1日起施行，原国家医药管理局第10号令［《药品包装用材料、容器生产管理办法（试行）》] 同时废止。

五、《直接接触药品的包装材料和容器管理办法》

为加强直接接触药品的包装材料和容器（药包材）的监督管理，保证药品质量，保障人体健康和药品的使用安全、有效、方便，根据《药品管理法》及《药品管理法实施条例》《直接接触药品的包装材料和容器管理办法》（局令第 13 号）于 2004 年 6 月 18 日经国家食品药品监督管理局局务会审议通过，本办法自公布之日（2004 年 7 月 20 日）起施行。本办法施行后，国家药品监督管理局 2000 年 4 月 29 日发布的《药品包装用材料、容器管理办法（暂行）》（局令第 21 号）同时废止。

《直接接触药品的包装材料和容器管理办法》分为总则、药包材的标准、药包材的注册、药包材的再注册、药包材的补充申请、复审、监督与检查、法律责任、附则等九个部分。

六、《药品说明书和标签管理规定》

《药品包装、标签和说明书管理规定（暂行）》（局令第 23 号），于 2001 年 1 月 1 日起执行。此后，CFDA 为确保该管理规定的贯彻实施，制定了《药品包装、标签规范细则（暂行）》，进一步加强和规范了药品的包装、标签管理。

《药品说明书和标签管理规定》（局令第 24 号），于 2006 年 3 月 10 日经国家食品药品监督管理局局务会审议通过，自 2006 年 6 月 1 日起施行，国家药品监督管理局于 2000 年 10 月 15 日发布的《药品包装、标签和说明书管理规定（暂行）》同时废止。

七、《非处方药专有标识管理规定（暂行）》

为规范非处方药药品的管理，根据《处方药与非处方药分类管理办法（试行）》，CFDA 负责制定、公布了《非处方药专有标识及其管理规定（暂行）》。该规定指出，非处方药专有标识是用于已列入《国家非处方药目录》，并通过药品监督管理部门审核登记的非处方药药品标签，使用说明书、内包装、外包装的专有标识，也可用作经营非处方药药品的企业指南性标志。非处方药药品自药品监督管理部门核发《非处方药药品审核登记证书》之日起，可以使用非处方药专有标识。非处方药药品自药品监督管理部门核发《非处方药药品审核登记证书》之日起 12 个月后，其药品标签、使用说明书、内包装、外包装上必须印有非处方药专有标识。未印有非处方药专有标识的非处方药药品一律不准出厂。经营非处方药药品的企业自 2000 年 1 月 1 日起可以使用非处方药专有标识。

八、药包材国家标准

为加强直接接触药品的包装材料和容器的监督管理，CFDA 根据《药品管理法》《药品管理法实施条例》及我国药包材发展的实际情况，参考国际上药包材同类标准，组织药典委员会及有关专家启动了药包材国家标准的制定和修订工作。

CFDA 于 2002 年制定并颁布实施了《国家药品包装容器（材料）标准》（YBB 标准）。其中，2002 年颁布两辑计 34 个标准；2003 年又颁布了两辑计 40 个标准。涉及产品标准 47 个，其中产品通则 2 个，具体产品标准 45 个；方法标准 26 个，药品包装材料与药物相容性试验指导原则 1 个。包括塑料产品 19 个，类型有输液瓶（袋）、滴眼剂瓶、口服固体（或液体）瓶、复合膜（袋）、硬片类等；金属产品 5 个，类型有铝箔、铝管、铝盖等；橡胶产品 2 个，均为丁基橡胶产品；玻璃类产品 19 个，类型有安瓿、输液瓶、口服液瓶等。

2004 年又颁布了 41 个标准。涉及产品标准 25 个，方法标准 16 个。包括塑料产品 4 个，类型有复合膜（袋）、栓剂用 Al/PE 冷成型复合硬片、口服固体防潮组合瓶盖等；金属产品 2 个，类型有笔式注射器用铝盖、注射针等；橡胶产品 7 个，类型有聚异戊二烯垫片、口服液硅橡胶塞、笔式注射器用活塞、预灌封注射器用活塞；玻璃类产品 8 个，类型有药瓶、输液瓶、口服液瓶等；胶囊用明胶 1 个；组合式产品 3 个，类型有输液容器用组合盖、封口垫片、预灌封注射器等。

CFDA 制定颁布的药包材标准是国家为保证药包材质量、保证药品安全有效的法定标准，是我国药品生产企业使用药包材、药包材企业生产药包材和药品监督部门检验药包材的法定标准。YBB 标准对不同材料控制的项目涵盖了鉴别试验、物理试验、机械性能试验、化学试验、微生物和生物试验。这些项目的设置为安全合理选择药品包装材料和容器提供了基本的保证，也为国家对药品包装容器实施国家注册制度提供了技术支持。目前国家药品监督管理局（NMPA）正组织其他药包材标准的制定、修订工作。

（祁小乐）

思考题

1. 药品包装有何特别之处？如何从静态和动态两个角度理解药品包装？
2. 常用药包材的种类有哪些？药包材有何要求？各种药包材分别有何特点？
3. 药品软包装有哪些形式？各种形式的应用特点分别是什么？
4. 现行与药品包装相关的法规有哪些？查找法规的全文，叙述其主要内容。

参考文献

[1] 国家药典委员会. 中华人民共和国药典［M］. 2020 年版. 北京：中国医药科技出版社，2020.
[2] 吴正红，祁小乐. 药剂学［M］. 北京：中国医药科技出版社，2020.
[3] 胡容峰. 工业药剂学［M］. 北京：中国中医药出版社，2018.
[4] 周建平，唐星. 工业药剂学［M］. 北京：人民卫生出版社，2014.
[5] 平其能，屠锡德，张钧寿，等. 药剂学［M］. 4 版. 北京：人民卫生出版社，2013.
[6] 国家药品监督管理局. 化学药品与弹性体密封件相容性研究技术指导原则（试行），2018.04.26.
[7] 国家药品审评中心. 化学药品注射剂与药用玻璃包装容器相容性研究技术指导原则（试行），2015.07.28.
[8] 中国食品药品检定研究院. 直接接触药品包装材料和容器标准汇编. 2015.08.
[9] 国家食品药品监督管理局. 化学药品注射剂与塑料包装材料相容性研究技术指导原则（试行），2012.09.07.
[10] EMEA. 3AQ10a. Plastic Primary Packaging Materials，1994.

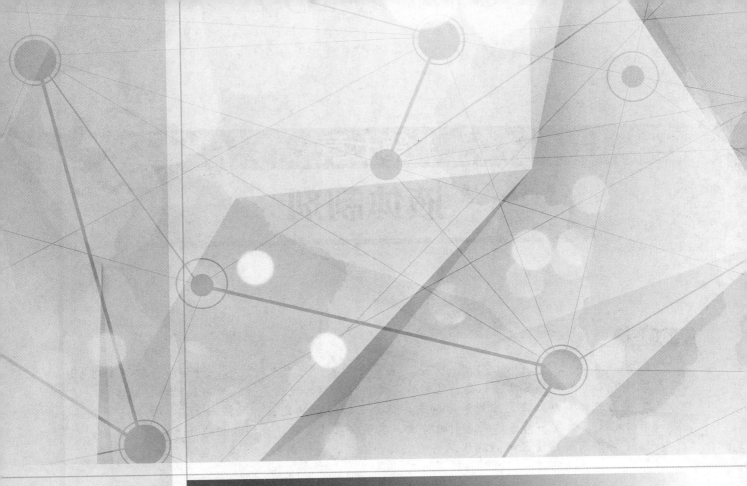

第二篇

常规剂型及其理论与技术

看微课，记笔记
轻松拿下好成绩
微信扫一扫，学习没烦恼

第七章

液体制剂

本章要点

1. 掌握液体制剂的定义、特点、分类、质量要求及相关理论与技术，增加药物溶解度的方法，混悬剂的定义、物理稳定性、制备，乳剂的定义、特点、物理稳定性、常用乳化剂、制备。

2. 熟悉液体制剂的常用溶剂和附加剂，低分子溶液剂的定义、特点和制备，高分子溶液剂和溶胶剂的定义、性质和制备，混悬剂的特点、质量要求及质量评价，乳剂的分类及质量评价。

3. 了解不同给药途径用的液体制剂的定义和应用，液体制剂的防腐、包装与贮存。

第一节　概　述

一、液体制剂的定义

　　液体制剂（liquid pharmaceutical preparations）系指药物（液体、固体或气体）分散在适宜的分散介质中制成的液体形态的制剂，可供内服或外用。分散相以不同的分散程度（分子、离子、胶粒、颗粒或其混合形式）存在于分散介质中，形成均相或非均相液体。液体制剂是常用的剂型之一，品种多，临床应用广泛，在药剂学中占有重要地位。

二、液体制剂的分类

1. 按分散系统分类

　　该法按分散相粒子的大小进行分类，如表 7-1 所示，便于对制剂的制备工艺和稳定性进行研究，以保证制剂的质量和疗效。

2. 按给药途径分类

　　液体制剂有很多给药途径，由于制剂种类和用法不同，液体制剂的给药途径可分为：

　　① 内服液体制剂，如糖浆剂、合剂、混悬剂、乳剂等。

　　② 外用液体制剂，如皮肤用液体制剂（搽剂、洗剂等），五官科用液体制剂（滴鼻剂、滴耳剂等），

直肠、阴道、尿道用液体制剂（灌肠剂、灌洗剂等）。

表 7-1　按分散系统分类

类型			分散相粒子大小/nm	稳定性	举例
均相分散体系	分子分散体系	低分子溶液剂	<1	均相,热力学稳定体系,形成真溶液	对乙酰氨基酚口服液
	胶体分散系	高分子溶液剂	1~100	均相,热力学稳定体系,形成真溶液	胃蛋白酶合剂
非均相分散体系		溶胶剂		非均相,热力学不稳定体系,动力学稳定体系	胶体氢氧化铝
	粗分散系	混悬剂	>100	非均相,热力学、动力学均不稳定体系	布洛芬混悬液
		乳剂			鱼肝油乳剂

三、液体制剂的特点

　　液体制剂在临床上的应用广泛，通常具有以下优点：药物是以分子、离子或粒子状态分散于分散介质中（分散度比相应的固体制剂要大），通常吸收快，能迅速发挥药效，生物利用度较高；服用方便，易准确定量及控制剂量，特别适用于吞咽困难以及经常需调整剂量的老年、儿童患者服用，又因其具有流动性，给药途径广泛，可用于内服，也可用于皮肤、黏膜和腔道给药（如滴鼻剂、滴耳剂、灌肠剂等）；能够降低某些易溶药物如溴化物、水合氯醛经口服后在胃肠道局部浓度太高而产生的刺激性。

　　液体制剂的缺点主要是：贮运、携带不便；水性制剂易霉变；非水溶剂溶媒成本高；非均相液体制剂易产生物理不稳定性；配伍禁忌多；包装材料要求高；化学性质不稳定的药物制成液体制剂较易分解失效。

四、液体制剂的质量要求

　　通常，液体制剂的质量要求应满足：①药物浓度准确、稳定；②均相液体制剂应是澄明溶液，非均相液体制剂中的药物粒子应分散度大且均匀，振摇时易分散均匀；③内服液体制剂应外观良好、口感适宜，外用液体制剂应无刺激性；④液体制剂应具备一定的防腐能力，贮存和使用过程中不应发生霉变；⑤液体制剂的包装容器应大小适宜，便于患者携带和服用。

五、液体制剂的溶剂

　　溶液剂中的溶剂，以及溶胶剂、混悬剂、乳剂等液体制剂中的分散介质，统称为液体制剂的溶剂。应根据药物性质、医疗要求和制剂要求合理选择溶剂。

　　1. 极性溶剂

　　（1）**水**　水是最常用的溶剂，能与乙醇、甘油、丙二醇等以任意比例混合。水本身无药理作用，能溶解大多数无机盐及许多极性有机药物，能溶解药材中的苷类、生物碱盐类、糖类、蛋白质、树胶、鞣质、黏液质、酸类和色素等。但水能使一些药物的稳定性变差，且易霉变。

　　（2）**甘油**　甘油能与水、乙醇、丙二醇等以任意比例混合。甘油能溶解许多不易溶于水的药物。无水甘油有吸水性，对皮肤黏膜有刺激性。10%浓度的甘油水溶液无刺激性，浓度30%以上有防腐作用。甘油多用于外用制剂（如硼酸甘油、碘甘油等）。

　　（3）**二甲基亚砜**（dimethyl sulfoxide，DMSO）　二甲基亚砜为无色、几乎无味或微有苦味的透明油状液体，吸湿性较强，能与水、乙醇、甘油、丙二醇等以任意比例混合。DMSO溶解范围广，还可促进药物在皮肤和黏膜的渗透，但有轻度刺激性。

　　2. 半极性溶剂

　　（1）**乙醇**　乙醇为常用的半极性溶剂，有一定的药理作用，易挥发，易燃，毒性较其他有机溶剂小，能与水、甘油、丙二醇等以任意比例混合，能溶解大多数有机药物以及药材中的苷类、生物碱及其盐类、挥发油、树脂、鞣质、某些有机酸和色素等。浓度 20% 以上的乙醇具有防腐作用；50% 以上的乙醇制剂，外用时可能刺激皮肤。

（2）**丙二醇** 药用规格必须是 1,2-丙二醇，毒性及刺激性小，能与水、乙醇、甘油等以任意比例混合，能溶解许多有机药物（如磺胺类、维生素 A、维生素 D 等），可作为内服及肌内注射液的溶剂，还可促进药物在皮肤和黏膜的吸收，与一些氧化物有配伍禁忌。

（3）**聚乙二醇（polyethylene glycol，PEG）类** 液体制剂中常用的是聚乙二醇 400 和聚乙二醇 600，能与水、乙醇、甘油、丙二醇等以任意比例混合，理化性质稳定，能溶解许多水溶性无机盐及水不溶性有机药物，对某些易水解药物有一定的稳定作用，在外用制剂中可增加皮肤柔韧性且有保湿作用。

3. 非极性溶剂

（1）**脂肪油** 脂肪油为常用的非极性溶剂，系指豆油、花生油、橄榄油等植物油。脂肪油能溶解挥发油、游离生物碱等油溶性药物；因易酸败、皂化而变质。多作为外用制剂的溶剂，如洗剂、搽剂、鼻剂等。

（2）**液状石蜡** 液状石蜡是从石油产品中分离得到的液状烃的混合物，分为轻质和重质两种，能溶解挥发油、生物碱等非极性药物。液状石蜡具有润肠通便作用。多用于软膏及糊剂中，也可作口服制剂、搽剂的溶剂。

（3）**油酸乙酯** 有挥发性和可燃性，常作甾体类及其他油溶性药物的溶剂。多用于外用制剂，在空气中暴露易氧化。

六、液体制剂的附加剂

除了药物和溶剂外，液体制剂中常需加入附加剂，包括增溶剂、助溶剂、潜溶剂、防腐剂、矫味剂、着色剂、抗氧剂、pH 调节剂等。以下主要介绍常用的防腐剂、矫味剂和着色剂。

1. 防腐剂

防腐剂（preservatives）系指防止药物制剂受微生物污染产生变质的添加剂。防腐剂对微生物繁殖体有杀灭作用，对芽孢有抑制其发育为繁殖体的作用。

（1）**羟苯酯类** 羟苯酯类包括对羟基苯甲酸甲酯、乙酯、丙酯、丁酯，亦称为尼泊金类。其抑菌作用强，特别是对大肠杆菌的抑制作用很强。羟苯酯类防腐剂在偏酸性、中性溶液中有效，在弱碱性、强碱性溶液中抑菌作用减弱。并且其抑菌作用随烷基碳数增加而增强，但溶解度随之减小。该类防腐剂混合使用具有协同作用，浓度为 0.01%～0.25%。遇铁盐变色，与聚山梨酯类、聚乙二醇类配伍时溶解度增加，但抑菌能力下降。

（2）**苯甲酸及苯甲酸钠** 苯甲酸在酸性溶液中的抑菌效果较好，在 pH＝2.5～4 时作用最强，常用浓度为 0.03%～0.1%。苯甲酸的防霉作用较弱，防发酵能力较强。苯甲酸在水中溶解度较小，常配成 20% 的醇溶液备用。苯甲酸钠在酸性溶液中的防腐作用与苯甲酸相当，常用浓度为 0.1%～0.2%，pH 大于 5 时抑菌效果明显降低，用量应不少于 0.5%。

（3）**山梨酸** 在水中极微溶解，可溶于沸水，易溶于乙醇。山梨酸需在酸性溶液中使用，在 pH＝4 的水溶液中防腐效果最好，常用浓度为 0.05%～0.3%（pH＜6.0）。山梨酸在空气中久置易氧化。

（4）**苯扎溴铵** 苯扎溴铵又称为新洁尔灭，为阳离子表面活性剂，极易潮解，溶于水和乙醇，在酸性、碱性溶液中均稳定，耐热压。其常用浓度为 0.02%～0.2%，多用于外用制剂。

此外，20% 以上的乙醇、30% 以上的甘油溶液具有防腐作用；桉叶油、薄荷油、桂皮油等可用于防腐；醋酸氯己定具有广谱杀菌作用，用量一般为 0.02%～0.05%。

2. 矫味剂

为掩盖许多药物的不良臭味，液体制剂中常需加入矫味剂（flavoring agents）。

（1）**甜味剂** 甜味剂分为天然的和合成的两类。天然甜味剂中，蔗糖和单糖浆应用最广；甜菊苷常用量为 0.025%～0.05%，常与蔗糖和糖精钠合用。合成甜味剂中，糖精钠常用量为 0.03%，常与单糖浆、蔗糖和甜菊苷合用。阿司帕坦（也称为蛋白糖）可用于糖尿病、肥胖症患者。

（2）**芳香剂**　在制剂中有时需要添加少量的香料和香精以改善制剂的气味和香味。天然香料有芳香性挥发油（如薄荷油、橙皮油等）及其制剂（如薄荷水、桂皮水等）。人工合成香精主要是水果味香精（如橘子香精、草莓香精等）。

（3）**胶浆剂**　胶浆剂具有黏稠缓和的性质，通过干扰味蕾的味觉而矫味，常用阿拉伯胶、羧甲基纤维素钠、甲基纤维素。

（4）**泡腾剂**　有机酸（如酒石酸、枸橼酸等）与碳酸氢钠一起，遇水后产生的大量二氧化碳能麻痹味蕾起矫味作用。

3. 着色剂

为改善液体制剂的外观，易于识别浓度、区分用法等，有时需加入着色剂（colorants）。

（1）**天然色素**　常用的植物性色素有苏木、甜菜红、姜黄、胡萝卜素、松叶蓝、叶绿酸铜钠盐、焦糖等。矿物性色素有氧化铁等。

（2）**合成色素**　合成色素一般毒性较大，在液体制剂中用量不宜超过万分之一。可用于内服制剂的合成色素有苋菜红、柠檬黄、胭脂红等。外用色素有品红、亚甲蓝、苏丹黄 G 等。

七、液体制剂制备的一般工艺流程

液体制剂包括的种类较多，其制备方法亦有不同，液体制剂制备的一般工艺流程如图 7-1 所示。

图 7-1　液体制剂制备的一般工艺流程示意图

第二节　液体制剂的相关理论与技术

一、药物的溶解度

（一）基本理论

溶解系指一种或一种以上的物质（固体、液体或气体）以分子或离子状态分散在液体分散介质中的过程。其中，被分散的物质称为溶质，分散介质称为溶剂。从分子间作用力看，溶质分子与溶剂分子产生相互作用时，如果不同种分子间的相互作用力大于同种分子间作用力，则溶质分子从溶质上脱离，继而发生扩散，最终在溶剂中达到平衡状态，形成稳定的溶液。所以也可以说，物质的溶解是溶质分子（或离子）和溶剂分子（或离子）相互作用的过程，这种相互作用力有极性分子间的定向力、极性分子与非极性分子间的诱导力、非极性分子之间的色散力、离子和极性或非极性分子之间的作用力，以及氢键作用等。其中溶质与溶剂之间的定向力、诱导力和色散力又统称为范德华力。例如水作为一种强极性溶剂，能溶解强电解质、弱电解质和大量的极性化合物，如各种含氧、氮原子的羟基化合物、醛酮类化合物和胺类化合物等。在此类溶解中，水分子和溶质间产生不同的相互作用力：水分子可以与一些强电解质离子产生离子-偶极力吸引；水分子可以与极性溶质中的氧原子或氮原子形成氢键；水分子可以与极性羟基化合物分子产生定向力（范德华力）结合。一般而言，这些相互作用中，以离子-偶极力作用最强，氢键作用次之，定向力作用最弱。所以，电解质在水中有较大的溶解度。在同一溶解过程中，这些作用力可能同时发生，也可能是单一作用力的存在，实际上很难严格区分。当溶剂的极性减弱时，上述极性物质在溶剂中的相互作用力减弱，溶解度减小。反之，如果溶质的极性较小，在分子中具有酯基、烃链等非极性基团时，它们在水中的溶解度随非极性基团的数量增加而明显减小，而在乙醇、丙二醇等极性比水弱的溶剂中有较大的溶解度。

乙醇、丙二醇、甘油等一些极性溶剂能诱导非极性分子产生一定极性而溶解，这类溶剂又称半极性溶剂，溶解中产生的相互作用力包括诱导力和定向力。由于半极性溶剂具有诱导作用，它们常可与一些极性溶剂或非极性溶剂混合使用，作为中间溶剂使本不相溶的极性溶剂和非极性溶剂混溶，也可以用于提高一些非极性溶质在极性溶剂中的溶解度。

溶解的一般规律为：**相似者相溶**，系指溶质与溶剂极性程度相似的可以相溶。溶剂的极性大小常以介电常数（ε）的大小来衡量，具有相近的介电常数者才能相互溶解。

按照极性（介电常数）大小，溶剂可分为极性（ε＝30～80）、半极性（ε＝5～30）和非极性（ε＝0～5）三种。溶质分为极性物质和非极性物质。

（二）药物溶解度的表示和测定方法

1. 溶解度的概念

溶解度（solubility）系指在一定温度（气体在一定压力）下，在一定量溶剂中达到饱和时溶解药物的最大量。一般以一份溶质（1 g 或 1 mL）溶于若干毫升溶剂表示。溶解度有特性溶解度（intrinsic solubility）和平衡溶解度（equilibrium solubility）之分。药物的溶解度数据可以查阅各国药典、默克索引（The Merk Index）、专门的理化手册等，对于查不到溶解度数据的药物，可以通过实验测定。

2. 溶解度的测定方法

各国药典规定了溶解度的测定方法。《中国药典》（2020 年版）凡例中规定了详细的测定方法，参见药典有关规定：称取研成细粉的供试品或量取液体供试品，置于 25℃±2℃、一定容量的溶剂中，每隔 5 min 强力振摇 30 s，观察 30 min 内溶解情况，如看不见溶质颗粒或液滴，即视为完全溶解。

（1）药物特性溶解度的测定方法　特性溶解度的测定是根据相溶原理图来确定的。在测定数份不同程度过饱和溶液的情况下，将配制好的溶液恒温持续振荡达到溶解平衡，离心或过滤后，取出上清液并做适当稀释，测定药物在饱和溶液中的浓度。以测得药物溶液浓度（S）为纵坐标，药物质量与溶剂体积的比率为横坐标作图，得一条直线，外推到比率为零处即得药物的特性溶解度。图 7-2 中正偏差表明在该溶液中药物发生解离，或者杂质成分（或溶剂）对药物有复合及增溶作用等（曲线 A）；直线 B 表明药物纯度高，无解离与缔合，无相互作用；负偏差则表明发生抑制溶解的同离子效应（曲线 C），曲线 A、C 外推与纵轴的交点所示溶解度即为特性溶解度 S_0。

（2）药物的平衡溶解度的测定方法　药物的溶解度数值多是平衡溶解度，测量的具体方法是：取数份药物，配制从不饱和溶液到饱和溶液的系列溶液，置恒温条件下振荡至平衡，经滤膜过滤，取滤液分析，测定药物在溶液中的实际浓度 S，并对配制溶液浓度 C 作图，如图 7-3 所示，图中曲线的转折点 A，即为该药物的平衡溶解度。

无论是测定平衡溶解度还是测定特性溶解度，一般都需要在低温（4～5℃）和体温（37℃）两种条件下进行，以便对药物及其制剂的贮存和使用情况做出评估。如果需要进一步了解药物稳定性对溶解度的影响，试验还应同时使用酸性和碱性两种溶剂系统。

测定溶解度时，要注意恒温搅拌和达到平衡的时间，不同药物在溶剂中的溶解平衡时间不同。测定取样时要保持温度与测试温度一致并滤除未溶的药物，这是影响测定的主要因素。

（三）影响溶解度的因素

1. 药物分子结构与溶剂

根据"相似相溶"原理，若药物分子间的作用力大于药物分子与溶剂分子间的作用力，则药物溶解度小；反之，则溶解度大。氢键对药物分子的溶解度影响较大，有机弱酸弱碱药物制成可溶性盐可增加其溶解度，难溶性药物分子中引入亲水基团可增加其在水中的溶解度。

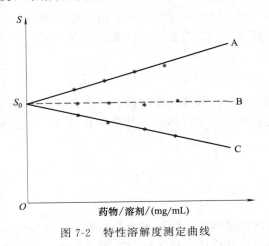

图 7-2 特性溶解度测定曲线

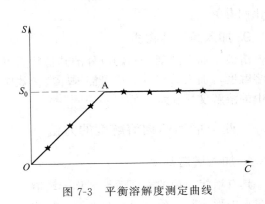

图 7-3 平衡溶解度测定曲线

2. 溶剂化作用和水合作用

药物的溶剂化会影响药物在溶剂中的溶解度。药物离子的水合作用与离子性质有关，阳离子和水之间的作用力很强，一般单价阳离子结合 4 个水分子。

3. 药物的晶型

同一化学结构的药物，由于结晶条件不同，形成结晶的分子排列与晶格结构不同，因而形成不同的晶型，即多晶型。晶型不同，导致晶格能不同，药物的溶解度、溶出速率等也不同。结晶型药物因晶格排列不同可分为稳定型、亚稳定型、不稳定型。稳定型药物溶解度小，亚稳定型药物溶解度大。如氯霉素棕榈酸酯有 A 型、B 型和无定形，其中 B 型和无定形的溶解度大于 A 型，且为有效型。丁烯二酸有顺反两种结构，其晶格引力不同，溶解度相差很大，顺式溶解度质量比为 1∶5，反式溶解度质量比为 1∶150。无定形指药物无结晶结构，无晶型束缚，自由能大，所以溶解度和溶出速率较结晶型大。例如新生霉素在酸性水溶液中形成无定形，其溶解度比结晶型大 10 倍，溶出速率也更快。

4. 溶剂化物

药物结晶过程中，因溶剂分子加入而使晶体的晶格发生改变，得到的结晶称**溶剂化物**（solvates），该现象称为**伪多晶现象**。如果溶剂为水则称为水化物。溶剂化物和非溶剂化物的熔点、溶解度及溶出速率等物理性质不同。多数情况下，溶解度和溶出速率的顺序排列为：水化物＜无水物＜有机溶剂化物。

5. 粒子大小

一般药物的溶解度与药物粒子大小无关，但当药物粒子很小（≤0.1 μm）时，药物溶解度随粒径减少而增加。

6. 温度

温度对溶解度影响很大，溶解度与温度的关系如下：

$$\ln X = \frac{\Delta H_f}{R}\left(\frac{1}{T_f} - \frac{1}{T}\right) \tag{7-1}$$

式中，X 为溶解度（摩尔分数）；T_f 为药物熔点；T 为溶解时温度；ΔH_f 为摩尔溶解焓；R 为气体常数。温度对溶解度的影响取决于溶解过程是吸热过程还是放热过程。如果 $\Delta H_f > 0$，则为吸热过程，溶解度随温度升高而升高；如果 $\Delta H_f < 0$，则为放热过程，溶解度随温度升高而降低。

7. pH 与同离子效应

有机弱酸、弱碱及其盐类在水中的溶解度受 pH 影响很大。若药物的解离型或盐型是限制溶解的组分，则其在溶液中的相关离子的浓度是影响该药物溶解度大小的决定因素。

8. 混合溶剂

混合溶剂是指能与水以任意比例混合、能与水分子形成氢键、能增加难溶性药物的溶解度的溶剂，如乙醇、甘油、丙二醇、聚乙二醇等。药物在混合溶剂中的溶解度，与混合溶剂的种类、混合溶剂中各溶剂的比例有关。

9. 加入第三种物质

溶液中加入溶剂、药物以外的其他物质可能改变药物的溶解度，如加入助溶剂、增溶剂可以增加药物的溶解度，加入某些电解质可能因同离子效应而降低药物的溶解度，如许多盐酸盐药物在 0.9% 氯化钠溶液中的溶解度比在水中低。

（四）增加药物溶解度的方法

1. 加入增溶剂

具有增溶作用的表面活性剂称为**增溶剂**。表面活性剂能增加难溶性药物在水中的溶解度，是表面活性剂在水中形成胶束的结果。被增溶的物质，以不同方式与胶束相互作用，使药物分散于胶束中。如非极性物质苯完全进入胶束的非极性中心区；水杨酸等带极性基团而不溶于水的药物，分子中非极性基团则插入胶束的非极性中心区，极性基团则伸入球形胶束外的亲水基团中；对羟基苯甲酸由于分子两端都有极性基团，可完全分布在胶束的亲水基团间。

影响增溶的因素主要有：

① 增溶剂的种类。增溶剂的种类和同系物增溶剂的分子量对增溶效果有影响。一般，同系物的增溶剂碳链越长，其增溶量也越大。目前认为，对极性药物而言，非离子型增溶剂的亲水亲油平衡（HLB）值越大，增溶效果越好。但对极性低的药物，则相反。增溶剂的 HLB 值一般应在 15~18 之间选择。

② 药物的性质。当增溶剂的种类、浓度一定时，被增溶同系物药物的分子量越大，增溶量越小。增溶剂所形成的胶束体积是一定的，药物的分子量越大，体积也越大，胶束能增溶药物的量自然越少。

③ 加入顺序。在实际增溶时，增溶剂加入顺序不同，增溶效果也不同。一般先将药物与增溶剂混合，再加入溶剂。如用聚山梨酯类为增溶剂，对冰片的增溶实验证明，先将冰片与增溶剂混合，最好使之完全溶解，再加水稀释，冰片能很好溶解。若先将增溶剂溶于水，再加冰片，冰片几乎不溶。

2. 加入助溶剂

常用助溶剂可分为三类：①某些有机酸及其钠盐，如苯甲酸钠、水杨酸钠、对氨基苯甲酸钠等；②酰胺化合物，如乌拉坦、尿素、烟酰胺、乙酰胺等；③无机盐，如碘化钾等。助溶的机制一般为：助溶剂与难溶性药物形成可溶性络合物；形成有机分子复合物；通过复分解而形成可溶性盐类。当助溶剂的用量较大时，宜选用无生理活性的物质。常见难溶性药物及其应用的助溶剂见表 7-2。

表 7-2　常见的难溶性药物及其应用的助溶剂

药物	助溶剂
碘	碘化钾，聚乙烯吡咯烷酮
咖啡因	苯甲酸钠，水杨酸钠，对氨基苯甲酸钠，枸橼酸钠，烟酰胺
可可豆碱	水杨酸钠，苯甲酸钠，烟酰胺
茶碱	二乙胺，其他脂肪族胺，烟酰胺，苯甲酸钠
盐酸奎宁	乌拉坦，尿素
核黄素	苯甲酸钠，水杨酸钠，烟酰胺，尿素，乙酰胺，乌拉坦
卡巴克洛	水杨酸钠，烟酰胺，乙酰胺
氢化可的松	苯甲酸钠，邻、对、间羟基苯甲酸，二乙胺，烟酰胺
链霉素	蛋氨酸，甘草酸
红霉素	乙酰琥珀酸酯，维生素 C
新霉素	精氨酸

3. 制成盐类

某些难溶性弱酸、弱碱，可制成盐而增加其溶解度。弱酸性药物如苯巴比妥类、磺胺类可以用碱（氢氧化钠、碳酸氢钠、氢氧化钾等）与其作用生成溶解度较大的盐。弱碱性药物如普鲁卡因、可卡因等可以用酸（盐酸、硫酸、磷酸、氢溴酸、枸橼酸、醋酸等）制成盐类。选择盐型，除考虑溶解度外还需考虑到稳定性、刺激性等方面的变化。如乙酰水杨酸的钙盐比钠盐稳定，奎尼丁的硫酸盐刺激性小于葡萄糖酸盐等。

4. 使用混合溶剂

药物在混合溶剂中的溶解度，与混合溶剂的种类、混合溶剂中各溶剂的比例有关。药物在混合溶剂中的溶解度通常是各单一溶剂中溶解度的相加平均值，但也有高于相加平均值的。在混合溶剂中各溶剂在某一比例中，药物的溶解度比在各单纯溶剂中的溶解度大，而且出现极大值，这种现象称为**潜溶**（cosolvency），这种溶剂称为**潜溶剂**（cosolvent）。如苯巴比妥在90％乙醇中溶解度最大。

5. 制成共晶

药物共晶是药物活性成分与合适的共晶试剂通过分子间作用力（如氢键）而形成的一种新晶型，共晶可以在不破坏药物共价结构的同时修饰药物的理化性质，包括提高溶解度和溶出速率。例如将阿德福韦酯与糖精制成共晶后，可显著提高阿德福韦酯的溶出速率。共晶试剂目前多是药用辅料，如维生素、氨基酸等，当共晶试剂的分子结构和极性与药物活性成分相似时，比较容易形成共晶。

此外，提高温度、改变 pH 可促进药物的溶解；应用微粉化技术可减小粒径，促进溶解并提高药物的溶解度；包合技术等新技术的应用也可促进药物的溶解。

在选择增溶方法时应考虑对人体毒性、刺激性、疗效及溶液稳定性的影响。如苯巴比妥难溶于水，制成钠盐虽能溶于水，但因水解而沉淀和变色，若用聚乙二醇与水的混合溶剂、溶解度增大而且稳定，可供制成注射剂。

二、表面活性剂

（一）概述

表面活性剂（surfactant）系指能显著降低液体表面张力的物质。使液体表面张力降低的性质称为表面活性。表面活性剂的表面活性是由其结构特点所决定的。表面活性剂分子中同时含有不对称分布的亲油基团和亲水基团（图7-4）。亲油基团一般为8～20个碳原子的烃链；亲水基团主要是羧酸、磺酸、氨基、胺类及其盐、羟基、酰氨基、醚键等。

表面活性剂分子在水溶液中的存在状态与其浓度有关。极稀时，表面活性剂分子零星分散在溶液内部及气-液界面［图7-5(a)］；低浓度时，表面活性剂分子在气-液界面定向排列，表面层的浓度大于溶液内部的浓度（正吸附），如图7-5(b)所示，使表面张力明显降低，进而产生较好地润湿性、乳化性、起泡性等；浓度较高时，表面吸附达到饱和，表面张力达到最低值，表面活性剂分子转入溶液内部，其亲油基团相互缔合形成胶束［图7-5(c)］。表面活性剂的溶液与固体接触时，表面活性剂分子可能在固体表面发生吸附，使固体表面性质发生改变。

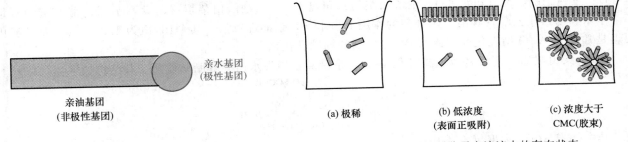

亲水基团
（极性基团）

亲油基团
（非极性基团）

图 7-4　表面活性剂结构示意图

(a) 极稀　　(b) 低浓度　　(c) 浓度大于
　　　　（表面正吸附）　　CMC(胶束)

图 7-5　表面活性剂分子在溶液中的存在状态

（二）表面活性剂的种类及主要品种

依据分子中亲水基团的解离性质不同，表面活性剂可分为离子型和非离子型两类。

1. 离子型表面活性剂

（1）阴离子型表面活性剂 起表面活性作用的是阴离子部分，带有负电荷。

① 高级脂肪酸盐：又称肥皂类，通常为 $C_{12} \sim C_{18}$ 的脂肪酸盐，常用硬脂酸、油酸、月桂酸等，可分为碱金属皂（如钠皂、钾皂），碱土金属皂（如钙皂、镁皂）和有机胺皂（如三乙醇胺皂）。其乳化性能良好，有一定刺激性，一般只用于外用制剂。

② 硫酸化物：系硫酸化脂肪油和高级脂肪醇硫酸酯类，脂肪链在 $C_{12} \sim C_{18}$ 间。硫酸化脂肪油常用硫酸化蓖麻油，可作去污剂、润湿剂等。高级脂肪醇硫酸酯常用十二烷基硫酸钠（又称月桂醇硫酸钠），乳化能力强，但有一定刺激性，主要作外用软膏的乳化剂，还可作增溶剂或片剂的润湿剂。

③ 磺酸化物：系脂肪族磺酸化物和烷基芳基磺酸化物。常用二辛基琥珀酸磺酸钠、十二烷基苯磺酸钠、牛黄胆酸钠等，去污力、起泡性及油脂分散能力都很强。常作洗涤剂、胃肠道脂肪乳化剂和单脂肪酸甘油酸的增溶剂。

（2）阳离子表面活性剂 该表面活性剂起作用的是阳离子，主要是季铵盐类化合物。常用苯扎氯铵（洁尔灭）、苯扎溴铵（新洁尔灭）等，具有较强的表面活性和杀菌作用，但毒性较大，一般只能外用。常用作杀菌剂和防腐剂，主要用于皮肤、黏膜、手术器械消毒。

（3）两性离子型表面活性剂 分子中同时有正电荷基团（氨基、季铵基等）和负电荷基团（羧基、硫酸基、磷酸基、磺酸基等），随着介质 pH 不同，可表现为阳离子型或阴离子型表面活性剂的性质。

① 卵磷脂：系天然两性离子型表面活性剂。其毒性小，不溶于水，可溶于乙醚、氯仿等有机溶剂，对热敏感，酸、碱及酶作用下易分解。卵磷脂对油脂的乳化能力很强，可作静脉注射乳剂的乳化剂，也是制备脂质体的主要辅料。

② 氨基酸型和甜菜碱型：系合成两性离子型表面活性剂，阴离子部分主要是羧酸盐，阳离子部分为季铵盐（氨基酸型）或铵盐（甜菜碱型）。其在碱性溶液中呈现阴离子型表面活性剂的性质，有良好的起泡作用和很强的去污能力；在酸性溶液中则呈阳离子型表面活性剂的性质，有很强的杀菌能力，如十二烷基双(氨乙基)-甘氨酸（Tego51）。

2. 非离子型表面活性剂

该类表面活性剂的亲水基团是甘油、聚乙二醇、山梨醇等，亲油基团是长链脂肪酸、长链脂肪醇、烷基或芳烃基等，亲水基和亲油基以酯键或醚键结合。毒性低，刺激性、溶血作用较小，广泛用于外用制剂、内服制剂以及注射剂，个别品种还可用于静脉注射剂。

（1）脂肪酸山梨坦 商品名为司盘（Span），系失水山梨醇脂肪酸酯。其结构如下：

其中 $RCOO^-$ 为脂肪酸根。

根据脂肪酸种类和数量不同，分为月桂山梨坦（司盘 20）、棕榈山梨坦（司盘 40）、硬脂山梨坦（司盘 60）、三硬脂山梨坦（司盘 65）、油酸山梨坦（司盘 80）、三油酸山梨坦（司盘 85）等。脂肪酸山梨坦不溶于水，易溶于乙醇，在酸、碱和酶的作用下易水解，亲油性较强，其 HLB 值为 1.8 ~ 8.6。脂肪酸山梨坦是常用的 W/O 型乳化剂，或 O/W 型乳剂的辅助乳化剂。

（2）聚山梨酯 商品名为吐温（Tween），系聚氧乙烯失水山梨醇脂肪酸酯。其结构如下：

其中 $(C_2H_4O)_n$ 为聚氧乙烯基。

根据脂肪酸种类和数量不同，可分为聚山梨酯 20（吐温 20）、聚山梨酯 40（吐温 40）、聚山梨酯 60（吐温 60）、聚山梨酯 65（吐温 65）、聚山梨酯 80（吐温 80）、聚山梨酯 85（吐温 85）等。聚山梨酯易溶于水、乙醇和多种有机溶剂，不溶于油，在酸、碱和酶作用下水解，亲水性强。聚山梨酯是常用的 O/W 型乳化剂、增溶剂、分散剂和润湿剂。

（3）**聚氧乙烯型**　主要有以下几种：

① 聚氧乙烯脂肪酸酯：系由聚乙二醇与长链脂肪酸缩合而成的酯类。商品有卖泽（Myrij），如聚氧乙烯 40 硬脂酸酯（卖泽 52，Myrij 52），水溶性和乳化能力很强。Solutol HS 15 为聚乙二醇十二羟基硬脂酸酯，增溶能力非常强，且可耐受高温灭菌。

② 聚氧乙烯脂肪醇醚：系由聚乙二醇与脂肪醇缩合而成的醚类，常作乳化剂和增溶剂。如苄泽（Brij）、西土马哥（Cetomacrogol）、平平加 O（Perogol O）等。Cremophore 为一类聚氧乙烯蓖麻油化合物，其 HLB 值为 12～18，常作增溶剂和 O/W 型乳化剂，常用 Cremophore EL 和 Cremophore RH4。

③ 聚氧乙烯-聚氧丙烯共聚物：又称泊洛沙姆（Poloxamer），商品名为普朗尼克（Pluronic），随分子中聚氧乙烯比例增加，亲水性增强；其 HLB 值在 0.5～30。本品具有乳化、润湿、分散、起泡和消泡等多种优良性能，增溶能力较弱。常用泊洛沙姆 188（Pluronic F68），可作 O/W 型乳化剂，且可用作静脉注射乳剂的乳化剂。其毒性小于其他非离子型表面活性剂。

（4）**脂肪酸甘油酯**　常用的单硬脂酸甘油酯不溶于水。表面活性较弱，其 HLB 值为 3～4，为弱的 W/O 型乳化剂，常用作 O/W 型乳剂的辅助乳化剂。

（5）**蔗糖脂肪酸酯**　蔗糖脂肪酸酯简称蔗糖酯，有单酯、二酯、三酯、多酯等，其 HLB 值为 5～13。不溶于水或油，可溶于乙醇、丙二醇，在水、甘油中加热可形成凝胶。本品常用作 O/W 型乳化剂和分散剂，脂肪酸含量高的蔗糖酯也常用作阻滞剂。

（三）表面活性剂的毒性与刺激性

在应用表面活性剂时，还需注意其毒性和刺激性。表面活性剂的毒性大小为：阳离子型＞阴离子型＞非离子型；两性离子型表面活性剂的毒性小于阳离子型。表面活性剂用于静脉给药的毒性大于口服给药。表面活性剂溶血作用大小为：阴、阳离子型＞非离子型或两性离子型。常见表面活性剂的溶血作用大小为：聚氧乙烯基烷基醚＞聚氧乙烯烷芳基醚＞聚氧乙烯脂肪酸酯＞聚山梨酯。聚山梨酯的溶血作用大小为：聚山梨酯 20＞聚山梨酯 60＞聚山梨酯 40＞聚山梨酯 80。聚山梨酯类一般仅用于肌内注射。口服给药呈慢性毒性，大小顺序也是阳离子型＞阴离子型＞非离子型，非离子型表面活性剂口服相对没有毒性。各类表面活性剂均可用于外用制剂，但长期使用可能对皮肤或黏膜造成伤害，其刺激性大小为：阳离子型＞阴离子型＞非离子型或两性离子型。一些表面活性剂的半数致死量见表 7-3。

表 7-3　一些表面活性剂的半数致死量（小鼠）　　　　　　　　　　　　　　单位：mg/kg

品名	口服	静脉注射
苯扎氯铵(洁尔灭)	350	30
氯化十六烷基吡啶	200	30
脂肪酸磺酸钠	1600～6500	60～350
蔗糖单脂肪酸酯	20000	56～78
吐温 20	＞25000	3750
吐温 80	＞25000	5800
泊洛沙姆 188	15000	7700
聚氧乙烯甲基蓖麻油醚		6640

各类表面活性剂以外用制剂的形式长期应用或高浓度使用时可能出现皮肤或黏膜损害。但仍以非离子型的对皮肤、黏膜的刺激性为最小。

（四）表面活性剂在药剂学中的应用

1. 增溶剂

（1）**临界胶束浓度**　当表面活性剂在溶液表面的正吸附达到饱和后，继续加入表面活性剂，其分子转入溶液中，分子的疏水基相互缔合形成疏水基向内、亲水基向外的缔合体，称为胶团或胶束。表面活性剂形成胶束时的最低浓度即为**临界胶束浓度**（critical micelle concentration，CMC）。表面活性剂的 CMC 与其结构、组成有关，还受外界因素（如温度、pH 及电解质等）的影响。亲水基相同的同系列表面活性剂，亲油基团越大，CMC 越小。离子型表面活性剂的 CMC 比非离子型大得多，而胶束缔合数较低。表面活性剂可形成球形、板层状、圆柱形等不同形状的胶束。

（2）**增溶**　一些水不溶或微溶性物质在胶束溶液中的溶解度可显著增加，这种作用称为增溶。起增溶作用的表面活性剂称为增溶剂，被增溶的物质称为增溶质。作增溶剂的最适 HLB 值为 15～18。

许多因素影响表面活性剂的增溶作用，主要有：

① 增溶剂种类。表面活性剂的 CMC 越小，增溶效果越好。

② 增溶剂用量。在 CMC 以上，随着表面活性剂用量增加，增溶量增加，当增溶达到饱和后则变混浊或析出沉淀。

③ 药物性质。解离药物与带有相反电荷的表面活性剂混合时可能影响增溶效果。

④ 增溶剂的加入顺序。通常增溶剂与增溶质先行混合的增溶效果优于增溶剂先与水混合。

⑤ 温度影响胶束形成、增溶质的溶解及表面活性剂的溶解度。对于离子型表面活性剂，当温度上升到某一值后，溶解度急剧增加，此时的温度称为 Krafft 点，对应的溶解度即为该表面活性剂的临界胶束浓度。Krafft 点是离子型表面活性剂的特征值，也是应用温度的下限。对于含聚氧乙烯基的非离子型表面活性剂，溶解度随温度升高而增大，但达到一定温度后，溶解度急剧下降，溶液出现混浊，这种现象称为起昙（或起浊），此时的温度称为昙点（或浊点）。大部分表面活性剂的昙点介于 70～100℃；但泊洛沙姆 188 在常压下观察不到起昙现象。温度达到昙点后，表面活性剂的增溶作用下降。

2. 乳化剂

（1）**亲水亲油平衡值**　表面活性分子中亲水基团和亲油基团对油或水的综合亲和力称为亲水亲油平衡（hydrophile lipophile balance，HLB）值。HLB 值越小亲油性越强，HLB 值越大亲水性越强。一般将表面活性剂 HLB 值的范围定为 0～40，其中非离子型表面活性剂 HLB 值在 0～20，完全由疏水碳氢链组成的石蜡的 HLB 值定为 0，完全由亲水性氧乙烯组成的聚氧乙烯的 HLB 值定为 20，其他含碳氢链和氧乙烯基的表面活性剂的 HLB 值介于 0～20。一些常用表面活性剂的 HLB 值见表 7-4。

表 7-4　常用表面活性剂的 HLB 值

表面活性剂	HLB 值	表面活性剂	HLB 值	表面活性剂	HLB 值
司盘 85	1.8	卖泽 45	11.1	二硬脂酸乙二酯	1.5
司盘 83	3.7	卖泽 49	15.0	单硬脂酸丙二酯	3.4
司盘 80	4.3	卖泽 51	16.0	单硬脂酸甘油酯	3.8
司盘 65	2.1	卖泽 52	16.9	单油酸二甘酯	6.1
司盘 60	4.7	聚氧乙烯 400 单油酸酯	11.4	蔗糖酯	5～13
司盘 40	6.7	聚氧乙烯 400 单硬脂酸酯	11.6	卵磷脂	3.0
司盘 20	8.6	聚氧乙烯 400 单月桂酸酯	13.1	油酸三乙醇胺	12.0
吐温 85	11.0	苄泽 30	9.5	油酸钠	18.0
吐温 80	15.0	苄泽 35	16.9	油酸钾	20.0
吐温 65	10.5	平平加 O	15.9	阿特拉斯 G-3300	11.7
吐温 61	9.6	西土马哥	16.4	阿特拉斯 C-263	25～30
吐温 60	14.9	Cremophore EL	12～14	十二烷基硫酸钠	40
吐温 40	15.6	Cremophore RH4	14～16	阿拉伯胶	8.0
吐温 21	13.3	乳化剂 OP-10	14.5	明胶	9.8
吐温 20	16.7	泊洛沙姆 188	16.0	西黄蓍胶	13.0

表面活性剂的 HLB 值可通过将分子中各基团的 HLB 基团数代入以下经验式求算：

$$HLB = \sum(\text{亲水基团的 HLB 基团数}) - \sum(\text{亲油基团的 HLB 基团数}) + 7 \qquad (7\text{-}2)$$

非离子型表面活性剂的 HLB 值具有加和性，两种非离子型表面活性剂混合后的 HLB 值为：

$$HLB_{AB} = \frac{HLB_A \times W_A + HLB_B \times W_B}{W_A + W_B} \qquad (7\text{-}3)$$

式中，HLB_A 和 HLB_B 分别为 A、B 两种非离子型表面活性剂的 HLB 值；W_A 和 W_B 分别为两者的用量，HLB_{AB} 为两者混合后的 HLB 值。

（2）**乳化剂**　表面活性剂分子能在油水界面定性排列，显著降低界面张力，并在分散相液滴周围形成乳化膜，防止乳滴合并，使乳剂稳定，因此表面活性剂可作乳化剂。阴离子型表面活性剂通常作外用制剂的乳化剂；非离子型表面活性剂可作为外用、口服或注射用乳剂的乳化剂，其中一些（如泊洛沙姆188）还可用作静脉注射的乳化剂。通常 HLB 值为 3~8 的表面活性剂可作 W/O 型乳化剂，HLB 值为 8~16 的可作 O/W 型乳化剂。

3. 润湿剂

促进液体在固体表面铺展或渗透的作用称为润湿作用。具有润湿作用的表面活性剂称为**润湿剂**。润湿剂的最适 HLB 值一般为 7~9，还应有适宜的溶解度。

4. 起泡剂与消泡剂

一些表面活性剂溶液或含表面活性物质的溶液（如含皂苷、蛋白质、树胶及其他高分子的中药材浸出液或溶液），当剧烈搅拌或蒸发浓缩时，可产生稳定的泡沫，给操作带来困难。这是由于这些亲水性较强的表面活性剂（称为**起泡剂**）降低了液体的表面张力，使泡沫稳定。起泡剂的 HLB 值一般为 12~18。可通过加入一些 HLB 值为 1~3 的亲油性表面活性剂（称为**消泡剂**）破坏泡沫。

5. 去污剂

去污剂，又称为洗涤剂，系指用于除去污垢的表面活性剂，其 HLB 值一般为 13~16。去污作用包括润湿、分散、乳化、增溶、起泡等。常用去污剂一般为阴离子型表面活性剂，如油酸钠及其他脂肪酸钠皂、钾皂，十二烷基硫酸钠或烷基磺酸钠等。

6. 消毒剂和杀菌剂

表面活性剂由于其独特的结构和性能，应用领域越来越广，其在消毒杀菌领域的应用前景也非常广阔。大多数阳离子型和两性离子型表面活性剂都可作消毒剂，少数阴离子型表面活性剂（如甲酚皂等）也有类似作用，其消毒和杀菌的原理是其可与细菌生物膜上的蛋白质产生强烈的相互作用而使之变性或失去功能。这些消毒剂可用于手术前皮肤消毒、伤口或黏膜消毒、手术器械和环境消毒，如苯扎溴铵的 0.5％醇溶液、0.02％水溶液和 0.05％水溶液（含 0.5％亚硝酸钠）分别用于皮肤消毒、局部湿敷和器械消毒。

直接发挥杀菌作用的主要有两种表面活性剂，即阳离子表面活性剂中的季铵盐类以及两性表面活性剂中的汰垢类。季铵盐类消毒剂具有 pH 使用范围宽泛、作用稳定、易降解等优点，主要有新洁尔灭（化学名为十二烷基二甲基苄基溴化铵）、洁尔灭（化学名为十二烷基二甲基苄基氯化铵）、度米芬（又名消毒宁，化学名为十二烷基二甲基苯氧乙基溴化铵）、消毒净（化学名为十四烷基二甲基吡啶溴化铵）等，但其抗菌谱窄、价格较贵、配伍禁忌较多，尤其不能与阴离子表面活性剂复配。汰垢类消毒剂对脓球菌、肠道杆菌及真菌有较好的杀灭能力，对细菌芽孢无杀灭作用，其杀菌能力偏低，如与一定量的广谱杀菌剂（如三氯羟基二苯醚、三氯卡邦等）共同使用，可显著提高其除菌、抗菌的综合效果。

第三节 低分子溶液剂

一、低分子溶液剂的定义

低分子溶液剂系指小分子药物以分子或离子状态分散在溶剂中制成的均相液体制剂，可供内服或外用。主要包括溶液剂、芳香水剂、糖浆剂、醑剂、酊剂、酏剂等。

二、低分子溶液剂的分类

溶液剂（solutions）系指药物溶解于溶剂中所制成的澄明液体制剂。溶液剂的溶质多为不易挥发的药物，溶剂多为水，也可采用一定浓度的乙醇或者油为溶剂。可在制备过程中适当加入防腐剂、抗氧剂、矫味剂、增溶剂等附加剂。

芳香水剂（aromatic waters）系指芳香挥发性药物的饱和或近饱和水溶液。芳香挥发性药物多数为挥发油。用乙醇和水混合溶剂制成的含大量挥发油的溶液称为浓芳香水剂。芳香水剂浓度一般都很低，可作矫味、矫臭和分散剂使用。芳香水剂多数易分解变质，所以不宜大量配制和久贮。

糖浆剂（syrups）系指含有原料药物的浓蔗糖水溶液，供口服用。要求糖浆剂含蔗糖量不低于45%（g/mL），纯蔗糖的饱和水溶液浓度为85%（g/mL）或64.7%（g/g），称为**单糖浆**（simple syrup）或糖浆。糖浆剂中的药物可以是化学药也可以是中药提取物。因蔗糖能掩盖某些药物的苦咸味道，故常作为矫味剂。当糖浆剂的浓度较高时，整体渗透压大，使微生物的生长繁殖受到抑制。而低浓度糖浆剂在制备时应加入防腐剂。

醑剂（spirits）系指挥发性药物的浓乙醇溶液，可供内服和外用。醑剂中的药物浓度一般在5%～10%，乙醇浓度一般为60%～90%。一般可用蒸馏法和溶解法制备，因容易挥发，故需存贮在密闭容器中。

酊剂（tinctures）系指原料药物用规定浓度的乙醇提取或溶解制成的澄清液体制剂，亦可用流浸膏稀释制得，可供内服或外用。酊剂的浓度除另有规定外，含有毒剧药品（药材）的酊剂，每100 mL相当于原药物10 g；其他酊剂每100 mL相当于原药物20 g。

酏剂（elixirs）系指由药物、甜料和芳香性物质配制而成的水醇溶液。乙醇含量一般在25%以下，可供口服，常用作矫味剂。

三、低分子溶液剂的处方设计

低分子溶液剂的处方设计需综合考虑药物本身、溶剂以及附加剂的理化性质及其相互作用。同时，还需考虑制剂的稳定性、应用方法和成本等。

首先，必须使药物有足够的溶解度，以满足临床治疗的浓度剂量要求。当必须制成溶液但药物溶解度达不到最低有效浓度时，就需要考虑增加药物溶解度。其次，药物分散度大，化学活性高，在水中易降解或被氧化（如维生素C等），且一些药物的水溶液极易霉变（如肾上腺素水溶液等），因此，还需特别重视药物的稳定性。根据药物的理化性质，加入相应的附加剂，如抗氧剂、防腐剂等。再者，溶剂可能影响药物的用法或用药部位，如5%苯酚水溶液用于衣物消毒，而5%苯酚甘油溶液可用于中耳炎，因此，选择溶剂时还需考虑用药部位和方法。此外，还应考虑药物与附加剂、附加剂与附加剂间的相互作用，保证液体制剂的安全性与有效性。

四、低分子溶液剂的制备

低分子溶液剂的一般制备工艺流程如下：按照处方用量称量药物，将药物在配液罐中溶解，然后经过滤器过滤后分装，分装操作通常在灌封轧盖机或灌装旋盖机中完成，不同的低分子溶液剂中使用的灌装设备不同。对于口服溶液，分装后通常还需进行灭菌操作。

（一）溶液剂

1. 制备方法

溶液剂的制备主要分为溶解法与稀释法两种。

（1）溶解法 制备过程主要有药物的称量、溶解、过滤、质量检查、包装等步骤。该法主要适用于化学性质较为稳定的药物，大多溶液剂采用此法制备。即取总处方量的1/2～3/4的溶剂，加入药物，搅拌使其溶解。过滤，再通过过滤器加溶剂至全量，搅匀。过滤后应将药品进行质量检查，制得的药液应及时进行分装、密封、贴标签以及外包装。

例 7-1 复方碘溶液

【处方】 碘　　　　0.5 kg

碘化钾　　1 kg

纯化水　　加至 10 L

【制法】取碘化钾，加纯化水 1 L 溶解，然后加入碘搅拌使之溶解，再加纯化水至 10 L，搅拌均匀，质检后分装，即得。

【注解】①本品可供内服，主要用于缺碘导致的疾病（如甲状腺肿等）。碘化钾作为助溶剂，应配成浓溶液，与碘发生络合反应，增加碘的溶解度，有利于其的溶解。②本品应避光、密封保存。

（2）**稀释法**　先将药物配成高浓度溶液，再用溶剂稀释至所需浓度即可。用稀释法制备溶液时应注意稀释浓度，挥发性浓溶液在稀释过程中应注意挥发损失，以免影响药物浓度的准确性。

2. 注意事项

有些药物虽然易溶，但溶解缓慢，需在药物溶解过程中采用粉碎、搅拌、加热等措施；易氧化的药物溶解时，应在溶剂加热放冷后加入药物，同时加入适量抗氧剂，以减少药物的氧化损失；易挥发的药物应在最后加入，以免在加工过程中损失；应先溶解溶解度小的药物，再加入其他药物，难溶性药物可加入助溶剂或增溶剂。

（二）芳香水剂

芳香水剂一般可采用溶解法和稀释法制备。

原料为纯净的挥发油或化学药物时多用溶解法或稀释法制备（如薄荷水等），当用溶解法制备芳香水剂时，应使药物与水的接触面积尽可能大，以加快溶解。稀释法是以浓芳香水剂加水稀释后制得。原料为含挥发性成分的药材时多用蒸馏法制备（如金银花露等）。

例 7-2　薄荷水

【处方】　薄荷油　　0.2 mL

　　　　　滑石粉　　1.5 g

　　　　　纯化水　　加至 100 mL

【制法】取薄荷油加滑石粉，在研钵中研匀，移至细口瓶中，加入纯化水后加盖，振摇 10min 后，反复过滤至滤液透明，自滤器顶部加入纯化水至 100 mL，即得。

【注解】①本品主要用于治疗胃肠胀气，常作为矫味剂，或作溶剂。②本品应避光、密封保存。

（三）糖浆剂

1. 制备方法

糖浆剂的制备主要分为热熔法、冷溶法、混合法三种方法。

（1）**热溶法**　将蔗糖溶于新煮沸过的纯化水中，继续加热使其全溶，降温后加入其他药物，搅拌溶解、过滤，再通过过滤器加纯化水至全量，分装，即得。热溶法适合于对热稳定的药物和有色糖浆的制备，能使蔗糖快速溶解，还可杀灭微生物。

例 7-3　单糖浆

【处方】　蔗糖　　8.5 kg

　　　　　纯化水　　加至 10 L

【制法】取纯化水 4.5 L 煮沸，加入蔗糖搅拌使之溶解，继续加热至 100℃，趁热保温过滤，自滤器上加纯化水适量，冷却至室温后成 10 L，搅拌均匀，质检后分装，即得。

【注解】①本品在 25℃ 时相对密度为 1.313，常作赋形剂以及矫味剂。但注意加热过久或超过 100℃ 时，转化糖的含量增加，糖浆剂的颜色容易变深，在贮存过程中容易变质。但若加热时间不够，达不到灭菌效果。②本品应避光、密封保存。

（2）**冷溶法**　冷溶法系将蔗糖溶于冷纯化水或含药的溶液中制备糖浆剂的方法。本法适用于对热不稳定或挥发性药物，制备的糖浆剂颜色较浅。但制备所需的时间较长并容易污染微生物。

（3）**混合法**　混合法系将含药溶液与单糖浆均匀混合制备含药糖浆剂的方法。这种方法适合于制备含药糖浆剂。本法的优点是方法简便、灵活，可大量配制。一般含药糖浆的含糖量较低，要注意防腐。

例 7-4 磷酸可待因糖浆

【处方】 磷酸可待因　　　5 g

　　　　　纯化水　　　　　15 mL

　　　　　单糖浆　　　　　加至 100 mL

【制法】取磷酸可待因溶于纯化水中，加单糖浆至全量，即得。

2. 注意事项

（1）**药物加入的方法**　水溶性固体药物可先用少量纯化水使其溶解，再与单糖浆混合；水中溶解度小的药物可酌加少量其他适宜的溶剂使药物溶解，然后加入单糖浆中；可溶性液体药物或药物的液体制剂可直接加入单糖浆中，必要时过滤；药物为含乙醇的液体制剂时，与单糖浆混合时常发生浑浊，为此可加入适量甘油助溶；药物为水性浸出制剂时，因含多种杂质，需纯化后再加到单糖浆中。

（2）**制备过程中**　制备时应选用药用蔗糖；应在避菌环境中制备，各种用具、容器应进行洁净或灭菌处理，并及时灌装；生产中宜用蒸汽夹层锅加热，温度和时间应严格控制，糖浆剂应在 30℃ 以下密闭贮存。

（四）醑剂

1. 制备方法

醑剂可用溶解法和蒸馏法制备。

（1）**溶解法**　溶解法系将挥发性物质直接溶解于乙醇中制得药物（如樟脑醑、氨薄荷醑等）的方法。

例 7-5 樟脑醑

【处方】 樟脑　　　100 g

　　　　　90％乙醇加至 1000 mL

【制法】取樟脑 100 g，加入 800 mL 乙醇使之充分溶解后，加入 90％乙醇至 1000 mL。

【注解】本品常用于肌肉痛、关节痛及皮肤瘙痒，应密封保存。

（2）**蒸馏法**　蒸馏法系将挥发性物质直接溶解于乙醇后进行蒸馏，或将经过化学反应所得的挥发性物质加以蒸馏制得药物（如芳香氨醑等）的方法。

2. 注意事项

由于醑剂是高浓度醇溶液，故所用容器应干燥，以防遇水而使药物析出，成品浑浊。醑剂含乙醇的浓度一般为 60％～90％，配制时必须按处方规定使用一定浓度的乙醇。

（五）酊剂

1. 制备方法

酊剂可用溶解法、稀释法、浸渍法或渗漉法制备。

例 7-6 橙皮酊

【处方】 橙皮　　　20 g

　　　　　60％乙醇　加至 100 mL

【制法】按浸渍法制备，取干燥橙皮粗粉，置于广口瓶中，加入 60％乙醇至 100 mL，密封，时加振摇，浸渍 3～5 d，倾出上清液，用纱布过滤，压榨残渣，压榨液与滤液混匀，静置 24 h，过滤，即得。

【注解】①本品为芳香或苦味健脾药，亦有祛痰功效，常用于配制橙皮糖浆。②在制备时，乙醇浓度不宜过高，60％浓度的乙醇足够使橙皮中的有效成分浸出，防止橙皮中的苦味质以及树脂等杂质混入。③在贮存时应密闭，防止乙醇挥发。

2. 注意事项

除另有规定外，本品每 100 mL 相当于原饮片 20 g；含毒剧药的酊剂，每 100 mL 相当于原饮片 10 g；有效成分明确者，应根据其半成品的含量加以调整，使其符合酊剂质量规定，同时应检查乙醇量和甲醇量。

（六）酏剂

酏剂为将药物溶解至稀醇中形成的澄清、香甜口感的口服溶液剂，其中乙醇含量以能使药物溶解为宜。酏剂中含的药物一般具有强烈的药性和不良气味（如地高辛酏剂）。酏剂性质稳定，味道适口，具有一定的防腐性，但是成本较高。

五、低分子溶液剂的质量评价

液体制剂均应浓度准确、稳定，并具备一定的防腐能力，在贮存、使用过程中不发生霉变。口服溶液剂除药物含量应符合要求外，还应检查装量、微生物限度。糖浆剂除了药物量应符合要求外，一般还需检查相对密度、pH、装量、微生物限度。酏剂还有含醇量的要求。微生物限度标准为：每毫升制剂中含细菌不得过 100cfu、霉菌和酵母菌不得过 100cfu、不得检出大肠埃希菌。

第四节　高分子溶液剂与溶胶剂

一、高分子溶液剂

（一）高分子溶液剂定义

高分子溶液剂（polymer solutions）系指高分子化合物溶解于溶剂中制成的均匀分散的液体制剂。高分子溶液剂以水为溶剂的，称为亲水性高分子溶液剂；以非水溶剂制备的，称为非水性高分子溶液剂。高分子溶液剂属于热力学稳定体系，在药剂学中应用广泛。

（二）高分子溶液剂的性质

（1）**荷电性**　高分子化合物结构的某些基团会在溶液中解离而使其带电。如阿拉伯胶、海藻酸钠等高分子化合物带负电；壳聚糖等高分子化合物带正电。某些高分子化合物所带电荷受溶液 pH 的影响，如某些两性高分子化合物。在蛋白质水溶液中，当 pH 高于等电点时，带负电；当 pH 低于等电点时，则带正电。

（2）**渗透压**　高分子溶液一般具有较高渗透压，渗透压的大小与高分子溶液的浓度有关，浓度越高渗透压越大。

（3）**聚结特性**　高分子化合物的亲水基团与水作用可形成牢固的水化膜，使溶液稳定；高分子化合物的荷电对溶液也有一定稳定的作用。当水化膜被破坏及荷电发生变化时，高分子溶液易出现聚结。向高分子溶液中加入大量的电解质（盐析作用）或脱水剂（如乙醇、丙酮等）可破坏高分子的水化膜，使高分子凝结而沉淀。光照、盐类、pH、絮凝剂、射线等因素都会使高分子聚集成大粒子后沉淀或漂浮，亦称为絮凝。

（4）**胶凝性**　当温度变化时，一些高分子溶液可从黏稠性流动液体转变为不流动的半固体状物质，即凝胶，形成凝胶的过程称为**胶凝**。明胶、阿胶、鹿角胶等高分子溶液，在温度降低条件下形成凝胶；甲基纤维素等高分子溶液，在温度升高条件下形成凝胶。

（三）高分子溶液剂的处方设计

为制得安全、有效、稳定的高分子溶液剂，处方设计应考虑药物的亲水性、溶解度、解离后所带电荷的种类及其与处方中其他药物或辅料的相互作用。

（四）高分子溶液剂的制备

图 7-6　高分子溶液剂的制备工艺流程图

高分子溶液剂通常采用溶解法制备，其制备工艺流程如图 7-6 所示。

制备高分子溶液剂所用的设备与低分子溶液剂相似。

1. 高分子药物溶解的过程

相较于低分子化合物的溶解，高分子化合物的溶解过程缓慢，首先要经过溶胀过程。溶胀是指溶剂水分子渗入高分子化合物中，与其极性基团发生水化作用，使体积膨胀的过程。溶胀过程有两种：有限溶胀和无限溶胀。高分子药物溶解时，首先与溶剂接触，溶剂分子向药物固体颗粒中扩散，颗粒体积逐渐膨胀。然后随着膨胀的进行，高分子间充满溶剂分子，颗粒表面的水化高分子相互排斥，分子间相互作用力减弱，药物逐渐完全分散在溶剂中，最终形成高分子溶液。

2. 注意事项

① 高分子药物应先粉碎成细粒，加入一定量水静置使其充分溶胀。

② 不同的高分子物质形成溶液条件不同。如明胶需要粉碎后在水中浸泡 3～4 h 后再加热搅拌溶解；胃蛋白酶则应撒于水面，待自然溶胀后再搅拌溶解，若立即搅拌则形成团块，不利于溶解。

③ 高分子药物带电荷时，应注意处方中其他成分的电荷及制备中可能遇到的相反电荷，避免产生聚结。

④ 长期贮存或受外界因素的影响，高分子溶液易聚结而沉淀，因此不宜大量配置。

二、溶胶剂

（一）溶胶剂的定义

溶胶剂（sols）又称疏水胶体溶液，系指固体药物以微粒（多分子聚集体）分散在分散介质中制成的非均相液体制剂，属热力学不稳定体系。溶胶剂中微粒大小在 1～100 nm 之间。

（二）溶胶剂的性质

1. 溶胶的双电层结构

解离或吸附离子使溶胶剂中固体微粒（胶核）带电荷，带电胶核表面吸附溶液中的某些反离子，构成吸附层；少部分的反离子则扩散到溶液中，形成扩散层。吸附层和扩散层所带电荷相反，两者合称为**双电层**（或扩散电层）。溶胶的双电层结构示意图如图 7-7 所示。双电层间存在电位差，即 ζ 电位。ζ 电位可以用来衡量溶胶的稳定性。ζ 电位对其他离子十分敏感，外加电解质的变化会引起 ζ 电位的显著变化。电解质浓度越大，进入吸附层的反离子越多，使得双电层电位差下降，即 ζ 电位下降，从而使双电层变薄。所以 ζ 电位越高，胶粒间的斥力越大，进入吸附层的反离子越少，扩散层的反离子越多，扩散层越厚，水化膜也越厚，溶胶越稳定。一般情况下，ζ 电位小于 25 mV 时，溶胶聚结速度加快，产生聚结不稳定。

2. 溶胶的性质

（1）**光学性质**　当一束强光通过溶胶时，从侧面可以看到一个圆锥形光束，称为丁铎尔效应。

（2）**动力学性质**　溶胶剂中的胶粒产生布朗运动，使胶粒

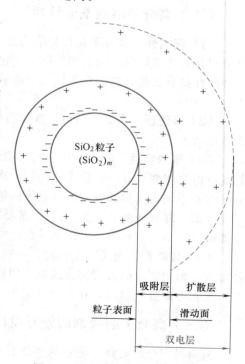

图 7-7　溶胶的双电层结构示意图

沉降缓慢，从而使溶胶在较长时间内稳定。

（3）**电学性质** 溶胶剂由于双电层结构而带电，在电场作用下，会产生电位差，其电位差也反映了溶胶的带电量。

（4）**稳定性** 溶胶剂属热力学不稳定、动力学稳定体系。胶粒表面所带电荷、胶粒周围的水化膜及胶粒的布朗运动，增加了溶胶剂的聚结及动力稳定性。在溶胶剂中加入亲水性高分子溶液，可使其具有亲水胶体的性质，可在溶胶粒子表面形成吸附层，使胶粒不易聚集，提高了溶胶稳定性，稳定性增加，这种胶体称为保护胶体。而加入电解质会破坏溶胶剂稳定性，电解质可中和电荷，使 ζ 电位降低、水化膜变薄，加速胶粒聚结沉淀。

（三）溶胶剂的处方设计

溶胶剂的稳定性是处方设计时需要考虑的关键，主要考虑药物在水中带电性、分散度以及与附加剂的配伍等因素。由于 ζ 电位对其他离子十分敏感，所以在处方设计时需要充分考虑其影响因素，避免 ζ 电位下降，防止胶粒聚结沉淀。

（四）溶胶剂的制备

制备溶胶剂可采用分散法或凝聚法。分散法包括：①机械分散法，常用胶体磨，利用高转速将药物粉碎成胶体粒子；②胶溶法（解胶法），使刚聚集的粗粒子重新分散；③超声分散法，用超声波能量使粗粒子分散成溶胶剂。凝聚法包括物理凝聚法和化学凝聚法。物理凝聚法是指通过改变分散介质的性质使溶解的药物凝聚成为溶胶的方法；化学凝聚法则借助于水解、氧化、还原等化学反应制备溶胶。

第五节　混　悬　剂

一、混悬剂的定义

混悬剂（suspensions）系指难溶性固体药物以微粒状态分散于分散介质中制成的非均相液体制剂，可供内服或外用。难溶性固体药物与适宜辅料制成的粉末状或颗粒状制剂，临用时加水振摇后分散形成混悬液的称为干混悬剂，这有利于解决混悬剂在保存过程中的稳定性问题。混悬剂粒径一般介于 0.5～10 μm，有的可达 50 μm 甚至更大。混悬剂属于热力学和动力学均不稳定体系。混悬剂在许多剂型（洗剂、搽剂、注射剂、滴眼剂、气雾剂等）中均有应用。

二、混悬剂的特点

混悬剂具有以下特点：①混悬剂是低溶解度药物的优良给药剂型，可避免该类药物制成溶液剂体积过大的缺点；②与溶液剂相比，混悬剂可掩盖药物的不良味道；③混悬剂可使药物缓释；④混悬剂为物理不稳定性体系；⑤混悬剂的体积较大，不便于携带。

三、混悬剂的质量要求

混悬剂的质量要求是：①药物的化学性质应稳定，使用或贮存期间的含量应符合要求，不得有发霉、酸败、变色、异物、产生气体或变质现象；②混悬剂中微粒大小根据用途不同而有不同要求；③微粒应分散均匀，沉降速度应慢，沉降后不应结块，轻摇后应易再分散，沉降体积比应不低于 0.90；④混悬剂应有一定的黏度要求；⑤外用混悬剂应容易涂布。

四、适合制成混悬剂的情况

以下情况可考虑将药物制成混悬剂：①难溶性药物需制成液体制剂时；②药物剂量超过溶解度，不能制成溶液剂时；③两种溶液混合，药物溶解度降低或生成难溶性物质时；④需使药物产生缓释作用时。但从安全考虑，毒剧药或剂量小的药物不应制成混悬剂。

五、混悬剂的物理稳定性

（一）物理稳定性问题

混悬剂中药物微粒的分散度大、具有较高的表面自由能，而处于不稳定状态。疏水性药物的混悬剂比亲水性药物存在更大的物理稳定性问题。主要表现在以下几个方面：

1. 微粒的沉降

静置时，混悬剂中的药物微粒在重力作用下产生沉降，其沉降速度可用 Stoke's 定律描述。

$$v = \frac{2r^2(\rho_1 - \rho_2)g}{9\eta}$$

(7-4)

式中，v 为微粒沉降速度；r 为微粒半径；ρ_1、ρ_2 分别为微粒和分散介质的密度；g 为重力加速度；η 为分散介质的黏度。可通过减小微粒半径、减少微粒和分散介质间密度差以降低沉降速度，加入高分子助悬剂增加分散介质的黏度来增加混悬剂稳定性。

2. 微粒的荷电与水化

与溶胶剂类似，混悬剂中的微粒也能带电荷，具有双电层结构，有 ζ 电位，且微粒周围存在水化膜。微粒荷电使微粒间产生排斥作用，阻止了微粒间相互聚结，使混悬剂稳定。加入电解质会改变双电层的构造和厚度，影响混悬剂的稳定性。

3. 絮凝和反絮凝

混悬剂中微粒由于分散度大而具有很大的总表面积，因而具有很高的表面自由能。因此具有自发降低表面自由能的趋势，这就意味着微粒间将产生聚集，增大粒径是使体系稳定的自发过程。但由于微粒荷电，电荷的排斥力可阻碍微粒聚集。当加入适当的电解质，降低 ζ 电位，可以减小微粒间电荷的排斥力，当 ζ 电位降低到一定程度（通常控制 ζ 电位在 20～25 mV），微粒形成疏松的絮状聚集体，总表面积减小，表面自由能降低，混悬剂处于稳定状态。混悬微粒形成疏松聚集体的过程称为**絮凝**（flocculation），加入的电解质称为**絮凝剂**（flocculant）。絮凝剂主要是具有不同价数的电解质，其中阴离子的絮凝作用大于阳离子，且离子价数越高，絮凝效果越好。常用的絮凝剂有枸橼酸盐、酒石酸盐、磷酸盐及氯化物等。与非絮凝状态比较，絮凝状态具有以下特点：沉降速度快、有明显的沉降面、沉降体积大、经振摇后能迅速恢复均匀的混悬状态。向处于絮凝状态的混悬剂中加入电解质，使絮凝状态变为非絮凝状态的过程称为**反絮凝**（deflocculation），加入的电解质称为**反絮凝剂**（deflocculant）。絮凝剂与反絮凝剂可以是同一种物质。

4. 微粒的增长和晶型转变

混悬剂中的药物微粒大小不可能完全一致，在放置过程中，微粒的大小与数量在不断变化。药物粒子越小溶解速率越快；当粒子小于 0.1 μm 时，粒子越小，溶解度越大。由于混悬剂是过饱和的溶液，其中的小粒子不断溶解，粒径越来越小，大粒子则变得越来越大，沉降速度加快，混悬剂的稳定性降低。许多药物存在多晶型，可能发生晶型转变，导致药物溶解度发生变化，影响混悬剂的稳定性。因此，制备混悬剂时，应同时考虑药物粒子大小及其分布。

5. 分散相的浓度与温度

对于同一分散介质，分散相的浓度增加，混悬剂的稳定性将降低。此外，温度对混悬剂的影响较大，温度变化不仅改变药物的溶解度和溶解速率，还能改变微粒的沉降速度、絮凝速度及沉降体积，从而影响混悬剂的稳定性。冷冻可破坏混悬剂的网状结构，也使稳定性降低。

（二）稳定剂

为了提高混悬剂的物理稳定性而加入的附加剂称为稳定剂。稳定剂包括助悬剂、润湿剂、絮凝剂和反絮凝剂等。

1. 助悬剂

助悬剂（suspending agents）主要是增加分散介质的黏度和微粒的亲水性，有些还可使混悬剂具有触变性，增加混悬剂的稳定性。助悬剂包括低分子化合物（甘油、单糖浆等）、高分子化合物、硅酸盐类（二氧化硅、硅酸铝镁等）和触变胶。高分子化合物是常用的助悬剂，包括天然高分子化合物（西黄蓍胶、阿拉伯胶、海藻酸钠、琼脂等）以及合成高分子化合物（甲基纤维素、羧甲基纤维素钠、羟丙纤维素等），此类助悬剂大多数性质稳定，受 pH 影响小，但应注意某些助悬剂与药物或其他附加剂有配伍变化。利用触变胶的触变性，也可以达到助悬、稳定作用。即凝胶与溶胶恒温转变的性质，静置时形成凝胶防止微粒沉降，振摇时变为溶胶有利于倒出。如 2% 单硬脂酸铝溶解于植物油中可形成典型的触变胶，一些具有塑性流动和假塑性流动的高分子化合物的水溶液常具有触变性，可选择使用。

2. 润湿剂

润湿剂（wetting agents）能降低药物微粒与分散介质间的界面张力，使疏水性药物（如硫黄、甾醇类等）易被水润湿与分散。最常用的润湿剂是 HLB 值为 7～11 的表面活性剂，如聚山梨酯类、泊洛沙姆等，此外，甘油等也有一定的润湿作用。

3. 絮凝剂和反絮凝剂

制备混悬剂时常加入絮凝剂降低微粒的 ζ 电位，使微粒形成疏松聚集体，经振摇可重新均匀分散，以增加混悬剂的稳定性。反絮凝剂则使 ζ 电位升高，阻碍微粒间的聚集。常用的絮凝剂、反絮凝剂有枸橼酸盐、枸橼酸氢盐、酒石酸盐、酒石酸氢盐、磷酸盐及氯化物等。絮凝剂和反絮凝剂的种类、性能、用量、混悬剂所带的电荷以及其他附加剂等均对絮凝剂和反絮凝剂的使用有影响，应在实验的基础上加以选择。

六、混悬剂的处方设计

在进行混悬剂处方设计时，除了药物的治疗作用、化学稳定性、制剂的防腐、色泽等问题外，还需重点考虑物理稳定性。应采取适当的方法减小微粒的粒径，对于疏水性药物还应保证其被充分润湿，选用合适的稳定剂，以提高物理稳定性。除了符合液体制剂的一般要求外，对混悬剂还有特殊要求：①混悬剂中药物粒子需有一定的细度，并且粒径均匀，用药时无刺激性或不适感；②药物的溶解度应最低，药物粒子应能较长时间保持悬浮状态；③粒子的沉降速度应很慢，沉降后亦不结块，轻摇即能迅速重新分散均匀；④混悬剂应具有一定的黏度，且可方便地从容器中取出较均匀的制剂。

七、混悬剂的制备

（一）制备方法

制备混悬剂的方法有分散法和凝聚法，其中分散法是主要的方法。

1. 分散法

该法是先将固体药物粉碎成符合混悬剂要求的微粒，然后再分散于分散介质中制得混悬剂。其工艺流程如图 7-8 所示。生产时需应用粉碎机、乳匀机、胶体磨（图 7-9）等设备。

图 7-8　混悬剂的制备工艺流程图

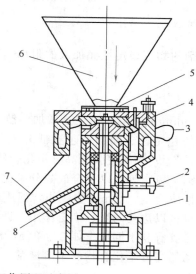

图 7-9　胶体磨及其工作原理示意图
1—调节手轮；2—锁紧螺钉；3—水出口；4—上部和下部的圆盘（旋转盘和固定盘）；
5—混合器（分散物料）；6—给料；7—产品溜槽；8—水入口

首先，将药物粉碎到一定细度后，加入含有润湿剂的少量水，静置数小时以排出内部的空气；期间将助悬剂分散在大部分的分散介质中，静置使完全水化。然后将润湿后的药物微粒缓缓加入含有助悬剂的分散介质中。再将絮凝剂小心加入，之后加入防腐剂、矫味剂、着色剂。最后再通过乳匀机或胶体磨将其制成均匀的产品。根据药物与分散介质的性质不同，具体的制备工艺稍有不同。亲水性药物的细粒子可直接与少量处方中的液体先混，而疏水性药物则必须先与含润湿剂的少量水研匀；对于质重、硬度大的药物，可采用"水飞法"，即药物加适量水研磨后，加入大量水搅拌，稍稍静置后倾出上层液体，留在底部的粗粒再加水研磨，如此反复直到达到要求的粒度，该法可获得极细的微粒。

胶体磨由磨头部件、底座传动部件、电动机三部分组成。其工作原理是：流体或半流体物料通过高速相对运动的定齿与动齿之间的间隙（间隙可调）时，受到强大的剪切力、摩擦力、高顺振动、高速旋涡等作用，被乳化、分散、均质和粉碎，达到超细粉碎及乳化的效果。胶体磨结构简单，使用方便，适用于较高黏度及较大颗粒的物料。但存在流量不恒定，易产生较大热量使物料变性，表面较易磨损而导致细化效果显著下降的缺点。

例 7-7　布洛芬混悬液

【处方】

布洛芬（粒径 4～10 μm）	200 g	Avicel CL-611	130 g
苯甲酸钠	20 g	枸橼酸	20 g
甘油	1.2 kg	蔗糖	2.5 kg
山梨醇	5 g	聚山梨酯 80	10 g
柠檬香精	30 g	纯化水	加至 10 L

【制法】①取甘油加热至 50～55℃，加入苯甲酸钠、枸橼酸溶解得溶液（1）。②将 Avicel CL-611 加入适量纯化水中，用高速剪切设备将其分散成均匀的混悬体系（2）。③将加热至 50～55℃的纯化水与聚山梨酯 80 混合制成分散液（3）。④将蔗糖、山梨醇、柠檬香精、溶液（1）与混悬体系（2）混匀得混合物（4）。⑤将微粉化的布洛芬与分散液（3）混匀，加入混合物（4）中，在低速氮气流下，用高速剪切设备高速搅匀，即得。

【注解】①本品为非甾体类抗炎药，有解热、镇痛及抗炎作用，主要用于由感冒、急性上呼吸道感染、急性咽喉炎等疾病引起的发热，也用于轻至中度疼痛、类风湿性关节炎及骨关节炎等风湿性疾病。②Avicel CL-611 为助悬剂，苯甲酸钠、山梨醇为防腐剂，聚山梨酯 80 为润湿剂，蔗糖、柠檬香精、枸橼酸为矫味剂。

2. 凝聚法

该法是应用物理或化学方法使溶解在分散介质中的药物离子或分子产生聚集形成混悬剂。**物理凝聚法**

是将分子或离子状态分散的药物溶液加入另一分散介质中凝聚成混悬液的方法。一般将药物制成热饱和溶液，在搅拌下加至另一种不溶性液体中，使药物快速结晶，可制成 10 μm 以下（占 80%～90%）的微粒，再将微粒分散于适宜的介质中制成混悬剂。醋酸可的松滴眼剂就是用物理凝聚法制备的。**化学凝聚法**是用化学反应法使两种药物生成难溶性药物的微粒，再混悬于分散介质中制备混悬剂的方法。为使微粒细小均匀，化学反应在稀溶液中进行并应急速搅拌。胃肠道透视用 $BaSO_4$，就是用此法制成的。

（二）注意事项

① 混悬剂中的药物微粒越小，沉降越慢，混悬剂越稳定。但粒子不宜过小，否则沉降后易结块，不易再分散。此外，应注意药物微粒的形状对混悬剂稳定性的影响，不应选择沉积后易形成顽固结块的微粒形状。

② 分散介质的黏度越大，药物微粒沉降越慢，但黏度也不宜太大，否则使用时混悬剂难以倾倒，而且制备时微粒分散困难。可通过选用具有触变性的助悬剂解决上述问题。

③ 在混悬剂中加入絮凝剂时，必须正确选用电解质种类，调整 ζ 电位绝对值为 20～25 mV，使微粒恰好能发生絮凝作用。

八、混悬剂的质量评价

除了药物含量、装量、重量差异（仅单剂量包装的干混悬剂检查）、干燥失重（仅干混悬剂检查）、微生物限度检查外，混悬剂的质量评价还包括以下项目。

1. 微粒大小的测定

微粒大小不仅影响混悬剂的质量和稳定性，也影响混悬剂的药效和生物利用度，因此，测定混悬剂中微粒的大小及其分布是评价混悬剂质量的一个重要指标。可用显微镜法、库尔特计数法、光散射法、浊度法、沉降法等测定。

2. 沉降体积比的测定

沉降体积比（sedimentation rate）是指混悬剂沉降后沉降物的体积与沉降前混悬剂的体积之比，可用于评价混悬剂的沉降稳定性以及稳定剂的效果。测定方法：将混悬剂 50 mL 置于具塞量筒中，密塞，用力振摇 1 min，记录混悬物的初始高度（H_0），静置 3 h，记录混悬物的最终高度（H），按式（7-5）计算沉降体积比 F：

$$F = \frac{H}{H_0}$$

(7-5)

F 介于 0～1 之间，F 值越大，混悬剂越稳定。混悬微粒开始沉降时，沉降高度 H 随时间而减小，所以沉降体积比 F 是时间的函数。以 H/H_0 为纵坐标，时间 t 为横坐标作图，可得沉降曲线。曲线的起点最高点为 1，以后逐渐缓慢降低并与横坐标平行。沉降曲线的形状可用于判断混悬剂处方设计优劣，若沉降曲线下降平和缓慢，则处方设计优良。但较浓的混悬剂不适于绘制沉降曲线。口服混悬剂的沉降体积比不应低于 0.9。

3. 絮凝度的测定

絮凝度（flocculation value）是比较混悬剂絮凝程度的重要参数，以 β 表示，见式（7-6）。

$$\beta = \frac{F}{F_\infty}$$

(7-6)

式中，F 为加入絮凝剂后混悬剂的沉降体积比，F_∞ 为去絮凝混悬剂的沉降体积比。絮凝度 β 表示由于絮凝剂的作用而增加的沉降物体积的倍数。例如去絮凝混悬剂的 F_∞ 值为 0.15，絮凝混悬剂的 F 值为 0.75，则 $\beta=5.0$，说明絮凝混悬剂沉降体积比是去絮凝混悬剂沉降体积比的 5 倍。β 值越大，絮凝效果越好。用絮凝度评价絮凝剂的效果、预测混悬剂的稳定性有重要价值。

4. 重新分散试验

优良的混悬剂，在贮存后经过振摇，沉降物应能很快均匀分散，以确保用药剂量的准确。重新分散试验方法：将混悬剂置于 100 mL 量筒内，放置一定时间使其沉降，然后以 20 r/min 的转速旋转一定时间，量筒底部的沉降物应重新均匀分散。说明混悬剂的再分散性良好。

5. ζ 电位的测定

通过测定混悬剂的 ζ 电位可获知混悬剂的存在状态。通常 ζ 电位小于 25 mV 时混悬剂呈絮凝状态，ζ 电位介于 50～60 mV 时混悬剂呈反絮凝状态。可用电泳法测定混悬剂的 ζ 电位。

6. 流变学性质的测定

应用旋转黏度计测定混悬液的流动曲线，从流动曲线形状可以确定混悬液的流动类型，评价其流变学性质。若为触变性流动、塑性流动、假塑性流动，可有效降低微粒沉降速度。

第六节 乳 剂

一、乳剂的定义

乳剂（emulsions）系指两种互不相溶的液体混合，其中一相液体以液滴状态分散于另一相液体中所形成的非均相分散体系。两种互不相溶的液体，通常一相是水或水溶液，常以水相（W）表示；另一相是与水不相溶的有机溶剂，常以油相（O）表示。形成液滴状态的液体称为**分散相**（dispersed phase）、**内相**或**非连续相**。另一相液体则称为**分散介质、外相**或**连续相**。

乳剂通常为热力学和动力学均不稳定体系。为了得到稳定的乳剂，除水相、油相外，还必须加入第三种物质——乳化剂，即乳剂由水相、油相和乳化剂组成，三者缺一不可。

二、乳剂的分类

1. 根据分散相的不同分类

（1）**水包油（O/W）型乳剂**　其中油为分散相，水为分散介质。

（2）**油包水（W/O）型乳剂**　其中水为分散相，油为分散介质。

水包油（O/W）型和油包水（W/O）型乳剂的主要区别见表 7-5。

表 7-5　水包油（O/W）型和油包水（W/O）型乳剂的主要区别

乳剂	O/W 型乳剂	W/O 型乳剂
外观	通常乳白色	接近油的颜色
皮肤上的感觉	无油腻感	有油腻感
稀释	可用水稀释	可用油稀释
导电性	导电	几乎不导电
油溶性染料	内相染色	外相染色
水溶性染料	外相染色	内相染色

（3）**复乳**（multiple emulsions）　复乳又称二级乳，是将初乳（一级乳）进一步分散在油相或水相中，经过二次乳化制成的复合型乳剂，分为 W/O/W 型和 O/W/O 型，复乳的液滴粒径一般在 50 μm 以下。复乳可口服，也可注射。复乳具有两层或多层液体乳化膜，因此可以更有效地控制药物扩散速率。

2. 根据分散相液滴的粒径不同分类

（1）**普通乳**　粒径为 0.5～100 μm，为乳白色不透明液体。

（2）**亚微乳**（submicron emulsions）　粒径为 0.1～0.5 μm，通常作为胃肠外给药的载体，如用于补充营养的静脉注射脂肪乳剂。

（3）纳米乳（nanoemulsions）、微乳（microemulsions）　通常粒径为 10～100 nm，为胶体分散体系。纳米乳属于热力学不稳定体系，外观呈半透明或透明状，粒径分布为单峰或多峰，分散相为球形小液滴。而微乳一般由几种表面活性剂和油水相组成，应该是自发形成的，属于热力学稳定体系，通常呈透明状，粒径分布为窄的单峰，分散相可以是球形或非球形小液滴。

三、乳剂的特点

乳剂的特点：①乳剂中液滴的分散度很大，有利于药物吸收和药效的发挥，有利于提高生物利用度；②油性药物制成乳剂能保证剂量准确，且使用方便；③水包油型乳剂可掩盖药物的不良嗅味，并可加入矫味剂；④外用乳剂能改善对皮肤、黏膜的渗透性，减少刺激性；⑤静脉注射乳剂注射后分散较快、药效高、有靶向性；⑥静脉营养乳剂是高能营养输液的重要组成部分。

四、乳剂的质量要求

乳剂的质量要求是：①不得有发霉、酸败、变色、异物、产生气体或其他变质现象；②应呈均匀的乳白色，用半径 10 cm 的离心机以 4000 r/min 的转速离心 15 min，不应出现分层现象；③加入的附加剂应不影响产品的稳定性、含量测定和检查。

五、乳剂的物理稳定性

1. 分层

乳剂在放置过程中出现分散相液滴上浮或下沉的现象称为**分层**（delamination），又称**乳析**（creaming）。分层的主要原因是分散相和分散介质的密度存在差异。O/W 型乳剂一般出现分散相粒子上浮。乳剂液滴的分层速度符合 Stoke's 公式。为降低分层速度，提高乳剂稳定性，可减少乳滴粒径、减小分散相和分散介质之间的密度差、在合理范围内增加分散介质的黏度。此外，分散相的相体积亦影响乳剂的分层，通常分层速度与相体积成反比。分层一般是可逆的，分层的乳剂经振摇后仍能恢复成均匀的乳剂。但分层后的乳剂外观较为粗糙，容易引起絮凝甚至破裂。口服乳剂在规定条件下检测不应有分层现象。

2. 絮凝

乳剂中分散相的乳滴发生可逆聚集的现象称为**絮凝**（flocculation）。乳滴的电荷减少，使 ζ 电位降低，乳滴产生聚集而絮凝。此时分散相液滴的界面电荷和乳化膜仍然存在，因此，絮凝时乳滴的聚集和分散是可逆的，经过充分振荡，乳剂仍可使用。产生絮凝的主要原因是电解质和离子型乳化剂的存在，同时乳剂的黏度、相体积、流变性亦与絮凝有关。絮凝与乳滴的合并是不同的，其液滴大小保持不变，但絮凝状态进一步变化也会引起乳滴的合并。

3. 转相

乳剂从一种类型（O/W 型或 W/O 型）转变成另一种类型（W/O 型或 O/W 型）称为转相（phase inversion）。乳化剂的性质改变是导致转相的主要原因，如一价钠皂遇到足量的氯化钙生成二价钠皂，使乳剂由原来的 O/W 型转变为 W/O 型。向乳剂中加入相反类型的乳化剂，当两者比例达到转相临界点后，也可使乳剂转相。乳剂转相的速度还与相体积比有关。

4. 合并与破裂

乳剂中分散相液滴周围的乳化膜被破坏导致液滴变大的现象称为**合并**（coalescence）。合并的液滴进一步发展使乳剂分为油水两层的过程叫**破裂**（cracking）。破裂是不可逆的。乳剂的稳定性与乳滴的大小有密切关系，乳滴越小乳剂就越稳定。乳滴大小不均一会使乳滴的聚集性增加，易引起合并，因此应尽可能使乳滴大小均匀。此外，增加连续相的黏度也可降低乳滴合并的速度。影响乳剂稳定性的最重要因素是乳化剂的理化性质，直接关系到所形成乳化膜的牢固程度。

5. 酸败

酸败是指乳剂受外界因素（光、热、空气等）及微生物的影响，使油相或乳化剂等发生变质。可通过加入抗氧剂、防腐剂以及采用适宜的包装和贮存条件等加以解决。

六、乳化及乳化剂

（一）乳剂形成的原理

1. 降低界面张力

油水两相间存在界面张力，当一相以液滴状态分散于另一相中时，两相的界面增大，表面自由能也增大，这时乳剂有很强的液滴凝聚合并降低界面自由能的倾向。为保持乳剂的分散状态和稳定性，必须降低界面自由能。加入乳化剂可有效降低界面张力和表面自由能，有利于形成乳滴，并保持乳剂的分散状态和稳定性。

2. 形成牢固的乳化膜

乳化剂被吸附于液滴周围，不仅可降低界面张力和表面自由能，而且可在液滴表面形成乳化膜，阻碍液滴合并。在乳滴周围形成的乳化剂膜称为**乳化膜**（emulsifying layer）。乳化膜越牢固，乳剂越稳定。乳化剂种类不同，可形成不同类型的乳化膜。O/W 型乳剂的乳化膜有：

① 单分子乳化膜。表面活性剂类乳化剂被吸附在乳滴表面，定向排列形成单分子乳化膜。若乳化剂是离子型表面活性剂，那么乳化膜的离子化使乳化膜带有电荷，由于电荷互相排斥，阻止乳滴的合并，使乳剂更加稳定。

② 多分子乳化膜。亲水性高分子化合物类乳化剂被吸附在乳滴周围，形成多分子乳化膜。强亲水性多分子乳化膜不仅阻止乳滴的合并，而且增加分散介质的黏度，使乳剂更稳定。如阿拉伯胶作乳化剂就能形成多分子乳化膜。

③ 固体粒子乳化膜。当固体粉末足够细，不会受重力作用而沉降，且对油水两相都有一定润湿性时，可被吸附于乳滴表面，形成固体粒子乳化膜，起到阻止乳滴合并的作用，增加乳剂稳定性。如硅藻土和氢氧化镁等都可作为固体微粒乳化剂使用。

④ 复合凝聚膜。乳化膜也可以由两种或两种以上的不同物质组成。其中一种水不溶性物质形成单分子膜，另一种水溶性物质与之结合形成复合凝聚膜。

（二）乳化剂

乳化剂（emulsifying agents，emulsifiers）是将两种不混溶的液体（油和水）混合（分散）以形成均匀的分散体（乳液）的物质。乳化剂通常为双亲分子，能在两种不相溶的液体的界面上形成单分子层，并降低其界面张力。乳化剂是乳剂不可缺少的重要组成部分，是决定乳剂类型和稳定性的关键因素。

理想的乳化剂应具备以下条件：①具有较强的乳化能力，可使界面张力降至 $10 \times 10^{-5} N/cm$ 以下；②能快速被吸附到乳滴周围，形成牢固的乳化膜；③能使乳滴带电，具有适宜的 ζ 电位；④可增加乳剂的黏度；⑤在很低浓度即可发挥乳化作用。此外，乳化剂还应有一定的生理适应能力，对机体不产生毒副作用，无局部刺激性；化学性质稳定，对不同的 pH、电解质、温度的变化等应具有一定的耐受性；不影响药物的吸收。常用的乳化剂有**表面活性剂**、**亲水性高分子化合物**、**固体粉末**和**辅助乳化剂**四类。

1. 表面活性剂

这类乳化剂分子中有较强的亲水基团和亲油基团，能显著降低油、水之间的界面张力，且在乳滴表面形成单分子乳化膜。其乳化能力强，稳定性较好，混合使用效果最好。通常使用非离子型表面活性剂，常用的有：①脂肪酸山梨坦类，HLB 值为 3～8 者可形成 W/O 型乳剂，亦可在 O/W 型乳剂中与聚山梨酯类配伍作混合乳化剂；②聚山梨酯类，常用的 HLB 值为 8～16，形成 O/W 型乳剂；③聚氧乙烯脂肪醇醚类，常用 Cremophor EL、Cremophor RH40，常用于微乳中作乳化剂；④聚氧乙烯-聚氧丙烯共聚物，具有乳化、润湿、分散等优良性能，但增溶能力较弱，其中的泊洛沙姆 188 可作 O/W 型乳化剂，亦可在静脉注射乳剂中作乳化剂。阴离子型表面活性剂乳化剂常用于外用乳剂，如十二烷基硫酸钠、硬脂酸钠、硬脂酸钾、油酸钠、油酸钾、硬脂酸钙（W/O 型）等。两性离子型表面活性剂乳化剂有磷脂，乳化能力强，常用于制备不易破坏的 O/W 型亚微乳，可供内服、外用或注射。

2. 亲水性高分子化合物

该类乳化剂亲水性较强，可形成 O/W 型乳剂，黏度较大，可形成多分子乳化膜，有利于乳剂的稳定，常用于口服乳剂，使用时需加入防腐剂。常用的有：①阿拉伯胶，是阿拉伯酸的钠、钙、镁盐混合物，可形成 O/W 型乳剂，常用浓度为 10%～15%，在 pH＝4～10 的范围内乳剂稳定，而且阿拉伯胶乳化能力较弱，常与西黄蓍胶、果胶、海藻酸钠等合用；②西黄蓍胶，水溶液黏度较高，pH＝5 时黏度最大，0.1% 溶液为稀胶浆，0.2%～2% 溶液呈凝胶状，其乳化能力较差，通常与阿拉伯胶混合使用；③明胶，为 O/W 型乳化剂，用量为油的 1%～2%，易受溶液 pH 及电解质的影响而产生凝聚，使用时须加防腐剂，常与阿拉伯胶合并使用；④杏树胶，是杏树分泌的胶汁凝结而成的棕色块状物，乳化能力、黏度均超过阿拉伯胶，用量为 2%～4%，可作为阿拉伯胶的替代品。其他可作乳化剂的亲水性高分子化合物还有白及胶、果胶、桃胶、海藻酸钠等，乳化能力较弱，多与阿拉伯胶合用起稳定作用。

3. 固体粉末

不溶性的微细固体粉末，乳化时吸附于油、水界面，能形成固体微粒乳化膜，从而形成乳剂。形成乳剂的类型由接触角 θ 决定，$\theta < 90°$ 易被水润湿，可作 O/W 型乳化剂，如氢氧化镁、氢氧化铝、二氧化硅、硅藻土等；$\theta > 90°$ 易被油润湿，可作 W/O 型乳化剂，如硬脂酸镁、氢氧化钙、氢氧化锌等。

4. 辅助乳化剂

辅助乳化剂指与乳化剂合用能增加乳剂稳定性的乳化剂。辅助乳化剂自身的乳化能力很弱或无乳化能力，但能提高乳剂的黏度、增强乳化膜的强度、防止乳滴合并等。能增加水相黏度的辅助乳化剂有羧甲基纤维素钠、羟丙纤维素、甲基纤维素、海藻酸钠、西黄蓍胶、皂土（亦称膨润土）等；能增加油相黏度的辅助乳化剂有鲸蜡醇、蜂蜡、硬脂酸、硬脂醇、单硬脂酸甘油酯等。

七、乳剂的处方设计

为制得稳定的乳剂，除了水相、油相外，还必须加入乳化剂，三者缺一不可。乳剂的类型主要取决于乳化剂的种类、性质及油相和水相的体积比。设计乳剂处方时，首先应根据乳剂的类型和药物的性质等选择合适的乳化剂，并确定油、水两相的体积比，然后选择可调整连续相黏度的辅助乳化剂以及其他附加剂（如矫味剂、防腐剂、抗氧剂等）。通过实验比较，优化处方组成。

（一）乳剂类型的确定

乳剂的类型应根据产品的用途和药物性质进行设计。供口服或静脉注射用时应设计成 O/W 型乳剂，供肌内注射用时通常制成 O/W 型乳剂，若为了使水溶性药物缓释则可设计成 W/O 型或 W/O/W 型乳剂，供外用时应按医疗需要和药物性质选择制成 O/W 型乳剂或 W/O 型乳剂。

（二）乳化剂的选择

选择乳化剂时，应综合考虑乳剂类型、用药目的、药物性质、处方组成以及制备方法等。

1. 根据乳剂的类型选择

设计处方时，应先确定乳剂类型，根据乳剂类型选择所需乳化剂。欲制备 O/W 型乳剂应选择 O/W 型乳化剂，制备 W/O 型乳剂则应选择 W/O 型乳化剂。可依据乳化剂的 HLB 值进行选择。

2. 根据乳剂的用药目的选择

口服乳剂通常应选择无毒的天然乳化剂或某些亲水性高分子乳化剂。外用乳剂应选择对局部无刺激，长期使用无毒性的乳化剂。注射用乳剂应选择磷脂、泊洛沙姆等乳化剂。

3. 根据乳化剂的性能选择

应选择乳化能力强，性质稳定，不易受胃肠生理因素及外界因素（酸、碱、盐、PH 等）影响，无毒、无刺激性的乳化剂。

4. 混合乳化剂的选择

乳化剂混合使用可改变 HLB 值，使乳化剂的适应性更广，增加乳化膜的牢固性，但必须选用得当。乳化剂混合使用时，必须符合各种油对 HLB 值的要求（表 7-6）。非离子型乳化剂可以混合使用，如聚山梨酯和脂肪酸山梨坦等。非离子型乳化剂可与离子型乳化剂混合使用。但阴离子型乳化剂和阳离子型乳化剂不可混合使用。

表 7-6　各种油乳化所需的 HLB 值

油相	所需 HLB 值		油相	所需 HLB 值	
	W/O 型乳剂	O/W 型乳剂		W/O 型乳剂	O/W 型乳剂
鲸蜡醇	—	15	液状石蜡(轻)	4	10～12
硬脂醇	7	15～16	液状石蜡(重)	4	10.5
硬脂酸	6	17	棉籽油	5	10
无水羊毛脂	8	15	植物油	—	7～12
蜂蜡	5	10～16	挥发油		9～16
微晶蜡	—	9.5	油酸		17

（三）相体积分数

相体积分数是指分散相占乳剂总体积的分数，常以 ϕ 表示。通常相体积分数为 20％～50％时乳剂较稳定。不考虑乳化剂作用时，油相体积小于 26％时，易形成 O/W 型乳剂；反之，水相体积小于 26％时，易形成 W/O 型乳剂。因乳滴周围的乳化膜带电，通常 O/W 型乳剂较 W/O 型乳剂更易形成，且稳定。O/W 型乳剂中油相体积可以超过 50％，甚至更高（可达 90％以上）；但 W/O 型乳剂中水相体积必须低于 40％，否则乳剂不稳定。此外，还可考虑在乳剂中加入其他成分，使乳剂稳定。如加入辅助乳化剂、抗氧剂、防腐剂等。

八、乳剂的制备

（一）乳剂的制备

乳剂制备通常需借助外界强大的机械能量将分散相（通常含有药物）以小液滴的状态分散在分散介质中，其制备工艺流程如图 7-10 所示。

图 7-10　乳剂制备工艺流程图

1. 机械法

乳剂的制备常使用机械法，生产中使用的主要设备有真空乳化机、高压均质机、高剪切乳化机、超声乳化机、胶体磨。对于口服乳剂，还需采用适当的方法进行灭菌。

真空乳化机通常由乳化锅、水锅、油锅、刮壁双搅拌、均质乳化真空系统、加热温度控制系统、电器控制等组成，适用于高黏度的物料，如乳膏、乳剂等。其工作原理是：物料在水锅、油锅内加热、搅拌混合后，由真空泵吸入乳化锅，通过乳化锅内的刮壁双搅拌、高速剪切的均质搅拌器，迅速被破碎成微粒，同时，真空系统可将气泡及时抽走，以确保获得优质产品。

高压均质机以高压往复泵为动力传递及物料输送机构，将物料输送至工作阀（一级均质阀及二级乳化阀）。物料高速通过工作阀细孔的过程中，在高压下产生强烈的剪切、撞击和空穴作用，使液态物质或以液体为载体的固体颗粒得到超微细化。高压均质机不适于黏度很高的物料。与离心式分散乳化设备（胶体磨、真空乳化机等）相比，高压均质机具有细化作用更强烈、物料发热量较小、可定量输送物料的优点；但存在耗能较大、损失较多、维护工作量较大的缺点。

管线式高剪切乳化机由 1～3 个工作腔组成，在马达的高速驱动下，物料在转子与定子之间的狭窄间隙中高速运动，形成紊流，物料受到强烈的液力剪切、离心挤压、高速切割、撞击和研磨等综合作用，从而达到分散、乳化和破碎的效果。物料的物理性质、工作腔数量以及物料在工作腔中的停留时间决定了粒径分布范围及均化、细化的效果和产量大小。管线式高剪切乳化机处理量大，适合工业化在线连续生产，可实现自动化控制，粒径分布范围窄，省时、高效、节能。

超声波乳化机（ultrasonic homogenizer）是利用 10～15 kHz 的高频振动制备乳剂。该法乳化时间短，液滴细小且均匀，但可能引起某些药物分解。本法不适于黏度大的乳剂制备。

胶体磨（colloid mill）利用高速旋转的转子和定子之间的缝隙产生强大剪切力使液体乳化，对要求不高的乳剂可用本法制备。

例 7-8 马洛替酯乳剂

【处方】
马洛替酯	100 g	玉米油	300 g
精制豆磷脂	50 g	聚山梨酯 80	50 g
薄荷脑	5 g	甜菊苷	15 g
磷酸缓冲液	适量	蒸馏水	加至 5 L

【制法】①用蒸馏水适量溶解乳化剂（精制豆磷脂、聚山梨酯 80），将马洛替酯溶于玉米油，将此玉米油溶液逐渐加入上述乳化剂的水溶液中，在适宜温度下高速搅拌使形成初乳。②加入矫味剂薄荷脑、甜菊苷，混匀，用磷酸缓冲液调 pH 至 6.5～7.5，再加蒸馏水至足量，粗滤，过高压均质机，精滤后灌装于洗净烘干的玻璃瓶中，封口，100℃灭菌 30 min，即得。

【注解】①本品为口服乳剂，用于治疗慢性肝病低蛋白血症。②本品为 O/W 型乳剂，处方中以精制豆磷脂、聚山梨酯 80 为混合乳化剂，玉米油为油相兼作溶解药物的溶剂，薄荷脑、甜菊苷为矫味剂，磷酸盐缓冲液为 pH 调节剂。③本品应避光，密闭贮存。

例 7-9 脂肪乳注射液

【处方】
精制大豆油	200 g	注射用甘油	25 g
精制蛋黄磷脂	12 g	注射用水	加至 1 L

【制法】①称取处方中的精制蛋黄磷脂置于高速组织捣碎机内，加甘油与煮沸的注射用水 450 mL，在氮气流保护下捣碎成均匀的磷脂分散液。②将磷脂分散液倾入均质机物料罐中，缓慢加入 90℃ 的精制大豆油，在氮气流下乳化至乳滴粒径小于 1 μm 后，加水至全量，用 5～15 μm 的垂熔玻璃漏斗过滤，罐装、充氮、压盖，高压灭菌即得。应在 25℃ 以下（避免冷冻）贮存。

【注解】精制大豆油为油相，此外，还可用橄榄油、中链甘油三酯、鱼油、麻油、棉籽油等；精制蛋黄磷脂为乳化剂，还可使用大豆磷脂；注射用甘油为渗透压调节剂。

2. 手工法

乳剂少量制备时，可采用手工法，包括油中乳化剂法、水中乳化剂法、两相交替加入法和新生皂法。

油中乳化剂法（emulsifier in oil method）：又称干胶法。本法的特点是先将乳化剂（胶）分散于油相中研匀后加水相制备成初乳，然后稀释至全量。在初乳中油、水、胶的比例是：植物油时为 4∶2∶1，挥发油时为 2∶2∶1，液状石蜡时为 3∶2∶1。本法适用于阿拉伯胶或阿拉伯胶与西黄蓍胶的混合胶。

水中乳化剂法（emulsifier in water method）：又称湿胶法。本法先将乳化剂分散于水中研匀，再加入油，用力搅拌使成初乳，加水将初乳稀释至全量，混匀，即得。初乳中油、水、胶的比例与上法相同。

两相交替加入法（alternate addition method）：向乳化剂中每次少量交替地加入水或油，边加边搅拌，即可形成乳剂。天然胶类、固体微粒乳化剂等可用本法制备。当乳化剂用量较多时，本法是一个很好的选择。

新生皂法（nascent soap method）：将油、水两相混合时，两相界面上生成的新生皂类产生乳化的方法。植物油中含有硬脂酸、油酸等有机酸，加入氢氧化钠、氢氧化钙、三乙醇胺等，在高温下（70℃ 以上）生成的新生皂为乳化剂，经搅拌即形成乳剂。生成的一价皂则为 O/W 型乳化剂，生成的二价皂则为

W/O 型乳化剂。本法适用于乳膏剂的制备。

3. 两步乳化法

复合乳剂的制备通常采用两步乳化法，第一步先将水、油、乳化剂制成一级乳（O/W 型或 W/O 型），再以一级乳为分散相与含有乳化剂的水或油再乳化制成二级乳（O/W/O 型或 W/O/W 型）。如制备 O/W/O 型复合乳剂，先选择亲水性乳化剂制成 O/W 型一级乳剂，再选择亲油性乳化剂分散于油相中，在搅拌下将一级乳加于油相中，充分分散即得 O/W/O 型乳剂。影响 W/O/W 型复乳稳定性的因素有：①内水相液滴小，一级乳乳滴较小，复乳较稳定；②内、外水相间存在渗透压，水分子可透过油膜，油相的渗透性影响复乳稳定性；③油膜的性质与厚度；④内、外水相中加入高分子稳定剂，可提高复乳稳定性。

纳米乳、微乳中除了油相、水相、乳化剂外，通常还含有辅助乳化剂。纳米乳的乳化剂，主要是表面活性剂，其 HLB 值应在 15～18 范围内，乳化剂和辅助成分应占乳剂的 12%～25%，通常选用聚山梨酯 60 和聚山梨酯 80 等。由于纳米乳属于热力学不稳定体系，制备时也需要借助外界强大的机械能量。微乳属于热力学稳定体系，理论上可以自发形成，但制备时通常仍借助一定的外界机械能量。

（二）制备中的注意事项

1. 药物的加入方法

① 若药物溶解于油相，可先将药物溶于油相再制成乳剂。

② 若药物溶于水相，可先将药物溶于水后再制成乳剂。

③ 若药物不溶于油相也不溶于水相，可用亲和性大的液相研磨药物，再将其制成乳剂，也可将药物先用已制成的少量乳剂研磨至细再与剩余乳剂混合均匀。

④ 当有可使胶类脱水的成分（如浓醇或大量电解质）时，应稀释后，再逐渐加入。

2. 注意事项

（1）乳化剂的性质与用量　乳化膜的强度与乳化剂结构和用量有关。一般直链结构比支链结构的乳化剂更易形成紧密牢固的乳化膜。乳化剂用量太少，形成的乳化膜密度过小甚至不足以包裹乳滴，用量过多则乳化剂不能完全溶解。乳化剂越多，ξ 电位越高，乳滴不易聚集。一般普通乳剂中乳化剂用量为 5～100 mg/mL。

（2）相体积分数　通常乳剂的相体积分数（ϕ）为 20%～50%。低于 20% 时乳剂不稳定，接近 50% 时乳剂较稳定。

（3）乳化温度　加热可降低黏度，有利于形成乳剂；但同时也会增加乳滴动能，促进液滴合并，降低乳剂的稳定性。一般最适宜的乳化温度为 70℃ 左右。非离子型乳化剂温度不宜超过其昙点。降低温度对乳剂的影响更甚，使乳剂的稳定性降低，甚至破裂。

（4）乳化时间　乳化开始阶段搅拌可促使乳滴形成，但乳剂形成后继续搅拌则增加乳滴碰撞机会，加速乳滴聚集合并，因此应避免乳化时间过长。

（5）其他　乳剂中的其他成分、乳剂制备方法、乳化设备及水质等都可能影响成品的分散度、均匀性及稳定性。

九、乳剂的质量评价

除了药物含量、检查装量、微生物限度应符合要求外，乳剂还需进行以下质量评价。

1. 乳剂粒径大小的测定

乳剂粒径大小是衡量乳剂质量的重要指标。不同用途的乳剂对粒径大小要求不同，如静脉注射乳剂，其粒径应在 0.5 μm 以下。其他用途的乳剂粒径也都有不同要求。

（1）显微镜测定法　用光学显微镜可测定粒径范围为 0.2～100 μm 的粒子，测定粒子数不少于 600 个。

（2）**库尔特计数器（coulter counter）测定法** 库尔特计数器可测定粒径范围为 $0.6\sim150~\mu m$ 的粒子和粒度分布。方法简便、速度快、可自动记录并绘制分布图。

（3）**激光散射光谱（PCS）法** 样品制备容易、测定速度快，可测定粒径范围为 $0.01\sim2~\mu m$ 的粒子，最适于静脉乳剂的测定。

（4）**透射电镜（TEM）法** 本法可测定粒子大小及分布，可观察粒子形态，可测定粒径范围为 $0.01\sim20~\mu m$ 的粒子。

2. 分层现象的观察

乳剂经长时间放置，粒径变大，进而产生分层现象。这一过程的快慢是衡量乳剂稳定性的重要指标。为了在短时间内观察乳剂的分层，用离心法加速其分层，用 4000 r/min 离心 15 min，如不分层可认为乳剂质量稳定。此法可用于比较各种乳剂间的分层情况，以估计其稳定性。将乳剂置于 10 cm 离心管中以 3750 r/min 的速度离心 5 h，相当于放置 1 年的自然分层的效果。

3. 乳滴合并速率的测定

乳滴合并速率符合一级动力学规律，如式（7-7）所示。

$$\lg N = -\frac{kt}{2.303} + \lg N_0 \tag{7-7}$$

式中，N、N_0 分别为 t 和 t_0 时间的乳滴数；k 为合并速率常数；t 为时间。测定随时间 t 变化的乳滴数 N，求出合并速率常数 k，估计乳滴合并速率，用以评价乳剂稳定性大小。k 值越大乳剂越不稳定，k 值越小乳剂越稳定。

可使用升温或离心加速试验观察或测定乳剂中乳滴合并速率，如将乳剂用高速离心机离心 5min 或低速离心 20min，观察并比较乳滴大小的变化。

4. 稳定常数的测定

乳剂离心前后吸光度变化的百分率称为稳定常数，用 K_e 表示，其表达式如式（7-8）。

$$K_e = \frac{(A_0 - A)}{A_0} \times 100\% \tag{7-8}$$

式中，K_e 为稳定常数；A_0 为未离心乳剂稀释液的吸光度；A 为离心后乳剂稀释液的吸光度。

测定方法：取乳剂适量于离心管中，以一定速度离心一定时间，从离心管底部取出少量乳剂，稀释一定倍数，以蒸馏水为对照，比色法在可见光波长下测定吸光度 A，同法测定原乳剂稀释液吸收光度 A_0，代入式（7-8）计算 K_e。离心速度和波长的选择可通过试验加以确定。当 $A_0 - A > 0$（或 $A_0 - A < 0$）时，分散相油滴上浮（或下沉），乳剂不稳定；当 $A_0 - A = 0$，即 $A_0 = A$ 时，分散相基本不变化，乳剂稳定。即 K_e 的绝对值越小，说明分散油滴在离心力作用下上浮或下沉当越少，此乳剂越稳定。由此可见，根据 K_e 绝对值的大小，可比较乳剂的物理稳定性。本法是研究乳剂稳定性的定量方法。

第七节 不同给药途径用液体制剂

一、滴鼻剂

滴鼻剂（nasal drops）系指专供滴入鼻腔内使用的液体制剂。多以水、丙二醇、液状石蜡、植物油为溶剂，一般制成溶液剂，也有制成混悬剂、乳剂使用。滴鼻用水溶液容易与鼻腔内分泌液混合，容易分布于鼻腔黏膜表面，但维持药效时间短。油溶液刺激性小，作用持久，但不与鼻腔黏液混合。正常人鼻腔液 pH 一般为 5.5～6.5，炎症病变时，则呈碱性，有时 pH 高达 9，易使细菌繁殖，影响鼻腔内分泌液的溶菌作用以及纤毛的正常运动。所以碱性滴鼻剂不宜经常使用，滴鼻剂 pH 一般为 5.5～7.5。滴鼻剂以溶液剂为宜，混悬剂与乳剂易堵塞鼻孔，引起呼吸不畅。水性溶液滴鼻剂应与鼻黏液等渗，不改变鼻黏液的正常黏度，不影响纤毛运动等。制备滴鼻剂时，可按药物的性质加入适宜的抗氧剂、增溶剂、防腐剂等。

二、滴耳剂

滴耳剂（ear drops）系指专供滴入耳腔内的外用液体制剂。多以水、乙醇、甘油为溶剂，也有用丙二醇、聚乙二醇等为溶剂的。以乙醇为溶剂，渗透性和杀菌作用较强，但有刺激性，易引起疼痛。以甘油为溶剂，则作用缓和、药效持久，并具有吸湿性，但其渗透性较差，且易引起患处堵塞。以水为溶剂，作用缓和，但渗透性差。因此，滴耳剂常使用混合溶剂。滴耳剂有消毒、止痒、收敛、消炎、润滑作用。慢性中耳炎患者，由于黏稠分泌物的存在，使药物很难到达中耳部。其药物制剂中常加入溶菌酶、透明质酸酶等，能液化分泌物，促进药物分散，加速肉芽组织再生。外耳道有炎症时，pH 一般在 7.1～7.8 之间，故外耳道所用滴耳剂最好为弱碱性。

三、滴牙剂

滴牙剂（drop dentifrices）系指专用于局部牙孔的液体制剂。其特点是药物浓度大，往往不需要使用溶剂，或仅用少量溶剂稀释。因其刺激性和毒性很大，应用时不能接触黏膜。滴牙剂一般不允许给患者自己使用，须直接由医护人员用于患者的牙病医治。

四、含漱剂

含漱剂（gargles）系指专用于咽喉、口腔清洗的液体制剂。含漱剂用于口腔的清洗、去臭、防腐、收敛等，多为药物的水溶液，也可含少量甘油和乙醇。溶液中常加适量着色剂，以示外用漱口，不可咽下。含漱剂要求微碱性，有利于除去口腔中的微酸性分泌物、溶解黏液蛋白，可制成浓溶液用时稀释，也可制成固体粉末用时溶解。

五、洗剂

洗剂（lotions）系指专供涂敷于皮肤或冲洗的外用液体制剂。洗剂可为溶液型、混悬型、乳剂型，其中混悬型较多。应用时一般轻轻涂于皮肤或用纱布蘸取敷于皮肤上。也可用于冲洗皮肤患处或腔道等。洗剂的分散介质多为水和乙醇。洗剂具有清洁、消毒、消炎、止痒、收敛、保护等局部作用。混悬型洗剂中的水分或乙醇在皮肤上蒸发，有冷却和收缩血管的作用，能减轻急性炎症。混悬型洗剂中常加入甘油和助悬剂，当分散介质蒸发后，能使药物粉末不易脱落，形成保护膜，保护皮肤免受刺激。

六、搽剂

搽剂（liniments）系指专供揉搽皮肤表面用的液体制剂。常用的分散介质有水、乙醇、液状石蜡、植物油和甘油等。搽剂有镇痛、收敛、保护、消炎、杀菌及抗刺激等作用。起镇痛、抗刺激作用的搽剂多用乙醇为分散剂，使用时用力揉搽，可增加药物的穿透性。起保护作用的搽剂多用油或液状石蜡为分散剂，搽用时润滑、无刺激性，并有利于清除患处的鳞屑痂皮。搽剂除涂于皮肤上揉搽，也可涂于敷料上贴于患处，但一般不用于破损的皮肤。搽剂有溶液型、混悬型、乳剂型液体制剂。乳剂型搽剂中的乳化剂，有润滑皮肤，促进药物渗透的作用。

例 7-10 复方苯海拉明搽剂

【处方】 盐酸苯海拉明　　10 g　　苯佐卡因　　20 g

薄荷脑　　　　　50 g　　樟脑　　　　50 g
乙醇　　　　　　适量　　水　　　　　适量

【注解】本品为绿色溶液，复方中苯海拉明为抗组胺药，可缓解组胺所致的过敏反应；苯佐卡因为局部麻醉药，有止痛、止痒作用；薄荷脑、樟脑能促进局部血液循环，有止痒、消炎、止痛作用。

【适应证】用于过敏性皮炎、皮肤瘙痒。

七、涂膜剂

涂膜剂是指将高分子成膜材料及药物溶解在挥发性有机溶剂中制成的可涂布成膜的外用液体制剂。用时涂于患处，溶剂挥发后形成薄膜，对患处有保护作用，同时逐渐释放所含药物起治疗作用。常用的成膜材料有聚乙烯缩甲乙醛、聚乙烯缩丁醛、火棉胶等，增塑剂常用邻苯二甲酸二丁酯等，溶剂为乙醇、丙酮或二者混合物。

涂膜剂的一般制法为：能溶于溶剂的药物，可直接加入溶解；若为中药，则应先制成乙醇或乙醇-丙酮提取液，再加入基质溶液中去。

八、灌肠剂与灌洗剂

1. 灌肠剂

灌肠剂（enemas）系指经肛门灌入直肠使用的液体制剂。按照用药目的分为三类：

（1）**泻下灌肠剂**　是以清除粪便、降低肠压、使肠道恢复正常功能为目的液体制剂，如生理盐水、5%软肥皂液、1%碳酸氢钠溶液、50%甘油溶液等。一次用量为 250～1000 mL，使用时必须温热并缓缓灌入。

（2）**含药灌肠剂**　含药灌肠剂系指在直肠起局部作用或吸收发挥全身作用的药物液体制剂。局部可起收敛作用，吸收可产生兴奋或镇静作用。药物在胃内易破坏，对胃有刺激性、因恶心呕吐不能口服给药的患者，可灌肠给药。灌肠剂可加入增稠剂以延长在直肠的保留时间。如 0.1%醋酸、10%水合氯醛、0.1%～0.5%鞣酸、25%～33%硫酸镁等。一次 10～20 mL，加水稀释 1～2 倍后灌入。

（3）**营养灌肠剂**　系指患者不能经口摄取营养而应用的含有营养成分的液体制剂。这类制剂须在直肠保留较长时间以利于药物吸收。可以是溶液剂、乳剂，如 6%葡萄糖溶液。

2. 灌洗剂

灌洗剂（irrigations）系指灌洗阴道、尿道的液体制剂。当药物或食物中毒初期，洗胃用的液体药剂亦属灌洗剂。其作用一般为防腐、收敛、清洁。主要目的是清洗或清除黏膜部位某些病理异物。用量一般为 1000～2000 mL，通常为临床前新鲜配制或用浓溶液稀释，使用时应加热至体温。

第八节　液体制剂的包装与贮存

一、液体制剂的包装

液体制剂的包装与产品的质量、运输和贮存关系密切。液体制剂体积大，稳定性较其他制剂差，即使所制的产品符合质量标准，若包装选择不当，在运输和贮存过程中也会发生变质。因此包装材料的选择、容器的种类、形状以及封闭的严密性等都极为重要。通常液体制剂的包装材料应符合以下要求：①适合药品质量的要求，对人体安全、无害；②性质稳定，不与药物发生作用，不改变药物的理化性质和疗效，不吸收也不沾留药物；③可防止外界不利因素对制剂的影响；④坚固耐用、体积小、质量轻、形状合适、美观、方便贮存、运输和医疗使用；⑤价廉易得。

液体制剂的包装材料包括：容器（玻璃瓶、塑料瓶等）、瓶塞（橡胶塞、塑料塞、软木塞等）、瓶盖（塑料盖、金属盖等）、标签、说明书、药盒（纸盒、塑料盒等）、药箱（纸箱、木箱等）。直接接触药液的塑料瓶、胶塞、瓶盖应经灭菌后使用。

根据《药品管理法》第49条：液体药剂瓶上必须按照规定印有或者贴有标签并附说明书。标签或者说明书应当注明药品的通用名称、成分、规格、上市许可持有人及地址、生产企业及其地址、批准文号、产品批号、生产日期、有效期、适应证或者功能主治、用法、用量、禁忌、不良反应和注意事项。标签、说明书中的文字应当清晰，生产日期、有效期等事项应当显著标注、容易辨识。麻醉药品、精神药品、医疗用毒性药品、放射性药品、外用药品和非处方药的标签、说明书，应当印有规定的标志。

二、液体制剂的贮存

液体制剂的主要溶剂是水，在贮存期间易水解、污染微生物而出现沉淀、变质或霉变等现象。生产中除了要注意采取有效的无菌操作外，还需加入防腐剂，并选择适宜的包装材料。液体制剂一般应密封贮于阴凉干燥处，生产与销售时应先产先出，防止久存。

（王伟）

思考题

1. 液体制剂可分为哪几类？特点有哪些？简述溶液剂、高分子溶液剂、溶胶剂、混悬剂、乳剂的定义。
2. 制备溶液剂重点应考虑哪些因素？可采取哪些措施增加药物溶解度？
3. 液体制剂常用的矫味剂有哪些？常用的防腐剂有哪些？各有何特点？
4. 何谓高分子溶液剂、溶胶剂？各有何性质？
5. 混悬剂的质量要求有哪些？影响混悬剂稳定性的因素有什么？混悬剂稳定剂有哪些种类？各自具有何作用？可采用哪些措施延缓混悬微粒沉降速度？混悬剂常用的制备方法有哪些？
6. 乳剂由哪几部分组成？可分为哪几类？决定乳剂类型的主要因素是什么？乳剂存在哪些不稳定现象？常用的制备方法是什么？
7. 什么是表面活性剂？表面活性剂具有哪些种类？各自具有何种性质？表面活性剂在药剂学中具有哪些应用？
8. 液体制剂包装与贮存时需要注意什么？应满足哪些要求？

参考文献

[1] 国家药典委员会. 中华人民共和国药典 [M]. 2020年版. 北京：中国医药科技出版社，2020.
[2] 吴正红，祁小乐. 药剂学 [M]. 北京：中国医药科技出版社，2020.
[3] 方亮. 药剂学 [M]. 8版. 北京：人民卫生出版社，2016.
[4] 周建平，唐星. 工业药剂学 [M]. 北京：人民卫生出版社，2014.
[5] 平其能，屠锡德，张钧寿，等. 药剂学. 4版. 北京：人民卫生出版社，2013.
[6] Gao Y, Zhu H, Zhang J. Enhanced dissolution and stability of adefovir dipivoxil by cocrystal formation [J]. Journal of Pharmacy & Pharmacology, 2011, 63 (4)：483-490
[7] Aakery C B, Salmon D J. Building co-crystals with molecular sense and supramolecular sensibility [J]. Cryst Eng Comm, 2005, 7 (72)：439-448

第八章

固体制剂

本章要点

1. 掌握固体制剂的各种剂型的定义、分类、特点，各种剂型常用的制备方法、工艺和质量要求；掌握粉体粒径、粉体密度、粉体流动性的相关知识以及粉碎、混合、制粒、干燥、压片、包衣等固体制剂单元操作技术。

2. 熟悉制备各种固体制剂常用的处方辅料、设备、操作流程及关键技术指标，能够对生产中存在的问题进行分析。

3. 了解粉体学性质对制剂处方设计的重要性；了解各种固体制剂的典型处方并学会对其进行分析。

第一节 概 述

固体制剂（solid preparations）系指以固体状态存在的剂型的总称。常用的固体剂型有散剂、颗粒剂、片剂、胶囊剂、滴丸剂、膜剂、丸剂等，在药物制剂中约占70%。固体制剂一般供口服给药使用，但也可用于其他给药途径，如溶液片，临用前溶解于水，用于漱口、消毒、洗涤伤口等。固体制剂的共同特点是：①与液体制剂相比，固体制剂的理化性质和生物学稳定性好，生产制造成本较低，包装、运输、使用方便；②大多数药物均是以固体形式存在，且制备过程的前处理经历相同的单元操作，以保证药物的均匀混合与准确剂量，而且剂型之间有着密切的联系；③固体制剂口服后，药物需先溶解后才能透过生物膜，从而被吸收进入血液循环中起效。

本章主要介绍固体制剂的相关理论与技术；主要介绍散剂、颗粒剂、胶囊剂、片剂、滴丸剂、微丸剂、膜剂及栓剂，包括剂型特点、制备方法、制备所需辅料与设备、制剂质量控制等。

一、固体制剂的药用辅料

药用辅料（pharmaceutical excipients）系指生产药品和调配处方时使用的赋形剂和附加剂。也可以说是除活性药物以外，在安全性方面已进行了合理评估，且包含在药物制剂中的所有物质。药用辅料的种类和质量对药物制剂有重要影响，固体制剂中常用的辅料主要有：

1. 稀释剂与吸收剂

（1）稀释剂（diluents） 稀释剂系指用来增加固体制剂质量或体积，有利于成型和分剂量的辅料，亦称为填充剂（fillers）。固体制剂都为机械化生产的剂型，而不少药物剂量小于 100 mg，如恩替卡韦分散片 0.5 mg，盐酸丙卡特罗片仅 25 μg，因此，当药物剂量小时必须加入稀释剂。常用的水溶性稀释剂有乳糖、蔗糖、甘露醇、山梨醇等。水不溶性的稀释剂有淀粉、预胶化淀粉、微晶纤维素等。

（2）吸收剂（absorbents）　吸收剂系指用于吸收物料中液体成分的辅料。常用的吸收剂为无机盐类，如硫酸钙、碳酸钙、磷酸氢钙、氧化镁、氢氧化铝等。

2. 润湿剂与黏合剂

（1）润湿剂（moistening agents）　润湿剂系指可使固体物料润湿以产生足够强度的黏性的液体。但它本身无黏性，但可润湿物料并诱发物料的黏性。常用的有蒸馏水和乙醇等。

（2）黏合剂（adhesives）　黏合剂系指本身具有黏性，加入后对无黏性或黏性不足的物料给予黏性，从而使物料聚结成粒的辅料。常用的黏合剂有：淀粉浆，糖粉与糖浆，纤维素衍生物类如羟丙甲纤维素（HPMC）、羟丙纤维素（HPC）、羧甲基纤维素钠（CMC-Na），聚维酮（PVP）、胶浆等。

3. 崩解剂

崩解剂（disintegrants）系指促使固体制剂在胃肠液中迅速碎裂成细小颗粒的辅料。常用的崩解剂有：干淀粉、羧甲基淀粉钠（CMS-Na）、交联聚维酮（PVPP）、交联羧甲基纤维素钠（CC-Na）、低取代羟丙基纤维素（L-HPC）以及遇水产生二氧化碳气体而起崩解作用的泡腾崩解剂等。

4. 润滑剂

润滑剂（lubricants）系指能增加固体物料流动性、减小摩擦和黏附作用的辅料。常用的有硬脂酸、硬脂酸镁、滑石粉、微粉硅胶、氢化植物油及十二烷基硫酸钠等。

5. 其他

为了改善固体制剂的口味和外观，提高患者的顺应性，还常加入一些着色剂、矫味剂等辅料；为了调节药物释放速率，加入一些阻滞剂、致孔剂等。

二、固体制剂的制备工艺

在固体制剂的制备过程中，首先将药物进行粉碎与过筛后才能加工成各种剂型。如药物粉末与其他组分均匀混合后直接分装，可获得散剂；如将混合均匀的物料进行造粒、干燥后分装，即可得到颗粒剂；如将制备的颗粒压缩成型，可制备成片剂，包衣后可得到包衣片；如将混合的粉末或颗粒填充入胶囊中，可制备胶囊剂；等等。固体剂型的主要制备工艺流程见图 8-1。

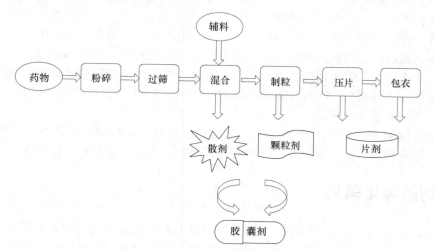

图 8-1　几种固体制剂的制备工艺流程图

对于固体制剂来说，物料的混合均匀度、流动性、充填性显得非常重要，如粉碎、过筛、混合是保证药物含量均匀度的主要单元操作，几乎所有的固体制剂都要经历这些操作。因此，固体物料良好的流动性、充填性可以保证产品的准确剂量，制粒操作或助流剂的加入是改善其流动性、充填性的主要措施之一。

三、 固体制剂的吸收过程

口服给药是药物研发过程中首选的给药途径，主要是因为口服给药符合胃肠道处理外来物质的规律，安全、方便、顺应性好。研究结果表明只有处于溶解状态的药物（分子或离子）才能经胃肠道吸收，其吸收的速率和程度与药物的分子大小、脂/水溶性、解离程度等有关。从固体制剂到能够被胃肠道吸收的形式是决定口服药物生物利用度的关键因素。固体制剂的吸收过程是：片剂、胶囊剂等口服给药后，在胃肠道内遇水后崩解、释放出药物粒子、在胃肠液中逐渐溶解，才能经胃肠道上皮细胞膜吸收进入血液循环中而发挥其治疗作用。特别是对一些难溶性药物来说，药物的溶出过程将成为药物吸收的限速过程。若溶出速率小，吸收慢，则血药浓度就难以达到治疗的有效浓度。各种剂型在口服后的吸收路径可见表 8-1 和图 8-2。

表 8-1　不同剂型在体内的吸收路径

剂型	崩解或分散	溶解过程	吸收
片剂	○	○	○
胶囊剂	○	○	○
颗粒剂	×	○	○
散剂	×	○	○
混悬剂	×	○	○
溶液剂	×	×	○

注：○需要此过程；×不需要此过程。

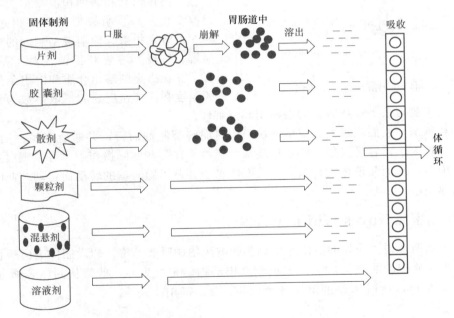

图 8-2　各种固体剂型在体内的吸收路径

例如片剂和胶囊剂口服后首先崩解成细颗粒状，然后药物分子从颗粒中溶出，药物通过胃肠黏膜吸收进入血液循环中。颗粒剂或散剂口服后没有崩解过程，迅速分散后具有较大的比表面积，因此药物的溶出、吸收和起效较快。混悬剂的颗粒较小，因此药物的溶解与吸收过程更快。溶液剂口服后没有崩解与溶解过程，药物可直接被吸收入血液循环当中，从而使药物的起效时间更短。口服制剂吸收的快慢顺序一般是：溶液剂＞混悬剂＞散剂＞颗粒剂＞胶囊剂＞片剂＞丸剂。

第二节　固体制剂的相关理论与技术

一、溶出理论

（一）基本理论

口服药物必须经吸收进入血液循环，达到一定血药浓度后才能发挥有效作用。药物在胃肠液中的溶解是进一步扩散并通过胃肠上皮细胞膜进入血液循环的前提，这一过程即药物的溶出过程，药物的溶出速率和程度总称**溶出度**。**溶出速率**是指单位时间内药物溶解的量，衡量药物溶出的快慢；**溶出程度**则是指在一定时间内药物溶解的总量，主要衡量药物溶出是否完全。溶出过程一般包括两个连续的阶段：首先是溶质分子从固体表面溶解，形成饱和层；然后在扩散作用下经过扩散层，再在对流作用下进入溶液。

溶出过程中，固体制剂或药物粒子与溶剂接触的表面积在不断改变。表面积的变化将导致流体动力学性质的改变。这种效应对那些在溶出过程中伴随有崩解过程的固体制剂比对那些非崩解的固体制剂表现得

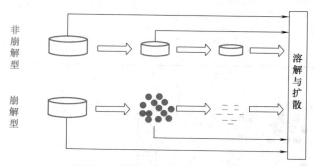

图 8-3　固体制剂溶出过程示意图

更为明显，如图 8-3 所示，非崩解型的固体制剂从试验开始后表面积就趋于减小，但由于形状改变不大，通过固体表面的液体切变力基本不变。而崩解型药物制剂在溶出过程中，则要经历几个不连续的过程，固体形状和表面积改变很大，导致液体切变力改变较大。非崩解型制剂溶出过程主要包括溶蚀、溶解和扩散，而崩解型制剂的溶出过程则包括崩解、解聚、溶解和扩散。对于某一固体药物而言，其在指定的溶出介质和溶出条件下（例如一定的温度和搅拌速度）的扩散系数为常数，决定溶出速率和溶出程度的主要因素是药物溶解的表面积和溶解性。

理论上，颗粒越细，表面积越大，溶出越快，但对崩解型制剂而言，并非所有品种崩解的颗粒越细，溶出越快。有时颗粒太小，容易聚集，特别是疏水性药物。在一些实际操作中，可以观察到细小颗粒从转篮中进入溶出杯中后，易沉淀于杯底、漂浮于液面或黏于杯壁不随转篮的转动而运动，此时较小颗粒反而比大颗粒的溶出速率小。

（二）溶出速率与 Noyes-Whitney 方程

对于多数固体剂型来说，药物的溶出速率直接影响药物的吸收速率。假设固体表面药物的浓度为饱和浓度（药物在溶出介质中的溶解度）C_s，溶液主体中药物的浓度为 C，药物从固体表面通过边界层扩散进入溶液主体（图 8-4），此时药物的溶出速率（dC/dt）可用 Noyes-Whitney 方程［式（8-1）］来描述。

$$\frac{dC}{dt} = KS(C_s - C) \tag{8-1}$$

$$K = \frac{D}{V\delta} \tag{8-2}$$

式中，K 为溶出速率常数；D 为药物的扩散系数；δ 为扩散层厚度；V 为溶出介质的体积；S 为溶出表面积。从这个方程可知，在单位时间内药物浓度的变化（即溶出速率）与药物

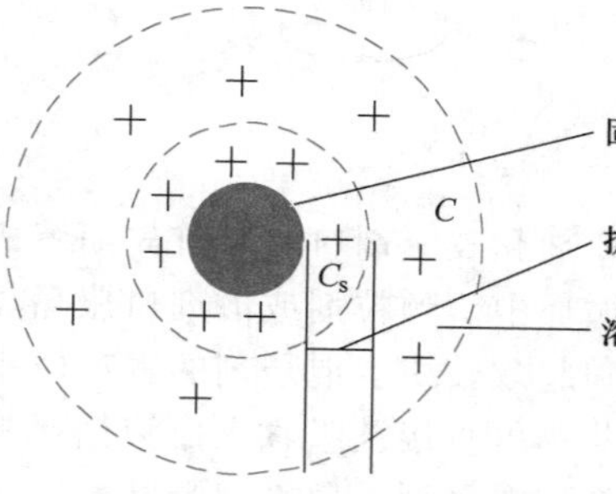

图 8-4　固体表面边界层示意图

的扩散面积、扩散系数、浓度差成正比，而与扩散层厚度、溶出介质的体积成反比。当 C_s 比 C 大得多时（一般 C 低于 $0.1C_s$），即常称的**漏槽条件**（sink condition），可理解为药物溶出后立即被移出，或溶出介质的量很大，溶液主体中药物浓度很低。体内药物吸收也被认为是在漏槽条件下进行。

在漏槽条件下，$C \to 0$，式（8-1）简化为：

$$\frac{dC}{dt} = KSC_s \tag{8-3}$$

根据 Noyes-Whitney 方程，可以直观地分析各个影响药物溶出速率的因素，表明药物从固体剂型中的溶出速率与溶出速率常数 K、药物粒子的表面积 S、药物的溶解度 C_s 成正比。故可采取以下措施来改善药物的溶出速率：

1. 药物的溶解度（C_s）

药物溶解度是影响药物溶出速率的最重要因素。药物的溶解度取决于药物的化学结构，也与药物粉末的固态性质有关。

2. 溶出表面积（S）

同一重量的固体药物，其粒径越小，表面积越大；对同样大小的固体药物，孔隙率越高，表面积越大；对于颗粒状或粉末状的固体药物，如在溶出介质中结块，可加入润湿剂以改善固体粒子的分散度，增加溶出界面，这些都有利于提高溶出速率。虽然微粉化技术对药物溶解度的改变很小，但表面积的显著增加可以显著提高其溶出速率。

3. 溶出介质的体积（V）

溶出介质的体积小，溶液中药物浓度（C）高，溶出速率慢；反之则溶出速率快。因此尽可能减小介质中药物的浓度，提高浓度梯度（$C_s - C$），使之符合漏槽条件。对于一些难溶性药物，不可能无限制地增加溶出介质体积来达到漏槽条件，所以有时需要在介质中加入少量表面活性剂来提高药物的溶解度。

4. 扩散系数（D）

药物在溶出介质中的扩散系数越大，溶出速率越快。在温度一定的条件下，扩散系数大小受溶出介质的黏度和药物分子大小的影响。温度升高，药物溶解度增大，也可使药物分子的扩散增强，介质黏度降低，溶出速率加快。

5. 扩散层的厚度（δ）

扩散层的厚度越大，溶出速率越慢。扩散层的厚度与搅拌程度有关，搅拌速度快，扩散层薄，溶出速率快。

对于固体制剂在体内的吸收，提高溶出速率的有效方法是增大药物的溶出表面积或提高药物的溶解度。粉碎技术、药物的固体分散技术、药物的包合技术等可以有效地提高药物的溶解度或溶出表面积。

（三）溶出度

溶出度（dissolution）系指药物从片剂或胶囊剂等固体制剂在规定溶剂中溶出的速率和程度。《中国药典》2020 年版规定口服固体制剂一般须进行溶出度试验（dissolution test）。溶出度检查一般用于普通固体制剂，而对于缓（控）释制剂则需检查**释放度**（release rate）。**释放度**系指口服药物从缓释制剂、控释制剂、肠溶制剂及透皮贴剂等固体制剂中释放的速率和程度。溶出度试验是一种模拟口服固体制剂在胃肠道中的崩解和溶出的体外试验方法。药物的体内试验和临床研究是评价制剂的最终依据，但由于研究工作量大、成本高，因此需要借助于体外溶出试验来检验和控制产品质量，建立体内外相关性，对药物制剂的体内行为进行预测，改变或控制溶出的速率或程度以适合体内吸收的需要，也是药物制剂处方及工艺设计的重要目的。本试验常用于指导药物制剂的研发，评价制剂批内、批间质量的一致性，评价药品处方工艺变更前后质量和疗效的一致性等。

1. 试验方法设计

溶出度试验的常用测定装置如图 8-5 所示。

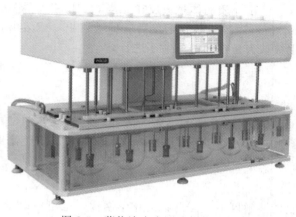

图 8-5　药物溶出度测试仪装置图

（1）**测定方法**　《中国药典》（2020 年版）通则 0931 溶出度与释放度测定法收载的测定方法有第一法（篮法）、第二法（桨法）、第三法（小杯法）、第四法（桨碟法）、第五法（转筒法）、第六法（流池法）和第七法（往复筒法）。推荐使用桨法和篮法，一般桨法选择 50～75 r/min，篮法选择 50～100 r/min。具体测定方法及结果判断见《中国药典》（2020 年版）溶出度和释放度测定法部分。

（2）**溶出介质**　溶出介质的选择应根据药物的性质，充分考虑药物在体内的环境，选择多种溶出介质进行，必要时可考虑加入适量表面活性剂、酶等添加物。《中国药典》规定溶出介质应使用新鲜配制并脱气的溶出介质。常用的有新鲜蒸馏水、不同浓度的盐酸或不同 pH 的缓冲液等，如 pH 为 1.2、4.5 和 6.8 的溶出介质。另外溶出介质的体积必须要符合漏槽条件，推荐选择 500 mL、900 mL 或 1000 mL，才能保证试验结果的准确性。

（3）**操作条件**　第一法和第二法操作容器为 1000 mL 圆底烧杯，第三法采用 250 mL 圆底烧杯，转速的大小应该控制一致。另外，转篮或搅拌桨必须垂直平衡转动，使溶出试验时搅拌条件一致，不得变形或倾斜。

2. 溶出曲线相似性

比较溶出曲线相似性的方法和模型有很多，Moore 和 Flanner 提出一种非模型依赖数学方法，即用变异因子（difference factor，f_1）与相似因子（similarity factor，f_2）定量评价溶出曲线之间的差别，应用广泛。其中相似因子 f_2 被美国 FDA 推荐为比较两条溶出曲线的首选方法。

$$f_2 = 50 \times \lg\left\{\left[1 + (1/n)\sum_{i=1}^{n}(R_t - T_t)^2\right]^{-0.5} \times 100\right\} \tag{8-4}$$

式中，n 为取样时间点的个数；R_t 为 t 时间参比制剂平均累积溶出百分率；T_t 为 t 时间受试制剂平均累积溶出百分率。

采用相似因子法判断溶出曲线相似性的标准为 f_2 在 50～100 之间。当受试制剂和参比制剂在 15 min 的平均累积溶出百分率均不低于 85% 时，可认为溶出曲线相似。此外，进行溶出度试验及数据处理时还应满足以下条件：①应在完全相同的条件下对受试制剂和参比制剂的溶出曲线进行测定；②每条溶出曲线至少采用 12 个剂量单位（如片剂 12 片或胶囊 12 粒）进行测定；③第 1 个时间点溶出结果的相对标准偏差不得过 20%，自第 2 个时间点至最后时间点溶出结果的相对标准偏差不得过 10%，方可采用溶出度的均值；④保证药物溶出 90% 以上或达到溶出平台；⑤两条溶出曲线的取样点应相同，至少应有 3 个点，时间点的选取应尽可能以溶出量等分为原则，并兼顾整数时间点，且溶出量超过 85% 的时间点不超过 1 个。

二、粉体学理论

（一）概述

粉体（powders）是无数个固体粒子集合体的总称。**粉体学**（micromeritics）是研究粉体的基本性质及其应用的科学。**粒子**（particles）是粉体中最小的运动单元，是组成粉体的基础。通常将 ≤100 μm 的粒子叫"粉"，>100 μm 的粒子叫"粒"，而 <1 μm 的粒子称为纳米粉体。粉体粒子可能是单体的结晶，也可能是多个单体粒子聚结在一起的粒子，为了区别单体粒子和聚结粒子，将单体粒子称为**一级粒子**（primary particles），将聚结粒子称为**二级粒子**（secondary particles）。在粉体的处理过程中由范德华力、静电力等弱结合力的作用而生成的不规则絮凝物和由黏合剂的强结合力的作用聚集在一起的聚结物都属于

二级粒子。

众所周知，物体呈固体、液体、气体三种形态，液体与气体具有流动性，而固体没有流动性。但是，将大块固体粉碎成粒子之后，则：①具有与液体相类似的流动性；②具有与气体相类似的压缩性；③具有固体的抗变形能力。因此人们常把粉体视为"第四种物态"来处理。在粉体的处理过程中，即使是一种物质，如果组成粉体的每个粒子的大小及粒度分布不同、粒子形状不同、粒子间孔隙中充满的气体及吸附的水分等不同，也会严重影响粒子间的相互作用力，使粉体整体的性质发生变化，因此很难将粉体的各种性质像气体、液体那样用数学模式来描述或定义。

在药品中固体制剂约占 70%～80%，含有固体药物的剂型有散剂、颗粒剂、胶囊剂、片剂、粉针剂、混悬剂等，需根据不同要求进行粒子加工以改善粉体性质来满足产品质量和粉体操作的需求。固体制剂的制备过程所涉及的单元操作有粉碎、分级、混合、制粒、干燥、压片、包装、输送、贮存等，粉体技术也能为固体制剂的处方设计、生产过程以及质量控制等诸方面提供重要的理论依据和试验方法，因而日益受到药学工作者的关注。

（二）粉体的性质

1. 粒径与粒度分布

（1）粒径 粒径又称粒子大小（particle size），系指粒子的几何尺寸。粒径是粉体的最基本的性质。球形颗粒的直径、立方形颗粒的边长等规则粒子的特征长度可直接表示粒子的大小。但通常处理的粉体中，多数情况是组成粉体的各个粒子的形态不同且不规则，各方向的长度不同，大小不同，很难像球体、立方体等规则粒子以特征长度表示其大小。对于一个不规则粒子，其粒子径的测定方法不同，其物理意义不同，测定值也不同。

① 几何学粒子径（geometric diameter）：系指根据投影的几何学尺寸定义的粒子径，见图 8-6。一般用显微镜法测定，近年来计算机的发展为几何学粒径提供了快速、方便、准确的测定方法。

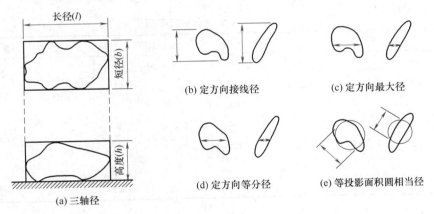

图 8-6　几何学粒子径的表示方法

a. 三轴径（three shaft diameter）系指在粒子的平面投影图上测定长径 l、短径 b 和高度 h，见图 8-6(a)，以此表示长轴径、短轴径和厚度。三轴径反映粒子的实际尺寸。

b. 定方向径（投影径）系指在粒子的平面投影上，某一定方向测得的特征径。常见的有以下几种：
定方向接线径（Feret 径）是指按一定方向的平行线将粒子的投影面外接时平行线间的距离见图 8-6(b)。
定方向最大径（Krummbein 径）是指在一定方向上分割粒子投影面的最大长度，见图 8-6(c)。
定方向等分径（Martin 径）是指一定方向的线将粒子的投影面积等份分割时的长度，见图 8-6(d)。

c. 投影面积圆相当径（Heywood 径）系指与粒子的投影面积相同的圆的直径，常用 D_H 表示，见图 8-6(e)。

d. 体积等价径（equivalent volume diameter）系指与粒子的体积相同的球体直径，也叫球相当径。常用库尔特计数器测得，记作 D_V。

② 筛分径（sieving diameter）：又称细孔通过相当径。当粒子通过粗筛网且被截留在细筛网时，粗细

筛孔直径的算术或几何平均值称为筛分平均径，记作 D_A。

算术平均径：
$$D_A = \frac{a+b}{2}$$
(8-5)

几何平均径：
$$D_A = \sqrt{ab}$$
(8-6)

式中，a 为粒子通过的粗筛网直径；b 为粒子被截留的细筛网直径。

③ 有效径（effect diameter）：系指粒径相当于在液相中具有相同沉降速度的球形颗粒的直径。该粒径根据 Stock's 方程计算所得，因此又称 Stock's 径，记作 D_{Stk}。

$$D_{Stk} = \sqrt{\frac{18\eta}{(\rho_p - \rho_l)g} \cdot \frac{h}{t}}$$
(8-7)

式中，ρ_p、ρ_l 分别表示被测粒子与液相的密度；η 为液相的黏度；h 为等速沉降距离；t 为沉降时间。

④ 比表面积等价径（equivalent specific surface diameter）：系指与欲测粒子具有相同比表面积的球的直径，记作 D_{SV}。采用透过法、吸附法测得比表面积后计算求得。这种方法求得的粒径为平均径，不能求粒度分布。

$$D_{SV} = \frac{\varphi}{S_W \rho}$$
(8-8)

式中，S_W 为质量比表面积；ρ 为粒子的密度；φ 为粒子的形状系数，球体时 $\varphi = 6$，其他形状时一般 $\varphi = 6 \sim 8$。

（2）粒度分布（particle size distribution）　粉体由粒径不等的粒子群组成，粒度分布表示不同粒径的粒子群在粉体中所分布的情况，反映粒子大小的均匀程度。

频率分布（frequency distribution）与**累积分布**（cumulative distribution）是常用的粒度分布的表示方式。频率分布表示与各个粒径相对应的粒子占全粒子群中的百分数；累积分布表示小于或大于某粒径的粒子占全粒子群中的百分数。频率分布与累积分布可用简单的表格（表 8-2）表示，也可用直方图或曲线等形式表示（图 8-7）。

表 8-2　粒度分布测定实例

粒径/μm	平均径/μm	个数	频率百分数/%	累积百分数/%
<9.9	—	20	2	2
10~19.9	15	180	18	20
20~29.9	25	300	30	50
30~39.9	35	300	30	80
40~49.9	45	180	18	98
50~59.9	55	18	1.8	99.8
>60	—	2	0.2	100

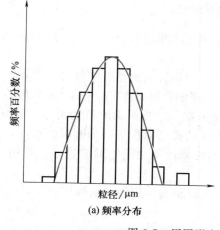

(a) 频率分布

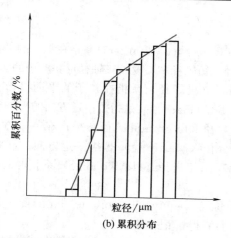

(b) 累积分布

图 8-7　用图形表示的粒度分布示意图

除分布图外，粒径的分布也可用一些参数表示，如用筛分法测定累积分布时，以筛下粒径累计的分布叫筛下分布（undersize distribution）；以筛上粒径累积的分布叫筛上分布（oversize distribution）。筛上累积分布函数 $F(x)$、筛下累积分布函数 $R(x)$ 与频率分布函数 $f(x)$ 之间的关系式如下：

$$f(x) = \frac{dF(x)}{dx} = -\frac{dR(x)}{dx} \tag{8-9}$$

$$F(x) + R(x) = 1 \tag{8-10}$$

$$\int_0^x f(x)dx = 1 \tag{8-11}$$

2. 平均粒径

为了求出由不同粒径组成的粒子群的平均粒径，首先求出前面所述具有代表性的粒径，然后求其平均值。求平均值的方法如表 8-3 所示。中位径是最常用的平均粒径，也叫中值径，即在累积分布中累积值正好为 50% 所对应的粒径，常用 D_{50} 表示。

表 8-3　各种平均粒径与计算公式

名称	公式
算术平均径（arithmetic mean diameter）	$\sum nd / \sum n$
几何平均径（geometric mean diameter）	$(d_1^{n_1} \cdot d_2^{n_2} \cdots d_n^{n_n})^{1/n}$
众数径（mode diameter）	频数最多的粒子直径
中位径（medium diameter）	累积中间值（D_{50}）
面积-长度平均径（surface length mean diameter）	$\sum nd^2 / \sum nd$
体/面积平均径（volume/surface mean diameter）	$\sum nd^3 / \sum nd^2$
重量平均径（weight mean diameter）	$\sum nd^4 / \sum nd^3$

3. 粒径的测定方法

粒径的测定方法有很多，粒径的测定原理不同，粒径的测定范围也不同，表 8-4 列出了粒径的测定方法、适用范围及特点。《中国药典》（2020 年版）规定可用显微镜法（第一法）或筛分法（第二法）测定药物制剂的粒径或限度，用光散射法（第三法）测定原料药物或药物制剂的粒度分布。

表 8-4　粒径的测定方法、适用范围及特点

测定方法	粒径/μm	平均径	粒度分布	比表面积	流体力学原理
光学显微镜	0.5~	○	○	×	×
电子显微镜	0.01~	○	○	×	×
筛分法	45~	○	○	×	○
沉降法	0.5~100	○	○	×	×
库尔特计数法	1~600	○	○	×	○
气体透过法	1~100	○	×	○	×
氮气吸附法	0.03~1	○	×	○	×
激光衍射（湿法）	0.02~3500	○	○	×	×
激光散射（湿法）	0.01~2	○	○	×	×

注：○表示能，×表示不能。

（1）显微镜法（microscopic method）　显微镜法系指将粒子放在显微镜下，根据所投影像测得粒径的方法，主要测定几何学粒径。光学显微镜可以测定微米级的粒径，电子显微镜可以测定纳米级的粒径。测定时避免粒子间的重叠，以免产生测定的误差。主要测定以个数、面积为基准的粒度分布。

（2）库尔特计数法（Coulter counter method）　此法也称电阻法，测定的是等体积球相当径，测定范围为 $0.1 \sim 1000\ \mu m$。测定原理如图 8-8 所示。将粒子群混悬于电解质溶液中，壁上设有一个细孔，孔两侧各有电极，电极间有一定电压，当粒子通过细孔时，粒子的体积排除孔内电解质而使电阻发生改变。利用电阻与粒子的体积成正比的关系将电信号换算成粒径，以测定粒径及其分布。混悬剂、乳剂、脂质体、粉末药物等可用本法测定。

（3）沉降法（sedimentation method）　沉降法系指液相中混悬的粒子在重力场中恒速沉降时，根据 Stock's 方程求出粒径的方法。Stock's 方程适用于 $100\ \mu m$ 以下的粒径的测定，常用 Andreasen 吸管法，如图 8-9 所示。这种装置设定一定的沉降高度，在此高度范围内粒子以等速沉降（求出粒径），并在一定

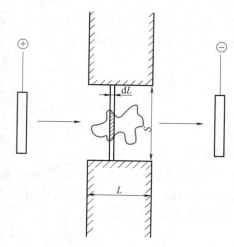

图 8-8　库尔特计数法测定原理

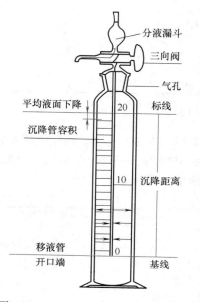

图 8-9　Andreasen 吸管法测定示意图

时间间隔内再用吸管取样，测定粒子的浓度或沉降量，可求得粒度分布。测得的粒度分布是以重量为基准的。

有效径的测定法还有离心法、比浊法、沉降天平法、光扫描快速粒度测定法等。

（4）比表面积法（specific surface area method）　比表面积法系指利用粉体的比表面积随粒径的减少而迅速增加的原理，通过粉体层中比表面积的信息与粒径的关系求得平均粒径的方法。但本法不能求得粒度分布。可测定的粒度范围为 $100~\mu m$ 以下。

（5）筛分法（sieving method）　筛分法是粒径与粒径分布的测量中使用最早、应用最广，而且简单、快速的方法。常用测定范围在 $45~\mu m$ 以上。

筛分法是利用筛孔将粉体机械阻挡的分级方法。将筛子由粗到细按筛号顺序上下排列，将一定量粉体样品置于最上层，振动一定时间，称量各个筛号上的粉体质量，求得各筛号上的不同粒级质量百分数，由此获得以质量为基准的筛分粒径分布及平均粒径。我国常用的标准筛号与尺寸见表 8-5。

筛分法一般分为手动筛分法、机械筛分法和空气喷射筛分法。筛分时需注意环境湿度，防止样品吸水或失水。对易产生静电的样品，可加入 0.5% 胶态二氧化硅和（或）氧化铝等抗静电剂，以减少静电作用产生的影响。

表 8-5　国内常用标准筛

目数	筛孔尺寸/mm	目数	筛孔尺寸/mm	目数	筛孔尺寸/mm
8	2.50	45	0.400	130	0.112
10	2.00	50	0.355	150	0.100
12	1.60	55	0.315	160	0.090
16	1.25	60	0.280	190	0.080
18	1.00	65	0.250	200	0.071
20	0.90	70	0.224	240	0.063
24	0.80	75	0.200	260	0.056
26	0.70	80	0.180	300	0.050
28	0.63	90	0.160	320	0.045
32	0.56	100	0.154	360	0.040
35	0.50	110	0.140		
40	0.45	120	0.150		

4. 粒子形态

粒子形态系指一个粒子的轮廓或表面上各点所构成的图像。由于粒子的形态千差万别，描述粒子形态的术语也很多，如球形（spherical）、立方形（cubical）、片状（platy）、柱状（prismoidal）、鳞状（flaky）、粒状（granular）、棒状（rodlike）、针状（needle-like）、块状（blocky）、纤维状（fibrous）、海绵状（sponge）等。除了球形和立方形等规则而对称的形态外，其他形态的粒子很难精确地描述，但这些大致反映了粒子形态的某些特征，因此这些术语在工程上还是广泛使用的。

为了用数学方式定量地描述粒子的几何形状，习惯上将粒子外形的几何量的各种无因次组合称为形状指数（shape index），将立体几何各变量的关系定义为形状系数（shape factor）。

（1）形状指数 形状指数包括球形度（degree of sphericility）和圆形度（degree of circularity）。

① 球形度亦称真球度，表示粒子接近球体的程度。

$$\varphi_V = \pi D_V^2 / S \tag{8-12}$$

式中，D_V 为粒子的球相当径，$D_V = (6V/\pi)^{1/3}$；S 为粒子的实际体表面积。一般不规则粒子的表面积不易测定，用式（8-13）计算球形度更实用。

$$\varphi = \frac{粒子投影面相当径}{粒子投影面最小外接圆直径} \tag{8-13}$$

② 圆形度表示粒子的投影面接近于圆的程度。

$$\varphi_c = \pi D_H / L \tag{8-14}$$

式中，D_H 为投影面积圆相当径，$D_H = (4A/\pi)^{1/2}$；L 为粒子的投影周长。

（2）形状系数 在立体几何中，用特征长度计算体积或面积时往往乘以系数，这种系数叫形状系数。将平均粒径为 D、体积为 V_p、表面积为 S 的粒子的各种形状系数表示如下。

① 体积形状系数 φ_V：

$$\varphi_V = V_p / D^3 \tag{8-15}$$

显然，球体的体积形状系数为 $\pi/6$，立方体的体积形状系数为 1。

② 表面积形状系数 φ_S：

$$\varphi_S = S / D^2 \tag{8-16}$$

球体的表面积形状系数为 π，立方体的表面积形状系数为 6。

③ 比表面积形状系数 φ：用表面积形状系数与体积形状系数之比表示。

$$\varphi = \varphi_S / \varphi_V \tag{8-17}$$

球体的比表面积形状系数为 6，立方体的比表面积形状系数为 6。某粒子的比表面积形状系数越接近于 6，该粒子越接近于球体或立方体，不对称粒子的比表面积形状系数大于 6，常见粒子的比表面积形状系数在 6～8 范围内。

5. 粒子的比表面积

（1）比表面积的表示方法 粒子的比表面积系指单位体积或单位质量的表面积，分别用体积比表面积 S_V 和质量比表面积 S_W 表示。

① 体积比表面积：系指单位体积粉体所具有的表面积，单位为 cm^2/cm^3。

$$S_V = \frac{s}{V} = \frac{\pi d^2 n}{\frac{\pi d^3}{6} n} = \frac{6}{d} \tag{8-18}$$

式中，s 为粉体粒子的总表面积；V 为粉体粒子的体积；d 为粒径；n 为粒子总个数。

② 质量比表面积：系指单位质量粉体所具有的表面积，单位为 cm^2/g。

$$S_W = \frac{s}{W} = \frac{\pi d^2 n}{\frac{\pi d^3 \rho n}{6}} = \frac{6}{d\rho} \tag{8-19}$$

式中，W 为粉体的总质量；ρ 为粉体的粒密度；其他物理量同式（8-18）。

比表面积是表征粉体中粒子粗细的一种量度，也是表示固体吸附能力的重要参数。可用于计算无孔粒子和高度分散粉末的平均粒径。比表面积不仅对粉体性质有重要影响，而且对制剂性质和药理性质都有重要意义。

（2）比表面积的测定方法　直接测定粉体比表面积的常用方法有气体吸附法和气体透过法。

① 气体吸附法（gas adsorption method）：具有较大比表面积的粉体是气体或液体的良好吸附剂。在一定温度下 1 g 粉体所吸附的气体体积（cm^3）对气体压力绘图可得吸附等温线。被吸附在粉体表面的气体在低压下形成单分子层，在高压下形成多分子层。如果已知一个气体分子的断面积 A，形成单分子层的吸附量 V_m，可用式（8-20）计算该粉体的质量比表面积 S_W。吸附实验的常用气体为氮气，在氮气沸点 $-196℃$ 下，氮气的断面积 A 为 $0.162nm^2/mol$。

$$S_W = A \cdot \frac{V_m}{22400} \times 6.02 \times 10^{23} \qquad (8\text{-}20)$$

式（8-20）中的 V_m 可通过 BET（Brunauer Emmett Teller）公式计算：

$$\frac{p}{V(p_0-p)} = \frac{1}{V_m C} + \frac{C-1}{V_m C} \cdot \frac{p}{p_0} \qquad (8\text{-}21)$$

式中，V 为在压力 p 下 1 g 粉体吸附气体的量，cm^3/g；C 为表示第一层吸附热和液化热的差值的常数；p_0 为实验室温度下吸附气体饱和蒸气压，Pa，为一常数。在一定实验温度下测定一系列 p 对 V 的数值，$p/V(p_0-p)$ 对 p/p_0 绘图，可得直线，由直线的斜率与截距求得 V_m。

② 气体透过法（gas permeability method）：气体通过粉体层时会发生流动，所以气体的流动速度与阻力受粉体层的表面积大小（或粒子大小）的影响。粉体层的质量比表面积 S_W 与气体流量、阻力、黏度等关系可用 Kozeny-Carman 公式表示，如式（8-22）。

$$S_W = \frac{14}{\rho} \sqrt{\frac{A \cdot \Delta P \cdot t}{\eta \cdot L \cdot Q} \frac{\varepsilon^2}{(1-\varepsilon)^2}} \qquad (8\text{-}22)$$

式中，ρ 为粒子密度；η 为气体的黏度；ε 为粉体层的空隙率；A 为粉体层断面积；ΔP 为粉体层压力差（阻力）；Q 为 t 时间内通过粉体层的气体流量。

气体透过法只能测粒子外部比表面积，粒子内部空隙的比表面积不能测，因此不适合用于多孔形粒子的比表面积的测定。

6. 粉体的密度

（1）定义与分类　粉体的密度系指单位体积粉体的质量。由于粉体的颗粒内部和颗粒之间存在空隙，粉体的体积具有不同含义。因此，粉体的密度根据其所指的体积不同分为**真密度**、**粒密度**和**堆密度**三种。

① 真密度（true density，ρ_t）：系指粉体质量（W）除以真体积 V_t（不包括颗粒内外空隙的体积）求得的密度，即 $\rho_t = W/V_t$，如图 8-10（a）中的斜线部分所示。

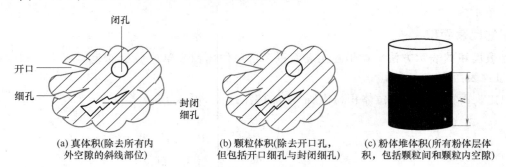

图 8-10　不同类型粉体体积示意图

② 粒密度（granule density，ρ_g）系指粉体质量除以颗粒体积 V_g（包括开口细孔与封闭细孔在内）所求得的密度，即 $\rho_g = W/V_g$，如图 8-7（b）所示。颗粒内存在的细孔径小于 10 μm 时水银不能渗入，因此往往采用水银置换法测定粒密度。

③ 堆密度（bulk density，ρ_b）系指粉体质量除以该粉体所占容器的体积 V 求得的密度，亦称松密度，即 $\rho_b = W/V$，如图 8-7（c）所示。填充粉体时，经一定规律振动或轻敲后测得的密度称振实密度

(tap density，ρ_{bt})。

若颗粒致密，无细孔和空洞，则 $\rho_t = \rho_g$；几种密度的大小顺序在一般情况下为 $\rho_t \geqslant \rho_g > \rho_{bt} \geqslant \rho_b$。常见物质的真密度参见表 8-6。

表 8-6　常见物质的真密度

物质名称	真密度/(g/cm³)	物质名称	真密度/(g/cm³)
氧化铝	4.0	蜡	0.9
苯甲酸	1.3	碳酸钾	2.29
碱式碳酸铋	6.86	氯化钾	1.98
碳酸钙	2.72	硝酸银	4.35
氧化钙	3.3	硼酸钠	1.73
软木	0.24	溴化钠	3.2
明胶	1.27	氯化钠	2.16
白陶土	2.2～2.5	蔗糖	1.6
碳酸镁	3.04	沉降硫黄	2.0
氧化镁	3.65	滑石粉	2.6～2.8
硫酸镁	1.65	氧化锌(六方晶)	5.59

（2）粉体密度的测定

① 真密度的测定：本测定中实质性问题是如何准确测定粉体的真体积。当固体颗粒无孔时，真密度与粒密度是相同的，都可用液体或气体将粉体置换的方法测得。当颗粒为多孔，存在内部面积时，最好采用气体（氦气）置换法测定，因为氦气能深入颗粒的最小空隙而不被材料吸附。

测定时，首先通入已知量的氦气到空仪器中，测定仪器的容积（V_0，死体积），然后将称重的样品加入测定器中，抽气除去粉末上吸附的气体，再导入一定量的氦气，用汞压力计测定压力变化，应用气体定律计算出粉体颗粒周围及进入颗粒细孔的氦气体积（V_t）。V_t 与 V_0 的差值即为粉体所占体积，根据其质量可计算粉体的真密度。

除上述方法外，如将粉体用强大压力压成片，测定片剂的质量和体积，所求出的密度称为高压密度，与真密度也十分接近。

② 粒密度的测定：常用液体浸入法（liquid immersion method），它是一种用液体置换粉体的方法。所用液体一般为汞，由于汞的表面张力较大，在常压下不能渗入粉体粒子的微小空隙，但是可以进入粒子间的空隙中，因此测得的体积是粉体粒子固有体积与粒子中内部空隙的体积之和。其他液体如苯、四氯化碳等也可用于粉体粒密度的测定。测定时，将粉体置于测量容器中，加入液体介质，并让液体介质充分浸入粉体粒子的空隙中，然后采用加热或减压法脱气后，测定粉体所排出液体的体积，即可计算粉体的粒密度。测定方法有两种：比重瓶法和吊斗法，常用的是比重瓶法。

③ 堆密度与振实密度的测定：将粉体装入容器中所测得的体积包括粉体真体积、粒子内空隙、粒子间空隙等，因此测量容器的形状与大小、粉体的预处理方式、物料的装填速度及装填方式等影响粉体体积。常用的测定方法为将约 50 cm³ 的经过筛处理的粉体小心装入 100 mL 量筒中，将量筒从 1 英寸（25.4 mm）高度落到硬的木质表面，重复 3 次（间隔 2 s），所测得体积为粉体的堆体积，根据其质量可计算堆密度。

将粉体装填于测量容器时不施加任何外力所测得密度为**最松堆密度**，施加外力而使粉体处于最紧充填状态下所测得密度叫**最紧堆密度**。振实密度随振荡次数而发生变化，最终振荡体积不变时测得的振实密度即为最紧堆密度。

7. 粉体的空隙率

空隙率（porosity）系指粉体层中空隙所占有的比例。由于颗粒内、颗粒间都有空隙，相应地将空隙率分为颗粒内空隙率、颗粒间空隙率、总空隙率等。颗粒的充填体积（V）是粉体的真体积（V_t）、颗粒内部空隙体积（$V_内$）与颗粒间空隙体积（$V_间$）之和，即 $V = V_t + V_内 + V_间$。根据定义，颗粒内空隙率 $\varepsilon_内 = V_内/(V_t + V_内)$；颗粒间空隙率 $\varepsilon_间 = V_间/V$；总空隙率 $\varepsilon_总 = (V_内 + V_间)/V$。也可以通过相应的密度计算求得，如式（8-23）、式（8-24）、式（8-25）所示。

$$\varepsilon_内 = \frac{V_g - V_t}{V_g} = 1 - \frac{\rho_g}{\rho_t} \tag{8-23}$$

$$\varepsilon_{间} = \frac{V - V_g}{V} = 1 - \frac{\rho_b}{\rho_g} \tag{8-24}$$

$$\varepsilon_{总} = \frac{V - V_t}{V} = 1 - \frac{\rho_b}{\rho_t} \tag{8-25}$$

粉体在压缩过程中之所以体积减小，主要是因为粉体内部的空隙减少，片剂在崩解前吸水也受空隙率大小的影响，一般片剂的空隙率在 5%～35%。空隙率的测定方法还有压汞法、气体吸附法等，可参阅有关文献及说明书。

8. 粉体的流动性

粉体的流动性（powder flowability）对颗粒剂、胶囊剂、片剂等制剂的重量差异以及正常的操作影响较大，是保证产品质量的重要性质。

（1）粉体的流动性评价方法　粉体的流动性与粒子的形状、大小、表面状态、密度、空隙率等有关，加上颗粒之间的内摩擦力和黏附力等的复杂关系，无法用单一的物性值来表达。且粉体的流动形式很多，如重力流动、振动流动、压缩流动、流态化流动等，其对应的流动性的评价方法也有所不同，表 8-7 列出了流动形式与相应流动性的评价方法。粉体的流动性测定时，最好采用与处理过程相适应的方法。

表 8-7　流动形式与相应流动性评价方法

种类	现象或操作	流动性的评价方法
重力流动	瓶或加料斗中的流出，旋转容器型混合器，充填	流速，壁面摩擦角，休止角，流出界限孔径
振动流动	振动加料，振动筛充填，流出	休止角，流速，压缩度，表观密度
压缩流动	压缩成型（压片）	压缩度，壁面摩擦角，内部摩擦角
流态化流动	流化层干燥，流化层造粒，颗粒或片剂的空气输送	休止角，最小流化速度

① 休止角（angle of repose）：系指粉体堆积层的自由斜面与水平面所形成的最大角，是粒子在粉体堆积层的自由斜面上滑动时所受的重力和粒子间摩擦力达到平衡而处于静止状态下测得的。常用的测定方法有固定漏斗法、固定圆锥底法、倾斜箱法和倾斜角法等，如图 8-11 所示。休止角不仅可以直接测定，而且可以测定粉体层的高度和圆盘半径后计算而得。即 $\tan\theta =$ 高度/半径。休止角是检验粉体流动性好坏的最简便的方法。

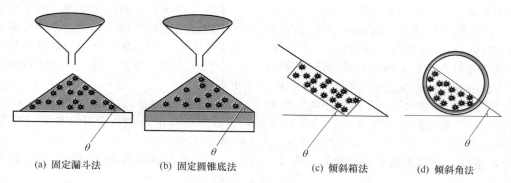

| (a) 固定漏斗法 | (b) 固定圆锥底法 | (c) 倾斜箱法 | (d) 倾斜角法 |

图 8-11　休止角的测定方法

休止角越小，说明摩擦力越小，流动性越好，一般认为 $\theta \leqslant 30°$ 时流动性好，$\theta \leqslant 40°$ 时可以满足生产过程中流动性的需求。黏性粉体（sticky powder）或粒径小于 200 μm 的粉体粒子间相互作用力较大而流动性差，相应地所测休止角较大。值得注意的是，测量方法不同所得数据有所不同，重现性差，所以不能把它看作粉体的一个物理常数。

② 流出速度（flow velocity）：系指单位时间内从容器的小孔中流出粉体的量，如图 8-12 所示。如果粉体的流动性很差而不能流出时可加入 100 μm 大小的玻璃球助流，测定粉体开始流动所需玻璃球的最少量（质量分数，%），以表示流动性，加入量越多流动性越差。

③ 压缩度（compressibility）：又称卡尔指数（Carr index），系将一定量的粉体轻轻装入量筒后测量最初松体积；采用轻敲法（tapping method）使粉体处于最紧状态，测量最终的体积（图 8-13），计算最松密度 ρ_0 与最紧密度 ρ_f；根据式（8-26）计算压缩度 C。

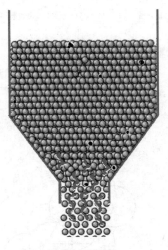
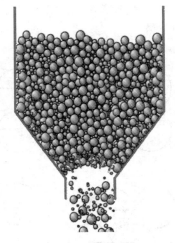

(a) 流动性好的粉体   (b) 流动性差的粉体(加玻璃球)

图 8-12 粉体的流出速度测定示意图

$$C = \frac{\rho_f - \rho_0}{\rho_f} \times 100\% \tag{8-26}$$

压缩度是粉体流动性的重要指标，其大小反映粉体的团聚性、松软状态。压缩度为 20% 以下时流动性较好，压缩度增大时流动性下降，当 C 值达到 40%~50% 时粉体很难从容器中自动流出。

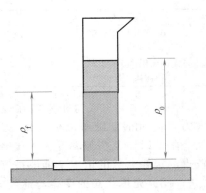

图 8-13 粉体的压缩度测定示意图

（2）粉体流动性的影响因素与改善方法 粒子间的黏着力、摩擦力、范德华力、静电力等作用阻碍粒子的自由流动，影响粉体的流动性。为了减弱这些力的作用可采取以下措施：

① 增大粒子大小。一般细粉的流动性较粗粉差，对于粉末进行制粒，可有效减少粒子间附着力，改善流动性。

② 改善粒子形态及表面粗糙度。球形粒子的光滑表面，能减少摩擦力。可采用喷雾干燥制得近球形的颗粒，如喷雾干燥乳糖。颗粒表面的粗糙度也会影响粉末的流动性。表面粗糙的颗粒黏附性更强，可以通过改变生产方法（如结晶条件等）来改变颗粒的形态。

③ 降低含湿量。由于粉体的吸湿作用，粒子表面吸附的水分增加粒子间黏着力，因此适当干燥有利于减弱粒子间作用力。

④ 加入助流剂。助流剂可降低粉末间的黏附性，从而改善流动性。在粉体中加入 0.5%~2% 滑石粉、微粉硅胶等助流剂，在粉体的粒子表面填平粗糙面而形成光滑表面，减少阻力、减少静电力等，可大大改善粉体的流动性，但过多的助流剂反而增加阻力。

9. 粉体的充填性

（1）粉体充填性的表示方法 充填性是粉体集合体的基本性质，在片剂、胶囊剂的装填过程中具有重要意义。充填性的常用表征参数由表 8-8 列出。

表 8-8 粉体充填性的表征参数

充填性	英文名称	定义	方程
堆比容	specific volume	粉体单位质量(1 g)所占体积	$\nu = V_b/W$
堆密度	bulk density	粉体单位体积(1 cm³)的质量	$\rho = W/V_b$
空隙率	porosity	粉体的堆体积中空隙所占体积比	$\varepsilon = (V_b - V_t)/V_b$
空隙比	void ratio	空隙体积与粉体真体积之比	$e = (V_b - V_t)/V_t$
充填率	packing fraction	粉体的堆密度与真密度之比	$k = \rho_b/\rho_t = 1 - \varepsilon$
配位数	coordination number	一个粒子周围相邻的其他粒子个数	

注：W 为粉体质量，V_b 为粉体所占的表观体积，V_t 为粉体的真体积。

堆密度与空隙率反映粉体的充填状态，紧密充填时密度大，空隙率小。

（2）颗粒的排列模型 颗粒的装填方式影响粉体的体积与空隙率。粒子的排列方式中最简单的模型是大小相等的球形粒子的充填方式。图 8-14 是由 Graton 研究的著名的 Graton-Fraser 模型，表 8-9 列出不同排列方式的一些参数。

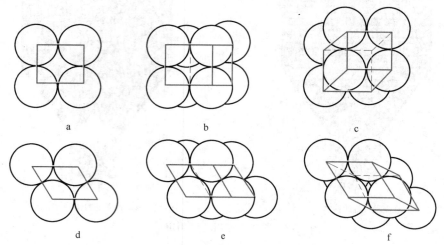

图 8-14　Graton-Fraser 模型（等大小球形粒子的排列图）

表 8-9　等大小球形粒子在规则充填时的一些参数

充填名称	空隙率/%	接触点数	排列号码
立方格子形充填	47.64	6	a
斜方格子形充填	39.54	8	b　d
四面楔格子形充填	30.19	10	e
棱面格子形充填	25.95	12	c　f

由表 8-9 可知：球形颗粒在规则排列时，接触点数最小为 6，其空隙率最大（47.64%）；接触点数最大为 12，此时空隙率最小（25.95%）。理论上球形粒子的大小不影响空隙率及接触点数，但在粒径小于某一限度时，其空隙率变大、接触点数变少。这是因为粒径小的颗粒自重小，附着、聚结作用强，从而在较少的接触点数的情况下能够被互相支撑。

（3）充填状态的变化与速度方程　容器中轻轻加入粉体后给予振动或冲击时粉体层的体积减小，这种粉体体积的减小程度也是粉体的特性之一，与流动性密切相关。粉体层体积或密度随振动次数的变化规律可由川北方程和久野方程进行分析。

川北方程：
$$\frac{n}{C} = \frac{1}{ab} + \frac{n}{a}$$
(8-27)

久野方程：
$$\ln(\rho_f - \rho_n) = -kn + \ln(\rho_f - \rho_0)$$
(8-28)

式中，ρ_0、ρ_n、ρ_f 分别表示最初（0 次）、n 次、最终（体积不变）的密度；C 为体积减小度，即 $C = (V_0 - V_n)/V_0$；a 为最终的体积减小度，a 值越小流动性越好；k、b 为充填速率常数，其值越大充填速度越大，充填越容易进行。在一般情况下，粒径越大，k 值越大。根据上式，对 n/C-n、$\ln(\rho_f - \rho_n)$-n 作图，根据测得的斜率、截距求算有关参数，如 a、b、k、C。

（4）助流剂对充填性的影响　助流剂的粒径较小，一般约为 40 μm，与粉体混合时在粒子表面附着，减弱粒子间的黏附从而增强流动性，增大充填密度。助流剂微粉的添加量在 0.05%～0.1%（W/W）范围内最适宜，过量加入反而减弱流动性。马铃薯淀粉中加入微粉硅胶，使淀粉粒子表面的 20%～30% 被微粉硅胶覆盖，防止粒子间的直接接触，黏着力下降到最低，松密度上升到最大。

10. 粉体的吸湿性

吸湿性（moisture absorption）系指固体表面吸附水分的现象。将药物粉末置于湿度较大的空气中，容易发生不同程度的吸湿现象以至于粉末的流动性下降、固结、润湿、液化等，甚至促进化学反应的发生，从而降低药物的稳定性。因此防湿是药物制剂中的一个重要研究方向。

干燥过程得以进行的必要条件是被干物料表面所产生的水蒸气分压大于干燥介质中的水蒸气分压，即 $p_w - p > 0$；如果 $p_w - p = 0$，表明干燥介质与物料处于平衡状态，干燥即停止；如果 $p_w - p < 0$，物料反

而吸湿。物料的干燥是由传热与传质同时进行的过程，如图 8-15。物料表面温度为 T_w；湿物料表面的水蒸气分压为 p_w（物料充分润湿时 p_w 为 T_w 时的饱和蒸气压）；紧贴在物料表面有一层气膜，其厚度为 δ；气膜以外是热空气主体，其温度为 T，水蒸气分压为 p。因为热空气温度 T 高于物料表面温度 T_w，热能从空气传递到物料表面，其传热推动力是温差（$T-T_w$）。而物料表面产生的水蒸气分压 p_w 大于空气中的水蒸气分压 p，因此水蒸气从物料表面向空气扩散，其扩散推动力为（p_w-p）。这样热空气不断地把热能传递给湿物料，湿物料中的水分不断地汽化到空气中，直至物料中所含水分达到该空气的平衡水分为止。

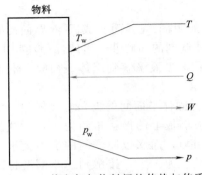

图 8-15　热空气与物料间的传热与传质

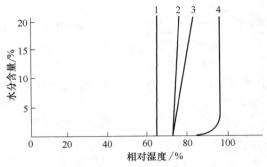

图 8-16　水溶性药物的吸湿平衡曲线
1—尿素；2—枸橼酸；3—酒石酸；4—对氨基水杨酸钠

（1）水溶性药物的吸湿性　水溶性药物在相对湿度较低的环境下，几乎不吸湿，而当相对湿度增大到一定值时，吸湿量急剧增加，参见图 8-16，一般把这个吸湿量开始急剧增加的相对湿度称为临界相对湿度（critical relative humidity，CRH），CRH 是水溶性药物固有的特征参数，参见表 8-10。

表 8-10　某些水溶性药物的临界相对湿度（37℃）

药物名称	CRH/%	药物名称	CRH/%
果糖	53.5	枸橼酸钠	84
溴化钠（二分子结晶水）	53.7	蔗糖	84.5
盐酸毛果芸香碱	59	米格来宁	86
重酒石酸胆碱	63	咖啡因	86.3
硫代硫酸钠	65	硫酸镁	86.6
尿素	69	安乃近	87
柠檬酸	70	苯甲酸钠	88
苯甲酸钠咖啡因	71	对氨基水杨酸钠	88
抗坏血酸钠	71	盐酸硫胺	88
枸橼酸（无水柠檬酸）	74	氨茶碱	92
溴化六烃季铵	75	烟酸胺	92.8
氯化钠	75.1	氯化钾	82.3
盐酸苯海拉明	77	葡萄糖醛酸内酯	95
水杨酸钠	78	半乳糖	95.5
乌洛托品	78	抗坏血酸	96
葡萄糖	82	烟酸	99.5

在一定温度下，当空气中相对湿度达到某一定值时，药物表面吸附的平衡水分溶解药物形成饱和水溶液层。饱和水溶液产生的蒸气压小于纯水产生的饱和蒸气压，因而不断吸收空气中的水分，不断溶解药物，致使整个物料润湿或液化，含水量急剧上升。CRH 是水溶性药物的固有特征，是药物吸湿性大小的衡量指标。物料的 CRH 越小，则越易吸湿；反之则不易吸湿。

在药物制剂的处方中多数为两种或两种以上的药物或辅料的混合物。水溶性物质的混合物吸湿性更强，根据 Elder 假说，水溶性药物混合物的 CRH 约等于各成分 CRH 的乘积，而与各成分的量无关。即

$$CRH_{AB}=CRH_A \cdot CRH_B \qquad (8\text{-}29)$$

式中，CRH_{AB} 为 A 与 B 物质混合后的临界相对湿度；CRH_A 和 CRH_B 分别表示 A 物质和 B 物质的临界相对湿度。根据式（8-29）可知，水溶性药物混合物的 CRH 比其中任何一种药物的 CRH 低，更易于吸湿。如枸橼酸和蔗糖的 CRH 分别为 70% 和 84.5%，混合处方中的 CRH 为 59.2%。使用 Elder 方程的条件是各成分间不发生相互作用，因此对于含同离子或水溶液中形成复合物的体系不适合。

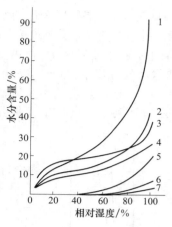

图 8-17 水不溶性药物
（或辅料）的吸湿
平衡曲线

1—合成硅酸铝；2—淀粉；
3—硅酸镁；4—天然硅
酸铝；5—氧化镁；
6—白陶土；
7—滑石粉

测定 CRH 有如下意义：①CRH 可作为药物吸湿性指标，一般 CRH 越大，越不易吸湿；②为生产、贮藏的环境提供参考，应将生产及贮藏环境的相对湿度控制在药物的 CRH 以下，以防止吸湿；③为选择防湿性辅料提供参考，一般应选择 CRH 大的物料作辅料。

（2）水不溶性药物的吸湿性 随着相对湿度变化而缓慢发生变化，参见图 8-17，没有临界点。由于平衡水分吸附在固体表面，相当于水分的等温吸附曲线。水不溶性药物的混合物的吸湿性具有加和性。

11. 粉体的润湿性

润湿（wetting）系指固体界面由固-气界面变成固-液界面的现象。粉体的润湿性对片剂、颗粒剂等固体制剂的崩解性、溶解性等具有重要意义。

固体的润湿性常用接触角表示，当液滴滴到固体表面时，润湿性不同可出现不同的形状，如图 8-18 所示。

液滴在固-液接触边缘的切线与固体平面间的夹角称接触角。水在玻璃板上的接触角约等于 0°，水银在玻璃板上的接触角约为 140°，这是因为水分子间的引力小于水和玻璃间的引力，而水银原子间的引力大于水银与玻璃间的引力。接触角最小为 0°，最大为 180°，接触角越小润湿性越好。液滴在固体表面上所受的力达到平衡时符合 Yong's 方程，表示如下：

$$\gamma_{s\text{-}g} = \gamma_{s\text{-}l} + \gamma_{g\text{-}l}\cos\theta \tag{8-30}$$

式中，$\gamma_{s\text{-}g}$，$\gamma_{g\text{-}l}$，$\gamma_{s\text{-}l}$ 分别表示固-气、气-液、固-液间的界面张力；θ 为液滴的接触角。水滴在各种固体界面上的接触角如表 8-11 所示。

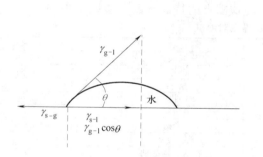
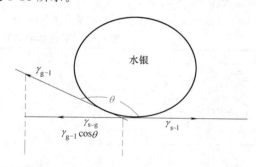

图 8-18 物料表面上水和水银的润湿情况与接触角

表 8-11 水滴在各种固体界面上的接触角

物质	接触角/(°)	物质	接触角/(°)
阿司匹林	74	保泰松	109
水杨酸	103	强的松	43
吲哚美辛	90	氢化泼尼松	63
茶碱	48	地西泮	83
氨茶碱	47	地高辛	49
氨苄西林(无水)	35	异烟肼	49
氨苄西林(三水)	21	甲苯磺丁脲	72
咖啡因	43	乳糖	30
氯霉素	59	碳酸钙	58
氯霉素棕榈酸盐(α 型)	122	硬脂酸钙	115
氯霉素棕榈酸盐(β 型)	108	硬脂酸镁	121
磺胺嘧啶	71	玻璃	0
磺胺甲嘧啶	48	蜡	108
磺胺噻唑	53	水银	140
琥珀磺胺噻唑	64	苯甲酸	61.5
呋喃妥因	69	硬脂酸	106

常用的接触角的测定方法有液滴法和毛细管上升法。

（1）**液滴法** 将粉体压缩成片，水平放置后滴上液滴，直接由量角器测定。

（2）**毛细管上升法** 在圆筒管中精密充填粉体，下端用滤纸轻轻堵住后浸入水中，如图 8-19 所示。测定水在管内粉体层中上升的高度与时间，根据 Washburn 公式，即式（8-31）计算接触角。

$$h^2 = \frac{r\gamma_1 \cos\theta}{2\eta} \cdot t \qquad (8\text{-}31)$$

式中，h 为 t 时间内液体上升的高度；γ_1、η 分别表示液体的表面张力与黏度；r 为粉体层内毛细管半径。毛细管的半径不好测定，常用于比较相对润湿性。

12. 粉体的黏附性与凝聚性

黏附性（adhesion）系指不同分子间产生的引力，如粉体的粒子与器壁间的黏附。**凝聚性**（cohesion）（或黏着性）系指同分子间产生的引力，如粒子与粒子间发生黏附而形成聚集体。产生黏附性与凝聚性的主要原因是：①在干燥状态下主要由范德华力与静电力发挥作用；②在润湿状态下主要由粒子表面存在的水分形成液体桥或由于水分的减少而产生的固体桥发挥作用。在液体桥中溶解的溶质干燥而析出结晶时形成固体桥，这正是吸湿性粉末容易固结的原因。

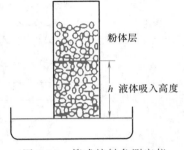

图 8-19　管式接触角测定仪

一般情况下，粒度越小的粉体越易发生黏附与凝聚，因而影响流动性、充填性。以造粒方法增大粒径或加入助流剂等手段是防止黏附、凝聚的有效措施。

13. 粉体的压缩性质

（1）粉体的压缩特性 压缩性（compressibility）表示粉体在压力下体积减小的能力。**成型性**（compactibility）表示物料紧密结合成一定形状的能力。粉体具有压缩成型性，片剂的制备过程就是将药物粉末或颗粒压缩成具有一定形状和大小的坚固聚集体的过程。对于药物粉末来说，压缩性和成型性是紧密联系在一起的，因此把粉体的压缩性和成型性简称为压缩成型性。在片剂的制备过程中，如果颗粒或粉末的处方不合理或操作过程不当就会产生裂片、黏冲等不良现象，影响正常操作。压缩成型理论以及各种物料的压缩特性，对于处方筛选与工艺选择具有重要意义。

固体物料的压缩成型性是一个复杂问题，许多国内外学者在不断地探索和研究粉体的压缩成型机理，由于涉及因素很多，其机制尚未完全清楚。目前比较认可的几种说法可概括如下：①压缩后粒子间的距离很近，从而在粒子间产生范德华力、静电力等引力；②粒子在受压时产生的塑性变形使粒子间的接触面积增大；③粒子受压破碎而产生的新生表面具有较大的表面自由能；④粒子在受压变形时相互嵌合而产生的机械结合力；⑤物料在压缩过程中由于摩擦力而产生热，特别是颗粒间支撑点处局部温度较高，使熔点较低的物料部分熔融，解除压力后重新固化而在粒子间形成固体桥；⑥水溶性成分在粒子的接触点处析出结晶而形成固体桥。

粉体的压缩特性的研究主要通过施加压力带来的一系列变化得到信息。粉体的压缩过程中伴随着体积的缩小，固体颗粒被压缩成紧密的结合体，然而其体积的变化较为复杂。图 8-20 表示相对体积（V_r = 表观体积 V / 真体积 V_s）随压缩力（p）的变化。

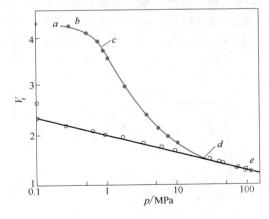

图 8-20　相对体积和压缩力的关系
[●代表颗粒状；○代表粉末状]

根据体积的变化将压缩过程分为四个阶段。①ab 段：粉体层内粒子滑动或重新排列，形成新的充填结构，粒子形态不变。②bc 段：粒子发生弹性变形，粒子间产生暂时架桥。③cd 段：粒子的塑性变形或破碎使粒子间的空隙率减小、接触面积增大，增强架桥作用，并且粒子破碎而产生的新生界面使表面能增大，结合力增强。④de 段：以塑性变形为主的固体晶格的压密过程，此时空隙率有限，体积变化不明显。这四个阶段过程并没有明显界限，也不是所有物料的压缩过程都要经过这四个阶段。有些过程可能同时或交叉发生，一般颗粒状物料表现明显，粉状物料表现不明显。在压缩过程中粉体层内部发生的现象模拟为图 8-21，图中（a）行为发生在 ab 段，主要为弹性变形，在施加压力时发生变形，但解除压力时恢复原形。图中（b）与（c）行为发生在 bc、cd、de 段，包括塑性变形和脆性变形。塑性变形是在施加压力时发生的变形，尽管解除了压力，也不能恢复原形。脆性变形是在压力下破碎而产生的变形，解除压力后不能恢复原形。

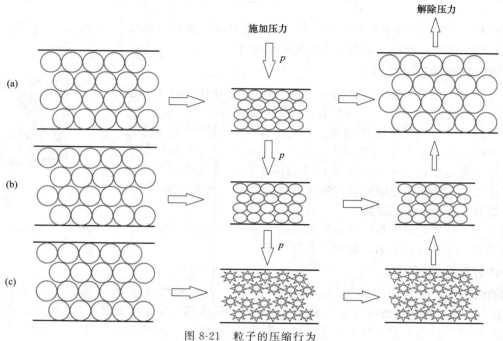

图 8-21　粒子的压缩行为
（a）弹性变形；（b）塑性变形；（c）脆性变形

（2）粉体的压缩方程　反映粉体压缩特性的方程已有 20 多种，在药用粉体的压缩成型研究中应用较多的方程为 Heckel 方程、Cooper-Eaton 方程和川北方程等，其中 Heckel 方程最为常用。将 Heckel 方程中的体积换算为空隙率，如式（8-32）所示。

$$\ln \frac{1}{\varepsilon} = Kp + \ln \frac{1}{\varepsilon_0} \tag{8-32}$$

式中，p 为压力；ε 为压缩时粉体层的空隙率；ε_0 为最初粉体层空隙率；直线斜率 K 表示压缩特性的参数，K 值越大，表明由塑性变形引起的空隙率的变化越大，即塑性越好。这些压缩特性与粉体的种类、粒度分布、粒子形态、压缩速度等有关。

根据 Heckel 方程描述的曲线将粉体的压缩特性分类为三种（参见图 8-22）。①A 型：压缩过程以塑性变形为主，初期粒径不同而造成的充填状态的差异影响整个压缩过程，即压缩成型过程与粒径有关，如氯化钠等。②B 型：压缩过程以颗粒的破碎为主，初期不同的充填状态（粒径不同）被破坏后在某压力以上时压缩曲线按一条直线变化，即压缩成型过程与粒径无关，如乳糖、蔗糖等。③C 型：压缩过程中不发

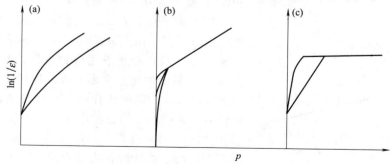

图 8-22　根据 Heckel 方程划分的压缩特性的分类
（a）A 型；（b）B 型；（c）C 型

生粒子的重新排列，只靠塑性变形达到紧密的成型结构，如乳糖中加入脂肪酸时的压缩过程。

压缩曲线的斜率反映塑性变形的程度，斜率越大，片剂的压缩成型越好。一般 A 型物质的斜率大于 B 型物质。

（三）粉体学在药物制剂中的应用与发展

在药物制剂的研发和生产中，药物原料和辅料的有效应用、处方及工艺的设计、生产过程相关问题的解决等，都需要应用到粉体学知识和技术。虽然其在固体制剂的研发和生产过程中最为重要，但在其他剂型中也经常被使用。含有固体药物的剂型如散剂、颗粒剂、胶囊剂、片剂、混悬剂等，在制备的单元操作中都与粉体性质紧密相关。粉体粒子大小、形态与密度影响物料混合的均匀度；粉体的堆密度、流动性影响分剂量的准确性；粉体的压缩成型性影响片剂的成型难易；粉体的润湿性、孔隙率、比表面积与固体制剂的崩解、药物溶出有直接关系。可见粉体技术在药物制剂的设计和生产过程中具有重要意义。

1. 在制剂处方设计中的应用

（1）保证药物制剂的质量：制剂的崩解、溶出、含量均匀度、重量差异、稳定性等都与粉体性质直接相关，为了制备出合格的满足临床应用的制剂，必须重视粉体性质。例如，针对水溶性药物，选用辅料时需留意其粉体吸湿性能，避免出现制剂成品易吸湿、保存不易的问题。

（2）保证生产过程的顺利进行：粉体性质也直接影响着制剂生产进程，如在处方设计时，若选用流动性、压缩成型性差的辅料，有可能影响压片的顺利进行，甚至导致片剂的片重差异超限或松片等现象。

2. 在固体制剂生产工艺中的应用

固体剂型的生产都涉及粉体的处理和操作。例如，在片剂的生产中，原辅料的粉碎、分级、混合、制粒、充填、压片和包装等，每一个工序都直接关系粉体的处理及对其性质的了解。粉体在加工中的流动性直接依赖于粉体的黏附性，它是粒子大小和密度的函数。黏附性也影响粉体的堆密度，而堆密度又与压缩度有关。

粉体性质不仅影响制剂生产全过程，也会影响制剂的质量。在生产工艺中常常通过检验半成品的粉体质量，如湿含量、流动性、粒径，以保证下一步工序的顺利进行。例如，目前片剂生产工艺常常采用制粒后压片的工艺。在实际的生产过程中，对颗粒的制备如果仅凭经验操作，质量标准不确定，会导致片剂质量不稳定，产品重现性差。因而需通过测定颗粒的粉体学指标，考察对压片质量的影响，用以指导生产过程中制订简便可操作性强的颗粒中间体粉体学指标，从而使制剂过程中的粉体操作从"盲目化""凭经验"发展到科学化、定量化的层次，有助于保证片剂产品的质量稳定。

通过选用合适的生产工艺改善粉体性质，还可以有利于药物疗效的发挥，如微粉化醋酸炔诺酮比未微粉化的溶出速率要快很多，在临床上微粉化的醋酸炔诺酮包衣片比未微粉化的包衣片活性几乎高 5 倍。

3. 促进新剂型与新技术的发展

近年来，随着粉体技术在制药工业上的应用日益广泛和制剂现代化的发展，粉体技术有了新的突破和应用，出现了一系列新的粉体技术，如中药的超细粉体技术、纳米粉体技术等。

超细粉体技术又称超微粉碎技术、细胞级微粉碎技术，它是一种纯物理过程。它能将动物、植物药材粉碎到粒径 $5\sim10~\mu m$ 以下，通过超细粉体技术加工的药材超细粉体，药材的细胞破壁率达 95%。因细度极细及均质情况，其体内吸收过程发生了改变，有效成分的吸收速率加快，吸收时间延长，吸收率和吸收量均得到了充分的提高。而且，由于在超细粉碎过程中存在"固体乳化"作用，复方中药药粉中含有的油性及挥发性成分可以在进入胃中不久即分散均匀，在小肠中与其他水溶性成分可达到同步吸收。这是以常规粉碎方式进行的未破壁药材所不能比拟的。

另外，纳米粉体技术也受到关注，通过将药物加工成纳米粒可以提高难溶性药物的溶出度和溶解度，还可以增加黏附性及消除粒子大小差异产生的过饱和现象或使制剂具靶向性能等，从而能够提高药物的生物利用度和临床疗效。通过采用合适工艺直接将药物制成纳米混悬剂，适合于口服、注射等途径给药以提高吸收或靶向性，特别适合于大剂量的难溶性药物的口服吸收和注射给药。

目前，随着科学的发展和 GMP 的实施，粉体技术受到人们越来越广泛的关注，同时，制药工业的不断发展也对粉体技术提出了更高的要求。伴随着当前中药现代化和纳米技术的发展热潮，粉体技术也有了更广阔的发展空间，必将得到更进一步的发展和提高，从而促进制药工业的发展。

三、粉碎技术与设备

（一）概述

1. 粉碎

粉碎（crushing）系指借助机械力或者其他方法，将大块物料破碎和碾磨成适宜大小的颗粒、细粉或者超细粉的操作。粉碎后物料的粒径大小可达微米甚至纳米级。根据其粒径大小又可分为：①粗粉碎，原料粒度在 40～1500 mm 范围内，成品粒度在 5～50 mm 范围内；②中粉碎，原料粒度在 10～100 mm 范围内，成品粒度在 5～10 mm 范围内；③微粉碎，原料粒度在 5～10 mm 范围内，成品粒度在 100 μm 以下；④超微粉碎，原料粒度在 0.5～5 mm 范围内，成品粒度在 10～25 μm 以下。

2. 粉碎度

粉碎度（degree of crushing）系指度量粉碎操作效果的参数，又称粉碎比。它可反映粉碎机操作的结果，也可反映物料经过整个粉碎系统后的粒径变化。通常把粉碎前的粒度 D_1 与粉碎后的粒度 D_2 之比称为粉碎度或粉碎比（n），如式（8-33）所示。粉碎度越大，物料被粉碎得越细。

$$n = \frac{D_1}{D_2}$$

（8-33）

3. 粉碎的目的与意义

粉碎的主要目的在于减小粉体的粒径，增加其比表面积。其意义为：①有利于提高难溶性药物的溶出速率以及生物利用度；②有利于改善不同粉体物料混合的均匀性；③有利于提高固体药物在液体、半固体、气体中的分散度；④有助于从天然药物中提取有效成分；⑤有利于制备各种剂型等。显然，粉碎对药品质量的影响很大，但必须注意粉碎过程可能带来的不良作用，如晶型转变、热分解、黏附与团聚性的增大、堆密度的减小、在粉末表面吸附的空气对润湿性的影响、粉尘飞扬、爆炸等。

（二）粉碎的机理与能量消耗

1. 粉碎机理

粉碎过程主要是依靠外加机械力的作用破坏物质分子间的内聚力来实现的。粉碎过程常用的外加力有：冲击力（impact force）、压缩力（compressing force）、剪切力（shearing force）、弯曲力（bending strength）、研磨力（grinding force）等，参见图 8-23。被粉碎物料的性质、粉碎程度不同，所需施加的外力也有所不同。冲击、压碎和研磨作用对脆性物质有效，纤维状物料用剪切方法更有效；粗碎以冲击力和压缩力为主，细碎以剪切力、研磨力为主；要求粉碎产物能产生自由流动时，用研磨法较好。实际上多数粉碎过程是上述的几种力综合作用的结果。

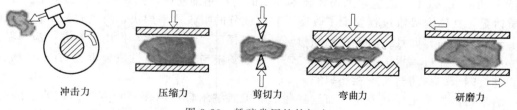

冲击力　　　压缩力　　　剪切力　　　弯曲力　　　研磨力

图 8-23　粉碎常用的外加力

2. 粉碎的能量消耗

粉碎过程需要消耗很多机械能，一般情况下，在粉碎过程中所需的能量消耗于粒子的变形、破碎时新增的表面能、粉碎室内粒子的移动、粒子间以及粒子与粉碎室间的摩擦、振动与噪声、设备转动等。研究结果表明，粉碎操作的能量利用率非常低，用于增加表面积所消耗的能量还不到总消耗机械能的 1%，因此如何提高粉碎的有效能量是粉碎操作研究的主攻方向之一。随着粉碎过程的不断进行，即物料的粒径越小，达到一定粉碎度所需能量越大，越不易粉碎。粉碎过程受物料的物性、形状、大小、设备、作用力、操作方式等复杂条件的影响，很难用精确的计算公式来描述能量的消耗。科学家们曾提出过不少经验理论与计算公式，如德国学者 Rittinger 于 1867 年提出："粉碎所需的能量与表面积的增加成正比"，即"表面积学说"；1885 年美国学者 Kick 提出："粉碎所需的能量与粒子体积的减少成正比"，即"体积学说"；1952 年美国学者 Bond 提出："粉碎所需的能量与颗粒中裂缝的长度成正比"，即"裂缝学说"。

其实，三种学说分别适用于粉碎的不同阶段。对整个粉碎过程来讲，开始阶段由于体积的减小更为显著而遵循 Kick 法则；而最终阶段的细粉碎过程中表面积的增加更为突出，遵循 Rittinger 法则；粉碎的中间阶段遵循 Bond 法则。

（三）粉碎方法

粉碎方法的选择取决于物料的性质、使用要求和设备等。可采用干法粉碎，也可采用湿法粉碎；可采用单独粉碎，也可采用混合粉碎；高温下容易氧化降解的，可采用低温粉碎；欲得到 10 μm 以下的微粉，可采用流能粉碎；等等。但是，不管采用何种粉碎方法，粉碎时应遵循以下原则：①粉碎应保证药物的组成和药理作用不变；②不做过度粉碎，以减少药物损失和能源的消耗；③为避免有效成分的损失，植物药应注意将药用部位全部粉碎；④有毒或刺激性强的药物，粉碎时应注意安全保护。

1. 单独粉碎和混合粉碎

（1）**单独粉碎**　单独粉碎系指将一味药单独进行粉碎的方法。对大多数药物而言，通常采用单独粉碎，有利于在不同的复方制剂中配伍使用。对于某些特殊性质的药物如氧化性或还原性药物必须单独粉碎，否则易引起爆炸；贵重药物以及刺激性药物为了减少损失以及出于安全考虑，也应单独粉碎。

（2）**混合粉碎**　混合粉碎系指将处方中全部或部分药料掺和在一起进行粉碎的方法。当处方中某些药物的性质及硬度相似时，可采用混合粉碎，使粉碎和混合操作同时进行，节约成本；当处方中含有黏性强或含油量大的组分时，采用混合粉碎可避免这些药物单独粉碎的困难。

2. 干法粉碎与湿法粉碎

（1）**干法粉碎**　干法粉碎系指先将物料经适当的干燥处理，使物料干燥到一定程度（一般水分含量小于 5%）后再进行粉碎的方法。此方法的优点是操作简单、一次成粉，上述的单独粉碎和混合粉碎均属于干法粉碎。

（2）**湿法粉碎**　湿法粉碎系指将适量的水或其他液体加入药物中再进行粉碎的方法。水飞法和加液研磨法均属湿法粉碎。水飞法是将药物与水共置于研钵或球磨机中研磨，使细粉漂浮于水面或混悬于水中，然后将此混悬液倾出，余下粗料再加水反复操作，至全部药物研磨完毕。中药材中一些难溶于水的药物，如炉甘石、珍珠、滑石，要求特别细度时，常采用此法粉碎。加液研磨法是指将药料先放入研钵中，加入少量液体后进行研磨，直至药料被研细为止。樟脑、冰片、薄荷脑等药物均采用此法进行粉碎，也可用于某些刺激性较强或有毒的药物，以避免粉尘飞扬。湿法粉碎可避免操作时粉尘飞扬，减轻某些有毒药物或刺激性药物对人体的危害。

3. 闭塞粉碎与自由粉碎

（1）**闭塞粉碎（packed crushing）**　闭塞粉碎系指将被粉碎物料投入粉碎机中进行粉碎，直到粉碎完成再取出物料的操作。

（2）**自由粉碎（free crushing）**　自由粉碎系指在粉碎过程中已达到粉碎粒度要求的粉末能及时排出，粗粒继续粉碎的操作。

4. 开路粉碎与循环粉碎

（1）**开路粉碎（open circuit crushing）**　开路粉碎是连续把粉碎物料供给粉碎机的同时不断地从粉碎机中把已粉碎的细物料取出的操作，即物料只通过一次粉碎机完成粉碎的操作，适合于粗粉碎或粒度要求不高物料的粉碎。

（2）**循环粉碎**（cyclic crushing）　循环粉碎是使粗颗粒重新返回到粉碎机反复粉碎的操作，适合于粒度要求比较高物料的粉碎。

5. 低温粉碎

低温粉碎（freeze crushing）系指利用物料在低温时脆性增加、韧性与延伸性降低的性质进行粉碎的方法。一般有两种方法，一是将物料投入内部保持低温的粉碎机中进行粉碎；二是将物料经干冰、液氮或液化天然气等冷媒处理后，使其温度降低到玻璃化温度以下再进行粉碎。对于温度敏感的药物、软化温度低而容易形成"饼"的药物、极细粉的粉碎常需低温粉碎。固体石蜡的粉碎过程中加入干冰，使低温粉碎取得成功。

6. 超微粉碎

超微粉碎（superfine crushing）系指将药物粉碎至超粉体大小的操作。一般将粒径为 1～100 nm 的称为纳米粉体，0.1～1 μm 的称为亚微米粉体，大于 1 μm 的称为微米粉体。超微粉碎可分为机械粉碎、物理化学粉碎和化学粉碎三种方法。机械粉碎简单、机械化程度高，但耗能大，对粒子的粒径、形状、表面性质及带电性不好控制，导致粉体流动性差、易团聚。也可以把超微粉碎分为两大类，即"由上而下"和"由下而上"。前者是采用机械研磨或气流粉碎，将药物粉碎成纳米粒子；而后者是利用微乳、超临界流体、冷冻喷雾干燥、溶剂转换和重结晶技术将药物从分子级别制备成纳米粒子。

（四）粉碎设备

粉碎设备很多，可按其结构形式、粉碎方法、运动速度、物料细化程度以及作用力种类等进行分类。实际应用时，应根据药物的硬度和韧性等物理特性，以及对粉碎产品的粒度要求来选择合适的粉碎设备。如对于特别坚硬的药物以挤压和冲击为好；对于脆性药物则以剪切为佳。在多数情况下，一种粉碎机常常有几种粉碎作用方式同时进行。表 8-12 列出了一些常用粉碎机的粉碎机理、应用范围等，可根据物料的性质与粉碎产品的要求选择适宜的粉碎机。

表 8-12　各种粉碎机的性能比较

粉碎机类型	粉碎作用力	粉碎后粒度/μm	适用物料
滚压机	压缩、剪切	20～200	软性粉体
冲击式粉碎机	冲击	4～325	大部分医药品
胶体磨	磨碎	20～200	软性纤维状
气流粉碎机	撞击、研磨	1～30	中硬度物质

1. 撞击式粉碎设备

这类粉碎机具有特殊的撞击装置，如旋锤（常用的锤击机）、钢齿（万能粉碎机）、打板（柴田式粉碎机）等，在密闭的机壳内以高速旋转，物料受到强烈的撞击、剪切与研磨等作用而被粉碎，广泛用于脆性、韧性物料的粉碎。

（1）**锤式粉碎机**（hammer mill）　锤式粉碎机系指由高速旋转的活动锤击件与固定齿圈的相对运动对物料进行粉碎的设备。其原理如图 8-24 所示。

（2）**刀式粉碎机**（knife mill）　刀式粉碎机系指由高速旋转的刀片与固定齿圈的相对运动对物料进行粉碎的设备。

（3）**齿式粉碎机**（tooth mill）　齿式粉碎机系指由固定齿圈与转动齿盘的高速相对运动对物料进行粉碎的设备。齿式粉碎机的代表是万能粉碎机，又称高效粉碎机、多功能粉碎机，见图 8-25。

万能粉碎机由进料斗、粉碎室、物料收集箱以及吸尘器等组成。一些机器还带有降温装置，可使机器温度降低，有利于机器平稳运转。当物料从进料斗进入到粉碎室时，粉碎室的转子及室盖上装有相互交叉排列的钢齿，转子上的钢齿能围绕室盖上的钢齿旋转，药物自高速旋转的转子获得离心力而抛向室壁，因而产生剧烈的撞击作用。药物在这个过程中同时受钢齿的劈裂、撕裂与研磨作用。由于转子的速度很快，因而粉碎作用强烈。被粉碎物料在气流作用下，较细的粉粒通过室壁的环状筛板进入集粉器。

2. 研磨式粉碎机

（1）**研钵**（mortar）　一般用瓷、玻璃、玛瑙、铁或铜制成，但以瓷研钵和玻璃研钵最为常用，主

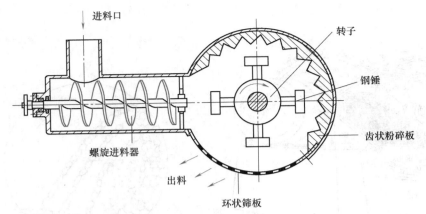

图 8-24 锤式粉碎机原理示意图

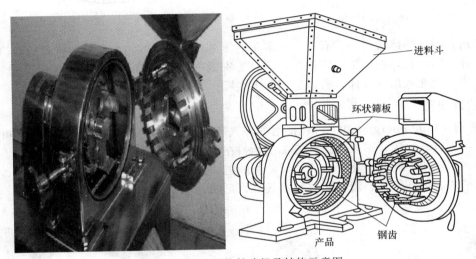

图 8-25 齿式万能粉碎机及结构示意图

要用于小剂量药物或实验室规模药物的人工粉碎,植物药小量粉碎也常用到铁研船(图 8-26)。

图 8-26 实验室常用的研磨式粉碎机

(2)球磨机(ball mill) 球磨机系指在不锈钢或陶瓷制成的圆筒内装入一定数量和大小的钢球或陶瓷球,物料在圆筒内受圆球的连续研磨、撞击和滚压作用而被粉碎成细粉的设备,见图 8-27。

使用时,将药物装入圆筒内密盖后,用电动机转动。当圆筒转动时,带动钢球(或瓷球)转动,并带到一定高度,然后在重力作用下抛落下来,球的反复上下运动使药物受到强烈的撞击和研磨,从而被粉碎。粉碎效果与圆筒的转速、球与物料的装量、球的大小与重量等有关。圆筒转速过小,球随罐体上升至一定高度后往下滑落,这时物料的粉碎主要靠研磨作用,效果较差。转速过大,球与物料靠离心力作用随罐体旋转,失去物料与球体的相对运动。当转速适宜时,除一小部分球下落外,大部分球随罐体上升至一定高度,并在重力与惯性力作用下沿抛物线抛落,此时物料的粉碎主要靠冲击和研磨的联合作用,粉碎效果最好,见图 8-28。

另外,使用球磨机时,还应根据物料的粉碎程度选择适宜大小的球体,一般说来,球体的直径越小、密度越大,粉碎的粒径越小,适合于物料的微粉碎,甚至可达纳米级粉碎。一般球和粉碎物料的总装量为罐体总容积的 50%～60%。

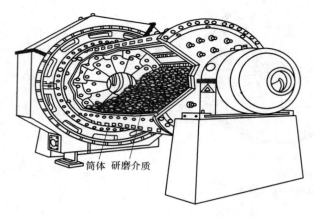

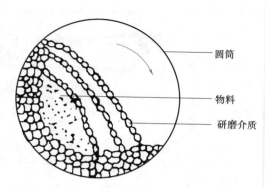

图 8-27 球磨机的结构   图 8-28 球磨机工作原理示意图

     球磨机是最普通的粉碎机之一，有着 100 多年的历史。球磨机的结构和粉碎机理比较简单。该法粉碎效率较低，粉碎时间较长，但由于密闭操作，适合于贵重物料的粉碎、无菌粉碎、干法粉碎、湿法粉碎、间歇粉碎，必要时可充入惰性气体，所以适用范围很广。

3. 其他粉碎设备

     （1）流能磨（fluid energy mill）   流能磨亦称气流磨、气流粉碎机，系将经过净化和干燥的压缩空气通过一定形状的特制喷嘴，形成高速气流带动物料在密闭粉碎腔中产生相互冲击、碰撞、摩擦、剪切而实现超细粉碎，广泛用于制药、化工、非金属矿物的超细粉碎。气流式粉碎机的形式很多，其中最常用的典型结构有扁平式、循环管式、流化床式和靶式等，见图 8-29。

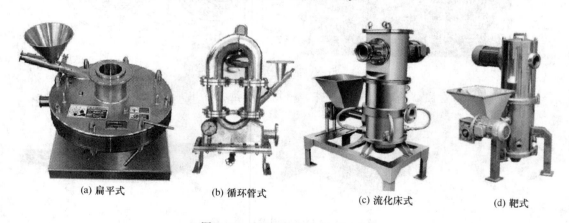

(a) 扁平式   (b) 循环管式   (c) 流化床式   (d) 靶式

图 8-29 常用的各种气流粉碎机

     气流粉碎机的原理完全不同于其他粉碎机，物料被压缩空气引射进入粉碎室，7～10 个大气压的压缩空气通过喷嘴沿切线进入粉碎室时产生超音速气流，物料被气流带入粉碎室后再被气流分散、加速，并在粒子与粒子间、粒子与器壁间发生强烈撞击、冲击、研磨，最终得到细粉。压缩空气夹带的细粉由出料口进入旋风分离器或袋滤器进行分离，较大颗粒由于离心力的作用沿器壁外侧重新被带入粉碎室，重复粉碎过程。粉碎程度与喷嘴的个数和角度、粉碎室的几何形状、气流的压缩力以及进料量等有关。一般进料量越多，所获得粉碎物的粒度越大。其工作原理见图 8-30。

     气流粉碎机的粉碎有以下特点：①可进行粒度要求为 3～20 μm 超微粉碎，因而具有"微粉机"之称；②由于高压空气从喷嘴喷出时产生焦耳-汤姆逊冷却效应，故适用于热敏性物料和低熔点物料的粉碎；③设备简单、易于对机器及压缩空气进行无菌处理，可用于无菌粉末的粉碎；④和其他粉碎机相比粉碎费用高，适用于粉碎粒度要求较高的粉碎。

     （2）胶体磨（colloid mill）   胶体磨系指流体或半流体物料通过高速转动的圆盘（与外壳间仅有极

小的空间），物料在空隙间受到极大的剪切力和摩擦力，同时在高频震动、高速旋涡等作用下，物料有效地分散、乳化、粉碎和均质，从而得到极小粒径的粉碎设备，见图 8-31。胶体磨可分为立式和卧式两种，主机部分由壳体、定子（或称静磨片）、转子（或称动磨片）、调节机构、冷却机构和电机等组成，转子高速旋转，物料在对接在一起的定子和转子间的缝隙中受剪切力的作用而被粉碎成胶体状。粉碎产物在旋转转子的离心作用下从缝隙中排出。胶体磨有干法和湿法两种，一般用湿法。胶体磨不仅用于细粉粉碎，还可用于混悬剂与乳剂等的制备。

（3）高压均质机（high pressure homogenizer）
高压均质机是液体物料均质细化和高压输送的专用设备和关键设备。高压均质机中物料的均质化主要来自三个方面：空穴作用、湍流作用和碰撞作用。所谓均质，就是将液态物料中的固态物质打

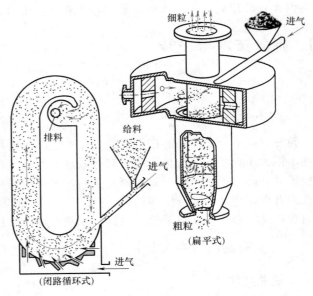

图 8-30 气流粉碎机工作原理

碎，使固态颗粒实现超细化，并形成均匀的悬浮乳化液的工艺过程。在高压条件下，流体流经均质阀微小的流道时所产生强烈的湍流和剪切效应会将流体中颗粒或滴液分解成微小的粒子。

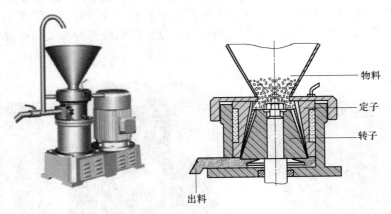

图 8-31 胶体磨及其结构示意图

高压均质机主要由传动系统、高压泵、均质阀等部分组成。高压泵由活塞带动柱塞，在泵体内做往复运动，在单向阀配合下，完成吸料、加压过程，然后进入集流管。均质阀安装在柱塞泵的排出管路上，一般由阀座、阀芯和撞击环构成，是均质机的核心工作部件，均质阀接受集流管输送过来高压液料，完成超细粉碎、乳化、匀浆任务。其工作原理见图 8-32。为保护设备，同时避免热敏性药物失活，高压均质机

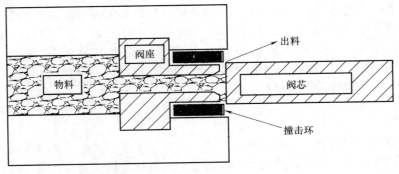

图 8-32 高压均质机工作原理示意图

内均设计有冷却夹套，通入冷却剂以除去热量，维持高压均质机在一个稳定的温度下工作。

四、筛分技术与设备

（一）定义

筛分（sieving）系指利用筛网的孔径大小将不同粒度的物料进行分离的方法。药物粉碎或制粒后得到一些不同大小粒子的集合体，为了获得较均匀的粒度，需要对物料进行分级。筛分的目的就是获得较均匀的粒子群，筛分操作可用于直接制备成品，也可用于中间工序。筛分对于药品的质量以及制剂生产的顺利进行均有重要意义，如《中国药典》（2020 年版）对散剂、颗粒剂等制剂都有粒度要求；粉体的粒度对物料的粉碎度、混合度、流动性、填充性以及片剂的重量差异、硬度、溶出度均有明显的影响。

（二）药筛的种类与规格

1. 药筛的种类

按药筛制作方法，药筛可分为**冲眼筛**和**编织筛**（图 8-33）。

（1）冲眼筛　冲眼筛又称模压筛，系在金属板上冲压出圆形的筛孔而制成。其筛孔坚固，孔径不易变动，但孔径通常不是太细，多作为高速旋转粉碎机械的筛板或在药丸等粗颗粒的筛分中应用。

（2）编织筛　编织筛是由具有一定机械强度的金属丝（如不锈钢丝、铜丝等）或其他非金属丝（如尼龙丝、绢丝等）编织而成。其优点是单位面积上的筛孔多、筛分效率高，可用于细粉的筛选。尼龙筛具有一定弹性，耐用，一般用于对金属离子敏感的药物的筛分。但编织筛的筛线易移位，导使筛孔变形，会使分离效率下降。

(a) 冲眼筛　　　　　　　　(b) 编织筛

图 8-33　常用冲眼筛和编织筛

2. 药筛的规格

药筛的孔径大小常常用筛号表示，我国有《中国药典》标准和工业标准。《中国药典》规定的药筛选用国家标准的 R40/3 系列。药筛分 9 个号（表 8-13），粉末分 6 个等级（表 8-14）。中国国家标准对金属丝以网孔尺寸为基本尺寸，以筛孔内径大小（μm）表示；工业用筛常用"目"表示，系指一英寸（25.4 mm）长度上所含筛孔数目的多少，如每英寸有 120 个孔的筛号称为 120 目筛，目数越大，粉末越细，凡能通过 120 目筛的粉末称为 120 目粉。

（三）筛分设备

筛分操作时将欲分离的物料置于筛网面上，采用一定方法使粒子运动，并与筛网面接触，小于筛孔的粒子漏到筛下，大于筛孔的粒子则留在筛面上，从而将不同粒径的粒子分离。按运动方式不同，可分为摇动筛、旋振筛和气流筛等。

表 8-13　药筛号与筛孔内径

筛号	目号	筛孔内径/μm	筛号	目号	筛孔内径/μm
一号筛	10 目	2000±70	六号筛	100 目	150±6.6
二号筛	24 目	850±29	七号筛	120 目	125±5.8
三号筛	50 目	355±13	八号筛	150 目	90±4.6
四号筛	65 目	250±9.9	九号筛	240 目	75±4.1
五号筛	80 目	180±7.6			

表 8-14　粉末的等级

粉末等级	能通过的筛号	补充规定
最粗粉	一号筛	混有能通过三号筛不超过 20% 的粉末
粗粉	二号筛	混有能通过四号筛不超过 40% 的粉末
中粉	四号筛	混有能通过五号筛不超过 60% 的粉末
细粉	五号筛	含能通过六号筛不少于 95% 的粉末
最细粉	六号筛	含能通过七号筛不少于 95% 的粉末
极细粉	八号筛	含能通过九号筛不少于 95% 的粉末

1. 摇动筛（rotary sieve）

摇动筛又称振荡筛分仪，适用于小批量生产时的筛分操作。应用时根据筛序，按孔径大小从上到下排序，最上为筛盖，最下为接收器，如图 8-34 所示。把物料放入顶层筛上，盖上盖，固定在摇台上进行摇动和振荡，处理量少时可用手摇，处理量大时可用电机带动，即可完成对物料的分级。摇动筛常用于测定粒度分布或少量毒剧、刺激性药物的筛分，具有以下优点：①效率高、设计精巧耐用，任何粉类、黏液均可筛分；②换网容易、操作简单、清洗方便；③网孔不堵塞、粉末不飞扬、可筛至 600 目或 0.02 mm；④杂质、粗料自动排出，可连续作业；⑤独特网架设计，筛网使用时间长久，换网快只需 3～5 min；⑥体积小，不占空间，移动方便等。

2. 旋振筛（oscillating sieve）

旋振筛是一种高精度细粉筛分机械，是由直立式电机作激振源，电机上、下两端安装有偏心重锤，将电机的旋转运动转变为水平、垂直、倾斜的三次元运动，再把这个运动传递给筛面。调节上、下两端的相位角，可以改变物料在筛面上的运动轨迹。其结构见图 8-35。

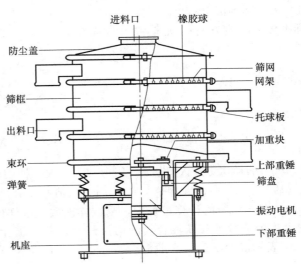

图 8-34　振荡筛分仪结构示意图

（标注：盖子、筛子、托盘、橡皮圈、振荡机）

（标注：进料口、橡胶球、防尘盖、筛框、出料口、束环、弹簧、机座、筛网、网架、托球板、加重块、上部重锤、筛盘、振动电机、下部重锤）

图 8-35　旋振筛及其结构示意图

旋振筛的主要优点：①体积小、重量轻、移动方便、出料口方向可任意调整，粗、细料自动排出，可自动化或人工作业；②筛分精度高、效率高，任何粉、粒、黏液类均可使用；③筛网不阻塞、粉末不飞扬、筛分最细可达500目（28 μm），过滤最细可达5 μm；④独特网架设计（子母式）、筛网使用长久、换网方便、操作简单、清洗方便。

3. 气流筛（airflow sieve）

气流筛系指在密闭状态下利用高速气流做载体，使充分扩散的粉料微粒以足够大的动能向筛网喷射，达到快速分级的筛分设备。气流筛摒弃了传统的重力势能作业原理，开辟了载流体动能做功的筛分新途径，利用粉料微粒质量小而轻、易漂浮、流动性好的特点，将其充分扩散到气流中，粉料不再团聚，而是以单个微粒依次随气流透过筛网，因此具有产量大、效率高、不黏网、不堵网孔、细度精确等优点。气流筛作为一种对微细粉进行筛分的高精度筛分设备，可对细度范围在80～500目内的粉状物料进行很好的连续筛分，且筛网可任意更换，已广泛应用于化工、医药、食品等行业。

五、混合技术与设备

（一）定义

1. 混合

混合（mixing）系指两种或两种以上的固体物料，在混合设备中相互分散而达到均匀状态的单元操作。粉体混合是一个复杂的随机过程，是以含量的均匀一致为目的，保证制剂产品质量的重要措施之一。固体物料的混合不同于互溶液体的混合，是以固体粒子作为分散单元，因此在实际混合过程中完全混合几乎办不到。为了满足混合样品中各成分含量的均匀分布，尽量减小各成分的粒度，因此，在药物制剂生产过程中，常常以微细粉体作为混合的主要对象。但是，细粉混合时具有一系列问题，如粒度小，附着性、凝聚性、飞散性强；粒子的形状、大小不均匀；表面粗糙；混合成分多，有时达几十种；微量混合时，最小成分稀释倍数大；等等。这均给混合操作带来一定难度。混合效果将直接影响制剂的外观及内在质量，如片剂生产中物料混合不好会产生外观、含量均匀度不合格，从而对生物利用度、安全性及治疗效果带来极大的影响，甚至带来危险。因此合理的混合操作是保证固体制剂产品质量的重要措施。

2. 混合度

混合度（degree of mixing）系指表示物料混合均匀性的指标。混合质量的评估一直是困扰人们的棘手问题，固体间的混合只能达到宏观的均匀性，因此常常以统计分析的混合限度作为完全混合状态的基准来比较和表示实际的混合程度。

① 标准偏差 σ 或方差 σ^2 是较常用的简单方法。

$$\sigma = \left[\frac{1}{n-1} \sum_{i=1}^{n} (X_i - \overline{X})^2 \right]^{\frac{1}{2}} \tag{8-34}$$

$$\sigma^2 = \frac{1}{n-1} \sum_{i=1}^{n} (X_i - \overline{X})^2 \tag{8-35}$$

$$\overline{X} = \frac{1}{n} \sum_{i=1}^{n} X_i \tag{8-36}$$

式中，n 为抽样次数；X_i 为某一组分在第 i 次抽样中的比例（质量或个数）；$\overline{X}$ 为样品中某一组分的平均比例（质量或个数），即理论分率。σ 或 σ^2 值越小，越接近于平均值，当这些值为 0 时，此混合物达到完全混合。在 σ、σ^2 的计算过程中，受取样次数、取样位置、加入比例等的影响，具有随机误差。

② 混合度能有效地反映混合物的均匀程度，常以统计学方法考虑的完全混合状态为基准求得。通常用混合度 M 表示混合状态，一般混合状态下，混合度 M 介于0～1之间。

$$M = \frac{\sigma_0^2 - \sigma_t^2}{\sigma_0^2 - \sigma_\infty^2} \tag{8-37}$$

$$\sigma_0^2 = \overline{X}(1-\overline{X}) \tag{8-38}$$

$$\sigma_\infty^2 = \overline{X}(1-\overline{X})/n \tag{8-39}$$

$$\sigma_t^2 = \sum_{i=1}^{N}(X_i - \overline{X})/N \tag{8-40}$$

式中，M 为混合度；σ_0^2 表示两组分完全分离状态下的方差；σ_∞^2 表示两组分完全均匀混合状态下的方差；n 为样品中固体粒子的总数；σ_t^2 为混合时间为 t 时的方差；N 为样品数。

完全分离状态时：
$$M_0 = \frac{\sigma_0^2 - \sigma_t^2}{\sigma_0^2 - \sigma_\infty^2} = \frac{\sigma_0^2 - \sigma_0^2}{\sigma_0^2 - \sigma_\infty^2} = 0 \tag{8-41}$$

完全混合均匀时：
$$M_\infty = \frac{\sigma_0^2 - \sigma_t^2}{\sigma_0^2 - \sigma_\infty^2} = \frac{\sigma_0^2 - \sigma_\infty^2}{\sigma_0^2 - \sigma_\infty^2} = 1 \tag{8-42}$$

在混合过程中，可以随时测定混合度，找出混合度随时间的变化关系，从而把握和研究各种混合操作的控制机理及混合速度等。

（二）混合机理及影响因素

1. 混合机理

在混合机中，粉体物料经随机的相对运动完成混合操作，其混合机理可概括为 Lacey 提出的三种运动方式。

① 扩散混合（diffusive mixing）：系指由于粉体粒子的无规则运动，在相邻粒子间发生相互交换位置而进行的局部混合。粉体小规模分层扩散移动，在外力作用下分离的粉体移动到不断展现的新生层面上，使各组分粉体在局部范围内扩散实现均匀分布。

② 对流混合（convective mixing）：系指物料中的粒子团从一处移至另一处的总体混合。粉体大规模随机移动，在外力的作用下产生类似流体的运动，使其在大范围内对流实现均匀分布，如搅拌机内物料的翻滚。

③ 剪切混合（shear mixing）：系指对粉体物料团内部进行剪切，在外力的作用下粉体间出现相互滑移现象，形成滑移面，破坏粒子群的团聚状态而进行的局部混合。如用锉刀式混合器进行混合。

上述三种混合方式在实际操作过程中并不是独立进行的，而是几种混合机制的共同作用，通常在混合开始阶段以对流和剪切混合为主，随后扩散作用增加，各种混合机都是以上述三种作用的某一种作用起主导作用。各种混合设备由于结构不同，混合效果有显著差别（表 8-15）。

表 8-15　各种混合机混合效果比较

混合机类型	对流混合效果	扩散混合效果	剪切混合效果
容器旋转型	大	中	小
容器固定型	小	中	大
复合型	大	中	大

2. 影响混合的因素

在混合机内多种固体物料进行混合时往往伴随着离析（segregation）现象，离析是与粒子混合相反的过程，妨碍良好的混合，也可使已混合好的物料重新分层，降低混合程度。在实际的混合操作中影响混合速度及混合度的因素很多，归纳起来有以下几种。

（1）物料的粉体性质　物料的粉体性质，如粒度分布、粒子形态及表面状态、粒子密度及堆密度、含水量、流动性（休止角、内部摩擦系数等）、黏附性、团聚性等都会影响混合过程。特别是粒径、粒子形态、密度等在各个成分间存在显著差异时，混合过程中或混合后容易发生离析现象而无法混合均匀。一般情况下，小粒径、大密度的颗粒易于在大颗粒的缝隙中往下流动而影响均匀混合；球形颗粒容易流动而易产生离析；当混合物料中含有少量水分可有效防止离析。一般来说，粒径的影响最大，密度的影响在流态化操作中比粒径更显著。各成分的混合比也是非常重要的因素，混合比越大，混合度越小。

（2）设备类型　混合机的形状及尺寸、内部插入物（挡板、强制搅拌等）、材质及表面情况等也会影响混合过程。应根据物料的性质选择适宜的混合设备。

（3）**操作条件**　物料的充填量、装料方式、混合比例、混合机的转动速度及混合时间等也会影响混合过程。V型混合机的装料量占容器体积的30%左右时，σ值最小。转动型混合机的转速过低时，粒子在物料层表面向下滑动，各成分粒子的粉体性质差距较大时易产生分离现象；转速过高时，粒子受离心力的作用随转筒一起旋转而几乎不产生混合作用。适宜转速一般取临界转速的0.7～0.9倍。各成分间密度差及粒度差较大时，先装密度小的或粒径大的物料，再装密度大的或粒径小的物料，并且混合时间应适当。

（三）混合设备

混合设备是利用各种混合装置的不同结构，使粉体物料之间产生相对运动，不断改变其相对位置，并且不断克服由于物体差异而导致物料分层的趋势。用于固体粉料的混合设备种类繁多，主要的分为三大类：容器旋转型混合机、容器固定型混合机和复合型混合机。

实验室小量制备时常用的混合方法有搅拌混合、研磨混合和过筛混合。但在大批量生产时多采用搅拌或容器旋转方式，以产生物料的整体和局部的移动而实现均匀混合的目的。

1. 容器旋转型混合机

容器旋转型混合机系指依靠容器本身的旋转作用带动物料上下运动，使物料混合的设备。

（1）**水平圆筒型混合机**　水平圆筒型混合机系指筒体在轴向旋转时带动物料向上运动，并在重力作用下物料往下滑落的反复运动中进行混合的设备，见图8-36。总体混合以对流、剪切混合为主，而轴向混合以扩散混合为主。操作中最适宜充填量或容积比（物料体积/混合机全容积）约为30%，混合度较低，但结构简单、成本低。

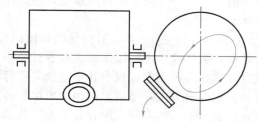

图8-36　水平圆筒型混合机

（2）**V型混合机**　V型混合机由两个圆筒成V形交叉结合而成。交叉角α=80°～81°，直径与长度之比为0.8～0.9。物料在圆筒内旋转时，被分成两部分，再使这两部分物料重新汇合在一起，这样反复循环，在较短时间内即能混合均匀，见图8-37。本混合机以对流混合为主，其优点为：①混合时没有物料死角；②当混合粉体流动性好、物性相近时，可以得到较好的混合效果；③混合速度快，在旋转混合机中效果最好，应用非常广泛。操作中最适宜转速可取临界转速的30%～40%；最适宜充填量为30%。

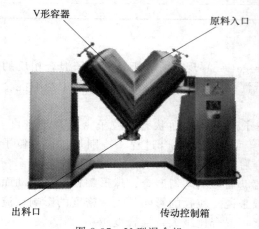

V形容器

原料入口

出料口

传动控制箱

图8-37　V型混合机

（3）**双锥型混合机**　双锥型混合机系由短圆筒两端各与一个锥型圆筒结合而成，旋转轴与容器中心线垂直（图8-38）。混合机内物料的运动状态与混合效果类似于V型混合机。主要以对流混合为主，优点为：①双锥形筒体适应对混合物料无死角的混合要求；②柔和的运转速度亦不会对易碎物料产生破坏；③能满足生产上大批量的混合操作。

（4）**三维混合机**　三维混合机通常由机座、驱动系统、三维运动机构、混合筒及电器控制系统等部分组成（图8-39）。

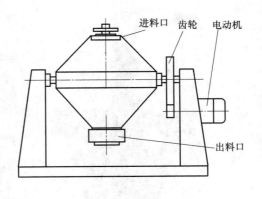

图 8-38　双锥型混合机及其结构示意图

工作时转筒既可以公转又可以自转和翻转，做复杂的空间运动。混合筒可以多个方向运动，物料不受离心力影响，也无密度分层和积聚，属于对流扩散型混合。其优点为：①多维空间运动能使物料宏观充分混合均匀；②混合过程中无离心力作用；③混合无死角。三维混合机特别适用于物料间密度、形状、粒径差异较大的物料的混合。

2. 容器固定型混合机

容器固定型混合机系指物料在容器内靠叶片、螺带、飞刀或气流的搅拌作用进行混合的设备。

（1）搅拌槽式混合机　搅拌槽式混合机由断面为 U 形的固定混合槽和内装螺旋状二重带式搅拌桨组成，混合槽可以绕水平轴转动以便于卸料，

图 8-39　三维混合机

如图 8-40 所示。物料在搅拌桨的作用下不停地向上下、左右、内外各个方向运动，从而达到均匀混合。混合时物料主要以剪切混合为主，混合时间较长，混合度与 V 型混合机类似。这种混合机亦可适用于造粒前的捏合（制软材）操作。

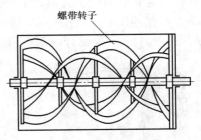

图 8-40　搅拌槽式混合机

（2）锥形垂直螺旋混合机　锥形垂直螺旋混合机由锥形容器和内装的一个至两个螺旋推进器组成，如图 8-41。螺旋推进器的轴线与容器锥体的母线平行，螺旋推进器在容器内既有自转又有公转，自转的速度约为 60 r/min，公转速度约为 2 r/min，容器的圆锥角约为 35°，充填量约为 30％。在混合过程中物料在推进器的作用下自底部上升，又在公转的作用下在全容器内产生涡旋和上下循环运动。此种混合机的特点是：混合速度快，混合度高，混合比例大的物料也能达到均匀混合，混合所需动力消耗较其他混合机少。

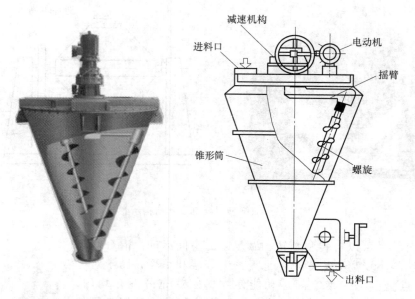

图 8-41　锥形垂直螺旋混合机及其结构示意图

（3）气流混合机　气流混合机系指将压缩空气经混合头上的喷嘴送入混合腔体内，物料瞬间随压缩空气沿筒壁螺旋式上升，形成流态化混合状态，经过若干个脉冲吹气和停顿间隔，即可实现全容器内物料的快速均匀混合，见图 8-42。气流混合机具有混合速度快，容器内无机械传动，不会摩擦生热，混合产量大，自动化程度高等优点。

3. 复合型混合机

复合型混合机系指在容器旋转型的基础上，在容器内部增设了物料搅拌装置的混合设备。复合型混合机兼容了容器旋转型和容器固定型两类混合机的特点，克服了物料有凝结或附着物料的混合不均匀问题。其原理是容器旋转实现重力对流、扩散型混合，容器内的桨叶高速旋转实现强制剪切搅拌型混合，使混合更均匀。其结构见图 8-43。优点为：①超精细混合，颗粒与颗粒之间均匀；②可以解决轻重粉、超细粉的混合难题；③匀速运转省时、省电，采用卧式结构装得多；④匀速运转对粉体的原貌损伤小；⑤混合时没有物料死角。在制药工业生产中，常用的有一维运动混合（滚翻运动混合机）、二维运动混合（摇滚混合机）、内装搅拌叶片的 V 型混合或双重圆锥混合以及球型混合机等。

图 8-42　气流混合机

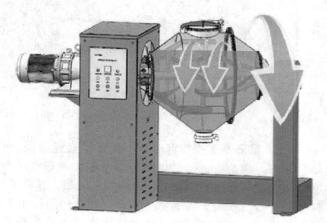

图 8-43　复合型混合机

六、制粒技术与设备

（一）概述

制粒（granulation）系指将粉末、块状、熔融液、水溶液等状态的物料加工制成具有一定形状与大小的颗粒状物的操作。对于固体制剂来说，制粒不仅可以改善物料的粉体学性质如流动性、填充性和压缩成型性，提高混合效率，还可以改善含量均匀度等。

根据制粒目的不同，对所制颗粒的要求也不同。如对于颗粒剂来说，颗粒是最终产品，不仅要求流动性要好，便于分剂量包装时装量准确，而且要求外形美观、均匀；对于胶囊剂来说，颗粒作为中间产品，要求流动性好，便于填充操作和装量符合要求；而对于片剂来说，颗粒是中间体，不仅要求流动性要好，而且具有较好的压缩成型性，以保证后期压片顺利。

（二）分类

1. 湿法制粒

湿法制粒（wet granulation）系指在粉状物料中加入适宜的润湿剂或液体黏合剂，靠黏合剂的架桥或黏结作用使粉末聚结在一起而制备颗粒的方法。湿法制成的颗粒具有流动性好、圆整度高、外形美观、耐磨性较强、压缩成型性好等优点。

2. 干法制粒

干法制粒（dry granulation）系指将药物与辅料的粉末混合均匀、压缩成大片状或板状后，粉碎成颗粒的方法。根据其所用设备不同，又可分为滚压法制粒和压片法制粒。

干法制粒是继第二代制粒方法"沸腾制粒"后发展起来的一种新制粒技术，在化学药品制药行业中应用较多，尤其适用于对水、热敏感的药物，如阿司匹林等。随着中药现代化的发展，干法制粒也逐渐扩展到了中药领域，在颗粒剂和新药研发中应用越来越广泛。

（三）湿法制粒的机理、过程与设备

1. 湿法制粒的机理

湿法制粒时粒子间存在五种不同形式的作用力，分别是固体颗粒间引力、颗粒间可自由流动液体产生的界面作用力、颗粒间不可流动液体产生的附着力与黏附力、粒子间形成固体桥和机械镶嵌等。

（1）**粒子间引力** 粒子间引力主要是指由范德华力、静电力和磁力产生的固体粒子间的引力。这种作用力在粒径 $<50\ \mu m$ 时非常显著，而且随粒子间距离的减少而增大。这种力在干法制粒中意义更大。

（2）**界面作用力** 利用流动液体进行湿法制粒时，粒子间的作用力主要是流动液体在粉末粒子间架桥而产生的界面张力和毛细管力，因此液体的加入量对制粒产生较大影响。液体的加入量可用饱和度 S 来表示，即在颗粒的空隙中液体架桥剂所占体积（V_L）与总空隙体积（V_T）之比，液体在粒子间的充填方式参见图 8-44 和表 8-16。

当液体在颗粒内以少量存在时（钟摆状），颗粒松散；以索带状存在时，液体桥相连，可得到较好的颗粒；以毛细管状存在时，颗粒发黏；以泥浆状存在时，颗粒变成黏稠泥糊状而无法制粒。

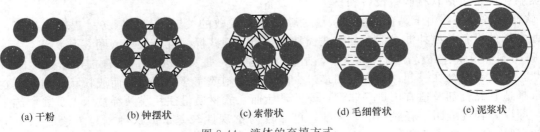

(a) 干粉　　　　(b) 钟摆状　　　　(c) 索带状　　　　(d) 毛细管状　　　　(e) 泥浆状

图 8-44　液体的充填方式

表 8-16 粒子间液体的饱和度和充填状态

液体架桥状态	饱和度(S)	液体存在形式	空气存在形式
钟摆状	S≤0.3	分散相	连续相
索带状	0.3<S<0.8	连续相	分散相
毛细管状	S≥0.8	连续相	无
泥浆状	S≥1	连续相	无

（3）**附着力与黏附力** 不可流动液体包括高黏度液体和固体表面少量不能流动的液体，因其表面张力很小，易涂布于固体颗粒表面，产生较强的结合力。

（4）**粒子间固体桥** 固体桥是由黏合剂干燥或可溶性成分干燥后结晶析出所形成的。固体桥产生的结合力主要影响粒子的强度和溶解度。湿法制粒后干燥时产生黏合剂的固化或结晶析出的固体桥，熔融制粒或压片时产生熔融-冷凝固体桥。

（5）**粒子间机械镶嵌** 粒子间机械镶嵌系指由于粒子间形变导致的作用力，常发生在块状颗粒的搅拌和压缩操作中。结合强度较大，但一般制粒时所占比例不大。

2. 湿法制粒过程

传统的湿法制粒工艺过程主要包括原辅料预处理、制软材、制湿颗粒、湿颗粒干燥及整粒等几个过程，见图 8-45。

图 8-45 湿法制粒工艺过程图

（1）**制软材** 制软材也称捏合（kneading），系指在干燥的粉末状物料中加入少量液体黏合剂或润湿剂，经过充分的搅拌、混合，制备成具有一定湿度、一定可塑性和可成型性物料的过程。由于最终产物是具有一定柔软度的可塑性物料，所以将最终制成的这种物料称作"软材"，而这一制备的过程就称作"制软材"。捏合操作使粉末便于制粒、利于混合，可以改善物料的流动性和压缩成型性。

过去常通过经验判断制得的软材是否合适，即"手握成团，轻触即散"。现代技术可采用科学方法进行判断，如测量液体加入量对混合能量的变化判断润湿程度是否适宜。目前已有不经制软材可直接湿法制粒的方法，如高速搅拌制粒、流化床制粒等。

（2）**制湿颗粒** 制湿颗粒系指将物料制成具有一定形状与大小的颗粒状物的操作过程。

（3）**湿颗粒干燥** 湿颗粒干燥系指加热使水分从固体材料中蒸发制得水分含量低的干燥颗粒的操作。制得的湿颗粒应立即进行干燥以防结块或受压变形。

（4）**整粒** 在干燥过程中，湿颗粒受到挤压和黏结，可使部分湿颗粒黏结成块，因此要对干燥后的颗粒给予适当处理，使结块或粘连的颗粒散开，使干颗粒大小一致，便于后续操作。

3. 湿法制粒的设备

（1）**挤出制粒方法与设备** 挤出制粒（extrusion granulation）系先将药物粉末与处方中的辅料混合均匀后加入黏合剂或润湿剂制软材，然后将软材用强制挤压的方式通过具有一定大小的筛孔而制粒的方法。这类制粒设备包括软材制备设备和挤出制粒设备。

① 软材制备设备：由于黏合剂的加入量是软材制备成败的关键，软材制备过程实际是固、液混合操作，因此常用的设备是搅拌混合器，如卧式搅拌混合机、立式搅拌混合机等（图 8-46）。

② 挤出制粒设备：在挤出制粒过程中，制软材（捏合）是关键步骤，黏合剂用量过多时，软材被挤压成条状，并重新黏合在一起；黏合剂用量过少时，不能制成完整的颗粒，而成粉状。因此，在制软材的过程中选择适宜黏合剂及适宜用量是非常重要的。然而，软材质量往往靠熟练技术人员或熟练工人的经验来控制，即以"轻握成团，轻触即散"为准，可靠性与重现性较差，但这种制粒方法简单，使用历史悠久。其特点是：颗粒的大小由筛网的孔径大小调节，可制得粒径范围在 0.3～30 mm 之间，粒度分布较

(a) 卧式搅拌混合机　　　　　　(b) 立式搅拌混合机

图 8-46　常用的软材制备设备

窄，粒子形状多为圆柱状、角柱状；颗粒的松软程度可用不同黏合剂及其加入量调节，以适应不同制剂的需要；制粒前必需混合、制软材等，程序多、劳动强度大，不适合大批量、连续生产等。常用的设备有螺旋挤压式、旋转挤压式、摇摆挤压式等。常用的摇摆挤压式制粒机及其原理见图 8-47。

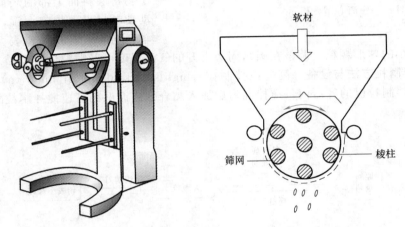

图 8-47　摇摆挤压式制粒机及其原理示意图

（2）**转动制粒方法与设备**　转动制粒（rotational granulation）系指在药物粉末中加入一定量的黏合剂，在转动、摇动、搅拌等作用下使粉末聚结成具有一定强度的球形粒子的方法。图 8-48 表示经典的容器转动造粒机，即圆筒旋转制粒机、倾斜转动锅等。

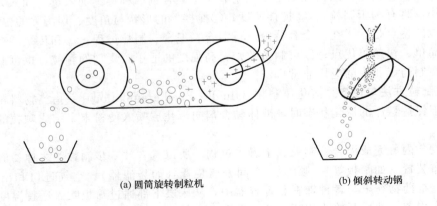

(a) 圆筒旋转制粒机　　　　　　(b) 倾斜转动锅

图 8-48　各种转动制粒机示意图

转动制粒过程经历母核形成、母核成长、压实三个阶段。①母核形成阶段：在粉末中喷入少量液体使其润湿，在滚动和搓动作用下使粉末聚集在一起形成大量母核，在中药生产中叫**起模**。②母核成长阶段：母核在滚动时进一步压实，并在转动过程中向母核表面均匀喷撒一定量的水和药粉，使药粉层积于母核表面，如此反复多次，可得一定大小的微丸，在中药生产中称此为**泛制**。③压实阶段：在此阶段停止加入液体和药粉，在继续转动过程中多余的液体被挤出表面或进入未被充分润湿的层积层中，从而使颗粒被压实形成具有一定机械强度的微丸。

这种转动制粒机多用于药物微丸的生产，可制备 2~3 mm 以上大小的微丸，但由于粒度分布较宽，在使用中受到一定限制。近年来出现的离心转动制粒机，亦称离心制粒机，如图 8-49 所示。在固定容器内，物料在高速旋转的圆盘作用下受到离心作用而向器壁靠拢并旋转，物料被从圆盘周边吹出的空气流带动，向上运动的同时在重力的作用下往下滑动落入圆盘中心，落下的粒子重新受到圆盘的离心旋转作用，从而使物料不停地做旋转运动，有利于形成球形颗粒。将黏合剂以喷雾形式喷于物料层斜面上部的表面，靠颗粒的激烈运动使颗粒表面均匀润湿，并使散布的药粉或辅料均匀附着在颗粒表面层层包裹，如此反复操作可得所需大小的球形颗粒。调整在圆盘周边上升的气流温度可对颗粒进行干燥。

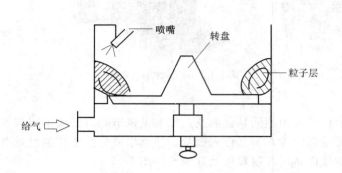

图 8-49 离心制粒机示意图

（3）**高速搅拌制粒方法与设备** 高速搅拌制粒（high-speed mixing granulation）系指先将药物和辅料粉末加入高速搅拌制粒机的容器内，搅拌混匀后加入黏合剂或润湿剂高速搅拌制粒的方法，其工艺流程见图 8-50。

图 8-50 高速搅拌制粒工艺流程图

高速搅拌制粒机主要由制粒容器、搅拌桨和切割刀所组成。其制粒机理是：在搅拌桨的作用下使物料混合、翻动、分散甩向器壁后向上运动，形成较大颗粒；在切割刀的作用下将大块颗粒绞碎、切割，并和搅拌桨的搅拌作用相呼应，使颗粒得到强大的挤压、滚动而形成致密且均匀的颗粒，见图 8-51。

搅拌制粒时影响粒径大小与致密性的主要因素有：①黏合剂的种类、加入量、加入方式；②原料粉末的粒度（粒度越小，越有利于制粒）；③搅拌速度；④搅拌器的形状与角度、切割刀的位置；等等。

高速搅拌制粒的特点是：①在一个容器内进行混合、捏合、制粒过程；②和传统的挤压制粒相比，具有省工序、操作简单、快速等优点；③可制备致密、高强度的适于胶囊剂的颗粒，也可制备松软的适合压片的颗粒，因此在制药工业中的应用非常广泛。

（4）**流化床制粒方法与设备** 流化床制粒（fluidized bed granulation）系指当物料粉末在容器内自下而上的气流作用下保持悬浮的流化状态时，液体黏合剂向流化层喷入使粉末聚结成颗粒的方法，其制粒工艺见图 8-52。

由于在一台设备内可完成混合、制粒、干燥等过程，所以具有"一步制粒"之称。流化床制粒机主要由容器、气体分布装置（如筛板等）、喷嘴、气-固分离装置（如袋滤器）、空气进口和出口、物料排出口等组成。操作时，把药物粉末与各种辅料装入容器中，从床层下部通过筛板吹入适宜温度的气流，使物料在流化状态下混合均匀，然后开始均匀喷入液体黏合剂，粉末开始聚结成粒，经过反复的喷雾和干燥，当颗粒的大小符合要求时停止喷雾，形成的颗粒继续在床层内送热风干燥，即得干燥颗粒。流化床及其工作

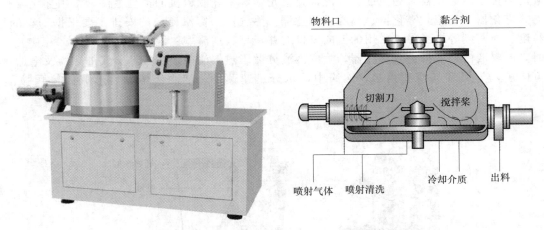

图 8-51　高速搅拌制粒机及制粒原理示意图

图 8-52　流化床制粒工艺流程图

原理示意图如图 8-53 所示。

　　流化床制粒的影响因素较多，除了黏合剂的选择、原料粒度的影响外，操作条件的影响较大。如空气的进口速度影响物料的流态化状态、粉粒的分散性、干燥的快慢；空气温度影响物料表面的润湿与干燥；黏合剂的喷雾量影响粒径的大小（喷雾量增加，粒径变大）；喷雾速度影响粉体粒子间的结合速度及粒径的均匀性；喷嘴的高度影响喷雾均匀性与润湿程度；等等。

　　流化床制粒的特点是：①在一台设备内进行混合、制粒、干燥，甚至是包衣等操作，简化工艺、节约时间、劳动强度低；②制得的颗粒为多孔性柔软颗粒，密度小、强度小，且颗粒的粒度分布均匀、流动性和压缩成型性好。

　　目前，对制粒技术及产品的要求越来越高，为了发挥流化床制粒的优势，出现了一系列以流化床为母体的多功能的新型复合型制粒设备。如搅拌流化制粒机、转动流化制粒机、搅拌转动流化制粒机等。

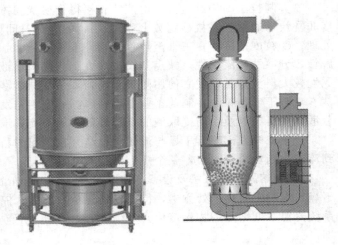

图 8-53　流化床及其工作原理示意图

　　（5）**喷雾制粒方法与设备**　喷雾制粒（spray granulation）是将药物溶液或混悬液喷雾于干燥室内，在热气流的作用下使雾滴中的水分迅速蒸发以直接获得球状干燥细颗粒的方法。其工艺流程见图 8-54。该法在数秒钟内即完成药液的浓缩与干燥，原料液含水量可达 70%～80%。

图 8-54　喷雾制粒工艺流程图

原料液的喷雾是靠雾化器来完成的，因此雾化器是喷雾干燥制粒机的关键零件。常用雾化器有三种类型，即压力式雾化器、气流式雾化器、离心式雾化器。热气流与雾滴流向的安排主要根据物料的热敏性、所要求的粒度、粒密度等来考虑。常用的流向安排有并流型、逆流型、混合流型。

　　制备时，原料液由贮液槽进入雾化器，喷成液滴分散于热气流中，空气经蒸气加热器及电加热器加热后沿切线方向进入干燥室与液滴接触，液滴中的水分迅速蒸发，液滴经干燥后形成固体颗粒落于器底（图8-55）。

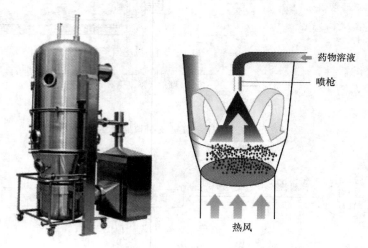

图 8-55　喷雾制粒流化床及其示意图

　　喷雾制粒法的特点是：①由液体直接得到粉状固体颗粒；②热风温度高，但雾滴比表面积大，干燥速度非常快（通常只需数秒到数十秒），物料的受热时间极短，干燥物料的温度相对低，适合热敏性物料的处理；③粒度范围约在三十至数百微米，堆密度为 $200\sim600$ kg/m³ 的中空球状粒子较多，具有良好的溶解性、分散性和流动性。缺点是设备高大、汽化大量液体，因此设备费用高、能量消耗大、操作费用高；黏性较大料液易黏壁使其使用受到限制，需用特殊喷雾干燥设备。

　　喷雾干燥制粒法在制药工业中得到广泛的应用与发展，如抗生素粉针的生产、微型胶囊的制备、固体分散体的研究以及中药提取液的干燥等都利用了喷雾干燥制粒技术。

　　近年来开发出喷雾干燥与流化制粒结合在一起的新型制粒机。由顶部喷入的药液在干燥室经干燥后落到流态化制粒机上制粒，整个操作过程非常紧凑。

　　（6）熔融制粒方法及设备　熔融制粒（melt granulation）系指将一些低熔点的辅料如聚乙二醇等以干燥粉末的形式加入处方中，待原辅料混合均匀后，依靠加热套中的循环水加热或加速搅拌产生的摩擦使系统升温，低熔点的物料熔化并产生黏性，在搅拌及剪切作用下形成颗粒，冷却后只需对颗粒进行整粒即可。

　　热熔挤出螺杆制粒机是为药物制剂而研发的固体分散体一步制粒机，可实现掩味、助溶、靶向释放等多类型固体分散体的一步制粒，亦可直接制备缓控释颗粒，见图8-56。其工艺流程包括原辅料混合、热熔挤出、粉碎再制成颗粒。原辅料经定量送料装置加入进料斗，再经双螺杆均匀输送；螺杆分段加热，逐级升温，物料逐级熔融，在中间段实现共融，再经逐级降温，最后由螺杆挤压通过孔板形成致密硬实条状物；条状物经传送剪切装置制得目标粒径产品。其优势在于：①制粒过程一步完成，不需干燥；②适用于对水敏感的产品和工艺；③特别适用于固体分散体产品。

　　（7）液相中晶析制粒法（spherical crystallization method）　液相中晶析制粒法系指使药物在液相中析出结晶的同时借液体架桥剂和搅拌作用聚结成球形颗粒的方法。因为颗粒的形状为球状，所以也叫球形晶析制粒法，简称球晶制粒法。球晶制粒物是纯药物结晶聚结在一起形成的球形颗粒，其流动性、充填性、压缩成型性好，因此可少用辅料或不用辅料进行直接压片。近年来，该技术成功地应用于功能性微丸的制备，即在球晶制粒过程中加入高分子共沉，研制了缓释、速释、肠溶、胃溶性微丸，漂浮性中空微丸，生物降解性毫微囊等。最近又将其应用于难溶性药物的固体分散体及其缓释微丸的制备中。

　　球晶制粒技术原则上需要三种基本溶剂，即：使药物溶解的良溶剂，使药物析出结晶的不良溶剂和使药物结晶聚结的液体架桥剂。液体架桥剂在溶剂系统中以游离状态存在，即不溶于不良溶剂中，并优先润湿析出的结晶使之聚结成粒。

常用的制备方法是先将药物溶解于液体架桥剂与良溶剂的混合液中制备药物溶液，然后在搅拌下将药物溶液注入不良溶剂中，药物溶液中的良溶剂扩散于不良溶剂中的同时药物析出结晶，药物结晶在液体架桥剂的润湿作用下聚结成粒，并在搅拌的剪切作用下形成球状颗粒。液体架桥剂的加入方法也可根据需要加至不良溶剂中或析出结晶后再加入。

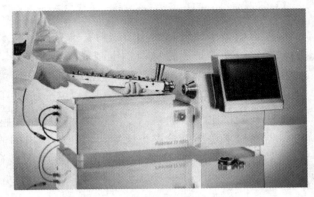

图 8-56　热熔挤出螺杆制粒机

随着球晶制粒技术的发展，如能在合成的重结晶过程中直接利用该技术制备颗粒，不仅省工、省料、省能等，而且大大改善颗粒的各种粉体性质。另一方面功能性颗粒的研制也有广阔的发展前景。

（四）干法制粒的方法、原理与设备

1. 干法制粒的方法

干法制粒系将原料药物和辅料混合均匀后，先压成板状或大片状，再将其破碎成大小适宜的颗粒的方法。该法工艺简单、省工省时，适用于对湿、热敏感的药物，但由于高压状态下易产热，故要注意药物的晶型转变及活性降低等问题。干法制粒的工艺流程见图 8-57。

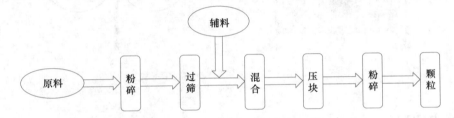

图 8-57　干法制粒的工艺流程图

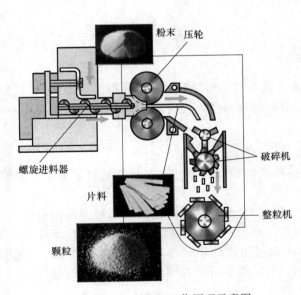

图 8-58　干法制粒机工作原理示意图

干法制粒是通过高压力使粒子间产生结合作用从而形成团聚颗粒。根据其所用设备及工艺不同，可将其分为压片法和滚压法两种。

（1）压片法（slugging method）　压片法系指将原料药物和辅料混匀后，用重型压片机（专供压大片）压制成坯片，再粉碎和筛分得到适宜粒径的颗粒的方法。坯片的直径一般为 20～50 mm，厚度为 5～10 mm，不要求其外形是否完整。该法设备操作简单，但生产效率较低，同时坯片成型较难，粉碎时的细粉多、耗时较长，且设备和物料均有损耗，故应用较少。

（2）滚压法（roller compaction method）　滚压法系指将原料药物和辅料混匀后，通过滚压机将物料压成硬度适宜的薄片，再将薄片粉碎成一定大小的颗粒的方法。滚压法是目前工业化生产中常用的干法制粒方法，产量较高，可大面积缓慢地加料，粉层厚度易于控制，制得的薄片硬度较均匀，同时加压缓慢，粉末间的空气易于排出。但该法制备的颗粒有时过硬或不够均匀。

2. 干法制粒机的工作原理

根据机械挤压原理，利用药物粉料本身的结晶水，由螺杆进料机将干粉状或微细晶体状原料经两个高压力、相向运动的挤压轮将物料压制成高密度薄片，随后通过破碎机破碎、整粒、过筛，制成规定大小的、均匀的产品颗粒，见图8-58。

3. 干法制粒设备

干法制粒机主要由加料器、滚压轮、破碎机和整粒机等组成。制备时，将药物粉末投入料斗中，用螺旋进料器将粉末送至压轮进行压缩，由压轮压出的固体胚片落入料斗，被破碎机破碎制成粒度适宜的颗粒，最后进入振荡筛进行整粒。粗粒重新送入破碎机继续粉碎，过细粉末送入料斗重复上述过程，见图8-59。

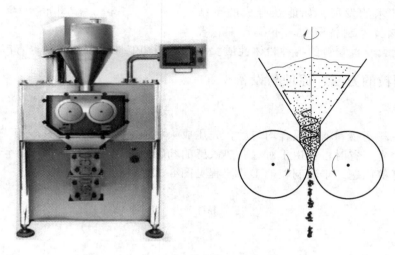

图 8-59　滚压制粒示意图

七、干燥技术与设备

（一）干燥的基本理论

1. 定义

干燥（drying）系指利用热能或者其他适宜的方法去除湿物料中的溶剂，从而获得干燥固体产品的操作。在药物制剂生产过程中需要干燥的物料多数为湿法制粒所得的物料，也有固体原料药、辅料及中药浸膏等。

2. 目的

①保证药品的质量和提高药物的稳定性；②改善粉体的流动性和充填性；③使物料便于加工、运输、贮藏和使用等。

物料中的溶剂多数为水，且干燥过程一般采用热能（温度），干燥的温度应根据药物的性质而定，一般为40～60℃，个别对热稳定的药物可适当放宽到70～80℃，甚至可以提高到80～100℃，而对于热敏性物料必须注意化学稳定性问题。干燥后产品的含水量应根据药物的稳定性和工艺需要来控制，一般为3%左右，但阿司匹林片的干颗粒含水量应低于0.3%～0.6%，而四环素片则要求水分控制在10%～14%之间。

3. 干燥原理与影响因素

（1）干燥原理　在干燥过程中，水分从物料内部移向表面，再由表面扩散到热空气中。当热空气与湿物料接触时，热空气将热能传给物料，这个传热过程的动力是两者的温度差。湿物料得到热量后，其中的水分不断汽化并向热空气中移动，这是一个传质过程，其动力为两者之间的水蒸气分压之差。

干燥过程的目的是除去水分，重要条件是传质和传热的推动力，即湿物料表面蒸气分压要大于干燥介质中的蒸气分压，压差越大，干燥过程进行得越快。

（2）**物料中水分的性质**　物料中的水分可以附着在物料表面上，也可以存在于多孔物料的孔隙中，还可以是以结晶水的方式存在。其存在方式不同，除去的难易程度也不同。在干燥过程中，有的水分能用干燥方法除去，有的却很困难，为便于分析研究干燥过程，必须将物料中的水分进行分类。

① 平衡水分与自由水分：根据物料中所含水分能否被干燥除去，可将其划分为平衡水分与自由水分。

平衡水分（equilibrium water）系指在一定空气条件下，物料表面产生的水蒸气分压等于该空气中水蒸气分压，此时物料中所含水分为平衡水分，是不能干燥的水分。

自由水分（free water）系指物料中所含的水分中多于平衡水分的部分称为自由水分，或称游离水分，是能干燥除去的水分。

② 结合水分与非结合水分：根据干燥的难易程度，将物料中的水分划分为结合水分与非结合水分。

结合水分（bound water）系指主要以物理化学方式与物料结合的水分。它与物料的结合力较强，干燥速率缓慢，如动植物细胞壁内的水分、物料内毛细管中的水分、可溶性固体溶液中的水分等。

非结合水分（nonbound water）系指主要以机械方式与物料结合的水分。它与物料的结合力很弱，干燥速率较快。

（3）**影响干燥的因素**　干燥速率（drying rate）系指在单位时间内、单位干燥面积上汽化的水分量。可用微分式表示为：

$$U = \frac{dW}{A\,dt} = -\frac{G\,dx}{A\,dt} \tag{8-43}$$

式中，U 为干燥速率，$kg/(m^2 \cdot h)$；dW 为在 dt 干燥时间内蒸发水分的量，kg；A 为干燥面积，m^2；G 为湿物料中所含绝干物料的质量 kg；dx 为湿物料含水量的变化，kg/kg。负号表示物料中的含水量随干燥时间的延长而减少。

物料的干燥速率可由干燥试验测定。图 8-60 为在恒定的干燥条件下测定 U 和 x 的干燥曲线。图中 AB 段为预热阶段，空气中有部分热量消耗于物料加热。BC 段物料中的含水量从 x' 增至 x_c，干燥速率不随含水量的变化而变化，保持恒定，称为恒速干燥阶段。物料含水量低于 x_c，直至达到平衡水分 x^m，即图中 CD 阶段，干燥速率随着物料含水量的减少而降低，称为降速阶段。图中 C 点为恒速与降速阶段的分界点，称为临界点，与此点对应的物料含水量 x_c 称为临界含水量。

在恒温干燥阶段，物料中的水分含量较多，物料表面的水分汽化并扩散到空气中，物料内部的水分及时到达表面，保持充分润湿的表面状态，因此物料表面的水分汽化过程与纯水的汽化情况完全相同，此时干燥速率主要受物料外部条件的影响，取决于水分在表面的汽化速率。因此，为了提高干燥速率，可采取以下措施：①提高传热和传质的推动力，如提高空气温度或降低空气中的湿度；②改善物料与空气的接触情况，提高空气的流速，使物料的表面气膜变薄，减少传热和传质的阻力。

在降速干燥阶段，当水分含量低于 x_c 时，物料内部的水分向表面的移动已不能及时补充表面水分的汽化。随着干燥过程的进行，物料表面慢慢变干，温度上升，物料表面的水蒸气分压低于恒速段时的水蒸气分压，干燥速率也降低。其干燥速率主要是由物料内部的水分向表面的扩散速率决定的，内部水分的扩散速率主要取决于物料本身的结构、形状、大小等。因此，为了提高干燥速率，可采取以下措施：①提高物料的温度；②改善物料的分散程度，以促进内部水分向表面扩散。

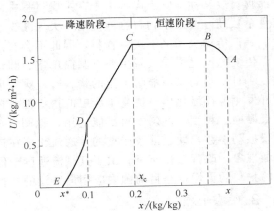

图 8-60　恒定的干燥条件下的干燥速率曲线

（二）干燥方法

干燥方法的分类方式有多种：按操作方式分为间歇式和连续式；按操作压力分为常压式和真空式；按加热方式分为对流干燥、热传导干燥、辐射干燥、介电加热干燥等。

1. 对流干燥

对流干燥系指将热能以对流方式由热气体传给与其接触的湿物料，物料中的湿分受热汽化并被带走的干燥操作。其特点是通过气流与物料直接接触传热，在生产中应用最广，包括气流干燥、喷雾干燥、流化干燥、回转圆筒干燥和箱式干燥等。

2. 热传导干燥

热传导干燥系指将热能以与物料接触的壁面为传导方式传递给物料，使物料中的湿分受热汽化并带走而进行干燥的操作。其特点是通过固体壁面传热，包括滚筒干燥、冷冻干燥、真空耙式干燥等。

3. 辐射干燥

辐射干燥系指将热量以辐射传热方式投射到湿物料表面，被吸收后转化为热能，使物料中的湿分受热汽化并被带走的干燥操作。其特点是热能以辐射波形式传递给物料，如红外线干燥。

4. 介电加热干燥

介电加热干燥系指将湿物料置于高频电场内，由于高频电场的交变作用使物料中的水分加热、湿分汽化而进行干燥的操作，包括高频干燥、微波干燥等。在热传导、辐射和介电加热这三类干燥方法中，物料受热与带走水汽的气流无关，必要时物料可不与空气接触。

（三）干燥技术与设备

1. 流化干燥

流化干燥（fluidized drying）系指在流化室内，湿物料在强热空气的作用下处于流化状态（沸腾状态），不断地与载热气体进行热交换，蒸发的水分被上升的热气流带走，从而实现干燥目的的方法。流化干燥主要用于湿粒性物料的干燥，如片剂及颗粒剂的干燥等。其理论基础是流态化技术，系将一圆柱形容器用开孔的分布板隔为上下两层，在分布板上均匀撒下颗粒性物料，热风从分布板下方吹入并通过颗粒间隙，由于容器下部颗粒堆积密度较大，气体通道截面积较小，气体压强较高，固体颗粒受气体作用而悬浮起来，当颗粒浮至上方，气体通道面积增大，压强减小，颗粒又落至分布板上，并再一次被气流托起，状如沸腾，故又称沸腾干燥。由于在干燥过程中固体颗粒悬浮于干燥介质中，因而流体与固体接触面大，热容量系数高。又由于物料剧烈搅动，大大减少了气膜阻力，因而热效率较高。同时，流化床干燥装置密封性能好，传动机械又不接触物料，因此不会有杂质混入，特别适用于纯度要求高的制药工业。

传统的流化干燥装置主要有圆筒单室、圆形多层和卧式多室流化床。但由于其在处理初始含湿量大、粒度小且不均匀又不能耐高温的物料时，难以形成稳定的流态化而逐渐被改进。如在流化床中加入搅拌装置开发了搅拌流化床，提高了床层的透气性，拓宽了普通流化床的适用范围，对高含水的粉粒状物料或有团聚倾向、粒度不均匀物料都能适用，见图 8-61。将机械振动施加于流化床上开发了振动流化床，通过调整振动参数，使返混较严重的普通流化床在连续操作时得到较理想的活塞流，减轻或消除流化床的沟流腾涌现象，改善流化质量。由于其气流速度较低，无激烈返混，对物料冲击损伤小，适用于产品外观要求高的物料的干燥，是目前国内应用最广泛的一种干燥机。

2. 喷雾干燥

喷雾干燥（spray drying）系指把药物溶液喷进干燥室内进行干燥的方法。通常由空气加热系统、干燥系统、干粉收集及气-固分离系统组成，其中空气加热系统包括空气过滤器和空气加热设备，干燥系统包括干燥塔和喷雾器。将料液分散为雾滴的雾化器是喷雾干燥设备的关键组成部分，它直接影响喷雾干燥产品的质量和能量消耗。常用的雾化器有三种类型，即离心式、压力式和气流式。目前我国普遍应用的是压力式雾化器，它适用于低黏性料液，动力消耗最小，但需附有高压泵。

在喷雾干燥塔内，空气（即热风）与雾滴的运动方向和混合情况也将直接影响到干燥产品的性质和干

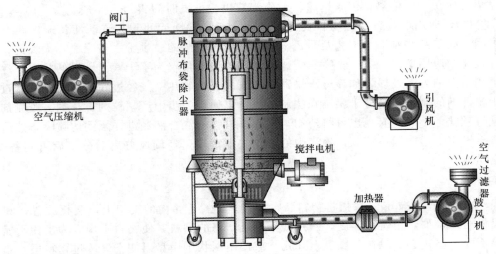

图 8-61　流化干燥示意图

燥时间。按空气入口和雾化器的相对位置，可分为并流、逆流和混合流三种。并流系指空气和雾滴在塔内运动方向相同，这种并流又分为向下并流、向上并流和卧式喷雾干燥的水平并流三种。如喷嘴安在塔的顶部，空气也从顶部进入，形成向下并流喷雾干燥，空气和雾滴首先在塔顶温度最高区域接触，水分迅速蒸发，大量地吸收高温空气的热量，因而空气温度急剧下降。当颗粒运动到塔的下部时产品已干燥完毕，此时空气温度也已降到最低值，较适用于热敏性物料的干燥。逆流系指空气和雾滴在塔内运动方向相反。热风从塔底进入，塔顶排出，料液从安装在塔顶的喷嘴向下喷入，产品由塔底引出，空气与雾滴在塔内形成逆向流动。由于气流向上运动，雾滴向下运动，这就延缓了雾滴和颗粒的下降运动，因此在干燥室内停留时间长，热利用率高。混合流既有逆流又有并流。喷嘴安在塔底部或中部，向上喷雾，热风从顶部进入，雾滴先与空气逆流向上，达到一定高度后又与空气并流向下，最后物料从底部排出，空气从底部的侧面排出。混合流既有逆流操作热利用率高的特点，又有并流操作可避免物料的过热变质，且显著延长了颗粒在塔内的停留时间，从而降低塔的高度。常见的喷雾干燥工艺流程见图 8-62。

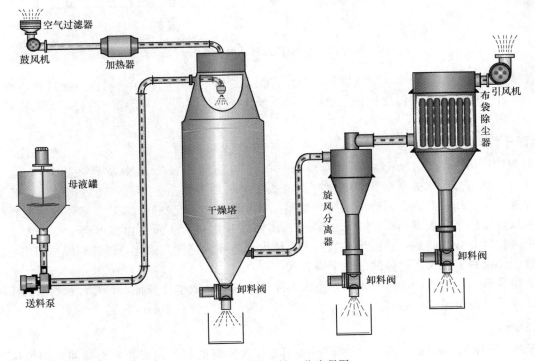

图 8-62　喷雾干燥工艺流程图

喷雾干燥蒸发面积大，传热、传质迅速，水分蒸发快，干燥时间很短，一般为5～40 s，干燥温度低（一般为50℃左右），适用于对热敏感物料及无菌操作，而且干燥后的制品流动性、疏松性、溶解性及均匀度较好，可明显改善某些制剂的工艺及质量。喷雾干燥可使浓缩、烘干一步完成，大大简化了工艺，近年来在中药现代化中应用广泛。另外，喷雾干燥技术一改过去仅仅为了干燥而干燥的状况，逐步向干燥技术与制剂技术相结合的方向发展，如喷雾干燥器内送入的料液和热空气经过除菌高效过滤器过滤可得无菌干品，可用于粉针剂的制备；喷雾干燥制粒法制备颗粒以便进一步生产颗粒剂、片剂、胶囊剂等；喷雾干燥包衣技术进行颗粒、小丸包衣；也可将药物与高分子材料的混合液经进样泵到达喷嘴，然后在压缩气流的作用下，于干燥室中形成微小液滴，液滴中的溶剂快速蒸发，经旋风分离器分离后可制备微囊、微球、干燥乳剂、脂质体等。

3. 箱式干燥

箱式干燥（box-type drying）系指将物料装在浅盘里，置于箱内的支架上，层叠放置，其外壁为绝热层，空气由风机送入，加热至所需温度，吹过处于静止状态的物料，使物料干燥。为了使干燥均匀，干燥盘内的物料层不能太厚，必要时在干燥盘上开孔，或使用网状干燥盘以使空气透过物料层。箱式干燥是常压间歇干燥操作经常使用的方法，其中小型的常称为烘箱，大型的称为烘房，见图8-63。

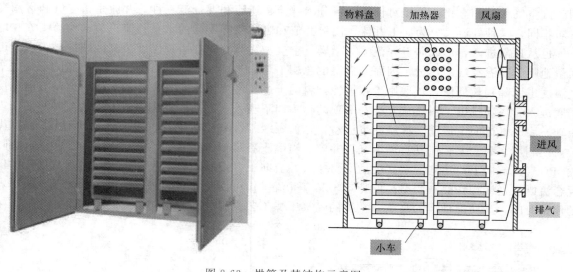

图 8-63　烘箱及其结构示意图

箱式干燥的优点是结构简单，制造容易，操作方便，适用范围广。由于物料在干燥过程中处于静止状态，特别适用于不允许破碎的脆性物料。缺点是间歇操作，干燥时间长，干燥不均匀，人工装卸料，劳动强度大。

4. 微波干燥

微波干燥（microwave drying）系指当湿物料处于振荡周期极短的微波高频电场（915 MHz 或245 MHz）内，其内部的水分子会发生极化并沿着微波电场的方向整齐排列，而后迅速随高频交变电场方向的交互变化而转动，并产生剧烈的碰撞和摩擦（每秒钟可达上亿次），结果一部分微波能转化为分子运动能，并以热量的形式表现出来，使水的温度升高而离开物料，从而使物料得到干燥的方法。也就是说，微波进入物料并被吸收后，其能量在物料电介质内部转换成热能。因此，微波干燥是利用电磁波作为加热源、被干燥物料本身为发热体的一种干燥方式。

微波干燥具有加热迅速、均匀、干燥速率快、穿透力强、热效率高等特点，对含水物料的干燥特别有利，且操作方便、控制灵敏，但存在成本高、对有些物料的稳定性有影响等问题。

5. 红外干燥

红外干燥（infrared drying）系指利用红外辐射元件所发射的红外线对物料直接照射而加热的一种干燥方式。红外线是介于可见光和微波之间的一种电磁波，其波长范围在 0.72～1000 μm 的广阔区域，波长在 0.72～5.6 μm 区域的称为近红外，在 5.6～1000 μm 区域的称为远红外。

红外线辐射器所产生的电磁波以光速辐射至湿物料，当红外线发射频率与物料中分子运动所固有的频率相匹配时引起物料分子的强烈振动和转动，在此过程中分子间的激烈碰撞与摩擦产生热，因而达到干燥的目的。红外干燥时，由于物料表面和内部的分子同时吸收红外线，故受热均匀、干燥快、质量好。缺点是电能消耗大。

6. 冷冻干燥

冷冻干燥（freeze drying）系指在低温、高真空条件下，利用水的升华性而进行干燥的方法。一般先将含水物料冷冻到冰点以下，使水转变为冰，然后在较高真空度下将冰转变为水蒸气而除去，广泛用于生物大分子药品及部分抗生素类药品的制备。冷冻干燥技术也可用于固体制剂的制备，如分散片和口崩片，采用冷冻干燥法制得的口崩片结构疏松、孔隙率高，呈多孔网状结构，崩解速度快（2～10 s）。

干燥操作的成功与否，主要取决于干燥方法和干燥设备的选择是否适当。要根据湿物料的性质、结构以及对干燥产品的质量要求，比较各种干燥方法和设备的特性，并参照工业实践的经验，才能做出正确的决定。

八、压片技术与设备

（一）压片方法

片剂的制备系指将粉状或颗粒状物料在模具中压缩成型的过程，物料的性质是决定压片成败的关键。压片过程中物料的三大要素是流动性、压缩成型性和润滑性。即：①流动性好，以保证物料在冲模内均匀充填，有效减小片重差异。②压缩成型性好，可有效防止裂片、松片等不良现象，获得致密而有一定强度的片剂。③润滑性好，有效避免黏冲，可得到完整、光洁的片剂。

片剂的制备方法主要包括**制粒压片法**和**粉末直接压片法**两大类。制粒是改善物料流动性和压缩成型性最有效的方法之一，因此制粒压片法是最传统、最基本的片剂制备方法，根据其制粒方法不同，又可分**湿法制粒压片法**和**干法制粒压片法**。近年来，随着优良辅料和先进压片机的出现，粉末直接压片法受到越来越多的关注。**半干式颗粒压片法**系将药物粉末与空白辅料颗粒混合后压片，也属于直接压片法的一种，片剂制备的各种工艺流程见图 8-64。

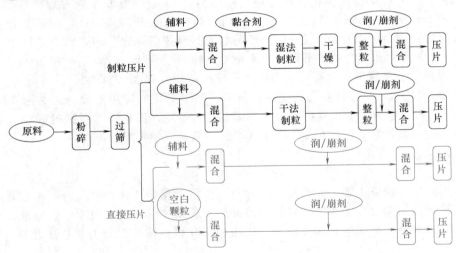

图 8-64　片剂制备工艺流程图

1. 湿法制粒压片法

湿法制粒压片法系指将物料经湿法制粒干燥后进行压片的方法。由于湿法制粒是片剂制备的中间过程，颗粒作为中间体，其质量要求没有明文规定，但是必须具有良好的流动性和压缩成型性。因湿法制粒所得的颗粒具有粒度均匀、流动性好、耐磨性较强、压缩成型性好等优点，仍是医药工业中应用最为广泛的方法，但对于热敏性、湿敏性、极易溶解的物料不适用，应采用其他方法制粒。

2. 干法制粒压片法

干法制粒压片法系指将物料经干法制粒后进行压片的方法。常用于热敏性物料、遇水易分解的药物。干法制粒方法简单、省工省时。但干法制粒时需加入干黏合剂，如微晶纤维素、羟丙甲纤维素等，以保证片剂的硬度或脆碎度合格。

3. 粉末直接压片法

粉末直接压片法系指粉末不经过制粒过程直接把药物和所有辅料混合均匀后进行压片的方法。粉末直接压片法省去了制粒过程，因而具有省时节能、工艺简便、工序少的优点，特别适用于对湿、热不稳定的药物。但也存在粉末的流动性差、片重差异大，粉末压片容易造成裂片等缺点，致使该工艺的应用受到了一定限制。近二十年来随着科学技术的迅猛发展，可用于粉末直接压片的优良药用辅料与高效旋转压片机的研制获得成功，直接压片的应用逐渐普及。目前，各国的直接压片品种不断增多，有些国家高达 60% 以上。

4. 半干式颗粒压片法

半干式颗粒压片法系指将药物粉末和预先制好的辅料颗粒（空白颗粒）混合后进行压片的方法。该法适合于对湿、热敏感且压缩成型性差的药物。但存在药物粉末与空白颗粒粒度差异大、不易混匀、容易分层等缺点，使其使用受到一定的限制。

5. 3D 打印技术

3D 打印技术（3D printing technology）作为一种新型的制剂技术，片剂是其主要应用的剂型。其制备法是将药物原料和药物辅料，通过 3D 打印设备打印出需要的三维结构的剂型。通过结合不同类型和性质的辅料，调整打印过程的工艺参数和系统参数，制备出各种几何形状和功能的三维片剂。

2015 年 8 月 4 日，Aprecia 制药公司宣布，FDA 批准了其首款采用 3D 打印技术制备的 SPRITAM®（左乙拉西坦，Levetiracetam）速溶片上市。SPRITAM® 采用 Aprecia 公司自主知识产权的 ZipDose® 3D 打印技术生产，这种以 3D 打印技术制备的新型制剂内部成多孔状，因内表面积高可在短时间内被很少量的水融化。

ZijpDose® 3D 打印技术平台是 20 世纪 80 年代末由麻省理工学院开发的一种快速成型技术，这种技术采用水溶性液体把多层的粉状物黏合在一起形成三维结构。Aprecia 收购了麻省理工学院 3D 打印技术在药物中的应用，进而开发了 ZipDose® 技术平台，目前已拥有超过 50 项与 3D 打印药物相关的专利。南京三迭纪医药科技有限公司是国内首家研究 3D 打印药物的高科技国际化公司，致力于搭建全新的熔融沉积成型 3D 打印药物制剂开发和生产技术平台，技术覆盖药物剂型设计、药物生产设备、药物生产工艺等多方面。目前该公司开发了全球第一台高通量熔融沉积成型药物专用 3D 打印机。

3D 打印药物制剂技术是一个全新的药物制剂技术，其工业化的应用和发展还在起步阶段，因此工业化的药物 3D 打印机数量很少，工业应用上也存在诸多技术难题，但是随着人民对医疗水平需求的不断提升、工程工业技术的不断进步，药物的 3D 打印技术必将迎来蓬勃发展。

（二）压片设备

片剂制备所用的压片设备主要是压片机。压片机系指将干燥颗粒状或粉状物料通过模具压制成片剂的机械。常用压片机按其结构可分为单冲压片机和多冲旋转式压片机；按压制片形分为圆形片压片机和异形片压片机；按压缩次数分为一次压制压片机和二次压制压片机；按片层分为双层压片机、有芯片压片机；等等。

冲模是压片机不可缺少的一种重要附件，包括上冲、下冲和模圈。根据所使用压片机的不同、材料的不同、标准的不同、形状的不同而加以区分，如单冲压片机冲模和多冲旋转式压片机冲模、圆形冲模和异形冲模等，常见压片机冲模见图 8-65。

1. 单冲压片机（single-punch tablet machine）

单冲压片机系指由一副模具做垂直往复运动的压片机。图 8-66 为单冲压片机及其主要结构示意图。

(a) 单冲压片机冲模

(b) 旋转压片机冲模

图 8-65　常见压片机冲模

其主要组成如下：①加料器，包括加料斗、饲粉器；②压缩部件，包括上冲、下冲和模圈；③各种调节器，包括压力调节器、片重调节器、推片调节器。压力调节器连在上冲杆上，用以调节上冲下降的深度，下降越深，上冲、下冲间的距离越近，压力越大，反之则小。片重调节器连在下冲杆上，用以调节下冲下降的深度，从而调节模孔的容积控制片重。推片调节器连在下冲，用以调节下冲推片时抬起的高度，使恰与模圈的上缘相平，由饲粉器推开。

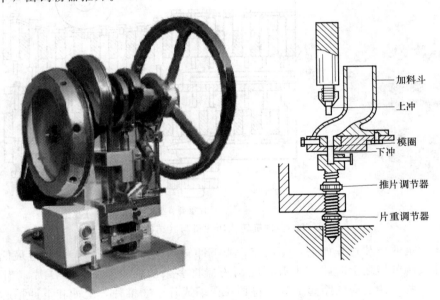

加料斗
上冲
模圈
下冲
推片调节器
片重调节器

图 8-66　单冲压片机及其主要构造示意图

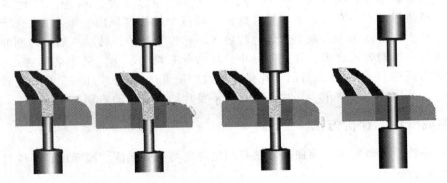

图 8-67　单冲压片机的压片过程

单冲压片机的压片过程见图 8-67。①上冲抬起，饲粉器移动到模孔之上；②下冲下降到适宜深度，饲粉器在模上摆动，颗粒填满模孔；③饲粉器由模孔上移开，使模孔中的颗粒与模孔的上缘相平；④上冲下降并将颗粒压缩成片，此时下冲不移动；⑤上冲抬起，下冲随之抬起到与模孔上缘相平，将药片由模孔中推出；⑥饲粉器再次移到模孔之上，将模孔中推出的片剂推出，同时进行第二次饲粉，如此反复进行。

单冲压片机的产量大约在 80～100 片/min，最大压片直径为 12 mm，最大填充深度为 11 mm，最大压片厚度为 6 mm，最大压力为 15 kN，多用于新产品的试制。重型单冲压片机的压片压力和片径都比较大，我国生产的重型单冲压片机的最大压力为 160 kN，最大压片直径为 80 mm，最大填充深度为 45 mm，除压制圆形片外，还可以压制异形片和环形片剂等。

2. 旋转压片机（rotary tablet machine）

旋转压片机系指由均布于旋转转台的多副模具按一定轨迹做垂直往复运动的压片机。图 8-68 为多冲旋转式压片机及其结构示意图。其主要工作部分有：机台、压轮、片重调节器、压力调节器、加料斗、饲粉器、吸尘器、保护装置等。机台分为三层，机台的上层装有若干上冲，在中层的对应位置上装着模圈，在下层的对应位置装着下冲。上冲与下冲各自随机台转动并沿着固定的轨道有规律地上、下运动。当上冲与下冲随机台转动，分别经过上、下压轮时，上冲向下、下冲向上运动，并对模孔中的物料加压。机台中层的固定位置上装有刮粉器，片重调节器装于下冲轨道的刮粉器所对应的位置，用以调节下冲经过刮粉器时的高度，以调节模孔的容积。用上、下压轮的上下移动调节压缩压力。

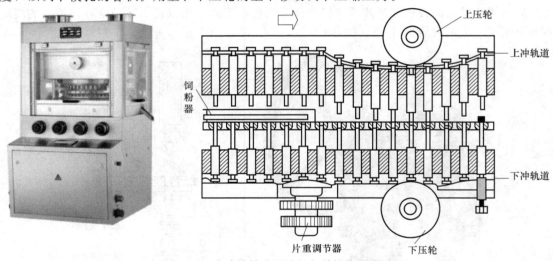

图 8-68　多冲旋转式压片机与其结构示意图

多冲旋转式压片机的压片过程如下：①填充，当下冲转到饲粉器之下时，其位置最低，颗粒填入模孔中，当下冲行至片重调节器之上时略有上升，经刮粉器将多余的颗粒刮去。②压片，当上冲和下冲行至上、下压轮之间时，两个冲之间的距离最近，将颗粒压缩成片。③推片，上冲和下冲抬起，下冲将片剂抬到恰与模孔上缘相平，药片被刮粉器推开，如此反复进行。

旋转式压片机有多种型号，按冲数分有 16 冲、19 冲、27 冲、33 冲、55 冲、75 冲等。按流程分单流程和双流程两种。单流程仅有一套上、下压轮，旋转一周每个模孔仅压出一个药片；双流程有两套压轮、饲粉器、刮粉器、片重调节器和压力调节器等，均装于对称位置，中盘转动一周。每副冲压制两个药片。

旋转式压片机具有饲粉方式合理、片重差异小、压力分布均匀、生产效率高等优点。如 55 冲的双流程压片机的生产能力高达 50 万片/h。目前压片机的最大产量可达 80 万片/h。全自动旋转压片机，除能将片重差异控制在一定范围外，对缺角、松片、裂片等不良片剂也能自动鉴别并剔除。

（三）压缩成型性的评价方法

评价片剂的压缩特性的最常用而简便的方法有测定硬度与抗张强度、脆碎度、弹性复原率等。

1. 硬度与抗张强度

（1）硬度（hardness）　硬度系指片剂的径向破碎力（kN），常用孟山都硬度计或硬度测定仪等测定，见图 8-69(a)。在一定压力下压制的片剂，其硬度越大压缩成型性越好，但是片剂的直径或厚度不相同时，不能简单地用硬度来比较压缩成型性。

（2）抗张强度（tensile strength，用 T_s 表示） 抗张强度系指单位面积的破碎力（kPa 或 MPa）。

$$T_s = 2F/\pi DL \tag{8-44}$$

式中，F 为将片剂径向破碎所需的力，kN；D 为片剂的直径，m；L 为片剂的厚度，m。抗张强度的大小反应物料结合力的大小和压缩成型性的好坏。

2. 脆碎度

片剂受到震动或摩擦之后容易引起碎片、顶裂、破裂等。脆碎度（friability，用 f 表示）反映片剂的抗磨损和振动能力，也是片剂质量标准检查的重要项目。常用 Roche 脆碎度测定仪［图 8-69(b)］测定。测定时，根据《中国药典》规定，取若干片，精密称重后放入转鼓内，转动 100 次，取出后吹除细粉，精密称重，按式（8-45）计算，通常以脆碎度<0.8% 为合格。

$$f = \frac{试验前片重 - 试验后片重}{试验前片重} \times 100\% \tag{8-45}$$

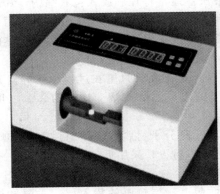
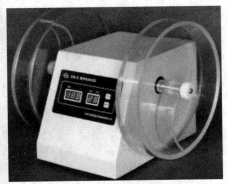

(a) 硬度测定仪   (b) 脆碎度测定仪

图 8-69　硬度和脆碎度测定仪

3. 弹性复原率

将片剂从模中移出后，由于内应力的作用发生弹性膨胀。把这种现象称为弹性复原或弹性后效。**弹性复原率**（elastic recovery，用 E_R 表示）系指将片剂从模中推出后弹性膨胀引起的体积增加值和片剂在最大压力下的体积之比，可用式（8-46）表示。

$$E_R = \frac{V - V_0}{V_0} = \frac{H - H_0}{H_0} \times 100\% \tag{8-46}$$

式中，V、H 分别为膨胀后片剂的体积和高度；V_0、H_0 分别为最大压力下（膨胀前）片剂的体积和高度。一般普通片剂的弹性复原率在 2%~10%，如果药物的弹性复原率较大，则结合率降低，易于裂片。

九、包衣技术与设备

（一）包衣目的与种类

包衣（coating）系指在特定的设备中按特定的工艺将糖料或其他能成膜的材料涂覆在固体制剂表面，使其干燥后成为紧贴附在表面的一层或数层不同厚薄、不同弹性的多功能保护层。

1. 包衣的目的

①避光、防潮，以提高药物的稳定性。②遮盖药物的不良气味，增加患者的顺应性。③改变药物释放特征，如胃溶、肠溶、缓释、控释等。④包衣后表面光洁，提高流动性，减轻患者吞咽痛苦。⑤采用不同颜色包衣，提高药物的识别性和美观度。⑥增加片剂的机械强度。包衣片更为抗压、耐磨，且增加弹性，

在运输、贮存、携带时保证片剂的质量，如防止破碎、划片、引湿沾水等。⑦隔离配伍禁忌成分，减少患者/操作者与药物接触，特别是对于皮肤敏感的药物。

2. 包衣的分类

包衣一般用于固体制剂，分类方法有很多：根据待包衣的物料不同，包衣可以分为粉末包衣、微丸包衣、颗粒包衣、片剂包衣和胶囊包衣；根据所用包衣材料不同，包衣分为糖包衣、薄膜包衣、特殊材料包衣（如硬脂酸、石蜡、多聚糖）；根据包衣技术不同，包衣分为喷雾包衣、浸蘸包衣、干压包衣、静电包衣、层压包衣；根据包衣目的不同，包衣分为水溶性包衣、胃溶性包衣、不溶性包衣、缓释包衣、肠溶包衣等。一般常以包衣材料的不同进行分类，主要有糖包衣和薄膜包衣两种，其中薄膜包衣又可分为胃溶型、肠溶型和胃肠不溶型三种。

（二）包衣工艺

1. 糖包衣

糖包衣系指使用蔗糖为主要包衣材料进行包衣的方法。通常将片芯放入包衣锅中，片芯在其中的三维空间上翻滚，再向包衣锅内通入干热空气以排出空气和粉尘。糖包衣是一项需要很高技巧和多项劳动的操作，涉及用一定量的水溶解蔗糖，与其他一些化合物逐步形成美观、光滑的包衣层，最终的包衣层可能占片剂重量的50%。糖包衣的生产工艺主要有以下几个步骤：

（1）隔离层　首先在素片上包不透水的隔离层，以防止在后面的包衣过程中水分浸入片芯。可用于隔离层的材料有：10%的玉米朊乙醇溶液、15%～20%的虫胶乙醇溶液、10%的邻苯二甲酸醋酸纤维素（CAP）乙醇溶液以及10%～15%的明胶浆。

其中最常用的是玉米朊包制的隔离层。CAP为肠溶性高分子材料，使用时注意包衣厚度以防止在胃中不溶解。因为包隔离层使用有机溶剂，所以应注意防爆、防火，采用低温（40～50℃）干燥，每层干燥时间约30 min，一般包3～5层。

（2）粉衣层　为消除片剂的棱角，在隔离层的外面包上一层较厚的粉衣层，主要材料是糖浆和滑石粉。常用糖浆浓度为65%～75%（质量比），滑石粉过100目筛。操作时喷一次浆、撒一次粉，然后热风干燥20～30 min（40～55℃），重复以上操作15～18次，直到片剂的棱角消失。为了增加糖浆的黏度，也可在糖浆中加入10%的明胶或阿拉伯胶。

（3）糖衣层　粉衣层的片衣表面比较粗糙、疏松，因此再包糖衣层使其表面光滑平整、细腻坚实。操作要点是加入稍稀的糖浆，逐次减少用量（湿润片面即可），在低温（40℃）下缓缓吹风干燥，一般约包制10～15层。

（4）有色糖衣层　包有色糖衣层与上述包糖衣层的工艺完全相同，只是糖浆中添加了食用色素，主要目的是便于识别与美观。一般约需包制8～15层。

（5）打光　其目的是增加片剂的光泽和表面的疏水性。一般用四川产的川蜡；用前需精制，即加热至80～100℃熔化后过100目筛，去除杂质，并掺入2%的硅油混匀，冷却，粉碎，取过80目筛的细粉待用。

2. 薄膜包衣

薄膜包衣系指使用一些聚合物在固体制剂外形成连续薄膜的技术。过去主要以糖包衣为主，但糖包衣具有包衣时间长、所需辅料量多、防吸潮性差、片面上不能刻字、受操作熟练程度的影响较大等缺点，现已逐步被薄膜包衣所代替。

（1）薄膜衣的材料　其通常由高分子聚合物材料、增塑剂、释放速率调节剂、固体物料、色料和溶剂等组成。

① 高分子聚合物材料：作为薄膜包衣主要材料，按衣层的作用可分为普通型、缓释型和肠溶型三大类。

普通型薄膜包衣材料主要用于改善吸潮和防止粉尘污染等，如羟丙甲纤维素（HPMC）、甲基纤维素（MC）、羟乙纤维素（HEC）、羟丙纤维素（HPC）等。缓释型包衣材料常用中性的甲基丙烯酸酯共聚物和乙基纤维素（EC），在整个生理 pH 范围内不溶。甲基丙烯酸酯共聚物具有溶胀性，对水及水溶性物质有通透性，因此可作为调节释放速率的包衣材料。乙基纤维素通常与 HPMC 或聚乙二醇（PEG）混合使用，产生致孔作用，使药物溶液容易扩散。肠溶包衣材料系指一些肠溶性聚合物，有耐酸性，使其在胃液中不溶而在肠液中溶解，常用的有醋酸纤维素酞酸酯（CAP）、聚乙烯醇酞酸酯（PVAP）、甲基丙烯酸共聚物、醋酸纤维素苯三酸酯（CAT）、羟丙甲纤维素酞酸酯（HPMCP）、丙烯酸树脂（Eu S100 和 Eu L100）等。

② 增塑剂（plasticizer）：系指能改变高分子薄膜的物理机械性质，使其更具柔顺性的物质。聚合物与增塑剂之间要具有化学相似性，例如甘油、丙二醇、PEG 等带有—OH，可作为某些纤维素类包衣材料的增塑剂；精制椰子油、蓖麻油、玉米油、液状石蜡、甘油单醋酸酯、甘油三醋酸酯、二丁基癸二酸酯和邻苯二甲酸二丁酯（二乙酯）等可用作脂肪族非极性聚合物的增塑剂等。

③ 释放速率调节剂：又称释放速率促进剂或致孔剂（pore-forming agent）。当在薄膜衣材料中加有蔗糖、氯化钠、表面活性剂、PEG 等水溶性物质时，一旦遇到水，水溶性材料迅速溶解，留下一个多孔膜作为扩散屏障。当然，薄膜包衣材料不同，调节剂的选择也不同，如吐温、司盘、HPMC 作为乙基纤维素薄膜衣的致孔剂，黄原胶作为甲基丙烯酸酯薄膜衣的致孔剂等。

另外，在包衣过程中有些聚合物的黏性过大时，适当加入一些固体粉末以防止颗粒或片剂的粘连。如聚丙烯酸酯中加入滑石粉、硬脂酸镁；乙基纤维素中加入胶态二氧化硅等作为防黏剂。色淀的应用主要是为了便于鉴别、防止假冒，并且满足产品美观的要求，也有遮光作用，但色淀的加入有时存在降低薄膜的拉伸强度、增加弹性模量和减弱薄膜柔性的作用。

（2）薄膜包衣过程 将片芯放入包衣容器内，为了有利于片芯的转动与翻动，可以在容器内装入适当形状的挡板；用喷枪喷入一定量的薄膜包衣材料的溶液，使片芯表面均匀湿润。吹入缓和的热风使溶剂蒸发（温度最好不超过 40℃，以免干燥过快，出现"皱皮"或"起泡"现象；也不能干燥过慢，否则会出现"粘连"或"剥落"现象）；如此重复上述操作若干次，直至达到一定的厚度为止。大多数的薄膜衣需要一个固化期，一般是在室温或略高于室温下自然放置 6～8 h 使之固化完全。为使残余的有机溶剂完全除尽，一般还要在 50℃下干燥 12～24 h。

常用薄膜包衣工艺有**有机溶剂包衣法**和**水分散体乳胶包衣法**。采用有机溶剂包衣时包衣材料的用量较少，表面光滑、均匀，但必须严格控制有机溶剂的残留量。现在常采用不溶性聚合物的水分散体作为包衣材料，并已经日趋普遍，目前在发达国家中几乎取代了有机溶剂包衣。

水性包衣材料的成膜机理是：将水分散体包衣材料喷洒在片剂表面，包衣初期为润湿阶段，聚合物粒子黏附于片剂表面，形成一个不连续膜；随后水分蒸发时，这些粒子紧密接触、变形、凝聚、融化，使缝隙消失，最后形成聚合物粒子彼此相连的连续膜。

（3）影响薄膜包衣的工艺因素

① 片芯的表面：包衣外观要求光洁、平整、美观。若片芯附着细粉，则包衣后表面会"起苞"；若片芯出现小洞、裂隙或磨损，则包衣后表面也会出现这些现象。包衣片芯表面不平整、不光洁，会影响包衣效果。所以，包衣前，应先筛除片芯上的细粉，拣出受损坏的片芯，确保片芯符合要求。

② 片芯的硬度：在包衣过程中，片芯的运动是剧烈的，相互之间产生较大的撞击力，使片芯发生摩擦、脱落或裂片，破坏片剂外观，不利于包衣。为减少片芯损耗，保证片芯保持平整的外观，就需要片芯具有足够的硬度。硬度越大，抗压能力越强，就可以增加片表面的稳定性。硬度的要求可根据片径的长短来决定。包衣片的硬度要大于不包衣片，缓释片、控释片要求硬度大，可适于包衣。

③ 雾化程度：包衣液是通过喷枪的雾化处理喷在片芯表面，雾化效果越好，薄膜包衣效果越理想。

④ 包衣液的流量：流量可根据包衣锅的大小来决定，要作适当调节，以免片芯过分湿润引起片面出现"皱纹"。对于易吸潮的药物，如酒石酸美托洛尔片，要避免片子受湿表面产生脱落或裂片，采用低流量包衣，包衣锅要低速转动。经过一段时间后，片面初步包上薄膜，然后加大包衣液的流量，提高包衣锅的转速。通过控制流量与转速，可提高包衣的效果。

⑤ 喷枪和送风位置：片芯在包衣锅内翻动，形成一块"斜面"，将喷枪置于此"斜面"正上方，调节其高度，直到包衣液能完全喷在锅口到锅底之间的片芯上，使包衣液均匀分布在片子的表面。另外，由于喷枪采用气压喷雾，将喷枪置于适宜高度以防气流影响片子的运动状态。送热风位置应固定在喷枪上方，正对翻动着的片子的顶部，使包衣液均匀排布于片面上，当片芯翻到顶部而准备向下滚的时候，正好受到

热风干燥，形成薄薄的膜，然后重新喷上包衣液，重新受热干燥，经长时间喷雾包衣后，片芯表面就形成一层完整、坚韧的薄膜。若送风位置低，不但会吹走包衣液，损耗包衣液用量，而且过早干燥片芯上的包衣液，导致包衣液未能及时均匀分散在片面上，片表面出现"皱皮"。喷枪和送热风的位置应相互配合，合理安置，才能最大限度地发挥它们的作用。

⑥ 包衣温度：包衣过程可被理解为湿润与干燥的过程，喷入包衣液，使之均匀分布于片的表面（湿润过程）；通入热风使溶媒迅速挥发，从而在片表面留下薄膜衣层（干燥过程）。采用合适的温度，是提高包衣效果的一个重要因素。温度过高，片表面出现"皱皮"；温度过低，包衣片形成"粘连"或"剥落"现象。温度是根据包衣液溶媒性质确定的。

（三）包衣技术与设备

包衣设备系指能完成片剂、微丸等固体制剂包衣操作的设备。常用的包衣装置主要有**锅包衣装置**、**滚转包衣装置**、**流化包衣装置**和**压制包衣装置**。片剂包衣应用最为广泛，常采用锅包衣和埋管式包衣（高效包衣机包衣），后者应用于薄膜包衣效果更佳。粒径较小的物料如微丸和粉末的包衣采用流化床包衣较合适。

1. 锅包衣装置

它是一种最经典而又最常用的包衣设备，其中包括普通包衣锅、改进的埋管包衣锅及高效包衣机，常用于糖包衣、薄膜包衣以及肠溶包衣等。

（1）普通包衣锅　普通包衣锅主要由莲蓬形或荸荠形的包衣锅、动力部分、加热鼓风及吸粉装置等组成。包衣锅的中轴与水平面一般呈 30°～45°，根据需要角度也可以更小一些，以便于药片在锅内能与包衣材料充分混合。普通包衣锅的结构示意图如图 8-70 所示。物料在包衣锅内能随锅的转动方向滚动，上升到一定高度后沿着锅的斜面滚落下来，做反复、均匀而有效的翻转，使包衣液均匀涂布于物料表面进行包衣。

但是普通包衣锅存在空气交换效率低、干燥速率慢、气路不能密闭导致有机溶剂污染环境等问题。因此，常采用改良方式，即在物料层内插进喷头和空气入口，即埋管包衣锅，见图 8-71。这种包衣方法使包衣液的喷雾在物料层内进行，热气通过物料层，不仅能防止喷液的飞扬，而且能加快物料的运动速度和干燥速率。

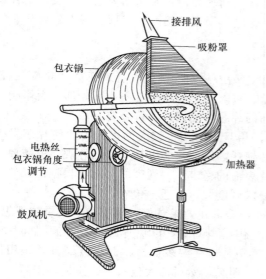

图 8-70　普通包衣锅结构示意图

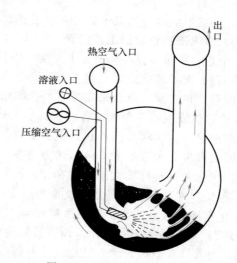

图 8-71　埋管包衣锅示意图

（2）高效包衣机　高效包衣机是为了改善传统包衣锅的干燥能力差的缺点而开发的新型包衣设备，具有包衣锅水平放置、气路密闭、干燥快、包衣效果好等特点，现在已经成为片剂包衣装置的主流。高效包衣机广泛用于片剂、丸剂等的有机溶剂薄膜包衣、水溶性薄膜包衣、缓控释包衣，是一种高效、节能、安全、洁净、符合 GMP 要求的机电一体化包衣设备。

高效包衣机主要由包衣机主机、热风进风柜、排风柜、配液罐和喷枪系统等组成（图 8-72）。主机由封闭工作室、有孔或者无孔包衣滚筒、导流板等组成。热风进风柜主要由柜体、送风风机、初效过滤器、中效过滤器、高效过滤器、热交换器等部件组成。排风柜主要由柜体、离心风机、除尘过滤系统等组成。包衣液喷液系统由电加热搅拌罐、蠕动泵、喷枪等组成。

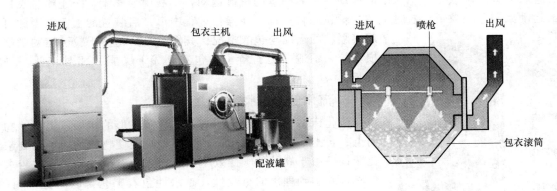

图 8-72　高效包衣机及其工作示意图

当高效包衣机工作时，电机带动包衣滚筒旋转，微丸、小丸或片芯等固体制剂在洁净、密闭的旋转滚筒内，在流线型导流板的作用下，不停地做往复循环翻滚运动。雾化喷枪连续向物料层喷洒包衣材料，同时在可控的负压状态下，热风不断经过物料层并由底部排出，使物料表面包衣材料得到快速、均匀干燥，从而形成一层坚固、致密、平整、光滑的表面薄膜。其工作示意图见图 8-72。

2. 滚转包衣装置

滚转包衣装置系指在转动造粒机的基础上发展起来的包衣装置。图 8-73 为其典型的转动包衣机及其原理示意图。将物料加于旋转的圆盘上，圆盘旋转时物料受离心力与旋转力的作用而在圆盘上做圆周旋转

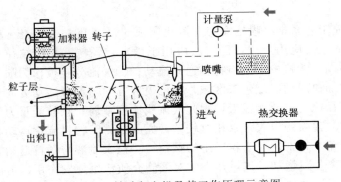

图 8-73　转动包衣机及其工作原理示意图

运动，同时受圆盘外缘缝隙中上升气流的作用沿壁面垂直上升，颗粒层上部粒子靠重力作用往下滑动落入圆盘中心，落下的颗粒在圆盘中重新受到离心力和旋转力的作用向外侧转动。这样粒子层在旋转过程中形成麻绳样旋涡状环流。喷雾装置安装于颗粒层斜面上部，将包衣液向粒子层表面定量喷雾，并由自动粉末撒布器撒布主药粉末或辅料粉末。由于颗粒群的激烈运动实现液体的表面均匀润湿和粉末的表面均匀黏附，从而防止颗粒间的粘连，保证多层包衣。需要干燥时从圆盘外周缝隙送入热空气。

滚转包衣装置的优点是：①粒子的运动主要靠圆盘的机械运动，不需用强气流，防止粉尘飞扬；②由于粒子的运动激烈，小粒子包衣时可减少颗粒间粘连；③在操作过程中可开启装置的上盖，因此可以直接观察颗粒的运动与包衣情况。其缺点是：①由于粒子运动激烈，易磨损颗粒，不适合脆弱粒子的包衣；②干燥能力相对较低，包衣时间较长。

3. 流化包衣技术

流化床主要由圆锥形的物料仓和圆柱形的扩展室组成，物料自下而上、自上而下形成流化运动，喷枪喷液使物料均匀接触到浆液。流化床设备由于高效的干燥效率，可以实现对微丸、颗粒、粉末等进行包衣，并达到理想的重现性，是水性包衣工艺得以广泛应用的基础。流化包衣机结构示意图如图 8-74 所示。

按喷枪在流化床中的安装位置不同，流化包衣工艺目前主要有三种类型：顶喷、底喷和切线喷（图 8-75）。由于设备构造不同，物料流化状态也不相同。采用不同工艺，包衣质量和制剂释放特性可能也有所区别。原则上为了使衣膜均匀连续，每种工艺都应尽量减少包衣液滴的行程，即液滴从喷枪出口到底物表面的距离，以减少热空气对

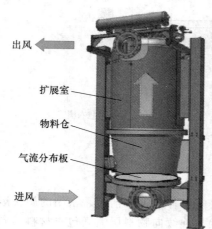

图 8-74 流化包衣机结构示意图

出风
扩展室
物料仓
气流分布板
进风

液滴产生的喷雾干燥作用，使包衣液到达底物表面时，基本保持其原有的特性，以保证在底物表面理想的铺展成膜特性，形成均匀、连续的衣膜。

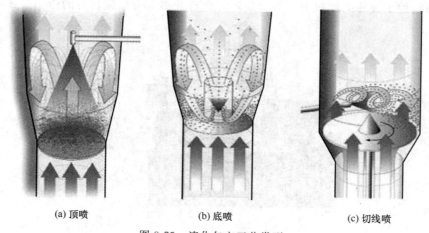

(a) 顶喷   (b) 底喷   (c) 切线喷

图 8-75 流化包衣工艺类型

（1）**顶喷工艺** 顶喷工艺系指将喷枪安装在流化床顶部，由 Dale Wurster 教授研制，故又称 Wurster 系统，是流化床包衣的主要应用形式，已广泛应用于微丸、颗粒，甚至粒径小于 50 μm 粉末的包衣。其特点是：①喷嘴位于顶端；②喷枪液流与物料逆向流动；③气流分布板作为喷射盘。包衣时，物料受进风气流推动，从物料槽中加速运动经过包衣区域，喷枪喷液方向与颗粒运动方向相反，经过包衣区域后物料进入扩展室，扩展室直径比物料仓直径大，因此气流线速度减弱，颗粒受重力作用又回落到物料仓内。

与底喷和切线喷相比，顶喷的包衣效果相对较差，原因是：①物料流化运动状态相对不规则，因此少量的物料粘连常常不可避免，特别是对于粒径小的颗粒；②包衣喷液与颗粒运动方向相反，因此包衣液从喷枪出口到颗粒表面的距离相对增加，进风热空气对液滴介质产生挥发作用，可能影响液滴黏度和铺展成膜特性，工艺控制不好甚至会造成包衣液的大量喷雾干燥现象，因此尽量不应采用顶喷工艺进行有机溶剂

包衣。但顶喷工艺非常适用于热熔融包衣。该工艺采用蜡类或酯类材料在熔融状态下进行包衣，不使用溶剂，特点是生产周期非常短，很适合包衣量比较大的品种和工艺。热熔融包衣要形成高质量的衣膜，包衣过程必须保持物料温度接近于包衣液的凝固点。包衣液管道和雾化压缩空气必须采取加热保温措施，以防止包衣液遇冷凝结。

（2）**底喷工艺**　底喷工艺系指将喷枪安装在流化床底部。物料仓中央有一个隔圈，底部有一块开有很多圆形小孔的空气分配盘，由于隔圈内外对应部分的底盘开孔率不同，因此形成隔圈内外的不同进风气流强度，使颗粒形成在隔圈内外有规则地循环运动。喷枪安装在隔圈内部，喷液方向与物料的运动方向相同，因此隔圈内是主要包衣区域，隔圈外则是主要干燥区域。物料每隔几秒钟通过一次包衣区域，完成一次包衣、干燥循环。所有物料经过包衣区域的概率相似，因此形成的衣膜均匀致密。优点是：①喷雾区域粒子浓度低，速度大，不易粘连，适合小粒子的包衣；②可制成均匀、圆滑的包衣膜。缺点是容积效率低，大型机的放大有困难。

（3）**切线喷工艺**　切线喷工艺系指将喷枪安装在流化床侧面，沿切线方向。物料仓为圆柱形，底部带有一个可调速的转盘。转盘和仓壁之间有一间隙，可通过进风气流。间隙大小通过转盘高度调节，以改变进风气流线速度。物料由于受到转盘转动产生的离心力、进风气流推动力和物料自身重力三个力的作用，因而呈螺旋状离心运动状态。

切线喷技术与底喷技术具有可比性，有三个相同的物理特点：①同向喷液，喷枪包埋在物料内，包衣液滴的行程短；②颗粒经过包衣区域的概率均等；③包衣区域内物料高度密集，喷液损失小。因此，切线喷形成的衣膜质量较好，与底喷形成的衣膜质量相当，可适用于水溶性或有机溶剂包衣工艺。

4. 干法包衣技术

干法包衣（dry coating）技术又称压制包衣（compression coating）技术，系指包衣材料包裹丸芯或片芯，直接压片而得包衣片或包衣丸的方法，如图 8-76 所示。干法包衣技术由日本 Shin-Etsu 化学有限公司在 20 世纪 90 年代末率先提出，它不添加任何溶剂，直接将聚合物衣料粉末和增塑剂在片芯或微丸上成膜而得，对于对水和温度敏感的药物来说无疑是最佳的选择。随着各种新型辅料和制药设备的出现，近年来，干粉包衣技术发展迅速，并广泛应用于药物制剂领域。

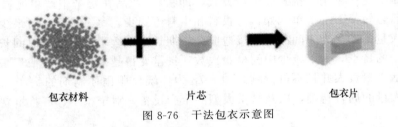

包衣材料　　　　片芯　　　　包衣片

图 8-76　干法包衣示意图

干法包衣一般采用两台压片机联合起来实施压制包衣。两台压片机以特制的传动器连接配套使用。一台压片机专门用于压制片芯，然后由传动器将压成的片芯输送至包衣转台的模孔中（此模孔内已填入包衣材料作为底层）。随着转台的转动，片芯的上面又被加入约等量的包衣材料，然后加压，使片芯压入包衣材料中间而形成压制的包衣片剂。其优点在于：生产流程短、能量损耗少、自动化程度高、劳动条件好，但对压片机械的精度要求较高。由日本三和化学研究所开发的一步干法包衣技术（OSDrC®，One-Step Dry-Coating），其特点是片芯和包衣在同一台压片机上完成，并且可以压制不同形状的片芯。其基本工作原理如下：①加入包衣物料，压制底层［图 8-77（a）和（b）］；②加入片芯物料，压成双层片［图 8-77（c）和（d）］；③加入包衣物料，压制得到干法包衣的片［图 8-77（e）和（f）］。

十、连续制造

（一）概述

连续制造（continuous manufacturing，CM）系指通过计算机控制系统将各个单元操作过程进行高集

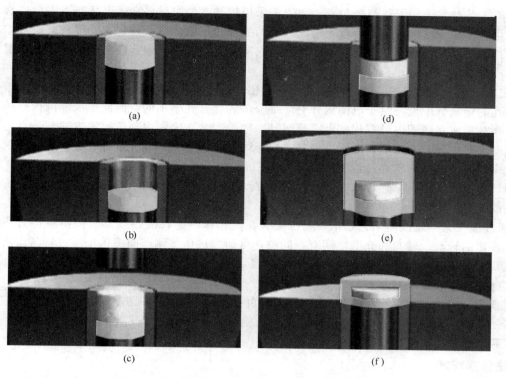

图 8-77　干法包衣工艺流程图

成度的整合，将传统间隙的单元操作连贯起来组成连续生产线的一种新型生产方式。增加物料在生产过程中的连续流动，也就是从原辅料投入到制剂产出，中间不停顿，原辅料和成品以相同速率输入和输出。并且，通过实施**过程分析技术**（process analytical technology，PAT）来保证最终产品质量。

传统的口服固体制剂生产采用"批式"生产方式，即物料/产品在每个生产单元操作后收集，在离线的实验室中检验合格后，转至下一个单元操作，投料和出料不同步，每一批次耗时最少几天以上。存在生产时间长，高库存，大量的库存为中间品，直接造成交货期长、断续生产、换批时间长、生产损失高等缺点。根据传统批式生产的特点，为了减少中间检验次数，批量变得越来越大，造成厂房面积越来越大，厂房利用效率低、不灵活、投资大并且不可持续。图 8-78 为传统口服固体制剂的生产流程图，从图中可以看出，批式生产需要大量的周转料桶，以及笨重大型的生产设备，对于整个建厂投资费用较大，资本运作效率较低。

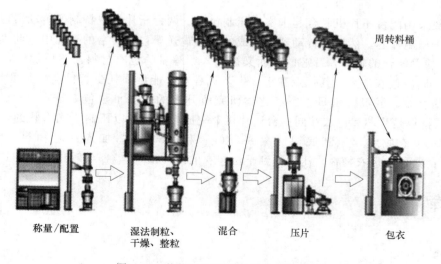

周转料桶

称量/配置　　湿法制粒、　　　混合　　　压片　　　包衣
　　　　　　　干燥、整粒

图 8-78　传统口服固体制剂的生产流程

而口服固体制剂的"连续制造"生产方式是通过计算机控制系统，将各个单元操作过程进行整合，增加物料在生产过程中的连续流动并加快最终产品成型。以片剂直接压片连续制造过程为例（图 8-79），通过对某些设备进行改造或采用一些替代的技术，将间歇的单元过程转换为连续制造过程，起始原料和成品以同样速率输入和输出，物料和产品在每个单元操作之间持续流动，整个生产过程实际用时只需几分钟到几小时。同时，采用 PAT 实时对关键质量和性能指标进行检测，实现在线控制中间体和成品的质量，生产的全过程实时可控。

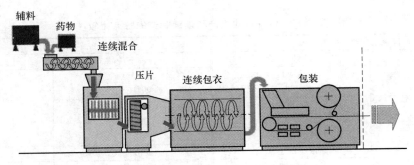

图 8-79　直接压片连续制造示意图

（二）特点

随着现代科学技术的发展，制造行业已实现了多种连续制造，常见的有石油精炼、合成纤维、化肥加工、塑料加工等。而制药行业的连续制造相对于其他行业起步较晚，且实现技术难度较大，进程也相对缓慢。为了提高创新性和竞争力，尽可能地缩短产品开发时间、最大限度地提高产量和降低生产成本，随着近年来 PAT 的推进，制药行业也正积极探索新的连续制造工艺，逐渐向连续制造的阶段迈进。

2015 年 11 月，葛兰素史克（GSK）、基伊埃（GEA）和辉瑞（Pfizer）联合设计了一个小型、连续、微缩、模块化的固体制剂工厂。该工厂可用卡车运往世界任何地方，快速组装，能在几分钟内生产出素片，而传统的批式生产则需要几天至几周。与传统口服固体制剂批式生产方式比较，连续制造具有以下特点。

1. 大幅度提高生产效率，降低生产成本

① 连续制造适用于单一品种大批量、长期的连续生产。② 可在最小的车间中实现高效生产，大幅减少能耗，且没有中间体转运，少占空间。③ 节省物料、降低成本。由于任何给定的时间内，某个生产设备或某段工序上都仅有几公斤的物料正在处理，这样即使发生质量事件，可以暂停制备过程，并且最坏的情况就是浪费几公斤的物料，丢弃这些物料后可以重启生产过程。而若以固定规模批次生产，可能需要进行多个独立单元的生产，如果发生质量问题，整批就浪费了，物料损耗较大。

2. 无需工艺放大，缩短新药研发时间

连续制造模式下，研究样品、试验样品、临床样品和商业产品均是在相同设备上生产。不像传统的批式生产方式，放大方法是基于投料规模和设备的扩大。在连续制造模式下，"放大"被赋予一个新的定义，即是在"时间"上进行放大。这意味着批次规模改变的仅仅是时间的长短，产量增大时不需要考虑放大带来的各种问题。

3. 生产迅速、缩短生产周期

连续制造可大大减少生产用时、减少物流周转，从而缩短生产周期。尤其是当临床急需时，能迅速满足临床需求，更易应对药品短缺和疫情暴发的状况，同时也为企业缩短了新产品的上市时间。

4. 基于质量源于设计（QbD）理念，PAT 确保产品质量

PAT 通过实行 QbD 理念来确保生产过程结束时的产品质量，在提高效率的同时减少质量降低的风险。在线测量与控制系统能缩短生产周期、防止次品和废料产生、提高操作人员的安全性和整体生产效率。

5. 产品的质量追溯性强，利于监管

①大量减少了操作人员，大幅降低了人为因素所带来的环境污染、操作失误等风险。②连续制造过程实行质量全过程控制，生产中间体和最终产品基于过程数据得到控制和保障。该过程能在线追溯产品质量，按照 FDA 和 ICH 指导原则，最终产品生产出来即可上市。③连续制造避免了造假、修改数据、改变 SOP 操作等影响质量的情况，有利于监管部门监管，减少大量飞行检查次数等。传统批式生产和连续制造的特点比较见表 8-17。

表 8-17 传统批式生产和连续制造的特点比较

传统批式生产		连续制造	
着重于生产过程	长时间恒定	着重于产品	短时间恒定
趋势展示缓慢	响应慢	趋势展示很快	响应快
	变化不可见、不可控		变化可见并可控
工作量大	损失大	工作量小	损失小
	大型笨重设备		小型轻型设备
	巨大的厂房		小面积厂房
灵活性小	局限于制造规模	灵活性大	工作量小
惰性环境	所有专业大量用人	专注环境	少量专业团队

（三）研究内容

口服固体制剂如何进行连续化生产，从什么工段可以开始做连续化，其研究内容主要有：①整个生产过程中如何控制物料连续流动；②生产过程工艺参数对中间体或最终产品质量的影响如何；③PAT 在连续生产过程中如何实施；④如何探索新的计算方法来评估或模拟连续制造技术。

其中过程分析技术（process analytical technology，PAT）在固体制剂连续制造中显得尤为重要。PAT 系指生产过程的分析和控制系统，是依据生产过程中的周期性检测、关键质量参数控制、原材料和中间产品的质量控制及生产过程，确保最终产品质量达到认可标准的程序。

传统批式生产主要依靠离线分析来进行中间产品和最终产品的质量评估，主要是在化学分析室里完成，耗时长并且只能在生产完成后进行检测，而连续制造过程可以通过实时在线监测进行评估。2004 年，美国 FDA 将 PAT 作为新药开发、生产和质量保证的行业指南，积极推动针对医药原料及加工过程中的关键质量性能特征来设计、分析和控制生产过程，以确保最终产品的质量。2010 年前后，在线控制和监测方法在设备上的嵌入与整合技术得到迅速发展，QbD 理念也让建立模型预测和实验设计等方法更好地与制药生产过程联系起来，使连续制药成为现实。通过 PAT 的实施，可达到如下目的：①利用在线测量和控制，缩短生产周期；②避免产品的不合格、报废和返工；③考虑实时释放的可能性；④提高自动化水平，改善操作人员的安全条件，减少人为错误发生；⑤推动连续作业，提高效率，增强管理的可能性。

PAT 关键技术主要有：①多元数据采集和分析工具；②现代过程分析仪或过程分析工具；③工艺过程、终点监控、控制工具；④连续性改进（即反馈机制）和信息管理工具等。常用的分析工具有近红外光谱技术（NIR）和拉曼光谱技术（Raman），而越来越多的研究者对高效液相色谱法（HPLC）、在线核磁共振（NMR）、X 射线粉末衍射、透射电镜（TEM）、扫描电镜（SEM）和 3D 高速成像技术等应用到 PAT 中表现出浓厚的兴趣。

（四）连续制造在固体制剂生产中的应用

连续制造是端到端（end to end）连续制造模式，系指从起始原料连续多步合成原料药开始，到最终剂型成型的完全制造过程。化工行业的连续制造趋于成熟，使得医药行业中的一些原料药厂开启了"半连续"加工进程。2000 年前后，在线清洗和在线除菌技术的开发与应用，使药品生产向在线连续模式转变的可能性得以提升。阿利吉仑片剂是第一个实行产业化端到端连续制造的药品实例，从原料药的化学中间体开始，经过一系列连续步骤，包括化学合成、分离、结晶、干燥等过程，先得到阿利吉仑原料药；再经过连续的混合、热熔挤出、制粒、压片与包衣过程生产出所需形状和质量的包衣片剂。整个生产的操作单元总数从传统批式生产的 21 个减少到连续制造的 14 个；生产过程的停留时间从批式生产的 300 h 减少到

连续制造的 47 h；单位质量成品的原材料消耗也减少了一半。

　　固体制剂连续制造的发展，首先是从将几个生产单元通过整合成一个半连续生产线，实现半连续制造开始的。湿法制粒压片工艺因具有生产工艺成熟、颗粒质量好、生产效率高、压缩成型性好等优点，作为片剂生产中的主流工艺应用最为广泛。例如：高剪切连续制粒装置（high-shear conti-granulator），包括混合系统、湿法制粒系统、流化床干燥系统和整粒系统等（图 8-80）。生产时，物料粉末通过提升料斗输入、高剪切搅拌制粒机混合、浆液泵入湿法制粒、真空出料并输送至流化床干燥、整粒机整粒分级，最终得到成品颗粒。

图 8-80　高剪切连续制粒装置图

　　图 8-81 为干法制粒连续制造流程图，生产时，物料经真空传送机输入料斗，螺旋送料装置送至滚压轮压出胚片，经制粒装置破碎成颗粒，整粒后过筛分级，细粉经真空传送机输入物料仓重新制粒，合格颗粒经真空传送机送入成品仓。

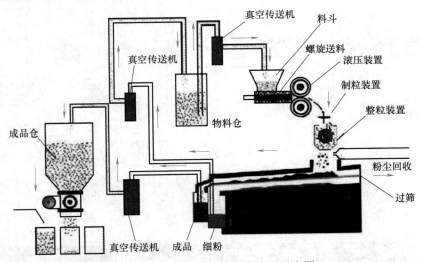

图 8-81　干法制粒连续制造流程示意图

　　连续直接压片是生产片剂最简单的方法，不过要求药物粉末具有良好的流动性、润滑性和可压性等，并在生产过程中检测混合物料中的主药含量以及含量均匀度才能保证最后片剂的质量。美国罗格斯大学工程技术有机微粒系统研究中心的试验工厂设计了混合动力比例-积分-导数控制预测模型（model predictive control-proportional integral derivative，MPC-PID）控制系统用于连续直接压片。该装置连续直接压片的流程见图 8-82，每种物料按设计要求被送入混合器形成均匀的混合物，然后混合粉末从漏斗通过供料架送到压片机。

　　ConsiGma-DC 是 GEA 公司开发的另外一种商业型直接压片的连续生产设备。整个设备包含投料、连续混合、压片和关键质量属性在线检测 4 个重要的组成部分。该设备是一款紧凑型一体化片剂生产线，解

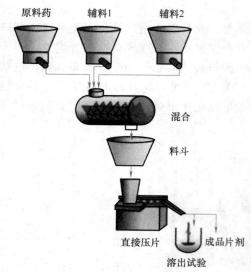

图 8-82　直接压片连续制造流程示意图

原料药　辅料1　辅料2

混合

料斗

直接压片　成品片剂

溶出试验

决了之前关于投料、混合和压片过程分离的问题。GEA 公司联合卡乐康公司和根特大学完成了对 ConsiGma-DC 连续生产萘普生片剂可行性的系统性研究和评估。采用近红外光谱仪实时检测成分的混合均匀度，得到高质量产品。

Omega 包衣机是一种半连续包衣设备，片剂装入滚筒，在约 115 r/min 的转速下旋转，滚筒不时地降速至 92 r/min，同时两个空气挡板驱逐片剂，使其在滚筒内翻转。整个包衣过程经拉曼光谱探针检查包衣层增加的厚度，每批次的包衣完成时间不超过 20 min。

图 8-83 以片剂生产连续制造过程以及 PAT 在线监测关键质量属性（CQA）为例，原辅料在线检测、投料、混合，PAT 在线检测其含量及混合均匀度，通过干法、湿法或热熔制粒技术制粒，并对所制颗粒进行在线检测，进入压片单元时在线检测片重、硬度和含量，采用电子成像技术在线检测包衣质量，最终对成品片剂进行检查而得到高质量产品，生产的全过程密闭操作、实时可控。中国海正药业对速释片剂的连续制造研究，以及东富龙对喷雾冻干机在无菌核心区域连续制造的潜力研究，成为中国对于连续制造领域开发的先行者。

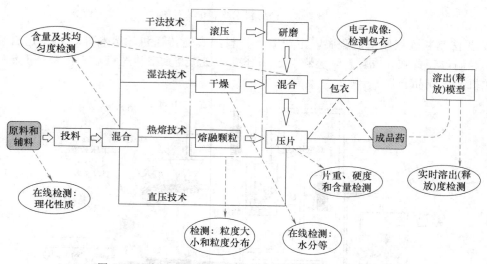

图 8-83　片剂连续制造及 PAT 在线监测 CQA 的流程图

第三节　散　剂

一、散剂的定义

散剂（powders），也称粉剂，系指原料药物或与适宜的辅料经粉碎、均匀混合而制成的干燥粉末状制剂，可供内服和外用。散剂是古老而传统的固体剂型，早在《黄帝内经》就有散剂治疗疾病的记载，现已广泛应用于临床。在中药制剂中的应用比西药更为广泛。《中国药典》（2020 年版）第一部收载中药散剂多达 50 余种。

二、散剂的分类

散剂可根据医疗用途和给药途径、药物组成、药物性质以及是否分剂量等进行分类。

1. 按医疗用途和给药途径分类

散剂可分为口服散剂和局部用散剂。

（1）**口服散剂**　口服散剂一般溶于或分散于水、稀释液或者其他液体中服用，也可直接用水送服，如川芎茶调散、阿奇霉素散剂等。

（2）**局部用散剂**　局部用散剂可供皮肤、口腔、咽喉、腔道等处应用，如双料喉风散。专供治疗、预防和润滑皮肤的散剂也可称为撒布剂或撒粉，如金黄散、达克宁散剂等。

2. 按药物组成分类

散剂可分为单散剂和复方散剂。

（1）**单散剂**　是由一种药物组成的散剂，俗称"粉"，如川贝粉。

（2）**复方散剂**　是由两种以上药物组成的散剂，如活血止痛散等。

3. 按药物性质分类

散剂可分为含毒性药散剂，如九分散；含液体成分散剂如蛇胆川贝散；和含低共熔组分散剂，如痱子粉等。

4. 按是否分剂量分类

散剂可分为单剂量散剂和多剂量散剂。

（1）**单剂量散剂**　系将散剂分成单独剂量，由患者按包服用，如多数内服散剂。一般毒剧药散剂必须分剂量。

（2）**多剂量散剂**　系指以总剂量形式包装，由患者按医嘱自己分取剂量应用的散剂，如多数外用的散剂。

此外，也可按散剂的不同成分或不同性质，将其分为：毒剧药散剂、浸膏散剂、泡腾散剂等。

三、散剂的特点

散剂是固体制剂中分散程度最大的制剂。古人曰："散者散也，去急病用之。"这句话指出了散剂容易分散和奏效快的特点。散剂的优点是：①粉碎程度大，粒径小，比表面积大，易于分散，起效快。②外用覆盖面积大，可以同时发挥保护和收敛等作用。③制备工艺简单，剂量易于控制，适于医院制剂。④贮存、运输、携带比较方便。⑤口腔科、耳鼻喉科、伤科和外科应用散剂较多，也适于小儿给药。同时，散剂为粉末状，可以作为其他剂型的基础物质，如颗粒剂、胶囊剂、片剂、软膏剂、混悬剂等。

但散剂也有缺点：①药物粉碎后比表面积增大，其臭味、刺激性及化学活性也相应增加。②挥发性成分易散失。③口感不好，剂量较大者易致服用困难。④剂量较大，易吸潮变质；刺激性、腐蚀性强的药物以及含挥发性成分较多的处方一般不宜制成散剂。

四、散剂的质量要求

①制备散剂的成分均应粉碎，除另有规定外，口服散剂为细粉，儿科及局部散剂应为最细粉，眼科散剂为极细粉。②散剂中可含或不含辅料。口服散剂必要时亦可加矫味剂、芳香剂、着色剂等。为防止胃酸对生物制品散剂中活性成分的破坏，散剂稀释剂中可调配中和胃酸的成分。③散剂应干燥、松散、混合均匀、色泽一致。制备含有毒性药物、贵重药物或小剂量药物的散剂时，应采用配研法混合均匀并过筛。④散剂应密闭贮存，含挥发性或易吸潮药物的散剂应密封贮存。生物制品应采用防潮材料包装。⑤用于烧伤或创伤的局部用散剂应无菌。散剂用于烧伤治疗，如为非无菌制剂的，应在标签上标明"非无菌制剂"，

在产品说明书中应注明"用于程度较轻的烧伤（Ⅰ°或浅Ⅱ°）"，注意事项下应标明"应遵医嘱使用"。

五、散剂的处方、工艺与制备

（一）散剂的处方组成

散剂中常需加入稀释剂以增加其重量或体积。常用的稀释剂有乳糖、糖粉、淀粉、甘露醇，以及无机物沉降碳酸钙、磷酸钙、硫酸钙等惰性物质。此外，散剂制备过程中粉末相互摩擦易产生静电，不利于混合均匀，常需加入少量具有抗静电作用的辅料如表面活性剂十二烷基硫酸钠，或润滑剂如硬脂酸镁、滑石粉、微粉硅胶等。

（二）散剂的制备工艺

散剂的制备工艺一般按图 8-84 进行。

图 8-84　散剂的制备工艺流程图

一般情况下，将固体物料进行粉碎前应对物料进行预处理。所谓物料的预处理系指将物料加工成符合粉碎所要求的粒度和干燥程度等。此外，散剂制备中的粉碎、过筛、混合等单元操作也适合其他固体制剂的制备，在此仅就散剂要求的有关内容作简要介绍。

1. 粉碎（crushing）

为了改善不同药物粉末混合的均匀性、调节药物粉末的流动性、增加药物有效面积以提高药物的生物利用度，制备散剂的药物均应进行适当的粉碎操作。粉碎操作对药物制剂的质量和药效等会产生影响，如药物的晶型转变或热降解、固体颗粒的黏附与团聚、润湿性的变化等，故应给予足够的重视。

药物粉碎的方法取决于药物的性质、使用要求和设备等（详见第二节的"粉碎技术与设备"）。欲获得 10 μm 以下的微粉，常采用气流粉碎的方法。小剂量药物的粉碎或实验室规模散剂的制备时常用研钵，工业化生产时常用球磨机和冲击式粉碎机等。

2. 筛分（sieving）

筛分系指借助筛网将粉碎后物料进行分离的操作。其目的之一是为了获得较均匀的粒子群；二是不同种类的物类一起过筛可达到混合的目的。这对药品质量以及制剂生产的顺利进行都具有重要的意义。如散剂有《中国药典》规定的粒度要求，在后续的混合单元操作中对混合度、粒子的流动性、充填性等具有显著影响。

医药工业生产中常用摇动筛以及振荡筛进行筛分，其操作要点是将欲分离的物料放在筛网面上，采用不同方法使粒子运动，并与筛网面接触，小于筛孔的粒子漏到筛下而达到筛分目的（详见第二节的"筛分技术与设备"）。

3. 混合（mixing）

混合系指将两种及以上组分的物料均匀混合以得到含量均匀的产品的操作，是保证散剂产品质量的重要措施之一。固体的混合不同于液体的混合，是以固体粒子作为分散单元，因此在实际混合过程中完全混合均匀几乎办不到。为了满足混合样品中各成分含量的均匀分布，尽量减小各成分的粒度，常以微细粉体作为混合的主要对象。

影响粉体混合均匀性的因素有很多，包括物料因素、设备因素和操作因素等，为了达到均匀的混合效果，以下一些问题，必须给予充分考虑：

（1）**各组分的比例**　比例相差过大时，难以混合均匀，此时应该采用等量递加混合法（又称配研法）进行混合。即先将量小药物研细后，加入等体积其他细粉混匀，如此倍量增加混合至全部混匀，再过筛混合即成。

"倍散"系指小剂量的毒剧药与数倍量的稀释剂混合制成的稀释散剂。稀释倍数由药物的剂量而定：剂量 0.1～0.01 g 可配成 10 倍散（即 9 份稀释剂与 1 份药物混合），0.01～0.001 g 配成 100 倍散，0.001 g 以下应配成 1000 倍散。配制倍散时应采用等量递加混合法。倍散中常用的稀释剂有乳糖、糖粉、淀粉、糊精、沉降碳酸钙、磷酸钙、白陶土等惰性物质，称量时应正确选用天平，有时为了便于观察混合是否均匀，可加入少量色素。

（2）**各组分的密度**　各组分密度差异较大时，应避免密度小者浮于上面，密度大者沉于底部而不易混匀，操作时应先把密度小的组分放入混合器中，再把密度大的组分放入混合器中进行混合。但当粒径小于 30 μm 时，各组分的密度大小将不会成为导致其分离的主要原因。

（3）**各组分的黏附性与带电性**　有的药物粉末对混合器械具有黏附性，不仅影响混合也会造成损失。一般应将量大或不易吸附的药粉或辅料垫底，量少或易吸附者后加入。混合时摩擦起电的粉末不易混匀，通常加少量表面活性剂或润滑剂加以克服，如硬脂酸镁、十二烷基硫酸钠等具有抗静电作用的物质。

（4）**含液体或易吸湿成分**　如处方中含有液体组分时，可用处方中其他固体组分或吸收剂吸收该液体至不湿润为止。常用的吸收剂有磷酸钙、白陶土、蔗糖和葡萄糖等。若含有易吸湿组分，则应针对吸湿原因加以解决。如结晶水在研磨时释放而引起湿润，则可用等量的无水物代替；若某组分的吸湿性很强（如胃蛋白酶等），则可在低于其临界相对湿度条件下，迅速混合并密封防潮；若混合引起吸湿性增强，则不应混合，可采用分别包装或包衣后再混合。

（5）**含低共熔混合物组分**　有些药物按一定比例混合时，可形成低共熔混合物，从而在室温条件下出现润湿或液化现象。药剂调配中可发生低共熔现象的常见药物有水合氯醛、樟脑、麝香草酚等，以一定比例混合研磨时极易产生润湿、液化，此时尽量避免形成低共熔物的混合比。

（6）**组分间的化学反应**　含有氧化和还原性或其他混合后易发生化学反应的药物组分时，应将药物分别包装，服用时迅速混合，或将某组分粉末包衣后再混合。

相关内容详见本章第二节的"混合技术与设备"。

4. 分剂量

分剂量系指将混合均匀的物料，按剂量要求进行分装的操作过程。它是决定所含药物成分的剂量是否准确的最后步骤。常用方法有**目测法**、**重量法**和**容量法**三种。

（1）**目测法**　又称估分法，系指取总量的散剂，以目测分成若干等份的方法。此法操作简便，适于药房小量配制，但误差大，毒性药或贵重细料药的散剂不适用这种方法。

（2）**重量法**　按规定剂量用天平逐包称量分剂量的方法。此法剂量准确，但操作麻烦、效率低，含毒性药及贵重细料药散剂常用此法。

（3）**容量法**　系指用固定容量的容器进行分剂量的方法。此法是目前应用最多的分剂量方法，适用于一般散剂分剂量，方便、效率较高，可以实现连续操作，机械化生产多用容量法分剂量。为了保证剂量的准确性，应对药粉的流动性、吸湿性、堆密度以及分剂量的速度等进行必要的考查。

（三）散剂举例

例 8-1　**氢溴酸东莨菪碱散（倍散）**

【**处方**】　氢溴酸东莨菪碱　　　0.003 g
　　　　　乳糖　　　　　　　　 0.2997 g

【**制法**】①取氢溴酸东莨菪碱 0.1 g 置于乳钵中，按等量递增原则加 0.9 g 乳糖混匀制成 1：10 倍散；②再取十倍散 0.1 g，同上法加乳糖 0.9 g 混匀制成 1：100 的倍散；③最后取百倍散 0.1 g 等量递增加入 0.9 g 乳糖混匀制成 1：1000 倍散，取千倍散 0.9 g 分成三等份，包装即得。

【**注解**】①本品属于小剂量毒剧药，大量配制时必须做含量均匀度检查，以保证制剂质量和用药的安全。②本品为内服散剂，具有镇痛、解痉作用，用于胃、肠、肾、输胆管、膀胱等平滑肌绞痛。

例8-2 冰硼散

【处方】 冰片　　50 g　　　硼砂（炒）　　500 g
　　　　　朱砂　　60 g　　　玄明粉　　　　500 g

【制法】 以上四味，朱砂水飞或粉碎成极细粉，硼砂粉碎成细粉，将冰片研细，与上述粉末及玄明粉配研，过筛，混合，即得。

【注解】 ①朱砂含硫化汞，为粒状或块状集合体，色鲜红或暗红，具光泽，质重而脆，水飞法可获极细粉。玄明粉系芒硝经风化干燥而得，含硫酸钠不少于99％。②本品朱砂有色，易于观察混合的均匀性。本品用乙醚提取，重量法测定，冰片含量不得少于3.5％。③本品具清热解毒、消肿止痛功能，用于咽喉疼痛、牙龈肿痛、口舌生疮。吹散，每次少量，一日数次。

例8-3 痱子粉

【处方】 氧化锌　　60 g　　　　麝香草酚　　6 g
　　　　　薄荷油　　6 mL　　　　水杨酸　　　11 g
　　　　　淀粉　　　100 g　　　　硼酸　　　　85 g
　　　　　薄荷脑　　6 g　　　　　樟脑　　　　6 g
　　　　　升华硫　　40 g　　　　　滑石粉　　　加至1000 g

【制法】 ①取麝香草酚、薄荷脑、樟脑研磨共熔，加入薄荷油，混匀，备用；②另取水杨酸、氧化锌、硼酸、升华硫、淀粉和滑石粉共置磨粉机内磨成混合细粉，过100～200目筛，备用；③将混合细粉置于带有挥发油喷雾装置的混合机中混合，在混合过程中慢慢喷入以上共熔的混合液，混合均匀、过筛、分装即得。

【注解】 ①本品中麝香草酚、薄荷脑、樟脑在研磨混合时发生共熔，加入薄荷油使成混合液，采用喷雾方式易与其他药物混合均匀。②本品为外用散剂，具有吸湿、止痒、消炎作用，主要用于痱子、汗疹的治疗。

六、散剂的包装与贮存

散剂的质量除了与制备工艺有关以外，还与散剂的包装贮存条件密切相关。因为散剂的比表面积较大，其吸湿性与风化性都比较显著，若由于包装与贮存不当而吸湿，则极易出现潮解、结块、变色、分解、霉变等一系列不稳定现象，严重影响散剂的质量以及用药的安全性。因此，散剂包装与贮存的重点在于防潮，一般采取密封包装与密闭贮藏。散剂可单剂量包（分）装，可采用各式包药纸包成五角包、四角包及长方包等，也可用纸袋或塑料袋包装。多剂量包装者可用塑料袋、纸盒、玻璃管或瓶包装，但应附分剂量的用具。含有毒性药的口服散剂应单剂量包装。用于包装的材料有多种，除另有规定外，散剂应采用不透性包装材料。常用包药纸、塑料袋、玻璃管等。可用透湿系数（P）来评价包装材料的防湿性。P越小者，防湿性能越好。表8-18列举了一些常用包装材料的透湿系数。

表8-18　一些包装材料的透湿系数

名称	P	名称	P
蜡纸 A	3	滤纸	1230
蜡纸 B	12	聚乙烯	2
蜡纸 C	22	聚苯乙烯	6
亚麻仁油纸	160	聚乙烯丁醛	30
桐油纸	190	硝酸纤维素	35
玻璃纸	222	醋酸乙烯	50
硫酸纸	534	聚乙烯醇	270

七、散剂的质量评价

散剂的质量检查是保证散剂质量的重要环节，《中国药典》（2020年版）收载的散剂的质量检查项目主要有药物含量、均匀度、水分和装量差异限度等。

1. 外观均匀度

取供试品适量，置于光滑纸上，平铺约 5 cm²，将其表面压平，在明亮处观察，应色泽均匀，无花纹与色斑。

2. 粒度

根据散剂的用途不同其粒径要求有所不同。一般取供试品 10 g，精密称定，照粒度和粒度分布测定法［《中国药典》（2020 年版）四部通则 0982 筛分法］测定：能通过 6 号筛（100 目，125 μm）的细粉含量不少于 95％；难溶性药物、收敛剂、吸附剂、儿科或外用散剂能通过 7 号筛（120 目，150 μm）的细粉含量不少于 95％；眼用散剂应全部通过 9 号筛（200 目，75 μm）；等等。

3. 水分

取供试品照水分测定法测定，除另有规定外，不得过 9.0％。

4. 装量差异

取单剂量包装的散剂，依法检查，装量差异限度应符合表 8-19 的规定。凡规定检查含量均匀度的散剂，一般不再进行装量差异的检查。

表 8-19　散剂装量差异限度要求

平均装量或标示装量	装量差异限度（中药、化学药）	装量差异限度（生物制品）
0.1 g 或 0.1 g 以下	±15％	±15％
0.1 g 以上至 0.5 g	±10％	±10％
0.5 g 以上至 1.5 g	±8％	±7.5％
1.5 g 以上至 6.0 g	±7％	±5％
6.0 g 以上	±5％	±3％

5. 装量

多剂量包装的散剂，照最低装量检查法检查，应符合规定。

6. 无菌与微生物限度

用于烧伤或创伤的局部用散剂，照无菌检查法检查，应符合规定。此外，除另有规定外，按微生物限度检查法检查，应符合规定。

第四节　颗　粒　剂

一、颗粒剂的定义

颗粒剂（granules）系指原料药物与适宜的辅料混合制成具有一定粒度的干燥颗粒状制剂，俗称冲剂、冲服剂。凡单剂量颗粒压制成块状的习称块形冲剂。颗粒剂也可以理解为是在散剂（均匀混合粉末）的基础上，加入黏合剂使各组分粉末黏结成更大的粒子。《中国药典》规定：不能通过一号筛（2000 μm）与能通过五号筛（180 μm）的总和不得超过 15％。日本药局方还收载细粒剂（fine granules），其粒度范围是 105～500 μm。颗粒剂既可直接吞服，又可冲入水中饮服。

二、颗粒剂的分类

根据颗粒剂在水中的溶解情况可分类为可溶性颗粒剂、混悬型颗粒剂、泡腾颗粒剂、肠溶颗粒剂，根据药物释放特性不同可分为缓释颗粒和控释颗粒等。

① 可溶性颗粒剂：系指在溶剂中完全溶解的干燥颗粒剂。根据所用溶剂不同，又可分为水溶性颗粒剂和酒溶性颗粒剂。

② 混悬型颗粒剂：系指难溶性原料药物与适宜辅料混合制成的具有一定粒度的干燥颗粒剂。临用前加水或其他适宜的液体振摇即可分散成混悬液，供口服。

③ 泡腾颗粒剂：系指处方中含有碳酸氢钠和有机酸，遇水可放出大量气体而呈泡腾状的颗粒剂。泡腾颗粒剂中的药物应是易溶性的，加水产生气泡后应能溶解。有机酸一般用枸橼酸、酒石酸等。泡腾颗粒剂一般不应直接吞服。

④ 肠溶颗粒剂：系指采用肠溶材料包裹颗粒或其他适宜方法制成的颗粒剂。肠溶颗粒剂耐胃酸而在肠液中释放活性成分或控制药物在肠道内定位释放，可防止药物在胃内分解失效，避免对胃的刺激。肠溶颗粒剂不得咀嚼。

⑤ 缓释颗粒剂：系指在规定的释放介质中缓慢地非恒速释放药物的颗粒剂。缓释颗粒剂不得咀嚼。

⑥ 控释颗粒剂：系指在规定的释放介质中以恒定的速度释放药物的颗粒剂。控释颗粒剂不得咀嚼。

三、颗粒剂的特点

颗粒剂与散剂相比具有以下特点：
①飞散性、附着性、团聚性、吸湿性等均较小；②服用方便，根据需要可制成色、香、味俱全的颗粒剂；③必要时对颗粒进行包衣，根据包衣材料的性质可使颗粒具有防潮性、缓释性或肠溶性等，但包衣时需注意颗粒大小的均匀性以及表面光洁度，以保证包衣的均匀性；④适当加入芳香剂、矫味剂、着色剂等，可制成色、香、味俱全的药物制剂，患者乐于服用，对小儿尤为适宜。

四、颗粒剂的质量要求

①原料药物与辅料应均匀混合，含药量小或含毒、剧药物的颗粒剂，应根据原料药物的性质采用适宜方法使其分散均匀。②凡属挥发性原料药物或遇热不稳定的药物，在制备过程中应注意控制适宜的温度条件。凡遇光不稳定的原料药物应遮光操作。③除另有规定外，挥发油应均匀喷入干燥颗粒中，密闭至规定时间或用包合等技术处理后加入。为了防潮、掩盖药物的不良气味，也可对颗粒进行薄膜包衣。④颗粒剂应干燥，颗粒均匀，色泽一致，无吸潮、软化、结块、潮解等现象。⑤单剂量包装的颗粒剂在标签上要标明每个袋（瓶）中活性成分的名称及含量。多剂量包装的颗粒剂除应有确切的分剂量方法外，在标签上要标明颗粒中活性成分的名称和含量。⑥除另有规定外，颗粒剂应密封，置干燥处贮存，防止受潮。生物制品原液半成品及成品的生产及质量控制应符合相关品种要求。

五、颗粒剂的处方、工艺与制备

（一）颗粒剂的处方组成

颗粒剂中常用的辅料有稀释剂、黏合剂，有时根据需要也可加入崩解剂、矫味剂等。

① 稀释剂：常用的稀释剂有淀粉、蔗糖、乳糖、糊精等。

② 黏合剂：常用的黏合剂有淀粉浆、纤维素衍生物，如羟丙甲纤维素（HPMC）等。对于本身具有一定黏性的物质也可不加黏合剂，只需用水或一定浓度的乙醇溶液作为润湿剂进行制粒。

③ 崩解剂：常用的崩解剂有羧甲基淀粉钠（CMS-Na）、交联聚维酮（PVPP）、交联羧甲基纤维素钠（CC-Na）等。

（二）颗粒剂的制备

颗粒剂的制备工艺流程如图 8-85 所示。

首先将药物进行预处理，即药物的粉碎、过筛、混合，然后制粒。制粒前的操作完全与散剂的制备过

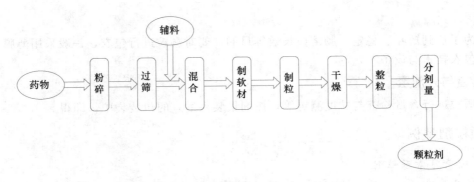

图 8-85　颗粒剂的制备工艺流程

程相同，本节不再叙述。制粒是颗粒剂的标志性操作，常用制粒方法主要有两种，即湿法制粒和干法制粒（详见第二节的"制粒技术与设备"），其中传统的湿法制粒仍是目前制备颗粒剂的主要方法。颗粒剂的制粒方法与操作过程见表 8-20。

表 8-20　颗粒剂的制粒方法与操作过程

制粒方法	制备工艺	操作过程
湿法制粒	挤压制粒法	将药物与辅料混合均匀,加入黏合剂或润湿剂制软材,强制挤压通过筛网,制得颗粒
	高速搅拌制粒法	将药物与辅料加入高速搅拌制粒机中,混匀,加入黏合剂,在高速搅拌桨和切割刀的作用下快速制粒
	流化床制粒法	将药物与辅料置于流化室内,自下而上的气流使其呈悬浮的流化状态,喷入黏合剂液体,粉末聚结成颗粒
	转动制粒法	将药物与辅料置于容器中,转动容器或底盘,喷洒黏合剂或润湿剂,制得颗粒
干法制粒	压片法	利用重型压片机,将药物粉末压制成致密的料片,再破碎成一定大小的颗粒
	滚压法	利用转速相同的两个滚筒之间的缝隙,将药物粉末滚压成板状,然后破碎成一定大小的颗粒

以湿法制粒为例，颗粒剂的制备过程如下：

1. 制软材

将药物与适当的稀释剂（如淀粉、蔗糖或乳糖等）、崩解剂（如羧甲基淀粉钠等）充分混匀，加入适量的水或其他黏合剂，采用适当的方法混匀，即可制得软材。制软材是传统湿法制粒的关键技术，黏合剂的加入量可根据经验"手握成团，轻压即散"为准。

2. 制湿颗粒

湿颗粒的制备常采用挤压制粒法。将软材用机械挤压通过筛网，即可制得湿颗粒。除了这种传统的挤压过筛制粒方法以外，近年来开发了许多新的制粒方法和设备应用于生产实践，其中最典型的就是流化（沸腾）制粒，流化制粒可在一台机器内完成混合、制粒、干燥，因此称为"一步制粒法"。

3. 干燥

除了流化（或喷雾）制粒法制得的颗粒已被干燥以外，其他方法制得的颗粒必须再用适宜的方法加以干燥，以除去水分、防止结块或受压变形。常用的干燥方法有箱式干燥法、流化床干燥法等。

4. 整粒与分级

在干燥过程中，某些颗粒可能发生粘连，甚至结块。因此，要对干燥后的颗粒给予适当的整理，以使结块、粘连的颗粒散开，获得具有一定粒度的均匀颗粒，这就是整粒的过程。一般采用过筛的办法进行整粒和分级。

5. 包衣

某些药物为了达到矫味、稳定、肠溶或长效等目的，要对颗粒进行包衣，一般采用薄膜包衣（详见本章第二节的"包衣技术与设备"）。

6. 质量检查与分剂量

将制得的颗粒进行含量检查与粒度测定等，按剂量装入适宜的包装袋中，即得。

（三）颗粒剂举例

例8-4 阿奇霉素颗粒剂

【处方】
阿奇霉素	180 g	甜菊素	25 g
蔗糖	800 g	95%乙醇	适量
淀粉	80 kg	椰子香精	适量
甘露醇	30 g		

共制　　　　1000 袋

【制法】①称取处方量的原辅料，将阿奇霉素、蔗糖、甘露醇、甜菊素分别粉碎，过 100 目筛，淀粉过 120 目筛；②将上述所得的原辅料粉末置于混合机内混合 10 min，加入 95%乙醇，湿混 80 s 制软材，过筛制粒，得湿颗粒；③将湿颗粒置于 60℃条件下干燥 40 min，将干颗粒与椰子香精混合后，于整粒机中整粒（过 80 目筛）；检查合格后，根据含量确定装量并包装，即得。

【注解】①本处方中淀粉、蔗糖和甘露醇为稀释剂，其中蔗糖和甘露醇又具有一定矫味作用；95%乙醇为润湿剂；甜菊素为矫味剂；因阿奇霉素味苦，不易掩盖，故选择椰子香精作为芳香矫味剂，为避免其在湿法制粒过程中损失，故加入干颗粒中。②本品为抗感冒药，用于治疗感冒、发烧、咳嗽、咽喉炎、急性扁桃体炎等症。

例8-5 维生素 C 泡腾颗粒剂

【处方】
维生素C	14 g	糖粉	820 g
柠檬黄	0.00225 g	95%乙醇	1.25 mL
枸橼酸	101.25 g	碳酸氢钠	86.5 g
糖精钠	1.1 g	食用香精	0.6 mL
柠檬黄	0.018 g	50%乙醇	适量

【制法】①含酸颗粒的制备：在研钵中依次加入维生素 C、糖粉、枸橼酸混合均匀，加入柠檬黄乙醇溶液，再加入 50%乙醇，手工捏合，挤压过 14 目尼龙筛制成湿颗粒，于 50℃条件下干燥 60 min。②含碱颗粒的制备：将糖粉、碳酸氢钠、柠檬黄、糖精钠、食用香精混合均匀，研细，再加入 50%乙醇，手工捏合，挤压过 14 目筛制成湿颗粒，于 50℃条件下干燥 60 min。③将以上制得的含酸、含碱干颗粒合并混匀，过 14 目尼龙筛整粒，检查合格后，分剂量包装，密封，即得。

【注解】①本品为泡腾颗粒剂，遇水后，枸橼酸与碳酸氢钠反应所产生的二氧化碳气体使颗粒剂快速崩解、溶解。为了避免湿法制粒过程中的酸碱反应，故选择分开制粒。②本品为维生素类非处方药药品，主要用于预防和治疗坏血病，也可用于慢性传染性疾病及紫癜的辅助治疗。

六、颗粒剂的包装与贮存

复合膜袋包装是颗粒剂最常见的包装形式，其中以四边封包装、三边封包装和背封包装（也称 Stick 包装）三种形式最为常见，见图 8-86。颗粒剂的包装和贮存重点在于防潮。颗粒剂的比表面积较大，其吸湿性与风化性都比较显著，若由于包装与贮存不当而吸湿，则极易出现潮解、结块、变色、分解、霉变等一系列不稳定现象，严重影响制剂的质量以及用药的安全性。另外应注意保持其均匀性。宜密封包装，并保存于干燥处，防止受潮变质。

| (a) 四边封 | (b) 三边封 | (c) 背封 |

图 8-86　颗粒剂最常见的包装形式

七、颗粒剂的质量评价

颗粒剂的质量检查，除主药含量、外观外，《中国药典》（2020 年版）还规定了粒度、水分、干燥失重、溶化性以及重量差异等检查项目。

1. 外观

颗粒应干燥、均匀、色泽一致，无吸潮、软化、结块、潮解等现象。

2. 粒度

除另有规定外，照粒度和粒度分布测定法检查，不能通过一号筛与能通过五号筛的总和不得过 15%。

3. 水分

中药颗粒剂照水分测定法测定，除另有规定外，水分不得过 8.0%。

4. 干燥失重

除另有规定外，化学药品和生物制品颗粒剂照干燥失重测定法测定，于 105℃ 干燥至恒重，含糖颗粒应在 80℃ 减压干燥，减失重量不得过 2.0%。

5. 溶化性

除另有规定外，颗粒剂照下述方法检查，溶化性应符合规定。

可溶性颗粒剂检查法：取供试品 10g，加热水 200 mL，搅拌 5 min，立即观察，可溶性颗粒剂应全部溶化或轻微浑浊。

泡腾颗粒剂检查法：取供试品 3 袋，将内容物分别转移至盛有 200 mL 水的烧杯中，水温为 15～25℃，应迅速产生气体而呈泡腾状，5 min 内颗粒均应完全分散或溶解在水中。

颗粒剂按上述方法检查，均不得有异物，中药颗粒剂还不得有焦屑。混悬型颗粒剂以及已规定检查溶出度或释放度的颗粒剂可不进行溶化性检查。

6. 装量与装量差异

多剂量包装的颗粒剂，照最低装量检查法检查装量，应符合规定。单剂量包装的颗粒剂应检查装量差异，检查时取供试品 10 袋（瓶），除去包装，分别精密称定每袋（瓶）内容物的质量，求出每袋（瓶）内容物的装量与平均装量。每袋（瓶）装量与平均装量相比较[凡无含量测定的颗粒剂或有标示装量的颗粒剂，每袋（瓶）装量应与标示装量比较]，超出装量差异限度的颗粒剂不得多于 2 袋（瓶），并不得有 1 袋（瓶）超出装量差异限度 1 倍。其装量差异限度表见表 8-21。凡规定检查含量均匀度的颗粒剂，一般不再进行装量差异检查。

表 8-21　颗粒剂装量差异限度要求

标示装量	装量差异限度	标示装量	装量差异限度
1.0 g 或 1.0 g 以下	±10.0%	1.5 g 以上至 6 g	±7.0%
1.0 g 以上至 1.5 g	±8.0%	6 g 以上	±5.0%

7. 微生物限度

以动植物、矿物质和生物制品为原料的颗粒剂，照非无菌产品微生物限度检查应符合规定。凡规定进行杂菌检查的生物制品颗粒剂，可不进行微生物限度检查。

第五节　胶囊剂

一、胶囊剂的定义

胶囊剂（capsules）系指原料药物或与适宜辅料充填于空心硬质胶囊中或密封于弹性软质胶囊中而制成的固体制剂。上述硬质胶囊壳或软质胶囊壳的材料（以下简称囊材）都由明胶、甘油、水以及其他的药用材料组成，但各成分的比例不尽相同，制备方法也不同。

二、胶囊剂的分类

（一）按囊材性质分类

① 硬胶囊剂（hard capsules）：通称为胶囊，系指采用适宜的制剂技术，将原料药物或加适宜辅料制成的均匀粉末、颗粒、小片、小丸、半固体或液体等，充填于空心胶囊中制成的胶囊剂。

② 软胶囊剂（soft capsules）：亦称胶丸，系指将一定量的液体原料药物直接包封，或将固体原料药物溶解或分散在适宜的辅料中制备成溶液、混悬液、乳状液或半固体，密封于软质囊材中的胶囊剂。软胶囊剂可用滴制法或压制法制备。软质囊材一般是由胶囊用明胶、甘油或其他适宜的药用辅料单独或混合制成。

（二）按释药特性分类

① 缓释胶囊剂（sustained capsules）：系指在规定的释放介质中缓慢地非恒速释放药物的胶囊剂。

② 控释胶囊剂（controlled capsules）：系指在规定的释放介质中缓慢地恒速释放药物的胶囊剂。

③ 肠溶胶囊（gastro-resistant capsules）：系指用肠溶材料包衣处理的颗粒或小丸等充填于胶囊中而制成的胶囊剂，或用适宜的肠溶材料制备硬胶囊或软胶囊的囊壳而得到的胶囊剂。肠溶胶囊不溶于胃液，但能在肠液中崩解而释放活性成分。

三、胶囊剂的特点

胶囊剂具有以下一些特点：①能掩盖药物的不良嗅味、提高药物稳定性。因药物装在胶囊壳中与外界隔离，避开了水分、空气、光线的影响，对具不良嗅味、不稳定的药物有一定程度上的遮蔽、保护与稳定作用。②药物在体内起效快。胶囊剂中的药物是以粉末或颗粒状态直接填装于囊壳中，不受压力等因素的影响，所以在胃肠道中迅速分散、溶出和吸收，一般情况下其起效快于丸剂、片剂等剂型。③液态药物固体剂型化。含油量高的药物或液态药物难以制成丸剂、片剂等，但可制成软胶囊剂，将液态药物以个数计量，服药方便。④可延缓药物的释放和定位释药。可将药物按需要制成缓释颗粒装入胶囊中，以达到缓释延效作用。康泰克胶囊即属此种类型。制成肠溶胶囊剂即可将药物定位释放于小肠；亦可制成直肠给药或阴道给药的胶囊剂，使定位在这些腔道释药。对在结肠段吸收较好的蛋白类、多肽类药物，可制成结肠靶向胶囊剂。

由于胶囊壳的主要囊材是水溶性明胶，所以填充的药物不能是水溶液或稀乙醇溶液，以防囊壁溶化。若填充易风干的药物，可使囊壁软化；若填充易潮解的药物，可使囊壁脆裂。因此，具有这些性质的药物一般不宜制成胶囊剂。胶囊壳在体内溶化后，局部药量很大，因此易溶性的刺激性药物也不宜制成胶囊剂。

四、胶囊剂的质量要求

①胶囊剂的内容物不论是原料药物还是辅料，均不应造成囊壳的变质。小剂量原料药物应用适宜的稀释剂稀释，并混合均匀。②胶囊剂应整洁，不得有黏结、变形、渗漏或囊壳破裂等现象，并应无异臭。③根据原料药物和制剂的特性，除来源于动物、植物多组分且难以建立测定方法的胶囊剂外，溶出度、释放度、含量均匀度等应符合要求。必要时，内容物包衣的胶囊剂应检查残留溶剂。④除另有规定外，胶囊剂应密封贮存，其存放环境温度不高于 30℃，湿度应适宜，防止受潮、发霉、变质。

五、胶囊剂的处方、工艺与制备

（一）胶囊剂的处方组成

胶囊剂主要由胶囊壳和内容物构成。其中胶囊壳可分为空心硬胶囊壳和软胶囊壳，前者用于制备硬胶囊剂，后者则用于制备软胶囊剂。囊壳的主要成分均为明胶与其他添加剂，空心硬胶囊壳和软胶囊壳之间的区别在于其中的增塑剂含量不同。软胶囊壳中增塑剂的含量要远高于硬胶囊壳，含量可达 20％ 甚至更高。

胶囊剂的内容物可以是粉末、颗粒、微丸、微片、液体或半固体等，见图 8-87。

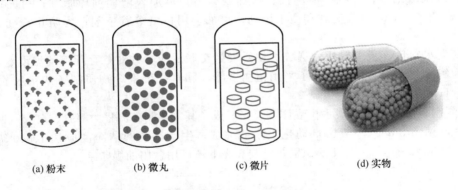

(a) 粉末　　　(b) 微丸　　　(c) 微片　　　(d) 实物

图 8-87　填充不同内容物的胶囊剂示意图

粉末与颗粒是目前填充入硬胶囊的最主要的形式。填充入胶囊的药物粉末处方相对简单，有时甚至可以将药物粉末直接填充。但要求填充物应具有适宜的流动性，并在输送和填充过程中不分层。对于流动性差的药物，可加入一定量胶态二氧化硅、滑石粉等助流剂改善物料的流动性或避免分层，保证药物快速而精确地填充入胶囊。助流剂的含量一般不超过 2％。对于疏水性药物，可加入少量的崩解剂如淀粉、低取代羟丙纤维素等以利于药物更好地分散和溶出，或加入甲基纤维素、羟乙纤维素等亲水性物质对药物进行处理以利于吸收。

微丸或微片是剂量分散剂型（多单元剂型），一个剂量由几十乃至一百多个单元组成。由于其剂量分散化，药物在胃肠表面分散面积增大，可减小药物对胃肠道的刺激，在胃肠道内的转运受食物影响较小，并且个别微丸或微片的缺陷不会导致整个制剂的释药行为发生改变。因此，微丸或微片的释药规律具有明显的重现性与一致性。根据不同的目的添加适当辅料可以制备成具有不同释药行为的微丸或微片，如速释、缓释、控释、肠溶等微丸或微片。将速释、肠溶、缓释或控释的微丸或微片填充于空心硬胶囊中，可以使胶囊剂内容物以及释药行为呈现多样化。

以液体、半固体为内容物的硬胶囊，称为充液胶囊。填充硬胶囊的液体与半固体处方组成与软胶囊内容物类似。为防止胶囊内容物泄漏，皆采用具有触变性质或熔融性质的内容物配方，使内容物仅在填充过程中因切变力增加或热作用而液化，随后切变力减小或冷却而立即固化。

（二）硬胶囊剂的制备

硬胶囊剂的制备一般包括空胶囊的制备、内容物的制备、胶囊填充与套合等，其生产工艺流程见图8-88所示。

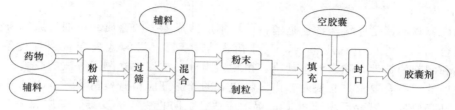

图 8-88　硬胶囊剂的制备流程

1. 空胶囊的制备

（1）空胶囊的组成　空胶囊是用于硬胶囊剂制备的重要药用辅料。空胶囊或软质囊材的主要材料为明胶（gelatin），此外纤维素衍生物如羟丙纤维素（HPMC）、淀粉、海藻多糖等植物来源的空胶囊替代材料的研究与应用也在不断增加。

明胶是空胶囊的主要成囊材料，是由动物的骨、皮水解而制得的（由酸水解制得的明胶称为 A 型明胶，等电点 pH＝7～9；由碱水解制得的明胶称为 B 型明胶，等电点 pH＝4.7～5.2）。以骨骼为原料制得的骨明胶，质地坚硬，性脆且透明度差；以猪皮为原料制得的猪皮明胶，富有可塑性，透明度好。为增加其韧性与可塑性，一般加入增塑剂，如甘油、山梨醇、羧甲基纤维素钠（CMC-Na）、羟丙基纤维素（HPC）、油酸酰胺磺酸钠等；为减小流动性、增加胶冻力，可加入增稠剂琼脂等；对光敏感药物，可加遮光剂二氧化钛（2%～3%）；为美观和便于识别，可加食用色素等着色剂；为防止霉变，可加防腐剂尼泊金等。

明胶胶囊易失水硬化、吸潮软化、遇醛类物质发生交联反应，并对贮存环境的温度、湿度和包装材料的依赖性强。为解决此类问题，现出现了采用植物多糖和膳食纤维素等物质制备的空胶囊，如淀粉胶囊、羟丙甲纤维素（HPMC）胶囊等。

（2）空胶囊制备工艺　空胶囊系由囊体和囊帽组成，其主要制备流程为溶胶、蘸胶（制坯）、干燥、脱模、切割和整理，见图8-89，一般由自动化生产线完成，生产环境的洁净度应达 10000 级，温度为 10～25℃，相对湿度为 35%～45%。为便于识别，空胶囊壳上还可用食用油墨印字。

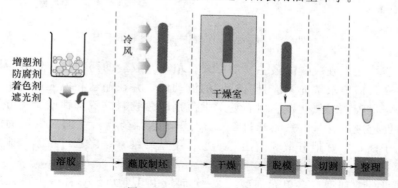

图 8-89　空胶囊制备流程图

（3）空胶囊的规格、质量要求与选择　空胶囊为圆筒状空囊，由可套合和锁合的帽和体两节组成，质硬且有弹性。空胶囊共有 8 种规格，但常用的为 0～5 号，随着号数由小到大，容积由大到小，见表8-22和图8-90。

表 8-22　空胶囊的号数与容积

空胶囊号数	000	00	0	1	2	3	4	5
容积/mL	1.42	0.95	0.75	0.55	0.40	0.30	0.25	0.15

根据《中国药典》（2020 年版）规定，空胶囊的囊体应光洁、色泽均匀、切口平整、无变形、无异臭。此外还应检查松紧度、脆碎度、崩解时限、氯乙醇、环氧乙烷、黏度、干燥失重等项目。

图 8-90　不同规格空胶囊外形图

2. 物料的填充

（1）**空胶囊规格的选择**　应根据药物的填充量选择空胶囊的规格。首先按药物的规定剂量所占容积来选择最小空胶囊，再根据经验试装后决定。但常用的方法是先测定待填充物料的堆密度，然后根据应装剂量计算该物料容积，以确定应选胶囊的号数。

（2）**填充物料的制备**　如果纯药物粉碎至适宜粒度就能满足硬胶囊剂填充要求，即可将粉末直接填充。但多数药物由于流动性差、剂量小等方面原因，一般需加入一定量的稀释剂、润滑剂等辅料，如蔗糖、乳糖、改性淀粉、胶态二氧化硅、硬脂酸镁、滑石粉等，也可加入辅料采用一定制剂技术制成颗粒、微丸、微片等后进行填充。

硬胶囊剂的填充可采用手工填充和机器填充（图 8-91）。生产中常采用全自动胶囊填充机填充，其填充操作间应保持温度为 20～30℃，相对湿度为 30%～45%，以保持胶壳含水量不致有大的变化，温度与湿度过高可使胶囊软化、变形。

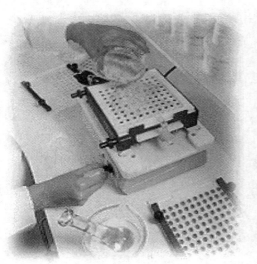

(a)

(b)

图 8-91　胶囊剂的实验室手工填充（a）和工业上机器填充（b）

供给　　排列　　定向　　帽体分离

剔除　　填充　　套合　　出料

图 8-92　全自动胶囊填充机填充流程示意图

全自动胶囊填充机的样式较多，但操作步骤基本一样，都包括供给、排列、定向、帽体分离、未分离胶囊剔除、填充、套合、出料等，见图 8-92 和图 8-93。

固体内容物的填充方式可归为四种类型（图 8-94）：a 型是自由流入物料；b 型是由螺旋钻压进物料；c 型是用柱塞上下往复压进物料；d 型是在填充管内，先将药物压成单位量药粉块，再填充于胶囊中。从填充原理看，a 型填充机要求物料具有良好的流动性，常需制粒才能达到；b、c 型填充机对物料要求不高，只要物料不易分层即可；d 型适于流动性差但混合均匀的物料，如针状结晶药物、易吸湿药物等。

液体内容物的填充方式：液体、半固体填充机常用定量液体泵取代粉末填充机上的饲粉器和定量管，用泵压法进行填充，每小时产量可达 1 万～3 万粒。

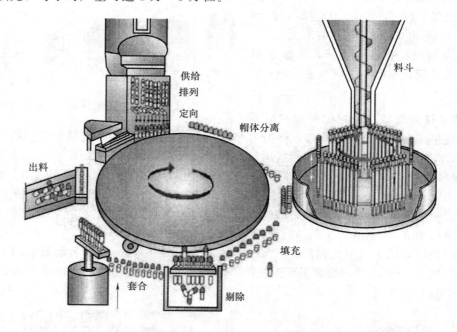

图 8-93　全自动胶囊填充机填充工位图

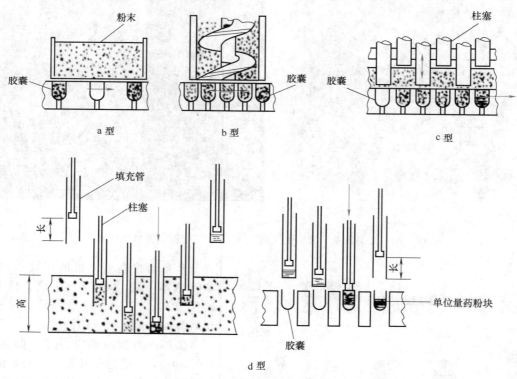

图 8-94　固体内容物的填充方式

3. 胶囊套合与封口

将药物填充于囊体后，即可套合胶囊帽。目前多使用锁口式胶囊，密闭性良好，不必封口。如使用非锁口式胶囊（平口套合），药物填充后，为了防止泄漏，封口成为一道重要工序。常用明胶封口液，含明胶 20%、水 40%、乙醇 40%。使用时将此胶液保持 50℃，使封腰轮部分浸在胶液内，旋转时带上定量胶液，使囊体、囊帽接缝处涂上胶液，烘干，即得。也可直接用乙醇或明胶液于接缝外浸润封口。

（三）软胶囊剂的制备

1. 影响软胶囊剂成型的因素

软胶囊剂是软质囊材包裹液态物料而成，因此有必要了解囊壁和囊芯液对软胶囊成型的影响。

（1）囊壁组成的影响 囊壁具有可塑性与弹性是软胶囊剂的特点，也是软胶囊剂成型的基础。它由明胶、增塑剂、水三者所构成。其重量比例通常是干明胶：干增塑剂：水＝1：（0.4～0.6）：1。若增塑剂用量过低（或过高），则囊壁会过硬（或过软）；由于在软胶囊的制备中以及在放置过程中仅仅是水分的损失，因此，明胶与增塑剂的比例对软胶囊剂的制备及质量有着十分重要的影响。常用的增塑剂有甘油、山梨醇或二者的混合物。

（2）药物性质与液体介质的影响 由于软质囊材以明胶为主，因此对蛋白质性质无影响的药物和附加剂才能填充，而且填充物多为液体，如各种油类和液体药物、药物溶液、混悬液，少数为固体物。值得注意的是：液体药物若含 5% 水或为水溶性、挥发性、小分子有机物，如乙醇、酮、酸、酯等，能使囊材软化或溶解；醛可使明胶变性。这些均不宜制成软胶囊。液态药物 pH 以 2.5～7.5 为宜，否则易使明胶水解或变性，导致泄漏或影响崩解和溶出，可选用磷酸盐、乳酸盐等缓冲液调整。

（3）药物为混悬液时对胶囊大小的影响 软胶囊剂常用固体药物粉末混悬在油性或非油性（PEG 400 等）液体介质中包制而成，圆型和卵型可包制 5.5～7.8 mL。为便于成型，一般要求尽可能小一些。为求得适宜的软胶囊大小，可用基质吸附率（base adsorption）来计算，即 1 g 固体药物制成混悬液时所需液体基质的质量（g），可按式（8-47）计算：

$$基质吸附率＝基质质量/固体药物质量 \tag{8-47}$$

根据基质吸附率，称取基质与固体药物，混合均匀，测定其堆密度，便可决定制备一定剂量的混悬液所需模具的大小。显然固体药物粉末的形态、大小、密度、含水量等，均会对基质吸附率有影响，从而影响软胶囊的大小。

2. 软胶囊剂的制备方法

目前，软胶囊剂的制备常用滴制法和压制法。生产软胶囊时，胶囊成型与填充药物同时进行，如图 8-95 所示。

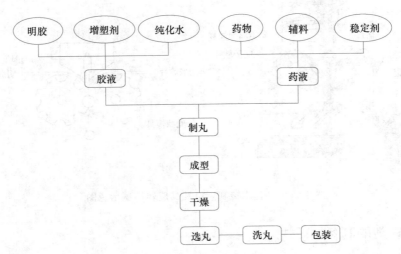

图 8-95　软胶囊剂制备工艺流程

（1）滴制法 滴制法系将胶液与药物溶液通过滴丸机喷头使两相按不同速度喷出，使一定量的明胶液将定量的药物溶液包裹后，滴入另一种不相混溶的液体冷却液中，胶液接触冷却液后由于表面张力作用形成球形，并逐渐凝固而成胶丸。因此用滴制法制成的软胶囊又称为无缝软胶囊。

滴制法由具双层滴头的滴丸机完成（图 8-96）。以明胶为主的软质囊材（一般称为胶液）与药液，分别在双层滴头的外层与内层以不同速度流出，使定量的胶液将定量的药液包裹后，滴入与胶液不相混溶的冷却液中，由于表面张力作用使之形成球形，并逐渐冷却、凝固成软胶囊，如常见的鱼肝油胶丸等。滴制中，胶液和药液的温度、滴头的大小、滴制速度、冷却液的温度等因素均会影响软胶囊的质量，应通过实验考察筛选适宜的工艺条件。

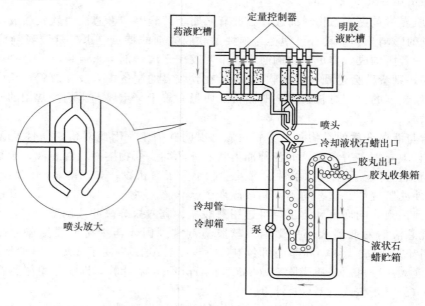

图 8-96　软胶囊剂（胶丸）滴制法生产过程示意图

　　（2）压制法　压制法是将明胶、甘油、水等溶解后的胶液制成厚薄均匀的明胶软片，再将药液置于两个明胶软片之间，用钢板模或旋转模压制软胶囊的一种方法。因此，用压制法制成的软胶囊又称为有缝软胶囊。目前生产上主要采用旋转模压法，其制囊机及模压过程参见图 8-97（模具的形状可为椭圆形、球形或其他形状）。

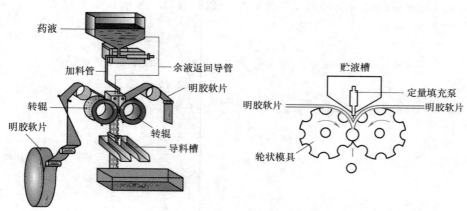

图 8-97　自动旋转制囊机及其旋转模压示意图

（四）新型胶囊剂的制备

1. 肠溶胶囊剂的制备

　　肠溶胶囊剂系指采用适宜的肠溶材料制得的硬胶囊或软胶囊。目前主要有两种制备方法：一是使胶囊内容物具有肠溶性，如将药物与辅料制成颗粒或小丸后用肠溶材料包衣，再填充于胶囊中而制成肠溶胶囊；另一种是对胶囊壳进行肠溶处理，在此主要对第二种方法进行简要介绍。

　　（1）采用肠溶材料制备空心胶囊　把溶解好的肠溶材料加入明胶、海藻胶等材料可作为肠溶材料制备肠溶软胶丸。海藻酸钠与碱土金属离子作用，在一定条件下定量转变成海藻酸碱土金属盐，其不溶于水，也不受消化酶影响，因此服用后不被唾液和胃液所溶解。当胶丸进入胃中后，部分和胃酸作用，转化为不溶于水的海藻酸。进入肠道后，海藻酸和海藻酸碱土金属盐在肠液（含 OH^- 和 CO_3^{2-}）的作用下，转变为可溶性的海藻酸盐，胶丸溶解并释放药物。

（2）**采用肠溶材料对外层进行包衣**　即在明胶壳表面包被肠溶材料，常用肠溶材料有醋酸纤维素酞酸酯（CAP）、Eudragit L、Eudragit S 等。如用聚维酮（PVP）作底衣层，然后用 CAP、蜂蜡等进行外层包衣，也可用丙烯酸Ⅰ、Ⅱ、Ⅲ号等溶液包衣，其肠溶性较为稳定。

（3）**甲醛与明胶胶囊作用**　甲醛与明胶作用生成甲醛明胶，使明胶无游离氨基存在，失去与酸结合能力，故不能溶于胃的酸性介质中，但由于仍有羧基，故能在肠液的碱性介质中溶解而释放药物。一般将胶囊剂置于密闭容器中，使甲醛蒸气与明胶起作用而生成，但此种处理法受甲醛浓度、处理时间、成品贮存时间等因素影响较大，使其肠溶性极不稳定。

2. 脉冲胶囊剂的制备

脉冲胶囊剂系指一种在疾病发作前给药，经过预定的时滞后，根据生理需要在很短的时间内迅速释放一定量药物的新型胶囊剂。一般包括含活性药物成分的制剂核心，如微丸和包衣层。外包衣层可阻滞药物从核心释放，阻滞时间由衣层的组成和厚度来决定，有些制剂核心中还含有崩解剂，当衣层溶蚀或破裂后，崩解剂可促使核心中的药物快速释放。

膜包衣定时爆释胶囊剂采用外层膜和膜内崩解剂控制水进入膜，以崩解剂崩解而胀破膜的时间来控制药物的释放时间。图 8-98 为定时爆释胶囊示意图。首先在明胶胶囊壳外包不溶性材料，如乙基纤维素，胶囊底部用机械方法打一些小孔（400 μm），胶囊内下部由崩解剂低取代羟丙纤维素组成膨胀层，膨胀层上面是药物贮库，内含药物和填充剂，最后用不溶性材料乙基纤维素处理的囊帽套合并封口。给药后，水分子通过底部的小孔进入，低取代羟丙纤维素水化、膨胀，使内部渗透压增加，胶囊胀破，药物爆炸式释放。

Searle 公司开发的一种定时塞胶囊系统 Pulssincap®，主要由水不溶性胶囊壳体、药物贮库、定时塞、水溶性囊帽四个部分组成，可以在服用后某一特定时间或在胃肠道的特殊部位释放。胶囊囊体由水不溶性膜层构成，药物贮藏在膜构成的贮药库中，而胶囊帽是水溶性的，其中也可以填充首剂药物，并在囊体开口处加一种定时塞，可分为膨胀型、溶蚀型、酶降解型等。以膨胀型定时塞为例，当胶囊服用后，囊帽首先溶解，使首剂药物溶解释放，间隔一定时间后，囊体开口处的定时塞暴露于胃肠液环境中吸收水分膨胀，定时塞与囊体分离，药物从囊体中快速释放（见图 8-99）。如要延长时滞，可将定时塞更推向胶囊内，或者增大定时塞的体积。

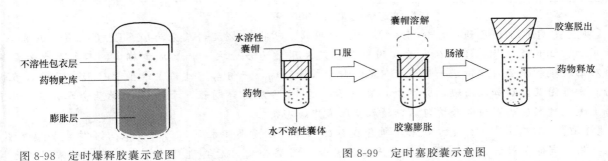

图 8-98　定时爆释胶囊示意图　　　　　　　图 8-99　定时塞胶囊示意图

3. 充液胶囊的制备

充液胶囊（liquid-filled capsules）系指填充液态内容物的硬胶囊，是将液体药物直接填充或将药物溶解（或分散）在适宜的溶剂中，制备成溶液、混悬液、乳状液等后，填充于空心胶囊中的胶囊剂，也称为液体硬胶囊。它是由美国辉瑞 Capsugel 公司开发的一种新型胶囊制剂。充液胶囊 Licaps 的结构为传统的两节式，采用明胶或羟丙甲纤维素（HPMC）外壳，以全新概念的固体剂型液体释放，被称为"液体和半固体制剂的理想容器"（图 8-100）。与传统胶囊相比，其生产工艺简单、成本低，所制胶囊透明度极高，具有良好的耐热、耐湿、密封性能及坚韧性，尤其适用于味道或气味不佳的或易氧化变色的液体药物、难溶性药物或保健品加工成胶囊剂。

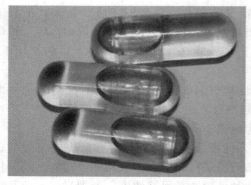

图 8-100　充液胶囊示意图

制备时，先将液体导入直立的囊体中，一般为液体灌装胶囊体积的 70%～95%，再加盖合适的囊帽，然后将封闭好的胶囊保持直立静置一定时间，以防液体在胶囊内溅洒，等内容物或残存气体稳定后再封口。一般采用明胶液、含水乙醇来封口（液封法）或利用微型喷雾（LEMS™）来封口，前者操作难以掌握，后者较易掌握且封口效果好。用触变胶或热熔物灌装时无需封口，因为此类材料可自发形成黏度较大的凝胶或冷却固化。

另外，充液胶囊外壁包以 pH 敏感涂层，可实现药物在胃肠道的定位释放。多室充液胶囊可实现固体和液体同时填充；含适宜半固体内容物的充液胶囊能实现可咀嚼开发。

液体硬胶囊技术应用包括：①对于难溶性药物，可用适宜的溶媒或载体将难溶性药物制成溶液、混悬液、微乳或熔融的内容物，可以改善药物吸收问题，提高生物利用度。②对于低熔点或室温下呈液态的药物，由于其制成固体粉末存在困难，常需加入大量的辅料，片剂制备过程中的高温高压对熔点低的化合物也会有影响，而采用液体胶囊技术可简化制备工艺，使制剂体积减小，提高患者顺应性。③对于低剂量或强效药物，液体灌装操作可使装量差异控制在 1% 以内，保证小剂量药物具有良好的含量均匀度。④对于吸湿性药物，加入亲水性或疏水性骨架可有效降低这些药物对湿度的敏感性。⑤对于缓释液体胶囊，选用适宜的辅料可对液体胶囊的释药速率进行控制，从而达到缓释的目的。

（五）胶囊剂举例

例 8-6　速效感冒胶囊

【处方】

对乙酰氨基酚	300 g
维生素 C	100 g
胆汁粉	100 g
咖啡因	3 g
扑尔敏	3 g
10% 淀粉浆	适量
食用色素	适量

共制成硬胶囊剂 1000 粒

【制法】　①取上述各药物，分别粉碎，过 80 目筛。②将 10% 淀粉浆分为 A、B、C 三份，A 加入少量食用胭脂红制成红糊，B 加入少量食用桔黄（最大用量为万分之一）制成黄糊，C 不加色素为白糊。③将对乙酰氨基酚分为三份，一份与扑尔敏混匀后加入红糊，一份与胆汁粉、维生素 C 混匀后加入黄糊，一份与咖啡因混匀后加入白糊，分别制成软材后，过 14 目尼龙筛制粒，于 70℃ 干燥至含水分 3% 以下。④将上述三种颜色的颗粒混合均匀后，填入空胶囊中，即得。

【注解】　①本品为一种复方制剂，所含成分的性质、数量各不相同，为防止混合不均匀和填充不均匀，采用适宜的制粒方法使制得颗粒的流动性良好，经混合均匀后再进行填充，这是一种常用的方法。②加入食用色素可使颗粒呈现不同的颜色，一方面可直接观察混合的均匀程度，另一方面若选用透明胶囊壳，将使制剂看上去比较美观。

例 8-7　维生素 AD 胶丸（软胶囊）

【处方】

维生素 A	3000 单位
维生素 D	300 单位
明胶	100 份
甘油	55～66 份
水	120 份
鱼肝油或精炼食用植物油	适量

【制法】 ①取维生素 A 与维生素 D，加鱼肝油或精炼食用植物油（在 0℃ 左右脱去固体脂肪），溶解，并调整浓度至每丸含维生素 A 应为标示量的 90.0%～120.0%，含维生素 D 应为标示量的 85.0% 以上，作为药液待用。②另取甘油及水加热至 70～80℃，加入明胶，搅拌溶化，保温 1～2 h。③除去上浮的泡沫，过滤（维持温度），加入滴丸机滴制，以液状石蜡为冷却液，收集冷凝的胶丸，用纱布拭去黏附的冷却液，在室温下吹冷风 4 h，放于 25～35℃ 下烘 4 h，再经石油醚洗涤两次（每次 3～5 min）。除去胶丸外层液状石蜡，再用 95% 乙醇洗涤一次，最后在 30～35℃ 烘干约 2 h，筛选，质检，包装，即得。

【注解】 ①本品中维生素 A、维生素 D 的处方比例为药典所规定。②本品主要用于防治夜盲、角膜软化、眼干燥、表皮角化等及佝偻病和软骨病，亦用以增长体力，助长发育。但长期大量服用可引起慢性中毒，一般剂量为：一次 1 丸，一日 3～4 丸。③在制备胶液的"保温 1～2 h"过程中，可采取适当抽真空的方法，以便尽快除去胶液中的气泡、泡沫。

六、胶囊剂的包装与贮存

胶囊剂的质量由囊材性质所决定，包装材料、贮存环境（如湿度、温度）和贮藏时间也有明显的影响。有实验表明，氯霉素胶囊在相对湿度为 49% 的环境中，放置 32 周，溶出度变化不明显；而在相对湿度为 80% 的环境中，放置 4 周，溶出度则变得很差。一般来说，高温、高湿（相对湿度为 60%）对胶囊剂可产生不良的影响，不仅会使胶囊吸湿、软化、变黏、膨胀、内容物结团，而且会造成微生物滋生。因此，必须选择适当的包装容器与贮藏条件。一般应选用密闭性能良好的玻璃容器、透湿系数小的塑料容器和泡罩式包装，在小于 25℃、相对湿度不超过 45% 的干燥阴凉处，密闭贮藏。

七、胶囊剂的质量评价

胶囊剂的质量应符合《中国药典》（2020 年版）四部通则项下对胶囊剂的要求。

1. 外观

胶囊外观应整洁，不得有黏结、变形或破裂现象，并应无异臭。硬胶囊剂的内容物应干燥、松紧适度、混合均匀。

2. 水分

中药硬胶囊剂应进行水分检查，除另有规定外，不得过 9.0%。硬胶囊内容物为液体或半固体者不检查水分。

3. 装量差异

取供试品 20 粒（中药取 10 粒），分别精密称定质量，倾出内容物（不得损失囊壳），硬胶囊囊壳用小刷或其他适宜的用具拭净；软胶囊或内容物为半固体或液体的硬胶囊囊壳用乙醚等易挥发性溶剂洗净，置于通风处使溶剂挥尽，再分别精密称定囊壳质量，求出每粒内容物的装量与平均装量。每粒装量与平均装量相比较（有标示装量的胶囊剂，每粒装量应与标示装量比较），超出装量差异限度的不得多于 2 粒，并不得有 1 粒超出限度 1 倍。装量差异限度见表 8-23 的规定。凡规定检查含量均匀度的胶囊剂，一般不再进行装量差异的检查。

表 8-23　胶囊剂装量差异限度要求

平均装量或标示装量	装量差异限度
0.30 g 以下	±10%
0.30 g 及 0.30 g 以上	±7.5%（中药±10%）

4. 崩解时限

除另有规定外，照崩解时限检查法（通则 0921）检查，均应符合规定。凡规定检查溶出度或释放度的胶囊剂，一般不再进行崩解时限的检查。

5. 溶出度与释放度

胶囊剂作为一种固体制剂，通常需进行溶出度或释放度检查。缓释胶囊剂应符合缓释制剂（通则 9013）的有关要求并应进行释放度（通则 0931）检查。控释胶囊剂应符合控释制剂（通则 9013）的有关要求并应进行释放度（通则0931）检查。除另有规定外，肠溶胶囊剂应符合迟释制剂（通则9013）的有关要求，并进行释放度（通则0931）检查。

6. 微生物限度

以动物、植物、矿物质来源的非单体成分制成的胶囊剂、生物制品胶囊剂，照非无菌产品微生物限度检查法检查，应符合规定。规定检查杂菌的生物制品胶囊剂，可不进行微生物限度检查。

第六节　片　剂

一、片剂的定义

片剂（tablets）系指原料药物或与适宜的辅料制成圆形或异形的片状固体制剂。由于其在药品生产、贮存和服用等方面的诸多优点，片剂已成为现代药物制剂中应用最为广泛的剂型之一。

片剂历史悠久，早在1843年，英国人W. Brockedon发明了片剂，并逐渐发展成手压模制片。尽管该法工艺粗糙，且制得的片剂质量不尽人意，但为片剂的发展奠定了基础。1876年，Remington等发明了压片机，并提出了压制片的概念。压片机的出现大大提高了片剂的质量和生产效率。近年来，随着科学技术的蓬勃发展，对片剂的成型理论也有了深入研究，随之出现了多种新型辅料、新型高效压片机等，推动了片剂品种的多样化、提高了片剂的质量、实现了连续化规模生产。

二、片剂的分类

根据给药途径不同，片剂可分为**口服用片剂**、**口腔用片剂**、**皮下给药片剂**和**外用片剂**等。根据释药速率不同，片剂又可分为普通片、速释片、缓（控）释片等。

（一）按给药途径分类

1. 口服用片剂

口服片剂系指供口服的片剂，其中的药物主要经胃肠道吸收而发挥作用，亦可在胃肠道局部发挥作用。主要包括以下几种。

（1）**压制片（compressed tablets）**　压制片系指将原料药物与适宜的辅料混合压制而成的未经包衣的片剂。又称普通片或素片。

（2）**包衣片（coated tablets）**　包衣片系指在压制片的外表面包上一层衣膜的片剂。根据包衣材料的不同，包衣片又可分为以下三种。

① 糖衣片（sugar coated tablets）：以蔗糖为主要包衣材料进行包衣而制得的片剂。

② 薄膜衣片（film coated tablets）：以羟丙甲纤维素等高分子成膜材料为主要包衣材料进行包衣而制得的片剂。

③ 肠溶衣片（enteric coated tablets）：以肠溶材料包衣而制得的片剂，此种片剂在胃液中不溶，肠液中溶解，如阿司匹林肠溶片。为防止原料药物在胃内分解失效、对胃的刺激或控制原料药物在肠道内定位释放，可对片剂包肠溶衣；为治疗结肠部位疾病等，可对片剂包结肠定位肠溶衣。肠溶片一般不得掰开服用。

（3）**泡腾片（effervescent tablets）**　泡腾片系指含有碳酸氢钠和有机酸，遇水可产生气体而呈泡腾状的片剂，如维生素C泡腾片。泡腾片不得直接吞服，应将片剂放入水杯中迅速崩解后饮用，非常适合儿童、老人及吞服药片有困难的患者。泡腾片中的原料药物应是易溶性的，加水产生气泡后应能溶解。有机酸一般用枸橼酸、酒石酸、富马酸等。

（4）**咀嚼片**（chewable tablets）　咀嚼片系指于口腔中咀嚼后吞服的片剂。一般应选择甘露醇、山梨醇、蔗糖等水溶性辅料作填充剂和黏合剂，还可加入薄荷、食用香料等以调整口味，适合小儿服用。对于崩解困难的药物制成咀嚼片可有利于吸收。咀嚼片的硬度应适宜。

（5）**分散片**（dispersible tablets）　分散片系指在水中能迅速崩解并均匀分散的片剂。分散片中的原料药物应是难溶性的。分散片可加水分散后口服，也可将分散片含于口中吮服或吞服。

（6）**多层片**（multilayer tablets）　多层片系指由两层或多层构成的片剂。一般由两次或多次加压而制成，每层含有不同的药物或辅料，这样可以避免复方制剂中不同药物之间的配伍变化，或者达到缓释、控释的效果，例如胃仙-U 即为双层片。

2. 口腔用片剂

（1）**舌下片**（sublingual tablets）　舌下片系指置于舌下能迅速溶化，药物经舌下黏膜吸收发挥全身作用的片剂。舌下片中的原料药物应易于直接吸收，主要适用于急症的治疗，如硝酸甘油舌下片用于心绞痛的治疗。

（2）**口含片**（troches）　口含片又称含片，系指含于口腔中，药物缓慢溶解产生持久局部或全身作用的片剂，又称含片。含片中的原料药物一般是易溶性的，主要起局部消炎、杀菌、收敛、止痛或局部麻醉等作用，如复方草珊瑚含片等。

（3）**口腔贴片**（buccal tablets）　口腔贴片系指黏贴于口腔，经黏膜吸收后起局部或全身作用的片剂，如甲硝唑口腔贴片。

（4）**口崩片**（orally disintegrating tablets）　口崩片系指在口腔内不需要用水即能迅速崩解或溶解的片剂。一般适合于小剂量原料药物，常用于吞咽困难或不配合服药的患者。

3. 皮下给药片剂

（1）**植入片**（implant tablets）　植入片系指将无菌药片植入到皮下后缓缓释药，维持疗效几周、几个月甚至几年的片剂。需长期且频繁使用的药物制成植入片较为适宜，如避孕植入片已获得较好的效果。

（2）**皮下注射用片**（hypodermic tablets）　皮下注射用片系指经无菌操作制作的片剂。用时溶解于灭菌注射用水中，供皮下或肌内注射的无菌片剂，现已很少使用。

4. 外用片剂

（1）**溶液片**（solution tablets）　溶液片系指临用前加水溶解成溶液的片剂，一般用于漱口、消毒、洗涤伤口等，如复方硼砂漱口片等。

（2）**阴道片与阴道泡腾片**（vaginal tablets and vaginal effervescent tablets）　阴道片与阴道泡腾片系指置于阴道内使用的片剂。阴道片和阴道泡腾片的形状应易置于阴道内，可借助器具将阴道片送入阴道。阴道片在阴道内应易溶化、溶散或融化、崩解并释放药物，主要起局部消炎杀菌作用，也可给予性激素类药物。具有局部刺激性的药物，不得制成阴道片。

（二）按释药速率分类

（1）**普通片**（conventional tablets）　将药物按普通方法制成的片剂，通称片剂。它保持原有药物的作用、时间和性质，如每日服药 3 次的氨茶碱片。

（2）**速释片**（immediate-release tablets）　速释片系将药物与适宜的速释材料混合制成的片剂，服用后遇到体液可迅速崩解释放出药物而作用。

（3）**缓释片**（sustained release tablets）　缓释片系指在规定的释放介质中缓慢地非恒速释放药物的片剂，如盐酸吗啡缓释片等。除说明书标注可掰开服用外，一般应整片吞服。与相应的普通片剂相比，具有服用次数少、作用时间长的优点。

（4）**控释片**（controlled release tablets）　控释片系指在规定的释放介质中缓慢地恒速或接近恒速释放药物的片剂，如硝苯地平控释片。除说明书标注可掰开服用外，一般应整片吞服。与相应的缓释片相比，血药浓度更加平稳。

三、片剂的特点

片剂的优点有：①剂量准确，含量均匀，以片数作为剂量单位。②化学稳定性较好，因为体积较小、致密，受外界空气、光线、水分等因素的影响较小，必要时通过包衣加以保护。③携带、运输、服用均较方便。④生产的机械化、自动化程度较高，产量大、成本及售价较低。⑤可以制成不同类型的各种片剂，如分散（速效）片、控释（长效）片、肠溶包衣片、咀嚼片和口含片等，以满足不同临床医疗的需要。

但片剂也存在不足之处：①幼儿及昏迷病人不易吞服。②压片时加入的辅料，有时影响药物的溶出和生物利用度。③如含有挥发性成分，久贮含量有所下降。

四、片剂的质量要求

①原料药物与辅料应混合均匀。含药量小或含毒、剧药的片剂，应根据原料药物的性质采用适宜方法使其分散均匀。②凡属挥发性或对光、热不稳定的原料药物，在制片过程中应采取遮光、避热等适宜方法，以避免成分损失或失效。③压片前的物料、颗粒或半成品应控制水分，以适应制片工艺的需要，防止片剂在贮存期间发霉、变质。④片剂通常采用湿法制粒压片、干法制粒压片和粉末直接压片制备。干法制粒压片和粉末直接压片可避免引入水分，适合对湿热不稳定的药物的片剂制备。⑤根据依从性需要，片剂中可加入矫味剂、芳香剂和着色剂等，一般指含片、口腔贴片、咀嚼片、分散片、泡腾片、口崩片等。⑥为增加稳定性、掩盖原料药物不良嗅味、改善片剂外观等，可对制成的药片包糖衣或薄膜衣。对一些遇胃液易破坏、刺激胃黏膜或需要在肠道内释放的口服药片，可包肠溶衣。⑦片剂外观应完整光洁，色泽均匀，有适宜的硬度和耐磨性，以免包装、运输过程中发生磨损或破碎。⑧片剂应注意贮存环境中温度、湿度以及光照的影响，除另有规定外，片剂应密封贮存。生物制品原液、半成品和成品的生产及质量控制应符合相关品种要求。

五、片剂的处方、工艺与制备

（一）片剂常用辅料

片剂由药物和辅料组成。辅料系片剂内除药物以外的一切附加物料的总称，亦称赋形剂。不同辅料可提供不同功能，即填充作用、黏合作用、吸附作用、崩解作用和润滑作用等。根据需要还可加入着色剂、矫味剂等，以提高患者的顺应性。

片剂用辅料必须具备较高的化学稳定性，不与主药发生任何物理化学反应，对人体无毒、无害、无不良反应，不影响主药的疗效和含量测定等。根据各种辅料所起的作用不同，将片剂辅料分为五大类进行讨论。

1. 稀释剂与填充剂

稀释剂（diluents）系指用来增加片剂重量或体积的辅料，亦称为填充剂（fillers）。片剂的直径一般不小于6mm，片重多在100 mg以上。稀释剂的加入不仅保证其一定的体积大小，而且可减少主药成分的剂量偏差，改善药物的压缩成型性等。

（1）淀粉（starch）　本品是葡萄糖的高聚体，分子量为50000～160000，为白色细微粉末，由直链淀粉和支链淀粉组成，无臭无味，在空气中性质稳定，可与大多数药物配伍。不溶于水和乙醇，但在水中加热至62～72℃可糊化成胶体溶液，但在非水介质中或干燥淀粉在高温时也不会膨胀、糊化。淀粉遇水膨胀，遇酸或碱在潮湿或加热情况下可逐渐水解而失去膨胀作用。常用的淀粉有玉米淀粉、马铃薯淀粉、小麦淀粉，其中最常用的是玉米淀粉。外观色泽好，价格便宜，是固体制剂最常用的辅料。但可压性较差，因此常与可压性较好的糖粉、糊精、乳糖等混合使用。

（2）蔗糖（sucrose）　系指由葡萄糖和果糖通过异构体羟基缩合而成的非还原性二糖，白色粉末、无色结晶或白色结晶性松散粉末，无臭、味甜。优点是黏合力强，可用来增加片剂的硬度，使片剂的表面光滑美观。缺点是吸湿性较强，长期贮存，会使片剂的硬度过大，崩解或溶出困难。除口含片或可溶性片剂外，一般不单独使用，常与糊精、淀粉配合使用。

（3）糊精（dextrin） 糊精是淀粉水解的中间产物，在冷水中溶解较慢，较易溶于热水，不溶于乙醇。糊精具有较强的黏结性，使用不当会使片面出现麻点、水印及造成片剂崩解或溶出迟缓。如果在含量测定时粉碎与提取不充分，将会影响测定结果的准确性和重现性，所以，很少单独使用糊精，常与糖粉、淀粉配合使用。

（4）乳糖（lactose） 乳糖是由等分子葡萄糖及半乳糖组成的白色结晶性粉末，带甜味，易溶于水。常用的乳糖是含有一分子结晶水（α-乳糖），无吸湿性，可压性好，压成的药片光洁美观，性质稳定，可与大多数药物配伍。由喷雾干燥法制得的乳糖为非结晶性、球形乳糖，其流动性、可压性良好，可供粉末直接压片。

（5）预胶化淀粉（pregelatinized starch） 预胶化淀粉又称 α-淀粉，是新型的药用辅料。国产的预胶化淀粉是部分预胶化淀粉，与国外的 Starch RX1500 相当。本品具有良好的流动性、可压性、自身润滑性和干黏合性，并有较好的崩解作用，可作为多功能辅料，常用于粉末直接压片。

（6）微晶纤维素（microcrystalline cellulose, MCC） 微晶纤维素是由纤维素部分水解而制得的结晶性粉末，具有较强的结合力与良好的可压性，亦有"干黏合剂"之称，可用作粉末直接压片。另外，片剂中含 20% 以上微晶纤维素时崩解较好。国外产品的商品名为 Avicel®，并根据粒径不同分为若干规格，如 HP101、HP102、HP201、HP202、HP301、HP302 等。国产微晶纤维素已在国内得到广泛应用，但其产品种类与质量有待于进一步丰富与提高。

（7）无机盐类 一些无机钙盐，如硫酸钙、磷酸氢钙及碳酸钙等。其中二水硫酸钙较为常用，其性质稳定，无臭无味，微溶于水，可与多种药物配伍，制成的片剂外观光洁，硬度、崩解均好，对药物也无吸附作用。但应注意硫酸钙对某些主药（四环素类药物）的含量测定有干扰时不宜使用。

（8）糖醇类 甘露醇、山梨醇呈颗粒或粉末状，具有一定的甜味，在口中溶解时吸热，有凉爽感，因此较适合于咀嚼片，但价格稍贵，常与蔗糖配合使用。近年来开发的赤鲜糖溶解速度快、有较强的凉爽感，口服后不产生热能，在口腔内 pH 不下降（有利于牙齿的保护）等，是制备口腔速溶片的最佳辅料，但价格昂贵。

2. 润湿剂与黏合剂

（1）润湿剂（humectant） 润湿剂系指本身没有黏性，但能诱发待制粒物料的黏性，以利于制粒的液体。在制粒过程中常用的润湿剂有蒸馏水、乙醇。

① 蒸馏水（distilled water）：是在制粒中最常用的润湿剂，无毒、无味、便宜，但干燥温度高、干燥时间长，对于对水敏感的药物非常不利。在处方中水溶性成分较多时可能出现发黏、结块、湿润不均匀、干燥后颗粒发硬等现象，此时最好选择适当浓度的乙醇-水溶液，以克服上述不足。其溶液的混合比例根据物料性质与试验结果而定。

② 乙醇（ethanol）：可用于遇水易分解的药物或遇水黏性太大的药物。中药浸膏的制粒常用乙醇-水溶液作润湿剂，随着乙醇浓度的增大，润湿后所产生的黏性降低，常用浓度为 30%～70%。

（2）黏合剂（adhesives） 黏合剂系指本身具有黏性，加入后对无黏性或黏性不足的物料给予黏性，从而使物料聚结成粒的辅料。常用黏合剂如下：

① 淀粉浆：是淀粉在水中受热后糊化（gelatinization）而得。玉米淀粉完全糊化的温度是 77℃。淀粉浆的常用浓度为 8%～15%。若物料的可压性较差，其浓度可提高到 20%。

淀粉浆的制备方法主要有煮浆法和冲浆法两种。冲浆法是将淀粉混悬于少量（1～1.5 倍）水中，然后根据浓度要求冲入一定量的沸水，不断搅拌糊化而成。煮浆法是将淀粉混悬于全部量的水中，在夹层容器中加热并不断搅拌，直至糊化而得。由于淀粉价廉易得，且黏合性良好，因此是制粒中首选的黏合剂。

② 纤维素衍生物类：系将天然的纤维素经处理后制成的各种纤维素的衍生物。

a. 甲基纤维素（methyl cellulose, MC）：是纤维素的甲基醚化物，具有良好的水溶性，可形成黏稠的胶体溶液，应用于水溶性及水不溶性物料的制粒，颗粒的压缩成型性好，且不随时间变硬。

b. 羟丙纤维素（hydroxypropyl cellulose, HPC）：是纤维素的羟丙基醚化物，易溶于冷水，加热至

50℃发生胶化或溶胀现象，可溶于甲醇、乙醇、异丙醇和丙二醇中。本品既可作湿法制粒的黏合剂，也可作粉末直接压片的干黏合剂。

　　c. 羟丙甲纤维素（hydroxypropyl methyl cellulose，HPMC）：是纤维素的羟丙甲基醚化物，易溶于冷水，不溶于热水。因此制备 HPMC 水溶液时，最好先将 HPMC 加入总体积 1/5～1/3 的热水（80～90℃）中，充分分散与水化，然后降温，不断搅拌使其溶解，加冷水至总体积，即得。

　　d. 羧甲基纤维素钠（carboxymethyl cellulose sodium，CMC-Na）：是纤维素的羧甲基醚化物的钠盐，溶于水，不溶于乙醇。在水中，首先在粒子表面膨化，然后慢慢地浸透到内部，逐渐溶解而成为透明的溶液。如果在初步膨化和溶胀后加热至 60～70℃，可大大加快其溶解过程。应用于水溶性与水不溶性物料的制粒，但片剂的崩解时间长，且随时间变硬，常用于可压性较差的药物。

　　e. 乙基纤维素（ethyl cellulose，EC）：是纤维素的乙基醚化物，不溶于水，溶于乙醇等有机溶剂中，可作为对水敏感药物的黏合剂。本品的黏性较强，且在胃肠液中不溶解，会对片剂的崩解及药物的释放产生阻滞作用，常用作缓控释制剂的阻滞材料和包衣材料。

　　③ 聚维酮（polyvinylpyrrolidone，PVP）：根据分子量不同可分为多种规格，其中最常用的型号是 K30（分子量约为 6 万）。聚维酮的最大优点是既溶于水，又溶于乙醇，因此可用于水溶性或水不溶性物料以及对水敏感药物的制粒，还可用作直接压片的干黏合剂。常用于泡腾片及咀嚼片的制粒。其最大缺点是吸湿性强。

　　④ 明胶（gelatin）：溶于水形成胶浆，其黏性较大。制粒时，明胶溶液应保持较高温度，以防止胶凝。其缺点是制粒物随放置时间变硬。明胶适用于松散且不易制粒的药物以及在水中不需崩解或延长作用时间的口含片等。

　　⑤ 聚乙二醇〔poly(ethylene glycol)，PEG〕：根据分子量不同有多种规格，其中 PEG 4000、PEG 6000 常用于黏合剂。PEG 溶于水和乙醇中，制得的颗粒压缩成型性好，片剂不变硬，适用于水溶性与水不溶性物料的制粒。

　　⑥ 其他黏合剂：包括 50%～70%的蔗糖溶液、海藻酸钠溶液等。

　　制粒时常根据物料的性质以及实践经验选择适宜的黏合剂、浓度及其用量等，以确保颗粒与片剂的质量。部分黏合剂的常用剂量如表 8-24 所示。

表 8-24　常用于湿法制粒的黏合剂与参考用量

黏合剂	溶剂中质量浓度(W/V)	制粒用溶剂	黏合剂	溶剂中质量浓度(W/V)	制粒用溶剂
淀粉	5%～10%	水	羟丙甲纤维素	2%～10%	水或乙醇溶液
预胶化淀粉	2%～10%	水	羧甲基纤维素钠(低黏度)	2%～10%	水
明胶	2%～10%	水	乙基纤维素	2%～10%	乙醇
蔗糖、葡萄糖	～50%	水	聚乙二醇(4000,6000)	10%～50%	水或乙醇
聚维酮	2%～20%	水或乙醇	聚乙烯醇	5%～20%	水
甲基纤维素	2%～10%	水			

3. 崩解剂

　　崩解剂（disintegrants）系指促使片剂在胃肠液中迅速碎裂成细小颗粒的辅料。由于片剂是在高压下压制而成的，因此空隙率小，结合力强，很难迅速溶解。而片剂的崩解是药物溶出的第一步，所以崩解时限检查是片剂质量评价的主要检查项目。除了缓释片、控释片、口含片、咀嚼片、舌下片、植入片等有特殊要求的片剂外，一般均需加入崩解剂。

　　（1）崩解剂的崩解机制　崩解剂的主要作用是消除因黏合剂或高度压缩而产生的结合力，从而使片剂在水中崩解。片剂的崩解经历润湿、虹吸、破碎等过程。崩解剂的作用机理主要有如下几种：

　　① 毛细管作用：崩解剂在片剂中形成易于润湿的毛细管通道，当片剂置于水中时，水能迅速地随毛细管进入片剂内部，使整个片剂润湿而崩解。淀粉及其衍生物、纤维素衍生物属于此类崩解剂。

　　② 膨胀作用：崩解剂自身具有很强的吸水膨胀性能，当片剂置于水中时，崩解剂吸水膨胀从而使片剂崩解。膨胀率是表示崩解剂的体积膨胀能力大小的重要指标，膨胀率越大，崩解效果越显著。

$$膨胀率 = \frac{膨胀后体积 - 膨胀前体积}{膨胀前体积} \times 100\%$$ 　　　　　(8-48)

③ 润湿热：有些药物在水中溶解时产生热，使片剂内部残存的空气膨胀，促使片剂崩解。

④ 产气作用：由于化学反应产生气体，使片剂崩解。如在泡腾片中加入的枸橼酸或酒石酸与碳酸钠或碳酸氢钠遇水产生二氧化碳气体，借助气体的膨胀而使片剂崩解。

（2）常用崩解剂

① 干淀粉：是一种经典的崩解剂，在 $100 \sim 105℃$ 下干燥 1 h，含水量在 8% 以下。干淀粉的吸水性较强，其吸水膨胀率为 186% 左右。干淀粉适用于水不溶性或微溶性药物的片剂，而对易溶性药物的崩解作用较差。

② 羧甲基淀粉钠（carboxymethyl starch sodium，CMS-Na）：吸水膨胀作用非常显著，其吸水后膨胀率为原体积的 300 倍，是一种性能优良的崩解剂，国外产品的商品名为 Primojel®。

③ 低取代羟丙纤维素（low-sustituted hydroxypropyl cellulose，L-HPC）：是近年来国内应用较多的一种崩解剂，具有很大的表面积和孔隙率，有很好的吸水速度和吸水量，其吸水膨胀率为 $500\% \sim 700\%$。

④ 交联羧甲基纤维素钠（croscarmellose sodium，CC-Na）：由于交联键的存在而不溶于水，能吸收数倍于本身重量的水而膨胀，所以具有较好的崩解作用。当与羧甲基淀粉钠合用时，崩解效果更好，但与干淀粉合用时崩解作用会降低。

⑤ 交联聚维酮（cross-linked polyvinylpyrrolidone，PVPP）：是流动性良好的白色粉末；在水、有机溶剂及强酸强碱溶液中均不溶解，但在水中迅速溶胀，无黏性，因而其崩解性能十分优越。

⑥ 泡腾崩解剂（effervescent disintegrants）：是专用于泡腾片的特殊崩解剂，最常用的是由碳酸氢钠与枸橼酸组成的混合物。本品遇水时产生二氧化碳气体，使片剂在几分钟之内迅速崩解。含有这种崩解剂的片剂，应妥善包装，避免受潮造成崩解剂失效。

（3）崩解剂的加入方法

① 外加法：系指将崩解剂加入于压片之前的干颗粒中，片剂的崩解将发生在颗粒之间。

② 内加法：系指将崩解剂加入制粒过程中，片剂的崩解将发生在颗粒内部。

③ 内外加入法：系指将崩解剂一部分内加，一部分外加，可使片剂的崩解既发生在颗粒内部又发生在颗粒之间，从而达到良好的崩解效果。通常内加崩解剂量占崩解剂总量的 $50\% \sim 75\%$，外加崩解剂量占崩解剂总量的 $25\% \sim 50\%$，（崩解剂总量一般为片重的 $5\% \sim 20\%$）。常用崩解剂的用量见表 8-25。

表 8-25　常用崩解剂及其用量

传统崩解剂	质量分数	最新崩解剂	质量分数
干淀粉（玉米、马铃薯）	$5\% \sim 20\%$	羧甲基淀粉钠	$1\% \sim 8\%$
微晶纤维素	$5\% \sim 20\%$	交联羧甲基纤维素钠	$5\% \sim 10\%$
海藻酸	$5\% \sim 10\%$	交联聚维酮	$0.5\% \sim 5\%$
海藻酸钠	$2\% \sim 5\%$	羧甲基纤维素钙	$1\% \sim 8\%$
泡腾酸-碱系统	$3\% \sim 20\%$	低取代羟丙纤维素	$2\% \sim 5\%$

4. 润滑剂

（1）润滑剂（lubricants）的作用机制　压片时为了能顺利加料和出片，并减少黏冲及降低颗粒与颗粒、药片与模孔壁间的摩擦力，使片面光滑美观，压片前均需在颗粒中加入适宜的润滑剂。其作用机理有：①改善粒子表面的静电分布。②改善粒子表面的粗糙度。③改善气体的选择性吸附。④减弱粒子间的范德华力。⑤附着于粒子表面减少摩擦力。

（2）润滑剂分类　根据润滑剂的作用不同，可以将润滑剂分成三类，即助流剂、抗黏剂和润滑剂。但到目前为止，还没有一种润滑剂同时具有以上三种功能。因此实际应用时应明确区分各种辅料的不同功能，以解决实际存在的问题。

① 助流剂（glidants）：系指能降低颗粒之间摩擦力，从而改善粉体流动性，减少片剂重量差异的辅料。

② 抗黏剂（antiadherents）：系指为了防止压片时物料黏着于冲头与冲模表面，以保证压片操作的顺利进行以及能使片剂表面光洁的辅料。

③ 润滑剂：系指能降低压片和出片时药片与冲模壁之间的摩擦力，以保证压片时应力分布均匀，防

止裂片等的辅料。

（3）常用的润滑剂

① 硬脂酸镁（magnesium stearate）：为优良的润滑剂，易与颗粒混匀，减少颗粒与冲模之间的摩擦力，压片后片面光洁美观。用量一般为0.1%～1%，用量过大时，由于其疏水性，会使片剂的崩解（或溶出）迟缓。另外，镁离子也会影响某些药物的稳定性。

② 微粉硅胶（silica gel）：即胶态二氧化硅，为优良的助流剂，可用作粉末直接压片的助流剂。其性状为轻质白色无水粉末，无臭无味，比表面积大，常用量为0.1%～0.3%。

③ 滑石粉（talc）：为优良的助流剂，常用量一般为0.1%～3%，最多不要超过5%。

④ 氢化植物油：为一种良好的润滑剂，以喷雾干燥法制得。应用时，将其溶于轻质液状石蜡或己烷中，然后将此溶液边喷于干颗粒表面边混合以利于均匀分布。

⑤ 聚乙二醇类（PEG 4000、PEG 6000）：具有良好的润滑效果，片剂的崩解与溶出不受影响。

⑥ 月桂醇硫酸钠（镁）：水溶性表面活性剂，具有良好的润滑效果，不仅能增强片剂的强度，而且促进片剂的崩解和药物的溶出。常用润滑剂的特性评价见表8-26。

表8-26 润滑剂的特性评价

润滑剂	添加浓度	助流特性	润滑特性	抗黏着特性
硬脂酸盐	1%以下	无	优	良
硬脂酸	1%～2%	无	良	不良
滑石粉	1%～5%	良	不良	优
蜡类	1%～5%	无	优	不良
麦子淀粉	5%～10%	优	不良	优

5. 新型预混与共处理药用辅料

前面介绍的药用辅料多为单一化合物，性能和特点固定，所起作用也是相对固定的，使用时根据药物的性质、制备工艺和片剂的用途等加以组方。随着众多新药物的诞生，其多变的理化性质以及对稳定性的要求，新的设备和生产工艺的出现，新的法规对稳定性、安全性的要求，均对辅料的功能提出了更多和更高的要求。将多种辅料结合在一起形成的预混与共处理药用辅料，成为满足各种要求的一个最佳选择。因为每一个制剂配方本身就含有多种辅料，现有辅料灵活的结合使用，使辅料获得新的性能并用于特定药物和工艺。

预混与共处理药用辅料系将两种或两种以上药用辅料按特定的配比和工艺制成具有一定功能的混合物，作为一个辅料整体在制剂中使用。它既保持每种单一辅料的化学性质，又不改变其安全性。根据处理方式的不同，分为预混辅料与共处理辅料。

预混辅料（pre-mixed excipient）系指两种或两种以上药用辅料通过简单物理混合制成的、具有一定功能且表观均一的混合辅料。预混辅料中各组分仍保持独立的化学实体。共处理辅料（co-processed excipient）系由两种或两种以上药用辅料经特定的物理加工工艺（如喷雾干燥、制粒等）处理制得，以达到特定功能的混合辅料。共处理辅料在加工过程中不应形成新的化学共价键。与预混辅料的区别在于，共处理辅料无法通过简单的物理混合方式制备。常用的预混辅料见表8-27。

表8-27 常用的预混辅料

商品名	生产商	成分	特点
Ludipress	BASF	乳糖+3.2%PVP30+PVP CL	吸湿性低，流动性好，片剂硬度不依赖压片速度
Cellactose	Meggle	75%乳糖+25%MCC	可压缩性高，口感好，价格低，所得片剂性能好
Prosolv	Penwest	MCC+二氧化硅	流动性好，对湿法制粒敏感性低，片剂硬度好
Avicel CE-15	FMC	MCC+瓜尔胶	无沙砾感，不黏牙，有奶油味，整体口感好
ForMaxx	Merck	碳酸钙+山梨醇	颗粒粒径分布可控
Microcelac	Meegle	MCC+乳糖	可用于流动性差的有效成分制备成大剂量的小片剂
Pharrmatose DCL40	DMV	95%β-乳糖+5%拉克替醇	可压缩性高，对润滑剂敏感性低
StarLac	Roquette	85%α-乳糖一水合物+15%玉米淀粉	崩解性极好，可减少超级崩解剂的使用，适于直接压片，压缩性和流动性好，片剂片重差异小
DiPac	Domino Sugar	蔗糖+3%糊精	可用于直接压片

6. 色、香、味及其调节

为了改善片剂的口味和外观，提高患者的顺应性，片剂中还常加入一些着色剂、矫味剂等辅料，但无论加入何种辅料，都应符合药用规格。

（1）着色剂（colorants） 为了使片剂易于识别及使片剂的外表美观而添加的辅料。着色剂可以分为天然着色剂和合成着色剂两种。天然着色剂主要有胭脂树醛、花青苷、姜黄、核黄素等；合成着色剂主要有酒石黄、日落黄、鲜艳蓝、靛蓝等。口服制剂所用色素必须是药用级或食用级，色素的最大用量一般不超过 0.05%。注意色素与药物的反应以及干燥中颜色的迁移等。如把色素先吸附于硫酸钙、三磷酸钙、淀粉等主要辅料中，可有效防止颜色的迁移。

（2）矫味剂 用以改善或掩蔽药物不良气味和味道，使患者难以觉察药物的强烈苦味（或其他异味，如辛辣、刺激等）的辅料。常用的矫味剂包括芳香剂（如薄荷油、桂皮油及各种香精等）、甜味剂（如葡萄糖、蔗糖、甜菊苷、糖精钠、阿斯巴甜等）。香精的常用加入方法是将香精溶解于乙醇中，均匀喷洒在已经干燥的颗粒上。近年来开发的微囊化固体香精可直接混合于已干燥的颗粒中压片，得到较好的效果。

（二）片剂的制备工艺

片剂的制备方法主要有**压制法**和 **3D 打印法**。压制法是将粉状或颗粒状物料在压片机中压缩成型而制得片剂的方法，是片剂的一种非常成熟的产业化制备方法，压制片的物理特性已普遍被接受，有圆形、椭圆形或其他独特的形状。3D 打印制药技术作为一种新型的制剂技术，片剂是其主要的应用剂型。通过 3D 打印设备，将原料药物和辅料一层一层地打印堆置，使片剂内部呈多孔状，具有较大的内表面积，口服后能够快速分散，左乙拉西坦速溶片是第一个使用 3D 打印技术制备的商品化产品（详见第二章的"压片技术与设备"）。因 3D 打印设备还不够完备，且相关工程技术难题还有待突破，3D 打印药物制剂技术的大规模产业化应用尚需时日，因此，本章节以介绍压制法为主。

根据片剂压制法制备工艺特点，压制法可分为**制粒压片法**和**直接压片法**。制粒压片法又可分为**湿法制粒压片法**和**干法制粒压片法**。目前以湿法制粒压片法更为普遍。近年来，优良辅料和先进压片机的出现，粉末直接压片法得到越来越多的关注。

1. 湿法制粒压片法

湿法制粒压片法系指在原辅料中加入黏合剂或润湿剂进行湿法制粒，再将所得颗粒经干燥后进行压片的方法，其工艺流程如图 8-101 所示。

湿法制粒是将药物和辅料的粉末混合均匀后加入液体黏合剂或润湿剂制备颗粒的方法。该方法靠黏合剂的作用使粉末粒子间产生结合力。由于湿法制粒的颗粒具有外形美观、流动性好、耐磨性较强、压缩成型性好等优点，目前仍是医药工业中应用最为广泛的方法。但对于热敏性、湿敏性、极易溶性等物料可采用其他方法制粒。

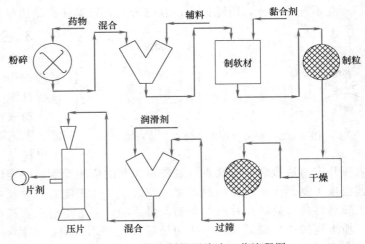

图 8-101 湿法制粒压片法工艺流程图

2. 干法制粒压片法

干法制粒压片法系将原料药物和辅料混合均匀后，先压成板状或大片状，再将其破碎成大小适宜的颗粒后进行压片的方法。该法工艺简单、省工省时，适用于对湿热敏感的药物，但由于高压状态下易产热，故要注意药物的晶型转变及活性降低等问题。干法制粒压片法的工艺流程见图 8-102。

（1）辅料的性质及类型 由于干法制粒压片法中需先将粉末压制成大片或板状后再粉碎成颗粒而压片，因此，对辅料的流动性和压缩成型性要求有所降低。干法制粒过程是通过高压缩力使粒子间产生结合

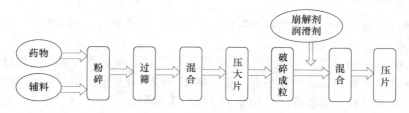

图 8-102 干法制粒压片法工艺流程图

力，为保证初压大片成型和最终片剂的硬度或脆碎度达到要求，处方中需要添加干黏合剂。此外，制备坯片时需要加入润滑剂。常用的辅料有微晶纤维素、低取代羟丙甲纤维素、乳糖、甲基纤维素、羟丙甲纤维素、微粉硅胶等。

（2）制备方法

① 压片法：系指将原料药物和辅料混匀后，用重型的压片机（专供压大片）压制成坯片，再粉碎和筛分得到适宜粒径的颗粒，然后通过常规压片机压制成片剂的方法。坯片的直径一般为 20～25 mm，不要求其外形是否完整。该法设备操作简单，但生产效率较低，同时坯片成型较难，粉碎时的细粉多、耗时较长，且设备和物料均有损耗，故应用较少。

② 滚压法：系指将原料药物和辅料混匀后，通过滚压机将物料压成硬度适宜的薄片，再将薄片粉碎成一定大小的颗粒，然后通过常规压片机压制成片剂的方法。滚压法干法制粒是目前工业化生产中常用的方法，产量较高，可大面积缓慢地加料，粉层厚度易于控制，制得的薄片硬度较均匀，同时加压缓慢，粉末间的空气易于排出。但该法制备的颗粒有时过硬或不够均匀，可能影响片剂崩解。

（3）注意事项

①药物与辅料的性质要相近，这样可以避免混合不均匀。因为物料的堆密度、粒度分布等物理性质相近时混合的均匀性更好，特别是当主药含量少的时候，成品需要做含量均匀度检查。②不溶性润滑剂最后加入。注意，一定要等其他的辅料混合均匀后，再加入不溶性润滑剂，并且要控制好混合时间，否则会影响崩解和溶出。③混合以后一定要做含量测定。④做处方设计的时候一定要遵循先小试再中试、最后大生产的原则。⑤压片时要特别注意各种异常情况。压片过程中可能会因为设备震动等原因造成裂片、均匀度差、硬度不好等现象，跟踪记录，及时解决，以保证产品质量。

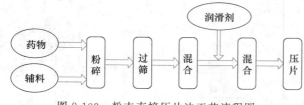

图 8-103 粉末直接压片法工艺流程图

3. 粉末直接压片法

粉末直接压片法系指不经过制粒过程，直接把原料药物和辅料的混合均匀后进行压片的方法，其工艺流程见图 8-103。

粉末直接压片法避开了制粒过程，具有省时节能、工艺简便、工序少、适用于湿热不稳定的药物等突出优点，但也存在粉末的流动性差、片重差异大、粉末压片容易造成裂片等缺点，致使该工艺的应用受到了一定限制。随着 GMP 规范化管理的实施，简化工艺也成了制剂生产关注的热点之一。近二十年来随着科学技术的迅猛发展，可用于粉末直接压片的优良药用辅料与高效旋转压片机的研制获得成功，促进了粉末直接压片的发展。

粉末直接压片法对辅料，特别是稀释剂要求较高。其性质应包括：①良好的流动性；②良好的可压性；③高容量（与药物混合时仍可保持自身的可压性）；④有适宜的粒径，可防止组分间分离（分层）；⑤堆密度大；⑥生产中具有重现性，减少批次间的差异。可用于粉末直接压片的优良辅料有：各种型号的微晶纤维素、预胶化淀粉、喷雾干燥乳糖、磷酸氢钙二水合物、颗粒状的甘露醇等。

（三）片剂的压片

片剂的压片过程包括饲料、压片和出片。压片机工作过程中的控制要点包括片剂的外观形状、片重和硬度等。片剂形状的选择是通过选取不同的模具来实现的，片剂重量的控制则是通过片重调节器来实现的，片剂的硬度控制则主要是通过压力调节器的调节来实现的。

1. 片重计算

片重包括药物和所有加入辅料的总重量。计算方法主要有以下两种。

（1）按主药含量计算片重　将药物制成干颗粒时，由于经过一系列的操作过程，原料药必将有所损耗，所以应对颗粒中主药的实际含量进行测定，再按式（8-49）计算片重。

$$片重 = \frac{每片主药含量（标示量）}{颗粒中主药含量（实测值）} \tag{8-49}$$

（2）按干颗粒总质量计算片重　对于一些成分复杂、没有含量测定方法的植物药片剂常采用此方法，计算公式见式（8-50）。

$$片重 = \frac{干颗粒重 + 压片前加入辅料量}{预定压片数} \tag{8-50}$$

2. 压片

小批量生产和实验室试制常用单冲压片机，它是间歇式生产设备，生产效率低，产量大约在 80～100 片/min，且存在压片时由于上冲单向加压而容易产生裂片、噪声大等缺点。工业化大生产多用旋转式多冲压片机（见图 8-104），具有饲粉方式合理、片重差异小；由上冲、下冲同时加压，压力分布均匀；生产效率高等优点。如 55 冲的双流程压片机的生产能力高达 50 万片/小时。目前压片机的最大产量可达 80 万片/小时。

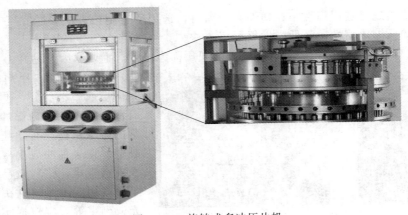

图 8-104　旋转式多冲压片机

3. 片剂成型的影响因素

（1）物料的压缩成型性　压缩成型性是物料被压缩后形成一定形状的能力。片剂的制备过程就是将药物和辅料的混合物压缩成具有一定形状和大小的坚固聚集体的过程。多数药物在受到外加压力时产生塑性变形和弹性变形，其塑性变形产生结合力，易于成型；其弹性变形不产生结合力，趋向于恢复到原来的形状，从而减弱或瓦解片剂的结合力，甚至发生裂片和松片等现象。

（2）药物的熔点及结晶形态　药物的熔点低有利于固体桥的形成，但熔点过低，压片时容易黏冲；立方晶系的结晶对称性好、表面积大，压缩时易于成型；鳞片状或针状结晶容易形成层状排列，所以压缩后的药片容易裂片；树枝状结晶易发生变形而且相互嵌接，可压性较好，易于成型，但缺点是流动性极差。

（3）黏合剂和润滑剂　黏合剂增强颗粒间的结合力，易于压缩成型，但用量过多时易于黏冲，使片剂的崩解、药物的溶出受到影响。常用的润滑剂为疏水性物质（如硬脂酸镁），减弱颗粒间的结合力，但在其常用的浓度范围内，对片剂的成型影响不大。

（4）水分　适量的水分在压缩时被挤到颗粒的表面形成薄膜，使颗粒易于互相靠近，易于成型，但过量的水分易造成黏冲。另外，含水分可使颗粒表面的可溶性成分溶解，当药片失水时发生重结晶而在相邻颗粒间架起固体桥，从而使片剂的硬度增大。

（5）压力　一般情况下，压力越大，颗粒间的距离越近，结合力越强，压成的片剂硬度也越大，但当压力超过一定范围后，压力对片剂硬度的影响减小，甚至出现裂片。加压时间延长有利于片剂成型，并使之硬度增大。单冲压片机属于撞击式压片，加压时间短，易出现裂片（顶裂）现象，旋转式压片机的加压时间较长，因此不易形成裂片。

4. 片剂制备中可能发生的问题及原因分析

（1）**裂片** 片剂发生裂开的现象叫作**裂片**。如果裂开的位置发生在药片的上部或中部，习惯上分别称为**顶裂**或**腰裂**（见图8-105）。产生裂片的处方因素有：①物料中细粉太多，压缩时空气不能排出，解除压力后，空气体积膨胀而导致裂片；②易脆碎的物料和易弹性变形的物料塑性差，结合力弱，易于裂片。其工艺影响因素有：①单冲压片机比旋转压片机易出现裂片；②快速压片比慢速压片易出现裂片；③凸面片剂比平面片剂易出现裂片；④一次压缩比多次压缩（一般二次或三次）易出现裂片。

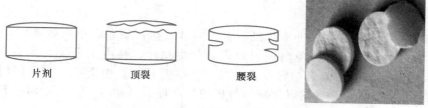

图 8-105　片剂裂片示意图

解决裂片的主要措施是选用弹性小、塑性大的辅料，选用适宜制粒方法、适宜压片机和操作参数等，在整体上提高物料的压缩成型性，降低弹性复原率。

（2）**松片** 片剂硬度不够，稍加触动即散碎的现象称为**松片**。主要原因是黏性力差、压缩力不足等。

图 8-106　片剂黏冲

（3）**黏冲** 片剂的表面被冲头黏去一薄层或一小部分，造成片面粗糙不平或有凹痕的现象称为**黏冲**（图8-106）。若片剂的边缘粗糙或有缺痕，则可相应地称为**黏壁**。造成黏冲或黏壁的主要原因有：颗粒不够干燥，物料较易吸湿，润滑剂选用不当或用量不足，冲头表面锈蚀、粗糙不光或刻字等，应根据实际情况，查找原因予以解决。

（4）**片重差异超限** 片重差异超过规定范围，即为片重差异超限。产生片重差异超限的主要原因是：①颗粒流动性不好；②颗粒内的细粉太多或颗粒的大小相差悬殊；③加料斗内的颗粒时多时少；④冲头与模孔吻合性不好。应根据不同情况加以解决。

（5）**崩解迟缓** 一般的口服片剂都应在胃肠道内迅速崩解。若片剂超过了规定的崩解时限，即称为**崩解超限**或**崩解迟缓**。

水分的透入是片剂崩解的首要条件，而水分透入的快慢与片剂内部的孔隙状态和物料的润湿性有关。尽管片剂的外观为压实的片状物，但却是一个多孔体，水分正是通过这些孔隙而进入到片剂内部的。因此影响片剂崩解的主要因素是：①压缩力，影响片剂内部的孔隙；②可溶性成分与润湿剂，影响片剂亲水性（润湿性）及水分的渗入；③物料的压缩成型性与黏合剂，影响片剂结合力的瓦解；④崩解剂，使体积膨胀的主要因素。

（6）**溶出超限** 片剂在规定的时间内未能溶解出规定量的药物，即为**溶出超限**或称为**溶出度不合格**。影响药物溶出度的主要原因是：片剂不崩解，颗粒过硬，药物的溶解度差等。应根据实际情况予以解决。

（7）**药物含量不均匀** 所有造成片重差异过大的因素，皆可造成片剂中药物含量的不均匀。对于小剂量的药物来说，除了混合不均匀以外，可溶性成分在颗粒之间的迁移是其含量均匀度不合格的一个重要原因。在干燥过程中，物料内部的水分向物料的外表面扩散时，可溶性成分也被转移到颗粒的外表面，这就是所谓的**可溶性成分迁移**；在干燥结束时，水溶性成分在颗粒的外表面沉积，导致颗粒外表面的可溶性成分的含量高于颗粒内部，即颗粒内外的可溶性成分的含量不均匀。如果在颗粒之间发生可溶性成分迁移，将大大影响片剂的含量均匀度；尤其是采用箱式干燥时，这种迁移现象最为明显。因此采用箱式干燥时，应经常翻动物料层，以减少可溶性成分在颗粒间的迁移。采用流化（床）干燥法时，由于湿颗粒各自处于流化运动状态，并不相互紧密接触，所以一般不会发生颗粒间的可溶性成分迁移，有利于提高片剂的含量均匀度。

（四）片剂的包衣

1. 片剂的包衣方法

片剂包衣（coating）系指在片剂（称素片或片芯）表面包裹上适宜材料组成的衣膜层的工艺过程。包衣是现代制药最重要的，也是最前沿的工艺之一。在固体制剂中，有很多药品通过包衣达到掩味、防潮、提高稳定性、改善外观等目的，或者改变药物释药特性，如缓释、控释、肠溶、结肠定位、脉冲释放等。

根据片剂包衣的衣膜材料和包衣工艺不同，片剂包衣主要有糖包衣、薄膜包衣和压制包衣等几种类型。实际生产中，前两者最为常用，其中薄膜包衣又可分为胃溶型、肠溶型和水不溶型三种。不管包何种衣膜，都要求片芯具有一定的硬度，以免在包衣过程中破碎或缺损；同时也要求片芯具有适宜的厚度和弧度，以免片剂相互粘连或衣层在边缘断裂（详见本章第二节的"包衣技术与设备"）。

（1）糖包衣　糖包衣指用蔗糖为主要包衣材料的传统包衣工艺。具有操作时间长、所需辅料多等缺点，但是，包糖衣用料便宜、易得且操作设备简单，因此包糖衣工艺仍是目前国内外应用较为广泛的一种包衣方法，尤其适用于中药片剂的包衣。

糖包衣需要多个包衣程序，各包衣程序的目的不同，所采用的材料也不同，糖包衣的生产工艺流程见图 8-107。

（2）薄膜包衣　它是指在片剂表面上包裹高分子聚合物薄膜的包衣工艺。相对于糖包衣，薄膜包衣具有增重少（包衣材料用量少）、包衣时间短、片面上可印字、美观、包衣操作可自动化等优势，目前已得到普及。薄膜包衣的生产工艺流程见图 8-108。

图 8-107　片剂糖包衣工艺流程

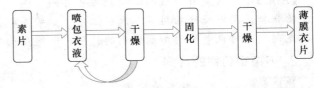

图 8-108　薄膜包衣的工艺流程

（3）压制包衣　它是指在含有药物的片芯外压制包衣材料进行片剂包衣的方法。制备时，将两台旋转式压片机用单传动轴配成一套机器，先用一台压片机将物料压成片芯。然后，内传动装置将片芯传递到另一台压片机的模孔中。在传递过程中由吸气泵将片外的余粉吸除，在片芯到达第二台压片机之前，

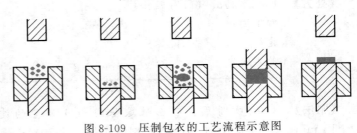

图 8-109　压制包衣的工艺流程示意图

模孔中已填入了部分包衣材料作为底层，然后将片芯置于其上，再加入包衣材料填满模孔，进行第二次压制成包衣片，见图 8-109。

2. 包衣过程中的常见问题及解决办法

① 起皱：薄膜在片剂表面破裂导致形成褶皱，这可能与包衣时片剂表面薄膜的黏合性差有关。解决办法：降低干燥温度。

② 开裂：片剂表面未被完全包裹，这主要是由于过湿的片剂相互黏附，包衣时片剂的运动导致薄膜裂开。解决办法：降低喷雾速率、增加干燥温度。

③ 起霜：在贮藏过程中片剂表面暗淡，这主要是由低分子量物质（如增塑剂、色素）迁移所致。解决办法：降低干燥温度、延长干燥过程、增加增塑剂分子量。

④ 斑点：衣膜中颜色分布不均匀，是由色素分布不均或色素迁移所致。解决办法：降低色素用量和

粒度，或选择水不溶性染料等。

⑤ 裂缝、分裂与剥皮：膜边缘出现裂缝、开裂或剥离，主要是由膜的高内应力超出了衣膜的拉伸强度所致。解决方法：增加增塑剂浓度，选择黏度更好的衣膜材料。

⑥ 肠溶包衣胃溶：在胃部环境仍有药物释放，主要原因包括衣膜材料选择不当、衣层与药物结合强度低、衣层厚度不均匀等。解决办法：选择适宜 pH 敏感的衣膜材料等。

⑦ 肠溶包衣排片：系指由于无法在小肠环境下释放崩解或溶解，导致药片随粪便排出完整的片子的现象，其主要原因包括衣膜材料选择不当、包衣层过厚等。解决办法：优选衣膜材料、使用致孔剂或增加其用量、调整衣膜厚度等。

（五）片剂举例

根据下列典型例子了解片剂的处方与制备工艺对片剂质量的影响，充分认识各种辅料在片剂制备过程中的重要作用，以提高片剂的处方设计与制备的能力。

1. 性质稳定、易成型药物的片剂

例 8-8 复方磺胺甲基异噁唑片（复方新诺明片）

【处方】

磺胺甲基异噁唑（SMZ）	400 g	三甲氧苄氨嘧啶（TMP）	80 g
淀粉	40 g	10%淀粉浆	24 g
干淀粉	23 g（4%左右）		
硬脂酸镁	3 g（0.5%左右）		

制成 1000 片（每片含 SMZ 0.4 g）

【制法】 将 SMZ、TMP 过 80 目筛，与淀粉混匀，加淀粉浆制成软材，以 14 目筛制粒后，置于 70～80℃干燥后于 12 目筛整粒，加入干淀粉及硬脂酸镁混匀后，压片，即得。

【注解】 ①这是最一般的湿法制粒压片的实例，处方中 SMZ 为主药，TMP 为抗菌增效剂，常与磺胺类药物联合应用以使药物对革兰氏阴性菌（如痢疾杆菌、大肠杆菌等）有更强的抑菌作用。②淀粉主要作为填充剂，同时也兼有内加崩解剂的作用；干淀粉为外加崩解剂；淀粉浆为黏合剂；硬脂酸镁为润滑剂。

2. 不稳定药物的片剂

例 8-9 复方乙酰水杨酸片

【处方】

乙酰水杨酸（阿司匹林）	268 g	对乙酰氨基酚（扑热息痛）	136 g
咖啡因	33.4 g	淀粉	266 g
淀粉浆（15%～17%）	85 g	酒石酸	2.7 g
滑石粉	25 g（5%）	轻质液状石蜡	2.5 g

制成 1000 片

【制法】 ①将咖啡因、对乙酰氨基酚与 1/3 量的淀粉混匀，加淀粉浆（15%～17%）制软材 10～15 min，过 14 目或 16 目尼龙筛制湿颗粒，于 70℃干燥，干颗粒过 12 目尼龙筛整粒。②将此颗粒与乙酰水杨酸混合均匀。③加剩余的淀粉（预先在 100～105℃干燥）及吸附有液状石蜡的滑石粉。④共同混匀后，再过 12 目尼龙筛，颗粒经含量测定合格后，用 12 mm 冲压片，即得。

【注解】 ①处方中的液状石蜡为滑石粉的 10%，可使滑石粉更易于黏附在颗粒的表面上，在压片震动时不易脱落。②车间中的湿度亦不宜过高，以免乙酰水杨酸发生水解。③淀粉的剩余部分作为崩解剂而加入，但要注意混合均匀。④在本品中加其他辅料的原因及制备时应注意的问题如下：a. 乙酰水杨酸遇水易水解成对胃黏膜有较强刺激性的水杨酸和醋酸，长期使用会导致胃溃疡，因此，本品中加入相当于乙酰水杨酸量 1% 的酒石酸，可在湿法制粒过程中有效地减少乙酰水杨酸的水解；b. 本品中三种主药混合制粒及干燥时易产生低共熔现象，所以采用分别制粒的方法，并且避免乙酰水杨酸与水直接接触，从而保证了制剂的稳定性；c. 乙酰水杨酸的水解受金属离子的催化，因此必须采用尼龙筛网制粒，同时不得使用硬脂酸镁，因而采用 5% 的滑石粉作为润滑剂；d. 乙酰水杨酸的可压性极差，因而采用了较高浓度的淀粉浆（15%～17%）作为黏合剂；e. 乙酰水杨酸具有一定的疏水性（接触角 θ 为 73°～75°），因此必要时可

加入适宜的表面活性剂，如吐温80等，加快其崩解和溶出（一般加入0.1％即可有显著的改善）；f. 为了防止乙酰水杨酸与咖啡因等的颗粒混合不匀，可采用液压法或重压法将乙酰水杨酸制成干颗粒，然后再与咖啡因等的颗粒混合。总之，当遇到像乙酰水杨酸这样理化性质不稳定的药物时，要从多方面综合考虑其处方组成和制备方法，从而保证用药的安全性、稳定性和有效性。

3. 小剂量药物的片剂

例 8-10　硝酸甘油片

【处方】

乳糖	88.8 g	糖粉	38.0 g
17％淀粉浆	适量	硬脂酸镁	1.0 g
10％硝酸甘油乙醇溶液	0.6 g（硝酸甘油量）		

制成1000片（每片含硝酸甘油0.5 mg）

【制法】　①制备空白颗粒，然后将硝酸甘油制成10％的乙醇溶液（按120％投料）拌于空白颗粒的细粉中（30目以下），过10目筛两次后，于40℃以下干燥50～60 min。②与事先制成的空白颗粒及硬脂酸镁混匀，压片，即得。

【注解】　①这是一种通过舌下吸收治疗心绞痛的小剂量药物的片剂，不宜加入不溶性的辅料（除微量的硬脂酸镁作为润滑剂以外）。②为防止混合不匀造成含量均匀度不合格，采用主药溶于乙醇再加入（也可喷入）空白颗粒中的方法。③在制备中还应注意防止振动、受热和吸入，以免造成爆炸以及操作者的剧烈头痛。④本品属于急救药，片剂不宜过硬，以免影响其舌下的速溶性。

4. 泡腾片剂

例 8-11　维C佳钙泡腾片

【处方】

维生素C	450 g	碳酸氢钠	4500 g
柠檬酸	6000 g	苹果酸	500 g
富马酸	140 g	葡萄糖酸钙	4500 g
无水乙醇	适量	柠檬黄	适量
甜橙香精	适量		

共制成5000片（每片4.5 g）

【制法】　①将主药、辅料分别微粉化后，用等量递加法将物料充分混合均匀，加入适量无水乙醇制成软材。②10目不锈钢筛制湿颗粒，50～60℃干燥，10目筛整粒，加入无水乙醇和甜橙香精等混匀，在相对湿度45％、温度20℃以下压片，即得。

【注解】　①初步试验结果表明，常规的湿法制粒压片工艺黏冲现象严重，制得的泡腾片硬度不合格，崩解不完全。直接压片法制得的泡腾片色泽不一致，且有裂片现象。②本处方采用非水制粒压片法，有利于酸源、碱源充分接触，加速片剂崩解，所制得的泡腾片硬度合格，崩解完全，外观整洁。

5. 中药片剂

例 8-12　当归浸膏片

【处方】

当归浸膏	262 g	淀粉	40 g
轻质氧化镁	60 g	硬脂酸镁	7 g
滑石粉	80 g		

制成1000片

【制法】　①取浸膏加热（不用直火）至60～70℃，搅拌使其熔化，将轻质氧化镁、滑石粉（60 g）及淀粉依次加入混匀，分铺于烘盘上，于60℃以下干燥至含水量3％以下。②将烘干的片（块）状物粉碎成14目以下的颗粒。③加入硬脂酸镁、滑石粉（20 g）混匀，过12目筛整粒，压片、质检、包糖衣。

【注解】　①当归浸膏中含有较多糖类物质，吸湿性较大，加入适量滑石粉（60 g）可以克服操作上的困难。②当归浸膏中含有挥发油成分，加入轻质氧化镁吸收后有利于压片。③本品的物料易造成黏冲，可加入适量的滑石粉（20 g）克服之，并控制在相对湿度70％以下压片。

六、片剂的包装与贮存

片剂的包装与贮存应当重点关注密封、防潮以及使用方便等，以保证制剂到达患者手中时，依然保持着药物的稳定性与药物的活性。

1. 多剂量包装

多剂量包装系指将几十片甚至几百片片剂装入一个容器中的包装方式。容器多为玻璃瓶和塑料瓶，也有用软性薄膜、纸塑复合膜、金属铝箔复合膜等制成的药袋。

（1）玻璃瓶　是应用最多的包装容器。其优点是密封性好，不透水汽和空气，化学惰性，不易变质，价格低廉，有色玻璃瓶有一定的避光作用。其缺点是较重、易于破损。

（2）塑料瓶　质地轻、不易破碎、容易制成各种形状、外观精美等；缺点是密封、隔离性能不如玻璃瓶，在高温及高湿条件下可能会发生变形等。常用的各种塑料包装材料的性能比较见表8-28。

表 8-28　常用塑料包装材料的性能比较

性能	聚氯乙烯（PVC）	聚乙烯（高密度）	聚苯乙烯
抗湿防潮性	好	好	差
抗空气透过性	好	差	差
抗酸碱性	差	好	一般
耐热性	好	好	很差

2. 单剂量包装

单剂量包装系指将片剂单个进行包装，使每个药片均处于密封状态，提高对产品的保护作用，也可杜绝交叉污染。其主要分为泡罩式（亦称水泡眼）包装和窄条式包装两种形式。

（1）泡罩式包装　底层材料（背衬材料）为无毒铝箔与聚氯乙烯的复合薄膜，形成水泡眼的材料为硬质PVC。硬质PVC经红外加热器加热后在成型滚筒上形成水泡眼，片剂装入水泡眼后，即可热封成泡罩式的包装。

（2）窄条式包装　它是由两层膜片（铝塑复合膜、双纸塑复合膜）经黏合或热压而形成的带状包装。与泡罩式包装比较，成本较低、工序简便。

七、片剂的质量评价

片剂成品的质量评价可分为化学评价、物理评价、微生物学评价、生物学评价及稳定性评价。化学评价包括定性检测（如药物的鉴别）、定量检测（如药物含量测定）、含量均匀性检测等，一般按药品质量标准进行检测。物理评价包括片剂的重量差异、崩解时限、溶出度、硬度、脆碎度等指标。微生物学评价则是检测片剂中的细菌数、霉菌数或其他控制菌数，一般按《中国药典》的规定检测。生物学评价包括生物利用度和生物等效性测定。稳定性评价包括影响因素试验、加速试验和长期试验。

1. 外观性状

片剂外观应完整光洁，色泽均匀，有适宜的硬度和耐磨性，以免包装、运输过程中发生磨损或破碎。

2. 重量差异

取供试品20片，精密称定总重量，求得平均片重后，再分别精密称定每片的重量，每片重量与平均片重比较（凡无含量测定的片剂或有标示片重的中药片剂，每片重量应与标示片重比较），按表8-29中的规定，超出重量差异限度的不得多于2片，并不得有1片超出限度1倍。

表 8-29　《中国药典》（2020 年版）规定的片重差异限度

平均片重或标示片重/g	重量差异限度	平均片重或标示片重/g	重量差异限度
<0.30	±7.5%	≥0.30	±5.0%

糖衣片的片芯应检查重量差异并符合规定，包糖衣后不再检查重量差异。薄膜衣片应在包薄膜衣后检

查重量差异并符合规定。凡规定检查含量均匀度的片剂,一般不再进行重量差异检查。

3. 硬度和脆碎度

硬度和脆碎度反映药物的压缩成型性,对片剂的生产、运输和贮存,片剂的崩解,主药的溶出度都有直接影响。在生产中检查硬度的常用方法是:将片剂置于中指与食指之间,以拇指轻压,根据片剂的抗压能力,判断它的硬度。用适当的仪器测定片剂的硬度可以得到定量的结果,一般能承受 $30\sim40$ N 的压力即认为合格。常用的仪器有:孟山都(Monsanto)硬度计、片剂四用测定仪、罗许(Roche)脆碎仪等,具体测定方法详见《中国药典》(2020 年版)。

4. 崩解时限

除《中国药典》规定进行"溶出度或释放度"检查的片剂以及某些特殊的片剂(如缓释片、控释片、口含片、咀嚼片等)以外,一般的口服片剂需做崩解时限检查,其具体要求见表 8-30。检查方法见《中国药典》(2020 年版)崩解时限检查法(通则 0921)。

表 8-30 《中国药典》规定的片剂的崩解时限

片剂	普通片	浸膏片	糖衣片	薄膜包衣片	肠溶包衣片
崩解时限	15 min	60 min	60 min	60 min	人工胃液中 2h 不得有裂缝、崩解或软化等,人工肠液中 60 min 全溶或崩解并通过筛网

5. 溶出度或释放度

对于难溶性药物而言,虽然崩解度合格,但却并不一定能保证药物快速而完全溶解出来。因此,《中国药典》(2020 年版)规定许多药物必须进行溶出度检查或释放度检查(溶出度检查用于一般的片剂,而释放度检查用于缓控释制剂)。

崩解度检查并不能完全正确地反映主药的溶出速率和溶出程度以及体内的吸收情况,考察其生物利用度、耗时长、费用大、比较复杂,实际上也不可能直接作为片剂质量控制的常规检查方法,所以通常采用溶出度或释放度试验代替体内试验。但溶出度或释放度的检查结果只有在体内吸收与体外溶出存在着相关的或平行的关系时,才能真实地反映体内的吸收情况,并达到控制片剂质量的目的。目前溶出度试验的品种和数量不断增加,大有取代崩解度检查的趋势,其具体检查方法详见《中国药典》。

6. 含量均匀度

含量均匀度系指小剂量药物在每个片剂中的含量是否偏离标示量以及偏离的程度,必须经过检查才能得出正确的结论。一般片剂的含量测定是将 $10\sim20$ 个药片研碎混匀后取样测定,所以得到的只是平均含量,易掩盖小剂量药物由于混合不匀而造成的每片含量差异。为此,中外药典皆规定了含量均匀度的检查方法及其判断标准,详见《中国药典》(2020 年版)四部通则规定。与美国等发达国家的药典相比,本方法更科学、更合理、更具有先进性,因为它应用了数理统计学的原理,将传统的计数法发展为计量法。

7. 发泡量

阴道泡腾片应检查发泡量,检查时,除另有规定外,取 25 mL 具塞刻度试管(内径 1.5 cm,若片剂直径较大,可改为内径 2.0 cm)10 支,按表 8-31 中的规定加一定量的水,置 37℃±1℃ 水浴中 5 min,各管中分别投入供试品 1 片,20 min 内观察最大发泡量的体积,平均发泡体积不得少于 6 mL,且少于 4 mL 的不得超过 2 片。

表 8-31 发泡量检查条件

平均片重	加水量/mL	平均片重	加水量/mL
1.5 g 及 1.5 g 以下	2.0	1.5 g 以上	3.0

8. 分散均匀性

分散片需检查分散均匀性,检查时,照崩解时限检查法(通则 0921)检查,不锈钢丝网的筛孔内径为 710 μm,水温为 $15\sim25$℃。取供试品 6 片,应在 3 min 内全部崩解并通过筛网,如有少量不能通过筛网,但已软化或轻质上漂且无硬心者,符合要求。

9. 稳定性

药品的稳定性是药品质量评价的重要指标，是预测药品有效期和临床应用前景的重要参数。主要考察贮存条件（包括温度、光线、空气和湿度）和包装对药品稳定性的影响。影响因素试验为制剂的生产工艺、包装和贮存条件提供依据；加速试验则是探讨超常条件下药品的稳定性，为处方工艺改进、包装改进和贮存条件改进提供依据；而长期试验是研究在接近实际贮存情况下的药品稳定性，为制订药品有效期提供依据。

第七节 滴 丸 剂

一、滴丸剂的定义

滴丸剂（guttate pills）系指原料药物与适宜的基质加热熔融混匀，滴入不相混溶、互不作用的冷凝介质中制成的球形或类球形制剂，见图8-110。滴丸剂是采用滴制法制成的丸剂，而丸剂系指原料药物与适宜的辅料制成的球形或类球形固体制剂。滴丸技术适用于含液体药物以及主药体积小或有刺激性的药物。滴丸剂型可增加药物的稳定性，减少刺激性，掩盖不良气味，主要供口服使用。

图 8-110　滴丸剂外形图

1933 年丹麦药厂率先使用滴制法制备了维生素 A、维生素 D 丸，国内则始于 1968 年并在《中国药典》（1977 年版）中收载了滴丸剂剂型，到《中国药典》（2020 年版）收载的滴丸剂已达十几种。近年来，合成、半合成基质及固体分散技术的应用使滴丸剂有了迅速的发展，其产品不仅用于口服，还可用于局部用药，如耳部用药、眼部用药等。随着我国中药生产工艺的提高，大量中成药采用滴丸剂型，如速效救心丸、复方丹参滴丸等，且开始走向国际医药市场。

二、滴丸剂的分类

1. 速效高效滴丸

速效高效滴丸系指利用固体分散体技术制备的滴丸剂。当基质溶解时，滴丸中的药物以微细结晶、无定形微粒或分子形式释放出来，所以药物溶解快、吸收快、作用快、生物利用度高，如速效心痛滴丸。

2. 缓释、控释滴丸

缓释滴丸系指能使滴丸中的药物在较长时间内缓慢释放，从而达到长效的目的。控释滴丸则是使药物在滴丸中以恒定速率释放，其作用可达数日以上，如氯霉素控释眼丸。

3. 溶液滴丸

溶液滴丸系指采用水溶性基质作为滴丸基质而制得的滴丸。其可在水中崩解为澄明溶液，如洗必泰滴丸可用于饮水消毒。而片剂所用的润滑剂、崩解剂多为水不溶性，所以通常不能用片剂来配制澄明溶液。

4. 栓剂滴丸

栓剂滴丸系指采用聚乙二醇等水溶性基质作为滴丸基质制得的滴丸。栓剂滴丸用于腔道时经体液溶解产生药效作用，如氟哌酸耳用滴丸、甲硝唑牙用滴丸等。滴丸可同样用于直肠，也可由直肠吸收而直接作用于全身，具有生物利用度高、作用快的特点。

5. 硬胶囊滴丸

硬胶囊滴丸系指在硬胶囊中可装入不同溶出度的滴丸，以组成所需溶出度的缓释小丸胶囊，如联苯双酯的硬胶囊滴丸。

6. 包衣滴丸

包衣滴丸系指同片剂、丸剂一样在其表面包糖衣、薄膜衣等而制得的滴丸，如联苯双酯滴丸。

7. 脂质体滴丸

脂质体滴丸系指将脂质体在不断搅拌下加入熔融的聚乙二醇4000基质中进一步制得的滴丸。脂质体通常为混悬液体，用聚乙二醇基质制备滴丸可使脂质体固体化，如苦参碱脂质体滴丸。

8. 肠溶滴丸

肠溶滴丸系指采用在胃中不溶解的基质制得的滴丸。如酒石酸锑钾滴丸是用明胶溶液作基质成丸后，用甲醛处理，使明胶的氨基在胃液中不溶解，在肠中溶解。

9. 干压包衣滴丸

干压包衣滴丸系指以滴丸为中心，压上其他药物组成的衣层，融合了滴丸剂和片剂两种剂型的优点，如镇咳祛痰的咳必清氯化钾干压包衣片。前者为滴丸，后者为衣层。

三、滴丸剂的特点

从滴丸剂的组成、制法上看，它具有如下一些特点：①设备简单、操作方便、利于劳动保护，工艺周期短、生产率高。②工艺条件易于控制，质量稳定，剂量准确，受热时间短，易氧化及具挥发性的药物溶于基质后，可增加其稳定性。③基质容纳液态药物的量大，故可使液态药物固形化，如芸香油滴丸含油可达83.5%。④用固体分散技术制备的滴丸具有吸收迅速、生物利用度高的特点，如灰黄霉素滴丸有效剂量是细粉（粒径254 μm以下）的1/4、微粉（粒径5 μm以下）的1/2。⑤发展了耳、眼科用药的新剂型，五官科制剂多为液态或半固态剂型，作用时间不持久，制成滴丸剂可起到延效作用。

四、滴丸剂的质量要求

①滴丸剂的冷凝介质必须安全无害，且与原料药物不发生作用。②滴丸剂外观应圆整，大小、色泽应均匀，无粘连现象，表面应无冷凝介质黏附。③根据原料药物的性质与使用、贮藏的要求，供口服的滴丸可包糖衣或薄膜衣。必要时，薄膜衣包衣滴丸应检查残留溶剂。④除另有规定外，滴丸剂应密封贮存，防止受潮、发霉、虫蛀、变质。

五、滴丸剂的处方、工艺与制备

（一）常用基质及要求

滴丸剂基质主要有水溶性基质和脂溶性基质两类。

1. 水溶性基质

常用的水溶性基质有：聚乙二醇类（PEG）类，如 PEG 6000、PEG 4000 等；肥皂类，如硬脂酸钠、聚氧乙烯单硬脂酸酯、泊洛沙姆及甘油明胶等。

2. 脂溶性基质

常用的脂溶性基质有：硬脂酸、单硬脂酸甘油酯、氢化植物油、虫蜡、蜂蜡等。

3. 滴丸剂基质的要求

①熔点较低（60～100℃）或加热能熔化成液体，而遇骤冷后又能凝成固体，在室温下保持固体状态且与主药混合后仍能保持上述物理状态。②不与主药发生作用，不影响主药的疗效与检测。③对人体无不良反应。

（二）常用冷凝液及要求

冷凝液系指用来冷却滴出的液滴，使之冷凝成固体药丸的液体。

根据滴丸基质的性质选用冷凝液，水溶性基质的滴丸常选用甲基硅油、液状石蜡、煤油或植物油等作为冷凝液，脂溶性基质的滴丸常选用水或不同浓度的乙醇等作为冷凝液。

冷凝液的要求：①不溶解主药与基质，且相互间无化学作用，不影响疗效。②有适宜的相对密度，即冷却剂与液滴相对密度要相近，以利于液滴逐渐下沉或能缓慢上升而充分凝固，使丸形圆整。③有适当的黏度，使液滴与冷却剂之间的黏附力小于液滴的内聚力而能收缩凝固成丸。

（三）制备方法

1. 工艺流程

滴制法系指将药物溶解或均匀分散在熔融的基质中，再滴入不相混溶的冷凝液里，冷凝收缩成丸的方法。一般工艺流程如图 8-111 所示。

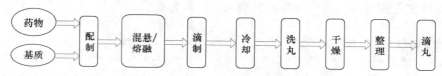

图 8-111　滴丸剂制备工艺流程图

① 药液的配制　将选择好的基质加热熔化，再将处理好的药物加入其中，可溶解、乳化或混悬制成药液，药液应保温在 80～90℃，以便滴制。

② 滴制　滴制前应选择适当的冷却剂并调节冷却的温度。滴制时要调节滴头的滴速、药液的温度，将药液滴入冷却剂中，凝固形成丸粒。

③ 干燥　从冷却剂中捞出凝固的丸粒，并除去废丸，先用纱布擦去冷却剂，再用适宜的溶液搓洗除去冷却剂，用冷风吹干后，在室温下晾 4h 即得。

2. 制备要点

采用滴制法制备滴丸剂会受多种因素影响，如液滴经滴嘴滴下时，由于液滴的大小受滴嘴形态、液滴黏度和组成等因素影响，重复性比较差。另外，液滴滴下至冷凝液中，其形态受冷凝液的性质、冷凝温度和时间等的影响，容易变形。如冷凝过快，药液来不及收缩成球状，往往产生拖尾现象；相反如果冷凝过慢，则药液未充分冷凝就已开始沉降，会因挤压而变形。因此，在制备过程中保证滴丸圆整成型、丸重差异合格的关键是：选择适宜基质，确定合适的滴管内外口径，滴制过程中保持恒温，滴制液液压恒定，及时冷凝等。

3. 制丸设备

应根据滴丸与冷凝液相对密度的差异，选用不同的滴制设备，可向上或向下滴制。如图 8-112 所示，为向下滴制设备。工业上可用有 20 个滴头的滴丸机，其生产能力类似 33 冲压片机。

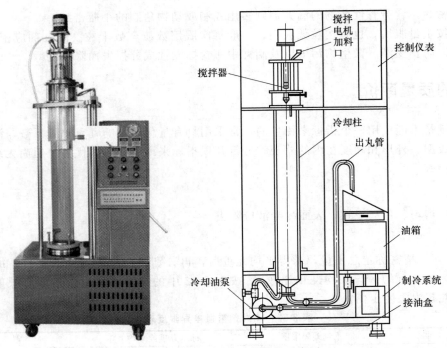

图 8-112　滴丸设备及其结构示意图

（四）滴丸剂举例

例 8-13　灰黄霉素滴丸

【处方】　　灰黄霉素　　　1 份
　　　　　　PEG 6000　　　9 份

【制法】　①取 PEG 6000 在油浴上加热至约 135℃，加入灰黄霉素细粉，不断搅拌使全部熔融，趁热过滤，置贮液瓶中，135℃下保温。②用管口内、外径分别为 9.0 mm、9.8 mm 的滴管滴制，滴速为 80 滴/min，滴入含 43% 煤油的液状石蜡（外层为冰水浴）冷凝液中，冷凝成丸。③以液状石蜡洗丸，至无煤油味，用毛边纸吸去黏附的液状石蜡，即得。

【注解】　①灰黄霉素极微溶于水，对热稳定；熔点为 218～224℃；PEG 6000 的熔点为 60℃左右。以 1∶9 比例混合，在 135℃时可以成为两者的固态溶液。因此，在 135℃以下保温，滴入冷凝剂中骤冷，可形成简单的低共熔混合物，从而大大提高的生物利用度，其剂量仅为普通微粉制剂的 1/2。②灰黄霉素系口服抗真菌药，对头癣等疗效明显，但不良反应较多，制成滴丸，可以提高其生物利用度，降低剂量，从而减弱其不良反应，提高疗效。

例 8-14　联苯双酯滴丸

【处方】　联苯双酯　　　　15 g　　　　　PEG 6000　　　　　120 g
　　　　　吐温 80　　　　　5 g　　　　　液状石蜡　　　　　适量

共制成 10000 粒

【制法】　①取处方量的 PEG 6000 和吐温 80 加热至 85℃熔融，将联苯双酯过 120 目筛，加入上述基质中，搅拌溶解，得到药液；②将药液置滴丸机中，调节活塞使滴速为 80 滴/min，滴头直径为 1.3 mm，液状石蜡温度控制在 20～30℃，将药液恒速滴入液状石蜡中，滴完后，冷却，收集滴丸；③用纸吸去滴丸表面的液状石蜡，干燥即得。

【注解】　本处方中加入吐温 80 和 PEG 6000 的目的是与难溶性药物联苯双酯形成固体分散体，从而增加药物的溶出度，提高其生物利用度。液状石蜡为冷凝液。

六、滴丸剂的包装与贮存

滴丸剂制成以后包装贮存条件不当，常引起滴丸剂受潮、发霉、虫蛀及挥发性成分损失。滴丸剂常用玻璃瓶或塑料瓶密封，含芳香性药物的滴丸剂则多用瓷制或动物角制的小瓶密封。

滴丸剂多数按重量服用，也有按粒数服用，一般每次服用数粒至数十粒。滴丸剂应密封贮存在阴凉、通风、干燥处，以防止受潮、微生物污染以及滴丸中所含挥发性成分损失而降低药效。

七、滴丸剂的质量评价

滴丸剂的质量是不能仅用一个指标来衡量的，常采用具有量化指标的丸重差异系数与溶散时限，以及对包括滴丸剂的成型、外形和硬度在内的外观评分等几项指标来评定工艺的优劣，但尚无统一标准，滴丸剂常应进行以下检查。

1. 外观检查

滴丸剂应大小均匀、色泽一致，表面冷凝液应除去。

2. 重量差异

取供试品 20 丸，精密称定总重量，求得平均丸重后，再分别精密称定每丸的重量。每丸重量与标示丸重相比较（无标示丸重的，与平均丸重比较），按表 8-32 中的规定，超出重量差异限度的不得多于 2 丸，并不得有 1 丸超出限度 1 倍。

表 8-32　滴丸剂重量差异限度表

标示丸重或平均丸重	重量差异限度	标示丸重或平均丸重	重量差异限度
0.03 g 及 0.03 g 以下	±15%	0.1 g 以上至 0.3 g	±10%
0.03 g 以上至 0.1 g	±12%	0.3 g 以上	±7.5%

包糖衣丸剂应检查丸芯的重量差异并符合规定，包糖衣后不再检查重量差异，其他包衣丸剂应在包衣后检查重量差异并符合规定。凡进行装量差异检查的单剂量包装丸剂及进行含量均匀度检查的丸剂，一般不再进行重量差异检查。

3. 装量差异

除糖丸外，单剂量包装的丸剂，照下述方法检查应符合规定：取供试品 10 袋（瓶），分别称定每袋（瓶）内容物的重量，每袋（瓶）装量与标示装量相比较，按表 8-33 规定，超出装量差异限度的不得多于 2 袋（瓶），并不得有 1 袋（瓶）超出限度 1 倍。

表 8-33　滴丸剂装量差异限度表

标示丸重或平均丸重	重量差异限度	标示丸重或平均丸重	重量差异限度
0.5 g 及 0.5 g 以下	±12%	3 g 以上至 6 g	±6%
0.5 g 以上至 1 g	±11%	6 g 以上至 9 g	±5%
1 g 以上至 2 g	±10%	9 g 以上	±4%
2 g 以上至 3 g	±8%		

4. 装量

装量以重量标示的多剂量包装丸剂，照最低装量检查法（通则 0942）检查，应符合规定。以丸数标示的多剂量包装丸剂，不检查装量。

5. 溶散时限

除另有规定外，取供试品 6 丸，选择适当孔径筛网的吊篮（丸剂直径在 2.5 mm 以下的用孔径约 0.42 mm 的筛网；在 2.5～3.5 mm 之间的用孔径约 1.0 mm 的筛网；在 3.5 mm 以上的用孔径约 2.0 mm 的筛网），照崩解时限检查法（通则 0921）片剂项下的方法进行检查。除另有规定外，滴丸剂不加挡板检查，应在 30 min 内全部溶散，包衣滴丸应在 1 h 内全部溶散。

6. 微生物限度

以动物、植物、矿物质来源的非单体成分制成的丸剂、生物制品丸剂，照非无菌产品微生物限度检查：微生物计数法（通则 1105）和控制菌检查法（通则 1106）及非无菌药品微生物限度标准（通则 1107）检查，应符合规定。生物制品规定检查杂菌的，可不进行微生物限度检查。

第八节　微　丸

一、微丸的定义

微丸（pellets）系指原料药物加适宜的黏合剂或其他辅料制成的直径在 0.5～1.5 mm 大小的球形或类球形口服固体制剂。微丸既可直接服用，也可填充于硬胶囊中或者压制成片剂使用（见图 8-113）。微丸剂在我国有悠久的应用历史，传统中药如"六神丸""人丹"等都是中药微丸制剂的典型代表。1949 年 Smith Kline 等认识了微丸在缓、控释制剂方面的潜力，将微丸装入胶囊或压制成片剂而制成适合临床的缓控释制剂，如康泰克等，使微丸制剂得到较大发展。

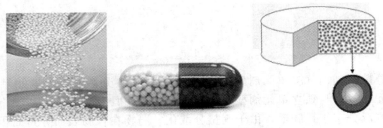

图 8-113　微丸及其给药剂型图

二、微丸的分类

根据微丸中药物的释药机理不同，可分为**速释型微丸**、**肠溶型微丸**、**缓释或控释型微丸**等。缓释或控释型微丸又根据其处方组成、结构及释药机制的不同，又可分为**骨架型微丸**、**膜控型微丸**和**骨架-膜控型微丸**。

1. 速释型微丸

速释型微丸系指将原料药物与一般制剂辅料（如微晶纤维素、淀粉、蔗糖等）制成的具有较快释药速率的微丸。一般情况下，30 min 内药物的溶出度不得低于 70%。为了保证微丸的快速崩解和药物溶出，微丸处方中可根据需要加入一定量的崩解剂或表面活性剂。

2. 肠溶型微丸

肠溶型微丸系指采用肠溶性高分子材料（如丙烯酸树脂Ⅱ号等）将含药速释型微丸进行包衣，制成在胃中不溶或不释药但在小肠中释药的微丸。适合于对胃具有刺激性的药物（如阿司匹林等）和胃中不稳定的药物（如红霉素等）。

3. 缓释或控释型微丸

（1）**骨架型微丸**　骨架型微丸系指采用疏水性骨架材料（如硬脂酸、硬脂醇、氢化蓖麻油、蜂蜡、巴西棕榈蜡、脂肪酸甘油酯等）、热塑性聚合物（如乙基纤维素、醋酸丁酸纤维素、聚乙烯-醋酸乙烯共聚物和聚甲基丙烯酸酯的衍生物等）或者水不溶但能吸水溶胀形成凝胶骨架的亲水性聚合物（如羟丙纤维素等）与原料药物混合，或再加入一些有利于成型的辅料（如微晶纤维素、蔗糖等）、调节释药速率的辅料（如 PEG 类、表面活性剂等），采用热熔挤压法或挤出-滚圆法制备而成的微丸。

（2）**膜控型微丸**　膜控型微丸系指由速释型丸芯与丸芯外包裹的控释薄膜衣两部分组成的微丸。丸芯除含药外，还含稀释剂、黏合剂、崩解剂等辅料，所用辅料与片剂的辅料大致相同，常用的有蔗糖、乳糖、淀粉、微晶纤维素、甲基纤维素、聚维酮、羟丙甲纤维素等。控释膜包衣材料及包衣液组成基本与片剂包衣所述相同。根据所用包衣材料的类型不同，可使微丸具备不同的释放特性。

① 包亲水薄膜衣微丸：微丸的包衣膜是由亲水性聚合物构成。药物可加在丸芯中，亦可包含在薄膜衣内，或两者兼有。口服后，遇消化液，亲水性聚合物构成的薄膜衣吸水溶胀，形成凝胶屏障，控制了药物的释放。药物释放速率很少受胃肠道生理因素和消化液变化的影响。

② 包不溶性薄膜衣微丸：包衣材料为在水和胃肠液中不溶解的聚合物，如聚丙烯酸树脂类（Eudragit RL、Eudragit RS）、醋酸纤维素、乙基纤维素等，形成的薄膜衣是一种整体式膜。水溶性药物在丸芯内，口服后，水分渗入衣膜、进入丸内，使药物溶解成饱和溶液，溶解的药物通过连续的高分子膜向胃肠道内扩散和渗透。

③ 微孔膜包衣微丸：此种微丸也是采用水不溶性聚合物（如乙基纤维素、醋酸纤维素等）为包衣材料，不同的是在包衣液中加入适量的致孔剂。口服后，致孔剂遇消化液溶解或脱落，在微丸衣膜上形成微孔，药物通过这些微孔释放。

（3）骨架-膜控型微丸 骨架-膜控型微丸系指采用骨架技术与膜控技术相结合制成的微丸。骨架膜控型微丸是在骨架微丸基础上进一步通过包薄膜衣制备而成的，可以从更多的角度来控制药物释放，获得更好的缓控释效果。如亲水凝胶形成的骨架型微丸，常可通过包衣来获得更好的缓释或控释效果。

三、微丸的特点

微丸是一种剂量分散型制剂（多单元剂型），一个制剂往往由分散的多个单元组成，通常一个剂量由几十乃至一百多个单元组成，与独立单元剂型（如片剂）相比，具有以下特点：

①微丸服用后可广泛分布于胃肠道，由于剂量分散化，药物在胃肠表面分布面积增大，从而减少药物对胃肠道的刺激性。②微丸在胃肠道内的转运受食物的影响较小，因此微丸中的药物的吸收一般不受胃排空的影响。③缓释或控释型微丸的释药行为是组成一个剂量的各个微丸释药行为的总和。个别微丸的缺陷不会对整体制剂的释药行为产生严重影响。因此微丸在释药规律的重现性、一致性方面优于缓释片剂。④几种不同释药速率的微丸可按需要混合填充胶囊，服用后既可迅速达到治疗效果，又能维持较长时间，血药浓度平稳，重现性好，不良反应发生率低。⑤由不同微丸组成的复方胶囊，可增加药物的稳定性，提高疗效，降低不良反应，而且生产时便于控制质量等。⑥微丸外形美观，流动性好，粉尘少。

四、微丸的质量要求

①微丸外观应圆整均匀，色泽、大小基本一致。②根据原料药物和制剂的特性，除来源于动物、植物多组分且难以建立测定方法的微丸外，溶出度、释放度、含量均匀度等应符合要求。③除另有规定外，微丸应密封贮存，防止受潮、发霉、虫蛀、变质。

五、微丸的处方、工艺与制备

微丸不但外观圆整致密，而且具有较高的机械张度。其张度的维持与微丸化过程中的结合力有密切的关系。结合力是指使粉末或细粉结合成微丸的力。这种结合力既包括成丸过程中的机械作用力（如滚动、揉捏、旋转、挤压等），又包括成丸过程中黏合剂或润湿剂等成分产生的液体界面力、毛细管力以及粒子与粒子之间的黏附力及内聚力等。

微丸制备方法较多，不同的制丸方法其原理及工艺不同，所用的设备也不同。常用的制丸技术包括**旋转式制丸法、层积式制丸法、压缩式制丸法、球形化制丸法和滴制法制丸法**等，见图8-114。

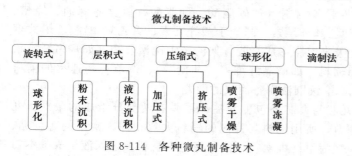

图8-114　各种微丸制备技术

（一）旋转式制丸法

旋转式制丸法系指物料粉末在黏合剂作用下，随机碰撞形成较大粒子（成核），在相互碰撞中一些粒子被撞碎并层结在另一些粒子表面，同时丸核以一定速度随容器旋转，以及丸核间的相互摩擦，丸核表面棱角消除而形成球状微丸的方法。其制备工艺流程见图8-115。

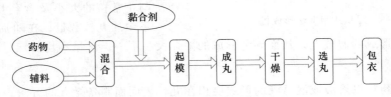

图 8-115　旋转式制丸法工艺流程图

旋转式制丸法是研究最多和最充分的一种制丸方式，亦是最早使用的机械制丸工艺。此工艺不仅能实现小丸的工业化生产，而且为研究小丸成型机制提供了大量的实践依据。常用设备为旋转式金属容器，如普通包衣锅，可利用滚动与沉积原理制成微丸，也可用于微丸包衣。改进型包衣锅在侧面或背面开孔，加入自动化组件及电子系统等，如全自动包衣造粒机、高效包衣机等。

旋转式制丸法的形成机制主要包括液体桥作用成核、固体桥作用聚结和层结而成微丸（图8-116）。

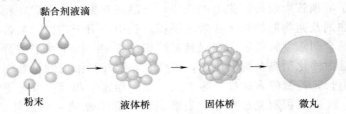

图 8-116　旋转式制丸法形成机制

旋转式制丸的第一阶段包括原粉粒子的随机碰撞形成较大粒子（成核）和随后的聚结过程，最终形成较好的丸核。丸核的大小取决于原粉粒子的大小、水分含量、黏合剂溶液的黏度、基质的湿度、滚动和干燥速度以及其他影响丸核形成速度和程度的各种因素。成核过程之后即是聚结，在大粒子相互碰撞的过程中，一些粒子被撞碎并且聚结在另一些粒子表面，因此，第一阶段的聚结过程决定了丸核的大小。第二阶段为层积过程，此过程是小丸成长的主要过程，此时粒子中的水含量对细粉的黏附起决定性作用。由于粒子磨损或碰撞产生的细粉被丸核黏附，同时由于丸核以一定速度随着容器旋转及丸核间相互摩擦，丸核表面的棱角逐个被消除而形成球状微丸。为避免产生过多的细粉，应降低旋转速度，但这样也就降低了微丸的成长速度。

（二）层积式制丸法

层积式制丸法系指药物以溶液、混悬液或干燥粉末的形式沉积在预制成形的丸核表面的过程，沉积物可能是结晶、颗粒或丸核。根据药物加入方式不同，层积式制丸法又可分为粉末层积法和液相层积法。其工艺流程和成型机制见图8-117和图8-118。

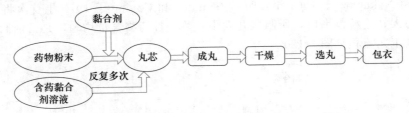

图 8-117　层积式制丸法工艺流程图

1. 粉末层积法

粉末层积法系指药物以粉末的形式层积在丸核表面而制备微丸的方法。在此工艺中，一般是把黏合剂溶液喷到丸核上，随后加入药物或赋形剂粉末。潮湿的丸核在旋转容器中利用毛细管力黏附粉末粒子，形成细粉层。随着黏合剂的喷入，更多的粉末黏附在丸核上，直至制得适宜大小的小丸。在同时进行的干燥过程中，随着部分溶剂的蒸发，黏合剂和其他溶解成分析出，液体桥部分被固体桥取代，如果大量的药物

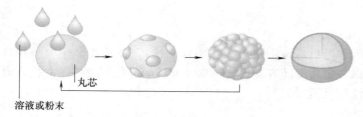

图 8-118 层积式制丸法形成机制

溶于黏合剂中，则对形成固体桥有帮助。该法与传统的泛丸法非常类似。必须强调的是，制丸过程中，加入或摩擦产生的细粉不一定完全被丸核黏附，当喷入黏合剂溶液时，那些细粉可能吸收水分而相互聚集成假核，即与正常核的大小及含药量不同，而增加了体系中的丸核数量；在随后的相同操作中，细粉也会层积在那些新形成的假核上，从而导致形成的微丸大小不一、含量不均匀。

2. 液相层积法

液相层积法系指药物以溶液或混悬液的形式层积在丸核表面而制备微丸的方法。在此工艺中，原料药物溶解或混悬于某种溶剂中，液相处方中可以加入黏合剂，也可以不加。一旦将处方液体喷雾，由于液体的表面张力，雾滴在丸核表面铺展，随后溶剂挥发，形成沉积层。雾滴的铺展性取决于溶剂的性质、固体物料的润湿性以及雾滴的动力学性质。随着液体的蒸发，溶解物结晶析出，最初是悬浮在雾滴溶液中，由于毛细管力及表面张力的作用，结晶相互聚集，最后在粒子间形成固体桥，固体桥强度取决于黏合剂、附加剂及药物的性质。在溶液层积过程中，由于药物和黏合剂完全混合，以及药物结晶化的作用，通常所需黏合剂浓度较低。而在混悬液层积过程中，由于粒子溶解度小，相互结合力差，在大多数情况下，固体桥是由固化型黏合剂形成的，因此，需要较高浓度的黏合剂。重复操作以上喷雾和干燥过程，球形丸核不断生长，控制喷雾速度、雾滴大小、干燥速率和液体浓度等条件，即能制得预期大小的小丸。

在层积制丸过程中，当磨损或喷雾干燥速率和液体浓度等工艺条件不完全适合所用处方，或黏合剂类型、浓度不够理想时，会产生细粉，其结果是小丸生长明显减慢或不长大，甚至能使已成型小丸磨损或破碎。然而，若丸核表面有足够的水分，细粉即黏附到丸核上，层积过程将继续进行，直至得到适合的小丸。

层积式制丸法的常用设备是流化床，既可用于微丸的制备，又可用于微丸包衣。常用的流化床是旋流流化床和侧喷流化床（见图 8-119）。

旋流流化床　　　　　　　　　侧喷流化床

图 8-119　微丸制备流化床示意图

（三）压缩式制丸法

压缩式制丸法是指采用机械力把药物及赋形剂压制成一定大小微丸的方法。根据其制备工艺及所用设备不同，又可分为加压式制丸和挤压式制丸。因加压式制丸工艺与普通片剂压片工艺相似，仅存在模具形状及大小的差异，在此不作介绍。挤压式制丸法因需要挤出和滚圆两种设备参与，故又称挤出-滚圆成丸法。

挤出-滚圆技术由 Nakahara 于 1964 年发明，Reynolds 和 Conine 于 1970 年首次将此法应用于药剂学领域。该法生产能力大，造粒范围广，所制微丸大小一致，且药物含量均匀，是目前制备微丸的方法中应用最广泛的一种。其工艺流程见图 8-120。

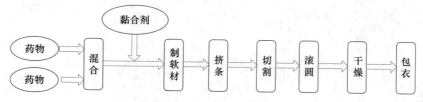

图 8-120　挤出-滚圆制丸法工艺流程

挤出-滚圆法制备微丸的过程主要分四步。

（1）制湿料　将原料药物与辅料（如微晶纤维素、糖粉、乳糖等）混合均匀，加入黏合剂或润湿剂（如水、PVP、HPC、HPMC 等溶液），将粉料制成具有一定可塑性的湿润均匀的物料，或将混料经造粒机制成湿颗粒。这一过程主要是依靠毛细管作用力以及液体桥作用，粒子的硬度取决于黏合剂浓度。微晶纤维素因其具有较高的吸湿能力，是挤出-滚圆的常用辅料。

（2）**挤条**　将上述塑性湿料或湿粒置挤压机内，经螺旋推进或辗滚等挤压方式将湿料通过具一定直径的孔或筛，压挤成圆柱形条状挤出物。挤出条状物应表面光滑，挤出物常因挤出压力发热，长期连续生产，发热现象更为明显。现已有带低温冷却的挤出机问世，为热敏性物料的连续大生产提供了可靠的技术保证。

（3）**切割和滚圆**　将条状挤出物堆卸在滚圆机的自转摩擦板上，挤出物则被切割成长短相当于其粒径的短圆柱体。由于摩擦力的作用，这些塑性圆柱形物料在板上不停地滚动，逐渐滚成圆球形。在球形化过程中，小丸内部水分被压至外层，在小丸表面产生黏性，这种黏性粒子在球形化设备的旋转滚动作用下形成圆形小丸。

（4）**干燥**　滚圆的湿丸置于干燥设备中烘干，最后得到微丸。挤出-滚圆法制备微丸的外形图见图 8-121。

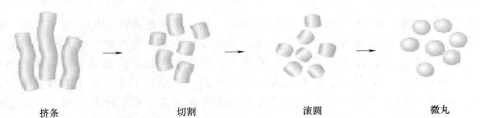

挤条　　　　　切割　　　　　滚圆　　　　　微丸

图 8-121　挤出-滚圆法制备微丸的外形图

挤出-滚圆法制备微丸须采用挤出机和滚圆机两台机器方能完成造丸过程。挤出机将粉体原料、赋形剂、黏合剂等均匀混合制成的松散或团状软材，在螺杆送料器的推动下，进入挤压仓，在挤压器的挤压下，通过孔板，形成致密的长短不一的圆柱状挤出物。滚圆机则是将经挤压成型的圆柱条状物料，在高速旋转的离心转盘上被破断齿切断成长度相等的短圆柱状颗粒，由于转盘离心力、颗粒与齿盘和筒壁及颗粒之间的摩擦力、转盘与物料筒体间的气体推力的综合作用，所有颗粒处于三维螺旋滚动中，形成均匀的搓揉作用使颗粒滚圆成型（见图 8-122）。随着科学技术的进步，将挤出机与滚圆机通过自动化连接起来，已成功制备出全自动挤出-滚圆机，大大提高了生产效率及产品质量稳定性。

图 8-122　挤出-滚圆机及其挤出、滚圆设备

（四）喷雾制丸法

喷雾制丸法是将溶液、混悬液或热熔物喷雾形成球形颗粒或微丸的方法，又可分为喷雾干燥法和喷雾冻凝法。尽管雾化液体在其他制丸技术中（如液相层积法）中也被采用，但仅仅是用于微丸的成长过程。在喷雾球形化制丸技术中，通过蒸发或冷却作用，雾化过程能直接从热熔物、溶液和混悬液得到球形颗粒。

1. 喷雾干燥法

喷雾干燥法系指将药物溶液或混悬液喷雾干燥，由于液相的蒸发而形成微丸的方法。在喷雾干燥期间，由于热气流和液体的蒸发作用，雾滴相互碰撞，发生热和物的转移。蒸发作用与体系中湿度、温度及雾滴周围空气流动性有关。当溶剂蒸发至雾滴表面呈饱和状态时，溶解物开始析出生成固体粒子，这些粒子最初在毛细管力作用下聚集在一起，之后逐渐被固体桥黏结在一起，最后在雾滴表面形成多孔外层或外壳。外壳厚度随着蒸发和溶解物从外向内不断结晶而增厚。溶解物可能是药物、黏合剂或其他辅料，逐渐增厚的外壳将阻止水分向外迁移，由于溶剂蒸气的迁移速度减慢，在雾滴内产生高蒸气压。如果外壳具有一定的弹性和强度则会膨胀，以使内部蒸气通过外壳小孔而释放，雾滴最后变成中空小丸，若外壳较脆或无孔，则不能膨胀，而是破裂成碎片。

2. 喷雾冻凝法

喷雾冻凝法系指将药物与熔化的脂肪类或蜡类混合，从顶部喷进冷却塔中，由于熔融液滴受冷硬化而形成微丸的方法。在热熔物的喷雾聚结过程中，雾滴须被冷却至基质熔点以下，在这一过程中处方中成分应有确定的熔点或较小的熔距，这对于粒子迅速成球形化聚集在一起十分必要。在大多数热熔物喷雾聚结过程中，由于无溶剂蒸发，故一般形成硬度较大的无孔粒子。在理想工艺条件下，摩擦力引起的磨损对喷雾聚集微丸形成的影响可以忽略不计。太高的喷雾聚结温度使小丸变形和部分结块，温度太低则小丸不成球形。

（五）热熔挤出法

热熔挤出法是将药物与聚合物的热熔物挤出形成球形颗粒或微丸的方法。此法是制备以聚合物为骨架的缓释小丸的一种技术。与其他方法相比，该法具有简单、省时、可连续操作、一步即可完成等优点。此外，还能在微丸中包容高剂量易溶性药物而不失其缓释性能。但此法存在混合困难和药物降解等问题。应用热熔挤出法，必须对药物、聚合物、增塑剂和其他辅料进行选择，应选择对热稳定者，并通过预试验确定最佳挤压条件。该法可选用的骨架材料有乙基纤维素、醋酸丁酸纤维素、乙烯-醋酸乙烯共聚物和聚甲基丙烯酸衍生物等。

（六）液中制丸法

1. 液中干燥法

采用惰性液体（如液状石蜡或甲基硅油）作为外相。内相为含一定药物和高分子材料（如 Eudragit RL、Eudragit RS）的有机溶液。加适量 W/O 型表面活性剂（如司盘 85 等）和硬脂酸镁为乳化剂。在搅拌状态下，将内相缓慢倒入外相中，形成液状石蜡或甲基硅油包裹有机溶液的乳剂。在常压或减压条件下，逐渐升高温度，使内相有机溶剂慢慢挥干，即形成固化的含药小丸。滤出小丸，用环己烷洗涤，减压干燥。

2. 球形结晶技术

球形结晶技术是药物在溶剂中结晶时发生结聚而制成小丸的一种技术。该技术也适合制备结晶性颗粒，如阿司匹林颗粒等。该法制备小丸是取一定量药物或高分子材料（载体）加有机溶剂溶解，在搅拌条件下，倒入蒸馏水中后，滴加架桥剂，在一定温度下，搅拌一定时间，待药物结聚完全后，过滤，流通空气中干燥制得小丸。

3. 水中分散法

利用高级脂肪醇、高级脂肪酸或蜡质材料在高温下呈液体的特征，把它们作为药物载体分散在热水中，乳化形成 O/W 型乳剂，冷却后，高级脂肪酸、高级脂肪醇或蜡质材料凝固成固体小丸。此法较适合水不溶性或难溶性药物小丸的制备，药物常以微晶或分子状态分散在载体中。

（七）滴制法

滴制法所制微丸常称滴丸剂，系指固体或液体药物与适当基质加热熔化后，滴入不相混溶的冷凝液中，收缩冷凝而制成的丸剂。因滴丸剂已在第七节详细介绍，在此不再详述。

（八）微丸举例

例 8-15　盐酸普萘洛尔控释微丸

【微丸处方】

盐酸普萘洛尔	100 g
淀粉	50 g
糊精	25 g
50％乙醇	适量

【包衣液处方】

醋酸纤维素	2.8 g
乙基纤维素	0.625 g
二氯甲烷和乙醇复合溶剂	100 mL

【制法】 取盐酸普萘洛尔、淀粉和糊精混合均匀，加入适量50％乙醇制软材，过 20 目筛制湿颗粒，将湿颗粒置于 60～80 r/min 的包衣锅中，密封滚动 10～30 min 后，开盖，锅壁加热至 40～60℃，滚动 1～2 h，倾倒出微丸置烘箱中干燥。取干燥微丸放入包衣锅中，喷入包衣液适量至表面湿润，60～80℃热风干燥，重复以上操作直至包衣增重 10％～20％，即得盐酸普萘洛尔控释微丸。

【注解】 ① 本品采用包衣锅制丸，普通包衣锅可利用滚动与层积原理成丸，广泛用于微丸的制备。该法价格比新型制丸设备便宜，对滚动制丸、层积制丸和微丸包衣有较强的实用性。② 一般制备工艺通常采用以下一种或多种操作过程进行：a. 将药物和辅料粉末（如微晶纤维素、糖粉、淀粉等）置于包衣锅内，喷洒水、稀醇或黏合剂等，使之滚动成球；b. 将药物和辅料细粉与合适黏合剂混合，制成湿颗粒，置于包衣锅中滚动成球；c. 在以上含药丸芯上继续依次喷入黏合剂，撒入药粉或药粉与辅料的混合粉，也可将药物溶解或混悬在溶液中喷包在芯核上成丸；d. 采用无棱角的空白丸芯（如 30～40 目的蔗糖细粒或糖粉与淀粉用合适黏合剂滚制而成的球形空白丸芯）为种子，置于包衣锅内，以合适速率滚动，喷入适量黏合剂使丸芯表面湿润，撒入药物粉末或药物与辅料的混合粉，也可将药物溶解或混悬在溶液中喷包在芯核上成丸，干燥，如此反复操作，直至获得一定大小和含药量的小丸。本品湿颗粒制丸工艺，革除了普通制丸过程中长时间的沉积过程（即加黏合剂、撒粉、干燥），大大缩短了制丸时间，且微丸含量均匀，但由于层积过程采用一次加入的方式，小丸硬度较弱。③ 包衣锅滚动成丸法所需设备较简单，但药物损耗较大，特别是采用滚动下撒粉成丸的方法。影响微丸圆整度的因素包括：a. 主药粉末的性质；b. 赋形剂及黏合剂的种类和用量；c. 环境的温度与湿度；d. 物料一次投入量的多少；e. 种子的形状；f. 包衣锅形状、转速等。

例 8-16　吲哚美辛控释微丸

【微丸处方】

吲哚美辛（微粉化）	750 g
PVP	150 g
空白丸芯	3000 g
50％乙醇	3000 mL

【包衣液处方】

EC	112.5 g
HPC	37.5 g
丙醇	15 mL
乙醇	3000 mL

【制法】 将空白丸芯置于流化床中，通过热空气使空白丸芯悬浮，然后喷雾吲哚美辛混悬液（含PVP，溶剂为50％乙醇）至空白丸芯上，干燥，即得含药丸芯，再喷包衣液进行微丸包衣，干燥，即得吲哚美辛控释小丸。

【注解】 ① 本品采用流化床制丸，主要通过层积过程完成。微丸处方中的黏合剂用量应为小丸重的3.5％～4.0％。黏合剂常用 HPMC、PVP 等的溶液。空白丸芯选用 20～25 目最佳，但 14～16 目的丸芯亦可用。干燥温度在 60℃ 以下为宜，包衣液处方中 EC 的用量取决于所要求的控释速率。② 流化床制丸具有以下特点：a. 混合、制丸、干燥、包衣等可在同一容器中完成；b. 生产周期短，劳动强度小，原辅料几乎无损失，成品率高；c. 微丸大小均匀，形状较好；d. 可变因素少，产品质量易控制，易于自动化生产。

例 8-17　法莫替丁微丸

【处方】

法莫替丁	650 g
微晶纤维素	350 g
水	适量

【制法】将法莫替丁与微晶纤维素混合均匀，加水适量制软材，经挤出机孔筛板（孔径为 0.9 mm，挤出转速为 300 r/min）挤成细条状，再置 ZDR-6B 型滚圆机内，调节转速（1000 r/min）及滚圆时间（4 min），使颗粒完全滚圆。取出微丸于 50℃ 干燥 3～4 h，筛取 18～24 目的微丸，即得。

【注解】① 本品采用挤出滚圆法制丸。设备通常包括挤出机和离心滚圆机。目前应用的挤出机主要有：螺旋挤出机、筛式或篮式挤出机、辊滚式挤出机和柱塞型挤出机等。滚圆机主要由以一定速率旋转的一块摩擦板构成，摩擦板表面开了许多小槽以增加摩擦。② 制备微丸时，将药物和辅料干粉混合均匀，加入润湿剂或黏合剂（通常为水、乙醇/水混合液或高分子材料溶液）搅拌形成适宜的可塑性软材，经过挤压机挤压至滚圆机内。湿颗粒或条状物在滚圆机中通过离心旋转与底板平面及筒壁摩擦棱角制成微丸。③ 影响挤出滚圆制备微丸的主要因素有：a. 离心筒直径。一般而言，旋转速度一定时，容器直径越大，则旋转底板面积越大，混颗粒在板面的成丸距离及和筒壁的接触面积越大，微丸硬度及球形化越好。b. 旋转速度。容器直径、旋转板条件一定时，旋转速度愈快则成丸性愈佳。c. 挤压机筛板孔径。在优化的处方及工艺条件下，微丸直径大致与筛孔大小一致。d. 处方条件。若混合物材料太干，可能产生过量的细粉；若太潮湿，则可黏附在制粒机的模板上，或使通过模板的丸粒相互粘连，从而聚集成团块状；若物料无足够的可塑性，则难以形成球状，而呈现橄榄状颗粒。

六、微丸的包装与贮存

微丸常用玻璃瓶或塑料瓶密封包装，除另有规定外，微丸应密封贮存，防止受潮、发霉、虫蛀、变质。

七、微丸的质量评价

1. 外观检查

微丸外观应圆整均匀，色泽、大小基本一致。

2. 重量差异

取供试品 20 丸，精密称定总重量，求得平均丸重后，再分别精密称定每丸的重量。每丸重量与标示丸重相比较（无标示丸重的，与平均丸重比较），按表 8-34 中的规定，超出重量差异限度的不得多于 2 丸，并不得有 1 丸超出限度 1 倍。

表 8-34　膜剂的重量差异限度

平均丸重或标示丸重	重量差异限度
0.03 g 及 0.03 g 以下	±15%
0.03 g 以上至 0.30 g	±10%
0.30 g 以上	±7.5%

包糖衣丸剂应检查丸芯的重量差异并符合规定，包糖衣后不再检查重量差异。其他包衣丸剂应在包衣后检查重量差异并符合规定。凡进行装量差异检查的单剂量包装丸剂及进行含量均匀度检查的丸剂，一般不再进行重量差异检查。

3. 装量

装量以重量标示的多剂量包装丸剂，照最低装量检查法（通则 0942）检查，应符合规定。

4. 溶出度、释放度、含量均匀度

根据原料药物和制剂的特性，除来源于动物、植物多组分且难以建立测定方法的微丸外，溶出度、释放度、含量均匀度等应符合要求。

5. 微生物限度

照微生物限度检查法检查，应符合要求。

第九节　膜　剂

一、膜剂的定义

膜剂（films）系指原料药物溶解或均匀分散于成膜材料中经加工制成的膜状制剂。膜剂可适用于口服、舌下、眼结膜囊、口腔、阴道、体内植入、皮肤和黏膜创伤、烧伤或炎症表面等各种途径和方法给药，以发挥局部或全身作用。

膜剂的形状、大小和厚度等视用药部位的特点和含药量而定。一般膜剂的厚度为 0.1～0.2 mm，通常不超过 1 mm。面积为 1 cm^2 的膜剂可供口服，0.5 cm^2 的供眼用，5 cm^2 的供阴道用，应用于其他部位时可根据需要剪成适宜大小。

膜剂是在 20 世纪 60 年代开始研究并应用的一种新型制剂，70 年代国内对膜剂的研究应用已有较大发展，并投入生产。目前国内正式投入生产的膜剂约有 30 余种。

二、膜剂的分类

1. 按剂型特点分类

（1）**单层膜剂**　药物溶解或分散在成膜材料中制成的膜剂，可分可溶性和水不溶性膜剂两大类。临床应用较多的就是这类膜剂。

（2）**多层膜剂**　又称复合膜，系由多层含药膜叠合而成，可解决药物配伍禁忌问题，常见于复方膜剂，也可见于缓释膜控释膜剂。

（3）**夹心膜剂**　夹心膜剂系指在两层不溶性的高分子材料膜中间夹着一层含有药物的药膜，药物可以零级释放，常见于缓释膜剂、控释膜剂。

2. 按给药途径分类

（1）**口服膜剂**　口服膜剂系指供口服的膜剂，如安定膜剂。

（2）**口腔膜剂**　口腔膜剂系指供口含、舌下给药和口腔内局部贴敷的膜剂，如甲硝唑牙用膜剂。

（3）**眼用膜剂**　眼用膜剂系指用于眼结膜囊内，可延长药物在眼部停留时间并维持一定的浓度的膜剂，如毛果芸香碱眼用膜剂。

（4）**阴道用膜剂**　阴道用膜剂系指阴道内使用，起局部治疗或避孕作用的膜剂，如克霉唑膜。

（5）**皮肤、黏膜用膜剂**　皮肤、黏膜用膜剂系指用于皮肤或黏膜的创伤或炎症等的膜剂，如止血消炎药膜剂。

3. 按释药速率分类

①速释膜剂；②缓释膜剂；③控释膜剂。

三、膜剂的特点

同传统的固体制剂相比，膜剂的优点有：①工艺简单，生产中没有粉尘飞扬；②成膜材料用量少，体积小，质量轻，便于携带、运输及贮存；③含量准确、均匀，质量稳定；④可制成不同释药速率的制剂；⑤可制成多层膜剂，从而避免配伍禁忌；⑥给药方便，患者顺应性高；可解决老人和儿童用药困难问题。

膜剂的缺点有：①载药量小，特别是单层膜剂常适合于小剂量的药物；②由于膜剂厚度、大小以及工艺精度的限制，膜剂的重量差异不易控制，产率不高；③对包装材料的要求较高；④有苦味药物的口腔膜剂需进行掩味或矫味处理等。

四、膜剂的质量要求

膜剂可供口服或黏膜使用，在质量要求上，除要求主药含量合格外，应符合下列质量要求：

①膜剂外观应完整光洁，厚度一致，色泽均匀，无明显气泡。多剂量的膜剂，分格压痕应均匀清晰，并能按压痕撕开。②膜剂所用的包装材料应无毒性、易于防止污染、方便使用，并且不能与原料药物或成膜材料发生理化作用。③膜剂宜密封保存，防止受潮、发霉、变质。

五、膜剂的处方、工艺与制备

（一）成膜材料

成膜材料是膜剂处方中除主药外最重要的成分，其性能、质量不仅对膜剂的成型工艺有影响，而且还会对膜剂的质量及药效产生重要影响。理想的成膜材料应具有下列条件：①生理惰性，无毒、无刺激；②性能稳定，不降低主药药效，不干扰含量测定，无不适嗅味；③成膜、脱膜性能好，成膜后有足够的强度和柔韧性；④用于口服、腔道、眼用膜剂的成膜材料应具有良好的水溶性，能逐渐降解、吸收或排泄，外用膜剂应能迅速、完全释放药物；⑤来源丰富、价格便宜。

常用的成膜材料主要有两大类：天然高分子材料和合成高分子材料。

1. 天然高分子材料

天然高分子材料常用的有明胶、虫胶、阿拉伯胶、海藻酸钠、琼脂、淀粉、糊精等。此类成膜材料多数可降解或溶解，具有良好的生物相容性，但是有些材料单独使用成膜性能较差，故常与其他成膜材料合用。

2. 合成高分子材料

合成高分子材料是膜剂的常用成膜材料。包括聚乙烯类如聚乙烯醇（PVA）、聚维酮（PVP）、乙烯-醋酸乙烯共聚物（EVA）；聚丙烯类如甲基聚丙烯、甲基丙烯酸酯-甲基丙烯酸共聚物和纤维素类如羟丙甲纤维素（HPMC）、羟丙基纤维素（HPC）、羧甲基纤维素钠（CMC-Na）、甲基纤维素（MC）、乙基纤维素（EC）等。

（1）聚乙烯醇 聚乙烯醇（polyvinyl alcohol，PVA）是由聚醋酸乙烯酯经醇解而成的结晶性高分子材料，为白色或黄白色粉末状颗粒。根据其聚合度和醇解度不同，有不同的规格和性质。国内采用的 PVA 有 05-88 和 17-88 等规格，平均聚合度分别为 500～600 和 1700～1800，分别以"05"和"17"表示。两者醇解度均为 88%±2%，以"88"表示。两种成膜材料均能溶于水，PVA 05-88 聚合度小，水溶性大，柔韧性差；PVA 17-88 聚合度大，水溶性小，柔韧性好。两者以适当比例（如 1:3）混合使用则能制得很好的膜剂。经验证明成膜材料中在成膜性能、膜的抗拉强度、柔韧性、吸湿性和水溶性等方面，均以 PVA 为最好。PVA 对眼黏膜和皮肤无毒、无刺激，是一种安全的外用辅料。口服后在消化道中很少吸收，80% 的 PVA 在 48 h 内随大便排出。PVA 在载体内不分解，亦无生理活性。

（2）乙烯-醋酸乙烯共聚物

乙烯-醋酸乙烯共聚物（EVA）是乙烯和醋酸乙烯在过氧化物或偶氮异丁腈引发下共聚而成的水不溶性高分子聚合物，为透明、无色粉末或颗粒。EVA 的性能与其分子量及醋酸乙烯含量有很大关系。随分子量增加，共聚物的玻璃化温度和机械强度均增加。在分子量相同时，则醋酸乙烯比例越大，材料溶解性、柔韧性和透明度越大。EVA 无毒，无臭，无刺激性，对人体组织有良好的相容性，不溶于水，能溶于二氯甲烷、氯仿等有机溶剂。本品成膜性能良好，膜柔软，强度大，常用于制备眼、阴道、子宫等控释膜剂。

（3）聚乙烯吡咯烷酮（PVP） 它是一种非晶态线性聚合物，易溶于极性溶剂。低浓度的 PVP 水溶液黏度低，略高于水，随着浓度的增大和分子量的升高，溶液的黏度显著增大。其成膜性好，无毒、无刺激，可与 PVA 合用。

（二）增塑剂

增塑剂系指能使高分子材料增加塑性的物质，通常是高沸点、难挥发的液体或低熔点的固体，可分为水溶性和脂溶性两大类。水溶性增塑剂主要是多醇类化合物。脂溶性增塑剂主要是有机羧酸酯类化合物。理想的增塑剂应：具有优良的相容性，性质稳定，无毒，无味，无臭，无色，耐菌以及低挥发性和低迁移性。其分子量一般在 $300 \sim 500$ 为宜。

常用的水溶性增塑剂有丙二醇、丙三醇（甘油）、聚乙二醇 200、聚乙二醇 400 和聚乙二醇 600 等。常用的脂溶性增塑剂有三乙酸甘油酯、邻苯二甲酸酯、枸橼酸酯、癸二酸二丁酯、油酸和蓖麻油等。

膜剂中增塑剂的选择取决于成膜材料和药物性质。水溶性成膜材料和水溶性药物一般选用水溶性增塑剂，可制得透明状药膜。脂溶性成膜材料和脂溶性药物加入脂溶性增塑剂也能制得透明状药膜。水溶性成膜材料和脂溶性药物一般选用水溶性增塑剂。脂溶性成膜材料和水溶性药物一般采用脂溶性增塑剂或脂溶性和水溶性复合增塑剂，后二者可制得透明、半透明或不透明药膜。增塑剂的一般选择原则见表 8-35。

表 8-35　增塑剂的一般选择原则

成膜材料性质	药物性质	增塑剂	膜剂外观
脂溶性	脂溶性	脂溶性	透明
水溶性	水溶性	水溶性	透明
脂溶性	水溶性	脂溶性或脂溶性与水溶性复合物	透明、半透明或不透明
水溶性	脂溶性	水溶性或脂溶性与水溶性复合物	透明、半透明或不透明

此外，膜剂中增塑剂的用量一般比包衣膜材中加入的增塑剂量要大得多，因此在制备膜剂时应注意成膜材料与增塑剂之间的相容限量，即使具有较好的增塑效率的增塑剂也可能出现相分离现象，从而导致难以制得高质量的膜剂。例如 PEG 400、PEG 6000 和聚乙烯醇，在 HPMC 中的相容限量分别为 20%、15% 和 40%（W/W），若超过以上限量，则不易成膜。

（三）膜剂的制备工艺

1. 膜剂一般处方组成

主药	$0 \sim 70\%$（W/W）
成膜材料（PVA 等）	$30\% \sim 100\%$
增塑剂（甘油、山梨醇等）	$0 \sim 20\%$
表面活性剂（聚山梨酯 80、十二烷基硫酸钠、豆磷脂等）	$1\% \sim 2\%$
填充剂（$CaCO_3$、SiO_2、淀粉）	$0 \sim 20\%$
着色剂（色素、TiO_2 等）	$0 \sim 2\%$（W/W）
脱膜剂（液状石蜡）	适量

2. 制备方法

常用的膜剂的制备方法有**匀浆制膜法**、**热塑制膜法**、**复合制膜法**等，其制备工艺流程见图 8-123。

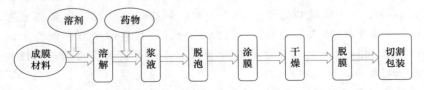

图 8-123　膜剂制备工艺流程

（1）匀浆制膜法　此法又称涂布法，系将成膜材料溶解在一定量的良性溶剂如水中，加入药物、增塑剂和其他辅料，充分搅拌溶解，不溶于水的主药可以预先制成微晶或粉碎成细粉，用搅拌或研磨等方法均匀分散于浆液中，脱去气泡。小量制备时倾于平板玻璃上涂成宽厚一致的涂层，大量生产可用涂膜机涂膜。烘干后根据主药含量计算单剂量膜的面积，剪切成单剂量的小格，包装即得。本法常用于可溶性成膜材料如 PVA 和不易水解的药物。浆液制备过程中会产生很多气泡，可采用超声、静置、加热或真空搅拌等方法除去气泡，但要保证浆液的稳定性，防止因操作造成的分层和沉淀。

（2）**热塑制膜法**　此法又称压延法，系将药物细粉和成膜材料（如 EVA 颗粒）相混合，用橡皮滚筒混炼，热压成膜；或将热熔的成膜材料，如聚乳酸、聚乙醇酸等在热熔状态下加入药物细粉，使之溶入或均匀混合，在冷却过程中成膜。此法适用于低熔点成膜材料或耐热药物膜剂的制备，工艺简单，成本低，宜于大生产。

（3）**复合制膜法**　以不溶性的热塑性成膜材料（如 EVA）为外膜，分别制成具有凹穴的底外膜带和上外膜带，另用水溶性的成膜材料（如 PVA 或海藻酸钠）用匀浆制膜法制成含药的内膜带，剪切后置于底外膜带的凹穴中。也可用易挥发性溶剂制成含药匀浆，以间隙定量注入的方法注入底外膜带的凹穴中。经吹风干燥后，盖上外膜带，热封即成。这种方法一般用机械设备制作。此法一般用于缓释膜的制备，如眼用毛果芸香碱膜剂（缓释一周）在国外即用此法制成。与单用匀浆制膜法制得的毛果芸香碱眼用膜剂相比具有更好的控释作用。复合膜的简便制备方法是先将 PVA 制成空白覆盖膜后，将覆盖膜与药膜用 50% 乙醇粘贴，加压，(60±2)℃烘干即可。

（四）膜剂举例

例 8-18　复方替硝唑口腔膜剂

【处方】

替硝唑	0.2 g	氧氟沙星	0.5 g
聚乙烯醇（PVA17-88）	3.0 g	羧甲基纤维素钠	1.5 g
甘油	2.5 g	糖精钠	0.05 g
蒸馏水	加至 100 g		

【制法】　①先将聚乙烯醇、羧甲基纤维素钠分别加适量蒸馏水浸泡过夜，溶解。②将替硝唑溶于 15 mL 热蒸馏水中，氧氟沙星加适量稀醋酸溶解后加入，加甘油、糖精钠溶解，蒸馏水补至足量。③放置，待气泡除尽后，涂膜、干燥、分格，每格含替硝唑 0.5 mg、氧氟沙星 1 mg。

【注解】　①聚乙烯醇和羧甲基纤维素钠为高分子成膜材料，需先浸泡待其充分溶胀后溶解。②替硝唑和氧氟沙星为主药，因二者在水中溶解度较小，故分别溶于热水和稀醋酸溶液后再加入浆液中。③甘油为增塑剂。糖精钠为矫味剂。

例 8-19　口腔溃疡双层膜剂

【处方】

含药 PVA 胶浆		空白 PVA 胶浆	
硫酸新霉素	0.5 g	PVA 17-99	5 g
醋酸氟美松	3 mg	甘油	1 mL
PVA 17-88	10 g	蒸馏水	80 mL
盐酸丁卡因	0.5 g		
甘油	1 mL		
蒸馏水	80 mL		

【制法】　①称取 PVA 17-99，加蒸馏水、甘油、搅拌溶胀后于 90℃ 水浴上加热溶解，趁热将溶液用 80 目筛网过滤，滤液放冷后加入硫酸新霉素、醋酸氟美松和盐酸丁卡因，放置脱气泡，涂膜、干燥制得含药膜，膜厚 0.3 mm。②另取 PVA 17-99，加蒸馏水、甘油、搅拌溶胀后于 90℃ 水浴上加热溶解，趁热将溶液用 80 目筛网滤过，滤液放冷后再涂于含药膜面上制备不含药的空白膜，厚度约 0.2 mm，干燥后脱膜，按需要切割成一定大小，包装即得。

【注解】　由于膜剂在口腔内黏附力较差，容易移动、脱落或黏附于正常组织面而影响治疗效果。故研制双层单向释药复合膜，主要是由于空白膜所用 PVA 规格不同，在口腔中不溶解，药物只向单侧缓慢释放，可确保患处药物浓度。

六、膜剂的包装与贮存

膜剂宜密封保存，防止受潮、发霉、变质。

七、膜剂的质量评价

根据《中国药典》（2020 年版）规定，除控制主药含量外，应符合下列质量要求。

1. 外观

膜剂外观应完整光洁，厚度一致，色泽均匀，无明显气泡。多剂量包装的膜剂，分格压痕应均匀清晰，并能按压痕撕开。

2. 重量差异

除另有规定外，取供试品 20 片，精密称定总重量，求得平均重量，再分别精密称定各片的重量。每片重量与平均重量相比较，按表 8-36 中的规定，超出重量差异限度的不得多于 2 片，并不得有 1 片超出限度的 1 倍。

表 8-36　膜剂的重量差异限度

平均重量	重量差异限度
0.02 g 及 0.02 g 以下	±15%
0.02 g 以上至 0.20 g	±10%
0.20 g 以上	±7.5%

凡进行含量均匀度检查的膜剂，一般不再进行重量差异检查。

3. 微生物限度

除另有规定外，照非无菌产品微生物限度检查：微生物计数法（通则 1105）、控制菌检查（通则 1106）及非无菌药品微生物限度标准（通则 1107）检查，应符合规定。

第十节　栓　剂

一、栓剂的定义

栓剂（suppositories）系指原料药物和适宜基质等制成供腔道给药的固体制剂。栓剂是一种传统剂型，亦称塞药或坐药。栓剂在常温下为固体，塞入人体腔道后，在体温下迅速软化，熔融或溶解于分泌液，逐渐释放药物而产生局部或全身作用。

二、栓剂的分类

（一）按施用腔道不同分类

栓剂因施用腔道的不同，分为直肠栓、阴道栓、尿道栓，常用的是直肠栓和阴道栓。栓剂的主要形状如图 8-124 所示。

1. 直肠栓

直肠栓为鱼雷形、圆锥形或圆柱形等形状。每颗重约 2 g，长 3～4 cm，儿童用约 1 g。其中以鱼雷形较好，塞入肛门后，因括约肌收缩容易压入直肠内。最近也出现了作为直肠用胶囊插入到肛门内的软胶囊。

2. 阴道栓

阴道栓有鸭嘴形、球形或卵形等形状，每颗重约 2～5 g，直径为 1.5～2.5 cm，其中以鸭嘴形的表面积最大。阴道栓又可分为普通栓和膨胀栓。阴道膨胀栓系指含药基质中插入具有吸水膨胀功能的内芯后制成的栓剂，膨胀内芯系以脱脂棉或黏胶纤维等加工、灭菌而成。

3. 尿道栓

尿道栓一般为棒状，有男女之分，男用的重约 4 g，长 1.0～1.5 cm；女用的重约 2 g，长 0.60～0.75 cm。

图 8-124 常见栓剂的形状

（二）按作用范围分类

1. 全身作用的栓剂

全身作用的栓剂系指给药后起全身治疗作用的栓剂。一般要求迅速释放药物，特别是解热镇痛类药物宜迅速释放、吸收。

2. 局部作用的栓剂

局部作用的栓剂系指仅在给药腔道局部起治疗作用的栓剂。一般在腔道内发挥作用，不需要被吸收，治疗某些特定部位的疾病，如痔疮、溃疡性结肠炎等。

（三）按释药速率分类

1. 普通栓剂

普通栓剂（suppository）是将药物与适宜的基质混合均匀制成的简单栓剂。此种全剂的制备方法简单，操作容易，作用比较单一，适用范围较广。

2. 中空栓剂

中空栓剂（hollow type suppository）是日本人渡道善造于 1984 年首次报道的。栓中有一空心部分，可供填充各种不同类型的药物，包括固体和液体。经研究证明，包在中空栓剂中的水溶性药物的释放几乎不受基质和药物填充状态的影响，并可起到速效作用，此外，中空栓剂较普通栓剂有更高的生物利用度。中空栓剂中心的药物，可以是水溶性或脂溶性，也可以是固体或液体形式。中心是液体的中空栓剂放入体内后外壳基质迅速熔融破裂，药物以溶液形式一次性释放，达峰时间短起效快。中空栓剂中心的药物添加适当赋形剂或制成固体分散体可使药物快速或缓慢释放，从而具有速释或缓释作用。

3. 双层栓剂

双层栓剂（two-layer suppository）一般有三种：第一种为内外两层栓，内外两层含有不同药物，可先后释药而达到特定的治疗目的；第二种为上下两层栓，其下半部的水溶性基质使用时可迅速释药，上半部用脂溶性基质能起到缓释作用，可在较长时间内使血药浓度保持平稳；第三种也是上下两层栓，不同的是其上半部为空白基质，下半部才是含药栓层，空白基质可阻止药物向上扩散，减少药物经上静脉吸收进入肝脏而发生的首过效应，提高了药物的生物利用度。同时为避免塞入的栓剂逐渐自动进入深部，有人已研究设计出可延长在直肠下部停留时间的双层栓剂，双层栓的前端由溶解性高、在后端能迅速吸收水分膨润形成凝胶塞而抑制栓剂向上移动的基质组成。这样可达到避免肝首过效应的目的。这种剂型在当今世界各地日益得到关注，有着极大的应用前景。

4. 微囊栓剂

微囊栓剂（microcapsule suppository）系指先将药物微囊化后再与适宜的基质混合均匀制成的栓剂，这类栓剂具有微囊和栓剂的双重性质，既可以提高栓剂对难溶性药物的载药量，又能发挥栓剂固体化的作用。其释药行为取决于微囊的特性。如文献报道的吲哚美辛复合微囊栓，栓中同时含有药物细粉及含药微囊，经实验证明，复合微囊栓同时具有速释和缓释两种性能，也是一种较为理想的栓剂新剂型。

5. 渗透泵栓剂

渗透泵栓剂（osmotic pump suppository）是美国 Alza 公司采用渗透泵原理研制的一种长效栓剂。其最外层为一层不溶解的微孔膜，药物分子可由微孔中慢慢渗出，因而可较长时间维持疗效，也是一种较理想的控释型栓剂。

6. 缓释栓剂

缓释栓剂（sustained release suppository）系指将药物包合于可塑性不溶性高分子材料中制成的栓剂。高分子材料起阻滞药物释放的作用，药物必须先从不溶性基质中扩散出来才能被吸收，达到缓慢释放的目的。它为英国 Inversesk 研究所研制的一种长效栓剂。该栓剂在直肠内不溶解，不崩解，通过吸收水分而逐渐膨胀，缓慢释药而发挥其疗效。

三、栓剂的特点

栓剂作为古老剂型之一能够被长久使用，有其优势：

①药物经腔道给药，可以少受或不受胃肠道 pH 的影响或酶的破坏而失去活性；②对胃黏膜有刺激性的药物采用栓剂给药后，可避免其对胃黏膜的刺激；③药物通过直肠或其他非胃肠道的腔道吸收，可避免肝脏首过效应的破坏；④适宜于不能或者不愿吞服口服的患者，尤其是婴儿和儿童；对于伴有呕吐的患者是一种有效的给药手段；⑤适宜于不宜口服的药物；⑥可在腔道起润滑、抗菌、杀虫、收敛、止痛、止痒等局部作用；⑦便于某些特定部位疾病的治疗。

但栓剂也存在使用不便、成本较高、生产效率不高等缺点。

栓剂作为肛门、阴道等部位的用药，最初主要以局部作用为目的，如起润滑、收敛、抗菌、杀虫、局麻等作用。但是，后来发现通过直肠给药可以避免肝脏首过效应和不受胃肠道的影响，而且，适合于对口服片剂、胶囊剂、散剂有困难的患者用药，因此，栓剂的全身治疗作用越来越受到重视。由于新基质的不断出现和工业化生产的可行性，国外生产栓剂的品种和数量明显增加，美国 FDA 已批准上市的栓剂品种达 1600 余种，《中国药典》（2020 年版）收录了 20 多种栓剂。目前，作为局部作用为目的的栓剂有消炎药、局部麻醉药、杀菌剂等，以全身作用为目的的制剂有解热镇痛药、抗生素类药、促肾上腺皮质激素类药、抗恶性肿瘤治疗剂等。

四、栓剂的质量要求

①栓剂中的原料药物与基质应混合均匀，其外形应完整光滑，放入腔道后应无刺激性，应能融化、软化或溶解，并与分泌液混合，逐渐释放出药物，产生局部或全身作用；并应有适宜的硬度，以免在包装、贮藏或使用时变形。②栓剂所用包装材料应无毒性，并不得与原料药物或基质发生理化作用。③除另有规定外，栓剂应在 30℃ 以下密闭贮存和运输，防止因受热、受潮而变形、发霉、变质。

五、栓剂的处方、工艺与制备

（一）处方组成

1. 药物

栓剂中的药物既可是固体药物，也可以是液体药物。药物可溶于基质中，也可混悬于基质中。但是，供制备栓剂用的固体药物，除另有规定外，应预先用适宜方法制成细粉，并全部通过六号筛。根据施用腔道和使用目的的不同，制成各种适宜的形状。

药物是处方的核心成分，应首先了解药物的理化性质，再根据其药理作用和用药目的中选择合适的栓剂类型。如普通栓剂不能满足临床用药需求，则可以考虑复杂的栓剂类型，以达到速释、缓释或控释等目的。

2. 栓剂基质

基质是栓剂的重要组成部分，不仅赋以药物成型，还能影响药物局部或全身作用的程度。好的基质应在制成产品前及制成产品后贮存时理化性质稳定，还应与药物相容，取得最佳的释药行为。优良的基质应具备下列特点：

①室温时具有适宜的硬度，当塞入腔道时不变形，不破碎。在体温下易软化、融化或溶解，能与体液混合并溶于体液；②与药物混合后，不与药物发生相互作用，亦不影响药物的作用和含量测定；③对黏膜和腔道组织无刺激性、毒性和过敏性；④具有润湿或乳化能力，水值较高，能混入较多的水；⑤性质稳定，在贮存过程中理化性质不发生改变，也不易霉变；⑥基质的熔点与凝固点的间距不宜过大，油脂性基质的酸价在 0.2 以下，皂化值应在 200～245 之间，碘价应低于 7；⑦适用于冷压法或热熔法制备栓剂，在冷凝时收缩性强，易于从栓模中脱离而不需润滑剂。

基质的选择应与栓剂的用途相对应，如局部作用的栓剂要求药物缓慢释放，延长作用时间，应选择溶解性与药物相近或者在体温下融化缓慢的基质。而全身作用的栓剂，需要快速释放药物，则选择与药物溶解性相反的基质。常用的栓剂基质主要有油脂性基质和水溶性基质两大类。

（1）油脂性基质 油脂性基质的栓剂中，如药物为水溶性的，则药物能很快释放于体液中，机体作用较快；如药物为脂溶性的，则药物必须先从油相转入水相体液中，才能发挥作用。转相与药物的油水分配系数有关。

① 可可脂（cocoa butter）：是梧桐科（sterculiaceae）植物可可树种子经烘烤、压榨而得到的一种固体脂肪。主要是含硬脂酸、棕榈酸、油酸、亚油酸和月桂酸的甘油酯，其中可可碱含量可高达 2%。可可脂为白色或淡黄色、脆性蜡状固体。有 α、β、β′、γ 四种晶型，其中以 β 型最稳定，熔点为 34℃，其余为不稳定型。通常应缓缓升温加热待熔化至 2/3 时，停止加热，让余热使其全部熔化，以避免上述的不稳定晶型形成。每 100 g 可可脂可吸收 20～30 g 水，若加入 5%～10%吐温 61 可增加吸水量，且有助于药物混悬在基质中。

② 半合成或全合成脂肪酸甘油酯：系由椰子或棕榈种子等天然植物油水解、分馏所得 C_{12}～C_{18} 游离脂肪酸，经部分氢化再与甘油酯化而得的三酯、二酯、一酯的混合物。这类基质化学性质稳定，成型性能良好，具有保湿性和适宜的熔点，不易酸败，目前为取代天然油脂的较理想的栓剂基质。国内已生产的有半合成椰油脂、半合成山苍子油脂、半合成棕榈油脂、硬脂酸丙二醇酯等。

半合成椰油脂由椰油加硬脂酸再与甘油酯化而成。本品为乳白色块状物，熔点为 33～41℃，凝固点为 31～36℃，有油脂臭，吸水能力大于 20%，刺激性小。

半合成山苍子油脂由山苍子油水解分离得月桂酸，再加硬脂酸与甘油经酯化而得。本品也可直接用化学品合成，称为混合脂肪酸酯。三种单酯混合比例不同，产品的熔点也不同，其规格有 34 型（33～35℃）、36 型（35～37℃）、38 型（37～39℃）、40 型（39～41℃）等，其中栓剂制备中最常用的为 38 型。本品的理化性质与可可脂相似，为黄色或乳白色块状物。

半合成棕榈油脂系以棕榈仁油经碱处理而得的皂化物，再经酸化得棕榈油酸，加入不同比例的硬脂酸、甘油经酯化而得的。本品为乳白色固体，抗热能力强，酸价和碘价低，对直肠和阴道黏膜均无不良影响。

硬脂酸丙二醇酯是硬脂酸丙二醇单酯与双酯的混合物，为乳白色或微黄色蜡状固体，稍有脂肪臭。本品在水中不溶，遇热水可膨胀，熔点为 35～37℃，对腔道黏膜无明显的刺激性、安全、无毒。

③ 其他油脂性基质：氢化植物油类基质为一种人工油脂，是普通植物油在一定的温度和压力下加入氢催化而成的白色固体脂肪，如氢化花生油、氢化棉籽油、氢化椰子油等。经过氢化处理的植物油硬度增加，可保持良好的固体形状，也表现出很好的可塑性、融合性，性质稳定，无毒无刺激性。

（2）水溶性基质

① 甘油明胶（gelatin glycerin）：系将明胶、甘油、水按一定的比例（通常为 10∶20∶7）在水浴上加热融合，蒸去大部分水，放冷后经凝固而制得。本品具有很好的弹性，不易折断，且在体温下不融化，多用作阴道栓剂基质。在人体正常体温下能软化并缓慢溶于分泌液中，故作用缓和持久。其溶解速率与明胶、甘油及水三者比例有关，甘油与水的含量越高则越容易溶解，且甘油能防止栓剂干燥变硬。通常用量为明胶与甘油约等量，水分含量在 10%以下，水分过多成品变软。明胶是胶原的水解产物，凡与蛋白质

能产生配伍变化的药物，如鞣酸、重金属盐等均不能用甘油明胶作基质。

②聚乙二醇（PEG）：为结晶性载体，易溶于水，为难溶性药物的常用载体。PEG 1000、PEG 4000、PEG 6000 的熔点分别为 $38\sim40℃$、$40\sim48℃$、$55\sim63℃$。通常将两种或两种以上的不同分子量的 PEG 加热熔融、混匀，制得所要求的栓剂基质。本品不需冷藏，贮存方便，但吸湿性较强，对黏膜有一定刺激性，加入约 20% 的水，则可减轻刺激性。为避免刺激还可在纳入腔道前先用水湿润，也可在栓剂表面涂一层蜡醇或硬脂醇薄膜。PEG 基质不宜与银盐、鞣酸、奎宁、水杨酸、乙酰水杨酸、苯佐卡因、氯碘喹啉、磺胺类配伍。

③聚氧乙烯（40）单硬脂酸酯类（polyoxyl 40 stearate）：系聚乙二醇的单硬脂酸酯和二硬脂酸酯的混合物，并含有游离乙二醇，呈白色或微黄色，无臭或稍有脂肪臭味的蜡状固体。其熔点为 $39\sim45℃$；可溶于水、乙醇、丙酮等，不溶于液状石蜡。商品名为 Myri 52，商品代号为 S-40，S-40 可以与 PEG 混合使用，可制得崩解、释放性能较好的稳定的栓剂。

④泊洛沙姆（poloxamer）：为乙烯氧化物和丙烯氧化物的嵌段聚合物（聚醚），为一种表面活性剂，易溶于水，能与许多药物形成空隙固溶体。本品型号有多种，随聚合度增大，物态从液体、半固体至蜡状固体，易溶于水，可用作栓剂基质。较常用的型号为 188 型，商品名为 pluronic F68，熔点为 52℃。型号 188，编号的前两位数 18 表示聚氧丙烯链段分子量为 1800（实际为 1750），第三位 8 乘以 10% 为聚氧乙烯分子量占整个分子量的百分比，即 $8\times10\%=80\%$，其他型号类推。本品能促进药物的吸收并起到缓释与延效的作用。

3. 栓剂附加剂

在栓剂制备过程中，为了保证药物的吸收、制品成型和质量、美化外观和便于贮存等，在栓剂的处方中，可根据不同目的适当加入一些附加剂。

（1）硬化剂 若制得的栓剂在贮藏或使用时过软，可加入适量的硬化剂。它可增加栓剂的硬度，防止在贮存过程中因吸水或温度因素而变软，如白蜡、鲸蜡醇、硬脂酸、巴西棕榈蜡等，但效果十分有限。因为它们的结晶体系和构成栓剂基质的油脂大不相同，所得混合物明显缺乏内聚性，而且易使其表面异常。

（2）增稠剂 当药物与基质混合时，因机械搅拌情况不良或生理上需要，栓剂制品中可酌加增稠剂。常用的增稠剂有：氢化蓖麻油、单硬脂酸甘油酯、硬脂酸铝等。

（3）乳化剂 当栓剂处方中含有与基质不能相混合的液相，特别是在此相含量较高时（大于 5%）可加适量的乳化剂。

（4）吸收促进剂 起全身治疗作用的栓剂，为了增加全身吸收，可加入吸收促进剂以促进药物被黏膜的吸收。常用的吸收促进剂有：

①表面活性剂：在基质中加入适量的表面活性剂，能增加药物的亲水性，尤其对覆盖在直肠黏膜壁上的连续的水性黏液层有胶溶、洗涤作用并造成有孔隙的表面，从而增加药物的穿透性，提高药物的生物利用度。

②氮酮（azone）：将不同量的氮酮和表面活性剂基质 S-40 混合后，含氮酮栓剂均有促进直肠吸收的作用，说明氮酮直接与肠黏膜起作用，改变生物膜的通透性，能增加药物的亲水性，能加速药物向分泌物中转移，因而有助于药物的释放、吸收。但随氮酮的含量增加无显著性差异，不含氮酮的栓剂吸收则较少。此外，氨基酸乙胺衍生物、乙酰醋酸酯类、β-二羧酸酯、芳香族酸性化合物、脂肪族酸性化合物也可作为吸收促进剂。

（5）吸收阻滞剂 对于需要在腔道局部起作用的栓剂来说，药物应缓慢释放吸收，以延长在作用部位的作用时间，维持疗效。在基质中加入可抑制药物吸收的材料，起到缓释作用，如硬脂酸、蜂蜡、羟丙甲纤维素、海藻酸等。

（6）抗氧剂 对易氧化的药物应加入抗氧剂，如叔丁基羟基茴香醚（BHA）、叔丁基对甲酚（BHT）、没食子酸酯类等。

（7）防腐剂 当栓剂中含有植物浸膏或水性溶液时，可使用防腐剂或抑菌剂，如对羟基苯甲酸酯类。使用防腐剂时应验证其溶解度、有效剂量、配伍禁忌以及直肠对它的耐受性。

（二）栓剂的处方设计

栓剂的处方设计首先要根据所选择主药的药理作用，考虑用药目的，即确定用于局部作用还是全身作用以及用于何种疾病的治疗。而且，根据体内的作用特点的不同可以设计各种类型的栓剂。除了常用的普通栓剂外，可以设计成以速释为目的的中空栓剂和泡腾栓剂，以缓释为目的的渗透泵栓剂、微囊栓剂和凝胶栓剂，既有速释又有缓释部分的双层栓剂，加入渗透促进剂或阻滞剂的多种形式的栓剂。还需考虑药物的性质、基质和附加剂的性质以及对药物的释放、吸收的影响。

一般情况下，对胃肠道有刺激性，在胃中不稳定或有明显的肝脏首过效应的药物，可以考虑制成栓剂直肠给药。但难溶性药物和在直肠黏膜中呈离子型的药物不宜直肠给药。选择基质时，根据用药目的和药物性质等来决定。栓剂给药后，必须经过基质融化才能使药物从基质中释放，并分散于直肠黏膜中，最后与黏膜接触而被吸收。因此基质的种类和性质直接影响药物释放的速率。

一般应根据药物性质选择与药物溶解性相反的基质，有利于药物释放，增加吸收。如药物是脂溶性的，则应选择水溶性基质；如药物是水溶性的，则选择脂溶性基质。这样溶出速率快，体内峰值高，达峰时间短。为了提高药物在基质中的均匀性，可用适当的溶剂将药物溶解或者将药物粉碎成细粉后再与基质混合。

根据栓剂直肠吸收的特点，如何避免或减少肝脏首过效应，在栓剂的处方和结构设计以及在栓剂的应用方法上要加以考虑。栓剂给药后的吸收途径有两条：①通过直肠上静脉进入肝脏，进行代谢后再由肝进入大循环；②通过直肠下静脉和肛门静脉，经髂内静脉绕过肝进入下腔大静脉，再进入大循环。为此栓剂在应用时塞入距肛门口约 2 cm 处为宜。这样可有给药总量的 $50\% \sim 75\%$ 的药物不经过肝脏。同时为避免塞入的栓剂逐渐自动进入深部，可以设计延长在直肠下部停留时间的双层栓剂。双层栓的前端由溶解性高、在后端能迅速吸收水分膨润形成凝胶塞而抑制栓剂向上移动的基质组成。这样可达到避免肝脏首过效应的目的。

在设计全身作用的栓剂处方时还应考虑到具体药物的性质对其释放、吸收的影响。这主要与药物本身的解离度有关。非解离型药物易透过直肠黏膜吸收入血液，而完全解离的药物则吸收较差。酸性药物的 pK_a 值在 4 以上、碱性药物 pK_a 值低于 8.5 者可被直肠黏膜迅速吸收。故认为用缓冲剂以改变直肠部位的 pH，由此增加非解离药物的浓度，借以提高其生物利用度。在家兔直肠实验中，给不同 pH 的胰岛素栓剂，给药量为 100 $\mu g/kg$，结果血药浓度顺序为 pH＝3＞pH＝5＞pH＝7＞pH＝8。pH＝3、pH＝5 两种栓剂是在 0.1 mol/L 磷酸缓冲液中调制而成的。结果证明，配制栓剂的 pH 以及直肠环境的 pH 对药物的解离度和药物吸收有明显影响。另外药物的溶解度、粒度等性质对栓剂的释药、吸收也有影响。

局部作用的栓剂则应尽量减少吸收，故应选择融化或溶解、释药速率慢的栓剂基质。水溶性基质制成的栓剂因腔道中的液体量有限，使其溶解速度受限，释放药物缓慢，较油脂性基质更有利于发挥局部药效。如甘油明胶基质常用于起局部杀虫、抗菌的阴道栓基质。局部作用通常在半小时内开始，要持续约 4 h。但液化时间不宜过长，否则会使病人感到不适，而且可能不会将药物全部释出，甚至大部分排出体外。

（三）栓剂的制备方法

1. 基质用量的确定

通常情况下，栓剂模型的容量是固定的，但它会因基质或药物的密度不同可容纳不同的重量。而一般栓模容纳重量（如 1 g 或 2 g）是指以可可脂为代表的基质重量。加入的药物会占有一定体积，特别是不溶于基质的药物。

为保持栓剂原有体积，就要考虑引入置换价（displacement value，DV）的概念。置换价是用于计算栓剂基质用量的参数。置换价系指在一定体积下，药物的重量与同体积基质重量的比值，可以用下述方法和式（8-51）求得某药物对某基质的置换价。

$$DV = \frac{W}{G-(M-W)} \qquad (8-51)$$

式中，G 为纯基质平均栓重；M 为含药栓的平均重量；W 为每个栓剂的平均含药重量。

置换价的测定方法：取基质依法制备空白栓剂，称得平均重量为 G，另取基质与药物定量混合制备成含药栓剂，称得含药栓的平均重量为 M，每粒栓剂中药物的平均重量为 W，将这些数据代入式（8-51），即可求得某药物对某一基质的置换价。

用测定的置换价可以方便地计算出制备这种含药栓需要基质的重量 x。

$$x = \left(G - \frac{y}{DV}\right) \cdot n \qquad (8-52)$$

式中，y 为处方中药物的剂量；n 为拟制备栓剂的枚数。

2. 栓剂的制备

栓剂的制备方法有**搓捏法**（pinch twist method）、**冷压法**（cold compression method）和**热熔法**（fusion method）。搓捏法适合油脂性基质的小量制备；冷压法适合大量生产油脂性基质栓剂；热熔法适合油脂性基质和水溶性基质栓剂的制备。

（1）搓捏法 本法系指取药物的细粉置于乳钵中，加入约等量的基质搓成粉末研匀后，缓缓加入剩余的基质制成均匀的可塑性团块，必要时可加入适量的植物油或羊毛脂以增加可塑性。再置于瓷板上，用手隔纸搓擦，轻轻加压转动滚成圆柱体并按需要量分割成若干等份，搓捏成适宜的形状。此法适用于小量临时制备。所得制品的外形往往不一致，不够美观。

（2）冷压法 本法系将药物与基质的锉末置于冷却的容器内混合均匀，然后手工搓捏成形或装入制栓模型机内压成一定形状的栓剂。通过机压模型制成的栓剂较美观。冷压法可避免加热对主药或基质稳定性的影响，不溶性药物也不会在基质中沉降，但生产效率不高，成品中往往夹带空气而不易控制栓重，主要用于油脂性基质的栓剂制备。

（3）热熔法 本法系将计算好的基质锉末用水浴或蒸汽浴加热熔化，温度不易过高，然后按药物性质以不同方法加入，混合均匀，倾入冷却并涂有润滑剂的模型中至稍为溢出模口为度。放冷，待完全凝固后，削去溢出部分，开模取出。热熔法制备栓剂的工艺流程见图8-125。

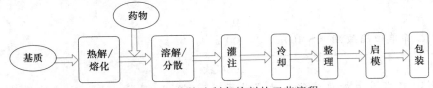

图8-125 热熔法制备栓剂的工艺流程

热熔法应用较广泛，小量栓剂制备时一般使用不同规格和形状的模具。栓剂模具一般用金属制成，表面镀铬或镍，以免金属与药物发生作用，见图8-126。栓剂模孔内涂的润滑剂通常有两类：①油脂性基质的栓剂，常用软肥皂、甘油各一份与95％乙醇五份混合所得；②水溶性基质的栓剂，则用油性辅料为润滑剂，如液状石蜡或植物油等。有的基质不黏模，如可可脂或聚乙二醇类，可不用润滑剂。

图8-126 栓剂模具示意图

工厂化大量生产已用自动化模制机来完成。主要由制带机、灌注机、冷冻机、封口机等组成，能在同一台设备中自动完成栓剂的制壳、灌注、冷却成型、封口等全部工序，产量为18000～30000粒/h。其中制壳材料为塑料和铝箔，制壳材料不仅是包装材料，又是栓剂模具，如图8-127所示。此种包装不仅方便生产，减轻劳动强度，而且不需冷藏保存。此外，灌注机组同时配备智能检测模块，具有自动纠偏、瘪泡检测、装量检测、剔除废品等功能，节省劳力，确保产品质量。

图8-127 HY-U全自动栓剂灌封机

（四）栓剂生产中易出现的问题及解决办法

1. 气泡

由于灌封时贮料罐温度过高，液体灌入栓壳时，壳内气体未排尽就进入冷冻机中，导致栓剂顶部或内部出现气泡、可通过适当降低贮料罐温度来解决。

2. 裂纹或表面不光滑

可能是由于灌装温度与冷却温度相差过大、基质硬度过高或冷却时收缩过多。解决办法包括缩小灌装与冷却之间的温差、选择两种或两种以上的栓剂基质混合使用、选择结晶速度慢的基质等。

3. 分层

可能是由于药物与基质不相溶、物料混合时没有搅拌均匀、加热熔化的温度与冷却温度相差过大而使药物析出。解决此类问题的常用方法是向基质中加入适量表面活性剂或者适当降低灌装温度。

4. 融变时限不合格

影响栓剂融变时限的因素有基质熔点、栓剂硬度、药物性质等。油脂性基质在贮藏过程中熔点可能升高，基质由非稳定晶型向稳定晶型转变，从而导致融变时限延长，可采用复合基质，使初始熔点降低加以解决。水溶性基质中水分含量一般不超过10%，否则栓剂硬度过低。另外，还应充分考虑基质的分子量和引湿性（如不同型号的 PEG）、药物是否微粉化、药物在基质中的溶解度等因素。

（五）栓剂举例

例 8-20 吡罗昔康栓

【处方】

吡罗昔康	10 g
聚氧乙烯单硬脂酸酯（S-40）	500 g
共制	1000 枚

【制法】 取 S-40 在水浴上加热熔化，吡罗昔康粉碎过 100 目筛，加入上述熔化的基质中研磨均匀，保温、灌模、冷却、整理、启模、包装即得。

【注解】 ①本品为肛门栓，有镇痛消炎消肿作用，主要用于治疗风湿性及类风湿性关节炎。②吡罗昔康为主药，S-40 为基质。

例 8-21 醋酸洗必泰栓

【处方】

醋酸洗必泰	0.5 g	吐温 80	2 g
冰片	0.1 g	乙醇	5 mL
甘油	90.0 g	明胶（细粒）	27 g
蒸馏水	200.0 g		
		共制成阴道栓	20 枚

【制法】 ①取处方量的明胶加蒸馏水 200 g 浸泡约 30 min。使其膨胀变软，再加入甘油，在水浴上加热使明胶溶解。②另取醋酸洗必泰溶于吐温 80 中，冰片溶于乙醇中。③在搅拌条件下将两液混合后，再加入已制好的甘油明胶液中，搅拌均匀。④趁热注入已涂好润滑剂（液状石蜡）的阴道栓模中，冷却、整理、启模即得。

【注解】 ①本品为阴道栓，主要用于治疗宫颈糜烂及阴道炎。②醋酸洗必泰在乙醇中溶解，在水中略溶（1.9：100），表面活性剂吐温 80 可以使醋酸洗必泰均匀分散于甘油明胶基质中。

例 8-22 吲哚美辛缓释栓

【处方】

吲哚美辛	1.73 g	PEG 400	38 g
吲哚美辛微囊	3.95 g	甘油	38 g
PEG 4000	29 g		
		共制	50 枚

【制法】 ①微囊制备：称取吲哚美辛适量，加入 20% 明胶溶液使其成均匀的混悬液。加到 60℃液状石蜡中搅拌、冷却。加入异丙醇，抽滤，然后于甲醛溶液中浸泡。分离出微囊、抽干、干燥备用。②微囊栓剂制备：称取 PEG 4000、PEG 400 及甘油置于三角瓶中。水浴加热熔化、搅拌均匀，恒温到 50℃，加入吲哚美辛药粉混匀，再加入吲哚美辛微囊，迅速搅匀后灌装，冷却后起模即得。

【注解】 ①本品为解热镇痛药。②处方中吲哚美辛部分采用原料粉末，另一部分先制备成微囊，二者以一定比例组合可调节药物释放速率，PEG 4000、PEG 400 及甘油为混合水溶性基质，三者适当比例可调整栓剂的硬度。

六、栓剂的包装与贮存

栓剂包装的方法多种多样，材料选择也很多，如聚乙烯（PE）、聚丙烯（PP）等。原则上要求每个栓剂都要包封，不得外露，栓剂之间要有间隔，不得互相接触。栓剂机械生产线上的栓剂包装袋由药用PVC 硬片与 PE 膜复合而成，强度高、不易破碎、密封好、贮运安全、携带方便，见图 8-128。手工包装也可用 PE 材料制作的栓剂壳，如手工翻盖软塑料壳、泡罩包装等。

图 8-128　全自动栓剂灌封机制备的栓剂包装

栓剂应置于密闭、互不接触的容器内，贮存于阴凉干燥处。栓剂一般贮存于 30℃ 以下，油脂性基质栓剂应格外注意避热，最好在冰箱中保存。甘油明胶栓及聚乙二醇类水溶性基质栓剂可在室温阴凉处贮存，并宜密闭于容器中，以免吸湿、变形、变质等。

七、栓剂的质量评价

《中国药典》（2020 年版）规定，栓剂的一般质量要求有：药物与基质应混合均匀，栓剂外形应完整光滑；塞入腔道后应无刺激性，应能融化、软化或溶解，并与分泌液混合，逐步释放出药物，产生局部或全身作用；并应有适宜的硬度，以免在包装、贮藏或使用时变形。并应做重量差异和融变时限等多项检查。

1. 重量差异

取栓剂 10 粒，精密称定总重量，求得平均粒重后，再分别精密称定各粒的重量。每粒重量与平均粒重相比较，超出重量差异限度的药粒不得多于 1 粒，并不得超出限度 1 倍。凡规定检查含量均匀度的栓剂，一般不再进行重量差异检查。栓剂的重量差异限度如表 8-37 所示。

表 8-37　栓剂的重量差异限度

平均重量	重量差异限度
1.0 g 以下至 1.0 g	±10%
1.0 g 以上至 3.0 g	±7.5%
3.0 g 以上	±5%

2. 融变时限

取栓剂 3 粒，在室温放置 1 h，照《中国药典》（2020 年版）融变时限检查法（通则 0922）检查，应符合规定。按法测定，脂肪性基质的栓剂 3 粒均应在 30 min 内全部融化、软化或触压时无硬心。水溶性基质的栓剂 3 粒在 60 min 内全部溶解。如有一粒不合格，应另取 3 粒复试，均应符合规定。

3. 膨胀值

除另有规定外，阴道膨胀栓应检查膨胀值，并符合规定。检查时取栓剂 3 粒，用游标卡尺测其尾部棉条直径，滚动约 90° 再测一次，每粒测两次，求出每粒测定的 2 次平均值（R_i）；将上述 3 粒栓用于融变时限测定结束后，立即取出剩余棉条，待水断滴，均轻置于玻璃板上，用游标卡尺测定每个棉条的两端以及中间三个部位，滚动约 90° 后再测定三个部位，每个棉条共获得六个数据，求出测定的 6 次平均值（r_i），计算每粒的膨胀值（P_i），三粒栓剂的膨胀值均应大于 1.5。

$$P_i = \frac{r_i}{R_i}$$

(8-53)

4. 药物溶出速率和吸收试验

药物溶出速率和吸收试验可作为栓剂质量检查的参考项目。

（1）溶出速率试验 常采用的方法是将待测栓剂置于透析管的滤纸筒中或适宜的微孔滤膜中。溶出速率试验是将栓剂放入盛有介质并附有搅拌器的容器中，于 37℃ 每隔一定时间取样测定，每次取样后需补充同体积的溶出介质，求出介质中的药物量，作为在一定条件下基质中药物溶出速率的参考指标。

（2）体内吸收试验 可用家兔，开始时剂量不超过口服剂量，以后再两倍或三倍地增加剂量。给药后按一定时间间隔抽取血液或收集尿液，测定药物浓度。最后计算动物体内药物吸收的动力学参数和 AUC 等。

5. 稳定性和刺激性试验

（1）稳定性试验 将栓剂在室温 25℃±3℃ 和 4℃ 下贮存，定期于 0 个月、3 个月、6 个月、1 年、1.5 年、2 年检查外观变化和融变时限、主药的含量和药物的体外释放、有关物质。

（2）刺激性试验 对黏膜刺激性检查，一般用动物试验。即将基质检品的粉末、溶液或栓剂，施于家兔的眼黏膜上，或纳入动物的直肠、阴道，观察有何异常反应。在动物试验基础上，临床验证多在人体肛门或阴道中观察用药部位有无灼痛、刺激以及不适感觉等反应。

（刘珊珊　吴琼珠）

思考题

1. 简述口服固体制剂的吸收过程。
2. 简述影响药物溶出速率的因素和增加溶出速率的方法。
3. 简述粉体粒径的分类、表示方法、测定方法及适用范围。
4. 简述粉体密度的分类及其测定方法。
5. 哪些参数可表征粉体的流动性？简述改善粉体流动性的方法。
6. 简述粉体学性质对制剂设计的重要性。
7. 什么是粉碎？简述粉碎操作的目的。
8. 简述混合的机制及影响混合操作的因素。
9. 简述制粒的目的、方法及机制。
10. 简述流化床制粒的特点及影响因素。
11. 什么是干法制粒？简述滚压法制备干颗粒的工艺流程。
12. 片剂制备方法有哪些？简述湿法制粒压片的工艺流程。
13. 简述片剂包衣的目的、种类和方法。
14. 什么是连续制造？简述粉末直接压片连续制造工艺流程。
15. 简述散剂的制备工艺流程。
16. 简述颗粒剂的制备工艺流程。
17. 简述胶囊剂的定义、分类及特点。哪些药物不宜制成胶囊剂？
18. 片剂常用的辅料有哪几类？各起什么作用？并各举一例。
19. 简述片剂中崩解剂的作用机制及加入方法。
20. 试分析粉末直接压片的特点并简述其制备工艺流程。
21. 简述影响片剂成型的因素。

22．简述压片过程中可能发生的问题及解决方法。

23．简述薄膜包衣过程中可能发生的问题及解决方法。

24．什么是滴丸剂？简述滴丸剂的制备工艺流程。

25．微丸制备技术有哪些？简述挤出滚圆法制备微丸的工艺流程。

26．简述流化床制备微丸及进行微丸包衣的特点。

27．简述膜剂的特点和常用的成膜材料。

28．简述匀浆制膜法制备膜剂的工艺流程。

29．栓剂的常用基质有哪些？什么是栓剂的置换价？

30．简述热熔法制备栓剂的工艺流程。

参考文献

[1]　国家药典委员会. 中华人民共和国药典 [M]. 2020 年版. 北京：中国医药科技出版社，2020.

[2]　吴正红、祁小乐. 药剂学 [M]. 北京：中国医药科技出版社，2020.

[3]　方亮. 药剂学 [M]. 8 版. 北京：人民卫生出版社，2016.

[4]　平其能，屠锡德，张钧寿，等. 药剂学 [M]. 4 版. 北京：人民卫生出版社，2013.

[5]　崔福德. 药剂学 [M]. 7 版. 北京：人民卫生出版社，2011.

[6]　周建平，唐星. 工业药剂学 [M]. 北京：人民卫生出版社，2014.

[7]　潘卫三. 工业药剂学 [M]. 北京：高等教育出版社，2006.

[8]　张洪斌. 药物制剂工程技术与设备 [M]. 北京：化学工业出版社，2010.

[9]　凌沛学，庄健，庄越. 新编药物制剂技术 [M]. 北京：人民卫生出版社，2008.

[10]　姚静. 药用辅料应用指南 [M]. 北京：中国医药科技出版社，2011.

[11]　任晓文. 滴丸剂的开发和生产 [M]. 北京：化学工业出版社，2008.

[12]　G. 阿尔德乐，C. 尼斯特仑. 药物粉体压缩技术 [M]. 崔福德，译. 北京：化学工业出版社，2008.

[13]　Royal Hanson，Vivian Gray. 溶出度试验技术 [M]. 宁保明，张启明，译. 3 版. 北京：中国医药科技出版社，2007.

[14]　川北公夫，小石真纯，種谷真一. 粉体工程学 [M]. 罗秉江，郭新有，译. 武汉：武汉工业大学出版社，1991.

[15]　Rhodes F，Rhodes M J. Principles of powder technology [M]. New York：John Wiley and Sons，1991.

[16]　国家食品药品监督管理局. 化学药物制剂研究基本技术指导原则，2005.

[17]　国家食品药品监督管理局. 普通口服固体制剂溶出度试验技术指导原则，2012.

第九章

雾化制剂

本章要点

1. 掌握吸入和非吸入气、喷、粉雾剂的概念、特点、类型及药物递送的原理和方法。
2. 熟悉常用吸入制剂的辅料及影响经口吸入给药疗效的因素。
3. 熟悉典型气雾剂、喷雾剂、粉雾剂的处方、制备工艺及体外评价方法。
4. 了解经口吸入制剂的最新进展

第一节 概 述

本章以吸入制剂为主，介绍雾化制剂相关的理论知识以及检测评价方法。**气雾剂**（aerosols）、**喷雾剂**（sprays）、**吸入粉雾剂**（dry powder inhalation，DPI）最常用于呼吸道给药，同时在外用和局部给药也有一定应用。近几年该类剂型的研究越来越活跃。一是研究的产品越来越多，已不局限于治疗呼吸道疾病的药物，多肽和蛋白质类药物的呼吸道释药系统研究也逐渐增多，已上市的产品有加压素和降钙素鼻腔喷雾剂，而研究最热门的胰岛素干粉剂于 2006 年在美国和欧洲批准上市，但是由于市场及不确定的肺部风险，该产品在上市后一年多即宣布撤市。尽管如此，吸入给药仍是当今国际制药界最热门的研究领域之一。此外，一些疫苗及其他生物制品的喷雾给药系统也在研究中。二是新技术的应用越来越多，如新给药装置的应用使吸入给药更为方便，患者更易接受。三是涉及的理论技术较多，如粉体工程学、表面化学、流体力学、空气动力学及微粉化工艺、增溶和混悬技术等。四是新型制剂技术在雾化制剂中的应用越来越广泛。

一、气雾剂、喷雾剂和粉雾剂的概念

气雾剂、喷雾剂和粉雾剂系指以特殊装置给药，经呼吸道深部、腔道、黏膜或皮肤等发挥全身或局部作用的制剂。该类制剂按用药途径可分为吸入、非吸入和外用，应对皮肤、呼吸道与腔道黏膜和纤毛无刺激性、无毒性。吸入气雾剂、吸入粉雾剂和雾化吸入溶液可以单剂量或多剂量给药。

二、吸入制剂的特点

吸入制剂仅指通过特定的装置将药物以粉状或雾状的形式经口腔传输至呼吸道和（或）肺部以发挥局

部或全身作用的制剂。与普通口服制剂相比，吸入制剂可直接到达吸收部位，具有吸收快、可避免肝首过效应、生物利用度高等特点；而与注射制剂相比，也具有携带和使用方便从而提高患者依从性等优点，同时可减轻或避免部分药物不良反应。因而在近年吸入制剂越来越为药物研发者所关注。

吸入制剂在制剂处方、容器、包装系统、制剂工艺、质量研究、稳定性研究等方面均有其特殊关注点，可对吸入制剂的质量可控性以及安全有效性产生至关重要的影响，因此质量控制研究部分是吸入制剂的临床前乃至临床研究的重点之一。

第二节　气雾剂

一、气雾剂的定义

气雾剂（aerosols）系指含药溶液、乳状液或混悬液与适宜的抛射剂（propellant）共同装封于具有特制阀门系统的耐压容器中，使用时借助抛射剂的压力将内容物呈雾状喷出，用于肺部吸入或直接喷至腔道黏膜、皮肤和空间消毒的制剂。其中吸入气雾剂主要是指通过肺部吸入给药的气雾剂。气雾剂一般由药物、耐压容器、定量阀门系统和喷射装置组成。

二、气雾剂的分类

1. 按分散系统分类

按分散系统，气雾剂可分为溶液型、混悬型和乳剂型气雾剂。

（1）**溶液型气雾剂**　药物（固体或液体）溶解在抛射剂中，形成均匀溶液，喷出后抛射剂挥发，药物以固体或液体微粒状态达到作用部位。

（2）**混悬型气雾剂**　药物（固体）以微粒状态分散在抛射剂中，形成混悬液，喷出后抛射剂挥发，药物以固体微粒状态到达作用部位。

（3）**乳剂型气雾剂**　药物溶液和抛射剂按一定比例混合形成 O/W 型或 W/O 型乳剂。O/W 形乳剂以泡沫状态喷出，因此又称为泡沫气雾剂。W/O 型乳剂，喷出时形成液流。

2. 按给药途径分类

按给药途径，气雾剂可分为吸入气雾剂、非吸入气雾剂及外用气雾剂。

（1）**吸入气雾剂**　吸入气雾剂系指使用时将内容物呈雾状喷出并吸入肺部的气雾剂，可发挥局部或全身治疗作用。

（2）**非吸入气雾剂**　非吸入气雾剂系指使用时直接喷到腔道黏膜（口腔、鼻腔、阴道等）的气雾剂。鼻黏膜用气雾剂主要适用于鼻部疾病的局部用药和多肽类药物的系统给药；阴道黏膜用气雾剂，常用 O/W 型泡沫气雾剂，主要用于治疗微生物、寄生虫等引起的阴道炎，也可用于节制生育。

（3）**外用气雾剂**　外用气雾剂系指用于皮肤、空间消毒与杀虫用的气雾剂。皮肤用气雾剂主要起清洁消毒、保护创面、止血及局部麻醉等作用；空间消毒与杀虫用气雾剂主要用于杀虫、驱蚊及室内空气消毒。

3. 按处方组成分类

按处方组成，气雾剂可分为二相气雾剂和三相气雾剂。

（1）**二相气雾剂**　二相气雾剂一般指溶液型气雾剂，由气-液两相组成。气相是由抛射剂所产生的蒸气；液相为药物与抛射剂所形成的均相溶液。

（2）**三相气雾剂**　三相气雾剂一般指混悬型和乳剂型气雾剂，由气-液-固或气-液-液三相组成。在气-液-固中，气相是抛射剂所产生的蒸气，液相主要是抛射剂，固相是不溶性药物；在气-液-液中两种不溶性液体形成两相，即 O/W 型或 W/O 型。

4. 按给药定量与否分类

按给药定量与否，气雾剂还可分为定量吸入气雾剂（metered dose inhaler，MDI）和非定量吸入气雾剂。定量吸入气雾剂可通过使用定量阀门准确控制药物剂量；而非定量吸入气雾剂则使用连续阀门。

三、气雾剂的特点

1. 气雾剂的优点

① 简洁、便携、耐用、方便、不显眼、多剂量；②比雾化器容易准备，治疗时间短；③良好的剂量均一性；④气溶胶形成与患者的吸入行为无关；⑤所有 MDI 的操作和吸入方法相似；⑥批量生产价廉；⑦高压下的内容物可防止病原体侵入。

2. 气雾剂的缺点

①许多患者无法正确使用，从而造成肺部剂量较低和（或）不均一；②通常不是呼吸触动，即使吸入技术良好，肺部沉积量通常较低；③阀门系统对药物剂量有所限制，无法递送大剂量药物；④大多数现有的 MDI 没有剂量计数器。

四、气雾剂的质量要求

① 根据需要，气雾剂可加入溶剂、助溶剂、抗氧剂、抑菌剂、表面活性剂等附加剂。除另有规定外，在制剂确定处方时，该处方的抑菌效力应符合现行《中国药典》抑菌效力检查法的规定。吸入气雾剂中所有附加剂均应对呼吸道黏膜和纤毛无刺激性、无毒性。非吸入气雾剂中所有附加剂均应对皮肤或黏膜无刺激性。② 二相气雾剂应按处方制得澄清的溶液后，按规定量分装。三相气雾剂应将微粉化（或乳化）原料药物和附加剂充分混合制得混悬液或乳状液，如有必要，抽样检查，符合要求后分装。在制备过程中，必要时应严格控制水分，防止水分混入。吸入气雾剂的原料药物大小应控制在 10 μm 以下，其中大多数应为 5 μm 以下，一般不使用饮片细粉。③ 定量吸入气雾剂释出的主药含量应准确、均一，喷出的雾滴（粒）应均匀。

五、气雾剂的处方、工艺与制备

（一）气雾剂的组成

气雾剂由抛射剂、药物与其他辅料、耐压容器和阀门系统组成。

1. 抛射剂

抛射剂（propellant）一般可分为**氯氟烷烃**、**氢氟烷烃**、**碳氢化合物**及**压缩气体**四大类。抛射剂是喷射药物的动力，有时兼有药物的溶剂作用。抛射剂多为液化气体。在常压下沸点低于室温，因此，需将其装入耐压容器内，由阀门系统控制。在阀门开启时，借抛射剂的压力将容器内药液以雾状喷出到达用药部位。抛射剂的喷射能力大小直接受其种类和用量影响，同时也要根据气雾剂用药的要求加以合理的选择。对抛射剂的要求是：①在常温下的蒸气压力大于大气压；②无毒、无致敏反应和刺激性；③惰性，不与药物发生反应；④不易燃、不易爆；⑤无色、无臭、无味；⑥价廉易得。但一个抛射剂不可能同时满足以上各个要求，应根据用药目的适当选择。

（1）氯氟烷烃类（CFC，又名氟利昂） 由于氯氟烷烃（CFC）对大气臭氧层的破坏，国际卫生组织已经要求停用。CFDA 规定，从 2007 年 7 月 1 日起，药品生产企业在生产外用气雾剂时将停止使用氯氟烷烃类物质作为药用辅料；从 2010 年 1 月 1 日起，生产式气雾剂停止使用氯氟烷烃类物质作为药用辅料。

《保护臭氧层维也纳公约》规定，氯氟烷烃类物质应在 2010 年前淘汰。由于氢氟烷烃（HFA）和氟利昂在理化性质方面差别十分显著，传统的氟利昂制剂技术不能简单地移植给 HFA 剂型。应根据药物和辅料在 HFA 中的溶解度，设计定量吸入气雾剂。

（2）氢氟烷烃　氢氟烷烃（HFA）是目前最有应用前景一类氯氟烷烃的替代品，主要为四氟乙烷（HFA-134a）和七氟丙烷（HFA 227）。1995 年欧盟批准了这两种 HFA 替代氯氟烷烃用于药用气雾剂的开发。1996 年，FDA 也批准了 HFA 134a 应用于吸入制剂。目前全球大部分市售的吸入气雾剂的抛射剂均为氢氟烷烃。

（3）碳氢化合物　碳氢化合物的主要品种有丙烷、正丁烷和异丁烷。此类抛射剂虽然稳定、毒性不大、密度低、沸点较低，但易燃、易爆，不宜单独应用，常与氯氟烷烃类抛射剂合用。

（4）压缩气体　压缩气体主要有二氧化碳、氮气、一氧化氮等。其化学性质稳定，不与药物发生反应，不燃烧。但液化后的沸点较低，常温时蒸气压过高，对容器耐压性能的要求高（需小钢球包装）。若在常温下充入它们的非液化压缩气体，则压力容易迅速降低，达不到持久喷射效果。

2. 药物与其他辅料

（1）药物　液体、固体药物均可制备气雾剂。目前应用较多的药物有呼吸系统用药、心血管系统用药、解痉药及烧伤药等。近年来多肽类药物的气雾剂给药系统研究越来越多。

（2）其他辅料　药物通常在 HFA 抛射剂中不能达到治疗剂量所需的溶解度，为制备质量稳定的溶液型、混悬型或乳剂型气雾剂，应加入附加剂，如潜溶剂、润湿剂、乳化剂、稳定剂，必要时还需添加矫味剂、防腐剂等。

3. 耐压容器

气雾剂的容器必须不与药物和抛射剂相互作用，应耐压（有一定的耐压安全系数）、轻便、廉价等。耐压容器有金属容器、玻璃容器和塑料容器。玻璃容器化学性质稳定，但耐压和耐撞击性差。因此，在玻璃容器外裹一层塑料防护层，以弥补这种缺点。金属容器包括铝、不锈钢等容器，耐压性强，但对某些不稳定的药液需内涂聚乙烯或环氧树脂等。塑料容器质地轻、牢固耐压，具有良好的抗撞击性和抗腐蚀性，但塑料本身通透性高，其添加剂可能会影响药物的稳定性。

4. 阀门系统

气雾剂阀门系统是控制药物和抛射剂从容器喷出的主要部件，其中设有供吸入的定量阀门，或供腔道或皮肤等外用的特殊阀门系统。阀门系统包括封帽、阀杆（轴芯）、橡胶封圈、弹簧、定量杯（室）、浸入管、推动钮。阀门系统坚固、耐用和结构稳定与否，直接影响制剂的质量。阀门材料必须对内容物惰性，阀门组件应精密加工。

（二）气雾剂的生产设备

药用定量气雾剂的生产设备较为复杂，要求较高，尤其是用于灌装 HFA 的生产设备，国内生产的较少，主要由瑞士 Pamasol、美国 KP-Aerofill、意大利 Coster 生产，均为全自动生产线，集洗罐、整理、轧盖、灌装于一体，工业化程度较高，日产可高达 5 万罐。生产线的经典配置如图 9-1 所示。

（三）气雾剂的制备工艺

气雾剂根据主药在制剂中的物理状态可分为**溶液型**和**混悬型**（含乳剂型）两种，由主药、抛射剂、潜溶剂和表面活性剂组成。如果处方或装置许可，处方中可不含有表面活性剂或潜溶剂。溶液型气雾剂要求主药溶解度达到用药剂量要求。该类气雾剂处方具有良好的物理稳定性，但化学稳定性可能会降低，喷雾微粒大小主要取决于处方蒸气压和驱动器的喷孔大小。当主药溶解度达不到用药剂量要求时，常选择制备成混悬型气雾剂，其处方化学稳定性优于溶液型气雾剂，但处方物理稳定性较低，因奥斯特瓦尔德熟化（Ostwald ripening）引起的药物小微晶溶解、大微晶生长，体系中微粒易聚集。微粒大小取决于主药固体颗粒大小及其在处方中的浓度。

图 9-2 是典型的 MDI 结构图。MDI 产品由溶解或混悬于抛射剂中的具有治疗活性的成分、抛射剂复合物或抛射剂与溶剂的混合物、密闭高压气雾剂容器中的其他辅料所组成。一个 MDI 产品可进行高达数

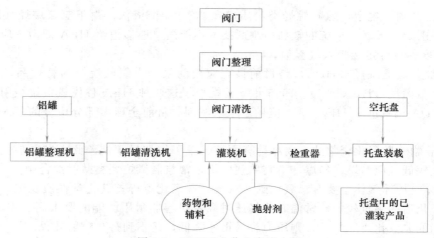

图 9-1　MDI 工业化生产流水线

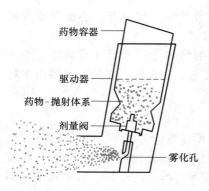

图 9-2　MDI 结构示意图

百次的定量给药，每揿喷射体积在 $25\sim100\mu L$ 之间，可从微克到毫克级。尽管 MDI 与其他药物品种有很多相似之处，但它在处方筛选、容器和包装系统的选择、生产制造过程及最终的质量控制和稳定性研究方面均与常规制剂有很大不同。在研发过程中需要考虑到这些区别，否则将会影响到产品在整个使用过程中保持稳定的剂量和药效。

1. 吸入气雾剂制备过程

吸入气雾剂的制备过程可分为：容器阀门系统的处理与装配；药物的配制、分装；抛射剂填充三部分。最后经质量检查合格后成为气雾剂产品。抛射剂的填充有冷灌法和压灌法，压灌法又分为一步法和两步法，在工业化生产中主要采用冷灌法（图 9-3）和一步压灌法（图 9-4）。气雾剂的生产环境、用具和整个操作过程，应避免微生物的污染。溶液型气雾剂应制成澄清溶液；混悬型气雾剂应将药物微粉化，并严格控制水分的带入。

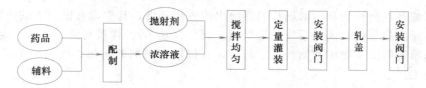

图 9-3　MDI 冷灌法配制流程图

（1）药物的配制　按处方组成及所要求的气雾剂类型进行配制。溶液型气雾剂应制成澄清药液；混悬型气雾剂应将药物微粉化并保持干燥状态；乳剂型气雾剂应制成稳定的乳剂。将上述配制好的合格药物分散系统，定量分装在已准备好的容器内，安装阀门，轧紧封帽。

（2）药液的分装和抛射剂填充

① 冷灌法：在室温或低温下先将药物和除抛射剂以外的辅料配制成浓配液，再在 −55℃ 以下，常压下加入抛射

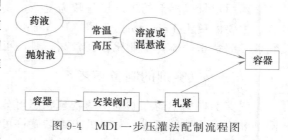

图 9-4　MDI 一步压灌法配制流程图

剂，搅拌均匀后，在持续循环的情况下定量灌装入罐中，安装阀门后轧盖即得。操作必须迅速完成，以减少抛射剂的损失。

冷灌法速度快，对阀门无影响，成品压力较稳定。但需制冷设备和低温操作，抛射剂损失较多。工业化程度达到一定规模后，冷灌法的成本可低于压灌法。工艺流程见图 9-3。

② 压灌法：压灌法分为一步压灌法和两步压灌法。后者采用的设备较为简单，对药液的要求亦较高，在抛射剂为氯氟烷烃（CFC）时较为常用。当氯氟烷烃替换为氢氟烷烃（HFA）后，工业上以一步法较

为常用。一步法系先将阀门安装在罐上，轧紧，再将药液和抛射剂在常温高压下配制成溶液或混悬液，通过阀门压入密闭容器中。采用该法灌装药液前需驱除容器中空气，避免药物在贮存期的氧化降解。一步压灌法的流程见图9-4。

压灌法的设备简单，不需要低温操作，抛射剂损耗较少，目前我国多用此法生产。但生产速度较慢，且使用过程中压力变化幅度较大。目前，我国气雾剂的生产主要采用高速旋转压装抛射剂的工艺，产品质量稳定，生产效率大为提高。

2. 气雾剂制备的关键点及注意事项

（1）**主药的性质** 配制气雾剂，尤其是混悬型气雾剂时应注意主药的溶解度、微晶颗粒大小及形状、密度、多晶型等药物的固态物性。

（2）**药物的微粉化** 制备混悬型气雾剂时，必须事先对药物进行微粉化处理，要求药物的粒径在 7 μm 以下，并提供 d_{10}、d_{50}、d_{90} 的粒度分布数据，同时注意微粉化工艺对药物的影响，如主药高温降解、多晶型转化、粉末特性等。

（3）**物理稳定性和蒸气压** 处方筛选中混悬型 MDI 需着重研究药物的聚集；通过复配抛射剂，或加入短链醇（如乙醇）等潜溶剂的方法获得适宜蒸气压；结合质量和临床研究结果，分析剂量损失的原因。

（4）**表面活性剂** 表面活性剂有助于混悬和润滑阀门，保证剂量的准确。但在葛兰素史克公司（GSK）上市的沙丁胺醇气雾剂中，采用了 GSK 的特有专利技术，制剂中不含有表面活性剂和潜溶剂，但使用了特殊的阀门，并对压力罐内壁进行了特殊的涂层以避免药物的吸附。

（5）**水分和环境湿度的控制** 氢氟烷烃（HFA）抛射剂具亲水性，易将水分带入成品中。而处方中的水分含量较高可能对气雾剂性能（如化学稳定性、物理稳定性、可吸入性等）有潜在影响。产品中水分的来源主要有：①原料和辅料中带入；②生产环境引入；③容器和生产用具带入。所以在处方筛选过程中，应严格控制原料药和辅料的水分，也要避免生产环境以及生产用具、容器中水分的带入，以最大限度地避免水分带来的影响。

（6）**其他** 此外，在配制过程中要注意主药及附加剂成分的添加顺序、主药含量的稳定性、停产间歇时间的优化、车间的温度和湿度等。

（四）典型处方与工艺分析

气雾剂的处方组成，除选择适宜的抛射剂外，主要根据药物的理化性质选择适宜的附加剂（如潜溶剂、表面活性剂），配制成一定类型的气雾剂，以满足临床用药的要求。

首个沙丁胺醇 HFA 气雾剂来自 3M 公司（商品名：Proventil），与市场上原来使用的沙丁胺醇 CFC-MDI（商品名：Ventolin）相比，二者气体动力学半径相当，但 Proventil HFA 具有更好的剂量均一性、更小的氟利昂效应以及所有标定剂量喷射后更快的剂量消退。二者处方差异见表9-1。

必须注意，在抛射剂替代中，当剂量大于其在 CFC-MDI 中的用量时可能导致安全性问题，需进行相关药理毒理评价。如另一个最常用的哮喘治疗药丙酸倍氯米松（beclomethasone dipropionate，BDP）HFA 气雾剂（商品名：QVAR），仍由 3M 公司首先研发成功，与 BDP 的 CFC-MDI 相比，具有更高的肺部有效沉积，小粒子的特性使 QVAR 用更低的药量就可以治疗哮喘。

表 9-1　不同抛射剂的沙丁胺醇气雾剂的处方及灌装体系比较

产品	Ventolin CFC	Proventil HFA
定量阀	Bespak 公司 63μL 阀（高聚体）	3M 公司 25μL 阀（不锈钢或不同的合成橡胶）
每揿药物量	沙丁胺醇 100 mg	硫酸沙丁胺醇 120.5 mg
抛射剂	CFC 12：11＝72：28（质量比）	HFA 134a
助溶剂	无	乙醇
每剂表面活性剂	约 10 mg 油酸	油酸
生产	高速压力灌装	必须冷冻灌装
触动器	喷嘴直径为 0.4 mm 的标准 CFC 喷槽	调节至 APSD 与 Ventolin CFC 相当

六、气雾剂的包装与贮存

气雾剂的容器包括金属容器、玻璃容器和塑料容器。容器应能耐受气雾剂所需的压力，各组成部件均不得与原料药物或附加剂发生理化作用。其尺寸精度与溶胀性必须符合要求。气雾剂应置凉暗处贮存，并避免暴晒、受热、敲打、撞击。

七、气雾剂的质量评价

首先对气雾剂的内在质量进行检测评定，以确定其是否符合规定要求。然后，对气雾剂的包装容器和喷射情况，在半成品时进行检查，具体检查方法参照《中国药典》（2020 年版）。

气雾剂的质量评价包括：剂量均一性、每揿喷量、微细粒子分布、最低装量、泄漏率、每揿主药含量、每罐总揿次等。其中，剂量均一性、微细粒子分布是气雾剂研究中最重要的评价指标。

1. 剂量均一性

采用规定的取样装置收集产品说明中的临床最小推荐剂量测定，具体检查方法参照《中国药典》（2020 年版）。

2. 微细粒子分布

气雾剂的粒度分布分为静态粒径分布和空气动力学粒径分布（aerodynamic particle size distribution，APSD）。静态粒径分布主要采用显微镜检测，较多地在配制中间体时用该法进行质控检验，吸入气雾剂要求药物粒径大小应控制在 10 μm 以下，其中大多数应为 5 μm 以下。对于吸入制剂而言，更为重要的是 APSD 的测定。粒子的空气动力学粒径决定粒子所能到达的呼吸道部位。各国药典所规定的吸入制剂空气动力学粒径的测定方法都是基于粒子惯性的碰撞器法。《中国药典》（2020 年版）收载的是双级撞击器（twin-stage impactor，TSI），而目前国际上较为常用的测定微细粒子分布的仪器为安德森级联撞击器（Andersen cascade impactor，ACI）和新一代撞击器（next generation impactor，NGI）。现具体介绍如下：

（1）双级液体撞击器　对于雾滴（粒）的空气动力学直径的控制，现行《中国药典》采用模拟双级液体撞击器（图 9-5）。其中，圆底烧瓶 D 及垂直管 C 处为第一级（stage Ⅰ），相当于主支气管；三角烧

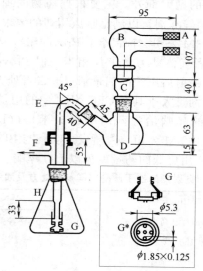

图 9-5　双级液体撞击器示意图

A—吸嘴适配器，连接吸入装置；B—模拟喉部，由改进的 50 mL 圆底烧瓶制成，入口为 29/32 磨口管，出口为 24/29 磨口塞；
C—模拟颈部；D——级分布瓶，由 24/29 磨口 100 mL 圆底烧瓶制成，出口为 14/23 磨口管；E—连接管，由 14 口磨口塞与 D 连接；
F—出口三通管，侧面出口为 14 口磨口塞，上端连接塑料螺帽（内含垫圈）使 E 与 F 密封，下端出口为 24/29 磨口塞；
G—喷头，由聚丙烯材料制成，底部有 4 个直径为 1.85 mm±0.125 mm 的喷孔，喷孔中心有一直径为 2 mm，高度为 2 mm 的凸出物；
H—二级分布瓶，24/29 磨口 250 mL 锥形瓶

瓶、弯管、垂直管处为第二级（stage Ⅱ），相当于肺细支气管以下部位，即有效部位。使从吸入器释放出来的雾滴（粒）通过此仪器，然后测定仪器中第二级的药物沉积率，来控制雾滴（粒）大小分布。

双级撞击器是 1987 年由 Hallworth 等提出的，其主要原理是将雾滴（粒）通过模拟人体呼吸道的仪器，根据检测雾滴（粒）在仪器不同部位的分布情况，基于雾滴（粒）的大小和惯性来确定雾滴（粒）的空气动力学粒径。一般认为，在流速为 60 L/min 时，可以到达该装置第二级的药物雾滴（粒）的中位径（D_{50}），为 6.4 μm。

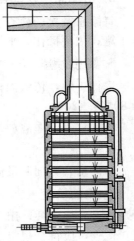

图 9-6 ACI 示意图

（2）**多级撞击器**　多级撞击器是将吸入制剂中的药物吸入雾粒分为多个空气动力学等级，并为欧洲药典和美国药典收载。通过检定药物在各撞击盘中的沉积量，可获得药物的空气动力学粒径分布。在测得微细粒子剂量（fine particle dosage，FPD）的同时，可得到质量中值空气动力学直径（mass median aerodynamic diameter，mmAD）和几何标准偏差（geometric standard deviation，GSD）。

多级撞击器中，应用最广泛的是为英国药典收载的安德森级联撞击器（ACI），见图 9-6。由于药物所沉积的表面不同，圆盘撞击器和液体撞击器所测得的粒径分布存在一定的差异。采用金属圆盘作为接收器的一大缺点是容易引起粒子飞散。在圆盘表面涂布甘油、硅油等可避免粒子飞散。ACI 的另一缺点是操作复杂，且层级间垂直分布，不易拆卸，较难实现自动化分析。ACI 各级圆盘的尺寸、号码，及各级所对应的粒子大小见表 9-2。

表 9-2　ACI 的主要尺寸规格及各级对应的微粒粒径

名称	号码	尺寸/mm	粒径/μm
Stage 0	96	2.55±0.025	9.0～10.0
Stage 1	96	1.89±0.025	5.8～9.0
Stage 2	400	0.914±0.0127	4.7～5.8
Stage 3	400	0.711±0.0127	3.3～4.7
Stage 4	400	0.533±0.0127	2.1～3.3
Stage 5	400	0.343±0.0127	1.1～2.1
Stage 6	400	0.254±0.0127	0.65～1.1
Stage 7	201	0.254±0.0127	0.43～0.65

（3）**新一代撞击器**　新一代撞击器由七个层级和一个微孔收集器（micro-orifice collector，MOC）构成，已被 USP、EP 和 BP 收载，见图 9-7。气雾流以锯齿形式通过碰撞器。在 30～100 L/min 流速范围内，D_{50} 在 0.24～11.7 μm 之间，有不少于五个级别的 D_{50} 落在 0.5～6.5 μm 之间。测定时各层级之间干扰较少。粒径分布曲线形状较好，无拖尾现象。

Kamiya A 等对比了 NGI 和 ACI 中粒子沉积的情况，结果表明，NGI 中粒子在各层级之间的沉积小于 ACI。由于 NGI 各级为水平分布，可以凭借托盘将各级碰撞杯一同取出，在进行分析测定时无相互干扰，因此有利于实现自动化分析。

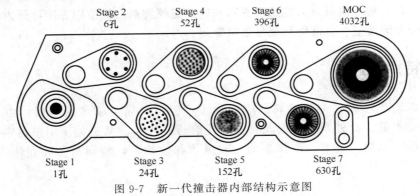

图 9-7　新一代撞击器内部结构示意图

3. 喷射速率和喷出总量检查

对于非定量气雾剂检查此项。

（1）**喷射速率** 取供试品 4 罐依法操作，重复操作 3 次。计算每罐均喷射速率（g/s），均应符合各品种项下的规定。

（2）**喷出总量** 取供试品 4 罐，依法操作，每罐喷出量均不得少于其标示量的 85％。

4. 每罐总揿次与每揿主药含量检查

每罐总揿次的检查，取样 4 罐，分别依法操作，每罐揿次均不得少于其标示揿次。每揿主药检查，取样 1 罐，依法操作，平均含量应为每揿喷出主药含量标示量的 80％～120％。

5. 每揿喷量

取样 1 罐，依法操作，计算 10 个喷量的平均值。再重复测试 3 罐。除另有规定外，均应为标示喷量的 80％～120％。

凡进行每揿递送剂量均一性检查的气雾剂，不再进行每揿喷量检查。

6. 装量

非定量气雾剂照最低装量检查法《中国药典》（2020 年版）检查，应符合规定。

7. 无菌检查

除另有规定外，用于烧伤、严重创伤或临床必需无菌的气雾剂，照无菌检查法《中国药典》（2020 年版）检查，应符合规定。

8. 微生物检查

应符合规定。

第三节 喷雾剂

一、喷雾剂的定义

喷雾剂（sprays）系指含药溶液、乳状液或混悬液填充于特制的装置中，使用时借助手动泵的压力（无需添加抛射剂）或其他方法将内容物呈雾状物释出，直接喷至腔道黏膜、皮肤及空间消毒的制剂。

二、喷雾剂的分类

按给药量定量与否，喷雾剂可分为**定量喷雾剂**和**非定量喷雾剂**；按使用方法可分为**单剂量**和**多剂量**喷雾剂；按处方组成分为**溶液型**、**乳液型**和**混悬型**喷雾剂。

三、喷雾剂的特点

喷雾剂喷射的雾滴比较粗，一般以局部应用为主，但可以满足临床的需要。由于不是加压包装，喷雾剂制备方便，成本低。此外，喷雾剂既具备雾化给药的特点，又避免使用抛射剂，更加安全可靠，因此特别适用于皮肤、黏膜、关节、肢体表面、腔道等部位给药，特别是鼻腔和体表的喷雾给药比较多见。

四、喷雾剂的质量要求

对喷雾剂的一般质量要求如下：

①溶液型喷雾剂的药液要澄明；乳液型喷雾剂分散相在分散介质中应分散均匀；混悬型喷雾剂应将药物细粉和附加剂充分混匀，制成稳定的混悬剂。②配制喷雾剂时，可按药物的性质添加适宜的附加剂，如溶剂、助溶剂、抗氧剂、防腐剂等，但应关注其对安全性的影响。③烧伤、创伤用喷雾剂应采用无菌操作或灭菌。④喷雾剂应置于阴凉处贮存，防止吸潮等。

五、喷雾剂的处方、工艺与制备

（一）处方

喷雾剂的处方一般由药物、溶剂、助溶剂、表面活性剂及防腐剂组成。

例 9-1 丙酸氟替卡松鼻喷雾剂

【处方】

丙酸氟替卡松	50 μg	葡萄糖	
微晶纤维素		羧甲基纤维素钠	
苯乙醇		苯扎氯铵（0.02%，W/W）	
吐温 80（0.25%W/W）		稀盐酸	
纯水			

【制法】 精确称取 50 μg 微细丙酸氟替卡松与所有辅料，溶于适量的注射用水，充分混匀形成悬浮液。加注射用水至所需配制量，用稀盐酸调节 pH（5.8～6.8）。灌装、充氮气。加泵阀。

例 9-2 莫米松喷雾剂

【处方】

莫米松糠酸酯	3 g
聚山梨酯	80
水	
制成	1000 瓶

【制法】 将莫米松糠酸酯用适当方法制成细粉，加入适量的表面活性剂，混合均匀后，加入含防腐剂和增稠剂的水溶液中，分散均匀，分装。

【注解】 处方中加入聚山梨酯 80 和增稠剂都有利于混悬剂的稳定，但每次用药前仍应充分摇匀。本制剂可在 2～25℃ 下保存，有效期为 2 年。本品为混悬型喷雾剂，用于鼻腔给药。

（二）喷雾剂的工艺与制备

1. 压缩气体的选择

CO_2、N_2O、N_2 是常用的压缩气体。制备喷雾剂时，为了保证内容物能全部用完，要给压缩气体施加较高的压力，内压一般在 617.85～686.51kPa（表压）。容器的牢固性要求也较高，必须能抵抗 1029.75kPa 的压力（表压）。

大都采用氮或二氧化碳等压缩气体作为内服的喷雾剂喷射药液的动力。其中氮的溶解度小，化学性质稳定，无异臭。二氧化碳的溶解度虽高，但是会改变药液的酸碱度，因此其应用受到限制。

压缩气体在使用前应经过净化处理，方法可参照注射剂中填充气体的净化工序。

2. 药液的配制与灌封

药液应在要求的洁净度环境配制并及时灌封于灭菌的洁净干燥容器中。烧伤、创伤用喷雾剂应采用无菌操作或灭菌。

（1）药液的配制 喷雾剂的内容物根据药物性质及临床需要，可配成溶液、乳浊液、混悬液等不同类型。配制时可添加适宜附加剂，如增溶剂、助溶剂、助悬剂、乳化剂、抗氧剂、防腐剂及 pH 调节剂等，有些皮肤给药的喷雾剂可加入氮酮等适宜的透皮促进剂。所加附加剂均应符合药用规格，对呼吸道、皮肤、黏膜等无刺激性、无毒性。

（2）药液的灌封 药液配好后，经过质量检查，灌封于灭菌的洁净干燥容器中，装上阀门系统（雾化装置）和帽盖。工业生产中，喷雾剂的灌封可在全自动喷雾剂灌装生产线上进行，适用于容积为 15～120 mL 铝罐、塑料罐、玻璃瓶的灌装。使用压缩气体的喷雾剂，安装阀门，轧紧封帽，压入压缩气体，即得。

3. 喷雾剂的给药装置

喷雾剂的给药装置通常由两部分构成：一部分是起喷射药物作用的喷雾装置，另一部分为承装药物溶液的容器。

常用的喷雾剂是利用机械泵进行喷雾给药的。手动泵主要由泵杆、支持体、密封垫、固定杯、弹簧、活塞、泵体、弹簧冒、活动垫或舌状垫及浸入管等基本元件组成。该装置具有以下优点：①使用方便；②无需预压，仅需很小的触动力即可达到喷雾所需压力；③适用范围广。手动泵产生的压力取决于手揿压力或与之平衡的泵体内弹簧的压力，远远小于气雾剂中抛射剂所产生的压力。在一定压力下，雾滴的大小与液体所受压力、喷雾孔径、液体黏度等有关。手动泵采用的材料多为聚丙烯、聚乙烯、不锈钢弹簧及钢珠。

喷雾剂常用的容器有塑料瓶和玻璃瓶两种，前者一般由不透明的白色塑料制成，质轻、强度较高、便于携带；后者一般由不透明的棕色玻璃制成，强度较差些。对于不稳定的药物溶液，还可以封装在一种特制的安瓿中，在使用前打开安瓿，装上一种安瓿泵，即可进行喷雾给药。

装置中各组成部件均应采用无毒、无刺激性、性质稳定、与药物不起作用的材料制造。喷雾剂无需抛射剂作为动力，无大气污染，生产处方与工艺简单，产品成本较低，可作为非吸入用气雾剂的替代形式，具有很好的应用前景。

六、喷雾剂的包装与贮存

喷雾剂在生产与贮藏期间应符合下列有关规定：

① 喷雾剂应在相关品种要求的环境配制，如一定的洁净度、灭菌条件和低温环境等。

② 根据需要可加入适宜附加剂，如溶剂、助溶剂、抗氧剂、抑菌剂和表面活性剂。所加附加剂应符合药用规格，对皮肤或黏膜应无毒性。

③ 喷雾剂装置中各组成部件所采用的材料均应无毒、无刺激性，并且性质稳定、与原料药物不起作用。

④ 溶液型喷雾剂的药液应澄清；乳状液型喷雾剂的液滴在液体介质中应分散均匀；混悬型喷雾剂应将原料药物细粉和附加剂充分混匀、研细，制成稳定的混悬液。经雾化器雾化后供吸入用的雾滴（粒）大小应控制在 10 μm 以下，其中大多数应为 5 μm 以下。

⑤ 除另有规定外，喷雾剂应置于凉暗处贮存，防止吸潮。

七、喷雾剂的质量评价

参照《中国药典》（2020 年版），除另有规定外，喷雾剂应进行以下相应检查：

1. 每瓶总喷次

多剂量定量喷雾剂取供试品 4 瓶检查，每瓶总喷次均不得少于其标示总喷次。

2. 每喷喷量

除另有规定外，定量喷雾剂取供试品 4 瓶检查，均应为标示喷量的 80%～120%。凡规定测定每喷主药含量或递送剂量均一性的喷雾剂，不再进行每喷喷量的测定。

3. 每喷主药含量

除另有规定外，定量喷雾剂取供试品 1 瓶检查，每喷主药含量应为标示含量的 80%～120%。凡规定测定递送剂量均一性的喷雾剂，一般不再进行每喷主药含量的测定。

4. 递送剂量均一性

除另有规定外，定量吸入喷雾剂、混悬型和乳液型定量鼻用喷雾剂应检查递送剂量均一性，照吸入制剂（通则 0111）或鼻用制剂（通则 0106）相关项下方法检查，应符合规定。

5. 微细粒子剂量

除另有规定外，定量吸入喷雾剂应检查微细粒子剂量，照吸入制剂微细粒子空气动力学特性测定法（通则 0951）检查，照各品种项下规定的方法，依法测定，计算微细粒子剂量，应符合规定。

6. 装量差异

除另有规定外，单剂量喷雾剂取供试品 20 个，照各品种项下规定的方法，求出每个内容物的装量与平均装量。每个的装量与平均装量相比较，超出装量差异限度的不得多于 2 个，并不得有 1 个超出限度 1 倍，应符合规定（表 9-3）。

表 9-3　喷雾剂的装量差异限度要求

平均装量	装量差异限度
0.30 g 以下	±10%
0.30 g 及 0.30 g 以上	±7.5%

凡规定检查递送剂量均一性的单剂量喷雾剂，一般不再进行装量差异的检查。

7. 装量

非定量喷雾剂照最低装量检查法（通则 0942）检查，应符合规定。

8. 无菌

除另有规定外，用于烧伤 [除程度较轻的烧伤（Ⅰ°或浅Ⅱ°）外]、严重创伤或临床必须无菌的喷雾剂，照无菌检查法（通则 1101）检查，应符合规定。

9. 微生物限度

除另有规定外，照非无菌产品微生物限度检查微生物计数法（通则 1105）、控制菌检查（通则 1106）及非无菌药品微生物限度标准（通则 1107）检查，应符合规定。

其中，吸入喷雾剂除符合气雾剂项下要求外，还应符合吸入制剂（通则 0111）相关项下要求；鼻用喷雾剂除符合气雾剂项下要求外，还应符合鼻用制剂（通则 0106）相关项下要求。

第四节　粉雾剂

一、粉雾剂的定义

粉雾剂（powder aerosols）是指一种或一种以上的药物粉末，经特殊的给药装置以干粉形式进入呼吸道，发挥全身或局部作用的一种给药系统。该剂型由患者借助适宜的装置主动吸入，不含抛射剂，与气雾剂相比没有抛射剂的环保问题，成本低，不受定量阀门的限制，大多没有吸气与揿压同步问题，因而日益受到人们重视。

二、粉雾剂的分类

粉雾剂按用途可分为**吸入粉雾剂**（dry powder inhalation，DPI）、**非吸入粉雾剂**和**外用粉雾剂**，其中吸入粉雾剂是最受关注的一类，因为有望替代气雾剂，为呼吸系统开辟新的途径。本节将重点介绍吸入粉雾剂。

吸入粉雾剂系指微粉化药物或与载体以胶囊、囊泡或多剂量贮库形式，采用特制干粉吸入装置，由患者主动吸入雾化药物至肺部的制剂。非吸入粉雾剂系指药物或与载体以胶囊或囊泡形式，采用特制的干粉给药装置，将雾化药物喷至腔道黏膜的制剂。外用粉雾剂系指药物与适宜的附加剂灌装于特制的干粉给药器具中，使用时借助外力将药物喷至皮肤或黏膜的制剂。

三、吸入粉雾剂的特点

吸入粉雾剂的药物通过呼吸道黏膜下丰富的毛细血管吸收，与气雾剂相比具有以下特点：

①患者主动吸入药粉，不存在给药协同配合困难的问题。②无抛射剂氟利昂，可避免对环境的污染和对呼吸道产生刺激。③药物可以胶囊或囊泡形式给药，剂量准确，无超剂量给药危险。④不含防腐剂及酒精等溶媒，对病变黏膜无刺激。⑤给药剂量大，尤其适用于多肽和蛋白质类药物的给药。

四、粉雾剂的质量要求

粉雾剂在生产与贮藏期间应符合下列有关规定：

①配制粉雾剂时，为改善粉末的流动性，可加入适宜的载体和润滑剂，其中所有附加剂均应为生理可接受物质且对呼吸道黏膜和纤毛无刺激性、无毒性。②给药装置中使用的各组成部件均应采用无毒、无刺激性、性质稳定、与药物不起作用的材料制备。③吸入粉雾剂中的药物粒度大小应控制在 10 μm 以下，其中大多数应在 5 μm 以下。④除另有规定外，外用粉雾剂应符合散剂项下有关的各项规定。⑤胶囊型、囊泡型粉雾剂应标明每粒胶囊或囊泡中药物含量、胶囊应置于吸入装置中吸入而非吞服、有效期和贮藏条件。多剂量贮库型吸入粉雾剂应标明每瓶的装量、主药含量、总吸次和每吸主药含量。⑥粉雾剂应置凉暗处贮藏，防止吸潮。

五、粉雾剂的处方、工艺与制备

（一）粉雾剂的处方

根据药物与辅料的组成，DPI 的处方一般可分为：①仅含微粉化药物的粉雾剂；②一定比例的药物和载体均匀混合体；③药物、适当的润滑剂、助流剂以及抗静电剂和载体的均匀混合体。

处方需要保持药物及其载体粒子之间聚集与分散力的平衡，药物和载体粒子间黏附与释放之间的平衡。药物载体表面越光滑，粒子越圆整，粉雾的流动性和分散性就越好。此外，还应注意湿度的控制。DPI 因给药形式不同，可分为**胶囊型**、**泡囊型**和**贮库型**三种。近年来，根据其是否可主动产生雾化粒子而将其分成主动和被动两种类型。主动型 DPI 装置可先将粉末（API 和辅料）雾化，再由患者吸入，如辉瑞公司曾上市的胰岛素吸入粉雾剂，其给药装置中包含有一个雾化腔（spacer）。

粉末吸入效果在很大程度上受药物（或药物与载体）粒子的粒径大小、外观形态、荷电性、吸湿性等性质的影响。

吸入粉末常采用空气动力学直径（aerodynamic diameter，d_a）来表示。一般认为供肺部给药合适的 d_a 为 $1 \sim 5$ μm，细小的粒子易于向肺泡分布，d_a 小于 2 μm 的粒子易于包埋在肺泡中。由于许多颗粒的形态不规则，主要采用动态形态因子和静态形态因子等对其形态不规则度进行分析，如式（9-1）：

$$d_a = d_e \left(\frac{\rho_p}{\rho_o} \cdot X \right)^{\frac{1}{2}} \tag{9-1}$$

式中，d_e 为球形等效粒径（diameter of an equivalent sphere）；ρ_p 为颗粒聚集密度；$\rho_o = 1$ g/cm³；X 为动态形态因子（球形时为 1）。

理论上，粒径足够小的微粉化药物可以进入肺部，而较大的载体粒子则沉积于上呼吸道。实际上，药物和载体的分离并不完全，某些药物微粒会不可避免地附着在载体表面，也沉积于上呼吸道。

（二）粉雾剂的制备

药物经微粉化后，具有较高的表面自由能，粉粒容易发生聚集，粉末的电性和吸湿性也对分散性造成影响。因此，为了得到流动性和分散性较好的粉末，使吸入制剂的质量更加准确，常将药物附着在乳糖、木糖醇等载体上。载体物质的加入可以提高机械填充时剂量的准确度，当药物剂量较小时，载体还可以充当稀释剂。有时也可以加入少量的润滑剂，如硬脂酸镁和胶体二氧化硅等，增加粉末的流动性，有利于粉末的"雾化"。大多数 DPI 均含有载体，与一般的制剂不同，粉雾剂的载体及其在制备过程中均有一定的特殊性。

1. 粉雾剂制法

（1）主药的微粉化处理 常用的微粉化工艺有研磨法（球磨机、能流磨）、喷雾干燥法、超临界制备以及结晶法。要求与混悬型气雾剂相同。

在获得微粉化产物后，由于药物的微粉化粉末之间、粉末与辅料以及容器系统之间复杂的相互作用可能直接关系到产品的质量甚至安全性和有效性，故需对微粉化处理后药物的粉体学特性进行研究测定。粉体学参数一般包括：①粉体的粒径以及分布测定；②填充粉体临界相对湿度的测定。药物在进行微粉化处理后，由于比表面积的增大，吸湿性可能明显发生变化，而水分又是粉雾剂严格控制的检查项目，所以应该测定微粉化药物的临界相对湿度。此外，如有条件，还应进行堆密度和孔隙率、粉体流动性、荷电性、比表面积的测定。

（2）载体 粉雾剂常用的载体为乳糖。乳糖作为口服级药用辅料已收载于多国药典，但作为粉雾剂的载体，除符合药典标准外，还应该针对粉雾剂的剂型特点做出进一步要求。例如，表面光滑的乳糖可能在气道中较易与药物分离，不同形态的乳糖对微粉的吸附力不同就可能导致粉雾剂在质量和疗效上的差异。所以作为粉雾剂载体的乳糖除了需要满足药典的要求外，还需要对乳糖的粉体学特点如形态、粒度、堆密度、流动性等进行研究。

甘露醇、氨基酸和磷脂也可以作为粉雾剂的载体。对于采用其他载体的粉雾剂，在处方筛选前需要明确这种载体是否可用于吸入给药途径，同时还应该关注所选用的载体的安全性。

粉雾剂除了加入一定量的载体外，有时为了改善粉末的流体学特性、载体的表面性质以及抗静电性能，以得到流动性更好、粒度分布更均匀的粉末，常在处方中加入一定量的润滑剂、助流剂以及抗静电剂等。但上述辅料需要通过试验或文献确认其可用于吸入给药途径。对于国内外均未见在吸入制剂使用的辅料，需要提供相应的安全性数据。

（3）载体和辅料的粉碎 改善粉末流动性最常用的方法就是加入一些粒径较大的颗粒作为载体或辅料。不同粒度的载体对微粉化药物的吸附力不同，太细的载体或辅料与微粉化的药物吸附力过强，并且可能进入肺部，导致安全隐患。所以载体和辅料的粉碎粒度需要进行筛选，以满足粉末流动性和给药剂量均匀性的要求。

（4）药物与载体的比例 对于在处方中加入载体的粉雾剂，需要在处方工艺筛选中考察药物与载体的不同比例对有效部位沉积量的影响。

（5）药物与载体的混合方式 不同的混合方式对粉雾剂有效部位沉积率有影响。所以在处方工艺筛选中应注意混合方式和混合时间对产品质量的影响。

（6）水分和环境湿度的控制 水分对粉雾剂的质量具有较大的影响，水分含量较高直接导致粉体的流动性降低，粒度增大，影响产品的质量。所以在处方筛选过程中，应保证原料药的水分保持一定，对微粉化的药物及辅料的水分进行检查。同时在混合和灌装过程中，应控制生产环境的相对湿度，使环境湿度低于药物和辅料的临界相对湿度。对于易吸湿的成分，应采取一定的措施保持其干燥。

2. 主要生产设备

DPI 生产中主要的生产设备包括：微粉化处理设备、常规制粒混合设备、粉末灌装设备、装配及包装设备。其中，与其他剂型相比，粉末灌装设备，尤其是应用于泡囊或贮库型的灌装机较为特殊。大多数上市的新型 DPI，均由德国 Harro Höfliger 公司为其特别设计和制造灌装设备，如 Pfizer 的 Exubera、GSK的 Advair。因灌装技术不同，可分为直接称重法和容积法两种。这两种方法均可采用连续式或间歇式灌装。直接称重法剂量最准确，但速度慢，故不适用于工业化生产，而容积法速度较快，常用于工业化大生产，并可添加辅助设备在灌装过程中对剂量加以在线监控。

3. 典型处方和工艺分析

例 9-3 色甘酸钠吸入粉雾剂

【处方】
色甘酸钠	20 g
乳糖	20 g
制成	1000 粒

【制法】 将色甘酸钠微粉化处理，得到极细的色甘酸粉末，与乳糖混合充分，分装到空心胶囊中，使每粒胶囊含色甘酸钠 20 mg，即得。

【注解】 ①本品为抗变态反应药，可预防各种哮喘的发作。②处方中的乳糖为载体，起稀释剂和改善粉末流动性作用。③色甘酸钠在胃肠道仅吸收 1% 左右，而肺部吸收较好，吸入后 10～20 min 血药浓度即可达峰，生物利用度可达 8%～10%，因此将色甘酸钠做成胶囊型粉雾剂，可提高色甘酸钠在人体中的生物利用度。

六、粉雾剂的包装与贮存

粉雾剂在生产贮存期间应符合《中国药典》（2020 年版）中有关规定。粉雾剂应特别注意防止吸潮，置于凉暗处保存，以保持粉末细度和良好的流动性。

七、粉雾剂的质量评价

粉雾剂部分质量评价项目与气雾剂相似，可以参照气雾剂相关章节进行研究。但由于粉雾剂与气雾剂在制剂特性、辅料组成、包装容器等方面存在差异，研究项目的选择还应考虑制剂的特点进行。粉雾剂内容物的特性研究包括粉体性状、鉴别、检查和含量测定等，质量研究的特殊项目包括以下几方面。

1. 每吸主药含量（贮库型）

由于每吸主药含量是处方因素的综合体现，也是容器和剂量系统剂量的体现，因而该项是粉雾剂重要的过程控制和终点控制项目之一。通过对批间和批内每吸主药含量的测定，可以有效控制产品的质量，保证临床给药的一致性，确保临床疗效。采用吸入粉雾剂释药均匀度测定装置测定，每吸主药含量应为每吸主药含量标示的 65%～135%。

2. 每瓶总吸数（贮库型）

为保证每瓶粉雾剂的给药次数不低于规定的次数，需要进行每瓶总吸数的测定。每瓶总吸数与每吸主药含量一样，也是粉雾剂重要的检查和控制项目，要求每瓶总吸次均不得低于标示总吸次。

3. 含量均匀度（胶囊型和囊泡型）

对于单剂量给药的胶囊型和泡囊型粉雾剂，为了保证每一剂量的准确性，应进行含量均匀性检查。

（1）含量均匀度 照《中国药典》（2020 年版）含量均匀度检查法检查，应符合规定。

（2）装量差异 平均装量在 0.30 g 以下，装量差异限度为 ±10%；平均装量为 0.30 g 或以上，装量差异限度为 ±7.5%。

4. 剂量均一性（贮库型）

通过检测在多个揿次点的释药量，以确认粉雾剂从开始使用到整个排空过程中不同给药揿次之间的释药剂量一致性（图 9-8）。

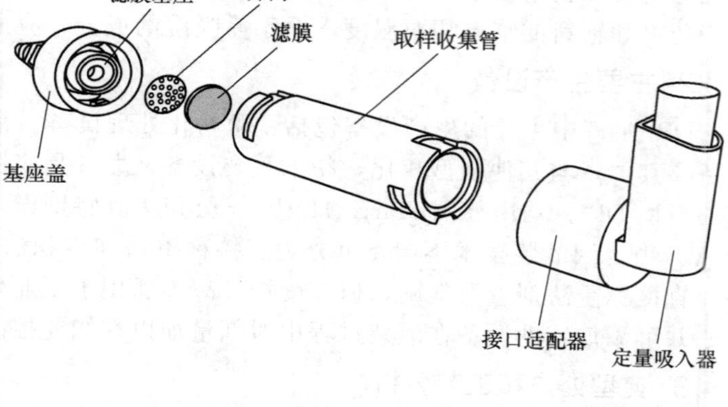

5. 微细粒子分数

按照吸入制剂细微粒子空气动力学特性测定法，参照《中国药典》（2020 年版），细微粒子百分比应不少于每吸主药含量标示量的 10%。

图 9-8 剂量均一性检测示意图

6. 排空率

对于单剂量给药的胶囊型和泡囊型粉雾剂，为了保证每一剂量给药的准确性，应进行排空率检查，排空率应不低于 90%。

7. 水分

水分对粉雾剂的粒径分布、雾化程度、含量均匀度、结晶度、稳定性及微生物污染等方面均有显著影响，因此应对粉雾剂的水分进行严格控制，相应检查方法可参照《中国药典》（2020年版）有关内容。

8. 其他

关于粉末的粒度及粒度分布、微生物限度等参见气雾剂有关内容。

第五节　雾化制剂的应用

一、概述

雾化制剂按给药途径分为吸入制剂、黏膜制剂和外用制剂。吸入制剂通过特殊吸入装置将药物递送至肺部，因此大多用于呼吸道疾病，特别是慢性阻塞性肺炎、哮喘等高死亡率的呼吸道疾病。这类药的常见活性成分为糖皮质激素、胆碱能受体抑制剂、β_2肾上腺素受体激动剂，现已开发出复方制剂用于三联疗法。由于吸入制剂避开首过效应，也成为一些生物分子的新的给药方式。黏膜制剂直接喷到腔道黏膜，具有起效快、避免首过效应等优势，其中经鼻给药系统是研究非侵入递送生物分子的热点，起到全身作用，应用范围广。外用制剂主要用于皮肤病和刀伤的治疗，其中泡沫剂起效快，作用时间长，适合皮肤炎症的治疗。

二、吸入制剂

吸入制剂在治疗哮喘、慢性阻塞性肺疾病等呼吸道疾病的应用最多，因此制成吸入制剂的药多为β_2受体激动剂、皮质类固醇、抗胆碱药等。近年来治疗呼吸道感染的抗生素和抗病毒药的吸入制剂也研发成功。此外，用于应对Ⅰ型和Ⅱ型糖尿病的人胰岛素吸入制剂也已获得批准上市。

临床上常见以吸入给药的方式治疗呼吸道疾病，其中压力定量吸入气雾剂（pMDI）是首个广泛使用的多剂量、便携式的吸入装置，如沙丁胺醇/异丙托溴铵气雾剂。经过几十年发展，抛射剂从最初的氟利昂替换为氢氟烷烃。由于MDI对患者正确使用的要求较高，后续设计在MDI和吸嘴之间加入贮雾器，如Acton公司的Aerospan™，该喷雾器可用于氟尼缩松治疗哮喘。治疗慢性阻塞性肺疾病和哮喘常使用复方制剂，传统的pMDI存在悬浮液不均匀、药物递送不稳定的问题。Aerosphere™共悬技术通过利用多孔磷脂颗粒作为载体，有效结合不同成分药物，得到更均匀的混悬液，有利于药物递送，该项技术已经用于格隆溴铵/富马酸福莫特罗的递送。

干粉吸入剂分为两类：单剂量型和多剂量型。单剂量型用硬明胶胶囊储存药物，以Spinhaler™、Rotahaler™和Aerolizer™为代表，新型的Flowcap™装置解决了单剂量吸入器频繁更换胶囊的问题。Flowcap™的前部分相当于一个独立的胶囊型吸入装置，后部分是一个能存放14粒胶囊的透明储存室。两者通过一个比胶囊直径略大的孔道相连，孔道靠近储存室的一侧呈偏漏斗型，更换胶囊时，只需将装置倒置，胶囊便会通过漏斗滑入孔道。多剂量型又分为泡囊型和储库型，其中泡囊型的代表为Glaxo Smith Kline生产的泡囊型复方粉雾剂Advair Diskus，活性成分为昔美酸沙美特罗/氟替卡松丙酸酯。储库型典型代表的有Turbohaler。TEVA公司于2014年4月新推出了一种多剂量干粉吸入剂DuoResp® Spiro-max®，用于治疗哮喘和COPD。由于在打开吸嘴防尘盖同时进行填充，因此相比于普通的吸药装置节省了填药操作的环节。此外，该产品具有独立的进气设计，同时定量槽一侧设有进气孔，一侧设有出药通道。通道顶部设有空腔，腔内设有旋转离散装置。吸入时，空腔内的旋转气流可将药粉进行充分离散后再进入患者体内。

吸入制剂除了在呼吸道疾病有广泛应用外，在治疗糖尿病、罕见病、可吸入疫苗和核酸方面也有应用前景，国外已经上市了可吸入人胰岛素，但接受度不高，可吸入人胰岛素溶液处于临床Ⅰ、Ⅱ期试验。2018年，吸入性悬浮液阿米卡星脂质体获准上市，用于细菌感染引起严重肺部病变，也是治疗鸟型分枝杆菌感染的首个药物。目前可吸入流感疫苗、可吸入结核病疫苗还处于临床试验中。

三、黏膜及外用制剂

最近几年，针对黏膜给药的雾化制剂发展迅速，经雾化制剂的黏膜给药主要分为经口腔、鼻、阴道、直肠给药。近年来的经黏膜的雾化制剂研究集中于口腔和鼻黏膜。经鼻给药系统是一种药物经鼻黏膜进入血液发挥局部或全身作用的一类制剂，具有避免首过效应、吸收迅速、非侵入性等优点，因此经鼻黏膜给药也是现在研究的热点，适合用于递送皮质激素、多肽、蛋白质等生物制品药物。由于经鼻给药大多发挥全身作用，因此适应证的种类也各不相同。目前已经上市的产品有降钙素，治疗急性偏头痛的舒马曲坦，治疗过敏性鼻炎的布地奈德、地塞米松培酯，治疗胰岛素致低血糖效应的胰高血糖素鼻喷雾，鼻喷雾流感疫苗 AstraZeneca，治疗性早熟的那法瑞林，治疗尿崩症的加压素、催产素等。对于口腔黏膜给药，最近上市的胰岛素口腔喷雾剂 Oral-Lyn 已经用于治疗糖尿病。对于其他黏膜给药，药用泡沫剂适合深度给药，药物在病灶持续时间长，常用于治疗炎症，如妇得康泡沫剂等治疗宫颈炎，布地奈德泡沫剂治疗远端溃疡性直肠炎。

外用制剂主要用于抗菌药、抗真菌药、抗病毒药、皮质类激素等，因此外用雾化剂多用于痤疮、皮炎、银屑病和真菌引起的皮肤病。如2004年上市的抗菌药磷酸克林霉素泡沫剂（Evoclin®）和2019年上市的米诺环素泡沫剂（Amzeeq®）可治疗重度痤疮；2007年美国 Connetics 公司上市的2%酮康唑泡沫剂（Extina®）采用乙醇作为溶剂和促渗剂，作为脂溢性皮炎的速效药；列奥制药上市的基于0.005%卡泊三烯/0.064%二丙酸倍他米松的药物组合的泡沫剂（Enstilar®）可用于治疗银屑病。

此外，中药外用气雾剂针对局部的止痛、烧伤等常见的伤病都能发挥显著的作用，经典的如云南白药、复方麝香、烧伤喷雾剂等。

（葛亮）

思考题

1. 试述雾化制剂的分类和特点，并重点比较各类吸入制剂的优缺点。
2. 试述气雾剂的组成及各成分的质量要求。
3. 试述溶液型、混悬型和乳剂型气雾剂的区别及设计处方时需要考虑的问题。
4. 与气雾剂相比，阐述喷雾剂和粉雾剂的评价指标。

参考文献

［1］ 国家药典委员会. 中华人民共和国药典［M］. 2020年版. 北京：中国医药科技出版社，2020.
［2］ 吴正红，祁小乐. 药剂学［M］. 北京：中国医药科技出版社，2020.
［3］ 杨明，李小芳. 药剂学［M］. 2版. 北京：中国医药科技出版社，2018.
［4］ 周四元，韩丽. 药剂学［M］. 北京：科学出版社，2017.
［5］ 周建平，唐星. 工业药剂学［M］. 北京：人民卫生出版社，2014.
［6］ Ari A，J Fink J B. Recent advances in aerosol devices for the delivery of inhaled medications［J］. Expert Opinion on Drug Delivery，2020；17：133.
［7］ Clarke M J，Tobyn M J，Staniforth J N. The formulation of powder inhalation systems containing a high mass of nedocromil sodium trihydrate［J］. Journal of Pharmaceutical ences，2001，90（2）：213-223.
［8］ Dhand R. Future directions in aerosol therapy［J］. Respiratory Care Clinics，2001，7（2）：319-35.
［9］ 缪旭，刘旭，苏健芬，等. 影响干粉吸入剂雾化和沉积性能的制剂因素［J］. 国际药学研究杂志，2011（1）：42-46.

第十章

半固体制剂

第一节 概 述

一、半固体制剂的定义

半固体制剂（semi solid preparation）是一种由药物和适宜的基质混合而成的专供外用的制剂，在轻度的外力或体温作用下易于流动和变形，因此便于挤出均匀涂布，常用于皮肤、创面、眼部及腔道黏膜等处，可作为外用药基质、皮肤润滑剂、创面保护剂或闭塞性敷料。

多数半固体制剂主要用于局部治疗，在表皮、黏膜或通过表皮角质层在真皮或皮下组织起到局部镇痛、消炎、止痒、麻醉、改善循环等作用，如吲哚美辛乳膏。也有的半固体制剂可透过皮肤或黏膜起全身治疗作用，如硝酸异山梨酯乳膏。因皮肤表皮最外层的角质层是由紧密排列的、已死亡的无核角质细胞层层相叠而成，大多数物质不能透过，是限制化学物质向内和向外移动的限速（rate-limiting）屏障，所以半固体制剂作用于皮下或吸收入血时应考虑角质层的透过性。

二、半固体制剂的种类

常见半固体制剂包括治疗或防护用的软膏剂、乳膏剂、眼膏剂、凝胶剂，另外质地较黏稠的糊剂也属于半固体制剂。

近年来，醇质体、传递体、泡囊成为半固体制剂的新型药物载体，它们能够携带药物到达皮肤深层，而且能显著提高药物的吸收速率，从而提高疗效。一些新的促渗技术（如超声导入法、电致孔方法）和新的化学促渗剂的出现，以及半固体制剂生产工艺和包装的机械化与自动化水平不断提高，使半固体制剂有了快速的发展，将半固体制剂的研究、应用和生产推向了更高的水平，在医疗保健、劳动保护等方面发挥着更大的作用。

第二节　流变学理论

一、概述

物体在适当的外力作用下具有的流动性和变形性称为**流变性**。**流变学**（rheology）系研究物体变形和流动的一门科学。

对某一物体外加压力时，其内部各部分的形状和体积发生变化，即所谓的变形。对固体施加外力，固体内部存在一种与外力相对抗的内力使固体保持原状。此时在单位面积上存在的内力称为**内应力**（internal stress）。对于外部应力而产生的固体的变形，当去除其应力时恢复原状的性质称为**弹性**（elasticity），这种可逆的形状变化称为**弹性变形**（elastic deformation），而非可逆的变形称为**塑性变形**（plastic deformation）。对某一液体外加压力时，液体产生非可逆的变形即所谓的流动。流动是液体和气体的主要性质之一，流动的难易程度与流体本身的黏度有关。流体在外力作用下，由于质点间的相对运动而产生的阻力称为**黏性**（viscosity）。把具有黏性和弹性双重特性的物体称为**黏弹体**（viscoelastic body），如软膏剂或凝胶剂等半固体制剂均具有黏弹性。黏弹体的力学性质不仅与应力和应变有关，还与力的作用时间有关。研究黏弹性要用到**应力松弛**（stress relaxation）和**蠕变**（creep）两个重要概念。应力松弛是指黏弹性材料发生瞬间形变后，在变形程度不变的条件下，试样内部应力随时间的延续而逐渐减少的现象，即应力松弛是外形不变，内应力发生变化。蠕变与应力松弛相反，是指把一定大小的力施加于黏弹体，物体的形变随时间而逐渐增加的现象，即蠕变是应力不变，外形发生变化。

在流体使流速不太快时可以将流动着的液体视为互相平行移动的液层，叫层流。由于具有一定的黏性，液层做相对运动，各层的流动速度从顶层依次递减，便形成速度梯度，或称剪切速率（shear rate），单位为时间的倒数，用 D（s^{-1}）表示。流动阻力的存在导致产生速度梯度，流动较慢的液层阻滞着流动较快液层的运动。使各液层间产生相对运动的外力叫剪切力，在单位液层面积上所需施加的这种力称为剪切应力（shear stress），简称剪切力（shear force），单位为 N/m^2，以 S 表示。剪切应力与剪切速率是表征体系流变性质的两个基本参数。

二、流体的基本性质

（一）流体流型分类

根据流动和变形形式不同，将流体分类为**牛顿流体**（Newtonian fluid）和**非牛顿流体**。各种流体的流变曲线和剪切速率的关系如图 10-1 所示。

1. 牛顿流体

实验证明，纯液体和多数低分子溶液在层流条件下的剪切应力（S）与剪切速率（D）成正比，这一定律即为 1687 年牛顿提出的**牛顿黏性定律**（Newton's law of viscosity），遵循该法则的液体为牛顿流体。

$$S=\frac{F}{A}=\eta D \tag{10-1}$$

式中，F 为面积 A 上施加的力；η 为黏度系数，或称动力黏度，简称黏度，是表示流体黏性的物理常数，在国际单位制中黏度的单位是 Pa·s；D 为剪切速率；S 为剪切应力。

牛顿流体具有以下特点：①一般为低分子量的单一成分的流体或稀溶液；②在一定温度下，牛顿流体的剪切速率与剪切应力之间呈线性关系，这条以剪切速率为纵坐标、剪切应力为横坐标的曲线称为流变曲线，牛顿流体的流变曲线是通过原点的直线，见图 10-1(a)，这是判断牛顿流体的重要特征；③在一定温度下，牛顿流体的黏度（η）为常数，它只是温度的函数，随温度升高而减小。

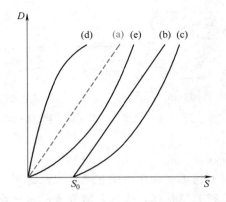

图 10-1　各种流体的流变曲线
(a) 牛顿流体；(b) 塑性流体；(c) 假塑性流体；
(d) 胀性流体；(e) 假黏性流体

2. 非牛顿流体

实际中大多数液体不符合牛顿定律，其剪切应力与剪切速率的关系不符合式（10-1），这样的液体叫作非牛顿液体，如混悬液、乳剂、软膏剂、糊剂及凝胶剂等都属于此类。非牛顿流体的流变曲线多为不通过原点的曲线，说明牛顿流体的黏度不是一个常数，我们称为表观黏度（η_a），表观黏度随剪切速率的变化而变化。根据非牛顿流体的流动曲线的类型把非牛顿流体分为**塑性流体**（plastic fluid）、**假塑性流体**（pseudoplastic fluid）、**胀性流体**（dilatant fluid）与**假黏性流体**（pseudoviscous fluid）。

（1）塑性流体　当作用在物体上的剪切应力达不到某一值时，物体保持形状即不发生流动，而表现为弹性变形，把具有这种性质的物体称为塑性流体。当剪切应力增加至某一值时，液体开始流动，引起塑性流体流动的最低剪切应力称为**屈服值**（yield value），用 S_0 表示。这种流体的特点是：只有当剪切应力达到某一定值（S_0）后才开始流动，而一旦开始流动，与牛顿流体一样，S-D 关系呈线性关系，塑性流体曲线如图 10-1(b) 所示，该曲线的特点是不经过原点，表观黏度与剪切速率无关。在制剂中表现为塑性流动的剂型有浓度较高的乳剂、混悬剂、单糖浆、涂剂等。塑性流体的流动公式可以用式（10-2）表示。

$$D = \frac{S - S_0}{\eta_a} \tag{10-2}$$

式中，η_a 为塑性黏度或表观黏度；S_0 为屈服值；D 为剪切速率；S 为剪切应力。

产生塑性流动现象的原因可用图 10-2 说明。当剪切应力小于制剂中粒子间产生絮凝作用的引力与粒子间摩擦力时，不产生流动。当剪切应力超过 S_0 时，粒子静止时聚集形成的网状结构被破坏，液体开始流动。加入表面活性剂或反絮凝剂，会减小粒子间的引力和斥力，即范德华力和短距离斥力，进而减小或消除屈服值。凝胶从软膏管里被用力挤出后涂在皮肤上不流动的现象，正是利用了凝胶具有屈服值的特点。

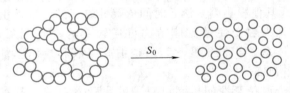

图 10-2　塑性流体的结构变化示意图

（2）假塑性流体　当作用在物体上的剪切应力大于某一值时物体开始流动，表观黏度随着剪切应力的增大而减小，这种流体称为假塑性流体。随着剪切应力的增大，液体的表观黏度不断下降，表现出一种剪切稀化现象，所以也称为**剪切稀化流动**（shear thinning flow）。

假塑性流体流动特性曲线如图 10-1(c) 所示。该流体的特点是：剪切应力超过屈服值（S_0）才开始流动；其流变曲线为一条凸向剪切应力 S 轴方向的曲线。随着剪切速率（D）增大，表观黏度（η_a）不断下降。假塑性流体大多数是含有长链大分子聚合物或形状不规则的颗粒的分散体系，如甲基纤维素、羧甲基纤维素、大多数亲水高分子溶液和微粒分散体系处于絮凝状态时均属于假塑性流体。

剪切稀化的原因如图 10-3 所示。大多数具有巨大链状分子结构的高分子溶液，在低流速或静止时，由于它们互相缠结，导致表观黏度较大。对高分子溶液施加剪切应力，相互交错的长链大分子开始沿流动方向排列成直线，粒子会呈现出不同程度的定向，使流动的阻力减弱，即表观黏度降低，而且随剪切应力增大，这种作用随之增加，表现出**剪切稀化现象**。分子链的长短和线型影响剪切稀化的程度。对由直链高

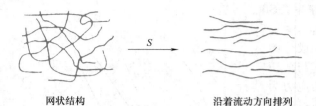

图 10-3　假塑性流体的结构变化示意图

聚物分子形成的假塑性溶液来说，分子量越高，假塑性越大。

（3）胀性流体　表观黏度随剪切应力的增大而增加，这种流体称为胀性流体。胀性流体的流动特性曲线如图 10-1（d）所示。该流体的特点是：流动无屈服值；其流动曲线为一条经过原点且凸向剪切速率 D 轴方向的曲线。随着剪切速率增大，其体积和刚性增加，表观黏度不断增大，所以胀性流动也称为**剪切增稠流动**（shear thicking flow）。

剪切增稠作用可用胀溶现象来说明，如图 10-4 所示。具有剪切增稠现象的液体，其胶体粒子一般处于紧密充填状态，作为分散介质的水充满致密排列的粒子间隙。当施加很小的剪切应力时，由于水的润滑和流动作用，微粒可以相互滑动，对抗外力的阻力较小，表观黏度较小。当剪切应力增加时，处于致密排列的粒子就会被搅乱，由于其粒子形成疏松的填充状态，粒子空隙不能很好地吸收水分而形成块状集合体，表观黏度增大，甚至失去流动性。因为粒子在强烈的剪切作用下成为疏松排列结构，引起外观体积增大，所以称之为**胀溶现象**。

通常胀性流体需要满足以下两个条件：①液体静置时质点必须是分散的，而不能聚结；②分散相浓度较高，且只在一个狭小的范围内才呈胀性流动。在浓度较低时为牛顿流体，浓度较高时则为塑性流体，浓度再高时为胀性流体。例如，淀粉浆大约在 $40\% \sim 50\%$ 的浓度范围内才表现出明显的胀性流型。

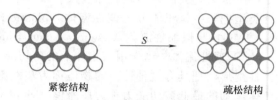

图 10-4　胀性流体的结构变化示意图

（4）假黏性流体　其流动特性曲线如图 10-1（e）所示。该流体的特点是：流动无屈服值；其流动曲线为一条经过原点且凸向剪切应力（S）轴方向的曲线，随剪切速率（D）的增大，其表观黏度减小。西黄蓍胶、海藻酸钠、羧甲基纤维素、甲基纤维素等溶液，当浓度为 1% 左右时属于假黏性流体。

（二）触变性

1. 触变性的概念

触变性（thixlotropy）源于希腊的词语"*thixis*（搅拌、振动）"和"*trepo*（变化、改变）"。在一定温度下，非牛顿流体在恒定剪切应力（振动、搅拌、摇动）的作用下，黏度下降，流动性增大；当剪切应力消除后，黏度在等温条件下缓慢地恢复到原来的状态，把这种性质称为触变性。触变性是某些非牛顿流体在一定剪切应力作用下表现出来的一种性质，由 pH 或其他影响因素诱导时间依赖性黏度的改变而引起。普遍认为触变性是流体结构可逆转变的一种现象，不会导致体系容积发生变化。阿拉伯胶溶液和羧乙基纤维素溶液均具有触变性。

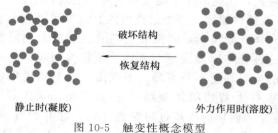

图 10-5　触变性概念模型

流体表现触变性的机制可以理解为随着对流体施加的剪切应力增加，破坏了流体内部形成的网状结构，黏性减小（图 10-5），当剪切应力减小或撤销时，流体重新构建网状结构需要一段时间，从而呈现出对时间的依赖，表现出触变性。

因此，触变性流体的流变曲线其上行线（剪切应力增加时形成的流变曲线）与下行线（剪切应力减小时形成的流变曲线）不重叠，这两条流变曲线围成一个具有一定面积的环形，称为**滞后环**（hysteresis loop）（图 10-6）。滞后环的面积越大，说明流体的触变性越强。

触变性在制剂中有许多实际的应用，如混悬型注射剂在肌肉组织中形成储库缓慢释放药物；尿路造影剂的注入、滞留、排出时流动性的增减；软膏剂的黏稠性和涂展性的调节等。

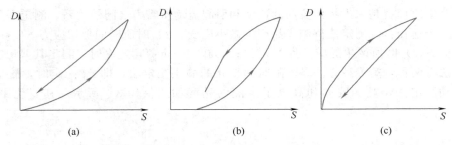

图 10-6 假黏性流动（a）、假塑性流动（b）及胀性流动（c）的流变曲线

2. 影响触变性的因素

触变性受 pH、温度、聚合物浓度、聚合物结构的修饰、聚合物联用、电解质等因素的影响。

（1）**pH** 聚丙烯酸、泊洛沙姆、乙基纤维素、醋酸纤维素酞酸酯具有 pH 依赖的触变性。通过泪液、宫颈液引起 pH 增加或降低，会使聚合物溶液凝固。

（2）**温度** 泊洛沙姆的黏性会随温度、组成改变而变化。高浓度泊洛沙姆 407 水溶液在高温形成水凝胶后，随着温度的增大其样品黏度增大；通过与泊洛沙姆其他衍生物合用，使其具有适宜的相转变温度，可进一步增加其在角膜处的滞留时间。

（3）**聚合物浓度** 羟乙纤维素是一种能容纳高浓度电解质溶液的优良的胶体增稠剂。高浓度时，表现出非牛顿型流体特性，假塑性程度取决于取代基的分布，分布越均匀，触变性越小，假塑性越高。低浓度时为牛顿型流体。

（4）**聚合物的联合应用** 含有比例为 2∶1 的卡波姆与聚丙烯酸混合物的处方具有最高的黏性，表现出明显的触变性，适合作为制霉菌素的局部用凝胶基质。

（5）**聚合物结构的修饰** 经过疏水基团修饰的羟乙纤维素衍生物在 O/W 乳剂中的增稠能力，比其母体羟乙纤维素强。

（6）**离子的加入** 硅酸镁铝是一种荷负电的黏土，将其分散于海藻酸钠或壳聚糖溶液中可增加它们的黏性，使其由牛顿流体转变为具有触变性的假塑性流体。

（7）**其他辅料的添加** 将卵磷脂、甘油等辅料添加到凝胶体系中，会显著影响其黏性，得到黏稠的触变凝胶剂，增加体系的稳定性。

三、流体流动性质的测定

（一）黏度的测定

黏度的表达方式有绝对黏度（absolute viscosity）、运动黏度（kinematic viscosity）、相对黏度（relative viscosity）、增比黏度（specific viscosity）、比浓黏度（reduced viscosity）、特性黏度（intrinsic viscosity）等，列于表 10-1 中。

表 10-1 有关黏度的常用表达方式

名称	定义式	含义
绝对黏度	$S = \eta D$	表征流体内摩擦力的参数，单位为 Pa·s(SI 制)
运动黏度	$V = \eta / \rho$	流体的黏度与其密度之比，单位为 m^2/s
相对黏度	$\eta_r = \eta / \eta_0$	溶液黏度与溶剂黏度之比
增比黏度	$\eta_{sp} = (\eta - \eta_0) / \eta_0$	溶液黏度较溶剂黏度增加的百分比，代表溶质对黏度的贡献
比浓黏度	$\eta_{比浓} = \eta_{sp} / C$	单位浓度的溶质对黏度的贡献
特性黏度	$[\eta] = \lim\limits_{C \to 0} \dfrac{\eta_{sp}}{C}$	高分子溶液浓度趋于零时的比浓黏度，其值不随浓度而变

流变性质的测定原理就是求出物体流动的速度和引起流动所需力之间的关系。测定高分子液体流变学性质可通过以下几个途径：①测定使待测样品产生微小应变 $r(t)$ 时所需的剪切应力 $S(t)$；②测定对待测样品施加剪切应力 $S(t)$ 时所产生的应变程度 $r(t)$；③施加一定剪切速率时，测定其剪切应力 $S(t)$。

具体测定方法有两种：第一种方法是不随时间变化的静止测定法，即 r_0 一定时，施加剪切应力 S_0；第二种方法为转动测定法，对于胶体和高分子溶液的黏度如式（10-3）所示，其变化主要依赖于剪切速率。

$$\eta(D) = \frac{S}{D} \tag{10-3}$$

式中，$\eta(D)$ 为非牛顿流体的黏度；S 为剪切应力；D 为剪切速率。对于牛顿流体可以用具有一定剪切速率的黏度计进行测定。但是，对于非牛顿流体必须用可以测得不同剪切速率的黏度计进行测定。常见的黏度测量仪器有落球黏度计、毛细管黏度计和旋转黏度计等。《中国药典》（2020 年版）四部收载了毛细管黏度计和旋转黏度计测定法。

1. 落球黏度计

落球黏度计的原理是在有一定温度试验液的垂直玻璃管内，使具有一定密度和直径的玻璃制或钢制的圆球自由落下，通过测定球落下时的速度，得到试验液的黏度。Hoeppler 落球黏度计的测定方法是将试验液和圆球装入到玻璃管内，外围的恒温槽内注入循环水保持一定的温度，使球位于玻璃管上端，然后准确地测定球经过上下两个标记线的时间，反复测数次，利用式（10-4）计算得到牛顿流体的黏度。

$$\eta = t(\rho_b - \rho_l) \cdot B \tag{10-4}$$

式中，t 为球落下时经过两个标记线所需时间；ρ_b、ρ_l 分别为在测定温度条件下球和液体的密度；B 为球本身固有的常数。

2. 毛细管黏度计

毛细管黏度计测定法是采用相对法测量一定体积的液体在重力的作用下流经毛细管所需时间，以求得流体的运动黏度或动力黏度。此法因不能调节线速度，不便测定非牛顿流体的黏度，但对高聚物的稀薄溶液或低黏度液体测定较为方便。

当牛顿流体在毛细管中层流流动时，t 时间内通过毛细管的液体体积 V 与毛细管两端的压力差 Δp、毛细管半径 R 及管长 l 符合**哈根-泊肃叶定律**（Hagen-Poiseuille law）。

$$\eta = \frac{\pi \Delta p R^4 t}{8Vl} \tag{10-5}$$

式中，η 为液体黏度。

常通过测定供试品在平氏黏度计 [图 10-7(a)] 中流出的时间，与该黏度计测已知黏度标准液的流出时间，分别代入式（10-5）中，并将两式左右分别相比，可得式（10-6）。

$$\frac{\eta_s}{\eta} = \frac{\pi \Delta p_s R^4 t_s / 8Vl}{\pi \Delta p R^4 t / 8Vl} = \frac{\Delta p_s t_s}{\Delta p t} = \frac{\rho_s t_s}{\rho t} \tag{10-6}$$

式中，Δp_s、t_s 和 Δp、t 分别表示供试液和标准液在毛细管中流动时的压力差和通过时间；流体在液体柱高度相同时，压力差比可以用密度比代替；ρ_s、ρ 分别为供试液和标准液的密度。供试液的黏度可用式（10-7）计算。

$$\eta_s = \eta \frac{\rho_s t_s}{\rho t} \tag{10-7}$$

除平氏黏度计外，乌氏黏度计 [图 10-7(b)] 能够克服测定极为黏稠液体时，由于较难装入准确体积的样品，而在充填过程中因超注造成排出误差的缺点。乌氏黏度计常用来测定高分子聚合物极稀溶液的特性黏度 [η]，并能够根据特性黏度计算其平均分子量。

3. 旋转黏度计

旋转黏度计按照测量系统的类型可分为同轴圆筒旋转黏度计、锥板型旋转黏度计和转子型旋转黏度计三类。其测定原理为待测液在内筒和外筒的间隙内产生切变，此时内筒旋转产生的转矩与待测液的黏度成

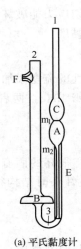
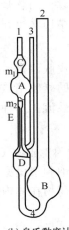

(a) 平氏黏度计
1—主管；2—宽管；3—弯管；
A—测定球；B—储管；C—缓冲球；
E—毛细管；F—支管；m₁、m₂—环形测定线

(b) 乌氏黏度计
1—主管；2—宽管；3—侧管；
4—弯管；A—测定球；B—储管；
C—缓冲球；D—悬挂水平储器；
E—毛细管；m₁、m₂—环形测定线

图 10-7 毛细管黏度计

正比，通过驱动轴和内筒间连接的弹簧及检测器测定出待测液的黏度。旋转装量中角速度 Ω 和弯曲程度 r 以及转矩 M 和应力 S 之间的关系如式（10-8）所示。

$$r = \frac{\Omega}{K_2} \qquad\qquad S = \frac{M}{K_1} \qquad\qquad\qquad (10\text{-}8)$$

式中，K_1、K_2 为常数；Ω 为角速度，即剪切速度。同轴圆筒旋转黏度计和锥板型旋转黏度计属于绝对黏度计，转子型旋转黏度计属于相对黏度计。

（二）稠度的测定

牛顿流体（如液状石蜡等）根据其黏度即能表现流动性质。而测定非牛顿流体的流变性质，除黏度外还需要屈服值、塑性黏度、触变指数等参数，这些因素的总和统称为**稠度**。稠度是软膏的重要特性，它能影响软膏的涂展性和药物的释放。测定稠度常使用插度计，该仪器根据插入针在一定载重下插入软膏的深度，来衡量软膏的稠度。

四、流变学在药剂学中的应用与发展

药物制剂的流变学性质主要有黏性、弹性、硬度、黏弹性、屈服值及触变性等，通过测定这些参数从而达到有效控制制剂质量的目的。事实上，多数药物制剂存在于复杂的多分散体系，其流变性质较复杂，并受到很多因素的影响。

（一）药物制剂的流变性质

1. 稳定性
乳剂、混悬剂属于热力学不稳定体系，分散相趋向聚结，导致分层。通过增加连续相的黏度并使其具有一定的屈服值，可提高乳剂、混悬剂稳定性。

2. 可挤出性
软膏剂、凝胶剂等半固体制剂具有良好的可挤出性，对于患者的用药依从性有重要影响。当产品从软膏管中挤出时，遇到的阻力过大或过小均不合适，应当轻轻挤压，即保持缓慢地挤出。采用具有触变性的体系，就能解决黏度方面的问题。当软膏被挤压，所施的剪切应力能破坏原有的结构，黏度变小，容易流动。当挤压停止，触变体系的结构又重新建立，恢复原有的黏度。

3. 涂展性

软膏剂、凝胶剂等多用于皮肤涂敷，通过添加具有触变性的流变添加剂，使药品容易涂展并在停止涂抹时药物黏附于皮肤。如常用的凝胶基质卡波姆 934 与卡波姆 1342，两者的黏度都随浓度的增加而增大，随转速增加而下降，呈现假塑性流体的性质。

4. 通针性

含有 40%～70% 的普鲁卡因青霉素 G 注射用混悬剂具有很高的固有触变性，并具有剪切稀释作用。其水溶液中含有少量的枸橼酸钠和聚山梨酯 80，被挤压通过针头时结构很容易被破坏，而在注射部位又重新恢复其流体结构，从而使药物在体内形成贮库。

5. 滞留性

液体栓剂是一种原位凝胶，在凝胶温度（直肠温度以下）时为液态，进入直肠后在体温作用下迅速转化为半固体的黏稠凝胶态，不易从肛门漏出。

6. 控释性

通过体液成分调节胶凝过程，直接影响所载药物在制剂中的控释速率。体液能渗透进入溶胶-凝胶体系基质中，体液成分影响其结构，尤其是交联度和水合作用。PEG 凝胶基质在接触模拟唾液时会逐渐溶解，然而以卡波姆和聚乙烯-苯酚混合物为基质的凝胶接触唾液时会膨胀，形成药物释放的黏性屏障，从而使得不同体系完全释药所需时间不同。

（二）药物的流变性质对生产工艺的影响

1. 工艺过程放大

一般而言，牛顿流体型液体制剂（如溶液剂、溶液型注射剂等）较容易完成由小试放大至规模生产，而非牛顿流体制剂（如乳剂、混悬剂、软膏剂等）生产工艺放大有一定难度。

在软膏剂的生产放大过程中，中试研究很有必要，因为生产上使用的设备与实验室所用设备差别很大，如混合设备桨叶的直径不同，产生不同的末端线速度，造成剪切应力不同，导致产品在外观和内在质量方面存在差异。此外制备过程中温度的变化也可影响软膏剂的流变特性，必须对搅拌速度和温度等参数进行调节。

2. 混合作用

如果产品特性与剪切应力和时间有关，同时剪切后复原需要时间，工艺过程中使用的各种设备（如混合罐、泵和均质机等）施加机械功即剪切作用的强度和经历时间的任何改变都会引起最终产品黏度的明显改变。混合黏性较大的物质需要更多的能量，当对其适当地加热，黏性会降低，这可以减少混合的时间，并提高均匀性。

流变学是一门研究方法的科学。它是介于物理、化学、力学、生物、医学和工程技术之间的一门边缘交叉学科。我国流变学研究起步晚，20 世纪 60 年代才开始有自发研究者，最初主要用于工业材料与地质材料研究，用于制剂方面的研究是在近年来才得以重视的。流变学不仅在混悬剂、乳剂、胶体溶液、软膏剂和栓剂的生产过程中有着广泛应用，而且对药剂学中的剂型设计、处方组成、制备工艺、质量评价等具有重要指导意义。一些制剂的流变参数与生物利用度及药效之间具有相关性。流变学的应用渗透到了药物制剂生产的每一道工序之中，如填充、混合、包装等。药物的实际应用也离不开流变学的指导，如软膏从管状包装中的可挤出性、注射剂的通针性、应用部位的滞留性等均可用流变学的原理解释。流变学性质的研究有利于控制制剂质量，还可以为制剂的处方设计、制备工艺及设备选择、贮存稳定性、包装材料选择等提供有关依据。随着半固体及液体的黏度测定准确性的提高，一些制剂的流变学参数与生物药剂学及药效之间的相关性逐步建立，流变学原理的应用正在日益扩大。相信随着对基本原理的完善、测试技术、测试设备以及高性能电子计算机的发展，流变学在制剂领域的应用将更为深入与广泛。

第三节 软膏剂

一、概述

软膏剂（ointments）系指原料药物与油脂性或水溶性基质混合制成的均匀的半固体外用制剂。软膏剂主要由药物和基质组成。软膏剂的基质是其重要组成部分，除此以外，处方组成中还经常加入抗氧剂、防腐剂等以防止药物及基质的变质，特别是含有水、不饱和烃类、脂肪类基质时加入这些稳定剂更为重要。

根据原料药物在基质中分散状态的不同，可以将软膏剂分为溶液型和混悬型。**溶液型软膏剂**为原料药物溶解（或共熔）于基质或基质组分中制成的软膏剂；**混悬型软膏剂**为原料药物细粉均匀分散于基质中制成的软膏剂。按基质的性质又分为**油脂软膏**和**水溶性软膏**。

软膏剂具有热敏性和触变性，热敏性反映遇热熔化而流动，触变性反映施加外力时黏度降低，静止时黏度升高，不利于流动。这些性质可以使软膏剂在长时间内紧贴、黏附或铺展在用药部位，主要用于局部疾病的治疗，如抗感染、消毒、止痒、止痛和麻醉等，也可以起全身治疗作用。不含药软膏剂有保护或滋润皮肤等作用。

二、软膏剂的质量要求

一般软膏剂应具备下列质量要求：①外观良好，均匀、细腻，涂于皮肤或黏膜上无刺激性，混悬型软膏剂中不溶性原料药物，应预先用适宜的方法制成细粉，确保粒度符合规定；②应具有适当的黏稠度、易涂布于皮肤或黏膜上，不融化，黏稠度随季节变化小；③应无酸败、异臭、变色、变硬等变质现象；④必要时可加入防腐剂、抗氧剂、增稠剂、保湿剂及透皮促进剂；⑤应无刺激性、过敏性及其他不良反应。当用于大面积烧伤时，应预先进行灭菌。眼用软膏的配制需在无菌条件下进行。

三、软膏剂的常用基质及附加剂

（一）常用基质

基质（bases）是软膏剂形成和发挥药效的重要组成部分。软膏基质的性质对软膏剂的质量及药物疗效影响很大，如直接影响药物的释放及在皮肤内的扩散、流变性质、外观等。理想的软膏剂基质应符合下列要求：①润滑无刺激，稠度适宜，易于涂布；②不影响药物的释放和吸收，性质稳定，与主药、附加剂等不发生配伍变化；③具有吸水性，能吸收伤口分泌物；④无生理活性，不妨碍皮肤的正常功能；⑤具有良好释药性能；⑥易洗除，不污染衣服。每种基质都有各自的特性，很难完全符合所有要求，因此在实际应用中常根据治疗目的与药物性质将多种基质混合使用，制成较为理想的软膏基质。常用的基质主要有：油脂性基质及亲水或水溶性基质。其中油脂性基质常用的有凡士林、石蜡、液状石蜡、硅油、蜂蜡、硬脂酸、羊毛脂等；水溶性基质主要有聚乙二醇等。

1. 油脂性基质

油脂性基质包括油脂类、类脂类、烃类及硅酮类等。其优点是：①润滑、无刺激性，一般不与药物发生配伍禁忌，不易长霉；②在皮肤上能形成封闭性油膜，减少皮肤水分的蒸发，促进皮肤的水合作用，使皮肤柔润，防止干裂。缺点是释药性能差，油腻性强，疏水性大，不易用水洗除，不适用于有渗出液的创面等。此类基质主要用于遇水不稳定的药物制备软膏剂。为克服其疏水性常加入表面活性剂或制成乳剂型基质的油相。

（1）**烃类**　烃类系指从石油中得到的各种烃的混合物，其中大部分属于饱和烃。其化学性质稳定，脂溶性强，能与多数油脂类与类脂类基质混合，适用于保护性软膏。

① 凡士林（vaselin）：又称软石蜡，系从石油中得到的多种烃的半固体混合物，熔程为 38～60℃。本品有黄、白两种，后者经漂白制成，它们化学性质稳定，无刺激性，适用于遇水不稳定的药物。本品具有适宜的黏稠性和涂展性，能够增进皮肤角质层水合，润滑皮肤，防止干裂，可单独用作软膏基质。但其油腻性大，吸水性差，不适用有多量渗出液的患处。加入适量羊毛脂、胆固醇等可改善凡士林的吸水性。吸水性可用水值表示，其含义为：在常温下，100 g 的油性基质所吸收水分的最大量。根据此值可供估算药物水溶液以凡士林为基质配制软膏时吸收药物水溶液的量。

② 石蜡（paraffin）与液状石蜡（liquid paraffin）：石蜡为固体饱和烃混合物，熔程为 50～65℃，能溶于挥发油、矿物油和大多数脂肪油；液状石蜡为液状饱和烃混合物，与凡士林同类。二者均用于调节凡士林基质的稠度，也可用作乳膏基质的油相，并调节稠度。

（2）**类脂类**　类脂类系指高级脂肪酸与高级脂肪醇化合而成的酯及其混合物，有类似脂肪的物理性质，但化学性质较脂肪稳定，且具有一定的表面活性作用和一定的吸水性能，多与油脂类基质合用。常用的有羊毛脂、蜂蜡、鲸蜡等。

① 羊毛脂（wool fat，lanolin）：主要成分是胆固醇类的棕榈酸酯及游离的胆固醇类，熔程为 36～42℃，具有优良的吸水性能。为改善黏度以方便取用，常用含水分 30% 的羊毛脂，称为含水羊毛脂。羊毛脂可吸收二倍量的水而形成乳剂型基质。同时羊毛脂的性质与皮脂接近，有利于药物的渗透，但由于本品黏性太大而很少单独用作基质，常与凡士林合用以改善其吸水性与渗透性。

② 蜂蜡（beeswax）与鲸蜡（spermaceti）：蜂蜡的主要成分为棕榈酸蜂蜡醇酯，而鲸蜡的主要成分为棕榈酸鲸蜡醇酯。两者均含有少量游离高级脂肪醇而具有一定的表面活性作用，属于较弱的 W/O 型乳化剂，在 O/W 型乳剂基质中作稳定剂。两者均不易酸败，常用于取代乳剂型基质中部分脂肪性物质以调节稠度或增加稳定性。

（3）**油脂类**　油脂类系指由动植物中得到的高级脂肪酸甘油酯及混合物。从动物中得到的脂肪油稳定性差，现在已很少应用。植物油是不饱和脂肪酸甘油酯，常用的有麻油、花生油和棉籽油。植物油稳定性也较差，贮存过程中易氧化、酸败，可加抗氧剂及防腐剂。一般植物油不单独用作软膏基质，常与熔点较高的蜡类熔合成稠度适宜的基质。氢化植物油是植物油在催化作用下加氢而成的饱和或近饱和的脂肪酸甘油酯，较植物油稳定，不易酸败，可用作软膏基质。

（4）**硅酮类**（silicones）　硅酮类又称为硅油，是一系列不同分子量的聚二甲基硅氧烷的总称。常用二甲硅油（dimethicone）和甲苯基硅油，均为无色或淡黄色油状液体，无臭、无味，黏度随分子量的增大而增大。二甲硅油在应用温度范围内黏度变化极小，对大多数化合物稳定，但在强酸、强碱中降解。具有优良的疏水性、较小的表面张力、很好的润滑作用，易涂布，对皮肤无刺激。常用作乳膏中的润滑剂，也用于保护皮肤、对抗水溶性物质如酸、碱等的刺激或腐蚀。但本品对眼睛有刺激，不可用作眼膏基质。

2. 水溶性基质

水溶性基质一般为天然或人工合成的水溶性高分子化合物，如聚乙二醇、卡波姆、纤维素衍生物及甘油明胶等。水溶性基质溶于水，能吸收组织渗出液，一般释药快，无油腻感，易涂展、洗除，多用于湿润、糜烂创面。其缺点是润滑作用差、不稳定、水分易蒸发、易发霉等，故需要加入保湿剂和防腐剂。

聚乙二醇类（PEG）：药剂中常用的平均分子量在 300～6000，PEG 700 以下是液体，PEG 2000 以上是固体，通常取不同分子量的聚乙二醇以适当比例配制成稠度适宜的软膏基质，常用的配比有 PEG 400：PEG 3350＝6：4 和 PEG 400：PEG 4000＝1：1 等。本品化学性质稳定且不易腐败，易溶于水，可吸收组织渗出液，且易洗除。但由于其吸水性强，用于皮肤常有刺激感，久用可引起皮肤脱水干燥。还会与一些药物如水杨酸、苯甲酸等络合，导致基质过度软化，并能降低酚类防腐剂的功效，产生配伍变化。

（二）附加剂

软膏剂中除含有药物和基质外，常需要添加一些附加剂。在药剂及化妆品局部外用制剂中常用的附加剂主要有抗氧剂、防腐剂、保湿剂、透皮吸收促进剂等。

1. 抗氧剂

抗氧剂用来防止软膏中某些成分的氧化变质，提高软膏的化学稳定性。常用的抗氧剂通常根据其作用机制可分为以下三种类型：①能与自由基反应，抑制氧化反应，如维生素 E、丁羟基甲苯（BHT）等；②由还原剂组成，还原剂首先被氧化，从而保护其他物质，如抗坏血酸、亚硫酸盐等；③辅助的抗氧剂，如螯合剂，本身的抗氧作用小，但通过与金属离子结合抑制其对氧化反应的催化作用，从而间接增强抗氧化作用，如枸橼酸、酒石酸、EDTA 等。可根据不同的基质选择合适的抗氧剂。

2. 防腐剂

软膏剂的基质中容易滋生细菌和真菌等微生物，添加防腐剂能有效地防止微生物污染而导致的制剂变质。选择的防腐剂应符合如下要求：①和处方中的其他成分没有配伍禁忌，有热稳定性；②在较长的贮藏时间及使用环境中稳定；③对皮肤组织无刺激性、无毒性、无过敏性。常用的防腐剂有羟苯甲酯、羟苯乙酯、苯酚、苯甲酸、山梨酸、苯扎氯铵、溴化烷基三甲基铵、三氯叔丁醇等。可根据防腐剂的作用机理、性质和应用范围的不同，使用一种或选用几种防腐剂混合使用。

3. 保湿剂

保湿剂是具有吸湿性的高水溶性物质，可以模仿自然保湿机制。常用的保湿剂有甘油、丙二醇等。

4. 透皮吸收促进剂

透皮吸收促进剂（penetration enhancers）能够通过不同的作用机理改变皮肤的通透性，降低药物通过皮肤的阻力，帮助药物扩散进入皮肤，明显增加透过皮肤的药物量和提高药物的透皮速率，已在经皮给药制剂中广泛使用。理想的透皮促进剂应该具有以下特点：①无药理作用，无毒、无刺激性、不致敏；②起效快，去除后能迅速恢复皮肤的屏障功能；③不引起内源性物质损失；④不与药物和其他辅料产生物理化学作用；⑤在皮肤上易于铺展，溶解度参数与皮肤接近。在渗透促进剂的作用机制上，广泛被接受的是 Barry 提出的脂质蛋白分配理论。该理论认为促进剂的作用可能与下述一种或几种机制有关：①破坏高度有序排列的角质层间隙脂质结构，增加脂质流动性；②与角质层细胞内蛋白质作用；③增加药物、共渗透促进剂（coenhancer）、共溶剂（cosolvent）分配进入角质层。

目前，常用的透皮吸收促进剂有如下几类：①有机溶剂类，如乙醇、丙二醇、醋酸乙酯、二甲亚砜、二甲基酰胺；②有机酸、脂肪醇，如油酸、亚油酸、月桂醇；③月桂氮䓬酮及其同系物；④表面活性剂，如阳离子型、阴离子型、非离子型和卵磷脂；⑤角质保湿与软化剂，如尿素、水杨酸、吡咯酮类；⑥萜烯类，如薄荷醇、樟脑。

（1）醇类化合物　醇类化合物包括各种短链醇、脂肪酸及多元醇等。结构中 2～5 个碳原子的短链醇（如乙醇、丁醇等）能溶胀和提取角质层中的类脂，增加药物的溶解度，从而提高极性和非极性药物的经皮透过性。丙二醇、甘油及聚乙二醇等多元醇也常作为透皮吸收促进剂使用，与其他促进剂合用可发挥协同作用。

（2）氮酮类化合物　月桂氮䓬酮（Azone）为无色澄明液体，不溶于水，与多数有机溶剂混溶。本品的透皮促进作用很强，它对许多亲水、亲油合成药物均有较好的促渗作用。其作用机理主要是通过渗入皮肤角质层、降低细胞间脂质排列的有序性，脱去细胞间脂质形成孔道，增加角质层的含水量来达到增加药物吸收的目的。月桂氮䓬酮起效较慢，但一旦发生作用，则能持续数日。本品与其他透皮吸收促进剂合用效果更佳，如与丙二醇、油酸都可以配伍使用。

（3）表面活性剂　表面活性剂自身可渗入皮肤和皮肤成分相互作用，改变皮肤透过性。非离子型表面活性剂主要增加角质层类脂流动性，刺激性最小，但是透过促渗效果也最差，这可能是和它们的临界胶团浓度较低有关，药物容易被增溶进入胶团内部而使释放量减少。离子型表面活性剂的促渗作用虽然较强，但对皮肤的刺激性也较强，连续使用会引起红肿、干燥、粗糙化。

（4）新型透皮吸收促进剂　N-三甲基壳聚糖（N-trimethyl chitosan，TMC）是壳聚糖的一种水溶性衍生物，具有良好的生物相容性。TMC 通过正负电荷作用，打开细胞间的紧密结合而促进药物的透皮吸收。壬代环戊双醚与氮酮具有相似的结构，有一个极性头部和一条烃链，其机理可能也是通过改变脂质分子排列，使药物更好地透过皮肤达到促渗作用。

四、软膏剂的工艺与制备

（一）工艺流程图

软膏剂的工艺生产流程如图 10-8 所示。

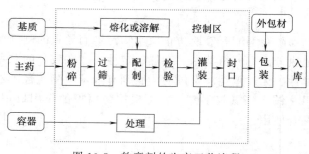

图 10-8　软膏剂的生产工艺流程

（二）制备

1. 基质的处理

油脂性基质在使用前需要加热熔融后趁热过滤，除去杂质，再加热至 150℃ 灭菌 1 h 以上，并除去水分。

2. 药物的加入方式

① 不溶于基质或基质组分的药物必须粉碎至细粉，过六号筛后使用，眼膏剂中的药粉应过九号筛。配制时取药粉先与少量基质或适量液体组分研成糊状，再与其余基质研匀；或将药物细粉在不断搅拌下加入熔融的基质中，搅拌至冷凝，以防药粉下沉造成成分散不均匀。

② 可溶于基质或基质组分的药物应先用适宜的溶剂溶解，再与基质混匀。一般脂溶性药物溶于油相或少量有机溶剂，水溶性药物溶于少量水或水相，再与基质混合制成溶液型软膏。生物碱盐类可用少量水溶解，之后用羊毛脂吸收，再与其余基质混匀。

③ 具有特殊性质的药物，如半固体黏稠性药物（鱼石脂或煤焦油），可直接与基质混合，必要时先与少量羊毛脂或聚山梨酯类混合，再与凡士林等油脂性基质混匀。若药物中有共溶性组分（如樟脑、薄荷脑等），可先使其共熔，再与基质混匀。

④ 中药浸出物为液体（如煎剂、流浸膏等）时，先浓缩至稠浸膏再加入基质中混匀。固体浸膏可加少量水或稀醇研成糊状，与基质混合。

⑤ 对热敏感或挥发性药物，应使基质温度降至 40℃ 左右，再与之混合。

3. 制备方法

制备软膏的基本要求是使药物在基质中混合均匀、细腻，以保证药物的剂量与药效，这与制备方法的选择，特别是药物加入方法有密切关系。

（1）研磨法　基质为油脂性的半固体，且药物不溶于基质时，可直接采用研磨法。一般在常温下，将药物研细过筛后，先用少量基质研匀，然后等量递加其余基质至全量，研磨均匀。此法适用于少量制备，药物对温度敏感，且在常温下通过研磨即能混匀等情况。用软膏刀在陶瓷或玻璃的软膏板上调制，也可在乳钵中研制或用机器研磨。

（2）熔融法　油脂性基质大量制备时，常采用熔融法。本法适用于软膏中含有的基质熔点较高，在常温下不能混合均匀者。在熔融操作时，采用蒸发皿或蒸汽夹层锅进行，一般先将熔点较高的物质熔化，再加熔点低的物质，最后分次加入液体成分和药物，以避免低熔点物质受热分解。在熔融和冷凝过程中，均应不断搅拌，使成品均匀光滑，并通过胶体磨或研磨机进一步混匀，使软膏均匀、细腻、无颗粒感。但在成膏状后应停止搅拌，避免带入过多气泡。熔融法制备软膏的过程中还需注意冷却速度不能太快，以防基质中高熔点组分呈块状析出。

（三）常用设备

软膏剂制备设备类型主要包括加热、搅拌、乳化与灌装设备。

1. 加热罐

加热设备用蛇管蒸汽加热器。在蛇管加热器中央装有桨式搅拌器。加热后的低黏稠基质多采用真空管自加热罐底部吸出。油性基质所用凡士林、石蜡等在低温时处于半固态，与主药混合之前需加热降低其黏稠度。黏稠性基质的输送管线、阀门等也需考虑伴热、保温等措施，以防物料凝固造成管道的堵塞。

多种基质辅料在正式配料前也需使用加热罐加热和预混匀。此时多使用夹套加热器、内装框式搅拌器。多是顶部加热，底部出料。

2. 真空乳化机

真空乳化机可用于软膏剂的加热、溶解、均质与乳化，如真空乳化搅拌机组（图10-9）。主要由预处理锅（水相锅与油相锅）、真空乳化搅拌锅、真空泵、液压系统、倒料系统、电器控制系统等组成。操作时将水相、油相物料分别投入水相锅和油相锅，加热到一定程度，开动搅拌器，使物料混合均匀。加料及出料用真空泵完成。待乳化锅内真空度达到−0.05 MPa时，分别开启水相与油相阀门，吸进水相与油相物料，在真空条件下搅拌乳化，可避免气泡产生。

乳化锅内采用同轴三重型搅拌装置。外面框式搅拌器与中间的桨式搅拌器为同一慢速电机传动（转速为0～70 r/min）。框式搅拌器的外围有刮板，能刮去容器内壁附着的物料，不留死角；桨式搅拌器经过固定叶片与回转叶片的剪断、压缩、折叠等作用进行搅拌、混合；均质搅拌器（转速为0～3200 r/min）由高转速的独立叶轮与定子组成，产生高速剪切作用，对高黏度物料进行均质混合。叶轮高速旋转过程中，将物料从叶轮的上下方吸入，然后从叶轮和定子的缝隙中抛出。物料在被吸入与抛出的过程中经过强烈的挤压、剪切、混合、喷射与高频振荡等一系列复杂的物理反应，从而将物料充分乳化。

3. 软膏全自动灌装封尾机

软膏全自动灌装机主要有输管、灌注、封底三个功能。如图10-10所示为软膏全自动灌装封尾机，用于各类铝管灌封膏霜类、乳液类、油剂等。控制部分采用PLC控制系统，传动部分全封闭，用柱塞泵灌膏，设有螺杆微调机构，因而可精确称量膏体。全机由全自动操作系统完成供管、洗管、识标、灌装、热熔、折叠封尾、压齿纹、打码、修整、出管等工序。由气动方式完成供管、洗管，动作准确可靠。

图10-9　真空乳化搅拌机组

图10-10　软膏全自动灌装封尾机

4. 全自动铝管制管机

制铝管全自动设备由11个部件组成，其工艺步骤包括冲管（将铝片冲制成管状）、修蚀（截割、刻螺纹口等）、退火（400℃、10 min使铝管变软）、内涂（以501环氧树脂喷涂于铝管内表面）、干燥（250℃、10 min）、底涂（以印刷油上底色）、干燥（150℃、5 min）、印字、干燥（150℃、5 min）、盖帽、尾涂（涂黏合剂）。从冲管到尾涂全部动作在自动控制下完成。产量约为6000支/h。常用冲管模具为13.5 mm、16 mm与19 mm，装量分别为5 g、10 g和15 g。

（四）制备过程中可能出现的问题

1. 主药受热稳定性差

某些药物在高温下会分解，软膏剂配制时需要根据主药理化性质控制油、水相加热温度，以防止温度过高引起药物分解。

2. 主药含量不均匀

根据主药在基质中的溶解性能，将主药与油相或水相基质混合，或者先将主药与已配好的少量基质混匀，再等量递增至大量基质中，以保证主药含量均匀。

3. 不溶性药物粒度过大

不溶性的固体物料，应先研磨成细粉，过100～120目筛，再与基质混合，以避免成品中药物粒度过大。

4. 产品装量差异大

可能的原因与解决办法：①物料搅拌不均匀，将物料搅拌均匀后加入料斗；②有明显气泡，可用抽真空等方法排出气泡；③料筒中物料高度变化大，软膏剂会随着贮料罐内料液的减少而流速减慢，造成装量差异，应保持料斗中物料高度一致，并不能少于容积的1/4。

5. 软膏管封合不牢

可能的原因与解决办法：①封合时间短，适当延长加热时间；②加热温度低，适当调高加热温度；③气压过低，将气压调到规定值；④加热带与封合带高度不一致，调整加热带与封合带高度。

6. 软膏管封合尾部外观不美观

可能的原因与解决办法：①加热部位夹合过紧，调整加热头夹合间隙；②封合温度过高，适当降低封合温度，延长加热时间；③加热封合工位高度不一致，应调整工位高度。

随着技术的发展，新工艺、新材料可以运用在软膏剂的生产制备中，解决可能出现的问题，如使用超声波技术、纳米技术等改善生产过程；采用环糊精包合技术改善药物的稳定性与透过性，控制药物的释放速率，还能够减轻药物对皮肤的刺激，矫正不良气味。

（五）软膏剂举例

例 10-1 尿素软膏

【处方】

尿素	100 g	蜂蜡	40 g
甘油	200 g	无水羊毛脂	100 g
凡士林	加至1000 g		

【制法】 ①取蜂蜡、无水羊毛脂及凡士林，在水浴中加热熔化，过滤。②另取尿素溶于甘油，缓缓加入冷至50℃的基质中，搅拌混合，即得。

【注解】 ①本品用于治疗鱼鳞癣、皲裂性湿疹等。②尿素是一种无毒、无刺激性、不致敏的物质，能增加角质层的水合作用，使皮肤柔软，并具有抗菌止痒的作用，可治牛皮癣的瘙痒。30%～40%尿素是强烈的角质溶解剂，对角质过度性掌跖皲裂有效。③尿素用油脂性基质比水包油乳膏基质效果好，特别是对深度裂口的患者。且乳膏基质中含水影响尿素的稳定性，尿素水溶液在加热时易破坏而放出氮。

例 10-2 冻疮软膏

【处方】

薄荷脑	160 g	樟脑	160 g
薄荷油	100 g	桉叶油	100 g
石蜡	210 g	蜂蜡	90 g
10%氨溶液	6 mL	凡士林	200 g

【制法】 ①将樟脑与薄荷脑置于干燥乳钵中研磨共熔，再与薄荷油、桉叶油混匀。②另将石蜡、蜂蜡、凡士林加热至110℃以除去水分，过滤并冷至70℃，加入芳香油等搅拌均匀，最后加入氨溶液，混匀即得。

【注解】 ①本品用于止痛止痒，适用于伤风、头痛、蚊虫叮咬。②为适应不同气候的地区，必须灵活调节石蜡、蜂蜡和凡士林的用量配比。

五、软膏剂的包装与贮存

软膏剂在配制后需灌装入软膏管中，以便于贮存、运输及使用，其容器应不与药物或基质发生理化作用。若药物易与金属软管发生化学反应，可在管内涂一薄层蜂蜡与凡士林的熔合物或环氧酚醛树脂隔离。

由于锡管中含铅，毒性较大，因此逐渐被铝管所代替。近年来大多采用塑料管，既可避免药物与金属发生理化作用，又降低了成本。但塑料管有渗透性，会导致软膏失水变硬。

软膏剂应包装在密封性好的容器中并放置在阴凉干燥处避光保存。

六、软膏剂的质量评价

（一）质量检查

按《中国药典》（2020 年版）四部通则，除另有规定外，软膏剂、乳膏剂应进行以下相应检查。

1. 粒度

除另有规定外，混悬型软膏剂、含饮片细粉的软膏剂照下述方法检查，应符合规定。检查法：取供试品适量，置于载玻片上涂成薄层，薄层面积相当于盖玻片面积，共涂 3 片，照粒度和粒度分布测定法（通则 0982 第一法）测定，均不得检出大于 180 μm 的粒子。

2. 装量

照最低装量检查法（通则 0942）检查，应符合规定。

3. 无菌

用于烧伤［除程度较轻的烧伤（Ⅰ°或浅Ⅱ°外）］或严重创伤的软膏剂与乳膏剂，照无菌检查法（通则 1101）检查，应符合规定。

4. 微生物限度

除另有规定外，照非无菌产品微生物限度检查：微生物计数法（通则 1105）、控制菌检查法（通则 1106）及非无菌药品微生物限度标准（通则 1107）检查，应符合规定。

（二）质量评价

软膏剂的质量检查主要包括药物的含量，软膏剂的性状、刺激性、稳定性等的检测以及软膏中药物释放、吸收的评定。根据需要及制剂的具体情况，皮肤局部用制剂的质量检查，除了采用药典规定检验项目外，还可采用一些其他方法。

1. 外观

软膏剂的外观形状应质地均匀、细腻、稠度适宜，易于涂布，对皮肤和黏膜无刺激性，无酸败、变色、变硬、油水分离等变质现象。

2. 药物的含量

主药含量可按《中国药典》或其他规定的标准和方法测定，采用适宜的溶剂将药物从基质中溶解提取，再进行含量测定。测定方法必须考虑和排除基质对提取物含量测定的干扰和影响。测定方法的回收率要符合要求。

3. 物理性质

（1）熔点与熔程　油脂性基质或原料可应用熔点（熔程）检查控制质量，应取数次测定的平均值进行评定。基质熔程一般以接近凡士林的熔程为宜。

（2）稠度和流变性　软膏基质多属于非牛顿流体，通常使用插度计测定稠度以控制其流变性，保证软膏在皮肤上具有良好的涂展性和滞留性。

（3）酸碱度　某些基质材料在精制过程中要用酸、碱处理，所以应对其酸碱度加以控制，以免引起刺激性。基质 pH 以接近皮肤 pH 为好，同时兼顾药物的稳定性。

4. 刺激性

软膏剂涂于皮肤或黏膜时，不得引起疼痛、红肿或产生斑疹等不良反应。药物和基质引起过敏反应者不宜采用。刺激性试验可以采用家兔皮肤、眼黏膜及人体皮肤进行。

5. 稳定性

根据《中国药典》（2020年版）四部"原料药物与制剂稳定性试验指导原则"（通则9001），软膏剂应根据主药与辅料性质，参考原料药物的试验方法，进行影响因素试验、加速试验与长期试验，定时取样检查性状（酸败、异臭、变色、分层、涂展性）、均匀性、含量、粒度、有关物质，在一定的贮存期内应符合规定要求。

6. 药物释放、吸收的评定

根据软膏剂适应证不同，需要药物到达皮肤的不同深度起效。可通过试验了解药物在皮肤内部的渗透及潴留情况，分为体外试验法和体内试验法。体外试验法有离体皮肤法、凝胶扩散法、半透膜扩散法等，其中离体皮肤法较接近应用的实际情况。

（1）体内试验法 将软膏涂于人体或动物的皮肤上，经过一定时间测定药物透入量。测定方法可根据药物性质采用：①含量分析法，即测定体液与组织器官中的药物含量；②生理反应法，即利用软膏的药理作用为测定指标；③放射性示踪原子法，即测定组织与体液中药物放射性同位素等。

（2）体外试验法

① 凝胶扩散法：该法系采用琼脂（或明胶）凝胶为扩散介质，将软膏涂于含有指示剂的凝胶表面，放置一定时间后，测定药物与指示剂产生的色层高度（扩散距离），以此来比较药物自基质中的释放速率。以不同时间色层高度的平方（H^2）对扩散时间（t）作图，应得到一条通过原点的直线。此直线的斜率为 J，J 值反映了软膏中释放药物能力的大小。J 越大，释药越快。

② 离体皮肤法：将人或动物的皮肤固定于扩散池中，测定不同时间由供给池穿透到接受池溶液中的药量 Q，以 Q-t 拟合直线，求出药物对皮肤的渗透率 P，可分析药物的释药性质与皮肤透过性，从而进行处方筛选。常用的是垂直式透皮扩散池（图10-11）和水平式透皮扩散池（图10-12）。

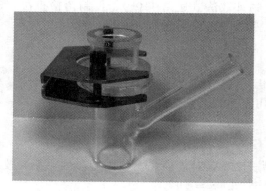
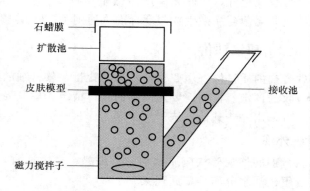

图 10-11　垂直式透皮扩散池

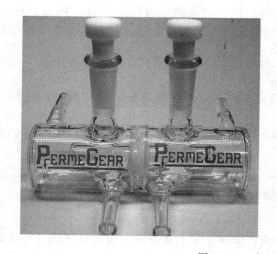
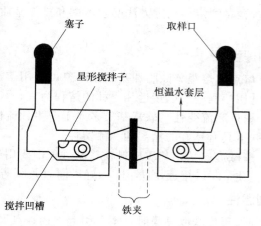

图 10-12　水平式透皮扩散池

第四节 乳膏剂

一、概述

乳膏剂（creams）系指原料药物溶解或分散于乳状液型基质中形成的均匀半固体制剂。乳膏剂由于基质不同，可分为**水包油**（O/W）型乳膏剂和**油包水**（W/O）型乳膏剂。乳膏剂具有以下特点：①对水、油均具有一定的亲和力，不影响皮肤表面分泌物的分泌和水分的蒸发，对皮肤的正常功能影响较小；②O/W型乳膏剂中药物的释放穿透快、能吸收创面渗出液，易涂布、清洗，但贮藏过程中可能霉变或失水使软膏变硬，需加入防腐剂和保湿剂；③W/O型乳膏剂中基质内相的水能吸收部分水分，水分从皮肤表面蒸发时有缓和冷却的作用，但因外相为油，不易洗除；④O/W型乳膏禁用于分泌物较多的病变部位，如糜烂、溃疡等，否则会与分泌物一同进入皮肤导致炎症加剧（反向吸收）。

区别O/W型和W/O型乳膏剂可以使用以下几种方法：①根据所用乳化剂HLB值确定，一般乳化剂HLB值为3～8则制得W/O型乳膏剂，HLB值为8～18则制得O/W型乳膏剂；②染色法，水溶性染料易溶于O/W型乳膏剂，相反，油溶性染料易溶于W/O型乳膏剂；③导电性，连续相是水的O/W型乳膏剂能导电，而W/O型乳膏剂不能导电；④制备方法，一般O/W型乳膏剂的制备是将油相缓缓加入不断搅拌的水相中，W/O型乳膏剂则相反；⑤一般水含量多于45％的是O/W型乳膏剂。

二、乳膏剂的质量要求

乳膏剂应具有与软膏剂相同的质量要求，还应不得有油水分离及胀气现象。

三、乳膏剂的常用基质

乳膏基质是由水相和油相借助乳化剂在一定温度下乳化而成的半固体基质，可分为水包油型（O/W）和油包水型（W/O）两类。形成原理与液体乳剂相似，不同之处是常用的油相多数为固体或半固体，如硬脂酸、蜂蜡、石蜡、高级醇等。水相为蒸馏水或药物的水溶液及水溶性的附加剂。常用乳化剂有皂类、脂肪醇硫酸（酯）钠类、高级脂肪酸及多元醇酯类、聚氧乙烯醚的衍生物类。

1. 皂类

皂类分为一价皂和多价皂。

（1）**一价皂** 一价皂常为一价金属（如钠、钾、铵）的氢氧化物、硼酸盐或有机碱（如三乙醇胺、三异丙胺等）与脂肪酸（如硬脂酸或油酸）作用生成的新生皂。HLB值一般在15～18，降低水相表面张力强于降低油相的表面张力，则易成O/W型的乳剂型基质，但若处方中含过多的油相时能转相为W/O型的乳剂型基质。一价皂的乳化能力随脂肪酸中碳原子数从12到18而递增。但在18以上这种性能又降低，故碳原子数为18的硬脂酸为最常用的脂肪酸，其用量常为基质总量的10％～25％，主要作为油相成分，并与碱反应形成新生皂。未皂化的部分存在于油相中，被乳化而分散成乳粒，由于其凝固作用而增加基质的稠度。

一价皂作乳化剂的基质应避免用于酸、碱类药物制备软膏，特别是忌与含钙、镁离子类药物配伍，否则会形成不溶性皂而破坏其乳化作用。新生皂反应的碱性物质的选择，对乳剂型基质的影响较大。新生钠皂为乳化剂制成的乳剂型基质较硬。钾皂有软肥皂之称，以钾皂为乳化剂制成的成品也较软。新生有机胺皂为乳剂型基质较为细腻、光亮美观。因此后者常与前二者合用或单用作乳化剂。

（2）**多价皂** 多价皂系由二、三价的金属（钙、镁、锌、铝）氧化物与脂肪酸作用形成的。由于此类多价皂在水中解离度小，亲水基的亲水性小于一价皂，而亲油基为双链或三链碳氢化物，亲油性强于亲水端，HLB 值低于 6，形成 W/O 型的乳剂型基质。新生多价皂较易形成，且油相的比例大，黏滞度较水相高，因此，形成的 W/O 型乳剂型基质较一价皂为乳化剂形成的 O/W 型乳剂型基质稳定。

2. 脂肪醇硫酸（酯）钠类

常用的有十二烷基硫酸（酯）钠（sodium lauryl sulfate），它是阴离子型表面活性剂，HLB 值为 40，常与其他 W/O 型乳化剂如十六醇、十八醇、单硬脂酸甘油酯合用调整适当 HLB 值，以达到油相所需范围。在处方中的常用量为 0.5%～2%。本品可与酸碱性药物、钙或镁离子配伍，但不宜与阳离子型表面活性剂或阳离子型药物同用，否则会形成沉淀而失效，加入 1.5%～2% 的氯化钠可使之失去乳化作用。本品使用时的 pH 应大于 4 并小于 8，以 pH=6～7 为宜。

3. 高级脂肪酸及多元醇酯类

（1）十六醇及十八醇　十六醇，即鲸蜡醇（cetyl alcohol），熔点为 45～50℃；十八醇即硬脂醇（stearyl alcohol），熔点为 56～60℃。二者性质稳定，无刺激性，均不溶于水，但有一定的吸水能力，吸水后形成 W/O 型乳剂型基质的油相，可增加乳剂的稳定性和稠度。新生皂为乳化剂的乳剂基质中，用十六醇和十八醇取代部分硬脂酸形成的基质则较细腻光亮。类似的 W/O 型乳化剂还有蜂蜡、胆甾醇等。

（2）硬脂酸甘油酯（glyceryl monostearate）　本品为单、双硬脂酸甘油酯的混合物，主要含单硬脂酸甘油酯，不溶于水，溶于热乙醇及乳剂型基质的油相中。本品分子的甘油基上有羟基存在，有一定的亲水性，但十八碳链的亲油性强于羟基的亲水性，HLB 值为 3.8，作为 W/O 型辅助乳化剂。常与一价皂、月桂醇硫酸钠等 O/W 型乳化剂合用，作乳膏基质的稳定剂与增稠剂，可以使产品细腻润滑，用量为 3%～15%。

（3）脂肪酸山梨坦与聚山梨酯类　此类均为非离子型表面活性剂。脂肪酸山梨坦，即司盘（Span）类，HLB 值在 4.3～8.6 之间，为 W/O 型乳化剂。聚山梨酯，即吐温（Tween）类，HLB 值在 10.5～16.7 之间，为 O/W 型乳化剂。各种非离子型乳化剂均可单独制成乳剂型基质，但为调节 HLB 值而常与其他乳化剂合用。非离子型表面活性剂无毒性，中性，对热稳定，对黏膜与皮肤比离子型乳化剂刺激性小，并能与酸性盐、电解质配伍，但与碱类、重金属盐、酚类及鞣质均有配伍变化。聚山梨酯类能与某些酚类、羧酸类药物如间苯二酚、麝香草酚、水杨酸等作用，使乳剂破坏。聚山梨酯类还能抑制一些防腐剂的作用，如与羟苯酯类、苯甲酸、季铵盐类等络合而使之部分失活，但可通过适当增加防腐剂用量予以克服。非离子型表面活性剂为乳化剂的基质可用的防腐剂有山梨酸、氯己定、氯甲酚等，用量为 0.2% 左右。

4. 聚氧乙烯醚的衍生物类

（1）平平加 O（peregal O）　本品是以十八（烯）醇聚乙二醇 800 醚为主要成分的混合物，HLB 值为 15.9，是一种非离子型 O/W 型表面活性剂。本品在冷水中的溶解度比热水大，性质稳定，耐酸、碱和电解质的能力强，对皮肤无刺激，溶液 pH 为 6～7。一般用量为 5%～10%。单独使用本品不能制得稳定的乳膏基质，为增加基质稳定性，可与其他乳化剂与辅助乳化剂配合使用。但本品会与羟基或羧基化合物发生络合，故不宜与苯酚、水杨酸等药物配伍。

（2）乳化剂 OP　本品为以聚氧乙烯(20)月桂醚为主的烷基聚氧乙烯醚的混合物，亦为非离子型 O/W 型乳化剂，HLB 值为 14.5，可溶于水，1% 水溶液的 pH 为 5.7，用量一般为油相质量的 5%～10%，对皮肤无刺激性。本品耐酸、碱、还原剂及氧化剂，性质稳定，但如果水溶液中有大量金属离子，将降低其表面活性。本品不宜与酚羟基类化合物，如苯酚、间苯二酚、麝香草酚、水杨酸等配伍，以免形成络合物，破坏乳剂型基质。

四、乳膏剂的工艺与制备

（一）生产工艺流程图

乳膏剂的生产工艺流程如图 10-13 所示。

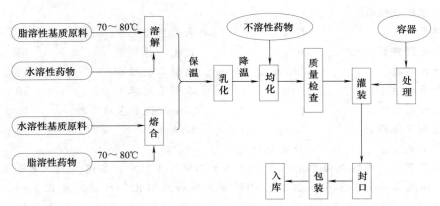

图 10-13　乳膏剂的生产工艺流程

（二）制备方法

乳膏剂的常用制备方法为**乳化法**。将处方中的油脂性和油溶性成分一起加热至 80℃左右成油相，另将水溶性成分溶于水中，并一起加热至 80℃左右（温度略高于油相，以防止两相混合时油相中的组分过早析出或凝结）形成水相。将水相逐渐加入油相中，边加边搅拌直至冷凝。最后加入水、油均不溶解的组分，搅匀即得。油、水两相的混合方法有三种：①两相同时混合，适用于连续的或大批量的操作，需要一定的设备，如输送泵、连续混合装置等；②分散相加到连续相中，适用于含小体积分散相的乳剂系统；③连续相加到分散相中，适用于多数乳剂系统大生产，在混合过程中，因连续相量少，形成反相乳剂。随着连续相的逐渐增加，引起乳剂的转型，能产生更为细小的分散相粒子。大量生产时主要使用真空乳化机，由于油相温度不易控制均匀冷却，或二相混合时搅拌不匀而使形成的基质不够细腻，因此在温度降至 30℃时再通过胶体磨等仪器使其更加细腻均匀。

制备乳膏剂时应注意：①强酸、强碱、电解质、可溶于两相的溶剂（如丙酮、乙醇等）、吸收性药物（无水钾明矾等）会影响乳膏剂的稳定性；②加热的温度不宜过高或过低，否则影响乳膏剂的成型；③乳膏剂中不宜加入过量的不同连续相液体，如 W/O 型乳膏剂中不宜加入过量的水，即使同相的液体也不宜过量，防止乳化态被破坏；④乳膏剂中加入药物的方式与软膏剂基本相似；⑤配制乳膏剂时避免剧烈搅拌及水浴冷却，搅拌时尽量防止混入空气，以免影响质量。

（三）乳膏剂举例

例 10-3　醋酸地塞米松（皮炎平）乳膏

【处方】

醋酸地塞米松	0.75 g	硬脂酸	45 g
单硬脂酸甘油酯	22.5 g	硬脂醇	50 g
液状石蜡	27.5 g	甘油	12.5 g
丙二醇	10 g	三乙醇胺	3.75 g
尼泊金甲酯	0.5 g	尼泊金丙酯	0.5 g
樟脑	10 g	薄荷脑	10 g
蒸馏水	加至 1000 g		

【制法】①将处方中的单硬脂酸甘油酯、硬脂酸、液状石蜡、硬脂醇在水浴中（80℃）熔化为油相，备用。②另将三乙醇胺、甘油、尼泊金甲酯、尼泊金丙酯、蒸馏水加热至 80℃作为水相，然后将水相缓缓倒入油相中，边加边搅拌，再将丙二醇溶解的醋酸地塞米松加入上述混合液中，搅拌冷却至 50℃时加入研磨共熔的樟脑和薄荷脑，继续搅拌混匀即得。

【注解】①本品为 O/W 型乳膏，硬脂酸部分与三乙醇胺反应生成一价皂作为 O/W 乳化剂。②醋酸地塞米松为难溶性药物，因此用丙二醇将其溶解后再加入基质中。③樟脑和薄荷脑研磨可共熔，为防止樟脑、薄荷脑遇热挥发,待基质温度降至50℃再加入。

例 10-4 复方酮康唑乳膏

【处方】

酮康唑	10 g	丙酸氯倍他索	0.5 g
单硬脂酸甘油酯	80 g	白凡士林	150 g
液状石蜡	330 mL	油酸山梨坦	50 g
平平加 A-20	10 g	二甲基亚砜	50 mL
羟苯乙酯	1 g	2,6-二叔丁基对甲酚	10 g
无水亚硫酸钠	1.5 g	甘油	50 mL
纯化水	加至 1000 g		

【制法】 ①取酮康唑、丙酸氯倍他索水浴加热溶于二甲基亚砜中,备用。②取单硬脂酸甘油酯、白凡士林、液状石蜡、油酸山梨坦、2,6-二叔丁基对甲酚水浴加热熔化,控制温度在70~80℃,作为油相;取平平加 A-20、羟苯乙酯、无水亚硫酸钠、甘油、纯化水加热至70~80℃,作为水相。③将油相缓缓加入水相中,边加边搅拌乳化,待温度降至60℃左右时加入酮康唑和丙酸氯倍他索的二甲基亚砜溶液,搅拌至冷凝,即得。

【注解】 ①酮康唑、丙酸氯倍他索为主要成分,酮康唑具有抗真菌作用,丙酸氯倍他索为肾上腺皮质激素,协助酮康唑进行治疗,并减轻其不良反应,二者皆不溶于水,将其溶于二甲基亚砜再加入基质中,有利于主药均匀分散,也有利于基质中药物的释放和穿透。②无水亚硫酸钠为水溶性抗氧剂,2,6-二叔丁基对甲酚为油溶性抗氧剂,羟苯乙酯为防腐剂,甘油起到保湿作用。

五、乳膏剂的处方设计

乳膏剂处方设计与软膏剂一样,需首先了解和熟悉药物的理化性质、各种基质的性质和选择原则、用药部位的皮肤特性及需要治疗的疾病。再根据用药目的,设计合理而有效的基质与制备工艺。

1. 药物的性质

在设计处方时应根据药物的药理、药效及用药目的等确定是否适合制备成乳膏。如果药物适合制备乳膏剂,就应该结合药物的性质如药物的物理性状、熔沸点、溶解度、pK_a 等以及是否与基质和附加剂发生配伍变化等,以保证制剂的安全性、有效性、稳定性和可控性。同时药物本身的性质,如脂溶性及分子量,决定了药物从基质中释放后能否透过皮肤发挥疗效。经研究表明,药物油水分配系数(P)的对数 $logP \geqslant 1$,分子量<500,则容易透过角质层,$logP \geqslant 3$ 时药物具有良好的皮肤贮留性。另外,由于乳膏含有水相,对遇水不稳定的药物如金霉素、四环素等不宜制成乳膏,若这类药物需制成有较好透过性的乳膏,可以选择含有 W/O 型乳化剂,在使用时与水性分泌物形成 W/O 型乳剂,可以更好地保证药物的稳定性。

2. 基质性质

药物从基质中的释放能够影响疗效,通常基质对药物的亲和力大,药物的释放较慢。在不同类型基质中,一般脂溶性药物从乳膏与软膏基质中的释放顺序为:O/W 型>W/O 型>类脂类>烃类。

(1)基质类型的选择原则

①乳膏基质可用于亚急性、慢性、无渗出的皮肤疾病和皮肤瘙痒症。而对急性又有多量渗出液的皮肤疾患,不宜选用 O/W 型乳状基质,否则会使吸收的分泌物重新进入皮肤,使炎症恶化。同时也不宜选用油脂性基质,因为其封闭性油膜影响渗出液的渗出。②对皮肤炎症、真菌感染等皮肤病,药物的作用部位是角质层以下的活性表皮;而对关节疼痛、心绞痛等疾病,药物作用部位需达到皮下组织或吸收入血,适宜采用穿透性较强的乳剂型基质。③水溶性基质易洗除,能与水性物质或渗出液混合,药物释放较快,可用于湿润的或糜烂的创面,但不宜用于肥厚、苔藓化的皮肤疾患。因为水溶性基质有吸湿作用,以免使疾患处更加干燥。④起皮肤保护与润滑作用,可选择具有较好保湿作用及润滑性的基质,如油脂性基质。

(2)基质组成 乳化剂是影响乳膏质量与稳定性的主要因素,可根据乳膏基质类型选择适宜的 HLB

值（表10-2），当HLB值不适宜或为了提高乳膏基质的稳定性时可以选用混合乳化剂。乳剂型基质的稳定性还与乳化剂的浓度及油水比例等多种因素相关，可采用正交设计或均匀设计等进行处方优化，通过实验确定最优处方。

表 10-2　各种油相乳化所需 HLB

油相原料	W/O 型	O/W 型	油相原料	W/O 型	O/W 型
液状石蜡(轻质)	4	10	硬脂酸、油酸	7～11	17
液状石蜡(重质)	4	10.5	硅油	—	10.5
凡士林 12～14	4	10.5	棉籽油	—	7.5
氢化石蜡 14	—	12～14	蓖麻油、牛油	—	7～9
癸醇、十二醇、十三醇	—	14	羊毛脂(无水)	8	12
十六醇	—	15	鲸蜡	—	13
十八醇	—	16	蜂蜡	5	10～16
月桂酸、亚油酸	—	16	巴西棕榈蜡	—	12

乳膏剂根据需要可加入保湿剂、防腐剂、抗氧剂及透皮吸收促进剂等。在乳膏基质、水溶性基质中，为防止乳膏失水变硬，可加入保湿剂，常用的保湿剂有甘油、丙二醇等，用量为5％～20％，可用于减少水分蒸发，防止皮肤上的油膜发硬和乳剂的转化。水溶性基质易受微生物污染，常需加入防腐剂，常用的防腐剂有尼泊金酯类、三氯叔丁醇、苯扎氯铵等。另外，有些基质成分亦有抑菌作用，如浓度大于10％的丙二醇、浓度大于40％的甘油和阳离子表面活性剂等。确定防腐剂及其用量时，应考虑防腐剂的油水分配性质与pH对解离的影响，还需要注意与药物及基质成分的配伍禁忌，如尼泊金类防腐剂与吐温、司盘类不能同时使用。对需要透过角质层或皮肤发挥作用的药物，可加入透皮吸收促进剂，但是，不同的透皮吸收促进剂在不同的基质中对药物的促进作用并不相同，因此，应通过研究考察透皮促进效果并确定其用量。

3. 皮肤性质

皮肤角质层是人体的生物学屏障，可防止异物侵入体内。乳膏剂治疗皮肤疾病或对皮肤起保护作用时，要求发挥局部作用，需要根据不同的适应证，使药物到达不同的皮肤深度而起效；而对于需要吸收入体循环产生全身治疗效果的药物，需要使药物具有更好的皮肤渗透性。同时也需要注意基质、透皮吸收促进剂等附加剂对皮肤可能产生刺激性、过敏或其他副作用。如部分人使用羊毛脂可能会有过敏反应，十二烷基硫酸钠对有炎症的皮肤具有刺激性。

角质层细胞具有一定的吸水能力，即皮肤的水合作用。基质对皮肤的水合作用大，可使角质层肿胀、疏松，有利于药物的扩散。角质层含水量由正常的5％～15％增至50％时，药物的渗透性可增加4～5倍。不同类型基质的水合作用不同，水合能力的顺序为：烃类＞类脂类＞W/O型＞O/W型，水溶性基质一般无水合作用。

六、乳膏剂的质量评价

乳膏剂的质量评价项目与软膏剂基本相同，其不同于软膏剂的项目有：

1. 乳膏剂基质的 pH

W/O型乳膏剂pH不大于8.5，O/W型乳膏剂pH不大于8.3。

2. 乳膏剂稳定性评价

乳膏剂易受温度影响导致油水分离，需做耐热、耐寒试验。试验方法：将装好的乳膏分别恒温置于55℃、6 h与−15℃、24 h，观察有无油水分离现象。也可采用离心法测定，将乳膏10 g置于离心管中，以2500 r/min离心30 min，不应有分层现象。

第五节　凝　胶　剂

一、概述

　　凝胶剂（gels）系指原料药物与能形成凝胶的辅料制成的具凝胶特性的稠厚液体或半固体制剂。除另有规定外，凝胶剂限局部用于皮肤及体腔，如鼻腔、阴道和直肠，水凝胶在皮下埋植制剂中也有应用。乳状液型凝胶剂又称为**乳胶剂**（emulgels）。由高分子基质如西黄蓍胶制成的凝胶剂也可称为**胶浆剂**。

　　凝胶剂按给药途径可分为皮肤用凝胶剂、口腔用凝胶剂、鼻用凝胶剂、眼用凝胶剂、阴道用凝胶剂等多种。按分散系统可分为单相凝胶和双相凝胶。小分子无机原料药物如氢氧化铝凝胶剂是由分散的药物小粒子以网状结构存在于液体中，属两相分散系统，也称混悬型凝胶剂。混悬型凝胶剂可有触变性，静止时形成半固体而搅拌或振摇时成为液体。局部应用的由有机化合物形成的凝胶剂系指单相凝胶，又分为水性凝胶和油性凝胶。水性凝胶基质一般由水、甘油或丙二醇与亲水性高分子物质如纤维素衍生物、卡波姆和海藻酸盐等构成；油性凝胶基质由液状石蜡或脂肪油与胶体硅或铝皂构成。临床上应用较多的是水性凝胶剂，无油腻感，易涂展和洗除，附着力强，不污染衣物，不妨碍皮肤正常功能，能吸收组织渗出液；但润滑作用差，易失水霉变，需要添加保湿剂和防腐剂。

　　目前，随着制剂新技术和凝胶材料的发展，出现了一些新型凝胶，如脂质体凝胶剂、微乳凝胶剂及纳米乳凝胶剂、包合物等复合型凝胶剂以及环境敏感型凝胶剂，均具有一定的优势，能够提高药物的稳定性，增加缓释性和靶向性，增强皮肤的渗透性，提高治疗效果，具有研究价值。

二、凝胶剂的质量要求

　　凝胶剂应符合：①混悬型凝胶剂中胶粒应分散均匀，不应下沉结块；②凝胶剂应均匀细腻，在常温时保持胶状，不干涸或液化；③基质不与药物发生理化作用；④凝胶剂根据需要可加入保湿剂、抑菌剂、抗氧剂、乳化剂、增稠剂和透皮吸收促进剂等；⑤凝胶剂一般应检查 pH；⑥除另有规定外，凝胶剂应避光，密闭贮存，并应防冻。

三、凝胶剂的常用基质

　　凝胶是指溶液中的高分子聚合物或小分子胶体粒子在一定条件下互相交联构成的三维空间网状结构的特殊分散体系。临床上应用得较多的是以水性凝胶为基质的凝胶剂。水性凝胶可吸水溶胀，将吸收的水性成分束缚在其高分子链交联形成的网格中，从而使凝胶剂基质呈具有弹性的半固体性质。水性凝胶基质易涂展和洗除，无油腻感，能吸收组织渗出液，不妨碍皮肤正常生理，并且由于其黏度小，有利于药物特别是水溶性药物的释放。环境敏感水凝胶，也称为智能水凝胶或原位凝胶，可通过改变凝胶结构响应外界微小的变化和刺激，发生可逆性体积变化、凝胶-溶胶转变等物理结构和化学性质的突变。

　　常用的水性凝胶的基质可分为天然高分子材料、半合成高分子材料和合成高分子材料。天然高分子材料常用的有淀粉类、海藻酸类、植物胶和动物胶等，如淀粉、海藻酸盐、阿拉伯胶、西黄蓍胶、琼脂和明胶等。半合成高分子材料有纤维素衍生物、改性淀粉等，如羧甲基纤维素、壳聚糖等。合成高分子材料常用卡波姆、聚丙烯酸钠、聚乙烯醇等。凝胶基质材料宜具有生物黏附性和生物相容性，能黏附在皮肤或黏膜上，将药物从凝胶中释放出来。

1. 卡波姆（carbomer，Cb）

卡波姆系以非苯溶剂为聚合溶剂的丙烯酸键合烯丙基蔗糖或季戊四醇烯丙醚的高分子聚合物，商品名为卡波普（carbopol），按黏度不同常分为934、940、941等规格。本品是一种引湿性很强的白色松散粉末，由于分子中存在大量的羧酸基团，与聚丙烯酸有非常类似的理化性质，可以在水中迅速溶胀，但不溶解。其分子结构中的羧酸基团使其水分散液呈酸性，1%水分散液的pH约为3.11，黏性较低。当加入适量碱性溶液中和时，在很低的浓度下本品可迅速溶解成高黏度溶液或溶胀形成高黏度半透明凝胶，所以无法与酸类活性成分并存。本品在低浓度时可形成澄明溶液，在浓度较大时可形成半透明状的凝胶。在pH＝6～11时本品有最大的黏度和稠度，中和使用的碱以及卡波姆的浓度不同，其溶液的黏度变化也有所区别。以卡波姆为基质的凝胶剂具有释药快、无油腻性、易涂展、有生物黏附性、对皮肤和黏膜无刺激性等优点，能吸收组织渗出液，适用于治疗脂溢性皮肤病。不过盐类电解质、强酸可使卡波姆凝胶的黏性下降，碱土金属离子以及阳离子聚合物等均可与之结合成不溶性盐，在配伍时必须避免。卡波姆在医药行业中可作为亲水性稠化剂、稳定乳化剂、助悬剂、水凝胶材料、缓控释制剂的骨架材料等。

2. 纤维素衍生物

纤维素衍生物在水中可溶胀或溶解形成胶性物，取用一定量调节适宜的稠度可形成凝胶基质。此类基质随着分子量、取代度和介质的不同而具不同的稠度。因此，取用量也应根据上述不同规格和具体条件来进行调整。常用的品种有甲基纤维素（MC）、羧甲基纤维素钠（CMC-Na）和羟丙甲纤维素（HPMC），常用的浓度为2%～6%，1%的水溶液pH均在6～8。MC与HPMC溶于冷水，不溶于热水、无水乙醇、乙醚、丙酮等有机溶剂，溶于冷水中膨胀形成黏性溶液，在pH＝2～12时均稳定。CMC-Na易分散于水中形成透明胶状溶液，在乙醇等有机溶剂中不溶，当pH低于5或者高于10时黏度显著下降。本类基质涂布于皮肤时有较强黏附性，较易失水，干燥而有不适感，常需加入约10%～15%的甘油调节。制成的基质中均需加入防腐剂，常用0.2%～0.5%的羟苯乙酯。在CMC-Na基质中不宜加硝（醋）酸苯汞或其他重金属盐作防腐剂，也不宜与强酸或阳离子型药物配伍，否则会与CMC-Na形成不溶性沉淀物，从而影响防腐效果或药效，对基质稠度也会有影响。MC与羟苯酯类会形成复合物，与酚、鞣酸、硝酸银等有配伍禁忌。

3. 其他

甘油明胶由1%～3%明胶、10%～30%甘油与水加热制成。淀粉甘油由10%淀粉、2%苯甲酸钠、70%甘油及水加热制成。海藻酸钠的浓度一般为2%～10%，加入少量钙盐增加稠度。

四、凝胶剂的工艺与制备

（一）凝胶剂的制备

水凝胶剂的制备过程中，通常将处方中的水溶性药物溶于部分水或甘油中，必要时进行加热。处方中的其他成分按基质配制方法配成水凝胶基质，再将药物加入基质中，加入足量水搅匀即得凝胶剂。水不溶性药物可先用少量水或甘油研细、分散，再与基质混匀即得。

（二）凝胶剂举例

例 10-5 林可霉素利多卡因凝胶

【处方】

林可霉素	5 g	利多卡因	4 g
丙二醇	100 g	羟苯乙酯	1 g
卡波姆	5 g	三乙醇胺	6.75 g
蒸馏水	加至1000 g		

【制法】将卡波姆与500 mL蒸馏水混合溶胀成半透明溶液，边搅拌边滴加处方量的三乙醇胺，再将羟苯乙酯溶于丙二醇后逐渐加入搅拌，并用适量的水溶解林可霉素、利多卡因后，加入上述凝胶基质中，加蒸馏水至全量，搅拌均匀即得。

例 10-6 羧甲基纤维素钠凝胶基质

【处方】

CMC-Na	60 g	甘油	150 g
三氯叔丁醇	1 g	蒸馏水	加至1000 g

【制法】 取 CMC-Na 置于乳钵中，加入甘油，研磨混匀；另取三氯叔丁醇溶于水中，加入上述混合液中，之后加水至全量，搅匀即得。

五、凝胶剂的质量评价

根据《中国药典》（2020 年版）四部通则 0114，除另有规定外，凝胶剂需要进行粒度、装量、无菌和微生物限度的检查，与软膏剂相似。此外，凝胶剂常以外观评定、离心稳定性、耐热耐寒、热循环、光加速和留样观察等试验的综合加权评分作为考察指标，进行评价与基质优选。

（秦超）

思考题

1. 简述软膏剂、乳膏剂与凝胶剂的定义、基质的类型与应用特点。
2. 简述软膏剂与乳膏剂的制备方法与工艺流程。
3. 简述软膏剂生产中存在的问题与解决办法。
4. 软膏剂与乳膏剂的质量评价有哪些项目？
5. 简述 O/W 型与 W/O 型基质的区别及常用乳化剂的类型。
6. 简述软膏剂、乳膏剂与凝胶剂常用附加剂的类型，并举例说明。
7. 试分析醋酸地塞米松（皮炎平）乳膏处方，并简述制备工艺与要点：

硬脂酸 45 g，单硬脂酸甘油酯 22.5 g，硬脂醇 50 g，液状石蜡 27.5 g，甘油 12.5 g，丙二醇 10 g，三乙醇胺 3.75 g，尼泊金甲酯 0.5 g，尼泊金丙酯 0.5 g，醋酸地塞米松 0.75 g，樟脑 10 g，薄荷脑 10 g，蒸馏水加至 1000g。

参考文献

[1] 国家药典委员会. 中华人民共和国药典 [M]. 2020 年版. 北京：中国医药科技出版社，2020.
[2] 周建平. 工业药剂学 [M]. 北京：人民卫生出版社，2014.
[3] 吴正红，祁小乐. 药剂学 [M]. 北京：中国医药科技出版社，2020.
[4] 方亮. 药剂学 [M]. 3 版. 北京：中国医药科技出版社，2016.
[5] 崔福德. 药剂学 [M]. 7 版. 北京：人民卫生出版社，2011.
[6] 柯学. 药物制剂工程 [M]. 北京：人民卫生出版社，2014.
[7] 张洪斌. 药物制剂工程技术与设备 [M]. 3 版. 北京：化学工业出版社，2019.

看微课，记笔记
轻松拿下好成绩
微信扫一扫，学习没烦恼

第十一章

无菌制剂

看微课，记笔记
轻松拿下好成绩
微信扫一扫，学习没烦恼

本章要点

1. 掌握无菌制剂定义与分类；掌握注射剂的定义、特点、制备工艺与质量要求；掌握输液剂的工艺特点以及与小容量注射剂的区别；掌握常用灭菌技术方法、热原的基本性质及去除方法、渗透压的调节方法。

2. 熟悉注射用无菌粉末的特点与生产工艺，眼用液体制剂的定义及质量要求，以及其他无菌制剂。

3. 了解空气净化方法和液体过滤技术。

第一节 概　述

在临床治疗中，有的药物制剂直接注入、植入人体，如注射剂和植入剂；有的药物制剂直接用于特定的器官，如眼用制剂；有的药物制剂直接用于开放性的伤口或腔体，如冲洗剂；有的药物制剂直接用于烧伤或严重创伤的体表创面，如无菌软膏剂、无菌气雾剂、无菌散剂、无菌涂剂与涂膜剂及无菌凝胶剂等创面制剂；有的药物制剂用于手术或创伤的黏膜，如无菌耳用制剂和无菌鼻用制剂等。《中国药典》（2020年版）规定，这些制剂必须经过无菌检查法检查并符合规定，以保证药物的安全性和有效性。

一、无菌制剂的定义

无菌制剂（sterile preparation）系指法定药品标准中列有无菌检查项目的制剂。它包括注射剂、眼用制剂、植入剂、冲洗剂及其他无菌制剂如无菌软膏剂与乳膏剂、吸入液体制剂和吸入喷雾剂、无菌气雾剂和粉雾剂、无菌散剂、无菌耳用制剂、无菌鼻用制剂、无菌涂剂与涂膜剂、无菌凝胶剂等。

二、无菌制剂的分类

1. 根据给药方式、给药部位及临床应用不同分类

根据给药方式、给药部位及临床应用的不同，无菌制剂可分为以下7大类。

（1）**注射剂**　系指原料药物或与适宜的辅料制成的供注入体内的无菌制剂。注射剂可分为注射液、注射用无菌粉末与注射用浓溶液等。

（2）**眼用制剂**　系指直接用于眼部发挥治疗作用的无菌制剂。包括滴眼剂、洗眼剂、眼内注射溶液、眼膏剂、眼用乳膏剂、眼用凝胶剂、眼膜剂、眼丸剂、眼内插入剂等。

（3）**植入剂**　系指由原料药物与辅料制成的供植入人体内的无菌固体制剂。植入剂一般采用特制的注射器植入，也可以手术切开植入。植入剂在体内持续释放药物，并应维持较长的时间。

（4）**冲洗剂**　系指用于冲洗开放性伤口或腔体的无菌溶液。

（5）**吸入液体制剂和吸入喷雾剂**　吸入液体制剂系指供雾化器用的液体制剂，即通过雾化器产生连续供吸入用气溶胶的溶液、混悬液或乳液。吸入液体制剂包括吸入溶液、吸入混悬液、吸入用溶液（需稀释后使用的浓溶液）或吸入用粉末（需溶解后使用的粉末），如吸入用硫酸沙丁胺醇溶液（万托林）。吸入喷雾剂系指通过预定量或定量雾化器产生供吸入用气溶胶的溶液、混悬液或乳液。使用时借助手动泵的压力、高压气体、超声振动或其他方法将内容物呈雾状物释出，可使一定量的雾化液体以气溶胶的形式在一次呼吸状态下被吸入。如吸入用倍氯米松福莫特罗气雾剂。

（6）**创面用制剂**　如用于烧伤、创伤或溃疡的气雾剂、喷雾剂；用于烧伤或严重创伤的涂剂、涂膜剂、凝胶剂、软膏剂、乳膏剂及局部散剂等。

（7）**手术用制剂**　如用于手术的耳用制剂、鼻用制剂；止血海绵剂和骨蜡等。

2. 根据生产工艺不同

根据生产工艺的不同，无菌制剂可分为最终灭菌产品和非最终灭菌产品。

（1）**最终灭菌产品**　系指采用最终灭菌工艺的无菌制剂。

（2）**非最终灭菌产品**　系指部分或全部工序采用无菌生产工艺的无菌制剂。

三、无菌制剂的特点

相比于非无菌制剂，无菌制剂对质量要求更为严格，除应符合制剂的一般要求外，通常还会对无菌、细菌内毒素（或热原）、渗透压、pH 等制定质量要求。对于注射剂，必要时应进行相应的安全性检查，如异常毒性、过敏反应、溶血与凝聚、降压物质等。在整个生产过程中需要关注各个工艺步骤的染菌风险，对每一步操作进行验证和控制管理，防止发生微生物污染，保证制剂质量。

四、无菌制剂的质量要求

无菌制剂应无菌，所有无菌制剂都必须经过现行《中国药典》通则无菌检查法检查，应符合规定。此外，不同类型的无菌制剂基于剂型的特点亦有不同的质量要求，例如：注射剂还要求进行细菌内毒素（或热原）、可见异物、不溶性微粒、渗透压摩尔浓度等检查以及溶血与凝聚等其他安全性评价；中药注射剂还需检查重金属及有害元素残留量及中药注射剂有关物质等，均应符合规定。

第二节　无菌制剂的相关理论与技术

一、空气净化技术

（一）概述

空气净化系指以创造洁净空气为目的的空气调节措施，根据不同行业的要求和洁净标准，可分为工业净化和生物净化。**工业净化**系指除去空气中悬浮的尘埃粒子的环境，如电子工业环境等。另外，在某些特殊环境中，可能还有除臭、增加空气负离子等要求。**生物净化**系指不仅除去空气中悬浮的尘埃粒子，而且要求除去微生物等以创造洁净空气的环境，如制药工业、生物学实验室、医院手术室等均需要生物净化。

（二）洁净室的净化标准

目前，GMP 在世界大多数国家和组织得到了广泛的实施，但其洁净度标准尚未统一。根据我国 2010 年版 GMP 规定，洁净区的设计必须符合相应的洁净度要求，包括达到"静态"和"动态"的标准。无菌药品生产所需的洁净区可分为 A、B、C、D 四个级别。应当根据产品特性、工艺和设备等因素，确定无菌药品生产用洁净区的级别。每一步生产操作的环境都应当达到适当的动态洁净度标准，尽可能降低产品或所处理的物料被微粒或微生物污染的风险。

A 级为高风险操作区。如：灌装区、放置胶塞桶、与无菌制剂直接接触的敞口包装容器的区域及无菌装配或连接操作的区域，应用单向流操作台（罩）来维持该区的环境状态。单向流系统在其工作区域必须均匀送风，风速为 0.36～0.54 m/s（指导值）。应有数据证明单向流的状态并须验证。在密闭的隔离操作器或手套箱内，可使用较低的风速。此外，选用桶盛装胶塞时通常会通过层流小车转移；而目前大部分车间会采用无菌呼吸袋、无菌物料袋等封装胶塞。

B 级指无菌配制和灌装等高风险操作 A 级区所处的背景区域。

C 级和 D 级指生产无菌药品过程中重要程度较低的洁净操作区。

关于悬浮粒子和微生物浓度的规定参见第五章第一节相关内容。

除了对于悬浮粒子和微生物浓度的规定以外，为达到理想的净化标准还应遵循以下规定：①洁净区与非洁净区之间、不同级别洁净区之间的压差应当不低于 10 Pa。必要时，相同洁净度级别的不同功能区域（操作间）之间也应当保持适当的压差梯度。②洁净区的内表面（墙壁、地面、天棚）应当平整光滑、无裂缝、接口严密、无颗粒物脱落，避免积尘，便于有效清洁，必要时应当进行消毒。③洁净区内应当避免使用易脱落纤维的容器和物料；在无菌生产的过程中，不得使用此类容器和物料。④应当根据药品品种、生产操作要求及外部环境状况等配置空调净化系统，使生产区有效通风，并有温度、湿度控制和空气净化过滤，保证药品的生产环境符合要求。

（三）含尘浓度测定方法

含尘浓度系指单位体积空气中含粉尘的个数（计数浓度）或质量（质量浓度）。常用测定方法有光散射法、滤膜显微镜法和比色法。

1. 光散射式粒子计数法

当含尘气流以细流束通过强光照射的测量区时，空气中的每个尘粒均能发生光散射，形成光脉冲信号，进而通过光电转化为相应的电脉冲信号。根据散射光的强度与尘粒表面积成正比的原理可得尘粒尺寸，根据脉冲信号次数与尘粒个数相对应可得尘粒个数，最后由数码管显示粒径和粒子数目。

2. 滤膜显微镜计数法

采用微孔滤膜真空过滤含尘空气，捕集尘粒于微孔滤膜表面，用丙酮蒸气熏蒸至滤膜呈透明状，置于显微镜下计数。根据空气采样量和粒子数计算即得含尘量。

3. 光电比色计数法

采用滤纸真空过滤含尘空气，捕集尘粒于滤纸表面，测定过滤前后的透光度。根据透光度与含尘量呈反比，计算含尘量。中、高效过滤器的渗漏常用本法。

（四）空气过滤技术

洁净室的空气净化技术一般采用空气过滤法，当含尘空气通过具有多孔过滤介质时，粉尘被微孔截留或孔壁吸附，达到与空气分离的目的。该方法是空气净化中经济有效的关键措施之一。

1. 过滤方式

空气过滤属于介质过滤，可分为**表面过滤**和**深层过滤**。

（1）**表面过滤** 系指大于过滤介质微孔的粒子被截留在介质表面，使其与空气分离。常用的介质材料有由醋酸纤维素或硝酸纤维素制成的微孔滤膜。主要用于无尘、无菌洁净室等高标准空气的末端过滤。

（2）**深层过滤** 系指小于过滤介质微孔的粒子吸附在介质内部，使其与空气分离。常用的介质材料有玻璃纤维、天然纤维、合成纤维、粒状活性炭和发泡性滤材等。

2. 空气过滤机制及影响因素

（1）**空气过滤机制** 制药工业所采用的空气净化滤材有玻璃纤维、泡沫塑料、无纺布等。其过滤机制有以下几种：

① 惯性作用：含尘气体通过纤维时，气体流线发生绕流，但尘粒由于惯性作用径直前进与纤维碰撞而附着。此作用随气速和尘粒粒径的增大而增大。

② 扩散作用：由于气体分子热运动对微粒的碰撞而使粒子产生布朗运动，借助扩散作用与纤维接触而被附着。尘径越小、气速越低，扩散作用越明显。

③ 拦截作用：含尘气流通过纤维层时，当尘粒的粒径小于密集的纤维间隙时，或尘粒与纤维发生接触时，尘粒即被纤维阻留。

④ 静电作用：含尘气流通过纤维时，由于摩擦作用，尘粒和纤维都可能带上电荷，由于电荷作用，尘粒可能沉积在纤维上。

⑤ 其他：重力作用、分子间作用力等。

（2）**影响空气过滤的主要因素**

① 粒径：尘粒的粒径越大，产生的拦截、惯性、重力沉降作用越大，越易除去；反之，越难除去。过滤器捕集粉尘的量与未过滤空气中的粉尘量之比为"过滤效率"。小于 $0.1\ \mu m$ 的粒子主要发生扩散运动，粒子越小，效率越高；大于 $0.5\ \mu m$ 的粒子主要做惯性运动，粒子越大，效率越高；在 $0.1\ \mu m$ 与 $0.5\ \mu m$ 之间，效率有一处最低点。

② 过滤风速：在一定范围内，风速越大，粒子惯性作用越大，吸附作用增强，扩散作用降低，但过强的风速易将附着于纤维的细小尘埃吹出，造成二次污染，因此风速应适宜；风速小，扩散作用强，小粒子越易与纤维接触而吸附，常用极小风速捕集微小尘粒。

③ 介质纤维直径和密实性：纤维越细、越密实，所能发挥的拦截和惯性作用越强；但阻力增加，扩散作用减弱。

④ 附尘：随着过滤的进行，纤维表面沉积的尘粒增加，拦截作用提高，但阻力增加，当达到一定程度时，尘粒在风速的作用下，可能再次飞散进入空气中，因此过滤器应定期清洗，以保证空气质量。

3. 空气过滤器

（1）**空气过滤器的组成和分类** 在空气净化系统中，一般采用由初效过滤器、中效过滤器、高效过滤器（或亚高效过滤器）组成的三级过滤方式。空气过滤器常以单元形式制成，即将滤材装入金属或木质框架内组成一个单元过滤器，再将一个或多个单元过滤器安装到通风管道或空气过滤箱内，组成空气过滤系统。单元过滤器一般可分为：折褶式、袋式、楔式和平板式空气过滤器等（图 11-1）。

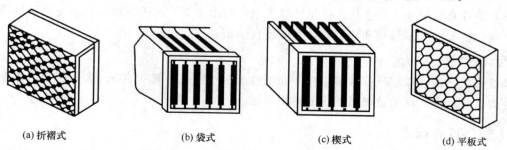

(a)折褶式　　(b)袋式　　(c)楔式　　(d)平板式

图 11-1　空气过滤器种类

① 折褶式过滤器：用于高效过滤，主要滤除小于 1 μm 的浮尘，对粒径 0.3 μm 的尘粒的过滤效率在99.97％以上，一般装于通风系统的末端，必须在中效过滤器保护下使用。

② 袋式和楔式过滤器：用于中效过滤，主要用于滤除大于 1 μm 的浮尘，常置于高效过滤器之前。

③ 平板式过滤器：是最常用的初效过滤器，通常置于上风侧的新风过滤，主要滤除粒径大于 5 μm 的浮尘，且有延长中、高效过滤器寿命的作用。

（2）空气过滤器的特性参数

① 面速和滤速　面速系指过滤器断面上通过气流的速度，以 m/s 表示，反映过滤器的通过能力和安装面积；滤速系指滤料面积上的通过气流的速度，滤速反映滤材的通过能力和过滤性能。

② 过滤效率　是空气过滤器的基本参数之一，评价过滤器的除尘能力。过滤效率越高，除尘能力越大。

③ 穿透率 K 和净化系数 K_c：穿透率系指滤器过滤后和过滤前的含尘浓度比，表明过滤器没有滤除的含尘量，穿透率越大，过滤效率越差，反之亦然；净化系数系指过滤后空气中含尘浓度降低的程度，以穿透率的倒数表示，数值越大，净化效率越高。

④ 过滤器阻力：以过滤器进出口处的压差表示。过滤器的阻力随容尘量的增加而增大，当阻力增大到最初阻力的两倍时，更换或清洗过滤器。

⑤ 容尘量：系指过滤器允许积尘的最大量。一般容尘量定为阻力增大到最初阻力的两倍或过滤效率降至初值的 85％ 以下的积尘量。超过容尘量，阻力明显增加，捕尘能力显著下降，并且容易发生附尘的再飞扬。

（五）洁净室的设计

制药企业应按照药品生产种类、剂型、生产工艺和要求等，将生产厂区合理划分区域。通常可分为一般生产区、控制区、洁净区和无菌区。其中，无菌产品生产过程中，物料准备、产品配制和灌装或分装等操作必须在洁净区内分区域（室）进行。洁净区的设计必须符合相应的洁净度要求净化标准，包括达到"静态"和"动态"的标准。无菌药品生产所需的洁净区可分为 A、B、C、D 四个级别。洁净区一般由洁净室、风淋、缓冲室、更衣室等区域构成。

1. 洁净室设计的基本原则

洁净室面积应合理，室内设备布局尽量紧凑，尽量减少面积。同级别洁净室尽可能相邻。在任何运行状态下，洁净区通过适当的送风应当能够确保对周围低级别区域的正压，维持良好的气流方向，保证有效的净化能力。洁净区与非洁净区之间、不同级别洁净区之间的压差应当不低于 10 Pa。必要时，相同洁净度级别的不同功能区域（操作间）之间也应当保持适当的压差梯度。洁净区的内表面（墙壁、地面、天棚）应当平整光滑、无裂缝、接口严密、无颗粒物脱落，避免积尘，便于有效清洁，必要时应当进行消毒。洁净室内一般不设窗户，若需窗户，应以封闭式外走廊隔离窗户和洁净室。洁净室门应密闭，为减少尘埃积聚并便于清洁，洁净区内货架、柜子、设备等不得有难清洁的部位。门的设计应当便于清洁。无菌药品生产的人员、设备和物料应通过气锁间进入洁净区，采用机械连续传输物料的，应当用正压气流保护并监测压差；无菌生产的 A/B 级洁净区内禁止设置水池和地漏。在其他洁净区内，水池或地漏应当有适当的设计、布局和维护，并安装易于清洁且带有空气阻断功能的装置以防倒灌。同外部排水系统的连接方式应当能够防止微生物的侵入。无菌区紫外灯一般安装在无菌工作区上方或入口处。

2. 洁净室的气流要求

由高效过滤器送出的洁净空气进入洁净室后，其流向的安排直接影响室内洁净度。因此对于洁净室的气流应当严格控制，在符合生产工艺的前提下，明确人流、物流和空气流的流向（洁净度从高到低），确保洁净室内的洁净度符合要求。

气流形式有层流和乱流。层流是指空气流线呈同向平行状态，各流线间的尘埃不易相互扩散，亦称平行流，可以分为水平层流和垂直层流（图 11-2）。垂直层流以高效过滤器为送风口，布满顶棚，地板全部为回风口，使气流自上而下地流动；水平层流的送风口布满一侧墙面，对应墙面为回风口，气流以水平方向流动。该气流即使遇到人、物等发尘体，进入气流中的尘埃也很少扩散到全室，而是随平行流迅速流出，保持室内洁净度。乱流是指空气流线呈不规则状态，各流线间的尘埃易相互扩散。可获得 C ～ D 级的洁净空气。乱流洁净室送、回风布置形式见图 11-3，应当根据不同的洁净区要求选择合适的气流。

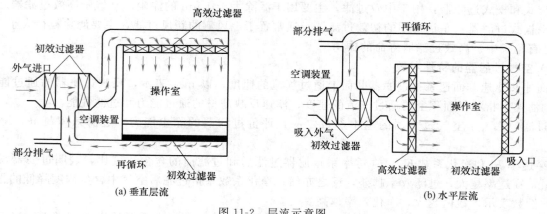

(a) 垂直层流　　　　　　　　　　　　　　　　(b) 水平层流

图 11-2　层流示意图

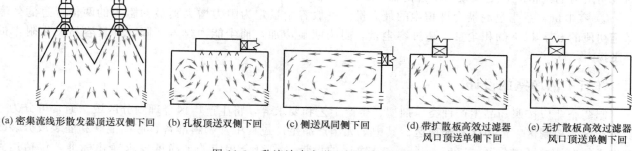

(a) 密集流线形散发器顶送双侧下回　(b) 孔板顶送双侧下回　(c) 侧送风同侧下回　(d) 带扩散板高效过滤器风口顶送单侧下回　(e) 无扩散板高效过滤器风口顶送单侧下回

图 11-3　乱流洁净室送、回风布置形式

二、水处理技术

（一）制药用水

1. 饮用水

饮用水（drinking water）为天然水经净化处理所得的水，其质量必须符合现行中华人民共和国国家标准《生活饮用水卫生标准》。饮用水可作为药材净制时的漂洗、制药用具的粗洗用水。除另有规定外，也可作为饮片的提取溶剂。

2. 纯化水

纯化水（purified water）为饮用水经蒸馏法、离子交换法、反渗透法或其他适宜方法制备的水，不含任何附加剂，其质量应符合《中国药典》（2020 年版）四部"纯化水"项下的规定。纯化水可作为配制普通药物制剂用的溶剂或试验用水；可作为中药注射剂、滴眼剂等灭菌制剂所用饮片的提取溶剂；可作为口服、外用制剂配制用溶剂或稀释剂；可作为非灭菌制剂用器具的精洗用水；也用作非灭菌制剂所用饮片的提取溶剂。纯化水不得用于注射剂的配制与稀释。纯化水有多种制备方法（包括电渗透法、反渗透法、离子交换法、蒸馏法等），应严格监测各生产环节，防止微生物污染，确保使用点的水质。

3. 注射用水

注射用水（water for injection）为纯化水经蒸馏所得的水，应符合细菌内毒素试验要求。注射用水必须在防止细菌内毒素产生的设计条件下生产、贮藏及分装，其质量应符合《中国药典》（2020 年版）四部"注射用水"项下的规定。注射用水可作为配制注射剂、滴眼剂等的溶剂或稀释剂及容器的精洗。为保证注射用水的质量，应减少原水中的细菌内毒素，必须随时监控蒸馏法制备注射用水的各生产环节，并防止微生物的污染。应定期清洗与消毒注射用水系统与输送设备。注射用水的贮存方式和静态贮存期限应经过验证，确保水质符合质量要求，例如，可以在 80℃以上保温、70℃以上保温循环或 4℃以下的状态存放。

4. 灭菌注射用水

灭菌注射用水（sterile water for injection）为注射用水按照注射剂生产工艺制备所得，不含任何添加剂。主要用于注射用灭菌粉末的溶剂或注射剂的稀释剂。其质量符合《中国药典》（2020 年版）四部"灭菌注射用水"项下的规定。灭菌注射用水灌装规格应适应临床需要，避免大规格、多次使用造成的污染。

（二）注射用水的制备方法

1. 蒸馏法

蒸馏法制备注射用水是在纯化水的基础上进行的。该法可以除去水中微小物质（大于 1 μm 的所有不挥发性物质，如悬浮物、胶体、细菌、病毒、热原等杂质）和大部分 0.09～1 μm 的可溶性小分子无机盐、有机盐、可溶性高分子材料等，是最经典、最可靠的制备注射用水的方法。其基本流程为：常水→蒸汽→单蒸馏水→蒸汽→双蒸馏水。

蒸馏水的质量受蒸馏水器的结构、性能、金属材料、操作方法及水源等因素影响。蒸馏法制备注射用水的蒸馏设备，主要有下列几种：

（1）塔式与亭式蒸馏水器 其主要由蒸发锅、隔沫器（也称挡板）和冷凝器 3 部分组成，其中隔沫器是防止热原污染的装置。塔式蒸馏水器的生产能力大，并有多种不同规格，其生产能力范围为 50～600 L/h，可根据需要选用，但因其热能利用率较低且消耗冷却水较多，设备体积大，已不适用于大生产。亭式蒸馏水器的工作原理与塔式蒸馏水器相同。

（2）多效蒸馏水器 多效蒸馏水器的最大特点是节能效果显著，热效率高，能耗仅为单蒸馏水器的三分之一，并且出水快、纯度高、水质稳定，配有自动控制系统，已成为目前药品生产企业制备注射用水的重要设备。多效蒸馏水器通常有三效、四效、五效等几种。五效蒸馏水器基本结构如图 11-4 所示。

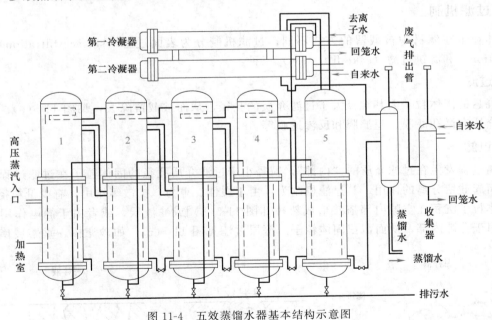

图 11-4 五效蒸馏水器基本结构示意图

多效蒸馏水器的性能取决于加热蒸汽的压力和效数，压力越大，产量越大，效数越多，热的利用效率也越高。多效蒸馏水器的选用，应根据实际生产需要，结合出水质量、能源消耗、占地面积、维修能力等因素的综合考虑，一般以四效以上较为合理。

（3）气压式蒸馏水器 此设备能够利用外加能量（电能、机械能等）对二次蒸汽进行压缩，将低温热能转化为高温热能，使二次蒸汽循环蒸发，以制备注射用水。其主要由自动进水器、热交换器、加热室、蒸发室、冷凝器及蒸汽压缩机等组成，目前国内已有生产。该设备具有多效蒸馏器的优点，利用离心泵将蒸汽加压，提高了蒸汽利用率，而且不需要冷却水，效果较好，但使用过程中电能消耗较大。

2. 反渗透法

国际制药工程协会（International Society for Pharmaceutical Engineering，ISPE）指南中指出：反渗透法可用于注射用水蒸馏之前的预处理、纯化水系统的终处理和生产注射用水。《美国药典》收载了反渗透法作为制备注射用水的法定方法之一。

本法具有耗能低、水质高、设备使用及保养方便等优点。使用一级反渗透装置能除去 90%～95% 的一价离子、98%～99% 的二价离子，同时还能除去微生物和病毒；但其除去氯离子的能力较弱，因此需要至少二级反渗透系统才能制备注射用水。

3. 反渗透法与超滤法联用

《日本药局方》允许反渗透法与超滤法联用来制备注射用水，并要求所制水在 80℃ 以上循环以防止微生物生长，使用超滤膜模组过滤以去除分子量大于 6000 的物质。

4. 离子交换法与蒸馏法联用

该法是将一次蒸馏水经 732 氢型离子交换树脂处理后再进行二次蒸馏，出水温度控制在 80℃ 以上，且 12 h 内使用。此法生产的注射用水的比电阻值在 1500～2000 kΩ·cm 的范围内，几乎无菌、无热原。

三、液体过滤技术

过滤（filtration）是利用过滤介质截留液体中混悬的固体颗粒而达到固液分离的操作。液固混合物的过滤在压差（包括重力造成的压差）或离心力作用下进行。通常，将待过滤的混合物称为滤浆，穿过过滤介质的澄清液体称为滤液，被截留的固体颗粒层称为滤饼。过滤是制备注射液、滴眼液等无菌制剂工艺中必不可少的重要单元操作。

（一）过滤机制

根据固体粒子在滤材中被截留的方式不同，过滤机制分为表面过滤（surface filtration）、深层过滤（depth filtration）和滤饼过滤（cake filtration）三种：

1. 表面过滤

液体中混悬的固体粒子因其粒径大于过滤介质的孔径，从而被截留除去，见图 11-5（a）。起表面过滤作用的过滤介质有微孔滤膜、超滤膜和反渗透膜等。

2. 深层过滤

固液分离过程发生在过滤介质的"内部"，粒径小于过滤介质孔径的固体粒子在过滤过程中进入过滤介质的深层而起截留分离的作用。其过滤机制为：由于惯性、重力、扩散等作用，有少量粒径小于过滤介质孔径的固体粒子沉积在空隙内部搭接形成架桥 [图 11-5（b）]或滤渣层，或者由于静电作用（或范德华力）而被吸附于孔隙内部，从而截留固体粒子。深层过滤见图 11-5（c），如砂滤棒、垂熔玻璃漏斗、多孔

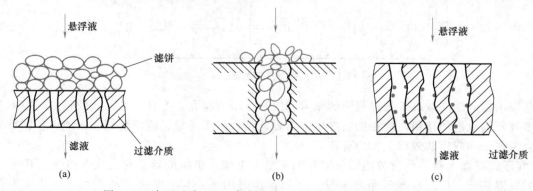

图 11-5　表面过滤（a）、架桥现象（b）和深层过滤（c）示意图

陶瓷等属于这种过滤机制。

3. 滤饼过滤

固体粒子聚集在过滤介质表面上起滤饼作用，由于过滤介质的架桥作用，过滤开始时在过滤介质上形成初始滤饼层，在继续过滤过程中，逐渐增厚的滤饼层起拦截颗粒的作用。滤饼过滤的过滤速度和阻力主要受滤饼影响，如药物的重结晶、药材浸出液的过滤等均属于滤饼过滤。

（二）滤器种类

滤器按过滤介质可分为**砂滤棒、板框式压滤器、垂熔玻璃滤器、微孔滤膜滤器**等，其中砂滤棒、板框式压滤器、钛滤器通常用于粗滤（预滤）；而垂熔玻璃滤器、微孔滤膜滤器、超滤膜滤器等可用于精滤。选择过滤器材质时，应充分考察其与待过滤介质的兼容性。过滤器不得因与待过滤介质发生反应、释放物质或吸附作用而对过滤产品质量产生不利影响，不得有纤维脱落，禁用含石棉的过滤器。

1. 砂滤棒

砂滤棒以多孔陶瓷原料经高温烧结而成。国产砂滤棒主要有两种。一种是硅藻土滤棒，主要成分是二氧化硅、氧化铝。根据自然滤速分为粗号（500 mL/min 以上）、中号（300～500 mL/min）及细号（300 mL/min 以下）三种规格。这种过滤器质地较松散，一般适用于黏度高、浓度较大的滤液的过滤。另一种是多孔素瓷滤棒，由白陶土烧结而成，质地致密，滤速慢，适用于低黏度液体的过滤。

砂滤棒价廉易得，滤速快，但易于脱砂，对药液吸附性强，难于清洗，且可能改变药液 pH 等。

2. 垂熔玻璃滤器

垂熔玻璃滤器用硬质玻璃细粉烧结而成。主要包括垂熔玻璃漏斗、垂熔玻璃滤球和垂熔玻璃滤棒三种。规格有 1～6 号，不同厂家的代号不同。垂熔玻璃滤器在注射剂生产中常作精滤或膜滤前的预滤。常见的垂熔玻璃滤器：3 号（15～40 μm）多用于常压过滤，4 号（5～15 μm）可用于减压或加压过滤，6 号（2 μm 以下）用于无菌过滤。

垂熔玻璃滤器的特点是化学稳定性强，除强碱与氢氟酸外几乎不受化学药品的腐蚀，对药液的 pH 无影响；过滤时无渣脱落，对药物无吸附作用；易于清洗，可以热压灭菌等。但价格较贵，脆而易破，操作压力不能超过 98.06 kPa。使用后一般用水抽洗，并用 1%～2% 硝酸钠硫酸液浸泡处理。

3. 微孔滤膜滤器

微孔滤膜是用高分子材料制成的薄膜过滤介质，孔径为 0.025～14 μm，分成多种规格。微孔滤膜的孔径小、均匀、截留能力强，其质地轻而薄（0.1～0.15 mm），而且孔隙率高，药液通过薄膜时阻力小、滤速快；同时，过滤时无介质脱落也不影响药液的 pH；滤膜吸附少，不滞留药液；方便更换滤膜，不易造成交叉污染；等等。但易堵塞，且需根据待滤液体的性质选择合适材质的滤膜。微孔滤膜滤器广泛用于注射剂的精滤或末端过滤，也可用于除菌过滤。

微孔滤膜种类很多，其中醋酸纤维素膜适用于无菌过滤；硝酸纤维素膜可热压灭菌，但不耐酸碱，可溶于有机溶剂，适用于水溶液、空气、油类、酒类除去微粒和细菌；聚酰胺（尼龙）膜适用于过滤弱酸、稀酸、碱类和普通溶剂，如丙酮、二氯乙烷、乙酸乙酯的过滤；其他还有聚碳酸酯膜、聚砜膜、聚氯乙烯膜、聚乙烯醇、聚丙烯膜等多种滤膜。微孔滤膜的孔径小，滤过时需加较大压力，必须安装于密闭的膜滤器中使用。

微孔滤膜滤器的安装方式有两种，即圆盘形微孔滤膜滤器（单层板式压滤器，图 11-6）和圆筒形微孔滤膜滤器。常用的圆盘形微孔滤膜滤器由底板、底板垫圈、多孔筛板（支撑板）、微孔滤膜、板盖垫圈及板盖等部件所组成。滤器器材有聚乙烯、聚碳酸酯、不锈钢、聚四氟乙烯等。圆筒形微孔滤膜滤器由一根或多根折叠微孔过滤管组成，将过滤管密封在耐压过滤筒内制成。此种过滤器面积大，

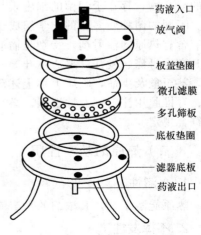

图 11-6　圆盘形微孔滤膜滤器

药液入口
放气阀
板盖垫圈
微孔滤膜
多孔筛板
底板垫圈
滤器底板
药液出口

适于大量生产。

4. 超滤膜滤器

超滤膜是有机高分子聚合物制成的多孔膜，能截流溶液中的高分子及胶体微粒，截留的粒径范围为1～10 nm，可用于除热原。超滤膜的孔径以截留的分子量来表示，如分子量截留值为1万的超滤膜，能截留溶液中分子量1万以上的高分子及大小相当的胶体微粒。虽然超滤膜截留能力强，但易出现浓差极化及产生次级膜。浓差极化即受到拦截的溶质在膜前堆积，形成高浓度区，然后，这些溶质借助浓度差扩散的方式返回溶液主体，结果降低膜的截留能力。对于高浓度的蛋白质、多糖等含亲水基团的溶液，由于在膜表面形成凝胶层，起次级膜的作用对溶剂流动产生阻力，这时，即使再增加压力，也不能增加溶剂通量。减少浓差极化及次级膜的影响，一般可采用强化搅拌、提高流速及薄层层流等措施。

（三）常见过滤方式

1. 高位静压过滤

此法适用于生产量不大、缺乏加压或减压设备的情况。药液在楼上配制，通过管道过滤到楼下进行灌封。此法压力稳定、质量好，但滤速慢。

2. 减压过滤

此法适应于各种滤器，从过滤到灌注均在密闭情况下完成，不易污染药液，但操作压力不够稳定，若操作不当，易使滤层松动，影响质量。

3. 加压过滤

加压过滤适于配液、过滤及灌封工序在同一平面的情况，多用于药厂大量生产。加压过滤的操作压力稳定（工作压力一般为 98.06 kPa）、滤速快、质量好、产量高。且由于全部装置保持正压，有利于防止污染，适合无菌过滤。

四、热原去除技术

（一）热原的定义与组成

热原（pyrogen）是指能引起恒温动物体温异常升高的致热物质。它包括细菌性热原、内源性高分子与低分子热原及化学热原等。大多数细菌都能产生热原，甚至霉菌与病毒也能产生热原，其中致热能力最强的是革兰氏阴性菌。

微生物代谢产物中内毒素是产生热原反应的最主要致热物质。内毒素是由磷脂、脂多糖和蛋白质所组成的复合物，存在于细菌的细胞膜与固体膜之间，其中脂多糖是内毒素的主要成分，具有特别强的致热活性。不同的菌种脂多糖的化学组成也有差异，一般脂多糖的分子量越大其致热作用也越强。

含有热原的注射剂，特别是输液注入人体后，经过 30 至 90 min 的潜伏期，就会出现发冷、寒战、体温升高、身痛、发汗、恶心呕吐等不良反应，有时体温可升至 40℃ 左右，严重时还会导致患者昏迷、虚脱，甚至危及生命，临床上称上述现象为热原反应。因此，《中国药典》（2020 年版）规定，静脉用注射剂、脊椎腔用注射剂及冲洗剂，必须照细菌内毒素检查法（通则 1143）或热原检查法（通则 1142）检查，应符合规定。

（二）热原的基本性质

1. 水溶性
热原能溶于水，其浓缩的水溶液往往带有乳光。

2. 不挥发性
热原本身不挥发，但在蒸馏时，可随水蒸气雾滴进入蒸馏水中，故蒸馏水器均应有完好的隔沫装置，以防止热原污染。

3. 耐热性

热原的耐热性较强，一般经60℃加热1 h不受影响，100℃也不会发生热解，但在120℃干热4 h条件下能被破坏98%左右，在180～200℃干热180 min、250℃干热30 min、350℃干热5 min、650℃干热1 min条件下则可被彻底破坏。因此，必须注意，在通常采用的注射剂灭菌条件下，热原不能被破坏。

4. 过滤性

热原体积较小，约在1～5 nm之间，一般滤器均可通过，不能截留去除。

5. 可吸附性

热原能被活性炭、白陶土、硅藻土等吸附，但属非特异性吸附，同时会吸附药物而造成损失。

6. 其他性质

热原能被强酸、强碱、强氧化剂（如高锰酸钾、过氧化氢）以及超声波破坏。热原在水溶液中带有电荷，也可被某些离子交换树脂所吸附。

（三）热原的污染途径

热原是微生物的代谢产物，污染热原的途径与微生物的污染直接相关。

1. 溶剂

注射用水是热原污染的主要原因。即使原有的注射用水或注射用油不带有热原，但如果贮存时间较长或存放不当，也有可能由于污染微生物而产生热原。因此，注射剂的配制应使用新鲜制备的溶剂。

2. 原辅料

原辅料尤其是采用生物方法制造的物料（如葡萄糖、乳糖、右旋糖酐等）易滋生微生物，贮存时间过长或包装不符合要求甚至破损时，均易受到微生物污染而产生热原。

3. 容器或用具

制备无菌制剂时所用的用具、管道、装置、灌装容器，如果未按GMP规定的操作规程做清洁或灭菌处理，则易使药液污染而导致热原产生。

4. 制备过程

制备过程中洁净度不符合无菌制剂的要求，操作时间过长，产品灭菌不及时或不合格，工作人员未严格执行操作规程，这些因素都会增加微生物的污染机会而产生热原。

5. 使用过程

静脉用注射剂例如输液在临床使用时所用的相关器具（如输液器、输液瓶、乳胶管），必须无菌、无热原，这也是防止热原反应发生所不能忽视的环节。另外，输液与其他药物配伍时，若药物已污染热原，或加药时操作室洁净度不达标、消毒及操作不严密，或加药后放置时间过长，均易导致污染而产生热原。

（四）除去热原的方法

1. 高温法

对于耐高温的容器或用具，如注射用针筒及其他玻璃器皿，在洗涤干燥后，经250℃加热30 min或180℃加热2h，可以破坏热原。

2. 酸碱法

对于耐酸碱的玻璃容器、陶瓷等用具，用强酸强碱溶液处理，可有效破坏热原。常用的酸碱液为重铬酸钾硫酸洗液、稀氢氧化钠溶液等，但碱液处理玻璃器具时间不宜过长，以免影响其透明度。

3. 离子交换法

热原分子上含有磷酸根与羧酸根，带有负电荷，因而可以被碱性阴离子交换树脂吸附。

4. 凝胶过滤法

凝胶过滤法也称分子筛过滤法，是利用凝胶物质作为过滤介质，当溶液通过凝胶柱时，分子量较小的成分渗入到凝胶颗粒内部而被阻滞，分子量较大的成分则沿凝胶颗粒间隙随溶剂流出。可用于制备无热原的注射用水。

5. 超滤法

利用高分子薄膜的选择性与渗透性，在常温条件下，依靠一定的压力和流速，除去溶液中热原。内毒素在溶液中，尺寸一般不会超过 $0.1~\mu m$，一般要用比除菌滤膜孔径更小的超滤膜对热原进行去除。因为内毒素在溶液中有三种方式，最小的形式是单体，而单体分子质量一般只有 $10000 \sim 200000~Da$，所以超滤膜的截留分子质量一般要在 $8000 \sim 10000~Da$。

6. 反渗透法

通过三醋酸纤维素膜或聚酰胺膜除去热原，效果好，具有较高的实用价值。

7. 吸附法

活性炭是常用的吸附剂，用量一般为溶液体积的 $0.1\% \sim 0.5\%$。使用时，将一定量的针用活性炭加入溶液中，煮沸，搅拌一定时间即能除去液体中大部分热原。但由于活性炭可能会对最终产品带来污染，目前，药品生产过程中不推荐使用活性炭去除药液中的热原，而是通过原料的质量控制来避免污染热原。

8. 其他方法

如在加热条件下可催化破坏热原，微波也可破坏热原。

应根据实际情况选择合适的方法来除去容器、器具或溶剂中的热原。

（五）热原与细菌内毒素的检查方法

按照《中国药典》（2020 年版）四部通则中相关规定的热原检查法或细菌内毒素检查法检查。

1. 热原检查法

本法系将一定剂量的供试品，静脉注入家兔体内，在规定的时间内，观察家兔体温升高的情况，以判断供试品中所含热原限度是否符合规定。具体试验方法和结果判断标准见《中国药典》（2020 年版）四部通则 1142 热原检查法。

为确保试验结果正确，避免其他因素的影响或干扰，对供试验用家兔的筛选、操作室的环境条件以及试验操作方法均应有严格要求。试验所用的注射器具和与供试品溶液接触的器皿去除热原，通常采用干热灭菌法（250℃、30 min 以上），也可用其他适宜的方法。

为了提高家兔热原测定法的精确度和效率，测量家兔体温应使用精密度为±0.1℃的测温装置。国产 RY 型热原测试仪，采用直肠热电偶代替直肠温度计，可同时测量 16 只动物，在实验中将热电偶固定于家兔肛门内，其温度可在仪表中显示，具有分辨率高、数据准确的特点，可提高检测效率。

2. 细菌内毒素检查法

本法系利用鲎试剂来检测或量化由革兰氏阴性菌产生的细菌内毒素，以判断供试品中细菌内毒素的限度是否符合规定的一种方法。

细菌内毒素是药物所含热原的主要来源，鲎试剂是从鲎的血液中提取出的冻干试剂，可以与细菌内毒素发生凝集反应。鲎试剂中含有能被微量细菌内毒素激活的凝固酶原和凝固蛋白质。凝固酶原经内毒素激活转化成具有活性的凝固酶，进一步促使凝固蛋白原转变为凝固蛋白而形成凝胶。除了内毒素，鲎试剂还与某些 β-葡聚糖反应，产生假阳性结果。如遇含有 β-葡聚糖的样品，应使用去 G 因子鲎试剂或 G 因子反应抑制剂来排除鲎试剂与 β-葡聚糖的反应。

细菌内毒素检查包括两种方法：凝胶法和光度测定法。前者利用鲎试剂与细菌内毒素产生凝集反应的原理来检测或半定量内毒素；后者包括浊度法和显色基质法，系分别利用鲎试剂与内毒素反应过程中的浊度变化及产生的凝固酶使特定底物释放出呈色团的多少来测定内毒素。供试品检测时可使用其中任何一种方法进行试验。当测定结果有争议时，除另有规定外，以凝胶限度试验结果为准。具体试验方法和结果判断见《中国药典》（2020 年版）四部通则 1143 细菌内毒素检查法。目前，新的细菌内毒素检测方法不断出现，以适应特殊品种细菌内毒素检查的需要，或减少鲎试剂的使用量，如重组 C 因子法、微量凝胶法等。

细菌内毒素检查法灵敏度高，操作简单，试验费用少，尤其适用于生产过程中热原的检测控制，可迅速获得结果。但容易出现假阳性，且对革兰氏阴性菌产生的细菌内毒素不够灵敏，故不能取代家兔的热原试验法。

五、渗透压调节技术

（一）等渗溶液与等张溶液

等渗溶液（isoosmotic solution）系指与血浆渗透压相等的溶液，属于物理化学概念。**等张溶液**（isotonic solution）系指渗透压与红细胞膜张力相等的溶液，属于生物学概念。

对于很多药物水溶液，红细胞膜可视为理想的半透膜，故其等渗浓度与等张浓度相同或相近，如 0.9% 的氯化钠溶液。而对于一些特殊药物（如盐酸普鲁卡因、甘油、硼酸、尿素等），红细胞就不是理想的半透膜，其可自由通过细胞膜，故这些药物的等渗溶液对血液不是等张溶液，仍会引起溶血，这将使人感到头胀、胸闷，严重的可发生麻木、寒战、高热，甚至尿中出现血红蛋白。这些药物一般加入适量氯化钠或葡萄糖调节等张来避免溶血。

（二）渗透压的调节方法

生物膜，例如人体的细胞膜或毛细血管壁，一般具有半透膜的性质，溶剂通过半透膜由低浓度向高浓度溶液扩散的现象称为**渗透**，阻止渗透所需要施加的压力，称为**渗透压**。在涉及溶质的扩散或通过生物膜的液体转运各种生物过程中，渗透压都起着极其重要的作用。正常人体血液的渗透压摩尔浓度范围为 285～310 mOsmol/kg，0.9% 的氯化钠溶液或 5% 的葡萄糖溶液的渗透压摩尔浓度与人体血液相当。肌内注射时人体可耐受的渗透压范围相当于 0.45%～2.7% 氯化钠溶液所产生的渗透压，即相当于 0.5～3 个等渗浓度。当静脉注入低渗溶液时，会造成溶血现象。一般正常人的红细胞在 0.45% 氯化钠溶液中就会发生溶血，在 0.35% 氯化钠溶液中可完全溶血。而当静脉注入高渗溶液时，红细胞内水分因渗出而发生细胞萎缩，尽管注射速度缓慢，机体血液可自行调节使渗透压恢复正常，但在一定时间内也会影响正常的红细胞功能。因此，静脉注射剂必须注意渗透压的调节。对于脊椎腔内注射，由于脊椎液量少，循环缓慢，渗透压的紊乱很快就会引起头痛、呕吐等不良反应，所以必须使用等渗溶液。在制备注射剂、眼用液体制剂等药物制剂时，应关注其渗透压。处方中添加了渗透压调节剂的制剂，均应控制其渗透压摩尔浓度。

渗透压摩尔浓度的计算：临床上采用渗量（Osm）或毫渗量（mOsm）作为体液渗透压的单位。1 mmol 分子（非电解质）或离子（电解质）可产生 1 mOsm 的渗透压。《中国药典》（2020 年版）规定渗透压摩尔浓度的单位，通常以每千克溶剂中溶质的毫渗透压摩尔来表示，可按式（11-1）计算毫渗透压摩尔浓度（mOsmol/kg）：

$$毫渗透压摩尔浓度（mOsmol/kg）= \frac{每千克溶剂中溶解的溶质质量(g)}{分子量} \times n \times 1000 \tag{11-1}$$

式中，n 为一个溶质分子溶解或解离时形成的粒子数。在理想溶液中，例如葡萄糖 $n=1$，氯化钠或硫酸镁 $n=2$，氯化钙 $n=3$，枸橼酸钠 $n=4$。

在生理范围及很稀的溶液中，其渗透压摩尔浓度与理想状态下的计算值偏差较小；随着溶液浓度增加，与计算值比较，实际渗透压摩尔浓度下降。例如 0.9% 氯化钠注射液，按式（11-1）计算，毫渗透压摩尔浓度是（2×1000×9/58.4）mOsmol/kg＝308 mOsmol/kg，而实际上在此浓度时氯化钠溶液的 n 稍小于 2，其实际测得值是 286 mOsmol/kg；这是由于在此浓度条件下，一个氯化钠分子解离所形成的两个离子会发生某种程度的缔合，使有效离子数减少。复杂混合物（如水解蛋白注射液）的理论渗透压摩尔浓度不容易计算，因此通常采用实际测定值表示。

常用的渗透压调节剂有氯化钠、葡萄糖等。渗透压的调整方法有冰点下降法和氯化钠等渗当量法。

1. 冰点下降法

冰点降低值与渗透压同属于溶液的依数性，都与溶液的浓度有关。若某溶液的冰点降低值与体液相等，则可认为此溶液中溶质的数量和体液是一致的，因此渗透压也一致。一般情况下，血浆冰点值为$-0.52℃$。根据物理化学原理，任何溶液其冰点降低到$-0.52℃$时，其渗透压都与血浆等渗。渗透压调节剂的用量可用式（11-2）计算。

$$W = \frac{0.52 - a}{b} \tag{11-2}$$

式中，W为配制等渗溶液需加入的渗透压调节剂的量，%或g/mL；a为1%药物溶液的冰点下降值，℃；b为用以调节的等渗剂1%溶液的冰点下降值，℃。

例 11-1　1%氯化钠的冰点下降值为0.58℃，血浆的冰点值为0.52℃，求等渗氯化钠溶液的浓度。
已知$b=0.58℃$，纯水$a=0℃$，代入式（11-2）得：

$$W = \frac{0.52 - a}{b} = \frac{0.52 - 0}{0.58} = 0.9 \text{（g/100 mL）}$$

即配制100 mL氯化钠等渗溶液需用0.9 g氯化钠，换句话说，0.9%氯化钠溶液为等渗溶液。

例 11-2　配制2%盐酸普鲁卡因溶液100 mL，需加氯化钠多少克，才能使之成为等渗溶液？
从表11-1查得，$a = 0.12 \times 2$（℃）$= 0.24℃$，$b = 0.58℃$
代入式（11-2）得：$W = (0.52 - 0.24)/0.58 = 0.48$（g/100mL）
即需要添加氯化钠0.48 g，才能使2%的盐酸普鲁卡因溶液100 mL成为等渗溶液。

表 11-1　一些药物水溶液的冰点降低数据与氯化钠等渗当量

名称	1%水溶液(kg/L)冰点下降值/℃	1g药物的氯化钠等渗当量（E)/g	等渗浓度溶液的溶血情况 浓度/%	溶血/%	pH
硼酸	0.28	0.47	1.9	100	4.6
盐酸乙基吗啡	0.19	0.15	6.18	38	4.7
硫酸阿托品	0.08	0.1	8.85	0	5.0
盐酸可卡因	0.09	0.14	6.33	47	4.4
氯霉素	0.06	—			
依地酸钙钠	0.12	0.21	4.50	0	6.1
盐酸麻黄碱	0.16	0.28	3.2	96	5.9
无水葡萄糖	0.10	0.18	5.05	0	6.0
葡萄糖(含 H_2O)	0.091	0.16	5.51	0	5.9
氢溴酸后马托品	0.097	0.17	5.67	92	5.0
盐酸吗啡	0.086	0.15	—		
碳酸氢钠	0.381	0.65	1.39	0	8.3
氯化钠	0.58	—	0.9		6.7
青霉素 G 钾	—	0.16	5.48	0	6.2
硝酸毛果芸香碱	0.133	0.22			
吐温 80	0.01	0.02			
盐酸普鲁卡因	0.12	0.18	5.05	91	5.6
盐酸地卡因	0.109	0.18			

2. 氯化钠等渗当量法

氯化钠等渗当量系指与1 g药物呈等渗效应的氯化钠的质量。用E表示，其计算公式为：

$$X = 0.009V - EW \tag{11-3}$$

式中，X为配成V mL等渗溶液需要加入的氯化钠的量，g；V为配制溶液的体积，mL；E为1 g药物的氯化钠等渗当量，g；W为药物的质量，g。一些药物的E值见表11-1。

例 11-3　配制2%盐酸麻黄碱溶液200 mL，欲使其等渗，需加入多少克氯化钠？
由表11-1可知，1 g盐酸麻黄碱的氯化钠等渗当量为0.28 g，根据式（11-3），得：

$$X = 0.009V - EW$$
$$= 0.009 \times 200 - 0.28 \times (200 \times 2\%)$$
$$= 1.8 - 1.12$$
$$= 0.68 \ (g)$$

例 11-4 取硫酸阿托品 2.0 g，盐酸吗啡 4.0 g，配制成注射液 200 mL，要使之成为等渗溶液，需加多少克氯化钠？

查表 11-1 可知，硫酸阿托品的 E 值为 0.13 g，盐酸吗啡的 E 值为 0.15 g，根据式（11-3），得：

$$X = 0.009V - EW$$
$$= 0.009 \times 200 - (0.13 \times 2 + 0.15 \times 4)$$
$$= 1.8 - 0.86 = 0.94 \ (g)$$

例 11-5 欲配制以下处方的溶液 1000 mL，分别采用冰点下降法和氯化钠等渗当量法计算所需氯化钠的量。

处方		1%溶液冰点下降值/℃	氯化钠等渗当量/g
硼酸	0.67 g	0.28	0.47
氯化钾	0.33 g	0.44	0.78
氯化钠	适量		
注射用水	加至 100 mL		

（1）冰点下降法

$$W = \frac{0.52 - (0.28 \times 0.67 + 0.44 \times 0.33)}{0.58} \times \frac{1000}{100}$$
$$= 3.23 \ (g)$$

（2）氯化钠等渗当量法

$$X = 0.009 \times 1000 - \left(0.47 \times 0.67 \times \frac{1000}{100} + 0.78 \times 0.33 \times \frac{1000}{100}\right)$$
$$= 9 - 3.149 - 2.574$$
$$= 3.28 \ (g)$$

六、灭菌与无菌技术

药剂学中应用灭菌与无菌技术的主要目的是杀灭或除去所有微生物繁殖体和芽孢，以确保药物制剂安全、稳定、有效。无菌产品和工艺流程的设计上，灭菌法的设计与验证是关键步骤之一，也是该类制剂质量控制的关键点和难点之一。

灭菌（sterilization）系指用适当的物理或化学手段将物品中活的微生物杀灭或除去的过程。**灭菌法**（sterilizing technique）系指用适当的物理或化学手段将物品中活的微生物杀灭或除去，从而使物品残存活微生物的概率下降至预期的非无菌概率的方法。**无菌**（sterility）系指在任一指定物体、介质或环境中，不得存在任何活的微生物。**无菌操作法**（aseptic technique）系指在整个操作过程中利用或控制一定条件，使产品避免被微生物污染的一种操作方法或技术。

防腐（antisepsis）系指用物理或化学方法抑制微生物生长与繁殖的手段，也称抑菌。对微生物的生长与繁殖具有抑制作用的物质称抑菌剂或防腐剂。**消毒**（disinfection）系指用物理或化学方法杀灭或除去病原微生物的手段。对病原微生物具有杀灭或除去作用的物质称消毒剂。**过度杀灭法**（overkill sterilization）系指一个被灭菌品获得的标准灭菌时间（F_0）至少为 12 min 的灭菌程序。适用于稳定性很好，能经受苛刻灭菌条件的产品。当灭菌操作的 $F_0 \geqslant 12$ min 时，微生物存活的可能性几乎没有，该情况下可以确保无菌，对耐受的灭菌物品，通常选用过度杀灭法。**残存概率法**（bioburden based sterilization）适用于生产过程中很少检出芽孢，产品稳定性较差，只能适度灭菌的产品。生产过程应当把防止产品被耐热菌污染放在首位，而不是依赖终端灭菌。

无菌物品是指物品中不含任何活的微生物，但对于任何一批灭菌物品而言，绝对无菌既无法保证也无法用试验来证实。一批物品的无菌特性只能通过物品中活微生物的概率来表述，即**非无菌概率**（probability of a nonsterile unit，PNSU），或**无菌保证水平**（sterility assurance level，SAL）。已灭菌物品达到的非无菌概率可通过验证确定。

在药剂学中灭菌法可分为三大类：**物理灭菌法、化学灭菌法和无菌操作法**。其中《中国药典》（2020年版）收录了7种常用的灭菌方法，即湿热灭菌法、干热灭菌法、辐射灭菌法、气体灭菌法、过滤除菌法、汽相灭菌法和液相灭菌法。

（一）物理灭菌法

物理灭菌技术系指利用蛋白质与核酸具有遇热、射线不稳定的特性，采用加热、射线和过滤的方法，杀灭或除去微生物的技术。

1. 干热灭菌法

干热灭菌法系指将物品置于干热灭菌柜、隧道灭菌器等设备中，利用干热空气达到杀灭微生物或消除热原物质的方法。特点：灭菌温度高、效果差、成本高、适应性差。

（1）火焰灭菌法 火焰灭菌法系指用火焰直接灼烧微生物而达到灭菌的方法。特点：灭菌迅速、可靠、简便。适用范围：耐火焰的物品与用具，不适合药品的灭菌。

（2）干热空气灭菌法 干热空气灭菌法系指在高温干热空气中灭菌的方法。特点：干热空气穿透力弱，各处温度均匀性较差，干燥状态下微生物耐热性强，故本法温度高、时间长。适用范围：耐高温但不宜用湿热灭菌法灭菌的物品、油脂、部分药品等。干热灭菌条件采用温度-时间参数或者结合 F_H 值[①]综合考虑。干热灭菌温度范围一般为 $160\sim190\,℃$，当用于除热原时，温度范围一般为 $170\sim400\,℃$。

2. 湿热灭菌法

湿热灭菌法系指将物品置于灭菌设备内利用饱和蒸汽、蒸汽-空气混合物、蒸汽-空气-水混合物、过热水等手段使微生物菌体中的蛋白质、核酸发生变性而杀灭微生物的方法。湿热灭菌中饱和蒸汽穿透力要大于干热灭菌，灭菌效果更好。此外，由于凝固蛋白质所需要的温度与蛋白质的含水量有关，所以在湿热灭菌时，蛋白质含水量增加，蛋白质凝固的温度则降低。同时，灭菌时水蒸气与物品接触而凝结成水，放出潜热（汽化热），亦可加速细菌的死亡，故同一菌种湿热灭菌的灭菌温度往往低于干热灭菌所需温度。采用湿热灭菌方法进行最终灭菌的，通常标准灭菌时间 F_0 应当大于 8 min。

（1）热压灭菌法 热压灭菌法系指用高压饱和水蒸气加热杀死微生物的方法。特点：灭菌效果强，能杀灭所有的细菌繁殖体和芽孢，效果可靠。适用范围：耐高压蒸汽的药物制剂、玻璃、金属、瓷器、橡胶制品、膜滤器等。灭菌条件常采用温度-时间参数或者结合 F_0 值综合考虑。

热压灭菌设备种类较多，如卧式、立式和手提式热压灭菌器等。卧式热压灭菌柜最常用，见图11-7。

操作方法：

① 准备阶段：灭菌柜的清洗、夹套用蒸汽加热，使夹套中的蒸汽压力上升至所需标准。

② 灭菌阶段：在柜内放置待灭菌物品，关闭柜门，旋紧；通入热蒸汽灭菌。

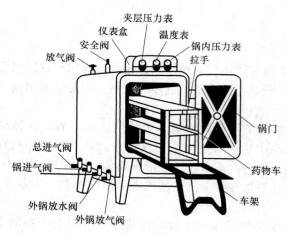

图 11-7 卧式热压灭菌柜

夹层压力表
仪表盒　温度表
安全阀
放气阀　　锅内压力表
　　　　　拉手

锅门

总进气阀
锅进气阀

药物车

外锅放水阀
外锅放气阀　　　车架

[①] F_H 值为标准灭菌时间，系灭菌过程赋予被灭菌物品 $160\,℃$ 下的灭菌时间。

③ 后处理阶段：到时间后，先将蒸汽关闭，排气，当蒸汽压力降至"0"，开启柜门，冷却后，取样。

注意事项：①必须使用饱和蒸汽。②必须将灭菌器内的空气排除。③灭菌时间必须从全部药液温度真正达到所要求的温度时算起。④灭菌完成后停止加热，必须使压力逐渐降到0，才能稍稍打开灭菌锅，待10～15 min，再全部打开，以保证人员安全，防止物品冲出等。

（2）过热水喷淋灭菌法（Superheated Water Process） 本法是工业生产上常用的灭菌方法，灭菌时，通过换热器循环加热、蒸汽直接加热等方式对灭菌水加热形成过热水，喷淋灭菌。这类过热水循环的灭菌程序都使用空气加压，保持产品的安全所需要的压力。其优点是加热和冷却的速率容易控制，通常适用于软袋制品的灭菌。其代表设备有静态式、动态式水浴灭菌柜，软袋玻璃瓶大输液水浴灭菌柜，安瓿检漏灭菌器等。

（3）蒸汽-空气混合气体（steam air mixture）灭菌法 本法简称 SAM 灭菌法，将蒸汽和灭菌设备内的空气混合并循环，以蒸汽-空气混合气体为加热介质，通过加热介质将能量传递给包装中的溶液，实现产品和空气同时灭菌。并通过空气加压平衡腔室与容器内的压力，减少容器破损，提高效率。在蒸汽中加入空气，可产生一个高于一定温度下饱和蒸气压的压力。但与饱和蒸汽灭菌相比，它的热传递速率较低。

（4）流通蒸汽灭菌法 流通蒸汽灭菌法是在常压下采用100℃流通蒸汽加热杀灭微生物的方法。特点：不能有效杀灭细菌孢子。适用范围：一般可作为不耐热无菌产品的辅助处理手段。灭菌条件：100℃，30～60 min。

（5）煮沸灭菌法 煮沸灭菌法系指把待灭菌物品放入沸水中加热灭菌的方法。特点：不能确保杀灭所有的芽孢。适用范围：常用于注射器等的消毒和不耐热无菌产品的辅助处理手段等。灭菌条件：煮沸30～60 min，必要时加入抑菌剂，如酚类和三氯叔丁醇等，可杀死芽孢菌。

（6）低温间歇灭菌法 将待灭菌的物品置于60～80℃的水或流通蒸汽中加热60 min，杀灭微生物繁殖体后，在室温条件下放置24 h，让待灭菌物中的芽孢发育成为繁殖体，再次加热灭菌、放置使芽孢发育、再次灭菌，反复多次，直至杀灭所有的芽孢。此法的灭菌效率低，工业上已经不推荐使用。

流通蒸汽灭菌法、煮沸灭菌法和低温间歇灭菌法均不属于最终灭菌方法。

影响湿热灭菌的因素有以下几方面。

① 微生物的种类和数量：微生物的耐热、耐压的次序为芽孢＞繁殖体＞衰老体，微生物数量越少，所需灭菌时间越短。

② 蒸汽的性质：饱和蒸汽热含量较高，热穿透力较强，灭菌效率高；湿饱和蒸汽因含有水分，热含量较低，热穿透力较差，灭菌效率较低；过热蒸汽温度高于饱和蒸汽，但穿透力差，灭菌效率低，且易引起药品的不稳定性。因此，热压灭菌应采用饱和蒸汽。

③ 药物性质与灭菌条件：一般而言，灭菌温度越高，灭菌时间越长，药品被破坏的可能性越大。因此，在设计灭菌温度和灭菌时间时必须考虑药品的稳定性，即在达到有效灭菌的前提下，尽可能降低灭菌温度和缩短灭菌时间。

④ 其他（介质性质）：介质 pH 对微生物的生长和活力具有较大影响。一般情况下，在中性环境微生物的耐热性最强，碱性环境次之，酸性环境则不利于微生物的生长和发育。介质中的营养成分越丰富（如含糖类、蛋白质等），微生物的抗热性越强，应适当提高灭菌温度和延长灭菌时间。

3. 过滤除菌法

过滤除菌法系指采用物理截留去除气体或液体中微生物的方法。除菌原理：繁殖体很少小于 1 μm，芽孢在 0.5 μm 左右，故可通过过筛滤除。适用范围：气体、热不稳定溶液的除菌等，适用于无法终端灭菌的无菌药品。除菌级过滤器的滤膜孔径选用 0.22 μm（或更小孔径，或相同过滤效力）。

4. 射线灭菌法

射线灭菌法系采用辐射、微波和紫外线杀灭微生物的方法。

（1）辐射灭菌法 辐射灭菌法系指利用电离辐射杀灭微生物的方法。常用的辐射射线有 ^{60}Co 或 ^{137}Se 衰变产生的 γ 射线、电子加速器产生的电子束和 X 射线装置产生的 X 射线。灭菌原理：通过电离、激发或化学键的断裂等作用，引起大分子结构发生变化，从而诱导微生物的死亡。特点：该法穿透力较强，亦可用于带包装药品的灭菌；但费用高、可能导致药物降解以及涉及安全问题。适用范围：能够耐辐射的医疗器械、生产辅助用品、药品包装材料、原料药及成品等。该法被各国药典收录，可用于终端灭菌。

（2）**紫外线灭菌法**　紫外线灭菌法系指用紫外线（能量）照射杀灭微生物的方法。灭菌原理：使核酸、蛋白质变性，同时空气受紫外线照射后产生微量臭氧，从而起共同杀菌作用。特点：紫外线是直线传播，可被表面反射，穿透力弱，较易穿透空气及水。灭菌力最强的波长是 254 nm。应注意一般在人员进入前开启 1~2 h，人员进入时关闭。适用范围：广泛用于空气灭菌和表面灭菌。

（3）**微波灭菌法**　微波灭菌法系指采用微波（频率为 300 MHz~300 kMHz）照射产生的热能杀灭微生物的方法。灭菌原理：热效应和非热效应的双重作用协同进行灭菌，其中热效应可使蛋白质变性，而非热效应可干扰细菌正常的新陈代谢。特点：灭菌时间短、速度快、灭菌效果好，热转换效率高、节约能源，设备简单、易实现自动化生产，不污染等。适用范围：水性液体。

（二）化学灭菌法

化学灭菌法系指用化学药品直接作用于微生物而将其杀灭的方法。杀菌剂系指对微生物具有杀灭作用的化学药品。

1. 气体灭菌法

气体灭菌法是利用化学灭菌剂形成的气体杀灭微生物的方法。适用于不耐高温、不耐辐射物品的灭菌，如医疗器械、塑料制品和药品包装材料等，干粉类产品不建议采用本法灭菌。本法最常用的化学灭菌剂是环氧乙烷。应注意灭菌气体的可燃可爆性、致畸性和残留毒性。

2. 汽相灭菌法

本法系指通过分布在空气中的灭菌剂杀灭微生物的方法。常用的灭菌剂包括过氧化氢（H_2O_2）、过氧乙酸（CH_3CO_3H）等。汽相灭菌适用于密闭空间的内表面灭菌。

3. 液相灭菌法

液相灭菌法系指将被灭菌物品完全浸泡于灭菌剂中以杀灭物品表面微生物的方法。具备灭菌能力的灭菌剂包括：甲醛、过氧乙酸、氢氧化钠、过氧化氢、次氯酸钠等。

（三）无菌操作法

无菌操作法系指必须在无菌控制条件下生产无菌制剂的方法。

1. 无菌操作室的灭菌

往往需要几种灭菌法同时应用。用空气灭菌法（过氧化氢、过氧乙酸等）对无菌室进行彻底灭菌。定期使用消毒剂（如季铵盐类、酚类）等在室内进行喷洒或擦拭设备、地面与墙壁等；对于关键表面、手套、产品接触区域去除残留物则定期使用清洁剂（如 70% 酒精）。每天工作前用紫外线灭菌法灭菌 1 h，中午休息时再灭菌 0.5~1 h。

2. 无菌操作

操作人员进入操作室之前要严格按照操作规程，进行净化处理。无菌室内所有用具尽量用热压灭菌法或干热灭菌法进行灭菌。物料在无菌状态下送入室内。人流、物流严格分离。小量制备，可采用层流洁净工作台或无菌操作柜。柜内用紫外灯灭菌，或用喷雾灭菌。

（四）灭菌参数

在恒定的热力灭菌条件下，同一种微生物的死亡遵循一级动力学规则（也叫存活曲线）。一般用半对数一级动力模式来表示存活曲线，进而了解几个重要的灭菌动力学参数。

1. D 值

D 值系指在一定温度下，杀灭 90% 微生物（或残存率为 10%）所需的灭菌时间。

$$dN/dt = -kt \tag{11-4}$$

或

$$\lg N_0 - \lg N_t = kt/2.303 \tag{11-5}$$

式中，N_t 为灭菌时间为 t 时残存的微生物数；N_0 为原有微生物数；k 为灭菌常数。

$$D = t = 2.303/k \ (\lg 100 - \lg 10) \tag{11-6}$$

式中，D 值为降低被灭菌物品中微生物数至原来的 1/10 所需的时间。在一定灭菌条件下，不同微生物具有不同的 D 值；同一微生物在不同灭菌条件下，D 值亦不相同。因此，D 值随微生物的种类、环境和灭菌温度变化而异。

2. Z值

Z 值系指降低一个 $\lg D$ 值所需升高的温度，即灭菌时间减少至原来的 1/10 所需升高的温度。

$$Z = (T_2 - T_1)/(\lg D_1 - \lg D_2) \tag{11-7}$$

3. F值

F 值系指在一定灭菌温度（T）下给定的 Z 值所产生的灭菌效果与在参比温度（T_0）下给定的 Z 值所产生的灭菌效果相同时所相当的时间，单位为 min。其数学表达式为：

$$F = \Delta t \sum 10^{(T-T_0)/Z} \tag{11-8}$$

4. F_0值

F_0 值系指在一定灭菌温度 T、Z 值为 10℃所产生的灭菌效果与 121℃、Z 值为 10℃所产生的灭菌效果相同时所相当的时间。F_0 值适用于湿热灭菌，如热压灭菌等，单位为 min。F_0 值有两种定义方式，即物理 F_0 和生物 F_0。

物理 F_0 值的数学表达式为：

$$F_0 = \Delta t \sum 10^{(T-121)/z} \tag{11-9}$$

生物 F_0 值的数学表达式为：

$$F_0 = D_{121} \times (\lg N_0 - \lg N_t) \tag{11-10}$$

式中，N_t 为灭菌后预计达到的微生物残存数，即 PNSU，当 N_t 达到 10^{-6} 时（原有菌数的百万分之一），可认为灭菌效果较可靠。

影响 F_0 值的因素主要有：①容器大小、形状及热穿透性等；②灭菌产品溶液性质、充填量等；③容器在灭菌器内的数量及分布等。

测定 F_0 值时应注意的问题：①选择灵敏、重现性好的热电偶，并对其进行校验；②灭菌时应将热电偶的探针置于被测样品的内部，并在柜外温度记录仪上显示；③对灭菌工艺和灭菌器进行验证，要求灭菌器内热分布均匀，重现性好。

（五）无菌检查法

无菌检查法是用于检查药典要求无菌的药品、生物制品、医疗器械、原料、辅料及其他品种是否无菌的一种方法。若供试品符合无菌检查法的规定，仅表明了供试品在该检验条件下未发现微生物污染。《中国药典》（2020 年版）规定的无菌检查法有**直接接种法**和**薄膜过滤法**。

1. 直接接种法

将供试品溶液接种于培养基上，培养数日后观察培养基上是否出现混浊或沉淀，与阳性和阴性对照品比较或直接用显微镜观察。直接接种法适用于无法用薄膜过滤法检查的供试品。

2. 薄膜过滤法

取规定量供试品经薄膜过滤器过滤后，取出滤膜在培养基上培养数日，观察结果，并进行阴性和阳性对照试验。该方法可过滤较大量的样品，检测灵敏度高，结果较直接接种法可靠，不易出现假阴性结果。应严格控制操作过程中的无菌条件，防止环境微生物污染，从而影响检测结果。

七、冷冻干燥技术

冷冻干燥（freeze drying，lyophilization）是将需要干燥的药物溶液预先冻结成固体，然后在低温低压下，水分从冻结状态直接升华除去的一种干燥方法。本法尤适用于对热敏感或在水中不稳定的药物。冷冻干燥过程采用无菌操作，封闭条件下的洁净度高，有效规避了灭菌过程对产品质量的影响且杂菌和微粒的污染机会减少；在低温低压、缺氧的条件下进行干燥，且以固体形式贮存，含水量低有助于维持产品的生物活性，稳定性良好；另外，其外观良好、质地疏松、易于复溶以及剂量准确的特点使其在临床应用以及连续化生产中均具有良好的竞争力。因此，冷冻干燥技术的应用在药品质量控制方面具有十分重要的意义。

1. 冷冻干燥原理

冷冻干燥的原理可用三相图加以说明（图 11-8）。图中 OA 是冰-水平衡曲线，OB 为水-蒸汽平衡曲线，OC 为冰-蒸汽平衡曲线，O 点为冰、水、蒸汽的三相平衡点，该点温度为 0.01℃，压力为 4.6 mmHg（1 mmHg＝133.32 Pa），从图中可以看出当压力小于 4.6 mmHg 时，不管温度如何变化，水只能以固态和气态两相存在。固态（冰）吸热后不经液相直接转变为气态，而气态放热后直接转变为固态，如冰的饱和蒸气压在−40℃时为 0.1 mmHg，若将−40℃的冰压力降低到 0.01 mmHg，则固态的冰直接变为蒸汽。同理，将−40℃的冰在 0.1 mmHg 时加热到−20℃，甚至加热到 20℃，固态的冰也直接

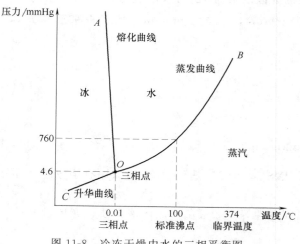

图 11-8 冷冻干燥中水的三相平衡图

变为蒸汽，即发生升华现象。升高温度或降低压力都可打破气、固两相的平衡，使整个系统朝着冰转化为蒸汽的方向进行。

冷冻干燥的优点是：①冷冻干燥在低温、低压的缺氧条件下进行，尤其适用于热敏性、易氧化的药物（如抗生素、蛋白质等生物药）；②在冷冻干燥过程中，微生物的生长被有效抑制，而有效成分的活性得以维持，因此能保持药物的有效性；③复溶性好，由于制品在冻结成稳定固体骨架的状态下进行干燥，因此干燥后的制品疏松多孔，呈海绵状，加水后溶解迅速而完全，几乎立即恢复药液原有特性；④产品含水量低，冷冻干燥过程可除去 95%～99% 的水分，产品更稳定，有利于产品的运输与贮存。冷冻干燥的不足之处是：溶剂不能随意选择，某些产品复溶时可能出现混浊现象；此外，本法需要特殊设备，设备的投资和运转耗资较大，成本较高。

2. 相关参数

① 低共熔点（eutectic point）：又称共晶点，指药物的水溶液在冷却过程中药物与冰按一定比例同时析出时的温度。一般药液的低共熔点在−10～−20℃之间。在冻干过程中，温度应控制在低共熔点以下，以保证水分从固体状态直接升华除去。

② 玻璃化温度（glass transition temperature）：某些溶质（糖类或聚合物等）在冷冻过程中不能形成共熔体系，而是形成一种冰晶和冷冻浓缩液的混合体系，此时，随着温度降低，水不断析出冰晶，冷冻浓缩液的黏度不断增大，体系变得越来越黏稠，直到水全部形成冰晶，体系不再析出晶体，此时的温度就是玻璃化温度（T_g）。T_g 是无定形系统的重要特性，在 T_g 以下，整个体系呈硬的玻璃状态；而在 T_g 以上，整个体系为黏稠的液体。

③ 崩解温度（collapse temperature）：它指整个冻干体系宏观上出现坍塌时（表现为发黏、颜色加深等）的临界温度。当干燥温度高于崩解温度时，冻结体系发生部分熔化，甚至产生发泡现象，从而破坏了冷冻建立起来的微细结构，宏观上表现为各种形式的坍塌，包括轻微皱缩和塌陷等，最终导致冻干失败。此外，T_g 和低共熔点均与崩解温度有密切关系。

3. 冷冻干燥工艺过程

（1）预冻（恒压降温）　预冻温度应低于产品低共熔点 10～20℃，以保证冻结完全。冻结有速冻法和慢冻法两种，冻结速度快慢直接关系到物料中冰晶颗粒的大小，进而影响固体物料的结构及升华速率。速冻法是形成的冰晶细，产品质地疏松，更易复溶，但不利于升华干燥；此外，速冻法引起蛋白质变性的概率很小，更利于生物制品如酶类或活菌、活病毒的保存。而慢冻法形成的结晶粗，但有利于提高冻干效率。

（2）升华干燥（恒温降压再恒压升温）　升华的两个基本条件：保证冰不融化（即冻实）和冰周围的水蒸气必须低于物料共晶点的饱和蒸气压。为有效移除升华的水蒸气和加快干燥速率，需要对水的蒸气压和供热温度进行最优化控制，以保证升华干燥能快速、低耗能完成。升华干燥过程可除去约 90% 的水分。根据产品性质的不同，可采用一次升华法或反复预冻升华法进行干燥。

① 一次升华法：将产品溶液在干燥箱内降温至 −40℃ 左右，保持 2～3 h，同时将冷凝器温度降至 −45℃ 以下，启动真空泵，当干燥箱内真空度达到 13.33 Pa（0.1 mmHg）以下时，关闭冷冻机，通过搁板下的加热系统缓缓加热，提供升华过程所需热量，使产品温度升高至约 −20℃，药液中的水分通过升华除去。该法适合低共熔点 −20～−10℃ 的产品，且溶液浓度、黏度较小，装量厚度在 10～15 mm 的情况。

② 反复预冻升华法：如果产品低共熔点低于 −25℃，可将温度降至 −45℃ 以下，然后升温至低共熔点附近，维持 30～40 min，再降温至 −40℃。通过反复升温降温处理，制品的晶体结构由致密变为疏松，有利于水分的升华。该法适合低共熔点较低、结构复杂、溶液黏度较大、难于冻干的产品，如蜂王浆等。

（3）解析干燥　当升华干燥阶段完成后，物理吸附或者结合在晶体表面的水分无法冻结，故未能除去。为尽可能除去残余水分（如吸附水或结合水）和水蒸气，需进行解析干燥。解析干燥温度根据产品性质确定，如 0℃ 或 0℃ 以上（根据物料稳定性来定）等，制品在解析干燥温度保温干燥一段时间后，冻干过程结束。

4. 冷冻干燥设备

冷冻真空干燥机简称冻干机，见图 11-9 和图 11-10。冻干机按系统分，由制冷系统、真空系统、加热系统和控制系统四个主要部分组成；按结构分，由冻干箱、冷凝器、冷冻机、真空泵和阀门、电器控制元件组成。冻干箱是能抽成真空的密闭容器，箱内设有若干层隔板，隔板内置冷冻管和加热管。冷凝器内装有螺旋冷冻管数组，其操作温度应低于冻干箱内的温度，工作温度可达 −60～−45℃，其作用是将来自干燥箱中升华的水分进行冷凝，以保证冻干过程顺利进行。

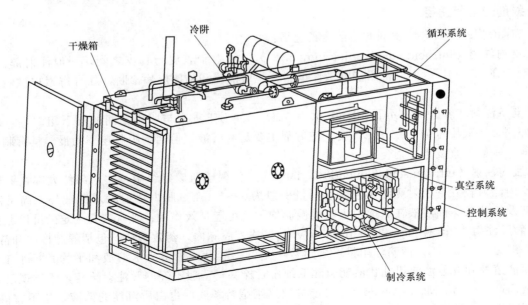

图 11-9　冷冻真空干燥机

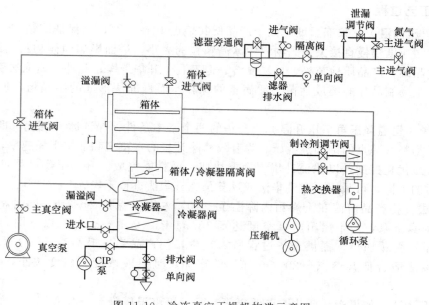

图 11-10 冷冻真空干燥机构造示意图

第三节 注 射 剂

一、注射剂的定义

注射剂（injection）系指原料药物或与适宜的辅料制成的供注入体内的无菌制剂，包括注射液、注射用无菌粉末与注射用浓溶液等。注射剂给药剂量准确、疗效确切、定位准、起效快，在临床尤其是危重急症疾病的治疗中应用广泛。

1. 注射剂的给药途径

根据临床治疗的需要，注射剂的给药途径包括：

（1）**皮内注射**（intracutaneous injection，i. c.）   注射于表皮与真皮之间，一般注射部位在前臂。一次注射剂量在 0.2 mL 以下，常用于过敏性试验、脱敏治疗和临床疾病诊断，如青霉素皮试液、白喉诊断毒素等。

（2）**皮下注射**（subcutaneous injection，s. c.）   注射于真皮与肌肉之间的皮下组织内，注射部位多在上臂外侧，一般用量为 1~2 mL。皮下注射剂主要是水溶液，但药物吸收速率稍慢。具有刺激性的药物或混悬液，一般不宜皮下注射。

（3）**肌内注射**（intramuscular injection，i. m.）   注射于肌肉组织中，注射部位大都在臀肌或上臂三角肌。肌内注射较皮下注射刺激小，注射剂量一般为 1~5 mL。肌内注射除水溶液外，尚可注射油溶液、混悬液及乳状液。油溶液在肌肉中吸收缓慢而均匀，可起延效作用；乳状液有一定的淋巴靶向性。

（4）**静脉注射**（intravenous injection，i. v.）   注入静脉内，药效最快，包括静脉推注和静脉滴注。推注用量一般为 5~50 mL，而滴注用量可多达数千毫升。静脉注射多为水溶液和平均直径小于 1 μm 的乳状液；而油溶液和混悬液或粗乳状液能引起毛细血管栓塞，一般不经静脉注射给药，不过现已有注射用纳米混悬液剂产品上市，如 Ryanodex®。凡能导致红细胞溶解或使蛋白质沉淀的药液，均不宜静脉给药。静脉注射剂不得加入抑菌剂。

（5）**脊椎腔注射**（intraspinal injection） 注入脊椎四周蛛网膜下腔内。由于神经组织比较敏感，且脊椎液缓冲容量小、循环较慢，故注入一次剂量不得超过 10 mL，药液 pH 一般为 5.0～8.0，渗透压应与脊椎液等渗，不得添加抑菌剂。

（6）**动脉内注射**（intra-arterial injection） 注入靶区动脉末端，如诊断用动脉造影剂、肝动脉栓塞剂等。

（7）**其他注射** 如心内注射（intracardiac injection）、关节内注射（intra-articular injection）、滑膜腔内注射（intrasynovial injection）、穴位注射（acupoint injection）以及鞘内注射（intrathecal injection）等。

2. 新型注射剂

近年来，无针注射剂、长效注射剂和纳米注射剂等新型注射剂蓬勃发展起来，这些新型注射剂应用先进的药物递释技术，不仅能产生突出的疗效，且可改善患者用药顺应性。目前国内外已上市的新型注射剂主要有：

（1）**脂质体注射剂** 目前已上市的品种有顺铂注射液（商品名：铂龙），重组人白介素-2 注射液（商品名：德路生、悦康仙、远策欣、博捷速等），类胰岛素生长因子注射液，前列腺素 E1 注射液（商品名：凯时、前列地尔），长春新碱注射液（商品名：Marqibo），羟基喜树碱脂质体注射剂（商品名：菲尔比），利巴韦林脂质体（商品名：病毒唑）和硝酸异康唑脂质体等。

（2）**长效微球注射剂** 目前已上市的品种有注射用醋酸亮丙瑞林微球（商品名：抑那通）、注射用醋酸奥曲肽微球（商品名：善龙）、注射用利培酮微球（商品名：恒德）等。

（3）**纳米粒注射剂** 目前已上市的品种有注射用紫杉醇（白蛋白结合型，商品名为费森尤斯，在美国等国上市）；紫杉醇聚合物胶束注射剂（商品名为 Genexol-PM，已在韩国上市）；纳米丹曲林钠可注射混悬液（商品名：Ryanodex）。

（4）**即型凝胶注射剂** 目前已上市的品种有甲硝唑原位凝胶（Elyzol）、注射用醋酸亮丙瑞林悬浮液（Eligard）、紫杉醇原位凝胶（OncoGel）。

（5）**储库型控释注射剂** 2004 年，美国 FDA 已批准了硫酸吗啡储库型长效注射剂（商品名：Depo-Dur）上市，用于治疗大手术后的疼痛。

二、注射剂的分类

1. 注射液

注射液系指原料药物或与适宜的辅料制成的供注入体内的无菌液体制剂，包括溶液型、乳状液型或混悬型等注射液。其中，供静脉滴注用的大容量注射液（除另有规定外，一般不小于 100 mL，生物制品一般不小于 50 mL）也称为输液。

（1）**溶液型注射液** 在水中或油中溶解且稳定的药物可制成溶液型注射液。其体系应澄清，如硫酸镁注射液、黄体酮注射液。

（2）**混悬型注射液** 除另有规定外，混悬型注射液中药物粒度应控制在 15 μm 以下，含 15～20 μm（间有个别 20～50 μm）者，不应超过 10%，若有可见沉淀，振摇时应容易分散均匀。中药注射剂一般不宜制成混悬型注射液。混悬型注射液不得用于静脉注射或椎管注射。如醋酸可的松注射液。

（3）**乳状液型注射液** 本品应稳定，不得有相分离现象，不得用于椎管注射。静脉用乳状液型注射液中乳滴的粒度 90% 应在 1 μm 以下，不得有大于 5 μm 的乳滴。除另有规定外，静脉输液应尽可能与血液等渗。如静脉注射脂肪乳等。

2. 注射用无菌粉末

注射用无菌粉末系指原料药物或与适宜辅料制成的供临用前用无菌溶液配制成注射液的无菌粉末或无菌块状物。可用适宜的注射用溶剂配制后注射，也可用静脉输液配制后静脉滴注。以冷冻干燥法制备的生物制品注射用无菌粉末，也可称为注射用冻干制剂，如青霉素钠粉针剂。注射用无菌粉末配制成注射液后应符合注射液的要求。

3. 注射用浓溶液

注射用浓溶液系指原料药物与适宜辅料制成的供临用前稀释后静脉滴注用的无菌浓溶液，如左乙拉西坦注射用浓溶液。注射用浓溶液稀释后应符合注射液的要求。

三、注射剂的特点

①药效迅速、作用可靠。注射剂可直接注入人体组织或血管，尤其是静脉注射给药，不经过吸收过程直接进入血液循环，剂量准确，尤适用于抢救危重患者。同时，注射给药不受胃肠道消化液、食物等复杂环境的影响，药效作用更可靠。②可适用于不宜口服给药的患者。对于临床上无法自主服药的患者，如昏迷、抽搐、呕吐、吞咽功能丧失或者障碍的患者，注射给药可作为一种有效的给药途径用于临床治疗或营养补充。③适用于不宜口服的药物。一些药物（如青霉素或胰岛素等）在胃肠道不稳定、吸收差或对胃肠道有刺激性，可制成注射剂克服上述问题。④可使药物发挥定位定向的局部作用，如牙科局麻、关节腔注射给药等。⑤制造过程复杂，对生产的环境及设备要求高，生产费用较大，价格较高。⑥注射给药不方便，注射时易引起疼痛；易发生交叉污染、用药安全性差。

四、注射剂处方组成

注射剂的处方主要由主药、溶剂和附加剂（pH调节剂、抗氧剂、络合剂等）组成。由于注射剂的特殊要求，处方中所有组分，包括原料药都应采用注射级规格，应符合《中国药典》或相应的国家药品质量标准的要求。

（一）注射用原料的要求

与口服制剂的原料相比，注射用原料的质量标准更高，必须符合《中国药典》或相应的国家药品质量标准的要求。一般除了对杂质和重金属的限量要求更严格外，还应严格按照工艺提出的有关物质等化学指标及剂型要求提出的微生物、内毒素等指标。注射剂必须使用注射用规格的原料药，若尚无注射用原料药上市，需对原料进行精制并制定高于法定标准的内控标准，使其达到注射用的质量要求，并经批准后使用。药品生产中，原料的来源应稳定可靠，在运输贮藏过程中要防止污染。在注册申请时，除提供相关的证明性文件外，应提供精制工艺的选择依据、详细的精制工艺及其验证资料、精制前后的质量对比研究资料等。

（二）常用注射用溶剂

（1）注射用水（water for injection） 其为纯化水经蒸馏所得的水，应符合细菌内毒素试验要求。《中国药典》规定：注射用水必须在防止细菌内毒素产生的设计条件下生产、贮藏及分装。其质量应符合注射用水项下的规定。有关注射用水的制备和具体质量要求详见本章第二节。

（2）灭菌注射用水（sterilized water for injection） 其为注射用水按照注射剂生产工艺制备所得，不含任何添加剂，主要用于注射用无菌粉末的溶剂或注射剂的稀释剂。《中国药典》规定其质量应符合灭菌注射用水项下的规定。

（3）注射用油（oil for injection） 常用的注射用油有大豆油、麻油、茶油等植物油。其他的植物油如花生油、玉米油、橄榄油等经过精制后也可供注射用。

碘值、皂化值、酸值是评价注射用油质量的重要指标。**碘值**系指100 g脂肪、脂肪油或其他类似物质充分卤化时所需的碘量（g）。**皂化值**系指中和并皂化1 g脂肪、脂肪油或其他类似物质中含有的游离酸类和酯类所需氢氧化钾的量（mg）。**酸值**系指中和1 g脂肪、脂肪油或其他类似物质中含有的游离脂肪酸所需氢氧化钾的量（mg）。《中国药典》（2020年版）对注射用大豆油的质量要求规定：淡黄色的澄明液体；无异臭，无酸败味；碘值为126～140；皂化值为188～195；酸值不得大于0.1。

（4）其他非水注射用溶剂 其他还有乙醇、丙二醇、聚乙二醇等溶剂。供注射用的非水性溶剂，应严格限制其用量，并应在品种项下进行相应的检查。常用的非水注射用溶剂有：

① 乙醇（ethanol）：无色澄清液体，易挥发，易燃烧，与水、甘油、三氯甲烷或乙醚等能任意混溶，可供静脉或肌内注射。小鼠静脉注射的 LD_{50} 为 1.97 g/kg，皮下注射的 LD_{50} 为 8.28 g/kg。采用乙醇为注射溶剂浓度可达 50%。但乙醇浓度超过 10% 时可能会有溶血作用或疼痛感。如氢化可的松注射液、去乙酰毛花苷 C 注射液中均含有一定量的乙醇。

② 丙二醇（PG）：无色澄清的黏稠液体，与水、乙醇、三氯甲烷可混溶，能溶解多种挥发油，小鼠静脉注射的 LD_{50} 为 5～8 g/kg，腹腔注射的 LD_{50} 为 9.7 g/kg，皮下注射的 LD_{50} 为 18.5 g/kg。复合注射用溶剂中常用的含量为 10%～60%，用作皮下或肌注时有局部刺激性。其对药物的溶解范围广，已广泛用于注射溶剂，供静注或肌注。如苯妥英钠注射液中含 40% 丙二醇。

③ 聚乙二醇（PEG）：与水、乙醇相混溶，化学性质稳定。PEG 300、PEG 400 均可作注射用溶剂。有报道 PEG 300 的降解产物可能会导致肾病变，因此 PEG 400 更常用。小鼠腹腔注射的 LD_{50} 为 4.2 g/kg，皮下注射的 LD_{50} 为 10 g/kg。如塞替派注射液以 PEG 400 为注射溶剂。

④ 甘油（glycerin）：与水或醇可任意混溶，在丙酮中微溶，在三氯甲烷或乙醚中均不溶。小鼠皮下注射的 LD_{50} 为 10 mL/kg，肌内注射的 LD_{50} 为 6 mL/kg。由于黏度和刺激性较大，不单独作注射剂溶剂用。其常用浓度为 1%～50%，但大剂量注射会导致惊厥、麻痹、溶血，常与乙醇、丙二醇、水等组成复合溶剂，如普鲁卡因注射液的溶剂为 95% 乙醇（20%）、甘油（20%）与注射用水（60%）。

⑤ 二甲基乙酰胺（dimethylacetamide，DMA）：与水、乙醇任意混溶，对药物的溶解范围大，为澄明中性溶液。小鼠腹腔注射的 LD_{50} 为 3.266 g/kg，常用浓度为 0.01%，但连续使用时，应注意其慢性毒性。如氯霉素常用 50% 的 DMA 作溶剂，利血平注射液用 10%DMA、50%PEG 作溶剂。

（三）注射剂的主要附加剂

《中国药典》（2020 年版）规定，配制注射剂时，可根据需要加入适宜的附加剂，如渗透压调节剂、pH 调节剂、增溶剂、助溶剂、抗氧剂、抑菌剂、乳化剂、助悬剂等。附加剂的选择应考虑到对药物疗效和安全性的影响，使用浓度不得引起毒性或明显的刺激，且避免对检验产生干扰。另外，静脉输液与脑池内、硬膜外、椎管内用的注射液，均不得加抑菌剂。常用的附加剂见表 11-2。

表 11-2　注射剂常用的附加剂

附加剂种类	附加剂名称	使用浓度/%
抗氧剂	焦亚硫酸钠	0.1～0.2
	亚硫酸氢钠	0.1～0.2
	硫代硫酸钠	0.1
金属螯合剂	EDTA·2Na	0.01～0.05
缓冲剂	醋酸盐	1～2
	枸橼酸盐	1～5
	乳酸	0.1
	酒石酸,酒石酸钠	0.65,1.2
	磷酸氢二钠,磷酸二氢钠	1.7,0.71
	碳酸氢钠,碳酸钠	0.005,0.06
助悬剂	羧甲基纤维素	2.0
	明胶	2.0
	果胶	0.2
稳定剂	肌酐	0.5～0.8
	甘氨酸	1.5～2.25
	烟酰胺	1.25～2.5
	辛酸钠	0.4
增溶剂、润湿剂或乳化剂	聚山梨酯 20(吐温 20)	0.01～0.5
	聚山梨酯 40(吐温 40)	0.05
	聚山梨酯 80(吐温 80)	0.05～0.25
	聚维酮	0.2～1.0

附加剂种类	附加剂名称	使用浓度/%
增溶剂、润湿剂或乳化剂	聚乙二醇-40-蓖麻油	7.0～11.5
	卵磷脂	0.5～2.3
	普朗尼克 F-68	0.1～10
抑菌剂	苯酚	0.5
	甲酚	0.3
	氯甲酚	0.05～0.2
	苯甲醇	1～2
	三氯叔丁醇	0.5
	硫柳汞	0.01
	尼泊金类	0.01～0.25
局麻剂(止痛剂)	盐酸普鲁卡因	0.5～2
	利多卡因	0.5～1.0
渗透压调节剂	氯化钠	0.5～0.9
	葡萄糖	4～5
	甘油	2.25
填充剂	乳糖	1～8
	甘露醇	1～10
	甘氨酸	1～2
保护剂	乳糖	2～5
	蔗糖	2～5
	麦芽糖	2～5
	人血红蛋白	0.1～1

五、注射剂的制备

注射剂的生产过程包括原辅料的准备与处理、配制、灌封、灭菌、质量检查和包装等步骤。制备不同类型的注射剂，其具体操作方法和生产条件有区别，注射剂的制备工艺流程如图 11-11 所示。

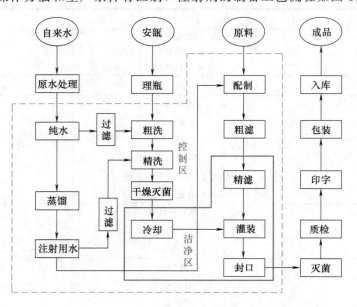

图 11-11　注射剂生产工艺流程图

注射剂的制备，要设计合理的工艺流程，也要具备与各生产工序相适应的环境和设施，这是提高注射剂产品质量的基本保证。注射剂生产厂房设计时，应根据实际生产流程，对生产车间布局、上下工序衔接、设备及材料性能进行综合考虑，总体设计要符合《药品生产质量管理规范》的规定。

（一）水处理

注射用水的制备参照本章第二节中"注射用水的制备方法"相关内容。《中国药典》（2020 年版）规定：除硝酸盐、亚硝酸盐、电导率、总有机碳、不挥发物与重金属按纯化水检查应符合规定外，还要求 pH 应为 5.0～7.0，氨含量不超过 0.00002%，细菌内毒素与微生物限度检查均应符合规定。

（二）容器处理

注射剂常用容器有玻璃安瓿、玻璃瓶、塑料安瓿、塑料瓶（袋）、预装式注射器等。容器的密封性，需用适宜的方法确证。除另有规定外，容器应符合有关注射用玻璃容器和塑料容器的国家标准规定。2012 年 11 月 8 日颁布的《关于加强药用玻璃包装注射剂药品监督管理的通知》中规定，对生物制品、偏酸、偏碱及对 pH 敏感的注射剂，应选择 121℃颗粒法耐水性为 1 级及内表面耐水性为 HC1 级的药用玻璃或其他适宜的包装材料。容器用胶塞特别是多剂量包装注射液用的胶塞要有足够的弹性和稳定性，其质量应符合有关国家标准规定。除另有规定外，容器应足够透明，以便内容物的检视。

1. 安瓿

安瓿的式样包括曲颈安瓿和粉末安瓿两种，常见容积有 1 mL、2 mL、5 mL、10 mL、20 mL 等几种规格。其中曲颈易折安瓿使用方便，可避免折断后玻璃屑和微粒对药液的污染，故国家药品监督管理局（NMPA）已强制推行使用该种安瓿。曲颈易折安瓿有点刻痕易折安瓿和色环易折安瓿两种。粉末安瓿用于分装注射用固体粉末或结晶性药物。安瓿的颜色一般为无色透明，因为无色透明有利于药液澄明度检查。目前制造安瓿的玻璃主要有中性玻璃、含钡玻璃和含锆玻璃。中性玻璃化学稳定性好，适用于近中性或弱酸性注射剂；含钡玻璃耐碱性好，适用于碱性较强的注射剂；含锆玻璃耐酸碱性能好，不易受药液侵蚀，适用于酸碱性强的药液和钠盐类的注射液等。

2. 西林瓶

西林瓶包括管制瓶和模制瓶两种。管制瓶的瓶壁较薄，厚薄比较均匀，而模制瓶正好相反。其常见容积为 10 mL 和 20 mL，应用时都需配有橡胶塞，外面有铝盖压紧，有时铝盖上再外加一个塑料盖，主要用于分装注射用无菌粉末。

3. 注射剂容器的质量要求

注射剂的容器不仅要盛装各种不同性质的注射剂，而且还要经受高温灭菌和在各种不同环境条件下的长期贮存。常用的注射剂玻璃容器应符合下列要求：①安瓿玻璃应无色透明，以便于检查注射剂的澄明度、杂质以及变质情况；②应具有低的膨胀系数和优良的耐热性，能耐受洗涤和灭菌过程中产生的冲击，在生产过程中不易冷爆破裂；③要有足够的物理强度，能耐受热压灭菌时所产生的压力差，生产、运输、贮藏过程中不易破损；④应具有较高的化学稳定性，不易被药液侵蚀，也不改变溶液的 pH；⑤熔点较低，易于熔封；⑥不得有气泡、麻点与砂粒。包材相容性考察中应重点考察玻璃中碱性离子的释放对药液 pH 的影响；有害金属元素的释放；不同温度（尤其冷冻干燥时）、不同酸碱条件下玻璃的脱片；含有着色剂的避光玻璃被某些波长的光线透过，使药物分解；玻璃对药物的吸附以及玻璃容器的针孔、瓶口歪斜等问题。

塑料容器的主要成分是热塑性聚合物，附加成分含量较低，但有些仍含有不等量的增塑剂、填充剂、抗静电剂、抗氧化剂等。因此，选择塑料容器时，有必要进行相应的稳定性和相容性试验，依据试验结果才能决定能否应用。

4. 安瓿的质量检查

为了保证注射剂的质量，安瓿使用前要经过一系列的检查。检查项目与方法均可按《中国药典》（2020 年版）的规定，生产过程中还可根据实际需要确定具体内容，但一般必须通过物理检查（包括外观、尺寸、色泽、表面质量、清洁度、耐热和耐压性能等）和化学检查（包括安瓿的耐酸性能、耐碱性能及中性检查等）。低硼硅、中硼硅玻璃安瓿可分别按国标 YBB 00332002-2015、YBB 00322005-2015 进行检验。

5. 安瓿的洗涤

安瓿洗涤的质量对注射剂成品的合格率有较大影响。目前国内多数药厂使用的安瓿洗涤设备主要有气水喷射式安瓿洗瓶机组和超声波安瓿洗瓶机。

（1）气水喷射式安瓿洗瓶机组　该组设备主要由供水系统、压缩空气及其过滤系统、洗瓶机三大部分组成，适用于大规格安瓿和曲颈安瓿的洗涤。气水喷射式安瓿洗瓶机组的工作原理是利用洁净的洗涤水及过滤后的压缩空气，通过针头交替喷射安瓿的内壁进行洗涤，使安瓿清洗洁净。压缩空气经水洗罐、木炭层、瓷环层、涤纶袋滤器处理后，由管路进入贮水罐，将洗涤水经双层涤纶器压入喷水阀中。同时经水洗滤过处理的压缩空气也进入喷气阀中，两阀借助偏心轮及传动机构和脚踏板，交替启闭，使压缩空气和洗涤水从针头中交替喷出，进行安瓿冲洗。

（2）超声波安瓿洗瓶机　其工作原理是浸没在清洗液中的安瓿在超声波发生器的作用下，使安瓿与液体接触的界面处于剧烈的超声振动状态时所产生的一种"空化"作用，将安瓿内外表面的污垢冲击剥落，从而达到安瓿清洗的目的。其洗瓶效率和效果均比较好，是洗涤安瓿的最佳设备。在整个超声波洗瓶过程中，应注意不断将污水排出并补充新鲜洁净的纯化水，严格执行操作规范。

在实际生产中，除了甩水洗涤、加压喷射气水洗涤、超声波洗涤等方法，也有厂家只采用洁净空气吹洗的方法洗涤安瓿。安瓿在玻璃厂生产出来后就严密包装，避免污染，使用时用清洁空气吹洗即可。此法免去水洗操作，更利于实现注射剂高速度自动化生产。还有一种密封安瓿，使用时在净化空气下用火焰开口，直接灌封，这样可以免去洗瓶、干燥、灭菌等工作。

6. 安瓿的干燥与灭菌

安瓿经淋洗后，一般在烘箱中120～140℃干燥2h以上；供无菌操作药物或低温灭菌药物的安瓿，则需150～170℃干热灭菌2h。

工业生产中，现在多采用隧道式烘箱、电热红外线隧道式自动干燥灭菌机等进行安瓿的干燥。其中隧道式烘箱主要由红外线发射装置与安瓿自动传递装置两部分组成，隧道内平均温度在300℃左右，一般小容量的安瓿约10 min即可烘干和完成灭菌（确保物品灭菌后的PNSU$\leq10^{-6}$），可连续化生产。而电热红外线隧道式自动干燥灭菌机附有局部层流装置，安瓿在连续的层流洁净空气保护下，经过350℃的高温，很快达到干热灭菌的目的，洁净程度高。

经灭菌处理的空安瓿应妥善保管，存放在一定洁净级别的空间，通常存放时间不应超过24h。

（三）注射液的配制和过滤

1. 注射液的配制

（1）配液用具的选择与处理　配液用具必须采用化学稳定性好的材料制成，如玻璃、搪瓷、不锈钢、耐酸和耐碱陶瓷、无毒聚氯乙烯和聚乙烯塑料等。一般塑料材质不耐热，高温易变形软化，铝质容器稳定性差，均不宜使用。小量配制注射剂时，一般可在中性硬质玻璃容器或搪瓷桶中进行。大量生产时，常以带有蒸汽夹层装置的配液罐为容器配制注射剂。

配液用具在使用前要用洗涤剂或清洁液处理，洗净并沥干。临用时，再用新鲜注射用水荡涤或灭菌后备用。每次用具使用后，均应及时清洗，玻璃容器中也可加入少量硫酸清洁液或75％乙醇放置，以免长菌，临用前再按规定方法洗净。

（2）配液方法　配液方法包括稀配法和浓配法。前者适用于原料质量好、小剂量注射剂的配制；后者可滤除溶解度小的杂质，适用于大剂量注射剂的配制。若处方中几种原料的性质不同，溶解要求有差异，配液时也可分别溶解后再混合，最后加溶剂至规定量。

配液所用注射用水的贮存方式和静态贮存期限应经过验证，确保水质符合质量要求，例如可以在80℃以上保温、70℃以上保温循环或4℃以下的状态存放。配液所用注射用油，应在使用前经150～160℃灭菌1～2h，冷却至适宜温度趁热配制、过滤。温度不宜过低，否则黏度过大，不宜过滤。待冷却后即刻进行配制。

药液配制后，应进行半成品质量检查，检查项目主要包括pH、相关成分含量等，检验合格后才能进一步过滤和灌封。

2. 注射液的过滤

在注射液的工业生产中，一般采用二级过滤，即预滤与精滤。预滤可用陶质砂滤棒、垂熔玻璃滤器、板框式压滤机或微孔钛滤棒等；而精滤可采用微孔滤膜作为过滤材料，且多采用加压过滤法来进行过滤。目前，药厂多采用两到三级微孔滤膜串联的形式组成加压过滤装置，初级滤膜孔径一般为 $0.45\ \mu m$，终端除菌滤膜及冗余滤膜孔径一般为 $0.22\ \mu m$。

（四）注射剂的灌封

注射剂的灌封包括药液的灌装与容器的封口，这两部分操作应在同一室内进行，操作室的环境要严格控制，达到尽可能高的洁净度。最终灭菌产品的灌装（或灌封）需要在 C 级洁净区进行，高污染风险的最终灭菌产品灌装（或灌封）在 C 级背景下的局部 A 级洁净区进行。非最终灭菌产品的灌装（或灌封）需要在 B 级背景下的 A 级洁净区进行。

注射液过滤后，经检查合格应立即灌装和封口，以避免污染。

1. 注射液的灌装

药液的灌装，力求做到剂量准确，药液不沾瓶颈口，不受污染。灌装标示装量为不大于 50 mL 的注射剂，可参考表 11-3 适当增加装量。除另有规定外，多剂量包装的注射剂，每一容器的装量不得超过 10 次注射量，增加装量应能保证每次注射用量。

表 11-3　注射液灌装时应增加的灌装量

标示量/mL	增加量/mL	
	易流动液体	黏稠液体
0.5	0.10	0.12
1	0.10	0.15
2	0.15	0.25
5	0.30	0.50
10	0.50	0.70
20	0.60	0.90
50	1.0	1.5

为使药液灌装量准确，每次灌装前，必须用精确的量筒校正灌注器的容量，并试灌若干次，然后按《中国药典》（2020 年版）四通则注射剂装量检查法检查，符合装量规定后再正式灌装。灌注时应注意调整灌装针头安装位置、控制药液灌装的速度等，以免药液沾壁，导致安瓿封口时出现焦头。另外，若药液稳定性差，尤其易氧化的药液，在灌装与封口过程中，应通入惰性气体（如氮气和二氧化碳）以置换安瓿中的空气，措施得当可有效将药液的含氧量控制在 2ppm 以下。通常高纯度的氮气可不经处理直接使用，纯度差的氮气以及二氧化碳必须经过处理后才能使用。

2. 注射剂容器封口

工业化生产多采用自动灌封机进行药液的灌装。灌装与封口由机械联动完成。封口方法分为拉封和顶封。拉封封口比较严密，是目前常用的封口方法。

图 11-12 是自动安瓿灌封机结构示意图。工作时，空安瓿置于落瓶斗 5 中，由拨轮 6 将其分支取出并放置于齿板输送机构 4 上。齿板输送机构倾斜安装在工作台上，由双曲柄机构带动，将安瓿一步步地自右向左输送。当空瓶输送到药液针架 3 的下方时，针架被凸轮机构带动下移，针头伸入瓶内进行灌装。灌封完毕针架向上返回，安瓿经封口火焰 2 封口后，送入出瓶斗 1 中。瓶内药液由定

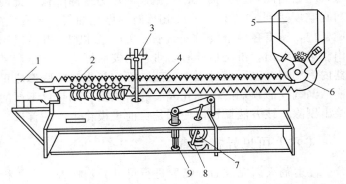

图 11-12　自动安瓿灌封机结构示意图

1—出瓶斗；2—封口火焰；3—药液针架；4—齿板输送机构；
5—落瓶斗；6—拨轮；7—凸轮；8—调整杠杆；9—定量灌注器

量灌注器9控制装量，凸轮7控制定量灌注器的活塞杆上下移动，完成吸、排药液的任务，调整杠杆8可以调节灌注药液的量。

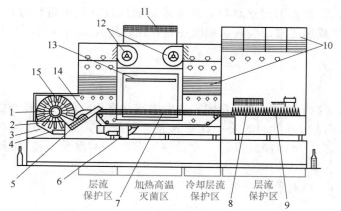

图11-13 洗灌封联动机的结构示意图

1—转鼓；2—超声波清洗槽；3—电热；4—超声波发生器；
5—进瓶斗；6—排风机；7—输送网带；8—充气灌封；
9—拉丝封口；10—高效过滤器；11—中效过滤器；12—风机；
13—加热原件；14—出瓶口；15—水气喷头

为了进一步提高注射剂生产的质量与效率，我国已设计制成多种规格的洗、灌、封联动机和割、洗、灌、封联动机，该类机器将多个生产工序在一台机器上联动完成。常见的洗灌封联动机的结构如图11-13所示。该联动线的工艺流程是：安瓿上料→喷淋水→超声波洗涤→第一次冲循环水→第二次冲循环水→压缩空气吹干→冲注射用水→三次吹压缩空气→预热→高温灭菌→冷却→螺杆分离进瓶→前充气→灌药→后充气→预热→拉丝封口→计数→出成品。

清洗机主要完成安瓿超声波清洗和水气清洗。杀菌干燥机多采用远红外高温灭菌。灌封机完成安瓿的充氮灌药和拉丝封口。灭菌干燥和灌封都在100级层流区域内进行。

洗灌封联动机实现了水针剂从洗瓶、烘干、灌液到封口多道工序生产的联动，缩短了工艺过程，减少了安瓿间的交叉污染，明显提高了水针剂的生产质量和生产效率，且其结构紧凑，自动化程度高，占地面积小。

（五）注射剂的灭菌与检漏

灌封后的注射剂应及时灭菌。灭菌方法和条件主要根据药物的性质确定。推荐采取终端灭菌工艺，建议首选过度杀灭法（$F_0 \geqslant 12$ min），如产品不能耐受过度杀灭的条件，可考虑采用残存概率法（8 min$\leqslant$ $F_0 < 12$ min），但均应保证产品灭菌后的 PNSU 不大于 10^{-6}。如有充分的依据证明不能采用终端灭菌工艺，且为临床必需注射给药的品种，可考虑采用无菌生产工艺。现行法规不推荐无菌灌装加辅助灭菌的工艺。

注射剂灭菌后应立即进行检漏，以剔除熔封不严、安瓿顶端留有毛细孔或裂缝的注射剂，避免药液流出或污染注射剂。熔封的产品（如玻璃安瓿或塑料安瓿）应做100%的检漏试验。工业化生产时，灭菌设备通常是含有检漏功能的灭菌检漏两用器，即在灭菌过程完成后，从进水管放进冷水淋洗安瓿使温度降低，然后密闭锅门并抽气使灭菌器内压力逐渐降低。此时安瓿如有漏气，安瓿内的空气也会随之被抽出，当真空度达到 $85.12 \sim 90.44$ kPa 时，停止抽气，将有色溶液（如0.05%曙红或酸性大红G溶液）吸入灭菌器内，待有色溶液浸没安瓿后，关闭色水阀，开放气阀，并把有色溶液抽回贮液器中，开启锅门，将锅内注射剂取出，淋洗后检查，带色的安瓿即为不合格产品。对于深色注射液，可将安瓿倒置或横放于灭菌器内，利用升温灭菌过程中安瓿内部空气受热膨胀形成正压，同时灭菌器腔内抽真空，压差作用下，将药液从漏气安瓿顶端的毛细孔或裂缝中压出，则封口不严的安瓿在灭菌结束后药液减少或变成空安瓿，即可检出剔除。该方法操作简便，是目前规模化生产的首选。

（六）可见异物检查

注射剂灭菌完成后，需要进行可见异物检查，主要检查在规定条件下目视可以观测到的不溶性物质，其粒径或长度通常大于 $50~\mu m$。可见异物检查法有灯检法和光散射法。一般常用灯检法，也可采用光散射法。在灯检法中，在光照为 $1000 \sim 4000$ lx，明视距离（指供试品至人眼的清晰观测距离，通常为 25 cm）下，持容器颈部，轻轻旋转和翻转容器（但应避免产生气泡），使药液中可能存在的可见异物悬浮，分别在黑色和白色背景下目视检查，重复观察，总检查时限为 20 s，检出不合格品（空瓶、坏瓶、焦头、泡头、黑点、异物等）。灯检法不适用的品种，如用深色透明容器包装或液体色泽较深（一般深于各标准比色液7号）的品种，可选用光散射法。混悬液与乳状液仅对明显可见异物进行检查。

生产上，也可采用自动灯检设备，采用图像采集和分析，利用高速图像处理系统，比对检出并剔除不合格品，提高了检测的可靠性、连续性和可重复性，降低了人工检测的不确定性风险。自动灯检设备能提供较高的光强度，还具备对深色注射剂的检测能力。

（七）注射剂的印字与包装

注射剂经质量检验合格后方可进行印字包装。每支注射剂上应标明药品名、规格、批号等。印字多用印字机，可使印刷质量提高，也可加快印字速度。目前，药厂大批量生产时，广泛采用印字、装盒、贴签及包装等一体的印包联动机，大大提高了印包工序效率。包装对保证注射剂在贮存器的质量稳定具有重要作用，既要避光又要防止损坏，一般用纸盒，内衬 PVC 托，对光敏感的药物，PVC 托外加套一层黑色塑料袋或铝袋。

注射剂包装盒外应贴标签，注明药品通用名称、成分、性状、适应证或者功能主治、规格、用法用量、不良反应、禁忌、注意事项、贮藏、生产日期、产品批号、有效期、批准文号、生产企业等内容。适应证或者功能主治、用法用量、不良反应、禁忌、注意事项不能全部注明的，应当标出主要内容并注明"详见说明书"字样。包装盒内应放注射剂详细使用说明书，说明药物的含量或处方、应用范围、用法用量、禁忌、贮藏、有效期及药厂名称等，此外还应列出所用的全部辅料名称，另外加有抑菌剂的注射剂，应标明所加抑菌剂的浓度。

（八）注射剂举例

例 11-6　1.2% 盐酸普鲁卡因注射液

本品为盐酸普鲁卡因的灭菌水溶液，含盐酸普鲁卡因应为标示量的 95.0%～105.0%。

【处方】　盐酸普鲁卡因　　20.0 g　　　　　氯化钠　　　　　4.0 g

　　　　　0.1 mol/L 盐酸　　适量　　　　　注射用水　　　加至 1000 mL

【制法】　取注射用水约 80%，加入氯化钠，搅拌溶解，再加盐酸普鲁卡因使之溶解，加入 0.1 mol/L 的盐酸溶解，调 pH 至 4.0～4.5，再加水至足量，搅匀，过滤分装于中性玻璃容器中，封口，灭菌，即得。

【性状】　本品为无色的澄明液体。

【功能与主治】　本品为局部麻醉药，用于封闭疗法、浸润麻醉和传导麻醉。

【用法与用量】　浸润麻醉：0.25%～0.5% 水溶液，每小时不得超过 1.5 g。阻滞麻醉：1%～2% 水溶液，每小时不得超过 1.0 g。硬膜外麻醉：2% 水溶液，每小时不得超过 0.75 g。

【规格】　2 mL：40 mg。

【贮藏】　遮光，密闭保存。

【注解】　①本品为酯类药物，易水解。保证本品稳定性的关键是调节 pH，本品 pH 应控制在 4.0～4.5 范围。灭菌温度不宜过高，时间也不宜过长。②氯化钠用于调节渗透压，实验表明还有稳定本品的作用。未加氯化钠的处方，一个月分解 1.23%，加 0.85% 氯化钠的仅分解 0.4%。③光、空气及铜、铁等金属离子均能加速本品分解。④极少数患者对本品有过敏反应，故用药前须询问患者过敏史或做皮内试验（0.25% 普鲁卡因溶液 0.1 mL）。

例 11-7　维生素 C 注射液（抗坏血酸注射液）

本品为维生素 C 的灭菌水溶液，含维生素 C 应为标示量的 93.0%～107.0%。

【处方】　维生素 C　　　　104 g　　　　　碳酸氢钠　　　　49 g

　　　　　亚硫酸氢钠　　　2 g　　　　　　依地酸二钠　　　0.05 g

　　　　　注射用水　　　　加至 1000 mL

【制法】　①在配制容器中，加配制量 80% 的注射用水，通入二氧化碳至饱和。②加维生素 C 溶解后，分次缓缓加入碳酸氢钠，搅拌使其完全溶解。③加入预先配制好的依地酸二钠溶液和亚硫酸氢钠溶液，搅拌均匀。④调节溶液 pH 至 6.0～6.2，添加二氧化碳饱和注射用水足量。⑤用垂熔玻璃漏斗与薄膜滤器过滤。⑥溶液中通二氧化碳，并在二氧化碳或氯气流下灌装，封口，灭菌，即得。

【性状】　本品为无色至微黄色的澄明液体。

【功能与主治】　本品参与体内氧化还原及糖代谢过程，增加毛细血管致密性，减少通透性和脆性，加速血液凝固，刺激造血功能；促进铁在肠内的吸收；增强机体对感染的抵抗力，并有解毒等作用。本品用于防治坏血病、各种急慢性传染病、紫癜、高铁血红蛋白症、肝胆疾病及各种过敏性疾患，亦可用于冠心病的预防等。

【用法与用量】 静脉注射或肌内注射，成人每次 0.5～1.0 g。

【规格】 1 mL：100 mg。

【贮藏】 遮光，密闭保存。制剂色泽变黄后不可用。

【注解】 ①维生素C分子中有烯二醇结构，显强酸性，注射时刺激性大，产生疼痛，故加入碳酸氢钠，使维生素C部分中合成钠盐，以避免疼痛。同时碳酸氢钠也有调节 pH 的作用，能提高本品的稳定性。②维生素C在水溶液中极易氧化、水解生成 2,3-二酮-L-古罗糖酸而失去治疗作用。若氧化水解成 5-羟甲基糖醛（或从原料中带入），继而在空气中能形成黄色聚合物。故本品质量好坏与原辅料的质量密切相关。同时本品的稳定性还与空气中的氧、溶液的 pH 等因素有关，在生产中采取调节药液 pH、充惰性气体、加抗氧剂及金属络合剂等综合措施，以防止维生素C的氧化。同时，对于易氧化的维生素C注射液，其灭菌方法和条件选择时，应充分考虑其稳定性。

例 11-8 醋酸可的松注射液

本品为醋酸可的松的灭菌水溶液，含醋酸可的松应为标示量为 90.0%～110.0%。

【处方】

醋酸可的松微晶	25 g	硫柳汞	0.01 g
氯化钠	3 g	聚山梨酯 80	1.5 g
羧甲基纤维素钠（30～60 cPa·s）	5 g	注射用水	加至 1000 mL

【制法】 ①硫柳汞加于 50% 量的注射用水中，加羧甲基纤维素钠，搅匀，过夜溶解后，用 200 目尼龙布过滤，密闭备用。②氯化钠溶于适量注射用水中，经 G4 垂熔漏斗过滤。③将①项溶液置水浴中加热，加②项溶液及聚山梨酯 80 搅匀，使水浴沸腾，加醋酸可的松，搅匀，继续加热 30 min。取出冷至室温，加注射用水调至总体积，用 200 尼龙布过筛两次，于搅拌下分装于瓶内，扎口密封，灭菌，即得。

【性状】 本品为细微颗粒的混悬液，静置后细微颗粒下沉，振摇后呈均匀的乳白色混悬液。

【功能与主治】 本品用于治疗原发性或继发性肾上腺皮质功能减退症、合成糖皮质激素所需酶系缺陷所致的各型先天性肾上腺增生症，以及利用其药理作用治疗多种疾病，包括：①自身免疫性疾病，如系统性红斑狼疮、血管炎、多肌炎、皮肌炎、Still 病、Graves 眼病、自身免疫性溶血、血小板减少性紫癜、重症肌无力；②过敏性疾病，如严重支气管哮喘、过敏性休克、血清病、特异反应性皮炎；③器官移植排异反应，如肾、肝、心等组织移植；④炎症性疾患，如节段性回肠炎、溃疡性结肠炎、非感染性炎性眼病；⑤血液病，如急性白血病、淋巴瘤；⑥其他，如结节病、甲状腺危象、亚急性非化脓性甲状腺炎、败血性休克、脑水肿、肾病综合征、高钙血症。

【用法与用量】 本品主要用于肾上腺皮质功能减退。不能口服糖皮质激素者，在应激状况下，肌内注射 50～300 mg/d。

【规格】 5 mL：125 mg。

【贮藏】 密封，遮光。

【注解】 ①对某些感染性疾病应慎用，必要使用时应同时用抗感染药，如感染不易控制应停药。②甲状腺功能低下、肝硬化、脂肪肝、糖尿病、重症肌无力患者慎用。③停药时应逐渐减量或同时使用促肾上腺皮质激素类药物。

例 11-9 维生素 B_2 注射液

本品为维生素的灭菌水溶液，含维生素 B_2 应为标示量的 90.0%～115.0%。

【处方】

维生素 B_2	2.575 g	烟酰胺	77.25 g
乌拉坦	38.625 g	苯甲醇	7.5 g
注射用水	加至 1000 mL		

【制法】 ①将维生素 B_2 先用少量注射用水调匀用，再将烟酰胺、乌拉坦溶于适量注射用水中，加入活性炭 0.1 g，搅拌均匀后放置 15 min，粗滤脱炭，加注射用水至约 900 mL，水浴上加热至室温。②加入苯甲醇，用 0.1 mol/L 的 HCl 调节 pH 至 5.5～6.0，调整体积至 1000 mL，然后在 10℃ 下放置 8 h，过

滤至澄明、灌封，灭菌，即得。

【性状】　本品为橙黄色的澄明液体；遇光易变质。

【功能与主治】　本品用于预防和治疗口角炎、舌炎、结膜炎、脂溢性皮炎等维生素 B_2 缺乏症。

【用法与用量】　成人每日的需要量为 2～3 mg。治疗口角炎、舌炎、阴囊炎时，皮下注射或肌注一次 5～10 mg，每日 1 次，连用数周。

【规格】　每支 2 mL：1 mg。2 mL：5 mg。2 mL：10 mg。

【贮藏】　遮光，密闭保存。

【注解】　①维生素 B_2 在水中溶解度小，0.5% 的浓度已为过饱和溶液，所以必须加入大量的烟酰胺作为助溶剂。此外还可用水杨酸钠、苯甲酸钠、硼酸等作为助溶剂。还有 10% 的 PEG 600 以及 10% 的甘露醇也能增加维生素 B_2 的溶解度。②维生素 B_2 水溶液对光极不稳定，在酸性或碱性溶液中都易变成酸性或碱性感光黄素。所以在制造本品时，应严格避光操作，产品也需避光保存。③本品还可制成长效混悬注射剂，如加 2% 的单硬脂酸铝制成的维生素 B_2 混悬注射剂，一次注射 150 mg，能维持疗效 45 天，而注射同剂量的水性注射剂只能维持药效 4～5 天。

六、注射剂的质量评价

注射剂的制备工艺比较复杂，为确保注射剂的成品质量，注射剂必须按照其质量要求，进行质量检查，每种注射剂均有具体规定，包括含量、pH 以及特定的检查项目。除此之外，尚需符合《中国药典》（2020 年版）"注射剂"项下的各项规定，包括装量、可见异物、渗透压摩尔浓度、细菌内毒素或热原检查及无菌检查等。

1. 渗透压摩尔浓度

除另有规定外，静脉输液及椎管注射用注射液按各品种项下的规定，照《中国药典》（2020 年版）渗透压摩尔浓度测定法（通则 0632）检查，应符合规定。通常采用测量溶液的冰点下降值来间接测定其渗透压摩尔浓度。按渗透压摩尔浓度测定仪的仪器说明书操作，首先取适量新沸放冷的水调节仪器零点，然后选择两种标准溶液（供试品溶液的渗透压摩尔浓度应介于两者之间）校正仪器，再测定供试品溶液的渗透压摩尔浓度或冰点下降值。

2. 可见异物检查

照《中国药典》（2020 年版）可见异物检查法（通则 0904）检查，应符合规定。

3. 不溶性微粒

除另有规定外，用于静脉注射、静脉滴注、鞘内注射、椎管内注射的溶液型的注射液、注射用无菌粉末及注射用浓溶液照《中国药典》（2020 年版）四部通则中的不溶性微粒检查法（通则 0903）检查。检查方法有光阻法和显微计数法，应符合规定。

4. 细菌内毒素或热原检查

静脉用注射剂，均应设细菌内毒素（或热原）检查项。除另有规定外，静脉用注射剂按各品种项下的规定，照细菌内毒素检查法（通则 1143）或热原检查法（通则 1142）检查，应符合规定。其中，化学药品注射剂一般首选细菌内毒素检查项；中药注射剂一般首选热原检查项。

5. 无菌检查

照《中国药典》（2020 年版）四部通则无菌检查法（通则 1101）检查，应符合规定。

6. pH 测定

药液的 pH 使用酸度计测定。水溶液的 pH 通常以玻璃电极为指示电极、饱和甘汞电极或银-氯化银电极为参比电极进行测定。一般允许 pH 范围在 4.0～9.0 之间，具体品种按其质量要求检查。

7. 装量检查

对于灌装标示装量为不大于 50 mL 的注射液、注射用浓溶液和生物制品多剂量供试品，注射剂装量检查应照《中国药典》（2020 年版）注射剂项下装量检查法（通则 0102）的规定进行；对于标示装量为 50 mL 以上的注射液及注射用浓溶液，照《中国药典》（2020 年版）最低装量检查法（通则 0942）检查，也可采用重量除以相对密度计算装量。应符合规定。

8. 其他检查

根据品种不同，有的尚需要进行有关物质、降压物质、异常毒性、刺激性、过敏性、溶血与凝聚等试验。

第四节　输　液

一、输液的定义

输液（infusion），即**大容量注射液**（large volume injection），供静脉滴注用。除另有规定外，输液体积一般不小于 100 mL，生物制品一般不小于 50 mL。输液通常包装于玻璃或塑料的输液瓶或袋中，不得加抑菌剂。

二、输液的分类

目前临床上常用的输液剂可分为：

（1）**电解质输液**（electrolyte infusion）　电解质输液用于补充体内水分、电解质，纠正体内酸碱平衡等，如氯化钠注射液、复方氯化钠注射液、乳酸钠注射液等。

（2）**营养输液**（nutrition infusion）　营养输液用于补充供给体内热量、蛋白质和人体必需的脂肪酸和水分等，如葡萄糖注射液、复方氨基酸注射液等。

（3）**胶体输液**（colloid infusion）　胶体输液用于扩充血容量、维持血压等，是一类与血液等渗的胶体溶液，包括多糖类、明胶类、淀粉类等，如右旋糖酐、羟乙基淀粉、聚维酮等。

（4）**含药输液**（drug-containing infusion）　含药输液用于临床疾病的治疗，常用于抗生素类药物、抗肿瘤药物、抗病毒药物等，如氧氟沙星氯化钠注射液、己酮可可碱葡萄糖注射液等。其中很多是即配型输液，以保持药物的长期稳定性。

三、输液的特点

输液在临床上适用范围广，主要用于纠正体内水和电解质的紊乱，调节体液的酸碱平衡，补充必要的营养、热能和水分，维持血容量等；亦可用于输送治疗药物或者作为小剂量注射剂的载体。其使用剂量大，通过静脉滴注直接进入血液循环，起效快，是临床救治危重和急症患者的主要用药方式。

输液和小容量注射液都属于注射剂，但质量要求、处方设计等方面存在区别，如表 11-4 所示。

表 11-4　输液和小容量注射液的区别

类别	小容量注射液	输　液
规格	<100 mL	≥100 mL（生物制品≥50 mL）
给药途径	皮下注射、皮内注射、肌内注射、静脉注射、静脉滴注、鞘内注射、椎管内注射等	静脉滴注
工艺要求	从配制到灭菌，一般应控制在 12 h 内完成	从配制到灭菌一般应控制在 4h 内完成

类别	小容量注射液	输　液
附加剂	可加入适宜抑菌剂(静脉给药与脑池内、硬膜外、椎管内用的注射液均不得加抑菌剂)	不得加入任何抑菌剂
不溶性微粒 (显微镜计数法)	除另有规定外,每个供试品容器(份)中含 10 μm 以上的微粒不得过 3000 粒,含 25 μm 以上的微粒不得过 300 粒	除另有规定外,每 1 mL 中含 10 μm 以上的微粒不得过 12 粒,含 25 μm 以上的微粒不得过 2 粒
渗透压	等渗	除另有规定外,输液应尽可能与血液等渗

四、输液的质量要求

　　输液的质量要求与注射剂基本上是一致的,但这类产品的注射量大,直接进入血液循环,质量要求更严格。尤其对无菌、无热原及可见异物与不溶性微粒检查的要求更加严格,也是输液生产中存在的常见质量问题,必须符合规定。此外,还应注意以下的质量要求:①输液的 pH 应在保证疗效和制品稳定的基础上,力求接近人体血液的 pH,过高或过低都会引起酸碱中毒;②输液的渗透压应尽可能与血液等渗;③输液中不得添加任何抑菌剂,并在贮存过程中质量稳定;④输液应无毒副作用,要求不能有引起过敏反应的异性蛋白及降压物质,输入人体后不会引起血象的异常变化,不损害肝、肾功能等。

五、输液的制备

(一)输液制备的工艺流程

　　输液有玻璃容器与塑料容器两种包装。玻璃瓶装输液剂制备的生产工艺流程如图 11-14 所示。塑料瓶与塑料袋装输液剂的生产工艺流程分别如图 11-15 和图 11-16 所示。吹灌封一体化(BFS)输液剂生产工艺流程如图 11-17 所示。

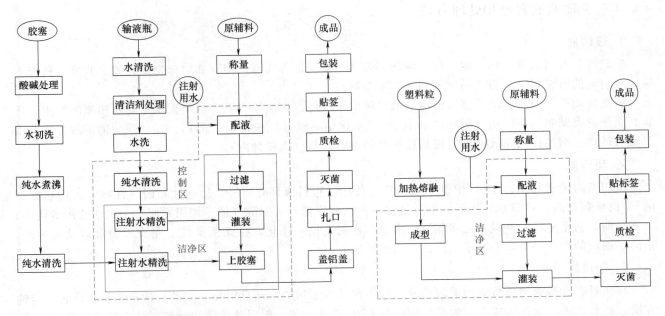

图 11-14　玻璃瓶装输液剂生产工艺流程图　　　　图 11-15　塑料瓶装输液剂生产工艺流程图

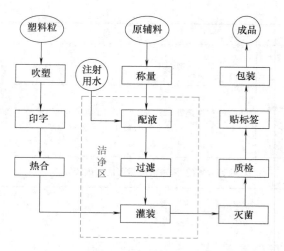

图 11-16　塑料袋装输液剂生产工艺流程图

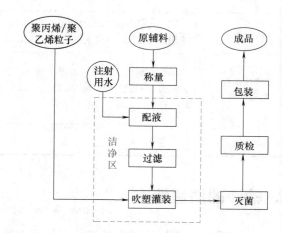

图 11-17　吹灌封一体化（BFS）输液剂生产工艺流程图

（二）输液的生产环境要求

输液的不同制备工艺过程对环境的洁净度有不同的要求，如表 11-5 所示。

表 11-5　输液的制备工艺过程对环境的洁净度的要求

洁净度级别	生产操作
C 级背景下的局部 A 级	产品的灌装（或灌封）
C 级	产品的配制和过滤
	直接接触药品的包装材料和器具最终清洗后的处理
D 级	轧盖
	灌装前物料的准备
	直接接触药品的包装材料和器具的最终清洗

（三）输液的容器和处理方法

1. 玻璃瓶

玻璃瓶具有透明度、热稳定性好、耐压、瓶体不易变形等优点，但存在口部密封性差、胶塞与药液直接接触引起的潜在污染、质重易碎不利于运输等缺点。

清洗玻璃瓶一般用硫酸重铬酸钾清洁液洗涤效果较好。该法既有强力的消灭微生物及热原的作用，还能对瓶壁游离碱起中和作用。碱洗法是用 2% 氢氧化钠溶液（50～60℃）或 1%～3% 碳酸钠溶液冲洗，由于碱对玻璃有腐蚀作用，故碱液与玻璃接触时间不宜过长（数秒钟内）。

2. 塑料瓶

医用聚丙烯塑料瓶，亦称 PP 瓶，现已广泛使用。塑料瓶具有质轻、稳定性和耐热性好（可以热压灭菌）、机械强度高、口部密封性好、生产过程中污染概率低、可阻隔气体、使用方便、一次性使用等优点。

目前，新型输液生产设备已将制瓶、灌装、密封三位一体化，在无菌条件下完成大输液自动化生产，精简了输液的生产环节，有利于对产品质量的控制。

3. 塑料袋

软塑料袋吹塑成型后可立即灌装药液，这不仅减少了污染，而且提高了工效。塑料袋具有质轻、运输方便、不易破损、耐压等优点。最早使用的是 PVC 输液软袋，但因其单体和增塑剂会逐渐迁移进入输液，对人体产生毒害，现已禁用。

目前上市的非 PVC 新型输液软塑料袋是当今输液体系中较理想的输液包装形式，代表国际最新发展趋势。由于制膜工艺和设备较复杂，到目前为止国内尚未有技术成熟的生产这种薄膜的企业，主要依赖进口，生产成本较高。

4. 橡胶塞

输液瓶所用橡胶塞对输液的质量来说至关重要，因此对橡胶塞有着严格的质量要求：①富有弹性及柔软性；②针头穿刺后能保持闭合，经受多次穿刺后而无落屑；③橡胶塞中的物质不会溶解在药液中；④良好的热稳定性，可耐受高温灭菌；⑤化学稳定性良好，不与药液发生反应；⑥对药液无吸附作用；⑦无毒性，无溶血作用。但目前使用的橡胶塞还不能达到上述要求，加之橡胶塞组成成分复杂，必须加强对橡胶塞的处理，以保证输液的质量。

橡胶塞的处理：橡胶塞先用清洗剂清洗，之后用注射用水漂洗，再用二甲硅油处理表面，使用不高于 121℃的热空气吹干。我国 2005 年 12 月 31 日后全面禁止所有药品包装中使用天然橡胶塞，现在规定使用合成橡胶塞，如丁基橡胶塞。与天然橡胶塞相比，其具备诸多优异的物理和化学性能，符合橡胶塞的质量要求。而卤化丁基橡胶是丁基橡胶的改性产品，主要包括氯化和溴化丁基橡胶，具有气密性好、化学性质稳定、耐热、自密封性能好等优点。其中氯化丁基橡胶塞耐热性更好，高温灭菌时气味小，不易产生挂壁、乳化等现象。但丁基橡胶塞会与一些药物发生反应，如头孢菌素类药物、治疗性输液以及中药注射剂等。因此国内多在此类药物的输液中使用覆膜胶塞。其特点是：对电解质无通透性，理化性能稳定，用稀盐酸（0.001 mol/L 的 HCl）或水煮均无溶解物脱落，耐热性好（软化点在 230℃以上）并有一定的机械强度，灭菌后不易破碎。

药用丁基橡胶塞在使用时应注意：采用注射用水进行清洗，清洗次数不宜超过两次，最好采用超声波清洗，清洗过程中切忌搅拌。干燥灭菌最好采用湿热灭菌法，121℃条件下 30 min 即可。如果条件不允许湿热灭菌，只能干热灭菌，则时间最好不要超过 2h。在橡胶塞的处理过程中，应尽量设法减少橡胶塞间的摩擦以避免因摩擦而产生微粒，污染药液。

（四）输液的配液

输液的配制过程与注射剂的配制过程基本相同，通常采用浓配法。

（五）输液的过滤

输液的过滤是保证输液质量的重要操作步骤之一。输液的过滤方法、过滤装置与一般注射剂相同，分为预滤与精滤。用陶质砂滤棒、垂熔玻璃滤器、板框式压滤机或微孔钛滤棒等作为过滤材料进行预滤。精滤多采用微孔滤膜作为过滤材料，常用滤膜的孔径为 0.65 μm 或 0.8 μm，也可采用双层微孔滤膜，上层为 3 μm 微孔膜，下层为 0.8 μm 微孔膜。经精滤处理后的药液，即可进行灌装。目前，输液剂生产时也有将预滤与精滤同步进行的，采用加压三级过滤装置，即按照板框式过滤器→垂熔玻璃滤球→微孔滤膜的顺序完成粗滤、精滤与终端过滤。三级过滤装置通过密闭管道连接，既提高了过滤效率，也保证了滤液的质量。目前多用加压过滤，可提高过滤速率，又可以防止过滤过程中产生的杂质与碎屑污染滤液。对于高黏度滤液可采用较高温度过滤。

（六）输液的灌封

灌封室的洁净度应为 C 级背景下的局部 A 级。玻璃瓶输液的灌封由药液灌注、加丁基橡胶塞、轧铝盖组成。过滤和灌装均应在持续保温（50℃）条件下进行，以防止细菌粉尘的污染。灌封要按照操作规程连续完成，即药液灌装至符合装量要求后，立即对准瓶口塞入丁基胶塞，轧紧铝盖。

灌封要求装量准确，铝盖封紧。目前药厂多采用回转式自动灌封机、自动放塞机、自动落盖轧口机等完成联动化、机械化生产，提高了工作效率和产品质量。灌封完成后，应进行检查，剔除扎口不严的输液。

目前，出现了吹灌封一体化（BFS）技术所制备的塑料瓶和软袋输液。BFS 技术是指输液容器吹塑成型、药液灌装、封口在同一设备的同一工位完成的输液生产技术。容器从成型到封口不间断工作，可尽量避免生产过程中微生物、可见异物、不溶性微粒等污染的可能，保证药品质量。

（七）输液的灭菌

输液灌封后，应立即进行灭菌处理，从配制到灭菌完成不应超过 4h。输液应采取终端灭菌工艺，首选过度杀灭法（$F_0 \geqslant 12$ min），如产品不能耐受过度杀灭的条件，可考虑采用残存概率法（8 min $\leqslant F_0 <$ 12 min），但均应保证产品灭菌后的 PNSU 不大于 10^{-6}。原则上不宜采用其他 F_0 值小于 8 min 的终端灭菌条件的工艺。灭菌条件通常根据温度-时间参数或者结合 F_0 值综合考虑，如产品不能耐受终端灭菌工艺条件，应尽量优化处方工艺，以改善制剂的耐热性。水浴灭菌柜是灭菌的核心设备，间歇式过热水浴灭菌柜目前是国内输液厂家普遍使用的。国外的前沿技术为水封式连续灭菌柜，该设备实现了连续式灭菌生产，灭菌效果好而且质量稳定，自动化程度高。

（八）输液的举例

例 11-10 15%葡萄糖注射液

【处方】 注射用葡萄糖　　50 g　　1%盐酸　　适量
　　　　　注射用水　　　　加至1000 mL

【制法】 取处方量葡萄糖，加入煮沸的注射用水中，使之成50%～70%浓溶液，加盐酸适量调节 pH 至3.8～4.0，过滤，滤液中加注射用水至1000 mL，测定 pH、含量，合格后，经预滤及精滤处理，灌装，封口，115℃、68.7 kPa 热压灭菌30 min，即得。

【性状】 本品为无色的澄明液体。

【功能与主治】 本品具有补充体液、营养、强心、利尿、解毒作用，用于大量失水、血糖过低等。

【用法与用量】 静脉注射，每日 500～1000 mL，或遵医嘱。

【规格】 5%×250 mL。

【贮藏】 密闭保存。

【注解】 ①葡萄糖注射液有时会产生絮凝状沉淀或小白点，一般是由原料不纯或过滤时漏炭等所致。通常采用浓配法，并加入适量盐酸，中和蛋白质、脂肪等胶粒上的电荷，使之凝聚后滤除。同时在酸性条件下加热煮沸，可使糊精水解、蛋白质凝集，通过加适量活性炭吸附除去。上述措施可提高成品的澄明度。②葡萄糖注射液不稳定的主要表现为溶液颜色变黄和 pH 下降。成品的灭菌温度越高、时间越长，变色的可能性越大，尤其在 pH 不适合的条件下，加热灭菌可引起显著变色。葡萄糖溶液的变色原因，一般认为是葡萄糖在弱碱性溶液中能脱水形成 5-羟甲基呋喃甲醛（5-HMF），5-HMF 再分解为乙酰丙酸和甲酸，同时形成一种有色物质。颜色的深浅与 5-HMF 产生的量成正比。pH 为 3.0 时葡萄糖分解最少，故配液时用盐酸调节 pH 至 3.8～4.0，同时严格控制灭菌温度和受热时间，使成品稳定。

例 11-11 0.9%氯化钠注射液

【处方】 注射用氯化钠　　　　9 g
　　　　　注射用水　　　　　　加至1000 mL

【制法】 取处方量氯化钠，加注射用水至1000 mL，搅匀，过滤，灌装，封口，115℃、68.7 kPa 热压灭菌30 min 即得。

【性状】 本品为无色的澄明液体。

【功能与主治】 本品为电解质补充剂，用于治疗因大量出汗、剧泻、呕吐等所致的脱水，或用于大量出血与手术后补充体液。

【用法与用量】 静脉滴注，常用量为 500～1000 mL。

【规格】 ①100 mL：0.9 g。②250 mL：2.25 g。

【贮藏】 密闭保存。

【注解】 ①本品 pH 应为 4.5～7.5。②本品久贮后对玻璃有侵蚀作用，产生具有闪光的硅酸盐脱片或其他不溶性的偏硅酸盐沉淀，一旦出现则不能使用。③本品对水肿与心力衰竭患者慎用。

例 11-12 复方氨基酸输液

【处方】 L-赖氨酸盐酸盐　　　19.2 g　　L-缬氨酸　　　6.4 g
　　　　　L-精氨酸盐酸盐　　　10.9 g　　L-苯丙氨酸　　8.6 g

L-组氨酸盐酸盐	4.7 g	L-苏氨酸	7.0 g
L-半胱氨酸盐酸盐	1.0 g	L-色氨酸	3.0 g
L-异亮氨酸	6.6 g	L-蛋氨酸	6.8 g
L-亮氨酸	10.0 g	甘氨酸	6.0 g
亚硫酸氢钠（抗氧剂）	0.5 g	注射用水	加至 1000 mL

【制法】 取约 800 mL 热注射用水，按处方量投入各种氨基酸，搅拌使全溶，加抗氧剂，并用 10% 氢氧化钠调 pH 至 6.0 左右，加注射用水至 1000 mL，过滤，灌封于 200 mL 输液瓶内，充氮气，加塞，轧盖，灭菌，即得。

【性状】 本品为无色的澄明液体。

【功能与主治】 本品用于大型手术前改善患者的营养，补充创伤、烧伤等蛋白质严重损失的患者所需的氨基酸；纠正肝硬化和肝病所致的蛋白质功能紊乱，治疗肝性脑病；提供慢性、消耗性疾病、急性传染病、恶性肿瘤患者的静脉营养。

【用法与用量】 静脉滴注，用适量 5%～12% 葡萄糖注射液混合后缓慢滴注。滴速不宜超过 30 滴/min，一次 250～500 mL。

【规格】 输液用玻璃瓶，每瓶 250 mL；每瓶 500 mL。

【贮藏】 密闭保存。

【注解】 ①应严格控制滴注速度。②本品系盐酸盐，大量输入可能导致酸碱失衡。大量应用或并用电解质输液时，应注意电解质与酸碱平衡。③用前必须详细检查药液，如发现瓶身有破裂、漏气、变色、发霉、沉淀、变质等异常现象时绝对不应使用。④遇冷可能出现结晶，可将药液加热到 60℃，缓慢摇动使结晶完全溶解后再用。⑤开瓶药液一次用完，剩余药液不宜贮存再用。

例 11-13 静脉注射用脂肪乳

【处方】
| 精制大豆油 | 150 g | 精制大豆磷脂 | 15 g |
| 注射用甘油 | 25 g | 注射用水 | 加至 1000 mL |

【制法】 ①称取大豆磷脂 15 g，于高速组织捣碎机内捣碎后，加甘油 25 g 及注射用水 400 mL，在氮气流下搅拌至形成半透明状的磷脂分散体系。②放入两步高压匀化机，加入精制大豆油与注射用水，在氮气流下匀化多次后经出口流入乳剂收集器内。③乳剂冷却后，于氮气流下经垂熔滤器过滤，分装于玻璃瓶内，充氮气，瓶口中加盖涤纶薄膜、橡胶塞密封后，加轧铝盖。④水浴预热 90℃ 左右，于 121℃ 灭菌 15 min，浸入热水中，缓慢冲入冷水，逐渐冷却，置于 4～10℃ 下贮存。

【性状】 本品为无色的澄明液体。

【功能与主治】 静脉注射用脂肪乳是一种浓缩的高能量肠外营养液，可供静脉注射，能完全被机体吸收。它具有体积小、能量高、对静脉无刺激等优点。因此本品可供不能口服食物和严重缺乏营养的患者（如外科手术后、大面积烧伤或肿瘤等患者）使用。

【用法与用量】 静脉滴注，第 1 日脂肪量每千克体重不应超过 1 g，以后剂量可酌增，但脂肪量每千克体重不得超过 2.5 g。静滴速度最初 10 min 为 20 滴/min，如无不良反应出现，以后可逐渐增加，30 min 后维持在 40～60 滴/min，控制输注速度。

【规格】 10% 250 mL；10% 500 mL；20% 250 mL。

【贮藏】 密闭保存。

【注解】 ①长期使用，应注意脂肪排泄量及肝功能，每周应做血象、血凝、血沉等检查。若血浆有乳光或乳色出现，应推迟或停止应用。②严重急性肝损害及严重代谢紊乱，特别是脂肪代谢紊乱脂质肾病、严重高脂血症患者禁用。③使用本品时，不可将电解质溶液直接加入脂肪乳剂中，以防乳剂破坏，而使凝聚脂肪进入血液。④使用前，应先检查是否有变色或沉淀；启封后应 1 次用完。

例 11-14 右旋糖酐输液

【处方】
| 右旋糖酐 | 60 g | 氯化钠 | 9 g |
| 注射用水 | 加至 1000 mL | | |

【制法】 取右旋糖酐配成 15% 的浓溶液，过滤加注射用水至 800 mL，加入氯化钠溶解，调节 pH 至 4.4～4.9，加注射用水至全量，过滤，按不同规格分装，112℃ 热压灭菌 30 min，即得。

【功能与主治】 本品为血管扩张药，能提高血浆胶体渗透压，增加血浆容量，维持血压。本品常用于治疗外科性休克、大出血、烫伤及手术休克等，可代替血浆。

【用法与用量】 本品专供静脉注射，注入人体后，血容量增加的程度超过注射同体积的血浆。每次注射用量不超过 1500 mL，一般是 500 mL，每分钟注入 20～40 mL，在 15～30 min 左右注完全量。

【规格】 ①100 mL：6 g 右旋糖酐与 0.9 g 氯化钠。②250 mL：15 g 右旋糖酐与 2.25 g 氯化钠。③500 mL：30 g 右旋糖酐与 4.5 g 氯化钠。

【贮藏】 在 25℃ 以下保存。

【注解】 ①右旋糖酐是蔗糖发酵后生成的葡萄糖聚合物，其通式为 $(C_6H_{10}O_5)_n$，按分子量不同分为高分子量（10 万～20 万）、中分子量（4.5 万～7 万）、低分子量（2.5 万～4.5 万）和小分子量（1 万～2.5 万）4 种。分子量越大，体内排泄越慢。目前，临床上主要用中分子量和低分子量的。②右旋糖酐经生物合成法制得，易夹带热原，故制备时活性炭的用量较大。③本品溶液黏度高，需在较高温度时加压过滤。④本品灭菌一次，其分子量下降 3000～5000，灭菌后应尽早移出灭菌锅，以免色泽变黄，应严格控制灭菌温度和灭菌时间。⑤本品在贮存过程中，易析出片状结晶，主要与贮存温度和分子量有关，在同一温度条件下，分子量越低越容易析出结晶。

六、输液的质量评价

按《中国药典》（2020 年版）大容量注射液项下质量要求，逐项检查。主要检查项有：可见异物、不溶性微粒检查、渗透压摩尔浓度检查、热原或细菌内毒素检查、无菌检查、含量测定、pH 测定及检漏等。检查方法应按《中国药典》（2020 年版）或有关规定执行。

1. 可见异物与不溶性微粒检查

可见异物按《中国药典》（2020 年版）中规定方法检查，应符合规定，若发现有崩盖、歪盖、松盖、漏气、隔离薄膜脱落的成品，也应及时剔除。

由于肉眼只能检出 50 μm 以上的粒子，药典还规定在可见异物检查符合规定后，还应对输液进行不溶性微粒检查，照《中国药典》（2020 年版）四部通则中的不溶性微粒检查法（通则 0903）检查，应符合规定。

2. 热原或细菌内毒素与无菌检查

对于输液，热原和无菌检查都非常重要。必须按《中国药典》（2020 年版）规定方法进行检查，应符合规定。

3. 有效成分的含量、药液的 pH 及渗透压检查

根据品种按《中国药典》（2020 年版）该项下的各项规定进行，应符合规定。

七、主要存在的问题及解决方法

输液的质量要求高，目前质量方面存在的主要问题是染菌、热原和澄明度问题。

1. 染菌问题

输液多为营养物质，且以水为溶媒本身就容易滋生细菌，再由于输液生产过程中受到严重污染、灭菌不彻底（有些芽孢需要 120℃ 灭菌 30～40 min，有些放射菌需 140℃ 灭菌 15～20 min 才能杀死）、瓶塞松动、漏气等原因，致使输液染菌，出现浑浊、霉团、云雾状、产气等现象，除此之外也有一些染菌输液的外观并无太大变化。如果使用这些染菌的输液，会引起脓毒症、败血病、热原反应，甚至死亡。因此要在生产过程中进行严格的把关，减少污染，并且灭菌要彻底，灭菌后密封完全。

2. 热原问题

在临床上使用输液时，热原反应时有发生，关于热原的污染途径和防止办法此前已有详述。但是在使用过程中输液器等的污染是引起热原反应的主要因素。因此，一方面要加强生产过程中的质量控制，另一方面也要重视使用过程中的污染。国内现已规定使用一次性全套输液器，包括插管、导管、调速、加药装置、末端过滤、排除气泡及针头等，并在输液器出厂前进行灭菌，同时避免在使用过程中污染热原。

3. 可见异物与不溶性微粒的问题

输液中可见异物与微粒的来源有许多，但是其中最主要的来源是原辅料。微粒包括炭黑、碳酸钙、氧化锌、纤维素、纸屑、黏土、玻璃屑、细菌、真菌、真菌芽孢和结晶体等。这些输液中存在的微粒、异物对人体的危害是潜在的、长期的，可引起过敏反应、热原反应等。较大的微粒，可造成局部循环障碍，引起血管栓塞；微粒过多，会造成局部堵塞和供血不足，组织缺氧，产生水肿和静脉炎；异物侵入组织，由于巨噬细胞的包围和增殖而引起肉芽肿。

微粒产生的来源有：

（1）**原辅料** 其质量对澄明度影响较显著。原辅料中会存在的杂质，可使输液产生乳光、小白点、浑浊。活性炭杂质含量多，不仅影响输液的可见异物检查指标，而且还影响药液的稳定性。因此，原辅料的质量必须严格控制。

（2）**胶塞与输液容器** 若其质量不好，在贮存中会有杂质（如增塑剂）脱落而污染药液。针对丁基橡胶塞的硅油污染、橡胶塞相互摩擦产生的橡胶微粒等问题，应选择符合质量标准的橡胶塞与容器，并在贮存过程中避免引入微粒。

（3）**工艺操作** 生产车间空气洁净度达不到要求，输液瓶、丁基橡胶塞等容器和附件洗涤不净，滤材质量不合格，滤器选择不当，过滤方法不好，灌封操作不合要求，工序安排不合理等。应该对工艺条件进行研究，使其符合 GMP 要求。

（4）**临床使用过程** 无菌操作不符合规定、静脉滴注装置引入杂质或不恰当的输液配伍都可导致微粒的产生。在临床使用中应该对输液的使用进行严格的规定，并且对输液的使用装置的质量及贮存进行严格把关。

第五节　注射用无菌粉末

一、注射用无菌粉末的定义

注射用无菌粉末（sterile powder for injection）系指原料药物或与适宜辅料制成的供临用前用无菌溶液配制成注射液的无菌粉末或无菌块状物，一般采用无菌分装或冷冻干燥法制得。可用适宜的注射用溶剂配制后注射，也可用静脉输液配制后静脉滴注。注射用无菌粉末配制成注射液后应符合注射液的要求。

二、注射用无菌粉末的分类

依据不同的生产工艺，注射用无菌粉末可分为**注射用无菌粉末**（无菌原料）**直接分装产品**和**注射用冻干无菌粉末产品**。

（1）**注射用无菌粉末（无菌原料）直接分装产品** 此类采用无菌粉末直接分装法制备，常见于抗生素类，如注射用青霉素钠、注射用头孢西丁钠、注射用对乙酰水杨酸钠等。

（2）**注射用冻干无菌粉末产品** 此类采用冷冻干燥法制备，常见于生物制品或者水中不稳定的其他药物，例如注射用异环磷酰胺、注射用盐酸万古霉素、注射用缩宫素、注射用抑肽酶等。

三、注射用无菌粉末的特点

注射用无菌粉末的生产应按无菌操作制备。需制成注射用无菌粉末的药物往往稳定性较差，例如抗生素、酶、维生素等。由于其发挥生物活性所必须的结构的特殊性及不稳定性，使其无法耐受终端灭菌，故注射用无菌粉末通常为非最终灭菌产品。注射用无菌粉末的生产对无菌操作有较严格的要求，需严格控制生产环境、设备以及直接接触药粉的包装材料和人员的无菌与洁净度。例如：对于灌封这类关键工艺，因吹灌封技术的特殊性，应当特别注意设备的设计和确认、在线清洁和在线灭菌的验证及结果的重现性、设备所处的洁净区环境、操作人员的培训和着装，以及设备关键区域内的操作，包括灌装开始前设备的无菌装配。

四、注射用无菌粉末的质量要求

注射用无菌粉末的质量要求与溶液型注射剂基本一致，其质量检查应符合《中国药典》（2020 年版）的各项检查。

除应符合《中国药典》（2020 年版）对注射用原料药物的各项规定外，还应符合下列要求：①粉末无异物，配成溶液后可见异物检查合格；②粉末无不溶性微粒，配成溶液后不溶性微粒检查合格；③粉末细度或结晶度应适宜，便于分装；④无菌、无热原或细菌内毒素；⑤应标明配制溶液所用的溶剂种类，必要时还应标注溶剂量；⑥装量差异或含量均匀度合格，凡规定检查含量均匀度的注射用无菌粉末，一般不再进行装量差异检查。

五、注射用无菌粉末（无菌原料）直接分装工艺

（一）无菌分装生产工艺

无菌分装生产工艺是将采用经验证的灭菌/除菌工艺过程处理后的原料药或者原料药和辅料，用无菌生产的方法分装到采用经验证的灭菌工艺处理的容器中，密封得到的。

1. 物料的准备

用无菌分装生产工艺的制剂所涉及的各种物料（包括原料药、辅料、内包装材料等），应采用适当的灭菌/除菌工艺后使用。

无菌原料制备方法包括溶媒结晶法、喷雾干燥法和冷冻干燥法，必要时还应对原料进行粉碎和过筛后再进行分装。选择适宜的分装工艺应当充分把握直接分装原料的理化性质，包括热稳定性、临界相对湿度、粉末晶形及松密度。

包装所用的安瓿或小瓶、丁基橡胶塞和铝盖处理及相应的质量要求同"注射剂"和"输液"，各种分装容器均需经洗涤、干燥、灭菌后放置于无菌分装室备用。

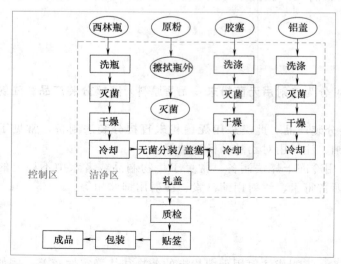

图 11-18　注射用无菌粉末（无菌原料）直接分装工艺流程图

2. 无菌分装

分装步骤是影响产品质量和无菌保证水平的关键生产步骤，应结合生产设备和产品特点进行工艺参数的研究，包括分装速度和分装时间等。无菌分装生产工艺能否达到设定的非无菌概率（PNSU），与整个生产过程的控制密切相关，应按照 GMP 要求及产品具体生产工艺情况进行生产环境和生产过程的控制。

在实际生产过程中，对生产过程和工艺参数的控制均不能超过无菌生产工艺验证过的控制范围。注射用无菌粉末（无菌原料）直接分装工艺流程见图 11-18。

（二）无菌分装工艺中存在的问题及解决方法

1. 装量差异

物料流动性差是产生装量差异的主要原因。就物料本身而言，其理化性质对于流动性的影响显著，如颗粒的粒径及其分布、晶态、摩擦系数、静电电压、空隙率、压缩性、吸湿性以及含水量等。在生产条件方面，环境温度、空气湿度以及机械设备性能等均会影响流动性。流动性差影响分装时的均一性控制，以致产生装量差异，应根据具体情况分别采取应对措施。例如，以乙醇为有机溶剂制备的青霉烷砜酸结晶，其晶态类似不规则的圆锥或扇形类的黏合体，可有效改善其注射剂无菌分装工艺中粉体的流动性及混粉均一性，装量差异的问题得到较好解决。

2. 可见异物问题

药物粉末经过一系列处理，污染机会增加，生产环境不合格也会导致可见异物不合要求。有研究显示，当粒径超过 $0.5\ \mu m$ 的尘埃粒子数大于 286902 个 $/m^3$ 时，西林瓶中可见异物的检测结果不合格。因此，应严格控制原料质量及其处理方法和环境，防止污染。

3. 无菌度问题

由于采用无菌操作工艺制备，故无菌分装产品在各个环节均有可能受到污染，而且微生物在固体粉末中的繁殖慢，短期内的危险性不易察觉，但潜在危险无法估量。其无菌度的保证主要依赖于无菌生产线的基本条件以及对生产工艺各环节严格的质量控制。严格执行 GMP 的有关要求，是无菌粉针剂生产的重要质量保证。为解决此问题，必须严格按照规定开展培养基灌装验证试验对工艺进行验证，根据制药企业的行业标准，一般都在 A 级洁净区条件下分装。

4. 吸潮变质

一般认为，吸潮变质是因胶塞透气性和铝盖松动导致水分渗入所致。目前，大部分厂家多采用气密性好、耐高温等的丁基胶塞。此外，要进行橡胶塞密封性检测，而且铝盖压紧后瓶口应烫蜡，以防止水气透入。

六、注射用冻干无菌粉末制备工艺

除原料药外，制备注射用冻干无菌粉末还需添加必要的辅料，主要包括冻干前溶液所用的溶媒以及各类附加剂，如抗氧剂、抑菌剂、局部止痛剂、pH调节剂、渗透压调节剂、增溶剂、填充剂（如乳糖、明胶等）、冻干保护剂（如甘露醇、甘氨酸、海藻糖、蔗糖等）等。

（一）制备工艺流程

注射用冻干无菌粉末制备工艺流程图见图 11-19。

（1）**药液分装** 药液的厚度在 $10\sim15\ mm$ 比较适当，若药液过厚，可能导致水分难以升华，甚至出现分层现象。

（2）**预冻过程** 预冻过程的冻结温度、时间和速率是主要的控制参数。预冻温度一般低于产品低共熔点 $10\sim20℃$，以保证冷冻完全。为了克服箱内存在的温度梯度等问题，预冻时间一般控制在 $2\sim4\ h$，有些品种需要更长的时间。

此外，在进行升华干燥之前，常引入退火工艺，即把预冻产品的温度升高至共晶点以下的某一

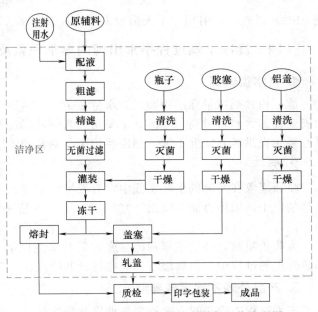

图 11-19 注射用冻干无菌粉末制备工艺流程图

温度并维持一段时间，然后再重新降温到冻结温度的过程。退火的操作能够提高干燥效率和产品均一性，使产品品质更佳。

（3）**升华干燥**　升华干燥过程可除去约 90% 的水分。升华干燥法包括一次升华法和反复冷冻升华法，详见本章第二节中"冷冻干燥技术"相关内容。

（4）**解析干燥**　干燥温度一般为 0℃ 或 0℃ 以上（根据物料的稳定性确定），维持 0.5～5 h，以除去升华的水蒸气和残存的水分。解析干燥可控制冻干制品含水量＜1%，并防止回潮。

冻干结束后，需要在真空下进行箱内压塞；样品出箱后进行压盖。冻干周期一般在 25～30 h 之间，样品量越大，冻干时间越长。在整个冻干过程中，预冻温度和时间、最适干燥温度和干燥时间、真空度等均影响制品的稳定性和产品外观。整个冻干过程要严格按无菌操作法进行。

（二）冷冻干燥曲线

在冷冻干燥过程中，制品温度与板温随时间的变化所绘制的曲线称为**冷冻干燥曲线**，如图 11-20 所示。先将冻干箱空箱降温到 -50～-40℃，然后将产品放入冻干箱内进行预冻（降温阶段），制品的升华是在高真空下进行的。冷冻干燥时可分为升华阶段和再干燥阶段。升华阶段进行第一步加热，使冰大量升华，此时制品温度不宜超过共熔点。再干燥阶段进行第二步加热，以提高干燥程度，此时板温一般控制在 30℃ 左右，直到制品温度与板温重合即达终点。不同产品应采用不同干燥曲线，同一产品采用不同曲线时，产品质量也不同。冻干曲线还与冻干设备的性能有关。因此产品、冻干设备不同时，冻干曲线亦不相同。

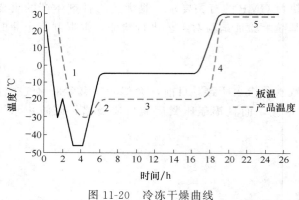

图 11-20　冷冻干燥曲线

制备注射用冻干制剂时，分装后应及时冷冻干燥。冻干后残留水分应符合相关品种的要求。生物制品的分装和冻干，还应符合"生物制品分装和冻干规程"的要求。

（三）质量控制

注射剂的质量控制项目通常包括：pH/酸碱度、渗透压、澄清度与颜色、有关物质、细菌内毒素/热原、无菌、重金属、不溶性微粒、含量测定等。若处方中加有抗氧剂、抑菌剂、稳定剂和增溶剂等可能影响产品安全性和有效性的辅料时，应视具体情况进行定量检查。除应符合注射剂项下有关的各项规定（通则 0102）以外，注射用冻干无菌粉末还应检查干燥失重或水分等。

（四）冷冻干燥过程中常出现的异常现象及处理方法

1. 含水量偏高

冻干粉针剂质量标准中要求含水量在 1% ～ 4% 之间，含水量过高不仅影响产品的外观，还影响产品的安全性。含水量过高的原因，主要是装入的液层过厚、干燥时加热系统供热强度不足或供热时间过短、真空系统提供的真空度不够、制冷系统中冷凝器的温度偏高、吸潮等。

2. 喷瓶

喷瓶现象在实际的生产实践中常有发生，主要表现为部分产品熔化成液体，在高真空条件下从体系中其他的已干燥固体界面下喷出。其原因在于：产品未完全冻实，升温速度过快导致受热不均产生局部过热等。

为防止喷瓶，必须控制预冻温度在低共熔点以下 10～20℃，预冻时间确保使产品冻结结实；同时在加热升华的过程中，最高温度不宜超过低共熔点，且升温过程应该均匀、缓慢地进行。

3. 产品外观不饱满或萎缩

冻干过程中物料的表面首先与外界环境接触产生响应，率先形成的干燥外壳结构致密，使水蒸气难以穿过而升华出去，并使部分药品逐渐潮解，引起体积收缩和外观不饱满。一般黏度较大的样品更易出现这类情况。

解决的办法包括处方和冻干工艺两个方面。在处方中加入适量甘露醇或氯化钠等填充剂，可改善结晶状态和制品的通气性，制品比较疏松，有利于水蒸气的升华。在冻干工艺上采用反复预冻-升华法，可防止形成干燥致密的外壳，也有利于水蒸气的顺利逸出，使产品外观得到改善。

其他冷冻干燥过程中易出现的问题：冻干机无在线灭菌功能，箱体消毒不彻底；物料采用人工转移，对产品产生污染；产品全压塞后，部分产品的胶塞会跳起。

（五）注射用冻干无菌粉末举例

例 11-15 注射用辅酶 A（coenzyme A）的无菌冻干制剂

本品为体内乙酰化反应的辅酶，有利于糖、脂肪以及蛋白质的代谢，用于治疗白细胞减少症、原发性血小板减少性紫癜及功能性低热。

【处方】
辅酶 A	56.1 单位	水解明胶（填充剂）	5 mg
甘露醇（填充剂）	10 mg	葡萄糖酸钙（填充剂）	1 mg
半胱氨酸（稳定剂）	0.5 mg		

【制法】 将上述各成分用适量注射水溶解后，无菌过滤，分装于安瓿中，每支 0.5 mL，冷冻干燥后封口，漏气检查，即得。

【注解】 ①本品为静脉滴注，一次 50 单位，一日 50～100 单位，临用前用 5% 葡萄糖注射液 500 mL 溶解后滴注。肌内注射，一次 50 单位，一日 50～100 单位，临用前用生理盐水 2 mL 溶解后注射。②辅酶 A 为白色或微黄色粉末，有吸湿性，易溶于水，不溶于丙酮、乙醚、乙醇，易被空气、过氧化氢、碘、高锰酸盐等氧化成无活性二硫化物，故需在制剂中加入半胱氨酸等，甘露醇、水解明胶等作为赋形剂。③辅酶 A 在冻干工艺中易丢失效价，故投料量应酌情增加。

第六节　眼用制剂

一、眼用制剂的定义

眼用制剂（ophthalmic preparation）指直接用于眼部发挥治疗作用的无菌制剂。多剂量眼用制剂一般应加适当抑菌剂，尽量选用安全风险小的抑菌剂，产品标签应标明抑菌剂种类和标示量。除另有规定外，在确定制剂处方时，该处方的抑菌效力应符合《中国药典》（2020 年版）抑菌效力检查法的规定。眼内注射溶液、眼内插入剂、供外科手术用和急救用的眼用制剂，均不得加抑菌、抗氧剂或不适当的附加剂，且应包装于无菌容器内供一次性使用。包装容器应无菌、不易破裂，其透明度应不影响可见异物检查。除另有规定外，眼用制剂应遮光密封贮存，启用后最多可使用 4 周。眼用制剂一般可用溶解、乳化、分散等方法制备。

二、眼用制剂的分类

眼用制剂可分为**眼用液体制剂**（如滴眼剂、洗眼剂和眼内注射溶液）、**眼用半固体制剂**（如眼膏剂、眼用乳膏剂和眼用凝胶剂）和**眼用固体制剂**（如眼膜剂和眼丸剂）。其中眼用液体制剂也可以固态形式包装，另备溶剂，在临用前配成溶液或混悬液。

（1）**滴眼剂**（eye drop）　系指由原料药物与适宜辅料制成的供滴入眼内的无菌液体制剂。滴眼剂可供抗菌、抗炎、收敛、散瞳、缩瞳、局麻、降低眼内压、保护及诊断等。

（2）**洗眼剂**（eye lotion）　系指由原料药物制成的无菌澄明水溶液，供冲洗眼部异物或分泌液、中和外来化学物质的眼用液体制剂。

（3）**眼内注射溶液**（intraocular solution）　系指由原料药物与适宜辅料制成的无菌液体，供眼周围组织（包括球结膜下、筋膜下及球后）或眼内注射（包括前房注射、前房冲洗、玻璃体内注射、玻璃体内灌注等）的无菌眼用液体制剂。

（4）**眼膏剂**（ophthalmic ointment）　系指由原料药物与适宜基质均匀混合，制成溶液型或混悬型膏状的无菌眼用半固体制剂。眼膏剂应均匀、细腻、无刺激性，并易涂布于眼部，便于原料药物分散和吸收。眼膏剂较一般滴眼剂在眼中保留时间长，疗效持久，并能减轻眼睑对眼球的摩擦，有助于角膜损伤的愈合。

（5）**眼用凝胶剂**（eye gel）　系指原料药物与适宜辅料制成的凝胶状无菌眼用半固体制剂。与滴眼液相比，其对眼部刺激性小、在眼内滞留时间更长，生物利用度高；同时，比眼膏剂更易于涂展和洗除，无油腻感，更易被患者接受。

（6）**眼丸剂**（ophthalmic pill）　系指原料药物与适宜辅料制成的球形、类球形的无菌眼用固体制剂。

（7）**眼膜剂**（ophthalmic film）　也称眼用膜释药系统（eye membrane-release drug delivery system），系指原料药物与高分子聚合物制成的无菌药膜，可置于结膜囊内缓慢释放药物的眼用固体制剂。眼膜剂是一种常见的眼内插入剂，如毛果芸香碱眼内插入剂。

三、眼用制剂的发展

目前，国内外开发并上市了多种新型眼用制剂，如 Allergan 公司开发上市的（商品名：RESTASIS®）和乳剂型人工泪眼（商品名：ENDURA®），利用了眼用脂质载体独特的泪液膜仿生特性。阳离子脂质体的药效持续时间更长，法国 Novagali 公司应用其阳离子乳专利技术，以安全性良好的油胺作为阳离子乳化剂，开发上市了不含药阳离子纳米乳（商品名：Cationorm®），此外，该公司应用这项技术研制的 Catioprost（含 0.005％拉坦前列素）和 Vekacia（含 0.1％环孢素 A）纳米乳正在进行临床试验。眼用凝胶剂的开发研究及应用发展很快，如 pH 敏感性眼用凝胶、离子型敏感眼用凝胶和缓释眼用凝胶，已有卡波姆用于眼黏膜给药的缓释亲水凝胶如醋酸地塞米松眼用凝胶、加替沙星眼用凝胶等上市。还有如眼用膜剂、眼用插入剂及接触眼镜等也已逐步应用于临床，如 Alza 公司首先上市的控释制剂 Ocusert Pilo-20 和 Ocusert Pilo-40，1992 年上市的一种与眼结膜穹窿形状一致的缓释眼用硅胶棒 Ocufit SR。随着研究的不断深入，这些新剂型有望成为一类成熟的眼部药物传递新载体，在眼科临床得到更多的应用。

四、药物经眼吸收的途径和影响因素

（一）吸收途径

眼的药物吸收主要有经角膜渗透和不经角膜渗透（又称结膜渗透）两条途径，即药物溶液滴入结膜囊内通过角膜和结膜吸收。由于角膜表面积较大，一般认为经角膜渗透是药物眼部吸收的主要途径。滴入眼中的药物首先进入角膜内，药物透过角膜至前房，进而到达虹膜和睫状肌，发挥局部作用。另一条途径是药物经眼进入体循环的主要途径，即药物经结膜吸收通过巩膜，到达眼球后部。

（二）影响药物眼部吸收的因素

1. 药物从眼睑缝隙流失

人正常结膜囊内泪液的容量约为 $7\sim10~\mu L$，若不眨眼最多容纳药液 $30~\mu L$，若眨眼则药液的损失将达 90％左右。一般滴眼剂每滴 $50\sim70\mu L$，滴入后大部分药液沿面颊淌下，部分药液经鼻泪导管进入鼻腔或口腔中，然后进入胃肠道，只有小部分药物能透过角膜进入眼内部。滴眼剂应用时，若增加每次药液的用量，将导致较多的药液流失；同时由于泪液每分钟能补充总体的 16％，角膜或结膜囊内存在的泪液和药液的体积越小，泪液对药液稀释的比例就越大。因此，若减少每次滴入体积，适当增加药物浓度或增加滴药的次数，则有利于提高主药的利用率。

2. 药物经外周血管消除

滴眼剂中药物进入眼睑和结膜囊的同时，也通过外周血管迅速从眼组织消除。结膜含有许多血管和淋巴管，当由外来物引起刺激时，血管处于扩张状态，透入结膜的药物有很大比例经结膜血管网进入体循环中。

3. 药物的脂溶性与解离度

药物的脂溶性与解离度往往影响药物透过角膜和结膜的吸收。角膜的外层为脂性上皮层，中间为水性基质层，最内层为脂性内皮层，故脂溶性物质（分子型药物）较易渗入角膜的上皮层和内皮层，而水溶性物质（或离子型药物）则比较容易渗入基质层。经角膜途径吸收的药物，往往需要在油水两相中均具有一定的溶解性，其理想的正辛醇/缓冲液（pH=7.4）分配系数范围是 $100\sim1000$。另外，完全解离或完全不解离的药物不易透过完整的角膜；而相比于脂溶性药物，水溶性药物更易透过巩膜。

4. 刺激性

滴眼剂的刺激性较大时，能使结膜的血管和淋巴管扩张，增加药物从外周血管的消除；同时由于泪液分泌增多，导致药物的稀释和流失，降低药效。药液的 pH 和渗透压是影响刺激性的两大因素。

5. 表面张力

滴眼剂的表面张力对其与泪液的混合及对角膜的透过均有较大影响。表面张力愈小，愈有利于泪液与滴眼剂的混合，也有利于药物与角膜上皮层的接触，促进药物渗入。

6. 黏度

增加黏度可延长滴眼剂中药物与角膜的接触时间。例如 0.5% 甲基纤维素溶液对角膜接触时间可延长约 3 倍，从而有利于药物的透过吸收，能减少药物的刺激。

五、眼用制剂的质量要求

1. 渗透压摩尔浓度

除另有规定外，水溶液型滴眼剂、洗眼剂和眼内注射溶液按《中国药典》（2020 年版）各品种项下的规定，照渗透压摩尔浓度测定法（通则 0632）测定，应符合规定。除另有规定外，滴眼剂应与泪液等渗，所以低渗溶液应该用合适的调节剂调节成等渗。

2. 无菌

除另有规定外，照无菌检查法（通则 1101）检查，应符合规定。

3. 可见异物

除另有规定外，滴眼剂照可见异物检查法（通则 0904）中滴眼剂项下的方法检查，应符合规定。眼内注射溶液照可见异物检查法（通则 0904）中注射液项下的方法检查，应符合规定。

4. 粒度

除另有规定外，含饮片原粉的眼用制剂和混悬型眼用制剂照下述方法检查，粒度应符合规定。

具体操作：取供试品强烈振摇，立即量取适量（或相当于主药 10 μg）置于载玻片上，共涂 3 片，照粒度和粒度分布测定法（通则 0982 第一法）测定，每个涂片中大于 50 μm 的粒子不得超过 2 个（含饮片原粉的除外），且不得检出大于 90 μm 的粒子。

5. 沉降体积比

混悬型滴眼剂的沉降物不应结块或聚集，经振摇应易再分散，并应检查沉降体积比。混悬型滴眼剂照下述方法检查，沉降体积比应不低于 0.90。

除另有规定外，用具塞量筒量取供试品 50 mL，密塞，用力振摇 1 min，记下混悬物的初始高度 H_0，静置 3 h，记下混悬物的最终高度 H，按下式计算：沉降体积比 $= H/H_0$。

6. 装量与装量差异

除另有规定外，单剂量包装的眼用液体制剂照下述方法检查，应符合规定。取供试品 10 个，将内容物分别倒入经标化的量入式量筒（或适宜容器）内，检视，每个装量与标示装量相比较，均不得少于其标示量。除另有规定外，滴眼剂每个容器的装量应不超过 10 mL；洗眼剂每个容器的装量应不超过 200 mL。包装容器应无菌、不易破裂，其透明度应不影响可见异物检查。除另有规定外，单剂量包装的眼用固体制剂或半固体制剂照装量差异法（通则 0105）检查，应符合规定。多剂量包装的眼用制剂，照最低装量检查法（通则 0942）检查，应符合规定。

7. 金属性异物

除另有规定外，眼用半固体制剂照下述方法检查，应符合规定。

具体操作：取供试品 10 个，分别将全部内容物置于底部平整光滑、无可见异物和气泡、直径为 6 cm 的平底培养皿中，加盖。除另有规定外，在 85℃ 保温 2 h，使供试品摊布均匀，室温放冷至凝固后，倒置于适宜的显微镜台上，用聚光灯从上方以 45° 角的入射光照射皿底，放大 30 倍，检视不小于 50 μm 且具有光泽的金属性异物数。10 个容器中每个含金属性异物应符合规定。

此外，眼用液体制剂通常还对 pH 和黏度有一定要求。正常眼可耐受的 pH 为 5.0～9.0，pH 为 6.0～8.0 时无不舒适的感觉。滴眼液合适的黏度在 4.0～5.0 mPa·S 之间。适当增大黏度，可延长药物在眼内的停留时间，有利于增加疗效和减少潜在刺激作用。

六、眼用液体制剂的制备

（一）眼用液体制剂的附加剂

眼用液体制剂如滴眼剂中可加入调节渗透压、pH、黏度以及增加原料药物溶解度和制剂稳定性的附加剂，所用附加剂不应降低药效或产生局部刺激。主要有以下几种：

1. pH 调节剂

眼用液体制剂的 pH 应控制在适当范围，以兼顾药物的溶解度、稳定性、刺激性及其吸收与药效发挥等因素，常选用适当的缓冲液作溶剂。常用的缓冲液有磷酸盐缓冲液（pH＝5.9～8.0）、硼酸缓冲液（pH＝5）和硼酸盐缓冲液（pH＝6.7～9.1），其中 1.9%（W/V）硼酸缓冲液可直接作眼用溶液剂的溶剂。

2. 渗透压调节剂

眼用溶液剂的渗透压通常控制在相当于 0.8%～1.2% 氯化钠浓度的范围。滴眼剂通常应与泪液等渗，亦可根据治疗需要调整。洗眼剂属用量较大的眼用制剂，应尽可能与泪液等渗并具有相近的 pH。常用的调整渗透压的附加剂有氯化钠、硼酸、葡萄糖、硼砂等，渗透压调节的计算方法与注射剂相同，即用冰点下降法或氯化钠等渗当量法。

3. 抑菌剂

眼用液体制剂属多剂量剂型，要保证在使用过程中始终保持无菌，必须添加适当的抑菌剂。常用的抑菌剂及其使用浓度见表 11-6。

表 11-6 常用抑菌剂及其使用浓度

抑菌剂	浓度	抑菌剂	浓度
氯化苯甲羟胺	0.01%～0.02%	三氯叔丁醇	0.35%～0.5%
硝酸苯汞	0.002%～0.004%	对羟基苯甲酸甲酯与丙酯混合物	甲酯 0.03%～0.1%
硫柳汞	0.005%～0.01%		丙酯 0.01%
苯乙醇	0.5%		

单一的抑菌剂不能达到理想效果，可采用复合抑菌剂以增强抑菌效果，如少量的依地酸钠能使其他抑菌剂对铜绿假单胞菌的抑制作用增强，对眼用液体制剂较为适宜。

4. 调整黏度的附加剂

适当增加滴眼剂的黏度，既可延长药物与作用部位的接触时间，又能降低药物对眼的刺激性，有利于发挥药物的作用。常用的有甲基纤维素、聚乙烯醇、聚维酮、聚乙二醇等。

5. 其他附加剂

根据眼用溶液剂中主药的性质，也可酌情加入增溶剂、助溶剂、抗氧剂等，其用法用量参见有关章节。

（二）眼用液体制剂的制备工艺流程

眼用液体制剂的制备工艺流程如图 11-21 所示。

眼用液体制剂的无菌生产工艺如无特殊要求，一般由原辅料称量、药液配制、除菌过滤、灌装、可见异物检查、贴签、包装、检验、入库等工序组成。滴眼剂瓶材质多为低密度聚乙烯、聚丙烯、聚酯类等塑料类包装材料，故一般不能采用最终灭菌工艺，而需应用非最终灭菌的无菌生产工艺进行生产。工业生产中，滴眼剂可采用无菌滴眼剂瓶进行无菌灌装，其中滴眼剂瓶可以直接购买无菌制品或者生产前进行"清洗→烘干→灭菌"处理；还可采用进口的吹灌封一体机进行生产。

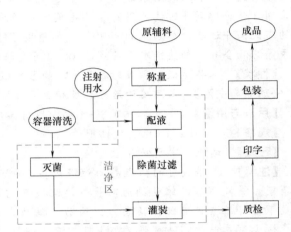

图 11-21　眼用液体制剂制备工艺流程图

用于手术、伤口、角膜穿通伤的滴眼剂及眼用注射溶液应按注射剂生产工艺制备，制成单剂量剂型，不加抑菌剂。洗眼剂的制备工艺与滴眼剂基本相同，用输液瓶包装，清洁方法按输液包装容器处理。主药不稳定者，全部以严格的无菌生产工艺操作制备。若药物稳定，可在分装前大瓶装后灭菌，然后再在无菌操作条件下分装。

（三）眼用液体制剂的制备过程

1. 眼用液体制剂容器的处理

眼用液体制剂的容器有玻璃瓶与塑料瓶两种。中性玻璃对药液的影响小，配有滴管并封以铝盖的小瓶，可使眼用液体制剂保存较长时间，遇光不稳定药物可选用棕色瓶。玻璃滴眼瓶清洗处理与注射剂容器相同，经干热灭菌或热压灭菌备用。橡胶帽、塞的洗涤方法与输液瓶的橡胶塞处理方法相同，但由于无隔离膜，应注意药物吸附问题。塑料滴眼瓶由聚烯烃吹塑制成，即时封口，不易污染且价廉、质轻、不易碎裂、方便运输，较常用。但塑料瓶可能影响药液，如吸附药物和附加剂（如抑菌剂）而引起组分损失、塑料中的增塑剂等成分溶入药液而造成产品污染等。此外，塑料瓶不适用于对氧敏感的药液。塑料滴眼瓶的清洗处理与注射剂容器相同，采用气体灭菌法如环氧乙烷灭菌。

2. 药液的配制与过滤

眼用液体制剂所用器具于洗净后干热灭菌，或用灭菌剂（用 75％乙醇配制的 0.5％度米芬溶液）浸泡灭菌，用前再用纯化水及新鲜的注射用水洗净。

眼用液体制剂种类多，药液基质的物理性质不同，得到无菌药液的工艺也不一样，水溶性基质可以用过滤除菌法，胶体状基质采用热压灭菌法。眼用混悬剂配制，可将药物微粉化后灭菌，然后按一般混悬剂制备工艺配制即可。中药眼用溶液剂，先将中药按注射剂的提取和纯化方法处理，制得浓缩液后再进行配液。

3. 药液的灌装

眼用液体制剂配成药液后，应抽样进行定性鉴别和含量测定，符合要求方可分装于无菌容器中。普通滴眼剂每支分装 5～10 mL 即可，供手术用的眼用液体制剂可装于 1～2 mL 的小瓶中，再用适当的灭菌方法灭菌。工业化生产常用减压真空灌装法分装。

（四）眼用液体制剂举例

例 11-16 醋酸可的松滴眼液（混悬液）

【处方】

醋酸可的松（微晶）	5.0 g	吐温 80	0.8 g
硝酸苯汞	0.02 g	硼酸	20.0 g
羧甲基纤维素钠	2.0 g	蒸馏水	加至 1000 mL

【制法】 ①取硝酸苯汞溶于处方量 50% 的蒸馏水中，加热至 40～50℃，加入硼酸、吐温 80 使其溶解，用 3 号垂熔漏斗过滤待用。②另将羧甲基纤维素钠溶于处方量 30% 的蒸馏水中，用垫有 200 目尼龙布的布氏漏斗过滤，加热至 80～90℃，加醋酸可的松微晶搅匀，保温 30 min，冷至 40～50℃，再与硝酸苯汞等溶液合并，加蒸馏水至足量，200 目尼龙筛过滤两次，分装，封口，灭菌，即得。

【性状】 本品为微细颗粒的混悬液，静置后微细颗粒下沉，振摇后成均匀的乳白色混悬液。

【功能与主治】 本品用于治疗急性和亚急性虹膜炎、交感性眼炎、小泡性角膜炎及角膜炎等。

【用法与用量】 滴眼：一日 3～4 次，用前摇匀。

【规格】 3 mL：15 mg。

【贮藏】 遮光，密闭保存。

【注解】 ①醋酸可的松微晶的粒径应在 5～20 μm 之间，过粗易产生刺激性，降低疗效，甚至会损伤角膜。②羧甲基纤维素钠为助悬剂，配液前需精制。本滴眼液中不能加入阳离子型表面活性剂，因与羧甲基纤维素钠有配伍禁忌。③为防止结块，灭菌过程中应振摇，或采用旋转无菌设备，灭菌前后均应检查有无结块。④硼酸为 pH 与渗透压调节剂，因氯化钠能使羧甲基纤维素钠黏度显著下降，促使结块沉降，改用 2% 的硼酸后，不仅改善降低黏度的缺点，且能减轻药液对眼黏膜的刺激性。本品 pH 为 4.5～7.0。

七、眼膏剂的制备

（一）眼膏剂基质

常用的眼膏剂基质一般由凡士林 8 份、液状石蜡和羊毛脂各 1 份混合而成。可根据气温适当调整液状石蜡的用量。基质中的羊毛脂有表面活性作用，且其吸水性和黏附性较强，使眼膏与泪液容易混合并易附着于眼黏膜上，有利于药物的渗透。液状石蜡可用于研磨不溶于水的主药。

（二）眼膏剂的制备

眼膏剂应在无菌的环境中制备，注意防止微生物的污染；所用的器具、容器等须用适宜的方法清洁、灭菌。

眼膏基质加热熔融后用细布或绢布等适宜滤材保温过滤，于 150℃ 干热灭菌 1～2 h，备用。配制眼膏所用的器具以 70% 乙醇擦洗，或洗净后再以 150℃ 干热灭菌 1 h。软膏管应先刷洗净，用 70% 乙醇或 1%～2% 苯酚浸泡，用时以灭菌蒸馏水冲洗，干燥即可。然后采用适宜方法加入药物，制成眼膏剂。

眼膏剂制备工艺流程与一般软膏剂基本相同，见图 11-22。

对药物的处理应注意：①在水、液状石蜡或其他溶媒中溶解并稳定的药物，可先将药物溶于最少量溶剂中，再逐渐加入其余基质混匀。②不溶性原料药物应预先制成极细粉，用少量液状石蜡或眼膏基质研成糊状，再分次加入基质研匀。③眼膏剂的基质应过滤除菌。用于眼部手术或创伤的眼膏剂应灭菌或按无菌操作配制，且不得加抑菌剂或抗氧剂。

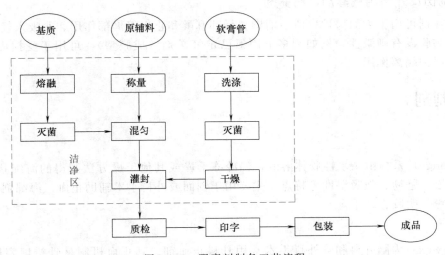

图 11-22　眼膏剂制备工艺流程

（三）眼膏剂举例

例 11-17　替硝唑眼膏

【处方】　替硝唑　　　15 g　　　　　　　　　液状石蜡　适量
　　　　　眼膏基质　　加至 1000 g

【制法】　①眼膏基质按白凡士林：液状石蜡：无水羊毛脂为 8：1：1 加热熔化混匀后保温过滤，150℃干热灭菌 2 h，备用。②取替硝唑极细粉加 20～25 mL 灭菌液状石蜡研成细腻糊状；分次等量递增加入眼膏基质至全量，边加边研匀，即得。

第七节　其他无菌制剂

一、体内植入制剂

　　体内植入制剂，即植入给药系统（implantable drug delivery system，IDDS），系指由原料药物与辅料制成的供植入人体内的无菌固体制剂。植入剂一般采用特制的注射器植入，也可以手术切开植入。植入剂在体内持续释放药物，并应维持较长时间。植入剂具有恒速释药、长效等突出优势，可达数月甚至数年的持续释药，提高患者用药的顺应性，一般适合于小剂量药物。植入剂所用的辅料必须是生物相容的，可以用生物不降解材料如硅橡胶，也可用生物降解材料。前者在达到预定时间后，应将材料取出。例如：避孕植入剂 Nexplanon、眼部植入剂 Ocusert® Pilo 等。

二、创面用制剂

1. 溃疡、烧伤及外伤用溶液剂、软膏剂

　　用于溃疡、烧伤部位的溶液剂和软膏剂属于无菌制剂，如 3％硼酸溶液。成品中不得检出金黄色葡萄球菌和铜绿假单胞菌。对于外伤、眼部手术用的溶液、软膏剂的无菌检查，按照《中国药典》（2020 年版）中无菌检查法（通则 1101），应符合规定。

2. 溃疡、烧伤及外伤用气雾剂、粉雾剂

粉雾剂、气雾剂可用于创面保护、清洁消毒、局部麻醉和止血等局部作用。非吸入气雾剂中所有附加剂均应对皮肤或黏膜没有刺激性。例如利多卡因氯己定气雾剂（成膜型），可用于受损皮肤或组织表面，形成薄膜而发挥保护隔离作用。

三、手术用制剂

1. 海绵剂

海绵剂（sponge）系指由亲水性胶体溶液，经冷冻干燥或其他干燥方法制得的海绵状固体灭菌制剂。其具有质轻、疏松、坚韧、强吸湿性等特点，主要用于创面或外科手术辅助止血。海绵剂的原料包括糖类和蛋白质，如淀粉、明胶、纤维等。

2. 骨蜡

骨蜡（bone wax）为脑外科和骨外科手术常用骨科止血剂。其止血机制是骨蜡填塞压迫止血。骨蜡是用蜂蜡、凡士林等材料制成的蜡状固体无菌制剂。

四、冲洗剂

冲洗剂系指用于冲洗开放性伤口或腔体的无菌溶液。冲洗剂应无菌、无毒、无局部刺激性。冲洗剂可由原料药物、电解质或等渗调节剂溶解在注射用水中制成。冲洗剂也可以是注射用水，但在标签中应注明供冲洗用。通常冲洗剂应调节至等渗。冲洗剂在适宜条件下目测应澄清。

（姚静）

思考题

1. 简述无菌制剂的定义和分类。
2. 什么是热原？除去热原的常用方法有哪些？
3. 什么是等渗溶液与等张溶液？调节等渗的常用方法有哪些？
4. 简述注射剂的质量要求和一般制备工艺。
5. 简述冷冻干燥的原理和制备工艺过程。

参考文献

［1］ 国家药典委员会. 中华人民共和国药典［M］. 2020 年版. 北京：中国医药科技出版社，2020.
［2］ 平其能，屠锡德，张钧寿等. 药剂学［M］. 北京：人民卫生出版社，2013.
［3］ 吴正红，祁小乐. 药剂学［M］. 北京：中国医药科技出版社，2020.
［4］ 周建平，唐星. 工业药剂学［M］. 北京：人民卫生出版社，2014.
［5］ 胡容峰. 工业药学［M］. 北京：中国中医药出版社，2010.
［6］ 傅超美. 中药药剂学［M］. 北京：中国医药科技出版社，2014.
［7］ 徐周荣，缪立德，薛大权，等. 药物制剂生产工艺与注解［M］. 北京：化学工业出版社，2010.
［8］ 沈莉. 药物制剂技术［M］. 北京：化学工业出版社，2011.
［9］ 柯学. 药物制剂工程［M］. 北京：人民卫生出版社，2014.
［10］ 谢敏. 制药设备运行与维护［M］. 广东：广东高等教育出版社，2015.
［11］ 李亚琴. 药物制剂疑难解析［M］. 化学工业出版社，2010.
［12］ 国家食品药品监督管理局药品认证管理中心. 药品 GMP 指南. 无菌药品［M］. 北京：中国医药科技出版社，2011.

[13] 国家食品药品监督管理局药品认证管理中心编写. 药品 GMP 指南. 原料药 [M]. 中国医药科技出版社，2011.

[14] 灭菌无菌工艺验证指导原则（征求意见稿）国家食品药品监督管理总局药品审评中心 http://www.cde.org.cn/zdyz.do? method＝largePage&id＝ef277229d39d162a

[15] 吹灌封一体化（BFS）输液技术指南. 中国医药包装协会 https://www.cnppa.org/index.php/Home/Bz/show/id/735.html

[16] 化学药品与弹性体密封件相容性研究技术指导原则（试行）. 国家药品监督管理局 https://www.nmpa.gov.cn/yaopin/ypggtg/ypqt-gg/20180426165301393.html

[17] 王利春，侯世祥，李雯佳，等. 国内现今输液生产工艺中配液方法合理性的探讨 [J]. 中国医药工业杂志，2013，44（10）：1069-1071.

[18] 高飞，李彦菊. 浅谈大输液车间的工艺设计 [J]. 化工设计通讯，2015，41（02）：37-40.

[19] 张世磊，贺艳丽. 眼用制剂中抑菌剂的应用 [J]. 食品与药品，2010，12（09）：343-347.

[20] 王闻珠. 对滴眼剂实施新版 GMP 的思考 [J]. 药学与临床研究，2012，20（05）：462-464.

[21] 贾娜，胡春丽，李妮. 滴眼剂包装材料灭菌方法介绍与思 [J]. 中国药事，2014，28（10）：1131-1136.

[22] 张培胜，刘江云，郝丽莉. 滴眼剂无菌生产工艺过程控制中的几点思考 [J]. 中国药房，2014，25（25）：2311-2313.

[23] 李世雄. 运用吹灌封技术的滴眼剂车间工艺设计探讨 [J]. 化工与医药工程，2014，35（03）：34-37.

第十二章

中药制剂

本章要点:

1. 掌握中药制剂的概念、特点,浸提过程及影响浸提的因素,常用的浸提方法,常用的浸出制剂及其主要特点,常用的中药成方制剂品种,中药丸剂的概念、分类与制备。

2. 熟悉常用的分离精制方法,常用的浓缩与干燥方法,浸出制剂的制备工艺,中药丸剂常用辅料与制备设备。

3. 了解中药成分分类,中药制剂剂型改革,常用的中药前处理设备。

4. 本章的难点在于中药与化药制剂的比较,重点关注同一剂型(如片剂)化药与中药的不同特点与质量要求。

第一节 概 述

一、中药与中药制剂的定义

中药(Chinese medicine)是在中医药理论的指导下用于预防、治疗疾病及保健的药物,包括植物药、矿物药和动物药,具有独特的理论体系和应用形式。

中药制剂是按照相应的处方,将中药材加工制成具有一定规格、可直接用于临床的药品。中药制剂一般以中药饮片为原料,中药饮片是中药材按中医药理论和中药炮制方法,加工炮制后的、可直接用于中医临床的中药。

中药制剂在长期的医疗实践中逐步形成了自己特色,传统中药剂型流传至今,临床常用的有 20 多种,如丸、散、膏、丹、酒、露、汤、饮、胶、曲、茶、锭、灸等。随着现代制剂技术与中医药的结合,片剂、注射剂、胶囊剂、颗粒剂、浓缩丸剂、滴丸、膜剂、气雾剂等现代剂型也被广泛应用于中药。

天然药物(natural medicine)是指动物、植物和矿物等自然界中存在的有药理活性的天然产物。天然药物的加工与应用并不是基于中医药理论,而是基于现代医药理论体系,这是天然药物与中药的最主要区别。

二、中药制剂的特点

中药制剂中往往含有多种活性成分，与单一活性化合物相比，不仅疗效较好，而且在某些情况下能呈现单体化合物所不能起到的治疗效果。其效果体现在，将这些活性成分分离纯化，往往纯度越高而活性越低，这也说明存在中药多成分体系的综合作用。

中药的这一特点使得中药制剂的疗效往往为复方成分多靶点协同起效的结果，在治疗某些疾病方面具有独特的优势，且作用缓和持久，毒性较低。例如莨菪浸膏中的东莨菪内酯可以提高莨菪碱对肠黏膜组织的亲和性、促进其吸收，同时尚能延长莨菪碱在肠管的停留时间，因而采用浸膏与莨菪碱单体比较，浸膏对肠管平滑肌的解痉作用更加缓和持久，毒性更低。

中药的多成分特性也给中药制剂带来了很多问题。第一，中药在制成制剂以前，往往需要很长的前处理过程以富集中药药效成分、减少剂量、改变物料性质，从而为制剂工艺提供高效、安全、稳定的半成品。第二，由于成分多，剂量较大，因此限制了辅料选择和现代制剂工艺应用的空间，造成制剂技术相对滞后。第三，中药制剂的药效物质基础不完全明确，这就给制剂过程和制剂成品的质量控制带来了很大的困难，难以对产品的质量做出科学、全面的评价。

中药成分复杂，含有多种活性成分，单纯测定几种有效成分的含量并不能从整体上控制中药制剂的质量。为了制定正确而合理的中药新制剂质量标准，要制定总有效成分、多个特征有效成分的含量测定方法，同时可应用指纹图谱等技术从整体上控制质量。制定中药新制剂的质量标准，应与制备工艺平行进行，同时应注意测定方法的选择要能够克服其他成分的干扰。

辅料是中药制剂成型时，用于保持稳定性、安全性或均质性，或为适应制剂特性以促进溶解、缓释等目的而添加的物质，也可以是制剂处方中含有的某种药物。与西药相比，传统中药制剂中辅料的选择具有独特之处，遵循"药辅合一"的思想，十分注重"辅料与药效相结合"。处方中药物可能既是主药又起到辅料的作用，例如粉性强的中药葛根在固体制剂中常可兼做稀释剂，又如蜂蜜常在丸剂中作为黏合剂同时也具有镇咳、润燥、解毒等功效。

三、中药剂型改革

受历史条件的限制，中药制剂无论在剂型选择方面，还是在制备技术和质量控制等方面，还存在不少问题。随着临床需求的不断提高和相关技术的快速发展，中药传统剂型急需进一步改进。在中医药理论的指导下，经过长期的临床用药实践，形成了大量的有效中药方剂，在治疗中发挥出独特的药效，这就是中药剂型改革的物质基础。

中药剂型改革是在传统中药剂型的基础上，以中医药理论为指导，运用现代药剂学的技术、方法和手段，制成更加安全、有效、稳定、可控和患者更易于接受的有效中药现代剂型，如片剂、胶囊剂、注射剂、颗粒等。中药剂型改革必须坚持以下原则：①坚持中医药理论的指导。中药剂型改革必须遵循中医药理论体系，突出中医药的特点，避免单纯套用化药的模式。②减毒增效。改革后的中药新剂型，必须比原有剂型在疗效上有所提高，或者毒性相对下降，否则剂型改革就失去了意义。

第二节　中药制剂前处理

中药材及其饮片是制备中药制剂的原料，其入药形式主要有四种：中药全粉、中药粗提物、中药有效部位及中药有效成分。除了中药全粉以外，其他三种形式都需要前处理以后才能入药，尤其是现代中药制剂。

一、中药的成分

为制成现代适宜的剂型，减少服用剂量，大多数中药材需要进行浸提，而药材浸提过程中所浸出的药材成分种类（性质）与中药制剂的疗效具有密切关系。药材成分概括说来可以分为四类，即有效成分、辅助成分、无效成分和组织成分。

1. 有效成分

有效成分（active ingredient）是起主要药效作用的化学成分，如某些生物碱、苷、挥发油、有机酸等。中药一般含有多种有效成分，例如人参的生物活性成分——人参皂苷，有 30 余种，同时含有多糖、有机酸、酯类等。中药复方的有效成分复杂，若提取每味药的单一有效成分来评价中药复方的药理作用，显然是不合适的，因此，中药复方提取时常以有效部位如总黄酮、总生物碱、总苷等作为质量标准。

2. 辅助成分

辅助成分系指能增强或缓和有效成分的药效，促进有效成分的浸出、增强制剂稳定性的化学物质，但本身无特殊功效。

3. 无效成分

无效成分是指无生物活性、无药物功效的化学物质，有的甚至会影响浸出效果、制剂的稳定性以及药物的功效等。例如蛋白质、脂肪、淀粉、树脂等。

4. 组织物质

组织物质是指组织中正常存在的构成药材细胞或其他不溶性的物质。

二、浸提

浸提（extraction）系指采用适当的溶剂与方法浸出中药材中有效成分或有效部位的操作。浸提的目的是尽可能多地浸出中药材中的有效成分及辅助成分，最大限度地避免无效成分和组织物质的浸出，以利于简化后期的分离精制工艺。浸提过程实质上就是溶质由药材固相转移到溶剂液相中的传质过程。中药材的浸提过程一般可分为浸润与渗透、解吸与溶解和扩散等几个相互联系的阶段。

（一）浸提过程

1. 浸润与渗透

药材中加入溶剂后首先润湿药材表面，由于液体静压和毛细管作用，溶剂能够进一步渗透进入药材内部。浸提溶剂能否使药材表面润湿，并能够进一步渗透进入药材内部，是浸出有效成分的前提条件。药材能否被润湿与浸提溶剂和药材的性质有关，取决于溶剂与药材表面物质之间的亲和性。大多数中药材由于含糖、蛋白质等极性基团，很容易被水和不同浓度乙醇等极性溶剂浸润和渗透。如果采用非极性溶剂例如氯仿、石油醚等来浸提脂溶性有效成分，药材要先进行干燥。

2. 解吸与溶解

由于药材中有些成分相互之间或与细胞壁之间，存在一定的亲和性而有相互吸附的作用，浸提溶剂渗透进入药材首先需要克服化学成分之间的吸附力，这一过程称为**解除吸附，即解吸**。在解吸之后，药材成分不断分散进入溶剂中，完成溶解。化学成分能否被溶剂溶解，取决于化学成分和溶剂的极性，即"相似相溶"原理，如水和低浓度乙醇等极性溶剂能溶解极性大的生物碱盐、黄酮苷、皂苷等成分。此外，加热或在溶剂中加入适量的酸、碱、甘油及表面活性剂等辅助剂，也可增加有效成分的解吸与溶解，例如用酸水或酸性乙醇来提取生物碱。

3. 扩散

进入药材组织细胞内的溶剂溶解大量化学成分后，细胞内药物浓度升高，使细胞内外出现浓度差和渗透压差。因此，细胞外侧纯溶剂或稀溶液向药材内渗透，药材细胞内高浓度溶液中的溶质不断地向周围低浓度方向扩散，直至内外浓度相等、渗透压平衡时，扩散终止。因此，浓度差是渗透或扩散的推动力。扩散速率遵循 Fick 扩散定律：

$$ds = -DF \frac{dc}{dx} dt \tag{12-1}$$

式中，dt 为扩散时间；ds 为在 dt 时间内物质（溶质）的扩散量；F 为扩散面积，代表药材的粒度与表面状态；dc/dx 为浓度梯度，即浓度差与扩散距离的比值；D 为扩散系数；负号代表的是药物扩散方向与浓度梯度方向相反。

扩散系数 D 值随药材而变化，与浸提溶剂的性质亦有关。可由式（12-2）求出：

$$D = \frac{RT}{N} \cdot \frac{1}{6\pi\eta r} \tag{12-2}$$

式中，R 为摩尔气体常数；T 为绝对温度；N 为阿伏伽德罗常数；r 为扩散物质（溶质）分子半径；η 为液体黏度。

由以上公式可知，扩散速率（ds/dt）与扩散面积（F）、浓度梯度（dc/dx）、温度（T）成正比；与扩散物质（溶质）分子半径（r）、液体黏度（η）成反比，其中最为重要的是保持最大的浓度梯度（dc/dx）。

（二）影响浸提的因素

1. 溶剂

溶剂的性质与用量对浸提效率有很大的影响。应该根据有效成分的性质选择合适的溶剂。例如水被广泛用于药材中生物碱、苷类、多糖、氨基酸、微量元素、酶等有效成分的提取。乙醇与水混溶后可以调节极性，如90%乙醇可浸提挥发油、叶绿素、树脂等，70%～90%乙醇可浸提香豆素、内酯等，50%～70%乙醇可浸提生物碱、苷类等，一些极性较大的成分（如蒽醌苷类等）易采用50%左右或以下的乙醇浸提。脂溶性成分可以采用非极性溶剂浸提。溶剂用量大，利于有效成分扩散、置换；但用量过大，则给后续的浓缩等工艺带来困难。

2. 药材粒度

药材粒度主要影响渗透与扩散两个阶段。药材粒度越细，溶剂越易进入药材内部且扩散的距离变短，有利于药材成分的浸出，对浸出越有利。但在实际生产中，药材粒度也不宜过细，这是因为：过细的粉末吸附能力增强，造成溶剂的浪费和有效成分的损失；粉碎过细，导致大量组织细胞破裂，浸出的高分子杂质增多，造成后续操作工艺复杂；另外，粉末过细还会给浸提操作带来困难。如浸提液过滤困难，产品易浑浊。如用渗漉法浸提，由于粉末之间的空隙太小，溶剂流动阻力增大，容易造成堵塞，使渗漉不完全或渗漉发生困难。

3. 药材成分

由扩散定律可知，单位时间内物质的扩散速率与分子半径成正比，可见小分子物质较易浸出。小分子成分主要在最初部分的浸提液中，随着浸提的进行，大分子成分（主要是杂质）浸出逐渐增多。因此，浸提次数不宜过多。但应指出，药材成分的浸出速度还与其溶解性（或与溶剂的亲和性）有关。对于易溶性物质，即使其分子大，也能先浸提出来，这一影响因素在式（12-2）中未能包括。例如，在稀乙醇浸出马钱子时，分子量较大的马钱子碱比士的宁先进入最初部分的浸液中。

4. 浸提温度

适当提高浸提温度，可加速成分的解吸、溶解并促进扩散，有利于提高浸提效果，但温度过高，热敏性成分易分解破坏，且无效成分的浸出增多。

5. 浸提时间

浸提过程的完成需要一定的时间，以有效成分扩散达到平衡作为浸提过程完成的终止标志。当扩散达到平衡后，时间则不起作用了。浸提时间过短，不利于有效成分的浸出；而长时间浸提又会导致杂质的浸出增加。

6. 浓度梯度

浓度梯度即药材组织内外的浓度差，是扩散的主要动力。通过更换新鲜溶剂，不断搅拌或浸出液强制循环流动，或采用流动溶剂渗漉提取等方法均可增大浓度梯度，提高浸提效果。

7. 溶剂 pH

适当调节浸提溶剂的 pH 可以改善浸提效果。如用酸性溶剂浸提生物碱，用碱性溶剂浸提酸性皂苷等。

8. 浸提压力

提高浸提压力可加速溶剂对药材的浸润与渗透过程，使药材组织内部更快地充满溶剂，并形成浓浸液，使开始发生溶质扩散过程所需的时间缩短。同时加压也会使部分药材细胞壁破裂，有利于缩短浸提时间。

9. 浸提方法

不同浸提方法，提取效率不同。如超临界流体萃取技术、微波提取技术、超声波提取技术等不仅使浸提过程加快，浸提效果提高，而且有助于提高制剂质量。

（三）常用浸提方法与设备

1. 煎煮法

煎煮法（decoction）系指以水为溶剂，通过加热煎煮来浸提药材中有效成分的方法。本法适用于能溶于水，且对湿、热较稳定的有效成分的浸提。所获得的提取液除直接用于汤剂以外，也可作为中间体制备合剂、颗粒剂、注射剂等剂型。

煎煮法属于间歇式操作，即将中药饮片或粗粉置于适宜煎器中，加水浸没药材，浸泡适宜时间（30～60 min）后，加热至沸，保持微沸状态一定时间，分离煎出液，药渣依法煎煮数次，通常以煎煮 2～3 次较为适宜，合并煎出液。

多功能提取罐（图 12-1）是目前中药厂应用最广的提取设备，可进行常温常压、加压高温或减压低温提取。其提取罐容积为 0.5～6 m³，自动化程度高，药渣可借机械力或压力自动排出，设备带夹套可通蒸汽加热或冷水冷却，可用于水提、醇提、提取挥发油、回收药渣中溶剂等。

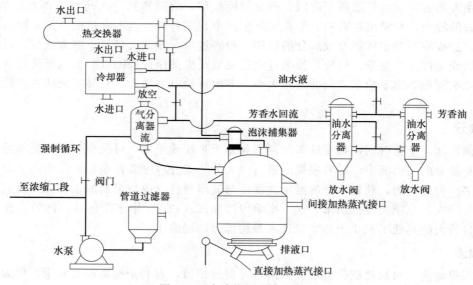

图 12-1　多功能提取罐示意图

2. 浸渍法

浸渍法（maceration）系指用适当的溶剂，在一定温度条件下，将药材浸泡一定的时间，以浸出有效成分的一种方法。通常采用不同浓度的乙醇或白酒作溶剂，密闭浸渍。由于溶剂用量大，且处于静止状态，因此浸出的效率不高，可用重浸渍、加强搅拌、促进溶剂循环等措施以提高浸出效果。浸渍法适用于黏性药材、无组织结构的药材、新鲜及易于膨胀的药材、价格低廉的芳香性药材的浸提。本法不适用于贵重药材、毒性药材及制备高浓度的制剂，因为溶剂的用量大，且呈静止状态，溶剂的利用效率较低，有效成分浸出不完全。另外，浸渍法所需时间较长，不宜用水作溶剂。

根据浸提的温度和浸渍次数可以分为冷浸渍法（室温）、热浸渍法（40～60℃）和重浸渍法。重浸渍法是将全部浸提溶剂分为几份，先用一份溶剂浸渍后，药渣再用另一份浸渍，如此重复2～3次，将各份浸渍液合并即得。此法可减少因药渣吸附浸出液所致有效成分的损失。

浸渍法所用的主要设备为圆柱形不锈钢罐、搪瓷罐及陶瓷罐等，其下部设有出液口，为防止堵塞出口，应装多孔假底，铺垫滤网及滤布。药渣用螺旋压榨机压榨或水压机分离浸出液，大量生产多采用水压机。

3. 渗漉法

渗漉法（percolation）系指将药材粗粉装入渗漉器内，溶剂连续地从渗漉器上部加入，渗漉液不断地从其下部流出，从而浸出药材有效成分的一种方法（图12-2）。渗漉法属于动态浸提，有良好的浓度梯度，有效成分浸出较为完全。本法适用于贵重药材、毒性药材及高浓度制剂，也可用于有效成分含量较低药材的提取；但对新鲜药材、易膨胀的药材、无组织结构的药材不适用。渗漉法一般时间较长，不宜采用水作溶剂，通常用不同浓度的乙醇或者白酒作溶剂。

根据操作方法的不同，可将其分为单渗漉法、重渗漉法、加压渗漉法、逆流渗漉法。以单渗漉法为例，先将药材粉碎到适宜粒度，用浸提溶剂将其润湿，以避免填装后因膨胀造成的渗漉器堵塞；然后根据药材的性质选择适宜形状的渗漉筒，底部应有过滤装置，将已润湿的药材分层均匀装入，松紧一致；从渗漉筒上部添加溶剂，同时打开下部渗漉液出口以排出空气，加入的溶剂应始终保持浸没药粉表面；添加溶剂后应加盖浸渍放置一定时间（24～48 h），使溶剂充分渗透扩散；最后开始渗漉，渗漉速度视具体品种而定，一般为每1 kg药材每分钟流出渗漉液1～3 mL，收集渗漉液。

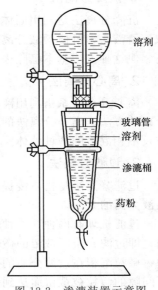

溶剂

玻璃管
溶剂

渗漉桶

药粉

图12-2 渗漉装置示意图

4. 回流法

回流法（refluxing method）系指用乙醇等易挥发的有机溶剂浸提，浸提液被加热，挥发性溶剂受热、馏出后又被冷凝，重新流回浸出器中浸提药材，这样循环直至有效成分回流提取完全的浸提方法。

回流法所用溶剂不能不断更新，只能循环使用，通常需要更换溶剂2～3次，溶剂用量较大。回流法由于连续加热，浸提液受热时间较长，故适用于对热稳定的药材成分的浸提。

5. 水蒸气蒸馏法

水蒸气蒸馏法（steam distillation）系指将含有挥发性成分的药材与水共同蒸馏，使挥发性成分随水蒸气一并馏出的浸提方法。水蒸气蒸馏法适用于具有挥发性，能随水蒸气蒸馏而不被热破坏，不溶于水或难溶于水且不与水发生化学反应的化学成分的浸提、分离，如挥发油的提取。其基本原理是：根据道尔顿定律，相互不溶也不起化学作用的液体混合物的蒸气总压，等于该温度下各组分饱和蒸气压之和。因此，尽管各组分本身的沸点高于混合液的沸点，但当分压总和等于大气压时，液体混合物即开始沸腾并被蒸馏出来。

6. 超临界流体提取法

超临界流体提取法（supercritical fluid extraction，SPE）系指利用超临界流体的强溶解特性，对药材成分进行提取和分离的方法。超临界流体系指处于临界温度（T_c）与临界压力（p_c）以上的流体。当流体的温度和压力处于其 T_c 与 p_c 以上时，此时流体处于临界状态，最常用的超临界流体是 CO_2。超临界流体性质介于气体与液体之间，既有与气体接近的黏度和高扩散系数，又具有接近液体的密度和良好的溶解能力。这种溶解能力对系统压力与温度的变化十分敏感,可以通过调节温度和压力来有选择性地溶解目标成分,从而达到分离纯化的目的。该法适于提取亲脂性、小分子物质,并且萃取温度低,能够避免热敏性成分的破坏。若用于提取极性较大、分子量较大的成分则需加入夹带剂或升高压力。

7. 微波提取法

微波提取法(microwave extraction)系利用微波能的强烈热效应提取药材中有效成分的方法。目前,本法已被应用于黄酮类、生物碱类、皂苷类等活性成分的提取。

8. 超声波提取法

超声波提取法(ultrasonic extraction)系指利用超声波通过提高溶剂分子的运动速度及渗透能力来提取有效成分的方法。

三、分离与精制

(一)分离

从中药浸提液中用适当方法分开固体沉淀物的过程称为**分离**。目前,中药浸提液的分离方法主要有三类:**沉降分离法、离心分离法、过滤分离法**。

1. 沉降分离法

沉降分离法是利用固体物与液体介质密度相差悬殊,固体物靠自身重量自然下沉,经过静置分层,吸取上清液,即可使固液分离的一种方法。此种方法分离不够完全,多数情况下,还需进一步离心或过滤分离。但这种方法基本已除去大部分杂质,有利于进一步分离,工业生产中经常使用。

2. 离心分离法

离心分离法系指利用离心机的高速旋转产生的离心力,将浸提液中固体与液体或两种不相混溶的液体分离的方法。离心分离法的离心力是重力的 2000~3000 倍,因此,应用离心分离法可以将粒径很小的微粒及不相混溶的两种液体混合物分开,这是沉降分离法所不能达到的。

3. 过滤分离法

过滤分离法是指将浸提液通过多孔介质(滤材)时固体粒子被截留,液体经介质孔道流出,从而实现固液分离的方法。

过滤机理有两种:一种是表面过滤,即大于滤孔的微粒全部截留在过滤介质的表面;另一种是深层过滤,即过滤介质所截留的微粒直径小于滤孔平均直径大小,被截留在滤器的深层。另外,在操作的过程中,微粒沉积在过滤介质的孔隙上而形成所谓的"架桥现象",形成具有间隙的致密滤层,滤液留下,大于间隙的微粒被截留而达到过滤作用。

影响过滤速度的一般因素为:①滤渣层两侧的压力差越大,则滤速越快;②滤材或滤饼复溶毛细管半径越大,滤速越快,对可压缩性滤渣,常在浸提液中加入助滤剂以减少滤饼的阻力;③在过滤的初期,过滤速度与滤器的面积成正比;④滤速与毛细管长度成反比,故沉积的滤渣层越厚,则滤速越慢;⑤滤速与浸提液黏度成反比,黏性越大,滤速越慢,因此常采用趁热过滤。

(二)精制

精制是指采用适当方法和设备除去中药浸提液中杂质的操作。常用的精制方法有:水提醇沉法、醇提水沉法、大孔树脂吸附法、酸碱法、盐析法、澄清剂法、透析法等,其中以水提醇沉法的应用尤为广泛。

1. 水提醇沉法

水提醇沉法系指先以水为溶剂提取药材有效成分,再用不同浓度的乙醇沉淀除去提取液中杂质的方法。该方法的基本原理是:部分中药的有效成分既溶于乙醇又溶于水,而杂质溶于水不溶于一定浓度的乙醇,因而能够在加入适量乙醇后析出沉淀而分离除去,达到精制的目的。通常认为,当浸提液中乙醇含量达到 50%～60% 时,可除去淀粉等杂质;当乙醇含量达到 75% 以上时,可沉淀除去除蛋白质、多糖等;

但鞣质和水溶性色素不能完全去除。

在加入乙醇时，浸提液的温度一般为室温或室温以下，以防止乙醇挥发，加入时应"慢加快搅"，醇沉后应盖严容器以防乙醇挥发，静置冷藏适当时间，分离除去沉淀后，回收乙醇，最终可制得澄清的液体。

2. 醇提水沉法

醇提水沉法系指先以适当浓度的乙醇提取药材成分，再用水除去水不溶性杂质的方法。其原理和操作与水提醇沉法基本相同。应用此法提取中药材可减少水溶性杂质的浸出，加水沉淀又可除去树脂、油脂、色素等醇溶性杂质。

3. 大孔树脂吸附法

大孔树脂吸附法系指利用大孔树脂具有的网状结构和极高的比表面积，从中药浸提液中选择性地吸附有效成分，再经洗脱回收，除掉杂质的一种精制方法。大孔树脂本身不含交换基团，其吸附药液中的有效成分是因其本身具有的吸附性，通过改变吸附条件可以选择性地吸附有效成分、去除杂质。影响大孔树脂分离与纯化的因素主要有如结构、型号、粒径范围、平均孔径、孔隙率、比表面积等。

4. 酸碱法

酸碱法系指利用单体成分在不同的酸碱度下解离程度不同因而溶解度不同，在溶液中加入适量的酸或碱，调节 pH 至一定范围，使单体成分溶解或析出，以达到分离目的的方法。如生物碱一般不溶于水，加酸后解离极性增强，能够溶解，碱化后又重新转变为非解离的分子型，极性减小而析出沉淀。

5. 盐析法

盐析法系指在浸提液中加入大量的无机盐，形成高浓度的盐溶液使某些大分子物质溶解度降低析出的一种精制方法，主要用于蛋白质类成分的精制。

6. 澄清剂法

澄清剂法是在中药浸提液中加入一定量的澄清剂（如壳聚糖），以吸附方式除去溶液中的微粒，以及淀粉、鞣质、胶质、蛋白质、多糖等无效成分。

7. 透析法

透析法是利用小分子物质可通过半透膜，而大分子物质不能通过的特性，因分子量不同而进行分离的精制方法，可用于去除中药提取液的鞣质、蛋白质、树脂等高分子杂质和植物多糖的纯化。

四、浓缩与干燥

（一）浓缩

浓缩（concentration）系指在沸腾状态下，经传热过程，利用汽化作用将挥发性大小不同的物质进行分离，从液体中除去溶剂得到浓缩液的工艺操作。中药浸提液经过浓缩后能够显著减小体积、提高有效成分浓度或得到固体原料，便于制剂的制备。蒸发是中药浸提液浓缩的重要手段，还可以采用反渗透、超滤等其他方法。

1. 蒸发浓缩

蒸发时液体必须吸收热能，蒸发浓缩就是不断地加热以促使溶剂汽化而除去从而达到浓缩的目的。

蒸发浓缩是在沸腾状态下进行的，沸腾蒸发的效率常以蒸发器生产强度，即单位时间、单位传热面积上所蒸发的溶剂量来表示。

$$U = \frac{W}{A} = \frac{K \Delta t}{r} \tag{12-3}$$

式中，U 为蒸发器的生产强度，$kg/(m^2 \cdot h)$；W 为溶剂蒸发量，kg/h；A 为蒸发器传热面积，m^2；K 为蒸发器传热总系数，$kJ/(m^2 \cdot h \cdot \text{℃})$；$r$ 为二次蒸汽的汽化潜能，kJ/kg；Δt 为加热蒸汽的温度与溶液沸点之差，℃。由式（12-3）可知，蒸发器的生产强度与传热温度差以及传热总系数成正比，而与二次蒸汽的汽化潜能成反比。

2. 浓缩方法与设备

中药提取是为了提取有效成分，因此，应根据有效成分的性质和蒸发浓缩的要求选择合适的蒸发浓缩方法与设备。

（1）**常压蒸发**　常压蒸发是指料液在一个大气压下的蒸发浓缩，又称常压浓缩。这种方法用时较长，易导致热敏性成分破坏，主要适用于对热较稳定的成分且溶剂无燃烧性及无毒害时的浓缩。常用的设备为敞口夹层不锈钢蒸发锅，浓缩过程中应不断搅拌，以避免在液面结膜，影响蒸发，并应随时排走产生的大量水蒸气。

（2）**减压蒸发**　减压蒸发是指在密闭容器中，抽真空降低内部压力，使料液的沸点降低而进行蒸发的方法，又称减压浓缩，适用于含热敏性药液成分的浓缩。本法使传热温度差增大，提高了蒸发效率。但由于溶剂的不断蒸发，药液黏度增大，传热系数增大，也同时增加了耗能。常用的减压浓缩设备有减压蒸馏器和真空浓缩罐。减压蒸馏器是在减压及较低温度下使药液浓缩的设备，同时还可回收乙醇等有机溶剂。水提液的浓缩多采用真空浓缩罐，操作过程中将加热产生的水蒸气用抽气泵直接抽入冷水中以保持真空。

（3）**薄膜蒸发**　薄膜蒸发系指用一定的加热方式，使药液在蒸发时形成薄膜，增加了汽化表面积进行蒸发的方法，又称薄膜浓缩。其特点是药液受热时间短，蒸发速度快；不受液体静压和过热影响，有效成分不易被破坏；可在常压和减压下进行连续操作；能将溶剂回收，重复利用。薄膜蒸发有两种形式，一种是将液膜快速流过加热面进行蒸发，另一种是将药液剧烈沸腾，产生大量泡沫，以泡沫的内外表面为蒸发面进行蒸发。薄膜蒸发常用设备有升膜式蒸发器、降膜式蒸发器、刮板式蒸发器等。

（4）**多效蒸发**　多效蒸发是指将两个或多个减压蒸发器并联形成的浓缩方法，如图12-3。操作时，药液进入减压蒸发器后，给第一个减压蒸发器提供加热蒸汽，药液被加热沸腾后，所产生的蒸汽通入第二个减压蒸发器作为加热蒸汽，依此类推组成多效蒸发器。多效蒸发由于二次蒸汽的反复利用，能够充分利用热能，提高蒸发效率，降低了耗能。

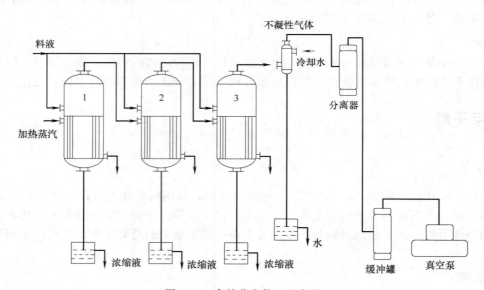

图 12-3　多效蒸发装置示意图

（二）干燥

干燥（drying）系指利用热能除去含湿的固体物质或膏状物中所含的水分或其他溶剂，获得干燥物品的工艺操作。干燥与蒸发实质上都是通过热能，使溶剂汽化，达到除去溶剂的目的，只是二者的程度不同：药液经蒸发后仍为液体，只是浓度与稠度增加；而干燥则最终制得固态的提取物。中药提取物（包括有效成分、有效部位或粗提物）在干燥后稳定性提高，有利于贮存，同时也有利于进一步制成相应的制剂。

应用于中药提取物制备的干燥方法主要有：

1. 常压干燥

常压干燥系指在常压下进行的静态干燥方法，一般要求温度逐渐升高，以便于物料内部水分逐渐扩散至表面蒸发。例如烘干法，系指在常压下利用干热的干燥气流使湿物料水分汽化而进行干燥的方法，常用的设备有烘房和烘箱等，但干燥物容易结块，需要粉碎。为了提高效率，可以采用滚筒式干燥，即将湿物料制成薄膜状涂布在金属转鼓上，利用热传导方法蒸发水分，使物料得到干燥。此法蒸发面及受热面都有显著增大，可缩短干燥时间，且干燥品呈薄片状，较易粉碎，适用于中药浸膏的干燥以及采用涂膜法制备膜剂。

2. 减压干燥

减压干燥系指在密闭的容器中，在减压条件下进行加热干燥的一种方法，又称真空干燥。其特点是干燥温度低，速度快，减少物料成分被破坏的可能性；由于在密闭状态下，减少了物料与空气的接触，还能避免物料被污染或氧化变质；干燥成品呈松脆海绵状，易于粉碎。但本法生产能力小，劳动强度大。该法适用于高温下易氧化或热敏性物料的干燥。

3. 沸腾干燥

沸腾干燥又称流化床干燥，系指利用热空气流将湿颗粒由下向上吹起，使之悬浮，呈"沸腾状"，即流化状态，热空气从湿颗粒间通过，带走水汽而达到干燥的一种动态干燥方法。沸腾干燥的特点是：蒸发面积大，热利用率高，干燥速度快，成品产量高。适合于颗粒性物料的干燥，如片剂、颗粒剂制备过程中湿颗粒的干燥和水丸的干燥，可用于大规模生产，但热能消耗大，设备清扫较麻烦。

4. 喷雾干燥

喷雾干燥系将湿物料经雾化器雾化为细小液滴，在一定流速的热气流中进行热交换，水分被迅速蒸发而达到干燥的一种动态干燥方法。喷雾干燥特点是：物料受热表面积大，传热传质迅速，水分蒸发极快，瞬间干燥，干燥制品质地松脆，水分容易渗入，溶解性能好（图12-4）。喷雾干燥的缺点是能耗较高，设备不易清洗。该法适用于单一品种的大生产。喷雾干燥是制备中药干浸膏的常用干燥方法。

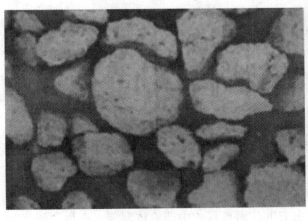

(a)   (b)

图12-4　常压干燥颗粒（a）与喷雾干燥颗粒（b）的电镜图

5. 冷冻干燥

冷冻干燥系指将浸出液浓缩到一定浓度以后，预先冻结成固体，在低温减压的条件下，将水分直接升华除去的干燥方法。其特点是物料在高真空及低温条件下干燥，适用于受热易分解物料的干燥。干燥品外观优良，多孔疏松，易于溶解，且含水量低，一般为1%～3%，有利于药品长期贮存。冷冻干燥的缺点是设备特殊，投资大，耗能高，导致生产成本高。

第三节　浸出制剂

一、概述

（一）浸出制剂的定义

浸出制剂系指采用适宜的溶剂和方法，浸提饮片中有效成分而制成的可供内服或外用的一类制剂。大部分浸出制剂可以直接用于临床，例如汤剂、合剂、酒剂、糖浆剂等，也有一些浸出制剂，如浸膏剂、流浸膏剂，可用作原料制备其他制剂，如片剂、注射剂、颗粒剂等。浸出制剂中，糖浆剂参见第七章液体制剂的相关内容。

（二）浸出制剂的特点

（1）**体现方药多种浸出成分的综合药效与特点**　与单体化合物相比，浸出制剂呈现所含方药的多种浸出成分的综合药效，并且符合中医药的用药理论。如阿片酊有镇痛和止泻功效，而从阿片粉中提取出的单一成分吗啡，只有镇痛作用，而无止泻功效。

（2）**服用量减少，使用方便**　药材经过浸提后，除去了大部分无效成分和组织物质，提高了制剂中有效成分的浓度，与原方药相比，服用剂量减少，患者服用更加方便。

（3）**部分浸出制剂可作为其他制剂的原料**　浸提液可直接制备制剂，如汤剂、合剂、酒剂等；也可继续浓缩成流浸膏、浸膏甚至干粉等作为原料，进一步制备其他制剂，如中药丸剂、片剂、颗粒剂等。

（三）浸出制剂的分类

1. 水浸出制剂

水浸出制剂系指以水为溶剂浸出有效成分制得的制剂，如汤剂、合剂等。

2. 含糖浸出制剂

含糖浸出制剂系指在水浸出制剂的基础上，进一步浓缩后加入适量蔗糖或蜂蜜制成的制剂，如煎膏剂、糖浆剂等。

3. 醇浸出制剂

醇浸出制剂系指以不同浓度的乙醇或酒为溶剂浸出有效成分制得的制剂，如酒剂、酊剂、流浸膏剂等。

二、汤剂

汤剂（decoction）系指将饮片或粗粉加水煎煮，去渣取汁而得到的中药液体制剂，亦称"汤液"。汤剂主要供内服，也可供洗浴、熏蒸、含漱用，分别称之为浴剂、熏蒸剂、含漱剂。

（一）汤剂的特点

早在商代，伊尹首创汤剂，是中医临床应用最为广泛的剂型之一。汤剂组方灵活，能根据病情需要随症加减药物，符合中医辨证施治的需要；制备工艺要求低；奏效较快。但汤剂也存在需要临用前制备，味苦，服用体积大，携带不便，某些脂溶性和难溶性成分煎出不完全等缺点。

（二）汤剂的制备

采用煎煮法制备，参见本章第二节相关介绍。

汤剂的质量受多种因素的影响，除了药材来源、加工炮制、处方调配等因素外，制备中还应注意煎煮条件的控制及某些特殊中药的处理等因素的影响。

（1）**煎器的选择**　传统多用砂锅，因其传热均匀、缓和、价格低廉，且能避免在煎煮过程中与药物发生化学反应。不锈钢材料耐腐蚀，大量制备时可采用不锈钢容器。目前医院煎药多采用电热或蒸汽加热自动煎药机。

（2）**煎煮用水及加水量**　水为制备汤剂的首选溶剂，煎煮应使用符合国家卫生标准的饮用水。用水量一般以超过药材表面 2～5 cm 为宜。加水后先浸泡一段时间，浸泡时间一般不少于 30 min，再开始煎煮。

（3）**煎煮火候**　煎药火候一般采用先武后文，先用大火猛煎，沸后改用小火，保持微沸状态一定时间，即"武火煮沸，文火保沸"。煎药时应当防止药液溢出、煎干或煮焦。煎干或煮焦者禁止入药。

（4）**煎煮次数**　药材煎煮一般以 2～3 次为宜。煎煮一次药材有效成分不易充分浸出；煎煮次数太多，不仅费时、耗料，而且会使煎出液中杂质增多。

（5）**煎煮时间**　煎煮时间与药材成分的性质、质地，投料量的多少，以及煎煮工艺与设备等有关，通常在煮沸后再煎煮 20～30 min。解表类、清热类、芳香类药材不宜久煎，煮沸后再煎煮 15～20 min；滋补药宜文火久煎，武火煮沸后改用文火慢煎 40～60 min。汤剂煎煮后应趁热过滤，尽量减少药渣中煎出液的残留量。煎药过程中要搅拌药料 2～3 次。

（6）**特殊中药的处理**　处方中有的药材需要进行特别处理，主要包括先煎、后下、包煎、烊化、另煎、冲服、榨汁等。

（三）汤剂举例

例 12-1　麻杏石甘汤

【处方】　麻黄　　　　　　6 g　　　　　杏仁　　　　　9 g
　　　　　石膏（先煎）　　18 g　　　　　炙甘草　　　　5 g

【制法】　①先将石膏置于煎器内，加水 250 mL，煎 40 min，加入其余 3 味药物，煎 30 min，滤取药液。②再加水 200 mL，煎 20 min，滤取药液。③合并两次煎出液，即得。

【注解】　①本品主治热邪壅肺所致的身热无汗或有汗、咳逆气急等症。②采用煎煮法制备，因处方中含有石膏，其质地坚硬，有效成分不易煎出，故采用先煎的处理方法。

三、合剂

合剂（mixture）系指饮片用水或其他溶剂，采用适宜的方法提取制成的口服液体制剂。单剂量灌装者也称为"口服液"。

（一）合剂的特点

合剂是在汤剂的基础上发展起来的，与汤剂相比，合剂药物浓度高，经过浓缩，服用体积较小，便于携带和服用，适合工业化加工生产；合剂既保留了汤剂吸收快、作用迅速的特点，又可成批生产而省去了汤剂需临时现配和煎煮的麻烦；大多合剂加入适量防腐剂，并经灭菌处理，密封包装，质量相对稳定。但中药合剂组方固定，不能随症加减，故不能完全代替汤剂。

合剂根据需要可加入适宜的附加剂。如加入防腐剂，山梨酸和苯甲酸的用量不得超过 0.3%（其钾盐、钠盐的用量分别按酸计），羟苯酯类的用量不得超过 0.05%，必要时也可加入适量的乙醇。合剂如加蔗糖，除另有规定的外，含蔗糖量应不高于 20%（W/V）。

（二）合剂的制备

合剂的制备工艺流程如图 12-5 所示。合剂浓缩程度一般以日服用量在 30～60 mL 为宜，所用的辅料主要是矫味剂与防腐剂，配液应在清洁避菌的环境中进行，配制好的药液要尽快过滤、分装，封口后立即灭菌，在严格避菌环境中配制的合剂可不进行灭菌。成品应贮存于阴凉干燥处。

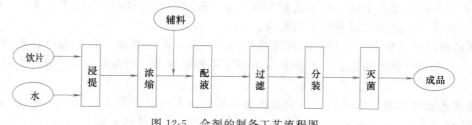

图 12-5 合剂的制备工艺流程图

（三）合剂举例

例 12-2 四物合剂

【处方】 当归　　　250 g　　　　川芎　　　250 g
　　　　白芍　　　250 g　　　　熟地黄　250 g

【制法】 ①当归和川芎冷浸 0.5 h，用水蒸气蒸馏，收集蒸馏液约 250 mL，蒸馏后的水溶液用另外的容器保存。②药渣与白芍、熟地黄加水煎煮三次，第一次 1 h，第二、三次各 1.5 h，合并煎液，过滤。③将滤液与上述水溶液合并，浓缩至相对密度为 1.18～1.22（65℃）的清膏。④加入乙醇，使含醇量达 55%，静置 24 h，过滤，回收乙醇，浓缩至相对密度为 1.26～1.30（60℃）的稠膏。⑤加入上述蒸馏液、苯甲酸钠 3 g，蔗糖 35 g，加水至 1000 mL，滤过，灌封，灭菌，即得。

【注解】 ①本品为棕红色至棕褐色液体，气芳香，味微苦、微甜。②本品 pH 应为 4.0～6.0，相对密度不低于 1.06。采用薄层层析法可鉴别方中当归、川芎、熟地黄及主要活性成分芍药苷。采用高效液相色谱法测定成片中芍药苷的含量，每 1 mL 含白芍以芍药苷计，不得少于 1.6 mg。采用水蒸气蒸馏法可浸提当归与川芎中的挥发性有效成分，药渣再与余药共煎后加乙醇沉淀，可除去醇不溶性杂质，提高合剂的澄清度。

四、煎膏剂

煎膏剂（electuary）系指饮片用水煎煮，取煎煮液浓缩，加炼蜜或糖（或转化糖）制成的半流体制剂。

（一）煎膏剂的特点

煎膏剂的效用以滋补为主，同时兼有缓和的治疗作用，故又称膏滋。煎膏剂具有药物浓度高、体积小、服用方便等优点，多用于慢性疾病的治疗。由于在制备过程中需加热处理，故主要成分为热敏性成分及挥发性成分的中药不宜制成煎膏剂。

（二）煎膏剂的制备

煎膏剂的制备工艺流程如图 12-6 所示。

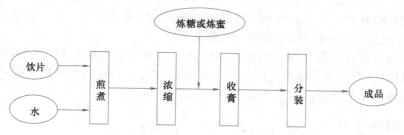

图 12-6　煎膏剂的制备工艺流程图

药材煎煮、浓缩至规定的相对密度，一般在 1.21～1.25（80℃），即得清膏。

由于蔗糖和蜂蜜使用前均需要炼制。炼糖的目的在于去除杂质，杀死微生物，减少水分，控制糖的适宜转化率，以防止煎膏剂产生"返砂"（煎膏剂贮存一定时间后有糖的结晶析出）现象。炼糖的方法：取蔗糖加入糖量一半的水及0.1%的酒石酸，加热溶解保持微沸状态，至"滴水成珠，脆不粘牙，色泽金黄"为度，蔗糖转化率达到40%～50%。炼蜜的内容参见本章第四节。

收膏：取清膏，加入规定量的炼糖或炼蜜（一般不超过清膏量的3倍），不断搅拌，继续加热，捞除液面上的浮沫，熬炼至规定的稠度即可。收膏的稠度视品种而定，一般相对密度控制在1.40左右。少量制备时也可观察特定现象以经验判断，如用细棒趁热挑起，"夏天挂旗，冬天挂丝"；或将膏液滴于食指上和拇指共捻，能拉出2 cm左右的白丝（俗称"打白丝"）等。

（三）煎膏剂举例

例 12-3 益母草膏

【处方】 益母草　　2500 g
　　　　　红糖　　　适量

【制法】 ①取益母草，切碎，加水煎煮两次，每次2 h，合并煎液，过滤，滤液浓缩至相对密度为1.21～1.25（80℃）的清膏。②每100 g清膏加红糖200 g，加热熔化，混匀，浓缩至规定的相对密度，即得。

【注解】 ①本品为棕黑色稠厚的半流体；气微，味苦、甜。②本品相对密度应不低于1.36。采用薄层层析可鉴别益母草膏中主要活性成分盐酸水苏碱；采用薄层色谱扫描法测定成品中盐酸水苏碱的含量，本品每1 g含盐酸水苏碱不得少于3.6 mg。

五、酒剂与酊剂

（一）概述

酒剂又名**药酒**（medicinal liquor），系指饮片用蒸馏酒提取制成的澄清液体制剂。酒剂多供内服，也可外用。因酒辛甘大热，能行血通络，散寒，故祛风活血、止痛散瘀等方剂常制成酒剂。

酊剂（tincture）系将饮片用规定浓度的乙醇提取或溶解而制得的澄清液体制剂，也可用流浸膏稀释制成。除另有规定外，含有毒剧药的酊剂，每100 mL应相当于原药材10 g；有效成分明确者，应根据其半成品的含量加以调整，使符合相应品种项下的规定；其他酊剂，每100 mL相当于原药材20 g。酊剂多供内服，少数供外用。

酒剂与酊剂均以一定浓度的乙醇为溶剂，属于含醇浸出制剂，制备简单，易于保存，但乙醇本身对人体具有一定作用，故儿童、孕妇以及高血压、心脏病等患者不宜内服。

（二）酒剂与酊剂的制备

中药酒剂酊剂的制备工艺流程如图12-7与图12-8所示。

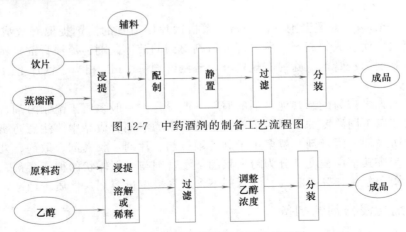

图 12-7　中药酒剂的制备工艺流程图

图 12-8　中药酊剂的制备工艺流程图

制备酒剂与酊剂均可用浸渍法、渗漉法或其他适宜方法浸提药材，酒剂也可以采用回流法浸提。

（三）酒剂与酊剂举例

例 12-4 舒筋活络酒

【处方】

木瓜	45 g	玉竹	240 g
川牛膝	90 g	川芎	60 g
独活	30 g	防风	60 g
蚕沙	60 g	甘草	30 g
桑寄生	75 g	续断	30 g
当归	45 g	红花	45 g
羌活	30 g	白术	90 g
红曲	180 g		

【制法】①以上十五味，除红曲外，其余木瓜等十四味粉碎成粗粉，然后加入红曲。②另取红糖555 g，溶解于白酒11100 g中，用红糖酒作溶剂，浸渍48 h后，以1～3 mL/min的速度缓缓渗漉，收集渗漉液，静置，过滤，即得。

【注解】①本品为棕红色的澄清液体；气芳香，味微甜，略苦。②本品用于风湿阻络、血脉瘀阻兼有阴虚所致的痹病，症见关节疼痛、屈伸不利、四肢麻木。③本品采用渗漉法浸提药材，加入糖配制后的药酒，通常需长时间静置后再过滤，以提高酒剂的澄明度。

例 12-5 颠茄酊

【处方】

颠茄草（粗粉）　　1000 g
85%乙醇　　　　　适量

【制法】①取颠茄草（粗粉），用85%乙醇作溶剂按渗漉法操作，浸渍48 h后，以1～3 mL/min的速度缓缓渗漉，收集初漉液约3000 mL，另器保存。②继续渗漉，续漉液作下次渗漉的溶剂用。③将初漉液在60℃减压回收乙醇，放冷至室温，分离除去叶绿素，过滤，滤液在60～70℃蒸发至稠膏状，取出约3 g，测定生物碱含量后，加85%乙醇适量，并用水稀释，使含生物碱和乙醇量均符合规定，静置至澄清，过滤，即得。

【注解】①本品为抗胆碱药，能解除平滑肌痉挛，抑制腺体分泌。用于胃及十二指肠溃疡病，胃肠道、肾、胆绞痛等。②采用渗漉法制备，并且采用了重渗漉法，即将渗漉液重复用作新药粉的溶剂，进行多次渗漉以提高浸提液浓度的方法。

六、流浸膏剂与浸膏剂

（一）概述

流浸膏剂（fluid extract）或**浸膏剂**（extract）系指饮片用适宜的溶剂提取有效成分，蒸去部分或全部溶剂，调整至规定浓度而制成的制剂。蒸去部分溶剂得到的液体制剂为流浸膏剂；蒸去大部分或全部溶剂得到半固体或固体制剂为浸膏剂。除另有规定外，流浸膏剂每1 mL相当于饮片1 g；浸膏剂每1 g相当于饮片2～5 g。

流浸膏剂与浸膏剂大多作为配制其他制剂的原料。流浸膏剂一般多用于配制酊剂、合剂、糖浆剂或其他制剂的中间体，大多以不同浓度的乙醇为溶剂，少数以水为溶剂者成品中要注意防腐问题，应酌情加入20%～25%的乙醇作防腐剂。浸膏剂一般多用于制备颗粒剂、片剂、胶囊剂、散剂、丸剂等的中间体，少数品种直接用于临床。按其干燥程度又分为粉末状的干浸膏与半固体状的稠浸膏，干浸膏含水量约为5%，稠浸膏含水量约为15%～20%。浸膏剂不含或含极少量溶剂，性质较稳定，可久贮。

（二）流浸膏剂与浸膏剂的制备

除另有规定外，流浸膏剂用渗漉法制备，也可用浸膏剂稀释制成；浸膏剂用煎煮法或渗漉法制备，全部煎煮液或渗漉液应低温浓缩至稠膏状，加稀释剂或继续浓缩至规定的量。

某些干浸膏具有较强的吸湿性，在制备、贮存与应用过程中要注意防潮问题。

第四节　中药丸剂

中药丸剂属于中药成方制剂，与其他成方制剂不同，丸剂主要在中药领域应用，并且品种较多，因此单独成节。

一、概述

（一）丸剂的含义与发展历史

丸剂（pill）系指饮片细粉或提取物加适宜的黏合剂或其他辅料制成的球形或类球形制剂，根据制备方法和辅料不同，分为蜜丸、水蜜丸、水丸、糊丸、蜡丸、浓缩丸、滴丸等多种类型，主要供内服。

丸剂是应用最为广泛的中药传统剂型之一，最早记载于《五十二病方》。现代滴丸、微丸等新型丸剂技术的发展（参见第八章固体制剂的相关介绍），以及先进制丸设备如全自动制丸机组、螺旋振动干燥机、微波干燥机等的应用都为丸剂的发展提供了新的动力。目前，丸剂仍然是中药最常用的剂型之一，其中蜜丸、水丸和浓缩丸三个剂型最为常用。

（二）丸剂的特点

（1）作用迟缓　传统丸剂作用迟缓，多用于慢性病的治疗。与汤剂、散剂等比较，传统的水丸、蜜丸、糊丸、蜡丸内服后在胃肠道中溶散缓慢，起效迟缓，但作用持久，故多用于慢性病的治疗或作为滋补药的剂型。正如金元时期著名医学家李东垣所说："丸者缓也，不能速去病，舒缓而治之也。"

（2）部分新型丸剂可起速效作用　某些现代新型丸剂，如苏冰滴丸、速效救心丸等，以水溶性材料为基质，具有奏效迅速的特点，可用于急救。

（3）可缓和某些药物的毒副作用　有些毒性、刺激性药物，可通过选用赋形剂，如制成糊丸、蜡丸，以延缓其吸收，减弱毒性和不良反应。例如妇科调经蜡丸。

（4）可减缓某些药物成分的挥散或掩盖异味　有些芳香性药物或有特殊不良气味的药物，可通过制丸工艺，使其在丸心层，减缓其挥散或掩盖不良气味。

（5）服用剂量大　传统丸剂多以原粉入药，服用剂量大，小儿服用困难，生产过程中控制不严时，易导致制剂微生物超标。

（三）丸剂的分类

根据赋形剂不同，丸剂可分为水丸、蜜丸、水蜜丸、浓缩丸、糊丸、蜡丸等。

根据制法不同，丸剂可分为泛制丸、塑制丸、滴制丸等。

（四）丸剂的质量要求

丸剂在生产与贮藏期间应符合下列有关规定。

① 除另有规定外，供制丸剂用的药粉应为细粉或最细粉。②蜜丸所用蜂蜜需经炼制后使用。按炼蜜程度分为嫩蜜、中蜜和老蜜，制备蜜丸时可根据品种、气候等具体情况选用。除另有规定外，用塑制法制备蜜丸时，炼蜜应趁热加入药粉中，混合均匀；处方中有树脂类、胶类及含挥发性成分的药味时，炼蜜应在 60℃左右加入；用泛制法制备水蜜丸时，炼蜜应用沸水稀释后使用。③浓缩丸所用提取物应按制法规定，采用一定的方法提取浓缩制成。④除另有规定外，水丸、水蜜丸、浓缩水蜜丸和浓缩水丸均应在

80℃以下干燥；含挥发性成分或淀粉较多的丸剂（包括糊丸）应在60℃以下干燥；不宜加热干燥的应采用其他适宜的方法干燥。⑤制备蜡丸所用蜂蜡应符合《中国药典》该饮片项下的规定。制备时，将蜂蜡加热熔化，待冷却至60℃左右按比例加入药粉，混合均匀，趁热按塑制法制丸，并注意保温。⑥凡需包衣和打光的丸剂，应使用各品种制法项下规定的包衣材料进行包衣和打光。⑦丸剂外观应圆整均匀、色泽一致。蜜丸应细腻滋润，软硬适中。蜡丸表面应光滑无裂纹，丸内不得有蜡点和颗粒。⑧除另有规定外，丸剂应密封贮存。蜡丸应密封并置于阴凉干燥处贮存。

二、蜜丸

（一）概述

蜜丸（honeyed pill）系指饮片细粉以蜂蜜为黏合剂制成的丸剂。其中每丸重量在0.5 g（含0.5 g）以上的称为大蜜丸，每丸重量在0.5 g以下的称小蜜丸。蜜丸采用塑制法制备。

蜂蜜性味甘平，归肺、脾、大肠经，具有补中、润燥、止痛、解毒的功效。蜂蜜既能益气补中，又可缓急止痛；既能滋润补虚，又能止咳润肠；还能起解毒、缓和药性、矫味矫臭等作用，是蜜丸剂的主要赋形剂。优质的蜂蜜可以使蜜丸柔软、光滑、滋润，且贮存期间不变质。蜂蜜在蜜丸中的应用体现了中药制剂"药辅合一"的思想。

蜜丸在临床上多用于镇咳祛痰药、补中益气药等。

（二）塑制法制备

蜜丸主要采用塑制法制备。除用于蜜丸以外，也可以用于水蜜丸、水丸、浓缩丸、糊丸、蜡丸等的制备（图12-9）。

图12-9 塑制法制备蜜丸的工艺流程图

（1）炼蜜 蜂蜜的炼制是将蜂蜜加水稀释溶化，过滤，加热熬炼至一定程度的操作。炼蜜可以除去杂质、降低水分含量、杀死微生物、破坏酶类、增强黏合力。按炼蜜程度不同分为嫩蜜、中蜜和老蜜三种规格，其黏性逐步升高，适用于不同性质的饮片细粉制丸。在其他条件相同的情况下，一般冬季多用稍嫩蜜，夏季用稍老蜜。

（2）物料的准备 根据处方中药物性质，依法炮制，粉碎成细粉或最细粉，混匀，备用。

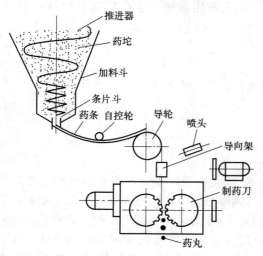

图12-10 中药自动制丸机工作原理示意图

（3）制丸块 制丸块又称和药、合坨。这是塑制法的关键工序，丸块的软硬程度及黏稠度，直接影响丸粒成型和在贮存中是否变形。将混合均匀的饮片细粉加入适量的适宜规格的蜂蜜，用混合机充分混匀，制成软硬适宜，具有一定可塑性的丸块。

（4）制丸条、分粒与搓圆 大生产中多采用光电自控制丸机、中药自动制丸机等机械完成。中药自动制丸机，可制备蜜丸、水蜜丸、浓缩丸、水丸。如图12-10所示，其主要部件由加料斗、推进器、出条嘴、导轮及一对刀具等组成。药料在加料斗内经推进器的挤压作用通过出条嘴制成丸条，丸条经导轮被直接递至刀具切、搓，制成丸粒，其制丸速度可通过旋转调节钮调节。

（5）干燥 蜜丸成丸后一般应立即分装，以保证丸药的滋润状态，为防止蜜丸霉变和控制含水量，也可适当干燥，一般采用微波干燥和远红外辐射干燥，可达到干燥和灭菌的双重效果。

三、水丸

（一）概述

水丸（watered pill）系指饮片细粉以水（或根据制法用黄酒、醋、稀药汁、糖液等）为黏合剂制成的丸剂。

水丸是在汤剂的基础上发展而成的，始由处方中一部分药物的煎汁与另一部分药物的细粉以滴水成丸的方法制成煎服丸剂，而后逐渐演变，以各种水性液体为黏合剂，用泛制法将方中全部或部分药物细粉制成小丸。泛制法是水丸传统制备方法，现代工业化生产中主要采用塑制法（又称机制法）。

水丸具有以下特点：①水丸以水或水性液体为赋形剂，服用后较易溶散，起效比蜜丸、糊丸、蜡丸快；②一般不含固体赋形剂，实际含药量高；③泛制法操作时，可根据药物性质、气味等分层泛入，掩盖不良气味，防止芳香成分的挥发，提高药物的稳定性；④丸粒小，表面致密光滑，易于吞服，利于贮藏；⑤水丸使用的赋形种类繁多，根据中医辨证施治的要求，酌情选用，以利于发挥药效；⑥制备设备简单，但操作费时，对成品的主药含量、溶散时限较难控制，也常引起微生物的污染。

水丸的规格，丸粒大小是根据临床需要而定的，故大小不一。历史上多次以实物作参照，如芥子大、梧桐子、赤小豆大等。现代统一用重量为标准，如上清丸每10丸重1 g，麝香保心丸每丸重22.5 mg。

（二）赋形剂

常用的赋形剂有水、黄酒、醋、稀药汁等。除了润湿饮片细粉、诱导黏性以外，黄酒、醋、稀药汁等赋形剂还具有协同或改变药物性能的作用。

（1）水　水为水丸最常用的赋形剂，常用纯化水或冷沸水。其本身无黏性，但可诱导中药某些成分，如黏液质、胶质、糖、淀粉产生黏性。

（2）酒　酒常用白酒和黄酒。酒性大热，味甘、辛，借"酒力"发挥引药上行、祛风散寒、活血通络、除腥除臭等作用。由于酒能溶解中药的树脂、油脂，而增加中药细粉的黏性，但其诱导中药黏性的能力较水小，因此，应用时应根据饮片质地和成分酌情选用。另外，酒本身还具有防腐能力，使药物在泛丸过程中不易霉败。酒易挥发，也利于成品的干燥。

（3）醋　醋常用米醋，含乙酸3%～5%。醋性温，味酸苦，具有引药入肝、理气止痛、行水消肿、解毒杀虫、矫味矫嗅等作用。另外，醋可使生物碱等成分变成盐后增加溶解度，利于吸收，提高药效。

（4）药汁　药汁如果处方中含有一些不易制粉的饮片，可根据其性质提取或压榨成药汁，既有利于制丸，又可以减少用量，保存药性。如处方中富含纤维的饮片、质地坚硬的饮片、黏性大难以制粉的饮片可以煎汁，树脂类、浸膏类、可溶性盐类以及液体药物（如乳汁、牛胆汁）可加水溶化后泛丸。另外，新鲜药材可捣碎压榨取汁，用以泛丸。

（三）泛制法制备

水丸的制备常用泛制法。**泛制法**系指在转动的容器或机械中，交替加入药粉与适宜的赋形剂，润湿起模、不断翻滚、黏结成粒、逐渐增大并压实的一种制丸方法。除用于水丸外，还可用于水蜜丸、糊丸、浓缩丸等的制备。

1. 工艺流程

泛制法制备水丸的工艺流程如图12-11所示。

图12-11　泛制法制备水丸的工艺流程图

2. 制法

（1）**原料的准备**　除另有规定外，通常将饮片粉碎成细粉或最细粉，备用。起模或盖面工序一般用过七号筛的细粉，或根据处方规定选用方中特定药材饮片的细粉。成型工序可用过五号或六号筛的药粉。需要制汁的药材按规定制备。

（2）**起模**　起模系指制备丸粒基本母核的操作。利用水性液体的润湿作用诱导药粉产生黏性而使药粉之间相互黏着成细小的颗粒，并经泛制，层层增大而制成丸模。起模是泛制法制备丸剂的关键操作，也是泛丸成型的基础，因为模子的圆整度直接影响着成品的圆整度（外观），模子的粒径和数目影响成型过程中筛选的次数、丸粒规格及药物含量均匀度。

（3）**成型**　成型系指将已经筛选均匀的丸模，反复加水润湿、撒粉、黏附滚圆，使丸模逐渐加大至接近成品规格的操作。如有必要，可根据中药性质不同，采用分层泛入的方法，将易挥发、有刺激性气味、性质不稳定的药物泛入内层，可提高稳定性，掩盖不良气味。在成型过程中，应控制丸粒的粒度和圆整度。每次加水、加粉量要适宜，撒布要均匀。

（4）**盖面**　盖面是指将已经接近成品规格并筛选均匀的丸粒，用饮片细粉或清水继续在泛丸锅内滚动，使其达到成品粒径标准的操作。通过盖面使丸粒表面致密、光洁、色泽一致。根据盖面用的材料不同，分为干粉盖面、清水盖面和粉浆盖面三种方式。

（5）**干燥**　水泛制丸含水量大，易发霉，应及时干燥。

（6）**选丸**　为保证丸粒圆整、大小均匀、剂量准确，丸粒干燥后，可用手摇筛、振动筛、滚筒筛、检丸器等筛分设备筛选分离出不合格丸粒。

水丸的工业化生产也可以采用塑制法，通过原料的准备、制软材、制丸、干燥、选丸、盖面等操作制备。

四、其他丸剂

（一）水蜜丸

水蜜丸系指饮片细粉以炼蜜和水为黏合剂制成的丸剂。具有丸粒小，光滑圆整，易于吞服的特点。将炼蜜用沸水稀释后作黏合剂，同蜜丸相比，节省蜂蜜，降低成本，并且利于贮存。

药粉的性质与水蜜的比例用量关系密切，蜜水浓度与药粉的性质相对适应才能制备出合格的水蜜丸。一般药材细粉黏性适中，每100 g细粉，用炼蜜40 g左右；但含糖分、黏液质、胶质类较多的饮片细粉，则需用低浓度的蜜水为黏合剂，即100 g药粉加10~15 g炼蜜；如含纤维质和矿物质较多的药粉，则每100 g药粉须用50 g左右炼蜜。将炼蜜加水，搅匀，煮沸，过滤即可作为黏合剂。炼蜜加水的比例一般为1:2.5~1:3.0。

（二）糊丸

糊丸系指饮片细粉以米粉、米糊或面糊等为黏合剂制成的丸剂。糊丸干燥后丸粒坚硬，口服后在胃内溶散迟缓，释药缓慢，故可以延长药效，同时也能减少药物对胃肠道的刺激性，适合于含有毒性或刺激性较强的药物制丸。

以米、糯米、小麦等的细粉加水加热或蒸熟制成糊。其中糯米粉的黏合力最强，面粉糊则使用较为广泛。由于所用的糊粉和制糊的方法不同，制成的糊，其黏合力和临床治疗作用也不同，故糊丸也有一定的灵活性，能适应各种处方的特性，充分发挥药物的治疗作用。制糊法又分为冲糊法、煮糊法、蒸糊法三种，其中以冲糊法应用较多。

糊丸可以采用泛制法或塑制法制备，采用泛制法制备的糊丸溶散较快。

（三）蜡丸

蜡丸系指饮片细粉以蜂蜡为黏合剂制成的丸剂。蜂蜡为黄色、淡黄棕色或黄色固体，内含脂肪酸、游离脂肪醇等成分，不溶于水，还含有芳香性有色物质蜂蜡素以及各种杂质，用前应精制除去杂质。蜡丸在体内外均不溶散，药物通过溶蚀等方式缓慢释放，因此可以延长药效，并能防止药物中毒及对胃肠道的刺激性。

蜡丸一般采用塑制法，按处方规定数量的纯净蜂蜡，加热熔化，稍冷至 60℃ 左右，待蜡液边沿开始凝固、表面有结膜时，倾入混合好的药粉，迅速搅拌至混合均匀，趁热制丸条、分粒、搓圆。

（四）浓缩丸

浓缩丸系指饮片或部分饮片提取浓缩后，与适宜的辅料或其余饮片细粉，以水、蜂蜜或蜂蜜和水为黏合剂制成的丸剂。根据所用黏合剂的不同，分为浓缩水丸、浓缩蜜丸和浓缩水蜜丸。目前生产的浓缩丸主要是浓缩水丸。

浓缩丸又称药膏丸、浸膏丸。早在晋代葛洪所著的《肘后方》中就有记载。浓缩丸是目前丸剂中较好的一种剂型，其特点是药物全部或部分经过提取浓缩，体积缩小，便于服用和吸收，发挥药效好；同时利于贮存，不易霉变。但是，浓缩丸的中药在浸提过程中，特别是在浓缩过程中由于受热时间较长，有些成分可能会受到影响，使药效降低。

浓缩丸的制备方法有泛制法、塑制法和压制法，目前常用的是塑制法。

五、丸剂的质量评价

1. 性状

丸剂外观应圆整、色泽一致。大蜜丸和小蜜丸应细腻滋润，软硬适中。蜡丸表面应光滑无裂纹。丸内不得有蜡点和颗粒。

2. 水分

取供试品照《中国药典》（2020 年版）四部通则中水分测定法测定。除另有规定外，蜜丸和浓缩蜜丸中所含水分不得过 15.0%；水蜜丸和浓缩水蜜丸不得过 12.0%；水丸、糊丸、浓缩水丸不得过 9.0%。蜡丸不检查水分。

3. 重量差异

除另有规定外，丸剂按照下述方法检查，应符合规定。

检查法：以 10 丸为 1 份（丸重 1.5 g 及 1.5 g 以上的以 1 丸为 1 份），取供试品 10 份，分别称定重量，再与每份标示重量（每丸标示量×称取丸数）相比较（无标示重量的丸剂，与平均重量比较），按照表 12-1 的规定，超出重量差异限度的不得多于 2 份，并不得有 1 份超出限度 1 倍。

表 12-1　丸剂重量差异限度标准

平均丸重	重量差异限度	平均丸重	重量差异限度
0.05 g 及 0.05 g 以下	±12%	1.5 g 以上至 3 g	±8%
0.05 g 以上至 0.1 g	±11%	3 g 以上至 6 g	±7%
0.1 g 以上至 0.3 g	±10%	6 g 以上至 9 g	±6%
0.3 g 以上至 1.5 g	±9%	9 g 以上	±5%

包糖衣丸剂应检查丸芯的重量差异并符合规定，包糖衣后不再检查重量差异，其他包衣丸剂应在包衣后检查重量差异并符合规定。凡进行装量差异检查的单剂量包装丸剂及进行含量均匀度检查的丸剂，一般不再进行重量差异检查。

4. 装量差异

除糖丸外，单剂量包装的丸剂，照下述方法检查应符合规定。其检查法是：

取供试品 10 袋（瓶），分别称定每袋（瓶）内容物的重量，每袋（瓶）装量与标示装量相比较，按表 12-2 规定，超出装量差异限度的不得多于 2 袋（瓶），并不得有 1 袋（瓶）超出限度 1 倍。

表 12-2　丸剂装量差异限度标准

平均丸重	重量差异限度	平均丸重	重量差异限度
0.5 g 及 0.5 g 以下	±12%	3 g 以上至 6 g	±6%
0.5 g 以上至 1 g	±11%	6 g 以上至 9 g	±5%
1 g 以上至 2 g	±10%	9 g 以上	±4%
2 g 以上至 3 g	±8%		

5. 装量

装量以重量标示的多剂量包装丸剂，照《中国药典》（2020 年版）四部通则中最低装量检查法检查，应符合规定。以丸数标示的多剂量包装丸剂，不检查装量。

6. 溶散时限

除另有规定外，取供试品 6 丸，选择适当孔径筛网的吊篮（丸剂直径在 2.5 mm 以下的用孔径约 0.42 mm 的筛网；在 2.5～3.5 mm 之间的用孔径约 1.0 mm 的筛网；在 3.5 mm 以上的用孔径约 2.0 mm 的筛网），照崩解时限检查法片剂项下的方法加挡板进行检查。小蜜丸、水蜜丸和水丸应在 1 h 内全部溶散；浓缩丸和糊丸应在 2 h 内全部溶散。滴丸剂不加挡板检查，应在 30 min 内全部溶散，包衣滴丸应在 1 h 内全部溶散。操作过程中如供试品黏附挡板妨碍检查，应另取供试品 6 丸，以不加挡板进行检查。上述检查，应在规定时间内全部通过筛网。如有细小颗粒状物未通过筛网，但已软化无硬芯者可按符合规定论。

蜡丸照崩解时限检查法（通则 0921）片剂项下的肠溶衣片检查法检查，应符合规定。

除另有规定外，大蜜丸及研碎、嚼碎后或用开水、黄酒等分散后服用的丸剂不检查溶散时限。

7. 微生物限度

照《中国药典》（2020 年版）检查，应符合规定。

第五节　其他中药成方制剂

一、中药片剂

中药片剂系指提取物、提取物加饮片细粉或饮片细粉与适宜辅料混匀压制或用其他适宜方法制成的圆形或异形的片状固体制剂，包括浸膏片、半浸膏片和全粉片等。中药片剂的研究和生产始于 20 世纪 50 年代，主要从汤剂、丸剂等基础上经过剂型改革而制成。随着中药现代化研究及工业药剂学的发展，中药片剂不论在品种上还是在数量上都在不断增加，并且逐步摸索出一套适合中药特点的工艺条件，如含挥发油片剂的制备工艺、中药片剂的包衣工艺等。与化学药品一样，片剂目前已经成为中药的主要剂型之一。

中药片剂以口服普通片为主，另有含片、咀嚼片、泡腾片、阴道片、阴道泡腾片和肠溶片等品种。

（一）中药片剂的种类

中药片剂按照原料处理的方法可以分为四种类型：

（1）**全浸膏片**　全浸膏片系指将处方中全部药材用适宜的溶剂和方法制备浸膏，以全量浸膏加入适宜辅料制成的片剂。如通塞脉片、穿心莲片等。

（2）**半浸膏片**　半浸膏片系指将部分药材细粉与稠浸膏混合，加入适宜辅料制成的片剂。稠浸膏也可以发挥黏合剂的作用。此类片剂在中药片剂中应用最多。如牛黄解毒片、银翘解毒片等。

（3）**全粉片**　全粉片系指将处方中全部药材粉碎成细粉，加适宜辅料制成的片剂。适用于药味少、剂量小、含贵重细料药的片剂。如参茸片、安胃片等。

（4）**提纯片**　提纯片系指处方中药材经过提取，得到单体或有效部位细粉，加适宜辅料制成的片剂。

如北豆根片、正清风痛宁片等。

（二）中药片剂的制备

中药片剂大部分用制粒压片法制备。

制颗粒的方法主要有：①药材全粉制粒，将处方中全部药材细粉混匀，加辅料制粒的方法；②浸膏与药材细粉混合制粒，这种制粒方法有利于缩小片剂体积，浸膏可全部或部分地代替黏合剂；③干浸膏制粒，将处方中全部药材制成浸膏（细料除外），干燥得干浸膏，再制颗粒、压片（浸膏片）；④含挥发油药材的制粒，一般将提取挥发油加入干燥的颗粒中；⑤提纯物制颗粒，药材提取有效成分后，干燥，再粉碎成细粉，单独与其他辅料一起制颗粒、压片。

中药片剂，尤其是浸膏片，在制备过程及压成片剂后，易吸潮、黏结。解决方法有：①在干浸膏中加入适量辅料，如磷酸氢钙、氢氧化铝凝胶粉等，或加入原药总量10%～20%的中药细粉；②采用水提醇沉法除去部分水溶性杂质；③采用5%～15%的玉米朊乙醇液或聚乙烯醇溶液喷雾或混匀于浸膏颗粒中，干燥后压片；④片剂包衣，可减少吸湿，提高稳定性；⑤改进包装材料，或在包装容器中放置干燥剂。

（三）中药片剂的质量评价

除另有规定外，片剂应进行以下相应检查。

1. 重量差异

取供试品片剂20片，精密称定总重量，求得平均片重后，再分别精密称定每片的重量，每片重量与平均片重相比较（凡无含量测定的片剂或有标示片重的中药片剂，每片重量应与标示片重比较），按规定（标示片重或平均片重0.30 g以下重量差异限度为±7.5%，0.30 g及0.30 g以上重量差异限度为±5%）。超出重量差异限度的不得多于2片，并不得有1片超出限度1倍。

糖衣片的片芯应检查重量差异并符合规定，包糖衣后不再检查重量差异。薄膜衣片应在包薄膜衣后检查重量差异并符合规定。凡规定检查含量均匀度的片剂，一般不再进行重量差异检查。

2. 崩解时限

除另有规定外，照《中国药典》（2020年版）四部通则崩解时限检查法检查，应符合规定。含片的溶化性照崩解时限检查法检查，应符合规定。舌下片照崩解时限检查法检查，应符合规定。阴道片照融变时限检查法检查，应符合规定。口崩片照崩解时限检查法检查，应符合规定。咀嚼片不进行崩解时限检查。

凡规定检查溶出度、释放度的片剂，一般不再进行崩解时限检查。

3. 发泡量

阴道泡腾片应符合规定。

4. 微生物限度

照《中国药典》（2020年版）微生物限度检查法检查，应符合规定。

（四）中药片剂举例

例 12-6 正清风痛宁片

【处方】 盐酸青藤碱 20 g

【制法】 取盐酸青藤碱，粉碎成细粉，加淀粉或预胶化淀粉等辅料适量，混合均匀，制粒，干燥，压制成1000片，包肠溶薄膜衣，即得。

【注解】 ①本品为盐酸青藤碱提纯物（含量不低于97%）制备的提纯片。盐酸青藤碱为防己科植物青藤或毛青藤的藤茎中提取得到的单体生物碱。②本品用药剂量偏大，可引起皮疹，对胃有一定刺激性。制成肠溶片，可减少其副作用。

二、中药胶囊剂

中药腔囊剂系指饮片用适宜方法加工后，加入适宜辅料填充于空心胶囊或密封于软质囊材中制成的固体制剂。

（一）中药胶囊剂的分类

中药胶囊剂可分为中药硬胶囊、中药软胶囊（胶丸）、中药缓释胶囊、中药控释胶囊和中药肠溶胶囊，主要供口服。

（1）中药硬胶囊 中药硬胶囊系指中药提取物、提取物加饮片细粉，或饮片细粉或与适宜辅料填充于空胶囊中制成的固体制剂，主要用于口服。中药材量小的可粉碎成粉末或制成颗粒填充于空胶囊中制成，药材量大的可经过提取或提取纯化后用适当方法制成颗粒填充于空胶囊中制成；中药材的液体成分如挥发油等可用适当的吸收剂吸收后填充于空胶囊中制成；含有浸膏的胶囊剂在生产或贮存过程中应注意防止吸湿使胶囊变形、内容物结块，应采取密封包装。

（2）中药软胶囊 中药软胶囊系指填充中药液体药物、提取物或与适宜辅料混匀后用滴制法或压制法密封于软质囊材中的胶囊剂，又称胶丸剂，可用滴制法或压制法制备。中药软胶囊剂填充的药物多为中药材挥发油、油性提取物、能溶解或混悬于油的其他中药成分。

（3）中药肠溶胶囊 中药肠溶胶囊系指用肠溶材料包衣的颗粒或小丸充填于胶囊而制成的硬胶囊，或用适宜的肠溶材料制备而得的硬胶囊或软胶囊。肠溶胶囊不溶于胃液，但能在肠液中崩解或释放。体外一般用人工胃液（取稀盐酸 16.4 mL，加水约 800 mL 与胃蛋白酶 10 g，摇匀后，加水稀释成 1000 mL）模拟胃液，人工肠液（即 pH＝6.8 的磷酸盐缓冲液，含胰酶：取磷酸二氢钾 6.8 g，加水 500 mL 使其溶解，用 0.1 mol/L 氢氧化钠溶液调节 pH 至 6.8，另取胰酶 10 g，加水适量使其溶解，将两液混合后，加水稀释成 1000 mL）模拟肠液。

（二）中药胶囊剂的质量评价

除另有规定的外，胶囊剂应进行以下相应检查。

1. 水分

中药硬胶囊剂应进行水分检查。取供试品内容物，照《中国药典》（2020 年版）水分测定法测定，除另有规定外，不得过 9.0%。硬胶囊内容物为液体或半固体者不检查水分。

2. 装量差异

除另有规定外，取供试品 10 粒，分别精密称定重量，倾出内容物（不得损失囊壳），硬胶囊囊壳用小刷或其他适宜用具拭净，软胶囊或内容物为半固体或液体的硬胶囊囊壳用乙醚等易挥发性溶剂洗净，置于通风处使溶剂挥尽，再分别精密称定囊壳重量，求出每粒内容物的装量与平均装量。每粒装量与平均装量相比较（有标示装量的胶囊剂，每粒装量应与标示装量比较），装量差异限度应在标示装量或平均装量的±10% 以内，超出装量差异限度的不得多于 2 粒，并不得有 1 粒超出限度 1 倍。凡规定检查含量均匀度的胶囊剂，一般不再进行装量差异的检查。

3. 崩解时限

除另有规定外，照《中国药典》（2020 年版）崩解时限检查法检查，均应符合规定。

凡规定检查溶出度或释放度的胶囊剂，一般不再进行崩解时限的检查。

4. 微生物限度

照《中国药典》（2020 年版）微生物限度检查法检查，应符合规定。

三、中药注射剂

中药注射剂系指饮片经提取、纯化后制成的供注入体内的溶液、乳状液及临用前配制成溶液的粉末或浓缩液的无菌制剂。中药注射剂分为注射液、注射用无菌粉末和注射用浓溶液。

中药注射剂最早出现在 20 世纪 30 年代，第一个品种是柴胡注射液，用于治疗感冒，到 20 世纪 70 年代文献发表的中药注射剂已达百种以上，成为急症治疗的一个重要剂型。近年来，中药注射剂的安全性问题越来越得到重视。

（一）中药注射剂原料的准备

与化药注射剂的制备相比，中药注射剂的区别主要在于原料的准备不同，其他制备方法并无本质区别。

1. 中药饮片的预处理

选用的中药原料必须首先确定品种和来源，经过鉴定符合要求后，还要进行预处理。预处理过程包括挑选、洗涤、切制、干燥等操作，必要时还需要进行粉碎或灭菌。

2. 注射用原液的制备

制备中药注射剂一般有两种情况，一类是饮片所含有效成分已明确，可提取相应的成分，再用适当方法制成注射剂；另一类是有效成分尚不明确（单方或复方），为了保持原有药效，缩小剂量，通常采用提取、分离、精制的办法，最大限度地除去其中的杂质，保留有效成分，制成可供配制注射剂成品用的原液或相应的干燥品，再制成注射剂。中药注射剂大多数属于后者，需要制备原液。

原液的制备常用的有水提醇沉法（水醇法）、醇提水沉法（醇水法），参见本章第二节"精制"项下相关介绍。对于挥发性成分或挥发油，还可以应用蒸馏法。将中药加工成薄片或粗粉，放入蒸馏器中，加蒸馏水适量浸泡，使其充分润湿膨胀，加热蒸馏，经冷凝收集馏出液。必要时可将收集到的蒸馏液再蒸馏一次，以提高蒸馏液纯度和浓度，但蒸馏次数不宜过多，以避免挥发油中某些成分被氧化或分解，必要时可采用减压蒸馏法。蒸馏法制备的原液，一般不含或含少量电解质，渗透压偏低，如直接配制注射剂，需要加入适量的氯化钠调节渗透压。若饮片中还含有非挥发性有效成分，可用蒸馏法和水醇法结合的双提法制备。

3. 除去原液中的鞣质

鞣质（tannin）是多元酚的衍生物，广泛存在于植物的茎、皮、根、叶及果实中，既溶解于水又溶解于乙醇，有较强的还原性。一般提取精制方法制成的中药注射剂原液，都很难将鞣质除尽。鞣质如果存在于中药注射剂中，一方面可能经过灭菌工艺后，发生反应，生成沉淀，影响澄明度；另一方面注射后能与蛋白质结合成不溶性的鞣酸蛋白，如肌内注射后，机体的局部组织会形成硬块，导致刺激疼痛。因此，原液中的鞣质必须要除去，这对于提高中药注射剂的质量具有重要意义，也是中药注射剂临床应用安全有效的保证。目前常用的除去鞣质的方法有：

（1）**碱性醇沉法** 利用鞣质可以与碱成盐在高浓度乙醇液中难溶的原理，在中药提取液中加入乙醇使含醇量达到80%以上，经冷藏、静置、分离沉淀后，用氢氧化钠溶液调节pH至8.0，使鞣质生成钠盐不溶于乙醇而析出，过滤除去。

（2）**明胶沉淀法** 利用蛋白质（明胶是一种蛋白质）与鞣质在水溶液中可以形成不溶性鞣酸蛋白沉淀的性质，除去鞣质。一般在中药水提取液中加入适量的2%～5%明胶溶液，边加边搅拌，直至溶液中不再产生沉淀为止，静置过滤，滤液适当浓缩后，加乙醇使含醇量达到75%以上，以沉淀除去溶液中存在的过量明胶。

（3）**聚酰胺吸附法** 利用酰胺键对酚类化合物有较强的吸附作用而除去鞣质。一般将中药水提液浓缩，然后加入适量乙醇醇沉除去蛋白质、多糖，再将此溶液上聚酰胺柱除去鞣质。

（4）**其他方法** 根据实际情况，除去鞣质还可采用酸性水溶液沉淀法、超滤法、铅盐沉淀法等。

（二）中药注射剂的质量评价

中药注射剂的质量控制主要包括以下检查项目：

（1）**杂质或异物检查** 包括可见异物、不溶性颗粒、有关物质、pH的检查。配制注射剂前的半成品，除另有规定外，还应进行重金属和砷盐检查。

（2）**安全性检查** 包括异常毒性、过敏反应、溶血与凝聚、热原或细菌内毒素、无菌、渗透压摩尔浓度的检查。

（3）**所含成分的检测** 可采用理化方法测定含量，也可采用生物检测法测定。含量测定包括总固体含量测定、有效成分或有效部位含量测定或指标性成分含量测定。能够实现对中药多组分、多指标分析的中药指纹图谱技术目前也被广泛应用于中药注射剂的质量检查。

四、中药贴膏剂

中药贴膏剂系指提取物、饮片或和化学药物与适宜的基质制成膏状物、涂布于背衬材料上供皮肤贴敷，可产生局部或全身性作用的一种薄片状外用制剂。中药贴膏剂包括橡胶膏剂、凝胶膏剂（原巴布膏剂）和贴剂等。

（一）橡胶膏剂

橡胶膏剂系指提取物和（或）化学药物与橡胶等基质混匀后，涂布于背衬材料上制成的贴膏剂。常用制备方法有溶剂法和热压法。常用溶剂有汽油、正己烷，常用基质有橡胶、松香、凡士林、羊毛脂及氧化锌等。氧化锌作为填充剂，具有缓和的收敛作用，并能增加膏料与裱褙材料间的黏着性。橡胶膏剂包括不含药（如橡皮膏及胶布）和含药（如伤湿止痛膏）两类，前者可用于保护伤口、防止皮肤皲裂，后者常用于治疗风湿疼痛、跌打损伤等。

（二）凝胶膏剂

凝胶膏剂原称巴布膏剂（即巴布剂），系指提取物、饮片和（或）化学药物与适宜的亲水性基质混匀后，涂布于背衬材料上制成贴膏剂。

凝胶膏剂是在继承了传统中药膏药的基础上采用现代新材料、新技术制成的新剂型。该产品既保留了传统中药膏药的优点与特性，又克服了传统膏药透皮性差、污染衣物、使用不方便、不适于活动关节等缺点。在生产工艺方面，橡皮膏剂主要靠汽油来溶解制备胶浆，生产时必须做好防火防爆措施，不仅安全性差，生产成本也高；而凝胶膏剂是采用水溶性高分子材料制成，如阿拉伯胶、海藻酸钠、西黄蓍胶、明胶、羟丙甲纤维素、聚维酮、羧甲基纤维素钠、聚乙烯醇、聚丙烯酸钠等，不仅大大提高了生产的安全性，而且使用时也更方便舒适，不污染衣物，易洗除。

与橡胶膏剂相比，凝胶膏剂具有以下特点：与皮肤生物相容性好；载药量大，尤其适合于中药浸膏；释药性能好；使用方便，不污染衣物，可反复粘贴仍能保持黏性；采用透皮吸收控释技术，使血药浓度平稳，药效维持时间长。

（三）贴剂

贴剂系指提取物和（或）化学药物与适宜的高分子材料制成的供粘贴在皮肤上的可产生全身性或局部作用的一种薄片状制剂。主要由背衬层、药物贮库层、黏胶层以及防粘层组成。常用的基质有乙烯-醋酸乙烯共聚物、硅橡胶和聚乙二醇等。

五、膏药

膏药系指饮片、食用植物油与红丹（铅丹）或宫粉（铅粉）炼制成膏料，摊涂于裱褙材料上制成的供皮肤贴敷的外用制剂，前者称为黑膏药，后者称为白膏药。

膏药为传统剂型。近年以黑膏药居多。膏药可发挥局部或全身治疗作用，外治可消肿、拔毒、生肌，主治肌肤红肿、痈疽、疮疡等症；内治可以活血通络、驱风止痛、消痞，主治跌打损伤、风湿痹痛等。其作用比软膏剂持久，并可随时中止给药，安全可靠。清代吴师机的《理瀹骈文》为膏药专著，全面论述了膏药的应用和制备。

（一）黑膏药

黑膏药一般为黑色坚韧固体，需烘热软化后再贴于皮肤上。

1. 基质

黑膏药的基质是食用植物油与红丹经高温炼制的铅硬膏。

（1）**植物油** 应选用质地纯净、沸点低、熬炼时泡沫少、制成品软化点及黏着力适当的植物油。以麻油最好，棉籽油、豆油、菜油、花生油等亦可应用，但炼制时易产生泡沫。

（2）**红丹** 又称樟丹、黄丹、铅丹、陶丹，为橘红色粉末、质重，主要成分是四氧化三铅（Pb_3O_4），含量应在95%以上。红丹使用前应炒除水分，过五号筛。

2. 制备

（1）**工艺流程** 黑膏药的制备工艺流程见图12-12。

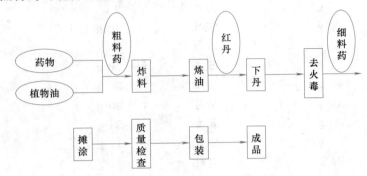

图 12-12 黑膏药的制备工艺流程图

（2）**制法**

① 提取药料：药料的提取按其质地有先炸后下之分，少量制备可用铁锅，将药料中质地坚硬的药材、含水量高的肉质类、鲜药类药材放入铁丝笼内，移置炼油器中，加盖。植物油由离心泵输入，加热先炸，油温控制在200～220℃；质地疏松的花、草、叶、皮类等药材宜在上述药料炸至枯黄后入锅，炸至药料表面呈深褐色，内部呈焦黄色。炸好后将药渣连笼移出，得到药油。提取中，应用水洗器喷淋逸出的油烟，残余烟气由排气管排出室外。提取时需防止泡沫溢出。

药料与油经高温处理，有效成分可能破坏较多。现也有采用适宜的溶剂和方法提取有效成分，例如将部分饮片用乙醇提取，浓缩成浸膏后再加入膏药中，可减少成分的损失。

② 炼油：将去渣后的药油继续加热熬炼，使油脂在高温下氧化聚合、增稠。炼油温度控在320℃左右，炼至"滴水成珠"，即取油少许滴于水中，以药油聚集成珠不散为度。炼油为制备膏药的关键，炼油过"老"则膏药质脆，黏着力小，贴于皮肤易脱落；炼油过"嫩"则膏药质软，贴于皮肤易移动。

③ 下丹：系指在炼成的油中加入红丹反应生成脂肪酸铅盐的过程。红丹投料量为植物油的1/3～1/2。下丹时将炼成的油送入下丹锅中，加热至近300℃时，在搅拌下缓慢加入红丹，保证油与红丹充分反应，至成为黑褐色稠厚状液体。为检查膏药老、嫩程度，可取少量样品滴入水中数秒后取出。若手指拉之有丝不断则太嫩，应继续熬炼；若拉之发脆则过老。膏不黏手，稠度适中，表示合格。膏药亦可用软化点测定仪测定，以判断膏药老嫩程度。

④ 去"火毒"：油丹炼合而成的膏药若直接应用，常对皮肤局部产生刺激性，轻者出现红斑、瘙痒，重者出现发疱、溃疡，这种刺激的因素俗称"火毒"。传统视为经高温熬炼后膏药产生的"燥性"，在水中浸泡或久置阴凉处可除去。现代认为，是油在高温下氧化聚合反应中生成的低分子分解产物，如醛、酮、低级脂肪酸等。通常将炼成的膏药以细流倒入冷水中，不断强烈搅拌，待冷却凝结后取出，反复搓揉，制成团块并浸于冷水中去尽"火毒"。

⑤ 摊涂药膏：将去"火毒"的膏药团块用文火熔化，如有挥发性的贵重药材，细粉应在不超过70℃下加入，混合均匀。按规定定量涂于皮革、布或多层韧皮纸制成的裱褙材料上，膏面覆盖衬纸或折合包装，于干燥阴凉处密闭贮藏。

（3）**注意事项**

① 挥发性药物、矿物药、贵重类药可先研成细粉，在摊涂前投入熔化的膏料中混匀，麝香等可研成细粉，待摊涂后撒于膏药表面，温度不超过70℃。

② 一般药材应适当粉碎，为提取做准备。制备用的红丹、宫粉应干燥，无吸潮结块。

3. 举例

例 12-7 狗皮膏

【处方】

生川乌	80 g	生草乌	40 g
羌活	20 g	独活	20 g
青风藤	30 g	香加皮	30 g
防风	30 g	铁丝威灵仙	30 g
苍术	20 g	蛇床子	20 g
麻黄	30 g	高良姜	9 g
小茴香	20 g	官桂	10 g
当归	20 g	赤芍	30 g
木瓜	30 g	苏木	30 g
大黄	30 g	油松节	30 g
续断	40 g	川芎	30 g
白芷	30 g	乳香	34 g
没药	34 g	冰片	17 g
樟脑	34 g	肉桂	11 g
丁香	15 g		

【制法】①以上二十九味中，乳香、没药、丁香、肉桂分别粉碎成粉末，与樟脑、冰片粉末配研，过筛，混匀；其余生川乌等二十三味药，酌予碎断，与食用植物油 3495 g 同置锅内炸枯，去渣，过滤，炼至滴水成珠。②另取红丹 1040~1140 g，加入油内，搅匀，收膏，将膏浸泡于水中。取膏，用文火熔化，加入上述粉末，搅匀，分摊于兽皮或布上，即得。

【功能与主治】驱风散寒，活血止痛。用于风寒湿邪，气滞血瘀引起的痹病，症见四肢麻木，腰腿疼痛，筋脉拘挛；或跌打损伤，闪腰岔气，局部肿痛；或寒湿瘀滞所致脘腹冷痛，行经腹痛，湿寒带下，积聚痞块。

【用法与用量】外用。用生姜擦净患处皮肤，将膏药加温软化，贴于患处或穴位。

【规格】每张净重：①12 g；②15 g；③24 g；④30 g。

【贮藏】密闭，置阴凉干燥处。

【注解】①本品为摊于兽皮或布上的黑膏药。②含挥发性成分的丁香、肉桂、樟脑、冰片，树脂类药材乳香以及没药等细料药，不"炸料"，而是去"火毒"后在较低温度下混合加入，以保留特殊气味和有效成分。③方中乳香、没药、冰片与樟脑等可溶于膏药基质。④炼油炼至滴水成珠，因为炼油过"老"则膏药质脆，黏着力小，贴于皮肤易脱落；炼油过"嫩"则膏药质软，贴于皮肤易移动。

4. 制备常见问题及解决措施

（1）**提取的合理性问题** 药料与植物油高温加热，目的是提取有效成分。但植物油只能溶解部分非极性的成分，而水溶性成分多数不溶解于油，且部分有效成分经高温可能破坏或挥发。将"粗料药"采用适宜的溶剂和方法提取浓缩成膏或部分粉碎成粉加入可减少成分损失。实验表明油冷浸提取不出成分，证明传统工艺将药材榨至"外枯内焦黄"的合理性。

（2）**油的高温反应是否合理** 高温炼制使油发生了热增稠与复杂的氧化、聚合反应，最后形成凝胶而失去脂溶性，并能与药材水煎膏均匀混合。现有用压缩空气炼油或强化器装置炼油，只需 45 min 或更短时间就可达到滴水成珠的程度，且安全不易着火，成品中的丙烯醛也大为减少。倘若持续高温加热，油脂氧化聚合过度，则变成脆性固体，影响炼油质量。

（3）**油与红丹的化合** 油与红丹等共同高温熬炼过程生成脂肪酸铅盐，是膏药基质的主要成分，它使不溶性的铅氧化物成为可溶状态，产生表面活性作用，增加皮肤的通透性及药物的吸收；同时也是使植物油氧化分解、聚合的催化剂，使之生成树脂状物质，进而影响膏药的黏度和稠度。若反应过度，反应液老化焦枯，会致成品硬脆不合要求，将油丹反应温度控制在 320℃左右可解决这一问题。黑膏药基质中铅离子的存在，可以造成人体内血铅浓度过高及环境污染，在一定程度阻碍了黑膏药的发展。

（4）去"火毒"问题　"火毒"很可能是油在高温时氧化分解产生的刺激性低分子产物，如醛、酮、低级脂肪酸等，其中一部分能溶于水，或有挥发性，故经水洗、水浸或长期放置于阴凉处可以除去。

（5）安全防护　膏药熬炼过程中，温度高达300℃以上，操作不当，油易溢锅、起火，同时油的分解、聚合等产生大量的浓烟及刺激性气体，需排入洗水池中，经水洗后排出。选择在密闭容器内，在郊区空旷场所，并配备防火设备、排气管道、防护用具情况下熬炼，可保证安全。

（二）白膏药

白膏药系指原料药物、食用植物油与宫粉［碱式碳酸铅，$2PbCO_3 \cdot Pb(OH)_2$］炼制成的膏料，摊涂于裱褙材料上制成的供皮肤贴敷的外用制剂。

白膏药的制法与黑膏药基本相同，唯下丹时油温要冷却到100℃左右，缓缓递加宫粉，以防止产生大量二氧化碳气体使药油溢出。宫粉的氧化作用不如红丹剧烈。宫粉用量较红丹多，与油的比例为1∶1或1.5∶1，允许有部分多余的宫粉存在。加入宫粉后需搅拌，在将要变黑时投入冷水中，成品为黄白色。

（三）质量要求与检查

（1）**外观**　膏药的膏体应油润细腻，光亮，老嫩适宜，摊涂均匀，无飞边缺口。黑膏药应乌黑、无红斑；白膏药应无白点。加温后能粘贴于皮肤上且不移动。

（2）**软化点**　用于测定膏药在规定条件下受热软化时的温度情况以检测膏药的老嫩程度，并可间接反映膏药的黏性。测定膏药因受热下坠达25 mm时的温度的平均值，应符合规定。

（3）**重量差异限度**　取供试品5张，分别称定总重量。剪取单位面积（cm²）的裱褙，折算出裱褙重量。膏药总重量减去裱褙重量即为药膏重量，与标示量相比较不得超出表12-3中规定。

表 12-3　膏药的重量差异限度

标示重量	重量差异限度	标示重量	重量差异限度
3 g 或 3 g 以下	±10%	12 g 以上至 30 g	±6%
3 g 以上至 12 g	±7%	30 g 以上	±5%

（四）贮藏

膏药应密闭，置阴凉处贮存。

六、其他剂型

（一）凝胶剂

凝胶剂系原料药物与能形成凝胶的辅料制成的具凝胶特性的稠厚液体或半固体制剂。除另有规定外，凝胶剂限局部用于皮肤及体腔，如鼻腔、阴道和直肠。

按基质不同，凝胶剂可分为溶液型凝胶、乳状液型凝胶、混悬型凝胶。乳状液型凝胶剂又称为乳胶剂。由高分子基质如西黄蓍胶制成的凝胶剂也可称为胶浆剂。小分子无机原料药物如氢氧化铝凝胶剂是由分散的药物小粒子以网状结构存在于液体中，属两相分散系统，也称混悬型凝胶剂。混悬型凝胶剂可有触变性，静止时形成半固体，而搅拌或振摇时成为液体。

凝胶剂应避光，密闭贮存，并应防冻。

凝胶剂用于烧伤治疗，如为非无菌制剂的，应在标签上标明"非无菌制剂"；产品说明书中应注明"本品为非无菌制剂"，同时在适应证下应明确"用于程度较轻的烧伤（Ⅰ度或浅Ⅱ度）"；注意事项下规定"应遵医嘱使用"。

1. 基质

凝胶剂基质属单相分散系统，有水性与油性之分。水性凝胶基质一般由水、甘油或丙二醇与纤维素衍生物、卡波姆、海藻酸盐、西黄蓍胶、明胶、淀粉等构成。油性凝胶基质由液状石蜡与聚氧乙烯或脂肪油与胶体硅或铝皂、锌皂制成。水性凝胶基质较常见，其特性与水溶性软膏基质基本一致。必要时可加入保湿剂、防腐剂、抗氧剂、透皮促进剂、增稠剂等附加剂。

2. 制备

饮片需经适宜方法提取、纯化，以半成品投料制备。先按基质配制方法配成水凝胶基质，注意基质的有限溶胀与无限溶胀阶段。药物若溶于水，先溶于部分水或甘油中，必要时加热，制成溶液加于凝胶基质中；若不溶于水，可先用少量水或甘油研细、分散，再与基质搅拌混匀，最后加入保湿剂、防腐剂混匀即得。

3. 举例

例 12-8 肿痛凝胶

【处方】

七叶莲	18 g	滇草乌	18 g
三七	18 g	雪上一枝蒿	18 g
金铁锁	18 g	金叶子	18 g
八角莲	18 g	葡萄根	18 g
白芷	18 g	灯盏细辛	18 g
披麻草	18 g	白芷	18 g
栀子	18 g	火把花根	8 g
重楼	18 g	薄荷脑	6 g
甘草	6 g	冰片	6 g
麝香	0.08 g	药膜树脂 40	188 g
甘油	47 g		
		制成	1000 g

【制法】 ①以上十九味饮片，麝香、冰片、薄荷脑加乙醇浴解，其余七叶莲等 16 味粉碎成粗粉，混匀，用 65%～70%的乙醇作溶剂渗漉，收集渗漉液 960 mL，冷藏 48 h，过滤，备用。②取药膜树脂 40，加入上述备用药液，搅拌均匀，室温溶胀 24 h，水浴加热使溶解，冷至 4℃时，加入薄荷脑等乙醇溶液及甘油，搅拌均匀，分装，即得。

【功能与主治】 消肿镇痛，活血化瘀，舒筋活络，化痞散结。用于跌打损伤，风湿关节痛，肩周炎，痛风，乳腺小叶增生。

【用法与用量】 取本品适量，涂一薄层于患处，待药形成一层薄膜，约 12 h 后将药膜揭下，次日再涂上新药膜即可。

【规格】 30 克/瓶。

【贮藏】 密封，置阴凉处。

【注解】 ①本品为棕色黏稠液体；采用 TLC 鉴别薄荷脑；GC 测定薄荷脑含量。本品含薄荷脑（$C_{10}H_{20}O$）不得少于 0.33%，pH 应为 4.5～6.5。②本品为含醇凝胶剂，方中贵重药麝香、冰片、薄荷脑不用提取，宜单独处理。③其余药味的 65%～70%乙醇渗漉液不经浓缩，过滤后直接作为药膜树脂的分散媒制成凝胶；在低温下加入挥发性的薄荷脑等乙醇溶液；甘油作为保湿剂。

4. 质量要求与检查

（1）**外观** 凝胶剂应均匀、细腻，在常温时保持凝胶状，不干涸或液化。混悬型凝胶剂中胶粒应分散均匀，不应下沉、结块。

（2）**pH** 按规定方法检查，应符合规定。

（3）**粒度** 除另有规定外，混悬型凝胶剂照下述方法检查，应符合规定。

检查法：取供试品适量，置于载玻片上，涂成薄层，薄层面积相当于盖玻片面积，共涂 3 片，照《中国药典》（2020 年版）四部通则粒度和粒度分布测定法（第一法）测定，均不得检出大于 180 μm 的粒子。

（4）**装量** 照《中国药典》（2020 年版）四部通则最低装量检查法（重量法）检查，均应符合规定。

（5）**无菌** 除另有规定外，用于烧伤［除程度较轻的烧伤（Ⅰ度或浅Ⅱ度外）］或严重创伤的软膏剂与乳膏剂，按《中国药典》（2020 年版），应符合规定。

（6）微生物检查　除另有规定外，照《中国药典》（2020 年版）检查，应符合规定。

（二）糊剂

糊剂系指大量的原料药物固体粉末（一般 25% 以上）均匀地分散在适宜的基质中所组成的半固体外用制剂。糊剂具较高稠度、较大吸水能力和较低的油腻性，一般不影响皮肤的正常功能，具有收敛、消毒、吸收分泌物等作用，适用于亚急性皮炎、湿疹等渗出性慢性皮肤病。

1. 分类

根据基质的不同，糊剂可分为水溶性糊剂、脂肪性糊剂两类。水溶性糊剂系以甘油明胶、甘油或其他水溶性物质如药汁、酒、醋、蜂蜜等与淀粉等固体粉末调制而成。赋形剂本身具有辅助治疗作用，适于渗出液较多的创面。脂肪性糊剂系以凡士林、羊毛脂或其混合物为基质制成。

2. 制备

饮片需粉碎成细粉（过六号筛），或采用适当方法提取制得干浸膏并粉碎成细粉，再与基质拌匀调成糊状。基质需加热时控制在 70℃ 以下，以免淀粉糊化。

糊剂基质应均匀、细腻，涂于皮肤或黏膜上应无刺激性，应无酸败、异臭、变色与变硬现象。

3. 举例

例 12-9　皮炎糊

【处方】　白屈菜　　　　500 g　　　　白鲜皮根　　　500 g
　　　　　淀粉　　　　　100 g　　　　冰片　　　　　1 g

【制法】　①将白屈菜和白鲜皮根分别粉碎成粗末，用 pH＝4.0 的醋酸溶液与 70% 乙醇渗漉，制成流浸膏，加入淀粉，加热搅拌成糊状。②然后将冰片溶于少量乙醇中，加入搅匀，即得。

【功能与主治】　消炎，祛湿，止痒。用于稻田皮炎、脚气等。

【用法与用量】　涂患处，一日数次。

【注解】　①白屈菜和白鲜皮根中含生物碱类成分，故调 pH＝4.0 并用 70% 乙醇渗漉提取。②淀粉作为糊剂中的固体粉末；冰片量少，直接加入水性基质中不易混匀，故溶于少量乙醇后加入。

（三）眼用半固体制剂

眼用半固体制剂系指直接用于眼部发挥治疗作用的无菌半固体制剂。它可以分为眼膏剂、眼用乳膏剂、眼用凝胶剂等。**眼膏剂**系指由原料药物与适宜基质均匀混合，制成溶液型或混悬型膏状的无菌眼用半固体制剂。**眼用乳膏剂**系指由原料药物与适宜基质均匀混合，制成乳膏状的无菌眼用半固体制剂。**眼用凝胶剂**系指原料药物与适宜辅料制成的凝胶状无菌眼用半固体制剂。

眼用半固体制剂较一般滴眼剂的疗效持久且能减轻对眼球的摩擦。

眼膏剂的原料药物与基质必须纯净。常用基质由凡士林、液状石蜡、羊毛脂（8∶1∶1）混合而成。羊毛脂具有较强的吸水性和黏附性，较单用凡士林更易与药液及泪液混合和附着在眼黏膜上，促进药物渗透。基质应均匀、细腻、无刺激性，并易涂布于眼部，便于药物分散和吸收。

1. 制备

眼膏剂的制备应在清洁避菌条件下进行。基质用前必须加热过滤，并于 150℃ 干热灭菌 1 h，必要时可酌加适宜抑菌剂和抗氧剂等。基质与药物的混合方法基本同软膏剂、乳膏剂或凝胶剂。

①在水、液状石蜡或其他溶媒中溶解并稳定的药物可先溶于少量溶剂中，再逐渐加入其余基质混匀。②不溶性药物应先粉碎成极细粉，再用液状基质逐渐递增研匀。③多剂量眼用制剂一般应加适当抑菌剂，尽量选用安全风险小的抑菌剂，产品标签应标明抑菌剂种类和标示量。除另有规定外，在制剂确定处方时，该处方的抑菌效力应符合《中国药典》（2020 年版）规定。④眼用半固体制剂的基质应过滤并灭菌，不溶性原料药物应预先制成极细粉。眼膏剂、眼用乳膏剂、眼用凝胶剂应均匀、细腻、无刺激性，并易涂布于眼部，便于原料药物分散和吸收。除另有规定外，每个容器的装量应不超过 5 g。⑤启用后最多可使用 4 周。

2. 举例

例 12-10 马应龙八宝眼膏

【处方】

炉甘石	32.7 g	琥珀	0.15 g
人工麝香	0.38 g	人工牛黄	0.38 g
珍珠	0.38 g	冰片	14.8 g
硼砂	1.2 g	硇砂	0.05 g

【制法】 以上八味药中，炉甘石、琥珀、珍珠、硼砂、硇砂分别粉碎成极细粉；人工麝香、人工牛黄、冰片分别研细，与上述粉末配研，过筛，加入经灭菌、过滤后放入冷的 20 g 液状石蜡中，搅匀，再加入已干热灭菌、过滤并冷至约 50℃ 的 890 g 凡士林和 40 g 羊毛脂中搅匀凝固，即得。

【功能与主治】 退赤，去翳。用于眼睛红肿痛痒，流泪，沙眼，眼睑红烂等。

【用法与用量】 点入眼睑内，一日 2～3 次。

【规格】 2 克/支。

【贮藏】 密封，置阴凉处。

【注解】 ①本品为浅土黄色至浅黄棕色的软膏，气香，有清凉感；理化鉴别冰片、炉甘石。②麝香、牛黄、冰片等与处方中矿物类药材配研能达到更好的粉碎效果。③羊毛脂与凡士林合用，可提高凡士林的吸水性和渗透性。

3. 质量要求与检查

除另有规定外，眼用半固体制剂还应符合相应剂型通则项下有关规定，如眼用凝胶剂还应符合凝胶剂的规定。

（1）**粒度** 除另有规定外，含饮片原粉的眼用半固体制剂照下述方法检查，粒度应符合规定。

检查法：取 3 个容器的半固体型供试品，将内容物全部挤于适宜的容器中，搅拌均匀，取适量（或相当于主药 10 μg）置于载玻片上，涂成薄层，薄层面积相当于盖玻片面积，共涂 3 片；照《中国药典》（2020 年版）中粒度和粒度分布测定法测定，每个涂片中大于 50 μm 的粒子不得过 2 个（含饮片原粉的除外），且不得检出大于 90 μm 的粒子。

（2）**金属性异物** 除另有规定外，眼用半固体制剂照下述方法检查，应符合规定。

检查法：取供试品 10 个，分别将全部内容物置于底部平整光滑、无可见异物和气泡、直径为 6 cm 的平底培养皿中，加盖，除另有规定外，在 85℃ 保温 2 h，使供试品摊布均匀，室温放冷至凝固后，倒置于适宜的显微镜台上，用聚光灯从上方以 45° 角的入射光照射皿底，放大 30 倍，检视不小于 50 μm 且具有光泽的金属性异物数。10 个容器中每个含金属性异物超过 8 粒者，不得过 1 个，且其总数不得过 50 粒；如不符合上述规定，应另取 20 个复试；初、复试结果合并计算，30 个容器中含金属性异物超过 8 粒者，不得过 3 个，且其总数不得过 150 粒。

（3）**装量差异** 除另有规定外，单剂量包装的眼用半固体制剂照下述方法检查，应符合规定。

检查法：取供试品 20 个，分别称定内容物重量，计算平均装量，每个装量与平均装量相比较（有标示装量的应与标示装量相比较），超过平均装量±10% 者，不得过 2 个，并不得有超过平均装量±20% 者。

凡规定检查含量均匀度的眼用制剂，一般不再进行装量差异检查。

（4）**无菌** 除另有规定外，照《中国药典》（2020 年版）检查，应符合规定。

（四）鼻用半固体制剂

鼻用半固体制剂 系指直接用于鼻腔发挥局部或全身治疗作用的半固体制剂，包括鼻用软膏剂、鼻用乳膏剂、鼻用凝胶剂等。

鼻用软膏剂 系指由原料药物与适宜基质均匀混合，制成溶液型或混悬型膏状的鼻用半固体制剂。**鼻用乳膏剂** 系指由原料药物与适宜基质均匀混合，制成乳膏状的鼻用半固体制剂。**鼻用凝胶剂** 系指原料药物与适宜辅料制成的凝胶状无菌鼻用半固体制剂。

1. 制备

鼻用半固体制剂的制备应在清洁避菌条件下进行。基质用前必须加热过滤，并于 150℃ 干热灭菌 1 h，必要时可酌加适宜抑菌剂和抗氧剂等。基质与药物的混合方法基本同软膏剂、乳膏剂或凝胶剂。

鼻用半固体制剂可根据主要原料药物的性质和剂型要求选适宜的辅料。通常含有调节黏度、控制pH、增加原料物溶解、提高制剂稳定性或能够赋形的辅料。除另有规定外，多剂量水性介质鼻用制剂应当添加适宜浓度的抑菌剂，制剂确定处方时，该处方的抑菌效力应符合《中国药典》（2020年版）抑菌效力检查法的规定，制剂本身如有足够的抑菌性能，可不加抑菌剂。

2. 注意事项

①在水、液状石蜡或其他溶媒中溶解并稳定的药物可先溶于少量溶剂中，再逐渐加入其余基质混匀。②不溶性药物应先粉碎成极细粉，再用液状基质逐渐递增研匀。③鼻用半固体制剂的基质应过滤并灭菌，不溶性原料药物应预先制成极细粉。④鼻用半固体制剂多剂量包装容器应配有完整和适宜的给药装置。容器应无毒并洁净，不应与原料药物或辅料发生理化作用，容器的瓶壁要有一定的厚度且均匀，除另有规定外，装量应不超过10 mL或5 g。⑤多剂量包装者在启用后最多可使用4周。

3. 质量要求与检查

除另有规定外，鼻用半固体制剂还应符合相应剂型通则项下有关规定，如鼻用凝胶剂还应符合凝胶剂的规定。

（1）**装量差异** 除另有规定外，单剂量包装的鼻用半固体制剂照下述方法检查，应符合规定。

检查法：取供试品20个，分别称定内容物重量，计算平均装量，每个装量与平均装量相比较（有标示装量的应与标示装量相比较），超过平均装量±10%者，不得超过2个，并不得有超过平均装量±20%者。

凡规定检查含量均匀度的鼻用制剂，一般不再进行装量差异检查。

（2）**无菌** 除另有规定外，用于手术、创伤或临床必须无菌的鼻用半固体制剂，照《中国药典》2020版无菌检查法检查，应符合规定。

（3）**微生物检查** 除另有规定外，照《中国药典》（2020年版）检查，应符合规定。

（王若宁）

思考题

1. 简述浸提过程及影响因素。
2. 中药制剂与化学制剂有什么不同？
3. 中药制剂常用的前处理方法有哪些？
4. 中药丸剂是如何分类的？并简述常用的制备方法及工艺流程。
5. 常用的中药浸出制剂有哪些品种？各有什么特点？
6. 外用膏剂中哪些剂型是传统剂型，并综述其发展现状及趋势。
7. 凝胶贴膏剂制备过程中常发生什么问题？应如何克服？

参考文献

［1］ 杨明. 中药药剂学［M］. 9版. 北京：中国中医药出版社，2012.
［2］ 崔福德. 药剂学［M］. 7版. 北京：人民卫生出版社，2011.
［3］ 胡容峰. 工业药剂学［M］. 北京：中国中医药出版社，2010.

第十三章
生物技术药物制剂

本章要点

1. 掌握生物技术药物的定义、分类和特点。
2. 掌握多肽/蛋白质类药物注射给药系统。
3. 熟悉多肽/蛋白质类药物非注射给药系统。
4. 熟悉核酸类药物给药系统。
5. 了解疫苗和活细胞药物给药系统。

第一节 概 述

一、生物技术药物的定义

生物技术药物（biotechnological drugs）系指采用基因工程、细胞工程、蛋白质工程等生物技术，以细胞、微生物、动物或人源的组织和液体等为原料制备而得的、用于人类疾病预防、诊断和治疗的药物。近几年来，随着生物技术的飞速发展，以重组蛋白质药物、治疗性抗体、生物技术疫苗、基因药物及基因治疗、细胞及干细胞治疗等为代表的生物技术药物成为当今新药研发的新宠。目前，已上市的生物技术药物主要用于癌症、人类免疫缺陷病毒性疾病、心血管疾病、糖尿病、贫血、自身免疫性疾病、基因缺陷病症和遗传疾病等的治疗，突破了化学药物难以逾越的瓶颈，为许多患者带来希望，在医药市场上也受到越来越多的关注。

自 1982 年第一个基因重组药物——人胰岛素上市以来，第二代生物技术药物正在取代第一代多肽、蛋白质类替代治疗剂。第一代重组药物是一级结构与天然产物完全一致的药物，而第二代生物技术药物则是应用蛋白质工程技术制造的新重组药物。与传统的化学合成药物相比，借助 DNA 重组技术生产的生物技术药物越来越显示其特点：针对疾病的致病机制来进行特定设计。因此，当许多传统药物束手无策或疗效不佳的时候，生物技术药物的优势就越加明显。近年来，生物技术药物发展迅速，虽然至今尚未撼动以化学药物为主的传统药物的主导地位，但是截至 2018 年上半年全球药物销售额 Top 100 中，蛋白质、多肽类的生物技术药物占据了 53 种，其中排名第一的 Humira（修美乐，阿达木单抗）2018 上半年销售额达 98.94 亿美元。同时，在 2015—2018 年美国食品药品监督管理局（FDA）批准的所有药物中，近 30%

是生物技术药物。虽然我国的生物技术药物发展较晚，但是随着生物技术的不断发展，生物技术药物在我国医药领域的比重日益增强，现已成为我国药物研发的重要领域。目前我国在临床应用的生物技术药物约有 20 多个品种，同时，《中国药典》（2020 年版）中收录的生物技术药物约占 2.6%，新增数约为 13%，包括各类疫苗、抗毒素制品、抗血清制品等 153 种。欧、美、日等发达国家和地区同样也将生物技术药物列为当代药物研发的前沿，致力于加快生物大分子药物的研发。各国大力发展以知名大学和研究机构为中心，带动企业而形成产业群，如美国的圣迭戈和北卡罗来纳州的"三角公园"，日本的筑波和千叶县，法国、瑞士和德国边界的"金三角"和韩国的大田等，均已形成以生物技术制药产业为主的"生物技术产业群"。

二、生物技术药物的分类

（一）多肽/蛋白质类药物

用于预防、治疗和诊断的多肽和蛋白质类物质被称为**多肽/蛋白质类药物**，是生物技术药物中至关重要的一类，是目前利用生物技术药物治疗各种疾病的主要方法。已有 60 多种多肽被 FDA 批准用于各种适应证，至少 120 种多肽处于临床试验阶段。其中单克隆抗体（monoclonal antibody，mAb）已成为现代生物技术产业的支柱之一，有 50 多种已批准的产品以及 500 多种基于 mAb 的治疗方法正在临床试验阶段。

（二）核酸类药物

核酸类药物是指用于预防、治疗和诊断的核酸类物质。核酸类药物主要分为反义核酸药物、RNA 干扰类（RNAi）药物、药物适体以及基因药物四种。随着生物技术的发展，使得核酸类药物相关的 RNAi、基因治疗以及药物靶向治疗有了更多的可行性和更大的应用前景，直至 2019 年，FDA 已批准五款基因药物、两款 RNAi 药物上市。

（三）疫苗

疫苗（vaccine）是指用各类病原微生物制作的用于预防接种的生物制品。**疫苗递送系统**（vaccine delivery system）是指一类能够将抗原物质携带至机体并发挥其抗原作用的物质。现如今，接种疫苗被认为是处理各种疾病（如微生物感染、自身免疫相关疾病，甚至某些类型的癌症）最经济的策略。同时，如何利用载体的装载能力以及如何选用最佳的给药方式来增强和改善传统疫苗制剂的效果，是设计疫苗递送系统时要考虑的重要因素。

（四）活细胞药物

活细胞疗法（live cell therapy）是指利用某些具有特定功能的细胞的特性，采用生物工程方法获取或通过体外扩增、特殊培养等处理后，使这些细胞具有增强免疫、杀死病原体或肿瘤细胞等功效的治疗方法。活细胞药物按照细胞种类可以分为**干细胞治疗药物**和**免疫细胞治疗药物**。近年来，随着干细胞生物学、免疫学、基因编辑技术等新兴领域的快速发展，细胞疗法作为一种安全有效的治疗手段，被誉为"未来医学的第三大支柱"。

三、生物技术药物的优势及局限

与小分子化学药物相比，生物技术药物主要具有以下优势：①靶点特异性强，安全性更高。②药理活性高，用药剂量小。例如当化疗药物作用剂量为微克级别时，一些对应的生物技术药物起效剂量为纳克级别。

尽管生物技术药物的重要性日益显现，但在生物技术药物的应用方面仍存在诸多亟待解决的难题和局限：①生物技术药物分子量大，且功能与结构高度相关，生产和贮存难度较大。②通过各种清除途径易被人体内的蛋白酶降解，体内半衰期较短。为了维持其疗效，临床应用中需要频繁给药。③生物技术药物体外性质不稳定。特别是多肽/蛋白质类药物容易形成蛋白质聚体、发生氨基酸侧链异质化，使其稳定性较差。

因此，针对生物技术药物的优势及其局限，如何最大限度地保留其生物活性和优势，提高其生物利用度，降低免疫原性并将其传递至作用靶点是实现生物技术药物研发的重要问题。同时，通过药物优化设计和工程改造获得安全高效的生物技术药物是提高其成药性的重要策略，也成为当今生物技术药物研发的重点方向和热点领域。

四、生物技术药物的质量要求

生物技术药物由于其种属特异性、免疫原性、体内外不稳定等特性，且分离提纯工艺复杂，因此对其质量要求较高，需要针对生产全过程，采用化学、物理和生物学等手段进行全面、实时的质量控制。根据《中国药典》（2020 年版），生物技术药物需遵循科学性、先进性和适用性原则进行质量控制。同时，《中国药典》（2020 年版）对生产用原材料（菌毒种、细胞基质以及起始原料）、辅料和生产过程质量管理规范提出了基本要求（图 13-1）。对生产用原材料以及相关辅料的关键项目检测包括鉴别、微生物限度、细菌内毒素、异常毒性检查等。在生产用细胞基质方面，质量要求主要包括细胞株历史资料、操作要求、细胞库、生产细胞代次测定以及细胞鉴别、外源因子和内源因子的检查、成瘤性/致瘤性检查等，必要时还须进行细胞生长特性、细胞染色体检查、细胞均一性及稳定性检查。

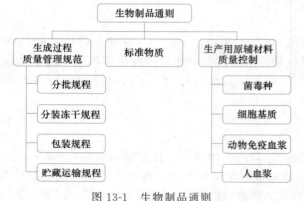

图 13-1　生物制品通则

同时，在生物技术药物质量控制过程中生物制品标准物质至关重要。**生物制品标准物质**系指用于生物制品效价、活性或含量测定的或其特性鉴别、检查的生物标准品、生物参考品。标准物质的种类主要分为以下两类：

① **国家生物标准品**，系指用国际生物标准品标定的，或由中国自行研制的（尚无国际生物标准品者）用于定量测定某一制品含量、效价或毒性的标准物质，其含量以毫克（mg）表示，生物学活性以国际单位（IU）、特定单位（AU）或单位（U）表示。

② **国家生物参考品**，系指用国际生物参考品标定的，或由中国自行研制的（尚无国际生物参考品者）用于微生物或其产物的定性鉴定或疾病诊断的生物试剂、生物材料或特异性抗血清；或指用于定量检测某些制品的生物效价的参考物质，如用于麻疹活疫苗滴度或类毒素絮状单位测定的参考品，其效价以特定活性单位（AU）或单位（U）表示，不以国际单位（IU）表示。

五、生物技术药物制剂的现状

美国等西方国家的生物技术药物发展较为先进，在过去的几十年里，其创新研究成果逐渐增加。目前全球已有 100 多个生物技术药物上市，而相应的国家也凭借自主产权获取了巨大的经济利益。生物技术药物销售连续多年增长在 10% 以上，是高利润、高收益的发展项目，也是许多发达国家的优先发展项目之一。

相较于美国及其他发达国家而言，我国的生物技术药物发展之初缺乏足够的研发资金和研发人才，因此，发展速度较为缓慢。而近些年来随着我国经济的不断发展，国家出台了大量的优惠政策来鼓励生物技术药物的研发，不断加大资金的投入力度，吸引国内外先进的研发人才，不断借鉴他国的发展经验，取长补短，制定出一套完整且可行性高的规章流程，极大地提高了我国生物技术药物发展的速度和水平。目前我国生物技术药物的发展已逐步步入领先行列，在临床上运用的生物技术药物已有数十种品种，包括干扰素-α1a、干扰素-α2b、乙肝疫苗、促红细胞生成素、表皮生长因子、胰岛素、生长激素、碱性成纤维细胞生长因子等。同时，《中国药典》收录的生物技术药物也已涉及乳膏剂、凝胶剂、滴眼液、栓剂、喷雾剂、软膏剂等许多不同剂型。

就总体情况而言，我国生物技术药物的发展取得了巨大的成就和长足进步，但是现存的许多问题阻碍了我国生物技术药物的发展。这些问题主要包括总体技术水平相对落后，生物技术制药投入不足，缺乏创新意识等。与发达国家相比，我国研发团队的水平和能力尚显不足，学术和创业环境均不成熟。我国多数的生物技术药物企业规模较小，研发人才和资金不足，致使研发的产品也不够具有影响力和竞争力，难以获取较大的经济利益，使得企业更加缺乏动力和资金加大产品研发，而且生物技术药物的投资风险性较大，更是增加了企业融资的难度；政府是生物技术药物发展的主要投资者，大大降低了风险性，使得研究人员缺乏必要的热情和激情，缺乏对市场的观察，研究的部分成果并未有实际的应用意义；研发高效安全的生物技术药物往往需要投入大量的资本，各项生产工艺也较为复杂，成本过高导致药物价格昂贵，明显增加了患者的经济压力，这就严重影响药物的市场销量，也严重阻碍了我国生物技术药物的整体发展。因此，需要立足于实际情况，制定长远的发展战略，不断增加资金和科研力量的投入，推动我国生物技术制药行业的发展。

第二节　多肽/蛋白质类药物注射给药系统

一、普通注射给药系统

（一）概述

随着重组DNA技术的发展，基因工程肽和蛋白质药物的大规模生产已成现实。这类药物应用于临床的数量越来越多。目前上市的生物技术药物大多为多肽/蛋白质类大分子药物。与传统的化学合成药物相比，其优点受到了广泛的关注，即多肽/蛋白质与人体正常生理物质较为接近，更易被机体吸收，同时其药理活性较高、毒性较低。但多肽/蛋白质类药物具有分子质量大、稳定性差，容易被蛋白水解酶降解，生物半衰期短，生物膜渗透性差，生物利用度不高，不易通过生物屏障等缺点。故多肽/蛋白质类药物给药系统的研究一直是药剂学领域的一个热点。许多研究人员尝试对多肽/蛋白质类药物进行化学修饰、制成前体药物，应用吸收促进剂，使用酶抑制剂，采用离子电渗法皮肤给药，以及设计各种给药系统解决上述问题。多肽/蛋白质类药物一般以注射给药为主，其基本剂型是注射剂和冻干剂。由于需要频繁注射，导致患者顺应性差，且加重了患者的身体、心理和经济负担。近年来，脂质体、微球、纳米粒等制剂新技术发展迅速、日渐完善，国内外学者将其广泛应用于多肽/蛋白质类药物给药系统的研究中，为此类药物的临床应用铺平了道路。

（二）给药途径及常用稳定剂

多肽/蛋白质类药物给药途径分为两种：**注射给药**和**非注射给药**。注射给药途径包括静脉注射、皮下注射、肌内注射；非注射给药途径包括口腔给药、鼻腔给药、眼部给药、舌下给药、经皮给药、肺部给药、直肠给药、阴道给药等。注射给药是临床上采用的主要给药方式，对于在溶液中较稳定的多肽，通过加入适当稳定剂及控制贮存条件可制成溶液剂。某些蛋白质（特别是经过纯化后）在溶液中活性容易丧失，可考虑将其制成冻干剂或者通过基因工程手段，替换多肽或蛋白质结构中引起其不稳定的残基、引入能增加其稳定性的残基，从而提高多肽/蛋白质类药物的稳定性。常用方法是通过聚乙二醇（PEG）化修饰，提高多肽/蛋白质类药物的热稳定性、降低其抗原性、延长其生物半衰期。而在药剂学领域，除了常规制剂所需要的基本组分外，比较常见的方法是在处方中加入一种或多种稳定剂，来抑制或延缓多肽/蛋白质类药物的降解或变性。常用的稳定剂包括以下几种类型。

1. 缓冲溶液

体系的 pH 是影响蛋白质稳定性的重要因素之一，因此通常采用适宜的缓冲体系，保证体系维持在其稳定的 pH 范围内，以提高多肽/蛋白质类药物的稳定性。常用的缓冲体系包括枸橼酸钠-枸橼酸缓冲剂和磷酸盐缓冲剂等，但在冻干制剂中应尽量避免使用磷酸钠缓冲剂，因为磷酸氢二钠容易形成结晶，可能导致冷冻过程中体系 pH 的不均匀。由于体系的 pH 也会影响药物的溶解性，因此在选择缓冲体系时还应关注其对药物溶解性的影响。

2. 糖和多元醇

该类稳定剂的作用与其使用浓度有关。常用的糖类包括蔗糖、葡萄糖、海藻糖和麦芽糖，尤其在冷冻干燥制品中应用最为广泛，既作为赋形剂也作为稳定剂使用。常用的多元醇有甘油、甘露醇、山梨醇、PEG 和肌醇等，其中 PEG 类通常作为蛋白质的低温保护剂和沉淀结晶剂，其作用与蛋白质的空间结构和溶液的性质有关。

3. 盐类

有些无机离子（如 Na^+、SO_4^{2-} 等）在低浓度时可通过静电作用提高蛋白质三级结构的稳定性，但当其达到一定浓度时会使蛋白质的溶解度下降（即盐析）；而高浓度的重金属盐类（如 Pb^{2+}、Cu^{2+}、Hg^{2+}、Ag^+ 等）则易导致蛋白质变性。

4. 氨基酸类

一些氨基酸（如甘氨酸、精氨酸、天冬氨酸和谷氨酰胺等）在特定条件下可抑制蛋白质的聚集或改善蛋白质的溶解度，从而提高其稳定性。

5. 大分子化合物

一些大分子如人血清蛋白（human serum albumin，HSA）可以通过形成阻碍蛋白质相互作用的空间位阻或竞争性作用，发挥蛋白质的稳定作用。

此外，一些表面活性剂如聚山梨酯类可防止蛋白质聚集，但含长链脂肪酸的表面活性剂或离子型的表面活性剂（如十二烷基硫酸钠）可引起蛋白质的解离或变性，不宜使用。

（三）注射剂制备工艺

生物技术药物注射剂的制备工艺与一般的注射剂基本相同，主要包括配液、过滤（灭菌）、灌装、封口等过程，其工艺过程控制均可参考注射剂的生产工艺要点。

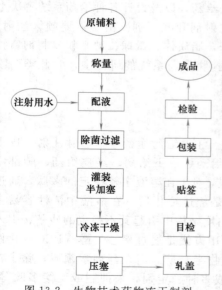

图 13-2　生物技术药物冻干制剂的生产工艺流程图

为保证多肽/蛋白质类药物的贮存中的长期稳定性，往往需要采用冷冻干燥、喷雾干燥等方法制成固态制剂，其中冷冻干燥技术最为常用（图 13-2）。应注意的是，冷冻干燥的过程破坏了蛋白质分子周围的水化层，导致其复溶困难或不溶，因此在处方中需添加适宜的渗透保护剂，如蔗糖、甘露醇、甘油等，且应保持相对高的含水量，以最大限度地保持蛋白质的生物活性。此外，由于蛋白质药物对 pH、温度等微环境极为敏感，因此在冻结过程中应控制冷冻速度，尽量减少对蛋白质药物空间结构的影响。

（四）注射剂的质量评价

生物技术药物注射剂的质量需要进行装量、装量差异、渗透压摩尔浓度、可见异物、不溶性微粒、无菌等检查，应符合《中国药典》（2020 年版）的要求。根据生物技术药物的特点，同时进行一些较为特殊的理化分析与检测，如蛋白质含量、抗体效价分析等。此外，由于生物技术药物对温度较为敏感，因此一般不能用高温加速试验的方法来预测药物在室温下的有效期。

二、注射用缓释微球

（一）概述

微球（microspheres）制剂是活性成分以溶解状态或者分散在如聚合物、明胶、蛋白质等材料基质中，后经处理、固化而形成的实心微小球体，其实质为骨架型固体物。根据制备方法或用途的不同，其大小不一，通常在 $1\sim300~\mu m$ 之间，有些皮下植入微球直径甚至更大，可达 $600~\mu m$ 以上。微球注射剂是通过高分子材料包裹或吸附药物而制成的球形或类球形的微粒，直径一般在 $20~\mu m$ 左右。一些半衰期短的多肽，应用缓控释技术可以有针对性地保护其免受外部环境的破坏、减少给药次数、延缓药物释放。多肽/蛋白质类药物的剂量一般较小，但需要长期给药，这就为缓释微球制剂的应用提供了机会。将多肽/蛋白质类药物包封于微球载体中，通过皮下或肌内注射给药，使药物缓慢释放，改变其体内转运的过程，延长药物在体内的作用时间（可达 $1\sim3$ 个月），可大大减少给药次数，明显提高患者用药的顺应性。同时，微球注射剂还具有掩盖药物不良气味、提高基质中化合物的稳定性等优点。

（二）注射用缓释微球的制备工艺

微球注射剂以其长效缓释的优越特性受到了日益广泛的重视和应用，除了应用于多肽/蛋白质类生物技术药物（如奥曲肽）外，现也应用于传统化药（如利培酮）。随着研究的不断深入以及新型无毒、生物相容性高分子材料的出现，微球注射剂将会得到更广泛的应用。

微球制备所需的辅料除了为提高微球质量而加入的附加剂（如稳定剂、稀释剂）外，还有为了实现控制或调节药物释放的阻滞剂、促进剂，改善可塑性的增塑剂等。此外，其主要辅料为载体材料。目前制备微球所用的载体材料多为生物可降解物质，按来源可分为天然高分子材料、半合成高分子材料和合成高分子材料。明胶、海藻酸盐、蛋白质类等都是常见的天然高分子材料。这些天然高分子材料一般具有明确的化学结构、理化性质。然而，因其来源不同，导致制备或者提取过程困难且成本较高。而且，由于天然高分子材料来源的动植物与人类存在种属差异，其质量控制也比较困难。半合成高分子材料是在天然化合物的基础上进行修饰而得到，其中具有代表性的材料有羧甲基纤维素（CMC）盐和醋酸纤维素酞酸酯（CAP），CAP 也可与明胶配合使用。合成高分子材料中应用最广泛的 PLGA［poly(lactic-co-glycolic acid)，聚乳酸-乙醇酸共聚物］，是一种被 FDA 批准用作手术缝合线、心血管支架、控释药物涂层的高分子材料。目前，PLGA 也被广泛用作注射用微囊、微球、埋植剂等的骨架材料。

缓释微球的制备方法是多种多样的，通常根据主药性质来选用不同的载体材料和不同的制备方法，其中包括有机溶剂萃取法、溶剂挥发法、相分离法、喷雾干燥法、超临界流体法等。

下面以 PLGA 微球包载药物为例，简述几种主要的微球制备工艺。

1. 溶剂挥发法

溶剂挥发法适用于亲脂性药物，用水包油（O/W）方法进行制备。首先，根据药物的物理性质选择不同末端修饰的 PLGA。其次，选择合适分子量的 PLGA。最后，通过控制 PLGA 分子量、浓度、第一相与第二相的比例及搅拌速率，制备 PLGA 微球。

2. 喷雾干燥法

喷雾干燥法是将原料药分散于 PLGA 的有机溶剂中，形成乳浊液，然后将乳浊液用喷雾干燥器进行喷雾干燥，从而得到粒径均匀微球的一种制备工艺。

3. 相分离法

相分离法是先将药物与 PLGA 混合形成乳状液或混悬液，再通过向体系中加入无机盐、非溶剂或脱水剂，使 PLGA 的溶解度突然降低，从体系中与药物一起析出，形成微球。

每种微球的制备方法具有不同的特点，可根据需要和实际情况选择合适的制备方法。如乳化溶剂挥发法，虽然制备方法简单，但是水相或油相的扩散会影响微球孔径尺寸。而喷雾干燥法虽然步骤简单，可用于工业生产，但致孔率低，不适用于热敏物质。同时，相分离法制备的步骤也较为简单，但是反应条件比较苛刻。

（三）注射用缓释微球的质量评价

1. 粒径及其分布

微球的粒径及其分布对微球体外和体内的释药模式、释药速率、含量均匀度乃至降解时限、通针性等指标都有很大的影响。为了制备得到一定粒径分布的微球，在制剂工艺中通常采用筛分法进行处理。干法筛分时，微球可能因挤压过筛而导致破损，因此一般多采用湿法筛分，即将微球悬浮于水性介质中，在振荡下从筛上缓慢加料，取截留在两筛之间的微粒，此时微粒以自然状态过筛，其粒径的准确性好于干法筛分。

2. 载药量、含量均匀度以及包封率

微球的含量均匀度检查是一项重要的检测项，涉及微球标示量的确定、相对含量差值 A 的计算、标准偏差 S 的计算以及可接受标准限度的确定等。含量均匀度不仅影响微球和辅料的混匀情况，还与微球粒径分布相关。粒径分布范围宽，容易出现均匀度差的问题；粒径分布范围越窄，含量均匀度越好。同时，包封率（包封率＝微球中包封的药量/微球中包封与未包封的总药量×100％）是评价制剂制备工艺和质量评价的重要指标，也是提高药物治疗指数、降低药物不良反应并减小药物剂量的关键。通常，《中国药典》（2020 年版）要求微球的包封率需达到 80％。

3. 体外释放度

突释效应可能导致人体内药物浓度在短时间内迅速升高，并使得药物有效期缩短，是限制微球广泛应用的关键问题，因此在质量控制过程中必须重点关注突释率这一指标。通过体外释放度考察微球的突释效应。常用的测定方法有摇床法、透析法和流通池法等。释放介质的组成、pH、离子强度、渗透压、表面活性剂种类及浓度、介质温度等对释药速率均有较明显的影响。

4. 无菌检查

注射微球微生物检查除需检查微球表面外，还必须对可能存在于微球内部的微生物进行检查。

三、其他注射给药系统

（一）纳米载体给药系统

纳米载体在生物技术药物中的应用主要体现在：克服体内的生理障碍，实现有效的体内药物转运；纳米载体容易进行表面修饰，易于通过改变其表面特质和生物学性质实现生物技术药物向特定部位的靶向输送；降低药物毒性，提高药物稳定性等。脂质体是一种常见的纳米载体，由磷脂和胆固醇组成。由于其使用材料具有两亲性，可定向排列形成封闭小囊泡，多肽/蛋白质类药物可进入脂质体的亲水层或疏水层中，从而实现有效的药物体内递送。现常借助于 PEG 化技术延长生物技术药物的体内生物半衰期，提高其生物利用度；或利用靶向配体修饰，提高生物技术药物向病灶部位的靶向转运。

（二）埋植剂

埋植剂的发展已有几十年的历史。早期通过皮下植入非生物降解的埋植剂，可用于妇女的避孕。但早期的埋植剂存在植入和取出不便、具有潜在感染风险及用药顺应性低等问题，该剂型的应用存在一定的局限性。近些年来，可生物降解聚合物作为注射型缓释制剂骨架是国内外学者主要研究方向之一，该制剂可直接注射于皮下或肌内，基质在体内逐渐降解，从而改变了以往埋植剂必须经过手术途径植入或取出的局限。但由于可降解埋植剂的酸性降解产物在体内逐渐蓄积，多肽/蛋白质的稳定性可能会受其影响，故近来研究重点逐渐转向注射微球。

（三）无针头注射剂

无针头注射剂是一种新型的气动力注射给药系统，包括无针头粉末注射剂和无针头药液注射剂，能够

帮助患者克服恐针症，实现直接粉末给药，适用范围广。目前，降钙素和胰岛素的无针粉末注射剂已在临床上获得成功。无针头喷射器也已广泛应用在一些其他生物技术药物中，包括流感疫苗、乙型肝炎疫苗、促红细胞生成素、降钙素和生长激素等。

第三节　多肽/蛋白质类药物非注射给药系统

一、鼻腔给药系统

鼻腔给药系统（nasal drug delivery system，NDDS）指在鼻腔用药，发挥局部或全身治疗作用的给药系统。

鼻腔黏膜中的细微绒毛大大增加药物吸收的有效表面积，且毛细淋巴管和淋巴管分布丰富，鼻腔上皮与血管壁紧密连接，细胞间隙较大，穿透性较高，有利于药物的迅速吸收。药物吸收后，直接进入体循环，无肝脏首过效应。而目前鼻腔给药系统主要用于局部作用，如治疗过敏性鼻炎、慢性鼻炎等。同时，鼻腔给药可能是脑部药物递送的一种新途径。有研究表明，雌二醇、神经生长因子等通过鼻腔给药可直接进入脑脊液。此外，鼻腔给药也能发挥全身治疗的作用，如庆大霉素等抗生素、脑啡肽等麻醉用药、安乃近滴鼻剂等小儿解热镇痛药等。目前已有多种类型多肽/蛋白质类药物的鼻腔给药系统上市，如布舍瑞林、去氨加压素、降钙素、催产素等。

影响多肽/蛋白质类药物鼻腔黏膜吸收的因素很多，包括药物理化性质（如分子量、脂溶性、解离常数等）、鼻腔的生理结构（纤毛、代谢酶活性、病理状态等）、制剂因素（pH、辅料性质等）等。药物鼻腔黏膜吸收一般认为是被动吸收过程，分子量<1000 的药物、脂溶性药物易被吸收，生物利用度较高，一般可接近100%；而一些低分子量的多肽鼻腔给药的生物利用度<1%。

吸收促进剂的应用是提高多肽/蛋白质类药物鼻腔吸收的重要手段。其作用机制包括改变鼻腔黏液的流变学性质，降低黏膜层黏度，提高黏膜通透性；抑制作用部位蛋白水解酶的活性，如胆酸盐、梭链孢酸等，从而提高多肽/蛋白质类药物的稳定性；使上皮细胞之间紧密连接暂时疏松等。一些蛋白质类药物如胰岛素、降钙素等在不加吸收促进剂时，生物利用度较低（<1%），而加入适宜的吸收促进剂（如胆酸盐、十二烷基硫酸钠等）后，吸收效果可提高数倍甚至数十倍。另外，通过改变药物剂型，增加药物在鼻黏膜的滞留时间，也可以有效提高多肽/蛋白质类药物在鼻黏膜的吸收。如与滴鼻剂相比，喷雾剂给药后药液主要沉积在鼻腔前部，并转变为更小的液滴易于吸收；微球制剂溶胀后，形成黏膜黏附释药系统，大大延长药物在鼻黏膜的滞留时间；同时，带正电的脂质体也具有较强的生物膜黏附特性。

此外，口腔黏膜、直肠黏膜、眼部黏膜等黏膜给药均可作为多肽/蛋白质类药物的给药途径，从而避免肝脏首过效应和胃肠道的首过效应，增加药物的吸收。

二、肺部给药系统

肺部给药系统（pulmonary drug delivery system，PDDS）指能将药物传递到肺部、产生局部或全身治疗作用的给药系统。

PDDS 主要具有以下优点：①肺部由于吸收表面积大（约 100 m^2）、肺泡上皮细胞层薄、毛细血管网丰富、肺泡与周围毛细血管衔接紧密、气血屏障小，因此药物易通过肺泡表面被快速吸收；②肺部生物代谢酶的活性低，从而减少对药物的水解代谢；③肺部给药可以避免肝脏首过效应，提高药物生物利用度。虽然肺部给药系统是十分有效的非注射给药途径，但多肽/蛋白质类药物难以透过肺泡膜，因此应用吸收促进剂（主要包括酶抑制剂、表面活性剂、胆盐及其酸、脂肪酸以及脂质体等）能够显著提高生物利用度。另外，可以通过开发多种剂型改善大分子药物肺部给药的生物利用度。例如喷雾剂能使得药物到达肺的更深部，且雾化粒子粒径更小，有利于药物在肺部滞留和吸收；而干粉吸入剂可以大大增加多肽/蛋白质类药物的稳定性。目前比较成功的肺部给药系统有吸入型重组胰岛素制剂（Exubera）、亮丙瑞林、生长激素等多肽类药物。胰岛素吸入剂型的开发还有很大的空间，例如进一步改善药物粒度分布以及粉体学性质等从而达到更好的治疗效果。

三、口服给药

口服给药（oral administration）指药物经口服后被胃肠道吸收入血，通过血液循环到达局部或全身组织，达到治疗疾病的目的。

口服给药与注射给药相比，病人依从性较高，尤其是针对长期多次需要使用药物的病人，口服给药具有更方便快捷的优点。但是由于胃肠道的复杂环境（胃酸、多种消化酶等），口服给药对于药物的破坏明显，因此影响药物的吸收，从而使药效大大降低。由于多肽/蛋白质类药物在胃肠道环境的不稳定性，且分子量较大，难以穿过消化道的吸收屏障，其口服给药生物利用度较低。针对其特点，不断改进多肽/蛋白质类药物的口服给药技术研究，通过结肠定位释药、药物结构修饰、应用吸收促进剂及酶抑制剂等手段，达到提高多肽/蛋白质类药物口服生物利用度的目的。

1. 口服结肠定位给药系统

口服结肠定位给药系统（oral colon-specific drug delivery system，OCDDS）是通过制剂技术使药物口服后，在胃及小肠内不释放，只有到达回盲肠或结肠部位才定位释放药物的一种新型药物控释系统。

结肠是位于直肠和盲肠的中间部位，主要分为降结肠、升结肠、乙状结肠和横结肠几个部分。其中乙状结肠容易发生各种疾病，是口服结肠给药系统的重要定位部位。结肠部位蠕动缓慢，因此药物在结肠处停留时间相对长，有利于药物的吸收。而结肠内多种消化酶容易失活，有助于大分子药物的口服吸收。除此之外，结肠内还存在大量有益菌群能够产生纤维素酶、偶氮还原酶、硝基还原酶等，易于药物的释放和吸收，从而提高药物的生物利用度。结肠定位释放系统主要是根据胃肠道的 pH 差异、特异性的酶系统、转运时间差异等原理设计而成，利用结肠部位的生理结构特点，开发多种药剂学方法进行药物递送，比如聚合物包衣法、药物渗透法以及敏感包衣法等，常用的材料包括壳聚糖、果胶、葡聚糖、海藻酸盐、环糊精、直链淀粉、偶氮类聚合物等。

2. 药物结构修饰

多肽/蛋白质类药物分子量大，极性较大，部分带有一定的电荷，较难通过生物屏障，因此，通过结构修饰，改善其亲脂性、带电性、药物稳定性从而促进吸收。促甲状腺激素释放激素是一种亲水性较大的蛋白质类药物，难以通过生物膜，且易被焦谷氨酰氨基肽酶降解，通过在促甲状腺激素释放激素的组氨酸末端的咪唑基团用氯甲酸酯酰化构建前体药物或者月桂酸修饰，不仅增强亲脂性，也大大增强其抗酶解能力。

3. 应用吸收促进剂及酶抑制剂

吸收促进剂通过提高多肽/蛋白质类药物的吸收，从而提高其生物利用度。常用的吸收促进剂有水杨酸类、胆酸盐类、表面活性剂、脂肪酸类、氨基酸类衍生物、金属螯合剂等，其作用机理各不相同。吸收促进剂可以通过改变胃肠道黏液的流变学性质、溶解膜成分、促进膜流动、与膜蛋白形成离子对等原理，促进多肽/蛋白质类药物在胃肠道的吸收。

酶抑制剂能够有效抑制胃肠道中的代谢酶活性，从而减少酶对多肽/蛋白质类药物的降解破坏。胃肠道环境复杂，含有多种代谢酶，如氨基肽酶、内肽酶、血管紧张素转换酶、金属肽酶等，通过脂质体、微囊、微球等制剂技术，使得酶抑制剂与多肽/蛋白质类药物在一定时间和一定位点同时释放，药物在代谢酶抑制部位释放吸收，从而大大提高生物利用度。

一、反义核酸药物

（一）定义

人类基因组测序以及疾病中重要分子途径的阐明为反义核酸疗法的发展提供了前所未有的机会。**反义核酸**是一段与靶基因的某段序列互补的天然存在或人工合成的核苷酸序列。反义核酸技术是根据核酸杂交原理设计并以选择性地抑制特定基因表达为目的的一类技术。FDA 批准的反义核酸药物已经在临床上用于治疗巨细胞病毒视网膜炎，也有一些其他核酸疗法正在进行临床试验。由于其高特异性和低毒性，许多人相信基因靶向治疗将会是治疗基因疾病的一场革命。基因治疗策略中使用基于核酸的分子可以在转录或转录后水平抑制基因表达。这一策略在心血管、炎症和感染性疾病、器官移植中具有潜在的应用价值。早在 1977 年就有学者发现，基因的表达可以通过使用外源核酸来改变，他们首次使用单链 DNA 在无细胞系统中抑制互补 RNA 的翻译。随后，他们又发现一种劳斯肉瘤病毒的反义 DNA 寡核苷酸可以抑制培养中病毒的复制。从这些研究结果可以发现反义核酸是具有一定的治疗效用的。

反义核酸技术的基本原理是碱基互补配对原理。绝大多数 DNA 由两条碱基互补的单链形成，在 DNA 双链上被转录为 RNA 的链为正义链，与其对应的链为反义链。设计一段寡核苷酸与正义链互补，将会阻断基因的转录，或将含有反义序列的载体导入到细胞内，可干扰特定的基因表达。利用这一原理，反义 DNA 或反义 RNA 可在基因位点、前体 mRNA、mRNA 及蛋白质水平干扰基因功能，调控细胞的增殖、分化和凋亡。

（二）应用与研究进展

在药剂学研究领域，科研人员通常借助一些高分子材料的载体来递送反义核酸药物。研究结果表明，通过设计核酸适体与药物的结合体，能够实现药物的靶向传递，提高其疗效并且减轻不良反应，这一思路为主动靶向给药系统的开发提供了新的方向。

选择具有高特异性与亲和性的靶向载体一直是主动靶向给药系统研究的难题。虽然目前多肽、抗体和叶酸等分子作为药物靶向载体的研究已有报道，但这些分子仍存在难以克服的局限。例如，单克隆抗体由于潜在的免疫原性和制备的困难大大限制了其临床的应用和产业化的进程；叶酸等虽然易于制备，但病变组织的细胞必须具有足够多的叶酸受体才能发挥其靶向作用，而且由于正常组织细胞也存在叶酸受体，导致其靶向作用并不十分理想。核酸适体是单链的 DNA 或者 RNA，可以特异性并高亲和性地与小分子、肽段、蛋白质、寡聚核苷酸相结合，因此可不经过化学修饰与药物分子稳定结合，在保持药物活性的同时对受体蛋白具有特定靶向作用。因其具有与靶细胞较好的结合特异性、较低免疫原性、分子体积小、制备方便等优点，具有一定的应用前景。现研究中有：抗癌药物多柔比星与核酸适体进行非共价作用连接制备制剂、制备核酸适体-脂质体纳米囊泡靶向制剂或其他核酸适体-纳米粒结合体等。这些研究为药物靶向制剂治疗基因疾病的应用开拓了美好前景，但在此领域仍然面临着很大的挑战，其安全性仍待进一步评价。

二、RNAi 药物

（一）定义

一种靶向 mRNA 可使转录后的基因沉默的新方法称为 **RNA 干扰**（**RNAi**）**技术**，也称**转录后基因沉**

默（post-transcriptional gene silencing，PTGS）。RNA 干扰是双链 RNA（dsRNA）分子引发序列特异性 mRNA 破坏的过程，引起目的基因不表达或表达水平下降。RNAi 介导的沉默是将长 dsRNA（约 500 至 1000 个核苷酸）加工成 21 至 23 个碱基对的片段，使之能够与它们的预期 mRNA 靶序列特异性杂交。dsRNA 切割的这些片段是通过 Dicer 核糖核酸酶完成的。然后切割后的小干扰 RNA（SiRNA）片段与蛋白质结合形成一个更大的核糖核蛋白（ribonucleoprotein，RNP）复合物，称为 RNAi 诱导沉默复合物（RNA-induced silencing complex，RISC）。它同时扫描互补的 mRNA 序列，寻找已解开的小 RNA 片段的同源性，然后通过复合物整合的酶促进其破坏。siRNA 本身没有催化作用，因其为双链结构，需要 Dicer、RNA 依赖的 RNA 聚合酶（RNA dependent RNA polymerase，RdRp）、解旋酶、激酶等协同因子才能发挥作用。RdRp 可使异常 RNA 转变为 dsRNA，参与细胞内 dsRNA 和 siRNA 的扩增，siRNA 与靶 mRNA 的结合可激活 RdRp，形成大量的 dsRNA。因此 siRNA 在细胞内有一定的稳定性和可遗传性。

虽然 RNAi 已经在许多实验系统中成功实现基因沉默，但长 dsRNA 在哺乳动物细胞中实现基因沉默仍存在很大难度。与反义核酸技术类似，该技术的成功取决于 siRNA 分子的合理设计和合成，以及 siRNA 载体和转染细胞类型的选择。考虑到化学合成 siRNA 的成本，外源传递该分子的固有困难，以及 siRNA 作用的暂时性，许多研究人员试图利用病毒载体负载发夹结构 RNA 来启动 RNAi 以解决 siRNA 递送困难的问题。此外，在选择基因靶点时，靶 mRNA 丰度（指一种特定的 mRNA 在某个细胞中的平均分子数）和半衰期也是重要的考虑因素。目前现有的 siRNA 合成方式主要为化学合成和体外转录。利用化学合成法制备 siRNA 的优点是其纯度较高，合成量不受限，且能被标记；缺点是化学合成价格昂贵、合成周期长。而运用体外转录法制备 siRNA 的优点是较为简单、成本低、速度快、毒性小、稳定性较好；但其缺点是反应规模和合成量始终有一定限制。

（二）应用与研究进展

早在 1998 年，Andrew Fire 和 Craig Mello 在线虫中首次揭示了 RNAi 现象，并凭借这一发现于 2006 年获得了诺贝尔生理学或医学奖。随着该技术的不断发展，全球首个 siRNA 药物 Alnylam 公司的 Onpattro（通用名 Patisiran）于 2018 年获批上市，此药物用于治疗遗传性甲状腺素转运蛋白相关淀粉样变性（hereditary ATTR amyloidosis，hATTR）引起的多发性神经疾病。Onpattro 的获批，标志着 RNAi 药物领域的重大突破。早在 2004 年，美国 Opko 公司就开发了一款 siRNA 药物——Bevasiranib，并且开始对于湿性老年黄斑变性治疗的临床试验。随后，包括辉瑞、赛诺菲、罗氏及默沙东等在内的众多全球制药巨头纷纷加入 siRNA 药物的开发队列中。但 Bevasiranib 项目的开发因临床效果欠佳而终止于 III 期临床阶段，其他 siRNA 药物也未能显现出令人满意的临床效果。RNAi 药物由于内在的靶向性差、存在脱靶效应及不稳定性，影响了其治疗效果。诸多因素导致这类药物的治疗效果远不及预期，同时还伴随着严重的无法克服的不良反应。从药动学角度考虑，静脉注射后的 siRNA 易被核酸酶降解、肾清除率高、细胞摄取效率差。因此 siRNA 药物依赖于药物递送系统技术的发展，尤其是能够将其安全、高效地转运至特定治疗部位的递送载体技术。

核酸类药物在细胞中的转染率对于疾病治疗效果至关重要。因此现大多运用病毒、质粒表达载体或各种聚合物材料作为载体来提高转染效率。通过纳米材料对核酸药物进行包载形成的核酸递送系统能够屏蔽核酸药物本身的理化性质，同时通过纳米材料的修饰和选择进一步提高其在机体内的循环时间。

在药剂学领域，常用阳离子脂质体包裹 siRNA 制得纳米粒用于增强核酸类药物的递送效果。阳离子脂质体具有良好的生物相容性、无免疫原性、重复转染性，相比于病毒载体而言，其开发前景更广阔，被称为基因治疗领域最有希望的基因转染载体。阳离子脂质体自身带正电荷，与 siRNA 以静电作用相结合，由于脂质体具有亲脂性以及其表面带有正电荷，可以使目的基因更易进入靶细胞，从而缓慢释放核酸，提高对细胞的转染效率。制备阳离子脂质体的材料一般由阳离子脂质和中性辅助磷脂组成，如二油酰磷脂酰乙醇胺（dioleoyl phosphoethanolamine，DOPE）、磷脂酰胆碱（phosphatidyl cholines，PC）等。在阳离子脂质体表面还可进一步修饰，使其具有靶向性，特异性地到达靶器官或靶细胞。例如，用叶酸修饰后，可靶向叶酸受体高表达的部位（某些癌细胞）。同时，因为许多病变部位的 pH 常低于正常组织，而 pH 敏感材料对病变部位 pH 的微小变化非常敏感，所以用 pH 敏感材料制备的脂质体能有效控制药物的靶向释放。除此之外，酶敏感、光敏感、温度敏感等材料用于刺激响应型递送基因药物也是目前药学领域研究的热点。

三、适体药物

（一）定义

适体药物（aptamer drug）是从人工体外合成的随机寡核苷酸序列库中反复筛选得到的能以极高的亲和力和特异性与靶分子结合的一段寡核苷酸序列，可以是 RNA、单链 DNA 或双链 DNA，分子质量约 $6\sim25$ kDa，由 $20\sim80$ 个碱基组成，可以特异性结合靶标蛋白或糖类等分子物质，已成为药物靶向载体的重要研究领域。

与传统的药物靶向策略相比较，适体药物具有其明显的优势：①适体药物通过折叠成特定的三维结构与靶点识别并结合，且通过多种技术层层筛选，具有高度特异性；②适体药物避免免疫原性，具有更高的安全性；③适体药物与传统的单克隆抗体相比，分子体积较小，可以更好地穿透实体瘤组织，易于被摄取利用；④与野生型的 DNA 或者 RNA 相比，通过各种策略合成的寡核苷酸适体药物不易降解，且具有一定的热稳定性，可以多次变性而不影响其活性；⑤适体药物结构具有多样性，应用范围较广；⑥适体的生产不依赖于生物系统，因此更容易进行规模化生产，制备方便。但是，适体药物也存在一些缺点：①由于体积较小，排泄速度比传统的单克隆抗体快；②可能存在其他的系统毒性，有待考证；③由于适体是通过体外技术进行模拟筛选得到的，因此面对体内复杂环境时，特异性可能会明显降低等。

适体药物在靶向制剂领域具有明显优势，因此得到广泛的应用，目前的研究主要是通过多种适体-药物结合、适体-核酸结合以及适体-纳米粒结合等提高制剂的靶向性，从而实现更好的治疗效果。

（二）应用与研究进展

1. 适体-药物结合

某些药物可以通过插层与适体的二级结构进行非共价连接，它们可以加载到适体上，并在适体识别目标时释放。为了提高阿霉素的装填效率，有研究提出一种"纳米列车"的设计方案，制备得到的阿霉素纳米链可以选择性地识别和抑制过表达适体靶蛋白的白血病细胞系 CCRF-CEM 的增殖；另外，直接共价结合也是将适体与治疗药物连接的一种方法。共价结合可提高药物的靶向特异性，但是同时药物与适体的共价结合可能会影响药物的活性或者干扰药物释放。因此有研究者开发了一种适体偶联阿霉素的单分子胶束。该胶束由一个脂肪族聚酯核心、疏水聚乳酸（PLA）内壳层、亲水 PEG 的外壳、表面共轭的适配子（能特异性识别前列腺特异性膜抗原）组成，最后将阿霉素装载至胶束的疏水段，这种方式既能增强制剂靶向性，又大大减少了由于共价结合对药效产生的影响。

2. 适体-核酸结合

与药物递送相似，基于适体的核酸递送最简单的策略是将治疗性核酸直接与适体连接起来。以 siRNA 为例，siRNA 可以与核酸适体直接结合作为递送系统，进入靶细胞后，在相关酶的作用下，siRNA 与核酸适体分离，进而发挥作用；另外，以链霉亲和素-生物素作为桥梁将核酸适体与 siRNA 连接，可增强递送的有效性和特异性。

3. 适体-纳米粒结合

适体不仅与核酸和药物进行直接结合，核酸或者药物也可以通过装载纳米粒后，将适体与纳米粒进行结合，从而达到靶向递送的目的。例如适体-PEG-PLGA 和适体-PEG-脂质体等。有研究设计开发了与适体结合的 PEG 化阳离子脂质体用于递送 siRNA。siRNA 被包裹在脂质体中，在脂质体表面通过二硫键修饰适体 AS411，该递送系统在靶向肿瘤部位递送 siRNA 研究中具有较高的应用价值。

适体药物主要用于靶向治疗，另外也可以用于诊断制剂等的开发。目前，已有特异性识别人血管内皮生长因子（VEGF）的适体被美国和欧盟批准用于治疗年龄相关性黄斑变性。另有 16 个用于凝血、肿瘤和炎症的适体在临床试验中也显示了治疗效果。总之，适体-纳米药物可以解决其他配体在肿瘤靶向治疗中的局限性，具有巨大的应用潜力，虽然在设计与体内应用中的障碍仍然存在，但可以通过工程适体-纳米药物找到更实用的适体-纳米临床转化途径。

四、基因药物

（一）定义

利用有遗传效应的 DNA 或者 RNA 片段进行疾病治疗的基因物质称为基因药物（gene-based drug）。而由于上述已提及反义核酸药物、RNAi 药物的内容，因此，该部分主要着重介绍 DNA 类的基因药物。

基因治疗（gene therapy）广义上是指利用基因药物的治疗，通过分子生物学方法，将正常或有治疗作用的基因导入靶细胞，以纠正或补偿因基因缺陷和异常引起的疾病，从而达到治疗或者改善某种疾病的效果。由于核苷酸多态性和基因组拷贝数的变异，人类基因组测序显示出惊人的个体间异质性，因此基因治疗对于个体化治疗具有重要意义。1972 年生物学家 Friedmann 和 Roblin 首次在 Science 上提出了基因治疗这一概念，2012 年第一种基因治疗产品 Glybera 获得欧洲药品管理局（EMA）批准上市，该药物利用腺相关病毒（AAV）作为载体，该载体编码一种人脂蛋白脂肪酶基因变体。随后 Strimvelis 被 EMA 批准上市，基因编辑手段 CRISPR/Cas9 和嵌合抗原受体-T（CAR-T）细胞疗法的不断成熟，基因治疗成为多种疾病治疗的重要研究方向。截至 2018 年，FDA 已批准三款基因治疗药物上市（Kymriah、Yescarta 和 Luxturna）。

（二）基因药物的递送

基因治疗主要包括三个步骤：

① 获取合适的靶基因。选择目的基因是基因治疗的首要问题，需要根据不同疾病的基因缺陷，了解导致疾病发生的异常基因序列，导入正常基因以达到治疗效果。通常来说，目的基因需有明确的遗传分子机制且该基因的异常是疾病发生的根源。由于单基因疾病的基因变异明确，基因治疗对于该类疾病的治疗具有很强的优势。

② 设计合适的载体或优化物理手段将目的基因导入到靶组织或者靶细胞。在基因治疗中，除了需要准确选择目的基因外，研究有效载体或者物理手段来辅助目的基因克服体内外各类屏障是更加严峻的挑战。到目前为止，全世界超过三分之二的基因治疗临床试验是基于病毒载体的，已上市的基因治疗药物中使用的载体也均为病毒载体，其中包括逆转录病毒、慢病毒、腺病毒和腺相关病毒等。由于病毒载体具有较高的转染效率，广泛用于基因治疗，但是仍存在一些局限，如其免疫原性强、存在较严重的安全隐患。而非病毒载体因其成本低、制备简单、安全性高等优点，越来越多的研究致力于开发高效安全的基因治疗载体。比如脂质体、聚氨基酯类高分子材料、氟化材料、环糊精等有机载体材料以及金纳米粒、硅纳米粒等无机载体材料。然而，目前已有的非病毒载体的转染效率明显低于病毒载体，因此临床阶段主要以病毒载体的基因药物为主。

③ 外源基因克服各种体内外屏障进入靶组织或者靶细胞发挥作用，这个环节主要依靠递送手段实现有效靶向，因此基因递送系统及手段的开发显得尤为重要。基于病毒载体的递送体系应该在确保其高转染的前提下进一步降低病毒载体的毒性和免疫原性，而阻碍非病毒载体推向临床的主要问题则是其较低的转染效率，因此，进一步构建低毒高效的非病毒载体材料是十分必要的。总之，基于病毒或非病毒的创新递送体系有望进一步加快基因治疗的发展，并为癌症及许多遗传性疾病提供一个安全高效的治疗平台。

（三）基因编辑技术

基因治疗不仅仅是递送正常的靶基因作为基因药物进行疾病治疗，近年来，基因编辑技术，如锌指核酸酶（zinc finger nucleases，ZFNs）、转录激活子样效应因子核酸酶（transcription activator-like effector nucleases，TALENs）、规律性重复短回文序列簇（clustered regularly interspaced short palindromic repeats/Cas9，CRISPR/Cas9）的出现为基因治疗提供了新的思路。基因编辑技术通过对缺陷基因的剪切、敲除等，使得基因正常化，从根源解决缺陷基因引起的疾病现象。基因编辑手段实现了对基因组的定点操作以及基因表达控制，可以精确地破坏、插入或替换基因组中特定位点的 DNA 序列，为基因疾病的生物学研究和治疗提供了强有力的工具。这三种系统均是通过在特定的靶向序列处造成双链断裂缺口，从而激活细胞内的两种主要 DNA 双链损伤的修复机制——非同源末端连接（non-homologous end joining, NJEJ）途径和同源定向修复（homologous repair，HR）途径对 DNA 进行准确修复。

目前，由于其可操作性以及高效率，CRISPR/Cas9 成为基因编辑技术的研究热点。2012 年，CRISPR/Cas9 基因编辑技术在 Science 杂志上首次发表，该系统由向导 RNA（sgRNA）和 Cas9 内切酶结合成复合体，在 sgRNA 的引导下，Cas9 蛋白到达靶向部位，对靶点进行剪切修补，达到基因编辑的目的。2019 年 2 月，基因编辑公司 CRISPR Therapeutics 及其合作伙伴 Vertex Pharmaceuticals Incorporated 的基因编辑项目 CTX001 已开展首名患者的治疗，这是美国和欧盟批准的首个基因编辑临床试验，也是基因编辑技术在临床应用中的重大突破。

基因编辑技术对于基因损伤或缺陷引起的疾病，具有高效准确性，但是同时也存在较大的安全问题以及伦理道德方面的争议，基因编辑可能会对正常基因进行编辑，进而引起不良后果是长期的且难以逆转的，另外基因编辑婴儿的话题备受争议。所以发展基因编辑的同时有效解决以上问题才能更有利于该技术的良性发展。

第五节　疫苗递送系统

现如今，接种疫苗被认为是处理各种疾病（例如微生物感染、自身免疫相关疾病，甚至某些类型的癌症）最经济的策略。疫苗是指用各类病原微生物制作而成，用于预防的生物制品。疫苗递送系统是指一类能够将抗原物质携带至机体并发挥其抗原作用的体系，同时，传统菌种培养灭活疫苗的生产流程较为严苛，具体生产流程如图 13-3 所示。

蛋白质、DNA 等疫苗容易在人体内被降解导致其生物活性降低。所以必须开发安全高效的疫苗递送系统。如何利用载体的装载能力以及如何选用最佳的给药方式来增强和改善传统疫苗制剂的效果，是设计疫苗递送系统时需要考虑的重要因素。除此之外，还要考虑简化接种程序，提高接种效益。

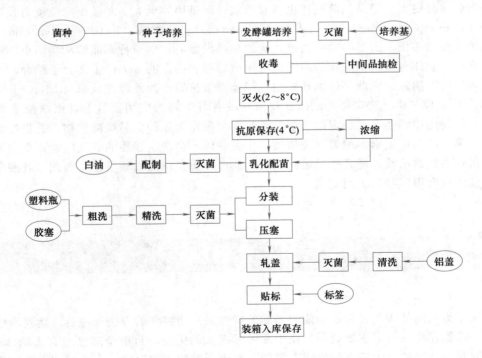

图 13-3　传统菌种培养灭活疫苗的生产流程

一、非生物载体递送系统

脂质体载体是目前基础研究和临床应用最多的非生物载体之一。其结构与细胞膜相似，由磷脂双分子层构成，具有携带量大、易于与生物膜融合等优点。目前已上市的脂质体疫苗有流感疫苗 Inflexal V、甲肝疫苗 Epaxal 等。此外，Shingrix 作为葛兰素史克开发的脂质体 VADS 基新型亚单位疫苗，于 2017 年 10 月获得 FDA 批准，用于预防 50 岁及以上的带状疱疹。

壳聚糖作为载体递送疫苗的研究也较多，因为这种天然聚合物具有低毒性、可生物降解、良好的生物相容性和较好的黏膜黏附性等优点，可以增加疫苗在黏膜表面的吸收。临床上，壳聚糖载体的疫苗可以用于卡介苗的研究，但目前均处于临床前研究阶段。

微针（microneedles）是近年来发展的一种新型给药系统。疫苗一般以内嵌或涂层的方式装载在微针递药系统里，微针表面包含了多列微米级别的针状复杂结构，材料一般为硅、金属、聚合物等。将其贴在皮肤上后微针穿过角质层到达活性表皮层而不触碰真皮层的神经末梢，更重要的是其到达的皮肤层富含抗原提呈细胞（antigen-presenting cells，APCs），因此相对于其他传统疫苗肌注或皮下注射等方式，微针给药既减少了人体的痛感也能产生更好的免疫效果。

二、微生物递送系统

微生物递送系统主要以非致病性微生物作为载体，目前研究较多的微生物载体为细菌载体和病毒载体。微生物载体疫苗具有免疫效力高、生产成本低等优点，但也存在致癌性、难以规模化生产等局限性。

病毒通常可以高效侵染宿主细胞，将自身的基因组递送至细胞内，以寄生形式完成自身繁殖，因此病毒可通过去除致病基因、携带指定基因的方式成为递送载体。疫苗病毒载体一般具有低毒性、高效性和大容量的特点，同时也要具有控制基因转导和表达的能力。目前痘病毒（poxvirus）、腺病毒（adenovirus）、单纯疱疹病毒（herpes simplex virus，HSV）等多种病毒载体已用于疫苗的研究。而已经上市的疫苗和正在进行临床试验的疫苗中，重组腺病毒和痘病毒的运用最为广泛。

相较于病毒来说，细菌载体在形态、结构等方面更为复杂，所以细菌作为载体递送疫苗的困难程度要比重组病毒作为载体时更大。但是细菌载体也具有负载外源基因容量大、刺激细胞免疫力强等优势。目前已有李斯特菌（L. monocytogenes）、沙门氏菌（salmonella）、乳酸菌（lactic acid bacteria，LAB）等细菌作为载体递送疫苗的实例。通过吞噬作用进入抗原提呈细胞后，李斯特菌能够从噬菌小体逃逸直接进入感染细胞的细胞质，载体携带的抗原作为内源性抗原被细胞表面上的 MHC Ⅰ 类分子结合，产生较强的细胞免疫应答。而沙门氏菌缺乏噬菌小体逃逸机制，载体携带抗原作为外源性抗原与 MHC Ⅱ 类分子结合主要引发 Th2 型免疫反应，由此决定两种细菌在疫苗领域有着不同的应用。目前，细菌疫苗所用的载体多为减毒致病菌，但使用中仍然存在一定的安全隐患。乳酸菌作为一种食品级微生物，有很好的安全性；且其为革兰氏阳性菌，不会产生脂多糖等促炎物质，作为载体不会产生强烈的免疫应答；更重要的是，乳酸菌在肠段具有很好的代谢活性，能直接接触肠黏膜，促进外源蛋白向黏膜呈递。因此，乳酸菌作为运载外源抗原的理想载体具有很广阔的运用前景。

第六节　活细胞药物

活细胞疗法是指利用某些具有特定功能的细胞的特性，采用特殊的方法处理后，达到治疗效果的一种疗法。近年来，细胞疗法在整个生物制药行业中获得了极大的关注。目前全球已经有大约 20 多种细胞疗法获得批准，同时 500 多种基于细胞的治疗方案处于临床开发的不同阶段。在我国，细胞治疗也已作为重大科技项目列入国家"十三五"科技创新规划，同时规模化、标准化、产业化的细胞制备也受到了高度重视。活细胞药物按照细胞种类可以分为干细胞治疗和免疫细胞治疗。

一、干细胞治疗

干细胞是一类有自我更新能力、分化潜能和良好增值能力的细胞。**干细胞治疗**是利用人体干细胞的分化和修复原理，把健康的干细胞移植至病人体内，以达到修复病变细胞、重建正常系统的目的。干细胞治疗主要分为两类：**自体干细胞治疗**和**同种异体干细胞治疗**。

因为避免自身组织排斥等问题，自体干细胞治疗相对来说是更加安全的治疗方法。其被应用于神经系统疾病、心脏病、癌症等多种疾病上。ChondroCelect 作为 2009 年由欧盟批准的首个利用人体干细胞进行治疗的药物，主要是利用病人自身的软骨细胞体外增殖培养后再回输至病人病变部位用于修复膝盖中的软骨损伤。此外，Holoclar（治疗角膜缘干细胞缺陷）、Stemeusel（治疗血栓闭塞性动脉炎）等干细胞治疗药物也相继批准上市。

2018 年，欧盟首次批准 Alofisel 作为同种异体干细胞疗法获得欧洲市场集中上市许可，这是一种局部注射用的从人体脂肪组织中分离并在体外培养扩增的同种异体脂肪源性干细胞，用于治疗成人非活动性/轻度活动性克罗恩病（Crohn's disease）患者的肛周瘘。

近年来，以自体干细胞治疗和同种异体干细胞治疗这两类治疗方法为基础的新兴的干细胞治疗产品种类越来越丰富，涉及的疾病也更加广泛。随着干细胞新疗法的不断出现，不仅给更多的疾病带来治疗新思路，也给市场的发展注入源源不断的驱动力，同时这些新疗法也将会给更多的病人带来新选择。

二、免疫细胞治疗

免疫细胞治疗是一种采集人体自身免疫细胞，经过体外培养后使其靶向性杀伤能力增强，然后再回输到人体内，用于杀灭血液或组织中的病原体、激活并增强机体的免疫能力的治疗方式。免疫细胞指的是参与机体免疫应答的相关细胞，包括巨噬细胞、NK 细胞、T 细胞、B 细胞等。2017 年 8 月，Kymriah 由 FDA 批准上市，是一种基因修饰的、靶向 CD19 的自体 T 细胞免疫治疗，也是使用嵌合抗原受体（chimeric antigen receptor，CAR）技术的第一个 T 细胞治疗产品，用于治疗儿童和年轻人的急性 B 淋巴细胞白血病。

免疫细胞治疗的优势在于：降低了化疗带来的毒副作用、可以防止复发和转移，能够提高机体的免疫功能。免疫细胞治疗虽然有着良好的疗效，但仍面临诸多挑战和限制，如当下最为热门的 CAR-T 疗法虽然挽救了患有急性淋巴性白血病儿童的生命，但也存在细胞因子风暴、神经毒性和 B 细胞缺失等毒副作用。此外，免疫细胞疗法对实体瘤治疗方面的有效性和安全性仍无法验证。所以如何进一步提高免疫细胞的疗效与特异性，扩大其适应证，降低其毒副作用是一个长期而又复杂的过程，也是未来研究的方向。

（姜虎林，邢磊）

思考题

1. 简述生物技术药物的定义和分类。
2. 简述生物技术药物的特点及运用过程中存在的问题。
3. 多肽/蛋白质类药物注射给药系统中所需加入的稳定剂类型有哪些？
4. 注射用缓释微球的质量评价有哪些？
5. 简述核酸类药物的分类及各自的定义。
6. 简述活细胞药物的分类及各自的定义。

参考文献

[1]　周建平，唐星．工业药剂学［M］．北京：人民卫生出版社，2014.

[2]　国家药典委员会．中华人民共和国药典［M］．2020 年版．北京：中国医药科技出版社，2020.

[3]　陆彬．药物新剂型与新技术［M］．北京：人民卫生出版社，1998.

[4]　杨倩．黏膜免疫及其疫苗设计［M］．北京：科学出版社，2016.

[5]　美国细胞治疗认证委员会．细胞治疗通用标准［M］．李一佳，译．北京：清华大学出版社，2017.

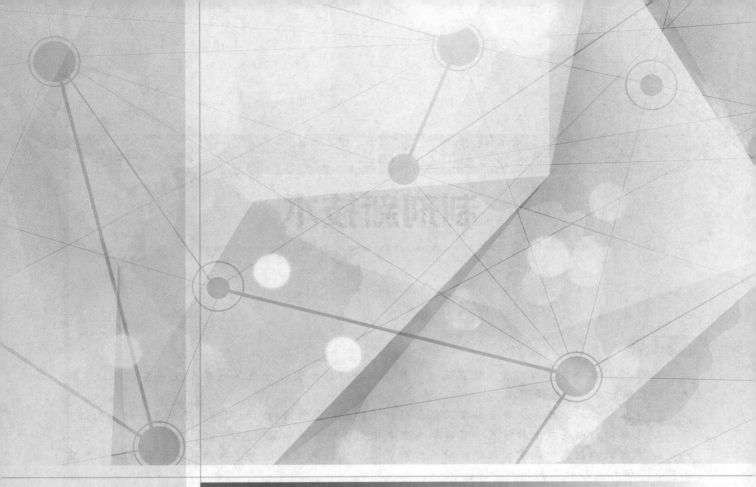

第三篇

新型制剂与制备技术

第十四章

制剂新技术

本章要点

1. 掌握固体分散体的概念、特点及常用载体材料；熟悉固体分散体的类型及制备方法；了解固体分散体的速释和缓释原理。

2. 掌握包合物的概念、特点及常用包合材料；熟悉包合作用的影响因素；了解包合物的验证。

3. 了解增材制造技术的特点、其在制剂生产中面临的优势和挑战。

4. 掌握微粒制剂中微囊、微球、纳米粒和药物纳米混悬液的概念；熟悉相关制备方法分类及工艺；了解相关微粒制剂的质量评价。

5. 掌握脂质体的概念、分类、结构特点和形成原理；熟悉脂质体的制备方法以及质量评价。

6. 掌握微乳、脂肪乳、自乳化药物递送系统的概念、分类和处方特点；熟悉相关制备方法以及质量评价。

疾病治疗的新观念对制剂提出了更高的要求，促进了制剂新技术的发展，推动了制剂新产品的上市。难溶性药物可采用固体分散体技术、环糊精包合技术以及药物纳米晶技术，提高其溶出速率，改善生物利用度。对于半衰期较短，需频繁给药且剂量需求小的药物，可采用微粒系统递送，通过控制药物的释放速率，调节血药浓度或局部药物浓度，将药物浓度维持在治疗窗范围内长达数周甚至数月，大幅减少给药频次，提高患者用药顺应性。在某些器官易富集的药物，可以采用脂质体、纳米粒等制剂，改变药物的体内分布，从而避免药物的相关副作用，提高用药安全性，并可增加给药剂量，进一步提高疗效。对于疗效个体差异大、治疗窗窄的药物，可通过增材制造技术制备出相关制剂，实现患者的个体化用药。

药物制剂的研究和开发需深入理解药物和辅料之间的相互作用，精确控制制备过程的关键因素，从而完成对药物剂型的改进。由于制剂新技术的突破及不断发展，其市场得到了迅速的扩大。药物递送系统市场在制剂新技术以及新型制剂的不断注入下，必将更加蓬勃发展。

第一节　固体分散体

一、概述

固体分散体（solid dispersion）是指将药物以分子或胶态、无定形或微晶态分散在载体辅料中形成的高度分散体系。将药物分散于固体载体的技术叫作**固体分散技术**（solid dispersion technology）。

固体分散体具有以下特点：

① 采用亲水性载体辅料将难溶性药物制成固体分散体，可增加药物分散度、减小粒径、增加药物溶解度与溶出速率，提高难溶性药物的口服生物利用度，如将水飞蓟宾与 PEG 6000/泊洛沙姆/十二烷基硫酸钠（$5:5:1$，$W/W/W$）制成固体分散体，粉碎后与其他辅料直接压片，所得分散片 30min 的溶出量可达到 90％ 以上，而普通片 30min 的溶出度仅有约 24％。

② 不溶性或肠溶性高分子辅料为载体制成的固体分散体，可用于制备具有缓释或肠溶特性的制剂。如茶碱以乙基纤维素为载体用溶剂蒸发法制成固体分散体后压片，体外释药时间明显延长。

③ 通过载体辅料对药物分子的包蔽作用，可减缓药物在生产、贮存过程中被水解和氧化，增加药物的稳定性，并可掩盖药物的不良气味和刺激性。以丙烯酸树脂 Eudragit EPO 为载体辅料制备布洛芬固体分散体可提高药物的溶出度并掩盖其苦味；米索前列腺醇在室温时很不稳定，对 pH 和温度均敏感，制成米索前列腺醇-Eudragit RS 及 RL 固体分散体，稳定性明显提高。

④ 将液态药物与适宜载体辅料制成固体分散体后，使得液态药物固体化，可进一步制成固体剂型，有利于液体药物的广泛应用。

二、固体分散体的速释和缓释原理

（一）速释原理

1. 药物的高度分散状态

药物一般以分子、胶体、亚稳定、微晶以及无定形态包埋在载体辅料中，载体辅料可抑制已分散药物的再聚集。药物在固体分散体中所处的状态是影响药物溶出速率的重要因素，一般溶出速率大小关系为：分子分散状态＞无定形分散状态＞微晶分散状态。

药物分散于载体辅料中可以两种或多种分散状态存在，如联苯酯的聚乙二醇固体分散体中，药物可以微晶状态、胶体态或分子状态分散。药物在载体辅料中的分散状态与药物的相对含量以及载体辅料的种类有关。不同药物与不同载体形成的固体分散体，其溶出速率和速释程度有差别。

2. 载体辅料对药物溶出的促进作用

① 提高药物可润湿性：固体分散体中，高度分散的药物被水溶性载体辅料包围，遇到胃肠液后，载体辅料迅速溶解，使得难溶性药物很快被润湿，能够迅速溶出、吸收。

② 对药物的抑晶性：固体分散体制备过程中，药物与载体辅料由于氢键作用、络合作用或黏度增大，对药物的晶核形成和生长有明显的抑制作用。

③ 保证药物的高度分散性：在固体分散体中，高度分散的药物被足够的载体辅料包围，不易重新聚集，保证了药物的高度分散性，加快了药物的溶出与吸收。

（二）缓释原理

采用难溶性载体辅料，如乙基纤维素、脂质类制备的固体分散体，药物以分子或微晶态分散在载体辅料形成的网状骨架结构。溶出时，药物必须先扩散通过疏水性网状骨架，从而延缓药物的释放速率。以乙基纤维素为载体辅料制备的固体分散体，含药量越低、乙基纤维素的黏度越高，则溶出速率越慢，缓释作用越明显。

三、固体分散体的载体辅料

固体分散体中药物的分散程度和溶出速率很大程度上取决于所应用载体辅料的特性，其常用载体辅料包括水溶性辅料、难溶性辅料、肠溶性辅料等。可根据临床用药需求选择适宜的载体辅料，也可几种辅料联合应用，以达到要求的药物释放速率。固体分散体所采用载体辅料应具有生物安全性高、稳定性好、不与主药发生化学反应、不影响主药的化学稳定性和含量测定、理化性质适宜制备固体分散体、价廉易得等特点。

（一）水溶性载体辅料

常用的水溶性载体辅料包括聚乙二醇类（如 PEG 4000 和 PEG 6000 等）、聚维酮类（如 PVP K30 和 PVP K90 等）、表面活性剂（如泊洛沙姆 188）、有机酸类（如枸橼酸、酒石酸等）、糖类（如乳糖、蔗糖等）、醇类（如甘露醇、山梨醇、木糖醇）等。

1. 聚乙二醇

聚乙二醇（PEG）是常用的水溶性载体辅料，一般选用分子量在 1000～20000 的 PEG 作为固体分散体的载体辅料。常用型号有 PEG 4000 和 PEG 6000，分子量分别为 3400～4200 和 5400～7800，熔点较低，分别为 50～54℃ 和 53～58℃，适宜用熔融法制备固体分散体。由于 PEG 易溶于乙醇等有机溶剂，亦可采用溶剂法制备固体分散体。液态药物宜使用分子量较高的聚乙二醇，如 PEG 12000 或者 PEG 6000 与 PEG 20000 的混合物，更好地实现液态药物固体化。

药物的分子体积决定了其在 PEG 载体中的分散水平。以熔融法制备载药 PEG 固体分散体时，熔融状态 PEG 分子的两列平行的螺旋状链展开，小分子体积的药物进入 PEG 的卷曲链中形成分子水平的分散。当药物分子与载体大小相近时，药物分子可代替 PEG 分子进入其晶体结构生成固态溶液或玻璃溶液。

药物与 PEG 的比例是另一个影响药物分散性质的重要因素。若药物比例过高，在分散体中形成小结晶，不再以分子状态分散。如制备吲哚美辛-PEG 固体分散体，含药量在 5%～10% 时，药物以分子状态分散；提高含药量，药物则以微晶状态分散。PEG 载体中药物的分散性质还与 PEG 的聚合度有关。有研究表明，药物溶出速率随 PEG 链的增长而成比例地降低。

另外，制备方法也影响药物的分散性质。如 PEG 与同一药物采用不同方法制备的固体分散体，药物的溶出速率也会具有明显的差异。

2. 聚维酮

聚维酮（PVP）对热稳定，一般加热到 150℃ 以上才会变色分解；易溶于水和乙醇等极性有机溶剂，不溶于醚及烷烃类等非极性有机溶剂。固体分散体中常用规格为 PVP K15、PVP K30 及 PVP K90 等。

采用溶剂法制备固体分散体时，由于氢键或络合作用，对多种药物均有较强的抑制晶核形成和成长的作用，使得药物形成非结晶性的无定形物。强吸湿性导致 PVP 为载体辅料的固体分散体在制备过程中容易遇到产物黏稠、溶剂难以除尽及贮存过程中易老化等问题。近年来合成了一种聚维酮与醋酸乙烯酯的线性共聚物，可显著降低 PVP 的吸湿性，同时保留了 PVP 良好的水溶性、黏结性和成膜性。

3. 水溶性表面活性剂

常用的水溶性表面活性剂包括泊洛沙姆类、苄泽类、聚氧乙烯蓖麻油类等。其中非离子型表面活性剂泊洛沙姆是聚氧乙烯和聚氧丙烯的共聚物，溶解性好，载药量大，有抑晶性能，是较理想的速释载体辅料。泊洛沙姆熔点较低，可用熔融法和溶剂法制备固体分散体。常用泊洛沙姆 188（Poloxamer 188，即 Pluronic F68），毒性小，对黏膜刺激性小。表面活性剂可与其他载体联用，以增加药物的润湿性或溶解性，提高溶出速率。

4. 纤维素类

羟丙纤维素、羟丙甲纤维素等均可作为固体分散体的载体，主要可使难溶性药物在制剂中以分子态或过饱和态的形式存在，从而提高难溶性药物的生物利用度。根据选用纤维素型号的不同可以起到速释或缓释的作用。

5. 有机酸类

有机酸的分子量较小，易溶于水而不溶于有机溶剂。常用作载体的有机酸有枸橼酸、酒石酸、富马酸、琥珀酸、胆酸及脱氧胆酸等，多与药物形成共熔混合物。此类辅料不适用于对酸敏感的药物。例如：5% 灰黄霉素和 20% 枸橼酸用熔融法制成玻璃态固体分散体，其中的灰黄霉素溶出速率显著增大。

6. 糖醇类

糖醇类具有良好的水溶性，但熔点较高（如甘露醇的熔点为 165~168℃），且不溶于多种有机溶剂，适用于剂量小、熔点高的药物。其固体分散体一般采用熔融法，在较高温度下制备。常用的糖醇类载体有果糖、半乳糖、蔗糖、甘露醇、山梨醇等，分子中的多个羟基可与药物的氢键结合形成固体分散体。糖类分子量小，易溶解，多与 PEG 类高分子联合使用，可避免 PEG 溶解时形成富含药物的表面层对基质进一步溶蚀的缺点。

此外，聚乙烯醇、微晶纤维素、淀粉及微粉硅胶也可用作固体分散体的载体。

（二）难溶性载体辅料

难溶性载体辅料包括纤维素类、聚丙烯酸树脂类以及脂质类辅料。

1. 乙基纤维素

乙基纤维素不溶于水，但能溶于乙醇、丙酮等多种有机溶剂，是一种载药量高、稳定性好、不易老化的理想固体分散体载体辅料。可加入水溶性辅料如 HPC、HPMC、PEG、PVP 等，或表面活性剂类如月桂醇硫酸钠等调节药物释放速率。

乙基纤维素固体分散体常采用溶剂蒸发法制备。将药物与乙基纤维素溶解或分散于乙醇等有机溶剂中，将溶剂蒸发除去后干燥即得。乙基纤维素在溶液中呈网状骨架结构，药物以分子状态进入网状骨架结构中，溶剂蒸发后即以分子或微晶状态包埋在乙基纤维素的网状骨架结构中，药物溶出必须首先通过乙基纤维素的网状骨架，因此释放缓慢。

以乙基纤维素为载体的固体分散体中药物的释放属于扩散控释，乙基纤维素的黏度和用量均影响药物释放速率。如采用喷雾干燥法制备水溶性药物双氯芬酸钠乙基纤维素的固体分散体，可显著延缓药物释放。

2. 聚丙烯酸树脂类

常用含有季铵基的聚丙烯酸树脂。在胃液中可溶胀，在肠液中不溶，不能被吸收，故对人体无害，可广泛用作缓释固体分散体载体，多采用溶剂法制备固体分散体。选择适宜类型的聚丙烯酸树脂，确定适宜的药物与聚合物比例，是控制释药速率的关键。盐酸维拉帕米缓释固体分散体以 Eudragit L-100 和乙基纤维素为载体，12 h 内药物均匀释放，且释放不受 pH 影响。

3. 脂质类

胆固醇、棕榈酸甘油酯、胆固醇硬脂酸酯、巴西棕榈蜡以及蓖麻油蜡等脂质辅料，可以用于制备缓释固体分散体，一般药物的溶出速率随脂质含量的增加而降低。这类固体分散体常采用熔融法制备。脂质类载体降低了药物溶出速率，加入适当的表面活性剂、糖类等水溶性辅料，如硬脂酸钠、硬脂酸铝和十二烷基硫代琥珀酸钠等，可提高药物释放速率，达到适宜的缓释效果。

（三）肠溶性载体辅料

肠溶性载体辅料包括纤维素类（CAP、HPMCP、CMEC 等）和聚丙烯酸树脂类。

1. 纤维素类

常见的肠溶性纤维素，如醋酸纤维素钛酸酯、羟丙纤维素钛酸酯、羧甲基乙基纤维素等，可与药物制成肠溶性固体分散体，适用于在胃中不稳定或要求在肠中释放的药物。

2. 聚丙烯酸树脂类

聚丙烯酸树脂类广泛用作制备缓控释和肠溶固体分散体。国产的Ⅱ号和Ⅲ号丙烯酸树脂（相当于 Eudragit L 型和 Eudragit S 型）为肠溶辅料。常用的有 Eudragit L100 和 Eudragit S100，前者在 pH＝6 以上的介质中溶解，后者在 pH＝7 以上的环境中溶解。两者联合使用，可制成较理想的肠溶固体分散体。

丙烯酸树脂的种类和用量可影响药物的释放速率，选择适宜类型的载体和配比是控制药物释放的关键。还可使用不同溶解性能的丙烯酸树脂，或配合使用水溶性辅料以获得理想药物释放速率。还可使用不同辅料分别制备固体分散体后混合使用，如 PEG 固体分散体为速释部分，肠溶Ⅱ号和Ⅲ号丙烯酸树脂固体分散体为缓释部分，可制得具有理想释药速率的制剂。

四、固体分散体的制备方法

固体分散体的制备过程可分为药物的分散过程和固化过程两个阶段。制备固体分散体的基本方法分为三种，即**熔融法**（melting method）、**溶剂法**（solvent method）及**机械分散法**（mechanical dispersion method）。实际应用中应根据药物的性质和载体的结构、性质、熔点及溶解性能选择适宜的制备方法。除机械分散法外，熔融法和溶剂法又可细分为若干种方法。固体分散体的制备方法详见表14-1。

表 14-1　固体分散体的制备方法

制备方法	分散过程	固化过程	常用方法
熔融法	有	有	热熔/冷凝法、热熔/制粒法、滴制法、热熔/挤出法
溶剂法	有	有	溶剂挥发法(加热或减压干燥)、喷雾干燥法、冷冻干燥法、流化床干燥法、超临界流体法
机械分散法	有	无	研磨法

（一）熔融法

将药物与辅料混匀，加热至熔融，剧烈搅拌下混匀，迅速降温冷却成固体，制备成固体分散体。该方法的关键在于熔融物必须迅速冷却固化，以保证药物的高度过饱和状态，得到高度分散的固体分散体。本方法适用于对热稳定的药物，多采用熔点低、不溶于有机溶剂的载体辅料，如 PEG、糖类及有机酸等。

熔融法中的**熔融挤出**（hot-melt extrusion）技术由于易于工业化而成为近年来的研究热点。熔融挤出技术，又称热熔挤出技术，它是将药物与载体辅料（快速释放制剂选用亲水性辅料）置于逐段控温的机筒中，机筒内设置螺杆元件，螺杆元件由加料口到机头出料口顺次执行不同的单元操作，物料在螺杆的推进下前移，在一定的区域内熔融或软化，依次通过剪切元件的切割分散作用和混合元件的分流、配置、混合作用，实现药物和载体辅料的均匀混合，最后以一定的速度和形状从机头出料口挤出（图14-1）。

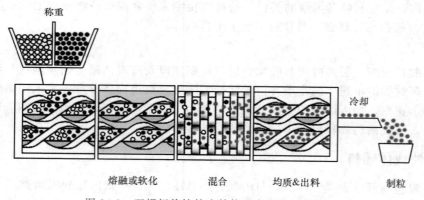

图 14-1　双螺杆热熔挤出结构示意图及工作原理

热熔挤出技术作为一种成熟的工业化技术，本身具有很多优点：①混合无死角，分散效果好，药物损失少；②不使用有机溶剂，安全无污染；③集多种单元操作于一体，节省空间，降低成本；④连续化加工，高效率生产；⑤通过编程处理计算机可实现自动化控制，工艺重现性高。但是由于该过程中需高温条件下进行，不适于热敏感性药物。

（二）溶剂法

溶剂法，也称**共沉淀法**或**共蒸发法**，是将药物和载体共同溶解于适当的溶剂中，经蒸发、冷冻干燥或喷雾干燥除去溶剂后，使药物与载体同时析出，即得固体分散体。其中以喷雾干燥法生产效率高，可连续生产，更适合于工业化生产。但是该法使用有机溶剂，成本高，存在有机溶剂残留和环境污染的安全隐患；并且有些溶剂难以除尽，易引起药物重结晶。

1. 溶剂-熔融法

将药物用少量适宜的溶剂溶解，再加入熔融的辅料中混合均匀，随后蒸发除去有机溶剂，冷却固化得到固体分散体。与熔融法相比，本法可减少药物的受热时间，药物的稳定性和分散性均优于熔融法。

药物溶液在固体分散体中的质量占比一般不超过10%，否则难以形成脆而易碎的固体。本法适用于液态药物，如鱼肝油、维生素E等，但仅适用于小剂量药物。凡适用于熔融法的辅料均可采用本法。如将联苯双酯1份溶于氯仿中，在搅拌的条件下加入9份熔融的PEG 6000中，不断搅拌混匀并蒸去氯仿，然后倾入置于冰浴中的不锈钢板上，冷却固化。在40℃条件下真空干燥后，粉碎过60目筛即得。

2. 喷雾（冷冻）法

将药物和载体共同溶于适当的溶剂中，再喷雾干燥或冷冻干燥，即得固体分散体。该法生产效率高，并可连续生产。冷冻干燥法适用于对热不稳定的药物。常用的载体辅料为PVP、PEG、环糊精、乳糖、甘露醇、纤维素、聚丙烯酸树脂等。喷雾干燥法能实现快速干燥且产品不易粘连，工艺简单，可连续操作和批量生产。

热熔喷雾制粒机可用于热熔喷雾法或冷冻喷雾干燥法制备各类固体分散体及相关产品。在物料槽内的物料、辅料充分混合熔融，通过恒压恒流装置输送至冷冻室顶部的气流式喷嘴，在冷冻室内被空气压缩机产生的压缩空气雾化成微小液滴，与经过超低温冷冻的空气充分接触，进行传热交换，完成固化，固化后的产品沉降到干燥室底部的粉料杯内。可根据不同的产品性能要求调解进风温度、排风温度、料液给料量、压缩空气流量、引风机风量等参数。

3. 超临界流体技术

将药物与载体辅料溶解于超临界流体中，通过调节操作压力和温度改变溶质的溶解度，实现气相或液相共沉淀，得到粒径分布均匀的超微颗粒。常用的超临界流体有CO_2、乙烯、水等。

对于在超临界流体中溶解度较低的药物，可使用反溶剂法，即将药物和载体辅料溶解到有机溶剂中，再经喷嘴与超临界流体混匀，药物和载体辅料沉淀析出。超临界流体技术具有操作温度低、制备工艺简单、制备固体分散体、无溶剂残留等优点，但是需要特殊设备，生产成本高。

（三）机械分散法

将药物与载体辅料混合后进行强力持久研磨，借助机械力使药物与载体辅料相结合，或降低药物粒径，形成固体分散体。常用的载体辅料有交联聚乙烯吡咯烷酮、聚乙烯吡咯烷酮、PEG 4000、PEG 6000、环糊精及其衍生物、微晶纤维素、乳糖等。如西地他唑与交联聚乙烯吡咯烷酮以质量比6∶4，采用机械分散法制备固体分散体，能显著增大西地他唑的溶出速率，提高其生物利用度。

五、固体分散体的质量评价

由于药物的溶出速率、吸收与其分散状态密切相关，制得的固体分散体需对其进行物相鉴定，以确定药物在载体辅料中的分散状态。同时由于固体分散体在贮存过程中容易出现老化等问题而造成物相变化，借助于物相鉴定可了解分散状态的变化。目前较常用的物相验证方法有溶出速率法、红外光谱法、热分析法、X射线衍射法、氢核磁共振波谱法等。为得到确切结论，应系统分析多种鉴别方法的结果。

（一）溶出速率法

药物制成固体分散体后，其表观溶解度和溶出速率会发生改变，可通过测定药物的表观溶解度和溶出速率判定固体分散体的形成。如水飞蓟素的聚维酮固体分散体与原料药及物理混合物相比，在各个时间点的溶出度均显著提高，明显优于物理混合物。又如吡拉西坦-EC缓释固体分散体，其药物溶出速率随乙基纤维素的用量增加而减小。需要注意的是，该方法不能用于判别药物在载体中的分散状态，实验结果仅能对其他方法所得结果提供帮助。

（二）红外光谱法

药物与载体辅料间发生某种作用（如氢键）后，药物的红外吸收将会发生位移或强度改变，以及吸收峰的产生或消失。因此，红外光谱可用于固体分散体的鉴别。如果药物与载体辅料之间形成了氢键，其共价键长延伸，键能也随之降低，红外光谱所呈现的特征频率会减弱，谱线变宽。例如布洛芬-PVP共沉淀物红外光谱中，布洛芬及其物理混合物均于 $1720~cm^{-1}$ 波数处有强吸收峰，而共沉淀物中的吸收峰向高波数位移，强度大幅度降低，故认为布洛芬与PVP在共沉淀物中以氢键结合。

（三）热分析法

热分析法（thermal analysis）是在程序控温下，测量物质的物理性质随温度变化的函数关系的方法。热分析法中以**差示扫描量热法**（differential scanning calorimetry，DSC）最为常用。该法是将样品和参比物在相同环境中程序升温或降温，测量两者的温度差保持为零所必须补偿的热量。差示扫描量热法的谱图以温度 T 为横坐标，以热量变化率 dH/dT 为纵坐标，曲线中出现的热量变化峰与样品的转变温度相对应。

固体分散体中药物分散状态呈分子分散或胶体态、亚稳定型、无定形或微晶态。固体分散体中若有药物晶体存在，则差示扫描量热法曲线中会出现吸热峰，药物晶体存在量越多，吸热峰总面积越大，如无晶体存在，吸热峰消失。与物理混合物比较，可通过差示扫描量热法的谱图考察药物在载体辅料中的分散状态和分散程度。

（四）X射线衍射法

X射线衍射法（X-ray diffraction）主要用来研究药物在固体分散体中的分散性质。每一种物质的结晶都有特定结构，其粉末X射线衍射图谱也会有相应的特征。固体分散体中有药物晶体存在，经X射线衍射可在衍射图上呈现药物晶体衍射特征峰；若药物以无定形存在，则药物晶体的特征峰消失；若药物以低共熔状态存在，则会出现药物的晶体衍射特征峰，但峰强度可能减小。需要注意的是，结晶度在5％～10％或以下的晶体是无法用X射线衍射法测出的。

（五）氢核磁共振波谱法

氢核磁共振波谱法（^{1}H-NMR）主要通过观察核磁共振图谱上共振峰的位移或消失等现象，确定药物和载体是否存在分子间或分子内的相互作用。例如，醋酸棉酚核磁共振谱在 $\delta15.2$ 有分子内氢键产生的尖峰信号，与PVP形成固体分散体后，该共振峰消失，而在 $\delta4.2$ 和 $\delta16.2$ 出现两个钝形化学位移峰，用重水交换后，两峰消失。表明醋酸棉酚-PVP固体分散体中醋酸棉酚与PVP形成了分子间氢键。

六、固体分散体面临的挑战

固体分散体作为一种药物制剂的中间体，经后续加工可制备成多种剂型，如片剂、胶囊剂、微丸、颗粒剂、滴丸剂等。目前市场上已有伊曲康唑、依曲韦林、灰黄霉素、他克莫司、瑞舒伐他汀钙、大麻隆、联苯双酯滴丸和复方炔诺孕酮滴丸等多个采用固体分散技术生产的药品上市。虽然固体分散技术已成功用于药物制剂的生产，但制备的固体分散体仍存在诸多挑战，主要包括老化现象、药物含量较低、以及工业生产难等。

1. 老化现象

固体分散体的高度分散性使其具有较大的表面自由能，属热力学不稳定性体系。在贮存期间，药物分子可能自发聚集形成晶核、微晶逐渐生长变成大的晶粒、晶型由亚稳定型转化成稳定型，这个过程称为老化（aging）。老化与药物浓度、贮存条件及载体辅料的性质有关。因此为保持固体分散体的稳定性，应选择适宜的载药量及载体辅料，并在贮存中避免高温、高湿。

2. 药物含量低

载体辅料用量较大，药物含量一般在5％～20％，否则难以高度分散。为了减缓固体分散体的老化，通常采用较高比例的载体量，以减缓药物的凝聚。而液体药物在固体分散体中所占比例不宜超过10%，否则不易固化成坚脆物，难以进一步粉碎。

3. 工业生产难

固体分散体常需要在高温或大量使用有机溶媒的情况下生产，其操作过程复杂，影响质量的关键环节较多。尽管已有多种产业化生产的制备技术，如滴丸剂的制备技术、热熔挤出技术等，但都存在一些问题，有待于进一步改进以提高生产效率和产品质量。

第二节　包合物

一、概述

包合物（inclusion complex）是指一种药物分子被全部或部分包入另一种物质的分子空腔中而形成的独特形式的络合物。包合物由**主分子**（host molecule）和**客分子**（guest molecule）组成。主分子一般具有较大的空腔结构，足以将客分子全部或部分容纳在内，形成分子胶囊（molecule capsule）。包合物根据主分子形成空腔的几何形状可分为管形包合物、笼形包合物和层状包合物。

包合过程是物理而非化学过程，因此包合物能否形成以及是否稳定，主要取决于主、客分子之间的相互作用，如氢键等。包合作用的主分子和客分子比例一般为非化学计量的，主、客分子数之比容易在较大范围内波动。影响包合作用的主要因素有空间效应和电子效应，客分子必须和主分子的空腔形状及大小相适应。由于包合物的形成是一个平衡可逆过程，因此温度、辅料、溶剂等因素也影响包合作用。

包合物在药剂学中研究和应用非常广泛。药物作为客分子被包合后具有很多优势，如提高药物稳定性、增加溶解度、调节药物溶出速率、提高生物利用度、使液态药物粉末化、防止挥发性成分挥发、掩盖不良气味、降低药物的刺激性和不良反应等。

应用包合技术研制药物的新剂型和新品种，近年来已有不少报道。包合技术在舌下片、咀嚼片等剂型的制备中已得到广泛的应用。如纳他霉素结构不稳定，在光、氧、高温条件下易发生降解，制成包合物后其耐热性及贮藏稳定性均可得到改善。难溶性药物前列腺素E2经包合后溶解度大大提高，可制成注射用粉末。盐酸雷尼替丁制成包合物，可掩盖其不良臭味，提高患者用药的耐受性。

二、常用的包合辅料

包合物中的主分子物质称为**包合辅料**。可作为包合辅料的有环糊精、胆酸、淀粉、纤维素、蛋白质、核酸等。目前，药物制剂中应用最广泛的包合辅料是环糊精（cyclodextrin，CD）。

环糊精是淀粉在嗜碱性芽孢杆菌产生的环糊精葡萄糖基转移酶的作用下形成的环状低聚糖化合物，是由6～12个D-吡喃葡萄糖通过1，4-糖苷键首尾相连而成，呈锥状圆环结构。制剂中应用较多的为α-环糊精、β-环糊精、γ-环糊精，分别由6、7、8个D-吡喃葡萄糖分子组成，呈上宽下窄、两端开口的环状中空筒状结构（图14-2），空腔内部为疏水性区域，开口端由于羟基的存在呈亲水性。环糊精形成的包合物一般为单分子包合物，即药物包入单分子空腔内，而不是嵌入环糊精的晶格中。疏水性药物可与内部疏水空腔区域通过范德华力、疏水作用力和空间匹配效应等嵌入空腔内；极性药物则可以结合于开口端的亲水区域。

三种类型环糊精的空腔内径及物理性质有很大的差别，它们包合药物的状态与环糊精的种类、药物分子的大小、药物的结构和基团性质等有关，三种环糊精可根据其溶解度差异进行分离。三种环糊精中以β-环糊精最为常用，其分子质量为1134.99 Da，空腔大小适中，水中溶解度最小，最易从水中析出

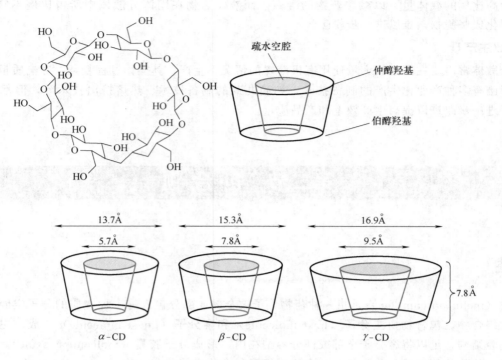

图 14-2　环糊精的结构及特点

结晶，随着温度的升高溶解度增大。经安全性评价证明，β-环糊精毒性很低，可作为碳水化合物被人体吸收。这些性质为 β-环糊精包合物的制备提供了有利条件。目前应用环糊精包合技术的已上市品种见表 14-2。

表 14-2　基于环糊精包合物的上市药品

药物/环糊精	商品名	剂型	生产厂家/国家
前列腺素 E_2/β-CD	Prostarmon E	舌下片	Ono/日本
利马前列素/α-CD	Opalmon	片剂	Ono/日本
吡罗昔康/β-CD	Brexin, Flogene Cicladon	片剂	Chiesi/意大利
西替利嗪/β-CD	Cetrizin	咀嚼片	Losan Pharma/德国
硝酸甘油/β-CD	Nitropen	舌下片	Nihon Kayaku/日本
头孢替安酯/α-CD	Pansporin T	片剂	Takeda/日本
头孢菌素/β-CD	Meiact	片剂	Meiji Seika/日本
噻洛芬酸/β-CD	Surgamyl	片剂	Roussel-Maestrelli/意大利
苯海拉明氯茶碱/β-CD	Stada-Travel	咀嚼片	Stada/德国
氯氮草/β-CD	Transillium	片剂	Gador/阿根廷
尼美舒利/β-CD	Nimedex	片剂	Novartis/欧洲
烟酸/β-CD	Nicorette	舌下片	Pharmacia/瑞典
奥美拉唑/β-CD	Omebeta	片剂	Betafarm/德国
美洛昔康/β-CD	Mobitil	片剂	Medical Union Pharmaceuticals/埃及

β-环糊精的水溶性较低，形成的包合物在 25℃ 条件下的最大溶解度仅为 1.85%，使其在药剂学中的应用受到一定限制。近年来为了改善环糊精的性质，通过对 β-环糊精结构改造制得了一系列的环糊精衍生物，如将甲基、乙基、羟乙基、羟丙基、葡萄糖基等基团取代 β-环糊精分子中羟基上的 H，破坏了 β-环糊精分子内氢键，改变了环糊精的某些理化性质，使其水溶性发生显著变化，扩大了 β-环糊精包合物在药剂学上的应用。

三、影响环糊精包合作用的因素

1. 主、客分子的结构和性质

客分子的大小和形状应与主分子的空腔相适应才能形成稳定的包合物。适宜制备包合物的客分子结构中的 C、P、N 原子数在 5 个以上，环状结构数目在 5 个以下，分子质量在 $100 \sim 400$ Da 之间，水中溶解度小于 10 mg/mL，熔点低于 250℃。若客分子太小，不能充满主分子的空腔，包合力较弱，容易自由进出空腔而脱落，包合不稳定；若客分子太大，嵌入空腔内困难，只有侧链包合，则性质不稳定。无机药物一般不宜用环糊精包合。亲水性强的分子，如多肽、蛋白质、糖或多糖、多元醇均不能有效包合。

客分子的极性和缔合作用对包合物的形成也会产生影响。由于环糊精空腔内为疏水区，疏水性或非解离型药物易取代空腔内已被包合的水分子，与疏水性空腔相互作用形成包合物。极性药物可嵌在空腔口的亲水区，可与环糊精的羟基形成氢键而包合。自身可缔合的药物往往先发生解缔合，然后再进入环糊精空腔内。包合作用具有竞争性，包合物在水溶液中与游离药物呈平衡状态，如加入其他药物或有机溶剂，可将原包合物中的药物取代出来。

2. 主、客分子的比例

在包合物形成的过程中，主分子所提供的空腔数通常不能完全被客分子占据，即包合物主客分子的比例为非化学计量关系，它与客分子的性质有关。通常成分单一的客分子与 CD 形成包合物时，其最佳主客分子的物质的量之比多为 1∶1 或 2∶1，如吲哚美辛、酮洛芬等包合物。

3. 包合方法及工艺参数

同一药物采用不同的包合方法其包合率不同。如胆酸的羟丙基-β-环糊精包合物，分别采取饱和溶液法、研磨法、超声法制备，得到的包合率分别为 39.3%、61.4%、69.9%。另外，包合温度、分散力大小、搅拌速率及时间、干燥方法等均可能影响包合物的形成。

四、常用的包合方法

包合方法是指一种药物分子被包嵌于另一种分子的空腔结构内，形成包合物的技术。将环糊精与客分子药物共混于溶液中是制备包合物的一般方法，水是最常选用的溶剂，也可采用水与甲醇、乙醇、丙酮、乙醚、乙腈等的混合溶剂。多数情况下，生成包合物后主体分子的溶解性急剧下降，简单过滤即可将形成的包合物从溶液中回收。采用加热或超声等处理手段有利于加快包合物的形成。

1. 饱和水溶液法

饱和水溶液法又称重结晶法或共沉淀法，是将药物或其有机溶剂溶液加入饱和环糊精溶液中，搅拌或超声一定时间后，使客分子药物被包合，形成的包合物溶解度降低可从溶液中分离出来。对于一些水中溶解度大的药物，部分包合物仍可溶解在溶液中，这时可加入某些有机溶剂，促使包合物沉淀析出。将析出的沉淀过滤，根据药物的性质选择适当的溶剂洗净、干燥即得包合物。

2. 研磨法

研磨法是将环糊精分散在少量水中，研磨至分散均匀，再加入药物或其有机溶剂溶液，充分研磨至糊状，用适宜的有机溶剂冲洗除去游离药物，干燥即得包合物。如维 A 酸易被氧化，制成包合物可提高稳定性。维 A 酸与 β-环糊精按 1∶5 的物质的量之比称量，将 β-环糊精于 50℃水浴中用适量蒸馏水研成糊状，维 A 酸的乙醚溶解加入上述糊状液中，充分研磨，挥去乙醚后糊状物呈半固体物，减压干燥即得。

3. 冷冻干燥法

若制得的包合物溶于水，且在干燥过程中易分解变色，可先用上述饱和水溶液法或研磨法制备包合物，然后采用冷冻干燥法干燥。冷冻干燥所得成品疏松，溶解性好，可制成粉针剂。

4. 喷雾干燥法

若制得的包合物易溶于水，对热性质稳定，可先用包合水溶液法或研磨法制备包合物，再采用喷雾干燥法干燥，即得包合物。该法的产率较高，适用于难溶性、疏水性药物的包合，工艺适合于工业化大生产。

上述几种方法的使用条件不一样，包合率与产率等也不相同。如吲哚美辛-磺丁基醚-β-环糊精包合物，包合率为研磨法＞冷冻干燥法＞饱和水溶液法，故选用研磨法较为适宜。又如维A酸采用β-环糊精包合，饱和水溶液法制得的包合物溶解度（173 mg/L）大于研磨法制得的相应包合物溶解度（104 mg/L）。

五、包合物的验证

许多仪器分析方法可用于环糊精包合物鉴别。药物与包合辅料是否形成包合物，可采用下述一种或多种方法进行验证。

1. 相溶解度法

相溶解度法可确证包合物的形成，也是评价包合物溶解性能的常用方法。一般形成包合物以后，难溶性药物的溶解度增大。通过测定药物在不同浓度的环糊精溶液中的溶解度，以药物溶解度为纵坐标，环糊精浓度为横坐标，绘制相溶解度曲线。可从曲线判断包合物是否形成，并得到包合物的溶解度数据，计算包合常数（又称包合物的表观稳定常数）。

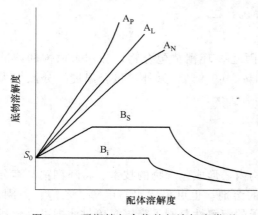

图 14-3　环糊精包合物的相溶解度类型

根据药物包合后溶解度的改变可将溶解度曲线分为 A_L、A_P、A_N、B_S 和 B_i 五种，由此可确定包合类型（图 14-3）。A 型表示可溶性包合物的形成，B 型表示生成的可溶性包合物具有饱和性。A_L 型表示每分子包合物包含一分子环糊精；A_P 表示每分子包合物包含一分子以上环糊精；A_N 表示环糊精发生自我结合或环糊精溶液浓度较高使得溶剂性质发生改变；B_S 表示环糊精能包合一定量药物，当药物过量时包合物溶解度不再增加，此时增加环糊精的量，药物将从溶液中析出；B_i 与 B_S 相似，不同的是形成的包合物不溶，溶解度没有增加。

2. X射线衍射法

可用 X 射线衍射法比较结晶型药物粉末包合前、后衍射峰的变化情况，验证包合物是否形成。该法是利用结晶型药物的 X 射线衍射性质随药物的结晶度改变而变化的特点进行判断的。各晶体物质在相同的角度处具有不同的晶面间距，从而显示不同的衍射峰。如萘普生与 β-CD 的物理混合物的衍射峰与两物质单独衍射谱重叠，而萘普生-β-CD 包合物不显示衍射峰，表明包合物为无定形状态。因此，结晶度高的晶型药物所表现出的较强的特征衍射峰，经环糊精包合后，结晶程度下降或消失，在 X 射线衍射图谱上药物的特征衍射峰会消失或减弱。

3. 热分析法

热分析法是基于结晶性药物在熔化过程中的吸热情况来定性和定量分析其结晶程度的方法。一般来说，结晶性物质在熔点位置因吸热呈现典型的吸热峰，而在加热至很高温度时药物分解，可检测到药物分解的放热峰。热分析法以差示热分析法（DTA）和差示扫描量热法（DSC）较为常用。药物包合于环糊精后，药物的结晶程度减弱或消失，因此在热分析图谱上无法检测到药物结晶的吸热峰，通过比较原料药物与环糊精包合物的图谱以验证包合物是否形成。

4. 红外光谱法

药物分子结构决定了红外区吸收特征，可根据红外吸收峰的位移、吸收峰降低或消失等情况来判断包合物形成与否。本法主要应用于含羰基药物包合物的检测。

5. 核磁共振法

根据核磁共振（NMR）谱上原子的化学位移大小可推断包合物的形成。^{1}H-NMR 用于含有芳香环的药物测定，而不含芳香环的药物宜采用[13]C-NMR 法。

第三节　增材制造技术

一、概述

增材制造技术（additive manufacturing technology），又称 **3D 打印技术**（3D printing technology），是一种以数字模型文件为基础，通过特定的成型设备，将粉末、液体或者丝状辅料，通过逐层打印的方式来构造产品的技术。由于其工艺过程均由计算机设计和控制，所以制备工艺重复性好，适用性强，生产批次和生产规模对最终产品的影响较小。

近年来增材制造技术逐渐被应用于制备含有活性药物的特殊固体剂型。对于剂量小、治疗窗窄、不良反应大的药物，可以在计算机辅助下准确控制剂量，制造出特定释药模式的高端制剂，如速释制剂、缓控释制剂、植入剂以及复方制剂等，提高用药的安全性，改善患者用药的顺应性，提高治疗效果。2015 年 7 月，全球首款由增材制造技术研发制备的左乙拉西坦速溶片（SPRITAM®）获得美国 FDA 批准上市，标志着药品生产领域的新篇章。

二、制剂生产的增材制造技术

在制剂生产领域，增材制造通常在较温和的条件下进行，药品稳定性和剂量准确性是增材制造设备的首要考虑因素。制剂生产的增材制造技术主要包括：粉液 3D 打印、熔融丝沉积成型、立体光固化成型以及挤出打印。

1. 粉液 3D 打印技术

粉液 3D 打印系统由打印头、铺粉器、操作台等组成。首先由铺粉器将粉末铺撒在操作台上，打印头按照计算机设计好的路径和速度滴加黏合剂或药液，然后操作台下降一定距离，再铺撒粉末、滴加液体，如此反复，按照"分层制造，逐层叠加"的原理制备所需的产品。上市的左乙拉西坦速溶片即由粉液 3D 打印 Zip-Dose® 技术生产（图 14-4）。

在制备时所涉及的工艺参数主要包括粉末层厚度、打印头移动速度、液滴直径、液滴流速、行间距、打印层数等。通过调节这些参数可以获得不同性质的制剂产品。通过调节打印头移动速度，可以获得不同硬度、脆碎度和崩解时间的制剂。该技术精度高，产品孔隙率高，但是只适用于粉末状原料，所获得的药品的机械性能较低。

黏合剂的固化机制与湿法制粒的机制相同，都是在颗粒之间形成基于黏合剂的固体桥或通过溶解和重结晶来形成颗粒。同传统制粒技术一样，使用黏合剂喷射技

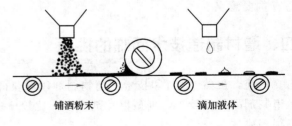

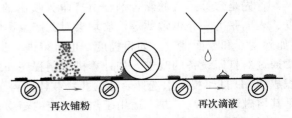

图 14-4　粉液 3D 打印 ZipDose® 技术的流程

术时溶剂的选择和粉末的性质会对干燥后药物的晶型产生影响。由于与传统制剂生产中使用的制粒技术有

诸多相似之处，黏合剂喷射技术有广泛可选的原辅料种类，并且在药物制剂中的应用前景广阔。

2. 熔融丝沉积成型技术

该技术是通过将载药聚合物加热使其呈熔融丝状，然后根据计算机设计的模型参数从成型设备的尖端挤出沉积到平台上制备所需的三维产品。该技术所涉及的工艺参数包括挤出温度、挤出速度、打印头移动速度、产品填充百分比等。

熔融丝沉积成型技术操作简单，产品机械性能较好；但是其缺点是操作温度较高，不适用于热不稳定的药物。该方法采用了热熔挤出技术的原理，选择低熔点辅料以及加入增塑剂等降低玻璃化温度，可以降低打印温度、解决热不稳定性问题。

3. 立体光固化成型技术

立体光固化成型技术的原理为使用紫外激光光束通过数控装置控制的扫描器，按设计的扫描路径照射到液态光敏辅料表面，使得表面特定区域内的一层辅料固化后，升降台下降到一定距离，固化层上覆盖另一层液态光敏辅料，再进行第二层扫描，第二固化层牢固地黏结在前一固化层上，这样一层层叠加而成三维产品。

立体光固化成型技术需要控制的主要参数是固化层的厚度，其主要取决于光敏辅料所暴露的光能量。另外，光敏辅料的选择也尤为重要，应能满足用紫外光照射时的快速固化。其挑战是生物相容性和生物安全性高的光敏材料的选择，以及制备过程中未反应光敏材料残留控制。

4. 挤出打印技术

挤出打印技术是将原辅料粉末和黏合剂混合均匀后制得的软材加入成型设备的打印头中，然后按照计算机设计的处方量和路径挤出在平台上，最后经过干燥获得所需产品。由于制备条件温和快速，该技术不仅用于制备常规的药物制剂，还用于制备携带活体细胞的生物高分子辅料。

三、增材制造技术的优势

增材制造技术具有良好的灵活性，通过控制制剂的外部形状及内部结构可以制备出具有多种释放机制的制剂。该技术能使药物均匀分布，改变活性药物成分在制剂中的存在状态，如制备固体分散体，这将有助于解决难溶性药物的口服吸收问题。增材制造技术的工艺重复性好，小型设备和大型设备原理一致，技术参数均由设定的相同计算机程序控制，这将简化制剂的实验室研究到工业化生产的进程。该技术制备工艺简单，对操作环境要求低，药剂师可以根据患者的性别、年龄、种族等信息确定最适宜患者的给药剂量和给药形式，然后通过增材制造技术制备出相关制剂，这对于实现患者的个体化用药有重要意义。

四、增材制造技术面临的挑战

目前，虽然 3D 打印技术在药物制剂领域获得了较多的关注并取得了一定进展，但采用该技术制备的上市制剂品种仍较少，剂型以片剂为主，比较单一。要实现 3D 打印技术在药剂学领域的广泛应用还要面临很多挑战。

首先是选择适宜的黏合剂，由打印头喷出的黏合剂应该能形成性质稳定连续的液滴，而黏合剂的黏度、表面张力、介电常数等性质均会对此产生影响。其次，通过 3D 打印技术制备的制剂产品的机械性能（如硬度）和表面性质（如粗糙度）也有待进一步提高，这可能不仅需要选择优良性能的黏合剂，而且需要通过对打印设备的改进，如计算机控制程序和黏合剂喷头的精细化等使之得到改善。另外，在熔融丝沉积成型 3D 打印技术中选择合适的药物载体辅料至关重要，虽然目前报道较多的载体辅料是聚乙烯醇，但是其熔融温度较高，并不适用于热不稳定的药物；此外，采用聚乙烯醇作为载体辅料载药量较低，不适用于大剂量药物。目前应用于热熔挤出的辅料已经有多种，如 KollidonVA64（EVA-PVP 共聚物）、Soluplus（聚乙烯己内酰胺-聚醋酸乙烯酯-聚乙二醇接枝共聚物）、Eudragit 等，一些脂肪性或蜡质辅料也可用于 3D 打印，这些辅料的使用必将为 3D 打印药品制造技术的发展提供更多机会。

第四节　微粒制剂概述

　　根据《中国药典》(2020 年版)规定，**微粒制剂**是指药物或与适宜载体，经过一定的分散包埋技术制得具有一定粒度（微米级或纳米级）的微粒组成的固态、液态、半固态或气态药物制剂。

　　将药物包埋到微粒给药系统后，可掩盖药物的不良气味与口味、实现液态药物固态化、减少复方药物的配伍变化、提高难溶性药物的溶出速率和生物利用度、改善药物的稳定性、降低药物不良反应、延缓药物释放等。微粒制剂所用载体一般为生物可降解辅料。

　　随着现代制剂技术的发展，微粒载体制剂已逐渐用于临床，其给药途径包括外用、口服与注射等。外用和口服微粒剂一般将有利于药物对皮肤、黏膜等生物膜的渗透性，注射用微粒制剂一般具有缓释、控释或靶向作用。

一、微粒制剂的类型

　　微粒制剂也称为**微粒给药系统**（microparticle drug delivery system，MDDS）。根据药剂学分散系统分类原则，将直径在 $10^{-9} \sim 10^{-4}$ m 范围的分散相构成的分散体系称为微粒分散体系，其中分散相粒径在 $1 \sim 500$ μm 范围内的统称为粗（微米）分散体系微粒给药系统，主要包括微囊、微球等；分散相粒径小于 1000 nm 的属于纳米分散体系的微粒给药系统，主要包括脂质体、纳米乳、纳米粒、聚合物胶束等；亚微乳等的直径在 $0.1 \sim 1.01$ μm 范围内。微囊、微球、亚微乳、脂质体、纳米乳、纳米粒、聚合物胶束等均可作为药物载体。

　　（1）微囊　微囊系指固态或液态药物被载体辅料包封成的小胶囊。通常粒径在 $1 \sim 250$ μm 之间的称微囊，而粒径在 $0.1 \sim 1$ μm 之间的称亚微囊，粒径在 $10 \sim 100$ nm 之间的称纳米囊。

　　（2）微球　微球系指药物溶解或分散在载体辅料中形成的小球状实体。通常粒径在 $1 \sim 250$ μm 之间的称微球，而粒径在 $0.1 \sim 1$ μm 之间的称亚微球，粒径在 $10 \sim 100$ nm 之间的纳米球。

　　（3）脂质体　脂质体系指药物被类脂双分子层包封成的微小囊泡。一般而言，水溶性药物常常包含在水性隔室中，亲脂性药物则包含在脂质体的脂质双分子层中。脂质体有单室与多室之分。小单室脂质体的粒径一般在 $20 \sim 80$ nm 之间，大单室脂质体的粒径在 $0.1 \sim 1$ μm 之间，多室脂质体的粒径在 $1 \sim 5$ μm 之间。通常小单室脂质体也被称为纳米脂质体。前体脂质体系指脂质体的前体形式，磷脂常以薄膜形式吸附在骨架粒子表面形成粉末或以分子状分散在适宜溶剂中形成溶液，使用前与稀释剂水合即可分解或分散重组成脂质体。

　　（4）亚微乳　亚微乳系指将药物溶于脂肪油/植物油中，通常经磷脂化分散于水相中形成 $100 \sim 1000$ nm 粒径的 O/W 型微粒载体分散体系。粒径在 $50 \sim 100$ nm 之间的称纳米乳。干乳剂指亚微乳或纳米乳经冷冻干燥技术等制得的固态冻干制剂，此类产品经适宜稀释剂水化或分散后可得到均匀的亚微乳或纳米乳。

　　（5）纳米粒　纳米粒系指药物或与载体辅料经纳米化技术分散形成的粒径 <500 nm 的固体粒子。仅由药物分子组成的纳米粒称纳晶或纳米药物，以白蛋白作为药物载体形成的纳米粒称白蛋白纳米粒，以脂质作为药物载体形成的纳米粒称脂质纳米粒。

　　（6）聚合物胶束（亦称高分子胶束）　聚合物胶束系指由两亲性嵌段高分子载体辅料在水中自组装包埋难溶性药物形成的粒径 <500 nm 的胶束溶液，属于热力学稳定体系。

二、微粒制剂常用载体辅料

　　用于生产微粒制剂的基本组成包括主药、载体辅料、附加剂。载体辅料应符合下列基本要求：①性质稳定；②能控制药物的释放速率；③生物安全性高、无刺激性；④不能与药物配伍，不影响药物的药理作用和含量检测；⑤成型性好。微粒制剂所用的载体辅料通常可分为以下三类：

（1）**天然辅料**　在体内生物相容和可生物降解的天然辅料有明胶、蛋白质（如白蛋白）、淀粉、壳聚糖、海藻酸盐、磷脂、胆固醇、脂肪油、植物油等。天然来源的成分需确保无动物蛋白、病毒、热原和细菌内毒素等。

（2）**半合成辅料**　半合成辅料分为在体内可生物降解与不可生物降解两类。在体内可生物降解的有氢化大豆磷脂、二硬脂酰基磷脂酰乙醇胺-聚乙二醇等；不可生物降解的有甲基纤维素、乙基纤维素、羧甲基纤维素盐、羟丙甲纤维素、邻苯二甲酸乙酸纤维素等。

（3）**合成辅料**　合成辅料分为在体内可生物降解与不可生物降解两类。可生物降解辅料应用较广的有聚乳酸、聚氨基酸、聚羟基丁酸酯、乙交酯-丙交酯共聚物等；不可生物降解的辅料有聚酰胺、聚乙烯醇、丙烯酸树脂、硅橡胶等。

对于微粒制剂，尤其是脂质体制剂中用到的磷脂，无论是天然、半合成或合成的，都应明确游离脂肪酸、过氧化物、溶血磷脂、离子浓度限度等关键质量属性。此外，在制备微粒制剂时，可加入适宜的润湿剂、乳化剂、抗氧剂或表面活性剂等。

三、微粒的质量控制指标和评价方法

微粒在制剂生产中往往需要进一步加工成片剂、胶囊剂以及肌内注射剂等剂型，所以质量检查是微粒制剂生产的重要环节。除制成制剂应符合《中国药典》（2020年版）有关制剂的规定外，微粒制剂质量标准应符合《中国药典》（2020年版）微粒制剂指导原则，主要包括以下内容：

1. 微粒的形态、粒径及其分布

微粒制剂可采用光学显微镜观察形态，粒径小于 2 μm 时需用扫描电镜或透射电镜，均应提供照片。粒径大小可用显微镜测定，也可用电感应法（如 Coulter 计数器）、光感应法或激光散射法测定。激光散射法又称为动态光散射（dynamic light scattering，DLS）法，该方法能快速简单地测定 10 μm 以下微粒粒径。

如需作图，将所测得的粒径分布数据，以粒径为横坐标，以频率（每一粒径范围的粒子个数除以粒子总数所得的百分率）为纵坐标，即得粒径分布直方图；以各粒径范围的频率对各粒径范围的平均值可作粒径分布曲线。微粒制剂粒径分布数据，常用各粒径范围内的粒子数或百分率表示。有时也可用跨距表示，跨距越小分布越窄，即粒子大小越均匀。

$$跨距 = (D_{90} - D_{10})/D_{50} \tag{14-1}$$

式中，D_{90}、D_{50}、D_{10} 分别指粒径累积分布图中10%、50%、90%处所对应的粒径。

除此之外，粒径分布也常用**多分散系数**（polydispersity index，PDI）表示。多分散系数通常为 0.1～0.5，多分散系数越小表示粒径分布越均匀，在 0.1 以下则提示粒径分布非常均匀。

2. 微粒载药量和包封率

微粒中药物的百分含量称为**载药量**（drug loading degree），其测定一般采用溶剂提取法。溶剂的选择原则，主要应使药物最大限度溶出，而溶剂本身不应干扰测定。对于粉末状微粒，可以仅测定载药量；对于分散在液体介质中的微粒，应通过适当方法（如凝胶柱色谱法、离心法或透析法）将游离药物与包封药物进行分离后测定，计算载药量和**包封率**（entrapped efficiency）。包封率一般应不低于80%。

载药量可由式（14-2）求得：

$$载药量 = \frac{微粒制剂中所含药物量}{微粒制剂的总量} \times 100\% \tag{14-2}$$

包封率可由式（14-3）求得：

$$包封率 = \frac{微粒制剂中包封的药量}{微粒制剂中包封与未包封的总药量} \times 100\% \tag{14-3}$$

$$= \left(1 - \frac{液体介质中未包装的药量}{微粒制剂中包封与未包封的总药量}\right) \times 100\%$$

3. 突释效应和体外释放

根据微粒制剂特点，可参考《中国药典》（2020 年版）中溶出度法进行测定，亦可将样品置于透析袋内测定，如条件允许，可采用流通池测定。药物在微粒制剂中的情况一般有三种，即吸附、包入和嵌入。在体外释放试验时，表面吸附的药物会快速释放，称为**突释效应**。开始 0.5 h 内的释放量要求低于 40%。此外，若微粒制剂产品分散在液体介质中贮存，应检查渗漏率，可由式（14-4）计算：

$$渗漏率 = \frac{产品在贮存一定时间后渗漏到介质中的药量}{产品在贮存前包封的药量} \times 100\% \tag{14-4}$$

体外释放主要考察在特定条件下微球中药物的释放速率，常用的测定方法有摇床法、透析法和流通池法等。释放介质的组成、pH、离子强度、渗透压、表面活性剂种类及浓度、介质温度等对释药速率都有较明显的影响。

4. 体内分布实验

微粒制剂均可采用高效液相色谱、液相色谱-质谱联用技术或者放射免疫法测定动物血清中的药物浓度。如为局部注射途径，血清中的药物浓度可反映药物由微粒制剂释放，并吸收进入血液循环系统的速率；如为静脉注射途径，血清中的药物浓度可反映微粒制剂在循环系统的滞留时间。

若局部注射给药，体内分布还可通过测定给药部位微粒残余药量来监测；若静脉注射给药，对于药物的体内分布情况，可通过测定不同脏器中药物含量的变化来反映。

5. 有害有机溶剂的限度

在生产过程中引入有害有机溶剂时，按照《中国药典》（2020 年版）中残留溶剂测定法测定有机溶剂残留量，应符合规定限度。

6. 氧化程度的检查

含有磷脂、植物油等容易被氧化的载体辅料的微粒制剂，需进行氧化程度的检查。在含有不饱和脂肪酸的脂质混合物中，磷脂的氧化分三个阶段：单个双键的偶合、氧化产物的形成、乙醛的形成及键断裂。因为各阶段产物不同，氧化程度很难用一种方法评价。

磷脂、植物油或其他易氧化载体辅料应采用适当的方法测定其氧化程度，并提出控制指标。对于磷脂来说，可采用氧化指数作为指标考察其氧化程度。由于氧化偶合后的磷脂在波长 233 nm 处具有紫外吸收峰，因而有别于未氧化的磷脂。微粒制剂中卵磷脂的氧化指数应控制在 0.2 以下。具体方法是：将磷脂溶于无水乙醇，配制成一定浓度的澄明溶液，测定其在波长 233 nm 及 215 nm 处的吸光度的比值。

7. 灭菌

对于微粒制剂，应根据具体情况选择适宜的灭菌方法。热压灭菌可能破坏微粒结构，目前 γ 辐射灭菌和无菌操作是较实用的方法。通常 γ 辐射不会引起平均粒径的变化，但必须注意有时会引起药物、防腐剂和增稠剂的分解，并使聚合物进一步交联或发生降解。对于粒径较小的微粒（< 100 nm），可以采用终端无菌过滤器。过滤灭菌不会引起其理化性质的任何变化，对不黏稠、粒径较小的系统较适合，但需注意滤膜孔径的大小。

长效注射微球微生物检查除需检查微球表面外，还必须对可能存在于微球内部的微生物进行检查。微球的内无菌检查，必须先用溶媒将聚合物骨架溶解使可能包埋在微球内的微生物释放出来，然后再进行过滤、培养等检查操作。例如，注射用利培酮微球的内无菌检查方法是分别向样品瓶中加入 5 mL 二甲基亚砜，使微球溶解后，按直接接种法检查。

8. 稳定性

微粒制剂稳定性研究应包括药品物理和化学稳定性以及微粒完整性等，并应符合原料药和制剂稳定性试验指导原则要求。对于脂质体制剂，除应符合上述指导原则的要求外，还应注意相变温度对药品状态的变化、不同内包装形式的脂质体药品的稳定性试验条件，以及标签和说明书上的合理使用等内容。

9. 其他规定

微粒制剂，除应符合本指导原则的要求外，还应分别符合有关制剂通则（如片剂、胶囊剂、注射剂、眼用制剂、鼻用制剂、贴剂、气雾剂等）的规定。若微粒制剂制成缓释、控释、迟释制剂，则应符合缓释、控释、迟释制剂指导原则的要求。

第五节　微球和微囊

一、概述

药物微囊化/微球化对药物的稳定性、体内吸收、疗效及毒副作用均有不同程度的影响。药物微囊化/微球化的主要目的包括以下方面：①使药物具有缓释或控释性能，如亮丙瑞林缓释微球；②提高药物稳定性，如 β-胡萝卜素、挥发油类等药物通过微囊化可以改善其稳定性；③防止药物在胃内失活或减少对胃的刺激性，如酶、多肽、红霉素、吲哚美辛等药物通过微囊化/微球化可减少胃内失活或对胃的刺激性；④使液态药物固态化，便于应用与贮存；⑤减少复方药物的配伍变化，如可以将难以配伍的阿司匹林与氯苯那敏分别微囊化，再制成同一制剂；⑥掩盖药物的不良气味及口味，如鱼肝油、大蒜素、氯霉素等药物通过微囊化/微球化可掩盖其不良气味及口味。

微球化的主要目的是缓释长效。当微球注射入皮下或肌内后，随着骨架辅料的水解溶蚀，药物缓慢释放（数周至数月），在体内长时间地发挥疗效，从而减少给药次数，降低药物的毒副作用。目前，长效注射微球最常用的载体主要为可生物降解的聚乳酸（polylactic acid，PLA）、聚乳酸-乙醇酸共聚物 [poly(lactic-co-glycolic acid)，PLGA]，在体内可降解为乳酸、羟基乙酸，后者经三羧酸循环转化为水和二氧化碳。聚合物在体内的降解速度可通过改变聚合单体的比例及聚合条件进行调节。

注射用利培酮微球（Risperdal Consta）是第一个长效非典型性抗精神病药，该制剂采用 Medisorb 技术，将药物包裹于聚乳酸-乙醇酸共聚物，制成混悬剂，给药频率从每日 1~2 次降低至每 2 周 1 次。艾塞那肽（Bydureon）长效注射剂是 2012 年 FDA 批准上市的 2 型糖尿病长效制剂，该长效注射制剂将药物的给药频率由每日注射 2 次延长到每周注射 1 次，显著改善了患者的顺应性。FDA 批准上市的部分长效注射微球制剂见表 14-3。

表 14-3　FDA 批准上市的部分长效注射微球制剂

时间	商品名	活性成分	缓释周期	适应证	开发公司	载体
1989	Zoladex	醋酸戈舍瑞林	1 个月	前列腺癌	AstraZeneca	PLGA 植入
1996			3 个月			
1989	Lupron Depot	醋酸亮丙瑞林	1 个月	前列腺癌,子宫内膜异位	TAP	PLGA 微球
1996			3 个月			
1997			4 个月			
1998	Sandostatin LAR	醋酸奥曲肽		肢端肥大	Novartis	PLGA 微球
1999	Nutropin Depot	生长激素	1 个月	儿童发育缺陷	Genetech/Alkermes	PLGA 微球
2000	Trelstar Depot	双羟萘酸曲普瑞林	1 个月	晚期前列腺癌	Debiopharm S. A	PLGA 微球
2001			3 个月			
2010			6 个月			
2001	Arestin	米诺环素		慢性牙周病	OraPharm	PLGA 微球
2003	Plenaxis	阿巴瑞克	1 个月	前列腺癌	Praecis	PLGA 微球
2003	Risperdal Consta	利培酮	2 周	精神分裂	Johnson/Alkermes	PLGA 微球
2006	Vivitrol	纳曲酮		酗酒	Alkermes/Cephalon	PLGA 微球
2007	Somatuline depot	醋酸兰瑞肽	1 个月	肢端肥大	IPSEN	PLGA 微球
2009	Ozurdex	地塞米松		玻璃体混浊	ALLERGAN INC	PLGA 植入
2012	Bydureon	艾塞那肽	1 周	2 型糖尿病	Lilly/Alkermes	PLGA 微球
2017	Zilretta	醋酸曲安奈德	3 个月	膝关节炎引起的疼痛	Flexion Therapeutics	PLGA 微球

二、微球的制备

微球的制备方法有相分离法、液中干燥法、喷雾干燥法、缩聚法、二步法等。适用于长效注射微球的制备方法主要有乳化模板法、喷雾干燥法、相分离法、连续流技术。

1. 乳化模板法

乳化模板法又称溶剂挥发法、溶剂固化法或溶剂提取法，是将载体辅料和药物溶解到与水不互溶的有机溶剂中形成分散相，通过机械搅拌、超声、高压均质、高速剪切等方式形成细小的乳滴，分散到含有表面活性剂的连续相中；形成的乳滴模板可通过扩散、蒸发等不同方式进行固化，得到固态微球。微球粒径取决于乳滴的直径、分散相中载体辅料和药物的浓度。可通过剪切速率、表面活性剂的种类和用量、分散相及连续相的比例和黏度、温度等因素调节乳滴的直径。

根据分散相和连续相进行区分，乳状液的类型主要有 O/W **乳化法**、O_1/O_2 **乳化法**、$W_1/O/W_2$ **复乳法**等。乳化方法以及乳状液的类型对微球性质影响较大，不同乳状液类型适用于包载不同性质的药物。

O/W 乳化法是制备疏水性药物微球最常用的方法。聚合物溶解于有机溶媒中，药物可以溶解或以混悬状态存在于上述聚合物溶液中，然后与不相混溶的连续相乳化，形成 O/W 型乳剂，分散相中溶媒挥发，使聚合物固化形成载药微球。

O_1/O_2 乳化法也称作无水系统，主要用于制备包载水溶性药物的微球。将溶解聚合物的有机溶媒同与其不相混溶的连续相乳化后，再经溶媒挥发即可制得微球。无水系统可以抑制水溶性药物向连续相扩散，提高药物的包封率。

$W_1/O/W_2$ 复乳法是制备多肽/蛋白质类水溶性药物微球最常用的方法。药物水溶液或混悬液以及增稠剂与水不互溶的聚合物有机溶剂乳化制成 W_1/O 初乳，后者再与含表面活性剂的水溶液乳化生成 $W_1/O/W_2$ 复乳，聚合物的有机溶媒从系统中移除后，即固化生成载药微球。

液中干燥法的制备过程需要使用表面活性剂或有机溶剂，可能导致产品溶剂残留，不利于维持多肽/蛋白质类药物的活性；药物常常因为在不同液相之间的扩散而损失，导致包封率较低；另外，工艺条件较复杂，工业生产的可靠性和重复性较差。液中干燥法影响微球形成的有关因素如表 14-4 所示。

表 14-4 液中干燥法影响微球形成的有关因素

影响因素	需控制的参数
挥发性溶媒	溶媒用量,在连续相中的溶解度,沸点,与药物和聚合物作用的强度等
连续相	水相的组成和浓度
连续相中乳化剂	乳化剂的类型和浓度
药物	药物在各相中的溶解度,剂量,与载体和挥发性溶媒作用的强度
载体辅料	载体用量,在各相中的溶解度,与药物和挥发性溶媒作用的强度,结晶度

> **例 14-1** 醋酸亮丙瑞林长效注射微球
>
> 醋酸亮丙瑞林长效注射微球是利用液中干燥法开发上市的代表剂型。醋酸亮丙瑞林用于激素依赖性肿瘤的治疗，该药口服给药无生物活性，直肠、鼻腔或阴道给药制剂的生物利用度分别为 <1%、1% 和 1%~5%。缓释 1 个月的醋酸亮丙瑞林长效注射微球以聚乳酸和聚乳酸-乙醇酸共聚物为骨架辅料，于 1989 年在美国上市，随后缓释 3~6 个月的相继上市。
>
> 工艺流程：将药物水溶液、增稠剂溶液与聚合物有机溶剂乳化制成 W_1/O 初乳，再与 0.25% 聚乙烯醇水溶液形成 $W_1/O/W_2$ 复乳。缓慢搅拌 3h，聚合物的有机溶媒从系统中移除后，制得半固态微球。经 74 μm 细筛除去大微粒，水洗，然后以 1000 r/min 转速离心，除去上清液中的小微粒。再经多次水洗、离心后，用甘露醇溶液分散，经冷冻干燥即得亮丙瑞林微球。
>
> 该工艺在内水相中添加了增稠剂，可以增加初乳的稳定性，提高药物包封率。理想的增稠剂应能够将水相黏度提高到 5000 mPa·s 或更高，内水相加入明胶并冷却冻凝可以起到有效的增稠作用。

2. 喷雾干燥法

喷雾干燥法是将待干燥物质的溶液以雾化状态在热压缩空气流或氮气流中干燥以制备固体颗粒的方

法。该方法简便快捷，可连续地批量生产，是很有潜力的微球工业化方向之一。帕金森病治疗药物 Parlodel LAR 是溴隐亭长效注射微球，采用喷雾干燥法制备，可在体内缓释 1 个月。二氯甲烷是喷雾干燥法制备聚乳酸-乙醇酸共聚物微球最常用的溶剂之一，其他的替代溶剂也在不断开发中。

喷雾冷冻干燥法是在喷雾干燥法的基础上衍生出的制备方法。将药物的冻干粉和赋形剂加入生物可降解聚合物的有机溶剂中混匀，通过喷嘴以雾状喷到液氮中使药物迅速冷冻固化，再将所得的冷冻颗粒冻干后去除有机溶剂即得。该方法在制备微球的过程中避免使用水，可有效增加水不稳定药物的稳定性，常用于多肽和蛋白质类药物微球的制备。

超声喷雾-低温固化法是利用超声喷雾使含药的聚合物溶液分散成细小的液滴，这些液滴分散在低温的有机溶媒中，溶媒不断萃取出聚合物中的溶剂，液滴则固化形成微球。1998 年 Alkermes 公司和 Genetech 公司在实验室规模基础上开发了一套全封闭、符合 GMP 要求的中试规模的微球生产设备，用于临床试验样品的制备，将 rhGH 微球样品制备量从实验室规模的几克/批扩大到 500 克/批。2004 年 6 月，因生产成本高昂，Genetech 公司停止生产。

例 14-2 生长激素缓释微球

【处方】

重组人生长激素（rhGH）	13.5 mg
醋酸锌	1.2 mg
碳酸锌	0.8 mg
聚乳酸-乙醇酸共聚物	68.9 mg

【制法】 重组人生长激素与醋酸锌（物质的量之比 1：6）形成的不溶性复合物经微粉化处理达 $1 \sim 6$ μm 后，与碳酸锌一起加入聚乳酸-乙醇酸共聚物的二氯甲烷溶液中，超声喷雾至覆盖有液氮的固化乙醇和正己烷的萃取罐中，在 -80℃下，二氯甲烷逐渐被乙醇萃取，由此得到固化的微球。

在重组人生长激素的聚乳酸-乙醇酸共聚物混悬液中加入 1% 碳酸锌微粉（<5 μm）。首先，Zn^{2+} 能与重组人生长激素形成难溶性的络合物，降低 GH 的溶解度，减少突释作用。其次，与 Zn^{2+} 形成络合物后重组人生长激素的疏水性增强，能够显著提高其稳定性。另外，难溶性的弱碱盐 $ZnCO_3$ 作为抗酸剂，能够持续提供低浓度 Zn^{2+}，有效抵御降解而产生的酸性环境，提高重组人生长激素在释药过程中的稳定性。

3. 相分离法

相分离法是在药物与辅料的混合溶液中，加入另一种物质或不良溶剂，或降低温度或用超临界流体提取等手段使辅料的溶解度降低，产生新相（凝聚相）固化而形成微球的方法。

瑞士 Debiopharm 公司开发的聚乳酸-乙醇酸共聚物药物控释平台（Debio PLGA）就是采用相分离法制备长效注射微球，适用于小分子量药物和肽类药物。利用 Debio PLGA 技术，诞生了第一个长效注射微球制剂醋酸曲普瑞林微球，所用的骨架辅料聚乳酸-乙醇酸共聚物由 25% L-乳酸单体、25% D-乳酸单体和 50% 乙醇酸共聚而成，临床上用于治疗前列腺癌和子宫内膜异位症等。

Exendin-4 微球采用了改进的相分离法，将 Exendin-4 和蔗糖等稳定剂溶于水中作为水相，聚乳酸-乙醇酸共聚物（50：50）的二氯甲烷溶液作为油相，两者在超声振荡下制成 W/O 乳液。将硅油在控速条件下滴入搅拌着的 W/O 乳液中，由于二氯甲烷与硅油互溶，聚乳酸-乙醇酸共聚物很快沉淀出来形成载药微球。这时微球呈柔软态，在正己烷/乙醇溶液中低温（3℃）下搅拌 2h，进行固化处理，可以很好地解决残留溶剂问题。微球分离出来后经真空干燥即得。

4. 连续流技术

药品的生产正在经历从批生产向连续生产的变革。连续生产具有传统批生产无法比拟的优势，可缩短生产周期、提高生产效率、降低生产风险，代表着药物制剂生产现代化的发展方向。连续生产工艺从实验室放大到生产规模通常只需最少的再优化：通过增加连续流反应器数量或体积，以及延长反应时间，即可扩大产量。用于制备微粒药物递送系统的连续流技术主要有微流控技术、膜乳化技术以及旋转圆碟技术。

（1）微流控技术 微流控技术是指在微米级的通道内控制液滴的技术，其成液滴的机理是利用互不相溶的分散相在剪切力及表面张力的作用下形成微液滴。以微流控技术生产的微液滴具备单分散性良好、结构精确可控的优点，液滴微模板可用于制备单分散内部结构可控的微粒药物递送系统。由于乳滴是按一个一个的序列产生的，生产效率是限制微流控技术在微粒药物递送系统工业生产中应用的障碍之一。Yadavali 等通过微流控通道的平行化策略，实现了 277 g/h 的微粒的高通量生产，所制备微球的粒径差异小于 5%，可基本满足工业化生产的需求。

（2）**膜乳化技术**　膜乳化制备乳滴时，分散相在贮存罐中受到氮气压力作用，缓慢通过膜孔，过膜速率受到施加压力的影响。分散相在膜孔上逐渐生长，形成均一乳滴。该乳滴在连续相中受到剪切力和界面张力的共同作用。通常采用磁力搅拌的方式在膜孔和连续相界面引入适当的剪切力，使乳滴从膜孔上脱落。如果剪切力过低，乳滴脱落慢，制备过程耗时长；剪切力过高则会引起乳滴破碎，产生过多小直径乳滴，影响均一性。油水界面的张力使乳滴在生长过程中能黏附于膜孔，当乳滴尺寸达到一定大小后再受剪切力的作用脱离膜孔，进入连续相。膜乳化具有能耗低的优点，得到的乳滴尺寸分布非常窄，可以通过膜孔径大小和过膜压力调节乳滴大小。通常所形成的乳滴尺寸约为膜孔径的 3～6 倍，适合制备 5 μm 以上的均一乳滴。通常采用亲水性强的微孔膜制备 O/W 型乳液；若制备 W/O 型乳液，则必须先将微孔膜通过化学修饰或表面处理等方式进行疏水修饰。

（3）**旋转圆碟技术**　旋转圆碟技术是将两种不同的液体（反应试剂和溶剂）分别经两根供液管道同时供应至圆碟中心，由泵控制液流速度，马达控制圆转动速度，在适当的液流速度和圆碟转动速度下，两种液体在碟上相遇并铺展成超薄膜，圆碟高速旋转，在数秒内完成热质交换和化学反应后形成均一微液滴。旋转圆碟技术可以用于快速制备单分散粒径分布窄的微液滴及固体微粒。Senuma 等采用自制旋转圆碟雾化器制备了以聚乳酸为载体、氯仿为溶剂的生物可吸收载平滑肌细胞多孔微球，粒径大小在 160～320 μm。超微粒制备系统可以克服喷雾干燥过程中高温导致的溶剂快速挥发、微滴固化过快、微粒形貌无规则的不足，在常温或低温条件下产生足够分散的雾化液滴，使之悬浮在气流中，逐渐固化，最终形成球形度较好的固体微球。利用该法可实现连续规模化生产。

5. 微球制剂面临的挑战

微球制剂可有效减少给药频次，在临床上具有明显的优势。从微球制剂的开发角度来说，其所包载的药物主要由临床需求决定。O/W 乳化法的分散相需同时溶解载体材料和药物、且容易去除，因而常采用低沸点、与水互溶性低的有机溶剂，如二氯甲烷、氯仿、乙酸乙酯等。该方法对于所包载药物的通用性较低，多适合于包载脂溶性药物。小分子水溶性药物以及多肽类药物在分散相中溶解性差，限制其投料量，导致微球的载药量难以提高。虽然可以通过复乳法、包载药物颗粒等手段提高水溶性小分子药物和多肽类药物的载药量，但是其绝对值仍然在较低水平。因此解决需包载药物结构多样性和载体辅料单一性之间的矛盾是微球制剂亟需解决的关键技术难点。

三、微囊的制备

微囊的制备方法按成型原理可分为相分离法、物理机械法和化学法三大类。根据药物和囊材性质以及欲制备微囊的粒径、释药特性、体内靶向性等要求，选择不同的制备方法。

1. 相分离法

本法的微囊化在液相中进行，通过改变条件使溶解状态的成囊辅料和囊芯物形成新相析出。相分离法所用设备简单，成囊高分子辅料来源广泛，可用于多种类别的药物微囊化，是药物微囊化的主要方法之一。根据新相形成原理不同，相分离法又分为单凝聚法、复凝聚法、溶剂-非溶剂法、改变温度法和液中干燥法。

（1）**单凝聚法**　单凝聚法（Simple coacervation）是较常用的一种相分离法，适合于难溶性药物的微囊化。该方法通过在高分子囊材溶液中加入凝聚剂使囊材凝聚成囊。例如将药物分散在明胶水溶液中，然后加入凝聚剂（如硫酸钠、硫酸铵、乙醇或丙酮），竞争性地结合明胶水合膜中的水分子，使明胶的溶解度降低，最后从溶液中析出而凝聚形成微囊。采用这种方法形成的微囊，一旦解除促进凝聚的条件（如加水稀释），就可解凝聚，使微囊消失。利用这种可逆性，在微囊制备过程中可以反复进行凝聚-解凝聚，直到凝聚形成的微囊形状满意为止。最后再采取适当方法进行交联，形成不凝结、不粘连、不解聚的球形微囊。采用单凝聚法制备微囊的工艺流程，如图 14-5 所示。

单凝聚法的成囊条件需要考察凝聚系统的组成、囊材溶液的浓度与温度、药物及凝聚相的性质等。可

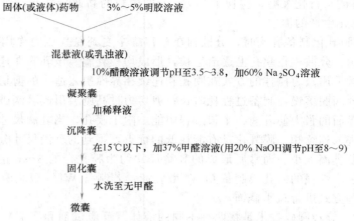

固体(或液体)药物　　　3%～5%明胶溶液

混悬液(或乳浊液)

10%醋酸溶液调节pH至3.5～3.8，加60% Na₂SO₄溶液

凝聚囊

加稀释液

沉降囊

在15℃以下，加37%甲醛溶液(用20% NaOH调节pH至8～9)

固化囊

水洗至无甲醛

微囊

图 14-5　单凝聚法制备微囊的工艺流程

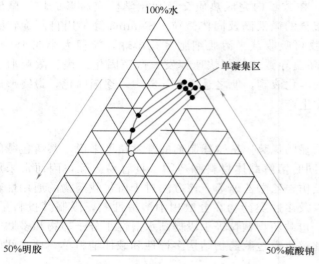

图 14-6　明胶-水-硫酸钠系统的单凝聚三元相图

通过三元相图确定凝聚系统的组成，如明胶-水-硫酸钠系统的单凝聚三元相图，如图 14-6 所示。用电解质作凝聚剂时，阴离子电解质对胶凝起主要作用，常用的阴离子是 SO_4^{2-}，其次是 Cl^-。胶凝作用强弱次序为枸橼酸＞酒石酸＞硫酸＞醋酸＞氯化物＞硝酸＞溴化物＞碘化物；阳离子也有胶凝作用，电荷数越高胶凝作用越强。

囊材浓度太低不能胶凝，增加囊材的浓度可加速胶凝进程。体系温度越低，越容易胶凝；温度越高，越不利于胶凝。胶凝温度还与高分子囊材浓度有关，例如 5％明胶溶液在 18℃ 以下才能胶凝，而 15％明胶溶液则在 23℃ 就可以胶凝。

使用单凝聚法在水中成囊时，系统中含有药物、凝聚相和水三相，要求药物难溶于水，但具有一定的亲水性。若药物过分疏水，因凝聚相中含大量的水，药物既不能混悬于水相中，也不能混悬于凝聚相中，微囊化无法进行。如制备难溶性药物双炔失碳酯微囊，加入司盘 20 增大双炔失碳酯的亲水性，可使双炔失碳酯微囊化。但药物过分亲水则易被水包裹，药物只存在于水中，不能分散于凝聚相中而被微囊化。此外，微囊化的难易程度还取决于囊材同药物之间的亲和力，亲和力强的易被微囊化。

为了得到更好的球形微囊，凝聚囊应有一定的流动性。例如在使用 A 型明胶制备微囊时，可滴加少许醋酸使溶液的 pH 在 3.2～3.8，这时明胶分子中有较多的—NH₃⁺，可吸附较多的水分子，降低了凝聚囊-水间的界面张力，改善了凝聚囊的流动性，有利于微囊成球形。若调节溶液的 pH 在 10～11，则不能成囊，因为此时接近 A 型明胶的等电点（pH＝7～9），有大量的黏稠块状物析出。B 型明胶的等电点较低（pH＝4.7～5.0），制备时不调节 pH 也能成囊。

单凝聚法中的囊材凝聚是可逆的，制备后需加入交联剂固化。以明胶为囊材制备微囊时，常用甲醛作交联剂，通过胺醛缩合反应使明胶分子互相交联而固化，形成不可逆的微囊。交联的程度受甲醛浓度、固化时间、介质的 pH 等因素的影响，交联的最佳 pH 为 8～9。若交联不足，容易导致微囊粘连；若交联过度，得到的明胶微囊脆性太大。若药物在碱性环境中不稳定，可用戊二醛代替甲醛，在中性介质中使明胶交联固化。

（2）复凝聚法

复凝聚法（complex coacervation）是经典的微囊化方法，适合于难溶性药物微囊化。本法使用两种带相反电荷的高分子辅料为复合囊材，先将囊芯分散在含囊材的水溶液中，在一定条件下，与带相反电荷的高分子辅料形成复合物，溶解度降低，在溶液中凝聚成囊。例如以明胶与阿拉伯胶作为囊材时，将溶液

pH 调至明胶的等电点以下，使明胶带正电荷，而在此条件下阿拉伯胶带负电荷，由于电荷互相吸引形成复合物，溶解度降低凝聚成囊，最后再采取适当方法进行交联固化。

采用复凝聚法制备微囊时，可作复合囊材的有明胶与阿拉伯胶、海藻酸盐与壳聚糖、海藻酸盐与聚赖氨酸、白蛋白与阿拉伯胶、海藻酸与白蛋白等。采用复凝聚法制备微囊的工艺流程，如图 14-7 所示。

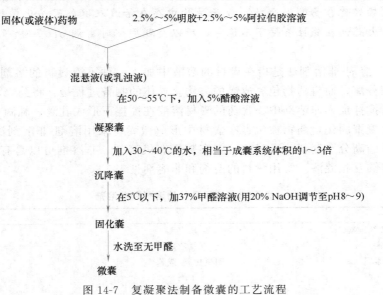

图 14-7　复凝聚法制备微囊的工艺流程

与单凝聚法类似，可以用三元相图确定凝聚成囊的组成。如成囊辅料为明胶与阿拉伯胶，明胶、阿拉伯胶、水三者的组成与凝聚现象的关系可由三元相图说明，如图 14-8 所示。在图 14-8 中，K 为复凝聚区，表明了形成微囊的阿拉伯胶和明胶混合溶液的浓度；P 区为两相分离区，阿拉伯胶和明胶溶液不能混溶亦不能形成微囊；H 区为阿拉伯胶和明胶可混溶形成均相溶液。A 点代表含 10％明胶、10％阿拉伯胶和 80％水的混合液，必须加水稀释，沿 AB 虚线进入凝聚区 K 才能发生凝聚。相图说明，明胶同阿拉伯胶发生复凝聚时，除 pH 外，浓度也是重要的条件。

复凝聚法制备微囊时要求药物表面能被囊材凝聚相润湿，使药物能混悬或乳化于凝聚相中，随凝聚相凝聚而成囊。因此可根据药物性质适当加入润湿剂。此外，还应使凝聚相保持一定的流动性，如控制温度或加水稀释等，这是保证微囊外形良好的必要条件。

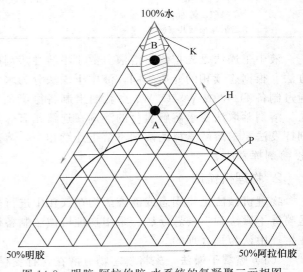

图 14-8　明胶-阿拉伯胶-水系统的复凝聚三元相图

例 14-3　大蒜油微囊的制备

【处方】

大蒜油	1 g	阿拉伯胶	0～5 g
3％明胶液	40 mL	甲醛	1 mL
10％醋酸	适量	5％氢氧化钠溶液	适量
蒸馏水	150 mL	10％生淀粉混悬液	4 mL

【制备】　①取 0.5 g 阿拉伯胶粉置于乳钵中，加 1 g 大蒜油，研匀，加蒸馏水 1 mL，迅速研磨成初乳，并用 3％阿拉伯胶溶液 30 mL 稀释成乳剂。②将乳剂移至 250 mL 烧杯中，边加热边搅拌，待温度升至 45℃时缓缓加入 3％明胶溶液 40 mL（预热至 45℃），胶液保持在 45℃左右，继续搅拌，并用 10％醋酸溶液调节 pH 4.1～4.3，显微镜下可观察到乳滴外包有凝聚膜层。③加入温度比其稍低的蒸馏水 150 mL，继续搅拌。温度降至 30℃以下时，移至冰水浴继续搅拌，加入甲醛溶液 1 mL，搅拌使固化定形，并用

5%的氢氧化钠溶液调 pH 7.0～7.5，使凝胶的孔隙缩小，再继续搅拌 30 min。④加入 10% 生淀粉混悬液 4 mL，10℃左右再搅拌 1 h，抽滤收集微囊，洗涤，尽量除去水分，60℃干燥，即得。

【注解】 ①本例是采用复凝聚法制备大蒜油微囊。阿拉伯胶和明胶为成囊辅料；生淀粉可使微囊分散均匀；甲醛为固化剂。②大蒜油具有抗炎、降血脂、降血糖等作用。大蒜油的主要成分为含大蒜辣素、大蒜新素等不饱和硫化烯烃化合物的混合物，分子结构中存在活泼双键，因而化学性质不稳定，且有刺激性，所以制成微囊。大蒜油在碱性条件下不稳定，所以交联固化时需调 pH 7.0～7.5，而不是通常的 pH 8～9。

（3）其他方法 溶剂-非溶剂法是指在囊材的溶液中加入一种不溶囊材的溶剂（非溶剂），使囊材的溶解度降低，引起相分离，而将药物包裹成囊的方法。具体的制备过程是：将药物均匀分散或溶解于含有囊材的溶液中，然后搅拌加入非溶剂中，含药的囊材溶液在搅拌下形成乳滴，乳滴中的溶剂扩散进入非溶剂中，乳滴中的囊材凝聚固化，药物被包裹在囊材中形成微囊。采用溶剂-非溶剂法制备微囊的囊材主要是乙基纤维素等合成的高分子辅料。囊材的溶剂多数是有机溶剂，非溶剂可以是有机溶剂，也可以是水，溶剂和非溶剂之间能够互相混溶。常用囊材的溶剂和非溶剂见表 14-5。

表 14-5 常用囊材的溶剂和非溶剂

囊材	溶剂	非溶剂
邻苯二甲酸醋酸纤维素	丙酮/乙醇	三氯甲烷
苄基纤维素	三氯乙烯	丙醇
乙基纤维素	四氯化碳（或苯）	石油醚
醋酸纤维素丁酯	丁酮	异丙醚
聚乙烯	二甲苯	正己烷
聚氯乙烯	四氢呋喃（或环己烷）	水（或乙二醇）
醋酸乙烯酯	三氯甲烷	乙醇
苯乙烯马来酸共聚物	乙醇	乙酸乙酯

液中干燥法是先把囊材溶液分散于不溶性溶剂中形成乳状液，然后除去乳剂内相的溶剂而固化成囊的方法。根据连续相的介质不同，液中干燥法分为水中干燥法和油中干燥法，其中水中干燥法较为常用，即通过制备 O/W 或 $W_1/O/W_2$ 型乳剂来制备微囊的方法。囊材溶剂的去除方法有溶剂萃取法和溶剂挥发法。溶剂萃取法要求溶解囊材的溶剂在连续相有一定溶解度，使溶解囊材的溶剂进入连续相中而除去。溶剂挥发法要求溶解囊材的溶剂不溶于连续相中，溶剂挥发后进入气相，囊材得到干燥，这种方法也称为乳化-溶剂挥发法。

2. 物理机械法

物理机械法是将固态或液态药物在气相中进行微囊化的方法，需要一定的设备条件，其中常用的方法是喷雾干燥法和空气悬浮法。采用物理机械法制备微囊时，囊芯物损失在 5% 左右、粘连率在 10% 左右，在生产中认为是合理的。

（1）喷雾干燥法 先将囊芯物分散在含有囊材的溶液中，再将混合物喷入惰性热气流中，使液滴收缩成球形，进而干燥得到微囊。如药物不溶于囊材溶液，可得到微囊；如药物能溶解于囊材溶液，则得到微球。溶解囊材的溶剂可以是有机溶剂或水。喷雾干燥法可用于固态或液态药物的微囊化，得到的微囊粒径通常在 5 μm 以上。影响喷雾干燥成囊的主要因素包括混合液的黏度、喷雾的均匀性、药物和囊材的浓度、喷雾的方法和速度、干燥速率等。

（2）喷雾冷凝法 将囊芯物分散于熔融的囊材中，将此熔融物喷入冷气流中凝固而成微囊的方法。此法得到的微囊粒径在 80～100 μm。常用的辅料有蜡类、脂肪酸和脂肪醇等，此类囊材在室温下为固体，在较高温度下能熔融。

（3）流化床包衣法 流化床包衣法亦称为空气悬浮法，是利用垂直强气流将囊芯物悬浮于包衣室中，将含有囊材的溶液喷射于囊芯物表面成膜，溶剂在热气流中挥干，使囊芯物表面形成囊材薄膜从而制备微囊的方法。因喷雾区微粒浓度低，流化速度快，不易粘连，适合于微粒的包衣。为了防止微粒间相互粘连，还可采用预制粒的方法。本法所得微囊的粒径一般在 100～150 μm。

（4）多孔离心法 利用离心力使囊芯物高速通过囊材溶液并形成液态膜，再采用不同固化方法使囊材固化从而制备微囊的方法。

3. 化学法

化学法是指利用溶液中的单体或高分子通过聚合反应或缩合反应产生囊膜而制成微囊的方法。本法的特点是不加凝聚剂，先制成 W/O 型乳状液，再利用化学反应或射线辐射交联固化。

（1）**界面缩聚法**　界面缩聚法亦称界面聚合法，是指存在于囊芯物界面上的亲水性单体或亲脂性单体，在引发剂的作用下瞬间发生聚合反应，生成的聚合物包裹于囊芯物的表面，形成囊壁的微囊化方法。

（2）**辐射交联法**　辐射交联法是聚乙烯醇或明胶在乳化状态下，经 γ 射线照射发生交联而成囊的方法。将微囊溶胀在含有药物的水溶液中，使其吸收药物，最后将微囊干燥，即得含药微囊。此法工艺简单，不在明胶中引入其他成分，制得的微囊粒径在 50 μm 以下。水溶性药物均可采用此法进行微囊化。

4. 工业化存在的问题与解决措施

当前研制的微囊制剂仍存在粒度分布宽、稳定性差、包封率低、突释现象严重、生产成本高、质量控制难度大等很多亟待解决的问题。随着新的膜乳化技术和高通量微流控技术不断运用于多肽/蛋白质类微囊制剂的制备，影响多肽/蛋白质类药物应用的各种因素将会不断被攻克。

第六节　纳　米　粒

一、概述

纳米粒（nanoparticle）是指药物或与载体辅料经纳米化技术分散形成的粒径小于 500 nm 的固体粒子。药剂学中的纳米粒分为两类，即**结晶纳米粒**和**载体纳米粒**。结晶纳米粒是由药物分子组成的纳米粒。载体纳米粒是指药物吸附或包裹于载体辅料中形成的载药纳米粒。根据结构特征，载体纳米粒分为骨架实体型**纳米球**（nanosphere）和膜壳药库型**纳米囊**（nanocapsule）。药物制成纳米粒后可隐藏药物的理化性质，其体内过程很大程度上依赖于载体的物理化学性质。

二、纳米粒常用载体辅料

纳米粒常用的载体辅料在性质上应具有生理相容性、生物可降解性以及良好的载药能力。目前多使用天然或合成的可生物降解的高分子辅料。天然高分子及其衍生物可分为蛋白质类（白蛋白、明胶和植物蛋白）和多糖类（纤维素和淀粉及其衍生物、海藻酸盐、壳聚糖及其衍生物等）。合成高分子辅料主要有聚酯类、两亲性嵌段共聚物以及聚氰基丙烯酸烷酯类等。

以固态天然或合成的类脂如卵磷脂、三酰甘油等为载体，将药物包裹或夹嵌于类脂核中制成的固态胶粒给药系统称为固体脂质纳米粒。骨架辅料为在室温时高熔点脂质辅料，有饱和脂肪酸（硬脂酸、癸酸、月桂酸、肉豆蔻酸、棕榈酸、山嵛酸）的甘油酯（三酯、双酯、单酯及其混合酯）、硬脂酸、癸酸、棕榈酸、甾体（如胆固醇等）。

纳米药物递送系统的临床应用障碍之一是缺少高生物相容性的辅料。聚乳酸、聚乳酸-乙醇酸共聚物等仅供皮下或肌内注射使用。人血清白蛋白是一种良好的药物载体，具有可生物降解以及生物相容性好的特点，因而其优越性能得到广泛的关注和应用。2005 年美国 FDA 批准了白蛋白结合型紫杉醇上市，现已在临床得到广泛的使用，是一个成功的具有代表性的纳米粒制剂产品。

三、纳米粒的制备

制备纳米粒时，应根据辅料和药物性质以及使用的要求，选择合适的制备方法和制备工艺。优选的主要指标包括粒径和形态、释药特性、回收率、包封率、载药量、微粉学特性、稳定性、水中分散性、吸湿性等。纳米粒在水溶液中不稳定，如载体辅料的降解、粒子的聚集、药物的泄漏和变质等，冷冻干燥后可明显提高其稳定性。为避免冻干后聚集和粒径变化，常加入冻干保护剂，如葡萄糖、甘露醇、乳糖、氯化钠等，根据药物的性质选择适宜的保护剂及其用量，利于保持纳米粒的原形态并易于在水中再分散。

1. 天然高分子凝聚法

天然高分子辅料可由化学交联、加热变性或离子交联法凝聚成纳米粒。下面主要介绍白蛋白纳米粒、明胶纳米粒以及壳聚糖纳米粒的制备。

（1）白蛋白纳米粒　主流制备工艺是由 Scheffel 等提出的加热交联固化法。白蛋白（200～500 g/L）与药物水溶液作为水相，在 40～80 倍体积的油相中搅拌或超声得 W/O 型乳状液。将此乳状液快速滴加到热油（100～180℃）中并保持 10 min。白蛋白变性形成含有水溶性药物的纳米球，再搅拌并冷至室温，加乙醚分离纳米球，于 30000 g 离心，再用乙醚洗涤，即得。

（2）明胶纳米粒　制备明胶纳米球时，先胶凝后化学交联，可用于对热敏感的药物。如将 300 g/L 的明胶溶液 3 mL（丝裂霉素 1.8 mg）在 3 mL 油相中乳化，将形成的乳状液在冰浴中冷却，使明胶乳滴完全胶凝。再用丙酮稀释，用 50 nm 孔径的滤膜过滤，弃去粒径较大的纳米球。用丙酮洗去纳米球（≤50 nm）上的油，加 10% 甲醛的丙酮溶液 30 mL 使纳米球交联 10 min，丙酮洗涤，干燥，即得粒径范围在 100～600 nm、平均粒径 280 nm 的单个纳米球。较大粒径的，可能是在交联过程中由小纳米球聚集而成。

（3）壳聚糖纳米粒　壳聚糖有一定疏水性，生物相容性好，可生物降解，是目前有发展前途的多糖类天然高分子辅料。可用凝聚法制备纳米粒或亚微粒。壳聚糖分子中含—NH$_2$，在酸性条件下带正电荷，用负电荷丰富的离子交联剂（如三聚磷酸钠）使之凝聚成带负电荷的纳米粒。搅拌下得米托蒽醌（带正电荷）溶液，即米托蒽醌纳米粒。

2. 乳化模板法

与微球制备的乳化模板法类似，此法是从乳液中除去分散相挥发性溶剂以制备纳米粒的方法。其具体的制备过程是：将含有载体辅料和药物的分散相通过机械搅拌、超声、高压均质、高速剪切等方式分散在另外一种与之互不相溶的连续相中形成乳滴，再除去分散相中的挥发性溶剂，使骨架辅料固化成纳米粒。纳米粒粒径取决于乳滴的直径、分散相中载体辅料和药物的浓度。与微球制备的乳化模板法相比，纳米粒的乳化模板法所得乳滴的直径明显减小。可根据药物的性质，采用单乳化法或复乳法，进行药物包裹。

（1）Nab TM 技术　American Bioscience Inc 于 2004 年公开了基于二硫键形成法的 Nab TM 技术（nanoparticle albumin bound technology）。该技术将药物溶于氯仿、二氯甲烷等与水不互溶的有机溶剂中作为油相，白蛋白水溶液作为水相，在超声、高压均质等高剪切力作用下形成 O/W 型乳剂，白蛋白在有机相和水相的界面上。均质或超声时形成空化效应，引起局部高热，产生超氧化物离子，导致白蛋白中巯基残基氧化或白蛋白分子内二硫键断裂，形成新的二硫键，组成壳结构。通过真空或冻干除去内部有机溶剂使药物析出。通过调整有机相类型、相组分药物浓度和操作参数，可制得直径 100～200 nm 的纳米粒，用生理盐水或葡萄糖溶液复溶给药。

Nab TM 技术制备的白蛋白纳米粒的原理类似于体内天然发生的结合，保留了白蛋白的全部生物学特征，生物相容性好，无需使用常规的表面活性剂或任何聚合物，无需特殊的输液器具，能够以较小体积输送高剂量药理活性物质，药理活性物质以非晶态、无定形状态存在。白蛋白结合型紫杉醇 Abraxance 是以人血清白蛋白为载体，通过 Nab TM 技术将紫杉醇包埋在人血清白蛋白的疏水性空腔中。该制剂的平均粒径为 130 nm，紫杉醇以非晶态、无定形态存在。静脉注射后，纳米粒逐渐分解成白蛋白-紫杉醇复合物，该复合物的粒径和体内内源性的人血清白蛋白基本相等。

（2）高压乳匀法　高压乳匀法又名高压均质法，原理是在高压泵作用下使流体通过一个仅有几个微米的狭缝，流体在突然减压膨胀和高速冲击碰撞双重作用下内部形成很强的湍流和涡穴，使乳状液被粉碎成微小珠滴，按工艺的不同可分为热乳匀法和冷乳匀法。热乳匀法是制备固体脂质纳米粒的经典方法，即将药物先与熔融的脂质混合，然后将混合物分散至含有表面活性剂的分散介质中，形成预混初乳。初乳在高于类脂熔点的温度下高压匀化，冷却后即得粒径小、分布窄的脂质纳米球，但长时间高温条件可能导致药物降解。如果药物对热敏感，则不宜采用热乳匀法，此时可采用冷乳匀法。本法系先将脂质辅料加热熔融，再将熔融脂质辅料与药物混合并冷却，然后与液氮或干冰一起研磨，之后加入含表面活性剂的水溶液中，在低于脂质熔点 5～10℃ 的温度下进行多次高压匀化。此法所得纳米球粒径较大。

3. 溶剂置换法

把辅料溶于与水互溶的溶剂中，在搅拌下将此溶液倒入非溶剂中（一般为含有表面活性剂的水），使纳米粒沉淀析出，但"药物聚合辅料-溶剂-非溶剂系统"的选择比较困难。溶剂置换法制备纳米粒粒径均匀，在 150～250 nm 范围内。

此外，纳米粒制备方法还包括超临界流体技术。该法可以将药物和聚合物溶解在超临界流体中，药物通过喷嘴扩散，超临界流体在喷雾过程中挥发，溶质粒子沉淀出来。这样可避免普通制备方法的残留溶剂、载药量低、制备中药物容易降解等缺点。但这种技术对设备要求较高，需要高压，强极性物质很难溶解在超临界二氧化碳中。

第七节　药物纳米混悬液

一、概述

药物纳米混悬液（drug nanosuspension），又称**药物纳米结晶**（drug nanocrystal），是指纯固体药物颗粒分散在含有稳定剂（表面活性剂或聚合物稳定剂）的液体分散介质中的一种亚微粒胶体分散体系。其中液体分散介质可以是水、水溶液或非水溶液。药物可以结晶态存在，也可以部分或全部以无定形状态存在。药物纳米混悬液可以液体形式直接给药；也可以经后续加工工艺，如喷雾干燥、制粒、喷丸后压片等，进一步制备成其他口服固体制剂，如片剂、微丸、胶囊剂等。药物纳米混悬剂特别适合难溶性药物的大剂量口服或注射给药。

纳米混悬液主要通过降低药物粒径、提高表观饱和溶解度来提高难溶性药物的溶出速率和生物利用度。通常饱和溶解度是药物的特征性常数，仅受溶剂和温度的影响，但是当粒径降低到 100 nm 以下时，饱和溶解度随着粒径的减小而增加。将药物制备成纳米混悬液后，药物颗粒粒径降低到纳米级，释药总表面积增加。表观饱和溶解度和释药总表面积的增加，可有效提高难溶性药物的溶出速率。

药物纳米混悬液中药物微粒依靠表面活性剂的电荷效应或（和）立体效应混悬在溶液中。因此，为得到较为稳定的纳米混悬剂，需要在体系中加入十二烷基磺酸钠等离子型表面活性剂提供电荷稳定效应；泊洛沙姆、聚山梨醇酯等非离子型表面活性剂提供空间稳定效应；羟丙甲纤维素、聚乙烯吡咯烷酮等高分子增加混悬剂的黏度；还可加入缓冲液、多元醇、渗透压调节剂等附加剂满足不同需要。其中，表面活性剂可改善难溶性药物的润湿性，提高药物的溶出速率。

目前国外上市产品主要有 Rapamune®（雷帕霉素片剂），Emend®（阿瑞匹坦胶囊），Megace® ES（醋酸甲地孕酮口服混悬液），TriCor®（非诺贝特片剂）和 Triglide®（非诺贝特片剂）等。Rapamune®是将雷帕霉素分散在含有泊洛沙姆 188 的水溶液中进行研磨，所制备片剂的生物利用度可提高约 27%。TriCor®是将非诺贝特分散在含有 6% 羟丙甲纤维素和 0.075% 多库酯钠的水溶液中研磨，单次口服 145 mg TriCor® 片剂与单次口服 200 mg 非诺贝特胶囊（力平之®）生物等效，并且达峰时间由 8 h 提前为 6 h，且吸收速率和程度不受食物影响。Triglide® 是将药物分散在卵磷脂中形成纳米混悬液，所制备片剂 TriCor® 单次口服 160 mg 与单次口服 200 mg 非诺贝特胶囊（力平之®）生物等效，但是吸收速率提高了 32%，达峰时间仅为 3h。

二、药物纳米混悬液的制备方法

药物纳米混悬液的制备方法分为两大类：第一类是将大颗粒的药物结晶分散成纳米粒径的结晶，又称为 Top-down 法，如介质研磨法、均质法；另一类是将药物溶液利用结晶技术制备纳米粒径的药物结晶，又称为 Bottom-up 法，如沉淀法。Bottom-up 法在制备过程中使用了有机溶剂，可能导致有机溶剂残留，在去除有机溶剂过程中可能导致纳米晶粒径的变化。同时该方法的控制过程复杂、重复性差且易发生药物晶体的重结晶。目前为止，还未有 Bottom-up 法制备的药物纳米晶药品上市。

1. 介质研磨法

利用球磨机制备超微药物颗粒是一种广泛应用的方法。根据研磨过程中是否加入溶剂，介质研磨法可分为干法介质研磨和湿法介质研磨。干法介质研磨耗时长、产热高、损失多，其应用受到了一定限制。湿法介质研磨法是将药物与含有一定亲水性载体辅料的水/有机溶剂溶液混合后，置于研磨设备中，在研磨介质（瓷球、玻璃球、氧化锆珠或钢球）的作用下，经剪切、碰撞、摩擦和离心等作用，将药物粒径减小至微米级甚至纳米级，均匀分散在载体溶液中。药物粒径主要受载体辅料种类和浓度、研磨时间、研磨介质粒径和数量、研磨频率等因素影响。湿法介质研磨法制备过程简单、温度可控、可在低温下操作、易于工业化生产，适用于水和有机溶剂均不溶的药物。目前应用该法的上市药品有 Rapamune®、Emend®、Megace®ES、TriCor® 和 Invega sustenna®。

介质研磨法适用于在水和有机溶剂中均不溶的药物，制备过程相对简单，易于扩大生产，批次间质量差异小，所制备的纳米药物混悬液粒径分布窄，制备过程温度可控，适于制备热不稳定性药物，可直接制得不同药物浓度（1~400 mg/mL）的药物纳米混悬液。但是在研磨过程中会出现研磨介质的溶蚀、脱落，使得药物纳米混悬液中含有一定量的研磨介质。

2. 均质法

高压均质技术是将药物和稳定剂分散在水或非水介质中，迅速通过均质阀体和阀座之间的狭缝，导致液体动态压力升高，静态压力减小，当静态压力低于液体的蒸汽压时，狭缝内液体沸腾，形成大量气泡，当气泡离开狭缝时迅速破裂，产生巨大的冲击波即空穴效应，药物颗粒在剪切、碰撞和空穴作用下，破碎成纳米粒子。例如 FDA 批准的 Triglide® 是采用高压均质技术进行前处理。采用均质法制备纳米混悬液，生产效率高、周期短、重现性好、工艺成熟、易于工业化放大。

3. 沉淀法

沉淀法是将药物溶解在与水相互溶的有机溶剂中，将所得含药溶液注入药物的非溶剂（如水）中，形成过饱和体系，药物沉淀析出，通过控制温度、搅拌速度和时间等工艺参数或者调节稳定剂种类及浓度等处方参数，可得到不同粒径大小的纳米混悬液。采用沉淀法制备纳米混悬液，制备过程简单，但是很难精确控制药物微粒的粒径大小；另外由于制备过程中使用了有机溶剂，很难完全除去，存在一定的安全隐患。

4. 联用技术

介质研磨法、均质法和沉淀法是药物纳米混悬液的三种主要制备方法。但是单独使用一种方法很难有效降低药物微粒的粒径，达到预期要求。通常是将多种制备方法联合应用，以有效降低药物粒径，提高体系的分散均一性和稳定性。

（1）**微沉淀-高压均质法** 此法是通过沉淀法得到药物的粗混悬液，随后迅速经高压均质作用，以降低粒径，得到纳米级的无定形或结晶型纳米混悬液。

（2）**喷雾干燥/冷冻干燥-高压均质法** 此法是将药物溶于有机溶剂，经喷雾干燥或冷冻干燥（或者在药物合成时，使用喷雾干燥或冷冻干燥代替重结晶），得到药物粉末，再分散至含有稳定剂的水相中，进行高压均质。该方法所需均质次数少，生产效率高，所得纳米混悬液的粒径远远小于单一均质法的粒径。例如采用冷冻干燥-高压均质法制备的两性霉素 B 纳米混悬液平均粒径仅为 50 nm。

（3）**研磨-高压均质法** 此法是将药物预先研磨，初步降低粒径后，经高压均质进一步降低粒径。

第八节 脂质体

一、概述

脂质体（liposome）是一种人工合成的由双层磷脂包裹具有水相内核的微小囊泡。脂质体最早是1965年由英国 Banghan 等作为研究生物膜的模型提出。当磷脂分散在水中时形成多层囊泡，而且每一层均为脂质双分子层，厚度约 5 nm，各层之间被水相隔开。在囊泡内水相和双分子膜内可以包裹多种药物，类似于超微囊结构。这种将药物包封于类脂质双分子层薄膜中所制成的超微球形载体制剂，称为载药脂质体。磷脂结构、脂质体自组装示意图以及脂质体类型见图14-9。

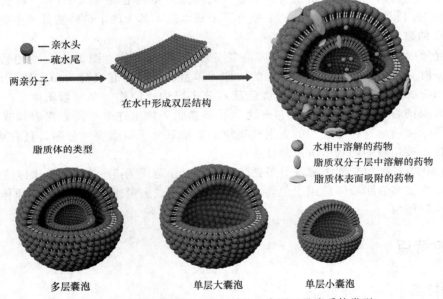

图 14-9　磷脂结构、脂质体自组装示意图以及脂质体类型

20 世纪 70 年代初，脂质体作为药物的载体开始逐渐引起人们的重视，随后迅速发展，人们对脂质体的处方组成、粒径控制、稳定性、体内过程、安全性及药效学等方面进行了广泛深入的基础研究。

第一个脂质体制剂，即硝酸益康唑脂质体凝胶剂，由 CILAG 制药公司于 1988 年在瑞士注册并上市销售。1990 年底，第一个上市的注射型脂质体是两性霉素 B 脂质体（Ambisome），在爱尔兰上市销售，该制剂可以有效地降低两性霉素 B 引起的急性肾毒性。第一个抗癌药物脂质体——阿霉素脂质体（Doxil）于 1995 年底在美国获得 FDA 批准。其他上市的脂质体产品有柔红霉素脂质体（DaunoXome）、阿糖胞苷脂质体（DepoCyt）、制霉菌素脂质体（Nyotran）、甲肝疫苗脂质体（Epaxal）等。部分抗癌、抗感染、基因脂质体药物进入了临床试验阶段。

脂质体长效注射制剂主要通过皮下或肌内注射给药，给药后脂质体滞留在注射部位或被注射部位的毛细血管所摄取，药物随着脂质体的逐步降解而释放。影响脂质体中药物释放的因素包括脂质种类、包封介质以及脂质体的直径。脂质中酯基碳链越长，药物释放越慢；包封介质的渗透压越高，药物释放越慢；脂质体直径越大，其在注射部位的滞留时间越长。粒径对脂质体在注射部位的滞留时间还与给药途径有关，小粒子脂质体皮下注射比肌内注射时的药物释放速率更快；而对于大粒子脂质体，无论是皮下注射还是肌内注射，脂质体均可长期滞留在注射部位。

DepoFoam 是一种多囊脂质体药物传递系统，是由非同心的脂质体囊泡紧密堆积而成的聚集体。DepoFoam 注入机体软组织后，最外层囊泡破裂释放部分药物，内部囊泡中的药物逐渐向外层囊泡扩散，逐渐释放，达到数天至数周的缓释效果。多囊脂质体的载药性能和长期稳定性欠佳，在贮存过程中可能出现沉降和聚集问题，使其发展受到一定的限制。目前，DepoFoam 给药系统上市产品包括：阿糖胞苷脂质体注射剂（Depocyt）、硫酸吗啡脂质体注射剂（DepoDur）以及布比卡因脂质体注射剂（Exparel）。2011 年批准上市的 Exparel 是布比卡因脂质体注射用混悬液，用于控制术后手术部位的疼痛。与普通布比卡因注射剂相比，Exparel 的止痛时间由 7 h 增加到 72 h。

二、脂质体的组成与结构

脂质体一般由磷脂和胆固醇构成。磷脂为两性物质，其结构中含有磷酸基团、含氮碱基（均亲水）及两个为疏水链的较长烃链。磷脂分子形成脂质体时，有两条疏水链指向内部，亲水基在膜的内外两个表面，磷脂双层构成一个封闭小室。小室中水溶液被磷脂双层包围而独立，磷脂双层形成囊泡又被水相介质分开。胆固醇属于两亲物质，其结构中亦具有疏水与亲水两种基团，但疏水性较亲水性强。

脂质体双分子层是由磷脂与胆固醇混合分子相互间隔定向排列组成（图 14-9）。磷脂分子的极性端与胆固醇分子的极性基团相结合，故亲水基团上接有三个疏水链，其中两个是磷脂分子中的两个烃链，另一个是胆固醇结构中的疏水链。

脂质体可以是单层的封闭双层结构，也可以是多层的封闭双层结构（图 14-9）。在电镜下脂质体常见的是球形或类球形。由一层类脂质双分子层构成的，称为单室脂质体，它又分大单室脂质体（0.1~1 μm）和小单室脂质体（0.02~0.08 μm）。由多层类脂质双分子层构成的称为多室脂质体，一般由两层以上磷脂双分子层组成多层同心层，直径在 1~5 μm 之间。多囊脂质体由许多非同心囊泡构成，每个囊泡中包裹着被装载药物的水溶液。这些不连续的囊泡被连续的类脂双分子磷脂膜所分隔，具有更多的包封容积。在这些多囊脂质体中被包裹的药物水溶液的体积占 95%。

1983 年 K. Sinil 等首次用复乳法制备了多囊脂质体，粒径范围为 5~50 μm，比传统的单室脂质体和多室脂质体的粒径大。多囊脂质体适用于包裹水溶性物质，其载药量比传统的单室脂质体和多室脂质体要高得多，且具有缓释作用。

三、脂质体的特点

1. 脂质体的特点

脂质体的主要特点有：①构成脂质体的主要材料为磷脂和胆固醇，是细胞膜的天然组成成分，生物相容性高，体内能彻底降解。②脂质体注射给药后，改变了药物的体内分布，主要在肝、脾、骨髓等单核-巨噬细胞较丰富的组织和器官中富集，具有一定程度的靶向性。③脂质体可减少心脏、肾脏和正常细胞中的药物量，降低或避免了某些药物的毒性。将对心、肾有毒性的药物如两性霉素 B 等包封成脂质体，可明显降低药物的不良反应。④载药范围广，脂质体既可包封脂溶性药物，也可包裹水溶性药物。⑤将药物包封成脂质体后，可减少药物的代谢和排泄而延长其在血液中的滞留时间，使药物在体内缓慢释放，从而延长药物的作用时间。⑥一些不稳定的药物被脂质体包封后受到脂质体双层膜的保护。有些口服易被胃酸破坏的药物，制成脂质体后可受到保护而提高体内稳定性和口服吸收的效果。⑦细胞亲和性和组织相容性：因脂质体是类似生物膜结构的泡囊，具有细胞亲和性和组织相容性，对正常组织细胞无损害和抑制作用，并可长时间吸附于靶细胞周围，有利于药物向靶组织渗透。

2. 脂质体的理化性质

（1）相变温度 脂质体膜的物理性质与介质温度有密切关系。当升高温度时，脂质双分子层中酰基侧链从有序排列变为无序排列，引起脂膜的物理性质发生一系列变化，这种转变时的温度称为**相变温度**（phase transition temperature）。相变温度取决于磷脂的种类，如脂质体膜由两种以上磷脂组成，它们各有特定的相变温度，在一定条件下液态、液晶态和胶晶态可共存。在相变温度以下时，磷脂分子的脂肪酸为全反式构象，排列紧密，膜呈现刚性，膜厚度大，处于胶晶态；在相变温度以上时，由于脂肪酸链的运动显著增加，膜结构处于液晶态，出现相分离，使膜的流动性增加，易导致包裹药物泄漏。脂质体膜的相变温度可借助差示扫描量热法、电子自旋共振光谱等测定。

（2）**膜的通透性** 脂质体的磷脂双分子层是脂溶性的半通透性膜。不同离子、分子扩散跨膜的速率有极大的不同。对于在水和有机溶液中溶解度都非常好的分子，易于穿透磷脂膜。极性分子，如葡萄糖和高分子化合物通过膜非常慢；而电中性小分子，如水和尿素能很快跨膜。荷电离子的跨膜通透性有很大差别：质子和氢氧根离子穿过膜非常快，可能是由于水分子间氢键结合的原因；钠和钾离子跨膜则非常慢。在体系达到相变温度时，质子的通透性增加，并随温度的升高而进一步提高，钠离子和大部分物质在相变温度时通透性最大。

（3）**荷电性** 含酸性脂质如磷脂酸和磷脂酰丝氨酸等的脂质体荷负电，含碱基（氨基）脂质如十八胺等的脂质体荷正电，不含离子的脂质体显电中性。脂质体表面电性与其包封率、稳定性、靶器官分布及对靶细胞作用有重要关系。脂质体表面电性的测定方法有荧光法、显微电泳法、激光粒度分析仪等。

3. 制备脂质体的辅料

形成脂质体双分子层的膜材主要由磷脂类和胆固醇组成。目前已上市脂质体制剂的名称、给药途径、剂型、处方组成及适应证见表 14-6。

表 14-6　目前已上市的脂质体制剂

商品名	给药途径	药物	剂型	有效期	处方组成（物质的量之比）	适应证
Ambisome	静脉注射	两性霉素 B	脂质体冻干粉	36 个月	HSPC，HSPG，胆固醇，两性霉素 B（2∶0.8∶1∶0.4）	真菌感染
Abelcet	静脉注射	两性霉素 B	脂质复合物混悬液	24 个月	DMPC，DMPG（7∶3）	真菌感染
Amphotec	静脉注射	两性霉素 B	脂质复合物冻干粉	24 个月	胆固醇硫酸酯	真菌感染
Daunoxome	静脉注射	柔红霉素	脂质体乳状液	12 个月	DSPC，胆固醇（2∶1）	血管瘤
Doxil	静脉注射	阿霉素	PEG 化脂质体混悬液	20 个月	HSPC，胆固醇，PEG 2000-DSPE（56∶39∶5）	卡波济肉瘤，卵巢癌/乳腺癌
Lipo-dox	静脉注射	阿霉素	PEG 化脂质体混悬剂	36 个月	DSPC，胆固醇，PEG 2000-DSPE（56∶39∶5）	卡波济肉瘤，卵巢癌/乳腺癌
Myocet	静脉注射	阿霉素	脂质体冻干粉	18 个月	EPC，胆固醇（55∶45）	与环磷酰胺联合治疗转移性乳腺癌
Visudyne	静脉注射	维替泊芬	脂质体冻干粉	48 个月	EPG，DMPC（3∶5）	与年龄相关的分子退化，病理性近视，眼组织胞浆菌病
Depocyt	脊髓注射	阿糖胞苷	脂质体混悬液	18 个月	胆固醇，三油酸甘油酯，DOPC，DPPG（11∶1∶7∶1）	脊膜瘤、脊膜淋巴瘤
Depodur	硬膜外注射	硫酸吗啡	脂质体混悬液	24 个月	胆固醇，三油酸甘油酯，DOPC，DPPG（11∶1∶7∶1）	疼痛
Epaxal	肌内注射	灭活的甲肝病毒	脂质体混悬液	36 个月	DOPC，DOPE（适宜配比）	甲肝
Inflexal V	肌内注射	灭活的流感病毒甲型、乙型	脂质体混悬液	12 个月	DOPC，DOPE（适宜配比）	流感

注：DOPE 为二油酰基磷脂酰乙醇胺；DOPC 为二油酰基磷脂酰胆碱；DPPG 为二棕榈酰基磷脂酰甘油；HSPG 为氢化大豆磷脂酰甘油；DSPG 为二硬脂酰基磷脂酰甘油；EPC 为蛋磷脂；DSPC 为二硬脂酰基磷脂酰胆碱；DMPC 为二肉豆蔻酰磷脂酰胆碱；DMPG 为二肉豆蔻酰磷脂酰甘油；EPG 为蛋磷脂酰甘油；PEG 2000-DSPE 为聚乙二醇 2000-二硬脂酰磷脂酰乙醇胺。

（1）**磷脂类** 磷脂是一大类化合物的总称，有几十种之多。根据来源，磷脂分为天然磷脂和合成磷脂两种。天然磷脂主要来自大豆和蛋黄，通过一定方法提取获得，包括卵磷脂、脑磷脂、大豆磷脂等。合成磷脂包括合成二棕榈酰-DL-α-磷脂酰胆碱、合成磷脂酰丝氨酸等。根据荷电分为中性磷脂、负电荷磷脂、正电荷磷脂。

磷脂酰胆碱俗称为卵磷脂，是最常见的中性磷脂，有天然和合成两种来源，可从蛋黄和大豆中提取。磷脂酰胆碱是细胞膜主要磷脂成分，它也是脂质体的主要组成部分。磷脂酰乙醇胺，又称为脑磷脂，也是一种常见的中性磷脂。在生物界所存在的磷脂中，磷脂酰乙醇胺的含量仅次于卵磷脂。

负电荷磷脂又称为酸性磷脂，常用的有磷脂酸、磷脂酰甘油、磷脂酰肌醇、磷脂酰丝氨酸等。由酸性磷脂组成的膜能与阳离子发生非常强烈的结合，尤其是二价离子，如钙和镁离子。由于与阳离子的结合降低了其头部基团的净电荷，使双分子层排列紧密，从而升高了相变温度。在适当环境温度下，加入阳离子能引起相变。制备脂质体所用的正电荷脂质均为人工合成，目前常用的正电荷脂质有硬脂酰胺等。由于细胞膜带负电，正电荷脂质常用于制备基因转染脂质体。

（2）**胆固醇** 胆固醇是一种中性脂质，作为两性分子，能镶嵌入膜，羟基基团朝向亲水面，脂肪族的链朝向并平行于磷脂双分子层中心的烃链。当胆固醇的物质的量在磷脂双分子层膜中约占50%时，胆固醇可改变膜流动性。胆固醇具有调节膜流动性的作用，故可称为脂质体流动性缓冲剂。当低于相变温度时，胆固醇可使膜减少有序排列，而增加流动性；高于相变温度时，可增加膜的有序排列而减少膜的流动性。

四、脂质体的制备方法

制备脂质体的方法，一般都包括以下几步：①磷脂、胆固醇等脂质与所要包裹的脂溶性物质溶于有机溶剂形成脂质溶液，过滤去除少量不溶性成分或超滤降低致热原，然后在一定条件下去除溶解脂质的有机溶剂使脂质干燥形成脂质薄膜；②使脂质分散在含有需要包裹的水溶性物质的水溶液中形成脂质体；③纯化形成的脂质体；④对脂质体进行质量评价。根据脂质体的形成和载药过程的进行是否在同一步骤完成，载药方法可分为被动载药和主动载药。

（一）被动载药技术

药物是在脂质体的形成过程中载入，通常是将药物溶于有机相或缓冲液中。

1. 薄膜分散法

薄膜分散法最早由Bamgham报道，这是最早而至今仍常用的方法。将磷脂等膜材溶于适量的氯仿或其他有机溶剂，然后在减压旋转下除去溶剂，使脂质在器壁形成薄膜，加入缓冲液中振摇水化，则可形成大多室脂质体，其粒径范围约1～5 μm。通过水化制备的多室脂质体太大而且粒径不均匀，可采用高压均质、微射流、超声波分散、高速剪切、挤压通过固定孔径的滤膜等，得到较小粒径且分布均匀的脂质体。

在以上制备过程中，根据药物的溶解性能，脂溶性药物可加入有机溶剂中，水溶性药物可溶于缓冲液中。本法对水溶性药物的包封效率较低，比较适合于脂溶性较强的药物。

2. 注入法

将磷脂与胆固醇等类脂质及脂溶性药物共溶于有机溶剂中（一般多采用乙醚），然后将此药液经注射器缓缓注入搅拌下的50℃磷酸盐缓冲液（可含有水溶性药物）中，不断搅拌至乙醚除尽为止，即制得大多室脂质体。其粒径较大，不适于静脉注射。再将脂质体混悬液通过高压乳匀机两次，则所得的成品大多为单室脂质体。

3. 逆相蒸发法

将磷脂等膜材溶于有机溶剂，如氯仿、乙醚等，加入待包封的药物水溶液（水溶液：有机溶剂＝1：3～1：6）进行短时超声，直到形成稳定的W/O型乳状液。然后减压蒸发除去有机溶剂，达到胶态后，滴加缓冲液，旋转有助于器壁上的凝胶脱落，在减压下继续蒸发，制得水性混悬液，通过凝胶色谱法或超速离心法，除去未包入的药物，即得大单层脂质体。本法可包裹较大体积的水相，适合于包封水溶性药物及大分子生物活性物质。

4. 冷冻干燥法

将磷脂与胆固醇分散于水中后，加入支持剂混合均匀、冻干后支持剂呈蜂巢状，再将干燥物分散到含药物的水性介质中，即得。该方法对遇热不稳定的药物尤为适宜。如维生素 B_{12} 脂质体：取卵磷脂 2.5 g 分散于 0.067 mmol/L 磷酸盐缓冲液（pH＝7）与 0.9％氯化钠溶液（1∶1）混合液中，超声处理，然后与甘露醇混合，真空冷冻干燥，用含 12.5 mg 维生素 B_{12} 的上述缓冲盐溶液分散，进一步超声处理，即得。

5. 喷雾干燥法

可将磷脂、胆固醇溶解于有机溶剂（如乙醇）中，喷雾干燥即得到二者混合的粉末，加入适量的缓冲盐水化，则可以得到脂质体。但是这种方法一般只适用于饱和磷脂，不适用于天然磷脂。

6. 复乳法

该方法与逆相蒸发法相比，多了一步二次乳化步骤，即将脂质膜材溶于有机溶剂中，药物溶于第 1 水相。有机相和第 1 水相混合乳化形成 W/O 型乳剂，再将此乳剂加入第 2 水相中，形成 W/O/W 型复乳，减压蒸发，除去有机溶剂，即得单室脂质体。如果在膜材再添加适量的三酰甘油，并严格控制复乳的成乳条件和除有机溶剂的条件，就会得到蜂窝状的多囊脂质体。该脂质体尤其适合作为水溶性药物的缓释载体，局部注射后，根据处方不同，缓释时间从数天到数周不等。

（二）主动载药技术

如果先形成空白脂质体，再将药物载入脂质体中，称为**主动载药技术**。

主动载药技术的基本过程包括三个步骤：首先制备空白脂质体，所采用的水相为特定的缓冲液，形成脂质体的内水相；然后外水相置换，采用透析或加入酸碱等方法形成膜内外特定的缓冲液梯度使药物载入；最后，将药物溶解于外水相，适当温度孵育，使在外水相中未解离药物通过脂膜载入内水相中。

根据缓冲物质的不同，主动载药技术分为 pH 梯度法、硫酸铵梯度法和醋酸钙梯度法。对于弱碱性药物可采用 pH 梯度法、硫酸铵梯度法，而对于弱酸性药物则可采用醋酸钙梯度法。

1. pH 梯度法

美国 NeXstar 制药公司研发的柔红霉素脂质体 DaunoXome® 于 1996 年得到 FDA 的批准。DaunoXome® 采用 pH 梯度法将柔红霉素包封于二硬脂酰卵磷脂和胆固醇组成的普通单室脂质体内，增加了药物在实体瘤部位的蓄积，提高了治疗指数同时降低了对心脏的毒性。以柔红霉素为模型药物说明 pH 梯度法的具体操作流程，主要包括空白脂质体制备和孵育载药两个部分。

① 空白脂质体制备：将二硬脂酰基磷脂酰胆碱-胆固醇（物质的量之比 2∶1）混合溶液进行喷雾干燥，得到干燥粉末；使用含有 125 mmol/L 乳糖和 50 mmol/L 柠檬酸（pH＝2.0～2.5）的水溶液进行水化，所形成混悬液中脂质浓度为 20 mg/mL；65℃下经超声或均质处理，制备粒径在 40～60 nm 小单室空白脂质体混悬液；室温下 5000 g 离心 10 min，0.2 μm 无菌微孔滤膜过滤。

② 孵育载药：将空白脂质体加热至 65℃，加入一定量的柔红霉素浓溶液，以使混合液中柔红霉素的浓度为 1.0 mg/mL；在 3 min 内加入 125 mmol/L 氢氧化钠（相当于柠檬酸的物质的量的 2.5 倍），并强烈振摇确保快速混合均匀；65℃下继续孵化 10 min，在此阶段柔红霉素跨过脂质双层膜进入脂质体内部，并与柠檬酸形成盐；孵化后，混合物冷却至室温，5000 g 离心 10 min；经过制剂调整，除去外水相中的柠檬酸根、钠离子以及游离的柔红霉素，浓缩后即得到柠檬酸柔红霉素脂质体注射液。

2. 硫酸铵梯度法

硫酸铵梯度法包封脂质体是根据化学平衡原理而设计的，主要包括空白脂质体的制备和孵育载药两个步骤。空白脂质体包封阿霉素的前提是：脂质体膜可透过分子型药物；离子型化合物较少或几乎不透过脂质体膜；硫酸阿霉素的溶度积远小于盐酸阿霉素的溶度积。下面以阿霉素脂质体的制备为例，简述具体操作过程。

① 空白脂质体制备：以 120 mmol/L 硫酸铵水溶液为介质，采用薄膜分散法制备空白脂质体（脂质

体囊泡内部为硫酸铵）；随后在5%葡萄糖溶液中透析除去脂质体外部的硫酸铵，使脂质体膜内外形成硫酸根离子的梯度。

② 在60℃孵育条件下，将脂质体混悬液与阿霉素溶液混合并轻摇，孵育10～15 min，经过制剂调整，除去外水相中游离的阿霉素等，调整浓度后即得到阿霉素脂质体注射液。

空白脂质体膜外阿霉素的存在形式是盐酸阿霉素（DOX—NH_2·HCl）、阿霉素碱基离子和氯离子（DOX—NH_3^+ + Cl^-）、阿霉素碱基分子和盐酸分子（DOX—NH_2 + HCl）三种形式。阿霉素碱基分子（DOX—NH_2）易于穿透脂质体膜进入脂质体内，与硫酸根离子结合生成溶解度小的硫酸阿霉素，在脂质体内形成胶态沉淀，使得化学平衡向硫酸阿霉素生成的方向进行。硫酸铵梯度法制备的阿霉素脂质体的包封率可达90%以上。

五、脂质体的分离与灭菌

1. 脂质体与未包封药物分离

对于未被包封的游离药物，常用如下方法将其与脂质体进行分离。

（1）**透析法** 本法适用于分离小分子物质，不适用于除去大分子药物。透析法的优点是无需复杂昂贵的设备，能除去几乎所有游离药物，但透析时间长，易发生药物渗漏。

（2）**凝胶过滤法** 当溶质分子（被分离的物质）在一个流动液体中通过多孔粒子固定床时，粒径较大的脂质体渗入小孔的比例较少，因此脂质体更易从柱上洗脱。其结果是粒径大的脂质体先从凝胶柱上流出，粒径小的游离药物后流出。分离时应注意选用的凝胶颗粒的大小，分离小分子物质时可选用 Sephadex G-50，分离大分子物质时可选用 Sepharose 4B。

此外，离心法及微型柱离心法也可用于分离脂质体和游离药物。沉淀脂质体的离心力依赖于脂质体组成成分、粒径大小，在某些条件下，依赖于脂质体的密度。微型柱离心法分离非包裹药物快速有效，适用于分子质量小于7000 Da的药物。

2. 脂质体灭菌

热压灭菌在121℃可以造成脂质体不可恢复的破坏，^{60}Co对脂质体灭菌可能是较好的选择之一，但也有研究表明，γ射线可破坏脂质体膜，因此过滤除菌和无菌操作是最常用的方法。0.22 μm 或更小的脂质体可通过过滤法除菌，脂质体及其内容物损失约0.3%～18.6%。

过滤膜主要有除菌用膜和聚碳酸酯膜两类。除菌用膜的通道是弯曲的，这些通道的孔径由膜中纤维密度决定，由于通道的弯曲性质，当大于膜孔径的脂质体通过这些膜时，膜孔很容易堵塞，脂质体不能到达另一面。聚碳酸酯膜的通道是直的并且大小相同，脂质体容易通过，即使脂质体直径略大于孔径也能通过。一般将脂质体原液稀释至12 μmol/mL 后再过膜，脂质体易通过孔径。脂质体加压通过孔时，其结构发生变化，根据所需脂质体的大小选择膜的孔径。将脂质体挤压通过0.2 μm 聚碳酸酯膜，这样可将调节粒径和除菌相结合，一步完成。无菌操作是实验室制备无菌脂质体最常用的方法。将脂质体的组成成分脂质、缓冲液、药物和水分别先通过过滤除菌或热压灭菌。所用的容器及制备仪器均经过灭菌，在无菌环境下制备脂质体。这个过程费力、耗时并且花费大。

第九节　微乳和脂肪乳

一、微乳概述

微乳（microemulsion）是指油相、水相、表面活性剂和助表面活性剂形成的各向同性、热力学稳定的胶体分散系统。形成的微乳可以是水连续（O/W）、油连续（W/O）也可以是双连续的（bicontinuous），具体取决于体系中各组分的浓度、性质和排列。对于水连续和油连续的微乳，其乳滴多为球形，大小比较均匀。

关于微乳的本质及其形成机理，看法尚不统一。有学者认为界面张力起到至关重要的作用：在表面活性剂和助表面活性剂作用下，微乳中出现油相和水相间超低的界面张力，甚至是负的界面张力，从而使体系自发分散成微小液滴，因而微乳极其稳定。另一些学者不同意负界面张力的解释。事实上，在普通乳中增加表面活性剂并加入助表面活性剂，也可以得到微乳。微乳的每个小乳滴都有表面活性剂及助表面活性剂形成的膜，故处方需要大量的表面活性剂，而助表面活性剂则增大了膜的柔顺性，促进曲率半径很小的膜的形成。在浓胶束溶液中加入一定量的油及助表面活性剂也可得到微乳，即油被胶束增溶、同时胶束直径增大。目前主流观点认为微乳是介于普通乳和胶束溶液之间的一种稳定的胶体分散系统，又称胶束乳，它同胶束均属于热力学稳定系统。

微乳由于需要的表面活性剂的量比较大，如何降低表面活性剂的用量，从而提高微乳的生物相容性，是目前探讨较多的问题之一。在利用相图研究微乳的组成时，一般采用三角形相图法，找出最佳组成比，可以减少表面活性剂的用量。

二、微乳处方

微乳形成的基本条件是保持油-水界面极低的界面张力，形成流动性好的界面膜，制备微乳需要大量的表面活性剂，并加入助表面活性剂。微乳制备的关键是选择合适的处方组分（水相、油相、表面活性剂和助表面活性剂）及确定适当的比例。根据相图确定微乳的处方组成后，将各成分按比例混合即可制得微乳。一般而言，各成分加入的次序不会影响制剂的最终性质。

1. 表面活性剂

表面活性剂对微乳的形成、粒径大小、稳定性均有较大影响，所以表面活性剂的选择非常重要。微乳比普通乳相界面大，需要更多的表面活性剂包被乳滴，因此微乳中表面活性剂的用量较大。适宜的表面活性剂应对油相有良好的乳化作用，对药物要有一定的增溶作用。非离子型表面活性剂受电解质、离子强度、酸碱等的影响较小，且毒性和刺激性较小，应用较多。离子型表面活性剂的溶血作用较强，使用受到一定限制。

HLB 值在 3～6 的表面活性剂如脂肪酸山梨坦类，适合制备 W/O 型微乳。HLB 值在 8～18 的表面活性剂如聚山梨酯，适合制备 O/W 型微乳。有时可考虑联合使用不同 HLB 值的表面活性剂制备微乳。表面活性剂用量一般为油相质量的 20%～30%。微乳制备中常用的表面活性剂包括天然和合成两大类。

常用天然表面活性剂的有阿拉伯胶、西黄蓍胶、明胶、白蛋白、大豆磷脂、卵磷脂及胆固醇等。天然乳化剂降低界面张力的作用不强，但是可通过形成高分子乳化膜而使乳滴稳定。明胶及其他蛋白质类乳化剂存在等电点，其荷电性质随环境 pH 不同而发生变化，以其为乳化剂制备纳米乳时应考虑溶液 pH 的影响。天然乳化剂的优点是生物相容性高、价廉；缺点是存在批间差异，对微乳和亚纳米乳的工业化生产不利。其产品的差异可能在生产阶段不显著，但几个月之后就明显了。牛源制品可能有人畜共患病的危险，另外有许多可能会受微生物的污染（包括致病菌和非致病菌）。

合成的乳化剂品种较多，分为离子型和非离子型两大类。纳米乳常用非离子型乳化剂，如脂肪酸山梨坦类（亲油性）、聚山梨酯类（亲水性）、聚氧乙烯脂肪酸酯类（商品名 Myrj，亲水性）、聚氧乙烯脂肪醇醚类（商品名 Brij，亲水性）、聚氧乙烯-聚氧丙烯共聚物类（聚醚型，商品名 Poloxamer 或 Pluronic）、蔗糖脂肪酸酯类和单硬脂酸甘油酯等。非离子型的乳化剂口服一般认为没有毒性，静脉给药有一定的毒性，其中 Pluronic F68 的毒性很低。这些表面活性剂一般都有轻微的溶血作用，其溶血作用的顺序为：聚氧乙烯脂肪醇醚类＞聚氧乙烯脂肪酸酯类＞聚山梨酯类。聚山梨酯类中，溶血作用的顺序为：聚山梨酯 20＞聚山梨酯 60＞聚山梨酯 40＞聚山梨酯 80。

2. 助表面活性剂

助表面活性剂可促进药物溶解、调节乳化剂的 HLB 值，并形成更小的乳滴。此外，助表面活性剂可插入表面活性剂的界面膜中，形成复合界面膜，降低界面张力及电荷斥力，改变油水界面的曲率，增加界面膜的牢固性和柔顺性，促进微乳形成并增加其稳定性。助表面活性剂必须在油相与界面上都达到一定的浓度，且分子链较短，毒性、刺激性小。有效的助表面活性剂可使表面活性剂的用量成倍减少。

常用的助乳化剂有乙醇、丙二醇、正丁醇、甘油、聚乙二醇等。乙醇虽有较强的增加界面膜柔顺性的性能，但易挥发使乳剂不稳定，临床用量受限，可用正丁醇、甘油等替代。目前可供药用的助乳化剂种类十分有限，因此研发低毒的新型助乳化剂对纳米乳的发展具有重要的现实意义。

3. 油相

油相要对药物有一定溶解能力、化学性质稳定、形成的乳剂毒副作用小。通常情况下选择蓖麻油、橄榄油、麦芽油、亚油酸乙酯、肉豆蔻酸异丙酯、花生油、豆油、辛酸/癸酸三酰甘油等作为油相。微乳的稳定性和油分子的碳氢链长短有直接的关系，通常情况下碳氢链越短，油相穿入界面膜就会越深，微乳就会越稳定。油分子碳氢链过长不能形成微乳，但增长碳氢链，有助于增加药物的溶解，因此，微乳油相应结合药物的溶解情况进行综合考虑。单一的油相有时不能满足微乳对油相的要求，这时几种不同的油相按适当的比例相互混合才会达到理想的效果。通常油相的黏度越大，油相在水中的分散能力就会越小，达到乳化平衡所需要的时间就会越长。因此，一般选择黏度较低的油相。

4. 水相

水相一般采用双蒸水或去离子水，有些水相当中含有抗菌剂、缓冲剂等成分。注射用微乳必须等渗，常用甘油、葡萄糖、电解质等进行调节。非离子型表面活性剂的相变温度受电解质的影响较大，如相变温度与操作温度接近，则微乳的形成对温度极为敏感。

此外，注射用微乳的 pH 也要符合要求，常用盐酸、氢氧化钠、枸橼酸、枸橼酸钠、油酸、油酸钠等进行调节。微乳的相特征受水相 pH 的影响显著。若微乳体系中含有磷脂和甘油三酯，应将初始 pH 调到 7～8，抑制其降解为脂肪酸。因为脂肪酸能够降低微乳体系的 pH，从而影响微乳的稳定性。

对于非注射用微乳，水相中的防腐剂也可能影响微乳的相特征，如尼泊金甲酯和尼泊金丙酯可与表面活性剂如聚山梨酯形成复合物，从而影响微乳的性能。

5. 各组分比例的确定

当油相、表面活性剂和助表面活性剂确定之后，可通过伪三元相图找出微乳区域，从而确定处方用量。在油相、水相、表面活性剂和助表面活性剂 4 个组分中，可将其中两个组分按一定比例混合作为一组分，加上剩余的两个组分作伪三元相图。如三个顶点分别为油相、水相和表面活性剂/助表面活性剂（比例固定为 1∶1.12），将表面活性剂/助表面活性剂和油相按不同比例混合后，分别滴加水相混合均匀后，观察形成微乳的情况，记录加入量，绘制伪三元相图。由于温度对微乳的制备影响较大，通常需在恒温下测定数据并绘制相图，并且仅在该温度下使用。

三、自乳化药物递送系统

自乳化药物递送系统（self-emulsifying drug delivery system，SEDDS）是包含药物、油相、乳化剂及助乳化剂组成的固体或液体药物递送系统。口服给药遇到体液后随胃肠道蠕动而自发乳化，形成直径 < 5 μm 的乳滴，药物随乳滴快速分布于整个胃肠道中。该系统乳化所需能量极低，形成乳滴后具有较大的比表面积，可促进水难溶性药物的口服吸收。当表面活性剂亲水性较强（HLB > 12）、含量较高时，在体温条件下，遇水就能形成液滴直径小于 100 nm 的微乳，则称为自微乳化药物递送系统（self-microemulsifying drug delivery system，SMDDS）。

自乳化药物递送系统的设计源于 1980 年 Armstrong 和 James 提出的药物脂质递送系统的概念，即由药物溶解在两种或更多赋形剂，如三酰甘油、表面活性剂或助表面活性剂中组成的混合物，借助胃肠道消化过程保持溶解状态。由于与胃肠液接触时可形成含有药物的小乳滴，其巨大的比表面积大幅提高了难溶性药物的溶出，因此微乳可以提高生物药剂学分类系统中的 Ⅱ 类（低水溶性、高渗透性）和 Ⅳ（低水溶性、低渗透性）类药物的口服生物利用度。自乳化药物递送系统可以避免水不稳定药物的水解，提高药物的稳定性。该系统的制备简单、性质稳定，现已有多个品种上市，如 Neoral®（环孢素 A，Novatis）和

Norvir® （利托那韦，Abbott）。

油相、乳化剂和自乳化剂是自乳化药物递送系统的基本处方组成。乳化剂是影响药物口服后形成自微乳的重要因素，常用乳化剂有聚氧乙烯蓖麻油、聚氧乙烯油酸酯等。乳化剂是自乳化药物递送系统产生细胞毒性的主要原因，应采用安全性高的乳化剂。在自乳化系统中，需要助乳化剂协助乳化剂形成微乳。自乳化药物递送系统中油相要求安全且稳定，能以较少的量溶解处方量药物，即使在低温贮藏条件下也不会使药物析出，一般选择对药物有较高溶解度的油相。可采用伪三元相图法来确定有效的成乳区域，优化处方配比。

自乳化药物递送系统的质量评价主要包括表征指标和药物释放研究。表征指标主要包括乳滴平均直径及分布、表面电位、透光率、载药量、自乳化效率、稳定性及口服生物利用度等。而释药研究主要包括体外法、体内法和在体法。

四、脂肪乳概述

亚微乳（submicron emulsion）也称为脂肪乳剂，是指将药物溶于脂肪油、植物油中，经磷脂乳化分散于水相中，形成 100～600 nm 的 O/W 型微粒分散体系。直径在 50～100 nm 的称为纳米乳（nanoemulsion）。

微乳和纳米乳由于乳滴大小相似，动力学稳定性均较高，经常混淆。不能简单地从乳滴大小以及组分区分微乳和纳米乳。微乳是热力学稳定体系，可自发形成，经热压灭菌和离心后均不会变化；而纳米乳虽然是热力学不稳定体系，但其发生相分离的速率极低，属于动力学稳定体系，经高压灭菌和离心后，可能会出现不稳定现象。微乳可自发形成，或轻度振荡即可形成；纳米乳的制备须提供较强的机械分散力。

脂肪乳剂，简称为脂肪乳，用作肠外营养已有 40 多年的历史，而将其作为药物载体的研究近年来才日趋广泛。脂肪乳具有许多独特的优点：乳剂对药物的包裹作用可以减小静脉给药对血管的刺激性；载体材料生物相容性高、安全性好；工艺成熟，可进行工业化大生产；能够耐受高压蒸汽灭菌；载药量较脂质体高。因此，脂肪乳剂作为新型药物递送系统的应用前景十分广阔。

脂肪乳的靶向特点在于它对淋巴系统的亲和性。油状药物或亲脂性药物制成的 O/W 型乳剂静脉注射后，药物可在肝、脾、肾等单核巨噬细胞丰富的组织器官中浓集。水溶性药物制成 W/O 型乳剂经口服、肌内或皮下注射后，易富集到淋巴系统。如胰腺癌患者口服氟尿嘧啶乳后，胰周淋巴结药物浓度显著高于对照组，用于预防胰腺癌的转移，弥补手术与放疗的不足。W/O/W 型和 O/W/O 型复乳口服或注射给药后也具有淋巴系统的亲和性，复乳还可以避免药物在胃肠道中失活，增加药物稳定性。

五、脂肪乳处方

脂肪乳的主要辅料是甘油三酯和磷脂。甘油三酯的种类有长链甘油三酯、中链甘油三酯、鱼油及结构甘油三酯。长链甘油三酯通常来自植物油，如大豆、红花油及橄榄油，主要脂肪酸成分有 Omega-6 多不饱和脂肪酸和单不饱和脂肪酸。中链甘油三酯则来自重新酯化的椰树油，主要含中链脂肪酸。鱼油中的脂肪酸成分主要为 Omega-3 多不饱和脂肪酸。结构甘油三酯是指通过化学方法将不同链长的脂肪酸引入同一甘油骨架中而合成的，具有易于氧化利用等特点。可以单独或将不同甘油三酯按一定质量比经物理混合而形成乳剂。除了用磷脂作为注射用脂肪乳的乳化剂外，还可联合使用磷脂和泊洛沙姆 188 等非离子表面活性剂。磷脂和非离子表面活性剂可在乳滴表面形成致密的混合膜，且非离子表面活性剂具有空间稳定作用，故能增加乳剂稳定性。

六、脂肪乳制备方法

脂肪乳制备方法有高压匀质法、相变温度法以及相转变乳化法等。

1. 高压匀质法

高压均质（high-pressure homogenize，HPH）法是脂肪乳生产中应用最为广泛的制备方法，属于高能乳化法，可用于控制脂肪乳直径，减少或消除乳滴团聚现象，使乳滴直径分布均匀。首先将药物和

（或）乳化剂溶于水相或油相，加热水相和油相至适宜温度后混合油、水两相，在高速搅拌下制得初乳。将初乳高速高压通过均质阀，大乳滴被匀化成小液滴，随着压力增加粒径减小。若制备静脉注射脂肪乳，应调节乳液 pH 至 7～8，过滤后分装，最后需经热压灭菌，即得脂肪乳。若药物对热不稳定，可采用无菌操作；若处方中含有易氧化成分，可在氮气保护下操作。

例 14-4 静脉注射用硝酸甘油亚微乳的制备

【处方】
硝酸甘油	0.2 g	蛋黄磷脂 E80 1.8g
油酸	0.12 g	大豆油 10 g
甘油	2.25 g	泊洛沙姆 188 1.8 g
蒸馏水	100 mL	0.1 mol/L 氢氧化钠 适量

【制法】 ①称取处方量蛋黄磷脂 E80 和油酸加至处方量大豆油中，60℃加热并搅拌至完全溶解，加入处方量硝酸甘油，搅拌均匀作为油相。②称取处方量泊洛沙姆 188 和甘油加入一半处方量的水中，搅拌均匀作为水相。③油、水两相预热至 70℃，将水相缓缓倒入油相中，立即高速剪切乳化（4000 r/min）10min，加入剩余处方量的水，以 0.1 mol/L 氢氧化钠溶液调 pH 至 7～8，移至高压均质机中 80 MPa 均质 15 次，乳液经 0.22 μm 微孔滤膜过滤灭菌，充氮气灌封于 5 mL 安瓿中得硝酸甘油脂肪乳，平均粒径为 156 nm。

【注解】 ①处方中硝酸甘油为主药；油酸和大豆油为油相成分；甘油为助乳化剂；蛋黄磷脂与泊洛沙姆为混合乳化剂，可形成稳定的乳化膜，提高脂肪乳的稳定性。②硝酸甘油是治疗心绞痛的首选药物，因其脂溶性大，注射剂常选用乙醇作为溶媒。乙醇刺激性较大，长期滴注易产生静脉炎，临床应用受到限制。静脉注射用脂肪乳可减少药物等不良反应，制备硝酸甘油注射用亚微乳有望解决乙醇溶媒产生的不良反应。

2. 相变温度法

当乳液温度在相变温度以下，聚氧乙烯等非离子型表面活性剂显示亲水性；随着温度的升高，聚氧乙烯分子上的氢键断裂，聚氧乙烯链脱水，分子疏水性增强，非离子表面活性剂与水的亲和力减弱，逐渐变为亲脂性并和油相溶解；当温度达到相变温度，形成双连续相结构微乳液；当温度高于相变温度，使乳液反转，水被分散到油相和亲油性表面活性剂的混合物中，迅速用冷却水进行稀释，使亲水性表面活性剂快速迁移到水相，发生乳化作用。由于此方法制备工艺简便，且成本低廉，运用比较广泛；同时非离子型表面活性剂的使用可以提高制剂的安全性及稳定性。相变温度法属于低能乳化法。

3. 相转变乳化法

相转变乳化法是将乳化剂溶于油相，在搅拌下将预热的水相加到热的油相中，随着水相的加入，体系从乳化剂-油-水液晶转变成凝胶初乳，最后形成 O/W 型乳剂，经均质化得到亚微乳。转相乳化法属于低能乳化法。

静脉注射脂肪乳属于热力学不稳定体系，在灭菌、贮存和运输过程中易发生分层、破裂，而且药物在液态下容易降解，乳化剂等辅料也容易发生氧化分解。为尽可能解决上述问题，人们制备了药物的干乳剂。干乳剂具有体积小、运输方便、稳定性高等优点。干乳剂可以通过冷冻干燥法、喷雾干燥法、减压蒸馏法等制备，其中冷冻干燥法在注射给药中应用最多。干乳剂临用时加水，油滴重新分布于水相中形成均一乳剂。

4. 影响脂肪乳的形成因素

（1）表面活性剂的影响 表面活性剂的作用是在分散相液滴界面形成致密的乳化膜，提高乳剂稳定性。当表面活性剂浓度过低时，液滴界面不能达到饱和吸附，不足以形成致密界面膜，对防止乳滴聚集几乎没有作用。所以，制备稳定的脂肪乳，必须加入足够量的表面活性剂。另外，有效的助表面活性剂可使表面活性剂的用量大幅减少，从而避免因大量使用表面活性剂带来的潜在毒性。

（2）稳定剂的影响 载药往往会使脂肪乳界面膜发生改变，常需要加入能定位在界面膜的稳定剂。常用的稳定剂如油酸、油酸钠、胆酸或胆酸盐等能在脂肪乳中形成稳定的复合凝聚膜，增大膜的强度，同时增加药物的溶解度，增大脂肪乳的表面电位，从而提高乳滴之间的静电斥力，阻止乳滴聚集，提高脂肪乳的稳定性，同时还可以提高载药量。

（3）其他附加剂的影响 常用的附加剂有抗氧剂、等张调节剂、pH 调节剂等。维生素 E 或维生素

C 是常用的抗氧剂。甘油是最常用的等张调节剂。盐酸或氢氧化钠是常用的 pH 调节剂。除静脉注射用脂肪乳外，乳剂中有时还需要加入防腐剂及增稠剂。

七、微乳和脂肪乳在制剂中的应用

微乳和脂肪乳作为药物载体，可以制成经口服、注射、皮肤、鼻黏膜、眼部、口腔黏膜等给药途径的制剂。目前已上市的微乳和脂肪乳制剂有环孢素 A、丙泊酚、地塞米松棕榈酸酯、复合脂溶性维生素、地西泮、前列腺素 E1 和全氟碳等。

1. 口服给药

微乳和脂肪乳作为难溶性药物口服吸收的载体，应用价值巨大。微乳和脂肪乳能增加难溶性药物的肠道吸收，提高难溶性药物的生物利用度。首先，微乳和脂肪乳中的表面活性剂可以打开细胞间的紧密连接，增加通透性及细胞旁路转运。其次，微乳和脂肪乳中的油相分子可以渗入生物膜中并与磷脂极性基团相互作用而导致生物膜流动性改变，进而改变膜的渗透性、促进药物的肠道吸收。再次，由于微乳和脂肪乳高度分散，表面积大，有利于增加药物与吸收部位的接触面积。另外，微乳和脂肪乳对药物有明显的保护作用，可防止胃肠道中酸碱环境和各种酶系统对药物的破坏。研究发现，微乳和脂肪乳中的辅料，如聚氧乙烯蓖麻油和聚山梨酯 80 等非离子型表面活性剂，可以抑制肠道 P-糖蛋白等外排系统的转运功能，从而提高肠道对药物的吸收。

2. 静脉注射给药

脂肪乳作为静脉注射给药载体，不仅能增加药物的溶解度、发挥缓释作用，还能减少药物的不良反应，提高临床疗效。静脉注射脂肪乳的灭菌、稳定性等问题已基本得到解决，脂肪乳的表面修饰技术使延长其体循环时间成为可能。静脉注射脂肪乳未来的研究方向是寻找更多适合静脉注射的油相及乳化剂，提高乳剂的体内循环时间。

3. 经皮给药

微乳容易润湿皮肤，使角质层的结构发生改变，表面张力变低，具有良好的透皮特性，能够促进药物透皮吸收进入循环系统。微乳的促渗作用机制有：①增加药物的溶解性；②构成微乳的组分能成为良好的透皮吸收促进剂，大大提高了药物的透皮速率、增加角质层脂质流动性，破坏角质层水性通道。

（刘东飞）

思考题

1. 简述固体分散体的定义、特点、速释和缓释原理。
2. 环糊精包合物在药剂学上有哪些用途？
3. 简述微囊与微球的制备方法、原理与工艺要点。
4. 简述药物装载到脂质体后的特点。
5. 简述微乳、脂肪乳和普通乳的异同点。

参考文献

[1] 周建平，唐星．工业药剂学［M］．北京：人民卫生出版社，2014．
[2] 潘卫三．工业药剂学［M］．2 版．北京：中国医药科技出版社，2010．
[3] 方亮．药剂学［M］．北京：人民卫生出版社，2016．
[4] Auton M E. Aulton's pharmaceutics: the design and manufacture of medicines［M］.5th ed. Elsevier Ltd.，2018．
[5] 国家药典委员会．中华人民共和国药典［M］.2020 年版．北京：中国医药科技出版社，2020．

第十五章
快速释放制剂

本章要点

    1. 掌握快速释放制剂、分散片、口腔崩解片、泡腾片、咀嚼片的基本定义、特点、常用辅料、制备工艺及评价方法。

    2. 熟悉快速释放制剂制备过程中的药物速释化预处理技术和掩味技术的种类、各自的特点及应用方式。

    3. 了解快速释放制剂的发展历程及趋势。

第一节 概 述

一、快速释放制剂的定义与特点

1. 定义

快速释放制剂（immediate release preparations）泛指与普通制剂相比，给药后能快速崩解或溶解，药物快速释放并被人体吸收的一大类制剂。该类制剂具有吸收迅速、起效快、生物利用度高等特点。本章主要介绍口服途径的快速释放制剂，也可供其他给药途径制剂参考。

2. 特点

（1）速崩、速溶、起效快   由 Noyes-Whitney 方程可知，药物溶出速率与药物释放比表面积、饱和溶解度有关。首先，快速释放制剂遇水后可迅速崩解，释放比表面积迅速增大；此外，快速释放制剂一般通过预处理技术提高药物的饱和溶解度，两者均促使药物溶出速率加快，利于药物在口腔和胃肠道的快速吸收和起效。例如左乙拉西坦速溶片（商品名：Spritam®）在 10 s 内可被少量水完全崩散并溶出，9 min 人体即达到最大血药浓度。非洛贝特分散片（商品名：金美济®）利用固体分散技术，有效增加非洛贝特的饱和溶解度与溶出速率，在 3 min 内快速崩解后被吸收。因此，快速释放制剂非常适用于癫痫、心脏病、脑梗、高血压、剧烈疼痛、呕吐等急症的治疗。

（2）吸收充分、提高生物利用度   药物的溶出速率往往是药物吸收的限速环节，尤其是对于 BCS Ⅱ 类药物（低溶解、高渗透），溶出速率慢直接导致生物利用度低。若将此类药物制成快速释放制剂，可使其于有限的胃肠道转运时间内被人体充分吸收，生物利用度显著提高。辛伐他汀分散片（商品名：辛可®）与普通市售片相比，空腹相对生物利用度是其150.22%。甲壳胺-硝苯地平速释片的相对生物利用度是普通市售片的151.8%。厄贝沙坦分散片（商品名：豪降之®）与普通制剂相比，生物利用度提高至1.259倍。

对于易受胃肠道破坏或存在显著肝脏首过效应的药物，将其制备成口腔快速释放制剂，可在口腔内快速溶出，实现经口腔黏膜吸收进入血液循环，由上腔静脉直接进入右心室进而分布于全身，可有效提高此类药物的生物利用度。例如盐酸阿扑吗啡（商品名：丽科吉®）有明显的首过效应，口服生物利用度仅为1%～2%，而盐酸阿扑吗啡舌下片生物利用度可达16%～18%。尼莫地平口腔速溶片、氯诺昔康冻干口崩片、雷美替胺舌下片、佐米曲普坦舌下片等均能减弱胃肠道破坏或肝脏首过效应的影响。

（3）胃肠道刺激小、减少副作用　对于具有胃肠道刺激或损伤的药物，其快速释放制剂在到达胃肠道之前或到达胃肠道之后迅速崩解并分散成细小的颗粒，造成药物在胃肠道大面积分布，吸收点增多，避免局部浓度过高而引起的刺激性。此外，由于药物能被迅速吸收，在胃肠道滞留时间短，亦可降低其对胃肠道的刺激和损伤。例如阿司匹林口腔崩解片、吡罗昔康速溶片、布洛芬口腔崩解片等，较普通制剂均显著降低胃肠道反应。

（4）服用简便、提高依从性　快速释放制剂可随水送服、无水直接吞服，也可于水中分散后送服，服用方便，顺应性好。尤其是口腔快速释放制剂，于口腔内迅速崩解或溶解，特别适用于老人，婴幼儿，卧床不起、吞咽困难及取水不便者。例如氯硝西泮口腔崩解片、盐酸伐地那非口腔崩解片等可置于舌上，无水吞服；昂丹司琼口腔崩解片主治因长期接受化疗后口腔溃疡、难以吞咽的癌症病人，从而提高病人服药依从性。此外，对于急症的急救往往采取注射的方式，会产生注射疼痛，且需专业人员使用专业器具，费时费力，而快速释放制剂基于起效快的优势为精神类疾病、心绞痛、癫痫、心脑血管疾病等急症治疗提供了新选择。

（5）缺点　①生产工序复杂。原料药通常需要进行微粉化处理，或使用固体分散技术、包合技术、微粒分散技术等进行预处理。②对包装材料和贮存条件的防潮功能要求高。快速释放制剂通常含有大量崩解剂，吸湿性强、遇水易崩解溶出，在生产、包装、贮藏过程中必须严格控制水分。③生产成本高。快速释放制剂需要大量性能优越的崩解剂；复杂的生产工序；严格的包装工艺，需保障内外包装保持较好的防水性及防震性。

二、快速释放制剂的发展概况

片剂、胶囊剂等传统剂型是口服给药系统的主要组成部分，是人们日常用药的重点剂型。但以下问题的出现，使此类普通制剂的应用受到一定程度的限制：存在吞咽困难、顺应性差的患者如儿童、老人、肌无力患者等，服药不便；许多活性分子由于水溶性较差，导致药物释放缓慢、生物利用度低；急症的治疗需要与注射相比应是更为简便的给药方式。因此，快速释放制剂应运而生，其基于服用方便、起效快、生物利用度高的优势，已成为药剂领域的研发热点。

快速释放制剂首次出现于1908年，起初用具有较高溶解性的辅料与难溶性药物压制成片，其中的易溶性成分首先溶解，形成"蜂窝效应"促使片剂快速崩解。20世纪20年代重点研究片剂的速崩，快速释放制剂进展缓慢。直到20世纪60年代，固体分散技术应用于制药领域，为解决难溶性药物溶出慢、吸收差、生物利用度低提供了新思路，促进快速释放制剂的发展，同时其他的快速释放制剂预处理技术，如包合、自乳化、纳米混悬以及泡腾技术也相继出现。20世纪70年代后期，英国惠氏公司的Gregory等采用冷冻干燥技术制造口崩片，其遇水能迅速溶解释放药物，生物利用度高且服用方便。进入20世纪90年代，快速释放制剂的研发重点转向新型辅料如强效崩解剂、黏合剂等，希望克服冷冻干燥工艺成本高的缺点，用湿法制粒、直接压片法等普通工艺制备出与冷冻干燥工艺相当的快速释放制剂。近年来，3D打印技术也逐步进入快速释放制剂的研究领域。采用3D打印技术使药物粉末堆积固化成型，所得产品由于药粉未经过压缩，孔隙率较高，通常在微量水环境下即可迅速崩解溶出，其作为速释化技术的应用已受到越来越多的关注。

同时，对口崩片、咀嚼片、分散片等需在口中或服用前分散或溶解的快速释放制剂而言，苦味药物的掩味问题是其面临的挑战之一。对需口腔吸收或发挥疗效的药物，可加入苦味抑制剂掩味；其他则主要以隔离药物与味蕾的接触为主。近年来已开发出多种技术和工艺如微囊化、离子交换、固体分散等以满足不同药物和剂型的掩味需要，并与传统掩味技术如添加矫味剂、进行包衣等相结合发挥了显著功效，拓展了苦味药物在儿童、老人等特殊人群中的应用。

第二节　快速释放制剂的预处理技术

　　药物的溶出速率与其释放比表面积、饱和溶解度有关，因此快速释放制剂的成功制备通常需要经速释化技术预处理以减小药物粒径或提高药物饱和溶解度。其中微粉化是最早应用的适用于大多数药物的预处理技术，通过减少药物粒径，增大比表面积，提高药物的溶出速率。然而微粉化技术可能面临药物粒径减小、比表面积急剧增大，造成崩解后的药物颗粒重新聚集，进而释放减缓的问题；同时一般的微粉化并不能提高药物的饱和溶解度（需将药物颗粒粉碎至纳米级），对提高药物溶出速率、改善生物利用度方面的作用并不显著。因此，需要其他新型的速释化技术进一步降低药物的粒径或通过改变药物的晶型等提高药物的饱和溶解度。快速释放制剂的快速发展也主要依赖于新型速释化技术的开发应用。目前工业上较成熟的速释化技术主要包括固体分散技术、包合技术、纳米混悬和自乳化等微粒分散技术、磷脂复合物技术等。此外，蓬勃发展的3D打印技术也作为新技术被应用于快速释放制剂的研究领域。速释化技术不仅促进口崩片、舌下片、分散片等速释剂型的快速发展，也可广泛应用于其他剂型，例如滴丸剂、膜剂、栓剂、胶囊、凝胶等，极大地丰富了快速释放制剂的种类。同时，速释化技术不仅发挥提高药物溶出速率的作用，其作为预处理技术还能掩盖药物不良气味和刺激性、提高药物稳定性、使液体药物固体化。

　　由于固体分散技术、包合技术、微粒分散技术等均已在第十四章中详细介绍，本章只重点介绍其作为速释化预处理技术的相关应用。

一、新型药物的速释化预处理技术

（一）固体分散技术

1. 概述

　　固体分散技术（solid dispersion）是将一种药物以分子、胶态、无定形或微晶态，分散在另一种固体载体中的技术。其在快速释放制剂的应用中，在保障药物高度分散的基础上，载体材料常选用水溶性材料，以提高溶出速率。

　　固体分散技术的速释原理可归纳为：药物高度分散在水溶性材料中，粒径减小，溶出比表面积增大，溶出速率增快；药物多以分子或无定形态存在，溶解时无需克服晶格能，溶出速率显著快于晶态；亲水性载体材料具可分散性和抑晶性，可增加药物的润湿性，阻止药物聚集、抑制药物晶核的形成或生长，从而有利于药物溶出。

　　以固体分散技术制备快速释放制剂所常用的亲水性载体材料包括：

　　（1）**亲水性高分子聚合物**　如：聚乙二醇（PEG），以 PEG 4000、PEG 6000 最为常用；聚维酮（PVP），常用 PVP K30 等；纤维素衍生物类，主要包括低取代羟丙纤维素（L-HPC）、羟丙甲纤维素（HPMC）、羧甲基纤维素（CMC）等。

　　（2）**小分子化合物**　如糖类（右旋糖酐、半乳糖、蔗糖等），醇类（甘露醇、木糖醇等），有机酸类（枸橼酸、琥珀酸等），尿素等。

　　（3）**表面活性剂**　如泊洛沙姆 188、聚氧乙烯（PEO）、卡波姆（CP）等。

　　固体分散体的常用制备方法，如基于熔融法的热熔挤出、热融滴制、热融喷雾等技术；基于溶剂法的喷雾（冷冻）干燥、冷冻干燥、流化床干燥、超临界流体法等；基于机械分散原理的研磨法；溶剂-熔融法等均可被用于快速释放制剂的制备。此外，随着科技发展，静电旋压、微波淬冷等新技术也逐步发展并应用于制备固体分散体。应用中具体制备方法的选择应根据药物的性质和载体的结构、性质、熔点及溶解性能来选择。其中，热熔挤出技术由于易于工业化，不使用有机溶剂，且可实现高效连续化、自动化生产等，已成为近年来固体分散体研究领域的主流制备技术。

但值得注意的是，在整个加工或贮存过程中受机械力、温度、湿度等的影响，药物非晶态可能会变为结晶态。因为固体分散体中使用的聚合物一般能吸收水分，这可能导致相的重分配、晶体的生长、非晶态转变为结晶态以及亚稳晶型转变为更稳定的晶型等现象，从而导致溶解度和溶解速率的降低。因此对于不同的药物需要选择合适的载体材料，适宜的药物浓度，合理的制备方法和贮存条件。

基于上述制备方法所得固体分散体可作为中间体，通过后续工艺将其制成口崩片、舌下片、滴丸等各种不同的快速释放制剂。例如布洛芬口腔分散片（Nurofen®），以 HPMC 为载体材料制备固体分散体，而后以甘露醇、交联羧甲基纤维素钠（CCMC-Na）、硬脂酸镁、二氧化硅等辅料进一步制备成分散片，用于缓解轻度至中度疼痛，服用时不需水。表 15-1 为目前基于固体分散技术上市的部分快速释放制剂。

表 15-1　目前基于固体分散技术上市的部分快速释放制剂

商品名	活性成分	剂型	制备技术	生产厂家/国家/年份
Cesamet®	大麻隆	胶囊	热熔挤出	Meda Pharmaceuticals/美国/1985
Sporanox®	伊曲康唑	胶囊	喷雾干燥	Janssen/比利时/1992
Prograf®	他克莫司	胶囊	喷雾干燥	Astellas Pharma/西班牙/1994
Kaletra®	洛匹那韦/利托那韦	片剂	热熔挤出	AbbVie/美国/2007
Intelence®	伊曲韦林	片剂	喷雾干燥	Tibotec/美国/2008
Modigraf®	他克莫司	颗粒剂	喷雾干燥	Astellas Pharma/日本/2009
Zortress®	依维莫司	片剂	喷雾干燥	Novartis/美国/2010
Norvir®	利托那韦	片剂	热熔挤出	AbbVie/美国/2010
Onmel®	伊曲康唑	片剂	热熔挤出	Merz Pharma/德国/2010
Zelboraf®	维罗非尼	片剂	共沉淀	Roche/美国/2011
Kalydeco®	依伐卡托	片剂	喷雾干燥	Vertex/美国/2012
Epclusa®	索磷布韦/维帕他韦	片剂	喷雾干燥	Gilead Sciences/美国/2014
Orkambi®	Lumacaftor/Ivacaftor	颗粒剂	喷雾干燥	Vertex/美国/2016
Venclexta™	维奈托克	片剂	热熔挤出	AbbVie/美国/2016
Zepatier®	Elbasvir/Grazoprevir	片剂	喷雾干燥	Merck/美国/2016
Mavyret™	Glecaprevir/Pibrentasvir	片剂	热熔挤出	AbbVie/美国/2017

2. 应用举例

例 15-1　普罗布考片

【处方】

普罗布考	80 g	PVP K30	400 g
95％乙醇	40 mL	聚山梨酯 80	30 mL
硬脂酸镁	0.5 g	丙酮	适量
1:15（V/V）乙醇-乙醚溶液	适量		
		共制成	1000 片

【制法】①在相对湿度小于 60％ 的条件下，将处方量的 PVP K30、95％ 乙醇、丙酮加入旋转薄膜蒸发仪中，保持 50℃ 旋转至全溶。②再加入普罗布考、聚山梨酯 80、硬脂酸镁继续旋转，升温，常压下蒸出丙酮。温度至 81℃ 时，减压蒸除溶剂至干，然后迅速取出固体物料置于冷的不锈钢锅中密封，冷冻 4h，真空干燥 2h，再用 1:15 的乙醇-乙醚溶液制粒，最后过 14 目筛。③在相对湿度 60％ 的室温条件下，待溶剂挥发至无味后，再用 14 目筛整粒，压片，薄膜包衣。

【注解】①由于普罗布考为脂溶性药物，当药片进入胃肠后，胃肠液对其的溶解度很小，生物利用度仅 10％，所以造成片剂原料药的用量较大，而且服用量大。通过固体分散技术，将其制成固体分散片，既易于服用，提高溶出速率，又提高了生物利用度，降低成本。②本处方中普罗布考为主药，PVP K30除作为载体材料外，还作为片剂的黏合剂、崩解剂、填充剂，95％乙醇和丙酮为溶剂，乙醇-乙醚溶液为黏合剂，聚山梨酯 80 为增溶剂，硬脂酸镁为润滑剂。

例 15-2 盐酸西那卡塞片

【处方】

盐酸西那卡塞	27.6 g	羟丙纤维素（HPC）	27.6 g
微晶纤维素（MCC）	65 g	部分预胶化淀粉	60 g
共聚维酮（copolyvidone）	8 g	交联聚维酮（PVPP）	8 g
胶态二氧化硅	1 g	硬脂酸镁	1 g
滑石粉	1 g	水	适量
		共制成	1000 片

【制法】 ①设定双螺杆挤出机的控制温度为 200℃，螺杆转速为 30 r/min，扭矩为 20 N·cm，将过 40 目筛的盐酸西那卡塞与 HPC 混合均匀，等质量比投于热熔挤出仪的料斗内，进行热熔挤出，得到条状挤出物，经研磨粉碎后过 80 目筛得到固体分散体。②加入处方量的 MCC、部分预胶化淀粉、共聚维酮和 PVPP 并混合均匀，然后加入适量纯化水作为润湿剂，过 24 目筛制粒，并置于（60±5）℃烘箱中烘干，再过 24 目筛整粒，接着加入胶态二氧化硅、滑石粉以及硬脂酸镁混合均匀，压片，薄膜包衣。

【注解】 ①盐酸西那卡塞（Cinacalcet Hydrochloride）是第二代拟钙剂中第一个获 FDA 批准上市的药物，用于治疗进行透析的慢性肾病患者的继发性甲状旁腺功能亢进症，但其溶解性很差导致生物利用度较低。②处方中盐酸西那卡塞为主药，HPC 为载体材料，MCC 和部分预胶化淀粉为填充剂，共聚维酮为黏合剂，PVPP 为崩解剂，胶态二氧化硅、硬脂酸镁和滑石粉为润滑剂。③研究者对上述热熔挤出后所得的盐酸西那卡塞固体分散体进行分析。如图 15-1 中 X 射线衍射图谱可知在物理混合物中原料药的特征峰仍然存在，而在固体分散体中几乎消失，表明药物分散到 HPC 中非以晶态存在，可能以无定形态存在。因此，固体分散体的药物溶出速率和溶出度显著高于原料药颗粒。

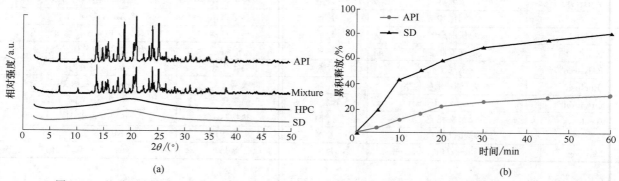

(a)   (b)

图 15-1 盐酸西那卡塞（API）、物理混合物（Mixture）、HPC、固体分散体（SD）的 X 射线衍射
图谱（a），盐酸西那卡塞原料药和固体分散体的药物溶出曲线（b）

（二）包合技术

1. 概述

包合技术是指将一种分子通过物理过程全部或部分包嵌于另一种物质的分子腔内而形成包合物（inclusion compound）的技术。具有包合作用的主分子（host molecule）和被包合进入主分子空间的客分子（guest molecule）形成包合物。包合技术可改变客分子本来的性质，在药剂学研究中可达到多种目的，如增加药物溶解度、调节药物溶出速率、影响药物吸收和起效的时间、提高生物利用度、提高药物稳定性、液体药物粉末化、防止挥发性成分挥发、掩盖不良气味、降低药物的刺激性和不良反应等。

因此，基于以上特性，包合技术适用于快速释放制剂的制备。主分子，即包合辅料，若选用水溶性较好的物质，可显著增大难溶性药物溶解度，提高其溶出速率，并促进药物的吸收。环糊精（CD）、淀粉、纤维素、蛋白质、胆酸、核酸等均可作为包合材料，最常用的为 β-环糊精（β-CD），目前已在舌下片、咀嚼片、分散片、泡腾片等剂型中得到广泛的应用（表 15-2）。但 β-CD 水溶性较低，所形成的包合物最大溶解度仅为 1.85%（25℃），一定程度上会限制其在药剂学，尤其是快速释放制剂中的应用。因此，近年来水溶性 β-CD 衍生物，如羟丙基（HP）、葡萄糖基（Glu）、磺丁基醚（SBE）衍生物等，也逐渐被开发应用于包合物的制备。如 Janssen 公司生产的伊曲康唑片，利用 HP-β-CD 为载体制备包合物显著提高了药物的溶解度,片剂可迅速崩解使包合物溶出至生物膜,此外 HP-β-CD 内的药物能被生物膜上胆酸竞争而游离,从而促进药物透膜吸收,提高生物利用度。

表 15-2   目前基于包合技术上市的部分口服固体速释制剂

商品名	药物	包合材料	剂型	生产厂家/国家
Prostarmon E®	前列腺素 E$_2$	β-CD	舌下片	Ono/日本
Opalmon®	利马前列腺素	β-CD	片剂	Ono/日本
NitropenCo®	硝酸甘油	β-CD	舌下片	Nihon Kayaku/日本
Meiact®	头孢菌素	β-CD	片剂	Meiji Seika/日本
Stada-Travel®	苯海拉明、氯茶碱	β-CD	咀嚼片	Stada/德国
Nimedex®	尼美舒利	β-CD	片剂	Novartis/欧洲
Nicorette®	烟酸	β-CD	舌下片	Pharmacia/欧洲
Nicogum®	烟酸	β-CD	咀嚼片	Pharmacia/欧洲
Omebete®	奥美拉唑	β-CD	片剂	Betafarm/德国
Mobitil®	美洛昔康	β-CD	片剂	Medical Union Pharmaceuticals/埃及
Pansporin T®	头孢替安酯	α-CD	片剂	Takeda/日本
Sporanox®	伊曲康唑	HP-β-CD	片剂	Janssen/美国
Abilify®	阿立哌唑	SBE-β-CD	片剂	Otsuka/日本

饱和水溶液法、研磨法、超声法均可用于制备基于包合技术的快速释放制剂,并可根据药物是否耐热的性质、所形成的包合物的水溶性等选择冷冻干燥法或喷雾干燥法制备。不同的制备方式适用于不同的条件,且可能直接影响所得包合物的产率、溶解性、稳定常数、药物溶出速率等性质。Gabriel 等采用研磨法(PT)和饱和水溶液法(SE)分别制备了 HP-β-CD 的诺氟沙星(Norfloxacin,NOR)包合物(NOR/HP-β-CD)。研究发现不同的制备方法下药物包合物的扫描电镜图中结构不同(图 15-2),且药物的存在形式也不同(图 15-3)。研磨法中药物的存在形式为结晶态,饱和水溶液法中则没有显著的晶型特征,药物可能以无定形态存在。因此,最终药物的溶出度也不同(图 15-4),表明饱和水溶液法是用包合技术增溶诺氟沙星最有效的制备方法。

图 15-2   扫描电镜图
(a) HP-β-CD;(b) 纯 NOR;(c) NOR/HP-β-CD(PT);
(d) NOR/HP-β-CD(SE)

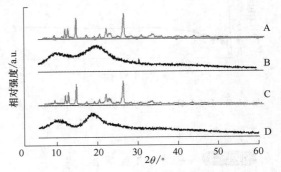

图 15-3   诺氟沙星和包合物的 X 射线粉末衍射图
A——纯 NOR;B——HP-β-CD;C——NOR/HP-β-CD(PT);
D——NOR/HP-β-CD(SE)

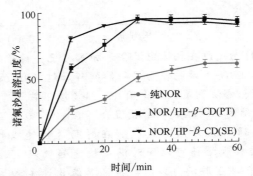

图 15-4   诺氟沙星和不同制备方法制备的 NOR/HP-β-CD 包合物的溶出度

2. 应用举例

例 15-3 丹曲林钠包合物

【处方】
丹曲林钠（dantrolene sodium，Da）	0.25 g
HP-β-CD	10 g
纯水	适量

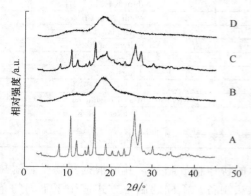

图 15-5　X 射线粉末衍射图谱

A——纯 Da；B——HP-β-CD；C——Da/HP-β-CD 物理混合物；D——Da/HP-β-CD 包合物

【制法】 利用"饱和水溶液-冷冻干燥法"制备 Da 包合物：将 0.25 g Da 分散到 10.0 g HP-β-CD 水溶液中（$W/V=40\%$），得到的悬浮液在黑暗中以 45℃连续搅拌 3 h 后冷却到室温，过 0.22 μm 的滤膜，−80℃冻干 18h，得到的粉末过 80 目筛，即得。在整个制备过程中，应避光操作。

【注解】 从 X 射线粉末衍射图谱（图 15-5）可见，纯 Da 和 Da/HP-β-CD 物理混合物都含有明显的药物特征峰，而 Da/HP-β-CD 包合物的图谱与空白主分子 HP-β-CD 图谱相似，药物特征峰消失，表明包合物中药物晶型减少，可能大多以无定形的形式存在。此外，体外溶出数据（图 15-6）表明 120 min 后，游离 Da 的累计溶出度仅为 20%，而 Da/HP-β-CD 包合物在 5 min 累积溶出度即达到 90% 以上。图 15-7 表明，Da/HP-β-CD 包合物的口服生物利用度比游离 Da 提高约 2 倍。

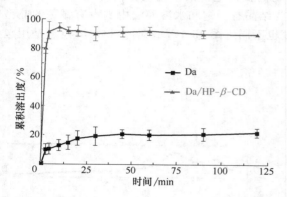

图 15-6　Da/HP-β-CD 包合物和 Da 药物的溶解特性

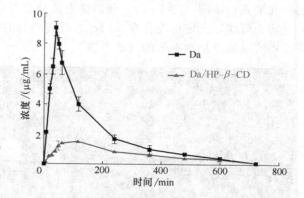

图 15-7　口服 10mg/kg Da 和 Da/HP-β-CD 包合物的平均血药浓度-时间分布曲线

例 15-4 硫酸沙丁胺醇舌下片

【处方】
沙丁胺醇	40 g	HP-β-CD	252 g
纯化水	200 mL	MCC	86 g
淀粉羟乙酸钠	100 g	壳聚糖	6 g
硬脂酸镁	6 g		
		共制成	10000 片

【制法】 ①将沙丁胺醇和 HP-β-CD 在乳钵中混合，加入纯化去离子水进行研磨以形成一个均匀的糊剂。继续研磨 0.5 h，40℃干燥，所得干燥混合物用研棒研碎，过 250 μm 筛。在整个制备过程中，应避光操作，所得包合物经高效液相色谱法测定，应含有 13.24% 沙丁胺醇。②将包合物与 MCC、淀粉羟乙酸钠、壳聚糖混合，再与预先过筛的润滑剂硬脂酸镁混合，在 10～30 N 压力下压片。

【注解】 ①沙丁胺醇采用普通口服片剂形式能够在胃肠道快速吸收，但其存在明显的首过效应，导致生物利用度降低；采用口腔黏膜给药可以同时满足快速起效以及避免首过效应。②选择高度水溶性的 HP-β-CD 作为主分子，包合沙丁胺醇可以有效提高其溶出速率和生物利用度；同时采用壳聚糖为黏膜黏合剂增加药物与口腔黏膜的相互作用。此外，MCC 为填充剂，淀粉羟乙酸钠为崩解剂，硬脂酸镁为润滑剂。

（三）微粒制剂技术

微粒制剂，也称微粒给药系统（microparticle drug delivery system，MDDS），系指药物或与适宜载体（一般为生物可降解材料），经过一定的分散包埋技术制得具有一定粒径（微米或纳米）的微粒组成的固态、液态、半固态或气态药物制剂。药物可被溶解、吸附或包裹于其中以改变药物性质；此外，微粒制剂具有小尺寸效应和表面效应，即与普通制剂相比，具有粒度小、比表面积大、表面反应活性高、吸附能力强等特性。因此微粒制剂技术可用于提高药物溶解度，改善药物口服吸收；且在快速释放制剂的应用中，纳米级微粒较微米级应用更为广泛，包括纳米粒（纳米药物、纳米囊、纳米球、脂质纳米粒等）、纳米乳、脂质体、聚合物胶束等，微囊、微球等则通常更适用于缓控释制剂。其中，制备纳米药物的纳米混悬技术、自乳化特别是自微乳化技术，目前在快速释放制剂的应用中尤为成熟，已有众多产品上市，这部分内容将在下文重点介绍。

上述纳米制剂除了通过增溶、小尺寸效应和表面效应造成的促溶出及促口服吸收作用，在前瞻性研究中，基于纳米制剂的病灶微环境敏感型快速释药技术也受到广泛的关注。此类纳米制剂能特异性响应病灶的酶、pH 梯度、氧化还原环境等内源性刺激，或光、热、磁、超声波等外源性刺激，造成微粒结构的破坏及药物的快速释放，以靶向增强靶点部位药物浓度，增效减毒。例如以二硫键为连接臂将疏水性化学药紫杉醇（Paclitaxel，PTX）和维生素 E（Vitamin E，VE）相偶联，形成偶联物 PTX-SS-VE，二硫键通过平衡分子间作用力（范德华力和静电斥力）使得 PTX-SS-VE 可于水相中自组装形成纳米前药。该纳米前药在正常的生理条件下稳定，但在肿瘤胞质内特异性高还原环境下二硫键可被触发裂解，迅速释放游离药物分子紫杉醇，显著提高肿瘤病灶靶标的药物浓度，增强疗效。虽然这类制剂在近几年备受瞩目，发展迅速，但由于缺少大型生产设备、工艺放大困难、微粒及材料结构复杂、重现性低等问题，目前仍处于临床前研究阶段。

1. 纳米混悬技术

（1）概述

纳米混悬剂（nano suspension），又称为纳晶，是纯固体药物颗粒的胶态分散体系。与其他的基质骨架型纳米制剂不同，纳米混悬剂无需载体材料，而是通过表面活性剂或聚合物的稳定作用，将纳米尺度的药物颗粒分散于水或非水溶液等介质中形成。纳米混悬技术是迄今为止发展最快、载药量最高的纳米制剂技术，也是改善 BCS Ⅱ 类药物溶出和提高其生物利用度的颇为有效和最容易产业化的纳米制剂技术。稳定剂通常选用亲水性和两亲性的载体材料，包括磷脂、聚山梨醇酯、泊洛沙姆、PVP、十二烷基硫酸钠（SDS）、维生素 E 聚乙二醇琥珀酸酯（Vitamin E polyethylene glycol succinate，TPGS）、PEG 类、纤维素衍生物等，主要通过空间立体稳定化作用、静电排斥作用、润湿作用等防止药物粒子聚集，提高其分散度。纳米混悬剂可以液体形式直接给药，也可以经后续加工如喷雾干燥、制粒等进一步制成片剂、微丸、胶囊剂等其他固体剂型（表 15-3）。

表 15-3　基于纳米混悬技术的部分上市产品

药物名称	商品名	剂型	生产厂家/国家
雷帕霉素	Rapamune®	片剂、溶液剂	Wyeth/美国
阿瑞匹坦	Emend®	胶囊剂、干混悬剂	Merck/美国
醋酸甲地孕酮	Megace® ES	口服混悬液	Par Pharmaceuticals/美国
非诺贝特	TriCor®	片剂	Abbott/美国
非诺贝特	Triglide®	片剂	Skye Pharma/英国
盐酸替扎尼定	Zanaflex®	片剂、胶囊剂	Acorda/美国
大麻隆	Cesamet®	胶囊剂	Lilly/美国

纳米混悬剂具有粒度小、药物含量高的特征，主要通过降低难溶性药物的粒径至纳米级，以增大比表面积和提高其饱和溶解度，从而提高药物的溶出速率、吸收速率和生物利用度。此外，纳米混悬剂可增加黏膜的黏附性，延长胃肠道的滞留时间，减少吸收的个体差异性。因此，纳米混悬剂尤其适

用于大剂量的难溶性药物的口服吸收。如非诺贝特是一种难溶性的降血脂药，TriCor®是将非诺贝特分散在含有 6% HPMC 和 0.07% 多库酯钠的水溶液中进行研磨，单次口服 145mg TriCor® 片剂与单次口服 200mg 非诺贝特胶囊（力平之®）生物等效，并且达峰时间由 8 h 提前为 6 h，吸收速率和程度不受食物影响。

纳米混悬剂的制备方式包括湿法介质共研磨法、微射流均质或高压均质法、沉淀法，或其相互之间技术联用。目前基于纳米混悬剂的广泛研究，相关企业已获得了多项专利技术平台，例如 Elan Nanosystems 公司的 NanoCrystal 技术（湿法共研磨）、诺华公司的 Hydrosol 技术（微量沉淀法）、Skyepharma 公司的 Dissocubes 技术（高压均质法）、Abbott Gmbh 公司的 Nanopure 技术（高压均质法）和 CT 技术（介质研磨-高压均质组合技术）、Baxer 公司的 NanoEdge 技术（微量沉淀-高压均质组合技术）、Pharmasol GmbH 公司的 H42 技术（喷干分散-高压均质组合技术）和 H96 技术（冻干分散-高压均质组合技术）等。但此类上市产品以湿磨技术为主，Rapamune®（雷帕霉素片）、Emend®（阿瑞匹坦胶囊）、Megace® ES（醋酸甲地孕酮口服混悬液）、TriCor®（非诺贝特片）、Zanaflex®（盐酸替扎尼定胶囊）均由该技术制备。

（2）应用举例

例 15-5 和厚朴酚纳米混悬剂

【处方】

和厚朴酚（honokiol，HK）	20 mg	牛血清白蛋白（bovine albu min，BSA）	10 mg
PVP	10 mg	蒸馏水	4 mL
丙酮	0.8 mL		

【制法】①精密称取处方量的 BSA 和 PVP，共同溶解于 4 mL 蒸馏水中，作为水相；精密称取 20 mg HK 溶解于 0.8 mL 丙酮，作为有机相；于超声条件下（5℃、250 W）将有机相注入到水相中。②45℃减压旋转蒸发除去丙酮，即得和厚朴酚纳米混悬剂。

【注解】处方中 HK 为主药，BSA 和 PVP 为复合稳定剂，蒸馏水、丙酮为溶剂，采用反溶剂沉淀法制备 HK 纳米混悬剂；PVP 可置换粒子表面 H_2O 及 OH^- 产生吸附层，降低粒子表面自由能，防止粒子聚集；BSA 作为一种稳定剂亦可防止 HK 被氧化。

2. 自乳化释药系统

（1）概述

自乳化释药系统（self-emulsifying drug delivery system，SEDDS）是由油相、表面活性剂、助表面活性剂等组成的固体或液体分散体系，在体温条件下遇体液并经胃肠的蠕动自发形成粒径不大于 600 nm 的 O/W 型乳滴。若自发形成粒径小于 100 nm 的更精细的 O/W 型乳滴，则特称为**自微乳化释药系统**（self-microemulsifying drug delivery system，SMEDDS）。药剂学中一般将两者统称为自乳化释药系统。但与自乳化释药系统相比，自微乳化释药系统的表面活性剂含量更高（一般≥40%，W/W），且需同时使用助表面活性剂，因此所形成的乳剂粒径更小、更稳定。

SEDDS 能提高难溶性药物的口服生物利用度，其促吸收机理主要有以下几个方面：①自发形成小粒径乳滴，药物被包裹于油相或油水界面，可增加药物的溶解度，并提高药物稳定性；②可增加与胃肠道的接触面积，且表面张力较低，可促进药物通过胃肠壁水化层，并提高上皮细胞对药物的通透性；③乳滴比表面积大，且一般使用亲水性非离子型表面活性剂，HLB 值较高（11~15），均可加快药物溶出；④乳滴可迅速分布于胃肠道，受食物和胃肠道环境影响较小，减小吸收行为的个体差异；⑤乳滴中大量的表面活性剂能够抑制 P-糖蛋白对药物的外排作用，增加药物的吸收；⑥处方中的油相、表面活性剂可促进淋巴转运通道对药物的吸收，克服首过效应。

基于上述优势，SEDDS 适合于水溶性差、跨膜吸收差的药物，也可用作疏水性蛋白质、多肽类大分子药物的载体。体系中油相比例一般为 30%~70%，采用对药物具有较高溶解能力和一定乳化能力的油脂成分，上市产品所用油相以天然植物油为主；表面活性剂含量一般占 30%~60%，以亲水性非离子表面活性剂为主，用量越大所形成的乳滴粒径越小且越稳定，但用量过高具有较大的胃肠道刺激性；SEDDS 大多含有助表面活性剂，以进一步降低界面张力，增加界面膜的柔顺性和稳定性，促进乳滴的形成，并可能增加某些药物的溶解度，其使用以中、短链醇居多。

SEDDS 中辅料多为液态，因此口服产品多为液态，可直接分装于软或硬胶囊中，制备简便、易于工艺放大、没有特殊的设备需求。因此与其他速释化新技术相比，SEDDS 具有一定的优势，但目前研究尚未成熟，且存在表面活性剂用量高造成的安全隐患等问题，目前上市产品仍不多（表 15-4）。

表 15-4　基于自乳化释药系统的主要药物及其处方

药物名称	商品名	油相	表面活性剂	助乳化剂	其他
环孢霉素 A	Neoral®	玉米油	聚氧乙烯(40) 氢化蓖麻油	甘油、醇	α-生育酚（抗氧化剂）
环孢素	Sandimmune®	玉米油	Labrafil M2125CS	山梨醇、乙醇	—
利托那韦	Norvir®	油酸	聚氧乙烯(35)蓖麻油	乙醇	二叔丁基对甲酚（抗氧化剂）
替拉那韦	Aptivus®	辛酸/癸酸的单/双甘油酯	聚氧乙烯(35)蓖麻油	乙醇、丙二醇	—
洛匹那韦、利托那韦	Kaletra®	薄荷油	聚氧乙烯(40) 氢化蓖麻油	乙醇、丙二醇	乙酰舒泛钾、糖精钠等（调味剂）
维 A 酸	Vesanoid®（已停产）	大豆油、氢化大豆油、部分氢化大豆油	黄蜂蜡	—	—

近年来也发展了一些新型的 SEDDS 系统，如正电荷自微乳化释药系统（positive charge SMEDDS）、超饱和自微乳化释药系统（supersaturable SMEDDS）、自双乳化递药系统（self-double-emulsifying drug delivery system，SDEDDS）等；同时为提高液态 SEDDS 的储存稳定性，也逐步开发新型的制备技术，将固化技术应用于制备固态的 SEDDS，如喷雾干燥法、挤出滚圆法、冷冻干燥法、搅拌吸附法等。

（2）应用举例

例 15-6　利托那韦软胶囊（Norvir®）

【处方】
利托那韦	100 g	无水乙醇	120 g
油酸	709.75 g	聚氧乙烯(35)蓖麻油（Cremophor® EL35）	60 g
二叔丁基对甲酚（BHT）	0.25 g	蒸馏水	10 g
		共制成	1000 粒

【制法】①称取 118 g 无水乙醇，充氮气，待用；称取 0.25 g BHT 在氮气保护下用 2 g 无水乙醇溶解得澄清溶液，待用。将混合管加热到 28℃，在搅拌下依次加入 704.75 g 油酸和 100 g 利托那韦，依次加入上述 BHT 的乙醇溶液和 118 g 乙醇，混合至少 10 min。然后加入 10 g 水至溶液澄清。②另加入 5 g 油酸以溶解容器壁上残留的药物，再继续混合 30 min，最后加入 60 g 聚氧乙烯(35)蓖麻油，混合均匀，分装入软胶囊，干燥，在 2～8℃ 贮存。

【注解】处方中利托那韦为主药，无水乙醇为助乳化剂，油酸为油相，聚氧乙烯(35)蓖麻油为乳化剂，BHT 为抗氧剂。由于处方中所用油酸用量大，浓度为 70.9%（W/W），其结构中含有不饱和双键，易于氧化，因此在整个制备过程中需要在氮气保护下进行，还需加入抗氧剂 BHT。

例 15-7　多西他赛固体过饱和自乳化释药颗粒

【处方】
多西他赛	40 mg	中链甘油三酯（Labrafac®）	300 mg
聚氧乙烯（40）氢化蓖麻油（Cremophor® RH 40）		500 mg	
二乙二醇单乙醚（Transcutol® P）		200 mg	
HPMC K100	26 mg		
乳糖	13 g		
蒸馏水	160 mL		

【制法】按处方量精密称取中链甘油三酯、聚氧乙烯(40)氢化蓖麻油、二乙二醇单乙醚，混合均匀后加入 40 mg 多西他赛，于 37℃ 水浴中超声 20 min，获得溶解均一的液态含药油相；然后加入处方量的 HPMC K100，混匀，即获得过饱和含药油相。精密称取乳糖 13 g，完全溶解于 160 mL 水中，在磁力搅拌下缓缓将乳糖水溶液加入上述过饱和多西他赛油相中，溶液在 40℃ 下保温 10 min 后即可获得均匀的 O/W 乳液，然后将乳液进行喷雾干燥，收集即得干燥的多西他赛固体过饱和自乳化释药颗粒。

【注解】 处方中多西他赛为主药，二乙二醇单乙醚为助乳化剂，中链甘油三酯为油相，聚氧乙烯（40）氢化蓖麻油为乳化剂，HPMC为促过饱和物质，乳糖为固体载体。常规的自乳化制剂是以液态形式通过软胶囊或可充液硬胶囊方式应用的，但往往处方中会加入过多的表面活性剂以防止药物包裹不完全或药物于体内分散时析晶，但这会引起胃肠道刺激性等不良反应；且体系中的醇和其他挥发性助溶剂易渗入胶囊壳，导致药物析出。因而使用具有明显抑晶作用的促过饱和物质HPMC和固体载体乳糖，将过饱和、固体自乳化技术相结合可防止自乳化制剂在体内分散时药物的再沉淀，可在减少自乳化辅料用量的同时，大大提高药物多西他赛的溶解性和溶出度，优于常规自乳化制剂。

（四）磷脂复合物制备技术

1. 概述

磷脂复合物（phytosome或phospholipid complex）系指药物与磷脂以一定配比关系通过电荷间相互作用、氢键或者分子间的疏水作用结合而形成的复合物（图15-8）。含磷酸根的脂类物质统称为磷脂，其结构含有极性和非极性两部分，主要有卵磷脂（phosphatidylcholine，PC）、脑磷脂（phosphatidylethanolamine，PE）、肌醇磷脂（phosphatidylinositol，PI）、磷脂酸（phosphatidate，PA）和其他合成磷脂等。不同于脂质体的双层囊泡结构将药物包裹在内，磷脂复合物是通过磷脂本身极性端带有易得电子的羟基氧原子以及易失去电子的氮原子，在一定条件下和药物之间相互作用形成复合物。磷脂复合物一般在非质子传

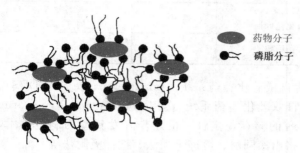

图15-8 磷脂复合物的结构示意图

递溶剂中制备得到，常用溶剂包括氯仿、四氢呋喃、丙酮、乙醇等。药物一般不溶于此类溶剂，但所形成的磷脂复合物可溶于其中，而后可通过蒸发或真空去溶剂，也可利用冷冻干燥法或非溶剂沉淀法分离目标磷脂复合物。

磷脂复合物口服促吸收原理可归纳为：①通过形成药物磷脂复合物，改善母体药物的理化性质。例如药物和磷脂的极性基团相互作用，使药物的极性区域受到一定的掩蔽，同时磷脂两条自由移动脂肪链也可将这些极性基团覆盖或者包围，形成亲脂性表面，最终达到降低药物极性、增强药物脂溶性，以提高药物黏膜渗透性，改善口服吸收的目的。尤其适用于提高BCS Ⅲ类药物的生物利用度。②形成磷脂复合物后，药物分子通常由于与磷脂极性端的定向结合而处于一种高度分散的无定形态，可显著提高难溶性药物的水溶性和溶出速率。因此，该技术也适用于提高BCS Ⅱ类药物的生物利用度。③磷脂与生物膜成分相同或相似，可能掺杂入细胞膜，改变细胞膜的流动性，进而促进药物的吸收。④磷脂药物复合物还可抑制P-糖蛋白外排作用，增加药物的跨膜吸收。

磷脂复合物技术自20世纪80年代以来被国内外日益深入研究，主要集中在中药或天然活性成分、非甾体抗炎药、蛋白质与多肽类药物等的磷脂复合物制备及应用方面。国外已经有多种产品上市，包括紫杉醇、水飞蓟宾、姜黄素、银杏提取物、葡萄籽提取物等的磷脂复合物药品及保健品。对于蛋白质与多肽类药物的磷脂复合物国外也开展了较多研究，如美国Esperion Therapeutics Inc开发了一种含有22个氨基酸的缩氨酸与磷脂的复合物，可模仿高密度脂蛋白（high-density lipoprotein，HDL）的功能，促使胆固醇从动脉壁和其他组织脱落，用于高血脂的治疗。国内主要对适合制成磷脂复合物的中药活性成分如水飞蓟宾、葛根素、淫羊藿黄酮、黄芩苷等进行了相关研究，成功提高了一些中药活性成分的脂溶性，并降低其刺激性和不良反应，显著提高药物的生物利用度。目前有部分产品已经上市，如用于抗炎保肝的甘草酸二铵的磷脂复合物（天晴甘平®），用于治疗慢性肝炎的水飞蓟宾磷脂复合物（水林佳®）等。

虽然将药物制成磷脂复合物可以在一定程度上改变药物的极性和溶解性、抑制药物结晶，但是药物在形成磷脂复合物后，药物通过和磷脂极性基团相互作用而被固定，而磷脂的两个长链脂肪酸不参与复合反应，可以自由移动，包裹在极性端周围形成一个亲脂性表面。当以片剂、胶囊剂等进行口服给药，药物的磷脂复合物可因亲脂性而聚集，不利于药物的迅速分散，此外磷脂复合物于水性环境中还可发生解离，最终生物利用度的提高作用有限。因此可将磷脂复合物制备技术和其他制剂技术相结合，进一步提高制剂的分散性。例

如经过后续加工，将药物磷脂复合物制成固体分散体，进而提高药物磷脂复合物的溶解度和溶出速率。除了制成固体分散体，药物磷脂复合物也可进一步和乳化剂、助乳化剂等制备成自乳化释药系统，可克服药物磷脂复合物遇水不易分散、与胃肠道接触面积小的缺点，通过微小乳滴高度分散的形式，增大药物与胃肠道的接触面积，同时可促进药物经淋巴吸收，避免首过效应，均可显著提高药物的生物利用度。

2. 应用举例

例 15-8 水飞蓟宾磷脂复合物胶囊

【处方】

水飞蓟宾	420 g	卵磷脂	780 g
无水乙醇	7200 mL	乳糖	1200 g
滑石粉	450 g	羧甲基淀粉钠（CMS-Na）	150 g

【制法】 ①取处方量的水飞蓟宾和卵磷脂，加入无水乙醇溶解，加热回流使溶液澄清，减压浓缩至稠厚状，即得水飞蓟宾磷脂复合物。②将磷脂复合物和乳糖、滑石粉、CMS-Na 经过喷雾干燥、粉碎得胶囊填充物，分装入 000 号胶囊，共制 4000 粒，0.75 g/粒。

【注解】 ①水飞蓟宾是一种从菊科植物水飞蓟的果实中提取而得的类黄酮化合物，对于各种病毒性肝炎和肝损伤具有良好疗效，但是由于该药物不溶于水且脂溶性也差，导致其口服生物利用度很低。磷脂复合物技术可有效解决这个问题。②乳糖作为填充剂，滑石粉作为润滑剂，CMS-Na 作为崩解剂，混合经喷雾干燥制得胶囊填充颗粒。

（五） 3D 打印技术

1. 概述

3D 打印（three-dimensional printing，3DP）属于快速成型技术的一种，也称增材制造技术。3D 打印是融合了计算机辅助设计，在三维数字模型下，采用"分层制造，逐层叠加"的概念将材料堆积打印的工艺。

传统的速释制剂制备工艺包括湿法制粒压片、粉末直接压片、冷冻干燥等。湿法制粒的方法生产成本低，载药量大，适合用于大规模生产，但是由于使用了黏合剂以及生产过程中需要压缩成型导致药物结构紧密，水分难以渗入，以致释放缓慢。粉末直接压片法对于药物和辅料的流动性和可压性有较高的要求，因此不具备普适性。冷冻干燥制剂生产过程复杂，成本高，并且只适合相对密度较低的药物；除此之外，冷冻干燥制剂易碎，因此可能需要对药品进行特殊包装。基于以往传统技术的产品往往难以兼具崩解迅速、溶出高效、机械性能良好的要求。

相比于传统技术，3D 打印技术具有其特有的优势：①通过粉末堆积固化成型而非借力压缩成型，因此所得产品具有多孔结构和丰富的毛细通道（图 15-9），可通过毛细作用加速水分渗入片层，从而快速削弱颗粒之间的黏结力，使片层崩散；②通过选用不同的黏合剂以及通过计算机设置不同的工艺参数可以使药物获得良好的机械性能；③可以通过打印独特形状的制剂来提高药物的溶出速率，并且可以打印出一些趣味形状的药物来提高儿童患者的顺应性；④除此之外，传统片剂在生产过程中为了便于压片通常加入大量的填充剂等辅料，因此单片药物含量过高易造成片重过大、吞咽困难；⑤相比之下，3D 打印技术通过一层一层的打印方法把不同的涂层紧密结合在一起，可将大剂量的药物随少量辅料置入单个片剂中，同等剂量降低单片重和服用总片重。

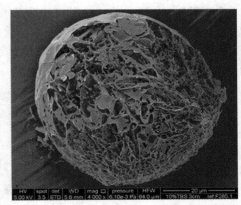

图 15-9　3D 喷墨打印颗粒的
扫描电子显微镜图

3D 打印技术的速释原理可总结为：①未经过压缩，结构疏松，有利于液体快速渗入；②产品多由亲水性辅料构成，和粉末直接压片的制剂相比，与水有更小的润湿角、具有更高的亲水性，不同于传统方法所得制剂接触水后表面膨胀突起，3D 打印制剂表面产生大小不同的溶蚀孔洞，加快药物溶出；

③在黏合剂溶液沉积到定点区域时，药物部分溶解，通过"溶解—再沉淀"原理形成更小的药物颗粒，利于药物溶出；④通过 3D 打印技术在形状设计上的优势制备特殊异形片，如金字塔形、球形、立方体、圆环、圆柱形等，同等质量下，比表面积大小顺序为金字塔＞圆环＞立方体＞球体和圆柱体，根据 Noyes-Whitney 方程可知，将药物打印成为具有更大比表面积的形状可获得更快的溶出速率；⑤此外，基于熔融沉积的 3D 打印技术可将药物制成固体分散体，所得产品药物多以无定形形式存在，加速药物溶出。

2. 应用举例

左乙拉西坦为结晶性粉末并且流动性和压缩性较差；同时药物剂量规格要求较大，能加入的辅料比例较小。因此，传统的制粒压片工艺很难做到同时满足药物含量高和快速释放的要求，所制备的左乙拉西坦口腔崩解片只有 250 mg 和 500 mg 两种规格，成年癫痫患者每日最大推荐剂量为 3000 mg（1500 mg/次），因此传统 500 mg 规格的左乙拉西坦片每天需要服用 6 片。2015 年，首款基于 3D 打印技术制备的快速释放制剂，左乙拉西坦口腔崩解片——斯普瑞坦（Spritam®）上市，其可在 5 s 内完成迅速崩解以满足速释的要求，且 Spritam® 拥有 250 mg、500 mg、750 mg 和 1000 mg 四种规格，1000 mg 规格的 Spritam® 按每日最大推荐剂量只需要服用 3 片，有效提高了药物含量和用药顺应性。

传统左乙拉西坦口崩片 Keppra® 和 Spritam® 的处方及制备工艺均在下文进行对比介绍。

例 15-9 左乙拉西坦口崩片（Spritam®）

【处方】 打印粉末 　　　　　　　　　　　　　　打印液

左乙拉西坦	65%	PVP K29/32	8.51%
胶体二氧化硅	0.7%	三氯蔗糖	5%
MCC	23.8%	薄荷香精	0.03%
甘露醇	10.5%（W/W）	甘油	3.8%
		聚山梨酯 20	1.9%
		异丙醇	12.3%
		纯净水	68.5%

【制法】 ①将处方量的左乙拉西坦和胶体二氧化硅、MCC、甘露醇混合装入打印机粉墨盒内；同时将处方量的 PVP、三氯蔗糖、薄荷香精、甘油、聚山梨酯加入异丙醇水溶液中，并装入打印墨盒中。按照计算机的模型设计将粉末铺设在打印平台上并由滚轴辊压，喷嘴按照计算机模型设计在 X/Y 平面内移动喷涂打印液，结束第一层打印后，喷头在 Z 方向上移动指定层高。②重复上述步骤直到最后一层打印完成。

【注解】 ①Spritam® 四种规格的药物均为此处方配比，通过计算机设置打印不同厚度、直径的片剂以制备含量不同的左乙拉西坦口崩片。②打印粉末中，左乙拉西坦是药物活性成分，胶体二氧化硅为润滑剂，MCC 和甘露醇为填充剂；打印液中 PVP 作为黏合剂和黏度调节剂，三氯蔗糖作为矫味剂，薄荷香精为芳香剂，甘油为润湿剂，聚山梨酯 20 为表面活性剂，异丙醇和水为溶剂。

例 15-10 传统左乙拉西坦片（Keppra®）

【处方】

左乙拉西坦	250 g	乳糖	5 g
淀粉	10 g	CMS-Na	2 g
10% PVP K30 溶液	适量	二氧化硅	2 g
硬脂酸镁	2 g		

【制法】 ①将原辅料粉碎过 100 目筛，同时取处方量 PVP K30 配成 10% 的水溶液。②按处方量将左乙拉西坦和乳糖、淀粉、CMS-Na 混合均匀，加入 10% PVP 水溶液制软材，过 20 目筛制湿颗粒并在 60℃干燥。③干颗粒经 20 目筛整粒，加入处方量硬脂酸镁、二氧化硅混合均匀，压片得到 250 mg 规格的左乙拉西坦片，共 1000 片。

【注解】 ①本处方中药物含量极高，能加入的辅料成分相对低，因此也限制了崩解剂等功能性辅料的使用量，限制了药物的溶出速率。②乳糖和淀粉为填充剂，CMS-Na 为崩解剂，PVP 为黏合剂，二氧化硅和硬脂酸镁作为润滑剂。

二、相关的药物掩味技术

味觉是由溶解性化学物质刺激味觉感受器引起。快速释放制剂会在口腔中释放不良口味的药物刺激味觉感受器，引起服药困难，患者顺应性差。传统方法是使用甜味剂、芳香剂等矫味剂，但对于非常苦或其他不良味道极重的药物，仅仅使用该法很难达到良好的矫味效果，所以常需要其他掩味技术如包衣技术、包合物技术、微囊或微球化技术、离子交换树脂、固体分散技术、制成前药、制成盐、多孔物质吸附等进行掩味。

（1）**矫味剂**　矫味剂是利用其产生的神经冲动与苦味产生的神经冲动在中枢综合，混淆大脑味觉感受，淡化、掩盖苦味。矫味剂一般包括甜味剂、芳香剂、胶浆剂、泡腾剂等。矫味剂虽方法简单、成本低、操作难度小，但效果有限，生产中常需两种不同矫味剂或与其他掩味技术配合使用。例如使用矫味剂和泡腾剂掩盖溴吡斯的明的苦味，还需联合 β-CD 对药物包合，所制备的溴吡斯的明分散片口感良好。

（2）**包衣技术**　包衣是在药物表面包上适宜材料的衣层，利用衣层的物理屏障作用阻止药物与味蕾的接触，从而掩盖药物的苦味。常用辅料有丙烯酸树脂、HPMC 等。制备工艺有流化床包衣、熔融包衣、粉末直接包衣等。包衣是最直接的掩味方法，适合多种剂型，能隔绝空气、避光、避潮，提高药物稳定性，是最常用的掩味技术之一。包衣掩味效果与包衣材料、方式及包衣膜的完整程度有关。例如通过多层包衣法制得的盐酸克林霉素掩味口崩片，首先在空白丸芯上包苦味药物层，再包 HPMC 密闭层，随后用 Eudragit EPO 包衣得掩味小丸，最后制成口崩片，掩味作用明显。

（3）**包合物技术**　包合物技术是在药物周围建立分子屏障，避免药物分子与口腔味蕾的直接接触，达到掩盖药物不良味道、降低刺激性的效果。掩味工艺中常用的包合辅料有 β-CD、SBE-β-CD、HP-β-CD 等。包合物技术目前应用较广泛、制备方法简单、可产业化，相关制备工艺等均已在上文介绍。例如苯甲酸利扎曲坦与 HP-β-CD 以 1：3（W/W）的比例采用直接压片法制备口腔崩解片，可掩盖原料药苦味。

（4）**微囊化技术**　微囊化技术是将药物包裹于天然或合成的高分子材料中，阻断药物与味蕾的直接接触而掩味。常用的高分子材料有丙烯酸聚合物、明胶、纤维素及其衍生物、海藻酸盐等。制备方法有单凝聚法、复凝聚法、相分离凝聚法等。例如美国 Adare Pharmaceuticals 公司开发的 Microcaps® 掩味技术，其通过复凝聚法制备微囊、对含药微丸进行包衣而达到掩味的目的，且掩味中间体可以后续制备成混悬剂、口崩片和咀嚼片等剂型。葛兰素史克公司的拉莫三嗪口腔片（商品名：LAMICTAL ODT®）便是应用 Microcaps® 来掩盖药物苦味。

（5）**微球化技术**　微球化技术是通过药物分散于天然或合成的高分子材料中形成微小球状实体，减少药物和味蕾的直接接触从而达到掩味的效果。制备方法有喷雾干燥法、相分离法、乳化交联法等。例如采用喷雾干燥法将药物盐酸多奈哌齐与辅料 Eudragit EPO、胶态二氧化硅制成微球，口感明显改善。

（6）**固体分散技术**　固体分散技术是将药物分散在固体载体中所形成的分散体系，因载体的包裹作用，减少了药物口腔暴露量，达到掩盖药物苦味的目的。丙烯酸树脂类、聚乙二醇、明胶等材料较为常用。制得的粒度对药物释放速率和口感有较大影响。常用制备方法有溶剂法、喷雾干燥法、冷冻干燥法、热熔挤出法等。例如使用 Eudragit L100 为载体，通过热熔挤出技术在药物周围形成惰性物理屏障，有效掩盖了西替利嗪和维拉帕米的苦味。

（7）**离子交换技术**　离子交换树脂是一类带有酸性或碱性功能基团的高分子材料，离子性药物与其通过静电作用相互吸附形成药物-树脂复合物，在口腔 pH 条件下，药物在口腔中未能及时解离就进入了胃肠道，阻碍口腔味蕾受体的苦味感知。由于药物与离子树脂的结合是可逆的，所以不会影响药物的生物利用度。常用的药用树脂是苯磺酸型阳离子或阴离子树脂，直径一般为 $53\sim150\mu m$。例如采用喷雾干燥法，以树脂 Amberlite® IRP-64 制备了盐酸多奈哌齐药脂复合物，所得的口腔崩解片口感良好、掩味效果显著。

（8）**化学结构修饰**　化学结构修饰是将苦味药物进行结构修饰制成前药或成盐以减弱或消除药物苦味，进入体内后通过代谢释放活性成分，从而起到掩味的作用。但此法相对复杂、难度较大。例如修饰阿莫西林结构上的氨基形成前药，该前药在中性条件下稳定，在酸性条件下则水解为阿莫西林。

（9）**多孔物质吸附**　通过将药物吸附于多孔物质基质中，使药物经过口腔时释放减缓，降低唾液中的药物浓度，发挥掩味作用。二氧化硅、硅酸镁铝等较为常用。例如盐酸氨溴索口腔崩解片（康尔可通®）以二氧化硅作为掩味剂、阿司帕坦为矫味剂，掩盖药物苦涩感。

第三节　快速释放制剂剂型

以速释化技术和掩味技术对药物进行预处理之后，可进一步经湿法制粒、粉末直接压片、灌装胶囊、流化床制粒、喷雾干燥制粒、混悬滴制或熔融滴制等常规工艺，制备成口崩片、舌下片、分散片、咀嚼片、泡腾片、滴丸剂、膜剂、栓剂、胶囊、干凝胶等各种剂型，其中以口崩片、分散片、滴丸剂为代表的口服速释剂型发展最为迅速。

本节重点介绍几种主要的**口服速释剂型**：泡腾片、咀嚼片、分散片、口崩片。滴丸剂已在固体制剂章节被详细介绍。

一、泡腾片

（一）概述

泡腾片（effervescent tablets）属于泡腾制剂，是含有泡腾崩解剂的一种特殊片剂，该剂型中含有碳酸氢钠和有机酸，遇水可产生气体而呈泡腾状。泡腾片不得直接吞服。泡腾片中的原料药一般为水溶性，加水产生气泡后应能溶解。根据给药途径的不同，泡腾片可分为口服泡腾片、口腔泡腾片、阴道泡腾片等。口服泡腾片能在水中迅速发生酸碱反应，且迅速崩解形成澄清透明可供口服的溶液，吸收快、快速发挥全身作用且生物利用度高，特别适用于老人、儿童以及不能吞服固体制剂的患者，如阿司匹林泡腾片、维C泡腾片、布洛芬泡腾片等。口服泡腾片以溶液形式给药，药效特征与之相似，但携带更方便、顺应性更好。口腔泡腾片咀嚼后吸水立即产生丰富的泡沫，使药物随泡沫与口腔各局部病灶接触，产生杀菌或收敛的作用，并可将齿缝间脏物冲出。阴道泡腾片则置于阴道中，产生大量泡沫，增加了药物与阴道、宫颈黏膜褶皱部位的接触，能够充分发挥药物治疗作用，克服了栓剂基质熔融后连同药物一起流失、影响疗效、污染衣服、给患者带来不适感等缺点。

泡腾片的优点可总结为：①起效迅速，服用方便；②体积小，便于运输携带；③药物溶解度高，疗效确切；④口感好，易于被服用者接受；⑤胃肠道反应少，安全性高；⑥药物与病变部位的接触面积大。

（二）质量要求

泡腾片属于片剂，需首先满足片剂的基本质量指标，主要包括脆碎度、稳定性、含水量、含量均匀度、溶出度、微生物限度等，应符合《中国药典》（2020年版）片剂项下的基本要求。泡腾片需注意的主要是崩解时限，要求取6片分别置于250 mL的烧杯中，烧杯内盛有200 mL水，水温为15～25℃，有大量的气泡放出，当片剂或碎片周围的气体停止逸出时，片剂应溶解或分散于水中，无聚集的颗粒残留，除另有规定外，各片均应在5 min内崩解。如有一片不能完全崩解，应另取6片复试，均应符合规定。感官评价也是内服泡腾片质量检查的一项重要指标。另外，外用阴道泡腾片的形状应易置于阴道内，可借助器具送入阴道；阴道泡腾片还应进行发泡量检查。

（三）处方设计

泡腾片的制备除了主药、泡腾崩解剂以外，还需多种药用辅料，包括用于制粒的黏合剂和润湿剂、稀释剂、甜味剂、矫味剂、润滑剂、着色剂、消泡剂等。泡腾片中的辅料大多为水溶性或经配伍后可在水中溶解，以满足泡腾溶液澄清透明的要求。

本节主要从口服速释制剂的视角对泡腾片的相关处方设计和分析进行介绍，即主要介绍口服泡腾片。

1. 药物

适合加工成泡腾片的药物种类较多，一般为水溶性。具有调理胃肠道功能的药物，如止血药、制酸药等制备成泡腾片，服用后可在胃肠道内均匀分散，利于在胃壁形成保护膜。另外泡腾片还适合应用于某些存在特定缺陷药物的口服给药，如非甾体抗炎药、抗菌药和中草药等。临床常用的非甾体抗炎药如阿司匹林、布洛芬、吲哚美辛、双氯芬酸钠等，溶解度小、有异味、刺激性大，宜以泡腾片剂给药；红霉素及 β-内酰胺类抗生素如头孢菌素类、阿莫西林、氨苄西林等宜制成泡腾片，可提高红霉素的生物利用度，掩盖其他抗生素的不良气味。另外以中草药浸膏和挥发油为原料制备泡腾片，如清开灵泡腾片，将药物、酸、碱混合压片，并优化其口味，在温水中即可短时间崩解和分散，形成口感舒适的溶液，特别适用于儿童、老人和中药丸剂吞咽困难的患者，极大地提高了患者顺应性。

2. 泡腾崩解剂

泡腾崩解剂需同时具有酸性崩解剂（酸源）和碱性崩解剂（碱源），其作用机理是遇水后，其中的碱源与酸源发生反应生成二氧化碳，使制剂以泡腾状迅速崩解。

（1）**酸源**　泡腾崩解剂中常用的酸源有柠檬酸、酒石酸、富马酸、苹果酸、水溶性氨基酸等。

柠檬酸又名枸橼酸，是目前应用最广泛的泡腾剂酸源。柠檬酸易溶于水、口感好，但具有很强的吸湿性，在 $65\%\sim75\%$ 的相对湿度下即可吸收大量水分，生产和贮藏过程中，常造成黏冲、颗粒难烘干、易胀片等问题。因此，通常要严格控制生产车间的温度与湿度，并选用密闭性好的防潮容器贮存。另外，选取富马酸、苹果酸等作为组合酸源也可一定程度上解决其易吸潮的问题。

富马酸没有吸湿性并具有极好的润滑作用，可以解决压片过程中的黏冲和吸潮问题。其缺点是水溶性较差，酸性较弱。

苹果酸口感较好，在泡腾片中可代替柠檬酸，但其吸湿性也较强，容易黏冲。

酒石酸为无色或白色微结晶性粉末，与柠檬酸相比口味稍差，酸性较柠檬酸强，易溶于水，泡腾力度大，吸湿性较小，是一种优良的泡腾剂酸源。其缺点是酒石酸易与很多矿物质产生沉淀，因此泡腾后液体易出现浑浊。

己二酸性质与富马酸类似，具有较好的润滑作用且不吸潮，但是泡腾过程较慢、反应不彻底易有残留。

（2）**碱源**　碱源用以与酸反应生成二氧化碳，因此以碳酸氢钠、碳酸钠、碳酸氢钾、碳酸钙等最为常用。碳酸氢钠由于其产气迅速、溶解速度快而最为常用。但以碳酸氢钠为碱源最大的缺点是制成的泡腾片稳定性差；此外，过多或单一应用碳酸氢钠会给不宜多服钠的患者带来不良后果，在处方设计时应考虑减少碳酸氢钠用量，可与碳酸氢钾、碳酸钙等合用。

3. 稀释剂

常用的稀释剂有乳糖、淀粉、糊精、葡萄糖、甘露醇、MCC、蔗糖粉等。乳糖能溶于水，微溶于乙醇，露置空气中无变化，不易吸水而易吸收臭气，尤其适用于引湿性药物；且乳糖口感最佳，故泡腾片多采用乳糖作稀释剂。

4. 甜味剂和矫味剂

常用甜味剂包括糖、糖精钠、环己烷氨基磺酸钠、糖精钙、醇糖、二氢查耳酮、天冬甜精等，通常天然甜味剂的用量不超过 5%，人造甜味剂的用量不超过 1%。甜味剂的选择应该从安全性、经济性和患者依从性等方面考虑。其中，糖精类和环己烷氨基磺酸盐类的游离酸可作为酸源的一部分，因此十分适合用作泡腾片的甜味剂。

常用矫味剂包括薄荷醇、薄荷油、人造香草、肉桂等，一般用量不超过 3%。在口服泡腾片中，可在符合国家食品添加剂的标准范围内加入少量香精和色素。

5. 黏合剂和润滑剂

常用的黏合剂包括 HPMC 水溶液、PVP 乙醇溶液、淀粉浆、丙烯酸树脂水溶液、糖浆等。因 PVP 乙醇溶液易吸潮，一般使用 PVP 与聚醋酸乙烯酯（polyvinyl acetate，PVAc）的共聚物作黏合剂。

常用的润滑剂包括 PEG 6000、L-亮氨酸、硬脂富马酸钠、硬脂富马酸钾、SDS 等。为取得更好的润滑效果，可将多种润滑剂按照一定比例混合使用。

（四）制备工艺

泡腾片的制备工艺与大多数口服固体制剂相同，主要包括粉末直接压片、干法制粒、湿法制粒、非水制粒、流化床制粒和喷雾干燥制粒等方法。

1. 粉末直接压片

选择适当的药物组分和辅料，不经过制粒直接进行压片，具有省时节能、工艺简便、可以避免与水接触而增加泡腾片稳定性等优点。在粉末直接压片工艺中，为了减小片剂的片重差异，提高片剂的机械强度以及含量均一度，泡腾片粉末要有良好的流动性、可压性和相容性等。由于填充剂在处方中的含量最大，因此填充剂性能的优劣是影响压片的最重要因素。

2. 干法制粒

干法制粒是把药物和辅料混合均匀，压缩成大的片状或条带状后，粉碎成所需大小颗粒的方法。该法靠压缩力使粒子间产生结合力，其制备方法主要有滚压法和重压法。重压法耗能高、效率低；与重压法相比，滚压法具有更好的生产能力，其参数控制准确、润滑剂使用量也较小，所以在实际生产中多使用滚压法。一般中药成分自身黏度大，因此近年来干法制粒技术在中药泡腾片中得到越来越多的关注与应用。

3. 湿法制粒

湿法制粒是将酸源和碱源分别用含水的黏合剂制粒并干燥，混合均匀后压片。该法可避免酸源和碱源在制备过程中的接触，有利于制剂的稳定性。但泡腾片对水分控制要求较高，湿法制粒时相对湿度以低于30％为佳。

4. 非水制粒

将处方中药物、酸源、碱源及各种辅料混匀后用非水溶液（异丙醇、无水乙醇等）制粒，操作简单，泡腾片片面美观。非水制粒成本略高于湿法制粒，有些黏合剂还需要测残留量。

5. 流化床制粒

流化床制粒又称一步制粒，是在自下而上通过的热空气的作用下，使物料粉末保持流化状态的同时，喷入含有黏合剂的溶液，使粉末结聚成颗粒的方法。该法制成的颗粒分布均匀，流动性、压缩成型性好，可以进行直接压片，具有物料损失少以及生产效率高的优点，目前已应用于部分泡腾片的研发中。

6. 喷雾干燥制粒

喷雾干燥制粒是用喷雾的方法，使溶液、乳浊液、悬浊液等形态的物料以雾滴状态分散于热气流中，物料与热气体充分接触在瞬间完成传热和传质，使物料水分被蒸发而制成粉末或颗粒的方法。喷雾干燥制成的颗粒粒度细小、均匀，具有良好的分散性、流动性和溶解性，常应用于高热敏性药品和料液浓缩过程中易分解药品的口服泡腾片制粒过程。

（五）处方举例

例 15-11 维生素 C 泡腾片

【处方】

维生素 C	5000 g	枸橼酸	11000 g
碳酸钠-碳酸氢钠（1∶9）	8500 g	乳糖	9000 g
甘露醇	适量	PEG 6000	适量
10％ PVP 乙醇溶液	适量	香精	适量
矫味剂	适量		
		制成	10000 片

【制法】 ①将维生素 C、枸橼酸、碳酸钠、碳酸氢钠和乳糖分别过 100 目筛，然后用等量递加法将物料充分混合均匀，加入适量 10％ PVP 乙醇溶液，搅拌制软材。②16 目尼龙筛制粒，40～50℃沸腾干燥，14 目整粒。③加入适量 PEG 6000、香精、矫味剂等混合均匀，在相对湿度≤45％的环境条件下压片即得。

【注解】 ①维生素C为主药，枸橼酸为泡腾崩解剂的酸源，碳酸氢钠为碱源，乳糖、甘露醇作为稀释剂，PVP乙醇溶液为黏合剂，PEG 6000为润滑剂。②该处方钠含量较高，单日多次服用会给不宜多食钠的患者带来安全隐患，可考虑减少碳酸氢钠用量，或用碳酸氢钾、碳酸钙等代替或合用。

例 15-12 阿司匹林维生素C泡腾片

【处方】

阿司匹林	3300 g	维生素C	2000 g
胶糖	1000 g	碳酸氢钠	17430 g
无水枸橼酸	10790 g	安息香酸钠	480 g
		制成	10000 片

【制法】 ①分别将碳酸氢钠、枸橼酸和胶糖通过2 mm的筛网。②将碳酸氢钠置于流化床内，流化1 min，然后喷入纯化水，将枸橼酸和胶糖倒入，继续流化3 min。粉末状的混合物变成颗粒，然后再干燥。③将阿司匹林、维生素C分别通过2 mm的筛网，称重混合，再将安息香酸钠加入其中，混合12 min。④将活性成分和泡腾成分混合20 min，最终将混合物压片，即得。

【注解】 ①阿司匹林可用于抗炎、抗风湿和解热镇痛，处方中加入维生素C可增强人体免疫力并缓解症状。②制成泡腾片可提高阿司匹林的溶解度，处方中含有碱性泡腾成分，泡腾后可近于中性，避免了因阿司匹林的酸性而造成的胃肠道刺激。胶糖和安息香酸钠为黏合剂。处方中枸橼酸和碳酸氢钠所占比例较大，崩解时限大大缩短。制备阿司匹林维生素C泡腾片需提高主药稳定性和制备稳定性，应控制制备中泡腾成分的湿度不超过5 g/m³，温度不超过60℃。另外，整个工艺过程尽量避免原辅料与金属器具的接触，亦能有效提高片剂的稳定性。

例 15-13 双唑泰阴道泡腾片

【处方】

甲硝唑	2000 g	克霉唑	1600 g
醋酸氯己定	80 g	碳酸钠	1000 g
硼酸	800 g	枸橼酸	1000 g
聚山梨酯80	2 g	淀粉	1000 g
硬脂酸镁	适量	干淀粉	适量
		制成	10000 片

【制法】 ①将500 g淀粉用冲浆法制成18%的淀粉浆，然后加入聚山梨酯80搅拌均匀，即得黏合剂浆液。按处方量称取甲硝唑、克霉唑、醋酸氯己定、碳酸钠和500 g淀粉粉碎过100目筛，充分混匀，加适量淀粉浆制软材，过16目筛制粒，于50～70℃烘干得A颗粒备用。②按处方量称取枸橼酸、硼酸粉碎过100目筛，充分混匀，加适量淀粉浆制软材，用16目筛制粒，于50～70℃烘干得B颗粒备用。③将A、B颗粒过16目筛整粒，再加入适量干淀粉及硬脂酸镁，充分混合均匀。测定主要含量后确定片重，并测定pH，以直径12 mm冲模压片，即得。

【注解】 甲硝唑、克霉唑和醋酸氯己定为主药，枸橼酸和硼酸为泡腾崩解剂酸源，碳酸钠为碱源，淀粉为稀释剂和黏合剂，聚山梨酯80为表面活性剂，硬脂酸镁为润滑剂，干淀粉为崩解剂。

（六）质量评价

根据《中国药典》（2020年版）四部制剂通则片剂部分相关要求，泡腾片相关的比较重要的质量评价主要有以下方面：

1. 酸度

取泡腾片1片，加入15℃的水100 mL（1 g规格）或50 mL（0.5 g规格）使其崩解，待崩解完全无气泡后，依法测定（通则0631），pH应在规定范围内。

2. 崩解时限

泡腾片照崩解时限检查法（通则0921）检查，应符合规定。

3. 发泡量

阴道泡腾片还需进行发泡量检查。取25 mL具塞刻度试管10支（内径约1.5 cm），各精密加水2

mL，置 36～38℃水浴中 5 min 后，各管中分别投入制剂 1 片，密塞 20 min，观察最大发泡量的体积，平均应不少于 10.0 mL，且少于 6.0 mL 的不得超过 2 片。

4. 其他

除阴道泡腾片崩解时限不检查外，其他应符合片剂项下有关的各项规定（通则 0101）。

二、咀嚼片

（一）概述

《中国药典》（2000 年版）二部首次将咀嚼片（chewable tablets）收载于片剂项下。咀嚼片系指于口腔中咀嚼后吞服的片剂。其大小一般与普通片剂相同，根据需要可制成不同形状的异形片。由于咀嚼片会先在口中滞留一段时间，因此通过提高掩味技术、筛选适合的矫味剂等来改善口感是其设计和制备过程中的一大关键。

咀嚼片的主要特点是：①药片经咀嚼后便于吞服，药片表面积增大，可促进药物于体内的溶出、吸收、起效快。②无崩解过程，因此不需要添加崩解剂。尤其对于难崩解的药物制成咀嚼片可加速崩解、提高药效。③服用方便，不受缺水条件的限制，特别适用于老人、小孩、吞服困难、胃肠功能差的患者服用。④可减轻胃肠道负担；可减轻因长期服药产生的拒药现象；可制成多种颜色和形状，进一步提高儿童用药的顺应性。

缺陷在于：①生物利用度受咀嚼强度、咀嚼时间等影响，患者整片吞咽或不完全咀嚼可导致胃肠道阻塞或影响药效；②片剂过硬还会导致牙齿损伤。

基于咀嚼片独特的优势，其应用逐渐广泛。咀嚼片上市的类型多样、品种丰富，包括维生素、钙补充剂、抗生素、解热镇痛药、抗过敏药、制酸药，及用于口腔疾患、心脑血管疾病治疗等的各类咀嚼片，如维生素 C 咀嚼片、阿昔洛韦咀嚼片、铝碳酸镁咀嚼片、碳酸钙咀嚼片、阿莫西林克拉维酸钾咀嚼片、布洛芬咀嚼片、非诺贝特咀嚼片、阿苯达唑咀嚼片、氯雷他定咀嚼片、孟鲁司特钠咀嚼片、伏格列波糖咀嚼片、辛伐他汀咀嚼片等。我国上市的咀嚼片还包括多种中药品种，如心可舒咀嚼片、口炎清咀嚼片、血塞通咀嚼片、双黄连咀嚼片、仙灵脾咀嚼片、金莲花咀嚼片等。此外，咀嚼片在食品、保健品研究领域也有显著的进展，如纳豆咀嚼片、燕麦膳食纤维咀嚼片、大豆多肽咀嚼片、益生菌多肽咀嚼片、蜂王浆咀嚼片等。

（二）质量要求

咀嚼片应口感良好、硬度适宜、外观完整光洁、主药稳定性不受制备过程影响，符合片剂的一般质量要求。咀嚼片硬度过大，则服用时不易嚼碎，不仅影响口感，而且可损伤牙齿；硬度太小，则不利于贮存、携带。

（三）处方设计

1. 药物

如上所述，可制备咀嚼片的药物众多，没有特殊的要求。根据咀嚼片的特点和临床需要，通过将药物开发为咀嚼片尤其可提高儿童用药顺应性，如小儿贝诺酯维 B_1 咀嚼片、孟鲁司特钠咀嚼片、小儿清肺化痰咀嚼片、布洛芬咀嚼片等。但对口腔及胃黏膜有强烈刺激作用，或者在口腔及胃肠道极易被破坏的药物，不适宜制备成咀嚼片；药物口感极差或有严重不良气味且难以遮掩的药物，也不宜制成咀嚼片。

2. 辅料

咀嚼片制备所用的辅料与普通片剂类似，一般包括填充剂、黏合剂、矫味剂，压片时为增加颗粒流动性还可加入适当的润滑剂。因为咀嚼片经嚼碎咽下，无崩解过程，所以一般无需添加崩解剂；但是咀嚼片在使用过程中，存在咀嚼不充分或被吞服的可能，因此为了保证药物释放完全，也可在制剂中加入崩解剂。咀嚼片必须口感良好，但多数药物特别是中药成分口感都较差，因此在处方设计中最主要的问题是矫味剂的选择。

（1）矫味剂　主要经胃肠道吸收的咀嚼片，一般选择甜味或略带酸味的矫味剂，嚼碎后口感凉爽，可刺激分泌唾液引起吞咽；而对于主要在口腔吸收的咀嚼片，应选用刺激性小的矫味剂或者减少矫味剂用量，以减少唾液分泌和吞咽。

咀嚼片常需加入水溶性甜味剂和芳香矫味剂来改善患者用药口感，如天然蔗糖、甘露醇、山梨醇以及单糖浆（橙皮糖浆、甘草糖浆、樱桃糖浆等）等。其中，甘露醇、山梨醇、蔗糖等也起到填充剂的作用；甘露醇、山梨醇在咀嚼时无硬颗粒感，不仅味甜，而且溶解时吸热可使口中有凉爽感，稳定性好，不易吸湿，较为常用。药味较苦时，可使用甜度较大的阿司帕坦，其甜度比蔗糖高150～200倍，且不易导致龋齿，也适用于糖尿病及肥胖症患者。用于糖尿病患者的咀嚼片还可选择木糖醇、甘草苷、甜味菊苷、麦芽糖醇等作为矫味剂。

（2）黏合剂/润湿剂 咀嚼片与普通片所用的黏合剂类似，常用的有PVP、淀粉浆、羧甲基纤维素钠、明胶等。药物或辅料本身润湿后有黏性时，可适量加入润湿剂如水或不同浓度的乙醇溶液等。筛选时应以硬度、脆碎度、外观、口感、生产成本等为指标进行综合考量。

（3）润滑剂 为增加颗粒的流动性而使片剂密度均匀，可加入润滑剂，常用的有硬脂酸镁、滑石粉、微粉硅胶等。润滑剂的用量不易过高，尽量不超过2.0%，防止粉末或颗粒间的摩擦力、黏着力太低而使咀嚼片硬度过小。

（四）制备工艺

咀嚼片的制备工艺与普通片剂无大差别，根据工艺路线不同，通常分为**湿法制粒压片法**、**粉末直接压片法**及**干法制粒压片法**3种，多采用湿法制粒压片法。在制备咀嚼片时，除了添加一些矫味剂之外，包合技术和固体分散技术是其常用的掩味技术。

1. 湿法制粒压片法

化学药物可与辅料直接混合，加一定的润湿剂或黏合剂制软材，维生素C咀嚼片、抗酸咀嚼片等均采用此法。制备中药咀嚼片时，一般先将药材提取、分离得到浸膏，然后加辅料制软材，如桑叶咀嚼片、牛蒡咀嚼片等采用此法进行制备。

2. 粉末直接压片法

粉末直接压片法是一种跳过制粒步骤，直接将原料和辅料混合压制的方法，这种方法不仅工艺简单、生产周期短、成本低、工艺适应性强，并且利于片剂崩解。一种孟鲁司特钠咀嚼片的制备方法中以甘露醇、木糖醇、MCC为填充剂，采用粉末直接压片法进行压片，不仅避免了孟鲁司特钠对湿敏感造成的制剂不稳定，而且省去制粒工艺、简化生产制备、工艺便于实施，大大提高生产效率。

3. 干法制粒压片法

干法制粒是将粉体原料直接制成符合要求的颗粒状产品，造粒后堆积密度显著增加，可达到既控制污染、又减少粉料浪费，改善物料外观和流动性，便于贮存和运输，控制溶解度、孔隙率和比表面积等目的。干法制粒压片法就是将干法制粒的颗粒进行压片，常用于热敏性、遇水易分解的物料，方法简单，省工省时。采用干法制粒工艺所制备的一种乳钙咀嚼片在外观、片重差异、硬度、脆碎度、含量及微生物限度方面均符合现有的产品质量要求，且在微生物限度方面显著优于湿法制粒工艺。

4. 包合技术

包合技术在咀嚼片中的应用主要是在制备得到包合物之后，将其作为原料药进一步利用常规的咀嚼片制备方法制备目标产品。该技术不仅可起到良好的掩味效果，还可提高药物的溶解度，增加药物的吸收，改善药物生物利用度。在一种布洛芬咀嚼片的制备中，将布洛芬包合在环糊精分子内，再配合填充剂、矫味剂进行造粒、压片，解决了布洛芬制成咀嚼片咀嚼或含化时味辛辣的问题，所得咀嚼片口感好、溶出和吸收快、生物利用度高且不易吸潮变质。

5. 固体分散技术

制备固体分散体作为中间体，在此基础上制备咀嚼片通常具有更高的生物利用度和稳定性，同时还有掩味的作用。在一种血塞通咀嚼片的制备方法中采用EC、丙烯酸树脂、明胶或（和）阿拉伯胶等作为分散载体，能够使三七总皂苷以分子状态分散在具有良好韧性结构的分散载体中，可以有效避免唾液溶解及咀嚼破坏其结构，避免药物分子与味蕾的接触或减少接触时间，从而起到掩味的目的。该种方法能有效掩盖三七总皂苷的苦味，减少三七总皂苷的吸湿性。

（五）处方举例

例 15-14 氢溴酸右美沙芬咀嚼片

【处方】
氢溴酸右美沙芬	150 g	三硅酸镁	2910 g
异丙醇	1500 g	蔗糖	7000 g
明胶	100 g	玉米糖浆（固体）	77 g
着色剂	2.2 g	氯化钠	8 g
滑石粉	200 g	硬脂酸镁	100 g
薄荷脑	10 g	薄荷油	10 g
		制成	10000 片

【制法】 ①用异丙醇溶解氢溴酸右美沙芬后喷入三硅酸镁细粉中并充分混合，干燥除去异丙醇。②将得到的粉末与蔗糖混合均匀，以含有明胶、玉米糖浆、着色剂和氯化钠的水溶液（将处方量各物质溶于630 mL 水中）为黏合剂湿法制粒，干燥后整粒，与处方中其他辅料混合均匀后压片。

【注解】 ①氢溴酸右美沙芬为主药，异丙醇为溶剂，蔗糖为填充剂，明胶为黏合剂，玉米糖浆、薄荷脑和薄荷油为矫味剂，硬脂酸镁、滑石粉为润滑剂，氯化钠为矫味剂。②氢溴酸右美沙芬味极苦，很难被矫味剂掩盖，将药物均匀分散在载体三硅酸镁中，不仅减弱了不良味道，还能起到长效的作用。

例 15-15 孟鲁司特钠咀嚼片

【处方】
孟鲁司特钠	5.2 g	HPC	2.5 g
氧化铁红	0.5 g	乙醇	50 g
喷雾干燥乳糖	202.8 g	MCC	20 g
CCMC-Na	15 g	阿司帕坦	0.5 g
樱桃香精	1 g	硬脂酸镁	2.5 g

【制法】 ①称取处方量的 HPC 加入 30 g 乙醇中，搅拌至溶解，静置消泡。称取处方量的孟鲁司特钠加入 20 g 乙醇中，搅拌至溶解。将孟鲁司特钠乙醇溶液加入 HPC 乙醇溶液中搅拌均匀，而后称取处方量的氧化铁红加入上述溶液中混悬均匀，得到黏合剂溶液。②采用流化制粒的方法，将喷雾干燥乳糖与MCC 的混合物置于流化床中保持流化状态，喷雾黏合剂溶液制粒，干燥后加入处方量的 CCMC-Na、阿司帕坦、樱桃香精、硬脂酸镁混合均匀，压片，即得。

【注解】 ①该处方中孟鲁司特钠为主药，MCC 与喷雾干燥乳糖为填充剂，氧化铁红为着色剂，HPC 为黏合剂，CCMC-Na 为崩解剂，硬脂酸镁为润滑剂，樱桃香精和阿司帕坦为矫味剂，乙醇为溶剂。②孟鲁司特钠的稳定性控制是该产品研发中的关键点，其主要降解途径有：通过氧化降解为亚砜，光照降解为顺式异构体杂质。将着色剂氧化铁红混悬于溶有孟鲁司特钠的黏合剂溶液，喷雾在流动性好的药用辅料混合物表面，利用着色剂的遮光效果，避免了药物见光分解，提高产品稳定性。采用此方法制备的咀嚼片在40℃、相对湿度75％的条件下存放 2 个月的杂质含量低于对照样品顺尔宁®（亚砜：该处方 0.28％，对照 0.57％。顺式异构体：该处方 0.03％，对照 0.05％）。

（六）质量评价

根据《中国药典》（2020 年版），咀嚼片的质量评价除崩解时限不检查外，应符合片剂项下有关的各项规定（通则 0101）。此外，抗酸类咀嚼片需要检查制酸力，以评价该类药物的治疗有效性。

三、分散片

（一）概述

《中国药典》（2000 年版）二部首次将分散片（dispersible tablets）收载于片剂项下。《中国药典》

（2020 年版）对分散片描述为：在水中能迅速崩解并均匀分散的片剂，分散片中的原料药物应是难溶性的。分散片自 20 世纪 80 年代国外首次上市以来，发展较为迅速，目前我国上市的分散片品种达数百个，如阿奇霉素分散片、阿司匹林分散片、法莫替丁分散片、头孢克肟分散片等；其中中药分散片品种 59 个，如肺宁分散片、银黄分散片、板蓝根分散片、穿心莲分散片等。

分散片的主要特点是：①崩解、溶出、吸收快，显著提高难溶性药物的生物利用度。②服用方便，顺应性好。分散片兼具固体制剂和液体制剂的优点，可加水分散后口服，也可将分散片含于口中吮服或吞服，特别适用于老人、幼儿和吞咽困难的患者。③制备工艺较为简单，与普通片剂基本相同，无特殊的生产条件需求。④成本高、质量要求较高、质量标准控制难度较大。

（二）质量要求

除应符合《中国药典》（2020 年版）四部制剂通则片剂部分的一般质量要求外，分散片还应符合以下标准。

1. 分散均匀性

照崩解时限检查法，取供试品 6 片，在 15～25℃水温下，应在 3 min 内全部崩解并通过二号筛（710 μm 孔径）。

2. 溶出度

分散片中的药物均为难溶性，为避免其虽然快速崩解，但溶出度可能不理想，从而影响生物利用度的问题，分散片应进行溶出度检查并符合有关规定。

（三）处方设计

在分散片的研制过程中，需要进行不同的崩解剂和填充剂的选择及其用量的筛选，以保障片剂既能有良好的成型性、稳定性和外观，又能遇水后在尽可能短的时间内崩解成小颗粒，形成均匀的混悬液加速药物溶出，并具有良好的口感。

分散片在制备工艺和生产条件方面没有特殊的要求，因此选择适宜的辅料和控制原辅料的粒度大小、分散性成为保障分散片质量的关键。

1. 药物

分散片一般适用于生物利用度低或需要快速起效的难溶性药物，特别适合于抗菌药、抗炎药、解热镇痛药等，如阿司匹林、阿奇霉素、吡罗昔康、法莫替丁等，还包括难溶性中药提取物。也有少数具较大胃肠道刺激性的水溶性药物可制备成分散片，以提高胃肠道分散性、减少局部刺激，如双氯芬酸钠。

2. 崩解剂

崩解剂的性能与分散片的分散均匀性直接相关。分散片一般采用吸水溶胀度大于 5 mL/g 的优质崩解剂，用量一般为处方量的 2%～5%；广泛使用的有 CMS-Na、CCMC-Na、L-HPC、PVPP、MCC 等；一般不宜选用溶胀度较小的淀粉、天然黏土等。在分散片中，每一种崩解剂在单独使用时的用量均高于其在普通片的用量；单独使用时，以 CMS-Na、PVPP 最为常用，其不仅溶胀度高，而且可改善粉末的流动性和成型性。但几种崩解剂联用效果更佳。阿托伐他汀钙分散片处方优化研究数据显示，当处方中 CCMC-Na 和 CMS-Na 的使用比例为 7∶3 时，崩解效果最佳。还有科研人员在进行雷公藤多苷分散片研究时发现，MCC 可压性好，适于直接压片，但溶胀性差，片剂崩解后颗粒较大，L-HPC 的分散均匀性好，但其可压性不强，片剂表面不光洁，当原料与 MCC、L-HPC 的质量比为 1∶11∶3 时，崩解效果最理想。

3. 填充剂

一般普通片剂的填充剂在崩解剂中均可应用，如亲水性填充剂乳糖、甘露醇、山梨醇等，以及水不溶性填充剂硫酸钙、磷酸氢钙等。但为了增加片重和体积以利于成型和分剂量的同时，能促进分散片的崩解，常采用具有亲水溶胀性的填充剂制备分散片。以 MCC 的应用最为典型，近年来可压性淀粉在分散片中的应用也越来越广泛；或者加大崩解剂的用量充当填充剂，MCC、乳糖、甘露醇等崩解剂均可使用。

对于中药分散片,由于中药提取物一般黏度较大,因此通常不采用乳糖作为崩解剂,虽然其压缩成型性较好,却不利于崩解。故在制备中药分散片时,宜采用硫酸钙作为填充剂。

4. 黏合剂

分散片的黏合剂一般采用亲水性聚合物的水溶液或稀醇溶液,可同时增加可压性及促进崩解,很少采用淀粉浆。应用较多的亲水性黏合剂有 PVP、HPC、HPMC、PEG 类、CMC-Na、MCC 等;其中,PVP K30 尤其常用,特别适用于疏水性药物,以其水溶液作为黏合剂,压片后水分易渗入片剂促其崩解,同时可改善颗粒的润湿性以促进药物溶出。当药物成分具有较大的黏性,例如中药提取物,也可直接采用一定浓度的乙醇或异丙醇溶液作为黏合剂制粒。

5. 溶胀辅料

分散片中可在崩解剂、填充剂之外,再添加溶胀辅料以加速崩解。目前,常用的溶胀辅料有 HPMC、藻酸盐、HPC、可压性淀粉、瓜尔胶、苍耳胶、多糖类(如葡聚糖)、羧甲基纤维素钙等亲水性高分子聚合物。

6. 助流剂/润滑剂

分散片常用的润滑剂和助流剂有微粉硅胶、PEG(PEG 4000、PEG 6000)、硬脂酸镁、滑石粉、氢化蓖麻油、十八烷基富马酸钠等。其中,微粉硅胶应用最为广泛,用量一般在 1% 以上。微粉硅胶具有强极性和亲水性,利于水分渗入片剂促进崩解,同时其表面的硅醇基吸附药物后也能显著提高难溶性药物的溶出速率。滑石粉和硬脂酸镁均为水不溶性润滑剂,用量过大可阻止水分的渗入,延缓片剂崩解和溶出,因此常与微粉硅胶合用。

7. 其他

分散片中还可以加入表面活性剂,如 SDS、吐温 80 等,以降低固液界面的表面张力,改善固体表面润湿性,促进水分渗入和加速分散片崩解、溶出。为克服分散片口感差的问题,除了采用上述掩味技术,还可加入矫味剂或掩味剂予以改善。

(四)制备工艺

分散片的制备工艺与普通片剂相同,均可用湿/干法制粒压片法、粉末直压法、冷冻干燥法等来制备。但是由于分散片的特殊质量要求,其制备工艺与普通片剂在药物预处理、辅料加入方式和制备方法等方面仍有区别。

1. 崩解剂采用内外加法

在湿法制粒压片工艺中(图 15-10),崩解剂的加入方式包括**内加法**、**外加法**和**内外加法**。不同的崩解剂加入方式对分散片的崩解性能和分散均匀性影响较大。内加法是指在制粒之前加入崩解剂,而外加法是在制粒之后、压片之前加入崩解剂。一般内外加法的崩解效果最为理想,外加崩解剂促使片剂崩解为粗颗粒,内加崩解剂使粗颗粒二次崩解为细颗粒,从而显著提高分散片的崩解效果和分散性。

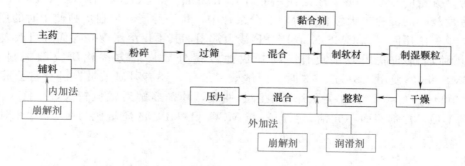

图 15-10 湿法制粒压片工艺流程图

2. 控制颗粒大小

药物溶出速率与分散片崩解后所形成颗粒的粒径大小有关,粒径越小,药物溶出越快。因此,需对原辅料进行微粉化处理，使其达到一定的粒度要求。一般制备分散片的湿粒要求粒径在 1 mm（18 目）以下，干粒粒径在 0.6 mm（30 目）甚至是 0.305 mm（约 50 目）以下。例如在制备复方磺胺甲唑分散片时，如将药物粉碎成粒径为 40 μm 的细粉，压片后置水中不到 1 min 即完全崩解，溶出时间不超过 15 min。

单独使用微粉化，虽可减小粉末的粒度，增大比表面积，但颗粒的表面自由能也随之增大，达到一定程度后自由能有自动降低的趋势，小颗粒重新聚集，反而减缓药物的溶出。采用固体分散技术、纳米混悬技术等对难溶性药物进行预处理，不仅可达到颗粒粒径、分散度的要求，还可能改变药物晶型从而提高药物的饱和溶解度，均可加速药物溶出。

此外，若采用流化床一步制粒法或喷雾干燥制粒法，所得颗粒粒径小、均匀且内含气孔，因此流动性和可压性均较好。利用此方法所压制的分散片质量高、崩解及溶出快。

3. 控制分散片硬度

片剂硬度的增加一般会导致崩解时间的延长。分散片在需满足一般片剂的基本硬度和脆碎度要求的基础上，同时要求在尽可能短的时间内崩解和溶出。因此，在研制过程中，必须兼顾硬度和崩解时间这两方面的指标，调节压片压力和各辅料的配比，以保障分散片有足够的孔隙率利于崩解溶出，同时有良好的成型性、外观和光洁度。法莫替丁分散片的研究数据表明，当分散片在正常的硬度范围内时（3.0～7.5 kg），硬度变化对崩解速度及溶出速率几乎无影响，而当硬度较大时（9.0～10.5 kg），崩解速度减慢，溶出速率降低。

（五）处方举例

例 15-16 阿奇霉素分散片

【处方】
阿奇霉素	250 g	CMS-Na	20 g
L-HPC	20 g	MCC	200 g
阿司帕坦	10 g	硬脂酸镁	适量
10% PVP K30 水溶液	适量		

【制法】①将原料药粉碎过 80 目筛；辅料于 50～60℃干燥 2～3 h，过 100 目筛，备用。②称取处方量阿奇霉素、CMS-Na、L-HPC、MCC、阿司帕坦，按等量递增的方式混合均匀。③加入 10% PVP K30 水溶液适量做黏合剂制软材，制备 30 目湿颗粒。④湿颗粒在 50～60℃条件下干燥，至颗粒含水量为 1%～3%。⑤干颗粒过 28 目筛整粒；称重，加入 1%硬脂酸镁混合均匀，物料含量测定，压片，即得。

【注解】①阿奇霉素分散片采用湿法制粒压片法制备。其中阿奇霉素为主药，羧甲淀粉钠、L-HPC 为崩解剂，MCC 为填充剂，阿司帕坦为矫味剂，10% PVP K30 为黏合剂，硬脂酸镁为润滑剂。②采用等量递增法混合使其药物含量均匀。为了使颗粒获得良好的流动性及片重均一性，采用 30 目筛制粒、28 目筛整粒。

例 15-17 罗红霉素分散片

【处方】
罗红霉素	150 g	PVPP	22.5 g
CMC-Na	62.5 g	聚山梨酯	803.8 g
MCC	66.2 g	阿司帕坦	40 g
糖精钠	20 g	薄荷矫味剂	20 g
微粉硅胶	5 g	硬脂酸镁	10 g

【制法】①称取罗红霉素、MCC 与 40%处方量的 PVPP 混合均匀。②加入聚山梨酯 80 以及 CMC-Na 溶于适量水制软材，过 18 目筛制湿颗粒。③湿颗粒于 60℃干燥 4 h，干颗粒过 20 目筛整粒。④加入剩余的 PVPP 以及处方量阿司帕坦等辅料，混合均匀，14 mm 冲压片，即得。

【注解】①本品采用湿法制粒法制备，其中罗红霉素为主要成分。②崩解剂 PVPP 的用量、填充剂 MCC 的用量以及黏合剂 CMC-Na 的浓度均影响分散片质量，可以设计正交试验根据崩解时间筛选处方。③崩解剂 PVPP 采用内外加法压片，效果较好。④许多大环内酯类抗生素如罗红霉素、克拉霉素、阿奇霉素等，在以溶液或混悬液形式进行口服时苦味浓重。因此，本品中加入了阿司帕坦、糖精钠、薄荷矫味剂来遮盖苦味。

四、口腔崩解片

（一）概述

口腔崩解片亦称**口崩片**（orally disintegrating tablets，ODT），系指在口腔内不需用水即能迅速崩解或溶解的片剂。将口腔崩解片至于舌面，无需咀嚼，借吞咽动作药物即可入胃，迅速起效。此外，药物也可经口腔黏膜或食管黏膜吸收。

口腔崩解片具有如下特点：①崩解速度快，药物颗粒比表面积增大加快药物溶出，能快速吸收起效，生物利用度高。该剂型尤其能提高难溶性药物的溶出速率，且特别适用于需要快速起效的药物。②服用方便，尤其适用于特殊人群，如老人、儿童、吞咽困难的患者，显著提高患者用药依从性；可实现在特殊无水环境下用药；也是适用于急症治疗的一种新剂型。③减少对胃肠道刺激，不良反应少。口腔崩解片使药物在到达胃肠道之前就能迅速崩解分散成细小的颗粒，药物在胃肠道内的分散面积增大，增加吸收位点的同时降低因局部药物浓度过高而产生的刺激，从而减少不良反应的发生。④减少肝脏的首过效应。口腔崩解片在崩解后大部分随吞咽进入胃肠道，但也有相当部分药物经口腔黏膜吸收，起效快，可减少胃酸降解和肝药酶降解。

缺陷在于：口腔崩解片要求崩解快、口感好，通常需要加入大量崩解剂、矫味剂等，导致片型、片重大，因此单剂量较大的药物不宜制成口腔崩解片；而对于经掩味技术仍不能改善的药物或者对口腔刺激性强的药物也不宜制成该种剂型；除此之外，口腔崩解片易于吸潮，对生产环境和包装的要求较高。

鉴于口腔崩解片的特有优势，该剂型和相应的制备技术在欧美等国得到迅速的发展，研究的产品主要集中于严重的精神分裂症、偏头痛、阿尔兹海默病、帕金森病、心血管、内分泌、抗感染、肿瘤等领域，如多奈哌齐、米氮平、阿立哌唑、佐米曲普坦、昂丹司琼、氯硝西泮、甲氧氯普胺、司来吉兰、卡比多巴、盐酸西替利嗪、泼尼松龙磷酸钠、拉莫三嗪等品种。我国2004年上市第一个相关品种沙丁胺醇口腔崩解片（康尔舒宁），翻开了口腔崩解片技术国产化历史性的一页。目前已上市的有氨溴索、琥乙红霉素、尼美舒利、沙丁胺醇、格列吡嗪、阿莫西林、氯雷他定、氯氮平、格列美脲、布洛芬等几十个品种。

（二）质量要求

除应符合《中国药典》（2020年版）四部制剂通则片剂部分的一般质量要求外，口腔崩解片应在口腔内迅速崩解或溶解，口感良好；应尽量遮盖药物的苦涩，容易吞咽，对口腔黏膜无刺激性；崩解时限检查应该符合有关规定；应充分考虑口腔崩解片的硬度、脆碎性、引湿性，选择合适的包装材料。

（三）处方设计

1. 药物

药物的选择应根据人群的需要及相应疾病的需求、治疗目的和药物的溶解度、口感、晶型等理化性质综合考虑，并结合生产工艺、质量要求、特定技术等确定所选择药物是否适宜被开发成口腔崩解片。

根据口腔崩解片的特点和临床需求，以下情况可考虑制备口腔崩解片：①应对突发疾病急救或其他需迅速起效的药品，如硝酸甘油、硫酸沙丁胺醇、尼索地平等；②需降低胃肠道刺激增加吸收位点的药物，如对乙酰氨基酚、布洛芬等；③患者不主动或不配合情况下用药，如抗抑郁药佐米曲普坦、抗精神病药氯氮平等；④吞咽困难的患者用药，如止吐药昂丹司琼、格雷司琼等；⑤老人、卧床体位难变动、儿童等特殊人群及缺水等应急条件下的患者用药。

2. 常用辅料

辅料的选择是该类制剂制备的关键，不同的种类、型号、用量等会影响药物的崩解和溶出，而这恰好是口腔崩解片区别于普通片剂的主要指标。制备口腔崩解片选择辅料时应确保使颗粒具有较好的流动性和较强的可压性，同时为使药物崩解迅速、口感好，口腔崩解片通常需要大量优良的崩解剂、水溶性辅料和矫味剂。

（1）填充剂 一般可以采用乳糖、蔗糖、甘露醇、山梨醇、明胶等水溶性填充剂或淀粉、MCC、硫酸钙、磷酸氢钙等水不溶性填充剂，但水不溶性辅料可造成口腔崩解片在服用时产生沙砾感，较少作为填充剂使用。

（2）**崩解剂** 控制口腔崩解片质量的关键是选择合适的崩解剂，常用的有 MCC、交联羧甲基淀粉钠（CCMS-Na）、PVPP、L-HPC、CCMC-Na 和处理琼脂（TAG，由琼脂吸水溶胀再干燥处理）等，制备时多以两种或两种以上联合应用。

① MCC：是口腔崩解片中应用最为广泛的崩解剂，可压性好，兼有黏合、助流等作用，适合于直接压片法。由于其溶胀性能弱，一般不单独作为崩解剂，常与其他溶胀性强的辅料如 L-HPC 和 PVPP 联合使用。联合崩解剂的常用量为 20%～50%，MCC/PVPP 或者 MCC/L-HPC 的比例在 4～9 范围内时，所得片剂可快速崩解。

② L-HPC：有较强的亲水性、膨胀性和吸湿性，可增强药粉和颗粒间的镶嵌作用，同时具有较大的表面积和孔隙率，可压性强，容易成型，压制得到的片剂整洁美观，硬度大而又崩解迅速，溶出速率高，是优良的崩解剂和黏合剂，用量一般为 2%～5%。

③ CCMC-Na：为纤维状结构。其促崩解机理主要是孔隙率高、溶胀性强，在含量非常低时也可以通过毛细管作用助片剂崩解。高浓度的 CCMC-Na 对疏水性药物能起到润湿和分散作用，可大大改善药物的溶出。

④ PVPP：不溶于水和有机溶剂，但能在水中迅速溶胀，具有高效的毛细管作用和显著的水合作用，崩解效果好。含量约为 8% 时，孔径分布处于最合理的细孔结构，这种细孔结构的总孔隙率容积达到饱和，获得最佳的崩解性能。

⑤ CCMS-Na：具有良好的吸水性和膨胀性，充分膨胀后体积可增大 200～300 倍，可压性良好，常用于直接压片，可改善片剂的成型性并增加片剂的硬度而不影响其崩解性能。其通常用量为 4%～8%。

⑥ TAG：琼脂常温下吸水溶胀但不会转变为凝胶，经过吸水溶胀再干燥处理时，水分从琼脂中蒸发，使其存在大量的多孔颗粒。TAG 中孔隙直径和总孔隙体积大，能使水分快速渗透，从而加快崩解。

（3）**矫味剂** 在口腔崩解片的质量要求中，口感是一项重要指标，为了掩盖药物的不良味道或者刺激性，矫味剂也是处方筛选中的重要部分。常用的矫味剂包括增香剂、甜味剂、酸味剂、蔽味剂等。

① 增香剂：主要有香兰素、香草醛、柠檬油酪酸、香精、乳酸丁酯及其他芳香型脂类、醇类等。

② 甜味剂：主要有天然蔗糖、糖精钠、阿司帕坦、甜蜜素、单糖浆、山梨醇、甘露醇等。

③ 酸味剂：主要为有机酸类，包括酒石酸、枸橼酸、苹果酸、维生素 C 等。通过解离出 H^+ 刺激味觉神经混淆味蕾而掩盖不良气味；或者有机酸与碳酸氢钠合用，遇水后可产生大量二氧化碳，从而麻痹味蕾起到矫味作用。

④ 蔽味剂：主要有西黄蓍胶、黄原胶、瓜尔胶、明胶、阿拉伯胶等各种树胶高分子材料。此类材料具有缓和黏稠的作用，通过钝化味蕾从而达到矫味作用。

（四）制备工艺

口腔崩解片的制备工艺主要包括冷冻干燥法、喷雾干燥技术、粉末直接压片法、模制法、固态溶液技术、湿法制粒压片法等（表 15-5）。

表 15-5 口腔崩解片部分制备专利技术及代表性产品

制备工艺	优点	缺点	专利技术	开发公司	代表性产品
粉末直接压片法	工艺简便、对仪器设备无特殊要求、成本低、易于工业化、生产效率高	对药物和辅料的流动性、可压性要求较高	Orasolv®	美国 Cima 公司	Tempra Quicklets（对乙酰氨基酚）、Zolmig Repimelt（佐米曲坦）
			Durasolv®		NuLev（硫酸莨菪碱）、Zolmig ZMT（佐米曲坦）
			Flashtab®	法国 Ethypharm 公司	Nurofen Flashtab（布洛芬）
			Ziplets®	意大利 Eurand 公司	Cibalgina Due Fast（布洛芬）

制备工艺	优点	缺点	专利技术	开发公司	代表性产品
冷冻干燥法	工艺成熟、产品结构疏松、崩解迅速	药物选择有局限性、机械强度低、易碎、吸湿性强、工艺复杂、成本较高	Zydis®	英国 R. P. Scherer 公司	Claritin Reditabs（氯雷他定）、Zyprexa（奥氮平）
			Quicksolv®	比利时杨森制药公司	Propulsid Quicksolv（西沙必利）、Risperdal M-tab（利培酮）
			Lyoc®	美国 Farmalyoc 公司	Spasfon Lyoc（间苯三酚水合物）
湿法制粒压片法	无需特殊工艺过程，生产成本低，便于推广应用	崩解时间较长、口感较差、不适于湿热不稳定的药物	Wowtab-dry®	日本 Yamanouchi 制药公司	Gaster D（法莫替丁）、Lorcam（氯诺西康）
模制法	崩解迅速	成本高、吸湿性强、机械强度较低、易碎	Wowtab-wet®	日本 Yamanouchi 制药公司	Lopera Mac Satto（盐酸洛哌丁胺）
喷雾干燥技术	崩解速度较快	成本高	Oraquick®	美国 KV 制药公司	硫酸莨菪碱 ODT
微囊掩味技术	可掩盖药物的不良气味，口感好	工序较多	Microcaps®	美国 Adare Pharmaceuticals 公司	Lamictal ODT（拉莫三嗪）
3D 打印技术	产品孔隙率高，崩解迅速	成本高	ZipDose®	美国 Aprecia 制药公司	Spritam（左乙拉西坦口腔崩解片）
闪流技术	崩解速度快	特殊生产设备、成本高、工序复杂	FlashDose®	美国 Fuisz 公司	Zolpidem tartrate ODT（酒石酸吡唑坦）、Relivia Flash Dose（盐酸曲马多）

1. 冷冻干燥法

冷冻干燥法是把药物同水溶性基质及冻干保护剂等制成混悬液或溶液后迅速冷冻成固体，在低温低压条件下，从冻结状态不经过液态而直接升华除去水分。冻干口崩片一般结构疏松、具有高孔隙率，能迅速吸收水分崩解或溶解。目前基于冻干法制备口腔崩解片的专利技术主要有：英国 R. P. Scherer 公司的 Zydis® 技术、美国 Farmalyoc 公司的 Lyoc® 技术、杨森制药公司的 Quicksoh® 技术等。其中 Zydis® 是第一个运用冷冻干燥工艺制备口腔崩解片的专利技术，被广泛应用于口腔崩解片制备中，如 Claritin Reditabs（氯雷他定）、Zyprexa（奥氮平）、Zubring（替泊沙林）等。Zydis® 技术的主要制备过程是首先将主药与辅料制备成混悬液或溶液，并将得到的药液注入泡罩包装内；然后用液氮迅速冷冻，溶液呈冻结状态，此操作能控制冰晶的粒径，确保产品有足够的孔隙，达到速溶的效果；随后将冷冻片冻干除水；最后将含冻干品的泡罩进行热封，得到终产品。

冷冻干燥法制备口腔崩解片的主要缺陷是：药物选择性高，主要适用于水不溶性、化学稳定且粒径较小的药物，水溶性的药物可形成低共熔混合物，导致水分挥发不完全，得到的制品易板结坍塌；适用此法的药物剂量一般需小于 60 mg；产品的机械强度低、易碎，对包装要求高，耗时且费用高昂。

针对该技术所得产品硬度不够及冷冻干燥过程中发生回融现象的问题，真空干燥技术制备口腔崩解片是在冷冻干燥技术基础上进行的改进（即后文所述真空干燥模制法），能够较好地克服以上缺点：在初次干燥去掉非结合溶剂的过程中，使用很低的气压，并保持温度在崩塌温度以上、平衡冷冻点以下，使非结合性溶剂从固态经过液态转为气态，而不是从固态直接升华成气态，因而得到的产品孔隙率比冷冻干燥品要低，密度大，从而提高了片剂硬度，但崩解时间略有延长。

2. 直接压片法

直接压片法指将有效成分和适宜辅料的混合物直接加压而成，不需经过湿颗粒或干颗粒处理过程，可避免水分、加热影响药物稳定性。其最大的优点就是生产及质控工序简便，是制备口腔崩解片比较常用的方法。该工艺的关键是崩解剂的选择，对仪器设备无特殊要求，但受药物和辅料性质的影响比较大。

直接压片法可承载较高剂量的药物，制备出的口腔崩解片具有一定的硬度，孔隙率小，其崩解性主要依靠崩解剂、辅料和/或泡腾剂的协同作用。常用具有较强可压性和崩解性的 L-HPC 和 MCC 作为填充剂，再加入性能较强的崩解剂如 CCMS-Na、CCMC-Na、PVPP 等。

直接压片法作为口腔崩解片的制备工艺，在国内外已得到广泛的应用。目前相关的专利技术主要有 Orasolv®、Durasolv®、Ziplets®、Flashtab® 等。最早开发的 Orasolv®（图 15-11）主要是借助少量的泡腾剂加速崩解，同时改善口感；但其产品的机械强度较低，对包装有特殊要求。而第二代技术 Durasolv® 则选用具较大比表面积的颗粒状非直压性的糖类和多糖类作为填充剂，如甘露醇、山梨醇、乳糖、蔗糖等，以加速崩解，因此同时选用了溶胀性能好的辅料，如 HPMC、卡波姆、阿拉伯胶、黄原胶等，代替了崩解剂的使用；该技术压片压力较大，所制得的口腔崩解片硬度较大，瓶装和泡罩包装都可以使用；但该技术不适用于大剂量的药物，且崩解时间有所延长。Ziplets® 技术可适用于水不溶性药物，通过将包含至少一种在水中不溶的无机赋形剂（例如磷酸钙）、一种或多种崩解剂（例如 PVPP）和任选的水溶性赋形剂的混合物直接压片得到片剂。Flashtab® 技术将药物晶体包衣后和崩解剂微粒混合，利用传统的压片设备直接压片，结合了掩味和快速溶解技术。

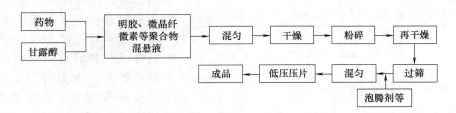

图 15-11　Orasolv® 技术工艺流程图

3. 模制法

根据工艺细节的差异，**模制法**可分为**压制法**、**热模法**和**真空干燥模制法**。压制法是将含活性成分的粉末混合物，以水或乙醇等溶剂将其润湿后置于模具中压制成片，然后采用直接通风干燥除去溶剂。热模法是将药物溶液或混悬液分装到泡罩包装中后，直接加热通风干燥，如日本 Yamanouchi 制药公司的 Wowtab® 技术。真空干燥模制法则是将药物溶液或混悬液分装到泡罩包装，冷冻，然后将温度控制在崩塌温度和平衡冷冻温度之间进行真空干燥。

模制法简单、有效，可进行大批量生产。此法所用的基质主要为水溶性糖类，因此能够加快崩解并改善口感。其主要的缺点是机械强度低，容易破碎。此外，该技术中若采用湿基质压制会有粘冲现象发生，对批量生产、压片速度及产能等有影响，可选用具有外部润滑系统的压片机、压片时喷洒润滑剂等来改善。

4. 湿法制粒压片法

由于直接压片法受辅料的流动性、可压性、润滑性等影响较大，为了克服这一缺点，许多企业采用湿法制粒压片法来制备口腔崩解片。此法一般用于易溶于水的稀释剂如乳糖、甘露醇、山梨醇等与药物混匀后制软材，过筛制粒后，进行模压、干燥，再与优良的崩解剂、黏合剂、润滑剂等混匀后进行压片，以提高崩解速度。该法无需特殊工艺过程，适合于大生产，所得产品具有一定的硬度，不易碎裂，利于包装和贮存。目前我国多采用此法制备口腔崩解片，有时也采用直接压片技术。但湿法制粒压片法可能增加崩解时间及口感较差，且不适用于湿热不稳定的药物。日本 Yamanouchi 制药公司基于此方法开发了 Wowtab-dry® 技术，通常选择成型性好、崩解性差的糖（如麦芽糖、海藻糖、山梨醇等）和崩解性好、成型性差的糖（如甘露醇、乳糖、葡萄糖、蔗糖等）混合制粒，然后将糖粒与药物颗粒混合，采用低压压片，经表面加湿再干燥处理，成型性好的非晶型糖在结晶化过程中发生桥联从而使片剂强度增大。如 Gaster D（法莫替丁）、Lorcam（氯诺西康）等。

5. 喷雾干燥技术

喷雾干燥技术是将含有同种极性静电荷的聚合物（如明胶等）、增溶剂及膨胀剂（如甘露醇等）等分散于挥发性溶媒中，以喷雾干燥的方法制得疏松多孔的颗粒，然后加入黏合剂、填充剂及矫味剂等直接混匀压片。此技术制成的口腔崩解片孔隙率大，遇唾液后水分可迅速渗入片芯，颗粒因同性电荷的排斥而立即崩解，一般崩解时间小于 20 s。

6. 固态溶液技术

固态溶液技术是指用明胶、果胶、大豆纤维等亲水性物质作骨架材料，再加入药物、抗氧剂、防腐剂及矫味剂等溶于第一溶剂中，将温度降低到低于或等于第一溶剂的温度，冷冻得到固态溶液。此时加入可与第一溶剂互溶、但与骨架材料不能互溶的第二溶剂，置换出第一溶剂，再将残余的第二溶剂挥发，得到高孔隙药物骨架，再经一定的方法固化，压片即得口腔崩解片（图 15-12）。所得片剂孔隙均匀，成型性好，较湿法制粒压片法和直接压片法崩解快，遇唾液 10 s 内即可崩解完全，溶出速率大大提高。

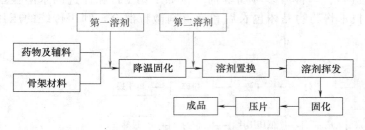

图 15-12　固态溶液技术工艺流程

7. 闪流技术

闪流技术又称**棉花糖技术**，生产工艺采用独特的纺丝机理，生产出纤维丝结构，这一过程通过同时闪速熔融和纺丝形成一种糖类或多糖基质。所形成的棉花糖基质与活性成分和辅料研磨和混合，经压缩成口腔崩解片。为了改善流动性和压缩性，糖丝基质有时可经处理进行部分再结晶，使糖基质具有良好的机械强度，可积聚大量药物。但是，该工艺不适用于热敏性药物。闪流技术中研究较多的是 FlashDose®，是 Fuisz 公司的专利技术。其将糖类、多糖类等载体物质与药物混合后，在转速为 3000～4000 r/min，温度为 180～250℃ 的热处理器上喷出无定形棉花糖状丝状物，也称为棒状剪切骨架结构；而后在结晶促进剂（如乙醇、PVP、水、甘油等）或结晶引发剂（如表面活性剂，HLB≥6）的作用下使该结构物由无定形态转化为结晶态，形成流动性好、适合于直接压片的微小颗粒，再以较小的压力进行压片，达到口腔速崩的目的。FlashDose® 制备的口腔崩解片内部结构扫描电镜图如图 15-13（a）所示。

8. 3D 打印技术

按前文所述，3D 打印技术融合了计算机辅助设计、数控技术、新材料技术等当代高新技术，在基于三维数字模型下，采用"分层制造，逐层叠加"的概念将材料堆积打印。3D 打印技术制备口腔崩解片的原理是通过喷涂墨盒中的润湿液将层层粉末黏结成型，待片剂黏结后取出，去除周围多余的粉末，经过适当干燥等后处理即得。该技术所得口腔崩解片由粉末黏结堆叠成型，未经压缩过程，所以片剂内部孔隙率高［图 15-13（b）］、崩解速度快；同时可以通过调节打印次数、打印速度、打印层高、打印溶液等，获得不同硬度、崩解时间、脆碎度的崩解片。2015 年，有首款基于 ZipDose® 3D 打印技术制备的快速释放制剂，左乙拉西坦口腔崩解片（Spritam®）上市。

(a) FlashDose®　　　　　　　(b) 3D打印技术

图 15-13　不同口腔崩解片内部结构扫描电镜图

9. 升华技术

升华技术是指将具有挥发性的辅料（如苯甲酸、碳酸氢铵等）与药物、其他辅料混匀压片，挥发性辅料在一定温度下升华，形成多孔性的口腔崩解片。

10. 微囊化技术

微囊化技术制备口腔崩解片，通常是将药物以天然或合成的纤维素、明胶、乙烯共聚物或丙烯酸聚合物等高分子聚合物包裹成具有特殊性能的细小微粒，然后与可溶性空白颗粒或粉末压制而成。经该方法制得的口腔崩解片可掩盖药物的不良气味，也可通过不同的包衣材料制成肠溶型口腔崩解片或缓释型口腔崩解片，主要目的是增强吞咽困难患者的用药顺应性，具有较高的应用价值。

11. 固体分散技术

在口腔崩解片制备过程中，可采用固体分散技术对原料药进行处理后再利用常规方法制备口崩片，可起到掩味、增加溶解度等效果。一种舍曲林口崩片采用固体分散技术，选用常见分散材料聚克立林钾、PVPP、β-CD、二氧化硅中的一种或几种对原料药进行处理，通过离子交换技术并结合常用矫味剂进行掩味，通过控制原料粒径的方式达到提升溶出的目的。

12. 包合技术

在口崩片制备过程中，先采用包合技术对原料药进行处理，然后利用常规方法制备口崩片，亦可起到掩味、增加溶解度等效果。依折麦布包合物口腔崩解片的制备是将依折麦布作为客体化合物与HP-β-CD制成包合物，提高药物溶解度和稳定性，并控制其释放。苯磺酸氨氯地平口腔崩解片，除常用的矫味剂外，还采用β-CD包合技术改善口感。

（五）处方举例

例 15-18 利培酮口腔崩解片

【处方】

掩味利培酮颗粒		片剂	
利培酮	20 g	掩味利培酮颗粒（含药13.5％）	148 g
玉米淀粉	80 g	乳糖	550 g
MCC	20 g	MCC	120 g
8％淀粉浆	50 g	阿司帕坦	18 g
Eudragit E100	62 g	薄荷醇	6 g
柠檬酸三乙酯	9.3 g	硬脂酸镁	10 g
无水乙醇	1120 mL	微粉硅胶	18 g
滑石粉	20 g	粒状甘露醇	730 g
		制成	10000 片

【制法】①掩味利培酮颗粒的制备：气流粉碎利培酮原料药，玉米淀粉过100目筛，MCC过100目筛，三者充分混合，再过6号筛，用淀粉浆作黏合剂制粒，60℃烘干，筛分，得3号筛与6号筛之间的颗粒115 g；在小型糖衣锅内，将115 g颗粒用120 mL含10％ Eudragit E100、1.5％柠檬酸三乙酯的无水乙醇溶液充分润湿，60℃烘干，筛分，得50目筛与100目筛之间的颗粒120 g；将1000 mL无水乙醇、50 g Eudragit E100、7.5 g柠檬酸三乙酯、20 g滑石粉制成包衣溶液，在实验型流化床包衣机上对120 g颗粒包衣，增重8％后筛分，得50目筛与100目筛之间的掩味利培酮颗粒123 g，总得率为83％（按利培酮计），颗粒中利培酮含量为13.5％。②将粒状甘露醇、乳糖、MCC分别过50目筛，与掩味利培酮颗粒、阿司帕坦、薄荷醇充分混合均匀，加硬脂酸镁、微粉硅胶再继续混合5 min，将混合物压片。

【注解】制剂采用包衣方法对药物进行掩味。处方中利培酮为主药，玉米淀粉、乳糖和甘露醇用作填充剂，淀粉浆为黏合剂，MCC为崩解剂，Eudragit E100作为包衣材料，增塑剂选用柠檬酸三乙酯，无水乙醇为润湿剂，滑石粉和硬脂酸镁为润滑剂，微粉硅胶为助流剂，阿司帕坦和薄荷醇作为矫味剂。

例 15-19 罗通定口腔崩解片

【处方】

罗通定	300 g	甘露醇	300 g

乳糖	200 g	低取代羟丙纤维素	80 g
硬脂酸镁	1.5 g	MCC	50 g
薄荷脑乙醇溶液	6 g		
		制成	10000 片

【制法】 ①采用湿法制粒压片法，原辅料分别过 100 目筛，并将辅料置于 50℃烘箱烘 3 h，将处方量罗通定、甘露醇和乳糖混匀。将 12 g 薄荷脑溶于 15 mL 的 95％乙醇中，制成薄荷脑乙醇溶液。②取 6 g 薄荷脑乙醇溶液均匀加入混合物料中，在 40℃烘箱内干燥。用蒸馏水制软材，30 目筛制粒，湿颗粒置 40℃烘干 30 min。③所得干颗粒经 30 目筛整粒，加入 1.5 g 的硬脂酸镁、50 g MCC、80 g 低取代羟丙纤维素，混合均匀，压片即得。

【注解】 处方中罗通定为主药，甘露醇和乳糖为填充剂，低取代羟丙纤维素和 MCC 为崩解剂，硬脂酸镁为润滑剂，薄荷脑乙醇溶液为矫味剂。

例 15-20 来曲唑口腔崩解片

【处方】 来曲唑	250 g	PEG 6000	8750 g
麦芽糖糊精	1000 g	水解明胶	20 g

【制法】 ①按处方称取 PEG 6000 和来曲唑，将 PEG 6000 加热熔融后加入来曲唑，充分搅拌均匀，然后充分冷却，粉碎过 100 目筛，得到来曲唑分散体。②将水解明胶用水溶解（浓度为 0.5％），加入来曲唑分散体和麦芽糖糊精，充分搅拌得混合物料；所得混合物料装入适当模具，在 -40℃预冻 12 h 后，进入升华阶段，真空度为 1.03 mbar（1 bar=10^5 Pa），隔板温度为 5℃；解析阶段，真空度为 0.77 mbar，隔板温度为 25℃，升华阶段 16 h，而后解析阶段 3 h；从模具中剥离，进行成品检验即得。

【注解】 来曲唑为主药，PEG 6000 为亲水性载体，麦芽糖糊精为冻干保护剂，水解明胶为黏合剂。来曲唑难溶于水，使其在固体制剂中难以溶出，影响生物利用度，此方法采用固体分散体技术通过冷冻干燥法制备得到来曲唑崩解片，所得到的成品溶出度为 91.37％，崩解时限和溶散粒度均符合规定。

（六）质量评价

根据《中国药典》（2020 年版）四部制剂通则片剂部分相关要求，口腔崩解片的质量评价主要有以下方面。

1. 崩解时限

口腔崩解片照崩解时限检查法（通则 0921）检查，应符合规定。不锈钢筛网筛孔内径为 710 μm，温度为 36~38℃，介质为水，取本品 1 片进行检查，应在 60 s 内全部崩解并通过筛网，如有少量轻质上漂或黏附于不锈钢管内壁或筛网，但无硬心者，可作符合规定论。重复测定 6 片，均应符合规定。如有 1 片不符合规定，应另取 6 片复试，均应符合规定。

鉴于口腔崩解片的崩解时限测定方法与普通片不同，其相关的检测设备也需特制（图 15-14），主要结构为一根能升降的支架与下端镶有筛网的不锈钢管。升降的支架上下移动距离为 10 mm±1 mm，往返频率为 30 次/min。崩解篮不锈钢管，管长 30 mm，内径 13.0 mm，不锈钢筛网（镶在不锈钢管底部）筛孔内径 710 μm。

2. 溶出度

对于难溶性的药物，还应进行溶出度检查，并符合相关规定。

3. 脆碎度

采用冷冻干燥法制备的口腔崩解片可不进行脆碎度检查。

4. 释放度

对于经肠溶材料包衣的颗粒制成的口腔崩解片，还应进行释放度检查。

5. 其他

其他检查项目与药典通则片剂项下的一般要求一致。

图 15-14 口腔崩解片崩解仪

（殷婷婕）

思考题

1. 请简述快速释放制剂的定义与特点。
2. 请简述常用的药物掩味技术并列举相关的应用。
3. 请简述固体分散技术的速释化原理。
4. 请简述包合技术的速释化原理及常用辅料。
5. 请简述纳米混悬技术的定义、常用辅料及制备方法。
6. 普通乳剂、纳米乳、亚微乳和自乳化释药系统有什么区别？
7. 请简述自乳化释药系统的主要构成以及其促药物口服吸收的机理。
8. 请简述磷脂复合物的定义，及其与脂质体在结构和组成上的异同。
9. 请简述磷脂复合技术口服促吸收的机理。
10. 请简述 3D 打印技术应用于药物速释方面的优势。
11. 请简述泡腾片的定义、特点、适用药物、质量要求。
12. 请简述咀嚼片的定义、特点、适用药物、质量要求。
13. 请简述口腔崩解片的定义、特点、适用药物、质量要求。
14. 请简述分散片的定义、特点、适用药物、质量要求。
15. 请简述泡腾片、咀嚼片、分散片的关键处方组成及制备方法。
16. 分散片、口腔崩解片以及泡腾片的性能比较。
17. 请简述口腔崩解片的常用制备方法，并对比各方法的优缺。
18. 简述冷冻干燥法制备口腔崩解片的基本过程及优缺点。

参考文献

[1] 周建平，唐星. 工业药剂学 [M]. 北京：人民卫生出版社，2014.
[2] 何仲贵. 药物制剂注解 [M]. 北京：人民卫生出版社，2009.
[3] 方亮. 药剂学 [M]. 8 版. 北京：人民卫生出版社，2016.
[4] 平其能，屠锡德，张均寿，等. 药剂学 [M]. 4 版. 北京：人民卫生出版社，2013.
[5] 杨小兵，李世华，申家东，等. 一种非诺贝特分散片及其制备方法. CN 110354087A [P]，2019-10-22.
[6] 霍碧姗，许小春，马明，等. 辛伐他汀分散片. CN 110051636A [P]，2019-07-26.
[7] 曹悦兴，刘新宁，马德重，等. 一种厄贝沙坦分散片及其制备方法. CN 103191071A [P]，2013-07-10.
[8] 郭蕾，张俊龙，李钦青，等. 口腔崩解片的研究进展 [J]. 中华中医药学刊，2014，32（07）：1558-1560.
[9] 胡国宜，胡锦平，黄健，等. 盐酸西那卡塞固体分散体及其制备方法和盐酸西那卡塞口服固体制剂. CN 108186576B [P]，2019-10-18.
[10] 季宇彬，周欣欣，国瑞琪，等. 和厚朴酚纳米混悬剂的制备及其体内外研究 [J]. 药学学报，2018，53（01）：133-140.
[11] 黄平升. 壳聚糖/透明质酸接枝聚己内酯纳米粒的 pH 响应性组装与解组装对疏水抗肿瘤药物的口服递送. 2013 年全国高分子学术论文报告会论文摘要集 [C]. 上海：中国化学会高分子学科委员会；中国化学会，2013：57.
[12] 陈鹰，史琼枝，徐享隽，等. 多西他赛固体过饱和自乳化释药系统的制备及体外特性 [J]. 中国医院药学杂志，2010，30（24）：2058-2062.
[13] 岳鹏飞，刘阳，谢锦，等. 药物纳米晶体制备技术 30 年发展回顾与展望 [J]. 药学学报，2018，53（04）：529-537.
[14] 李鑫，虞朝辉，卢晓阳，等. 一种单抗类药物口服纳米制剂及其制备方法. CN 108714221A [P]，2018-10-30.
[15] 孟令玮，王玉丽，高春生，等. 基于药物-磷脂复合物的纳米释药系统研究进展 [J]. 国际药学研究杂志，2017，44（01）：40-46.
[16] 王雪，张灿，平其能. 3D 打印技术在药物高端制剂中的研究进展 [J]. 中国药科大学学报，2016，47（02）：140-147.
[17] 周广辉，朱源，徐希明，等. 难溶性药物新型速崩片的研究进展 [J]. 中国药师，2015，18（09）：1565-1567＋1580.
[18] 郝文艳，李瑞滕，杜丽娜，等. 3D 打印技术在药物递送中的应用 [J]. 国际药学研究杂志，2019，46（10）：725-737.
[19] 国家药典委员会. 中华人民共和国药典 [M] 2020 年版. 北京：中国医药科技出版社，2020.
[20] 孙军娣，张自强，等. 儿童口服给药固体新剂型研究进展 [J]. 中国药科大学学报，2019，50（6）：631-640.
[21] 郭留城，杜利月，等. 硝苯地平咀嚼片的制备工艺研究 [J]. 中国药房，2014，25（13）：1199-1201.

［22］ 谭然然，沙平，雷继峰，等. 一种孟鲁司特钠咀嚼片及其制备方法. CN 108186594A ［P］，2018-06-22.

［23］ 高晓黎，明婷，程志斌，等. 孟鲁司特钠咀嚼片及其粉末直接压片制备方法. CN 103720672A ［P］，2014-04-16.

［24］ 周在富，李静，田雪玲，等. 一种掩味组合物及其在血塞通咀嚼片中的应用. CN 101697988A ［P］，2010-04-28.

［25］ 陈丹丹，平其能，蒋曙光. 儿童药物制剂掩味技术研发进展 ［J］. 药学进展，2018，42（8）：615-621.

［26］ 王永，王超，秦拢. 一种来曲唑口腔崩解片及其制备方法. CN 102988314A ［P］，2013-03-27.

［27］ Norman J，Madurawe R D，Moore C M，et al. A new chapter in pharmaceutical manufacturing：3D-printed drug products ［J］. Advanced Drug Delivery Reviews，2017，108（1）：39-50.

［28］ Dungarwal U N，Patil S B. Development of orodispersible tablets of taste masked rizatriptan benzoate using hydroxypropyl β cyclo dextrin ［J］. Journal of Pharmacetuical Investigation，2016，46（6）：537-545.

［29］ Lai J W，Venkatesh G M，Qian K K. Taste-masked pharmaceutical compositions with gastrosoluble pore-formers. US 0105942 ［P］，2017.

［30］ Yan Y D，Woo J S，Kang J H，et al. Preparation and evaluation of taste-masked donepezil hydrochloride orally disintegrating tablets ［J］. Biological and Pharmaceutical Bulletin，2010，33（8）：1364-1370.

［31］ Maniruzzaman M，Bonnefille M，Aranyos A，et al. An in-vivo and in-vitro taste masking evaluation of bitter melt-extruded drugs ［J］. Journal of Pharmacy and Pharmacology，2014，66（2）：323-337.

［32］ Kim J I，Cho S M，Cui J H，et al. In vitro and in vivo correlation of disintegration and bitter taste masking using orally disintegrating tablet containing ion exchange resin-drug complex ［J］. International Journal of Pharmaceutics，2013，455（2）：31-39.

［33］ Gabriel O K L，Yvonne T F T，Kok K P. Enhancement of norfloxacin solubility via inclusion complexation with β-cyclodextrin and its derivative hydroxypropyl-β-cyclodextrin ［J］. Asian Journal of Pharmaceutical Sciences，2016，4：536-546.

［34］ Chen M M，Wu Q J，Jiang J，et al. Preparation，characterization and in vivo evaluation of a formulation of dantrolene sodium with hydroxypropyl-β-cyclodextrin ［J］. Journal of Pharmaceutical and Biomedical Analysis，2017，135：153-159.

［35］ Junaid K，Amit A，Ajazuddin，et al. Recent advances and future prospects of phyto-phospholipid complexation technique for improving pharmacokinetic profile of plant actives ［J］. Journal of Controlled Release，2013，168（1）：50-60.

［36］ Semalty A，Semalty M，Rawat B S，et al. Pharmacosomes：the lipid-based new drug delivery system ［J］. Expert Opinion on Drug Delivery，2009，6（6）：599-612.

［37］ Tong Y P，Zhang Q，Shi W，et al. Mechanisms of oral absorption improvement for insoluble drugs by the combination of phospholipid complex and SNEDDS ［J］. Drug Delivery，2019，26（1）：1155-1166.

［38］ Goyanes A，Robles M P，Buanz A，et al. Effect of geometry on drug release from 3D printed tablets ［J］. International Journal of Pharmaceutics，2015，494（2）：657-663.

［39］ Byeong J P，Ho J C，Sang J M，et al. Pharmaceutical applications of 3D printing technology：current understanding and future perspectives ［J］. Journal of Pharmaceutical Investigation，2019，49（6）：575-585.

［40］ Chew S L，Modica M L，Tolulope R B. 3D-printed solid dispersion drug products ［J］. Pharmaceutics，2019，11（12）：672.

［41］ Qi X，Qin J，Ma N，et al. Solid self-microemulsifying dispersible tablets of celastrol：formulation development，charaterization and bioavailability evaluation ［J］. International Journal of Pharmaceutics，2014，472（1-2）：40-47.

［42］ Nagar P，Singh K，Chauhan I，et al. Orally disintegrating tablets：formulation，preparation techniques and evaluation ［J］. Journal of Applied Pharmaceutical Science，2011，1（04）：35-45.

［43］ Badgujar B，Mundada A. The technologies used for developing orally disintegrating tablets：A review ［M］. Acta Pharmaceutica，2011，61（2）：117-139.

第十六章

缓释与控释制剂

本章要点

1. 掌握缓释和控释制剂的基本概念及控释原理，制备工艺和影响因素；掌握缓释和控释制剂体外释药评价方法。

2. 熟悉缓释和控释制剂设计的基本依据和流程，体内外相关性的建立。

3. 了解口服定时和定位释药系统的分类和释药原理，长效注射液的发展。

第一节　概　述

剂型是活性药物进入机体前的最终存在形式，其发展大致分为四个阶段：第一代为普通制剂，如丸剂、片剂、胶囊剂和注射剂等；第二代为缓释制剂、肠溶制剂等，如缓释骨架片、植入长效制剂等；第三代为控释制剂，以及利用药物载体制备的靶向制剂，如渗透泵制剂、膜控释制剂、脂质体制剂等；第四代为基于体内反馈情报靶向于细胞水平的给药系统。随着人们对疾病的认识不断深入，以及新材料、新工艺技术的发展，近几十年药物剂型迎来了飞速发展。药物新剂型正向"精确给药到定向定位给药、按需给药"的方向发展。

本章重点介绍缓控释给药系统和迟释给药系统。

一、缓释与控释制剂的定义

通过调节药物的释放、吸收或改变释药部位，缓释与控释制剂可更好地实现特定的临床治疗目的，因而受到广泛关注。对于该类制剂，各国药典都有不同的命名和定义。《美国药典》将缓释和控释制剂归入调节释放制剂（modified-release preparation）；《中国药典》（2020 年版）中将其详细的分为缓释、控释与迟释制剂，并对口服缓释、控释与迟释制剂做了如下定义。

缓释制剂（sustained-release preparation）系在规定的释放介质中，按要求缓慢地非恒速释放药物，与相应的普通制剂相比，给药频率比普通制剂减少一次或有所减少，且能显著增加患者依从性的制剂。

控释制剂（controlled-release preparation）系在规定释放介质中，按要求缓慢地恒速释放药物，与相应的普通制剂相比，给药频率比普通制剂减少一次或有所减少，血药浓度比缓释制剂更加平稳，且能显著增加患者依从性的制剂。

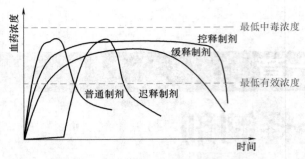

图 16-1　缓释、控释、迟释和普通制剂的
血药浓度经时曲线比较

迟释制剂（delayed-release preparation）系指在给药后不立即释放药物的制剂，包括肠溶制剂、结肠定位制剂和脉冲制剂等。

缓释、控释、迟释和普通制剂的血药浓度经时曲线如图 16-1 所示，可见无论是缓释制剂还是控释制剂，其血药浓度较普通制剂都更加平缓。

目前口服制剂依然是缓释与控释制剂的主导剂型，工业生产上的设备和制剂工艺也相对成熟，因此将在本章中重点介绍口服缓释与控释制剂，图 16-2 包含了本章介绍的口服缓释与控释制剂的主要类型。除此之外，本章还将简要介绍长效注射制剂。该类制剂避免了胃肠道转运时间的限制，可以提供更长效的缓释性能，已受到工业界越来越多的关注。

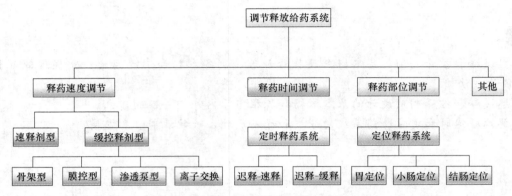

图 16-2　口服调节释药系统示意图

二、缓释与控释制剂的特点

1. 优点

① 通过缓释或者控释技术可以有效延长给药间隔时间，特别是对于半衰期短或需频繁给药的药物，可以减少服药次数，提高患者顺应性。为了达到有效的治疗浓度，普通剂型一般需要多次给药，甚至有一日用药达 4 次或以上的情况，制成缓释或控释制剂后可以解决这种不便。口服缓释或控释制剂可以制成一日一次的剂型，注射型缓释或控释制剂一次给药可达一个月至半年或更长时间的缓释效果。

② 可减少对胃肠道的刺激，维持血药浓度的平稳，避免峰谷现象，有利于降低药物的毒副作用。

③ 增强疗效，减少用药总剂量，以最小剂量达到最大药效。

另外，从市场的角度，缓释与控释制剂可通过先进的药物释放技术延长药物的市场生命周期，从而增加企业效益。例如，高血压治疗药物盐酸地尔硫䓬（diltiazem hydrochloride）几代剂型更替：1988 年，速释片 Cardizem® 上市，年收益接近 2.6 亿美元；三年后，一日服药两次的缓释胶囊 Cardizem® SR 上市，取得了接近 4.0 亿美元的年收益；随后，一日服药一次的缓释胶囊 Cardizem® CD 于 1996 年上市，年销售接近 9.0 亿美元。活性药物专利期期满的几年里，另一种新的时辰治疗缓释制剂 Cardizem® LA 在 2003 年上市。

2. 不足

① 从剂型研发的角度考虑，并非所有药物都适合制成缓释与控释制剂。例如剂量很大（大于 1 g）、半衰期很长（大于 24 h）、不能在小肠下端有效吸收的药物不宜制备成缓释与控释制剂。

② 从剂量调整的角度考虑，缓释与控释制剂在临床应用中对剂量调节的灵活性有所降低，遇到某些特殊情况时（如出现严重副作用），往往不能立即停止治疗。

③ 从给药方案调整的角度考虑，缓释与控释制剂往往是基于健康人群的平均动力学参数而设计的，当药物在疾病状态的体内动力学特性有所改变时，不能灵活调节给药方案。

④ 从安全性的角度考虑，缓释与控释制剂在使用中存在某些安全性问题，特别是单一单元的膜控型缓控释制剂，控释衣膜的质量问题可能导致体内药物泄漏而带来严重的危害。

⑤ 从药物生产的角度考虑，与常规制剂相比，缓释与控释制剂的成本较高，工艺技术较复杂，因此价格也较昂贵。

三、缓释与控释制剂的类型

缓释与控释制剂根据不同的系统可分为不同的类型。

根据释药原理可分为：骨架型制剂、膜控型制剂、渗透泵型制剂、离子交换树脂型制剂和多技术复合型制剂。

根据给药途径可分为：口服、眼用、鼻腔、耳道、阴道、肛门、口腔或牙用、透皮、皮下、肌内注射以及皮下植入等制剂。

根据释药特点可分为：定速释放制剂、定时释放制剂、定位释放制剂。

根据制剂类型可分为：片剂、颗粒剂、微丸剂、混悬剂、胶囊剂、膜剂、栓剂和植入剂等。

根据释药原理进行分类是最为常见的分类方法，下面进行简要的介绍。

骨架型制剂是指药物与一种或者多种骨架材料通过压制、融合等技术手段制成的片状、粒状或其他形式的制剂。它们在水或者生理体液中能够维持或转变成骨架结构，药物以分子或结晶状态均匀分散在骨架结构中，起到贮库和控制药物释放的作用。由于骨架型缓释制剂具有开发周期短、生产工艺简易适合于大生产、释药性能好、服用方便等特点，因此应用也最为广泛，国内外均有品种上市。常见的有亲水性凝胶骨架片、蜡质类骨架片、不溶性骨架片和骨架型小丸等。

膜控型制剂是指用一种或多种包衣材料对颗粒、片剂、小丸等进行包衣处理，以控制药物的释放速率、释放时间或释放部位的制剂。控释膜通常为一种半透膜或微孔膜，释药机制是膜腔内的渗透压或药物分子在膜层中的扩散行为。大致可分为：微孔膜包衣片、膜控释小片、肠溶膜控释片和膜控释小丸。

渗透泵型制剂是利用渗透压原理制成的，主要由药物、半透膜材料、渗透压活性物质和助推剂组成。渗透泵片是在片芯外包一层半透性的聚合物衣膜，用激光在片剂衣膜层上开一个或一个以上适宜大小的释药小孔。口服后胃肠道的水分通过半透膜进入片芯，使药物溶解成饱和溶液，因渗透压活性物质使膜内溶液成为高渗溶液，从而使水分继续进入膜内，药物溶液从小孔泵出。口服渗透泵片剂是目前应用最多的渗透泵制剂，可根据结构特点分为：单室渗透泵片、多室渗透泵片以及拟渗透泵的液体渗透泵系统。

四、缓释与控释制剂的释药原理

缓释与控释制剂的释药原理与其结构特征和所用的聚合物材料密切相关，主要有溶出、扩散、溶蚀、渗透压以及离子交换等机制。表 16-1 中简单归纳了缓释与控释制剂常见的释药原理、相关公式以及基于该原理的制剂设计策略。

表 16-1　缓释与控释制剂的释药原理和方法

分类	原理	公式	释药影响因素和缓释策略
溶出原理	药物的释放受溶出速率限制，溶出速率慢的药物显示出缓释的性质	Noyes-Whitney 公式：$$\frac{dC}{dt}=\frac{SD}{Vh}(C_s-C)$$ 式中　S——制剂表面积；D——药物扩散系数；V——溶出介质体积；h——扩散层厚度；C_s——药物饱和浓度；dC/dt——溶解速率	①制成溶解度小的盐或酯；②与高分子化合物生成难溶性盐；③控制粒子大小；④将药物包藏于溶蚀性骨架中；⑤将药物包藏于亲水性胶体物质中

分类		原理	公式	释药影响因素和缓释策略
扩散原理	透膜扩散（零级释放）	水不溶性膜材包衣，药物通过材料大分子链之间的自由空间扩散	Fick 第一定律： $$\frac{\mathrm{d}M}{\mathrm{d}t}=\frac{ADK\Delta C}{L}$$ 式中 A——系统表面积； D——扩散系数； K——药物在膜和囊芯之间的分配系数； ΔC——膜内外浓度差； L——包衣层厚度； $\mathrm{d}M/\mathrm{d}t$——释放速率	①包衣； ②制成微囊；制成不溶性骨架片剂（水溶性药物）； ③增加黏度以减少扩散速度（注射液等液体制剂）； ④制成植入剂（水不溶性药物）；制成乳剂（注射剂；水溶性药物制成 W/O 乳剂）
	膜孔扩散（接近零级释放）	包衣膜含有水溶性聚合物，溶于体液后成孔，药物通过膜孔扩散，受孔结构和药物在孔壁的分配影响	$$\frac{\mathrm{d}M}{\mathrm{d}t}=\frac{AD\Delta C}{L}$$ 式中 A——面积； D——药物扩散系数； L——扩散路径长度； $\mathrm{d}M/\mathrm{d}t$——释放速率	
	骨架材料扩散（非零级释放）	水不溶性骨架型缓控释制剂中药物通过骨架的孔道扩散释放	Higuchi 方程 $$Q=K_\mathrm{h}t^{\frac{1}{2}}$$ 式中 Q——药物释放量； K_h——常数； t——时间	
溶蚀、扩散与溶出结合模式	溶胀型骨架	药物从溶胀的骨架中扩散释放	$M_n=Kt^n$ $n=1$ 非 Fick 扩散 $n=0.5$ Fick 扩散	释药影响因素：聚合物溶胀速率、药物溶解度和骨架中可溶部分的大小
	生物溶蚀型骨架	骨架溶蚀使药物扩散的路径长度改变，形成移动界面扩散系统	-	影响因素多，释药动力学很难控制
渗透压原理（零级释放）		渗透压为释药动力。片芯中药物保持饱和浓度时，释药速率恒定；片芯中药物低于饱和浓度时，释药速率逐渐降低	$$\frac{\mathrm{d}M}{\mathrm{d}t}=\frac{KA\Delta\pi}{L}\cdot C_\mathrm{s}$$ 式中 A——膜面积； K——膜渗透系数； L——膜厚度； $\Delta\pi$——渗透压差； $\mathrm{d}M/\mathrm{d}t$——释放速率； C_s——药物的饱和浓度	片芯组成、包衣膜的通透性、包衣膜的厚度、释药小孔的大小是制备渗透泵片剂的关键因素
离子交换原理		药物结合于树脂聚合物链重复单元上的成盐基团，与消化道中的离子交换，游离药物从树脂中扩散	树脂$^+$－药物$^-$＋X$^-$＝树脂$^+$－X$^-$＋药物$^-$ 树脂$^-$－药物$^+$＋Y$^+$＝树脂$^-$－Y$^+$＋药物$^+$	扩散面积、扩散路径长度、树脂的刚性、释药环境中离子种类、强度和温度都是影响释药的因素

第二节 缓释与控释制剂的设计

质量源于设计（QbD）是 FDA、国际协调会议（ICH）以及国际制药工业界共同推行的理念。QbD将系统的科学方法用于产品和工艺流程的设计与研发，并通过理解和控制处方及生产工艺中的可变因素来确保产品的质量。在 QbD 的规范下，应该以满足患者的需要为前提设计产品，以达到产品的关键质量要求为目标设计工艺流程，并且充分掌握原材料和工艺参数对产品质量的影响，研究和控制引发工艺流程变化的根源，不断监控和改进工艺流程以保证持续稳定的产品质量。目前，QbD 原则已被纳入 FDA 仿制药的评审以及 ICH Q8（药品研发）、ICH Q9（质量风险管理）以及 ICH Q10（药品质量管理系统）指南。因此，缓释与控释制剂的设计也应以 QbD 原则为导向。

对于一个特定药物，制剂设计的目标取决于临床适应证的需求，而能否实现预期的治疗效果则取决于药物理化性质、剂型特性、生物药学性质、药动学和药效学性质等多个重要因素。因此，设计新型释药系统的首要任务是将临床需求与药物特性相结合，以药效学-药动学关系、药物体内外相关性等指导和调整制剂的设计。具体地讲，合理的制剂设计应包括以下几步：确定临床需求，以药效-药动学关系指导缓控释制剂的设计；通过药物特性及生物药学性质的实验研究和风险分析进行可行性评估；选择合适的缓控释制剂技术和体内外评价方法，对具有不同体内外释药速率的处方进行设计和评价，以确定具有预期体内行为的处方或处方调整修改的方向，并通过研究体内外相关性帮助产品研发或后续阶段的处方调整和变更。

一、缓释与控释制剂设计的临床依据

研究缓释与控释制剂的目的是通过剂型设计实现药物最优的药效、安全性以及患者顺应性，临床需求是新型释药技术研究的依据。欧盟药品评价机构 EMEA 指出，缓释与控释制剂的研发应以药理学/毒理学反应以及药物/代谢物全身浓度的关系为基础。然而，目前部分缓控释制剂的研发只是通过工艺来改善药动学参数，更注重减少给药次数和保持血药浓度平稳，而未能与药效学紧密联系，建立符合实际的药动学-药效学（PK-PD）关系，因此出现了一些根据新的释药技术去寻找合适的主体药物的研究状况。而一些建立在假定或过于简化的 PK-PD 线性相关基础上的研究也常常由于缺少可行性或未能得到预期效果而提前终结。

（一）药效学-药动学模型对缓释与控释制剂设计的影响

虽然药物制剂的药动学结果比较容易测定和定量，但由于药物在体内受到多种受体、酶、转运蛋白等生物大分子的影响和多种药理学、生理学机制的控制，PK-PD 关系非常复杂。目前，有多种以药物反应机制为基础的模型用于模拟 PK-PD 相关性。例如：S 形 E_{max} 模型（sigmoid E_{max} model）、生物相分布模型（biophase distribution model）、间接效应模型（indirect response model）、受体慢结合模型（slow receptor-binding model）、信号转导模型（signal transduction models）以及耐受模型（Tolerance Models）等。

例如 S 形 E_{max} 模型：

$$E = E_0 + \frac{E_{max}C^{\gamma}}{EC_{50}^{\gamma}C^{\gamma}} \tag{16-1}$$

式中，E 为效应；E_0 为给药前的基础效应；E_{max} 为最大效应；C 为血药浓度；EC_{50} 为能引起 50% 最大效应的血药浓度；γ 为形状系数，反映 E-C 曲线的形状。

当 $\gamma < 1$ 时，E-C 曲线较平坦，表明血药浓度的变化对药效的影响非常小。$\gamma > 1$ 时（大量基于正常动物和人体的血药浓度与药理作用的研究数据表明，γ 在大多数情况下大于 1），曲线逐渐呈现 S 形，并且随着 γ 的增大，S 形弯度增大，曲线中部 EC_{50} 处的斜率也逐渐增大，表明血药浓度的变化对药效的影响变得越来越显著。当 $\gamma > 5$ 时（如维库溴铵和泮库溴铵的神经阻断效应），E-C 曲线弯度更大，此时血药浓度的微小变化就足以引起药效从 E_0 至 E_{max} 的急剧变化，此时的 EC_{50} 即为临界浓度，在 EC_{50} 附近，药效呈现出从无效到全效的急剧改变，当血药浓度小于 EC_{50} 时，药效迅速下降至不可测，而大于 EC_{50} 时，药效又迅速增大到全效。

由以上 PK-PD 模型研究的信息可以指导制剂的设计。对于 γ 较小的药物，由于药效对血药浓度变化不敏感，即使血药浓度有很大的变化，也不会影响药效，提示研发缓控释制剂缺少药效学的依据，往往不适合制成缓控释制剂。相反，对于 γ 很大的药物（$\gamma > 5$），例如左旋多巴用于帕金森病患者的疗效在临界浓度附近呈现无效到全效的急剧改变，因此，制剂要能保持体内血药浓度始终处于临界浓度以上，此时药效基本上与血药浓度波动无关。

（二） 临床研究对缓释与控释制剂设计的影响

（1）**疗效** 有些疾病（高血压、哮喘等）的发作具有时辰节律性，时间脉冲给药系统能在疾病发作时脉冲释放一个较高剂量的药物，而且在疾病不发作时无需维持血药浓度，因此脉冲制剂使每日给药 2～3 次的药物改为每日给药一次或外调脉冲释药一次。

（2）**不良反应** 临床研究发现，硝苯地平快速给药会造成心率加快，而减慢给药速度则可以在平缓降压的同时消除心率加快的副作用。可见，硝苯地平增效减毒的关键因素是血药浓度的增加速度而非绝对浓度，这为硝苯地平零级释药剂型的研究提供了依据。Ritalin®是中枢兴奋药盐酸哌甲酯的缓释制剂，其恒定的血药浓度诱导了耐药性的产生，据此，通过特殊的释药模式使体内血药浓度产生波动的脉冲式释药和双相释药剂型更适合该类药物。

（3）**依从性** 除部分采用器具或手术绝育外，当前避孕方式大多仍然采用口服避孕药物的方法。如口服甲地孕酮片，每日 1 片。而采用避孕给药系统，1 次给药可以有效避孕几个月、几年、甚至十几年，且不良反应小。再如破伤风、狂犬病、乙肝等疫苗必须定期注射 2～3 次，给预防接种带来极大的不便。采用不同配比的丙交酯-乙交酯共聚物制备定时脉冲微囊，只需注射一次就能起到预防作用。

二、缓释与控释制剂设计的可行性评价

可行性评价主要基于处方前研究，影响制剂可行性的因素主要有：药物的理化性质、药理学性质、药动学性质和生理学性质等。下面选择对缓控释制剂设计影响较大的因素进行简要分析。

（一） 理化性质

（1）**溶解度** 药物在胃肠道的转运时间内没有完全溶解或在吸收部位的溶解度有限，会影响其吸收与生物利用度。所以溶解度太低（<0.01 mg/mL）的药物要考虑采取相应措施来增加溶出度，如微粉化、制备固体分散体和包合物等。由于溶出速率慢，难溶性药物本身具有一定的缓释效果，溶出为药物的释放和吸收的限速步骤，可能导致吸收不完全，所以制备缓释制剂时，最好不要选择膜扩散控制为机制的释放系统，骨架型释药系统较为合适。另外，由于结肠部位水分含量少，膜通透率较低，故难溶性和剂量较大的药物不宜制备成结肠释药的剂型。

（2）**解离常数** 药物的解离常数反映了药物在不同 pH 环境下的解离程度。大多数药物呈弱酸性或弱碱性，在溶液中以解离型和非解离型存在。一般解离型水溶性大，非解离型脂溶性大，所以非解离型很容易通过脂质生物膜。当环境 pH 与药物 pK_a 比较接近时，较小的 pH 变化就会引起药物解离程度的较大变化，从而显著影响溶解度，所以了解药物的 pK_a 和吸收环境之间的关系很重要。根据药物的 pK_a 就可以估算出在一定 pH 条件下分子型药物和离子型药物的比例，从而对缓控释制剂处方设计提供重要参考依据。

（3）**分配系数** 药物进入体内后需转运通过各种生物膜以到达靶区。分配系数高的药物脂溶性大，易于进入生物膜，但会与生物膜产生强结合力而不能继续转运，吩噻嗪就是此类代表性药物之一；而油水分配系数过低，则不能穿透生物膜，导致生物利用度低。分配效应也同样适用于扩散通过聚合物膜的情况，因此制剂设计时也可以依据药物的分配特性选择扩散膜。

（4）**剂量** 一般认为 0.5～1.0 g 是普通口服制剂单次给药的最大剂量，这同样适用于缓控释给药系统。随着制剂技术的发展和异形片的出现，目前上市的口服片剂中已有超过此限的制剂。必要时可采用一次服用多片的方法降低每片含药量。对于一些治疗窗较窄的药物应在安全剂量范围内设计缓控释制剂。

（5）**药物分子质量** 药物分子质量如果过大，则其扩散速率相对较小，对缓控释制剂的设计不利，分子质量在 500～700 Da 范围内较佳。

（6）**多晶型** 处方中药物的晶型或无定形是一个重要因素。多晶型通常对许多的物理化学性质产生

影响，包括熔点和溶解度。对于药物分子来说，从晶体中逸出所需要的能量要比从无定形粉末中更大。所以，化合物的无定形总是比相应的结晶型具有更大的可溶性。结晶结构、多晶型和溶质化形式的评价是一项重要的处方前研究内容。结晶特性的改变可以影响生物利用度、物理化学稳定性，也与制剂及其体内过程有密切的关系。

（二） 药动学性质

药物制剂口服后在体内的动态过程受诸多因素影响，了解这些因素是评价制剂设计可行性的重要因素。制备缓控释制剂的目的是在较长时间内使血药浓度维持在有效治疗浓度内，通过缓慢释放和药物吸收以补充消除的药物，达到维持治疗浓度的目的。制备缓控释制剂通常是由于药物的半衰期短，但是将半衰期过短的药物制成缓控释制剂，为了维持缓释作用，单位药量必须很大，从而使剂型增大。因此，半衰期太短（$t_{1/2}$＜1h）的药物制备缓控释剂型较为困难。半衰期长的药物，一般也不采用缓控释剂型，因其本身药效已经较为持久，制成缓控释制剂反而增加了体内蓄积的风险。一般半衰期较短的药物（$t_{1/2}$＝2～8h），可以制成缓控释制剂，从而降低药物在体内浓度的波动性。但将个别 $t_{1/2}$ 长的药物，例如达 10h 以上的药物制成缓控释制剂，仍能延长作用时间和减少某些不良反应，仔细设计给药剂量和服药间隔可以避免蓄积，如非洛地平的半衰期为 22h，地西泮的半衰期为 32h，现已有每天服用一次的缓释片进入临床研究。

（三） 生物药剂学性质

药物的每一项生物药剂学参数对缓控释制剂的设计都是至关重要的，如果没有对药物多剂量给药后吸收、分布、代谢和消除特性的全面了解，设计缓控释制剂几乎是不可能的。口服后吸收不完全、吸收无规律或药效剧烈的药物较难制成理想的缓控释制剂。

（1）吸收速率 缓控释制剂通过控制制剂的释药行为来控制药物的吸收，剂型所设计的释药速率必须慢于吸收速率。药物的最小表观吸收速率常数应为 $0.17\sim0.23\ h^{-1}$，实际相当于药物从制剂中释放的速率常数，因此缓控释制剂的释放速率也最好为 $0.17\sim0.23\ h^{-1}$。本身吸收速率常数低的药物，不太适宜制成缓释制剂。

（2）吸收部位 胃肠道不同部位的表面积、膜通透性、分泌物、酶以及水量等不同，因此药物在胃肠不同部位的吸收通常都有显著差异。如果剂型通过吸收部位时，药物释放不完全，就会有一部分药物不被吸收。因此，确定特定药物在胃肠道的吸收部位或吸收窗对于缓控释制剂的设计非常重要。如果药物是通过主动转运吸收，或者吸收局限于胃肠道的某一特定部位，则制成缓释制剂将不利于药物的吸收，通常制成定位释药制剂，通过延长在该部位或前段部位的滞留时间，来延长药物吸收时间。一般而言在胃肠道整段或较长部分都能吸收的药物较适合制备缓控释剂型。

（3）代谢 在吸收前有代谢作用的药物制成缓释剂型，生物利用度都会降低。因为大多数肠壁酶系统对药物的代谢作用具有饱和性，即当药物浓度超过代谢饱和浓度时，药物的代谢量就和药物浓度无关，而和药物作用时间有关，与快速释放相比，由于酶代谢未达到饱和，缓慢释放会导致更多药物转化为代谢物。制剂中加入药物代谢相应的代谢酶抑制剂，可以增加药物的吸收。

（4）排泄 由于缓释与控释给药系统工艺技术的复杂性及其释放过程的动力学特征，将经典的普通制剂药动学理论推广至缓释与控释制剂领域时容易产生某些方法学方面的偏差，如国内外普遍使用 Wagner-Nelson 法计算普通缓释制剂的体内吸收分数，但在计算时，容易将缓释制剂表观的药物清除速率当成其实际的清除速率，导致体内外相关性的评价失误。实际上，多数缓释与控释制剂并不改变药物体内代谢与清除的机制，因此，同一活性成分的不同剂型对于同一受试者，如缓控释制剂和普通制剂，其清除速率应没有明显的变化。

（5）药物稳定性 设计缓控释制剂时，必须考虑药物在各种物理化学环境中的稳定性。例如，在胃中不稳定的药物，可延缓释药时间，成肠内释药制剂；易受结肠内菌群代谢的药物则不适合制成给药后 7～8h 吸收的缓释制剂，这是因为较多药物在肠道中释放，使药物降解量增加；而对一些在胃肠道中稳定性均较差的药物，按常规方法制成口服缓控释制剂会大大降低其生物利用度，此时可考虑通过处方和制剂工艺的调整如加入抗酸辅料、酶抑制剂或微囊化等来增强其稳定性，或者选择其他给药途径。

（6）药物与蛋白质结合 许多药物能和血浆蛋白质形成结合物，这种结合可影响药物的作用时间，药物血浆蛋白质结合物类似药物贮库，因此高血浆蛋白质结合率的药物能产生长效作用。但有些药物如季铵盐类能和胃肠道的黏蛋白结合，如果这种结合能作为药物贮库，则有利于长效和吸收；如果这种结合不能作为药物贮库，且继续向胃肠道下部转移，则可影响药物的吸收。

三、缓释与控释制剂的设计要点

1. 药物的选择

一般半衰期较短的药物（$t_{1/2}=2\sim8$ h），可以制成缓控释制剂，从而降低药物在体内浓度的波动性，如盐酸普萘洛尔（$t_{1/2}=3.1\sim4.5$ h）、茶碱（$t_{1/2}=3\sim8$ h）以及吗啡（$t_{1/2}=2.28$ h）均适合制成缓控释制剂。

目前对适合制备缓控释口服制剂的药物没有明确的限定。例如：①半衰期很短（$t_{1/2}<1$ h，如硝酸甘油）或很长（$t_{1/2}>12$ h），如地西泮的药物也已被制成缓控释制剂；②抗生素依赖峰浓度达到杀菌效果，过去认为抗生素制成缓控释制剂后容易导致细菌的耐药性，而目前已有头孢氨苄缓释胶囊和克拉霉素缓释片等上市；③首过效应强的药物（如美托洛尔和普罗帕酮）中也有制成缓控释制剂；④一些成瘾性药也制成缓释制剂以适应特殊医疗的需要。

有些药物，如剂量很大、药效剧烈以及溶解吸收很差的药物，剂量需要精密调节的药物，抗菌效果依赖于峰浓度的抗生素药物等，一般不宜制成缓控释制剂。

2. 生物利用度

缓控释制剂的生物利用度一般在普通制剂的 $80\%\sim125\%$ 范围内。大多数药物在胃肠道（从口腔到回盲肠）的运行时间约为 $8\sim12$ h，药物通过小肠的时间约为 $3\sim4$ h，胃排空时间一般仅为 2 h，特别在空腹或少量饮食后给药，大约 3 h 便可到达直肠。因此若药物吸收部位主要在胃与小肠，宜设计每 12 h 服一次；若药物在结肠也有一定的吸收，则可考虑每 24 h 服用一次。为了保证缓控释制剂的生物利用度，应根据药物在胃肠道中的吸收速率控制药物在制剂中的释放速率。

3. 峰、谷浓度比值（C_{max}/C_{min}）

缓控释制剂稳态时峰浓度与谷浓度之比应小于普通制剂，也可用波动度（fluctuation）表示。根据此项要求，一般半衰期短、治疗窗窄的药物，可设计每 12 h 服用一次，而半衰期长或治疗窗宽的药物则可设计 24 h 服用一次。若设计零级释放剂型，如渗透泵，其峰谷浓度比显著小于普通制剂。

由于个体间存在药物代谢速率的差异，特别是代谢酶活性差异，理论上不同患者应需要不同的释药速率，不能期望缓释与控释系统的一种给药速率对每一个患者都适宜，因此理想的缓释与控释系统的剂量和释药速率也最好多样化和个性化。对于具有可行性的释药方式，选择合适的释放技术、进行合理的剂型设计是药物实现预期的体内外行为和药效的关键。药物的剂型设计不仅需要处方前研究的详尽数据作为基础，还需要对现有的释药机制、辅料、制剂技术、设备、各剂型的释药行为、释药影响因素等有较全面的认识。特定剂型最适宜的体内外评价方法的建立也是剂型设计成功的重要因素。除此之外，以工业生产为导向的剂型设计，还应该考虑工艺、设备、设施、生产能力、稳健性、成本、容量以及环境等因素。

第三节　口服缓释与控释制剂

一、骨架型缓控释制剂

（一）概述

骨架型缓释与控释制剂是指药物（以晶体、无定形、分子分散体等形式）与控速材料及其他惰性成分均匀混合，通过特定工艺制成的固体制剂。制剂在水或体液中能维持或转变成整体的骨架结构，起到药物贮库的作用，药物通过扩散或骨架溶蚀释放。骨架型缓控释制剂可以单独作为制剂使用，也可以构成其他制剂的一部分。最常见的骨架型缓控释剂型为片剂，其他还包括颗粒状制剂（如微球、滴丸）、模铸骨架型缓控释制剂（如特殊部位使用的栓剂、棒状植入剂等）、蜡质的滴丸剂等。

由于载药量范围较宽，而且适用于各种性质的药物，骨架型缓控释制剂在口服缓控释系统中应用最多，除了口服缓控释制剂的一般特点外，骨架型缓控释制剂还具有以下优点：

（1）制备成本低且易于扩大生产　骨架型缓控释制剂剂型较为单一，多数为片剂，可用片剂常规设备和工艺制备，研发和生产成本低，适合工业化生产。

（2）释药速率易调　骨架型缓控释制剂调节释药方式较多，通过改变骨架制剂的组成，获得理想的释药速率。

（3）体内较为安全　骨架型缓控释制剂是均匀体系，不会因为处方组成或工艺的微小改变而对药物的释放性能产生重大影响。

骨架型制剂按骨架材料性质主要分为：亲水凝胶骨架型缓控释制剂，不溶性骨架片，溶蚀性骨架片，多层、压制包衣骨架片。

（二）亲水凝胶骨架缓控释制剂

1. 释药机制

亲水凝胶骨架型缓控释制剂是以亲水性聚合物或天然胶类为骨架材料制得的药物制剂。其特点是口服后遇消化液发生水化作用而生成凝胶，药物通过扩散和（或）凝胶骨架溶蚀方式释药。实际上，亲水性凝胶骨架片的释药过程是药物扩散和骨架溶蚀两种过程综合作用的结果。对于水溶性药物，其释放机制主要以药物扩散和凝胶层的溶蚀为主；对于难溶性药物，缓释机制则以骨架凝胶层的溶蚀为主。亲水凝胶骨架型缓控释制剂因其释药变异小、重现性好、工艺简单、易产业化等优点在缓控释制剂中占有十分重要的地位，约占上市品种的 70% 左右。

亲水凝胶骨架型缓控释制剂释药过程大致可分为三个阶段：①口服后遇消化液在制剂表面形成水凝胶层，使表面药物溶出；②凝胶层继续水化，骨架膨胀，凝胶层增厚，延缓了药物释放；③随着时间的延长，片剂外层骨架逐渐水化并溶蚀，内部再形成凝胶，再溶解，直至水分向片芯渗透至骨架完全溶蚀，最后药物完全释放。

早在 20 世纪 60 年代，Higuchi 提出了 Higuchi 方程，即基于 Fick 扩散定律基础上得出的累积释药百分数与释药时间的平方根成直线关系。

$$Q = kt^{1/2} \tag{16-2}$$

Ritger 在大量实验基础上总结了一个经验式，即著名的 Peppas 方程，来研究药物从骨架制剂中释放的机制并描述其体外释药动力学。

$$Q = kt^n \tag{16-3}$$

将 Ritger-Peppas 方程进行变换得：

$$\ln Q = \ln k + n \ln t$$

式中，n 为扩散指数，可用来解释缓释片的释药机制，它与药物的溶解性及制剂骨架的形状有关。对于圆柱形制剂，当 $n < 0.45$ 时，药物释放以 Fick 扩散为主；当 $0.45 < n < 0.89$ 时，药物释放以非 Fick 扩散为主（即药物通过扩散和溶蚀协同作用释药）；而当 $n > 0.89$ 时，药物释放以溶蚀为主。

2. 骨架材料

主要的骨架材料有以下几类：天然类（海藻酸钠，琼脂等）；纤维素衍生物（甲基纤维素、羟乙纤维素、羟丙甲纤维素、羧甲基纤维素钠等）；非纤维素多糖（壳聚糖、半乳酸甘露聚糖等；乙烯聚合物和丙烯酸树脂（聚乙烯醇等）。目前工业上最常用的为羟丙甲纤维素（HPMC）、海藻酸钠、壳聚糖、卡波姆、聚维酮、丙烯酸树脂、羟丙纤维素等也有应用。

HPMC是纤维素的部分甲基和部分聚羟丙基醚，具有不同分子量和黏度，在制剂中应用广泛，可作为黏合剂、崩解剂、包衣成膜剂、胶囊囊材缓控释材料。HPMC在缓释制剂中常用作亲水凝胶骨架材料。高黏度的HPMC用于制备混合材料骨架缓释片，作为亲水凝胶骨架缓释片的阻滞剂和控释剂；低黏度HPMC的用作缓释或控释片剂的致孔道剂。HPMC遇水时水化形成凝胶层，药物从骨架片中释放的机制主要是凝胶层扩散和凝胶溶蚀两种。以HPMC为缓释骨架材料，采用湿法制粒压片的氧化苦参碱缓释片具有明显的缓释作用，药物的体外释放符合一级动力学规律。处方筛选发现，HPMC（型号K100M）的用量超过20%时，片剂才表现出良好的缓释效果，且随用量的增加，缓释作用增强，释药速率减慢。如凝胶骨架型阿昔莫司缓释片释放机制的初步研究表明，HPMC的种类、用量和片剂表面积对阿昔莫司体外释放速率有明显的影响。阿昔莫司缓释片的释放机制为药物扩散和骨架溶蚀协同机制，其中扩散机制起支配作用，说明用高黏度的HPMC作为亲水凝胶骨架片基质能起到较好的缓释作用。

3. 制备方法

亲水凝胶骨架型缓控释制剂的制备与传统的片剂制备方法相近，通常采用湿法制粒压片、干法制粒压片以及粉末直接压片等方法进行制备。由于处方中加有骨架材料，因此，制备过程与普通片剂略有区别。

(1) 湿法制粒压片　将药物原料、聚合物粉末及其他辅料先混合，然后以适当的湿润剂或黏合剂制软材，挤压过筛制得湿颗粒，经干燥、整粒后加入润滑剂压片。常用的润湿剂主要有水、醇、一定比例的水与醇混合物，常用的黏合剂有一定浓度的HPMC水溶液或一定比例的水与醇溶液，有时也选用一定浓度的EC，丙烯酸树脂醇溶液等。由于亲水凝胶本身黏度较大，多数情况下不需另加黏合剂。由于亲水凝胶骨架材料吸水后迅速膨胀，黏度增大，容易产生结块现象，难以过筛，因此，处方中常采用60%～95%的乙醇溶液作为润湿剂。

如盐酸二甲双胍骨架缓释片，取500 g盐酸二甲双胍与400 g HPMC混合均匀，用80%乙醇为润湿剂制软材，过18目筛制粒，并于60～70℃干燥，整粒，加入硬脂酸镁，混合均匀，压片即得。

(2) 干法制粒压片　将药物与聚合物及其他辅料混合后，先压成大片或者片状物，再经粉碎制成一定粒度颗粒，整粒后加入助流剂压片。该法不加入液体，主要靠压缩力的作用使粒子间产生结合力。该法适用于热敏性、遇水易分解的药物。该法在亲水凝胶骨架缓释片中的应用较少。

(3) 全粉末直接压片　将药物、聚合物及其他辅料混合后直接压片。但本法对物料有较高的要求，如药物粉末需有合适的粒度、结晶形态和良好的可压性，辅料应有适当的黏结性、流动性和可压性。以亲水凝胶为骨架材料的物料可压性较好，羟丙甲纤维素具有较好的流动性，与药物粉末混合可以满足全粉末直接压片对可压性和流动性的要求。该法避开了制粒过程，具有省时节能、工艺简单等优点，适用于对湿热不稳定的药物。

例 16-1　盐酸地尔硫䓬缓释片（120 mg/片）

【处方】
盐酸地尔硫䓬	60 g	乳糖	7.5 g
HPMC	72 g	海藻酸钠	1.5 g
EC	19 g		

【制法】　将主药和辅料分别过100目筛，按处方量称取后混合均匀，用适量15%PVP K30乙醇溶液润湿，制软材，过18目筛制粒，干燥，整粒，置于单冲压片机上，压成直径11 nm、重0.4 g的片剂，硬度9～11 kg/cm^2。

【注解】　HPMC为凝胶骨架材料，加入疏水性辅料EC，使形成的凝胶骨架在水中维持较长时间，并且能控制药物从骨架中的释放速率，以乳糖和海藻酸钠作为填充剂，调节释放速率和片剂重量。

（三）不溶性骨架片

1. 释药机制

不溶性骨架材料是指不溶于水或水溶性极小的高分子聚合物。这些材料与药物混合压制成骨架片。口服这类药物骨架片后，胃肠液渗入骨架孔隙，药物溶解并通过骨架中错综复杂的极细孔径的通道，缓缓向外扩散而释放。其释放速率主要受药物的溶解度，骨架片的孔隙率、孔径和弯曲程度的影响，而与胃肠蠕动、pH、消化液中的电解质、酶的关系较小。在药物的整个释放过程中，骨架在胃肠道中不崩解，最终随大便排出体外。这类制剂可供口服、舌下给药。应注意的是难溶性药物自骨架内释放速率很慢，所以只有水溶性药物考虑制成此类骨架缓释片。此外，该类片剂有时释放不完全，药物量较大时会包含在骨架中不能释放，因此大剂量的药物也不宜制成这类缓释片。不溶性骨架片的释药原理是扩散原影响着药物的释放过程：

$$\frac{dM_t}{dt} = \frac{A}{2}\left(\frac{2D'\epsilon C_s C_0}{\tau t}\right)^{\frac{1}{2}} \tag{16-4}$$

式中，A 为释药面积；D' 为药物在液体介质中的扩散系数；ϵ 为孔道体积分数；τ 为孔道的曲率；C_s 为药物在液体溶液中的溶解度；C_0 为药物在系统中的总浓度；dM_t/dt 为 t 时刻时药物的释放总量。

2. 骨架材料

常用的不溶性骨架材料有：乙基纤维素（EC）、聚乙烯（PE）、聚丙烯、聚硅氧烷、聚甲基丙烯酸甲酯、交联聚乙烯吡咯烷酮等。

乙基纤维素是部分羟基被乙氧基取代的纤维素衍生物，为应用最广的水不溶性纤维素之一，主要用于片剂黏合剂、薄膜包衣材料、微囊材料、骨架缓控释片，还可以作为载体材料应用于制备固体分散体等。在缓控释制剂中，可以单独用于骨架型制剂，也可与其他水溶性材料合用，以调节药物释放速率，属于非溶蚀性的骨架材料。当胃肠液渗入 EC 骨架空隙后，药物才开始溶解并通过乙基纤维素错综复杂的骨架孔径缓慢向外扩散而释放。药物在体内释放的全过程中，EC 骨架几乎不发生任何改变，直接随粪便排出体外。

3. 制备方法

不溶性骨架型缓控释制剂的制备通常采用湿法制粒压片、干法制粒压片以及粉末直接压片等方法进行。

例 16-2 双氯芬酸钠缓释片

【处方】

缓释部分		速释部分	
双氯芬酸钠	40 mg	双氯芬酸钠	10 mg
EC	50 mg	乳糖	20 mg
HPMC	20 mg	磷酸氢钙	16 mg
十八醇	30 mg		
乳糖	10 mg		

【制法】 将缓释部分、速释部分分别混合均匀，以乙醇为润湿剂制软材，过 20 目筛制粒，45℃干燥，整粒。将上述两种颗粒混匀，加硬脂酸镁压片。

【注解】 处方中行的 HPMC、EC、十八醇为控释释放的阻滞剂，制成的不溶性骨架片释药的机制符合 Higuchi 方程，释药介质的 pH 对双氯酚酸钠释放速率没有影响。

（四）溶蚀性骨架片

溶蚀性骨架片又称蜡质类骨架片。这类片剂由水不溶但可蚀解的蜡质、脂肪酸及其酯类等物质为骨架材料制成，如蜂蜡、巴西棕榈蜡、脂醇、硬脂酸、氢化植物油、聚乙二醇，蓖麻蜡、聚乙二醇单硬脂酸酯、硬脂酸甘油酯等。这类骨架片随着固体脂肪或蜡的逐渐溶蚀，通过孔道扩散与蚀解控制药物释放。

1. 释药机制

生物溶蚀性骨架中药物的释放是由于固体脂肪或蜡的逐渐溶蚀。释药过程与聚合物的降解方式以及药物在聚合物中的扩散行为有关。

（1）降解控释机制 不同形状的表面降解系统释药过程如表 16-2 所示。

表 16-2　不同形状的表面降解系统释药过程

片型	累积释药百分数	片型	累积释药百分数
平面	$\dfrac{M_t}{M_\infty}=\dfrac{t}{t_\infty}$	球形	$\dfrac{M_t}{M_\infty}=1-\left(1-\dfrac{t}{t_\infty}\right)^3$
圆柱	$\dfrac{M_t}{M_\infty}=\dfrac{2t}{t_\infty}-\left(\dfrac{t}{t_\infty}\right)^2$		

（2）扩散控释机制　此系统释药过程主要受药物自身扩散行为影响，根据 Higuchi 方程并假设降解为一级动力学速率进行，则：

$$\frac{\mathrm{d}M_t}{\mathrm{d}t}=\frac{A}{2}\left(\frac{2P_0e^{Kt}C_0}{t}\right)^{\frac{1}{2}} \tag{16-5}$$

式中，P_0 为降解前药物在聚合物中的渗透系数；K 为一级降解速率常数；C_0 为单位面积药量；M_t 为释药 t 时间释药总量。

对于表面降解型控释系统，释药速率取决于药物扩散行为和表面溶蚀性。设 Y 为系统初始表面至 t 时系统内药物前沿的距离。X 为系统初始表面至 t 时表面的距离，即溶蚀距离；D 为药物的扩散系数，则：

$$\frac{\mathrm{d}M_t}{\mathrm{d}t}=\frac{ADC_s}{Y-X} \tag{16-6}$$

在溶蚀-扩散的实际过程中，开始释药较快，因为扩散距离（$Y-X$）相对较短，一旦扩散和释药达到平衡，则释药速率恒定，其大小取决于 BC_0Y/DC_s。在 $BC_0Y\leqslant 2.3DC_s$ 时，释药速率大于聚合物降解速率 B，当 $BC_0Y\gg 2.3DC_s$ 时，释药速率接近降解速率，即转为聚合物降解控释系统。

2. 制备方法

生物溶蚀性骨架片的制备可采用传统的片剂生产工艺和设备，因此成本较低，生产工艺简单，放大生产不存在问题。制备工艺主要有湿法制粒压片、干法制粒压片、全粉末直接压片。由于采用了功能性骨架材料，因此，与普通片的制备有所区别，常用的有熔融法和水分散法。

（1）熔融法　将药物与辅料直接加入熔融的蜡质中，温度控制在略高于蜡质熔点，熔融的物料铺开冷凝，固化、粉碎。

例如王效兵等采用氢化植物油为骨架材料，利用熔融法制得格列齐特骨架缓释片。制备过程：将格列齐特、碳酸氢钠和十二烷基硫酸钠过 100 目筛备用；按处方量称氢化植物油于加热锅中，于 100～120℃加热熔融，加入预混合的原辅料，搅拌至稠膏状，撤去热源，迅速搅拌冷却固化制粒。所制颗粒用 24 目和 60 目筛网整粒，大于 24 目和小于 60 目的颗粒重新回到加热锅按同法再制粒一次；用振动筛分取 24～80 目的颗粒；所制颗粒要求小于 80 目的细粉不超过颗粒总量的 5%。颗粒加入硬脂酸镁和微粉硅胶，混匀，测定颗粒含量后，用 8 mm 平冲压片。

（2）水分散法　采用溶剂蒸发技术，将药物与辅料的水溶液或分散体加入熔融的蜡质相中，然后将溶剂蒸发除去，干燥混合制成团块再颗粒化，之后进行压片。以水分散法制备的各种生物溶蚀性骨架片的释药速率均较快，这可能与药物颗粒表面和骨架内部包藏有水分有关。

例 16-3　硫酸沙丁胺醇缓释片

【处方】　1000 片用量

硫酸沙丁胺醇	8 g	糊精	适量
聚丙烯酸树脂Ⅱ	15 g	十八醇	30 g
HPMC	适量	硬质酸镁	适量

【制法】　将硫酸沙丁胺醇、糊精、聚丙烯酸树脂Ⅱ、HPMC、硬脂酸镁分别过 40 目筛后混匀，将混匀物与十八醇按等量递增法混合均匀，加黏合剂制软材，过 20 目筛制粒，50℃以下干燥，18 目整粒，加入润滑剂，混匀压片，即得。

【注解】　缓释片处方中，HPMC 为亲水性高分子材料，形成亲水凝胶骨架；聚丙烯酸树脂Ⅱ辅助骨架形成，兼具阻滞作用；十八醇为疏水性阻滞剂；糊精为填充剂利于压片。筛选过程中发现，亲水性高分子材料与阻滞剂的用量与比例是缓释片制备的关键，这是由于硫酸沙丁胺醇水溶性大，其释放速率难以适度控制。制备的缓释片在体外能持续 12 h 释放，药物释放完全，骨架片胀大但仍完整。

（五）多层、压制包衣骨架片

1. 多层骨架片

多层骨架片由含药片芯及一层或多层阻滞层组成。阻滞层为释药调节层，通过减少药物释放表面积及限制溶剂的渗透速度，延缓溶出介质对片芯的作用，达到控释的目的及所需的释药行为。比较多见的为三层骨架片，如图 16-3（c），此制剂上下两层均为阻滞层，中间为主药层，边缘裸露在外。阻滞层可为亲水性材料或疏水性材料，具体可根据药物性质及释药要求来选择。

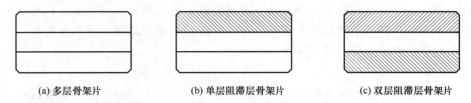

（a）多层骨架片　　　　　（b）单层阻滞层骨架片　　　　　（c）双层阻滞层骨架片

图 16-3　多层骨架片示意图

与传统骨架片相比，多层骨架片可以避免初始的药物突释现象，使药物呈零级释放。在多层骨架片中，药物的释放速率由释放表面积和药物扩散途径的长短两个因素决定。起初阻滞层辅料的溶胀或溶蚀速度慢，在持续的一段时间内阻止了水的渗入，使片芯中药物从侧面释放，控制了片芯药物的释放表面积，但药物释放扩散途径短，使药物释放近似恒速。此后，虽然药物扩散途径增长，但随着溶出介质完全渗透溶胀层或溶蚀层，药物可向四周扩散释放。

例 16-4　酒石酸美托洛尔缓释片

【处方】
主药层		阻滞层	
酒石酸美托洛尔	150 mg	瓜尔胶	65.25 mg
瓜尔胶	225 mg	淀粉	7.5 mg
淀粉	45 mg	滑石粉	1.5 mg
HPMC	16.5 mg	硬质酸镁	0.75 mg
滑石粉	9 mg		
硬质酸镁	4.5 mg		

【制法】　将淀粉配制成 10%（W/W）的溶液作为黏合剂，分别将主药层和阻滞层湿法制粒。采用 11 mm 圆形冲头压片，首先根据三层片的片重调节好冲模体积，随后称取 75 mg 阻滞层颗粒平铺在冲模底部并用上冲轻微压实，再称取 450 mg 主药层颗粒平铺于底部阻滞层颗粒上并用上冲轻微压实，最后称取 75 mg 阻滞层颗粒填充冲模内剩余体积，并压制得到三层片。

【注解】　该片剂为三层片，其中主药层和阻滞层中瓜尔胶分别为 50% 和 87%（W/W）。研究表明瓜尔胶是水易溶性药物的良好载体，与主药之间无相互作用。在体内这种三层片可以使美托洛尔延迟释放，并且可以减缓药物初期的快速释放，大大地降低了药物的不良反应。

例 16-5　复方阿司匹林/硫酸氢氯吡格雷双层缓释片

【处方】
阿司匹林缓释层（1000片用量）		硫酸氢氯吡格雷速释层	
阿司匹林	150.0 g	硫酸氢氯吡格雷	97.9 g
HPMC K15M	100.0 g	预胶化淀粉	60.0 g
枸橼酸	7.5 g	微晶纤维素	20.0 g
滑石粉	5.0 g	交联聚维酮	8.0 g
		滑石粉	5.0 g

【制法】　①将阿司匹林缓释层的原辅料过筛，按照处方量等量递加将其混合均匀，备用；再将硫酸氢氯吡格雷速释层的原辅料过筛，按照处方量等量递加混合均匀，备用。②采用粉末直接压片法，先加入处方量的阿司匹林缓释部分预压，再加入处方量的硫酸氢氯吡格雷速释部分，压片，即得。

【注解】 ①处方中阿司匹林和硫酸氢氯吡格雷都具有抑制血小板聚集的作用，二者合用活性显著增强，可用于治疗血小板聚集引起的心血管疾病，其中前者血浆内消除半衰期为 2 h 左右，在处方中为缓释层，可使阿司匹林血药浓度保持稳定，减少服药次数，同时减少胃肠道副作用；后者消除半衰期为 8 h，属于速释层，体外释放研究表明，45 min 内硫酸氢氯吡格雷溶出可达到 90% 以上。两者制成双层片，既可避免二者之间的干扰，又可使有效血药浓度保持长久、平稳。② 本复方缓释片采用粉末直接压片，不仅工艺简单、省时，而且可保护药物稳定性。但是实验研究发现湿法制粒和粉末直接压片制备的复方缓释片释放曲线无明显变化。③ 缓释层部分阿司匹林为主药，HPMC K15M 作为缓释层的骨架缓释材料。枸橼酸为缓释层的稳定剂。实验表明随着枸橼酸含量增高，复方片剂中阿司匹林稳定性也随之提高，但当枸橼酸用量为 4% 时，稳定性反而下降，因此实验中作者选用 3% 的枸橼酸作为阿司匹林稳定剂。④ 速释层中除主药外，预胶化淀粉和微晶纤维素为稀释剂，交联聚维酮为崩解剂。因为主药也为水溶性物质，崩解为速释部分溶出限速过程。交联聚维酮不仅在水中可迅速溶胀而不出现高黏度的凝胶层，并且具有高的毛细管效应，可使速释部分快速崩解。滑石粉为润滑剂。

2. 压制包衣骨架片

压制包衣骨架片的制备方法为预先制得包衣颗粒和片芯颗粒，再压制片芯，然后取约一半量的包衣颗粒于模孔，加入片芯，最后加入剩余包衣颗粒，压片即得。

包衣材料为亲水性材料或者溶蚀性材料。亲水性材料形成的阻滞层延迟药物释放的机制依赖于它们在水性介质中逐渐增强的水合作用、溶解与溶蚀现象，阻止了药物的释放，直至溶剂到达内部核心。溶蚀型贮库系统的时滞取决于所采用的聚合物的理化性质以及包衣层的浓度。

例 16-6 盐酸西维美林缓释片

【处方】

	片芯	包衣壳
盐酸西维美林·1/2 H_2O	60 mg	30 mg
HPC	20 mg	150 mg
硬脂酸	10 mg	20 mg
硬质酸镁	10 mg	20 mg

【制法】 ①分别将片芯和包衣壳处方量的西维美林、HPC、硬脂酸在 V 型混合机混合 10 min，然后将混合粉末经流化床制粒机制粒，冷却后过 18 目筛。②将片芯颗粒加润滑剂硬脂酸镁在 V 型混合机中混合 5 min，再使用单冲压片机压片，同样将包衣壳颗粒加润滑剂使脂酸镁在 V 型混合机中混合 5 min，然后将片芯置包衣壳颗粒中间于压片机中压片，即得，片芯直径 6.7 mm，包衣壳直径 9.5 mm。

【注解】 使用重压法制备得到的包芯片，很难获得均匀的包衣层。因为将片芯放置于模具中心有一定的难度，这样可能会影响工艺的重现性。此外，需要特殊的设备以及耗时的多步过程，可能会影响其广泛使用，且需要使用相对较多的聚合物，还受到初始的片芯尺寸等多方面的限制。重压法包衣也可应用于多单元给药装置。此装置是将一些具有不同释药行为的药物核心装入同一硬胶囊壳中。如将未包衣的以及压制包衣骨架型缓释微片以适当比例混合在一起，可获得多样的释药行为，包括多次脉冲释药剂型。

（六）骨架型缓控释制剂现存问题和研究进展

骨架型缓控释制剂是目前口服缓控释制剂的主要类型。为了改善由于制剂表面积以及扩散路径改变引起的非零级释药，克服溶解度、pH 依赖等固有局限，或者为了制备具有独特释药曲线的骨架制剂，研究者们对骨架制剂进行了各种不同的修饰和改造。包括控释包衣骨架制剂、多层骨架片、采用多种高分子材料和功能型赋形剂等。

1. 非零级释放向零级释放调整

对于治疗窗较窄的药物，恒速释药是制剂减毒增效的有效手段，而扩散型的骨架制剂，随着扩散前沿在骨架内部移动，活性药物释放路径逐渐延长，释药表面积逐渐减小、最终导致释药速率随时间延长而降低，无法实现零级释药。对此，研究人员提出了多种方法，许多报道的新剂型制剂能够有效地改变固有的非线性释药行为。例如，利用不均匀载药方式可以随时间延长而增加扩散动力，从而补偿释药速率的降低；采用特定几何形状载药系统（圆锥体、两面凹形、圆环形、带有孔的半球形、中间带芯的杯状体等）可以随时间增加而增加释药表面积，以此方法来补偿释药速率的降低；将骨架进行包衣；开发多层骨架给药系统，通过控制溶胀与表面积以实现零级药物释放，如 Ge minex® 给药系统，将疏水型骨架系统压制成带有亲水/疏水隔离层的多层片，可以延迟片剂表层药物的释放，从而补偿释药速率的降低；利用不同高分子材料的协同作用，如 TIMERx® 骨架给药系统。

2. 非 pH 依赖型药物释放

由于胃肠道的 pH 环境受位置及摄取的食物的影响变化复杂，因此非 pH 依赖型药物释放更有利于体内药物的恒速释放。可以通过以下几个手段实现：

（1）加入 pH 缓冲剂 在制剂处方里加 pH 缓冲剂可以在剂型内提供局部稳定的 pH，但是许多缓冲剂是可溶性的小分子，能够比活性药物更快地从骨架中释放出去而失去其原有的功能。这种方法的有效性在很大程度上取决于缓冲剂的缓冲能力、用量、溶解度和分子量大小。

（2）离子型高分子聚合物的联合使用 在骨架系统中加入诸如海藻酸盐、含有甲基丙烯酸或邻苯二甲酸官能团的阴离子型高分子材料等，能更有效维持骨架稳定的内环境。例如，将海藻酸盐与 HPMC 以及肠溶性高分子材料联合使用，可以制备碱性的可溶性药物盐酸维拉帕米非 pH 依赖型零级释药制剂。

（3）加入高浓度电解质 高浓度盐有助于维持局部 pH 稳定，并且能产生盐析区域、进而减慢骨架的溶蚀和减小释药对环境的敏感性。

3. 增加溶解度

常用的增加溶解度的方法有：

（1）利用固体分散体保持药物的无定形态 例如，一种含有低取代羟丙纤维素（L-HPC）制备的尼伐地平固体分散体的溶蚀型疏水骨架制剂在溶解过程中实现了过饱和而无任何晶体析出。这种现象可能是由于无定形态提高了药物的溶解度，同时固体分散体中的 HPC 又起到了抑晶的作用。

（2）形成可溶性络合物 例如，在 HPMC 骨架中使用环糊精制备环糊精药物包合物能够增加难溶性药物的释放和非 pH 依赖性，并且由于骨架具有缓慢溶蚀的特性，可发生在体络合作用，故不需要预先制备络合物。

二、膜控型缓释与控释制剂

（一）概述

膜控型缓释与控释制剂是指通过包衣膜来控制和调节制剂中药物的释放速率和释放行为的制剂。包衣的对象通常是片剂、小片以及微丸。控释膜通常为半透膜或微孔膜。控释原理属于扩散型控释，动力是基于膜腔内的渗透压。膜控型缓控释制剂可以作为单独的制剂使用，也可以作为构成其他制剂的一部分。

1. 膜控型缓释与控释制剂的释药机制

膜控型缓控释制剂中，药物主要通过控释膜扩散释放，以 Fick 第一定律为依据，药物从贮库的一个平面稳态释放的速率的计算公式如下：

$$\frac{\mathrm{d}M}{\mathrm{d}t} = \frac{ADK\Delta C}{L} \tag{16-7}$$

式中，M 为 t 时刻药物的总释放量；A 为药物扩散膜的有效面积；D 为扩散系数；K 为分配系数；L 为扩散路径长度（即膜厚）；ΔC 为膜两侧的浓度梯度。

膜控型缓控释制剂中，药物从膜中的扩散分为两种情况：

（1）通过无孔膜的扩散 即药物通过聚合物材料的扩散。这种扩散用公式表示时，K 为膜与片芯间药物的分配系数，D 为药物在膜中的扩散系数。因为高分子材料膜为水不溶性，药物在膜中的溶解度是影响药物释放的主要因素，也是膜扩散过程中的动力。这种与分配系数有关的控释为分配扩散控释。

（2）通过有孔膜的扩散 这种扩散用扩散公式表示时，K 为药物在膜孔内外释放介质的分配系数，D 为药物在释放介质中的扩散系数。控释膜中含有适量的水溶性致孔剂，将包衣片置于水中，膜中的水溶性物质溶于水,于是形成了许多小孔,水分子和药物可以经由小孔自由通过。调节致孔剂的用量可控制微孔的大小和数量,从而控制释放速率。

2. 影响膜控型缓释与控释制剂释药速率的因素

药物溶解度,包衣膜的性质、厚度、孔道等都能影响膜控型缓释与控释制剂的释药速率。

(1)**药物** 膜控型缓控释制剂以膜两侧浓度差作为释药的扩散推动力,因此,具备适宜的溶出度以保持膜两侧的浓度差是制剂成功的关键。难溶性药物由于溶解度较小,不能提供足够的药物释放推动力,会导致药物释放缓慢且不完全。一般认为,常温下溶解度大于 6 g/100 mL 的药物比较适合制成该类制剂。

对于溶解度与 pH 相关的药物,释药往往会受到体内 pH 环境的影响,可以在制剂内添加适量的缓冲剂以维持制剂内 pH 的恒定。

(2)**控释膜** 膜控型缓释与控释制剂主要通过包衣膜来实现其特定的缓释与控释作用。

① 膜材料:包衣膜一般选用高分子聚合物,聚合物结构上的分子链越长,功能基团越大,聚合物交联度越大,密度越高,都能使药物的扩散系数 D 变小,从而减慢药物的释放。

② 膜厚度:包衣膜厚度增加会使透过性孔道有效孔径变小、有效通道曲折变长,使药物释放变慢,这与机制分析的 L 与扩散速率呈反比相一致。膜厚度的低限以内芯药物形成饱和溶液后不会改变膜的外形为宜。实际应用中,测定膜厚度较难,一般是假设膜为均匀膜,采用称量膜重来控制膜的厚度。

③ 膜面积:制剂的外形、尺寸会通过改变膜面积而影响释药速率。相同包衣量情况下,颗粒越大,药物溶出越缓慢。

④ 膜孔:致孔剂的用量影响到包衣膜微孔的数量和孔径,用量增加则孔的面积应增加,从而加快药物的释放。制备肠溶性膜孔制剂时,致孔剂必须选用肠溶性的致孔剂。

综上可知,包衣膜是膜控型缓控释制剂实现特定的缓释与控释作用的关键。因此,膜控型缓控释制剂的研究重点是包衣膜的材料、处方、成膜过程与影响因素。

(二)包衣膜的成膜材料及处方组成

包衣膜主要由成膜材料、增塑剂构成,根据需要还可以加入致孔剂、抗黏剂、着色剂等其他成分。

1. 包衣成膜材料

选择合适的成膜材料是控制包衣膜质量和释药特性的关键之一。根据成膜材料的溶解特性,可以分为不溶性成膜材料、胃溶性成膜材料和肠溶性成膜材料。不溶性成膜材料在水中呈惰性,不溶解,部分材料可溶胀,所制得的膜呈现一定的刚性结构,体积、形状不易变化,因此最适合制成以扩散和渗透为释药机制的膜控型缓释和控释制剂,且体外释药易获得稳定的零级效果。而胃溶性成膜材料和肠溶性成膜材料可在特定的 pH 范围保持惰性,不释放药物,适用于制备各种定位释药制剂。不同成膜材料的组合使用,可以调节包衣膜的机械性能,方便获得各种理想的释药速率。

包衣成膜材料需要在适当的介质中溶解或分散后才能在制剂表面形成连续、均一、有一定渗透性能和机械强度的包衣膜。理想的溶解/分散介质应对成膜材料有较好的溶解/分散性能,同时具有必要的挥发性,选择时还应综合工艺过程、生产效率、环境污染及经济效益等方面的因素。常用的溶解/分散介质有有机溶剂、水两大类。由于缓控释制剂的成膜材料大多难溶于水,醇、酮、酯、氯代烃等有机溶剂最先被用于包衣材料的溶解介质。但由于有机溶液包衣存在易燃易爆、毒性较大、污染环境以及回收困难等明显的缺点,目前已逐渐被以水为分散介质的包衣方法所取代。水分散体包衣液除具有安全、环保、成本低等优点外,最大的优点是固体含量高、黏度低、易操作、成膜快、包衣时间短等。

由于水分散体运输不便、性质不稳定,还可以喷雾干燥的形式制成粉末或颗粒,使用前加水重新分散。目前应用于膜控型缓释与控释制剂的水分散体包衣材料主要包括:

① 乙基纤维素(EC)水分散体:主要产品有 Aquacoat(FMC 公司)和 Surelease(Colorcon 公司)。Aquacoat 和 Surelease 配方方面 EC 固含量均为 25% 左右,都含有少量稳定剂等其他辅料,主要区别为 Surelease 在水分散体制备过程中已加入增塑剂,而 Aquacoat 则需在包衣前另行加入。

② 聚丙烯酸树脂水分散体:丙烯酸树脂是甲基丙烯酸共聚物和甲基丙烯酸酯共聚物。由于化学结构

和活性基团的不同，其可分为胃溶性、肠溶性和不溶性，主要产品有 Eudragit L100（国产产品为肠溶Ⅱ号）、Eudragit S100（国产产品为肠溶Ⅲ号）、Eudragit RL100、Eudragit RS100、Eudragit L30D 等。

③醋酸纤维素（CA）胶乳：醋酸纤维素胶乳可用类似于 Aquacoat 的制备方法制成含固体量达 30%～40% 的 CA 水分散体，内含 1.9% 十二烷基硫酸钠作稳定剂，用时加适量增塑剂。

④硅酮弹性体：这类包衣材料使用时无需加增塑剂，可加入二氧化硅溶胶作为填充剂，PEG 作为致孔剂。

⑤纤维素酯类：这类材料主要用于肠溶包衣，包括醋酸纤维素酞酸酯（CAP）、羟丙甲纤维素琥珀酸酯（HPMCAS）以及羧甲基乙基纤维素（CMEC）等。

2. 增塑剂

成膜材料单独应用往往成膜困难，而且形成的薄膜衣机械性能差，较脆、易断裂，故常在包衣处方中使用增塑剂以提高包衣材料的成膜能力，增强衣膜的柔韧性和强度，改善衣膜对底物的黏附状态，甚至可以调节包衣膜的释药速率。增塑剂可分为水溶性和水不溶性两种，目前最常用的分别为枸橼酸三乙酯（TEC）和癸二酸二丁酯（DBS）。

3. 致孔剂

不溶性成膜材料单独制成的包衣膜通常对水分或药物的通透性很低，药物无法从片芯或丸芯中溶解扩散出来，因此通常加入水溶性物质作为致孔剂，以满足释药的需求，如 PEG、PVP、糊精、蔗糖等。此外，不溶性固体添加进包衣液中，也可起到致孔剂的作用；还可以将部分药物加入包衣液中作为致孔剂，同时这部分药物可以起到速释的作用。

4. 其他辅料

除上述组分外，在实际生产中还常常加入其他的辅料以实现特定的目的或解决制备中的问题。

①抗黏剂：在包衣液处方中加入少量（一般为包衣液体积的 1%～3%）水不溶性物质，如滑石粉、硬脂酸镁、二氧化硅等可有效防止包衣过程中粘连、结块等问题，降低工艺难度，缩短操作时间。

②着色剂和遮盖剂：色淀、二氧化钛和氧化铁等物质的加入，除了可以增加制剂的美观度，还可缩短干燥和操作时间。

③表面活性剂：能降低聚合物溶液与水相界面的表面张力，贮存中可有效防止胶粒的聚集和结块现象。

（三）包衣过程

1. 包衣设备与工艺

膜控型缓释与控释制剂的包衣一般采用常用的薄膜包衣方法进行，具体内容可参照普通制剂包衣的相关章节。

片剂可采用包衣锅滚转包衣法、空气悬浮流化床包衣法和压制包衣法等。根据不同制剂的需要，可以用不同浓度的同种包衣液或不同包衣材料的溶液分别包两层或多层厚度适宜的膜，以控制制剂的释药性能，有时还需要在衣膜外包一层含药的速释层。

微丸剂或颗粒剂等多单元制剂多用空气悬浮流化床包衣法，也可用埋管锅包衣法。为了延长制剂的释药时间或控制平稳的释药曲线，常将微丸或颗粒分成多批，分别包不同厚度的衣膜，或留出一批不包衣作为速释部分；然后把不同释药速率的微丸或颗粒按需要的比例压片或装入胶囊。此方法工艺简单，设备不复杂，药物释放具有综合性作用，所以得到广泛应用。

2. 包衣后热处理

用水分散体包衣法制备缓释与控释制剂时，需要较有机溶液包衣法多一步热处理。因为包衣后聚合物粒子软化不彻底、衣膜融合不完全，热处理可以使包衣膜完全愈合，提高包衣膜的致密性和完整性。常规的热处理方法是将包衣产品贮存在烘箱中，或包衣后立即在高于包衣操作温度的流化床中进一步流化。热处理温度一般比最低成膜温度（MFT）高 5℃，但不能超过衣层的软化温度，防止结块现象。一些在制备过程中已经加入增塑剂的水分散体产品（如 Surelease），使用时可不经过热处理。

（四）缓控释包衣膜的形成与影响因素

1. 包衣膜形成的机制

采用不同的包衣方法时，聚合物从有机溶剂和从水分散体中成膜的机制不同（图16-4）。

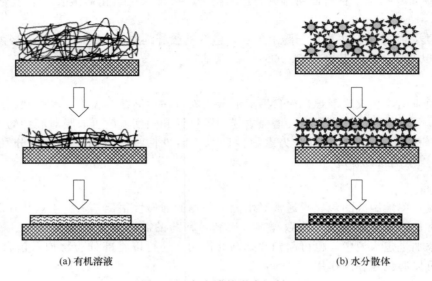

(a) 有机溶液　　　　　　　　　　　　　(b) 水分散体

图 16-4　包衣膜的形成机制

用聚合物有机溶液包衣时，开始阶段随着有机溶剂的挥发，聚合物溶液浓度增加，高分子链由伸展状态逐渐卷曲，相互紧密相接。增塑剂插入高分子聚合物分子链间，削弱链间的相互作用力，增加链的柔性。随着残余溶剂的进一步蒸发，稠厚的聚合物溶液逐渐变成三维网状结构，最终形成均匀的膜。

水分散体包衣成膜过程包括三个步骤：水分的蒸发、乳胶粒子的聚结和相邻粒子中聚合物链间的扩散。水分蒸发时，聚合物胶粒浓集、沉积在表面，此时得到的是一个含多个聚合物聚集点的不连续膜，空隙中还有一定量液体；随后，环绕在胶粒外的水膜缩小，从而产生较高的毛细管力和表面张力，驱使胶粒更紧密地聚合在一起、变形并合并。当胶粒间的界面消失，即形成连续而均匀的膜。

2. 影响包衣膜成型的因素

包衣膜应具有一定的渗透性和机械强度、光滑、均匀、不易剥落。影响包衣膜成型的因素主要有以下几个方面。

（1）**包衣膜材料**　作为包衣材料的聚合物的理化性质对包衣膜形成的影响较大，所以首先要根据制剂要求选择适宜的聚合物。聚合物从有机溶剂中和从水分散体中成膜的机制不同，因而形成的包衣膜的性质有很大差异。而同一聚合物用不同性质、种类的有机溶剂分散，也会影响包衣膜的性能。因为不同溶剂在同一温度下有不同的蒸发速率，而溶剂-聚合物的相互作用控制了聚合物的膨胀速度和链松弛延伸程度，这些因素都会影响膜的质量和渗透性。聚合物溶液的浓度不同也会对成膜造成影响，不同浓度的溶液其黏度不同，黏度较低时，溶剂携带聚合物分子容易渗入底物表面，增加黏着力，使得形成的包衣膜不易脱落。

（2）**添加剂**　绝大多数成膜材料需要添加增塑剂，增塑剂的种类和用量都能大大影响衣膜的形成。首先，需要根据增塑剂在包衣材料中的溶解性、稳定性及其增塑效果等指标来选择合适的增塑剂；其次，需要根据包衣膜的成型情况来选择增塑剂的用量。若增塑剂用量太小，对水分散体包衣液来说，不能克服乳胶粒子间的变形阻力，不能形成连续完整的衣膜，而对聚合物的有机溶液来说，形成的衣膜性能不佳、易脆碎，不利于下一步制剂或包装运输和贮存；若增塑剂用量太大，形成的包衣膜过软，包衣过程中制剂的流动性差、易粘连，操作难度大，易得到不完整的包衣膜。与有机溶剂包衣相比，水分散体中增塑剂与聚合物分子链的接触面积小，不能充分发挥增塑效果，需加入较大量的增塑剂。一般增塑剂的用量在15%～30%（聚合物干重）。

处方中的其他成分，如致孔剂、抗黏剂、着色剂等对包衣膜的力学性质和释药性能也有影响。例如，对于水分散体包衣，电解质可改变水溶性包衣液中小颗粒的表面电位，产生絮凝，破坏包衣性能，所以致孔剂应尽量选择非电解质。

（3）**药芯性能**　包衣时，药芯的性质与包衣质量和批间重现性有密切关系。水分散体包衣前，对芯料进行隔离层包衣，有助于避免水溶性药物随水分蒸发而迁移入衣膜，并能提高芯料表面平整性、减少空隙率，保证衣膜连续性，还能改善芯料表面疏水性，以利于包衣液的铺展。

（4）**包衣方法**　采用不同的包衣方法制备的包衣膜，其微观结构和释药性能也有所不同。包衣锅包衣法可在片剂表面形成连续、紧密的包衣膜。流化床包衣法形成的包衣膜多为多孔分层结构，外表呈颗粒状，渗透性较高。采用连续性或间歇性包衣法制得的包衣膜，其有效厚度和分布状况不同。包衣方法需要根据包衣液的黏度和干燥速率选择。

（5）**包衣工艺**　包衣工艺条件对缓控释衣膜的形成和性质也会产生明显的影响。空气悬浮流化床包衣法是制备缓释包衣制剂最常用的方法，现以此为例分析包衣过程对衣膜成型的影响。

由空气悬浮流化床包衣法流程图（图16-5）可以看出，影响包衣膜性质的工艺因素主要有操作温度、喷雾方式和速率、气流速率等。

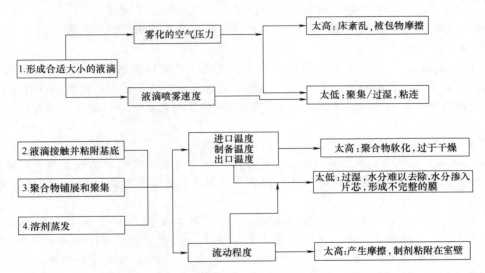

图 16-5　空气悬浮流化床包衣法流程图

① 操作温度：温度对膜结构的影响与成膜材料、溶剂、增塑剂种类以及药物理化性质有关。一般来说，有机溶剂包衣的操作温度低于水分散体包衣法。有机溶剂沸点较低，若温度过高，干燥过程迅速，往往使包衣膜产生气泡，造成膜表面粗糙。对于水分散体包衣液来说，温度有加快水分蒸发和软化胶粒使之聚合的双重作用。若温度过低，体系中的水蒸发较慢，导致水溶性药物向包衣膜迁移，降低膜的表面张力，不利于形成完整的包衣膜；此外，水分散液中的乳胶只有在较高温度下才能发生形变、相互凝聚成膜。通常，操作温度应高于聚合物的玻璃化转变温度。若操作温度过高，水分蒸发过快、干燥过早，阻止了形变所需的毛细管压力的产生，形成的膜不连续而导致脱落，还易造成衣膜过度软化粘连。实际操作中，需根据实际的成膜温度选择不同的包衣操作温度。

② 喷雾方式：流化床的喷雾方式有顶喷、底喷和侧喷等。喷雾方式的不同直接影响制剂与包衣液的接触方式，从而造成衣膜的结构差异影响释药性能。顶喷法由于喷雾方向与气流方向相反，包衣液在与药芯接触前即有一定程度的蒸发，所形成的膜往往均匀性没有底喷法好，释药较快。底喷法由于喷枪与物料之间距离短，有助于减少包衣液到达物料表面前的溶剂蒸发和喷雾干燥现象，有利于包衣液保持良好的成膜性。另外，物料的运动方向与喷液方向相同，物料接触到包衣液的概率相似，有利于包衣均匀性。

③ 喷雾速率：包衣液的喷雾速率也会影响衣膜的质量，速率过快会造成制剂表面过湿而产生聚集和粘连，从而影响包衣膜的均匀性。喷雾速率受喷枪种类、液体压力、喷嘴大小、包衣液黏度等条件影响。包衣厚度一致的情况下，喷嘴口径小，喷出的雾滴细，包衣材料相互重叠、交联更为紧密，药物释放更

慢。此外,包衣液的水分与底物的过量接触也会产生各种质量问题,如药物化学稳定性受影响、包衣膜开裂和霉变等。过高的喷雾压力除产生喷雾速率过快导致的类似问题外,还可能增加包衣材料的损耗、包衣膜的裂痕和磨损。

④ 气流速率:流化床气流的大小控制了包衣制剂在腔体内的流化状态。适当提高气流速率将增加包衣液与底物接触的机会,降低药物物料损耗,降低底物的粘连,有利于形成完整的包衣膜、提高成品率。过高的流动程度将加剧制剂间的相互摩擦,影响包衣膜质量。

此外,尚有其他很多影响包衣质量的因素,应根据具体情况进行调整。

(五) 膜控型缓释与控释制剂的分类和实例分析

膜控型缓释与控释制剂的膜控单元可以是片剂、小片、微丸、微球等。根据单个给药剂型内所含膜控单元的数目,膜控型缓释与控释制剂可分为单一单元制剂和多单元制剂,其中以多单元制剂为首选,如含有微丸、微球或小片的片剂和胶囊剂。与单一单元片剂不同,多单元制剂含有多个独立的膜控单元,可以减小或消除少数单剂量剂型质量缺陷的影响。多单元制剂的另一个重要特征是可以通过混合具有不同释药特点的剂型单元,获得特定的药物释放。多单元制剂也适用于改变药品规格,而无需设计新的处方。这在新药临床研究阶段非常实用,因为该阶段常根据临床研究结果调整药品剂量。

本部分将以具有代表性的微丸胶囊和微丸压片为例介绍该类制剂研制的一般方法。

例 16-7 扎托洛芬缓释胶囊

扎托洛芬 (Zaltoprofen,ZP) 是一种强效非甾体抗炎药,具有解热镇痛作用。与同类药物如萘普生、布洛芬相比,其具有高效、胃副作用小等特点。对传统制剂来说,为了达到有效的治疗作用,患者必须每天服用三次。为提高患者的顺应性,本处方以 EC 与 HPMC 作为包衣材料,制备可每天用药两次的 ZP 缓释胶囊。

【制备工艺】

① 载药微丸制备:采用混悬液上药法制备 ZP 载药微丸。以空白蔗糖丸芯为载体,先将 PVP K30 和氯化钠溶于去离子水中,待其完全溶解后,不断搅拌下加入扎托洛芬至溶液中形成混悬液,采用流化床底喷法进行上药。

② 包衣:将 EC 加入无水乙醇中,静置过夜使其充分溶解。将 PEG 6000 和 HPMC 加入去离子水中,搅拌使其完全溶解。不断搅拌下将水溶液加入至乙醇溶液中,继续搅拌至溶液澄清。不断搅拌下将 DBS 加入至溶液中,继续搅拌约 4 h。采用流化床底喷法进行包衣,制得 ZP 载药缓释微丸。

③ 胶囊制备:ZP 载药缓释微丸在流化床中干燥后,置于肠溶空心胶囊中,即得到 ZP 缓释胶囊。

【注解】 该处方中,PVP K30 为黏合剂,EC 和 HPMC 为包衣材料,EC 为不溶性包衣材料,HPMC 为亲水性包衣材料。EC 比例越高,释药速率越慢。PEG 6000 为致孔剂,其含量越高,微丸释药速率越快。DBS 为增塑剂。

例 16-8 泮托拉唑钠肠溶微丸片

泮托拉唑钠对胃肠道有刺激性,将其先制成载药微丸,再与合适的辅料混合后压制成片,既保留了微丸的特性——在胃肠道分布均匀、降低因局部浓度过高所造成的刺激及其他不良反应、避免因个别单元破坏而造成整体失效的情况,又兼具片剂特性,如可分割、服用方便等。

【制备工艺】

① 载药微丸制备:采用空白蔗糖丸芯流化床上药法,称取处方量的泮托拉唑钠,以 1.5% HPMC 水溶液为成膜剂,并加入适量氢氧化钠调 pH 至 11.0 后与滑石粉混合均匀;控制流化床温度 34~36℃,压力 0.08~0.1 MPa,鼓风频率 20 Hz,流速 0.5~1 mL/min。所得药丸置于 40℃烘箱过夜。

② 隔离层包衣:采用适量 1.5% HPMC 水溶液进行。

③ 肠溶包衣:将滑石粉、柠檬酸三乙酯加入适量水中匀化,搅拌下加入至 Eudragit L30D-55 和 Eudragit NE30D 的混合液中,配制聚合物含量为 8% 的肠溶包衣液。流化床底喷包衣,床温 35℃,喷气压力 0.1MPa,鼓风频率 20~22 Hz,包衣增重 55%,于 40℃烘箱中过夜。

④ 压片:将肠溶微丸与 MCC、PVPP、PEG 6000 混合均匀,以 5% 低取代羟丙纤维素 (L-HPC) 为崩解剂,0.1% 滑石粉为润滑剂,在 15 kN 下制成片重约 500 mg 的异形片。

【体外释放的影响因素考察】

① 包衣过程

a. 隔离层：因药物为弱碱性且对光、热敏感，而肠溶性包衣材料 Eudragit L30D-55 为酸性化合物，为防止药物与衣膜材料发生反应及水分散体中水分对微丸的影响，需在含药层与肠溶层间添加隔离层。结果表明，对载药微丸直接包衣，微丸颜色发生变化，药物释放度偏大；加入隔离层，制备的微丸符合要求。

b. 包衣膜组成：Eudragit L30D-55 是肠溶包衣材料，在 pH>5.5 的介质中溶解；Eudragit NE30D 为非 pH 依赖性包衣材料，延展性较大。调整两种材料的比例可以调整包衣膜的韧性，影响药物在肠液中的释放。

c. 包衣膜厚度：考察 30%、40%、50%、55% 和 60% 包衣增重对体外释放的影响。结果表明，随着包衣增重的增加，药物在酸性介质中的释放减少；包衣增重增大至 60% 时，药物在肠液中释放过慢。

d. 增塑剂：以 TEC 为增塑剂，当增塑剂用量>10% 时，肠溶微丸即可实现理想释药效果。将增塑剂含量不同的肠溶微丸与辅料混合压片后，只有增塑剂用量大于 20% 时，肠溶片体外释放才能达到理想的效果。这可能是在压片过程中微丸受力发生形变，较少量的增塑剂不足以使包衣膜具有足够的延展性和韧性。但增塑剂含量不宜过大，当增塑剂含量>20% 时，包衣液黏度增大，包衣效果下降。

② 压片

a. 微丸与辅料配比：肠溶微丸与固定组成的压片辅料以不同比例混匀，直接压片后考察体外释放度。当微丸比例≤50% 时，微丸压片前后释药行为相近；当微丸比例>50% 时，压成片剂后在模拟胃液中的释放量比压片前增大，且随着微丸比例增大，释放度增大。原因可能是当微丸比例较小时能被辅料有效隔开，缓解了压力对包衣膜的直接破坏，故释药行为基本不变；当肠溶微丸比例增加，辅料不足以填充微丸间的空隙，致使压片过程中微丸互相接触，包衣膜融合和微丸形变的概率增大，最终导致包衣膜破裂。

b. 肠溶微丸尺寸：采用不同粒径的蔗糖丸芯制得粒径分别为 0.3~0.45 mm 和 0.45~0.6 mm 的肠溶微丸，与辅料按 1:1 (W/W) 混合压片。体外释放度结果表明，肠溶微丸粒径较大时，压片后部分微丸包衣膜发生破裂，胃液中释放度增大；粒径较小时，包衣膜保持完整，微丸压片前后的释放特性保持不变。

三、渗透泵型缓释与控释制剂

渗透泵型缓释与控释制剂是利用渗透压原理实现对药物的控制释放，具有零级释放动力学特征的制剂。其主要由药物、具有高渗透压的渗透压活性物质和其他辅料压制成固体片芯，并在片芯外包一层半渗透性的聚合物膜，用激光或机械在包衣层上打一个或多个小孔而制成。口服渗透泵制剂后，体内水分通过半透膜进入制剂，溶解药物与渗透压活性物质，利用制剂内外渗透压差将药物以恒定的速度泵出。

（一）渗透泵型缓释与控释制剂的优缺点

渗透泵型缓释控释制剂的优点为：①药物释放呈现零级曲线，与药物的浓度无关；②可以最大限度地避免或减小血药浓度波动，降低毒副作用；③如果需要，可以制成延时或脉冲的制剂；④药物释放速率与胃肠道 pH、酶、胃肠蠕动等机体生理条件以及食物无关，减少患者间的差异性；⑤降低给药频率，改善患者的依从性；⑥药物的释放速率可以预测和设计，表现出显著的体外-体内相关性。

而渗透泵型缓释与控释制剂的缺点为：①工艺较为复杂，成本较高；②如果包衣过程没有得到很好的控制，就有可能出现包衣膜缺陷，从而导致剂量倾泻；③释药孔的大小至关重要，对其要求较高。

（二）渗透泵型缓释与控释制剂的结构类型

1. 初级渗透泵片

初级渗透泵片（elementary osmotic pump，EOP）也称单室渗透泵片，一般由片芯和包衣膜两部分组成，是渗透泵片的第一代产品。如图 16-6 所示，单室渗透泵片片芯中包含药物和渗透压活性物质，包衣膜由高分子材料组成，包裹在片芯的表面。渗透压活性物质能够产生较高的渗透压，当制剂遇到水或者体液，装置内部与外环境之间的渗透压差会驱使水分子透过半透膜进入片芯，形成对于外界高渗的药物饱和溶液或者混悬液，在膜内外渗透压差的作用下，药物饱和溶液通过小孔流出。该系统适合于溶解度比较适中的药物（0.05～0.3 kg/L），若溶解度太小则会使药物释放太慢，溶解度太大则恒速释药后的减速释药时间变长。

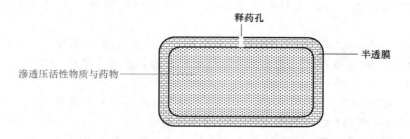

图 16-6　单室渗透泵片模式图

初级渗透泵片的片芯中含有渗透压活性物质，往往会通过释药小孔吸湿，故打孔后常在最外层包薄膜衣防潮。初级渗透泵片在零级释放之前常常有 30～60 min 的时滞。已经上市的单室渗透泵片包括 Acutrim®（苯丙醇胺）脉宁平 XL®（哌唑嗪）、喘特宁®（沙丁胺醇）等。

2. 双层渗透泵片

双层渗透泵片又称推拉型渗透泵片（push-pull osmotic pump，PPOP）。由于单室渗透泵片仅适用于水溶性较好的药物，所以药剂工作者又开发了各种形式的双层或多层渗透泵控释制剂来解决难溶性药物制成渗透泵控释制剂的问题。双层渗透泵控释片其片芯为双层结构，一层由药物与适当的辅料所构成（简称为含药层），另一层主要由促渗透聚合物所构成（简称为推动层或助推层，是药物释放的主要动力）。

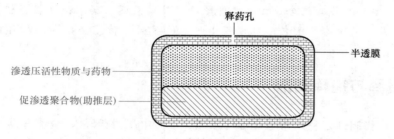

图 16-7　双层渗透泵片模式图

双层渗透泵片给药后，水分由半透膜渗入片芯，在含药层难溶性药物与辅料迅速水化形成具有一定黏度的混悬液，确保不溶性药物颗粒不沉淀析出；在推动层，促渗透聚合物吸水膨胀，可以推动含药层中的混悬液从释药孔中释出。推拉型渗透泵是最常见也是目前应用最广的渗透泵，目前已上市的渗透型缓释与控释制剂主要采用这种技术制成，如硝苯地平控释片（Procardia XL）、格列吡嗪控释片（Glucotrol XL）等。

3. 夹层渗透泵片

夹层渗透泵片又称三层渗透泵片，如图 16-8 所示，由推动层和两个药室组成，在三层外包了一层控制释放的半透膜。推动层在中间，两个药室在推动层的两边。每个药室各有一释药小孔与外界相连，当水分进入到推动层后，推动层膨胀使得药物从两个药室释放出来。

此系统的优点是避免了某些药物从一个小孔释放时局部药物浓度过大导致的胃肠道黏膜作用，还能避免打孔时的药物层识别问题。

4. 微孔膜渗透泵片

微孔膜渗透泵片（micro-porous membrane osmotic pump）又称孔隙控制渗透泵片，如图 16-9 所示。微孔膜渗透泵片的控释膜中含有增塑剂和水溶性致孔剂，当与水接触后致孔剂溶解，使得控释膜变为海绵状的微孔膜。药物溶液和水分子均可以通过膜上的微孔，这种结构导致的药物释放机理也遵循以渗透压差

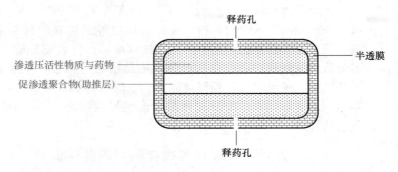

图 16-8　夹层渗透泵片模式图

为释放动力的渗透泵式释药过程。

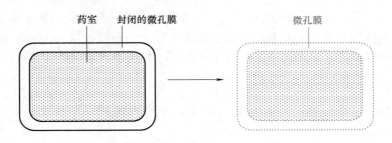

图 16-9　微孔膜渗透泵片模式图

由于自身具有许多微孔，微孔膜渗透泵制剂不必进行激光打孔，从而简化了制备工艺，且致孔剂在一定程度上也可以增强膜的柔韧性。然而，由于包衣膜中大量孔隙的出现，扩散作用随之增加，导致释放曲线的改变，需要对孔隙进行调控和加入一些调节渗透性和溶解度的辅料（如丁基磺酸钠-β-环糊精）来保持释药曲线的恒定。

5. 液体渗透泵

液体渗透泵（liquid-oral osmotic pump）是适用于液体药物的缓控释给药剂型，包括软胶囊液体渗透泵和硬胶囊液体渗透泵。液体渗透泵有良好的控释作用，能结合控释给药和提高生物利用度两大优点，具有较好的开发前景。

软胶囊液体渗透泵（图 16-10）是在含药软胶囊外依次包隔离层、推动层和控释膜层，在这三层膜上打一释药小孔。隔离层由惰性高分子材料组成，起到分隔软胶囊壳与渗透促进层的作用，其厚度不影响药物的释放；推动层由促渗透聚合物、渗透压活性物质和成膜剂组成，一般这三者的总量在包衣液中占总固含量的 16%～20%，其中促渗透聚合物占 3%～5.3%，渗透压活性物质占 6.2%～10%，成膜剂占 5%～7%。释药时，水分透过控释膜层，使推动层膨胀，系统内静压升高，促使药液冲破释药孔处的水化凝胶层释出。

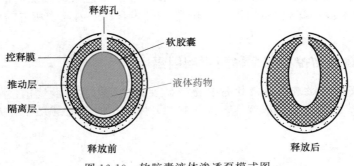

图 16-10　软胶囊液体渗透泵模式图

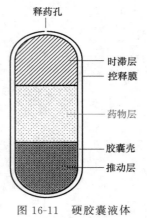

释药孔

时滞层
控释膜

药物层

胶囊壳
推动层

图 16-11 硬胶囊液体
渗透泵模式图

硬胶囊液体渗透泵（图 16-11）是将药液（溶液、混悬液或自乳化液）、隔离层和推动层装入硬胶囊内，胶囊外用控释膜包衣，包衣完成后在胶囊含药液的一端打一释药小孔，调节释药孔的深度以保持胶囊壳的完整性。与水接触后，水分透过控释膜，硬胶囊壳溶解，推动层吸水膨胀，挤压隔离层，推动药液经小孔释放。还可以在硬胶囊液体渗透泵的基础上，在释药孔一侧加一层时滞层，则当该渗透泵与水性介质接触后，渗透促进层溶胀，时滞层首先释出，能延缓药物的释放。

（三）渗透泵型缓释与控释制剂的释药机制

渗透泵型缓释与控释制剂是以渗透压为驱动力控制药物释放的系统。环境介质中的水分经刚性结构的半透性衣膜渗透进入片芯内，使片芯中的渗透压活性物质和药物溶解，从而在片芯内形成渗透压很高的饱和溶液。膜内渗透压可达 $4053 \sim 5066$ kPa，而体液渗透压只有 760 kPa，膜内外形成巨大的渗透压差，从而引起药物和促渗剂的饱和水溶液从释药小孔中释出。膜内药物溶液维持饱和浓度时，释药速率恒定，当药物溶液逐渐低于饱和浓度，释药速率也逐渐下降至零。释药速率可用式（16-8）表示。

$$\frac{\mathrm{d}M}{\mathrm{d}t} = \frac{\mathrm{d}v}{\mathrm{d}t} \times C \tag{16-8}$$

式中，$\mathrm{d}v/\mathrm{d}t$ 为水通过渗透膜向片芯渗透的速率，即片内体积增加的速率；C 为片内溶解的药物浓度。

对于单室渗透泵片而言，水由半透膜进入片芯的速率一般均遵循式（16-9）。

$$\frac{\mathrm{d}v}{\mathrm{d}t} = \frac{KA}{L}(\Delta\Pi - \Delta p) \tag{16-9}$$

式中，K 为膜对水的渗透系数，取决于膜的性质；A 和 L 分别为半透膜的面积和厚度；$\Delta\Pi$、Δp 分别代表膜内外渗透压差和流体静压差。由于体内的渗透压与渗透泵内部的渗透压相比很小，可以忽略不计，故 $\Delta\Pi$ 可用膜内饱和溶液的渗透压 Π_s 表示；而当释药孔径大小适宜时，ΔP 很小，$\Pi_s \gg \Delta P$，故 $\Pi_s - \Delta P$ 可用 Π_s 代替；同时恒速释药时的片内药物溶液浓度 C 为饱和浓度 C_s；故式（16-8）可转化为式（16-10）。

$$\frac{\mathrm{d}M}{\mathrm{d}t} = \frac{KA}{L} \cdot \Pi_s \cdot C_s \tag{16-10}$$

式中，K、A、L 取决于半透膜的性质，Π_s、C_s 由渗透泵片内药物溶液浓度决定，故只要释药过程中包衣半透膜外形、厚度和性质保持不变，渗透压活性物质足以维持恒定的高内外渗透压差，药物溶液保持饱和浓度，渗透泵片就可以实现恒定的零级释药。而当渗透泵片内药物溶解完全，膜内药物浓度逐渐降低，释药速率则无法保持零级，随浓度的降低而减小直至为零。

而对于双室渗透泵片，因其助推层含有促渗透物质，其释药速率与促渗透物质的水合度也有关系，故其释药机制较为复杂，可用式（16-11）表示。

$$\frac{\mathrm{d}M}{\mathrm{d}t} = (Q+F)F_D C_O \tag{16-11}$$

式中，$\mathrm{d}M/\mathrm{d}t$ 为药物的溶出速率或释放速率；Q 和 F 分别为进入助推层内的渗透体积流量和进入含药层的体积速率，两者均与促渗透物质的水合度有关；F_D 为含药层内药物所占的体积分数，C_O 为系统疏松的固定浓度。

（四）渗透泵型缓释与控释制剂释药影响因素

从式（16-9）可以得出，影响渗透泵制剂中药物释放的主要因素有药物的溶解度、膜内外渗透压差、包衣膜特性与厚度、释药孔的大小与深度等。因此制剂开发和生产工艺研究可以从考察和调整这些影响因素出发。

1. 药物的溶解度

渗透泵型制剂适用于溶解度适中的药物（$0.05 \sim 0.3$ kg/L）。对于溶解度过大或过小的药物，除了选择合适的渗透泵类型，还必须通过加入一定辅料调节，改变药物的存在形式，或采用一定的制剂技术等方法来调节药物的溶解度。

对于溶解度过大的药物，制成渗透泵型制剂后会导致溶出过快而难以控制其零级释放，可以通过以下手段来调节：①改变盐型，比如盐酸氧烯洛尔溶解度太高，很难控制为零级释放，可制成溶解度较小的琥珀酸盐；对于美托洛尔，可用富马酸盐代替酒石酸盐。这都可以成功控制药物释放。②加入亲水性聚合物作为释药阻滞剂，其遇水后形成的凝胶能限制和延缓药物分子与水接触，如将阳离子交换树脂聚磺苯乙烯作为阻滞剂，盐酸普萘洛尔渗透泵片能够产生 $2\sim4$ h 释放时滞。③利用同离子效应，如高溶解度药物盐酸地尔硫䓬，主要以一级释放而非零级释放，在片芯中添加 NaCl 后溶解度下降，75% 的药物以零级释放达 $14\sim16$ h。

对于溶解度过低的药物，常用的方法有：①加入 β-环糊精。β-环糊精包合技术是常用的提高难溶性药物溶解度的方法之一，适合难溶性药物。其中，磺丁基醚-β-环糊精（SBE-β-CD）渗透压明显比羟丙基-β-环糊精（HP-β-CD）高，并且随取代度而增加。有研究发现在渗透泵片中添加（SBE）$_{7M}$-β-CD 为辅料，水溶性和不溶性药物均可以达到零级释放。②加入酸碱性物质。许多难溶性药物的溶解度具有 pH 依赖性，在中性水溶液中不溶解的药物，在特定的 pH 条件下溶解度往往能有所提高，因此一些药物与有机酸或碱混合后，能够使得这些药物得到增溶。③药物制成盐类。许多难溶性药物的分子中都含有酸性或碱性中心，通过适宜的方法使其成盐后，往往可以极大地提高药物的溶解度。盐酸哌甲酯、盐酸阿米替林和硫酸沙丁胺醇渗透泵等都是以药物成盐的形式制成的渗透泵。④晶型控制。选择合适的晶型或者加入晶癖改性剂（crystal habit modifier）等，如卡马西平与改性剂（羟甲纤维素及羟乙纤维素混合物）及溶胀性辅料等制成渗透泵，可以合适的速率保持零级释放。晶癖改性剂的加入可以保证卡马西平的无水物不会转变为溶解度更小的二水合物形式。⑤应用固体分散体技术。将难溶性药物制备成固体分散体以后，再制备成渗透泵片，可以促进难溶性药物的溶解和释放。如将硝苯地平与 PVP K30 制成固体分散体以后，再制备渗透泵片可以促进药物的溶解和释放，药物持续恒定释放可达 24 h。

2. 包衣半透膜

半透膜对水的渗透系数 K 是反映半透膜性质的重要参数，主要受成膜材料自身性质、包衣液的处方组成以及包衣膜的制备工艺等因素的影响。

渗透泵型缓释与控释制剂常用的半透膜材料主要是醋酸纤维素（CA）和乙基纤维素（EC）。醋酸纤维素是部分乙酰化的纤维素，其含乙酰基 $29\%\sim44.8\%$，可分为一、二、三醋酸纤维素，溶于氯仿、二氯甲烷和丙酮。用于缓控释制剂的主要是二醋酸纤维素，其分子质量在 50 kDa 左右，二醋酸纤维素主要作为水溶性控释片和渗透泵型片剂的包衣材料。CA 具有超微孔网络结构，有较高的水渗透性和很低的盐渗透过能力。醋酸纤维素的溶解性极大地受到所含乙酰基量的影响，随着乙酰化率的增加，亲水性减小，可以通过调整不同乙酰化率醋酸纤维素的比例进而控制包衣膜的渗透性，亦可以加 PEG 400（具有增塑和扩大渗透量的效果），使释药速率加快。

在包衣膜中加入增塑剂不仅改善衣膜的机械性质，使包衣膜能够耐受膜内片芯中促渗透剂所产生的较大的渗透压，保证用药的安全，还具有软化聚合物粒子，促进其融合成膜的重要作用。常用的增塑剂有邻苯二甲酸酯、甘油酯、琥珀酸酯，PEG 等。在包衣膜中加入少量 PEG 可以作为增塑剂，而大量的 PEG 则会在膜上形成多个孔道，起到致孔剂的作用，从而加速药物释放。常用的致孔剂有各种分子量的 PEG、羟丙甲纤维素、聚乙烯醇、尿素等。

3. 半透膜的厚度

渗透泵控释片包衣膜的厚度直接影响水分渗入片芯的速度，从而对药物的释放速率产生重要影响；通常，渗透泵控释片的零级释放速率往往与膜厚度成反比。半渗透性包衣膜应具有一定的厚度和强度才能保证释药过程中包衣膜受压后不破裂和变形，从而保证释药的安全性和释药速率的恒定，但膜过厚则难以将释药速率调整到产生持续有效血药浓度的释药水平。采用醋酸纤维素包衣的渗透泵控释片的衣膜厚度多在几十至几百微米之间。

近年来，国外学者借用水处理过程中反渗透和超滤的概念，制备了一系列基于不对称衣膜为基础的新型渗透泵控释制剂。不对称膜（asy mmetric membrane，AM）是一种断面结构不对称的膜，不崩解并具有较高的水通透性，药物在较低浓度和渗透压时也能够释放，可促进难溶性药物的释放。

4. 渗透压

渗透泵型缓释与控释制剂利用渗透压原理而实现对药物的控制释放，因此渗透压的大小及是否恒定是释药的关键影响因素。渗透泵型制剂药室内的渗透压需较膜外渗透压大 6~7 倍，才能保证恒定地释药，仅依靠片芯内药物往往不能达到足够大的渗透压，所以需要加入具有调节渗透压作用的物质。

渗透压调节物质包括小分子的渗透压活性物质和大分子的促渗透聚合物。

渗透压活性物质（osmotic pressure active ingredients）起调节药室内渗透压的作用，其用量多少与零级释药时间长短有关。常用的渗透压活性物质、渗透压活性物质组合及其饱和水溶液渗透压见表 16-3 与表 16-4。

表 16-3 常用的渗透压活性物质及其饱和水溶液渗透压（37℃）

渗透压活性物质	渗透压/kPa	渗透压活性物质	渗透压/kPa
氯化钠	36 071.7	山梨醇	8511.3
果糖	35 970.4	葡萄糖	8308.7
氯化钾	34 957.1	柠檬酸	6991.4
蔗糖	15 198.8	酒石酸	6788.8
木糖醇	10 537.8		

表 16-4 常用的渗透压活性物质组合及其饱和水溶液渗透压（37℃）

渗透压活性物质	渗透压/kPa	渗透压活性物质	渗透压/kPa
乳糖＋果糖	50 662.5	乳糖＋蔗糖	25 331.3
葡萄糖＋果糖	45 596.3	乳糖＋葡萄糖	22 798.1
蔗糖＋果糖	43 569.8	甘露醇＋乳糖	22 798.1
甘露醇＋果糖	42 049.9	甘露醇＋蔗糖	17 225.3

促渗透聚合物又称推进剂或助渗剂，具有遇水强烈膨胀或溶胀的特性，膨胀后体积可增长 2~50 倍，产生的推动力可以与片芯内的渗透压一起将药物层推出释药小孔。促渗透聚合物可以是交联或非交联的亲水聚合物，一般以共价键或氢键形成的轻度交联为佳。常用的推进剂包括聚乙烯吡咯烷酮（10 ~ 360 kDa）、聚羟基甲基丙烯酸烷基酯（3~5000 kDa）、卡波姆（45 万 Da~4000 kDa）、聚氧乙烯（100 ~ 7000 kDa）、聚丙烯酸（80~200 kDa）等。

卡波姆（carbomer）又称卡波普（carbopol），简称 CP，是一种由丙烯酸与丙烯基蔗糖或丙烯基季戊四醇交联而成的高分子聚合物。本品为白色、疏松状、酸性、吸湿性的粉末，能溶于乙醇、水和甘油。1％卡波姆水分散液的 pH 约为 3，pH＜3 或 pH＞12 时黏度降低。卡波姆具有良好的凝胶性、黏和性、增稠性、乳化性、助悬性和成膜性，且化学性质稳定安全，无刺激性及过敏反应。

聚环氧乙烷（polyethylene oxide，PEO）按照分子量大小不同而具有不同的名称：分子量小于两万的称为聚乙二醇；分子量大于两万的则称为聚环氧乙烷或聚乙烯醇，是环氧乙烷经过相催化开环聚合而形成的一种水溶性高分子聚合物，目前已广泛应用于渗透泵制剂、凝胶骨架片以及生物黏附制剂等的开发与研究中。在渗透泵制剂中低分子量 PEO 在含药层中作为助悬剂，而高分子量的 PEO 则在助推层中作为溶胀材料。PEG 是环氧乙烷和水缩聚而成的聚合物，级别在 1000 以下的为黏稠液体，1000 及 1000 以上的为固体，易溶于水或乙醇。液态级别的 PEG 主要用作溶剂和增塑剂，固态级别的则主要作为软膏或栓剂的基质。需要注意的是，PEG 具有氧化性，与部分色素、抗生素、山梨醇和羟苯酯类防腐剂有配伍禁忌。

5. 释药孔

口服渗透泵片的表面有一个或多个释药孔，当置于胃肠道时，水分在渗透压差的作用下进入包衣膜的内部，形成药物溶液或混悬液从释药孔中释放出来。孔径过大，释药易受环境影响，释药速率过快，也可能造成溶质的逸出和释药的失控；孔径过小，释药速率过慢，可能造成孔两侧的流体静压差增大，从而造成包衣变形，阻滞水分子向半透膜内渗透。在工业生产中，释药孔的大小、孔深以及孔形（孔面积）对于口服渗透泵的释药速率有较大的影响。

释药孔可通过以下几种方式形成：激光打孔、机械打孔、致孔剂等。

早期多使用机械打孔方法来制备渗透泵片，由于要对渗透泵片逐个进行钻孔，效率极低，不适用于机械化大生产而仅限于实验室的研究。另外，利用机械钻孔方法制得的释药小孔深浅不一，所致的包衣膜也易缺损，影响片剂的释药速率。

目前，国内外口服渗透泵制剂采用激光打孔技术来解决机械钻孔方法制备释药小孔深浅不一、效率低下等问题，一般的激光打孔流程如图 16-12 所示。但是在激光打孔过程中，包衣膜易被激光灼烧致使膜孔径一致性较差，当传送带传动速度较高时，所致小孔形状易变成椭圆形或不规则状。

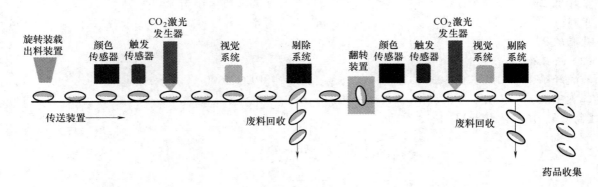

图 16-12 激光打孔流程

（五）制剂工艺举例

例 16-9 单层渗透泵片

盐酸伪麻黄碱（Pseudoephedrine Hydrochloride，PEPH）为肾上腺素受体激动药，具有选择性地收缩上呼吸道毛细血管消除鼻咽部黏膜充血、肿胀及减轻鼻塞的作用。马来酸溴苯那敏（Brompheniramine Maleate，BRPH）为 H_1 受体抗剂。盐酸伪麻黄碱和马来酸溴苯那敏联合用药可减轻由普通感冒及流行性感冒引起的上呼吸道症状和鼻窦炎、花粉病所致的各种症状，特别适用于缓解上述疾病的早期临床症状如打喷嚏、流鼻涕、鼻塞等。本控释片与普通片相比，具有服药次数少，治疗效果好的优势。

【处方】

片芯		包衣液	
盐酸伪麻黄碱	120 mg	醋酸纤维素	30 g
马来酸溴苯那敏	8 mg	PEG 4000	3 g
HPMC K15M	130 mg	丙酮和水（体积比为 97：3）	1000 mL
MCC	40 mg		
硬脂酸镁	2 mg		

【制法】①片芯：将处方量的药物及所有辅料过筛，加入 95％的乙醇为润湿剂制软材，制粒，在 40℃下干燥，整粒，同时加入硬脂酸镁混合均匀压片，即得。②包衣液：将适量醋酸纤维素溶于丙酮中，配制一定浓度的醋酸纤维素丙酮溶液，加入一定量的 PEG 4000 即得。③将片芯放入包衣锅中用醋酸纤维素的丙酮溶液包衣，包衣后的产品在 40℃下干燥 24 h。于包衣后的片剂含药层衣膜上打 0.5 mm 的释药孔制得复方盐酸伪麻黄碱/马来酸溴苯那敏单层渗透泵控释片。

【注解】HPMC K15M 作渗透泵片的推进剂，能吸水膨胀，产生推动力将药物推出释药小孔，MCC 可调节药物的释放速率，醋酸纤维素为半透膜包衣材料，PEG 4000 在包衣膜中作增塑剂和致孔剂。

例 16-10 推拉型渗透泵片

硝苯地平（Nifedipine）为钙通道阻滞药，临床上用于治疗高血压和心绞痛，半衰期短（2～3 h），易引起血压波动，反射性致心率加快，不利于心肌缺血和心力衰竭的控制，且短而强的扩血管作用可能增加冠心病的发病率。硝苯地平在乙醇中略溶，在水中几乎不溶，其普通渗透泵片也存在药物释放不完全、达不到预期的零级释放速率等问题，主要采用推拉型渗透泵技术，全球有多家制药公司推出了相关产品。以硝苯地平渗透泵片为例，对其处方、工艺和释药等进行介绍。

【处方】

（1）药物层

硝苯地平（40目）	100 g	聚环氧乙烷（MW 200 000，40目）	355 g
HPMC（40目）	25 g	氯化钾（40目）	10 g
乙醇	250 mL	异丙醇	250 mL
硬脂酸镁	10 g		

（2）助推层

聚环氧乙烷（分子量500 000，40目）	170 g	氯化钠（40目）	72.5 g
甲醇	250 mL	异丙醇	150 mL
硬脂酸镁	适量		

（3）包衣液

醋酸纤维素（乙酰基值39.8%）	95 g	PEG 4000	5 g
三氯甲烷	1960 mL	甲醇	820 mL

【制法】 工艺流程如图16-13所示。

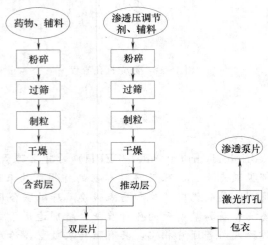

图16-13 硝苯地平渗透泵片工艺流程

① 片芯含药层的制备：将处方中的4种固体物料置于混合器中混合15～20 min，用处方中的混合溶剂50 mL喷入搅拌中的辅料中，然后缓慢加入其余溶剂继续搅拌15～20 min，过16目筛，湿粒于室温下干燥24 h，加入硬脂酸镁混匀，压片。

② 片芯助推层的制备：制备方法同含药层，含药层压好后，即压上助推层。

③ 打孔：压好双层片用流化床包衣，包衣完成后，置于50℃处理65 min，然后用0.26 mm孔径的激光打孔机打孔。

本品为硝苯地平双层推拉式渗透泵片，每片含药30 mg，含药层为150 mg，助推层为75 mg，半透膜包衣厚为0.17 mm，渗透泵片的直径为8 mm。体外以恒定的速率释药，体内产生平稳的血药浓度。

四、离子交换树脂

离子交换树脂（ion exchange resin，IER）是一类带有功能基团的能与溶液中其他离子物质进行交换或吸附的网状结构的高分子化合物。其结构由不溶性的三维空间网状骨架（母体）和连接在骨架上的活性基团组成。活性基团包括固定离子和带相反电荷可交换的活动离子。

（一）分类

根据合成离子交换树脂单体的不同，IER可分为苯乙烯系、丙烯酸系、环氧系、酚醛系及脲醛系等。其中生产数量最多、应用最为广泛的为苯乙烯系离子交换树脂。目前作为载体的离子交换树脂有 Amberlite IRP69、Indion 224、Indion 244、Indion 254、Indion 284、Duolite AP143 等。

此外，根据离子交换树脂的化学活性基团的性质，可分为强酸阳离子、弱酸阳离子、强碱阴离子、弱碱阴离子、螯合性、两性及氧化还原树脂。以聚苯乙烯型离子交换树脂为例，其母体为苯乙烯单体与二苯乙烯交联剂共聚成的网状骨架，功能基团为磺酸基（$-SO_3H$），其容易在溶液中离解出 H^+，故呈强酸性。树脂解离后，本体所含的负电基团$-SO_3^-$，能吸附结合溶液中的其他阳离子，如氢离子或钠离子，因此也属于强酸性阳离子树脂。

（二）应用

国内常规离子交换树脂先后发展了凝胶树脂、大孔树脂、超高交联树脂、复合功能树脂及树脂基复合吸附剂等五代树脂。在实际应用中，常将这些树脂转变为其他离子型使用，以适应各种需要。如强酸性树脂及强碱性树脂在转变为钠型和氯型后，就不再具有强酸性及强碱性，但它们仍然有这些树脂的其他典型性能。离子交换树脂应用于医药和生物化工方面，最早是用于抗生素的提取、分离，维生素浓缩，天然药物提取和纯化等。骨架上离子功能基团与离子化药物形成药物-树脂复合物，通过物理性屏障及离子交换化学平衡两大因素对药物释放发挥阻滞及防突释作用。离子交换树脂具有控制药物释放速率、减少药物的苦味、提高药物的稳定性、促进药物溶出、降低药物不良反应等优点。

离子交换树脂为载体的口服液体缓释制剂综合了离子交换树脂、缓释制剂和口服液体的诸多优点。

以治疗儿童多动症的药物安非他命为例，该药普通片剂需要 4~6 h 给药一次，患者依从性差。为了解决这一问题，Trispharma 公司于 2015 年上市了一天服用一次的安非他命缓释混悬液（Dyanavel XR）。而 Neospharma 公司，也开发出了一天服用一次的安非他命缓释口崩片（Adzenys XRODT）和安非他命缓释混悬液（Adzenys ER），并分别于 2016 年和 2017 年获美国 FDA 批准上市。Trispharma 的产品使用了一种名为 Amberlite^{TM} 的阳离子交换树脂，而 Neospharma 的产品则使用的是名为聚磺苯乙烯钠的离子交换树脂。药用阴离子交换树脂 DUOLITE^{TM} 可用于老年患者和儿科患者所服用的混悬液配方中以获得控释和掩味功能，从而改善患者依从性。

由于药物从药物树脂释放较快，因而采取了微囊化技术进一步控制药物的释放，形成了第一代的口服药物树脂控释系统。为了克服树脂因溶胀性导致囊膜破裂的缺点，将药物树脂用浸渍剂如聚乙二醇 4000 和甘油处理，阻止了树脂在水性介质中的膨胀，最后采用空气悬浮包衣等技术用水不溶性但可渗透的聚合物如乙基纤维素对药物树脂包衣作为速率控制屏障来调节药物释放，由此得到第二代口服药物树脂控释系统，即 Pennkinetic$^®$ 系统。代表产品有上海现代制药推出的国内首个药物树脂液体缓释制剂右美沙芬缓释混悬剂。

离子交换树脂制剂容量不大，目前多为 10%~20%，仅适用于水溶性、可解离的离子性药物。水不溶性药物可加入离子化剂，形成可解离的盐溶液，但由于离子化剂抑制离子交换树脂活性基团的解离，导致其载药量很低。对于这种情况，可联合其他技术，如联用环糊精包合、复乳化等方法增加载药量。通过技术的不断改进，部分药物的载药量最高已可达 50%，如 Samprasit 等利用环糊精和羟丙基-β-环糊精联合离子交换树脂 Dowex 12 制备的美洛昔康树脂复合物，载药量高达 50.1%。此外，树脂在处方内发挥缓控释及掩味作用的同时，对处方制剂的其他理化特性如崩解、硬度的影响也需要综合考虑。最后，离子交换树脂虽然对于特定离子型药物具有较好的接合作用，但辅料特性与工艺特点会对其作用的发挥产生影响，因此需科学合理地与特定辅料及工艺有机结合起来。

（三）释药机制

离子交换树脂骨架上离子功能基团与离子化药物形成药物-树脂复合物，通过物理性屏障及离子交换化学平衡两大因素对药物释放发挥阻滞及防突释作用。药物和离子交换树脂的复合物进入人体内后，在胃肠道中与 Na^+、H^+、K^+、Cl^- 等离子发生交换，使药物缓慢释放。因为在胃液中具有较高的 H^+ 浓度和 Cl^- 浓度，因此无论是荷正电药物还是荷负电药物，它们在胃液中的释放均很快。肠液中的 Na^+、K^+ 及 Cl^- 与药物树脂交换释放药物并吸收入体内，因而药物树脂在胃肠道中可持续释药，被交换出来的药物通过包衣膜扩散到胃肠液中，再由胃肠道黏膜进入血液循环中。药物树脂的释药速率在很大程度上取决于患者胃肠道中离子的强度及种类，也受胃肠道胃液分泌、离子竞争等其他生理因素的影响，所以不同患者之间有一定的差异。但对于同一个体，胃肠液中上述内源性离子的量保持不变，因此，药物树脂的释药速率较为恒定。

药物从包衣含药树脂中的体外释放包括两个过程，即药树脂释放药物和药物扩散通过控释膜。释药不仅受树脂种类、树脂粒径大小及分布、粒子形状、内部孔结构和交联度的影响，还受到膜包衣材料的种类和用量、释放环境中离子种类和强度的综合影响。

（四）药物树脂微囊的制备

1. 药物树脂的制备

药物与树脂结合的方法主要有两种，即静态交换法和动态交换法。

（1）静态交换法 将经净化和转型的离子交换树脂加入适量的去离子水，在搅拌下加入药物混匀，静置，待达到平衡后，用适当溶剂（如蒸馏水或去离子水）洗去树脂表面吸附的未结合药物，在 40～60℃干燥即得药物树脂。

用静态法制备药物树脂操作简单，设备要求低，可分批进行，但交换不完全，树脂有一定的损耗。此外，用静态法制备药物树脂时，氢离子浓度不断增加，从而增加与药物离子竞争交换树脂的机会，减少了药物的交换容量。

（2）动态交换法 高浓度药物溶液从离子交换树脂柱上端缓缓注入，当加入液和流出液的药物浓度大致相等时，说明树脂与药物的交换接近饱和，随后用适当溶剂（如蒸馏水或去离子水）洗去树脂表面的未结合药物，在 40～60℃干燥即得。由于动态交换能把交换后的溶液及时和树脂分离，并使溶液在整个树脂层中进行多次交换，因而交换完全，提高了树脂的载药量。此外，通过对交换柱进行加热可增加强酸性阳离子交换树脂对盐酸普萘洛尔的吸附量，且减小药物的释放速率。

2. 药物树脂的浸渍

用于制备药物树脂的主要是凝胶型树脂，当干燥的药物树脂长时间暴露于空气中或遇水时，树脂功能基团将强烈地水合溶胀，使薄膜包衣层崩裂。在包衣前对药物树脂进行浸渍可增加其可塑性，使在包衣和释放过程中保持原有的几何形状。同时该法亦可显著延缓药物释放。

常用的浸渍剂有 PEG 4000、乳糖、甲基纤维素、甘油等，用量为药物树脂质量的 10%～30%。将药物树脂置于浸渍剂水溶液中或与浸渍剂混合加热使之熔融，均可达到浸渍目的。

3. 药物树脂的微囊化

为进一步控制药物树脂的释放，延缓药物在体内的吸收，可采用外囊化技术对药物树脂进行包衣，最常用的微囊化材料有乙基纤维素等。另一种调节释药速率的方法是在制备过程中，结合不同比例的包衣及不包衣的药物树脂颗粒，从而在体内达到不同血药浓度水平。空气悬浮包衣法、界面缩聚法、喷雾干燥法、乳剂-溶剂挥发法、浸润包衣法及喷雾冷凝法等多种技术均可应用。

（五）制备举例

例 16-11 左旋多巴树脂缓释混悬剂

【处方】

药物树脂处方	Amberlite IRP69 树脂	左旋多巴
浸渍处方	PEG 4000	
包衣处方	液状石蜡	丙酮
	司盘 80	PEG 400
	Eudragit RL100	
混悬剂处方	蔗糖	黄原胶
	丙二醇	草莓香精
	对羟基苯甲酸乙酯	EDTA
	去离子水	

【制法】

（1）左旋多巴载药树脂的制备：采用动态制备方法，称取 500 mg Amberlite IRP69 树脂装入截面积为 4 cm² 的动态交换柱中，湿法装柱，使其平铺在交换柱底部，排除其中的空气。将 1 mg/mL 的左旋多巴溶液（溶解在 0.01 mol/L HCl 中）倒入树脂柱中，调整下方孔塞使其以 1 mL/min 流速匀速流下，设置载药温度为（37.0±0.5）℃。载药时间为 2.5 h。载药完成后，将湿树脂用去离子水洗涤三次，去除其表面的游离药物，最后将其放入烘箱在 40～60℃ 干燥即得。最终制得的左旋多巴载药树脂载药量为 0.508 mg 左旋多巴/1 mg 树脂。

（2）药物树脂的浸渍：PEG 4000 作为浸渍剂，配制 30%（W/V）的 PEG 4000 水溶液，水浴升温至 45℃，使之溶解，加入适量药物树脂，室温下搅拌 1 h，抽滤、烘干即得浸渍后的药物树脂。

（3）左旋多巴缓释微囊的制备：采用乳化溶剂包衣法制备药物树脂微囊，以液状石蜡为连续相、丙酮为分散相、司盘 80 为乳化剂，调整其比例为液状石蜡∶丙酮∶司盘＝24∶8∶1，形成均匀稳定乳化包衣体系。以 Eudragit RL100 为包衣材料，其用量相当于药物树脂质量的 15%，包衣液浓度为 1%，增塑剂用量为包衣材料用量的 18%。Eudragit RL100（缓释囊材）、PEG 400（增塑剂）和浸渍后的药物树脂依次加入分散相中，将分散相在 35℃ 搅拌的条件下缓慢滴加至连续相与乳化剂中，丙酮渐渐挥干，囊材固化于树脂表面形成一层包衣壳，包衣时间为 4 h。所得样品用石油醚洗涤三次，离心，抽滤，50℃ 干燥 4 h，即得药物树脂包衣微囊。

（4）左旋多巴树脂缓释混悬剂的制备：将 0.8 g 黄原胶（助悬剂）和适量蔗糖（填充剂）用水溶解搅拌均匀，制得稳定的悬浮液。将左旋多巴缓释微囊（相当于左旋多巴 200 mg）分散在 0.6 mL 丙二醇（润湿剂）中，将悬浮剂黏液倒出并与润湿的微囊混合，然后连续加入适量的填充剂蔗糖（前后总量共 4 g）、EDTA（螯合剂）、0.03 g 对羟基苯甲酸乙酯（防腐剂）、0.03 g 草莓香精（矫味剂），最后，将悬浮液用去离子水定容至 100 mL，并保存于避光容器中。

【注解】　本制剂中以离子交换树脂为载体制备微囊，进而制备缓释混悬剂。由于药物以离子键形式结合在树脂上，其释放需要在离子环境中。将微囊分散在非离子体系中时，其渗漏率会大大减小，进而提高了缓释混悬剂的稳定性。

（五）树脂微囊的评价

（1）**粒径**　利用显微镜等仪器计算制剂的粒径分布，观察制剂是否均匀，是否出现聚集成块、粘连等现象。

（2）**形态**　利用扫描电镜等仪器观察制剂的形态学特征，如是否有完整衣膜。

（3）**含量测定**　利用高效液相等仪器建立制剂中药物含量测定的方法，并对其进行含量测定。

（4）**体外释放度测定**　制剂在模拟体内环境规定条件下溶出的速率和程度，证明制剂中的药物没有意外突释，最后制订出合理的体外药物释放度测定方法，以监测产品的生产过程并对产品进行质量控制。

参考《中国药典》（2020 年版）四部中缓释、控释和迟释制剂指导原则，可选择 3 个时间点（1 h、6 h、12 h）进行考察，对药物制剂的释放情况进行综合评价。1 h 的累积释放率（L_1）以 30% 为指标，判断药物有无突释；6 h 的累积释放率（L_6）以 60% 为指标，判断药物的释放情况；12 h 累计释放率（L_{12}）以 85% 为指标，判断药物是否释放完全。以 1 为权重系数，计算公式如下：

$$L = |L_1 - 30\%| + |L_6 - 60\%| + |L_{12} - 85\%| \tag{16-12}$$

式（16-12）表明 L 值越小，制剂缓释效果越接近设定值，缓释效果越好。

第四节　口服定时和定位释药系统

近年来，人们对药物特性以及临床药理学的研究不断深入，将疾病的发病特征、临床需求和各种释药技术结合，可实现特定的药物释放模式，满足临床治疗需求。

口服定时和定位释药系统，具有普通制剂或缓控释制剂不可比拟的优势，已成为药物新剂型研究开发的热点之一。

一、口服定时释药系统

（一）概述

节律性是生命的基本特征之一，人体的许多生理功能和生理、生化指标都具有昼夜节律性变化，如体温、胃肠运动、血糖、血压、肾上腺皮质激素等。时辰生物学、时辰药理学、时辰病理学和时辰治疗学的研究表明许多疾病的发作也存在着明显的周期性节律变化，如溃疡患者胃酸的分泌在夜间增高，牙痛在夜间到凌晨更明显，类风湿性关节炎疼痛的峰值在凌晨，哮喘患者的呼吸困难、最大气流量降低在深夜最严重，高血压、心绞痛、心肌梗死及脑卒中等多在凌晨发作。一些普通制剂、缓控释制剂，药物在给药后开始释放，在不易发病的时间内药物维持了一定的浓度，而到需要药物起到预防和治疗作用时，体内药物浓度却无法达到有效治疗浓度，从而延误了这些节律性变化疾病的有效治疗时机。

择时治疗是根据疾病发病时间规律及治疗药物时辰药理学设计不同的给药时间和剂量方案，选用合适的剂型，从而降低药物的毒副作用，达到最佳疗效。口服定时释药系统（oral chronopharmacologic drug delivery system）是根据人体的生物节律变化特点，按照生理和治疗的需要而定时、定量释药的一种新型给药系统。该类制剂服药后一段时间内不释药，之后在预定时间内迅速或缓慢释药，属于《中国药典》（2020年版）所定义的迟释制剂的范畴。根据药物释放的方式，可分为迟释-速释型和迟释-缓释型释药系统。其中迟释-速释型制剂服药后不立即释药，到达治疗时机爆破式完全释药。迟释-缓释型制剂不仅具有一定的时滞，而且能满足在特定时间段平稳缓慢释药的治疗要求。按照制备技术的不同，又可将口服定时释药系统分为渗透泵型定时释药系统、包衣脉冲释药系统和定时脉冲塞胶囊剂等。

（二）渗透泵型定时释药系统

渗透泵型定时释药系统具有延迟释放和恒速释放双重特征，且释药行为不受释药环境等因素影响，是延迟释药中最理想的一种。传统渗透泵定时释药系统的基本组成为片芯、半透膜包衣层和释药小孔。片芯可制成单层、双层、三层片。以双层片芯为例：药物层离释药小孔近，由药物和含渗透物质的聚合物材料组成；推动层离释药小孔远，由促渗透聚合物和渗透压活性物质组成，常选聚氧乙烯和聚乙烯吡咯烷酮等作为促渗透聚合物。常用的半透膜包衣材料有醋酸纤维素、乙基纤维素等。口服后胃肠道的水分通过半透膜进入片芯，使药物溶解成饱和溶液，因渗透压活性物质使膜内溶液成为高渗溶液，从而使水分继续进入膜内，药物溶液从小孔泵出。因水分进入半透膜以及渗透活性物质吸水产生足够的渗透压过程需要一定时间，因此时滞是渗透泵制剂的特点。包衣材料种类、配比、包衣增重，聚合物材料种类和用量都是控制药物释放时间的重要因素。在自身时滞不能满足迟释要求时，还可以在渗透泵片的外面包衣，以达到特定的时滞。

在双层渗透泵片内，于释药孔一侧再加上一层亲水性物质构成三层渗透泵片。因亲水物质遇水形成亲水凝胶，阻滞药物的释放，故这种三层渗透泵制剂具有滞后释药的功能，调节亲水物质层的厚度，可得到不同时滞的制剂。如 Covera-HS 是 G. D. Searle 公司开发的盐酸维拉帕米迟释型渗透泵片，是利用渗透泵技术实现定时释药的制剂。其主药为盐酸维拉帕米，药物层选用聚氧乙烯（分子质量 300 kDa）、聚乙烯吡咯烷酮（PVP K29-32）作促渗剂；推动层包括聚氧乙烯（分子质量 700 kDa）、氯化钠、羟丙甲纤维素（HPMC E5）等。外层包衣材料为醋酸纤维素、羟丙甲纤维素和聚乙二醇（PEG 3350）。盐酸维拉帕米迟释型渗透泵片在服药后大约 5 h 开始释放药物，并且以零级形式释放。Covera-HS 晚上临睡前服用，到了次日清晨可释放出一个脉冲剂量的药物，正好在人血压升高的时候有效控制血压及血流量，十分符合高血压节律变化的需要。

例 16-12 盐酸曲美他嗪择时渗透泵片

【处方】

含药层处方	盐酸曲美他嗪	60 mg	PEO N80	50 mg
	PVP K90	5 mg	氯化钠	20 mg
	硬脂酸镁	1 mg		
推动层处方	PEO-WSR 303	45 mg	PVP K30	5 mg

HPMC K4M	5 mg	氯化钠	18 mg
氧化铁红	2 mg	硬脂酸镁	1 mg

阻滞层处方　　羟乙纤维素

半透膜包衣处方　　醋酸纤维素　　　　　　　　PEG 4000

【制法】 ①按双层片常规工艺，采用湿法制粒压制由含药层和推动层组成的盐酸曲美他嗪渗透泵片芯。取处方量羟乙纤维素溶于50%乙醇液中，混匀，得固含量为10%的羟乙纤维素包衣液。将制得的双层片芯置包衣锅内，用上述阻滞层包衣液进行包衣增重至8%。②取处方量醋酸纤维素和PEG 4000，溶解于丙酮中，混匀，得半透膜包衣液。将制得的阻滞层包衣片置包衣锅内，用半透膜包衣液二次包衣增重至10%，置40℃干燥24 h。③取包衣干燥后的双层片，用激光在片剂含药层一侧表面中央打一个孔径为0.7 mm的释药孔，即制得盐酸曲美他嗪择时渗透泵片。

【注解】 ①该制剂通过阻滞层包衣实现了兼具释药时间可控和零级恒速释药双重效果的盐酸曲美他嗪择时渗透泵片。②本研究制备的盐酸曲美他嗪择时渗透泵片与Covera-HS为同一类剂型，它针对心绞痛发作的特点，睡前服药，凌晨起效，符合时辰治疗学要求，具有较好的临床应用前景。

（三）包衣脉冲释药系统

包衣脉冲释药系统基本结构为含活性药物成分的片芯或丸芯包被具有一定时滞的包衣层（可以是一层或多层）。实现脉冲释放的基本单元可以是片剂、微丸、小片等。包衣层可阻滞药物从片芯的释放，阻滞时间可通过改变衣膜的组成、厚度来改变。某些制剂核心中还含有崩解剂，当包衣层溶蚀或破裂后，崩解剂可促使核心中的药物快速释放。包衣脉冲释药系统的包衣方法主要有膜包衣技术和压制包衣技术，可通过衣膜溶蚀或膨胀、破裂、pH敏感性、渗透性等机制控制释药。

1. 膜包衣技术

（1）膜包衣定时爆释系统（time-controlled explosion system） 通过控制水进入膜内以及崩解物质崩解胀破膜的时间来控制药物的释放时滞。如设计结肠定时释药胶囊，首先在明胶胶囊壳外包EC，胶囊底部用机械方法打出大量的小孔（400 μm），胶囊内容物的下层由L-HPC构成膨胀层，膨胀层上是药物贮库，含药物和填充剂，盖上囊帽用EC密封（图16-14）。给药后，水分子通过底部小孔进入，L-HPC水化膨胀产生的膨胀力超过外层衣膜的抗张强度时，膜开始破裂，药物爆炸式释放。

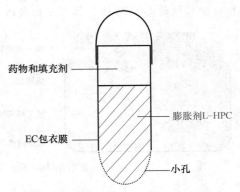

图16-14　膜包衣定时爆释胶囊示意图

以盐酸索他洛尔爆破型脉冲片为例进行说明。将盐酸索他洛尔和L-HPC（崩解剂）、乳糖、微晶纤维素、滑石粉等充分混合均匀，压片，制成含药片芯，然后以乙基纤维素（EC）为包衣材料，邻苯二甲酸二乙酯（DEP）为增塑剂，聚乙二醇6000为致孔剂，采用薄膜包衣法在片芯外包衣，制得定时爆释脉冲片。该制剂在体外延迟释放时间为4～6 h，时滞后1.5 h累积释药达90%。药物脉冲释放的关键在于片芯崩解剂的选择和包衣层的处方。结果表明，影响脉冲片时滞T10的首要因素是衣膜的厚度，调整包衣层增重可以得到不同时滞的脉冲片。

（2）包衣溶蚀型脉冲释药系统（corrosion pulsed-release system） 将含药片芯或丸芯包裹于一层或多层聚合物中实现脉冲效果。内层药物在外部聚合物衣膜逐层溶蚀后释放出来，通过改变外层聚合物衣膜的种类和厚度来控制时滞的长短。还可以通过含药层和包衣层交次叠加来实现多次脉冲。以二次脉冲溶蚀系统为例说明脉冲机制。首先在含药丸芯或片芯上包一层空白聚合物膜，然后在聚合物包衣膜上包裹一层含药层，口服后制剂在胃肠道中，最外层的含药层逐步溶蚀并释放药物，待其释药完全后空白聚合物层开始溶蚀，待空白聚合物溶蚀完全后药物从丸芯或片芯中迅速释放，从而实现二次脉冲释药。例如，日服一次的阿莫西林脉冲控释片，可在胃肠道不同段脉冲释药，优于日服三次的普通片，且耐受性好。

2. 压制包衣技术

压制包衣技术是将药物片芯包压一层具有控制释放作用的聚合物膜层。根据外层包衣材料的性质，压制包衣脉冲制剂分为半渗透型、溶蚀型和膨胀型。

半渗透型脉冲制剂的包衣材料主要是蜡质和致孔剂。例如，用异烟肼作为模型药物，片芯由药物和崩解剂组成，外层包衣材料由氢化蓖麻油和 PEG 组成，通过改变氢化蓖麻油和 PEG 的比例，可以调节释药时滞为 4～12 h。

溶蚀型脉冲制剂的包衣材料常用低黏度的 HPMC，如 HPMC E3、HPMC E5、HPMC E50 等，可通过选择不同黏度、不同剂量的 HPMC 来调节释药时滞。

膨胀型脉冲制剂的包衣材料主要有高黏度 HPMC、HEC 等。使用 HPMC K4M 或 HPMC K100M 作为包衣材料的压制包衣制剂能够实现在一定时间的时滞后，药物呈零级释放。

例 16-13 卡维地洛脉冲释放片

【处方】

片芯	包衣
卡维地洛（10%）	HPMC K15M（35%）
CMS-Na（63%）	卡拉胶（62.5%）
MCC（27%）	PEG 6000（1%）
	滑石粉（2.5%）

【制法】 ①称取处方量的卡维地洛、CMS-Na 和 MCC，混合均匀，置于直径为 7 mm 的冲模中，压制质量为 0.1 g 的弧形片芯。②采用压制包衣法对片芯进行包衣，将 HPMC K15M、滑石粉与卡拉胶等混合均匀，取 0.1 g 置于直径为 9 mm 的冲模中，铺平，将制备好的片芯置于模孔中，轻压片芯，使片芯陷入衣膜材料层中，再取 0.1 g 衣膜材料倒入冲模，铺平，压片，即得。

【注解】 处方中，卡维地洛为主药、CMS-Na 为崩解剂、MCC 为填充剂、HPMC K15M 为干法包衣材料、卡拉胶为释放时间调节材料、PEG 6000 为增塑剂、滑石粉为润滑剂。卡维地洛脉冲释放片在迟滞 8 h 后开始快速释放药物，且在 2 h 内药物释放完全。

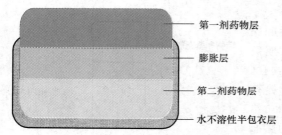

图 16-15　半包衣双层脉冲片结构示意图

3. 半包衣双层脉冲片

半包衣双层脉冲片结构由片芯和水不透性半包围外膜组成（图 16-15）。片芯从外到内分别是第一剂药物层、膨胀高分子材料层、第二剂药物层。口服后，未包衣的第一剂药物在胃液中迅速释放，中间膨胀高分子材料吸水膨胀，水分逐渐渗入第二剂，促使第二剂药物释放，实现两次脉冲释药。

（四）定时脉冲塞胶囊剂

定时脉冲塞胶囊剂由以下几个部分组成：水不溶性胶囊壳体、药物贮库、定时塞和水溶性胶囊帽。当定时脉冲塞胶囊剂与水性液体接触后，水溶性胶囊帽溶解暴露出定时塞，定时塞遇水即膨胀，或溶蚀，或在酶作用下降解脱离水不溶性胶囊壳体，贮库中的药物得以快速释放。药物释放滞后时间由定时塞脱离时间决定。

根据释药过程，定时塞可分为膨胀型、溶蚀型和酶降解型，见图 16-16。膨胀型定时塞由亲水凝胶组成，如 HPMC、PEO；溶蚀型定时塞可用 L-HPMC、PVP、PEO 等压制而成，也可通过熔融聚乙烯甘油酯浇铸制备；酶降解型定时塞有单、双层两种，单层定时塞由底物和酶混合而成，如果胶和果胶酶；双层定时塞由底物层和酶层组成，遇水时底物在酶的作用下分解从而释放药物。

Pulsincap 胶囊是 Scherer DDS-Ltd 制药公司开发的

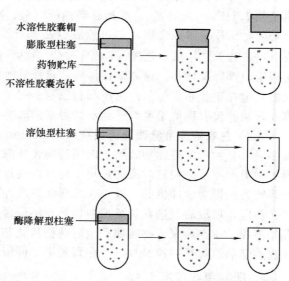

图 16-16　膨胀型、溶蚀型和酶降解型定时脉冲塞胶囊剂

定时脉冲塞胶囊，以亲水凝胶为定时塞，利用亲水凝胶遇水膨胀从而脱离囊体，释放药物。该技术可与定位释放技术结合，利用肠溶性材料制备可溶性胶囊帽，可实现胶囊进入肠道后开始溶解，然后释放药物，达到定位定时释药的效果。

例 16-14 冬凌草甲素结肠定位柱塞型脉冲释药胶囊

【处方】

水溶性胶囊帽：明胶胶囊帽

非渗透性囊体：乙基纤维素

冬凌草甲素速释滴丸：冬凌草甲素（25%）　　　PEG 4000（25%）

　　　　　　　　　　　PEG 6000（50%）

柱塞片：HPMC K15M　11 mg　　乳糖　88 mg

　　　　硬脂酸镁　1 mg

【制法】

（1）冬凌草甲素速释滴丸的制备：精密称取冬凌草甲素 0.30 g，加入无水乙醇 0.5 mL，超声溶解。称取处方量 PEG 6000、PEG 4000，置于 10 mL 烧杯中，70℃水浴加热熔融。将冬凌草甲素溶液加入熔融基质中，水浴加热至无醇味，保温静置，除去气泡。将混合液在 70℃下，以 30 滴/min 的速率滴到二甲基硅油中，收集滴丸，擦去表面的冷凝液，置于干燥器内保存备用。

（2）非渗透性囊体的制备：精密称取乙基纤维素适量，置于锥形瓶中，加入二氯甲烷与无水乙醇的混合溶液，磁力搅拌 2 h 以使 EC 溶解。将 EC 溶液灌注于 1 号普通明胶胶囊体内，使液面与囊口齐平，5℃下挥去溶剂，然后置 37℃水中浸泡，除去外胶囊体，即得非渗透性囊体。

（3）柱塞片的制备：将 HPMC K15M 和乳糖过 100 目筛，混匀，加入 1% 硬脂酸镁混匀，冲头直径 6.0 mm，单冲压片机压片，控制片重 100 mg、厚度 4.1 mm、硬度 5 kg，制备 HPMC K15M 和乳糖比例为 1∶8 的柱塞片。

（4）柱塞型脉冲胶囊的制备：取冬凌草甲素滴丸置于非渗透性囊体中，再放入柱塞片使其与囊口平行，并将水溶性囊帽套接，即得。

【注解】 ①冬凌草甲素难溶于水，制成速释滴丸后测定其溶散时限为 12 min，可保证时滞后到达结肠部位药物迅速释放，增加局部药物浓度，提高疗效。②当柱塞型脉冲释药胶囊与消化液接触后，囊帽溶解，柱塞片吸水后逐渐溶蚀。当柱塞片溶蚀至一定程度时，水分进入囊体，药物迅速从囊体内释放，产生一个脉冲式的释药峰，从而达到定时或定位释药的目的。

二、口服定位释药系统

（一）概述

口服定位释药系统（oral site-specific drug delivery system）是指口服后将药物选择性地输送到胃肠道的某一特定部位，以速释或缓控释释放药物的剂型。大多数缓控释制剂可以很好地控制药物从制剂中的缓慢释放，却无法保证药物的有效吸收，而胃肠道是口服药物吸收的主要场所，因此将药物选择性输送到胃肠道某一特定部位，可以促进药物的吸收，提高生物利用度。

补充材料：口服结肠
定位释药系统

口服定位释药制剂有以下优点：①蛋白质和多肽类药物制成结肠定位释药系统可防止其在胃部的强酸环境下变性失活，有利于药物吸收。②胃肠道定位释药可以治疗局部疾病，提高局部药物浓度，提高疗效，降低剂量。③结肠定位释药系统还可以避免首过效应，提高生物利用度。④改善受个体化差异、胃肠道运动造成的药物吸收不完全现象。

口服定位释药系统根据药物在胃肠道的具体释药部位可分为胃定位释药系统、口服小肠定位释药系统和口服结肠定位释药系统。

（二）胃定位释药系统

胃定位释药系统主要通过延长制剂在胃中的滞留时间来实现胃定位，所以也可称为胃滞留系统。对于在酸性环境中溶解的药物,在胃及小肠上部吸收率高的药物和治疗胃、十二指肠溃疡等疾病的药物适宜制成此类制剂。实现胃滞留的主要途径有:①胃内漂浮滞留;②胃壁黏附滞留;③膨胀滞留。

(1) **胃内漂浮型释药系统**　其由药物和一种或多种亲水凝胶及其他辅料如助漂剂、发泡剂等组成。根据流体动力学平衡原理(HBS)设计,口服后可维持自身密度小于胃内容物密度,使其漂浮在胃中。目前,常用的亲水凝胶有 HPMC、MC、HPC、PVP 和卡波姆等。一些相对密度较小的疏水性脂肪醇类、酯类、脂肪酸类等可作为助漂剂,而发泡剂一般使用碳酸氢钠、碳酸钙或碳酸镁,可单独使用,也可和枸橼酸、酒石酸等酸性物质联合使用。

(2) **胃壁黏附型释药系统**　其采用具有生物黏附作用的高分子材料,使得制剂可结合于胃黏膜或上皮细胞表面,从而达到延长胃内滞留时间和释药时间,促进药物吸收,提高生物利用度的目的。目前,黏附材料主要有:①天然黏附材料(明胶、透明质酸、海藻酸盐等);②半合成黏附材料(HPMC、CMC-Na 等);③合成生物黏附材料(卡波姆等)。

(3) **胃内膨胀型释药系统**　胃中的内容物通过幽门排入小肠,该种制剂口服入胃后体积迅速膨胀至大于幽门,使之无法通过幽门排入小肠,从而延长了胃内滞留时间。常用的膨胀材料有:交联 PVP、交联 CMC、羧甲基淀粉钠等。

例 16-15　盐酸西曲酸酯胃漂浮片

【处方】

盐酸西曲酸酯	200 mg	HPMC 8000	30 mg
CMC-Na	30 mg	十六醇	70 mg
CaCO₃	30 mg		

【制法】　①按处方比例称取各组分适量,分别粉碎并过 80 目筛;将盐酸西曲酸酯过 10 目筛,充分混合,加入 1% 硬脂酸镁,混匀。②TDP 单冲压片机浅凹冲模干法直接压片,得外观光洁白色漂浮片。

【注解】　处方中,盐酸西曲酸酯为主药,HPMC 8000 和 CMC-Na 是骨架材料,十六醇是助漂剂,CaCO₃ 是发泡剂。HPMC 8000 是羟丙甲纤维素较高黏度的产品,在片剂中与水接触后,水化形成凝胶层,控制外围水分的进一步渗入和凝胶内药物的扩散,形成流体动力学平衡的"边界收缩"凝胶结构,并长时间保持一定形状,漂浮于介质液面上。

例 16-16　丹皮酚胃黏附片

【处方】

丹皮酚	100 mg	HPMC K15M	60 mg
卡波姆 934	140 mg	乳糖	90 mg
十二烷基硫酸钠	30 mg	碳酸钙	90 mg
滑石粉	10 mg		

【制法】　按处方量称取主药和辅料,以等量递加法置研钵中充分研磨,卡波姆最后加入,混合均匀,用单冲压片机(9 mm 冲头)直接压片即得。

【注解】　①处方中丹皮酚为主药,HPMC K15M 和卡波姆 934 是黏附材料,乳糖是填充剂。碳酸钙是 pH 调节剂,在中和胃酸的同时,可以通过调节微环境 pH 值来提高卡波姆的黏性。十二烷基硫酸钠是表面活性剂,促进丹皮酚的溶出。滑石粉是润滑剂。②丹皮酚胃黏附片在 10 h 累积释放度可以达到 85% 以上,黏附力为 62.35 g/cm²。

(三)口服小肠定位释药系统

小肠定位释药系统是指在胃中特有的生理环境下不释药,但在进入小肠后,能按预设的时间和位置速释或缓释药物的制剂。作为药物主要吸收部分的小肠,小肠定位释药可以防止药物在胃内失活,增加药物稳定性并减少对胃的刺激作用。

口服小肠定位释药系统包括 pH 敏感型和时滞型两种。pH 敏感型小肠定位释药系统主要为包肠溶衣的释药系统,肠溶包衣(enteric coating)能够耐胃酸,进入肠部某部位后能迅速崩解并释放内容物,从而发挥药效。肠溶聚合物的作用机制是其在不同的 pH 介质中溶解度不同,即在低 pH 时保持完整而在较高 pH 时溶出并释放药物。肠溶包衣制剂属延迟释放剂型(delayed release form)。其主要目的是:

① 避免药物受到胃内酶类或胃酸的破坏。例如第 2 代质子泵抑制剂兰索拉唑为弱碱性化合物,在酸

性溶液中降解很快，所以将其肠溶包衣能有效提高疗效。

② 避免药物对胃黏膜产生强烈刺激，引起恶心、呕吐等不良反应。萘普生是常用的非甾体抗炎药，但是该药易造成胃黏膜损害，故制成肠溶制剂，避免萘普生直接接触胃黏膜，降低胃黏膜损害。

③ 将药物传递至肠部局部部位发挥作用。例如，将美沙拉嗪制备为肠溶片治疗非特异性小肠溃疡。

④ 提供延迟释放作用。相比于临床所用的胃溶型阿莫西林制剂，采用肠溶微丸压片技术制备阿莫西林肠溶片，具有更好的延迟释放作用。

⑤ 将主要由小肠吸收的药物尽可能以最高浓度传递至该部位，例如右兰索拉唑双重控释多单元肠溶片。

可根据要求，选用在酸性条件下不溶，在肠道高 pH 条件下快速溶解的包衣材料，实现小肠定位释药。也可以采用定时释药系统，通过改变释药系统时滞的长短控制药物释放的时间和位置。但是由于受胃排空时间的影响，如果只利用时滞不一定能够完全达到小肠定位释药的目的，所以可将控制释药时间的技术和采用肠溶包衣技术相结合，从而达到小肠定位释药。

常见的小肠定位释放制剂包括肠溶包衣片以及胶囊、含有多种肠溶包衣微粒的胶囊或将肠溶包衣微丸压成崩解片等。由于小肠不同区段的生理状况不同，药物在不同区段的吸收也会有很大差别，在设计这类制剂时要考察药物在小肠的最佳吸收部位，选择合理处方和制剂工艺从而提高其生物利用度。

例 16-17 *屈螺酮炔雌醇肠溶片*

【处方】

炔雌醇	0.03 g	羧甲基纤维素钠	10 g
屈螺酮	3 g	淀粉	20 g
乳糖	80 g	微晶纤维素	50 g
聚乙烯吡咯烷酮	5 g		

【制法】 混匀以上物料，加水制粒，烘干、整粒，压成直径为 8 mm 的圆形片剂，每片中含有炔雌醇 0.03 mg 和屈螺酮 3 mg。同时，用 85% 的乙醇作为溶剂，用含邻苯二甲酸醋酸纤维素专用包衣材料配置成 10%～15% 的悬浮液，混匀后，在制成的片剂外包上一层衣膜。

【注解】 屈螺酮炔雌醇肠溶片是通过在口服固体制剂的外层加上一层在肠高 pH 生理环境溶解的聚合物包衣材料，使该剂型在胃酸中不溶解，而在酸度接近中性时溶解。

第五节　口服缓释与控释制剂体内外评价

缓控释制剂是按设计的程序使活性成分定时、定量释放的一种制剂，因此，它的体外释放速率和体内吸收速率的测定以及体外溶出和体内吸收相关性的综合评价相较于普通制剂更为重要，是缓控释制剂的质量标准中必不可少的质量控制指标。本节将主要介绍目前常用的口服缓控释制剂体内外评价方法。

一、体外释药行为评价

体外释放试验是口服缓控释制剂体外评价的主要方法，即通过模拟人体消化道胃肠液环境，测定制剂中药物释放的速率和程度。释放度是指口服药物从缓控释制剂、肠溶制剂、透皮制剂等制剂在规定溶剂中释放的速率和程度，而普通制剂的释药速率和程度称为溶出度。体外释放度的测定是口服缓控释制剂处方工艺筛选的重要参考标准，也是有效控制产品质量的重要手段。体外释放试验在处方优化、释药机制研究、稳定性研究和生物等效性等方面具有指导性作用。但是由于体内情况十分复杂，体外模拟也只能是相对的，所以体外释放速率的数据尚需体内外相关性考察后才具有可靠性的参考价值。

1. 常用的释放评价方法

根据《中国药典》（2020 年版）测定溶出度与释放度测定法有转篮法、小杯法、桨法、桨碟法、转筒法、流池法等。其中口服缓控释制剂的释放度实验可采用溶出度仪测定，常用转篮法、小杯法、桨法三种方法进行体外释放评价。《美国药典》中另有往复筒（reciprocating cylinder）法和流通池（flow-through cell）法，用于缓控释制剂释放度的测定。

释放试验的模拟体温应该控制在（37±0.5）℃范围之内，释放介质应根据药物的理化性质（溶解性、稳定性、油水分配系数等）、生物学性质（吸收部位等）及口服后可能遇到的生理环境进行选择。水性介质为首选，如脱气的纯化水，0.001～0.1 mol/L 的盐酸，pH 2～8 的磷酸盐缓冲液，pH 3～6 的醋酸盐缓冲液等。对于难溶性药物不宜采用有机溶剂，可通过添加少量表面活性剂（如十二烷基硫酸钠）来达到增溶的目的。释放介质的体积应符合漏槽条件，一般要求释放介质的体积不少于形成药物饱和量的 3 倍。

在释放试验中，所有数据应满足统计学要求，通过累积释药百分数-时间的曲线图来确定合理的释放限度和检验方法，制订出合理的释放度取样时间点。体外释药全过程的时间应该不低于给药间隔且累积释药百分数应达到 90% 以上。释药曲线图中至少要选取 3 个取样点，第一个点（累积释放量约 30%）应该为释放开始 0.5～2 h 之内，用来考察药物是否存在突释行为；第二个取样点应该为中间时间取样点 t（累积释放量约 50%），用来确定释药特性；最后的取样时间点 t（累积释放量＞75%）应该用来考察释放是否完全。

2. 释放曲线的拟合与评价

对释放数据进行正确的拟合与评价是至关重要的，探讨缓释制剂的体外释药机制规律常用以下两种数学模型拟合：

$$\ln(1-M_t/M_\infty)=-kt（一级方程）\tag{16-13}$$
$$M_t/M_\infty=kt^{1/2}（Higuchi 方程）\tag{16-14}$$

对于控释制剂的释药规律常常采用零级释药的数学模型进行拟合：

$$M_t/M_\infty=kt（零级方程）\tag{16-15}$$

式中，M_t 为 t 时间的累积释放量；M_∞ 为 ∞ 时间的累计释放量；M_t/M_∞ 为 t 时的累积释药百分数。拟合过程中相关系数（r）越大越好，误差越小拟合度越高。

常常采用适宜的数学模型比较两种制剂的释放曲线。目前常用的是相似因子 f_2 比较法，该方法无需拟合释放数据并可直接对数据进行统计分析，现已被美国 FDA 推荐应用。当 f_2 处于 50～100 之间时，则认为两缓控释制剂体外释放无显著性差异；f_2 越接近 100 则两者相似度就越高。

二、体内过程评价

缓控释制剂在体外释药行为研究的基础上，还需要进行体内试验来评价其是否能在体内达到预期的血药浓度和维持时间。体内试验结果是制剂处方的最终验证指标。对于缓控释制剂的体内评价应该通过体内药动学以及药效学试验进行安全性和有效性评估。对于药动学试验推荐使用该药物的参比制剂进行研究，通过对比药物的吸收情况、释放行为来评估缓控释制剂的释药行为。对于制剂的药效学研究应该反映在足够广泛的剂量范围内血药浓度与疗效（副作用）之间的关系。如果药物或药物的代谢物和临床疗效存在确定的相关关系则缓控释制剂的临床表现可以通过时间-血药浓度曲线去推测。

（一）临床前药代动力学试验

对于试制的口服缓释与控释制剂，首先应进行动物实验，研究其单次给药和多次给药后的药代动力学特点，考察其缓释特征。在实验中原则上采用成年 beagle 狗或杂种狗，体重差值一般不超过 1.5 kg。参比制剂应为上市的被仿制产品或合格的普通制剂。

（二）生物利用度与生物等效性研究

生物利用度（bioavailability）是指制剂中的药物经血液循环吸收进入人体的速度和程度。而**生物等效性**是指一种药物的不同剂型在相同试验条件下并给予相同剂量，反映其吸收速率和程度的主要药动学参数没有明显的统计学差异。缓控释制剂因为采用了新技术，改变了其体内释放吸收过程，因此必须进行生物利用度比较研究以证实其缓控释特征，但在试验设计和评价时与普通制剂都有不同。《中国药典》（2020年版）和 CDE 指导原则中都规定缓控释制剂的生物利用度和生物等效性研究应在单次给药和多次给药达稳态两种条件下进行。

1. 研究对象

一般选择年龄为 18～40 周岁正常健康的男性受试者，体重为正常体重，避免选择过轻或者过重的受试者。试验前受试者应该通过肝、肾功能以及心电图等常规功能检查并停用一切药物，试验期间禁忌烟酒，受试人数一般情况为 18～24 例。

2. 分析方法的要求

测定方法一般要求具有准确性高、灵敏度高、专属性强等特点。

3. 单次给药试验

单次给药试验旨在比较受试者于空腹状态下服用缓控释受试制剂与参比制剂的吸收速率和吸收程度的生物等效性，确认受试制剂的缓控释药代动力学特征。试验设计基本同普通制剂，给药方式应与临床推荐用法用量一致。

（1）**参比制剂** 若国内已有相同产品上市，应选用该缓控释制剂相同的国内上市的原创药或主导产品作为参比制剂；若系创新的缓控释制剂，则以该药物已上市同类普通制剂的原创药或主导产品作为参比制剂。

（2）**应提供药物代谢动力学参数** ①各受试者受试制剂与参比制剂不同时间点的生物样品药物浓度，以列表和曲线图表示；②计算各受试者的药代动力学参数并计算均值与标准差（$AUC_{0 \to t}$、$AUC_{0 \to \infty}$、C_{max}、T_{max}、F 值），并尽可能提供其他参数，如平均滞留时间（MRT）等体现缓控释特征的指标。

（3）**结果评价** 缓控释受试制剂单次给药的相对生物利用度估算同普通制剂。如缓控释受试制剂与缓控释参比制剂比较，若 AUC、C_{max}、T_{max} 均符合生物等效性统计学要求，可认定两制剂于单次给药条件下生物等效；若缓控释受试制剂与普通制剂比较，一般要求 AUC 不低于普通制剂 80％，而 C_{max} 明显降低，T_{max} 明显延迟，即显示该制剂具缓释或控释动力学特征。

4. 多次给药试验

多次给药试验旨在比较受试制剂与参比制剂多次连续用药达稳态时，药物的吸收程度、稳态血药浓度和波动情况。

（1）**给药方法** 按临床推荐的给药方案连续服药的时间达 7 个消除半衰期后，通过连续测定至少 3 次谷浓度（谷浓度采样时间应安排在不同日的同一时间内），以证实受试者血药浓度已达稳态。达稳态后参照单次给药采样时间点设计，测定末次给药完整血药浓度-时间曲线。

以普通制剂为参比时，普通制剂与缓控释制剂应分别按推荐临床用药方法给药（例如普通制剂每日 2 次，缓控释制剂每日 1 次）。达到稳态后，缓控释制剂选末次给药，参照单次给药采样时间点设计，然后计算各参数；而普通制剂仍按临床用法给药，按 2 次给药的药时曲线确定采样时间点，测得 AUC 是实际 2 次给药后的总和，稳态峰浓度、达峰时间及谷浓度可用 2 次给药的平均值。如用剂量调整公式计算 AUC（如以 1 次给药 AUC 的 2 倍计），将会使测得的 AUC 值不能准确反映实际 AUC 值。

（2）**应提供的药代动力学参数与数据** ①各受试者缓控释受试制剂与参比制剂不同时间点的血药浓度数据以及均值和标准差；②各受试者末次给药前至少连续 3 次测定的谷浓度（C_{min}）；③各受试者在血药浓度达稳态后末次给药的血药浓度-时间曲线，稳态峰浓度（$C_{ss\text{-}max}$）、达峰时间（T_{max}）及谷浓度（$C_{ss\text{-}min}$）的实测值，并计算末次剂量服药前与达 τ 时间点实测 $C_{ss\text{-}min}$ 的平均值；④各受试者的稳态药时曲线下面积（AUC_{ss}）、平均稳态血药浓度（C_{av}），$C_{av} = AUC_{ss}/\tau$，AUC_{ss} 系稳态条件下用药间隔期 0～τ 时间的 AUC，τ 是用药间隔时间；⑤各受试者血药浓度波动度（DF_{ss}），$DF_{ss} = (C_{max} - C_{min})/C_{av} \times 100\%$。

（3）**结果评价** 一般同缓控释制剂的单次给药试验的统计。当缓释制剂与普通制剂比较时，对于波动系数的评价，应结合缓释制剂本身的特点具体分析。

另外，对于不同的缓控释剂型，如结肠定位片、延迟释放片等，还应当考虑剂型的特殊性来设计试验，增加相应考察指标以体现剂型特点。

三、 体内外相关性

缓控释制剂的体外评价，其目的是用体外试验代替体内试验，以控制制剂的质量。因此，缓控释制剂要求进行体内-体外相关性试验，其反映整个体外释放曲线和血药浓度-时间曲线之间的关系。只有当体内外具有相关性，才可以通过体外释放曲线预测体内情况。

（一）概念

体内外相关性（in vitro-in vivo correlation，IVIVC）是将药物剂型体外的释药情况与其体内相应的应答关联起来，即将由制剂产生的生物学性质或由生物学性质衍生的参数（如 T_{max}、C_{max} 或 AUC），与同一制剂的物理化学性质（如体外释放行为）之间建立合理的定量关系。IVIVC 模型的创建主要是通过体外释放检查方法来替代人体生物等效性研究，这一目的主要体现在两方面：①在初期批准阶段或批准前后发生某些变更（如制剂、设备、工艺和生产地变更）时，可用 IVIVC 模型的相关指标替代体内 BE 试验；②依据 IVIVC 模型制定溶出度质量标准。

体内外相关性可归纳为以下四种：

（1） **A 级**　表示体外整个释放度/释放时间过程与整个体内反应的时间过程如血浆药物浓度或吸收的药物数量之间的点点对应关系。通常此类相关性呈线性特征，在线性相关的条件下，体外溶出度与体内输入速率曲线直接重合或通过使用换算因子而重合；非线性相关的情况也可以采用，但并不常见。

（2） **B 级**　根据统计矩原理而创建的 IVIVC 模型，即对体外溶出时间平均值（MDT vitro）与滞留时间平均值（MRT）或体内溶出时间平均值（MDT vivo）进行比较。与 A 级相比，B 级不属于点对点的相关性，因此，仅依靠 B 级相关性并不能预测出实际的体内血药浓度曲线，因为不同的血药浓度曲线可能有相同的滞留时间平均值。B 级的实际应用价值不大。

（3） **C 级**　构建溶出度参数（如 $t_{1/2}$、4 h 内的溶出百分比）与药代动力学参数（如 AUC、C_{max}、T_{max}）之间的单点相关性。这种相关性是一种部分相关性。所得的相关参数既不能反映血药浓度-时间曲线形状，也不能反映整个释放过程与整个吸收过程特征。此模型多用于选择制剂和制定质量标准。

（4） **多重 C 级**　构建一个或多个相关药代动力学参数与体外溶出试验中不同时间点的药物溶出量的多点相关性。多重 C 级 IVIVC 至少包括 3 个时间点的药物释放特征参数，选择的时间点应能反映出早期、中期和晚期的溶出特征。多重 C 级相关性的获得很可能创建出 A 级相关性。A 级相关性模型提供的信息量最多，是药品审评机构推荐的首选方法。多重 C 级模型与 A 级模型作用相当，然而若可建立多重 C 级相关，A 级相关也有可能建立，此时应优先选择 A 级相关。C 级相关一般用于制剂处方筛选早期阶段。B 级相关一般不适用于药政注册。

（二）体内外相关性的建立

由于目前没有一种体外方法能够完全模拟动态复杂的体内过程，所以并不是所有的药物都适合建立IVIVC。一般认为，建立 IVIVC 需要具备以下条件：①药物的释放过程是整个吸收过程的限速步骤；②药物在胃肠道内或胃肠道壁不发生或只发生少量降解或代谢；③在不同的生理状态下，胃肠道对药物的吸收没有显著变化；④体外试验具有区分性和预测性；⑤药物不应受个体差异或疾病状况影响过大。

（1）**体内吸收率-时间的吸收曲线**　根据单剂量交叉试验所得数据对在体内吸收呈现单室模型的药物，根据 Wagner-Nelson 方程换算吸收百分率-时间的体内吸收曲线。双室模型药物可用简化的 Loo-Rigelman 方程计算各个对应时间点的吸收百分率。

（2）**体外累计释放率-时间的释放曲线**　根据体外释放试验要求获取相应的受试缓控释制剂释放数据，并在最佳的试验条件下得到相应结果。

（3）**体内外相关性检验**　若体外药物释放为限速步骤，可利用线性最小二乘法回归原理将同批次受试制剂的体内吸收曲线和体外释放曲线上各对应时间点的吸收百分率和释放百分率做线性回归，如果相关系数大于临界相关系数（$P<0.001$），则可确定体内外相关。当血药浓度与临床疗效之间的效果可明确预计时，应用血药浓度测定法评估缓控释制剂的安全性和有效性。

第六节　长效注射制剂

随着口服缓释与控释技术的发展，各种释药机制和技术的研究进一步成熟，药物在胃肠道内的释药行为已经可以根据临床治疗的需求实现各种部位、时间和速度的控制释放。但是，由于胃肠道固有的吸收机制、环境和排空时间等因素的影响，药物在胃肠道内的释放和吸收始终无法避免首过效应和缓释时间的限制。长效注射制剂避开了胃肠道的复杂环境和吸收机制，从而可以消除首过效应的影响，同时能实现更长的缓释时间，已成为缓释与控释制剂的一个重要组成部分，在蛋白质、多肽及其他生物技术药物蓬勃发展的大环境下拥有更广阔的前景。

一、长效注射制剂的定义

长效注射制剂是指通过皮下、静脉、肌内或其他软组织注射给药后，在局部或全身起缓释作用的制剂。一般情况下，在胃肠道内稳定性差、口服生物利用度低或需长期使用的药物，适合制成长效注射制剂。

长效注射制剂主要应用于以下方面：①局部给药治疗各种癌症、病毒感染（如巨细胞病毒）和其他感染性疾病；②缓解局部疼痛如关节炎（如果打针本身很疼或很难实施），延长作用时间尤其需要；③当给予缓释的局麻制剂的时候，在止痛区的作用时间更长；④骨再生的局部治疗，例如严重创伤后的骨再生/愈合；⑤缓慢释药进入体循环，延长作用效果，例如抗精神病药、胰岛素缓释制剂、其他激素治疗剂。

二、长效注射制剂的特点

长效注射制剂具有以下优点：

①制剂可直接注入预期的释药部位，降低系统毒性，增加治疗效果。对于局部作用的药物可减少或消除全身用药带来的毒副作用。②缓释时间不受胃肠道生理条件影响，可维持长达数月乃至几年的释药。对于需长期使用的药物，可减少给药次数，提高患者的顺应性，降低治疗费用。③药物免受胃肠道 pH 条件、酶和菌群代谢等影响，也可避免首过效应，保持药物的药理活性，提高其生物利用度。④可控制药物持续恒速释放几周甚至数月，提供更平稳的血药浓度，降低常规制剂反复多次给药造成的血药浓度峰谷波动，提高药物的安全性。

作为一类避开胃肠道吸收途径，直接注入体内的制剂，长效注射制剂在具备独有的诸多优点的同时，也有其自身或者技术限制带来的一些缺点，在进行制剂开发和剂型设计时，应加以考虑：①长效注射制剂剂量较高，药物长时间滞留体内可能导致毒副作用的增加，意外突释效应更会严重影响临床用药的安全性。②长效注射制剂一旦使用将无法撤回，特殊情况下的用药灵活性较差。③一些药物容易形成聚集体或絮凝，造成针头堵塞，影响注射给药，注射部位存留药物的延迟弥散对疗效可能产生影响。④注射剂型载体需要更严格和全面的体内毒性评价，理想的聚合物载体材料品种较少且价格昂贵。⑤长效注射制剂制备时一般需使用二氯甲烷、丙酮、氯仿等有机溶剂，产品中容易残留有机溶剂，影响其安全性；生产条件和灭菌要求苛刻，制备工艺普遍复杂，实现工业化大生产难度较大。

研制和应用长效注射制剂的临床意义在于以下方面：

① 提高药物疗效，降低毒副作用。对于肿瘤、感染性疾病，采用病灶内注射的方式给予长效注射制剂可以使药物在病灶部位持续释放，减少药物的非病灶分布，有助于药物疗效的提高和毒副作用的降低。

② 降低给药频率，提高患者顺应性。对于需要长期注射给药的患者（如某些精神类疾病、糖尿病等），使用长效注射制剂可有效提高药物持续作用时间，更为方便患者的使用。对于局部疼痛、术后疼痛、常使用阿片类药物进行治疗，但该类药物的口服生物利用度较低，而且半衰期较短，传统上采用静脉滴注

或者反复注射的方式释药，往往会给患者造成诸多不便，而将此类药物制成长效注射制剂，则可以在降低给药频率的同时，仍然能使药物在较长时间内维持其缓解疼痛的作用。

三、长效注射释药技术

长效注射制剂一般由药物、载体和溶媒等部分组成，不同的组成部分均可发挥缓释、控释作用。因此，可根据发挥缓释、控释作用部分的不同将该制剂分为三类，即基于溶媒作用的长效注射制剂、基于药物修饰缓释技术的长效注射制剂以及基于载体缓释技术的长效注射制剂。长效注射制剂最初以油溶液及混悬剂为主，随着药物制剂技术的发展和可生物降解材料研究的不断深入，前体药物、微球、微囊、注射植入剂以及凝胶等长效注射制剂相继问世，在生物相容性、可降解性以及生物利用度等方面均表现出明显的优势。无论采用何种方式实现药物的长效作用，对于长效注射制剂均需采用适当的灭菌方法或制备过程中使用无菌操作法以保证最终产品符合《中国药典》（2020 年版）对于注射剂的无菌要求。

（一）基于溶媒缓释技术的长效注射制剂

基于溶媒缓释技术的长效注射制剂主要是指最先发展起来的油性溶液或者混悬剂。肌注给药后油性制剂会在局部形成贮库，药物分子先从贮库中分配进入体内水性间隙，随后被吸收进入血液循环发挥疗效。药物在油溶液和组织液中的分配系数是影响释药速率的主要因素。此外，注射部位、注射体积及注射后制剂的分散程度等因素也会影响释药速率。长效油性注射制剂用药次数少，制备方便，成本较低，不少制剂至今仍应用于临床。但是油性溶液注射后会产生局部疼痛，且油性载药介质更易造成微生物污染，制剂长期稳定性欠佳。

例 16-18 重组人血管内皮抑制素缓释注射剂

【处方】　　重组人血管内皮抑制素　　　　40 g
　　　　　　单硬脂酸铝　　　　　　　　　　5 g
　　　　　　注射用大豆油　　　　　　　　　1000 mL

【制法】　①将重组人血管内皮抑制素用注射用水配制成浓度 2% 的溶液，进行冷冻干燥，得到粉末。②将药粉微粉化过 300 目筛，按 1∶25（W/V）加入含 0.5% 单硬脂酸铝经凝胶化的注射用大豆油中，搅拌均匀，即得。

【注解】　①本品用于治疗非小细胞肺癌。②本品将重组人血管内皮抑制素均匀分散在油性溶媒中，形成油溶液，其皮下或肌内注射后能自动形成油性药物贮库，延缓重组人血管内皮抑制素的释放，用于肿瘤的持续治疗。重组人血管内皮抑制素缓释注射油制剂能使制剂中的药物持续释药 3～28 天，克服临床上使用的重组人血管内皮抑制素注射液 1 天给药 1 次，患者需要每天注射给药的缺点，大大降低患者生理上的痛苦，并减轻其经济负担。

（二）基于药物修饰缓释技术的长效注射制剂

药物修饰缓释技术是通过制备前体药物、难溶盐以及药物 PEG 化等化学修饰手段，通过控制药物在体内的溶出、水解、酶解等过程，实现药物的缓慢长效释放。

1. 前体药物技术

前体药物（prodrug）是一类本身没有生物活性或活性很低，经过生物体内转化后才具有药理作用的化合物。酯类前体药物是前体药物可注射缓控释制剂中最常见的类型，特别适合中枢神经系统药物的衍生化。酯类前体药物进入体内后在酯酶催化下水解出原药，通过控制前药的水解速率来控制活性母体化合物的释放，从而延长活性药物作用时间；此外，低溶解度的前体药物在给药部位缓慢释放，也可以延长活性药物作用时间。

非典型性抗精神病药物帕潘立酮棕榈酸酯长效注射剂（Invega Sustanna®）是帕潘立酮与棕榈酸形成的酯类前体药物的纳米混悬剂。帕潘立酮棕榈酸酯的半衰期为 23 h，同时该前体药物疏水性强，在水中不溶，故而缓释效果明显，与口服帕潘立酮相比，Invega Sustanna® 给药频率从每天 1 次降低到每月

1次。类固醇类药物诺龙和安定类药物氟奋乃静的亲脂性药物前体，肌内注射后缓慢释放进入体循环，从而延长了药物作用时间，且药物在注射部位释放后能迅速转化为母体药物。注射氟奋乃静癸酸酯，给药后24~72h开始起效，药效平均可以维持3~4周。

由于前体药物技术的衍生化材料大部分具有较强的脂溶性，且衍生化后药物的靶向性较差，在提高生物利用度的同时也增加了药物在吸收部位或其他脂质富集部位的毒副作用。因此，研究具有适当的脂溶性及更优越的生物可降解性的载体材料，是前体药物技术所面临的一项重要任务。

2. 难溶盐技术

成盐技术一般用来提高不溶性化合物的溶解度。难溶盐技术与之相反，是将水溶性药物转化成难溶性的盐来控制药物的释放，延长药物作用时间。目前，难溶盐技术中研究最多的是双羟萘酸盐。药物形成双羟萘酸盐可明显降低溶解度和溶出速率，延长药物在体内的作用时间。长效奥氮平注射液（Zyprexa Relprev）的有效成分是奥氮平双羟萘酸盐一水合物。奥氮平半衰期为21~54h，但由于制成的双羟萘酸盐完全不溶于水，使给药频率就从每天1次降低到每2周或4周给药1次。该技术仅适用于可成盐且成盐种类较少的药物，成盐后药物的释放速率并不可控，缺少用药的灵活性，对于一些自身或降解产物毒性较大的药物不适用。

3. PEG化技术

PEG化又称PEG修饰，是20世纪70年代后期发展起来的一项重要技术。该技术解决了多肽和蛋白质类药物在体内半衰期太短，患者需频繁注射给药的问题。PEG是一种亲水不带电荷的线性大分子，当它与蛋白质类药物的非必需基团共价结合后，可作为一种屏障挡住蛋白质分子表面的抗原决定簇，避免抗体的产生，或者阻止抗原与抗体的结合而抑制免疫反应的发生。蛋白质类药物经PEG修饰后，分子量增加，肾小球的滤过减少，减少了药物排泄，增加了其抵抗蛋白酶水解的稳定性，降低免疫原性，这些均有利于延长蛋白质类药物在体内的半衰期。通过PEG修饰还能有效地增加注射部位的药物吸收，从而减少药物残留，提高药物的安全性和有效性。除此之外，PEG修饰还可以增加药物分子的靶向性，避免被巨噬细胞吞噬，最大限度地保证药物的活性。但该技术仅适用于修饰大分子靶向药物，在小分子药物的应用方面受到限制。PEG化药物给药频率可延长至数周注射一次，具有长效缓释作用，目前FDA已批准的部分PEG化长效注射制剂如表16-5所示。

表16-5　部分FDA批准的PEG化长效注射制剂

商品名	活性成分	获批时间	给药频率	相应普通制剂给药频率	适应证
Pegintron	聚乙二醇化干扰素α-2b	2001-1-19	1周1次	1周3次	慢性丙型肝炎
Neulasta	聚乙二醇化非格司亭	2002-1-31	每个化疗周期1次	1天1次	降低中性粒细胞减少的感染和发热风险
Pegasys	聚乙二醇化干扰素α-2a	2002-10-16	1周1次	—	慢性丙型肝炎
Somavert	培维索孟（聚乙二醇化蛋白）	2003-3-25	1天1次	—	肢端肥大症
Macugen	聚乙二醇化寡核苷酸	2004-9-17	6周1次	—	新生血管性(湿性)、年龄相关性黄斑病变
Oncaspar	聚乙二醇化天冬酰胺酶	2006-7-24	2周1次	—	急性淋巴细胞白血病
Mircera	聚乙二醇化重组人红细胞生成素β	2007-11-14	4周1次	—	慢性肾病相关的贫血
Cimzia	聚乙二醇化赛妥珠单抗	2008-4-22	4周1次	—	类风湿性关节炎
Krystexxa	聚乙二醇化尿酸特异性酶	2010-9-14	2周1次	—	慢性痛风
Plegridy	聚乙二醇化干扰素β-1a	2014-8-15	2周1次	1周3次	多发性硬化症
Palynziq	聚乙二醇化重组苯丙氨酸氨裂合酶	2018-5-24	1周1次	—	苯丙酮尿症
Asparlas	聚乙二醇化天冬酰胺酶	2018-12-20	3周1次	1周3次	急性淋巴细胞白血病

（三）基于载体缓释技术的长效注射制剂

该类制剂主要涉及微球、脂质体、纳米粒、原位凝胶等给药系统。这些给药系统还普遍具有靶向给药、定位释放、增加难溶性药物溶解度或分散度、提高生物利用度、降低药物毒副作用等优点。因此，近年来这些给药系统已成为生物医药研究中较热门的领域。

1. 微球

微球（microspheres）是指药物溶解或分散在高分子聚合物中形成的骨架型球形或类球形实体，通常粒径为 1～250 μm。当微球注射入皮下或肌内后，随着骨架材料的水解溶蚀，药物缓慢释放（数周至数月），在体内长时间地发挥疗效，从而减少给药次数，降低药物的毒副作用。目前，长效注射微球最常用的载体主要为可生物降解的聚乳酸、羟基乙酸聚合物（PLGA、PLA 等）。聚合物在体内可降解为乳酸、羟乙酸，后者经三羧酸循环转化为水和二氧化碳。聚合物在体内的降解速度可通过改变聚合单体的比例及聚合条件进行调节。

注射用利培酮微球（Risperidal Consta）是第一个长效非典型性抗精神病药。该制剂采用 Medisorb 技术，将药物包裹于 PLGA 微球，制成混悬剂，给药频率从每日 1～2 次降低至每 2 周给药 1 次。艾塞那肽长效注射剂（Bydureon）是 2012 年 FDA 批准上市的 2 型糖尿病长效制剂。该长效注射制剂将药物的给药频率由每日注射 2 次延长到每周注射 1 次，显著改善了患者的顺应性。瑞典 Skye Pharma 公司研发了生物微球缓释注射技术，是在显微镜下使用高纯度淀粉，将药物包封成微型小球，再用可生物降解材料包衣，注射后药物可连续释放数天至数月，与传统微球相比生物微球包衣层不含药物，即使载药量较大也无突释，制备条件温和，且不接触有机溶剂，特别适合蛋白质和多肽类药物微球制备。部分 FDA 批准上市的长效注射微球制剂见表 16-6。

表 16-6　FDA 批准上市的部分长效注射微球制剂

批准时间	商品名	活性成分	缓释周期	适应证	开发公司	载体
1989/1996*	Zoladex	醋酸戈舍瑞林	1/3 个月*	前列腺癌	AstraZeneca	PLGA 植入
1989/1996/1997*	Lupron Depot	醋酸亮丙瑞林	1/3/4 个月*	前列腺癌，子宫内膜异位	TAP	PLGA 微球
1998	Sandostatin LAR	醋酸奥曲肽		肢端肥大	Novartis	PLGA 微球
1999	Nutropin Depot	生长激素	1 个月	儿童发育缺陷	Genelech/ Alkermes	PLGA 微球
2000/2001/2010*	Trelstar Depol	双羟萘酸曲普瑞林	1/3/6 个月*	晚期前列腺癌	Debiopharm S. A.	PLGA 微球
2001	Arestin	米诺环素		慢性牙周病	OraPharm	PLGA 微球
2003	Plenaxis	阿巴瑞克	1 个月	前列腺癌	Praecis	PLGA 微球
2003	Risperdal Consta	利培酮	2 周	精神分裂症	Johnson/Alkermes	PLGA 微球
2006	Vivitrol	纳曲酮		酗酒	Alkermes/Cephalon	PLGA 微球
2007	Somatuline Depot	醋酸兰瑞肽	1 个月	肢端肥大	IPSEN	PLGA 微球
2009	Ozurdex	地塞米松		玻璃体浑浊	ALLERGAN INC	PLGA 植入
2012	Bydureon	艾塞那肽	1 个月	2 型糖尿病	Lilly/Alkermes	PLGA 微球
2014	Signifor Lar	帕瑞肽	1 个月	肢端肥大症	Novartis	PLGA 微球
2017	Zilretta	醋酸曲安奈德	3 个月	关节炎	Flexion	PLGA 微球

* 根据上市时间不同，制剂释药时间不同。

例 16-19　丙酸睾酮缓释微球注射剂

【处方】

丙酸睾酮	80 mg
聚乳酸	400 mg
HLB＝4.5 的乳化剂	400 mg
HLB＝14 的乳化剂	2 g
PMA-Na	0.2 g
蒸馏水	适量

【制法】①将 HLB＝14 的乳化剂与处方量的 PMA-Na 溶于 40 mL 蒸馏水，将其他处方成分溶于 8 mL 二氯甲烷，在激烈搅拌下用针筒将其滴至装有水相成分的三颈瓶中，充分乳化 1 h 后在常压、40℃下挥发溶剂 3 h，将反应物移至烧杯内离心分离，蒸馏水洗涤反应物 3 次，在 40℃真空烘箱内烘干后灌装，规格为每支含药物微球 200 mg，检漏后用环氧乙烷在 40℃下灭菌 48 h，确保残留环氧乙烷含量小于 5 μg/g，即制得注射用无菌丙酸睾酮粉末。②将 0.1 g HLB 值为 14 的乳化剂、0.1 g 2 号硅油加入 100 mL 生理盐水中，以规格为每支装量 1 mL 灌装，检漏后用高温灭菌 40 min，即得。

2. 脂质体

当两性分子如磷脂分散于水相时，分子的疏水尾部倾向于聚集在一起，避开水相，而亲水头部暴露在水相，形成具有双分子层结构的封闭囊泡（vesicle）。在囊泡内水相和双分子膜内可以包裹多种药物，类似于超微囊结构。这种将药物包封于类脂质双分子层薄膜中间所制成的超微球形载体制剂称为脂质体（liposome）。

脂质体长效注射制剂主要通过皮下或肌内注射给药，给药后脂质体滞留在注射部位或被注射部位的毛细血管所摄取，药物随着脂质体的逐步降解而释放。影响脂质体中药物释放的因素包括脂质种类、包封介质以及脂质体的粒径。脂质中酯基碳链越长，药物的释放速率越慢；包封介质的渗透压越高，药物的释放速率越慢；脂质体粒径越大，其在注射部位的滞留时间越长。粒径对脂质体在注射部位的滞留时间还与给药途径有关，小粒子脂质体，皮下注射比肌内注射时的药物释放速率更快；而对于大粒子脂质体，无论是皮下注射还是肌内注射，脂质体均可长期滞留在注射部位。

脂质体最早于 1965 年由英国的 Bangham 等提出，他们发现当磷脂分散在水中时形成多层封闭囊泡，类似于洋葱结构。现用于临床治疗的脂质体制剂有益康唑脂质体凝胶（Pevaryl Lipogel）、两性霉素 B 脂质体（AmBisome）、两性霉素 B 脂质复合物（Abelcet）、多柔比星脂质体（Doxil）、柔红霉素脂质体（DaunoXome）、阿糖胞苷脂质体（DepoCyt）、制霉菌素脂质体（Nyotran）、甲肝疫苗脂质体（Epaxal）等。其中多柔比星脂质体（Doxil）于 1995 年年底在美国获得 FDA 批准，此脂质体的组成中含有亲水性聚合物——聚乙二醇与二硬脂酸磷脂酰乙醇胺的衍生物（PEG-DSPE），作用是在体内阻止血浆蛋白质吸附于脂质体表面，阻止其调理作用（opsonization），从而避免单核巨噬细胞系统快速吞噬脂质体，延长血液循环时间，有利于增加脂质体达到病变部位的相对聚积量。这种脂质体称为**长循环脂质体**（long circulation liposome），也称为**隐形脂质体**（stealth liposome）。在实体瘤生长部位、感染或炎症部位，病变导致毛细血管的通透性增加，适当粒径范围内的载药长循环脂质体，在这些病变部位的渗透性和滞留量增加，称为**渗透与滞留增强效应**（enhanced permeability and retention effect，EPR 效应）。

DepoFoam 是一种多囊脂质体药物传递系统，是由非同心的脂质体囊泡紧密堆积而成的聚集体。DepoFoam 注入机体软组织后，最外层囊泡破裂释放部分药物，内部囊泡中的药物逐渐向外层囊泡扩散，逐渐释放，达到数天至数周的缓释效果。多囊脂质体的载药性能和长期稳定性欠佳，在贮存过程中可能出现沉降和聚集问题，使其发展受到一定的限制。目前，DepoFoam 给药系统上市产品包括：阿糖胞苷脂质体注射剂（Depocyt）、硫酸吗啡脂质体注射剂（DepoDur）以及布比卡因脂质体注射剂（Exparel）。2011 年批准上市的 Exparel 是布比卡因脂质体注射用混悬液，用于控制术后手术部位的疼痛。与普通布比卡因注射剂相比，Exparel 的止痛时间由 7 h 增加到 72 h。

例 16-20 阿糖胞苷缓释注射剂

【处方】

阿糖胞苷	5 mL
三氯甲烷	5 mL
二油酰磷脂酰胆碱	46.5 μmol
二棕榈酰磷脂酰甘油酯	10.5 μmol
胆固醇	75 μmol
三油精	9.0 μmol
含 40% 葡萄糖和 40 mmol/L 赖氨酸的水溶液	20 mL
含 3.5% 葡萄糖和 40 mmol/L 赖氨酸的水溶液	30 mL
生理盐水	50 mL

【制法】 ①在一干净玻璃管内，加入 5 mL 三氯甲烷溶液，溶解处方中的脂质成分。②将处方量阿糖胞苷溶于水，加入上述玻璃管内，阿糖胞苷浓度可为 41～410 mmol/L。③9000 r/min 搅拌混合 8 min 制得 W/O 乳状液。④加入 20 mL 含 40% 葡萄糖和 40 mmol/L 赖氨酸的水溶液，4000 r/min 搅拌 60 s。⑤将悬浮液倒入含 3.5% 葡萄糖和 40 mmol/L 赖氨酸的水溶液 30 mL 的 1000 mL 烧瓶中，通氮气流（7 L/min），在 37℃蒸发 20 min 除去悬浮液中的三氯甲烷。将脂质体离心 10 min 后，倒出上层，重悬于 50 mL 生理盐水中；再离心 10 min，倒出上层，重悬于生理盐水中，即得。

3. 纳米粒

纳米粒（nanoparticle）是指粒径在 1～1000 nm 的粒子。药剂学中所指的药物纳米粒一般是指 10～100 nm 的含药粒子。药物纳米粒主要包括药物纳米晶和载药纳米粒两类。**药物纳米晶**（drug nanocrystal）是将药物直接制备成纳米尺度的药物晶体，并制备成适宜的制剂以供临床使用。**载药纳米粒**（drug carrier nanoparticle）是将药物以溶解、分散、吸附或包裹于适宜的载体或高分子材料中形成的纳米粒。已研究的载药纳米粒包括聚合物纳米囊（polymeric nanocapsule）、聚合物纳米球（polymeric nanosphere）、药质体（pharmacosome）、固体脂质纳米粒（solid lipid nanosparticle）、纳米乳（nanoemulsion）和聚合物胶束（polymeric micelle）等，载药纳米粒可制备成适宜的剂型，如静脉注射剂或输液剂给药。

4. 植入剂

植入剂（implant）系指将药物与辅料制成的小块状或条状的供植入体内的无菌固体制剂。植入剂一般采用特制的注射器植入，也可用手术切开植入。植入剂在体内持续释放药物，并应维持较长的时间。植入剂广泛应用于避孕、抗肿瘤、眼部给药、糖尿病、心脑血管疾病的治疗及疫苗等领域。

植入剂可在植入部位直接发挥药效，减少吸收障碍。与其他制剂相比，植入剂具有以下优点：①药物释放缓慢，可长时间维持血药浓度平稳，达数月至数年，避免了类似静脉注射的频繁给药，不会出现漏药、重复给药的情况；②释放的药物容易进入血液循环发挥全身治疗作用，避免首过效应，可增强药物的生物活性；③药物作用于靶部位，可避免药物对其他组织部位的毒副作用；④如果患者产生不适，或发生严重的过敏反应及毒副作用，可将植入剂移除，随时中断给药。

植入剂具有以下缺点：①植入给药往往需要专业人员通过外科手术或特殊的注射装置将药物植入体内，患者无法自主给药；②若药物载体材料为非生物降解型，还需手术取出，有时植入剂还会发生位移而无法取出；③植入部位有可能产生炎症反应或载体材料多聚物毒性反应等，使患者的顺应性受到影响。

按药物在植入剂中的存在方式可分为固体载体型药物植入剂、泵型药物植入剂和原位凝胶型药物植入剂。

（1）固体载体型药物植入剂　此类系指药物分散或包裹于载体材料中，以柱、棒、丸、片或膜剂等形式经手术植入给药的植入剂。该种植入剂根据材料不同可分为生物不可降解型和生物降解型两种，其中生物不可降解型又可分为管型植入剂和骨架型植入剂。

（2）泵型药物植入剂　此类系指将携带药物的微型泵植入体内发挥疗效的制剂。该微型泵能按设计好的速率自动缓慢输注药物，控制药物释放速率。理想的植入泵应该满足以下条件：①能长期缓慢输注药物且能调节释放速率；②动力源可长期使用和埋植；③可通过简单的皮下注射等方式向泵中补充药液；④药液贮库室大小适宜；⑤可长期与组织相容。

（3）原位凝胶型药物植入剂　此类系指将药物和聚合物溶于适宜的溶剂中以原位凝胶的形式植入的一类制剂。该原位凝胶经局部皮下注射，给药后聚合物在生理条件下迅速发生相转变，在给药部位形成固体或半固体状态的凝胶植入物，药物由凝胶中扩散出发挥疗效。原位凝胶由水溶性高分子材料制备而成，具有高度亲水性的三维网格结构及良好的组织相容性、生物黏附性和独特的溶液-半固体凝胶相转变性质。相对于预先成型的植入剂，原位凝胶的优势在于使用前为低黏度的液体，因此可以通过无创伤或微创伤方式介入目标组织、器官以及体腔内，同时无需二次手术将其取出。

原位凝胶根据固化机制的不同可分为物理胶凝系统和化学胶凝系统。其中，物理胶凝系统又可分为温度敏感型、离子敏感型、pH 敏感型以及聚合物沉淀型。在原位凝胶释药系统中，药物在扩散作用和凝胶自身降解作用的双重推动下，从凝胶中平稳地释放出来从而达到缓释效果。目前原位凝胶长效注射制剂的研究主要集中于聚合物沉淀型原位凝胶以及温敏型原位凝胶。

① 聚合物沉淀型原位凝胶：是最先开发和上市的注射用原位凝胶。该原位凝胶系统主要采用了基于相分离原理的 Atrigel^{TM} 技术，将可生物降解聚合物（如 PLGA 或 PLA）溶解于某些生物相容性好的两亲性有机溶媒，给药前在其中加入药物制成溶液或混悬剂，皮下或肌内注射后，制剂中的两亲性有机溶媒快速扩散至体液，溶于其中的聚合物因溶解度降低而发生沉淀，将药物包裹于其中形成可缓慢释药的贮库。

采用该技术的上市产品主要有缓释 1 周的盐酸多西环素注射凝胶（Atridox）和缓释 1~6 个月的醋酸亮丙瑞林注射凝胶（Eligard），分别用于治疗牙周炎和前列腺癌。制剂中所用的生物降解聚合物是目前最为成熟的 PLGA 或 PLA。有机溶媒均采用安全性良好的 N-甲基-2-吡咯烷酮（NMP）。Atridox 和 Eligard 的包装都采用了 A、B 两支预装灌封针，A 注射器内装有聚合物溶液，B 内装有主药粉末，使用前经"桥管"连接，将聚合物溶液和主药充分混匀后再进行注射。

此外还有 Alzamer Depot 技术，该技术使用了聚原酸酯类可生物降解聚合物，且所用的有机溶剂（如苯甲酸苄酯）在水中的溶解度较低，有效减少了溶解或混悬于其中的药物的首日突释量。

② 温敏型原位凝胶：在环境温度到达临界温度时会发生溶胶到凝胶的可逆相转化。研究和应用最广的温敏型原位凝胶主要包括泊洛沙姆和聚 N-异丙基丙烯酰胺，但这两种材料都不具备生物降解性，因而主要应用在眼用、鼻用等非注射给药体系中。由聚乙二醇（PEG）和 PLA 组成的 BAB（PEG-PLA-PEG）温敏型凝胶虽然具有良好的生物降解性，但该凝胶呈现"高温溶胶，低温凝胶"的正相温敏凝胶特性，不便于制剂的制备和贮存，也不适用于温度敏感型药物。目前温敏型原位凝胶长效注射制剂中最常用的凝胶

是由 MacroMed 公司开发的 ReGel。

ReGel 由低分子量的 ABA 型 PLGA-PEG-PLGA 三嵌段共聚物溶解在 pH 7.4 的磷酸盐缓冲液中制成，具有良好的生物降解性和生物相容性，适用于水溶性药物和小剂量的水难溶性药物，也是蛋白质与多肽类生物制剂药物的良好载体。可通过改变三嵌段聚合物的疏水/亲水组分含量、聚合物浓度、分子量和多分散性等来调节药物的释放，实现 1~6 周的长效释药。OncoGel 是将紫杉醇溶于 ReGel 中制得的长效注射剂，用于食管癌的治疗，可根据肿瘤体积的大小多次进行瘤内注射，缓释长达 6 周。ReGel 显著增加了紫杉醇在水中的溶解度（＞2000 倍）和化学稳定性。将淋巴因子白介素 2 溶于 ReGel 中可制得免疫调节制剂 Cytoryn，制剂注射于肿瘤内或肿瘤周围，能在 3~4 天内缓慢释放，与传统的白介素 2 制剂相比，不但降低了使用剂量，避免了系统毒性和高血压等不良反应，而且大幅度增加了机体的淋巴细胞增生。

原位凝胶长效注射制剂可以实现特殊部位的给药，制备简单，有效降低药物的不良反应，延缓用药周期。但也存在许多亟待解决的问题：水溶性药物的突释作用明显；注射到机体后凝胶的形状差异导致药物的释放速率变化；温敏型原位凝胶聚合物降解的速度较快，不方便运输，需要冷冻贮藏。

例 16-21 注射用蜂毒多肽温度敏感型缓释凝胶

【处方】 蜂毒多肽，温度敏感聚丙交酯乙交酯-聚乙二醇三嵌段共聚物 [PLGA-PEG-PLGA，丙交酯（LA）和乙交酯（GA）物质的量之比分别为 6∶1 和 15∶1]。

【制法】 ①取辅料 PLGA-PEG-PLGA 聚合物适量置于玻璃容器中，加入注射用水适量，磁力搅拌下溶解，使其质量分数为 15%、20%、25%。②另取处方量蜂毒多肽与聚合物水溶液混匀，药物质量浓度为 15 g/L，待药物完全溶解后过 122 μm 滤膜即得。

【注解】 ①蛋白质多肽类药物注射用缓释给药系统中，与常规的化学交联凝胶不同，这类凝胶是依靠聚合物分子间的相互作用形成的，从而避免了制备化学交联凝胶时使用有机溶剂或化学反应，提高了蛋白质和多肽的稳定性。②注射用蜂毒多肽温度敏感型缓释凝胶制备工艺简便，体外持续释放可达 36 天。

（尹莉芳 韩晓鹏）

思考题

1. 简述影响口服缓控释制剂设计的因素。
2. 简述影响凝胶骨架片释放的因素。
3. 简述膜控型和骨架型控释制剂的差别。
4. 简述植入制剂的概念，分类和制备方法。
5. 如果某一难溶药物只在胃部吸收，口服生物利用度低，如何将其制成合理的剂型，提高其口服生物利用度？

参考文献

[1] 国家药典委员会. 中华人民共和国药典 [M]. 2020 年版. 北京：中国医药科技出版社，2020.
[2] 周建平，唐星. 工业药剂学 [M]. 北京：人民卫生出版社. 2014.
[3] 吴正红，祁小乐. 药剂学 [M]. 北京：中国医药科技出版社，2020.
[4] 方亮. 药剂学 [M]. 8 版. 北京：人民卫生出版社. 2016.
[5] 朱盛山. 药物新剂型 [M]. 北京：化学工业出版社. 2003.
[6] 方亮，龙晓英. 药物剂型与递药系统 [M]. 北京：人民卫生出版社. 2014.
[7] 龙晓英. 药剂学（案例版）. 2 版. 北京：科学出版社. 2016.
[8] 贾伟，高文远. 药物控释新剂型 [M]. 北京：化学工业出版社. 2005.
[9] 崔福德. 药剂学 [M]. 7 版. 北京：人民卫生出版社. 2011.
[10] 平其能. 现代药剂学 [M]. 北京：中国医药科技出版社. 1998.

第十七章
黏膜给药制剂

本章要点

1. 掌握黏膜给药的定义、特点及质量要求；掌握口腔黏膜给药和鼻黏膜给药的定义、特点及质量要求。

2. 熟悉黏膜给药的分类；熟悉口腔黏膜和鼻黏膜给药的分类。

3. 熟悉黏膜给药的吸收机制及影响吸收的因素；熟悉口腔黏膜给药和鼻黏膜给药吸收机制及影响因素。

4. 了解口腔黏膜给药制剂和鼻黏膜给药制剂的处方设计；了解黏膜给药、口腔黏膜给药及鼻黏膜给药的发展趋势。

第一节 概 述

一、黏膜给药的定义与特点

黏膜给药（mucosal drug delivery）是指药物或药物与适宜的载体材料制成制剂，通过人体眼、鼻、口腔、直肠、阴道及子宫等腔道的黏膜部位吸收，起局部或全身治疗作用的给药方式。黏膜具有较大的表面积和较高的血流量，因此黏膜给药可以快速吸收并具有良好的生物利用度。黏膜给药使用方便，可避免肝脏的首过效应及胃肠道酶的降解，拓展了多肽及蛋白质类等大分子药物的给药途径。近年来，黏膜药物递送系统的开发研究日益引发人们的广泛关注和重视。

二、黏膜给药的分类

黏膜分布在人体的各腔道之中，是由上皮组织和结缔组织构成的膜状结构，人体不同位置的黏膜具有解剖学差异。根据用药部位的不同，黏膜给药制剂可分为口腔黏膜给药制剂、鼻黏膜给药制剂、眼部黏膜给药制剂、肺部黏膜给药制剂、直肠黏膜给药制剂、阴道黏膜给药制剂及子宫黏膜给药制剂等。本章主要讨论口腔及鼻黏膜给药制剂，其他黏膜给药制剂已在第八章、第九章、第十章及第十一章中详细讲述。

三、黏膜给药的吸收机制及影响因素

生物膜是由磷脂、蛋白质及少量多糖等物质组成的一种薄膜状结构。药物的吸收必须通过生物膜的转运继而到达靶器官及靶组织。目前，通常认为生物膜由脂质双分子层紧密排列构成其基本骨架，并镶嵌具有生理功能的膜蛋白等。基于黏膜结构，药物可实现两种通道的跨膜转运，细胞转运通道和细胞外转运通道。前者是一种脂溶性通道，供脂溶性药物及部分基于主动吸收机制的药物转运吸收；后者为水溶性通道，一些水溶性小分子药物可通过该通道转运吸收。

（一）口腔黏膜吸收机制

口腔黏膜的总表面积大概为 $200~cm^2$，其结构由上皮层、固有层和基底层三部分组成。由于不同部位黏膜的厚度、角化程度及血流量均不同，口腔黏膜不同区域的通透性也不同，药物透过性程度由大到小依次为舌下、颊及硬腭。口腔黏膜的药物转运通常有三种方法：①跨细胞和细胞旁的被动扩散，②载体介导的转运，③胞吞/胞吐作用。角质化的上皮层作为渗透阻隔层可以防止外源和内源物质通过口腔黏膜进入人体。结缔组织的高度水合作用对亲脂性物质的抵抗力成为上皮层通透性的主要障碍。

（二）鼻黏膜吸收机制

人鼻腔总体积约为 $15\sim20~mL$，其中黏膜表面积大概为 $150~cm^2$。给药后药物可以分布在鼻腔内不同的区域，包括鼻前庭部、中庭部、呼吸部及嗅部。前庭和中庭构成鼻腔的前部，分别被鳞状上皮细胞和过渡性非纤毛上皮细胞覆盖。鼻腔中大部分为呼吸区，具有较大的表面积、丰富的血管分布及高通透性，这对鼻腔给药具有重要意义。嗅部黏膜的表面积很小（$2\sim400~mm^2$），仅仅占据鼻腔上部的很小部分，但该区域的药物转运必须考虑两个因素，其一为黏膜给药时不能损害该区域，保证基本气味检测能力；其二为嗅觉上皮是鼻-脑之间药物直接传递的独特途径。鼻黏膜含有大量微纤毛，有效地增加了药物的吸收面积。丰富的毛细血管和淋巴网络，促使药物迅速吸收后直接进入人体循环，绕过肝门系统而避免肝脏的首过效应。因此，鼻腔是黏膜药物转运的良好部位。但是，鼻腔中的纤毛运动，分泌的黏液、蛋白酶，黏液的 pH 等，均是鼻黏膜药物转运中需要考虑的重要影响因素。

四、影响药物黏膜吸收的因素

1. 生理因素

黏膜部位的生理结构和生理环境对药物的黏膜吸收具有较大影响。如：黏膜部位的血流速度大，吸收位点会保持较大的药物浓度梯度，有利于大部分为被动扩散形式吸收的药物转运；炎症或破损的黏膜，其上皮细胞排列呈现无序性，促使药物吸收增加；广泛存在的代谢酶，使得部分药物在通过鼻腔或鼻上皮屏障时被代谢；用药部位存在一些外排蛋白（如 P-糖蛋白）。

2. 药物的理化性质

药物在黏膜的转运吸收与药物的分子质量、脂溶性、pK_a、溶解性和稳定性等理化性质紧密相关。对于分子质量小于 1 kDa 的脂溶性药物，其鼻黏膜给药的生物利用度接近 100%；而水溶性药物的黏膜吸收速率和程度均较低，且高度依赖分子质量大小；对于水溶性药物，解离型药物的吸收弱于分子型药物；挥发性药物通常比普通的药物溶液更容易吸收。

3. 剂型因素

对于黏膜给药制剂，由于不同剂型的药物释放速率差异，通常导致黏膜吸收呈现不同的速率和生物利用度。如鼻黏膜给药中鼻腔气雾剂、喷雾剂、吸入剂和凝胶剂在鼻黏膜中的弥散度和分布面积大，药物吸收快，生物利用度高，疗效优于其他剂型。黏膜制剂中，处方组成、基质的性质、吸收促进剂的使用等均可影响药物的黏膜吸收。

五、黏膜给药的质量要求

黏膜给药制剂的给药部位不同，其相应剂型也各不相同，各种剂型质量要求必须符合《中国药典》（2020 年版）制剂通则中的有关规定，同时必须考虑黏膜给药的特点。由于黏膜给药制剂直接用于人体各腔道黏膜部位，要求各种黏膜用制剂必须对黏膜具有良好的相容性、无刺激性、稳定性；眼黏膜用制剂如眼膏剂要求药物必须极细，基质必须纯净，制成的眼膏应均匀、细腻、易涂布、无刺激性、无细菌污染等；要求各种制剂含量准确、重量差异小；各种制剂在规定贮藏期内不得变质；固体制剂的溶出度或释放度应符合要求并提供有关生物利用度资料；口腔黏膜用制剂应有良好的味觉。

六、发展趋势

随着现代制药技术的发展，黏膜给药制剂已成为一种重要的疾病治疗手段，如抗心绞痛的硝酸甘油舌下片、治疗失眠的舌下片酒石胺吡唑坦（Intermezzo）、治疗鼻塞的喷雾剂斯代米特（Stimate）。近年来，基于生物大分子药物（包括抗体、多肽和基因疗法）的疾病治疗蓬勃发展，利用药物黏膜吸收的特点，开发高效、低毒的新型载药体仍是未来需要研究的主要方向。

第二节　口腔黏膜给药制剂

一、口腔黏膜给药制剂的定义与特点

口腔黏膜给药制剂是指药物经口腔黏膜转运吸收后直接进入体循环，药物可避免肝脏的首过效应而提高生物利用度，发挥局部或全身治疗作用或预防作用的一类制剂。1874 年首次报道了硝酸甘油可经口腔黏膜给药吸收进入体循环后，口腔黏膜给药制剂得到了迅速发展。

口腔黏膜给药制剂的特点：①口腔黏膜给药，可发挥局部作用或全身作用，可经毛细血管直接进入体循环避免胃肠道破坏和降解，无肝脏首过效应，药物生物利用度高；②高度水化环境易于药物溶解吸收；③通过剂型设计，可以持续释药，延长作用时间，减少用药次数；④口腔黏膜自身修复功能强，对药物刺激的耐受性好；⑤给药方便，易于停止用药。

二、口腔黏膜给药制剂的分类

（1）**口腔贴片**　口腔贴片指可以粘贴于口腔，通过黏膜吸收，而后起局部或全身作用的速释或缓释制剂。普通片剂或口含片由于唾液分泌有限、存在吸吮强度的差异、意外吞咽和较短的接触时间等现象而影响其黏膜吸收。而含有羧甲基纤维素钠、乙基纤维素等材料的口腔贴片黏附性强，能够附着在黏膜上从而延长接触时间。如 BioAlliance Pharma 生产的阿昔洛韦口腔贴片，它可以实现药物在靶黏膜部位的持续释放，使其不需要全身给药而可以渗透到感染组织，并且其缓释效果每日只需给药一次，提高了患者的依从性。

（2）**舌下片**　舌下片是指制剂置于舌下后能迅速溶化或在唾液中慢慢溶解，药物经舌下黏膜吸收而发挥全身作用的片剂。普通舌下片主要用于急症的治疗，如硝酸甘油舌下片缓解心绞痛、芬太尼舌下片缓解癌症疼痛等。

（3）**口腔喷雾剂**　口腔喷雾剂是指药物以喷雾的形式被口腔黏膜吸收发挥局部或全身作用的药物制剂。如 Generex 生物技术公司开发的 RapidMist™ 喷雾剂能够递送大分子药物（如胰岛素）穿过口腔黏膜。Generex Oral-lyn™ 喷雾剂使用类似 GRAS 的表面活性剂作为渗透促进剂以胶束的形式来促进药物透过颊黏膜上皮细胞。

（4）**口腔凝胶剂**　口腔凝胶剂是指可长时间黏附于口腔黏膜的凝胶剂，以增强药物在口腔的吸收，起局部或全身治疗作用。许多用于口腔黏膜的凝胶剂已进行临床试验，如起全身作用的镇痛剂、治疗高血压等心血管疾病的药物制剂，起局部作用的抗真菌制剂、抗炎制剂和黏膜保护剂等。

（5）**口腔膜剂/晶片**　包含药物的聚合物膜剂可以在不到 30s 的时间内在口腔中溶解，药物经舌下黏膜快速吸收并进入血液循环中治疗诸如阳痿、偏头痛、晕动症、疼痛和恶心等疾病。类似的晶片技术已经用于偏头痛的治疗，晶片同样具有快速的溶解性能，基于该技术的自给药特性以及口腔黏膜的生理特性，将为更多疾病提供快速有效的治疗方法。

三、 口腔黏膜给药制剂的质量要求

口腔黏膜给药制剂的质量要求如下：①使用方便，满足口腔黏膜对药物吸收的要求。②药物及辅料对口腔黏膜无毒性和刺激性。③黏附基质要求基质形态变化适宜，黏附力和黏附时间满足口腔黏膜给药的需要。④口腔黏膜给药制剂微生物限度、含量及体外溶出度的测定等应符合《中国药典》（2020 年版）的有关规定。

四、口腔黏膜给药制剂的处方设计及举例

（一）药物性质

药物主要是通过非离子型药物被动扩散经口腔黏膜吸收，其效率与药物的脂溶性、离子化程度及分子量大小有关。一般而言脂溶性非离子型药物易透过口腔黏膜吸收。通常认为舌下给药时，油水分配系数在 40～2000 的非离子型药物具有较好吸收；油水分配系数大于 2000 的药物，因高脂溶性而不溶于唾液；油水分配系数小于 40 的药物因跨膜透过性差而不易被吸收。药物分子量大小对亲水性药物口腔黏膜吸收具有较大影响，如分子量小于 100 的药物可迅速透过黏膜被吸收；但随着分子量的增大，药物透过性会迅速下降。如果药物经矫臭、矫味后仍然让人难以接受则不适合进行舌下给药。同时药物制剂处方设计时，不应该选用可刺激唾液分泌的辅料等，避免药物随唾液被吞咽。

（二）辅料选择

1. 生物黏附材料

生物黏附材料的使用旨在通过药物与黏膜保持长时间的接触来延长给药时间。理想的黏附材料应具有以下特性：无毒、可生物降解、可牢固而快速地黏附黏膜、可剥离的机械特性及良好的稳定性。常用的生物黏附材料包括天然的（明胶、果胶、阿拉伯胶、海藻酸钠、壳聚糖等）、半合成的（羧甲基纤维素钠、羟丙甲纤维素、羟乙纤维素）及合成的材料（聚甲基丙烯酸树脂、卡波姆、聚乙烯吡咯烷酮、聚乙二醇等）三大类。

2. 黏膜吸收促进剂

口腔黏膜渗透屏障是发展黏膜给药的主要挑战，而黏膜吸收促进剂可以改善通透性而增加药物的吸收。常用的黏膜吸收促进剂有：①表面活性剂（十二烷基硫酸钠、大豆磷脂、癸酸钠、聚山梨酯等）；②非表面活性剂（月桂氮䓬酮等）；③胆酸盐（牛磺二氢倍酸霉素钠、脱盐胆酸盐等）；④脂肪酸及其酯（癸酸、亚麻酸、油酸、月桂酸及其酯类）；⑤亲水性小分子（丙二醇、二甲基亚砜、乙醇、二甲基甲酰胺等）；⑥萜烯类（薄荷醇、挥发油等）；⑦螯合剂（水杨酸盐、EDTA 等）；⑧其他类（纤维素衍生物、环糊精衍生物等）。在临床上研发吸收促进剂时，必须考虑上皮的损害、局部的刺激、长期毒性和病原微生物渗透性等。

3. 酶抑制剂

口腔和口腔上皮的环境具有很高的酶促活性，这可能导致药物在吸收前发生降解，从而降低生物利用度。例如，使用酶抑制剂和渗透性增强剂谷胱甘肽，通过口腔给药方式可以改善垂体腺苷酸环化酶激活多肽的释放治疗 II 型糖尿病。

4. 药物递送载体

药物递送载体的原理是保护包封在载体材料中的药物分子不受生物环境的破坏，改善跨黏膜表面的运输效率，并实现特定部位药物靶向的方法。这一改进可以在不改变药物结构或活性的情况下将药物递送到作用位点，从而提高生物利用度。还可以设计递送载体来控制药物的释放、改善循环时间和跨膜性能。因此，可以通过设计安全高效的递送载体，改善特别是多肽和核酸等高度亲水、易被酶降解的活性分子在上皮细胞间的扩散效率。

（三）制法与处方举例

例 17-1 硝酸甘油舌下片

【处方】
硝酸甘油	6 g
二氧化硅	1.3 g
单硬脂酸甘油酯	3.3 g
预胶化淀粉	42 g
单水乳糖	636.4 g
硬脂酸钙	2.1 g
共制	2000 片

【制法】 ①将硝酸甘油与 301.6 g 单水乳糖混匀，单硬脂酸甘油酯与 167.4 g 单水乳糖混匀，再将二氧化硅与 167.4 g 单水乳糖在另一容器中混匀。②将稀释的硝酸甘油加入单硬脂酸甘油酯/单水乳糖混合物中，搅拌 10 min，再向其中加入二氧化硅/单水乳糖混合物及预胶化淀粉，搅拌 5 min 后，粉末直接压片。

【注解】 硝酸甘油与单水乳糖混匀可使硝酸甘油得到稀释，其中单水乳糖为填充剂，预胶化淀粉为崩解剂，二氧化硅为助流剂。

第三节 鼻黏膜给药制剂

一、鼻黏膜给药制剂的定义与特点

鼻黏膜给药制剂是指通过鼻腔给药，药物可在黏附性的高分子聚合物的作用下与鼻黏膜黏附，而后经鼻黏膜吸收而发挥局部或全身治疗作用的制剂。特别适用于除注射外其他给药途径困难的药物，如口服难以吸收、胃肠道中稳定性差、肝脏首过效应强的药物和生物大分子类药物（核酸、蛋白质、多肽、抗体类药物）等。目前常用的鼻黏膜给药制剂有：雷诺考特、瑞乐砂、福莫特罗等。

鼻黏膜给药制剂的特点：① 可避免药物在胃肠液中降解和肝脏首过效应，生物利用度高，小分子药物的生物利用度接近静脉注射，大分子多肽类药物的生物利用度通常高于口服给药。② 起效迅速，鼻内上皮细胞下有丰富的毛细血管和淋巴网，可以促使药物迅速进入体内循环。③药物可通过上鼻甲（面积约 10 cm^2）吸收进入脑脊液，从而进入中枢神经系统，具有脑靶向性。④药物用量少、费用低廉，鼻内使用总药量仅为静脉用药量的 1/40～1/10，费用仅为静脉输注的 1/160～1/80。⑤安全性高，明显优于静脉给药。

二、鼻黏膜给药制剂的分类

鼻黏膜是亲水性生物大分子类药物（核酸、蛋白质、多肽、抗体类等）理想的给药途径，除传统的滴鼻剂外，现已研制出包括脂质体、微球、微乳、纳米粒凝胶等在内的多种鼻黏膜给药新剂型。

1. 喷鼻剂

溶液剂和混悬剂均可制成喷鼻剂。具有计量泵和驱动器的喷鼻剂可以精确控制剂量，并可将雾滴粒径控制在 $25～200~\mu m$。选择泵和驱动器时，应当考虑处方的黏度以及混悬剂药物颗粒的大小和形态。

2. 滴鼻剂

滴鼻剂系指供人鼻腔内滴入使用的液体制剂，用于鼻腔内的消炎、消毒、收缩血管和麻醉等，也可起全身作用。滴鼻剂是最简单、最方便的鼻腔给药剂型之一。滴鼻剂的主要缺点是给药剂量不精确，因此处方药不宜制作成滴鼻剂。

3. 鼻用凝胶剂

鼻用凝胶剂可以延长药物与鼻黏膜的接触时间，继而提高药物的生物利用度；制备热敏凝胶剂可通过体内外温度的改变实现药物的可控释放。

4. 鼻粉剂

若药物因稳定性差或其他原因不宜制备成溶液剂或混悬剂，可以考虑制作鼻粉剂，具有较好的稳定性。药物以及辅料的溶解度、粒径、空气动力学特性和鼻腔刺激性均会影响鼻粉剂的适用性。

5. 微粒给药系统

脂质体是一类由磷脂等物质通过自组装形成的双分子层的囊泡，具有高生物相容性、无毒性和低免疫原性。包载药物的脂质体通过鼻黏膜给药，可避免药物被鼻内活性酶降解，显著改善药物对鼻黏膜和纤毛的毒性，磷脂双分子层可控制药物的释放，同时脂质体可显著延长药物在鼻腔的滞留时间，改善药物的吸收。

微乳通过鼻黏膜给药可实现药物的脑部靶向累积。鼻内使用佐米曲普坦和舒马曲坦的微乳剂后，药物可迅速进入大鼠大脑并分布。尼莫地平微乳可经鼻腔给药在嗅球内累积，药物含量为静脉注射的 3 倍，表明微乳可通过鼻脑通道实现药物的脑靶向。

微球可延长药物与鼻黏膜的接触时间，避免药物被酶降解而提高生物利用度。鼻用微球制剂的制备通常采用生物相容性高的材料，如淀粉、透明质酸、白蛋白、右旋糖酐及明胶等。如荷载褪黑素的明胶微球和淀粉微球，可显著延长药物在鼻内滞留时间，且具有缓释作用。

三、鼻黏膜给药制剂的质量要求

鼻黏膜给药制剂的质量要求如下：①鼻用溶液剂不应含有沉淀及异物，应透明及澄清；混悬型滴鼻剂振摇后数分钟内不分层；乳剂型滴鼻剂应外观均匀不分层；雾剂中颗粒粒径应在 $30～150~\mu m$ 之间。②鼻用制剂应安全无刺激性，且对鼻黏膜、纤毛无毒性。③鼻用制剂的各项标准应符合《中国药典》（2020 年版）相关规定。

四、鼻黏膜给药制剂的处方设计及举例

（一）药物性质

通常药物的分子质量＜500Da、油水分配系数 $logP$＜5 时具有良好的黏膜吸收性能。生物大分子等药物需要适当的吸收促进剂帮助吸收。

（二）辅料选择

1. 生物黏附材料

生物黏附材料可延长药物在鼻黏膜表面的滞留时间而促进药物的吸收，其主要通过吸水膨胀作用或表面润湿作用等增加与鼻黏膜的接触而产生黏附作用。常用的生物黏附材料有：淀粉、明胶、甲壳素及其衍生物、血清白蛋白、树脂类、玻璃酸、纤维素衍生物、聚丙烯酸、葡聚糖、甲壳素、卡波姆、β-环糊精、聚左旋乳酸、黄原胶等。

2. 黏膜吸收促进剂

理想的吸收促进剂能够快速、安全、有效地提高鼻黏膜的吸收。通常认为促进吸收的主要原理为其可以通过改变磷脂双分子膜的结构来增加膜的流动性、降低细胞间的紧密度以及增加细胞旁路转运而改善上皮细胞的渗透性。吸收促进剂以表面活性剂居多。优良的吸收促进剂不但应该能够显著促进药物吸收，同时应对鼻黏膜无毒副作用、刺激性小、对鼻纤毛功能影响小，如胆盐（如牛磺胆酸盐、甘胆酸盐、脱氧牛磺胆酸盐、脱氧胆酸盐）、牛磺二氢褐霉酸钠以及聚氧乙烯月桂醇醚等。

3. 酶抑制剂

对于多肽和蛋白质类等生物大分子药物，会被鼻黏膜上的大量肽酶和蛋白质酶降解而影响药物功效。而肽酶和蛋白质酶抑制剂的加入会降低药物的水解，提高药物的生物利用度。

（三）制法与处方举例

例 17-2 复方利巴韦林滴鼻剂

【处方】

利巴韦林	10 g	甘油	100 mL
盐酸麻黄碱	10 g	苯扎溴铵	0.1 g
氯化钠	5.5 g	蒸馏水	加至 1000 mL

【制法】 按处方称取利巴韦林、盐酸麻黄碱和氯化钠，并溶于适量蒸馏水中，过滤，加入甘油，再加入蒸馏水至近刻度，摇匀；加入苯扎溴铵，缓慢加蒸馏水至刻度，轻微振摇混匀，分装即得。

【注解】 ①利巴韦林滴鼻剂的浓度不宜超15%，否则在贮存期易析出结晶，在室温条件下（20～30℃）对10%的样品进行3个月的观察，该制剂性质稳定，未见性状有任何改变，含量测定几乎无变化。临床上治疗上呼吸道感染疗效确切。②处方中加入甘油，可增加药液的黏度，延长药物在患处的停留时间，减少用药次数；加入苯扎溴铵、羟苯类防腐剂，起到防腐的作用。③本品为局部用药，部分药物可被黏膜吸收。吸收后在呼吸道分泌物中的浓度大多高于血药浓度，可透过血-脑脊液屏障和胎盘屏障。利巴韦林在肝内代谢，经肾脏排泄，亦可经乳汁排出。有文献报道采用利巴韦林滴鼻剂治疗感冒与静脉滴注具有同样的迅速控制和缓解病情作用，疗效确切。

（姜雷）

思考题

1. 请简述黏膜给药制剂的定义、特点及人体黏膜给药的主要途径。
2. 试述口腔黏膜给药及鼻黏膜给药的吸收机制及影响因素。
3. 请结合本章所学的知识，设计口腔黏膜给药制剂1例及鼻黏膜给药制剂1例。

参考文献

[1] 国家药典委员会. 中华人民共和国药典［M］. 2020 年版. 北京：中国医药科技出版社，2020.

［2］ 周建平，唐星主编. 工业药剂学 ［M］. 北京：人民卫生出版社. 2014.

［3］ 吴正红，祁小乐. 药剂学 ［M］. 北京：中国医药科技出版社，2020.

［4］ 方亮. 药剂学 ［M］. 3 版. 北京：中国医药科技出版社，2016.

［5］ 陆彬. 药物新剂型与新技术 ［M］. 2 版，北京：人民卫生出版社，2005.

［6］ J Neves J D，Sarmento B. Mucosal delivery of biopharmaceuticals：biology，challenges and strategies ［M］. New York，Springer：2014.

［7］ Nordgård C T，Draget K I. Coassociation of mucus modulating agents and nanoparticles for mucosal drug delivery ［J］. Advanced Drug Delivery Reviews. 2018，124：175-183.

第十八章

经皮给药制剂

本章要点

1. 掌握经皮给药制剂的概念、类型、特点及常用材料。
2. 熟悉皮肤的基本生理结构、吸收途径及经皮给药的影响因素。
3. 了解经皮给药制剂的制备、质量评价和研究进展以及渗透促进剂、离子导入技术等新技术在经皮给药中的应用。

第一节 概 述

一、经皮给药制剂的定义

经皮给药制剂又称为**透皮治疗系统**（transdermal therapeutic system，TTS）或**透皮给药系统**（transdermal drug delivery system，TDDS），系指经皮肤敷贴方式用药，药物由皮肤吸收进入全身血液循环并达到有效血药浓度，实现疾病治疗或预防的一类制剂。经皮给药制剂的常用剂型为贴剂和贴片（patch）。根据经皮给药制剂的定义，它不包括同样经皮肤给药而仅在皮肤或皮下局部组织发挥作用的外用制剂，如软膏剂、凝胶剂、硬膏剂及喷雾剂等。同时，经皮给药制剂在处方设计、生产工艺和质量控制等方面和常见皮肤外用制剂均有明显差别，因此本章中除特别说明外，经皮给药制剂均为发挥全身作用的制剂。

二、经皮给药制剂的特点

皮肤一般被认为是防御和排泄器官，随着对药物透皮吸收的深入研究，逐渐阐明了皮肤的生理因素和药物及制剂性质对透皮吸收的影响，不仅打破了药物不能通过皮肤吸收产生全身治疗作用的传统观念，还开拓了药剂学经皮给药的新研究领域。从 1979 年第一个透皮贴剂——东莨菪碱贴剂在美国上市，经皮给药制剂至今已有 40 余年的历程，发展速度迅猛。目前已上市的透皮贴剂有东莨菪碱、可乐定、硝酸甘油、硝酸异山梨酯、芬太尼、烟碱、醋酸炔诺酮、雌二醇、睾酮、吲哚美辛、双氯芬酸、酮洛芬、卡巴拉汀、妥洛特罗、利多卡因、利斯的明、阿塞那平贴剂等。国内也相继开发成功了东莨菪碱、硝酸甘油、可乐定、雌二醇、尼古丁和尼群地平贴剂等。

经皮给药制剂相对于传统口服片剂、胶囊剂或注射剂等剂型，具有以下特点：

①避免了口服给药可能发生的肝首过效应及胃肠灭活效应，药物吸收不受胃肠道因素影响，同时皮肤之间吸收的差异比人体胃肠道吸收的差异小得多，因此减少了个体间差异和个体内差异。②在经皮给药过程中，药物可长时间持续扩散进入血液循环。维持恒定的血药浓度或药理效应，增强治疗效果，减少了血药浓度波动所产生的毒副作用，以及胃肠道反应。③延长作用时间，减少用药次数，改善患者用药顺应性，适用于婴儿、老人和不宜口服的患者。④患者可以自主用药，出现不良反应也可随时终止用药，减少危险发生。

尽管经皮给药制剂作为一种新颖、使用简便且行之有效的全身治疗制剂，受到医药界越来越多的瞩目，但是经皮给药制剂也存在一些局限性：①由于皮肤的屏障作用，限制了药物的吸收速率和程度，因此对于皮肤透过率低的水溶性药物或者剂量要求大的药物并不适合设计成经皮给药制剂；②虽然大面积给药可以增加药物的透过量，但是也可能会对皮肤产生刺激性和过敏性，此外一些本身对皮肤有刺激或过敏的药物不宜设计成经皮给药制剂；③存在皮肤的代谢与贮库作用。

三、经皮给药制剂的分类

（一）经皮给药制剂的结构特点

经皮给药制剂的基本结构特点是由几层具有不同性质和功能的高分子薄膜层叠而成。经皮给药制剂大致可分为以下五层。

（1）背衬层　它是由不易渗透的铝塑复合膜、玻璃纸、尼龙或醋酸纤维素等材料制成，用来防止药物的挥发和流失。

（2）药物贮库　它是由聚乙烯醇、聚醋酸乙烯酯或其他药用高分子材料制成的一层膜。药物溶解或分散在一定的体系中，并存放在这层膜内，能透过这层膜缓慢地向外释放。

（3）控释膜　作为控释膜的药用高分子材料具有一定的渗透性，利用控释膜的渗透性和厚度可以控制药物的释放速率，因此它是经皮给药制剂的关键部分。

（4）胶黏层　它是由对皮肤无毒、无刺激和无过敏性的黏胶材料组成，起着保证释药面与皮肤紧密接触，同时也可发挥药贮库和控释作用。

（5）保护膜　它是一种可剥离衬垫膜，具有保护药膜的作用。

（二）经皮给药制剂的基本类型

按照经皮给药制剂的结构不同，可将其分成两大类型：膜控释型和骨架扩散型。

1. 膜控释型经皮给药制剂

膜控释型经皮给药制剂系指药物或经皮吸收促进剂被控释膜或其他控释材料包裹成贮库，由控释膜或控释材料的性质控制药物的释放速率。按其结构不同，它又可分为复合膜型、充填封闭型等。

（1）复合膜型经皮给药制剂　复合膜型经皮给药制剂由背衬层、药物贮库、控释膜、胶黏层和防黏层组成（图18-1）。药物贮库是药物分散在压敏胶或聚合物膜中，控释膜是微孔膜或均质膜。这类给药系统的组成材料是：背衬层常为铝塑膜；药物贮库是药物分散在聚异丁烯等压敏胶中，加入液状石蜡作为增黏剂；

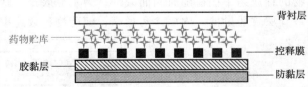

图18-1　复合膜型经皮给药制剂结构示意图

控释膜常为聚丙烯微孔膜，厚度 $10\sim100\mu m$，孔率 $0.1\sim0.5$，曲率 $1\sim10$，膜的厚度、微孔大小、孔率及充填微孔的介质等可以控制药物的释放速率；胶黏层也可用聚异丁烯压敏胶，加入药物作为负荷剂量，使药物能较快达到治疗血药浓度；防黏层常用复合膜，如硅化聚氯乙烯、聚丙烯、聚苯乙烯等。

（2）充填封闭型经皮给药制剂

充填封闭型经皮给药制剂也是由背衬层、药物贮库、控释膜、胶黏层和防黏层组成，但药物贮库是由液体或软膏和凝胶等半固体充填封闭于背衬层与控释膜之间，控释膜是乙烯-醋酸乙烯共聚物（EVA）膜等均质膜，如图18-2。

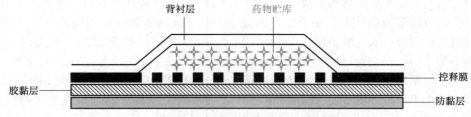

图 18-2　充填封闭型经皮给药制剂结构示意图

该类系统中药物从贮库中分配进入控释膜。改变膜的组分可控制系统的药物释放速率，如 EVA 膜中 VA 的含量不同渗透性不同。贮库中的材料也可影响药物的释放。该类系统常用的压敏胶是聚硅氧烷压敏胶和聚丙烯酸酯压敏胶。硝酸甘油透皮给药系统 Transderm-Nitro、雌二醇透皮给药系统 Estradern 和芬太尼透皮给药系统 Durogesic 都是充填封闭型。

2. 骨架扩散型经皮给药制剂

骨架扩散型经皮给药制剂系指药物溶解或均匀分散在聚合物骨架中，由骨架材料控制药物的释放。按其结构不同，又可分为聚合物骨架型、胶黏剂分散型。

（1）聚合物骨架型经皮给药制剂　聚合物骨架型经皮给药制剂常用亲水性聚合物作骨架，如天然的多糖与合成的聚乙烯醇、聚乙烯吡咯烷酮、聚丙烯酸酯和聚丙烯酰胺等。骨架中还含有一些湿润剂，如水、丙二醇、乙二醇和聚乙二醇等。含药的骨架黏贴在背衬材料上，在骨架周围涂上压敏胶，加保护膜即成，如图18-3。亲水性聚合物骨架能与皮肤紧密结合，通过湿润皮肤促进药物吸收。这类系统的药物释放速率受聚合物骨架组成与药物浓度影响。

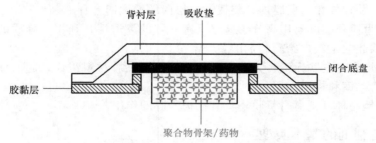

图 18-3　聚合物骨架型经皮给药制剂结构示意图

（2）胶黏剂分散型经皮给药制剂　胶黏剂分散型经皮给药制剂是将药物分散在胶黏剂中，铺于背衬层上，加防黏层而成。如图18-4。这类系统的特点是剂型薄、生产方便，与皮肤接触的表面都可释放药物。常用的胶黏剂有聚丙烯酸酯类、聚硅氧烷类和聚异丁烯类压敏胶。如果在系统中只有一层胶黏剂，药物的释放速率往往随时间而减慢。为了克服这个缺点，可以采用成分不同的多层胶黏剂膜，与皮肤接触的最外层含药量低，内层含药量高，使药物释放速率接近于恒定。

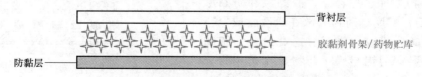

图 18-4　胶黏剂分散型经皮给药制剂结构示意图

四、适合经皮给药的药物

通常情况下适合经皮给药的药物包括以下特征：剂量小，药理作用强；半衰期短，需要较长时间给药，特别是治疗慢性病的药物；口服首过效应大或者在胃肠道中容易降解失活，对胃肠道刺激性大；普通药物剂型给药副作用大或疗效不可靠；对皮肤无刺激，无过敏性反应。

五、经皮给药制剂的质量要求

经皮给药制剂常用剂型为贴剂或贴片，要求外观应完整光洁，有均一的应用面积，冲切口应光滑无锋利的边缘。经皮给药制剂所用的材料及辅料应符合国家标准有关规定，无毒、无刺激性、性质稳定、与原料药物不起作用。当用于干燥、洁净、完整的皮肤表面，用手或手指轻压，贴剂应能牢牢地贴于皮肤表面，从皮肤表面除去时应不对皮肤造成损伤，或引起制剂从背衬层剥离。贴剂在重复使用后对皮肤应无刺激或不引起过敏。原料药物如溶解在溶剂中，填充入贮库，贮库应无气泡和泄漏。原料药物如混悬在制剂中则必须保证混悬和涂布均匀。用有机溶剂涂布的贴剂，应对残留溶剂进行检查。采用乙醇等溶剂时应在标签中注明过敏者慎用。贴剂的黏附力等应符合要求。除另有规定外，贴剂应密封贮存。贴剂应在标签中注明每贴所含药物剂量、总的作用时间及药物释放的有效面积。除另有规定外，贴剂应进行含量均匀度、释放度和微生物限度等检查，且要符合规定。

第二节 经皮给药制剂的设计

一、皮肤的生理结构与吸收途径

药物的经皮吸收过程主要包括释放、穿透及吸收进入血液循环三个阶段。

（一）皮肤的基本生理结构

人的皮肤一般占体重的5%，约1/3的血液在皮肤中流动。皮肤的厚度随部位不同而不同，一般在0.5~4 mm之间。皮肤作为人体的最外层组织，具有保护机体免受外界环境中各种有害因素侵入的屏障功能，并防止组织内的各种营养物质、电解质和水分的损失。皮肤中含有许多神经末梢，能感知冷、热、痛、触及压力等刺激，与外界环境接触时起保护、感觉、调节体温、分泌和排泄作用。皮肤又是经皮给药制剂唯一的给药途径，是影响药物经皮吸收及治疗有效性的重要因素，对于大多说药物来说，皮肤的自然渗透性不能满足治疗要求，对皮肤基本生理结构及其生理性质的了解将有助于经皮给药制剂的设计。

皮肤结构如图18-5所示，皮肤的结构主要分为四个层次，即角质层、活性表皮、真皮和皮下组织。角质层和活性表皮合称表皮（epidermis），表皮下即为真皮，在真皮中存在着丰富的毛细血管丛、汗腺、

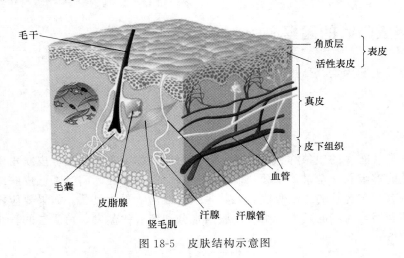

图18-5 皮肤结构示意图

皮脂腺和毛囊等。真皮下即为皮下组织，主要由脂肪组织构成。皮肤表面的 pH 为 4.2～5.6，到达皮肤深层逐渐变为中性，接近于体液的 pH 约为 7.4。

角质层是由死亡的扁平角质化细胞和纤维化蛋白质组成的致密层状结构。角质层与经皮给药制剂直接接触，是影响药物吸收的主要屏障。角质层的厚度随身体部位不同而异。一般认为对于脂溶性强的药物，由于与角质层的作用较小，药物经皮肤吸收的主要限速步骤是由角质层向生长表皮的转运过程。分子量较大的药物、极性或水溶性较大的药物均难透过角质层，因而这些药物在角质层中的扩散过程是经皮肤吸收的主要限速步骤。活性表皮又称生长表皮，厚度约为 $50\sim100~\mu m$，由活细胞组成，细胞内主要是水性蛋白质溶液，水分含量约占 90%。与角质层不同，这种水性环境可能成为脂溶性药物的渗透屏障。真皮层厚度约为 $2000\sim3000~\mu m$，是主要由纤维蛋白质形成的疏松结缔组织，有少量的脂质与纤维蛋白质相互交叉，含水量约为 30%。在真皮层中含有丰富的毛细血管、毛细淋巴管、毛囊和汗腺，这些系统与体内循环连接组成药物转运网络。一般认为，从表皮转运至真皮的药物可以迅速从上述网络转运而不形成吸收屏障。但是，对于一些脂溶性较强的药物也可能在真皮层的脂肪组织中积累，难以分配至水性环境，因而形成药物贮库。皮下组织是一种脂肪组织，具有血液循环系统，与真皮层相似，由于药物在皮下组织可以迅速移除，一般也不成为药物的吸收屏障。皮肤附属器包括汗腺、毛囊、皮脂腺，可从皮肤表面一直到达真皮层底部。皮肤附属器仅占皮肤总面积的 1%，而且由于它们的分泌物的扩散方向与药物扩散方向相反，因此在大多数情况下不成为药物主要吸收途径，但一些大分子以及离子型药物可能经由皮肤附属器途径转运。

（二）药物吸收途径

药物经皮吸收的途径有两种：①表皮吸收途径，即药物透过角质层和活性表皮进入真皮，被毛细血管吸收进入体循环，是药物经皮吸收的主要途径；②表皮附属器官吸收途径，即通过毛囊、皮脂腺和汗腺等吸收。

在表皮吸收途径中，药物从制剂中释放到皮肤表面，可通过角质层细胞或角质层细胞间到达活性表皮，进一步到达真皮。由于角质层细胞扩散阻力大，所以药物分子主要由细胞间扩散通过角质层。角质层细胞间是类脂分子形成的多层脂质双分子层，类脂分子的亲水部分结合水分子形成水性区，而类脂分子的烃链部分形成疏水区。极性药物分子经角质层细胞间的水性区渗透，而非极性药物分子经由疏水区渗透。药物经表皮渗透的主要阻力来自角质层。

在皮肤附属器官吸收途径中，药物的穿透速度要比表皮途径快，但皮肤附属器官在皮肤表面所占的面积只有 1% 左右，因此不是药物经皮吸收的主要途径。当药物渗透开始时，药物首先通过皮肤附属器途径被吸收，而当药物通过表皮途径到达血液循环后，药物经皮渗透达稳态，则附属器官途径的作用可被忽略。对于一些离子型药物及水溶性的大分子，由于难以通过富含类脂的角质层，表皮途径的渗透速率很慢，因此经附属器官途径吸收成为重要途径。在离子导入过程中，皮肤的附属器官是离子型药物通过皮肤的主要通道。

二、影响药物经皮吸收的因素

药物的经皮吸收受皮肤因素、药物性质和剂型因素三方面的影响。

（一）皮肤因素

1. 皮肤的水合作用

皮肤含水量较正常状态多的现象称为皮肤的水合作用或者称为水化作用。皮肤角质的死亡扁平角质化细胞和纤维化蛋白质能够吸收一定量的水分，使皮肤饱满而富有弹性，同时降低皮肤结构的致密程度。因此，皮肤的水合作用有利于药物的透皮吸收，尤其是水溶性药物更为显著。如果要应用的透皮贴剂对皮肤而言是封闭系统，随着用药时间的延长，由于皮肤内水分和汗液的蒸发，角质层的含水量可达 50% 以上，药物的透过性可增加 5～10 倍。

2. 皮肤角质层厚度

人体不同部位角质层的厚度不同，对药物透皮吸收的影响也不同。通常足底和手掌部位的角质层厚度＞腹部＞前臂＞背部＞前额＞耳后和阴囊。另外，不同年龄、性别的人体相同部位的角质层厚度差异也较大。因此，大多数药物的经皮给药都有其适宜的使用部位。但是硝酸甘油等透过性很强的药物在人体许多部位的透过性差异并不大。湿疹、溃疡或烧伤等创面，由于角质层受损时其屏障功能也相应受到破坏，药物的透过率数倍至数十倍地增加。某些皮肤疾病如硬皮病、牛皮癣、老年角化病等使皮肤角质层致密，却减少药物的透过性。

3. 皮肤的温度

药物的透过速度随着皮肤温度的升高而升高。一般皮肤温度每升高 10℃，皮肤透过速度增加 1.4～3.0 倍。

4. 皮肤的结合与代谢

皮肤结合作用是指药物与皮肤蛋白质或脂质等发生可逆性结合作用，导致药物透皮时间延长，或在皮肤内形成药物贮库。药物与皮肤结合力越强，其时滞和贮库的维持时间也越长。

药物在皮肤内酶的作用下可发生氧化、水解和还原等过程，但是经皮给药制剂的贴敷面积很小，加之皮肤内酶含量很低，血流量也仅为肝脏的 7%，所以酶代谢对多数药物的皮肤吸收不产生明显的首过效应。

（二）药物性质

药物的影响因素包括药物的性质与剂型因素两个方面。药物的物理化学性质（溶解性、分子量等）、药物的制剂形式决定了它在皮肤内的转运速率，进而影响其透皮吸收。

1. 剂量与浓度

用于制备经皮给药制剂药物通常是剂量小、活性强的药物，一般要求药物的给药剂量最好不超过 10～15 mg/d。由于药物的经皮吸收大多属于被动扩散过程，所以经皮吸收的药物量通常随着药物浓度的增加而增大。

2. 分子大小及脂溶性

药物的扩散系数与药物半径成反比。药物的扩散系数与分子量成反比，分子量越大，分子体积越大，扩散系数越小。分子量小于 500 并且具有一定的脂溶性和水溶性的药物渗透性较好。根据经验，分子量每增加 100，最大渗透速率可降低至原来的 1/5。

3. 溶解度与油水分配系数

经皮给药制剂所选药物的溶解度最好在水和矿物油中均大于 1 mg/mL。大部分药物的稳态透过量与浓度梯度成正比，且其浓度梯度与角质层中药物的溶解度成正比。由于药物从经皮给药制剂至皮肤的转运伴随着分配过程，药物的油水分配系数的大小也影响药物从经皮给药制剂进入角质层的能力。角质层类似脂膜，脂溶性大的药物易通过，因此一般脂溶性药物容易经皮吸收。药物通过角质层后，需分配进入活性表皮吸收，而活性表皮是水性组织，脂溶性太大的药物难以分配进入活性表皮，所以药物穿透皮肤的渗透系数与油水分配系数往往呈抛物线关系，即渗透系数开始随油水分配系数的增大而增大，但油水分配系数增加到一定程度后渗透系数反而会下降。如果经皮给药制剂中的介质或者某组分对药物具有很强的亲和力，且其油水分配系数小，将减少药物进入角质层的量，进而影响药物的透过。

4. pH 与 pK_a

弱酸或弱碱性药物，若以分子型存在时有较大的经皮透过能力，而以离子型存在时则不易透过角质层。表皮内的 pH 为 4.2～5.6，而真皮内的 pH 约为 7.4，故可根据药物的 pK_a 来调节经皮给药制剂介质的 pH，使其离子型和分子型的比例发生改变。提高离子型药物透皮速率可采用离子对机制，即可选用与渗透药物电性相反的物质作为介质或载体，形成电中性离子对可以促进药物进入角质层脂质相，从而产生高浓度梯度，有利于药物透过角质层向表皮组织扩散。

5. 熔点

低熔点的药物容易透过皮肤。根据经验，熔点每升高 100℃，最大渗透速率会降低至原来的 1/10。

（三）剂型因素

药物在给药系统中的分散状态、给药系统中介质 pH、给药系统组分对药物的作用力及对皮肤渗透性的影响、基质的组成与性能等都可能会改变药物在皮肤内的渗透速率，影响药物的经皮吸收。经皮给药制剂按其结构可分为膜控释型和骨架扩散型。膜控释型经皮给药制剂的控释膜厚度，孔径大小等因素均会影响药物的释放速率，从而影响药物的吸收速率。骨架扩散型经皮给药制剂的基质材料组分也会影响药物的溶解度、释放度和药物在给药系统与皮肤间的分配行为，从而影响药物的皮肤透过性。在经皮给药制剂中采用经皮渗透促进剂可促进药物对皮肤的渗透性。

三、促进药物的经皮吸收策略

经皮给药制剂的给药剂量常与给药系统的有效释药面积有关，增加面积可以增加给药剂量，但是一般经皮给药制剂的面积不大于 $60~cm^2$，因此要求药物有一定的透皮速率。除了少数剂量小和具适宜溶解特性的小分子药物以外，大部分药物的透皮速率都满足不了治疗要求，因此提高药物的透皮速率是开发经皮给药制剂的关键。促进药物经皮吸收的方法通常有药剂学方法、物理方法和化学方法。

（一）药剂学方法

1. 经皮吸收促进剂促进药物的经皮吸收

经皮吸收促进剂（penetration enhancer）是指能够降低药物透过皮肤的阻力，加速药物穿透皮肤的物质。经皮吸收促进剂能与角质层细胞内蛋白质作用，影响细胞桥粒，调节细胞间脂质分配或改变角质层的溶解性。应用经皮吸收促进剂提高药物经皮吸收是药剂学最常用的方法之一。理想的经皮吸收促进剂应具备如下条件：①对皮肤及机体无药理作用、无毒、无刺激性及无过敏性反应；②应用后立即起效，作用时间长，去除后皮肤能恢复正常的屏障作用；③在制剂学上理化性质稳定，化学反应惰性，与药物及其他附加剂有良好的相容性。目前，常用的经皮吸收促进剂可分为以下几类：

（1）表面活性剂　表面活性剂可以渗入皮肤并可能与皮肤成分相互作用，改变皮肤透过性质。在表面活性剂中，非离子型表面活性剂主要增加角质层类脂流动性，刺激性最小，但促透过效果也最差，可能是与其临界胶团浓度较低、药物易被增溶在胶束中而释放减慢有关。离子型表面活性剂与皮肤的相互作用较强。阳离子型表面活性剂主要与角质纤维作用，而阴离子型表面活性剂不仅与角质纤维作用，也能与细胞间类脂质相互作用，导致脂质流动或者移除、细胞骨架结构改变等，但在连续应用后均会引起红肿、干燥或粗糙化。

（2）二甲基亚砜及其类似物　该类经皮吸收促进剂有二甲基亚砜（DMSO）、二甲基甲酰胺（DMF）、二甲基乙酰胺（DMA）和癸基甲基亚砜（DCMS）等。DMSO 是应用较早的一种促进剂。DMSO 既能与角质层脂质相互作用，又具有强吸湿性，可大大提高角质层的水化作用，且能增溶药物，因此能产生较强的透皮促进作用。DMSO 提高药物渗透作用呈浓度依赖性，在较高浓度下（>60%）促进药物渗透是由于置换角质层中的结合水，使双分子层膨胀和脂质流动性增加；在较低浓度下（<20%）则是由于与角质层细胞膜中蛋白质结合，使蛋白质的构象发生可逆变化。但是 DMSO 有恶臭，长时间及大量使用会严重刺激皮肤，甚至能引起肝损害和神经毒性等，因此在有些国家已经限制使用。DMF 和 DMA 刺激性小，但是促渗作用也相对较小。DCCMS 是一种新型促进剂，用量较少，对极性药物的促进能力大于非极性药物，可能的原因是 DCMS 具有非离子表面活性剂的结构和性质。

（3）氮酮类化合物　月桂氮䓬酮（Laurocapam），也称 Azone，为无色澄明液体，不溶于水，能与多数有机溶剂混溶，与药物水溶液混合振摇可形成乳浊液。本品对亲水性药物的吸收促进作用强于对亲脂性药物。Azone 主要作用在角质层部分。Azone 能够扩大角质层中的细胞间孔隙，提高通过细胞间隙水溶性药物的透过量，促进溶解在低级醇中脂溶性药物的透过。同时，Azone 透过角质层后可以对原有的脂质结构进行重新排列，增加类脂膜的不连续性，降低脂质的黏性，提高其流动性。透皮作用具有浓度依赖性，有效浓度常在1%～6%左右。Azone起效较为缓慢，药物透过皮肤的时滞从2 h到10 h不等，但一旦发生作用，则能持续多日，这可能是Azone自身在角质层中蓄积所引起。Azone与其他促进剂合用常有更佳效果，如与丙二醇、油酸等都可配伍使用。

其他该类经皮吸收促进剂还包括：α-吡咯酮（NP）、N-甲基吡咯酮（N-NMP）、5-甲基吡咯酮（5-NMP）、1,5-二甲基吡咯酮（1,5-NMP）、N-乙基吡咯酮（N-NEP）、5-羧基吡咯酮（5-NCP）等。此类经皮吸收促进剂用量较大时对皮肤有红肿、疼痛等刺激作用。

（4）醇类化合物　醇类化合物包括各种短链醇、脂肪醇及多元醇等。结构中含2～5个碳原子的短链醇（如乙醇、丁醇等）能溶胀和提取角质层中的类脂，增加药物的溶解度，从而提高极性和非极性药物的经皮渗透作用。但短链醇只对极性类脂有较强的作用，而对大量中性类脂作用较弱，因此如果与一些非极性溶剂如正己烷结合应用将大大提高药物的渗透作用。

脂肪醇由于碳原子增多，具有与角质层类脂质相似的长链结构，能增加角质层的流动性，从而发挥促渗作用。

丙二醇、甘油及聚乙二醇等多元醇也常作为经皮吸收促进剂使用，但单独应用的效果不佳，常与其他促进剂合用，可增加药物及促进剂溶解度，发挥协同作用。

（5）其他吸收促进剂　挥发油如薄荷油、桉叶油、松节油等，其主要成分是一些萜烯类化合物。萜烯类可以改变角质层的溶剂性质，增加药物的溶解性，改变药物通过膜的扩散能力，因此具有较强的促渗作用，且能刺激皮下毛细血管的血液循环。

氨基酸以及一些水溶性蛋白质能增加药物的经皮吸收，其作用机理可能是增加皮肤角质层脂质的流动性。氨基酸的吸收促进作用受介质pH的影响，在等电点时有最佳的促进效果。氨基酸衍生物，如二甲基氨基酸酯比Azone具有更强的经皮吸收促进效果、较低的毒性和刺激性，其酯基的改变对经皮吸收促进作用影响显著。

此外，磷脂、油酸等化合物易渗入角质层，因而可发挥经皮吸收促进作用。以磷脂为主要成分制备成载药脂质体也可以增加许多药物的皮肤吸收。

2. 微粒载体促进药物的经皮吸收

伴随着微纳米技术的发展，将药物制成微粒给药系统，既可以改变药物的物理特性，又可以利用微粒给药系统与皮肤间的特殊相互作用，达到促进药物透过皮肤的目的，因此已成为药剂学促渗技术的一个重要发展方向。目前研究较多的应用于促进透皮吸收的微粒给药系统包括脂质体、传递体、醇质体、微乳、固体脂质纳米粒等。

（1）脂质体（liposome）　脂质体系指由类脂双分子层包封成的微小泡。脂质体有单室与多室之分。小单室脂质体的粒径一般在20～80 nm之间，大单室脂质体的粒径在0.1～1 μm之间。多室脂质体的粒径在1～5 μm之间。通常小单室脂质体也称纳米脂质体。脂质体以其低毒性、易制备、可避免药物的降解和可实现靶向性给药等优点而被广泛作为药物载体。

脂质体作为药物载体促进药物经皮吸收机制主要有：

① 水合作用：脂质体可使角质层湿化，水合作用加强使角质层细胞间的结构改变，脂质双层中疏水性尾部排列紊乱，脂溶性药物可通过扩散和毛细吸力作用，进入细胞间隙。

② 穿透机制：完整的脂质体不仅能通过角质层，而且能穿透到皮肤深层，甚至到达血管。保持脂质体完整性是药物尤其是水溶性药物透过皮肤的关键因素。

③ 融合机制：脂质体的磷脂与角质层的脂质融合，使角质层脂质组成和结构改变，形成一种扁平的颗粒状结构，通过脂质颗粒的间隙，脂质体包封的药物便可进入皮肤。

（2）传质体（transfersome）和醇质体（ethosome）　近年来，新型脂质体如传质体和醇质体等也已经用于促进药物经皮吸收。传质体又称为柔性纳米脂质体或变形脂质体，是表面活性剂如胆酸钠、去氧胆酸钠、吐温等加到制备脂质体的脂质材料中，使类脂膜具有高度变形能力，从而制成的类脂质聚集体。传质体膜的高度变形性使传质体更容易透过角质层。另外，传质体的水合作用以及与角质层的脂质融合作用，能够使角质层结构和脂质组成发生改变，扩大细胞间隙，促进传质体和药物的渗透。传质体处方中表面活性剂的促渗功能也是传质体发挥提高药物经皮吸收的重要因素。以上促渗功能使传质体与普通脂质体相比较具有更多的优点，尤其是在促进蛋白质和多肽类大分子药物经皮吸收上，传质体具有更为显著的优势。

醇质体是在普通脂质体的处方中添加高浓度、低分子量醇制备而成的。与普通脂质体相比，高浓度的醇使脂质双层流动性增加，具有更大的柔韧性，可促进药物穿透皮肤，增加药物在皮肤的蓄积。此外，醇类化合物可以增加药物在角质层的溶解度，增加角质层的流动性，从而促进药物经皮渗透，并增加传递至皮肤深层的药物量。

（3）微乳（microemulsion） 微乳一般是由水相、油相、表面活性剂和助表面活性剂四元体系自发形成的一种纳米乳，具有各向同性、热力学稳定、外观透明等特点。微乳作为经皮给药制剂，可显著提高难溶性药物的溶解度，从而在皮肤两侧形成较高的浓度梯度，有利于药物的透皮扩散。同时，微乳中的油相作为亲脂区能与角质层相互作用，溶解在脂性区的药物能直接进入角质层的脂质中，或亲脂区成分能插入角质层的脂质双分子层，因而破坏它的双分子层结构，加速药物的渗透；另一方面，微乳的亲水区能使角质层发生水合作用，大大增加角质层对药物的经皮透过量。

（二）物理方法

促进药物经皮吸收的物理方法包括离子导入、超声波导入、电致孔法、微针、热穿孔技术、激光技术等。

1. 离子导入

离子导入（iontophoresis）是通过在皮肤上应用适当的直流电而增加药物分子透过皮肤进入机体的过程。该法特别适用于难以穿透皮肤的大分子多肽类药物和离子型药物的透皮给药。

离子导入给药系统由四部分组成：电源、控制线路、电极和贮库。离子导入法促进药物渗入皮肤的主要途径是皮肤附属器（如毛孔、汗腺），其作用机制可能有三个方面：①电场作用下，通过产生的电势梯度促使带电药物透过皮肤；②电流本身改变了皮肤的正常组织结构，使皮肤的渗透性改变而易于药物透过；③在电场作用下产生的电渗流，推动带电或中性粒子透过皮肤。影响药物离子导入的因素包括药物因素、贮库溶液的组成、电学因素以及皮肤因素等。一般情况下，离子导入的速率与药物所带的电荷和药物浓度成正比，而与药物的分子量成反比。贮库溶液的 pH 和组成会影响药物的解离程度，因此也显著影响离子导入的效果。理论上经离子导入的药物量随着电流强度、电压的增加而增加，随电流应用时间的增长而增加。

2. 超声波导入

超声波导入（sonophoresis）即超声波法，是指药物分子在超声波的作用下，透过皮肤或进入软组织的过程。该方法能促进药物的透皮吸收，适用范围广泛，可用于生物大分子多肽类药物的导入，还可与其他促透技术协同使用。

超声波促进药物经皮吸收的作用机制可分为两种：一是超声波改变皮肤角质层结构，二是通过皮肤的附属器产生药物的传递通道。前者主要是在超声波作用下产生热效应、空化作用等使角质层中的脂质结构重新排列，并形成空洞而促进药物扩散；后者主要是在超声波的放射压和超微束作用下形成药物的传递通道。影响超声波促进药物吸收的因素主要有超声波的波长、输出功率以及药物的理化性质。一般用于促进药物透皮吸收的超声波波长选择在 90 kHz 到 250 kHz 范围内。

3. 电致孔法

电致孔法（electroporesis）是采用瞬时高电压脉冲电场（10 μs～100 ms，100～1000 V）在细胞膜等脂质双分子层形成暂时、可逆的亲水性孔道而增加渗透性的过程。

电致孔过程包括两个步骤：首先，瞬时脉冲电压作用下产生可渗透性的孔道；其次，脉冲时间和脉冲作用下维持或扩大这些孔道，以促使药物分子在电场力作用下的转运。电致孔促渗技术的优势包括：①采用瞬时的高电压脉冲，对皮肤无损伤，形成的孔道是暂时的、可逆的；②给药起效快；③与离子导入法并用，可以大大提高离子导入透皮给药的效率；④应用范围广泛，可提高小离子、中等大小分子、大分子乃至纳米粒、微球等的经皮吸收；⑤采用脉冲方式给药，有利于实现生物大分子药物的程序化给药。

4. 微针

微针（microneedles）即微针透皮技术，是结合了皮下注射器与透皮贴片优点的新型透皮促渗给药技术。微针透皮贴片是由数十至数百枚空心微针或实心微针（由金属、生物降解聚合物、硅等材料制成）组成的 $1\sim2\ cm^2$ 的透皮贴片，贴于皮肤后刺穿角质层并在皮肤上创造了微米级别的药物运输通道，因此可增加药物的渗透性，可用于局部给药、全身给药和疫苗传输等。微针的促渗机制与其他物理促渗方法不同，离子导入、电致孔、超声波导入等方法是打乱皮肤角质层脂质的有序排列，使药物对皮肤角质层的渗透性增加，而微针是在角质层上制造了真实的通道，这种通道是可见的，并垂直于皮肤。微针透皮技术的穿刺深度仅在角质层，未到达神经末梢，因此无明显痛觉。目前，微针作为一种新型的经皮给药装置，直接突破皮肤屏障，增强皮肤对药物尤其是大分子药物的渗透性，极大提高经皮给药的效率和效果，并且微针携带方便、使用简单，因而已成为一个新兴的皮肤给药研究领域。

5. 热穿孔技术

热穿孔技术（thermal phoresis）与微针技术类似，系采用脉冲加热的方法，在皮肤角质层中形成亲水性通道以增加皮肤的渗透性的一种技术。应用时温度的控制尤为重要，温度过高会使皮肤蛋白质沉淀，过低则功效降低。

6. 激光技术（laser technology）

激光照射皮肤能促进药物透皮吸收，将皮肤反复暴露于 Ar-F 激光中，其透过性将增加 100 倍以上。激光促渗机制可能与激光诱导的光机械波使角质细胞间脂质区结构发生改变或者激光对角质层的直接切除作用形成细胞内通道有关，但确切机制尚不清楚。

（三）化学方法

为了增加药物通过皮肤的速率，可以将药物制成前体药物（prodrug）。前体药物是指将某些药物进行化学结构改造，形成适宜衍生物，该衍生物可增强透皮吸收作用，且透皮吸收后可经生物转化生成原来的活性母体药物。亲水性药物制成脂溶性大的前体药物，可增加在角质层的溶解度，增加药物透过性；强亲脂性的药物引入亲水性基团，有利于从角质层向水性的活性皮肤组织分配。前体药物在通过皮肤的过程中，既可被活性表皮内酶降解成母体药物，亦可以在体内受酶作用转变成母体药物，从而发挥药理活性。

四、经皮给药制剂的处方设计

（一）药物理化性质与药理性质研究

经皮给药制剂的药物适宜性分析与评价内容包括：①根据药物的理化性质和药物动力学性质进行可行性分析，从药物的分子量、分子结构、溶解性能、油水分配系数、解离常数和化学稳定性估计药物经皮透过性能；②根据药物的剂量、生物半衰期、消除速率常数、分布容积、最小有效血药浓度、静脉滴注治疗的有效剂量和剂量-效应相互关系等分析经皮给药的可行性，确定要开发的药物是否适合于经皮给药；③拟制成透皮贴剂药物的使用剂量要小，药物对皮肤无刺激性，无过敏反应等。经皮给药制剂药物的性质要求见表18-1。

表 18-1　适宜制备经皮给药制剂药物的性质要求

物理化学性质	药理性质	物理化学性质	药理性质
分子量<500	剂量小	溶解度：在液状石蜡与水中都大于 1 mg/mL	分布容积小
熔点<100℃	生物半衰期短	pH：饱和水溶液在 5～9 之间	对皮肤无刺激性、不发生过敏反应

（二）药物透皮扩散速率的测定

根据药物的性质，选择适宜的分析方法，进行方法学研究，建立药物的含量测定方法。采用适宜的皮肤、释放介质以及透皮装置，测定药物的透皮扩散速率。

（三）经皮给药制剂的处方设计

根据体外药物的透皮速率与时滞，结合临床治疗要求，选择合适的透皮吸收促进剂，或开发成前体药物，或开发成微粒给药系统，以达到药物透皮速率要求。研究药物在皮肤内的代谢、结合或吸附能力，考察辅料及 pH 等条件对药物透皮速率的影响。根据体外释放试验和体外透皮试验结果，筛选给药系统的处方组成，包括药物贮库组成、控释膜、高分子材料和压敏胶等。

按选择的最佳处方制备样品，完善生产工艺，制定质量标准，进行加速稳定性试验，同时开展药效学、皮肤刺激性、皮肤过敏性等试验。

（四）高分子材料的选择与应用

经皮给药制剂应用最多的剂型是贴剂，贴剂有背衬层、药物贮库、胶黏层及临用前需除去的保护层，因此需要不同性能的高分子材料满足不同性能的药物与各种设计要求。经皮给药制剂中的高分子材料需要满足以下要求：①高分子材料的分子量、玻璃化转变温度、化学性能等满足药物适当的扩散和释放要求；②高分子材料不应与药物发生化学反应；③高分子材料及其分解产物必须是无毒，具有生物相容性；④经皮给药制剂在贮藏或使用期间，高分子材料不应降解；⑤高分子材料应容易加工和制成所需要的产品，并具有优良的载药性能；⑥高分子材料应廉价，使经皮给药制剂有商业竞争优势。

1. 骨架材料

骨架型经皮给药制剂通常用药用高分子材料作为骨架荷载药物，包括天然与合成的药用高分子材料，如疏水性的醋酸纤维素、聚硅氧烷与亲水性的聚维酮、聚乙烯醇等。这些药用高分子材料应具备以下特征：不与药物发生反应，对药物的扩散阻力适宜，使药物有适当的释放速率；骨架稳定、能稳定地吸附药物；高温高湿条件下，保持结构与形态的完整；对皮肤无刺激性，最好能黏附于皮肤上。

醋酸纤维素（CA）是部分乙酰化的纤维素，根据乙酰化程度，可分为一、二和三醋酸纤维素。经皮给药制剂中常用三醋酸纤维素作为微孔骨架材料或者微孔膜材料。三醋酸纤维素为白色颗粒或条形，不溶于水、乙醇，但是能够溶在丙酮、二氧六环、三氯甲烷等有机溶剂。对皮肤没有刺激性和过敏性，在生物环境的 pH 范围内较稳定，可以与各种药物配伍。三醋酸纤维素微孔骨架可以吸附各种液体，适用性广。由于孔隙率较高，能允许液体在短时间内扩散进入或离开骨架系统。药物的释放速率主要与骨架中的溶剂有关。

聚乙烯醇（PVA）是由聚乙酸乙烯酯的甲醇溶液加碱液醇解制得。聚乙酸乙烯酯醇解的百分率称为醇解度。PVA 的理化性质和醇解度、聚合度有关。一般认为，醇解度在 87%～89% 的 PVA 的水溶性最好，在冷、热水中均很快溶解；醇解度 99% 以上的 PVA 只溶解在 95℃ 的热水中，醇解度在 50% 以下的 PVA 则不溶于水。

2. 控释膜材料

膜控型经皮给药制剂中的控释膜可分为均质膜和微孔膜。用作均质膜的药用高分子材料有乙烯-醋酸乙烯共聚物和聚硅氧烷等。乙烯-醋酸乙烯共聚物（EVA）是经皮给药制剂中用得较多的高分子材料，具有较好的生物相容性，由乙烯和醋酸乙烯两种单体经共聚而得。EVA 熔点较低，一般在 70～97℃，软化温度在 78℃ 以下。分子量和共聚物中醋酸乙烯的含量直接影响 EVA 性能。EVA 的分子量大，玻璃化温度高，机械强度大。相同分子量下，EVA 中醋酸乙烯含量很低时，其性能接近于低密度的聚乙烯，在有机溶剂中不溶解，只能用热熔法加工成膜材；醋酸乙烯含量高时，EVA 溶解性、柔软性、弹性和透明度提高，而抗张强度和软化点降低，药物渗透性增加。

控释膜中的微孔膜常用聚丙烯（polypropylene，PP）或者醋酸纤维素等经双向拉伸而得。

3. 压敏胶

压敏胶（pressure sensitive adhesive，PSA）即压敏性胶黏材料，系指在轻微压力下即可实现粘贴同时又易剥离的一类胶黏材料，起着保证释药面与皮肤紧密接触以及药库、控释等作用。经皮给药制剂压敏胶具有以下特征：①对皮肤无刺激，不致敏，与药物相容；②具有足够的黏附力和内聚强度；③化学性质稳定，对温度和湿度稳定；④能黏结不同类型的皮肤；⑤能容纳一定量的药物和经皮吸收促进剂而不影响化学稳定性和黏附力。

（1）聚异丁烯（polyisobutylene，PIB）类压敏胶　此类系无定形线性聚合物，能在烃类溶剂中溶解，可用作溶剂型压敏胶，有很好的耐候性、耐臭氧性、耐化学药品性及耐水性，外观色浅而透明。一般可以不加入另外的增黏树脂和防老化剂等。因分子结构中无极性基团，也无凝胶成分，故对极性膜材的黏性较弱，内聚强度及抗蠕变性能较差，特别是在高温下更差。通常不同分子量的PIB混合使用。低分子量的PIB是一种黏性半流体，在压敏胶中主要起到增黏以及改善柔软性、润湿性和韧性的作用；高分子量的PIB则主要增加压敏胶的剥离强度和内聚强度。

（2）丙烯酸类压敏胶　该类压敏胶主要有溶液型和乳剂型两类。溶液型压敏胶一般由30%～50%的丙烯酸酯共聚物及有机溶剂组成，具有稳定性好，胶层无色透明，对各种膜材有较好的涂布性能和黏着性能，剥离强度和初黏性很好等优点。但其黏合力及耐溶剂性较差，在高温时更差。乳剂型压敏胶是各种丙烯酸酯单体以水为分散介质进行乳液聚合后加入增稠剂和中和剂等得到的产品，无有机溶剂污染，但耐水、耐湿性差。另外这类压敏胶对极性的高能表面基材亲和性较好，而对聚乙烯和聚酯等低能表面基材不能很好地润湿，可加入丙二醇、丙二醇单丁醚等润湿剂加以改善。

（3）硅橡胶压敏胶　硅橡胶压敏胶具有玻璃化温度低，柔性、透气性和透湿性良好，耐水、耐高温和耐低温，化学稳定，内聚强度较大等特点。由于硅橡胶压敏胶的极低表面自由能，在许多高、低表面能的基材上都能黏附，因此基材表面处理以及防黏纸的选择以实现方便剥离常成为生产经皮给药制剂的关键。硅橡胶压敏胶的软化点接近于皮肤，因此在正常体温下具有较好的流动性、柔软性和黏附性。由于分子中硅氧烷链段可自由内旋转，因此黏附性不受外界环境温度的影响。硅橡胶压敏胶无毒、无刺激，是较好的压敏胶材料，但价格相对较高。

4. 背衬材料、防黏材料与药库材料

（1）背衬材料　背衬材料是用于支持药库或压敏胶等的薄膜，应对药物、胶液、溶剂、湿气和光线等有较好的阻隔性能，同时应柔软舒适，并有一定强度。常用多层复合铝箔，即由铝箔、聚乙烯或聚丙烯等膜材复合而成的双层或三层复合膜，以提高机械强度和封闭性能。其他可以使用的背衬材料还有聚对苯二甲酸二乙酯（PET）、高密度聚乙烯和聚苯乙烯等。

（2）防黏材料　这类材料主要用于保护经皮给药制剂的胶黏层。常用的防黏材料有聚乙烯、聚苯乙烯、聚丙烯、聚碳酸酯、聚四氟乙烯等高聚物膜材，有时也使用表面经石蜡或甲基硅油处理过的光滑厚纸。

（3）药库材料　可以使用的药库材料很多，可以用单一材料，也可用多种材料配制的软膏、水凝胶、溶液等，如卡波姆、HPMC、PVA等均较为常用。各种压敏胶和骨架膜材也同时可以是药库材料。

第三节　经皮给药制剂的制备

一、制备工艺流程

经皮给药制剂根据其类型与组成不同有不同的制备方法，主要有三种类型：填充热合工艺、涂膜复合工艺、骨架黏合工艺。

（1）充填热合工艺　此工艺是在定型机械中，在背衬膜与控释膜之间定量充填药物贮库材料，热合封闭，覆盖上涂有胶黏层的保护膜。制备工艺流程如图18-6所示。

（2）涂膜复合工艺　将药物分散在高分子材料（压敏胶）溶液中，涂布于背衬膜上，加热烘干使溶解高分子材料的有机溶剂蒸发，可以进行第二层或多层膜的涂布，最后覆盖上保护膜，亦可以制成含药物的高分子材料膜，再与各层膜叠合或黏合。制备工艺流程如图18-7所示。

（3）骨架黏合工艺　在骨架材料溶液中加入药物，浇铸冷却，切割成型，粘贴于背衬膜上，加保护膜而成。制备工艺流程如图18-8所示。

胶黏剂骨架型经皮给药制剂的制备工艺流程，如图18-9所示。

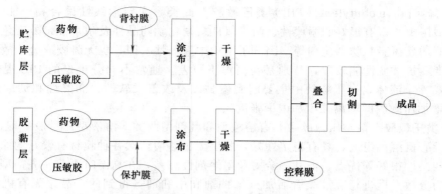

图 18-6　充填热合型经皮给药制剂的制备工艺流程示意图

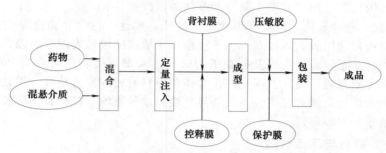

图 18-7　涂膜复合型经皮给药制剂的制备工艺流程示意图

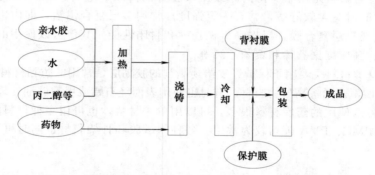

图 18-8　骨架黏合型经皮给药制剂的制备工艺流程示意图

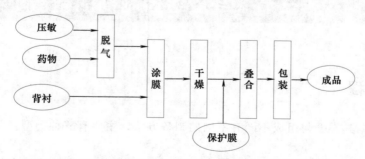

图 18-9　胶黏剂骨架型经皮给药制剂的制备工艺流程

二、基本工艺

1. 连续性涂布层合生产工艺

（1）**基质溶液的配制**　经皮给药制剂制备的第一步都需要配制基质溶液，包括压敏胶溶液（或混悬液），药库溶液（或混悬液）或其他成膜材料溶液。基质溶液的配制方法和普通液体或半固体制剂基本相同。但经皮给药制剂的基质中常含有高分子聚合物以及一些增黏树脂等，黏度较大，因此对搅拌混合设备的要求较高。保证混合的均匀性是制备基质溶液的关键。在涂布前应确定涂布液固含量或其他决定质量的指标，如黏度、表面张力、单位面积用量、涂布厚度或增重等。

（2）**涂布和干燥**　涂布和干燥是经皮给药制剂的基本工艺过程，是制备工艺的关键。该工序主要在特殊设计的涂布机中完成。涂布机包括涂布系统、烘干系统、压合系统、收放卷系统。涂布系统分为涂布滚轮式和刮刀式两种。涂布滚轮式一般适用于基质黏度小，涂布量少的工艺。涂布基质黏度较大可以采用刮刀式。烘干系统应能自动控制温度并通过仪表显示出温度变化，装有有机溶剂排放及回收装置。涂布基质中以水为溶剂时需要消耗大量热能，但无污染问题。收放卷系统与压合系统将各贮库层或将贮库层控释膜、控释压敏胶层等压合在一起并收成卷。将贮库层与控释膜压合在一起时要求很高，在试车时要根据控释膜材料的性质调整温度和拉力，防止起皱出现气泡。涂布机还可配有联动的冲切机，将涂布并压合好的胶带按所需的面积冲切成型，进行包装。如图18-10。

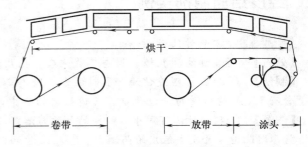

图18-10　涂布机的总示意图

涂布装置由精确运行的反向滚筒构成。滚筒表面抛光，两个滚筒的直径不同，其中较大的主滚筒包绕着黏性基材，较小的滚筒上装有刮刀，两个滚筒形成一个贮槽，槽底部具有一个可精确调节到0.01 mm的开口，槽内装基质溶液。主滚筒联轴与电机的传动同步，反向滚筒以同向但不同速的方式进行旋转，通过槽下方开口处把定量的基质溶液涂布在基底层上。基质溶液由于具有黏性，不会形成液滴，这样就可以得到一个均匀的薄层。在基质液中常含有有机溶剂，甚至有些药物本身具有挥发性，为了避免生产环境的污染和安全性问题，涂布工艺应适当封闭，涂布后的胶带在密闭环境下进入干燥工序。

涂布基质层后，需要除去基质溶液中的有机溶剂，已涂布基质的硅纸或基材通过不同的干燥隧道，基质中的溶剂受热蒸发，同时吹入清洁的气体，加速干燥，并对溶剂气体进行稀释，进入溶剂回收系统或燃烧器。干燥温度和气流速度是干燥工艺的关键控制参数。对产品的质量如溶剂残留量、黏性、药物含量等都有很大的影响。干燥隧道的温度应根据溶剂的沸点和药物的稳定性进行合理设计，一般干燥隧道分成几段如低—高—低温度区，以便能够方便控制温度。

（3）**收卷工艺**　基材先在一对滚筒间放卷，经涂布和干燥隧道到达位于干燥隧道末端的卷绕架，然后被卷紧。因为基质有黏性的，所以必须特别小心收卷以避免破坏基质。常用的收卷工艺主要有直接卷绕法和间接卷绕法两种方法。直接卷绕法是将干燥后的膜材直接转绕，操作简单，开卷后可以直接进行叠合，但要求基材的两个表面具有不同剥离力，以防止基材反面黏上胶黏性物质。间接卷绕法是在干燥后的基材表面覆盖保护性膜材再进行卷绕，这种方法成本高，但防黏效果更可靠。涂布前膜材和涂布干燥后的膜材均以卷筒形式展开、涂布和卷曲，所以各个部分的速度必须正确配合，才能够保证整个过程的均匀性不受张力变化的影响。收卷后的卷筒如重量过大，保存时的重力可能会将其破坏，因此应切割成小圆筒保管。

（4）**层合工艺**　如果生产的固体层状给药系统是整体的，工艺就比较简单，如果是多层的结构，就必须有层合工艺。此时涂布工艺开始于接触皮肤的表层，一直涂布到背衬层上。表层覆盖一层防黏片，这层片在层合的开始时即被除去，此时第二个层被层合到除去防黏层的第一层的表面，如此继续直到所需的多层。最后经两个滚筒反向挤压叠合而成。层合工艺可以在单次涂布机上分次完成，也可以在多层涂布复合机上一次完成。层合时，要使涂布机所有单元的转动速率同步，并控制好叠合压力。如果挤压压力太大，就容易破坏；反之，如果挤压压力太小，层与层之间不能充分黏合在一起。生产中两种情况都应该避免。

（5）**切割和包装**　将制备好的胶带按释药面积用特殊工艺的冲割机冲成规定大小的小片，再将单个小片密封在包装袋内，最后用中盒包装。

2. 充填热合工艺

透皮贴剂中的药物或成分易挥发或处方组成为流体时，无法通过涂布工艺制得膜状基材，可采用充填热合工艺来制备。该工艺的基本过程是：将背衬层和控释膜热合形成三边密封一边开口的充填袋。充填时，用抽空鸭嘴器打开，将半固体药物贮库组成物用定量注射泵注入其内，再用电热片封口形成牢固的密闭性软袋，涂布上压敏胶，覆盖上防黏层，即得。这种袋必须有一定牢固性，避免内容物往外泄漏，但又需要有足够的柔软性，并可以避免外界环境的影响而发生变质。包装袋可通过下列任何一种方法检查其密封性：①成品浸于脱气水中，在部分抽空条件下观察其有无空气泡漏出；②部分抽空的条件下，将成品浸于染料水溶液中，解除真空时，由于成品内部处于部分真空，而外部为大气气压条件，可检视包装内有无色素渗透；③在袋密封之前，将氦气注入，用质谱检测器测定氦的泄漏情况。

三、经皮给药制剂实例

例 18-1 硝酸甘油贴剂

【处方】 硝酸甘油、乳糖、胶态二氧化硅、医用硅油

【制法】 ①分别将硝酸甘油和乳糖混匀，胶态二氧化硅与硅油混合均匀。②将二者混匀，按单剂量分装于含有 EVA 控释膜的一边开口、三边热封的袋中，密封。

【注解】 ①硝酸甘油可用于心绞痛的预防与治疗，因口服首过效应高、半衰期短、作用时间短、需要频繁给药，因此适合开发成经皮给药制剂。②硝酸甘油贴剂单剂量面积为 5 cm^2、10 cm^2、20 cm^2 或 30 cm^2；含药量为 2.5 mg/cm^2；规定释放量为 2.5 mg/d、5 mg/d、10 mg/d、15 mg/d。

透皮贴剂中的药物或成分易挥发或处方组成物为流体时，一般要制成单剂量的液态填装密封袋，这种袋必须有一定牢固性，以免内容物外泄，避免外界环境的影响而使挥发性成分损失。国内外市售的硝酸甘油产品所用的材料种类繁多。其中背衬层：肉色的铝塑复合膜、铝箔及聚乙烯复合膜、聚氯乙烯膜等。贮库材料：硝酸甘油的医用硅油混悬液并含有乳糖、胶态二氧化硅等。控释膜：聚乙烯醋酸乙烯膜。胶黏剂：在美国多用丙烯酸树脂压敏胶，而在欧洲一些国家多用硅酮压敏胶。防黏层：硅化铝箔、硅化氟碳聚酯薄膜。

例 18-2 芬太尼贴剂

【处方】 芬太尼、乙醇、羟乙纤维素

【制法】 本品是由药物贮库、支持层、控释膜、胶黏层以及覆盖层组成的袋装制剂。其制备工艺如下：①药物贮库的制备。将 14.7 mg 芬太尼溶于 30％的乙醇水混合溶剂中，加入 2％羟乙纤维素制成 1 g 凝胶，作为药物贮库。②灌装、密封。用袋封成型机械将控释膜与支持膜层热合，用定量注射泵灌装，热合封闭。③涂布胶黏层。控释膜上涂布一层硅酮胶黏层。④覆盖上支持层，并切割包装。

【注解】 ①芬太尼作为吗啡的代替品，镇痛强度是吗啡的 80 倍，毒副作用与吗啡相比明显降低，制成经皮给药制剂可用于治疗包括癌性疼痛在内的慢性疼痛。②芬太尼贴剂是膜控型经皮给药制剂，采用 EVA 为控释膜，通过恒定释放药物而发挥长效镇痛作用。

第四节 经皮给药制剂的质量评价

经皮给药制剂的质量评价分为体外和体内评价两部分。体外评价包括含量测定、体外释放度检测、体外经皮透过性的测定及黏附力的检查。《中国药典》（2020 年版）规定贴剂应进行含量均匀度、释放度和微生物限度检查。含量均匀度检查和含量测定，可以根据不同的药物，参照《中国药典》（2020 年版）有关规定制定相应标准。在释放度与透皮速率之间可能存在一定的相关性，或可以通过经皮给药制剂的人体生物利用度及体内外相关性研究来确定释放度指标。体内评价主要是指生物利用度的测定和体内外相关性的研究。

一、体外评价

（一）体外释放度的测定

释放度测定方法在各国药典均有规定，鉴于这些方法确定的基础主要是固体缓释及控释制剂，所以用

来测定经皮给药制剂的释放度需要改进或增加某些附加条件。

根据《中国药典》（2020年版）四部通则规定，透皮贴剂的释放度采用第四法（桨碟法）、第五法（转筒法）测定。

在透皮贴剂的研究中，如果皮肤是药物透皮吸收的限速屏障，则经皮给药制剂的释放度实验仅仅是起到控制产品质量的一种间接作用。

（二）体外经皮透过性的测定

药物经皮肤渗透速率是经皮给药制剂的重要质量指标，是药物、经皮吸收促进剂以及组成系统的高分子材料筛选的依据。体外扩散池试验是评价药物经皮渗透性和穿透性的最合适方法。

1. 透皮扩散池

在经皮给药制剂处方和工艺研究中主要利用各种透皮扩散池模拟药物在体透皮过程，用来测定药物的释药性质或经皮透过性质、选择促进剂、筛选处方等。透皮扩散池应能保证整个透过或扩散过程具有稳定的浓度梯度和温度，尽量减少溶剂扩散层的影响等。扩散池由供给室（donor cell）和接收室（receptor cell）组成，在两个室之间可夹持皮肤样品、经皮给药制剂或其他膜材料，在供给室一般装入药物及其载体，接收室填装接收介质。常用的扩散池有直立式和卧式两种，如图18-11。

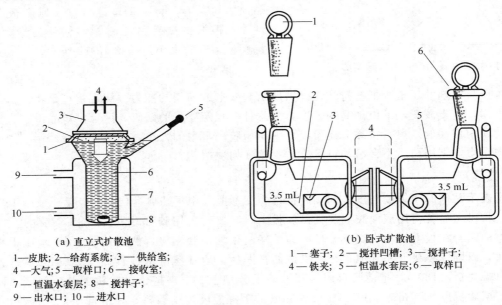

（a）直立式扩散池
1—皮肤；2—给药系统；3—供给室；
4—大气；5—取样口；6—接收室；
7—恒温水套层；8—搅拌子；
9—出水口；10—进水口

（b）卧式扩散池
1—塞子；2—搅拌凹槽；3—搅拌子；
4—铁夹；5—恒温水套层；6—取样口

图18-11　扩散池示意图

搅拌条件是保证漏槽条件的重要因素之一，速度过小、接收室体积过大和过高都可能造成皮肤下局部浓度过高或整体溶液浓度不均匀，常用的扩散池一般采用电磁搅拌。

2. 扩散液和接收液

对于难溶性药物，一般选择其饱和水溶液作为扩散液，并加入数粒固体药物结晶以维持扩散过程中的饱和浓度。对于一些溶解度较大的药物，可以酌用其一定浓度溶液，应保证扩散液浓度大于接收液浓度（10倍以上）。

体外经皮渗透试验的接收液应满足漏槽条件。常用的接收液是生理盐水或磷酸盐缓冲液。当接收液对药物的溶解性差，很快就达到饱和浓度的情况下，为了维持有效浓度梯度，可在接收液中加入不同浓度的PEG 400、乙醇、甲醇、异丙醇或表面活性剂等增加药物溶解度。体外经皮渗透试验经常需要一天以上时间，而接收液多为水，为了抑制微生物生长，可在接收液中加入少量不影响测定的防腐剂。

3. 皮肤种类和皮肤分离技术

人体皮肤是经皮给药研究中最理想的皮肤样品，但人体皮肤不易得，通常会用动物皮肤代替。大多数动物皮肤的角质层厚度小于人体皮肤，毛孔密度高，药物透过较人皮肤容易。不同动物差异较大，相同动物的生长周期也对透过性有很大影响。一般认为，以家兔、小鼠、无毛小鼠（裸鼠）皮肤的透过性较大，其角质层厚度大约为人皮肤的1/8～1/2；其次为大鼠、豚鼠、猪、狗、猴、猩猩等，也有采用新鲜蛇蜕以及一些人工膜作为透皮模型的研究。

皮肤样品如不需要立即用于试验，可真空密闭包装后置−20℃保存，临用前取出，根据研究目的分别制取全皮、表皮、角质层等。人体皮肤和无毛小鼠无需脱毛处理，其他一些长毛动物的皮肤，根据不同要求，可分别进行脱毛或剃毛，但必须注意不损伤角质层，经去毛的动物皮肤立即以生理盐水淋洗，置于4℃生理盐水中保存备用。

（三）黏附力测定法

经皮给药制剂必须具有足够的黏性，才能牢固地粘贴于皮肤表面上并释放药物。贴剂贴于皮肤后与皮肤表面黏附力的大小通常可用**初黏力**、**持黏力**、**剥离强度**及**黏着力**四个指标衡量。

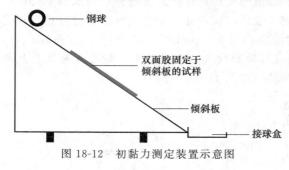

图 18-12　初黏力测定装置示意图

1. 初黏力

初黏力系指贴剂黏性表面与皮肤在轻微压力接触时对皮肤的黏附力，即轻微压力接触情况下产生的剥离抵抗力。《中国药典》（2020 年版）采用滚球斜坡停止法测定贴剂的初黏力，将一钢球滚过置于倾斜板上的供试品黏性面，根据供试品黏性面能够粘住的最大球号钢球，评价其初黏性的大小，如图 18-12 所示。

2. 持黏力

持黏力可反映贴剂的压敏胶抵抗持久性外力所引起变形或断裂的能力。测定过程是将供试品黏性面粘贴于试验板表面，垂直放置，沿供试品的长度方向悬挂一规定质量的砝码，记录供试品滑移直至脱落的时间或在一定时间内位移的距离。持黏力还可以反映压敏胶内聚力的大小，如果经皮给药制剂中的压敏胶层具有足够的内聚力，则用药后不会滑动且撕去后不留任何残留物。

3. 剥离强度

剥离强度表示贴剂的压敏胶与皮肤的剥离抵抗力。参照《中国药典》（2020 年版）采用 180°剥离强度试验法测定。将供试品背衬用双面胶固定在试验板上，必要时可用胶带沿供试品上下两侧边缘加以固定，使供试品平整地贴合在板上。将供试品黏性面与洁净的聚酯薄膜粘接，然后用 2000 g 重压辊在供试品上来回滚压三次，以确保粘接处无气泡存在。供试品粘贴后，应在室温下放置 20～40 min 后进行试验。将聚酯薄膜自由端对折（180°），把薄膜自由端和试验板分别上、下夹持于试验机上。应使剥离面与试验机线保持一致。试验机以 300 mm/min±10 mm/min 的下降速度连续剥离，并由自动记录仪绘出剥离曲线。供试品的 180°剥离强度 σ（kN/m）按式（18-1）计算：

$$\sigma = S/(L \cdot B) \cdot C \tag{18-1}$$

式中，S 为记录曲线中取值范围内的面积，mm^2；L 为记录曲线中取值范围内的长度，mm；B 为供试品实际的宽度，mm；C 为记录纸单位高度的负荷，kN/m。

4. 黏着力

黏着力表示贴剂的黏性表面与皮肤附着后对皮肤产生的黏附力。

（四）微生物限度

根据《中国药典》（2020 年版），除另有规定外，照非无菌产品微生物限度检查：微生物计数法、控制菌检查法及非无菌药品微生物限度标准检查，应符合规定。

二、生物利用度的测定

经皮给药制剂的生物利用度 F 的测定有血药法、尿药法和血药加尿药法。常用方法是对受试者的生物样品，如血样或尿样进行分析。经皮给药系统生物利用度测定的关键是体液中药物浓度的测定，由于药物经皮吸收的量小，血药浓度往往低于一些分析方法的检测限度，因此有时用^{14}C或^{3}H标记的化合物来测定。如果分析方法具有足够的灵敏度，可以用适宜的方法，如HPLC、高效液相串联质谱仪法，直接测定血浆或尿中的原形药物的量，求出AUC，计算生物利用度。

$$生物利用度 = \frac{AUC_{TDDS}/D_{TDDS}}{AUC_{iv}/D_{iv}} \tag{18-2}$$

式中，AUC_{TDDS}和AUC_{iv}分别为经皮给药制剂和静脉注射给药后血药浓度-时间曲线下的面积；D_{TDDS}和D_{iv}分别为经皮给药制剂和静脉注射给药的剂量。

也可以由静脉注射给药后排泄的放射性总量来进行校正，计算生物利用度。

$$生物利用度 = \frac{经皮吸收制剂给药后排泄的总放射量}{静脉给药后排泄的总放射量} \tag{18-3}$$

尿药法是由经皮给药后药物在尿中排泄的累积量Ae_{TDDS}计算生物利用度。

$$经皮吸收量 = \frac{Ae_{TDDS}}{f_e} \tag{18-4}$$

式中，f_e为由静脉注射后药物在尿中排泄的累积量，即：

$$f_e = \frac{Ae_{iv}}{D_{iv}} \tag{18-5}$$

因此，

$$F = \frac{Ae_{TDDS}}{D_{TDDS}} \cdot \frac{D_{iv}}{Ae_{iv}} \tag{18-6}$$

血药法加尿药法根据下式计算生物利用度。

$$经皮吸收量 = CL_{NR} \cdot AUC_{TDDS} + Ae_{TDDS} \tag{18-7}$$

$$F = \frac{CL_{NR} \cdot AUC_{TDDS} + Ae_{TDDS}}{D_{TDDS}} \tag{18-8}$$

式中，CL_{NR}为药物的非肾清除率，由药物的总体清除率减去肾清除率CL_R。静脉给药后测得的数据由下列公式计算求得：

$$CL_R = \frac{Ae_{iv}}{AUC_{iv}} \tag{18-9}$$

$$CL_{NR} = CL - CL_R \tag{18-10}$$

（苏志桂）

思考题

1. 什么是经皮给药系统（TDDS）或经皮治疗系统（TTS）？
2. 与其他传统剂型相比，经皮给药制剂有哪些优缺点？
3. 简述药物经皮吸收的主要途径、基本类型及各自结构特点。
4. 经皮吸收促进剂应具备哪些特点？
5. 简述促进药物经皮吸收的方法与技术？
6. 简述影响经皮吸收的因素有哪些？

参考文献

[1] 平其能，屠锡德，张钧寿，等. 药剂学 [M]. 北京：人民卫生出版社，2013.
[2] 周建平，唐星. 工业药剂学 [M]. 北京：人民卫生出版社，2014.

［3］ 方亮. 药用高分子材料学［M］. 北京：中国医药科技出版社，2015.

［4］ 国家药典委员会. 中华人民共和国药典［M］. 2020 年版. 北京：中国医药科技出版社，2020.

［5］ Willians A C. Barry B W. Penetration enhancers［J］. Advanced Drug Delivery Reviews. 2004，56：603-618.

［6］ Rai V K. Mishra N. Yadav K S. Yadav N P. Nanoemulsion as pharmaceutical carrier for dermal and transdermal drug delivery：Formulation development，stability issues，basic considerations and applications. Journal of Controlled Release. 2018，28：203-225.

［7］ Chen X F. Current and future technological advances in transdermal gene delivery. Advanced Drug Delivery Reviews. 2018，127：85-105.

［8］ Wiedersberg S. Guy R H. Transdermal drug delivery：30＋ years of war and still fighting！ Journal of Controlled Release. 2014，28：150-156.

［9］ Cevc G，Vierl U. Nanotechnology and the transdermal route：A state of the art review and critical appraisal. Journal of Controlled Release，2010，15：277-299.

第十九章

靶向制剂

本章要点：

1. 掌握靶向制剂的基本概念与分类。
2. 熟悉被动靶向的基本原理与常见的被动靶向制剂、主动靶向制剂和物理化学靶向制剂。
3. 了解靶向制剂的评价方法。

第一节　概　述

一、靶向制剂的定义

目前，临床上广泛使用的药物以常规剂型给药后，药物并非特异性传递到靶部位发挥药理作用，而是在药物进入体内系统循环后，迅速分布到全身各组织、器官，只有少量药物随机到达靶部位（可能是脏器或其他器官，也可能是细胞或细胞器），导致药物利用率低、作用时间短，并且分布在机体正常组织和器官的药物还会引起毒副作用。如果要提高靶区的药物浓度，必须提高全身循环系统的药物浓度，但同时也增大了药物对正常组织的毒副作用，特别是对于治疗指数小的细胞毒性药物，如抗癌药，在抑制癌细胞的同时也抑制了正常细胞。所以，单纯药物剂量的增加往往会造成严重的毒副反应，患者顺应性低，甚至导致患者死亡。

靶向制剂又称**靶向给药系统**（targeting drug delivery system，TDDS），指药物通过适当的载体选择性地浓集于需要发挥作用的靶组织、靶器官、靶细胞或细胞内某靶点的给药系统。靶向制剂利用人体生物学特性，如毛细血管直径差异、pH 梯度（口服制剂的结肠靶向）、免疫防卫系统、特殊酶降解、受体反应、病变部位的特殊化学微环境（如 pH、氧化还原性）和一些物理手段（如磁场、超声）完成药物在病变部位的定向富集与释放，使得药物在体内的分布依赖于载体的理化性能，而较少依赖于药物本身的性质。

靶向制剂的概念起始于德国科学家 Paul Ehrlich 在 1906 年提出的"魔弹"（magic bullet）设想。他发现有些化合物能够特异性地对细菌染色（如革兰染色法），便提出可以利用这些化合物作为靶向分子，将毒素特异性地导入细菌并杀死细菌，从而减少对正常组织和细胞的损伤，并发明了所谓的"魔弹"-抗梅毒药"606"。随着分子生物学、细胞生物学和材料科学等学科的飞速发展，人们开始针对特定疾病的相关靶点设计和构建靶向制剂，使靶向制剂的研究得到了迅速的发展。自 20 世纪 70 年代末 80 年代初，TDDS 成为药物研究领域的热点之一，研究人员对它们的靶向机理、制备方法、药剂学性质、体内分布与代谢以及药效与毒理学规律有了比较清楚和全面的认识。同时，阿霉素脂质体、紫杉醇白蛋白结合物、紫杉醇聚合物胶束等 TDDS 相继上市，把药物治疗带入了"靶向药物"时代。但是，这里需要将 TDDS 与分子靶向药物区分开来，如吉非替尼等小分子靶向药物、曲妥珠单抗抗体药物等。它们的主要区别是：TDDS 是载体制剂，是通过载体方式将药物运输至靶部位发挥作用的制剂；分子靶向药物是指在细胞分子水平上，直接作用于某个靶标分子而发挥作用的药物，例如抑制表皮生长因子受体酪氨酸激酶（EGFR-TK）的吉非替尼。

在药物制剂领域，人们探索和实践着各种实现靶向的途径和方法，靶向途径不断拓宽，新型靶向给药载体不断出现，包括脂质体、乳剂、微球、纳米粒、纳米囊、胶束、细胞载体以及前体药物等。然而，我们仍然需要清醒地认识到，目前靶向制剂的工业制备和临床应用都还存在很多问题。理想的靶向制剂应该具备靶区富集、可控制释放和载体无毒可降解三个要素，但目前的靶向制剂还不能实现完全富集于靶部位，只能提高药物在靶部位的相对分布，仍然无法规避在肝、脾等正常组织器官的非特异性分布。这些问题仍需在后续的研究中加以解决。

二、靶向制剂的分类

根据药物靶向到达体内的部位可以分为三级：①第一级指到达特定的靶组织或靶器官，例如靶向至脑部的靶向制剂。②第二级指到达特定的细胞，例如脑肿瘤靶向制剂，脑部既有肿瘤细胞，还有大量正常的神经元、小胶质细胞等，如果能精准地靶向脑部肿瘤细胞，则可以在增加抗肿瘤药效的同时，降低对正常脑细胞的伤害。③第三级指到达细胞内某些特定的靶点。例如通过连接线粒体靶向肽修饰的靶向制剂，可以实现药物载体向细胞内线粒体的递送，提高作用靶点在线粒体的药物治疗效果。

根据靶向的作用机制大体可分为被动靶向制剂、主动靶向制剂和物理化学靶向制剂三类。

（一）被动靶向制剂

被动靶向制剂（passive targeting preparation），即自然靶向制剂，是指将药物包封或嵌入在各种类型的微粒系统中，根据机体内不同组织、器官或者细胞对不同理化性能的微粒具有不同的滞留性而靶向富集的制剂。采用的微粒包括脂质体、乳剂、纳米粒、微球、胶束等。该类制剂的靶向作用是基于机体被动分配过程，在体内的分布主要受微粒系统的粒径大小和表面性质（疏水性和电荷等）影响。跟主动靶向制剂相比，最大的特点就是这些载体表面没有修饰分子特异性的配体或抗体。需要指出的是，表面修饰了聚乙二醇（PEG）等"隐形"分子的微粒也属于被动靶向制剂，因为这类"隐形"分子只是使微粒能在循环系统中滞留更长的时间，对组织器官并没有分子特异性。

（二）主动靶向制剂

主动靶向制剂（active targeting preparation）是利用修饰的药物载体能与靶组织产生分子特异性相互作用，因此作为"导弹"将药物主动地定向运送到靶组织并发挥药效的制剂。常见的修饰分子为受体的配体和单克隆抗体。例如修饰转铁蛋白（Tf）或者抗转铁蛋白受体抗体（ATRAs）的脂质体可以与肿瘤细胞表面的转铁蛋白受体（TfR）结合，改变脂质体在体内的自然分布而实现肿瘤靶向的作用。

（三）物理化学靶向制剂

物理化学靶向制剂（physical and chemical targeting preparation）又称为物理或化学刺激响应性制剂，即通过设计特定的载体材料和结构，使其能够智能响应于某些物理或化学条件而释放药物。这些物理或化学条件可以是外加的，也可以是体内靶组织所特有的生理微环境。例如应用磁性材料与药物制成磁导向制剂，在足够强的体外磁场引导下定位于特定靶区；又如采用二棕榈酸磷脂和二硬脂酸磷脂按一定比例制备的热敏脂质体，在肿瘤部位微波加热到 42℃后，促进药物在肿瘤部位释放。体内感应型的载体，如 pH 敏感型载体、氧化还原响应型载体、活性氧（ROS）敏感型载体、酶响应型载体等，都是通过感知体内靶组织中的生理微环境而控制药物释放。另外用栓塞制剂阻断靶区的血供和营养,起到栓塞和靶向化疗的双重作用,也可属于物理化学靶向。

近年来,药剂学研究领域倾向于构建多重靶向机制的靶向制剂。有些主动靶向作用需要以被动靶向或物理化学靶向作用为前提,不同靶向机制可以协同起效,进一步提高药物在靶点部位的释放浓度,提高药效。

三、靶向制剂的特点

理想的靶向制剂应该具备靶区富集、可控释放和载体无毒可降解三个要素。与普通制剂相比,靶向制剂具有高效、低毒的特点,可以提高药物的安全性、有效性、可靠性和患者的依从性。然而由于靶向制剂研发难度大、周期长、投入多、制备工艺复杂、质量要求高,所以价格相对较高,患者的医疗费用较高。

四、适用药物

① 靶向制剂通过与靶组织、靶细胞的特定结构和靶点识别,特异性地分布于病灶部位,所以具有特异性的药物治疗作用,同时还可以减少药物作用于机体其他组织可能造成的毒副作用。因此,对于治疗指数小的药物,可以提高其用药安全性。

② 靶向制剂仍然属于载体制剂,可以用来解决药物在常规剂型中可能遇到的以下问题:药物稳定性差或溶解度小;吸收不良或在生物微环境中不稳定(如酶的代谢等);半衰期短或分布面广而缺乏特异性;存在各种生理解剖屏障或细胞屏障等。

第二节　被动靶向制剂

一、被动靶向原理

被动靶向制剂的递送机制主要是基于体内的单核巨噬系统具有丰富的吞噬细胞(如肝脏的 Kupffer 细胞、循环系统中的单核细胞等),可以将微粒系统作为异物而吞噬,通过正常的生理过程运输至肝、脾等器官,或者基于微粒自身尺寸大于毛细血管内径而被机械地截留于某部位。所以,被动靶向制剂的体内分布主要受循环系统生理因素和微粒自身理化性能的影响。

(一)循环系统生理因素

1. 组织器官的血液灌流速度

组织器官的血液灌流速度是影响被动靶向制剂分布的主要因素。通常情况下,同一被动靶向制剂,在动脉血液灌流量大、血液循环效果好的器官和组织中分布多,反之则少。所以,微粒载体系统在血液循环速度快的肝、脾和肾等组织的分布远多于血液循环速度慢的结缔组织和脂肪等组织。

2. 血管渗透性

被动靶向制剂在血液循环中从毛细血管中渗出,是其向组织器官分布的前提。所以,毛细血管的通透性是影响被动靶向制剂分布的主要因素。毛细血管的通透性主要取决于管壁的类脂屏障和管壁上的微孔,不同脏器的毛细血管具有不同的通透性。肝脏肝窦的毛细血管壁上有很多缺口,微粒系统比较容易渗出而分布在肝脏。脑部和脊髓的毛细血管内壁结构较为致密,细胞间隙极少,形成连续性无膜孔的毛细血管壁(血-脑屏障)。所以,即使脑部血液快速灌注,但由于血管通透性差,普通被动靶向制剂难以浓集于脑部。

毛细血管的通透性受到组织生理、病理状态的影响。在炎症、缺血缺氧、梗死、肿瘤等病理条件下，血管通透性的改变也影响到被动靶向制剂的分布特征。

肿瘤部位的循环系统与正常组织有所不同。为了满足肿瘤细胞快速生长的需要，肿瘤组织的新生血管生长快速，因此，血管壁结构的完整性差，不连续，有较大的间隙，循环中的微粒可以穿透这些间隙而更多地进入肿瘤组织。同时，肿瘤组织的淋巴管缺失或功能异常，导致肿瘤组织的淋巴回流速度降低，进入肿瘤组织内部的微粒不能被有效地去除，因此被保留在肿瘤中，这种现象被称为实体瘤组织的"增强的渗透性和滞留（enhanced permeability and retention，EPR）效应"（图 19-1）。EPR 效应自 1986 年 Maeda 教授首次提出以来，成为近三十多年来肿瘤被动靶向制剂研究的最主要策略，大量基于 EPR 效应的肿瘤被动靶向化疗的递药系统被建立，并且在动物模型上取得了令人振奋的效果。然而，其在临床上的效果远不如临床前的结果。所以，EPR 效应在人体肿瘤的存在与作用尚且存在争议，需要继续深入研究。

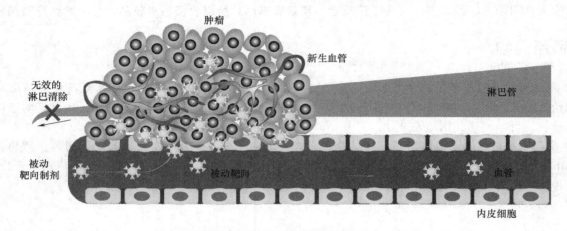

图 19-1　EPR 效应介导的被动靶向

（二）微粒理化性质

1. 粒径

被动靶向微粒进入循环系统之后，微粒的粒径大小是影响其在体内分布的首要因素。较大的微粒往往被机械截留在相应的作用部位，例如大于 7 μm 的微粒被肺部毛细血管截留，进而被单核细胞摄取进入肺组织或者肺泡；小于 7 μm 的微粒一般分布在巨噬细胞丰富的肝、脾组织中；200～400 nm 的微粒集中于肝脏后迅速被肝清除；100～200 nm 的微粒很快被巨噬细胞吞噬，最终富集于肝脏 Kupffer 细胞溶酶体中；50～100 nm 的微粒可以进入肝实质细胞中；小于 50 nm 的微粒则缓慢积集于骨髓。

2. 形状

巨噬细胞对微粒的吞噬过程受到微粒与巨噬细胞接触角的影响，当接触角较小时，巨噬细胞膜形成肌动蛋白杯状或环状结构，微粒可被成功内吞；而当接触角较大时，形成覆盖微粒的肌动蛋白杯状结构所需的能量过高，无法诱导吞噬，此时吞噬效率较低。而这个接触角与微粒的形状密切相关。因此，微粒的形状也会影响巨噬细胞的吞噬效应。一般球形或类球形的载体，较容易发生内吞。例如，在小鼠和大鼠体内，载紫杉醇的蠕虫状胶束载体的体内循环时间是球形胶束载体的 10 倍。

3. 表面电荷

微粒表面电荷不仅影响其稳定性，还影响其在体内的分布及与生物细胞膜的相互作用。一般带负电荷的微粒容易被肝脏的单核巨噬细胞系统吞噬而滞留在肝脏，带正电荷的微粒容易被肺毛细血管截留而滞留在肺部。由于体内细胞膜带负电荷，所以，与带负电荷以及中性微粒相比，带正电荷的微粒更容易促进细胞内吞。

4. 表面疏水性

微粒的表面性质对其体内分布也有重要影响。单核巨噬细胞系统对微粒的识别和清除主要通过微粒表面的调理素和巨噬细胞上的受体完成。而微粒的表面亲、疏水性决定了吸附调理素的成分和吸附程度，进而决定吞噬的效率。一般而言，微粒表面疏水性越强，越容易被血浆调理素调理而被巨噬细胞识别与吞噬，从而迅速从血液中清除，要达到其他靶部位则更为困难；而微粒表面亲水性越强，则越不容易吸附调理素，就越能在血液中长期循环。所以，为了增强微粒在血液中的循环时间，提高向病灶部位的被动靶向能力，通常采用微粒表面修饰亲水性分子（包括 PEG、PVP、泊洛沙姆、吐温 80 等），提高微粒表面的亲水性，增加空间位阻，防止被调理素调理而达到"隐形"的效果，从而避免单核巨噬细胞系统的识别与清除，延长在体循环时间。

二、常见的被动靶向载体

被动靶向载体主要是各种类型的微粒给药系统，包括脂质体、乳剂、微球、纳米粒和聚合物胶束等。

（一）脂质体

脂质体是目前研究最广泛、最具有临床应用前景的被动靶向载体。20 世纪 70 年代初，脂质体作为药物载体逐渐引起人们的重视，随后迅速发展，对脂质体的处方组成、粒径控制、稳定性、体内过程、安全性及药效学等方面进行了广泛深入的基础研究，并且随着化学、化工、药剂学等相关学科研究的长足发展，脂质体最终得以应用。第一个上市的脂质体注射型药物输送系统是两性霉素 B 制剂（Ambisome，美国 NeXstar 制药公司），于 1990 年底首先在爱尔兰得到批准上市销售，该制剂可以有效地降低两性霉素 B 引起的急性肾毒性。第一个抗癌药物脂质体——阿霉素脂质体（Doxil，美国 Sequus 制药公司）于 1995 年底在美国获得 FDA 批准，此脂质体的组成中含有亲水性聚合物聚乙二醇与二硬脂酸磷脂酰乙醇胺（distearoylphosphatidylenthanolamine，DSPE）的衍生物（PEG-DSPE），在体内阻止血浆蛋白质吸附于脂质体表面，阻止其调理化作用，从而避免被单核巨噬细胞快速吞噬，延长血液循环时间，有利于增加脂质体达到病变部位的相对聚积量，这种脂质体称为长循环脂质体（long circulation liposomes），也称为隐形脂质体（stealth liposomes）。1996 年，抗癌药柔红霉素脂质体（DaunoXome，美国 NeXstar 制药公司）在美国上市；2003 年，南京绿叶思科药业有限公司研制的"注射用紫杉醇脂质体（力扑素）"由国家食品药品监督管理局批准在中国上市，这是全球第一个也是目前唯一一个上市的紫杉醇脂质体制剂，用于卵巢癌的一线化疗及以后卵巢转移性癌的治疗。2018 年，美国 FDA 批准了全球首个 siRNA 阳离子脂质体药物 Onpattro，用于治疗遗传性转甲状腺素蛋白淀粉样变性（hATTR）引起的多发性神经病变的成年患者，这是美国首个批准用于治疗该适应证的药物，同时也是第一个获批的 siRNA 基因疗法，在基因药物治疗史上，具有里程碑意义。该脂质体是由 Alnylam 公司的开发，采用的阳离子脂质体将 RNAi 药物闭合包裹于脂质体内，可通过静脉注射的方式给药，脂质体的包裹大大提高了 siRNA 药物的稳定性以及对肝脏组织的靶向性，可以保证 siRNA 不被肾脏过滤清除，在血液循环的过程中逐渐被肝脏组织靶细胞所摄取，这是 Onpattro 克服上述主要制约因素进而获批上市的关键所在。另外，上市的脂质体产品还有阿糖胞苷脂质体（DepoCyt）、制霉菌素脂质体（Nyotran）、甲肝疫苗脂质体（Epaxal）等，还有许多抗癌、抗感染、基因脂质体药物进入了临床试验阶段。

1. 脂质体的特点

脂质体具有包封脂溶性或水溶性药物的特性，药物被包封后其主要特点有：

（1）**靶向性和淋巴定向性**　脂质体进入体内可被巨噬细胞作为异物吞噬，浓集在肝、脾、淋巴系统等单核巨噬细胞丰富的组织器官中。

（2）**缓释性**　将药物包封成脂质体后，可减少药物的代谢和排泄而延长其在血液中的滞留时间，使药物在体内缓慢释放，从而延长药物的作用时间。

（3）**细胞亲和性和组织相容性**　因脂质体是类似生物膜结构的囊泡，具有细胞亲和性和组织相容性，对正常组织细胞无损害和抑制作用，并可长时间吸附于靶细胞周围，有利于药物向靶组织渗透。

（4）**降低药物的毒性**　脂质体注射给药后，改变了药物的体内分布，主要在肝、脾、骨髓等单核巨噬细胞较丰富的器官中浓集，而减少了心脏、肾脏和正常细胞中的药物量，因此将对心、肾有毒性的药物如两性霉素等包封成脂质体，可明显降低药物的毒性。

（5）**提高药物的稳定性**　一些不稳定的药物被脂质体包封后受到脂质体双层膜的保护；有些口服易被胃酸破坏的药物，制成脂质体后可受到保护而提高体内稳定性和口服吸收的效果。

2. 脂质体与细胞的相互作用

脂质体的结构与细胞膜相似，在体内能显著增强细胞的摄取功能。脂质体与细胞的作用过程分为吸附、脂交换、内吞、融合四个阶段。

吸附是脂质体作用的开始，普通物理吸附受粒子大小、密度和表面电荷等因素影响，也可通过脂质体特异性配体与细胞表面结合而吸附到细胞表面。吸附使细胞周围药物浓度增高，药物可慢慢地渗透到细胞内。

脂交换是脂质体的脂类与细胞膜上脂类发生交换，脂质体内包载药物在交换过程中进入细胞。磷脂与细胞脂交换可能是通过细胞表面特异性交换蛋白介导，因为某些磷脂如 PC、PE 在用膜蛋白酶处理后，交换过程减慢。脂质交换过程发生在吸附之后，在细胞表面特异交换蛋白介导下，特异性地交换脂质的极性头部基团或非特异性地交换酰基链。交换发生在脂质体双分子层中外部的单分子层和细胞质膜外部的单分子层之间。

内吞是脂质体与细胞的主要作用机制，脂质体易被单核巨噬细胞系统的细胞，特别是被巨噬细胞作为外来异物吞噬，进入溶酶体，进而被溶酶体中的降解酶所降解，释放药物进入细胞。通过内吞，脂质体能特异性地将药物集中于要作用的细胞内，也可使不能通过浆膜的药物到达细胞内。内吞作用与脂质体的粒径有关。例如，多室脂质体可与各种细胞作用，大单室脂质体在体外只与 Kupffer 细胞作用，易发生内吞作用的大单室脂质体的大小是 $50\sim100$ nm。

融合指脂质体的膜与细胞膜的成分相似，脂质体的膜插入细胞膜的脂质层中，而将内容物释放到细胞内。

3. 脂质体的给药途径

脂质体的给药途径主要包括：

① 静脉注射：它是最主要的给药途径。静脉注射的脂质体优先被肝、脾等富含单核巨噬细胞的组织脏器所摄取，并迅速被单核巨噬细胞吞噬和降解，少数被肺、骨髓及肾摄取。

② 肌内和皮下注射：脂质体经肌内或皮下注射后，缓慢从注射部位消除，吸收进入淋巴管，最后进入血液循环。

③ 口服给药：脂质体可延长药物的作用时间或包封胃肠道不吸收（或不稳定）的药物。

④ 黏膜给药：包括眼部给药、肺部给药和鼻腔给药。

⑤ 经皮给药：脂质体能使难渗透皮肤的药物透入皮肤，并可维持恒定的释放。

（二）乳剂

脂肪乳用于肠外营养已有 40 多年的历史，而近年来，将其作为药物载体的研究日趋广泛。与其他微粒给药系统相比，脂肪乳具有许多独特的优点：作为油相的精制植物油和卵磷脂对人体无毒，安全性好；可以使用现有非胃肠道营养用脂肪乳的生产线进行工业化大生产；能够耐受高压蒸汽灭菌；载药量较脂质体高。因此，脂肪乳作为新型给药载体的应用前景十分广阔。

含药脂肪乳的靶向性体现在它对淋巴的亲和性。油状药物或亲脂性药物制成 O/W 型乳剂及 O/W/O 型复乳静脉注射后，油滴经巨噬细胞吞噬后在肝、脾、肾中高度浓集，油滴中溶解的药物在这些脏器中积蓄量也高，因此可达到被动靶向的作用。静注的乳剂乳滴在 $0.1\sim0.5$ μm 时，为肝、脾、肺和骨髓的单核巨噬细胞系统所清除；$2\sim12$ μm 时，可被毛细血管摄取，其中 $7\sim12$ μm 粒径的乳剂可被肺机械性滤取。乳剂粒径越大，其血液清除越快，粒径小的乳剂有利于达到长循环和靶向作用，但是小粒径乳剂需要较多乳化剂才能稳定，因此制剂的安全性也会相应下降。

水溶性药物制成 W/O 型乳剂及 W/O/W 型复乳经肌内或皮下注射后易浓集于淋巴系统。也可以对脂肪乳剂中的乳化剂进行修饰和通过瘤内给药以达到靶向的作用。W/O 型和 O/W 型乳剂虽然都有淋巴定向性，但两者的程度不同。如丝裂霉素 C 乳剂在大鼠肌内注射后，W/O 型乳剂在淋巴液中的药物浓度明显高于血浆，且淋巴液/血浆浓度比随时间延长而增大；O/W 型乳剂则与水溶液差别较少，药物浓度比在 2 附近波动。W/O 型乳剂经肌内、皮下或腹腔注射后，易聚集于附近的淋巴器官，是目前将抗癌药运送至淋巴器官最有效的剂型。

乳剂经口服给药后，药物先进入小肠淋巴，后到达胸腺淋巴管转运，而不是进入肝门静脉，避免经肝的首过效应，可以提高药物的生物利用度。脂溶性物质具有明显的淋巴定向性。如果淋巴系统可能含有细菌感染与癌细胞转移等病灶，将药物输送到淋巴就更有必要。5-氟尿嘧啶的 W/O 型乳剂经口服后，在癌组织及淋巴组织中的含量明显高于血浆。

（三）微球

微球（microsphere）是采用适宜的高分子材料包裹或吸附药物形成球状或类球状微粒，一般制成混悬剂供注射或口服，粒径范围在 $1 \sim 250 \mu m$ 之间。

根据临床用途不同，微球可分为靶向微球和非靶向微球。非靶向微球的主要作用是缓释长效，如长效注射微球。而靶向微球可通过皮下植入或关节腔内注射等局部给药或利用被动、物理化学靶向等原理达到靶向目的，如栓塞性微球、磁性微球等。近年来微球因其优异的性能成为靶向制剂载体的研究热点，发展非常迅速，尤其是对肺、肝、脑等各脏器靶位疾病及肿瘤的治疗，具有独特的优势，展现出广阔的前景。各类疾病对微球的材料及粒径各有要求，必须根据靶向部位进行设计并制备微球。

靶向微球的材料多数是生物降解材料，如蛋白质类（明胶、白蛋白等）、糖类（琼脂糖、淀粉、葡聚糖、壳聚糖等）、合成聚酯类（如聚乳酸、丙交酯-乙交酯共聚物等）。除主药和载体材料外，还应包括微球制备时加入的附加剂，如稳定剂、稀释剂以及控制释放速率的阻滞剂、促进剂等。

1. 靶向微球的制备方法

靶向微球的制备方法与长效注射微球大体相似，包括液中干燥法、喷雾干燥法、相分离法、超微粒制备系统技术等，详细内容参见第十四章。

2. 微球中药物的释药机制

微球中药物的释放机制有扩散、材料的溶解和材料的降解三种。药物从微球中释放可通过若干途径，包括表面蚀解、酶解、整体崩解、药物扩散等，受到药物在微球中的位置、载体材料类型与数量、微球大小和密度等诸多因素影响。目前主要有三种理论解释药物从微球中的释放，即平面模式理论、球形模式理论和双相模式理论，分别适用于骨架型微球、溶蚀型微球，以及受溶胀、水合、降解、蚀解等多种机制操控的微球的释放。

如药物均匀分布或溶解在聚合材料中的微球，其释药量常用 Higuchi 方程描述：

$$m_0 - m = A(2C_0 DC_s t)^{1/2}，或 m_0 - m = Kt_{1/2} \tag{19-1}$$

式中，D 是扩散系数；m_0 和 m 分别是微球在开始和时间 t 时的含药量。

假定上式中微球中药物的浓度 $C_0 \gg$ 药物的溶解度 C_s，在微球与释药介质的界面上药物的浓度为零，则释放模型变为零级释放。当微球中固态药物先溶解成饱和溶液（浓度 C_s），在漏槽条件下，浓度梯度为常数，释药前一阶段符合零级动力学：

$$m_0 - m = DKAtC_s/h，或 m_0 - m = Kt \tag{19-2}$$

式中，D 和 K 是扩散系数和分配系数；h 是厚度；A 是界面积。突释效应也较常见，其原因是药物镶嵌于表层、包裹的完全或表面吸附。

（四）纳米粒

纳米粒（nanoparticle）是一类以天然或者高分子材料为载体制备的胶体微粒，粒径在 $10 \sim 1000$ nm，药物可以溶解或者包裹于高分子材料中。纳米粒可分为骨架实体型的纳米球（nanosphere）和膜壳药库型的纳米囊（nanocapsule），分散在水中形成近似胶体溶液。纳米粒是一种较为理想的药物载体，可以经静脉注射、肌内注射、皮下注射、腹腔注射、口服、滴眼等途径进行给药，在药物制剂研究中得到了广泛的关注。

纳米粒的被动靶向性是利用纳米粒的大小、质量、表面疏水性、静电作用，同时通过 EPR 效应达到肿瘤被动靶向。或通过包衣结合成直径为 $10 \sim 20$ nm 顺磁性四氧化三铁粒子，实现有特殊场合下的物理化学靶向。要实现主动靶向，可以在表面进行修饰，连接特定的配体，通过配体-受体相互作用，与靶部位表达的受体特异性结合。

1. 纳米粒在抗肿瘤药物中的应用

纳米粒作为抗肿瘤载体是其最有价值的应用之一。纳米粒可以改变抗肿瘤药物的体内药动学特征,一方面可显著延长药物在体内的作用时间,另一方面可以改变抗肿瘤药物在体内的分布,对于肝、脾等自然靶标器官的治疗非常有利。所以,纳米粒载体可以提高药物在肿瘤部位的浓度和滞留时间,从而起到增效减毒的双重功效。纳米粒用于抗肿瘤药物靶向递送的研究,已有大量报道,涉及的抗肿瘤药物包括阿霉素、紫杉醇、氨甲蝶呤、氟尿嘧啶、米托蒽醌、丝裂霉素、放线菌素 D、长春新碱等。其中,紫杉醇白蛋白纳米粒(Abraxane)于 2005 年被美国 FDA 批准上市,国内也于 2018 年批准了石药和恒瑞两家医药公司的紫杉醇白蛋白纳米粒上市,用于治疗联合化疗失败的转移性乳腺癌或辅助化疗后 6 个月内复发的乳腺癌。

Abraxane 由人源性白蛋白和紫杉醇形成的非共价结合物组成,平均粒径为 130 nm 左右(图 19-2)。白蛋白作为一种不具备调理作用的内源性蛋白质,可以降低微粒对巨噬细胞的亲和力,从而延长循环时间,提高紫杉醇的靶向性。和传统的紫杉醇注射液(Taxol)相比,Abraxane 具有明显的临床应用优势:①使用方便,不需要提前做防过敏处理;②临床效果好,在治疗转移性乳腺癌中,Abraxane(21.5%)总有效率明显高于 Taxol(11.1%);③耐受性更好。

2. 纳米粒在抗感染药物中的应用

当机体感染微生物引起炎症时,炎症部位的脉管系统也会发生变化,使得其通透性增加。将抗感染药物制备成纳米粒载体系统后,一方面纳米粒可以改变药物体内药动学行为,延长体内作用的时间,使药物进入炎症病灶的概率增加;另一方面纳米粒对单核吞噬细胞等炎症细胞系统具有明显的靶向性,可以增加纳米粒在感染部位的蓄积,有利于抗微生物药物发挥疗效。研究较多的抗感染药物包括阿昔洛韦、更昔洛韦、两性霉素 B、万古霉素、庆大霉素、阿米卡星等。

此外,纳米粒在多肽蛋白质类药物、黏膜给药制剂、中枢靶向药物、基因药物递送及分子诊断试剂开发等方面具有大量的研究报道。

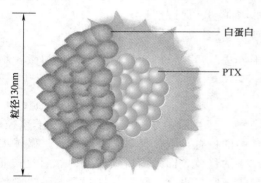

图 19-2　紫杉醇白蛋白结合物纳米粒结构示意图

(五)聚合物胶束

聚合物胶束是两亲性嵌段共聚物在水中自组装形成的一种热力学稳定胶体体系(详细结构特征与制备方法见第二十章)。当两亲性嵌段共聚物在水中的浓度大于临界胶束浓度(critical micelle concentration,CMC)时,就可以形成亲水嵌段向外、疏水嵌段向内的核-壳型纳米缔合体,将疏水性药物包裹于疏水核中形成药物贮库。所以,聚合物胶束最大的特点就是可以显著提高难溶性药物的溶解度,同时还具有内核载药量高、载药范围广、粒径小、结构稳定、组织渗透性强、体内滞留时间长、能使药物有效达到作用靶点、良好的生物相容性、在体内被降解为惰性无毒的单体并能排出体外等优点。基于这些优点,聚合物胶束作为药物载体的应用前景非常广阔。国内外药剂学研究者也一直比较热衷于聚合物胶束的开发。2006 年,国际上首个聚合物胶束靶向制剂 Genexol-PM 在韩国被批准上市。Genexol-PM 为注射用紫杉醇聚合物胶束,该胶束以聚乙二醇-聚乳酸共聚物(mPEG-PLA)为载体材料,自组装包裹紫杉醇在其疏水核心所形成的微粒,其粒径在25 nm 左右(图 19-3)。与紫杉醇注射液 Taxol 相比,Genexol-PM 可以显著降低药物在血液中的分布,提高

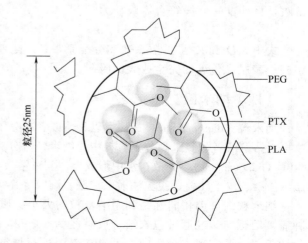

图 19-3　Genexol-PM 胶束结构示意图

药物在组织中的分布，尤其在肿瘤中的药物累积量增加了几乎 100%。因此，使得 Genexol-PM 的最大耐受量是 Taxol 的 40 倍。临床试验结果显示，Genexol-PM 表现出更好的抗肿瘤效果和更高的人体耐受性。

第三节　主动靶向制剂

主动靶向制剂是指利用修饰的药物载体能与靶组织产生分子特异性相互作用，因此作为"导弹"将药物主动、定向地运送到靶组织并发挥药效的制剂。这里需要将主动靶向制剂与分子靶向药物区分开来，如吉非替尼等小分子靶向药物、曲妥珠单抗抗体药物等。它们的主要区别是：主动靶向制剂是在制剂水平上，通过修饰在载体上的功能分子作为"邮票"，将载体担载的药物投递到靶组织、靶器官或靶细胞而发挥作用的一种载体制剂；分子靶向药物是指在细胞分子水平上，直接作用于某个靶标分子而发挥作用的药物，例如吉非替尼通过抑制表皮生长因子受体酪氨酸激酶（EGFR-TK）而发挥抗肿瘤作用，贝伐单抗通过竞争性抑制血管内皮生长因子（VEGF）与内皮细胞表面的受体结合，从而抑制新生血管生成而发挥抗肿瘤药效。

主动靶向制剂包括经过修饰的药物载体、靶向前体药物和药物-大分子复合物等。修饰的药物载体有修饰脂质体、修饰聚合物胶束、修饰微球、修饰纳米球等；前体药物包括抗癌药及其前体药物、脑部位和结肠部位的前体药物等。

一、修饰的药物载体

修饰的药物载体作为主动靶向制剂的前提，是该载体在血液循环过程中，能够规避或减少单核巨噬细胞系统的吞噬作用，有利于靶向肝、脾以外的缺少单核巨噬细胞系统的组织。所以，为了减小网状内皮系统的清除作用，延长药物在体内的循环时间，往往在载体系统表面修饰 PEG 分子，然后将靶向功能基团连接到 PEG 分子的外端，靶向基团可能为靶组织标记蛋白的抗体或者配体分子。

（一）修饰的脂质体

1. 抗体修饰的免疫脂质体

免疫脂质体的靶向治疗技术是通过将载药脂质体与单克隆抗体或基因抗体共价结合成免疫脂质体，借助抗体与靶细胞表面抗原或受体结合，具有对靶细胞分子水平上的识别能力，可提高脂质体的专一靶向性。例如 Leila Arabi 等利用肿瘤干细胞上高表达 CD44 受体，将该蛋白受体的单克隆抗体 anti-CD44 化学连接到阿霉素脂质体表面的 PEG 分子链的末端，可得到对肿瘤干细胞具有主动靶向作用的免疫脂质体，增强阿霉素的抗肿瘤活性。

免疫脂质体在药物输送方面大概经历了三个阶段：阶段一是直接把抗体连接到脂质体的脂膜上，但当进入体内后会很快被免疫细胞作为异物吞噬掉，不能够到达病灶；阶段二是在脂质体表面连接上一些亲水性大分子如 PEG，降低抗原性，延长药物在体内的循环时间，但是由于这些大分子对脂质体表面抗体会起到屏蔽作用，也就降低了给药的靶向性；阶段三是在前一阶段的基础上，将抗体连接到 PEG 等大分子的末端，不仅降低了脂质体被清除的可能，而且不会影响抗体的寻靶作用。

2. 配体修饰的脂质体

常用的配体包括糖类、叶酸、转铁蛋白和多肽等。不同的糖基结合在脂质体表面，到体内可产生不同的分布。如表面带有半乳糖基的脂质体为肝实质细胞所摄取，带甘露糖残基的脂质体为 K 细胞所摄取，氨基甘露糖的衍生物能集中分布于肺内。叶酸是新细胞形成的主要成分，其进入细胞主要依靠受体介导的胞饮作用。叶酸受体在正常细胞表面表达很少，而在癌细胞表面却大量表达，特别是在卵巢癌细胞和子宫内膜癌细胞表面。故而叶酸可作为靶向给药的介导物质。人体转铁蛋白是一种传递铁离子的糖蛋白，可以通过转铁蛋白受体介导的细胞内吞作用进入细胞内。转铁蛋白受体的数目与癌细胞的增殖潜力有关，并在癌细胞表面大量表达。Aditi Jhaveri 等将转铁蛋白化学接枝到白藜芦醇脂质体表面的 PEG 分子链的末端，得到对脑胶质瘤细胞具有主动靶向作用的配体修饰脂质体，增强了白藜芦醇的抗肿瘤活性。现阶段，已经有多个转铁蛋白修饰的主动靶向脂质体在进行临床试验。

（二）修饰的微球

用聚合物将抗原或抗体吸附或交联形成的微球，称为免疫微球，除可用于抗癌药的靶向治疗外，还可用于标记和分离细胞作诊断和治疗。免疫微球可带有磁性，从而提高靶向性和专一性；或用免疫球蛋白处理红细胞得免疫红细胞，它是在体内免疫反应很小的、靶向于肝、脾的免疫载体。

（三）修饰的纳米粒

纳米粒的性质（如聚合物的类型、疏水性、生物降解性）及药物或靶向功能分子的性质（如分子量、电荷与纳米粒结合的部位）都可影响药物在体内的分布。通过对纳米粒的表面性质（大小、形状、亲水性、表面电荷、囊壁孔隙率）进行控制和修饰，可减少单核巨噬细胞系统对纳米粒的捕获，提高生物学稳定性和靶向性。例如聚氰基丙烯酸正丁酯（PBCA）聚合物纳米粒经吐温 80 包裹后，在血液循环系统中可以吸附血浆载脂蛋白 E，然后通过脑毛细血管内皮细胞上的载脂蛋白受体介导，显著增加了纳米粒的脑靶向性。

1. 抗体修饰纳米粒

在纳米粒表面偶联特异性的单克隆抗体，通过单克隆抗体与细胞表面特异性抗原结合，可实现主动靶向治疗。Ho EA 等将抗转铁蛋白受体抗体和抗缓激肽 B2 受体抗体修饰在壳聚糖纳米粒表面，制备成 siRNA 的免疫纳米粒，能很好地靶向脑毛细血管内皮细胞上的转铁蛋白受体和星形胶质细胞上的缓激肽 B2 受体，提高 HIV 颅内感染的基因治疗效果。

2. 配体修饰纳米粒

常用的配体包括糖类、叶酸、转铁蛋白、多肽等。如将叶酸与载有多西紫杉醇的 PEG-PLGA 聚合物纳米粒化学偶联，制成人卵巢癌主动靶向的聚合物纳米粒，能很好地与卵巢癌细胞上高表达的叶酸受体特异性结合，提高多西紫杉醇的化疗作用。

二、靶向前体药物

一般前体药物为小分子药物，如将药物活性基团酯化或者羟甲基化等，在体内再通过水解或者酶的作用脱去保护基团，释放母体药物。前体药物理念自 1958 年由 Albert 教授首次提出后，经过几十年的发展，在神经系统药物、抗肿瘤系统的和抗病毒药物等的开发中发挥着重大的作用。

前体药物设计的目的主要在于改善药物体内代谢动力学特征、提高药物生物利用度、增加药物稳定性、延长药物作用时间、减小毒副作用、提高药物作用部位特异性等。随着科技的不断发展，前体药物设计在新药研究中越来越受到研究者的重视。它是在现有药物的基础上进行结构修饰的，相对风险性较小，投资少，见效快，非常适合我国药品研发的实际，是目前靶向制剂研究的重要思路。

欲使前体药物在特定的靶部位再生为母体药物，基本条件是：①前体药物在达到靶部位之前，尤其在血液循环系统中要保持完整；②使前体药物转化的反应物或酶均应仅在靶部位才存在或表现出活性；③酶需有足够的量以产生足够量的活性药物；④产生的活性药物应能在靶部位滞留，而不漏入循环系统产生毒副作用；⑤释放出母药后掉下来的修饰分子不能产生毒性。

常用的前药连接键有羧酸酯、氨基甲酸酯、碳酸酯、磷酸酯、硫酸酯、酰胺、肟、亚胺、二硫键、硫醚等，常用的前体药物的类型及再生方法见表 19-1。

表 19-1 常用的前体药物的类型及再生方法

药物	前体药物	再生方法
ROH(酶类和酚类)	烷酯和半酯	酶反应
	磷酸酯和硫酸酯	酶反应
	氨基甲酸酯	酶反应
	酰基氧烷基醚和硫醚	酶反应
RCOOH	烷酯和甘油酯	酶反应
	烷氧基羰氧烷基酯	酶反应
RNH_2、R_2NH、R_3H	烯胺、Schiff 碱、Mannich 碱	化学反应
	酰胺和多肽	酶反应
	羟甲基衍生物	化学反应
	羟甲基酯	酶反应
	氨基甲酸酯	酶反应
RCHO、$\diagdown C=O$	烯醇酯	酶反应
	噻唑烷和唑烷类	化学反应
酰胺和酰亚胺	羟甲基衍生物	化学反应
	羟甲基酯(如乙酸酯、磷酸酯)	酶反应
	Mannich 碱	化学反应

（一）抗肿瘤前体药物

肿瘤靶向前体药物是利用肿瘤组织特异性微环境（如某些酶的高表达）为释药开关，活化前体药物释放出有抗肿瘤活性的母药。例如基于肿瘤坏死区存在 β-葡萄糖醛酸酶过表达现象，将依托泊苷与 β-葡萄糖醛酸酯化后形成前体药物。该前体药物的水溶性约是依托泊苷的 200 倍，并且毒性大大降低，到达肿瘤部位后，在 β-葡萄糖醛酸酶作用下，快速释放出依托泊苷，起到高效、低毒的靶向抗肿瘤作用。

（二）脑部靶向前体药物

由于血脑屏障（BBB）的存在，导致 98％小分子药物和 100％蛋白质等大分子药物难以进入脑部，给脑部疾病的治疗带来极大的困扰。脑部靶向前体药物技术是脑靶向递药的重要策略之一。脑部靶向前体药物的设计思路是将活性药物与脂溶性载体化合物连接，透过 BBB 进入脑组织后再生成非脂溶性原药分子，无法排除脑外，即达到"锁死"在脑内状态。而相同的转化发生在外周时，由于水溶性增加，加速其体内消除，由此提高药物脑内分布，并降低外周的毒副作用。这种技术也称为化学输送系统（chemical delivery system，CDS）。CDS 的巧妙之处在于它不仅仅通过增加药物的脂溶性来提高 BBB 渗透，而且还利用 BBB 特殊的结构，将药物"锁死"在脑内防止外排。如今 CDS 的设计内容广泛，不仅仅适用于小分子药物，而且已经用于多肽等大分子药物。CDS 常用的载体有磷酸酯和二氢吡啶两大类。

以磷酸酯为载体的 CDS 称为阴离子 CDS，是将糖基磷酸烷酯或酰氧磷酸烷酯通过酰化反应接入药物分子（D）中，制成脂溶性强的 D-CDS。当 D-CDS 进入脑内，被酯酶水解成亲水性的磷酸酯化合物（D-P⁻），由于亲水性增加，D-P⁻ 被"锁死"在脑内，由碱性磷脂酶将 D-P⁻ 进一步水解，释放出原药 D，起到脑靶向作用。以磷酸酯为载体的 CDS 尚处于初步阶段。

以二氢吡啶为载体的 CDS 称为阳离子 CDS，是目前研究比较成熟的脑靶向前体药物。其原理是将药物连接到容易透过 BBB 的类脂样二氢吡啶载体上，制备成前体药物 D-DHC。D-DHC 进入脑后很快被氧化成相应的、难以跨过 BBB 外排的季铵盐 D-QC⁺，因此滞留在脑内，D-QC⁺ 经脑脊液的酶或化学反应水解，缓慢释放药物 D 而延长药效；而在外围组织形成的季铵盐经胆、肾机制而较快排出体外，全身毒副作用明显降低。例如用于抗恶性脑瘤及淋巴瘤的洛莫司汀-CDS、细菌性脑膜炎的氨苄西林-CDS 等，都显示出极强的脑靶向性。

（三）结肠靶向前体药物

结肠靶向前体药物的原理是前体药物达到结肠后，在结肠特异性细菌酶作用下裂解释放出活性母药。通常是将药物和多糖、环糊精等高分子聚合物连接，这种前体药物分子量大，亲水性强，生物膜的通透性降低，不易被吸收，也不易被胃或小肠中的酶水解，而到达结肠后，在结肠糖苷酶的作用下水解释放活性药物，最后被结肠吸收而作用于全身或局部治疗。此类前体药物有泼尼松龙葡聚糖前体药物、地塞米松葡聚糖前体药物等，这两种前体药物能减少小肠的吸收，也能在结肠中被酶解产生活性物质，从而产生治疗作用。

目前广泛研究的还有经磷酸盐、磷酸酯、聚合物、胆酸盐等结构修饰的肝靶向性前体药物，与其母体药物相比，可提高药物靶向性、增加治疗效果、降低毒副作用。另外，γ-谷氨酰基衍生物、叶酸结合物等肾靶向性前体药物都取得了良好的靶向特性。

三、药物-大分子复合物

药物-大分子复合物是指药物直接与聚合物、抗体、配体等以共价键形成的分子复合物。药物与大分子结合，可以改善药物本身的溶解度、延长药物在体内的半衰期、改善药物体内分布。药物-大分子复合物有可能借助肿瘤 EPR 效应将药物聚集到肿瘤组织中，一旦药物-大分子复合物内吞进入细胞，就可能在核内低 pH 的环境或蛋白酶的作用下，聚合物降解，药物释放，发挥作用。如针对在肿瘤组织中大量表达的金属蛋白酶，以与其作用的底物序列作为连接药物和大分子载体的基团，使前体药物在进入肿瘤组织后释放药效基团，达到靶向治疗的效果。同时，研究此类大分子复合物所采用的聚合物有右旋糖酐、PEG、N-（2-羟丙基）甲基丙烯酰胺（HPMA）等。

近年来，抗体-药物复合物（antibody-drug conjugates，ADC）的研究取得了突飞猛进的发展。基于抗体的分子靶向治疗和基于化学药物的化学治疗，是恶性肿瘤治疗的两大策略，都有其自身优点和缺点。ADC 将两者结合，既利用了抗体的靶向性，又结合了小分子化学药的高效杀伤力。如阿霉素（DOX）-戊二醛-抗体（mAb 425 抗体）活性为原药的三倍，于肿瘤接种后 4 天用药，剂量为 15 μg，SClD 小鼠 M 24 Met 肿瘤完全抑制，癌转移抑制率达 50%，单纯抗体或非特异性的 DOX 复合物，抗肿瘤作用很小。ADC 药物的开发涉及药物靶点的筛选、重组抗体的制备、连接（linker）技术的开发和高效细胞毒性化合物的优化等四个方面。目前，已有多个 ADC 药物上市，例如 Mylotarg™ 由可以靶向 CD33 的单克隆抗体和与之连接的细胞毒素卡其霉素（calicheamicin）连接而成，用于治疗表达 CD33 抗原的新诊断急性骨髓性白血病（AML）的成人患者，FDA 同时也批准该药物用于治疗 2 岁及以上的 CD33 阳性 AML 患者。

为了克服抗体分子量大、稳定性差、价格昂贵等不足，近年来发展多肽-药物复合物（petides-drug conjugates，PDC）。与 ADC 相比，PDC 保留针对肿瘤细胞的分子靶向功能，而且具有更好的稳定性、更低的免疫原性、更低的生产成本等。例如低密度脂蛋白受体相关蛋白（LPR-1）特异性配体肽 Angiopep-2 和紫杉醇的偶联物（ANG005）在国外进行Ⅲ期临床试验，用于治疗恶性脑肿瘤。

第四节 物理化学靶向制剂

一、磁性靶向制剂

磁性靶向制剂是指将磁性材料与药物通过适当的载体制成磁导向系统，在足够强的体外磁场引导下，使药物在体内定向移动、定位浓集并释放，从而在靶区发挥诊疗作用的一种靶向制剂。20 世纪 80 年代**磁性靶向给药系统**（magnetic targeting drug delivery system，MTDDS）开始应用于靶向治疗。这类制剂主要有磁性微球、磁性纳米粒、磁性脂质体、磁性乳剂、磁性片剂、磁性胶囊剂和将单克隆抗体偶联在磁性制剂表面的免疫磁性制剂。其中较为常见的是磁性微球和磁性纳米粒，通常作为抗肿瘤药物的靶向载体，可通过静脉、动脉导管、口服或注射等途径给药。

与其他靶向制剂相比较，磁性载药粒子拥有无可比拟的优点，除了可以有效地减少网状内皮系统

（RES）的捕获，还有以下特点：①在磁场的作用下，增加靶区药物浓度，提高疗效；②降低药物对其他器官和正常组织的毒副作用；③磁性药物粒子具有一定的缓释作用，可以减少给药剂量；④在交变磁场的作用下会吸收磁场能量产生热量，起到热疗作用。

磁性靶向制剂是由磁性物质、骨架材料和药物三部分组成。

（1）磁性材料　磁性材料为磁性靶向药物提供磁性，同时也起到药物载体的作用。常用的磁性材料有磁粉、纯铁粉、铁磁流体、羟基铁、正铁盐酸、磁赤铁矿等。其中 Fe_3O_4 因制备简单、性质稳定、磁响应性强、灵敏度高等优点而被用于常用的磁性材料。

（2）药物　磁性靶向制剂中的药物也必须具备一定特性：①药物剂量不需要精密调节；②不与骨架材料和磁性材料发生化学反应；③半衰期短，需频繁给药；④剂量小，药效平稳，溶解度好等。

（3）骨架材料　骨架材料是用来支撑磁性材料和药物的，首先应具有良好的生物相容性，不会引起免疫反应，能够在体内逐步降解清除，同时必须具备一定的通透性，能够使被包覆的药物释放出来。骨架材料都是一些高分子材料，如氨基酸聚合物类、聚多糖类以及其他高分子材料。

磁性微球是由将药物与磁性材料包埋于高分子载体材料中制成的类球形微粒状制剂，粒径在一至几十微米不等。应用磁性微球时需要有外加磁场，它通常由两个可调节距离的极板组成，每个极板含多个小磁铁。

磁性微球可由一步法或两步法制备。一步法是在成球前加入磁性物质，聚合物将磁性物质包裹成球。两步法是先制成微球，再将微球磁化；或者先制备磁性高分子聚合物微粒，再共价结合或吸附药物。

例 19-1　　磁性微球

【制法】　首先采用共沉淀反应制备磁流体。取一定量的 $FeCl_3$ 和 $FeCl_2$ 分别溶于适量水中，过滤后将两滤液混合，用水稀释，加入适量分散剂，置于超声波清洗器中振荡，同时以 1500 r/min 搅拌，在 40℃下以 5 mL/min 滴速滴加适量 6 mol/L NaOH 溶液，反应结束后 40℃保温 30 min。将所得混悬液置于磁铁上使磁性氧化铁粒子沉降，弃去上清液后加适量分散剂搅匀，再在超声波清洗器中处理 20 min，过 1 μm 孔径筛，弃去筛上物，得黑色胶体，即为磁流体。其反应如下：

$$Fe^{2+} + 2Fe^{3+} + 8OH^- \Longrightarrow Fe_3O_4 + 4H_2O$$

接着制备含药磁性微球。取一定量明胶溶液与磁流体混匀，滴加含脂肪酸山梨坦 85 的液状石蜡，经乳化、甲醛交联，用异丙醇洗脱甲醛，过滤，再用有机溶剂多次洗去微球表面的液状石蜡，再真空干燥、^{60}Co 灭菌，得粒径为 8～88 μm 的无菌微球，最后在无菌操作条件下静态浸吸药物溶液，制得含药磁性微球。该磁性微球经兔耳静脉注射，在兔头颈部加磁场 20 min 后，微球主要集中在头颈部靶区，未加磁场时微球主要集中于心、肺。

磁性纳米粒除具有普通纳米粒的特性外，在磁场作用下，可更有效地避免 RES 的吞噬；另一个重要特征是超向聚集，即纳米粒在磁场中磁化成小磁体，然后成簇聚集形成纵向直线排列的短圆柱形链。此现象使磁场中纳米粒的功能直径比实际粒径大得多，易在肿瘤组织微血管中引起栓塞，阻断肿瘤组织的血液供应，从而导致肿瘤细胞死亡。而在非磁区，纳米粒的粒径比毛细血管或肝窦的直径小，呈单个分散存在，一般不会造成栓塞，对非磁区组织血流影响不大。

磁性微球或磁性纳米粒的形态、粒径分布、溶胀能力、吸附性能、体外磁响应、载药稳定性等均有一定要求。应用时外加磁场的强度、时间和立体定位等因素对该给药系统的靶向性影响较大，其对于治疗离表皮较近的肿瘤如乳腺癌、口腔颌面癌、食管癌等效果较好，但对于深层部位的靶向性较差。

二、栓塞靶向制剂

动脉栓塞是通过插入动脉的导管将栓塞物输送到靶组织或靶器官的医疗技术，在临床上治疗中晚期恶性肿瘤已多年，其中肝动脉栓塞是目前治疗无法手术的中晚期肝癌的首选疗法。动脉栓塞技术除了用于治疗肝、脾、肾、乳腺等部位的肿瘤外，还可用于治疗巨大肝海绵血管瘤、肺癌、脑膜瘤、颅内动静脉畸形、颌面部肿瘤等。

栓塞的目的是闭锁肿瘤血管，切断肿瘤细胞的供养，可导致肿瘤组织缺血、缺氧，最后坏死。如栓塞制剂含有抗肿瘤药物，则具有栓塞和靶向性化疗的双重作用。由于药物在栓塞部位逐步释放，可使药物在肿瘤组织中保持较高的浓度和较长的作用时间,从而可提高疗效,降低对其他器官的毒副作用。

动脉栓塞微球因其成球材料多,对特定组织器官的靶向性高,栓塞效果好,可与化疗药、磁流体和放射性核素结合以及可缓释药物等优点而受到越来越多的重视,是目前最常见的栓塞靶向制剂。栓塞性微球一般较大,视栓塞部位不同,大小范围为 $30\sim800\ \mu m$。栓塞微球的制备方法主要有乳化-液中干燥法和乳化-化学交联法。常用栓塞微球为生物降解微球,如明胶微球、淀粉微球、白蛋白微球、壳聚糖微球等;而非生物降解的动脉栓塞微球栓塞后持久停留,具有强大的栓塞作用,此类微球用于术前辅助栓塞和永久性栓塞,基质材料主要有乙基纤维素和聚乙烯醇。

以淀粉栓塞微球为例,淀粉微球栓塞时间短,适用于需多次反复栓塞的病例。其制备方法简单,国外已商品化,瑞典用于动脉栓塞的不载药淀粉微球商品名为 Spherex。目前应用淀粉微球进行动脉栓塞有两种方式,一种是用"市售空白淀粉微球+化疗剂"进行动脉灌流;另一种是以载药微球进行栓塞。用瑞典生产的 Spherex 微球与丝裂霉素混合,给转移性肝癌患者进行肝动脉栓塞化疗,其疗效比肝动脉内单独灌注丝裂霉素高 20%,而且骨髓抑制副作用(以白细胞、血小板计数为指标)明显减轻。近年来,越来越多的研究证明将淀粉微球栓塞结合热疗和化疗等方法,治疗效果更为显著。

例 19-2 栓塞淀粉微球

【制法】 称取 333 g 分子量约 20000 的可溶性淀粉,溶于 533 mL 含有 53 g 氢氧化钠和 2 g 四氢硼酸钠的水溶液中,搅拌 4 h,将溶液表面封上一层辛醇(大约 0.5 mL),静置两天,得到澄清的溶液。将 20 g Gafac. RTM. PE 510(一种乳化剂)溶解于 1 L 的 1,2-二氯乙烷中,加入先前制备的淀粉溶液,搅拌,使分散为 W/O 型乳剂,控制搅拌速度,使液滴的平均粒径为 70 μm 左右。向液体中加入 40 g 的环氧氯丙烷,50℃反应 16 h。形成的产品用丙酮、水反复洗涤,除去未反应的原料和小分子产物,最后一次丙酮洗涤后在 50℃真空干燥两天,即得。微球平均粒径在 40 μm 左右。

【注解】 在淀粉微球的制备工艺中,环氧氯丙烷作为交联剂,在碱性条件下,与淀粉反应,形成二醚键,使两个或两个以上的淀粉分子之间"架桥"在一起,形成多维空间网状结构。此制备工艺简单,从淀粉原料到微球成品一步即可完成。环氧氯丙烷分子中具有活泼的环氧基和氯基,是一种交联效果极好的交联剂。其反应条件温和,易于控制,不过交联速度很慢,选用较高的反应温度和碱性可明显提高淀粉与环氧氯丙烷的反应速率。四氢硼酸钠作为还原剂,将多糖链末尾的葡萄糖还原成多元醇。

三、热敏感靶向制剂

热敏感靶向制剂是指使用对温度敏感的材料制成的制剂,在外部热源加热下使靶区局部的温度稍高于周围区域,从而实现载体系统中的药物可在靶区释放的一类靶向制剂,如热敏感脂质体。构建脂质体的磷脂都有特定的相变温度,在低于相变温度时,脂质体保持稳定,药物释放缓慢;达到相变温度后,磷脂分子由原来排列紧密的全反式构象变成结构疏松的歪扭构象,类脂质双分子层从胶态过渡到液晶态,膜的流动性增加,药物释放速率增大。通过调整二棕榈酸磷脂(DPPC)和二硬脂酸磷脂(DSPC)的混合比例,可以制备相变温度不同的热敏脂质体。例如:应用热敏感脂质体,可使氨甲蝶呤在局部用微波加热的肿瘤部位摄取量增大 10 倍以上,有效抑制肿瘤的生长。在热敏脂质体膜上将抗体交联,可得热敏免疫脂质体,在交联抗体的同时,可完成对水溶性药物的包封。这种脂质体同时具有物理化学靶向与主动靶向的双重作用,如阿糖胞苷热敏免疫脂质体等。此外,还有热敏长循环脂质体、热敏磁性脂质体、多聚物热敏脂质体等多种新型热敏感脂质体,进一步增加了热敏感脂质体在体内存留的时间和靶向性。

四、pH 敏感靶向制剂

pH 敏感靶向制剂是指利用对 pH 敏感的材料制备而成,使其在特定的 pH 靶区释药的靶向制剂。

(一) pH 敏感肿瘤靶向制剂

肿瘤组织由于缺氧而使其糖酵解率增加,导致肿瘤间质液的 pH 显著低于周围正常组织。利用这一特点,可以设计 pH 敏感肿瘤靶向制剂,提高载体在肿瘤组织的释放速率。例如:pH 敏感脂质体,这种脂质体是在普通脂质体的双分子膜中加入一定量的对 pH 敏感的磷脂［如二油酰基磷脂酰乙醇胺（DOPE）］和脂肪酸。在 pH=7.4 时，脂肪酸抑制了 DOPE 形成六角相的趋势，脂质体膜为紧密的双分子层结构；在低 pH（4.5~6.5）范围内，脂肪酸的羧基质子化，DOPE 变成为六角相结构，致使脂质体膜变疏松，脂质体内的药物不断释放出去。又如将阿霉素通过腙键接枝到羧甲基壳聚糖上，形成自组装纳米胶束，该微粒通过 EPR 效应到达肿瘤组织后，在酸性条件下，腙键断裂，快速释放出阿霉素发挥抗肿瘤作用。

（二） pH 敏感的口服结肠定位给药系统

pH 敏感的口服结肠定位给药系统（oral colon specific drug delivery system，OCSDDS）是指根据结肠液 pH 较高（7.6~7.8）的特点，利用在酸性介质及小肠环境下不释药而在结肠环境下释药的聚合物材料制备的靶向制剂。这类材料常见的有 Eudradit S100、Eudradit S/L、半合成琥珀酸-壳聚糖、邻苯二甲酸-壳聚糖等。例如国内已上市的结肠溶解空心胶囊，采用丙烯酸树脂类 Eudradit S/L 作为包衣材料对普通胶囊壳包衣，不溶于水及低 pH 消化液中，但能在结肠 pH 较高的环境中溶解，填充药物即制成 pH 敏感型 OCSDDS。

五、ROS 敏感靶向制剂

活性氧自由基（reactive oxygen species，ROS）与恶性肿瘤、中风、动脉粥样硬化、糖尿病、感染性疾病以及组织损伤等病理过程密切相关，其表达水平显著上调。因此，可以根据这一病理微环境特征，利用 ROS 刺激响应的聚合物材料构建 ROS 敏感的靶向制剂。这类材料常见的有富含硫多聚物、富含硒多聚物、聚脯氨酸、酮缩硫醇为连接键的嵌段共聚物和苯硼酸酯多聚物等。例如：利用苯硼酸酯对葡聚糖进行修饰，得到两亲性的葡聚糖衍生物，可以在水中自组装成聚合物囊泡。在 H_2O_2（1 mmol/mL）条件下，葡聚糖衍生物支链上的苯硼酸酯水解断裂，由两亲性聚合物转化为水溶性葡聚糖，聚合物囊泡解聚，将包载在其中的药物快速释放，从而发挥治疗作用。

六、GSH 敏感靶向制剂

在生物体内，还原性谷胱甘肽（GSH）在细胞外液浆中的浓度大约为 2~20 μmol/L，而在细胞质中的浓度是细胞外液的 100~1000 倍，高达 2~10 mmol/L。啮齿动物模型的研究表明，肿瘤组织中的 GSH 浓度也大约是正常组织中的 GSH 浓度的 4 倍。所以，根据这个 GSH 浓度梯度，GSH 可以作为一种理想的刺激信号应用于肿瘤靶向给药系统的胞内释药。二硫键（—S—S—）在 GSH 还原条件下，快速断裂，所以二硫键是构建 GSH 响应释药载体最常用的功能连接物。可以将抗肿瘤药物通过二硫键化学接枝在大分子聚合物上，通过肿瘤 EPR 效应或肿瘤主动靶向作用到达肿瘤组织并被肿瘤细胞内吞后，在胞内 GSH 刺激下，二硫键断裂，释放出抗肿瘤药物杀伤肿瘤细胞。也可以通过二硫键键合成两亲性聚合物，物理包裹抗肿瘤药物形成聚合物纳米粒，通过肿瘤 EPR 效应或肿瘤主动靶向作用到达肿瘤组织并被肿瘤细胞内吞后，在胞内 GSH 刺激下，聚合物断裂，纳米粒解聚，释放出包裹的抗肿瘤药物杀伤肿瘤细胞。此外，二硒键（—Se—Se—）也有类似于 GSH 的刺激响应特性，也可以用于构建 GSH 敏感的靶向制剂。

七、酶敏感靶向制剂

疾病的发生发展过程，往往伴随着体内某些酶的表达异常。比如肿瘤细胞可以分泌大量蛋白酶，降解细胞外基质，从而帮助肿瘤细胞免疫逃逸、增殖、抗凋亡、转移等，所以基质金属蛋白酶（matrix metalloproteinases，MMPs，包括 MMP-2、MMP-9、明胶酶等）、胱氨酸蛋白酶、天冬氨酸蛋白酶、丝氨酸蛋白酶以及透明质酸酶（HAase）等在肿瘤微环境中表达升高。因此，利用这些酶的底物构建特异性、酶响应性释药的靶向制剂称为酶敏感靶向制剂。例如，以透明质酸衍生物为载体材料包载阿霉素构建的透明质酸聚合物纳米粒，在肿瘤细胞过表达的 CD44 介导下，主动靶向肿瘤组织，然后在肿瘤部位 HAase 酶解作用下，释放出阿霉素发挥抗肿瘤药效。

第五节　靶向制剂的评价

针对不同的微粒给药制剂，都有各自的评价体系和方法（详见各章节相关内容），本节主要介绍与靶向制剂体内外靶向性相关的评价指标与方法。

一、体外评价

（一）形态

靶向制剂的形态通常采用透射电镜（TEM）或扫描电镜（SEM）观察，并提供照片，大多呈球形或类球形，无粘连。相比 TEM 或 SEM 只能提供二维成像图片，原子力显微镜（AFM）可以提供三维微粒制剂的表面形貌结构信息及表面粗糙度信息的三维表面图。

（二）粒径分布及 ζ 电位

微粒的粒径大小可用显微镜测定，也可用电感应法（如 Coulter 计数器）、光感应法或激光散射法测定。激光散射法又称为光子相关光谱法（photon correlation spectroscopy，PCS）或动态光散射法（dynamic light scattering，DLS）。该方法能快速简单地测定微粒的粒径，以平均粒径和多分散指数表示粒径分布，且应符合使用要求。应注意的是，DLS 测定的是微粒在水中分散状态下的水合粒径，可能比 TEM 或 SEM 观察到的尺寸大一些。一般 ζ 电位绝对值大于 15 mV，可以达到稳定性要求。不过，若空间稳定剂存在时减弱粒子间相互作用力，虽然电位小，但体系还可以稳定。

（三）包封率与载药量

包封率在靶向制剂的制备过程中是很重要的考察参数。测定包封率时需分离载药微粒和游离药物，然后计算包封率，用式（19-3）表示：

$$EE = \frac{W_e}{W_e + W_o} \times 100\%$$ （19-3）

式中，EE 为包封率；W_e 为微粒包封的药物量；W_o 为未包封的游离药物量。包封率表示所有药物中有多少被包封于微粒中。

载药量是指微粒中药物的含量（%），对靶向制剂工业化生产具有实用价值，可用式（19-4）计算：

$$LE = \frac{W_e}{W_m} \times 100\%$$ （19-4）

式中，LE 为载药量；W_e 为包封于微粒内的药量；W_m 为载药微粒的总质量。

（四）药物释放

药物控制释放是靶向制剂三大特征之一，所以，药物释放行为是靶向制剂的重要评价指标。药物释放通常采用透析法、超滤法或者高速离心法等方法。不管哪种方法，释放介质的选择非常重要。对于难溶性药物，保持漏槽条件非常关键，所以经常在释放介质加入一定的增溶剂（如吐温 80、十二烷基硫酸钠等）；其次，选择的释放介质要尽量能模拟靶部位的微环境，如评价 GSH 敏感靶向制剂体外药物释放时选择含 1 mmol/L GSH 的 PBS 缓冲液为释放介质，评价 ROS 敏感的脑卒中靶向制剂体外药物释放时选择含 100 μmol/L H_2O_2 的 PBS 缓冲液为释放介质。

二、体内评价

（一）体内长循环

不管哪种类型的靶向制剂，规避单核巨噬系统的识别与清除，是其靶向病灶的前提。所以，靶向制剂在血液循环系统中的循环时间是其重要的参数。一般以健康大鼠为实验对象，按照预定的实验方案给药后，于不同的时间点眼眶取血，抗凝后取血浆，用一定的方法提取血浆中的药物，测定其含量，进而绘制血液-时间曲线，进行动力学处理，以同剂量非靶向制剂为对照，通过消除半衰期（$t_{1/2}$）评价靶向制剂的体内长循环效果。

（二）体内分布

靶向制剂的靶向性可通过体内分布直观地评价。一般以健康小鼠或者疾病模型小鼠为受试对象，按照预定的实验方案给药后，于不同的时间点处死小鼠，取血并摘取各器官组织，匀浆，提取血浆或组织匀浆液中的药物，经适当的方法测定其含量，并且绘制血液及各组织中的药物-时间曲线，进行动力学处理，以同剂量非靶向制剂为对照，评价靶向制剂在体内的分布情况。

靶向制剂的评价应该根据靶向的目标来确定。根据测定的结果，可以计算以下三个参数来进行定量分析：

1. 相对摄取率 r_e

$$r_e = (\text{AUC}_i)_p / (\text{AUC}_i)_s \tag{19-5}$$

式中，AUC_i 为由浓度-时间曲线求得的第 i 个组织或器官的药物-时间曲线下的面积；下标 p 和 s 分别表示靶向制剂和对照的普通制剂。r_e 大于 1 表示药物制剂在该器官或组织有靶向性，r_e 越大靶向效果越好；r_e 等于或小于 1 表示无靶向性。

2. 靶向效率 t_e

$$t_e = \text{AUC}_{\text{靶}} / \text{AUC}_{\text{非靶}} \tag{19-6}$$

式中，t_e 为药物制剂对靶器官的选择性。t_e 值大于 1 表示药物制剂对靶器官比某非靶器官有选择性；t_e 值越大，选择性越强；药物制剂的 t_e 值与药物溶液的 t_e 值相比，其比值大小可以反映药物制剂的靶向性增加的倍数。

3. 峰浓度比 C_e

$$C_e = (\text{AUC}_{\text{max}})_p / (\text{AUC}_{\text{max}})_s \tag{19-7}$$

式中，C_{max} 为峰浓度，每个组织或器官中的 C_e 值表明药物制剂改变药物分布的效果，C_e 值越大，表明改变药物分布的效果越明显。

以上三个参数可以准确反映药物在体内的靶向分布效率，但缺点在于靶组织或者靶器官中取样测定药物浓度具有创伤性，也得不到单个实验动物的体内动态药物浓度变化，对于一些关键器官特别是在人体实验中不可能操作等。

（三）活体成像

传统的体内分布动物实验需要在不同的时间点处死动物以获得数据，再综合各个时间点的数据进行评价。尽管可以通过加大动物样本数量减少误差，但是无法得到单一制剂在单个动物体内的动态变化过程，而且消耗动物数量大，实验成本高，工作量较大。近年来，在靶向制剂研究中广泛采用分子影像学技术，直接或间接标记药物或载体系统，三维活体成像后通过数据处理，也能得到类似的靶向性参数。通过活体成像技术，可以长时间实时跟踪同一实验个体的体内动态变化，避免传统动物实验个体差异带来的实验结果误差，也节约了动物数量和成本。常用的活体成像技术包括光学成像、放射性核素成像、磁共振成像、超声成像和计算机断层扫描成像等。

光学成像是目前实验研究中最常见的活体成像技术，分为生物化学发光成像和荧光成像两种。生物化学发光成像是用荧光素酶基因标记细胞或 DNA 以表达荧光素酶，当给予外源性底物荧光素，几分钟内可以催化生物发光。因为这种技术专属性强，检测方便，通常用于肿瘤复发、转移与抑制评价。荧光成像主要是采用荧光探针对药物或载体进行标记，形成体内的荧光光源，通过活体成像仪，直接实时监控体内荧光信号的变化。因为荧光探针存在生物体自发荧光干扰、荧光淬灭等缺点，所以在选择荧光探针时，一般应选取近红外一区或二区的荧光染料，如 Cy5.5、Cy7、Dir 等。由于目前通过 FDA 认证的光学探针只有吲哚菁绿（ICG），所以光学成像在临床应用较少，多数活体光学成像只用在小动物活体实验成像。

放射性核素成像技术主要包括正电子发射计算机断层成像（PET）和单光子发射计算机断层成像（SPECT），是指利用放射性核素标记药物或载体，进入体内后，在体外检测放射性核素发射出的高能量、高穿透性的伽马射线，从而研究靶向制剂在体内的分布。通过与高分辨率的计算机断层扫描技术相结合，PET 或 SPECT 可以在显示深部组织的分子影像学特征的同时，高分辨率地显示组织的解剖结构。放射性核素成像具有灵敏度高、可定量等优点，但其设备通常比较昂贵，实验条件要求高，所以很大程度上限制了放射性核素成像在靶向制剂研究中的应用。

（辛洪亮）

思考题

1. 简述 TDDS、被动靶向制剂、主动靶向制剂、物理化学靶向制剂的基本概念。
2. 简述靶向制剂的分类。
3. 简述靶向制剂的特点。
4. 被动靶向的原理是什么？
5. 何为 EPR 效应？EPR 效应尚未在人体肿瘤中验证的主要原因是什么？
6. PEG 在靶向制剂中的作用是什么？
7. 请简述主动靶向的策略。
8. 请简述物理化学靶向制剂的类型及其原理。

参考文献

[1] 周建平，唐星. 工业药剂学 [M]. 人民卫生出版社，2014.

[2] 方亮. 药剂学 [M]. 8 版. 人民卫生出版社，2016.

[3] Yang V C. Personal perspectives and concerns over the so-called nanomedicine [J]. J. Control. Release. 2019，311-312：322-323.

[4] Ke X，Howard G，Tang H，et al. Physical and chemical profiles of nanoparticles for lymphatic targeting [J]. Adv. Drug Deliv. Rev. 2019，151-152：72-93.

[5] Arabi L，Badiee A，Mosaffa F，et al. Targeting CD44 expressing cancer cells with anti-CD44 monoclonal antibody improves cellular uptake and antitumor efficacy of liposomal doxorubicin [J]. J. Control. Release. 2015，220：275-286.

[6] Jhaveri A，Deshpande P，Pattni B，et al. Transferrin-targeted，resveratrol-loaded liposomes for the treatment of glioblastoma [J]. J. Control. Release. 2018，277：89-101.

[7] Delahousse J，Skarbek C，Paci A. Prodrugs as drug delivery system in oncology [J]. Cancer Chemother Pharmacol. 2019，84：937-958.

[8] Lu Y，Aimetti A A，Langer R，et al. Bioresponsive materials [J]. Nat. Rev. Mater. 2016，2 (1)：1-17.

[9] Shahriari M，Zahiri M，Abnous K，et al. Enzyme responsive drug delivery systems in cancer treatment [J]. J. Control. Release. 2019，308：172-189.

第二十章

新型药物载体

本章要点

1. 掌握无机药物载体、聚合物类载体、核酸类载体、蛋白质类载体、细胞类载体、病毒类载体的种类及特点，智能制剂的概念、分类及特点。

2. 熟悉羟基磷灰石和介孔二氧化硅材料的制备方法，聚合物类载体、核酸类载体、蛋白质类载体、细胞类载体、病毒类载体的靶向特性。

3. 了解各种新型药物载体的应用。

第一节　无机药物载体

由于独特的结构、功能特性和可控的药物释放行为，各种无机材料被开发为药物载体。这些具有优异的生物相容性、介孔、磁性、发光性能或者表面功能化的纳米材料，越来越多地被用于药物递送和诊断治疗。本章主要介绍了几种常用和具有特征性的无机药物载体，包括羟基磷灰石纳米粒、介孔二氧化硅、碳纳米材料、金纳米粒、磁性氧化铁纳米粒和量子点，并对它们的结构、制备方法和药物递送的应用进行介绍。

一、纳米羟基磷灰石作为药物载体

1. 概述

羟基磷灰石（hydroxyapatite，HAP）是以 $[Ca_{10}(PO_4)_6(OH)_2]$ 形式存在的钙磷酸盐，其 Ca/P 化学计量比为 1.67，25℃时溶解度约为 0.0003 g/L，是最难溶的钙磷酸盐。钙磷酸盐还有其他形式存在，如八钙磷酸盐 $[OCP，Ca_8H_2(PO_4)_6，Ca/P＝1.3]$、二钙磷酸盐（DCP，$Ca_2P_2O_7$，Ca/P＝1）、β-三钙磷酸盐 $[OCP，Ca_8H_2(PO_4)_6，Ca/P＝1.5]$ 等。然而，羟基磷灰石是生理条件下（pH≥5.4）热力学最为稳定的钙磷酸盐，因此也是最常用的钙磷酸盐。人工合成的或来源于自然的 HAP 晶胞具有六方晶体结构，空间群为 P6_3/m，晶格常数 a 和 c 分别等于 0.942 nm 和 0.688 nm。HAP 晶格由分布在两个镜面上的 Ca^{2+}、PO_4^{3-} 和 OH^- 组成。在 HAP 的单个单元中，有 14 个 Ca^{2+}，其中六个位于单位晶格内，其余八个外围离子被相邻的单位晶格共享。一个晶胞中的 10 个 PO_4^{3-}，两个保留在内部，八个分布在外围。

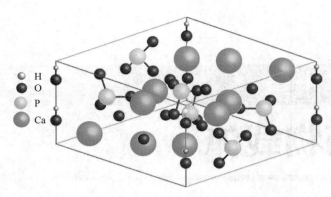

图 20-1　羟基磷灰石投影在 x、y 平面上的结构

所有八个 OH^- 基团都保留在晶胞的边缘，每一个均由 4 个晶胞共享。因此，HAP 的每个晶胞平均含有 10 个钙离子、6 个磷酸根离子和 2 个氢氧根离子（图 20-1）。

纳米 HAP 是最常见的一种生物活性材料，与其他生物材料显著不同之处在于它具有与人体骨组织相似的无机成分，是脊椎动物骨和齿的主要无机成分，含有人体组织必需的钙和磷元素，且不含其他有害元素。人体内天然 HAP 为 65～80 nm 的针状结晶体，均匀分布在胶原基质中，形成自然的无机/有机纳米复合材料。羟基磷灰石对骨细胞和组织具有优异的生物相容性和生物活性，这可能是因为它与身体的硬组织相似。目前，羟基磷灰石生物材料已广泛应用于临床，主要有粉末状、颗粒状、致密多孔块状和各种复合材料。其应用研究主要集中于硬组织修复材料，纳米 HAP 作为药物载体报道越来越多，成为近年来的研究热点。

2. 纳米 HAP 作为药物载体的特点

①纳米 HAP 的生物相容性好。其与人或动物的骨骼、牙齿成分相同，且不为胃肠液所溶解，在药物释放后可降解吸收或全部随粪便排出。②载药量高且简便。纳米 HAP 具有巨大的比表面积，因而具有很强的吸附和负载能力。③纳米 HAP 易功能化。通过掺杂被定制成具有良好的电学、机械性、磁性（如超顺磁性）和光学（如光热效应、电致发光等）的纳米颗粒，可用于体内成像和多种形式（如电化学治疗、光热治疗、磁疗等）的靶标灭活。④稳定性高。HAP 纳米粒不溶胀，孔隙率不改变，在体内 pH 和温度变化下相对稳定。

3. 制备方法

目前制备 HAP 纳米粒的方法多种多样，但其中只有少数方法在经济或性能方面令人满意，主要是由于合成所需的材料多样、工艺复杂且昂贵、粒径分布宽、易聚集和团聚、在晶体结构中会出现各种杂质等问题。常用的制备方法有干法制备和湿法制备。不同制备方法有各自的优缺点，为了获得想要的纳米粒性能，可以结合两种或更多不同的方法创建协同策略，开发创新和实用的组合方法。

（1）**干法合成**　干法合成不使用溶剂，包括固态合成和机械化学方法。通过干法合成的粉末的特性不受工艺参数的影响，因此大多数干法不需要精确控制条件，使其适合于粉末的批量生产。干法制备需要大量的前体 HAP，涉及的一些相关反应如下：

$6CaHPO_4 \cdot 2H_2O + 4CaO \longrightarrow Ca_{10}(PO_4)_6(OH)_2 + 4H_2O$

$10CaCO_3 + 6(NH_4)H_2PO_4 \longrightarrow Ca_{10}(PO_4)_6(OH)_2 + 8H_2O + 10CO_2 + 6NH_3$

$3Ca_3(PO_4)_2 \cdot H_2O + Ca(OH)_2 \longrightarrow Ca_{10}(PO_4)_6(OH)_2 + H_2O$

$10Ca(OH)_2 + 3P_2O_5 \longrightarrow Ca_{10}(PO_4)_6(OH)_2 + 9H_2O$

$9CaO + Ca(OH)_2 + 3P_2O_5 \longrightarrow Ca_{10}(PO_4)_6(OH)_2$

$6CaHPO_4 \cdot 2H_2O + 3CaO \longrightarrow Ca_9(HPO_4)(PO_4)_5OH + 4H_2O$

$6CaHPO_4 + 4Ca(OH)_2 \longrightarrow Ca_{10}(PO_4)_6(OH)_2 + 6H_2O$

$4CaCO_3 + 6CaHPO_4 \longrightarrow Ca_{10}(PO_4)_6(OH)_2 + 2H_2O + 4CO_2$

① 固态合成法：典型的合成步骤为先研磨前体，然后在高温（如 1000℃）下煅烧（图 20-2）。高温煅烧以形成良好的结晶结构。由于离子在固相中的扩散系数较小，该方法制备的纳米粒通常表现出不均匀性。

② 机械化学法：制备过程是将材料在研磨机上研磨。与上述产生具有不规则形状的异质颗粒的固态方法相反，使用机械化学法合成的粉末通常具有明确的结构，这是由压力导致的表面结合物质的扰动，增强了固体之间的热力学和动力学反应。因此，机械化学过程具有进行批量生产固态过程的简单性和可重复性的优势。

（2）**湿法合成**　干法合成的 HAP 纳米粒通常尺寸较大且形状不规则。而湿法合成通常应用于具有规

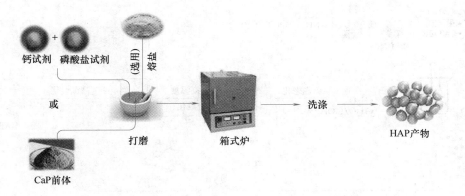

图 20-2　固态合成法制备羟基磷灰石粉末

则形貌的 HAP 纳米颗粒。湿化学反应在控制粉末的形态和平均尺寸方面具有优势。实际上，湿法工艺易于操作，并且可以通过调节反应参数直接控制生长条件。然而，该方法与干法相比制备温度低，导致除 HAP 以外的 CaP 相的生成以及所得粉末的结晶度降低。另外，水溶液中的各种离子可被掺入晶体结构中，导致痕量杂质的产生。

该方法制备的 HAP 纳米粒的形状、大小和比表面积对反应物的加入量和反应温度都非常敏感。反应物的加入速度决定了合成 HAP 的纯度，合成结束时 pH 和获得的悬浮液的稳定性有很强的联系。反应温度决定了晶体是单晶还是多晶。低温（$T < 60℃$）合成的 HAP 纳米粒为单晶。当超过这个临界温度，纳米晶体变成多晶。

① 化学沉淀法：在各种湿法制备方法中，化学沉淀法是合成纳米级 HAP 的最简单方法。为了生产 HAP 纳米粒，可以使用各种含钙和磷酸盐的试剂来完成化学沉淀，常用的钙盐有 $Ca(NO_3)_2$、$Ca(OH)_2$、$CaCl_2$、CaO、$CaCO_3$、$Ca(OC_2H_5)_2$ 等，常用的磷酸盐有 $(NH_4)_2HPO_4$、K_2HPO_4、Na_2HPO_4 等。经典的方法是在连续缓慢搅拌下将一种试剂滴加到另一种试剂中，同时根据其在 HAP 中的比例将元素的物质的量之比（Ca/P）保持在化学计量比 1.67，然后将所得悬浮液老化或立即洗涤，过滤，干燥并压碎成粉末（图 20-3）。然而，通过简单的沉淀法制备的粉末通常是非规整的，结晶性差，没有任何规则形状。因此需要对工艺条件进行精确控制，以制备具有最少缺陷的纳米粒。研究发现沉淀反应在高 pH 或高温下进行能够获得具有高纯度的单晶 HAP。

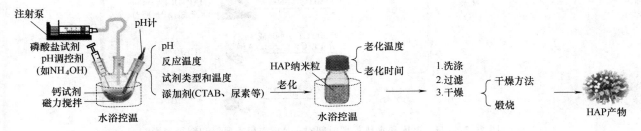

图 20-3　化学沉淀法制备纳米 HAP

② 溶胶-凝胶法：其基本原理是将金属醇盐或无机盐水解，使溶质聚合凝胶化，然后干燥焙烧以除去有机残留物，最后得到无机纳米材料（图 20-4）。整个过程通常需要长时间的老化才能形成凝胶相，焙烧步骤对于去除残留有机物、气态产物、水分子，生成纯的 HAP 至关重要。此外，凝胶化速率、溶剂的性质以及过程中使用的温度和 pH 在很大程度上取决于溶胶-凝胶合成中所用试剂的化学性质。与常规方法相比，低温形成和磷灰石晶体熔融是溶胶-凝胶过程的主要贡献。通过湿法沉淀制备的细小磷灰石晶体通常需要高于 1000℃ 才能烧结，而溶胶-凝胶法则可降低数百摄氏度。该方法工艺过程简单，反应组分的混合可达分子水平，产物组成容易控制且无需大型设备，因此被广泛地应用于制备各种高纯均匀的超细粉末。溶胶-凝胶法提供了钙和磷前体的分子级混合，能够在很大程度上改善所得到的 HAP 纳米粒的化学均匀性。

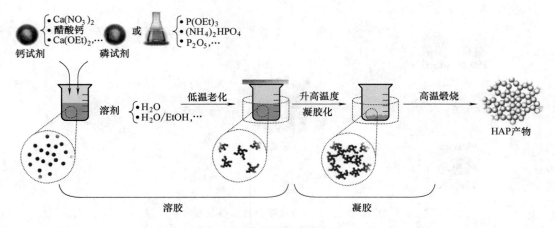

图 20-4　溶胶-凝胶法制备纳米 HAP

③ 水热法：水热法是制备 HAP 纳米粒的最常用方法之一。通常在密闭的反应容器里，采用水溶液作为反应介质，在高温高压环境中，使用钙盐和磷酸盐进行化学反应合成（图 20-5）。通过水热法获得的颗粒的形态通常是不规则，球形或棒状的，具有较宽的尺寸分布。由于高温提高了物相纯度，因此该法生成的产物结晶度高，组成均匀，化学计量比好。

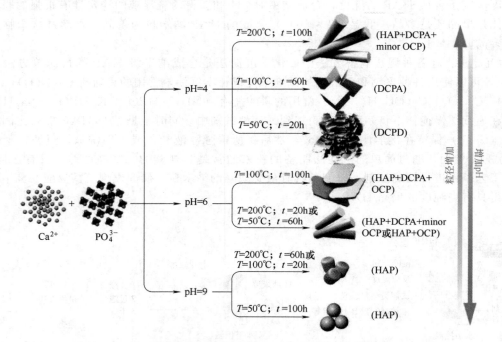

图 20-5　pH、温度和水热处理时间对 HAP 物相、形貌和粒径的影响

④ 水解法：HAP 纳米粒可通过其他 CaP 盐的水解来制备，包括无水磷酸氢钙（$CaHPO_4$），磷酸氢钙二水合物（$CaHPO_4 \cdot 2H_2O$）和磷酸三钙 [$Ca_3(PO_4)_2$]。涉及的反应方程式如下：

$$10CaHPO_4 + 2H_2O \longrightarrow Ca_{10}(PO_4)_6(OH)_2 + 4H_3PO_4$$

$$10CaHPO_4 + 12OH^- \longrightarrow Ca_{10}(PO_4)_6(OH)_2 + 4PO_4^{3-} + 10H_2O$$

$$6CaHPO_4 + 4Ca(OH)_2 \longrightarrow Ca_{10}(PO_4)_6(OH)_2 + 6H_2O$$

$$6CaHPO_4 + 4CaCO_3 + 2H_2O \longrightarrow Ca_{10}(PO_4)_6(OH)_2 + 4H_2CO_3$$

$$10CaHPO_4 \cdot 2H_2O \longrightarrow Ca_{10}(PO_4)_6(OH)_2 + 18H_2O + 12H^+ + 4PO_4^{3-}$$

$$6CaHPO_4 \cdot 2H_2O + 4Ca(OH)_2 \longrightarrow Ca_{10}(PO_4)_6(OH)_2 + 18H_2O$$

$$10Ca_3(PO_4)_2 + 6H_2O \longrightarrow 3Ca_{10}(PO_4)_6(OH)_2 + 2PO_4^{3-} + 6H^+$$

$$10Ca_3(PO_4)_2 + 6OH^- \longrightarrow 3Ca_{10}(PO_4)_6(OH)_2 + 2PO_4^{3-}$$

湿法合成 HAP 纳米粒也是通过一个或多个具有瞬时存在的中间相进行的。CaP 盐的水相水解成 HAP 通常是通过溶解和沉淀过程进行的。在 CaP 盐中，酸性相（例如 $CaHPO_4$ 和 $CaHPO_4 \cdot 2H_2O$）在 pH 高于 6～7 时热力学不稳定，并且会转变为更稳定的 HAP，这些相变很大程度上取决于 pH、温度以及除过量的钙磷酸盐外其他离子的存在。

（3）从生物来源合成 为了生产 HAP 纳米粒，在过去的十年中，已经使用了各种天然材料，主要是废骨料、蛋壳、海洋生物的外骨骼、天然来源的生物分子和生物膜等。这些材料中的某些部分可以专门用于生产块状 HAP 或生产大尺寸的 HAP 颗粒。由于从生物来源获得的 HAP 具有更好的理化特性，该领域在不久的将来会吸引更多的关注。

综上所述，干法合成具有经济便利的优点，但是生成的纳米粒尺寸较大，相纯度较低。而湿化学方法在精确控制颗粒的形态和尺寸方面具有优势，能够使用各种来源的磷酸盐和钙离子的水溶液，通过沉淀产生 HAP 纳米粒，是合成纳米级别 HAP 的最有前途的方法。但是由于难以控制纳米粒子的结晶度和相纯度，且湿化学法在技术上较为复杂费时，不适合大量工业生产（表 20-1）。因此，采用两种或多种不同的方法来合成 HAP 纳米粒为改善其特性提供了潜在的可能性。不同合成方法的优势、形态和粒径范围如表 20-1 所示。

表 20-1　不同合成方法的优势、形态和粒径范围

	优势	形态和粒径
干法合成		
固态合成法	结晶良好的结构	不规则，长丝，棒状，针状，晶须状。粒径范围：5 nm～1000 μm
机械-化学法	不需要煅烧	不规则，球形，棒状，针状，晶须状。粒径范围：5 nm～200 μm
湿法合成		
化学沉淀法	最简单、最有效的化学方法。室温合成。通过调节反应介质的 pH 和离子强度，容易控制颗粒的大小。适合制备尺寸和形貌范围广泛的纳米结构	不规则，球形，棒状，针状，管状，纤维状，细丝状，线状，晶须状，条状，片状，花状。粒径范围：3 nm～1000 μm
溶胶-凝胶法	反应物的分子级混合改善了低温下合成的纯纳米结构和杂化纳米结构的化学均匀性	不规则，球形，棒状，针状，管状，细丝状，晶须状，血小板状。粒径范围：3 nm～1000 μm
水热法	提高了前体的溶解度，可控的增长动力学	不规则，球形，棒状，针状，管状，纤维状，线状，晶须状，羽状结构。粒径范围：5 nm～200 μm
水解法	粒度控制好，粒度变化小，结晶度好	不规则，片状，板状，片状，无形状。粒径范围：5 nm～200 μm
从生物源合成		
生物来源（动物、植物和水产）	以各种天然材料如骨屑、蛋壳、海洋生物、天然衍生生物分子和生物膜等为原料生产 HAP 陶瓷。这是一种环保的变废为宝的方式	可以获得多样化的结构，不同形状包括球形、不规则形、片状、板状、棒状、管状等。粒径范围：10 nm～2000 μm

4. 纳米 HAP 在药物递送中的应用

HAP 因其良好的力学性能以及与骨和牙齿矿物相似的组成成分而被广泛用于治疗骨和牙周缺损，可作为牙科材料、中耳植入物、组织工程系统和金属骨植入物表面的生物活性涂层。最近研究表明，HAP 纳米粒可以抑制多种类型的癌细胞的生长。HAP 及其衍生物的普遍重要性也增加了许多非医疗工业和技术的应用，如用于纯化和分离蛋白质和核酸的色谱吸附剂、催化剂、激光的宿主材料、荧光材料、离子导体和气敏元件。此外，HAP 在水处理过程和重金属污染的土壤修复方面也有一定的应用。

不同形貌和表面性质的 HAP 由于其尺寸可裁剪、结构优势、高表面活性、独特的物理和化学性质、易修饰、生物相容性好、无毒和非炎性等优势，也已被研究为输送各种药物分子的药物载体。

（1）作为骨相关疾病药物的载体　HAP 纳米粒作为递药载体的应用主要集中在治疗硬组织疾病，特别是骨骼和牙齿疾病，是用于治疗慢性骨髓炎和骨癌的有机无机药物缓释剂。细菌感染的骨病（如骨髓炎和骨关节感染）的治疗非常复杂，需要手术清创，并通过后续的抗生素治疗取出所有异物。生长因子和抗菌药物通过局部给药的方式向骨组织递送药物，这些感染部位的血液循环有限，因此药物分布很差。针对该类疾病的治疗中，HAP 展现了极好的应用前景，已经被用来制造多孔支架，以便在创伤或手术后的骨组织中输送药物。HAP 可以以颗粒、致密块、多孔支架、粉末、植入涂层和特定形状的复合材料等多种形式获得。此外，HAP 纳米粒通常具有较长的生物降解时间，这一特性对扩散控制的药物释放动力学至关重要。HAP 可以通过控制药物浓度，使其既达不到毒性水平，也不低于最低有效水平，并避免重复用药，通过最小化血液中的药物浓度，对其他器官的毒性降至最低。

体内研究表明，离子从植入的 HAP 表面初期溶解，随后在无机材料-组织界面发生离子交换和结构重排。导致细胞活性的增强，从而增加细胞附着、增殖和分化，最终形成细胞外基质。HAP 在生理环境中非常稳定，在生理系统的相互作用过程中，钙离子和磷酸根离子的释放有利于骨细胞的形成，且无任何毒性作用。

（2）作为蛋白质类药物的载体　HAP 作为药物载体的优点之一是其表面吸附蛋白的能力很强。且由于其具有良好的生物相容性，使其方便地应用于蛋白质药物递送。研究表明，HAP 纳米粒在牛血清白蛋白、细胞色素 c、免疫球蛋白、酶素蛋白、磷酸化酶、盐酸溶菌酶、超氧化物歧化酶等蛋白质载药方面广泛应用，能够提高药物生物活性，且载药量大，释放速率合适。蛋白质通过静电吸引、氢键、共价键的形式与 HAP 结合。其释放过程受吸附时间、吸附作用力、HAP 纳米粒和蛋白质比例、释放环境 pH 等因素影响，通过控制这些因素能够达到蛋白质的控制释放。

（3）作为基因类药物的载体

HAP 纳米粒具有良好的生物相容性和对 DNA 和 RNA 的高化学亲和力，可作为 DNA、siRNA 和 miRNA 的递送载体。此外，HAP 可以克服细胞外屏障，然后溶解在酸性的内涵体和溶酶体中，使核酸在细胞的目标区域释放。因此 HAP 被认为是安全合适的治疗基因的细胞内递送系统。自 20 世纪 70 年代以来，HAP 纳米粒已被广泛应用于非病毒基因递送系统。通常 HAP-核酸复合物是通过钙前体溶液与 DNA/siRNA 快速混合，然后加入磷酸盐溶液得到的。带负电荷的核酸可以通过与钙离子配位结合到 HAP 纳米粒上，从而保护其不被核酸内切酶降解。在内化过程中，溶酶体中的持续酸化导致 HAP 纳米粒的降解，核酸分子可以释放出来。然而，由于这种降解引起的细胞内钙水平的升高，细胞毒性可能会略有增加。由于其本身的低成本和安全性，以及克服其他载体局限性方面表现出良好性能，HAP 纳米粒常作为非病毒载体用于基因药物的递送。

（4）作为难溶性化学药物的载体

提高难溶药物的溶出速率、增加其溶解度是提高其生物利用度的重要前提。由于 HAP 材料具有高比表面积、生物黏附性好、载药方便等优点，能够显著增加药物的溶解度和稳定性，从而提高难溶性药物的溶出速率、降低药物突释并增加药物生物利用度。目前已经开发了多种方法在纳米颗粒表面偶联治疗剂或靶向配体，可分为两大类：一种是通过可裂解的共价键进行药物的偶联，这种方法提高了载药量，通过共价键的结合保护了药物的功能性，从而提高了载药效率。例如，使用介孔 HAP 通过共价方式结合阿霉素，其载药率约为 93%，远高于传统 HAP 的载药率。当释放介质的 pH 从 7.4 降到 5.5 时，药物释放从 10% 增加到 70% 左右。另一种是通过物理相互作用来负载药物，静电作用、亲疏水作用、范德华力等物理相互作用会导致药物分子与纳米粒子表面的吸附。例如氨苄西林钠的递送。HAP 的羟基是氨苄西林钠的潜在桥联剂，因此氨苄西林可通过氢键负载到 HAP 中。

5. 质量评价

HAP 纳米粒可用能量色散 X 射线（EDX）分析和 X 射线粉末衍射（XRD）研究来表征其元素组成和结晶度。可使用原子力显微镜（AFM）、扫描电子显微镜（SEM）和透射电子显微镜（TEM）对其进行纳米形态和粒径等表征。此外，作为药物载体，HAP 纳米粒的药物包封率、载药量、体外释放等试验也都需要做相应考察。

二、介孔二氧化硅作为药物载体

1. 概述

无机多孔材料是指具有许多细小孔道、质轻以及具有巨大的比表面积的天然或人工无机非金属材料。由于其具有较大的比表面积和吸附容量，现被广泛用于药物载体的研究。根据孔径大小可以将多孔材料分为微孔（孔径<2 nm）、介孔（孔径2~50 nm）和大孔（孔径>50 nm）三种类型。其中，在药物递送领域应用最广泛的是介孔二氧化硅（图20-6）。1992 年 Kresge 等首次在 Nature 杂志上报道 M41S 系列硅酸盐介孔二氧化硅材料，被认为是有序介孔材料合成的开端，M41S 系列介孔二氧化硅包括六方相的MCM-41、立方相的 MCM-48 和层状相的 MCM-50。随着化学合成工艺的进步，材料学家们陆续合成出许多不同结构的介孔二氧化硅材料，常见介孔二氧化硅类型有 MCM-*n*（mesoporous crystalline material）系列、SBA（Santa Barbara）

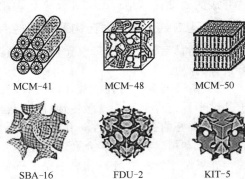

图 20-6　常见介孔二氧化硅的立体结构

系列、KIT（Korea Advanced Institute of Science and Technology）系列、FDU（Fudan University）系列、MSU（Michigan State University）系列、TUD（Technische Universiteit Delft）系列等（表 20-2）。MCM-41 和 SBA-15 是人们研究最多、最典型的介孔二氧化硅材料，MCM-41 具有在 2~10 nm 范围内可连续调节的孔径、规则有序的孔道结构以及良好的水热稳定性。SBA-15 具有和 MCM-41 相似的内部孔道结构，其孔径可在 5~30 nm 范围内连续调节，且孔径之间有微孔相连，孔径更大、孔壁更厚、稳定性更高，SBA-15 的出现对于介孔二氧化硅材料的发展具有突破性意义。

表 20-2　常见的介孔二氧化硅材料及其结构特征

介孔材料	晶系	孔通道	孔径/nm
MCM-41	六方	二维	2~10
MCM-48	立方	三维	2~4
MCM-50	层状	二维	10~20
SBA-3	六方	二维	2~4
SBA-15	六方	二维	5~30
SBA-16	立方	三维	5~30
KIT-6	立方	三维	5~15
FDU-5	立方	三维	5~8
TUD-1	立方	三维	2~20
MSU-X	六方	蠕虫状	2~15
MSU-G	层状	囊泡型	2~15

介孔二氧化硅纳米粒（mesoporous silica nanoparticle，MSN）是一类由硅前驱体与模板剂（通常为表面活性剂或两亲性嵌段共聚物）相互作用形成，具有高比表面积和高孔隙率的介孔纳米材料，不仅具有均一、狭窄、在 2~50 nm 范围内可连续调节的介孔孔径，还具有良好的生物相容性，近年来被广泛用于药物载体的研究领域。MSN 兼具介孔材料和纳米材料的双重特性，具有结构稳定、载药量高和生物相容性好等特点，这些特性赋予了它们独特的优势，使它们可以包裹各种药物，并将这些药物递送到所需的位置。MSN 不仅合成方法简单、成本低、可控性好，还具有独特的内在特性，如成像特性和光热能力，而这些特性通常在脂质体和聚合物纳米颗粒中难以具备，因此，介孔二氧化硅在医药研究领域具有广泛的应用。

此外，新型介孔二氧化硅材料中最典型的为中空介孔二氧化硅纳米粒（hollow mesoporous silica nanoparticle，HMSN）和周期性介孔有机硅（periodic mesoporous organosilica，PMO）。HMSN 相比传统的介孔二氧化硅具有中空、密度小、比表面积大的特点，其中空部分可以容纳大量药物分子，特别适用于药物的缓释研究。PMO 是一种新型的介孔二氧化硅材料，它由有机和无机成分组成，选用桥连聚倍半硅氧烷为硅源，可将需要的官能团直接修饰到介孔二氧化硅内外表面，增加了结构修饰的多样性。其他如微粉硅胶、三维介孔二氧化硅、二氧化硅气凝胶等也具有重要作用。微粉硅胶具有比表面积大、吸湿性强、孔隙多的特点，其表面的硅醇基通过氢键与药物分子相互作用，可用作难溶性药物载体。三维网状介孔二氧化硅材料 TUD-1 作为药物载体是由 Heikkil 等首次研究提出的，TUD-1 具有随机的泡沫状三维网络结构，与 MCM-41 这种单向的小孔道内部网络结构相比，TUD-1 可显著提高药物的溶出速率。二氧化硅气凝胶具有开放的内部孔道结构、高孔隙率和大比表面积，因此也可作为优良的药物载体。

2. 介孔二氧化硅作为药物载体的特点

（1）**高稳定性**　介孔二氧化硅具有高度有序、稳定的孔道结构，骨架结构稳定，因此作为药物载体具有良好的稳定性。

（2）**高载药量**　介孔二氧化硅具有高比表面积和孔隙率，对药物有极强的吸附力，可将大量药物负载于其纳米孔道内部，持续缓慢地释放药物。

（3）**良好的生物相容性**　介孔二氧化硅被认为具有良好的生物相容性，已获美国 FDA 批准用于近距离放射治疗和植入物输送。介孔二氧化硅在体内一段时间后，通过连续的水化（硅氧烷吸附水到骨架上）、水解（硅氧烷水解成硅醇）和离子交换（OH^- 亲核攻击使硅酸浸出），如图 20-7 所示，硅骨架可以迅速溶解为硅酸，随血液和淋巴系统扩散，最终由尿液排出体外，4 周内可完全清除。

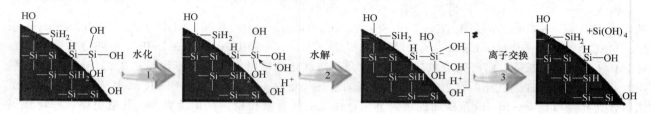

图 20-7　介孔二氧化硅纳米粒降解机理

（4）**多功能化**　介孔二氧化硅的表型和尺寸可根据具体需求进行调控，通过对其表面硅醇基嫁接各种官能团可以很容易地进行表面改性而不破坏内部介孔结构；在其纳米孔道内引入有机基团，可以改变其表面物理化学性质，改善微环境；改变合成过程中的参数，可以相应地改变产物的表型、孔径、体积等。目前，介孔二氧化硅也被广泛用于 DNA、RNA、蛋白质等生物大分子的负载，同时对其表面进行功能化可达到靶向、避免巨噬细胞吞噬等作用，可根据需求制备各种类型的介孔二氧化硅纳米粒（图 20-8）。

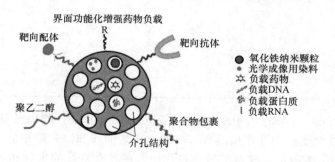

图 20-8　介孔二氧化硅载体在多种药物负载中的通用性

3. 介孔二氧化硅的常见合成方法

介孔二氧化硅的合成原料主要为硅源、模板剂和溶剂。硅源包括无机硅源和有机硅源，其中最常用的是硅酸钠和正硅酸乙酯（tetraethyl orthosilicate，TEOS）；模板剂通常选择嵌段共聚物或表面活性剂；溶剂一般为水或乙醇。模板去除方式有煅烧法、溶剂萃取法、微波加热法、超临界萃取法等。其合成方法有溶胶-凝胶法、水热合成法、模板法、蒸发诱导自组装法、助结构导向法、微波合成法、微乳液法等，核心都是溶胶-凝胶化学与自组装原理（图 20-9），其中最常用的是水热合成法、溶胶-凝胶法和模板法。

（1）**溶胶-凝胶法**　溶胶-凝胶法是最早用于合成介孔二氧化硅的方法。溶胶-凝胶法制备得到的样品均匀性好、纯度高、颗粒细。该方法以硅源作为前驱体，将原料在溶液中均匀混合，硅源在溶液中进行水解、缩合反应后（图20-10）形成透明稳定的溶胶体系，再经过老化、干燥（100～180℃）形成介孔二氧化硅。老化过程中局部液态区缩聚反应仍在继续，粒子间界变厚、孔隙率下降、凝胶体强度增加，若想得到更稳定的介孔二氧化硅，可对其进行热处理，500～800℃热处理可消除表面Si—OH，防止Si—OH之间发生缩聚使结构不稳定；1000℃以上热处理可消除孔洞，使固体致密化。

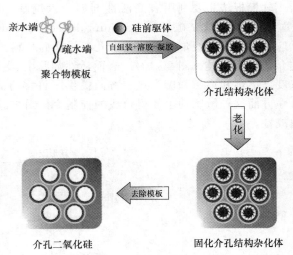

图20-9　介孔二氧化硅合成示意图

（2）**水热合成法**　以表面活性剂作为模板剂，与酸或碱配成溶液，再缓慢加入无机硅源，搅拌均匀，放入高压反应釜水热处理，经过不断的水解、缩合得到二氧化硅溶胶粒子后置于室温或较高温度（150℃水热）下老化一段时间，经过滤、洗涤、干燥等处理后用煅烧法除去模板剂得到介孔二氧化硅材料。其优点是材料溶解完全、反应处于分子水平，反应活性大大提高、产物纯度高且分散性好、粒度易控制；缺点是对设备要求高并且耗能大。本法适合用于规模化的生产。

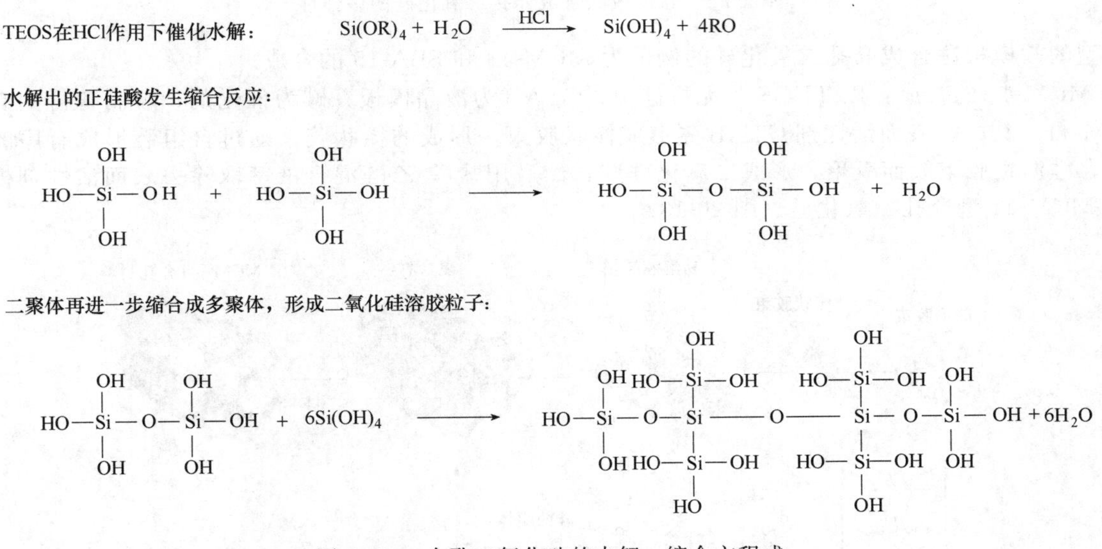

TEOS在HCl作用下催化水解：

$$Si(OR)_4 + H_2O \xrightarrow{HCl} Si(OH)_4 + 4RO$$

水解出的正硅酸发生缩合反应：

二聚体再进一步缩合成多聚体，形成二氧化硅溶胶粒子：

图20-10　介孔二氧化硅的水解、缩合方程式

（3）**模板法**　模板法的特点是可以利用各种不同的模板得到不同的介孔二氧化硅，可操纵性强，常用的有硬模板法和软模板法。硬模板法主要用二氧化硅球等材料形成核心模板，然后在表面涂覆所需物质，以获得基底周围的壳。随后，通过煅烧或使用适当的溶剂处理来消除模板，留下空心壳（图20-11）。硬模板法制取方便、成本低，但需要多步合成，很难以高产率获得高质量的产品，且其移除模板时难以保证外壳的稳定性。

图20-11　硬模板法制备介孔二氧化硅

软模板法主要利用表面活性剂如十六烷基三甲基溴化铵（hexadecyl trimethyl ammonium bromide，CTAB）、十二烷基硫酸钠（sodium dodecyl sulfate，SDS）等形成一定形状的纳米材料，与硅源发生界面反应，再去除模板形成需要的介孔二氧化硅材料。软表面活性剂模板法可形成多样的模板，生成不同结构的介孔二氧化硅（图 20-12）。表面活性剂胶束/囊泡的结构和稳定性对许多因素都很敏感，如 pH、温度、浓度、溶剂和离子强度，这一方面提供了许多方式来调控颗粒特性（如大小、形状、壳层厚度和形态），另一方面这种敏感性也使得合成的控制变得困难。因此，广泛使用表面活性剂模板法制备空心颗粒仍具有挑战性。

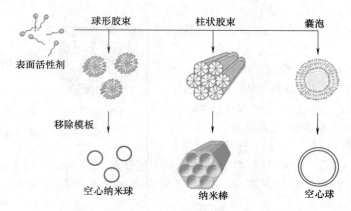

图 20-12　软模板法合成介孔二氧化硅的多样性

典型的软模板法合成介孔二氧化硅的例子为 MCM-41 和 SBA-15 的合成。

① MCM-41 的合成：以 TEOS 为无机硅源，CTAB 为液晶模板，碱为催化剂，可制备得到有序的介孔 MCM-41。其中，表面活性剂 CTAB 先形成棒状胶束，形成的棒状胶束通过自组装形成有序的六方液晶结构，硅源在胶束表面凝聚，形成二氧化硅壁，然后用盐酸-乙醇混合液萃取除去表面活性剂模板，即可得到 MCM-41 型介孔二氧化硅（图 20-13）。

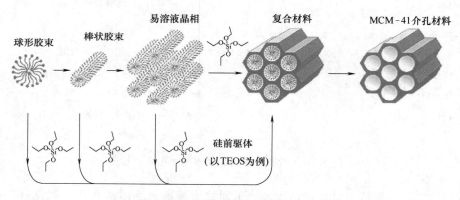

图 20-13　软模板法合成 MCM-41

② SBA-15 的合成：SBA-15 的合成以非离子表面活性剂为模板，反应条件温和。其合成过程为：非离子表面活性剂聚环氧乙烷-聚环氧丙烷-聚环氧乙烷三嵌段共聚物（PEO_{20}-PPO_{70}-PEO_{20}，P123）和中性无机硅通过氢键键合，随硅烷醇的进一步水解、缩合，六边形胶粒堆积形成骨架，最后通过萃取或煅烧去除模板剂。非离子表面活性剂与中性前驱体间的排斥力比离子表面活性剂与带电荷的无机前驱体间的排斥力小得多，因此能够形成较厚的孔壁，结构不易坍塌，大大提高了分子筛骨架结构的水热稳定性。

（4）蒸发诱导自组装法（evaporation-induced self-assembly，EISA）　将表面活性剂溶解在水或乙醇中制备成所需浓度的前体制剂，通过气溶胶发生器将其转化为单分散的液滴（液滴大小通过孔口大小调节），然后干燥。在干燥过程中，乙醇或水蒸发诱导胶束形成，形成的胶束和硅源进行界面反应共同组装成液晶中间相从而得到介孔二氧化硅。Fontecave 等利用 EISA 方法，得到了一步合成介孔二氧化硅的方法。他们加入了两亲性药物（硬脂酰胆碱、槐糖脂和葡萄糖-白藜芦醇），制备了含有 TEOS、药物、水、乙醇和盐酸的溶胶组合物，将混合溶液注入气溶胶装置，通过一个具有足够空气流量和压力的喷雾干燥器，直接将液滴转化为载药的介孔二氧化硅（图 20-14）。结果显示，该制备方式与以 CTAB 为表面活性剂模板的结构载药量均相似，由于没有表面活性剂模板，其毒性大大降低。

（5）**助结构导向法**　助结构导向法是通过助结构导向剂（co-structure directing agent，CSDA）的官能团与表面活性剂相互作用，使有机官能团有序、均匀地排列在孔道内表面得到介孔材料的方法。助结构导向剂在分子结构上包含两个部分：能与硅源缩合的烷氧基硅烷中心和能够与表面活性剂相互作用（静电、共价、氢键或 π-π 相互作用）的有机位点（图 20-15），因此，CSDA 可以将有机模板和无机物质联系起来，有利于它们自组装成高度有序的介孔结构。由于表面活性剂与 CSDA 之间的相互作用，CSDA 中的有机基团将在表面活性剂组装体上有序排列，促进了有机基团的均匀分布。通过此方法可以控制介孔材料内表面有机官能团的数量及排列。

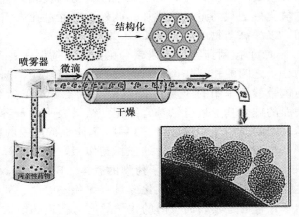

图 20-14　两亲性药物通过蒸发诱导自组装法制备成载药介孔二氧化硅

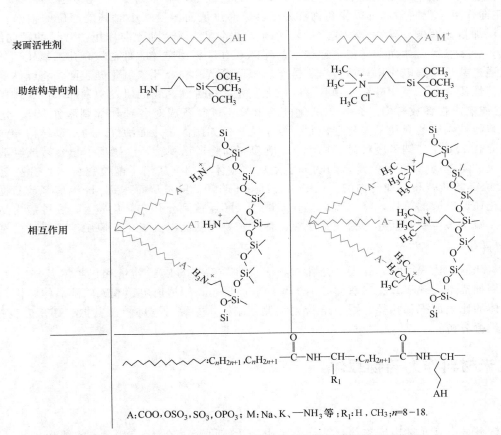

A：COO，OSO₃，SO₃，OPO₃；M：Na、K、—NH₃ 等；R₁：H，CH₃；n=8-18.

图 20-15　助结构导向法中表面活性剂和助结构导向剂的相互作用

（6）**其他合成介孔二氧化硅的方法**　微波合成法、微乳液法是近年开发的合成介孔二氧化硅的方法。微波合成法合成的样品具有较高的纯度、良好的分散性以及稳定的晶型，其合成机理与水热合成法相似，主要区别在于加热方式不同。微波合成法利用微波加热，极性分子溶剂快速吸收微波，温度快速上升。微乳液法是以微乳液中外形均一、规整的乳液颗粒为模板，在乳液颗粒上组装，进一步定型后将模板去除得到介孔材料的方法。其实验装置简单、能耗低，但其产物孔径分布不易控制，介孔结构有序性也不理想。

4. 介孔二氧化硅作为药物载体的应用

（1）**作为难溶性药物载体**　介孔二氧化硅具有高表面积和高孔隙率，对药物有极强的吸附能力，可以大量负载药物，尤其对于难溶性药物的负载具有重要意义，中空介孔二氧化硅纳米粒的出现更使得介孔二氧化硅的载药量成倍增加。此外，可通过孔表面的修饰优化候选药物与介孔二氧化硅载体之间的相互作用，以提高药物的溶出度。

（2）**控制药物释放速率**　在介孔二氧化硅表面功能化修饰可以加强介孔二氧化硅表面的官能团与药物分子之间的相互作用，从而改善其控释性能，例如在介孔二氧化硅表面添加氨基等官能团可用于诱导其与携带酸性基团的药物分子相互作用。Ahmadi 等以布洛芬为模型药物进行了抗炎活性研究，在 SBA-15 表面的硅醇基上进行氨基官能化，结果表明，布洛芬的释放速率发生了变化，由于表面硅醇基和布洛芬羧基之间的弱相互作用，纯 SBA-15 不能维持药物的释放。然而，在氨基官能化之后，由于二氧化硅表面的氨基与布洛芬的羧基之间的强相互作用，药物的释放相对延长。

（3）**作为生物大分子药物的载体**　DNA、RNA、蛋白质类等生物大分子药物稳定性差、半衰期短、生物利用率低。介孔二氧化硅具有无免疫原性、低毒、稳定性好、易于贮存与制备的优点。介孔二氧化硅纳米颗粒通过其表面吸附的化学效应、孔道的结构效应以及电荷的空间效应等多方面作用保护其负载的核酸、蛋白质类药物不被核酸酶、蛋白质酶水解，可稳定递送生物大分子药物到目标部位。近年来的研究还表明其还可负载抗原和作为免疫佐剂，大大提高抗原的负载量，增加免疫治疗的效果。

（4）**靶向作用**　靶向制剂可以将药物富集于目标部位从而尽量减小对其他部位的损伤。通常选择在药物分子上添加目标部位特异性表达或过量表达的受体的配体以达到靶向作用。常见的靶向配体有叶酸、糖蛋白、抗体、多肽等，然而如何稳定递送这些配体一直是药物递送的难题。介孔二氧化硅具有良好的稳定性，可以通过共价或静电作用将糖蛋白、抗体、多肽等负载在介孔二氧化硅表面，将配体稳定递送到靶部位，这种特性使介孔二氧化硅在药物载体领域尤其是在抗肿瘤药物的研发中发挥了巨大作用。

（5）**智能响应性释放药物**　介孔二氧化硅纳米粒还可制备成对各种外部刺激如 pH、光、热和酶促反应等产生智能性响应的介孔二氧化硅控制释放系统。例如阴离子表面活性剂通过助结构导向法合成的氨基官能化的介孔二氧化硅纳米颗粒已被用于 pH 响应型药物递送系统，金属离子很容易被氨基吸附，在介孔孔道内形成"氨基-金属"配位键，药物分子随后与载体中的金属离子配位键合，"氨基-金属"和"金属-药物"配位键的断裂和包埋药物的释放是由外部 pH 的降低触发从而达到 pH 响应释放药物的目的；二硫键具有氧化还原响应的特性，将二硫键交联的聚乙二醇连接到介孔二氧化硅上，在肿瘤内高谷胱甘肽的微环境下，二硫键被谷胱甘肽还原为巯基断裂，释放药物，从而得到氧化还原敏感的介孔二氧化硅。

5. 质量评价

介孔二氧化硅的比表面积、孔径、介孔材料表面性质等是影响载药量和包封率及释放速率的关键因素。通常采用扫描电镜观察介孔二氧化硅纳米粒的表面形态、用透射电镜观察内部晶体结构、用低温氮吸附仪测试载体的比表面积和孔径、用小角 X 射线测定结构，并综合固体核磁共振、傅里叶变换红外光谱、拉曼光谱等进行分析。

三、碳纳米材料作为药物载体

1. 概述

碳纳米材料是由碳元素构成的并且结构中至少一个维度尺寸在 1~100 nm 的纳米材料，主要包括零维（0D）的富勒烯（fullerene）、一维（1D）的碳纳米管（carbon nanotube，CNT）和二维（2D）的石墨烯（graphene）及其衍生物等（图 20-16）。碳纳米材料因具有多样的结构以及优异的物理化学特性而在新型药物递送系统中有着广阔的应用前景。

（1）**富勒烯**　富勒烯是继金刚石和石墨之后单质碳的第三种同素异形体。在结构上，它是由多个五元环和六元环构成的封闭型空心球体或椭球体，具有高度对称性。富勒烯的尺寸较小，可以穿透生物膜进入亚微米级材料无法穿透的组织或细胞器中。然而，富勒烯因其高度疏水而在水中的溶解度很小，限制了富勒烯作为药物载体的应用。因此，研究人员常利用氨基、羧基或羟基等极性基团对其进行功能化修饰以

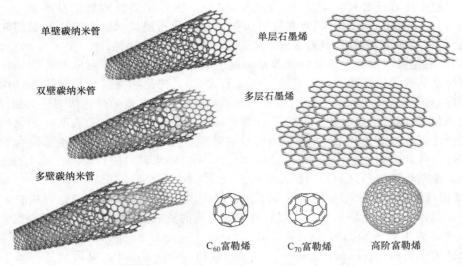

图 20-16　碳纳米管、石墨烯和富勒烯的示意图

改善富勒烯的水溶性，并使其具有良好的生物相容性。

（2）碳纳米管　碳纳米管是由单层或多层石墨烯沿中心轴绕合而成的空心管状结构，可根据纳米管中碳原子层数的不同大致分为单壁碳纳米管（single wall carbon nanotube，SWCNT）和多壁碳纳米管（multi wall carbon nanotube，MWCNT）。单壁碳纳米管由单层石墨烯绕合而成，结构具有较好的对称性与单一性，通常可直接穿透细胞膜进入细胞，而多壁碳纳米管由多层石墨烯一层接一层地绕合而成，其形状类似同轴电缆，可通过胞吞途径进入细胞，并聚集于靶细胞的内涵体和溶酶体中。碳纳米管具有独特的中空结构和内外管径，其空腔管体可容纳生物特异性分子和药物，而且优良的细胞穿透性可使其作为载体将生物活性分子及药物递送至组织或细胞中。然而毒性试验表明，碳纳米管对正常组织和细胞具有明显的毒性，易蓄积在肝、肺等器官中而引发炎症反应，从而限制了它们在药物载体领域的应用。通过功能化修饰（如聚乙二醇修饰）可改善碳纳米管的溶解性与分散性，减少碳纳米管的聚集并促进其经肾排泄途径排出体外，从而显著降低毒性。功能化的碳纳米管有望成为多种药物和基因的递送载体。此外，利用化学修饰将碳纳米管与药物结合形成药物-碳纳米管复合物，不仅可以递送治疗药物，而且还兼具治疗和诊断的双重作用。

（3）石墨烯及其衍生物　石墨烯是由碳原子经 sp^2 杂化紧密堆积而成的蜂窝状二维碳基纳米材料，按层数可以分为单层石墨烯和多层石墨烯。石墨烯具有高度共轭结构以及极大的比表面积，药物分子可以通过非共价作用（如 π-π 堆积、氢键以及疏水作用）结合到石墨烯表面，故而石墨烯在纳米载药系统中有着广泛的应用。例如，芳香族药物分子可以通过石墨烯表面大量 π-π 结合位点负载到石墨烯上，从而实现药物的递送。由于石墨烯的水溶性低、生物相容性差，研究人员开发出各种石墨烯衍生物以改善石墨烯的性质，主要有氧化石墨烯（graphene oxide，GO）、还原氧化石墨烯（reduced graphene oxide，RGO）和石墨烯量子点等。其中，氧化石墨烯在药物递送领域中应用最为广泛。

氧化石墨烯是由石墨烯经氧化处理而得的石墨烯衍生物。在石墨烯氧化过程中，氧原子进入到石墨层间，使石墨片层内的 π 键断裂，生成大量羰基、羧基、羟基等含氧基团，并与石墨层面的碳原子共价相连。氧化石墨烯仍保持着石墨的层状结构，而大量的含氧基团使石墨烯的水溶性得以改善，同时赋予可功能化修饰位点，为设计环境响应性或靶向性载体提供了可能。

2. 纳米碳材料作为药物载体的应用

（1）靶向治疗　与其他纳米材料相同，在肿瘤治疗中纳米碳材料同样可以通过实体瘤的高通透性和滞留（ehanced permeability and retention，EPR）效应被动靶向于肿瘤组织中。此外，可以在纳米碳材料表面引入靶向基团，以增强药物的靶向治疗。例如，将抗癌药物顺铂和表皮生长因子（epidermal growth factor，EGF）与聚乙二醇化 SWCNT 共偶联，通过靶向肿瘤细胞 EGF 受体可明显增强顺铂对鳞状细胞癌的抑制作用。同时，利用聚乙二醇修饰可延长药物作用时间并降低碳纳米管的毒副作用。此外，有研究

通过 π-π 堆积和氢键作用将化疗药物阿霉素（Doxorubicin，DOX）负载到氧化石墨烯上，并将肿瘤细胞靶向剂透明质酸（Hyaluronic acid，HA）通过氢键作用与氧化石墨烯偶联，实现肿瘤靶向治疗。研究表明 HA 显著增加了 DOX 在肝癌细胞中的蓄积，从而增加了药物的选择性。

（2）**实现药物的控释与缓释，延长药物作用时间**　利用肿瘤微环境，可以在碳纳米材料上引入肿瘤微环境 pH 响应性化学键（如腙键、席夫碱键、原酸酯键等），使药物在肿瘤细胞内选择性释放，减少药物对正常组织细胞的损伤，实现药物的控制释放。例如，有研究用肝素通过连接剂己二酰肼修饰氧化石墨烯，并包载抗癌药物 DOX，构建一种 pH 响应型纳米载药体系，体内外试验表明，药物的释放呈 pH 依赖性，该纳米复合物可以显著延长 DOX 在体内的保留时间，且经肝素修饰后该纳米复合物具有更好的稳定性和生物相容性。此外，利用聚乙二醇长循环特性，可将碳纳米材料进行聚乙二醇化修饰，防止网状内皮系统的检测而减少药物降解，延长药物循环时间。

（3）**用于基因递送**　功能化的碳纳米材料不仅可以输送药物分子，还可以作为核酸等生物大分子的载体，实现非病毒载体系统的基因治疗，克服病毒载体系统的负载量低、稳定性差等问题。有研究者开发了一种具有高亲水性的阳离子型四哌嗪基富勒烯［Tetra（piperazino）fullerene epoxide，TPFE］，并将其作为增强型绿色荧光蛋白（enhanced green fluorescent protein，EGFP）基因载体，考察体内基因转染效率。研究发现，与脂质体作为基因载体相比，TPFE 组小鼠的肝脏和脾中基因表达水平明显提高，且对肝和肾无明显毒性。此外，将胰岛素基因通过 TPFE 递送至小鼠体内，结果发现该基因在小鼠肺、肝、脾中均有表达，且胰岛素基因组小鼠血浆胰岛素水平明显高于对照组，血糖浓度降低。该研究首次证明了水溶性富勒烯可在动物体内进行有效的基因传递。

氨基功能化的碳纳米管（CNTs-NH$_2$）同样可应用于基因递送，将 PLK1（Polo-like kinase 1）的特异性 siRNA 序列通过静电相互作用结合于 MWCNT-NH$_2$ 上，将其递送入肿瘤细胞中，抑制 PLK1 的表达进而诱导肿瘤细胞凋亡。研究表明，与阳离子脂质体相比，氨基功能化的多壁碳纳米管在体内传递 siRNA 的性能显著提高，MWCNT-NH$_2$ 可作为体内肿瘤基因治疗中有效的 siRNA 转运载体。

（4）**为蛋白质类药物提供新的给药途径，提高生物利用度**　将蛋白质类药物负载于碳纳米管中，可以保护药物免受体内蛋白酶降解，改善药物的生物利用度，从而为一些仅供注射使用的药物提供口服给药途径。例如将促红细胞生成素（erythropoietin，EPO）吸附于碳纳米管上，并与吸附增强因子葵酸酯和酶抑制剂酪蛋白共同组成 EPO 递送系统，经大鼠肠内给药可得到最佳的生物利用度。

四、其他类无机药物载体

无机纳米粒子在药物传递、诊断和体内成像方面具有巨大的潜力。在本章中，除上述三种无机载体外，以下几种无机载体也是药物递送中常用的无机纳米粒子。

1. 金纳米粒

金纳米粒（gold nanoparticles，Au NPs）由于其特殊的电学、光学、传感和生化特性，在医学成像（早期检测和诊断）、疾病治疗（包括肿瘤治疗）和药物传递过程中的潜在应用受到了广泛的研究。金纳米粒是由金原子核心组成的，周围环绕着表面的负活性基团，可以很容易通过添加单层表面部分（用于主动靶向的配体）来功能化。虽然它们可以通过不同的化学和物理方法制备，但用于生物医学的 Au NPs 主要是使用胶体合成方法（利用金属前体、还原剂和稳定剂）。这种方法可以精确控制光学和电气特性，这些特性在很大程度上取决于生成的 Au 纳米结构的形状（如纳米球、纳米棒、纳米笼和纳米壳）和尺寸（1～100 nm）。

由于 Au NPs 上存在负电荷，因此它们可以很容易地通过离子键或共价键键合或物理吸收不同的生物分子，包括药物分子、抗生素、蛋白质、基因和各种靶向配体等。研究证明它们对人类细胞无毒，并且在体内具有生物相容性和生物可降解性。由于表面等离子体共振（surface plasma resonance，SPR）带的存在，它们能够将光转化为热，并通过散射产生的热来杀死癌细胞。在给定的波长（频率）下（800～1200 nm），光与 Au NPs 表面的电子相互作用，引起 Au NPs 表面的电子集体振荡，从而引起表面等离子体共振效应。Au NPs 主要依赖于其大小、形状、表面和聚集态。

一般来说，未经表面修饰的 Au NPs 在血液流动中的胶体稳定性较差。为了克服这一限制，Au NPs

的表面可以用聚乙二醇（PEG）进行修饰，以确保在疾病组织的病理生理条件下增加胶体稳定性。由于其易于合成且易于表面功能化、高生物相容性和低毒性，以及与表面等离子体相关的各种光学性质，金纳米粒已被广泛地应用于各种生物医学纳米平台，特别是生物传感、肿瘤成像和多模式靶向药物输送系统等领域。

2. 量子点

量子点是荧光半导体无机纳米载体，由 ⅡB-ⅥA 或 ⅢA-ⅤA 族的半导体原子形成，如 CdS、CdSe、CdTe、ZnS、ZnSe、ZnO、GaAs、InAs、InP。大多数量子点由三部分组成：一个极小的半导体材料核心（直径 2～10 nm）被另一种半导体（如硫化锌）包围。最后，用不同材料制成的盖子封装（图 20-17）。这种结构提高了发射的光稳定性和量子产率。其中，以 CdSe 为内芯、ZnS 为外壳的量子点是目前研究最多的纳米平台。

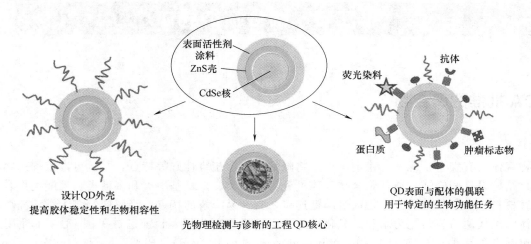

图 20-17　用于生物和纳米医学的量子点载体的设计策略

量子点具有独特的光学性质：高量子产率、高摩尔消光系数、良好的光稳定性、从紫外到近红外的宽吸收谱和窄荧光谱。与有机染料相比，量子点的摩尔消光系数甚至高出 10～100 倍。这些良好的光学特性已被用于生物医学成像，如细胞标记、生物传感、活体成像、双峰磁致发光成像、抗体介导成像和诊断。生物相容性量子点可用于肿瘤靶向成像、转移细胞追踪和淋巴结测绘。通过官能化或吸附、包裹的手段也可以实现肿瘤的诊疗一体化。

与其生物医学应用相关的关键问题主要是它们的潜在毒性，特别是含有重金属离子（如 Cd 和 Hg）的量子点的使用。量子点的细胞毒性取决于保护的无机壳层、表面电荷和电荷分布。然而，它们的毒性可以通过用生物相容性分子对量子点表面进行功能化来降低。在这方面，聚乙二醇化赋予量子点通过 EPR 效应在肿瘤部位蓄积，而无需使用靶向配体。此外，通过将量子点包裹在磷脂胶束中也具有很好的优势。为了主动靶向肿瘤部位，可以在量子点表面嫁接各种配体，如肽、叶酸和单克隆抗体。除了可能的毒性外，使用量子点的其他缺点还有成本高、非特异性结合和聚集形成较大的尺寸等。

量子点没有固有的水溶性，通过官能化，或者添加靶向剂可以改变其溶解性。此外，也可以用硫醇化合物来增加其溶解性，如巯基乙酸、烷基硫醇封端的 DNA、硫代烷基化的低乙烯二醇、dl-半胱氨酸、PEG 封端的二氢硫辛酸等，或者使用两亲双嵌段或三嵌段共聚物、二氧化硅、多糖、聚合物、磷化氢、多肽/蛋白质、磷脂胶束包裹。

3. 磁性氧化铁纳米粒

磁性纳米颗粒最初是作为磁共振成像的造影剂制备的。由于它们对磁场的响应，这些纳米颗粒有希望用于靶向药物输送。传统化疗药物的主要缺点是非特异性。不仅肿瘤细胞会受到攻击，正常和健康的细胞也会受到细胞毒药物的攻击。加载药物的磁性纳米颗粒可以通过施加磁场被引导到肿瘤细胞，一旦载药纳米颗粒集中在肿瘤部位，就可以通过施加诸如酶活性、pH 变化或温度等刺激来释放药物。这样可以减少药物的全身分布，减少相关的副作用，从而降低治疗所需的药物剂量，提高药物生物利用率。20 世纪 70

年代末，人们提出了使用磁性纳米氧化铁通过磁场控制来靶向肿瘤递送药物的建议。最常用的磁性纳米颗粒是氧化铁颗粒，通常与合适的涂层一起使用，以提高其生物相容性和功能化程度。其中磁性 Fe_3O_4 作为目前唯一被 FDA 批准应用于临床的磁性纳米材料，一直受到众多研究者的青睐。

磁性氧化铁纳米粒具有优异的性质，特别是其超顺磁性。当磁性粒子小到 10～20 nm 时，它们表现出超顺磁性效应，即纳米粒子的磁化强度达到饱和；但当磁场消失时，它们的磁性消失，成为分散态。超顺磁性的功能化可防止磁性纳米粒聚集并保护其表面免受氧化，还可以通过结合药物和靶向配体，从而避免网状内皮系统并减少非特异性靶标。表面的修饰使其能够与各种蛋白质、抗体、肽和抗癌药物结合，通过外部高梯度磁场集中在疾病组织内的特定目标位置以达到靶向药物输送的效果。

第二节　聚合物类载体

一、FDA 批准的聚合物

1. 概述

聚合物载体具有安全、无毒、稳定、可生物降解、生物相容性好等特点，并且可以根据药物释放需求进行多样化结构设计和修饰。通常聚合物载体可分为聚酯类、聚氨基酸类和多糖类。聚酯类聚合物是一类生物可降解材料，由于其结构主链是通过酯键连接，具有易降解的特点，降解产物多为结构简单的小分子物质，在体内经代谢后易转化为水和二氧化碳，不会产生毒副作用。目前已被美国 FDA 批注用于生物医学领域的包括有丙交酯-乙交酯共聚物［poly(lactic-co-glycolic acid)，PLGA］、聚 ε-己内酯（polycaprolactone，PCL）、聚乙二醇（PEG）、聚乳酸（polylactic acid，PLA）、聚乙醇酸（polyglycolic acid，PLG）等。

2. 载体种类

（1）PLGA　PLGA 是美国 FDA 批准的一类生物可降解的高分子聚合物，具有良好的生物相容性，由不同比例乳酸和羟基乙酸两种单体聚合而成，兼具 PLA 和 PLG 的材料优势，体内降解产物同时也是人体代谢途径的副产物，因此作为药物载体材料应用时不会有毒副作用。目前，PLGA 已被广泛应用于生物医学领域，作为药物载体应用于微球、微囊、纳米粒、微丸、埋植剂等的制备。用 PLGA 包封药物粒径在纳米级，能够提高特定部位摄取，从而减少不良反应，同时延长体内循环而改善药动学性质。

（2）PCL　PCL 是一种半结晶性聚合物，利用有机金属化合物进行开环反应得来，具有良好的生物相容性和生物可降解性，也是被 FDA 批准的生物可降解的聚酯材料。由于 PCL 结晶性较强，降解缓慢，在体内的降解分为 2 步：首先分子量不断下降，但材料不发生形变和失重；然后，当分子量降低到一定数值后，材料开始变为碎片并失重。但是，PCL 疏水性较强，降解速率慢（在体内完全吸收和代谢需两年以上），因此单独应用 PCL 情况较少，应用前一般需要通过与其他酯类化合物共聚改性，制备得到嵌段共聚物后应用于药物递送体系。

（3）PEG　PEG 由环氧乙烷开环聚合而成，无毒、无免疫原性，且为具有良好生物相容性的高度亲水聚合物，是被 FDA 批准的极少数可作为体内注射的药用聚合物，以氧乙烯基为重复单元，端基为两个羟基，呈线性或支化链状结构。PEG 是迄今为止已知聚合物中蛋白质和细胞吸收水平最低的聚合物。具有无毒、无免疫原性、水溶性好及良好的生物相容性，是公认的优良药物载体。目前已经获得 FDA 批准被广泛应用于多肽类药物、抗肿瘤药物、脂质体、微球和纳米粒的修饰，以减少药物的免疫原性、增加溶解度及延长生物半衰期等。

3. 应用

（1）PLGA 作为药物载体　PLGA 因其良好的加工、药物释放性能而被广泛用于药物微球。目前，已上市的 PLGA 微球制剂有曲普瑞林微球、亮丙瑞林微球、布舍瑞林微球、利培酮微球等。目前，限制 PLGA 微球控释系统发展的问题有：临床试验中存在突释现象，疏水性更强，PLGA 溶蚀阶段产物导致微环境偏酸，易发生蛋白质水解和聚集。近年来，为克服 PLGA 的这些应用缺陷，改善药物稳定性和释药行为，对单一载体材料进行修饰，主要包括：将 PLGA 与环糊精、壳聚糖等其他高分子材料的共混修饰，将 PLGA 通过末端基团与其他高分子材料结合的共聚修饰，通过壳核结构的设计解决突释问题，通过引入脂质体、凝胶等制备微球分散体。

（2）**PCL 作为药物载体** PCL 具有良好的降解性能、药物通透性，是一种理想的载体材料，主要包括微球、纳米粒、纤维、薄膜等。因其在人体内的降解过程十分缓慢，可用于药物的控制释放。可通过与其他聚合物共混或共聚来改善亲水性和控释行为。

（3）**PEG 作为药物载体** PEG 除了作为传统剂型如栓剂、软膏的基质，固体分散体的载体和片剂的润滑剂外，现在也广泛用于修饰生物大分子药物。PEG 修饰技术即药物的 PEG 化，是将活化的 PEG 通过化学方法偶联至蛋白质、多肽、小分子药物或脂质体的一种技术方法。PEG 化药物的优点：延长药物的半衰期，起长效缓释作用；提高难溶性药物的溶解性；增强药物稳定性；降低药物的免疫原性和抗原性；减少酶降解作用；增强药物的靶向作用；降低药物的毒性；提高患者依从性；降低用药成本等。最早在 20 世纪 70 年代，美国的 Davis 教授首先利用 PEG 修饰牛血清白蛋白来有效改变其免疫性质。到目前为止，PEG 化的各类药物也广泛应用于临床，如聚乙二醇化重组腺苷脱氨酶（商品名：ADAGEN®）、聚乙二醇化人干扰素 α-2β（商品名：PEG-Intron®）、聚乙二醇化天冬氨酸酶（商品名：Oncaspar®）等。

二、嵌段共聚物

1. 概述

嵌段共聚物（block copolymer）是由两种或多种化学性质不同的大分子链段通过化学键结合的聚合物。嵌段共聚物的优点在于它能将多种聚合物自身所具备的优良性质结合在一起，从而得到性能优越的功能型聚合物材料。具有特定结构的嵌段共聚物会表现出与简单线型聚合物、无规共聚物以及均聚物不同的性质。随着聚合技术的不断成熟与完善，许多结构特殊、性能新颖的嵌段共聚物被合成，在医药载体及药物表面改性、智能材料、表面活性剂等前沿领域都有着实际应用。

2. 分类

嵌段共聚物根据拓扑结构不同可分为线型与非线型两类。而根据组成聚合物种类数的不同，线型嵌段共聚物可以分为二嵌段（AB 型）、三嵌段（ABA 型或 ABC 型）及多嵌段共聚物。根据所组成的形状，非线型嵌段共聚物可分为星型（star）、梳型（comb）、树枝型（dendritic）、环型（ring）、H 型及交联网状嵌段共聚物等。

（1）**二嵌段共聚物** AB 型，即由两种不同种类的片段组成，属于结构最简单的嵌段共聚物，也是研究最成熟的嵌段聚合物。目前已趋于成熟的二嵌段共聚物有甲氧基聚乙二醇-聚乳酸（mPEG-PLA）、甲氧基聚乙二醇-聚乳酸-羟基乙酸共聚物（mPEG-PLGA）、甲氧基聚乙二醇-聚乳氨酸苄酯（mPEG-PBLG）、甲氧基聚乙二醇-聚己内酯（mPEG-PCL）等。二嵌段共聚物具有优良的生物相容性与稳定性，作为载体时可形成聚合物胶束，能提高药物的稳定性、靶向性和生物利用度，具有较为广泛的应用。

（2）**三嵌段共聚物** 三嵌段共聚物依据结构中单体种类与排序，可大致分为 ABA 型和 ABC 型两大类。ABA 型三嵌段共聚物为近年来三嵌段共聚物研究的主要方向，其根据聚合物本身的结构又可分为 ABA 型和 BAB 型 2 种，即亲水-疏水-亲水型和疏水-亲水-疏水型三嵌段聚合物。这两种共聚物在水中均可呈现自组装行为，即主要依靠疏水基团对水的排斥及疏水基团之间相互聚集，最终形成一种疏水基团在内而亲水基团向外的核-壳型分子簇，且不同的分子簇之间还可通过亲水链相互连接。ABC 型三嵌段共聚物自组装形成的分子簇按形态可分为：①核-壳-冠收缩型，其中 A、B 均为疏水基团，C 为亲水基团；②核-壳-冠扩展型，其中 A 为疏水基团，B、C 为亲水基团；③核-冠型，其中 A、B 为疏水基团，C 为亲水基团，且此类型分子簇根据结构的不同又分为混合冠型、聚集冠型和混合核型三类。

（3）**多嵌段共聚物** 多嵌段共聚物是一类重要的高分子材料，由于各组分间固有的不相容性，在纳米尺度上自组装成有序纳米结构，导致微相相分离，表现出非常独特的性能。在嵌段共聚物的研究初期，由于其制备的复杂性，基于多嵌段共聚物的研究较少，随着化学合成手段的提高，多嵌段共聚物的应用也已成为前沿领域。

3. 合成方法

（1）**活性聚合法**　活性聚合可以得到分子量分布极窄的聚合物，是控制聚合物分子量大小和分子量分布最理想的方法。常见的有：

① 活性阴离子聚合：1956 年，Szwarc 等最早报道了苯乙烯的活性阴离子聚合，并提出"活性聚合"的概念，具有快引发、慢增长、无终止的聚合特点。活性阴离子聚合是合成结构明确的嵌段共聚物的最经典方法。这种方法的局限性在于可使用的单体数量有限，而且必须考虑两种单体的相对反应性，另外此法对含有羟基、氨基、羧基等官能团的单体，往往会与引发剂或活性链发生副反应而很难聚合，对于这类单体则需要对官能团进行保护。

② 活性阳离子聚合：阴离子活性聚合提出后的 30 年间，烯类单体的活性聚合一直局限于进行阴离子聚合，直到 Higoshimura 和 Sawamoo 率先报道了烷基乙烯基醚的活性阳离子聚合。紧随其后，Faust 和 Kennedy 实现了异丁烯的活性阳离子聚合。活性阳离子聚合被广泛地应用到合成具有精确结构的均聚物和嵌段共聚物，推动了活性聚合技术的迅速发展。

③ 基团转移聚合：杜邦公司首先报道了基团转移聚合，这种方法是以硅烷基烯酮酯类的化合物作为引发剂，在适当的亲核催化剂的存在下，在室温下引发丙烯酸酯类单体聚合。

（2）**正离子聚合转化法**　Richards 在 20 世纪 70 年代首次提出聚合转化反应的概念。聚合转化法即通过某个化学反应改变聚合物的链末端，进而引发不同聚合机理的另一单体反应。

（3）**其他方法**　其他常用的方法还有力化学方法、缩聚反应、特殊引发剂法等。

4. 应用

（1）**聚合物胶束**　疏水-亲水嵌段共聚物在水中形成具有内核-外壳结构的球形胶束，其中疏水嵌段构成内核，亲水嵌段形成外壳，通过静电相互作用和疏水相互作用等非共价键作用将药物包埋于共聚物胶束的疏水性核中。作为药物载体，嵌段共聚物胶束能提高疏水性药物的溶解性，亲水性链段具有保护作用，能够避免人体内生物酶等对药物的作用，延长药物在体内的循环时间，实现病变部位的药物缓释。根据嵌段共聚物胶束特性，目前研究主要集中于疗效好而毒性大的难溶性药物（如紫杉醇）。生物可降解高分子材料，如 PLGA、PLA、PLG、PCL 等常用作聚合物的疏水嵌段，分子量一般为 2000～20000，而 PEG、PEO、PVP 等通常用作共聚物的亲水嵌段。嵌段共聚物在水中自组装形成胶束的趋势强弱可用临界聚集浓度（critical aggregation concentration，CAC）作为衡量指标。CAC 定义为两亲性共聚物在水中聚集形成自组装体的最低浓度。一般情况下，CAC 越小则自组装趋势越强，形成的自组装体的热力学稳定性越好。

（2）**水凝胶**　水凝胶是亲水性聚合物材料形成的三维网状结构。通常，水凝胶可以由接枝或多嵌段共聚物产生。水凝胶的多孔性、柔软性和高含水量适用于包载和持续释放水溶性药物。由于其特殊的流变特性，水凝胶在药物输送应用中得到了广泛的研究。部分两亲性嵌段共聚物的水溶液随温度升高呈现可逆的溶胶-凝胶转变，目前，具有热致凝胶化能力的聚合物包括 PEG-聚丙二醇嵌段共聚物、PEG-聚酯类嵌段共聚物、PEG-聚多肽等。

（3）**聚合物囊泡**　聚合物囊泡是由两亲性嵌段共聚物在溶液中通过自组装形成的一类中空球体结构高分子聚集体，由于具有稳定性好、膜通透性可调、可同时负载亲水和疏水性药物以及可功能化修饰等优点，聚合物囊泡在基因治疗、磁共振成像、治疗诊断、细胞器仿生模拟、药物载体等领域引起了人们的广泛关注。在生物医药应用领域，聚合物囊泡作为一种新型的药物载体具有可改善药物在体内的分布、防止药物降解失活、延长药物作用时间以及降低毒副作用等特性。组成囊泡的两亲性嵌段聚合物，常用的疏水嵌段有聚酯类和聚氨基酸类。聚酯类主要是 PLGA、PLA、PCL 等，聚氨基酸类主要有聚组氨酸、聚天冬氨酸及其衍生物、聚谷氨酸及其衍生物等。常见亲水嵌段有 PEG、PVP、聚丙烯酸（PAA）和聚（N-异丙基丙烯酰胺）（PNIPAM）等。通过对嵌段聚合物结构的改性修饰可实现对各类生理环境响应型释放药物。

三、树枝状聚合物

1. 概述

树枝状聚合物（dendrimer）又称为树状大分子，是一种人工合成的新型纳米材料，是一类高度规整、三维结构的具有纳米尺寸的大分子，最早由美国科学家 Tomalia 于 20 世纪 80 年代初发明并成功合成。树枝状聚合物具有精确的三维结构，因其高度分支，像树一样的结构而得名（图 20-18）。不同于传统的自由缠绕的聚合物，树枝状大分子在结构上由引发内核、连在引发内核上被称为"代"（generation，G）的重复结构单元、连在最外层重复单元结构上的末端功能化基团三部分构成。这些结构决定了整个树枝状大分子的大小、形状以及物化性质。通常低代数（G0-G4）树枝状聚合物呈开放的结构，而高代数（G5-G10）由于树枝状压缩结构呈球形，因此内部存在空腔。因为树枝状聚合物的分子结构中包括非极性核和极性外壳，内部结构呈疏水性而外表面结构呈亲水性，所以不同于传统胶束的是，树枝状聚合物不依赖于溶液浓度，即无临界胶束浓度。树枝状聚合物与普通直链聚合物相比具有显著特点，包括：结构规整、高度对称，分子体积、形状、功能基团种类及数目都可在合成过程中精确控制，分子量分布可达单分散性，表面功能基团密度很高，球状分子外紧内松，内部空腔可调节等。因此具有独特的性质，如优良的溶解性、低黏度、纳米尺寸、易修饰性等，这些特性使其正在成为一种引起广泛关注的新型药物载体及非病毒基因载体，成为研究热点之一。

2. 制备技术

树枝状聚合物是通过分支单体（branching units）逐步反应得到的高度支化的、具有树枝状结构的大分子。其结构具有极好的几何对称性，而且其优势是可以根据应用需要在合成步骤中精确控制分子的体积、形状和末端基团等。所有分支单体起源于一个核心（core），按生长方式可将其分为三类：

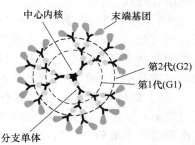

图 20-18　树枝状聚合物结构示意图

（1）发散合成法　1985 年由 Tomalia 和 Newkome 提出，由中心内核向边缘构建，是指以引发核（如氨、乙二胺、丙胺等）为起始中心，由两种反应单体交替通过重复的聚合反应在其周围以指数递增的形式逐步引入多功能基单体，向四周发散生长，最终形成具有高度支化特征的树枝状大分子［图 20-19（a）］。每完成两步反应就在已形成的聚合物上增长一"代"。通过这种方法可以得到支化代较高、分子量较大的树枝状大分子，但是当代数达到一定程度时，由于表面高密度的分枝致密压缩形成的空间位阻效应会为下一代的反应带来很大的困难，发生不完全增长，造成结构缺陷，同时产物分离纯化的条件变得更加苛刻。因此，目前经过多次循环反应，树枝状大分子最多可达 10 代。

（2）收敛合成法　本法由边缘向中心核构建，与发散法生长方向相反。首先是一系列小分支单位反复耦合生成树枝状聚合物的一部分，形成一个楔形物，然后锚定一个核心分子，从而由多个楔形物形成一个的树枝状聚合物［图 20-19（b）］。这种方法合成的产物在纯化和分离等方面优越于发散法，结构缺陷相对较少，端基结构完整，可以灵活控制调整功能化结构位置。但是由于收敛法合成树枝状大分子时分子量增长较慢，随着代数增长，在中心点的反应基团所受的空间位阻增大，对进一步反应受阻，所以通常用于合成代数较低的树枝状聚合物。

（3）发散收敛法　通过发散法合成树枝状聚合物的中心核，然后通过收敛法合成楔形物单元，再将中心核与树枝状单元连接得到完整的树枝状聚合物。这种方法结合发散和收敛两种合成方法优点，可以缩短合成高代数树枝状聚合物的时间，同时这种方法还可以通过可控方式将不同的树状单元结合到一起，从而得到具有特殊用途的非对称树形结构［图 20-19（c）］。

3. 作为药物载体的应用

树枝状聚合物种类较多，目前常见的已被商业化的主要有聚丙烯亚胺（poly propylene imine，PPI）、聚酰胺-胺（polyamidoamine，PAMAM）等。作为一种新型药物载体，树枝状聚合物的优势包括：无免疫原性，不会引起机体免疫反应；毒性小；纳米级粒径使其转运效率高；巨大空腔可包裹大量药物；可提

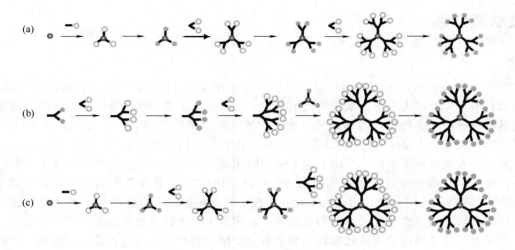

图 20-19 树枝状聚合物的合成方法

高药物稳定性、溶解性，并控制药物释放等。因其独特的结构，树枝状聚合物作为药物运输载体可以三种方式结合药物：

（1）**内部空腔包裹药物分子**　树枝状聚合物内部结构具有巨大的疏水空腔，可通过非化学键合的相互作用（包括静电作用、疏水作用、氢键）包埋药物分子，代数越高的树枝状聚合物内部空腔越大，能够包埋的药物分子数量也就越多。树枝状聚合物的疏水空腔捕获疏水性药物，而亲水表层使其溶于水性介质，在体系中形成单分子胶束且不受临界胶束浓度的影响，达到药物增溶作用。

（2）**树枝状聚合物-药物复合物**　树枝状聚合物表面众多的功能基团通过可水解或可生物降解的化学键与药物、抗体、糖类、脂肪酸等偶联形成树枝状聚合物-药物复合物，与物理包封相比，具有更好的稳定性和能够实现药物控制释放。

（3）**两亲性树枝状聚合物包埋药物分子**　为了解决树枝状聚合物载体"高代高效但难制备"这一共性问题，研究人员制备具有两亲性的较低代数的树枝状聚合物，运用自组装的策略，使其组装形成超分子树枝状聚合物组装体用于负载药物。

第三节　核酸类载体

一、概述

核酸是一种高度亲水和负电荷性的天然生物大分子，未修饰的核酸体内酶不稳定，其高亲水性不利于细胞摄取和荷载封装药物，且可能引起免疫反应等，这些问题使其尚未被广泛成为药物递送的最佳材料。然而，近年来，随着 DNA/RNA 纳米技术、多价核酸纳米结构和核酸适配体等领域的发展，提供了控制改造纳米结构的能力，以及核酸对各种刺激的响应能力，使其具有时空控制药物释放的潜力，基于核酸的药物递送系统的数量迅速增加。

1982 年，Seeman 首次提出利用 DNA 碱基的特异性识别和序列的可设计性，构建了第一个四臂核酸交叉结构，开创结构 DNA 纳米技术（structure DNA nanotechnology）这一研究领域。2006 年 Rothemund 建立 DNA 折纸技术，2012 年 Yin 发展了 DNA 单链模块（single-stranded tiles，SST）技术，2017 年实现大尺寸、大规模 DNA 纳米结构的制备。在 DNA 纳米技术中，DNA 不再只是作为遗传信息的载体，而是通过预先进行特定的设计，遵循碱基互补配对原则，作为自组装基元来构筑静态和动态的超分子自组装纳米材料。DNA 纳米材料具有结构精确可控、易于化学修饰、生物可降解等特点，是一种很有潜力的纳米载体材料，在药物靶向运输、可控释放、多种药物协同运输治疗、智能药物运输体系构建等研究方面已展示了非常广阔的应用前景。DNA 分子独特的理化性质使其可作为自组装基元用于构建分子机器类纳米结构递送小分子药物、核酸类药物和蛋白质类药物等。

DNA 纳米结构作为药物转运载体可以实现药物的靶向转运、可控释放，并具有极好的生物稳定性和相容性。然而，目前的进展基本限于实验室基础研究，在临床应用方面进展缓慢。主要原因是：所使用的药物分子主要通过非共价键的 DNA-药物分子的相互作用进行连接，导致稳定性不佳，同时无法准确定量，高纯度大规模合成 DNA 纳米结构仍存在一些技术难题，制约了其在临床中的进一步应用。

二、DNA 自组装技术

1. DNA 模块（tiles）自组装

DNA 模块自组装是目前组装复杂一维和二维 DNA 纳米笼比较常用的方法之一，它能够分层精确组装笼结构。DNA 模块自组装是将两条或两条以上的 DNA 双链在分子水平上连接成不同形状的模块，然后将模块自下而上通过"黏性末端"组装成 DNA 纳米结构。目前已经出现了很多不同的 DNA 模块用于合成 DNA 纳米结构，包括 Holliday 交叉结、DX 结构和多交叉模块、十字模块和多角形模块等。DNA 模块序列设计一般要求各个分支链序列之间的互补配对最少，避免链之间发生配对；同时，参加反应的各个链要严格按照 1:1 的量反应。基于 DNA 模块的自组装法是制备周期重复性纳米结构的理想方法，但是其制备复杂结构效率较低、编程复杂，因此，还需要继续研究更加简单高效的制备方法。

（1）**Holliday 交叉结**　1964 年由美国科学家 Holliday 提出，同源重组时，两个 DNA 双螺旋同源链的相应位点产生单链断裂，切口产生的游离末端可以移动，每条链都脱离其配对链并与另一双螺旋中的互补链配对，形成一种特殊的双螺旋交叉结构。1983 年 Seeman 首次在溶液中组装出稳定的十字叉状的 Holliday 分支结构，该结构由 4 条短链 DNA 互相杂交形成四臂结构，每条臂上包含 8 个碱基对，如图 20-20（a）所示。

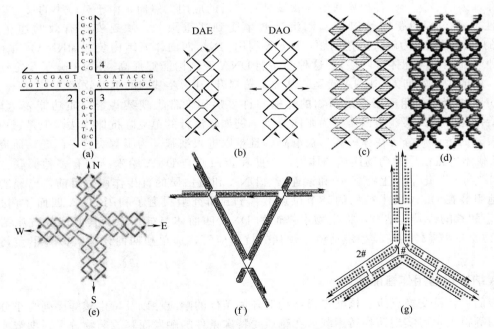

图 20-20　DNA 模块结构的模型

（2）**DX 结构和多交叉模块**　DX 模块是指将两股双螺旋结构并列排布，并在其内部通过两个 Holliday 交叉结连接成一体的特殊 DNA 结构。较之普通的 DNA 双螺旋，DX 模块结构刚性大大增加，因此适用于构造具有空间复杂性的 DNA 纳米结构，如图 20-20（b）所示。在 DX 模块的基础上，进一步设计含有不同 DNA 双螺旋数目的组装模块，以满足构建更为复杂多变的 DNA 纳米组装结构的需要，如图 20-20 (c)、(d) 所示。

（3）十字模块和多角形模块　Yan 在 Holliday 交叉结和 DX 结构的基础上，将 Holliday 交叉结的每一条臂的单个双螺旋替换成含内部交叉的并排的双螺旋结构（也就是 DX 结构），从而开发出了一种十字模块，如图 20-20(e) 所示。其结合了 Holliday 交叉结和 DX 结构二者的优点，结构稳定性有所提高。随后，Mao 研究组对十字模块进行了延伸，设计了由 3 个等同的 Holliday 交叉结两两融合而成的三角形模块［图 20-20(f)］和由 3 条 DNA 相互缠绕而成的三点星状模块［图 20-20(g)］。

2. DNA 折纸技术

基于模块的自组装也显现出共同的局限性，比如对大型结构的可控性差，很难构造出高复杂度和不规则的结构。DNA 折纸利用单链 DNA 短链作为支架，来引导和固定长的 DNA 单链进行反复折叠，即利用 DNA 的可编程性，在特定位置使长链和短链互补，从而得到预期的结构。典型的 DNA 折纸有二维平面折纸、三维曲率折纸和不对称折纸。DNA 折纸技术只需要将长链和若干短链混合起来进行退火，就可以得到想要的组装结构，操作相对模块组装更加容易，对各组分的浓度比例要求更低。另外，DNA 折纸技术组装的纳米结构可以是三维容器，在容器的内侧或腔内保护组装的药物分子不受外部环境的干扰，还可以构建具有刺激响应重组的动态折纸，实现控制释放，在所需的位置发挥所需的功能。

三、应用

1. DNA 纳米结构用作药物递送载体

（1）　DNA 纳米载体用于小分子药物的运输　传统的化疗药物具有毒副作用大、选择性低、易在肝肾等部位富集的缺陷。Jiang 等使用 DNA 折纸作为化疗药物 DOX 载体，获得了极高的 DOX 荷载效率，同时发现该 DOX-DNA 折纸复合物不但对人乳腺癌细胞（MCF-7）具有毒性，也对 DOX 抗性肿瘤细胞具有杀伤效果。

（2）　DNA 纳米载体用于基因药物的运输　小干扰 RNA（small interfering RNA，siRNA）能够特异性抑制靶标基因的表达，在各种疾病治疗领域具有广泛的应用。然而，由于其较小的尺寸以及在血液中较差的稳定性，siRNA 的靶向性以及基因沉默效率受到严重限制，缺乏安全有效的递送载体是制约 siRNA 应用的关键瓶颈。为解决上述问题，Lee 等利用 DNA 四面体笼结构装载 siRNA，并在 DNA 四面体上修饰了肿瘤细胞靶向配体（叶酸）。这种多功能 DNA 笼结构能够提高 siRNA 分子稳定性，延长血液中循环时间，完成肿瘤靶向的 siRNA 转运，从而显著提升 siRNA 基因的沉默效率。

（3）　DNA 纳米载体用于蛋白质药物的运输　许多疾病常常表现某些蛋白质功能表达模式的异常，因此大多数治疗通常是以某些蛋白质作为靶向分子，例如较流行的单克隆抗体疗法。但是蛋白质类药物治疗仍存在局限，如蛋白质分子在体内容易被酶降解且难以进入细胞。为了解决这一问题，研究人员尝试利用 DNA 纳米载体将蛋白质类药物递送到体内。多肽和蛋白质与 DNA 纳米结构有多种偶联方式，如酯键或酰胺反应、"点击"化学、生物素-亲和素连接、DNA 和蛋白质的直接作用。目前，已经能够实现将蛋白质特异性地组装在 DNA 纳米结构的某个位点上。Yan 研究组报道了利用 DNA 四面体构建纳米疫苗，利用生物素-亲和素的特异性结合，将生物素修饰的 DNA 四面体与链霉亲和素修饰的抗原结合。该四面体-抗原复合物能在小鼠体内持续稳定地诱导较强的抗体应答，而单独四面体或抗原并不会刺激产生任何免疫反应。

2. DNA 纳米机器用作智能载体

利用核酸的可控链交换反应、核酸二级结构对环境条件的响应性以及特定核酸序列与小分子、酶的特异性相互作用等特点，可实现药物转运载体在靶点受特殊条件的触发而释放药物分子，即智能载药。这些动态 DNA 纳米结构可受 pH、特异性酶、外源 DNA 链、离子和质子等触发，发生形态变化，可以实现先靶向癌细胞再释放药物分子，从而降低对正常细胞和组织的毒副作用，提高药物的治疗效果，因此具有更好的应用前景。目前，已有多种动态 DNA 纳米结构被成功用于智能载药和药物可控释放。

（1）　DNA 四面体纳米结构　DNA 四面体纳米结构是由多条 DNA 单链，经碱基互补配对形成的纳米笼结构。这种三维纳米结构具有较高的机械刚性、抗酶降解性和良好的细胞穿透能力。DNA 四面体边链可嵌入刺激应答的功能核酸序列，例如适配体（Aptamer）、i-motif 结构或 DNA 酶等实现动态的结构可变性。

（2）**DNA 折纸**　DNA 折纸具有高度空间可寻址性和较高产率，为构建精确可调控的纳米结构提供了良好的平台。研究人员利用 DNA 折纸技术构建一个智能化的管状纳米机器，通过自组装将"货物"包裹在纳米机器内部空腔从而隔绝底物，使其处于非活性状态；两端装载有"雷达"核酸适配体，提供靶向识别和定位功能；当 DNA 纳米机器到达目标地点时，纳米机器上的"锁"识别标志物而发生结构变化，使得"锁"从闭合状态变为开启状态，整个管状结构打开变为平面结构，从而暴露出内部装载的"货物"进而实现功能。

（3）**其他结构**　Zhou 等设计了一个剪刀状 DNA 纳米结构，通过可逆构建和破坏蛋白质与两配体之间的二价相互作用，调控结构与蛋白质分子的结合亲和力。当两配体处在合适的距离范围，该结构可与蛋白质分子紧密结合；两配体之间距离增大会破坏这种二价结合，释放蛋白质。"捕获-释放"的循环过程可由单链 DNA 驱动。

3. DNA 水凝胶用作药物递送载体

随着 DNA 合成、修饰技术的成熟和商业化，利用 DNA 自组装获得宏观尺度上的材料已成为可能。DNA 水凝胶是一类重要的 DNA 材料，是利用 DNA 碱基互补配对，以 DNA 为结构基元构筑的三维高分子网络。与传统水凝胶相比，水凝胶中的 DNA 序列可以被设计成对目标分子具有较高的结合亲和力和特异性，从而实现高效的包封。通过 DNA 序列的设计，还可以实现 DNA 水凝胶良好的反应性和可控的药物释放行为。因此，DNA 水凝胶作为药物载体，近年来备受关注。DNA 水凝胶既利用了水凝胶的骨架结构，也保留了 DNA 的生物功能，实现了水凝胶材料结构与功能的完美融合。将化疗药物、治疗性核酸嵌入 DNA 水凝胶可实现药物的靶向递送和可控释放，DNA 丰富的官能团使其易于进行化学修饰，进而与蛋白质等分子实现共价连接，在蛋白质药物等生物活性分子的递送中表现出独特的优势。

根据构建 DNA 水凝胶的构筑单元，将其合成方法可分为三类：

（1）**超长 DNA 水凝胶**　超长 DNA 水凝胶通常是利用酶法合成具有超长结构的 DNA，通过 DNA 链之间的勾连、缠结形成水凝胶网络。常见的超长 DNA 水凝胶的合成方法包括由 phi29 DNA 聚合酶催化的滚环扩增反应和基于黏性末端的自组装等。

（2）**枝状 DNA 自组装制备水凝胶**　枝状 DNA 自组装型水凝胶是以枝状 DNA 作为"模块"构筑水凝胶骨架。首先利用 DNA 单链构建多种枝状 DNA，如 X 型、Y 型、T 型等，然后通过氢键作用、酶连、PCR 扩增和杂交链式反应等方法合成 DNA 水凝胶。

（3）**DNA/聚合物杂化水凝胶**　在 DNA/聚合物杂化水凝胶中，通常以聚合物作为凝胶网络骨架，DNA 作为聚阴离子大分子带有大量的负电荷，其碱基含有的芳香环结构和丰富的官能团，使 DNA 可通过静电、氢键、π-π 堆积、范德华力等与碳点、石墨烯、介孔二氧化硅和银纳米团簇等纳米材料杂化形成性能优异的多功能水凝胶，实现对 pH、温度、金属离子等多重刺激的响应。

第四节　蛋白质类载体

一、白蛋白类载体

1. 概述

白蛋白（albumin）又称血清蛋白，是血浆中含量最多的蛋白质（30～50 g/L，占总蛋白质量的55%），分子量约为 665000。白蛋白是一种内源性物质，不具调理作用。早期研究发现将其包覆于纳米粒或脂质体表面，可降低微粒对巨噬细胞的亲和力，从而延长循环时间，提高靶向性。结合了纳米载体和白蛋白两方面优势应运而生的白蛋白纳米粒载药系统近年来受到广泛关注，其中由美国 Abraxis BioScience 公司开发的紫杉醇人血清白蛋白纳米粒注射混悬液获得 FDA 批准上市，成为首个白蛋白纳米粒临床转化的成功案例。

研究表明增生的肿瘤组织会蓄积白蛋白，并将其作为主要新生蛋白质合成的氮源，为自身的快速生长提供营养和能量。此外，由于炎症组织的毛细血管通透性大且缺乏淋巴回流系统，白蛋白在炎症组织中也会大量聚集。高血管通透性和截留率是白蛋白作为抗肿瘤药物及抗炎药物载体的必要条件。

白蛋白作为药物载体，用于提高药物的溶解性、稳定性、缓释、靶向的应用已越来越广泛，其载药方式主要有两种：一是化学偶联的白蛋白载药，即通过共价键将白蛋白与药物偶联，在体内酶的作用下连接的化学键断裂，药物被释放；二是物理结合的白蛋白载药，即依赖于白蛋白与药物的相互作用将药物包埋于白蛋白纳米粒中。但白蛋白作为药物载体也有着自身的缺陷，如人血清蛋白（Human serum protein，HSA）来源有限，而牛血清白蛋白（Bovine serum albumin，BSA）用于注射可能会引起轻度的免疫反应；另外，白蛋白容易变性，制剂过程中要格外小心。

2. 白蛋白载体种类

（1）**白蛋白纳米粒**　白蛋白纳米粒是以白蛋白作为载体，包封或吸附药物，经过固化分离而形成的实心球体，一般粒径在 1～1000 nm，主要包括被动靶向白蛋白纳米粒、磁性白蛋白纳米粒、修饰的白蛋白纳米粒等。白蛋白纳米粒能够包裹抗肿瘤药、抗结核药、降血糖药、抗生素、激素、支气管扩张剂等，并可通过静脉注射、肌内注射、关节腔内注射、口服、呼吸系统等多种途径给药。目前白蛋白纳米粒最引人注目的应用还是将其作为抗肿瘤药物的载体，可以增加靶向性，减小毒副作用，提高疗效。

（2）**白蛋白微球**　白蛋白微球是由人或动物的白蛋白制成的粒径为微米级的球状物。白蛋白微球对亲水性药物有较高的负载能力，很适合用作药物载体，因此，一般将其应用于药物制剂尤其是抗癌药物制剂的研究中。通常白蛋白微球的大小为 0.2～200 μm，临床上可通过动脉栓塞注射、口服或静脉注射等给药方式给药。在动脉栓塞治疗中，可大大提高化疗的疗效，降低毒副作用。口服或静脉注射时，通过控制白蛋白微球的粒径可实现药物的被动靶向性，抗原-抗体及细胞特异性受体结合的白蛋白微球可达到主动靶向目的，同时还可达到缓释的效果。

3. 白蛋白纳米粒制备技术

白蛋白纳米粒与白蛋白微球制备技术相似，因此，这里仅对白蛋白纳米粒制备技术进行了说明，白蛋白微球制备技术不再赘述。

（1）**去溶剂化法**　去溶剂化法亦称溶剂-非溶剂法，即通过脱水剂的去溶剂化作用除去白蛋白的水化膜，使白蛋白析出，再用交联剂使之变性，然后纯化除去残留的交联剂和有机溶剂。去溶剂化过程可通过测量浊度来控制。其中交联剂多采用戊二醛，脱水剂多用乙醇或丙酮等，采用丙酮为脱水剂的固化温度低、时间短，可用于包埋温度敏感的药物。

（2）**乳化固化法**　乳化固化法是指将白蛋白水溶液和药物溶液，加入含有乳化剂的油相中，在一定转速下搅拌，再超声乳化形成油包水型乳剂。采用热变性或化学交联法使白蛋白固化，分离后即得白蛋白纳米粒。白蛋白纳米粒的创始人 Seheffel 最初采用乳化-热变性法成功制得人血清白蛋白纳米粒（HSA-NP），但是粒径较大且易受操作条件影响。1996 年 Mueller 等以羟丙纤维素溶于二氯甲烷和甲醇的混合液，超声乳化后，用戊二醛交联固化蛋白，这种乳化-化学交联法成功制备的牛血清白蛋白纳米粒（BSA-NP）粒径＜ 200 nm，粒度分布窄且得率高。

（3）**其他方法**　白蛋白纳米粒的制备还包括 pH 凝聚法、快速膨胀超临界溶液法和机械研磨法等。2004 年，美国 American Bioscience 公司公开了一种独特的基于二硫键形成法的 nab™ 技术，是一种新型白蛋白纳米粒制备技术。目前，FDA 批准上市的紫杉醇白蛋白纳米粒（Abraxane™），就是基于 nab™ 技术制备的。

4. 紫杉醇白蛋白纳米粒

（1）**紫杉醇白蛋白纳米粒简介**　紫杉醇白蛋白纳米粒注射混悬液（Abraxane™）以 nab™ 技术制备，平均粒径约为 130 nm，其基本组成为每瓶含 100 mg 紫杉醇和约 900 mg 的人血清白蛋白，不含聚氧乙烯蓖麻油（Cremophor EL CrEL），减小了发生超敏反应的风险，避免了预治疗和特殊输液器具的使用，注射时间缩短到 30 min，给药方便。Abraxane™ 中紫杉醇与白蛋白通过疏水相互作用结合，以非晶态、无定形状态存在。Abraxane™ 利用了肿瘤生理学特征、白蛋白内源通路及 EPR 效应，具有双重靶向性，大大提高了药物在肿瘤的分布；同时由于减少了常规溶剂递送造成的过敏反应及毒性，可以避免预治疗，增加了患者的顺应性。因此，nab™ 技术可很好地提高抗肿瘤药物的抗癌活性，尤其适用于基于溶剂递送的难溶性抗肿瘤药物的体内传递。

（2）基于二硫键形成法的 nab™ 技术　　nab™ 技术是以白蛋白作为基质和稳定剂，在没有任何常规表面活性剂或任何聚合物核心存在的情况下，将包含水不溶性药物的油相和含白蛋白的水相混合，通过高剪切力（如超声处理、高压均化等）制备 O/W 型乳剂的技术。首先将药物以高浓度溶于一种与水不相混溶的有机溶剂（通常为氯仿、二氯甲烷）内作为油相，其次将白蛋白溶于水性介质内得到水相。再将油相与水相混合，高压均化，在真空下迅速蒸发溶剂，即可得到由极细纳米颗粒组成的胶体分散系统。制备过程中通过调整配方（如有机相的类型、相组分、药物浓度）和操作参数可得到 100～200 nm 的粒子。得到的纳米颗粒液体混悬物可进一步冷冻干燥，待使用时以适宜的水性介质（如生理盐水）再分散冻干物，以混悬液形式给药。

二、脂蛋白类载体

1. 概述

脂蛋白是一类由胆固醇酯、甘油三酯为疏水内核和载脂蛋白、胆固醇、磷脂为外壳构成的球状微粒。其结构如图 20-21 所示，在体内脂质转运过程中发挥关键作用。脂蛋白独特的亲水性-疏水性结构、内源性、可完全降解以及不被网状内皮系统识别和清除的特性，使脂蛋白作为潜在的药物载体越来越受到重视。人体内的脂蛋白根据密度不同大体分为高密度脂蛋白（high density lipoprotein，HDL）、低密度脂蛋白（low density lipoprotein，LDL）、极低密度脂蛋白（very low density lipoprotein，VLDL）及乳糜微粒（chylomicron，CM）。

2. 脂蛋白的制备

天然脂蛋白需要从血液中提取，大规模的制备具有一定的难度。同时，生物安全性问题以及提取的成本过高也限制了天然脂蛋白作为药物载体的发展潜力。重组脂蛋白是由内源性分离或体外合成的载脂蛋白与磷脂酰胆碱在体外重组形成的，保留了天然脂蛋白在胆固醇逆转运、抗炎、抗氧化及抗动脉粥样硬化等方面的功能。脂蛋白药物复合物的重组工艺一般采用类似于脂质体制备的薄膜分散法、胆酸盐透析法、干片法、去脂重组法等。分子生物学技术的逐渐发展和成熟使得脂蛋白的体外重组和大规模制备成为可能。

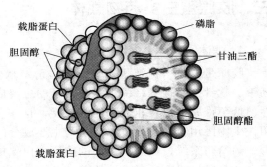

图 20-21　脂蛋白结构示意图

3. 脂蛋白作为药物载体的应用

（1）低密度脂蛋白作为药物载体　　低密度脂蛋白（LDL）是存在于人类血浆中含量最多的脂蛋白，在血浆中以球形颗粒存在，直径为 18～25 nm。LDL 作为内源性纳米颗粒，一般认为主要通过 LDL 受体途径进行代谢。LDL 受体通过特异性识别 LDL 分子中的 apoB-100，被内吞进入溶酶体，水解成游离胆固醇和脂肪酸。研究表明，在一些恶性肿瘤细胞中，特别在急性骨髓性白血病、直肠癌、肾上腺癌、肺癌、脑癌、转移性前列腺癌细胞上过量表达 LDL 受体，这些细胞需要 LDL 转运大量胆固醇以供细胞膜合成。所以这种受体途径可以有效地转运大量 LDL 分子至过量表达 LDL 受体的细胞上。LDL 作为药物靶向载体已申请美国专利，其优点包括：作为血浆天然成分，可以避免被体内网状内皮系统识别而迅速清除，具有相对较长的半衰期；颗粒粒径在纳米级范围，易从血管内扩散至血管外；可通过 LDL 受体途径被细胞特异性识别与内吞；大容量脂质核可作为脂溶性药物贮存的场所，可有效避免所载的药物与血浆中成分相互作用而被分解破坏。总之，亲脂性药物与 LDL

形成载体药物在体内具有一定靶向性，并且经糖基化修饰后的脂蛋白可能会被体内特异的凝聚受体识别从而提高靶向性，抗病毒药物由这种脂蛋白载运后可有效治疗乙肝。

（2）**高密度脂蛋白作为药物载体**　天然高密度脂蛋白（HDL）或重组HDL（reconstituted HDL，rHDL）具有抗炎、抗氧化、抗血栓形成等多种功能，具有比LDL更大的药物载体优势。一是高密度脂蛋白的极小粒径，直径只有5～12 nm，更容易穿过血管壁进入血管外组织，具有更大的表面积，有利于运载药物分子。二是可以通过受体介导的机制运载药物进入特定的细胞或组织，从而选择性增加特定部位的药物浓度，增强药物的抗癌、抗病毒、抗真菌活性以及动脉粥样硬化斑块显影作用。同时，HDL作为药物载体能够避免网状内皮系统的清除，克服药物水溶性和耐受性差、毒副作用强的缺陷，是一种潜在的高效靶向性药物载体。

将紫杉醇通过体外重组包装入rHDL形成rHDL-紫杉醇复合物，能够有效结合并杀伤癌细胞，同时药物化疗过程中的毒副作用显著降低。进一步的研究表明，rHDL-紫杉醇复合物对多种癌细胞株具有更强的细胞毒性和更好的机体耐受性。rHDL-阿克拉霉素复合物具有与天然HDL相似的大小及分子量，并且rHDL-阿克拉霉素复合物对肝癌细胞的杀伤作用大于正常的肝细胞，rHDL作为药物载体对癌细胞具有选择性，可以减少正常组织的药物损伤。

与半乳糖、甘草酸和甘露糖等靶向配体不同的是，HDL可以将外周组织中的胆固醇转运到肝脏中代谢清除，因此HDL对肝实质细胞具有固有靶向性。Lou等用大豆卵磷脂、阿克拉霉素（Aclacinomycin，ACM）和脱脂载脂蛋白形成rHDL-ACM复合物，将其作用于肝癌细胞和正常肝细胞。研究发现，当给药浓度在0～7.5 mg/L时，肝癌细胞对复合物的吸收明显高于正常肝细胞，作用于肝癌细胞的IC_{50}值仅为正常肝细胞的三分之一。组织分布研究表明，静脉注射4 h后，rHDL在肝脏聚集。因此，rHDL作为药物载体对肝脏具有高度选择性，可以用于乙型肝炎、肝癌等肝脏相关疾病的靶向治疗。

然而，HDL重组组分的大规模制备和生物安全性问题使HDL药物载体的临床应用受到限制。HDL药物载体的研究仍停留在体外研究阶段，目前没有以脂蛋白为基础的药物进入临床，但是分子生物学重组技术的发展使这一问题得到改善。

三、胶原蛋白类药物载体

1. 概述

胶原蛋白是一种细胞外基质，属于结构蛋白质，约占哺乳动物蛋白质总质量的30%，是构成皮肤、韧带、软骨、肌腱等结缔组织或器官的主要成分。因其具有独特的理化性质、优良的生物相容性、可降解性、低免疫原性以及止血功能等性能，且在生物体内容易被吸收、亲水性强、无毒、安全性好，故被广泛用作生物医用材料。以胶原蛋白为主要成分的给药系统应用非常广泛，可以把胶原蛋白水溶液塑造成各种形式的给药系统，如眼科方面的胶原蛋白保护物、烧伤或创伤使用的胶原海绵、蛋白质传输的微粒、胶原蛋白的凝胶形式、透过皮肤给药的调控材料以及基因传输的纳米微粒等。

2. 胶原蛋白在给药系统中的应用

（1）**胶原蛋白膜**　将胶原溶液倾倒在平板上，经空气干燥即可得到胶原蛋白膜，膜厚一般为0.01～0.5 mm。胶原蛋白膜与药物通过氢键、共价键等方式结合制得药物缓释材料。载药胶原蛋白膜常用于治疗局部组织感染及促进骨骼生长等。将载有四环素的胶原系统埋植于牙周，抗菌活性可维持10天，在4～7周内牙周疾病的发生率明显降低，这可归因于四环素的抗菌活性和对胶原酶水解的抑制作用。

（2）**胶原蛋白罩**　胶原蛋白罩是一种具有眼球形状的膜，用于角膜药物释放。一般可将胶原蛋白罩浸泡到药液中5～10 min，制得载药系统，胶原发挥药库的作用。将胶原蛋白罩放入眼中，在泪水冲洗作用下缓慢溶解，产生一层生物相容的胶原溶液。它可润滑眼表面，减少眼睑与角膜间的摩擦，增加药物与角膜的接触时间，促进上皮愈合。同时，胶原蛋白罩作为局部治疗的药物载体可让氧气自由透过，维持角膜正常的代谢过程。该系统可使药物作用时间维持24～48 h，并可获得较高的角膜药物浓度。胶原罩所载的药物常是水溶性抗生素，如庆大霉素、妥布霉素、奈替米星等，也可用于释放甾醇和免疫抑制剂环孢多肽。

（3）**胶原海绵** 胶原海绵是由胶原蛋白溶液经发泡、固化、冻干和灭菌而制成的一种海绵状固体制剂。胶原海绵可吸收大量的组织渗出液，平稳地附着在湿创面上并维持一定湿度，可以防止机械伤害和二次细菌感染，因此对治疗重度烧伤特别有效，可作为各种类型创伤敷料，如褥疮、腿部溃疡。胶原海绵可用于抗生素短期给药（3~7 天），该系统无不良反应，且胶原蛋白在几天后可自动被吸收。胶原海绵也可用于释放重组人成骨蛋白-2，以促进骨形成，重组人成骨蛋白-2 与可溶性胶原的结合主要受交联度、pH和胶原质量等海绵特性的影响。

（4）**胶原微粒和微柱** 胶原微粒是用 30％的胶原蛋白凝胶体，经过冻胀和捏合，通过喷嘴喷出后得到的载体类型。将胶原载体制备成微粒和微柱可简化埋植过程，这类药物系统可通过注射方法埋植于体内。胶原微粒的制备过程包括将胶原溶液分散在液状石蜡或油中，乳化后经戊二醛交联即可制得 3~40 μm 的微粒。再将胶原微粒浸泡到药液中吸附药物，即得载药微粒。胶粒对维生素 A、丁卡因、利多卡因、氢化可的松、泼尼松龙等亲脂性药物的载量可达 10％。将胶原制成长 1 cm 和直径 1 mm 的微柱是一种可注射植入的药物释放系统，这种系统已用于释放大分子，如干扰素、血浆蛋白及 DNA 等。

（5）**胶原蛋白水凝胶** 胶原蛋白水凝胶是一种能在水中显著溶胀但分子不溶解的聚合物，具有良好的生物相容性，亲水小分子能从中自由扩散。与疏水性聚合物相比，水凝胶与所负载的酶等生物活性物质的相互作用力较弱，药物的生物活性维持时间较长。胶原蛋白水凝胶具有良好的生物降解性，毒性低且对温度、酸碱等刺激敏感，广泛应用于药物的控释系统。胶原蛋白与 PEG 6000 和 PVP 制成的水凝胶聚合物可进行避孕药物的控释。

第五节　细胞类载体

作为一类具有应用前景的新型生物技术，细胞载体用于药物递送的研究得到了广泛的关注。在人体循环系统中，各种细胞具有不同的生理功能，包括对内源性及外源性物质的转运、较长的血液循环能力、炎症部位趋向性以及较强的生物膜穿透能力等。在人体系统中，细胞与细胞交流和与环境相互作用的能力使它们能够执行复杂的任务和适应复杂的生物实体。这些功能使其成为优良的药物载体，能够在血液循环过程中归巢或迁移到特定的病理环境，发挥治疗作用。针对不同疾病的发生机制及病理特征，选择特定类型的细胞为药物载体，利用其一种或多种特殊功能，实现药物递送。目前有许多细胞类载体，如红细胞、血小板、干细胞、免疫细胞和肿瘤细胞等已被研究应用。其中，红细胞运载天冬酰胺酶已被成功用于治疗天冬酰胺缺陷型的急性淋巴细胞白血病。血小板膜化的纳米体系可以靶向到肿瘤部位，用于癌症治疗，而基因工程干细胞对于癌症的治疗也已被深入研究。以细胞为基础的载体具有良好的生物相容性，能够降低毒性和免疫原性，提高疗效，在癌症、心血管疾病、免疫性疾病、艾滋病及基因疗法等领域具有良好的应用前景。

一、红细胞载体

1. 概述

红细胞是人体中最丰富的一种血细胞，正常的人类红细胞平均直径为 7~8 μm，体积为 90 μm^3，其中血红蛋白使它们能够从肺部运输氧气。早在 20 世纪 50 年代就开始了在红细胞中包埋物质的尝试。但最早尝试在红细胞中包埋治疗药物的研究始于 20 世纪 70 年代。1973 年，Ihler 等观察到破裂的红细胞在一定条件下能够将红细胞内释放出来的部分物质（如血红蛋白）重新包封在红细胞内部。其后 Ihler 等首次用载体红细胞作为酶在体内运送的载体进行遗传性代谢疾病的治疗并获得成功。此后，以红细胞作为载体的研究相继展开，目前已经建立了多种以红细胞为载体的递药体系以及多种动物模型，部分已应用于临床。

与其他哺乳动物细胞相比，红细胞没有细胞核，可通过形状改变适应血管，能够在人体内循环120天而不被巨噬细胞清除，在循环过程中能够防止药物泄露，达到缓释长效的治疗效果。同时，红细胞是完全可生物降解的，不会产生有毒的副产品，且成熟的红细胞不含任何遗传物质，因此比其他基因和细胞疗法风险更低。基于红细胞的这些固有特性，针对红细胞载体的药物递送提出了多种策略，可分为遗传工程和非遗传工程两种。此外，许多研究设计了涂有红细胞膜的纳米颗粒，以模仿红细胞作为智能药物载体。

2. 红细胞载体的特性

① 延长药物在血液中的循环时间，促进血液从血浆到细胞和组织的再分配，提高药物的生物利用度，降低剂量，减轻副作用。

② 具有明显的固有生物相容性和生物降解性，降低机体对生物治疗药物的免疫反应。

③ 红细胞数量众多，容易达到高承载能力。红细胞数量占比超过人体细胞总数的70%，相比其他细胞更易获取，有充足的数量可供改造。

④ 改善纳米颗粒的稳定性，增加体外贮存时间，抑制聚集。

⑤ 红细胞分布集中，衰老、损伤和被修饰的红细胞主要由肝脏和脾脏等网状内皮系统清除，因此肝、脾和血液是利用红细胞载体进行药物递送的天然靶点。

⑥ 红细胞能够代谢或捕获在血液中循环的药物，并调节凝血和血栓栓化，是一种具有吸引力的药物载体。

3. 红细胞作为药物载体的应用

（1）包载小分子药物

① 抗肿瘤药物：红细胞作为靶向网状内皮系统的化疗药物载体已被评估多年。抗肿瘤药物是以红细胞为载体进行研究最多的一类药物。作为抗肿瘤药物封装在红细胞中以选择性地将其引导至网状内皮系统的第一个研究实例是放线菌素D。通过低渗交换负载反应的方法，实现了放线菌素D的高效率封装。封装在红细胞中的放线菌素D在等渗缓冲液中于37℃迅速泄漏。

负载氨甲蝶呤的红细胞对肝癌腹水肿瘤小鼠的药理作用表现为平均生存时间的延长。已有研究证明将载体红细胞暴露于膜稳定剂（如戊二醛）中，能够通过降低红细胞的变形能力使其更易作用于网状内皮系统。戊二醛处理的氨甲蝶呤载体红细胞能选择性将药物靶向至肝脏。此外，通过与生物素的 N-羟基琥珀酰亚胺酯（NHS-生物素）结合而含有氨甲蝶呤的表面修饰的红细胞是用于肝脏特异性递送的新方法。结果表明，使用生物素化的红细胞可以增强体外巨噬细胞对红细胞的识别和体内肝靶向的识别。

将阿霉素封装在红细胞中能实现药物的缓慢释放，这将增加其抗肿瘤活性并减少其副作用，尤其是心脏毒性。除此之外，其他抗肿瘤药物，如柔红霉素、依托泊苷、卡铂等也被研究应用于以红细胞为载体的药物递送系统。

② 抗感染药物：以红细胞为载体的氨基糖苷类抗生素庆大霉素在体内能选择性靶向网状内皮系统，并具有潜在的缓释作用。由于药物的极性，抗生素一直保留在细胞内直至其溶解，并且该性质已通过药物水平的演变用于红细胞的动力学研究。载有庆大霉素的抗 Rh 抗体（IgG anti-D）修饰的自体人红细胞更易被巨噬细胞识别，从而允许其被网状内皮系统摄取。

③ 心血管系统药物：依那普利拉是一种血管紧张素转换酶（angiotensin converting enzyme，ACE）抑制剂。其酯化的口服可吸收前药依那普利已被广泛应用于治疗高血压和充血性心力衰竭。采用低渗预溶胀法将依那普利负载于人红细胞后，在体外能够根据零级动力学特点释放药物。同样地，采用低渗透析法将普伐他汀载入红细胞中，溶出试验结果显示，普伐他汀在磷酸盐缓冲液（PBS）中 23 h 后的释放率为83%。这表明普伐他汀成功地被包埋在红细胞中，且可以有效延长其释放。

④ 抗炎药物：对于炎症性疾病的治疗，研究人员利用红细胞载皮质类固醇和抗生素来实现低剂量给药以减少药物的毒副作用。研究报道，将慢性阻塞性肺病的治疗剂地塞米松磷酸盐装入红细胞后，通过破坏细胞膜来制造药物扩散的小孔，对该病患者单次给予载药红细胞可使血液中地塞米松浓度维持 7 天左右。

⑤ 抗氧化药物：阳离子复合物如铜（Ⅱ）复合物也可封装于人红细胞中，以评估其作为抗氧化药物的可能用途。体外包封铜（Ⅱ）复合物的细胞与未装载的天然细胞相比，会引起轻微的氧化应激。然而，

除了甲基血红蛋白水平不同外，载体红细胞的主要代谢特性没有显著差异，而甲基血红蛋白水平则因封装复合物的不同而不同。这表明，根据复合物与血红蛋白的直接相互作用，甲基血红蛋白的形成可能受到复合物封装类型的影响。

⑥ 前体药物：红细胞已被用于新的抗阿片样物质前药的封装，以延长作用时间。纳曲酮和纳洛酮是广泛使用的麻醉药拮抗剂，但其作用时间较短。将其封装于红细胞中的给药方式可以延长其活性。这些药物在红细胞内无活性，释放之后才发挥疗效，但存在不稳定及快速释放的不足。

（2）包载大分子药物

① 作为酶载体：将酶包封于红细胞是目前研究较多的应用之一。载体红细胞用于酶的递送具有潜在价值，它可以解决酶的半衰期短、特定条件下的组织毒性、免疫性疾病、与治疗有关的过敏症状以及需要重复给药等问题。研究最为广泛的是封装于红细胞的 L-天冬酰胺酶。L-天冬酰胺酶是一种临床上用于治疗急性淋巴细胞白血病的药物，它通过二硫键与细胞穿膜肽结合。与细胞穿膜肽偶联的 L-天冬酰胺酶能够跨膜转运，由于红细胞内存在谷胱甘肽和其他还原酶，L-天冬酰胺酶通过二硫键的断裂而与细胞穿膜肽分离，此方法中 L-天冬酰胺酶的负载效率为 8%。此外，尿酸氧化酶、尿激酶、葡萄糖氧化酶、精氨酸酶和己糖激酶等也被用于红细胞载体的研究中。

② 作为多肽和蛋白质载体：HIV-Ⅰ反式转录激活因子（trans-activator of transcription，Tat）作为一种 HIV（人免疫缺陷病毒）调节蛋白质，被证明可以通过生物素-亲和素桥与红细胞有效结合，结合后的红细胞-Tat 可成功将抗原递送到树突状细胞，从而产生特异性的 CD4$^+$ 和 CD8$^+$ T 细胞。红细胞是众多用于胰岛素输送以改善药物代谢动力学参数并促进药物应用的递送系统之一。由于红细胞内存在一些有效的细胞内蛋白酶，因此将胰岛素直接包封在这些细胞中尚无治疗意义。然而，有研究表明，蛋白酶抑制剂甲苯磺丁酰胺与胰岛素在红细胞中的共包封使其达到 5% 的包封率。此外，葡萄糖衍生物修饰的胰岛素可以有效地通过葡萄糖转运蛋白与红细胞膜结合。在高血糖的环境中，这种结合是可逆的，由于游离葡萄糖的竞争性相互作用而使胰岛素释放。

③ 作为核苷酸类似物载体：封装氟达拉滨磷酸酯（一种经批准可用于临床治疗血液恶性肿瘤的嘌呤类似物）、2′,3′-双脱氧胞苷磷酸（最有效的抗病毒核苷之一）和一些具有抗病毒特性的同型和异二核苷酸类似物的红细胞可用于开发慢速递送系统。其磷酸化前药可以有效地封装于红细胞内，在红细胞内它们通常被转化为可扩散的药物，然后在循环系统中释放。活性药物一旦脱磷酸化，必须能够通过被动扩散或转运蛋白介导的机制穿过红细胞膜。

（3）包载造影剂和治疗诊断剂

除了药物之外，红细胞还用于负载核磁共振成像造影剂等诊断性试剂，如磁共振成像（magnetic resonance imaging，MRI）造影剂，超顺磁性氧化铁（superparamagnetic iron oxide，SPIO）、超小型超顺磁性氧化铁（ultra-small superparamagnetic iron oxide，USPIO）纳米粒等。

（4）包载纳米粒

由于具有自标记蛋白质，使得红细胞膜具有良好的生物相容性和免疫逃逸能力，是理想的隐身伪装涂层。研究人员设计了具有类似化学特性和生物功能的药物载体，以模拟血液中的红细胞。一种是利用红细胞膜通过膜挤压法和超声技术制备具有纳米尺寸的囊泡（图 20-22）。有研究证实，使用 0.4 μm 和 1 μm 的孔挤压红细胞膜能够自发形成平均直径为 0.1 μm 的纳米尺寸的红细胞囊泡。这种方法相比直接使用红细胞装载药物能够克服尺寸过大引起的血管外扩散问题，小体积的红细胞囊泡能够穿透某些组织，最终实现细胞内药物释放。另一种方法是直接将红细胞膜包覆在纳米粒表面，这个过程包含两个步骤：从红细胞获得细胞膜囊泡，并通过挤压将膜囊泡与纳米粒核心相融合。由于带正电荷的核会与膜发生聚集，导致脂质双分子层的无序和坍塌，因此这种挤压

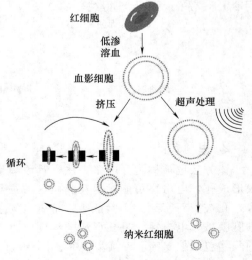

图 20-22　利用膜挤压法和超声技术制备纳米红细胞

方法可以包覆各种带负电荷的核，包括聚合物（如 PLGA）、黑色素、无机纳米颗粒等。

二、红细胞载体的制备方法

1. 渗透法

（1）**低渗稀释法**　低渗稀释法是将药物载入红细胞的一种最简单、最快速的方法。该方法用 2～20 倍体积含有药物的溶液稀释红细胞，之后通过加入高渗缓冲液来恢复红细胞膜的张力；然后离心，所得混合物弃去上清液，再用等渗缓冲液洗涤沉淀物，便可得到载有药物的红细胞。但是该方法存在明显的缺点，如包封率低，因为离心过程造成的大量血红蛋白和其他细胞组分的损失使红细胞遭到破坏，从而减少了红细胞的载药量和其在体内的循环时长。低渗稀释法较常用于加载诸如半乳糖苷酶类、DOX 和多功能纳米粒等。与游离的 DOX 相比，通过载体红细胞给药，可以抑制肿瘤细胞的生长，同时可以降低给药剂量，从而减小药物副作用。

（2）**改良低渗稀释法**　该方法于 1975 年由 Martin 首次提出，并由 David 等对低渗稀释法的载药方式进行了改良。其原理和低渗稀释法基本相同，不同的是，该方法通过梯度递减、缓慢降低溶液渗透压的方式，保证红细胞肿胀形成小孔的同时不至于溶解；之后，通过低速离心回收肿胀的红细胞，将小体积的水溶性药物溶液通过小孔加载进红细胞内。由于红细胞膨胀缓慢，可使细胞质成分得到很好的保留，因此红细胞在进入体内后具有良好的存活率。该方法比低渗稀释法更简单、快速，对红细胞造成的损害较小。

（3）**低渗溶血法**　该方法是基于红细胞具有特殊的可逆形状变化能力，即由于红细胞的表面积是固定的，因此其体积的增加（红细胞体积可以增加 25%～50%）可使其从双凹形变为球形，在 150 mOsm/kg 的渗透压下可保证红细胞在膨胀的同时保持其完整性，此时红细胞膜外形成 200～500 Å 的一些瞬时孔，可以释放出细胞内容物。

（4）**等渗渗透溶解法**　该方法也称为渗透压脉冲法，主要是通过物理和化学方法实现红细胞等渗溶血。红细胞在具有高膜透性物质的溶液中温育时，由于具有浓度梯度，溶质会扩散到细胞中，为了保持渗透平衡，此时大量的水也会流入红细胞内，溶于水的药物就会随之进入到红细胞内。目前，尿素、聚乙二醇和氯化铵等化合物的溶液已被用于等渗渗透溶解法。

（5）**低渗透析法**　该方法的原理是将具有半透膜性的红细胞裂解后，重密封时可使细胞内载入的大分子药物达到最大量（图 20-23）。低渗透析法的基本过程为：首先，将红细胞悬浮液和药物溶液混合，以达到所需的血细胞比容，然后将该混合物置于透析管中，用管线将透析管的两端连接起来，透析管内部容积中留出接近 25% 的气体空间，将透析管置于含有裂解液的锥形瓶中，并将锥形瓶放置在 4℃ 恒温的磁力搅拌器上进行间歇搅拌；将透析管置于等渗的 PBS 溶液（25～30℃，pH=7.4）中进行重密封；在 4℃ 用冷 PBS 洗涤，由此获得载药的红细胞。该方法可以获得较好的包封率。

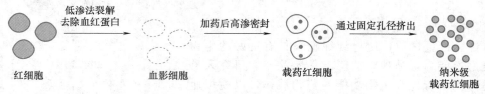

图 20-23　低渗透析法制备载药红细胞示意图

2. 电穿孔法

该方法也被称为介电张力法。其原理是采用电击引起红细胞膜的变化：通过介电击打从而击穿红细胞膜形成孔，电击穿可能发生在脂质区域或细胞膜中的脂质蛋白质连接处；随后，在 37℃ 的等渗溶液中温育，孔被重新密封。实验证明，将电击的条件设定为 2 kV/cm 的变化电压、20 μs 的极化时间，可使得红细胞膜被介电击穿，且孔形成的程度取决于悬浮介质的电场强度、脉冲持续时间和离子强度。该方法包载的药物包括伯氨喹、8-氨基喹啉、长春碱、氯丙嗪和一些功能性纳米粒等。

3. 电融合包埋法

该方法是指先将药物分子包载到红细胞膜（血影细胞）中，然后将这些载药血影细胞黏附到靶细胞上，通过与靶细胞的融合完成包埋药物的释放，施加电脉冲还可以加强、加快融合的过程。目前，已有研究将特异性单克隆抗体细胞加载到血影细胞上，载药红细胞可以通过与靶细胞表面的特异性受体蛋白进行特异性结合，从而将细胞导向靶细胞。这种高效融合技术可用于介导药物和基因转移至靶细胞，并用来制备细胞来源有限的杂交细胞。

4. 其他方法

脂质体融合法的基本原理是含有药物的脂质囊泡可以直接与人红细胞融合，从而使得脂质囊泡中的药物分子直接包载入红细胞中。内吞包埋法是从红细胞膜上分离的囊泡膜可将药物与细胞质分离，从而保护药物免受红细胞内环境的影响。化学干扰法是将红细胞暴露于某些化学物质，使细胞膜通透性显著增加，药物可以顺利进入红细胞内。

三、其他类细胞载体

1. 血小板

血小板作为机体最重要的血细胞之一，积极参与各种生物过程，包括止血、创面愈合和免疫应答。血小板可以通过靶向损伤部位和释放促炎因子募集白细胞来增强免疫。此外，研究表明，血小板通过聚集在循环肿瘤细胞（circulating tumor cells，CTCs）上，能够保护 CTCs 免受免疫攻击而迁移到新的组织中，促进肿瘤的转移。已有研究用肿瘤坏死因子（tumor necrosis factor，TNF）相关的凋亡诱导配体（TNF-related apoptosis-inducing ligand，TRAIL）修饰的血小板膜包裹负载 DOX 的纳米凝胶。通过血小板上的 P-选择素与癌细胞上的 CD44 受体之间的特异性相互作用介导，血小板膜包被的纳米载体（PM-NV）可以有效地靶向癌细胞表面，从而促进 TRAIL 的治疗功效。内化后，包含酸响应性交联剂的 PM-NV 复合材料内部的纳米凝胶可在肿瘤组织的酸性环境中解离，从而释放出负载的药物。此外，在膜上保留诸如 CD47 之类的大量"自我识别"蛋白质可最大限度地减少巨噬细胞的摄取并延长体内循环时间。

2. 干细胞

干细胞是在一定条件下能够无限制自我更新与增殖分化的一类细胞，是成年机体组织持续再生的天然来源。干细胞主要有胚胎干细胞和成体干细胞（间充质干细胞、神经干细胞和诱导多能性干细胞）。肿瘤的形成和发展过程需要干细胞的主动补充和增殖，其中大多数是间充质干细胞（mesenchymal stem cells，MSCs）。许多成体干细胞表现出固有的向肿瘤转化的特性，通过稳定表达/释放多种抗癌药物，使其成为靶向抗癌生物制剂的候选靶点。迄今为止，大多数临床前研究都是用骨髓来源的间充质干细胞进行的。依赖干细胞的肿瘤归巢特性，一方面，未修饰的干细胞由于其释放因子和与肿瘤细胞的物理相互作用而具有内在的抗肿瘤作用；另一方面，修饰的工程干细胞可作为肿瘤治疗的可移植的、高流动性的、"有机"的传递载体，增加抗肿瘤效果。

MSCs 可通过多种机制如被动运输和主动内吞来摄取纳米颗粒。内吞作用包括非特异性的内吞作用和受体介导的内吞作用，如网格蛋白介导的内吞作用和小窝蛋白介导的内吞作用。纳米颗粒的细胞摄取量主要取决于纳米颗粒的粒径。因在肿瘤微环境中的 MSCs 的数目是有限的，所以让载足够量的药物/基因的纳米颗粒进入 MSCs 中以达到肿瘤组织治疗所需要的药物/基因的浓度是非常重要的。通过修饰纳米颗粒、控制大小、调整孵育时间和纳米颗粒的浓度等方式可以改善纳米颗粒的内吞作用。

3. 免疫细胞

肿瘤在发生和发展过程中的各阶段都伴随着慢性炎症的发生，包括肿瘤的产生、增殖、侵袭和转移。伴有炎症和坏死的肿瘤部位会分泌大量的趋化因子，招募体内的免疫细胞（如淋巴细胞、自然杀伤细胞、吞噬细胞和中性粒细胞）向肿瘤部位聚集。

白细胞是免疫系统的一部分，在抑制炎症、感染和多种疾病中发挥着重要作用。白细胞具有转运、向炎症部位迁移、附着于肿瘤细胞的内皮壁组织等特点，非常适合用于肿瘤治疗的新型药物传递载体。

巨噬细胞主要形成于骨髓中，由原核细胞分化而来。巨噬细胞可以吞噬和消化进入人体的细胞碎片、微生物、癌细胞等有害物质，并能区分恶性和良性细胞，在细胞因子的诱导下穿过内皮屏障迁移到肿瘤部位。将巨噬细胞的吞噬作用与纳米技术的发展紧密结合，最近已有研究治疗性纳米颗粒被离体加载到巨噬细胞中用于对抗疾病。使用巨噬细胞作为递送载体是有益的，装载药物的巨噬细胞能够保持休眠，对其宿主无害，不会提前释放，直到到达肿瘤细胞并提供强大的药物剂量。例如，在一项研究中，巨噬细胞将DOX等药物递送到胶质瘤细胞的可行性得到了证实，与传统纳米粒相比，对胶质瘤细胞的穿透和摄取能力得到了改善，并且靶向能力也得到了提高。巨噬细胞能够通过吞噬作用将纳米药物直接内化。它们的细胞膜由蛋白质、脂质和碳水化合物等生物分子组成，也可用于将纳米药物固定在细胞表面。

中性粒细胞是血液中含量最丰富的免疫细胞，也是在炎症趋化因子的作用下最早到达炎症部位的免疫细胞。研究发现，携载含有紫杉醇脂质体的中性粒细胞可以有效抑制小鼠脑胶质瘤的术后复发。脑胶质瘤切除后释放的大量炎症因子会诱导中性粒细胞向大脑炎症部位聚集，同时术后炎症部位高浓度的炎症信号会促使紫杉醇从中性粒细胞中释放，进一步作用于术后残留的肿瘤细胞。近年来，使用衍生自嗜中性粒细胞或巨噬细胞细胞膜的纳米囊泡（即脂质双层膜包裹的水性液体核心）实现了中枢神经系统靶向递送。这些被免疫伪装的纳米粒在创伤性损伤后成功与发炎的小鼠脑血管结合，并通过血脑屏障以脂多糖（lipopolysaccharide，LPS）诱导的神经炎症向小鼠脑内传递保护性大分子，解决了由血脑屏障引起的神经系统药物递送难题。

T淋巴细胞在体内会向次级淋巴器官和炎症组织靶向聚集，已被广泛应用于癌症治疗的细胞疗法的研究。T淋巴细胞是非常复杂的一类免疫细胞，分成若干亚群，其中$CD4^+$ Th17、$CD8^+$ T、$CD8^+$ Tc等细胞亚群对肿瘤细胞具有很强杀伤能力。因此基于T淋巴细胞的递药系统不仅可以直接靶向杀伤肿瘤细胞，同时还可以作为药物载体，起到双重抗肿瘤的效果。

4. 树突状细胞

树突状细胞是哺乳动物免疫系统中的抗原呈递细胞，在先天免疫反应和适应性免疫反应的启动和调控中起着关键作用，并已被用作治疗人类癌症的有效疫苗。近年来，树突状细胞被广泛用于开发基于树突状细胞的免疫治疗，以治疗包括HIV和癌症在内的各种疾病。例如，带有肿瘤相关抗原的离体生成的树突状细胞可作为治疗性疫苗用于预防人类癌症，如转移性黑色素瘤、肾细胞癌和B细胞淋巴瘤。

研究报道，负载抗原的上转换纳米颗粒被用来标记和刺激树突状细胞，这些细胞被注射到动物体内后可以被精确追踪，并诱导抗原特异性免疫反应。此外，Fe_3O_4@ZnO核壳纳米粒可以将癌胚抗原传递到树突状细胞中，同时作为显像剂。纳米颗粒抗原复合物可在1h内被树突状细胞有效吸收，并可在体外和体内分别通过共聚焦显微镜和核磁共振成像进行检测。

5. 肿瘤细胞

肿瘤细胞表面表达大量黏附因子，能够与同源肿瘤细胞相互作用，造成细胞间的黏附聚集。基于这一特性，将肿瘤细胞膜包覆在纳米粒表面，利用黏附因子的相互作用靶向到肿瘤部位，可实现同源肿瘤的定向给药。同时，也可以用肿瘤细胞膜包载一些功能性纳米粒，将其运输至肿瘤部位，实现对体内肿瘤的诊断和检测。例如，用肿瘤细胞膜包裹装有吲哚菁绿（indocyanine green，ICG）的纳米粒，通过荧光/光声双模态成像，可以对体内肿瘤的动态分布进行实时监测。

第六节　病毒类载体

病毒是一类能对人体细胞及其他动物细胞进行有效感染的微生物。由于其具有良好的基因递送效能，经过工程设计而不进行复制的病毒载体能更稳定、更有效地将基因传递到靶细胞，故而被科学家们改造成为进行基因治疗的主要递送工具。目前，病毒载体仍然是基因治疗试验最流行的递送方法。迄今为止，临床前和临床研究中最有效的病毒载体是腺相关病毒载体、腺病毒载体、逆转录病毒载体和慢病毒载体（慢病毒是逆转录病毒的一个亚型）。

如今，腺相关病毒载体已经应用于在体基因治疗的临床试验，逆转录病毒和慢病毒载体载体是离体基因治疗的临床试验中选择的载体。此外，尽管 α-病毒、黄病毒、单纯疱疹病毒、麻疹病毒、弹状病毒、痘病毒、小核糖核酸病毒、新城疫病毒和杆状病毒已被开发为特定疾病或细胞靶向的基因传递载体，但这些病毒载体的应用还受到限制。

一、腺相关病毒载体

腺相关病毒（adeno-associated virus，AAV）是一种单链 DNA 细小病毒，其基因组由 *rep* 基因和 *cap* 基因组成，两端有两个反向末端重复。AAV 是目前应用前景比较广泛的一类基因转运工具（图 20-24）。体外研究表明，AAV 通过与细胞表面的初级受体和共受体结合而感染靶细胞，从而触发其内吞作用进入内含体。经过结构改变后，病毒的衣壳蛋白（VP1 和 VP2）的 N 端暴露，AAV 从内含体释放并聚集在细胞的核周区。一旦进入细胞核，AAV 就会脱壳并释放其单链基因组，该基因组被转换成双链 DNA（dsDNA）模板，从该模板可以转录和翻译转基因。AAV 载体具有广泛的趋向性、低免疫原性和易于生产等独特的临床应用价值。它也是非致病的，很少整合到宿主染色体中，导致转基因的长期表达。

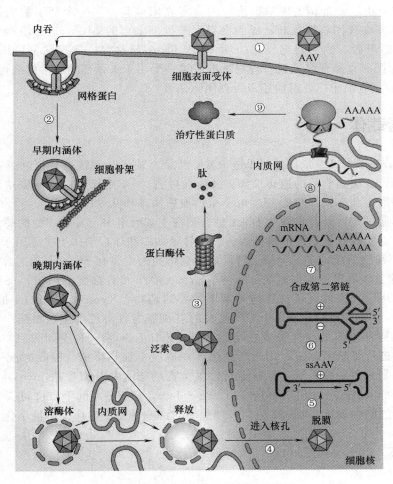

图 20-24 AAV 载体基因转导示意图

2012 年，基于 AAV 基因传递途径的首个基因治疗产品格利贝拉（Glybera）在欧洲获得批准，用于治疗家族性脂蛋白脂肪酶缺陷患者。格利贝拉的上市是整个基因治疗领域的一个里程碑，促进了基因治疗的发展。2017 年底，治疗双等位基因 RPE65 相关的遗传性视网膜病变——莱伯氏先天性黑蒙症的 Luxturna（Voretigene Neparvovec）成为 FDA 批准的第一个基于 AAV 的体内基因治疗生物产品。2019 年 5 月，基于 AAV 的基因治疗药物 Zolgensma（Onasemnogene Abeparvovec）被 FDA 批准用于治疗 2 岁以下患有运动神经元存活基因 1（motor neuron survival gene 1，SMN1）出现双等位基因突变的脊髓性肌萎缩症的儿童患者，这也成为史上最贵药物，一次性注射治疗费用高达212.5万美元。如今，基于AAV的基因治疗产品已经用于多种疾病的研究治疗，包括眼疾、血友病、神经疾病、肌肉病变和心脏疾病等。人类基因治疗的未来的发展，AAV载体可能会在短时间内成为一个有价值的临床工具。

二、腺病毒载体

腺病毒（adenoviral，Adv）载体可诱导瞬时转基因表达，易于大规模生产，具有较大的包装容量（8kb）、广泛的趋向性，可转导分裂细胞和非分裂细胞。此外，感染腺病毒载体能够激活先天免疫信号通路，刺激免疫细胞分泌促炎细胞因子；这些细胞因子会刺激其他免疫细胞，从而引发强大的适应性免疫反应。这些特性使腺病毒载体成为一种有前途的疫苗载体。

腺病毒在癌细胞中选择性感染和复制，病毒抗原或癌基因的自然表达诱导促炎细胞因子的表达，激活免疫细胞杀死肿瘤细胞。因此，腺病毒载体已被改造为溶瘤病毒，可导致肿瘤细胞的特异性溶解和刺激免疫系统，或传递转基因，诱导癌细胞凋亡。

腺病毒载体已被应用于疫苗和癌症基因治疗的众多临床试验。第一个基于腺病毒载体的药物今又生（Gendicine）于2003年在我国获得批准，成为世界上被批准上市的第一个基因治疗药物，用于治疗携带p53突变基因的头颈癌患者。临床研究结果表明，Gendicine与化疗、放疗联合应用具有良好的安全性，疗效显著。2005年，国家食品药品监督管理局批准了第一个用于头颈部癌的溶瘤病毒药物重组人腺病毒5型注射液（Oncorine），但临床疗效目前还未得到国际认可。

三、逆转录病毒载体

逆转录病毒（retroviral，RV）是包膜单链RNA病毒。来自γ-逆转录病毒（感染分裂细胞）或慢病毒（感染分裂细胞和非分裂细胞）的逆转录病毒载体在过去30年中已被广泛研究应用。最常用的逆转录病毒载体来源于可感染人和小鼠细胞的Moloney鼠白血病病毒和艾滋病毒。

逆转录病毒载体通过逆转录将自身的DNA整合到宿主基因组中，具有广泛的趋向性和较低的免疫原性，这意味着它们可以实现目标基因的长期表达。逆转录病毒载体在临床上主要用于干细胞的体外基因传递和嵌合抗原受体T细胞治疗，市场上的逆转录病毒载体药物主要有Strimvelis（治疗严重的联合免疫缺陷）、Kymriah（治疗急性淋巴细胞白血病）和Yescarta（治疗大B细胞淋巴瘤）。Strimvelis是世界上第一个获得监管批准的用于人类的纠正性体内外基因治疗的药物。Kymriah是FDA批准的第一个CAR T细胞和基因治疗产品，用于治疗25岁以下患者复发的B细胞急性淋巴细胞白血病。Yescarta被用于治疗复发或难治性大B细胞淋巴瘤的成年患者。除此之外，Zalmoxis是一种获得EMA批准的异体T细胞，通过逆转录病毒载体进行了基因改造，用于帮助患者在造血干细胞移植（hematopoie tic stem cell transplantation，HSCT）后恢复免疫系统。针对退行性关节炎的细胞和基因疗法Invossa在2017年7月获得韩国食品医药品安全部（Ministry of Food and Drug Safety，MFDS）的上市许可。它运用逆转录病毒载体在同种异体的软骨细胞中表达TGF-β1蛋白，使患者对细胞的免疫排斥反应最小化。

四、慢病毒载体

慢病毒（lentiviral，LV）属于逆转录病毒的一个亚型，在人类免疫缺陷Ⅰ型病毒（HIV Ⅰ）的基础上改造而成。与早期的γ-逆转录病毒载体（γ-RVs）相比，HIV衍生的慢病毒载体可在造血干细胞（hemato poietic stem cells，HSCs）及其多系后代中实现更有效的基因转移和稳定的、强大的转基因表达。LV最大的优势在于其感染范围相对较广，能够有效感染非周期性和有丝分裂后的细胞。

慢病毒载体的自失活长末端重复序列（long terminal repeats，LTRs）和整合位点的选择被证明可以显著减轻插入性基因的毒性。自灭活慢病毒载体也被用于工程改造具有嵌合抗原受体（CARs）或T细胞抗原受体的T细胞，用于过继免疫疗法来治疗癌症。慢病毒载体被认为可以在体内T细胞中产生更强大和稳定的转基因表达，并可以促进更高效和多用途的离体基因导入，同时支持多种转基因的协同表达。

2019 年，EMA 批准的 Zynteglo 用以治疗 12 岁及以上输血依赖性 β-地中海贫血症患者。它是通过慢病毒载体将编码 βA-T87Q-珠蛋白的基因导入自体包括造血干细胞在内的 CD34 阳性细胞中。此次批准，使 Zynteglo 成为全球首个治疗 TDT 的基因疗法。

随着基因治疗领域的发展，慢病毒载体的这些优势将会发挥重要作用，例如，增强 T 细胞改造以保存 T 记忆干细胞或要求更高的细胞工程服务〔如多种 CAR 的共表达（增强特异性）或有条件的安全开关/自杀基因（提高安全性）〕。

此外，2015 年 10 月，FDA 通过了 Imlygic(Talimogene Laherparepvec) 的上市申请。该药是在美国上市的首个溶瘤病毒制剂，用于治疗皮肤和淋巴结黑色素瘤。

第七节　智能制剂

一、智能制剂的定义

智能制剂是指能够感知，响应和处理疾病信号，并通过响应和反馈机制控制药物的递送和释放，从而实现精确的体内药物运输以及定时，定位、定量药物释放，能够显著提高治疗效果，减少副作用，并尽可能提高患者的依从性的制剂。

二、智能制剂的分类

由于体内平衡失调是许多疾病的一个特征，如糖尿病和癌症等，因此，在空间和时间上以药物为目标来重建体内平衡的系统设计已经被许多研究者所研究。在药物递送系统中建立对内源性或外源性物理和化学刺激的敏感性方法，提供了可以利用物理、化学和工程独创性来解决药物递送的策略，特别是在聚合物领域。

1. pH 响应型

在具有环境响应性的纳米颗粒中，pH 响应型纳米递送载体在癌症治疗领域得到了广泛的研究。例如，与血液和正常组织的生理 pH＝7.4 相比，利用癌组织（pH＝6.5～7.2），内涵体（pH＝5.0～6.5）和溶酶体（pH＝4.5～5.0）中的弱酸性环境，已经设计并开发了对 pH 敏感的纳米颗粒，以在肿瘤部位、肿瘤细胞内或溶酶体释放药物。

纳米颗粒可以由 pH 响应的聚合物制成，这些聚合物可以根据 pH 的不同改变其物理和化学性质，从而实现 pH 依赖的药物释放。一种策略是利用聚合物质子化状态的变化，通过疏水性向亲水性的转变来影响聚合物的溶胀或溶解度，从而获得对 pH 响应的药物释放。另一种 pH 响应策略是通过 pH 不稳定连接键将药物分子偶联到大分子链上，响应于细胞外或细胞内的酸性环境，这些大分子载体能够释放药物以发挥其功效。酸不稳定连接键也被用于合成 pH 敏感性聚合物，由 pH 改变引发快速降解，从而释放出被包裹的药物。

2. 氧化还原响应型

细胞外和细胞内的氧化或还原状态的差异为药物递送提供了另一种策略。例如，肿瘤细胞内 GSH 浓度为 2～10 mmol/L，远高于细胞外的 GSH 浓度。由于二硫键在细胞外的强氧化环境中的高稳定性与在细胞内高还原环境中的不稳定性，被广泛设计应用于氧化还原响应型药物递送载体。研究显示，通过点击化学反应合成的一种含有二硫键的线性阳离子点击聚合物，能够在还原条件下通过二硫键的裂解有效释放 DNA，促进基因的高效传递。

除此之外，许多神经退行性疾病，如阿尔茨海默病、帕金森病和癫痫等都伴有炎症的发生，使得活性氧自由基（ROS）过量产生，加重病情的发生和发展。典型的 ROS，包括超氧化物（O_2^-）、过氧化氢（H_2O_2）、次氯酸（HOCl）、羟基（·OH）、烷氧基（RO·）和过氧化自由基（ROO·），这些 ROS 通常是氧代谢的副产物，参与神经元发育和功能过程中的各种信号传递过程。当 ROS 过量，产生氧化应激，便会引起认知功能下降等问题。因此，ROS 响应型药物递送系统已成为一种有前途的解决方案。

目前，以纳米粒或微粒形式存在的 ROS 响应型药物输送系统已被广泛研究，它们有潜力改善药物对过量 ROS 的治疗效果。通常，这些颗粒包被能与 ROS 反应的化学官能团的聚合物。在氧化环境中，粒子会膨胀以缓慢或爆炸形式释放负载药物。由于这些颗粒可以响应于 ROS 水平的异常升高而释放出药物，因此 ROS 响应颗粒可以潜在地减少治疗药物偏离目标扩散而对自然大脑生理学造成的副作用。

3. 酶响应型

酶是生物技术工程的重要组成部分，具有加速化学反应的潜力和理想特性。纳米颗粒能够在特定酶作用下触发药物的释放，实现不同材料特殊的物理化学特性。设计酶响应型纳米系统的一般策略是利用可以被酶降解的生物基序。利用酶响应型连接剂将酶响应基序包覆或结合到药物上，合成自组装聚合物。当这些纳米材料遇到酶时，它们会降解并释放包裹药物或结合药物。

基质金属蛋白酶（matrix metalloproteinase，MMP）是一类依赖于钙离子并降解细胞外基质多种成分的蛋白质水解型含锌内肽酶，长期以来被认为参与了不同的生理和病理过程。在过去的几十年里，基质金属蛋白酶因其在癌症进展、迁移和转移中的作用而被广泛研究。因此，它们是有吸引力的治疗目标癌症策略。

磷脂酶 A2（phospholipase A2，PLA2）是一种存在于多种哺乳动物细胞中的分解脂肪酸的酶。研究发现，在某些癌症，如胰腺癌、乳腺癌、前列腺癌、胃癌等患者体内 PLA2 过表达。以脂肪酶为催化剂在非水相合成的聚合物为基础，制备了脂肪酶反应型聚合物载体，该聚合物可以在脂肪酶存在的情况下在水相中水解，提供智能的控制释放。

组织蛋白酶是组织和正常细胞中的溶酶体半胱氨酸蛋白酶。组织蛋白酶 B 在癌前病变中过表达，对多种肿瘤类型的恶性程度具有重要的调节作用。因此，一些组织蛋白酶 B 反应性纳米载体被设计用于递送组织蛋白酶 B 过表达癌细胞内的治疗剂。此外，还有糖苷酶、氧化还原酶（如醌-氧化还原酶 1，NOQ1）等酶响应型载体被广泛研究开发。

除上述智能型药物递送体系之外，葡萄糖响应型、离子响应型、ATP 响应型以及双重或多重刺激响应型等递送体系也被开发应用。此外，多模态递送体系也已成为研究热点。例如，有研究团队开发了一种多级硅纳米载体系统，该系统由中空介孔硅颗粒（第一阶段）和夹带抗癌药物（第三阶段）的纳米颗粒（第二阶段）组成。第一阶段中空介孔硅颗粒可以保护和运输颗粒，直到它们识别并停靠在肿瘤血管系统。然后，第二阶段纳米颗粒随着多孔多阶段颗粒在生理条件下的降解而从中空介孔硅颗粒中释放出来。释放出的纳米粒能够通过血管的开孔渗出，进入肿瘤实质，从而将诊断和治疗药物集中在靶部位微环境中。

三、生理响应材料

刺激反应性聚合物提供了一个药物传递平台，能以可控速率、稳定且具有生物活性的形式传递药物。这些具有生理响应功能的智能聚合物给药系统的主要优点包括减少给药频率、单剂量即可维持所需的治疗浓度、延长合并药物的释放、易于制备、减少副作用以及改善稳定性。目前，已有多种生理响应材料投入研究和临床应用，是极具潜在价值的药物递送载体。

1. pH 响应

对 pH 敏感的材料通常能够发生物理或化学变化，如膨胀、收缩、解离、降解或膜融合等。pH 敏感性可归因于可电离基团的质子化或酸裂解键的降解。

聚阳离子易通过静电相互作用与带负电荷的核苷酸形成复合物，因此对非病毒基因传递特别有吸引力。聚乙烯亚胺是用于递送核酸的聚合物的金标准，尽管其效率和安全性已被其他候选产品所超越。此外，通过带相反电荷的两亲性嵌段共聚物自组装形成的聚离子复合胶束是另一种 pH 响应载体。由丙烯酸、甲基丙烯酸、马来酸酐和 N,N-二甲基氨基甲基丙烯酸乙酯聚合而成的聚合物是典型的 pH 响应材料。氨基烷基甲基丙烯酸酯共聚物是被FDA批准的在酸性环境中具有更高溶解度的阳离子聚合物，能够抑制药物在口腔中的释放以掩盖味道。pH敏感的超分子凝胶在酸性环境中稳定，但在中性pH下可溶解，研究人员利用这种超分子凝胶构建了一种胃部驻留装置。其中，肠弹性体使用聚（丙烯酰基-6-氨基己酸）（PA6ACA）和聚（甲基丙烯酸-丙烯酸共乙酯）构成。末端羧基能够在酸性环境中形成分子间氢键，从而产生弹性的含水超分子网络。而在中性环境中，由于羧基的脱质子作用，超分子凝胶发生快速的解离。

除上述常用的有机材料外，pH响应型无机材料最近已成为药物传递应用的替代材料，其中磷酸钙和液态金属等可酸降解材料因其可生物降解性和无毒或低毒的代谢产物而极具潜力。

2. 氧化还原响应

谷胱甘肽/二硫键是动物细胞中最丰富的氧化还原键，其中谷胱甘肽（GSH）在胞质中的浓度远高于细胞外液中的浓度，肿瘤组织中的GSH浓度高于正常组织中的GSH浓度。除了还原条件，活性氧（ROS）也与不同的病理条件相关，包括癌症、中风、动脉硬化和组织损伤。

二硫化物能够在还原条件（包括谷胱甘肽）和氧化条件下可逆地分别转化为硫醇和二硫键。硫醇-二硫键交换的温和反应条件使其成为一种有吸引力的制备含二硫键材料的方法。用于工程化氧化还原敏感材料的另一种氧化还原响应性基序是二硒键。研究证实，由含二硒键的嵌段共聚物自组装而成的胶束聚集体对氧化剂和还原剂均表现出很高的敏感性。

氧化反应性材料主要针对活性氧，如过氧化氢和羟基自由基。一类主要的氧化反应材料是硫基材料。聚苯硫醚（PPS）与聚乙二醇（PEG）形成的具有自组装能力的两亲性共聚物，可在氧化条件下转化。另外，使用含硫缩酮的材料已经实现了有效的基因递送。由于二茂铁引入的氧化还原敏感性，还对含二茂铁的材料进行了大量研究。新兴的响应基序如硼酸酯基和苯基硼酸（PBA）衍生品也吸引了相当多的关注。

3. 酶响应

由于酶在不同的生物学过程中所起的作用不同，疾病相关酶的失调已成为药物治疗的新靶点。例如，酯键常用于靶向磷酸酶、胞内酸水解酶和其他几种酯酶；酰胺类化合物虽然在生理环境中对化学攻击相对稳定，但易被酶消化，已被用于构建对水解蛋白酶敏感的材料；含有可裂解偶氮连接物的物质可以针对结肠中的细菌酶进行特异性位点药物释放。

基质金属蛋白酶（MMPs）与肿瘤的侵袭和转移密切相关。MMPs在肿瘤微环境中的表达上调可作为激活生物反应性材料的特异性位点。通过将细胞穿膜肽（CPPs）与阴离子抑制域融合来构建具有阻断细胞相互作用的可活化CPPs（ACPPs）。ACPPs可以通过肿瘤部位过表达的MMPs切断连接阳离子和阴离子区域的连接蛋白而被激活。该策略已用于在手术过程中肿瘤的可视化。除肿瘤微环境外，MMPs上调还与其他炎性疾病（如哮喘和炎性肠病）相关，提供了潜在的药物递送策略。

结肠部位的细菌会分泌各种酶，如多糖酶。结肠是使用多糖为基础材料进行特异性位点药物释放的合适靶点。生物相容性多糖，如壳聚糖、果胶和右旋糖酐，已被用作结肠特异性药物的口服递药材料。其形式多种多样，包括片剂、胶囊、水凝胶和药物偶联物。多糖也被用作交联剂来形成溶菌酶可分裂的纳米凝胶，这些纳米凝胶可整合到隐形眼镜中，用于青光眼药物的持续释放。

除此之外，在肿瘤部位高表达的另一类酶是透明质酸酶（HAase）。利用透明质酸在肿瘤部位HAase的作用下，可以实现药物的控制释放。弗林蛋白酶是前蛋白转化酶家族的成员，在肿瘤的发展、转移和血管生成中起着至关重要的作用。将弗林蛋白酶可裂解的肽交联剂掺入药物递送载体中，可以逐步降解以沿其细胞摄取途径释放货物蛋白。

4. 葡萄糖响应

目前，血糖监测和胰岛素注射仍是1型和2型晚期糖尿病的主要治疗手段。这个过程中，严格控制血糖水平极具挑战性，低血糖可导致致命的胰岛素休克。因此，人们对葡萄糖反应性闭环药物有着巨大的需求，这种药物能够模拟健康胰腺的功能，并以自我调节的方式发挥作用。

1979年，第一个葡萄糖反应型胰岛素传递系统被开发出来，并使用了糖结合凝集素家族的成员伴刀豆球蛋白A（ConA）。游离的葡萄糖可以停靠在ConA复合物的特定结合位点上，导致复合物的解离及胰岛素释放。良好的硼酸-二醇相互作用所具有的糖敏感性使含硼酸的聚合物成为构建葡萄糖反应性材料的潜在候选材料。通常使用具有吸电子部分的聚丙烯酸丁酯（PBA）。此外，由聚硼烷嵌段共聚物构成的聚合物囊泡在高血糖水平时能够按需释放胰岛素。葡萄糖氧化酶（GOX）在氧气存在下能将葡萄糖转化为葡萄糖酸，导致局部 pH 降低。该作用可以增强赖氨酸修饰的胰岛素的溶解度，从而触发水凝胶的溶胀或塌陷及纳米粒的解离，导致胰岛素释放，如使用阳离子共聚物构建的 GOX 固定水凝胶的葡萄糖依赖性溶胀和溶解。

5. 离子响应

离子强度因生物体液体环境的不同而有所差异，每个胃肠道部位都有一个特定的离子浓度，血液、间质和细胞内腔间的离子浓度梯度也各有不同。离子交换树脂是一大类物理离子响应材料，它们经常用于掩味、反离子响应药物释放和持续药物释放。这些树脂通常是由交联的聚苯乙烯主链组成的不溶聚合物，该交联的聚苯乙烯主链的侧链含有离子活性基团，例如磺酸基和羧基。口服给药后，唾液和胃肠液中的抗衡离子促进药物释放，这由平衡交换反应控制的。聚离子络合物胶束是另一类主要的离子强度敏感材料。通过改变盐浓度以及由此产生的离子强度来改变聚离子复合物胶束的可逆形成和解离而控制药物的释放。除了在物理上对离子强度的变化做出响应外，材料还可以对特定的离子类型做出响应，通常通过形成络合物来实现。

6. 乏氧环境响应

缺氧与各种疾病有关，包括癌症、心肌病、缺血性疾病、类风湿关节炎和血管疾病。硝基芳香衍生物在低氧条件下可转化为亲水的 2-氨基咪唑，具有较高的敏感性，是目前开发最广泛的用于低氧成像和生物还原前药设计的功能基序。偶氮苯，另一种公认的低氧敏感的基序，以前用作成像探针，现在已经以生物还原连接剂的形式用于靶向 siRNA 递送。目前，研究人员还利用含氧敏感基团的智能材料作为低氧反应性小分子或过渡金属络合物的替代品，以提高在体成像的灵敏度和特异性。如将磷光铱（Ⅲ）复合物与一种亲水聚合物聚乙烯吡咯烷酮（PVP）结合制备的具有低氧敏感性和近红外（NIR）发射的水溶性高分子成像探针，实现对癌细胞的超敏检测。

7. ATP 响应

ATP 控制的药物递送系统通常使用 ATP 靶向的适配体作为"生物门"，以实现按需释放药物。近年来，各种制剂，如介孔二氧化硅、聚离子胶束、适配体交联 DNA 微胶囊、由蛋白质组装的管状结构和 DNA 复合物组成的纳米凝胶等，已经证明了在相对集中的细胞内 ATP 下释放治疗药物或恢复荧光信号的能力。

8. 机械信号响应

血管的收缩或阻塞导致健康血管与收缩血管之间的流体剪切力发生显著变化。以病变血管阻塞为目标，利用阻塞部位异常高的剪切应力作为触发点，成为一种具有吸引力的递药策略。有研究团队开发了一种可穿戴的，对拉伸敏感的装置，该装置由可拉伸的弹性薄膜和嵌入的包裹药物的 PLGA 微球组成。在施加应变时，微粒表面扩大或压缩，从而释放药物。

四、生物感应器

1. 纳米陷阱

密西根大学的诺贝尔化学奖得主 Tomalia 教授等用树形聚合物研发出捕获病毒的纳米陷阱（nano-trap）。体外试验表明纳米陷阱能够在流感病毒感染细胞之前捕获它们。此纳米陷阱使用的是超小分子，能够在病毒进入细胞致病前与病毒结合，使病毒丧失致病的能力，同样的方法期望用于捕获类似艾滋病病毒等更复杂的病毒。人体细胞表面装备着硅铝酸成分的"锁"，只准许持"钥匙"者进入，而病毒有硅铝酸受体"钥匙"。Tomalia 的方法是把能够与病毒结合的硅铝酸位点覆盖在陷阱细胞（glycodendrimers）的表面。当病毒结合到陷阱细胞表面，就无法再感染人体细胞。陷阱细胞由外壳、内腔和核三部分组成。陷阱细胞能够繁殖，生成不同的后代，体积较大的后代可能携带更多的药物。因此，研究者希望发展针对各种致病病毒的特殊陷阱细胞和用于医疗的陷阱细胞库。

2. 纳米机器人

纳米机器人已被证明具有直接将治疗药物或诊断试剂装载、运输和到达病理位置的潜力，能够提高治疗效果和减少毒剧药物的全身副作用，有潜力成为智能药物输送系统，对分子触发做出反应。DNA 分子已被证明是设计和建造机械分子装置的优良基质，当暴露于外部信号时，这些机械分子装置能够感知、驱动并发挥功能。研究人员通过 DNA 折纸技术，将噬菌体基因组 DNA 链和多股短链组装在一起，制备出矩形 DNA 折纸薄片，然后将凝血酶锚定到折纸的表面，形成 DNA 纳米机器人（nanorobot）。该纳米机器人通过特异性 DNA 适配体功能化，可以与特异表达在肿瘤相关内皮细胞上的核仁素结合，精确靶向定位肿瘤血管内皮细胞；并作为响应性的分子开关，打开 DNA 纳米机器人，在肿瘤位点释放凝血酶，激活其凝血功能，诱导肿瘤血管栓塞，从而达到阻断肿瘤血液供应，使肿瘤组织坏死以抑制肿瘤生长的目的。DNA 纳米机器人在体内将治疗性凝血酶智能输送到肿瘤相关血管，具有肿瘤靶向传递、识别肿瘤微环境信号、触发纳米结构变化和有效载荷暴露的特殊功能，促进了 DNA 纳米技术在癌症治疗中的应用。

目前，美国科学家创造了世界上首个活体机器人——Xenobots（异种机器人）。相比于传统的纳米机器人，xenobots 的产生则更加具有广泛应用性。研究人员首先是利用计算机进步算法模拟几百个细胞重新组合后的形式和身体形状，并筛选出最优化的设计。随后，利用电极将手术切割后的非洲爪蛙的心肌细胞和皮肤细胞在显微镜下连接起来，组成接近于计算机指定的设计。在组成的新生物体中，皮肤细胞较被动，而心肌细胞则在计算机控制下，从原本无序的收缩转变为有序的向前运动，带动整个生物体自行移动。并且，相邻的 Xenobots 还会纠缠在一起，发生聚集，并在其横向平面中心演变出一个孔用以减小水动力阻力，这个孔就像一个袋子，能成功地携带物体。这些重构的生物体不仅能自我维持其外部强加的结构，而且还能在受到损伤时进行自我修复，如自动关闭撕裂。此外，当它们停止工作、死亡时是完全可生物降解的，降低了对环境的污染和破坏。因此，可重构生物可以作为一个独特的模型系统，促进多细胞生物、微生物学、人工生命、基础认知和再生医学的发展。

3. 微/纳米马达

微/纳米马达（micro/nanomotors，MNMs）是能够在微/纳米尺度上执行指定任务的小型化机器。大量的研究工作已经证明 MNMs 具有生物医学货物装载、运输和靶向释放的潜力，以实现治疗功能。通常，MNMs 是通过将不同的能源，例如化学燃料（如 H_2O_2、H_2 等）或外部物理场（包括光、声、磁和电场）产生的能量转换成机械能来推进的。除了人工机器外，对周围环境敏感的天然马达，如分子马达和微生物（细菌和精子细胞），也鼓励开发受生物启发的 MNMs，例如，携带精子的 MNMs 或以酶和磁为动力的仿生 MNMs。因此，MNMs 可以作为活跃的微/纳米平台，为纳米/微材料运输、微创手术、传感和环境修复等领域带来革命性的创新。作为传统被动给药方法的潜在替代品，MNMs 一方面可以主动、快速地运输药物，收集用于医学诊断的分析物，以及操纵用于显微手术的细胞。另一方面，引导式 MNMs 可以按需控制地向目标生物组织或细胞移动，以实现精确的货物递送、运输和隔离。

（邢磊）

思考题

1. 简述纳米羟基磷灰石载体、介孔材料、纳米碳材料和智能制剂的分类和概念。
2. 纳米羟基磷灰石载体的特点是什么？
3. 纳米介孔材料的特点是什么？
4. 纳米碳材料的特点是什么？
5. 聚合物类载体材料包括哪些？
6. 核酸类载体材料包括哪些？
7. 蛋白质类载体材料包括哪些？
8. 细胞类载体包括哪些？
9. 病毒类载体包括哪些？

10. 无机纳米材料在生物大分子药物递送上有什么优势？
11. 简述纳米羟基磷灰石和介孔二氧化硅材料的制备方法。
12. 简述智能制剂的分类和应用。

参考文献

[1] 周建平，唐星. 工业药剂学［M］. 北京：人民卫生出版社，2014.

[2] 平其能. 现代药剂学［M］. 北京：中国医药科技出版社，1998.

[3] 李世普，王友法. 纳米磷灰石的制备、表征及改性［M］. 2版. 北京：科学出版社，2014.

[4] 李世普，王友法. 纳米磷灰石的生物医学应用［M］. 2版. 北京：科学出版社，2014.

[5] 谭明乾，吴爱国. 肿瘤靶向诊治纳米材料［M］. 北京：高等教育出版社，2015.

[6] 罗克-马勒布. 纳米多孔材料内的吸附与扩散［M］. 史喜成，白书培，译. 北京：国防工业出版社，2018.

[7] 徐如人，庞文琴，霍启升，等. 分子筛与多孔材料化学［M］. 2版. 北京：科学出版社，2015.

[8] 任冬梅，李宗圣，郝鹏鹏. 碳纳米管化学［M］. 北京：化学工业出版社，2013.

[9] 谢素原，杨上峰，李姝慧. 富勒烯：从基础到应用［M］. 北京：科学出版社，2019.

[10] 张兴祥，耿宏章. 碳纳米管、石墨烯纤维及薄膜［M］. 北京：科学出版社，2014.

[11] 马库斯·安东尼提，克劳斯·米伦. 石墨烯及碳材料的化学合成与应用［M］. 郝思嘉，杨程，译. 北京：机械工业出版社，2020.

[12] Ghosh P, Han G, De M, et al. Gold nanoparticles in delivery applications［J］. Advanced Drug Delivery Reviews, 2008, 60 (11): 1307-1315.

[13] Probst C E, Zrazhevskiy P, Bagalkot V, et al. Quantum dots as a platform for nanoparticle drug delivery vehicle design［J］. Advanced Drug Delivery Reviews, 2013, 65 (5): 703-718.

[14] Dadfar S M, Roemhild K, Drude N I, et al. Iron oxide nanoparticles: diagnostic, therapeutic and theranostic applications［J］. Advanced Drug Delivery Reviews, 2019, 138: 302-325.

[15] Kataoka K, Harada A, Nagasaki Y. Block copolymer micelles for drug delivery: design, characterization and biological significance［J］. Advanced Drug Delivery Reviews, 2001, 47 (1): 113-131.

[16] Uhrich K E, Cannizzaro S M, Langer R S, et al. Polymeric systems for controlled drug release［J］. Chemical Reviews, 1999, 99 (11): 3181-3198.

[17] Veronese F M, Pasut G. PEGylation, successful approach to drug delivery［J］. Drug Discovery Today, 2005, 10 (21): 1451-1458.

[18] Roberts M J, Bentley M D, Harris J M. Chemistry for peptide and protein PEGylation［J］. Advanced Drug Delivery Reviews, 2002, 54 (4): 459-476.

[19] Gao C, Yan D. Hyperbranched polymers: from synthesis to applications［J］. Progress in Polymer Science, 2004, 29 (3): 183-275.

[20] Lee C C, MacKay J A, Fréchet J M J, et al. Designing dendrimers for biological applications［J］. Nature Biotechnology, 2005, 23 (12): 1517-1526.

[21] Gillies E R, Fréchet. J M J. Dendrimers and dendritic polymers in drug delivery［J］. Drug Discovery Today, 2005, 10 (1): 35-43.

[22] Yang L L, Tan X X, Wang Z Q, et al. Supramolecular polymers: historical development, preparation, characterization, and functions［J］. Chemical Review, 2015, 115 (15): 7196-7239.

[23] Tan X Y, Jia F, Wang P, et al. Nucleic acid-based drug delivery strategies［J］. Journal of Controlled Release, 2020, 323: 240-252.

[24] Li F, Tang J, Geng J, et al. Polymeric DNA hydrogel: design, synthesis and applications［J］. Progress in Polymer Science, 2019, 98: 101163.

[25] 葛志磊，樊春海，Yan H. DNA 纳米自组装的研究进展及应用［J］. 科学通报，2014，59 (2): 44-55.

[26] 蒋乔，韦雨，李璨，等. DNA 纳米机器药物递送研究进展［J］. 科技导报，2018，36 (22): 66-73.

[27] Zhang Y, Jing T, Wang D, et al. Programmable and multifunctional DNA-based materials for biomedical applications［J］. Advanced Materials, 2018, 30 (24): 1703658.

[28] Kratz F. Albumin as a drug carrier: design of prodrugs, drug conjugates and nanoparticles［J］. Journal of Controlled Release, 2008, 132 (3): 171-183.

[29] Desai N. Increased antitumor activity, intratumor paclitaxel concentrations, and endothelial cell transport of cremophor-free, albumin-bound paclitaxel, ABI-007, compared with cremophor-based paclitaxel［J］. Clinical Cancer Research, 2006, 12 (4): 1317-1324.

[30] Elzoghby A O, Samy W M, Elgindy N A. Albumin-based nanoparticles as potential controlled release drug delivery systems［J］. Journal of Controlled Release, 2012, 157 (2): 168-182.

［31］ Mo Z C，Ren K，Liu X，et al. A high-density lipoprotein-mediated drug delivery system［J］. Advanced Drug Delivery Reviews，2016，106：132-147.

［32］ Ng K K，Lovell J F，Zheng G. Lipoprotein-inspired nanoparticles for cancer theranostics［J］. Accounts of Chemical Research，2011，44（10）：1105-1113.

［33］ An B，Lin Y S，Brodsky B. Collagen interactions：drug design and delivery［J］. Advanced Drug Delivery Review，2016，97：69-84.

［34］ Geiger M，Li R H，Friess W. Collagen sponges for bone regeneration with rhBMP-2［J］. Advanced Drug Delivery Reviews，2003，55（12）：1613-1629.

［35］ Wallace D G，Rosenblatt J. Collagen gel systems for sustained delivery and tissue engineering［J］. Advanced Drug Delivery Reviews，2003，55（12）：1631-1649.

［36］ Olsen D，Yang C，Bodo M，et al. Recombinant collagen and gelatin for drug delivery［J］. Advanced Drug Delivery Reviews，2003，55（12）：1547-1567.

［37］ Yoo J W，Irvine D J，Discher D E，et al. Bio-inspired，bioengineered and biomimetic drug delivery carriers［J］. Nature Reviews Drug Discovery，2011，10（7）：521-535.

［38］ Chen Z，Hu Q，Gu Z. Leveraging engineering of cells for drug delivery［J］. Accounts of Chemical Research，2018，51（3）：668-677.

［39］ Doshi N，Zahr A S，Bhaskar S，et al. Red blood cell-mimicking synthetic biomaterial particles［J］. Proceedings of the National Academy of Sciences of the United States of America，2009，106（51）：21495-21499.

［40］ Hu C M J，Fang R H，Wang K C，et al. Nanoparticle biointerfacing by platelet membrane cloaking［J］. Nature，2015，526（7571）：118-121.

［41］ Han Y，Li X，Zhang Y，et al. Mesenchymal stem cells for regenerative medicine［J］. Cells，2019，8（8）：886.

［42］ 张灿，沈诗洋，平其能. 以细胞为载体的药物递送系统研究进展［J］. 中国新药杂志，2014（16）：1893-1896.

［43］ 强磊，李国瑞，宫春爱，等. 细胞介导的药物递送系统研究进展［J］. 药学服务与研究，2019，19（02）：81-85.

［44］ Cho N H，Cheong T C，Min J H，et al. A multifunctional core-shell nanoparticle for dendritic cell-based cancer immunotherapy［J］. Nature Nanotechnology，2011，6（10）：675-682.

［45］ Xue J，Zhao Z，Zhang L，et al. Neutrophil-mediated anticancer drug delivery for suppression of postoperative malignant glioma recurrence［J］. Nature Nanotechnology，2017，12（7）：692-700.

［46］ Fang R H，Hu C M J，Luk B T，et al. Cancer cell membrane-coated nanoparticles for anticancer vaccination and drug delivery［J］. Nano Letters，2014，14（4）：2181-2188.

［47］ Li C W，Samulski R J. Engineering adeno-associated virus vectors for gene therapy［J］. Nature Reviews Genetics，2020，21（4）：255-272.

［48］ Zdanowicz M，Chroboczek J. Virus-like particles as drug delivery vectors［J］. Acta Biochimica Polonica，2016，63（3）：469-473.

［49］ Naldini L. Gene therapy returns to centre stage［J］. Nature，2015，526（7573）：351-360.

［50］ Ma C C，Wang Z L，Xu T，et al. The approved gene therapy drugs worldwide：from 1998 to 2019［J］. Biotechnology Advances，2020，40：107502.

［51］ Schmaljohann D. Thermo- and pH-responsive polymers in drug delivery［J］. Advanced Drug Delivery Reviews，2007，58（15）：1655-1670.

［52］ Roy D，Cambre J N，Sumerlin B S. Future perspectives and recent advances in stimuli-responsive materials［J］. Progress in Polymer Science，2010，35（1-2）：278-301.

［53］ Anderson D G，Burdick J A，Langer R. Materials science. smart biomaterials. Science，2004，305（5692）：1923-1924.

［54］ Li S，Jiang Q，Liu S，et al. A DNA nanorobot functions as a cancer therapeutic in response to a molecular trigger in vivo［J］. Nature Biotechnology，2018，36（3）：258-264.

［55］ Fu J，Yan H. Controlled drug release by a nanorobot［J］. Nature Biotechnology，2012，30（5）：407-408.

［56］ Zhang Z，Li Z，Yu W，et al. Development of a biomedical micro/nano robot for drug delivery［J］. Journal of Nanoscience and Nanotechnology，2015，15（4）：3126-3129.

［57］ Shahriari M，Zahiri M，Abnous K，et al. Enzyme responsive drug delivery systems in cancer treatment［J］. Journal of Controlled Release，2019，308：172-189.

［58］ Gao Y，Xie J，Chen H，et al. Nanotechnology-based intelligent drug design for cancer metastasis treatment［J］. Biotechnology Advances，2014，32（4）：761-777.

［59］ Lu Y，Aimetti A A，Langer R，et al. Bioresponsive materials［J］. Nature Reviews Materials，2016，1：16075.

［60］ Kriegman S，Blackiston D，Levin M，et al. A scalable pipeline for designing reconfigurable organisms［J］. Proceedings of the National Academy of Sciences of the United States of America，2020，117（4）：1853-1859.

附表：典型课程思政案例（仅供参考）

课程内容	思政映射
1.绪论：目前我国是制药大国,尚不是制药强国,在药用辅料、制剂生产设备和检测设备等方面依然发展滞后	激发学生爱国热情,意识落后就要挨打,需发奋学习,立志创新,解决"卡脖子"工程,奉献于医药行业,以人民健康为己任
2.药物制剂的稳定性	社会稳定高于一切
3.药品包装,设计适合于老人、儿童等特殊人群的包装	(1)激发学生专业学习的自豪感、责任感与使命感;
4.制剂设计,设计适合于老人和儿童患者的制剂	(2)引导学生关爱特殊人群,激发学生仁爱之心和奉献精神
5.制剂处方组成　主药与辅料间	上下同心,攻坚克难
5.制剂处方组成　辅料之间	和谐共处,齐心协力
5.制剂处方组成　处方优化参数,大多均有一定的"度",而无"极"	具有中华传统文化的中庸思想
6.抗氧剂	自我牺牲和奉献精神,成就他人
7.防腐剂	打铁还需自身硬,要防患于未然。若制剂自身染菌,加防腐剂,也只能抑制微生物生长
8.增溶剂、助溶剂、助悬剂	乐于助人,甘于人梯
9.灭菌、消毒	做事要有目标,扬正气
10.丸剂。案例:云南白药原型是"曲焕章百宝丹",其发明者曲焕章与妻子"捐药报国""捐方报国"	树立学生的爱国观、敬业观,强化学生社会责任感,增强学生学习的使命感
11.胶囊剂。案例:连花清瘟胶囊对新冠肺炎的治疗作用	增强学生民族自豪感,及对中国传统文化及中医药的认同感,加强学生"四个自信"教育(道路自信、理论自信、制度自信、文化自信)
12.渗透泵片中渗透压活性物质和助渗剂	相互协作,互帮互助,共同促进
13.靶向制剂	(1)精准打击,社会不良行为的专项治理,打苍蝇打老虎 (2)体现中国社会主义制度的优越性,集中力量办大事的高效率
14.滴丸剂基质和冷凝液;膜剂成膜材料与脱膜剂	矛盾对立与统一,事物的两面性
15.一致性评价,介绍一致性评价及其背后的本质原因,反映了国内的制剂研究过分关注药物的体外质量评价,而忽略体内评价的重要性,造成一批不合格药品的上市	使学生一方面认识到目前我国制剂技术与欧美等发达国家尚存在一定的差距,任重道远;另一方面从历史角度看,欧美等发达国家也曾经历过一致性评价过程,亦不要妄自菲薄。让学生牢固树立安全意识和责任意识,深知药物研发是关系人民健康、安全乃至生命的大事,是一个漫长而严谨的过程,要做良心药放心药
16.说明产品质量的重要性的案例 案例1:2006年"欣弗"事件 案例2:2006年"亮菌甲素注射液"事件 案例3:2012年毒胶囊事件 案例4:2018年吉林长春长生生物疫苗案件	引导学生树立正确的价值观和社会责任心,强调社会主义核心价值观中敬业和诚信的意义,同时强调药学学生不忘初心,牢记使命的责任和担当